러더퍼드의 방사능

RADIO-ACTIVITY
by E. RUTHERFORD, D.Sc., F.R.S., F.R.S.C.

Published by Acanet, Korea, 2020

학술명저번역 624

러더퍼드의 방사능

RADIO-ACTIVITY

제 2 판
1905년

어니스트 러더퍼드 지음 | 차동우 옮김

아카넷

* 이 번역서는 2017년 대한민국 교육부와 한국연구재단의 지원을 받아 수행된 연구임
(NRF-2017S1A5A7020475)

This work was supported by the Ministry of Education of the Republic of Korea and the National Research Foundation of Korea (NRF-2017S1A5A7020475)

존경과 찬사를 담아서 이 책을 J. J. 톰슨에게 바친다.

| 1판 서문 |

이 책에서 나는 자연 방사성 물체가 갖는 성질을 물리적 관점에서 가능한 한 완벽하고 서로 연결되도록 설명하려고 힘껏 노력하였다. 비록 이 주제가 상대적으로 새로운 주제일지라도, 방사성 물질의 성질에 대한 우리 지식은 대단히 빨리 증진되었으며, 이제 이 주제에 대한 매우 많은 양의 정보가 수많은 과학 학술지에 우후죽순처럼 솟아나고 있다.

방사성 물체에 의해 나타나는 현상은 지극히 복잡하며, 현재에도 계속 축적되고 있는 많은 실험 사실들을 이해가 가능한 방식으로 연결하기 위해서는, 어떤 형태든 적당한 이론이 필수적으로 요구된다. 나는 방사성 물체에 속한 원자(原子)가 자발적으로 붕괴된다는 이론이, 단지 이미 알고 있는 현상들을 서로 잘 연결 짓는다는 점에서뿐 아니라, 새로운 연구 방향을 제시한다는 점에서도 역시, 대단히 유용함을 발견하였다.

이 책에서 결과에 대한 해석은 전반적으로 붕괴 이론에 기초를 두었으며, 붕괴 이론을 적용하여 방사능 현상에 대해 논리적으로 추론하는 것 또한 고려하였다.

방사능에 대한 우리 지식이 짧은 시간 동안에 발전한 것은 기체의 전기적 성질에 대한 연구에서 이미 얻은 정보 때문에 가능했다. 방사성 물체에서 나온 방사선이 갖고 있는, 기체에서 대전된 운반자, 즉 이온을 생성하는 작용은 방사선의 성질과 방사성 과정의 성질을 조사하는 정확한 정량적 방법의 기초가 되었으며, 또한 우리로 하여금 관계된 서로 다른 물리량들의 대략적 크기를 상당히 확실하게 결정할 수 있도록 해주었다.

그런 이유 때문에, 방사능에 대해 전기적 방법으로 측정한 결과를 해석하는 데 필요한 정도로, 기체의 전기적 성질을 간단히 설명하는 것이 바람직하다고 생각한다. 이 책에서 기체의 이온화 이론에 대한 장은 "기체를 통한 전기의 전도"에 관한 J. J. 톰슨의 최근 저서가 출판되기 전에 작성되었다. 톰슨의 이 저서에는 기체의 이온화 이론에 대한 전체 주제가 완벽하고 서로 연결된 방식으로 취급되어 있다.

이 책에는, 이 책의 저자와 다른 사람들의 경험에 비추어, 방사능에 대한 정확한 연구에 가장 적절한 측정의 방법에 대해 설명하는 짧은 장이 추가되어 있다. 그런 설명이 방사능을 측정하는 데 사용되는 방법에 대해 실용적인 지식을 얻기 원하는 사람들에게 조금이라도 유익할 수 있기를 희망한다.

많은 값진 제안을 해주고 교정용 원고를 수정하는 데 세심한 주의와 수고를 아끼지 않은 케임브리지 대학 출판사 물리학 총서의 편집자이고 왕립학회 펠로인 W. C. 댐피어 웨덤 군에게 감사한다. 또한 원고를 교정하는 데 도움을 아끼지 않은 나의 아내와 H. 브룩스 양에게, 그리고 색인을 교정해준 R. K. 매클렁 군에게 감사한다.

어니스트 러더퍼드

맥도널드 물리학과 빌딩

몬트리올

1904년 2월

| 2판 서문 |

이렇게 빨리, 그것도 이렇게나 많은 새로운 내용을 포함하고, 그 내용을 너무 많이 재배열해서 마치 거의 새 책이나 마찬가지인, 개정판을 출판한 것에 대해 독자들에게 사과한다. 초판을 발행한 지 겨우 1년이 지났지만, 그 기간 동안에 수행된 연구가 너무 많고 그 내용이 너무 중요해서, 저자(著者)가 현재 진행되는 주제를 저술한다는 목표를 포기하지 않는 한, 단순히 중판(重版)을 출판할 수는 없었다.

개정판에서 새로 추가된 세 장이 이 책에서 가장 중요한 변화라고 할 수 있다. 그 세 장에 포함된 내용은 연이은 변화 이론에 대한 자세한 설명과, 라듐과 토륨 그리고 악티늄에서 일어나는 일련의 변환에 대한 분석에 연이은 변화 이론을 적용하는 것이다.

초판에서 방사능 현상에 대한 설명으로 제안되었던 붕괴 이론은, 나중에 수행된 연구에서도 방사성 원소의 변환으로부터 발생하는 일련의 물질들 사이의 연결을 분석하는 데 매우 강력하고 귀중한 방법임이 증명되었다. 붕괴 이론은 라듐과 폴로늄과 방사성 텔루르와 방사성 납의 기원을 밝혀냈으며, 그 붕괴 이론이 이제 1896년 이래로 축적된, 방사능에 대해 실험으로 구한, 겉보기에는 서로 이

질적인 수많은 사실들을 하나의 일관된 전체로 묶었다.

지난 한 해 동안에, 붕괴 이론은 놀라울 정도로 옳다는 것이 입증되었고, 많은 경우에, 방사성 물체가 보인 각종 성질들 사이를 연결하는 데 정성적인 설명뿐 아니라 정량적인 설명까지도 제공하였다. 그러한 증거를 고려하면 방사능이, 한쪽으로는 물리학 그리고 다른 쪽으로는 화학과 밀접한 관련성을 유지하더라도, 독립적인 분야가 되어야 한다고 주장하는 것이 설득력이 있다.

이 개정판은 방사선과 에머네이션이 무엇인지와 그 성질에 관련된 많은 양의 새로운 내용을 포함한다. 이 책의 전체 분량을 제한해야만 했기 때문에, 방사선의 생리학(生理學)상의 효과에 대해서는, 반드시 포함하는 것이 바람직한데도 불구하고, 간단한 스케치만으로 만족해야만 하였다. 그 주제에 대한 문헌이 이미 많이 나와 있으며, 매우 빨리 증가하고 있다. 지면(紙面)이 제한받는 관계로, 방사성 물질의 존재와 관련하여 각종 우물과 우물물과 퇴적물과 토양의 검사를 다룬 수많은 논문은 간단히 언급만 하고 그칠 수밖에 없었다.

이 책을 좀 더 자족적(自足的)으로 만들기 위해, 제2장에 움직이는 이온이 만드는 자기장과, 외부 자기장과 전기장이 움직이는 이온에 미치는 작용과, 음극선 흐름을 구성하는 입자들의 속도와 질량의 결정에 대한 간단한 설명을 포함하였다.

이 책의 끝에 두 부록이 추가되었는데, 하나에는 이 책의 본문으로 포함시키기에는 너무 늦게 끝난 α선 연구에 대한 설명이 포함되었고, 다른 하나에는 각종 방사성 광물의 화학적 성분과, 그 광물들이 발견된 지역과, 그 광물들이 속한 예상 지질 시대와 관련하여 알려진 것들에 대한 간단한 개요가 포함되었다. 후자(後者)를 준비하면서 입은 도움에 대해, 내 친구인 뉴헤이븐의 볼트우드 박사에게 감사한다. 그는 그의 연구 중에 그 광물들의 대부분을 분석하는 기회가 있었는데, 그 광물들에 포함된 우라늄과 라듐의 함량을 구하는 것이 그의 목표였다. 나는 방사성 광물에 대한 이 설명이 여러 방사성 물질과 그 방사성 물질의 변환으로 얻는 방사능을 띠지 않는 생성물 사이의 관계를 설명하기 위해 노력하는 사람들에게 유용하다고 인정받기를 희망한다.

이 책의 초판을 읽은 독자들에게 편리하도록, 차례 다음에 가장 중요하게 추가되거나 변경된 내용이 포함된 절들과 장들의 목록을 추가하였다.

방사능에 대해서는 그렇게도 많은 새로운 연구 결과가 끊임없이 나타나서, 방사능이란 주제에 대해 설명이 완전하도록 저술하는 것은 결코 가능한 일이 아니다. 여러 가지 어려움들 가운데 무엇보다도 심지어 책이 출판을 위해 인쇄되고 있는 바로 그 순간에도 연구 내용을 계속 수정해야 한다는 것이었다.

나는 동료인 하크네스 교수에게 감사를 표하고자 한다. 그는 교정 원고를 수정하면서 보살핌과 수고를 마다하지 않았고 수많은 유용한 제안을 해주었다. 그리고 교정 원고를 수정해주고 색인을 준비해준 R. K. 매클렁 군에게도 감사한다.

어니스트 러더퍼드
맥길 대학
몬트리올, 캐나다
1905년 5월 9일

| 역자 해제 |

어니스트 러더퍼드는 20세기의 가장 위대한 과학자 중 한 사람으로, 1842년에 영국에서 뉴질랜드로 이민 온 기술자인 아버지와 교사인 어머니 사이에서 1871년에 열두 자녀 중 네 번째로 출생했다. 경제적으로 넉넉하지 못했던 가정 형편 탓에 러더퍼드는 뉴질랜드에서 장학금으로 대학에 다녔으며 1893년에 수학과 물리학에서 모두 최우수 성적으로 복수(複數) 전공 석사 학위를 받았다.

러더퍼드는 그다음 해인 1894년에 영국 정부에서 제공하는 연구 장학금을 받고 영국 케임브리지 대학의 캐번디시 연구소에서, 전자(電子)를 발견한 사람으로 유명한 그 연구소의 소장이었던, J. J. 톰슨의 지도를 받으며 연구를 시작했는데, 그곳에서 그는 바로 그의 재능을 알아본 톰슨의 가장 아끼는 제자가 되었다. 캐번디시에서 4년을 보낸 뒤 1898년에 러더퍼드는 그동안의 업적을 인정받아 캐나다의 맥길 대학에 물리학과 맥도널드 석좌교수로 부임했다. 당시 캐나다는 물리학 연구에서는 유럽에 비해 뒤처진 변방이었으나, 러더퍼드는 캐나다의 맥길 대학이 방사능 연구의 중앙 무대가 되도록 만들었고 그곳에서 1908년도 노벨 화학상을 수상하게 될 업적을 이룩했다. 러더퍼드는 자신이 물리학자라고 믿고 있었지만 당시는 방사능 붕괴에 의한 물질의 변환이 화학 반응과는 전혀 무관한 현상임을 아직 알 수 없었던 시기였던 것이다.

한편 영국 맨체스터 대학의 저명한 물리학 교수인 아서 슈스터가 은퇴하면서 후임으로 러더퍼드를 강력하게 추천하여, 러더퍼드는 1907년 영국으로 돌아와 맨체스터 대학의 물리학과 교수로 취임했다. 러더퍼드는 그곳에서 원자핵을 발견하는 실험과 같은 중요한 업적으로 맨체스터 대학을 물리학 분야에서 한층 더 유명하게 만들었다. 러더퍼드는 맨체스터 대학에서 12년 동안 활동하다가, 1919년에 은퇴하는 J. J. 톰슨의 뒤를 이어서 케임브리지 대학 물리학과 교수와 캐번디시 연구소 소장 직을 맡아달라는 요청을 수락했다.

J. J. 톰슨에 이어 캐번디시 연구소를 유럽에서 확고하게 물리학 연구의 중심지가 되도록 만든 러더퍼드는, 그의 소장 재임 기간 동안에 노벨 물리학상을 수상하게 되는 여러 명의 학자들을 양성했다. 중성자를 발견한 채드윅(1935년 수상), 윌슨의 구름상자를 개선하여 새로운 우주선(宇宙線)의 발견에 이르게 한 블래킷(1948년 수상), 높은 에너지의 α선을 이용하여 최초로 인위적인 원소 변환을 일으킨 코크로프트와 월턴(1951년 수상)은 러더퍼드의 직접 지도를 받은 사람들이었고, 그 밖에도 G. P. 톰슨(1937년 수상), 애플턴(1947년 수상), 파월(1950년 수상)도 캐번디시 연구소에서 긴 기간 또는 짧은 기간 동안 실험하면서 러더퍼드로부터 직간접의 영향을 받았다.

그러나 러더퍼드는 왕성한 활동을 하던 중 1937년 나무를 자르는 힘든 일을 하다가 갑자기 간단한 탈장(脫腸) 수술을 받게 되었는데, 결국에는 그로부터 쾌유되지 못하고 며칠 뒤 안타깝게도 66세를 일기로 운명했다. 그의 유해는 웨스트민스터 사원의 아이작 뉴턴의 묘 옆에 안장되었다.

러더퍼드는 세 가지의 탁월한 업적을 통하여 핵물리학 분야를 창시하고, 원자의 구조에 대한 관점을 근본적으로 바꾸며, 20세기의 물리학 발전 방향을 항상 선도해 나갔다. 첫 번째 업적은 그가 맥길 대학에서 α선에 대한 연구를 수행하면서 이루어졌는데, 그는 원소란 결코 바뀔 수 없다는 종전의 관념을 뒤집고, 무거운 원소가 약간 더 가벼운 원소로 저절로 바뀔 수 있음을 최초로 증명했으며, 이 업적으로 1908년 노벨 화학상을 수상했다. 두 번째 업적은 맨체스터 대학에서 이루어졌는데, α선을 금박(金箔)에 보내는 실험을 통하여 당시 상상했던 것과는 전혀 달리 원자의 중심부 아주 작은 부분에 원자핵이 존재함을 발견함으로써, 원자의 내부 세계를 탐구하는 첫걸음을 내딛게 만들었다. 세 번째 업적은 1919년 맨체스터 대학에서 시작해서 캐번디시 연구소에서 완성했는데, 방사능 원소에서 방출된 높은 에너지의 α선과 충돌한 질소가 빨리 움직이는 양성자를 내보내고 산소로 변환되는 것을 확인했다. 이로써 러더퍼드는 인류 역사상 처음으로 인위적인 방법에 의해 한 원소를 다른 원소로 바꿨고, 사람들은 그를 최초의 성공한 연금술사라고 불렀다.

이 책은 19세기 말에 갑자기 출현한, 당시 과학에서 전혀 새로운 현상이었던, 방사능 분야에 대한 설명을 담고 있다. 방사선은, 뢴트겐이 발견한 X선과 비슷한 현상을 자신도 찾아낼 욕심으로, 인광(燐光)에 대해 연구하던 베크렐에 의해 1896년에 참으로 우연히 발견되었다. 방사선의 발견이 발표된 초기에는 사람들이 별 관심을 보이지 않아 베크렐이 우울증에 걸릴 정도로 의기소침했지만, 퀴리 부부의 끈질긴 노력으로 방사선을 방출하는 새로운 원소인 라듐과 폴로늄을 발견하면서 방사능이라는 전혀 예상치 못했던 현상을 규명하려는 학자들의 관심이 집중되었고, 퀴리 부부와 베크렐이 1903년 방사선을 발견한 공로로 노벨 물리학상을 수상하면서 방사능 분야가 20세기 초 해결되어야 할 가장 주목받는 신비한 분야로 대두했다.

이 책이 저술된 1905년까지 방사선과 관련된 현상은 당시 알려진 지식으로는 도저히 이해되지 않았다. 일부 원소로부터 물질을 투과하는 보이지 않는 강력한 방사선이 어떻게 나올 수 있는지, 방사선이 나르는 에너지의 근원은 무엇인지 알 수 없었고, 시간에 따라 방사성 물질에서 방출되는 방사능이 감소하는 것으로부터 화학 반응과는 전혀 다른 방법으로 한 가지 종류의 물질이 다른 종류의 물질로 바뀌는 증거 앞에서 어떻게 할지를 몰랐다. 종전의 방법으로는 검출되지도 않을 극소량의 방사성 물질도 강력한 방사선을 방출했으므로, 학자들은 그런 극소량의 물질을 연구하는 새로운 장치와 기술을 고안해야만 했다. 방사능과 관련된 실험에 의해서 원자에 대해 전에는 도저히 상상할 수도 없었던 혁신적인 아이디어가 도출되었고 원자가 내포하고 있는 막대한 에너지에 대한 단서가 포착되었다.

그러나 방사능을 연구하는 학자들이 아무리 능력이 있다고 하더라도 방사능 현상에서 알려진 새로운 현상의 불가사의한 점들은 절대로 풀릴 수 없었다. 이 과제가 해결되기 위해서는 원자의 내부 세계인 미시 세계에 대한 근본적인 법칙인 양자역학이 발견되기까지 기다려야만 되었다. 한편, 반대로 방사능 현상이 보여준 전혀 예상하지 못했던 규칙성들은 미시 세계를 지배하는 진리를 찾아내는 데 없어서는 안 되는 길잡이 역할을 톡톡히 해냈다.

이 책은 방사선이 발견되고 방사능 현상에서 관찰되는 규칙성들이 드러나기까지 이어지는 흥미진진한 이야기가 일반 독자들도 이해할 수 있는 방법으로 저술되어 있다. 이 책에서는 방사능 현상에 대해 알려진 것을 단순히 설명하는 것에 그치지 않고, 방사능과 관련된 과학적 그리고 철학적 측면들을 검토하며, 과학이란 무엇인가라는 좀 더 근본적인 문제까지 확장하여 다룬다.

이 책이 출판된 1905년은 물리학의 대변혁에 대한 기대로 흥분과 감동이 막 점화되려던 시기였다. 사실 현대적인 의미의 물리학은 뉴턴이 1687년 그의 저서 『프린키피아』를 출판하며 시작되었다고 말해도 과언이 아니다. 그 이후 300년 동안 학자들은 갖가지 자연 현상에 뉴턴의 물리학을 적용하여 설명되지 않는 것이 없었기 때문에 19세기 말에 이르러서는 자연 현상에 대해 인간이 모르는 비밀은 없다고 믿기에 이르렀다. 그런데 19세기가 끝나고 20세기가 시작되면서 예상과는 다르게 뉴턴의 물리학으로는 이해될 수 없는 현상들이 하나둘 드러나기 시작했다.

그러한 대변혁의 출발은 1895년 크룩스관을 이용해 실험을 하던 독일의 뢴트겐이 우연히 X선을 발견한 것이었다. 그 뒤 뢴트겐의 X선 발견에 자극을 받고 X선과 비슷한 광선을 발견하려고 인광(燐光) 물질을 조사하던 베크렐은, 사실은 인광과는 별 관계없이, 순전히 우연히 1896년 방사선을 발견했다. 방사선은 초기에는 별 관심을 받지 못하였으나 1898년 퀴리 부부가 강력한 방사선을 방출하는 새로운 원소인 라듐과 폴로늄을 발견한 뒤 새롭게 관심의 대상이 되었다. 그러나 X선과 방사선이 왜 방출되는지, 그리고 이들이 나르는 막대한 에너지의 근원은 무엇인지 알 수가 없었다. 그리고 역시 크룩스관을 이용해서 음극선의 정체가 무엇인지 연구하던 영국의 J. J. 톰슨은 1897년 음극선이 미립자의 흐름이라는 결론을 내리고 그 미립자를 전자(電子)라고 불렀다. 그러나 원자보다도 더 작고 원자로부터 나온 것처럼 보이는 전자 또한 설명할 길이 없었다. 그뿐 아니라, 독일의 플랑크는 1900년 흑체 복사 곡선을 설명하는 공식을 유도하는 과정에서 진동수가 f 인 빛이 나르는 에너지는 플랑크 상수라 불리는 상수 h를 곱한 hf 의 정수배인 값만을 가져야 한다는 양자화 가설에 도달하였다. 그리고 1905년에는 당시에는 이해하기가 어려웠던 광전 효과 현상에 플랑크의 양자화 가설을 적용하여 빛이 입자의 성질을 가짐을 보였다. 그러나 에너지의 양자화나 빛이 파동과 입자의 양면성을 가지고 있다는 것은 종전의 물리학으로는 설명이 불가능하였다.

이러한 현상들을 설명하기 위한 물리학자들의 끈질긴 노력은 이로부터 20~30년 뒤 미시 세계의 자연법칙인 양자역학까지 도달하는 원동력이 되었으며 러더퍼드도 그 과정에서 큰 역할을 담당하였다. 그렇지만 러더퍼드가 이 책을 발표한 1905년에는 방사선을 방출하는 원자핵의 존재 자체를 알지 못하고 있었을 뿐 아니라, 당시 알려지기 시작한 이런 현상들을 설명하는 데 그렇게도 믿었던 뉴턴의 물리학은 전혀 쓸모가 없었다. 그런 시기에 러더퍼드는 이 책에서 자신이 방사능에 대해 직접 실험을 통하여 분석한 내용뿐 아니라, 그때까지 실험에 의해 드러난 대부분의 현상들을 논리적으로 이해하기 위하여 체계적으로 정리하고 분석한 내용을 설명하였다.

역자
대학동 에자연
서울
2020년 6월

차례

독자들에게 편리하도록, 많은 부분이 새로운 내용이거나, 또는 부분적으로나, 또는 완전히 새로 저술된 내용을 포함하고 있는 절들과 장들의 목록을 아래 첨부하였다.

제1장	18절, 20-23절
제2장	48-52절
제3장	69절
제4장	83-85절, 92절, 93절, 103절, 104절, 106-108절, 111절, 112절
제5장	115절, 117절, 119절, 122절
제7장	171-173절
제8장	182-184절, 190절
제9-14장	대부분 다시 저술됨.

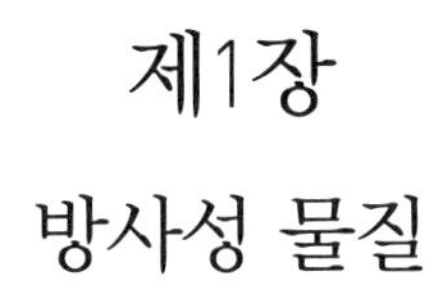

제1장
방사성 물질

1. 서론

지난 세기(世紀)가 끝나고 새로운 세기가 시작되면서[1] "전기와 물질 사이의 관계"라는 대단히 중요하지만 상대적으로 조금밖에 알려지지 않은 주제에 대한 우리의 지식이 매우 빠르게 증가하였다. 새롭게 드러난 현상 자체가 지닌 놀라운 면모로부터 얻은 것은 물론이고, 그 현상을 지배하는 법칙으로부터 얻은 연구 결과는, 연구자 자신들도 깜짝 놀랄 정도의 큰 수확이었다. 이 주제에 대해 더 많이 조사하면 할수록, 관찰된 놀라운 결과들을 설명하기 위해서는, 물질의 구성 요소가 점점 더 복잡하다고 가정해야만 되었다. 실험 결과는 원자 자체가 매우 복잡하게 구성되어 있다고 생각하게 만들었지만, 동시에 그 실험 결과는 물질이 불연속적인 구조, 즉 원자로 이루어져 있다는 이전의 이론도 틀리지 않음을 확인시켜주었다. 방사성 물질에 대한 연구[2] 그리고 기체를 통한 전기(電氣)의 방전(放電)에 대한 연구는 종전의 원자 이론[3]에 대한 기본 생각들이 옳았다는 대단히 강력한 실험적 증거를 제공하였다. 그 연구는 또한 원자가 물질의 가장 작은 단위가 아니고 많은 수의 더 작은 물체들이 모인 복잡한 구조임을 암시하였다.

이 주제에 대한 연구를 시작하게 만든 주된 동기는, 음극선(陰極線)[4]에 대한 레나르트[5]의 실험과 뢴트겐[6]의 X선 발견이 제공하였다. X선을 쪼인 기체

1) 여기서 지난 세기와 새로운 세기는 각각 19세기와 20세기를 의미한다.

2) 방사성 물질이란 방사선을 방출하는 물질을 말하며, 방사선이란 이 책이 나오고 상당히 긴 기간이 지난 뒤에야 분명해졌지만, 불안정한 원소의 원자핵에서 저절로 방출되는 α선, β선, γ선을 말한다.

3) 여기서 종전의 원자 이론이란 단순히 물질이 원자로 구성되어 있다는 제안을 의미한다.

4) 높은 전위차를 걸어준 도체 사이에서 방전이 일어나 음극에서 방출된 전자들의 흐름이 음극선(陰極線)이다.

5) 레나르트(Philipp Lenard, 1862-1947)는 체코슬로바키아 출신의 독일 물리학자로 음극선에 대한 연구의 공로로 1905년 노벨 물리학상을 수상하였다.

가 갖게 된 전도성(傳導性)에 대한 조사로부터, 기체를 통하여 전달되는 전기(電氣)는 대전(帶電)된 이온에 의해 운반된다는 전기 이동의 메커니즘에 대한 명료한 개념에 이르게 되었다. 이와 같은 기체의 이온화 이론은 불꽃과 증기를 통한 전기의 이동뿐만 아니라, 진공관에서 전기가 방전(放電)될 때 관찰되는 복잡한 현상에서 전기의 이동도 역시 만족스럽게 설명할 수 있음이 밝혀졌다. 동시에, 음극선에 대한 추가 연구에 의해, 음극선은 굉장히 빠른 속력으로 움직이며 겉보기 질량이 수소 원자의 질량에 비해 훨씬 더 작은 물질 입자들의 흐름으로 이루어졌음이 밝혀졌다. 음극선과 뢴트겐선[7] 사이의 관계 그리고 뢴트겐선의 정체가 무엇인지도 또한 명료하게 되었다. 전기 방전의 성질에 대한 이러한 훌륭한 실험 연구의 상당 부분은 케임브리지 대학의 캐번디시 연구소에서 J. J. 톰슨 교수[8]와 그의 제자들에 의해 수행되었다.

자연에 천연적으로 존재하는 물질이 X선과 비슷한 암흑 방사선[9]을 방출하는지 조사하는 과정에서 방사성 물체[10]를 발견하게 되었는데, 그런 물체는 방사선을 저절로 내보내는 성질을 가지고 있으며, 그 방사선은 눈에는 보이지 않지만 사진건판을 감광시키는 능력 그리고 전기를 띤 물체를 방전시키

6) 뢴트겐(Wilhelm Conrad Röntgen, 1845-1923)은 독일의 물리학자로 1895년 크룩스관을 이용한 실험을 하던 중 우연히 X선을 발견하고 그 공로로 1901년 1회 노벨 물리학상을 수상하였으며 베크렐이 방사선을 발견하게 된 연구의 동기를 부여하였다.

7) X선을 뢴트겐선이라고도 부른다.

8) J. J. 톰슨(Joseph John Thomson, 1856-1940)은 영국의 물리학자로 케임브리지 대학 물리학 교수 겸 캐번디시 연구소 소장으로 있으면서 음극선 실험을 이용하여 전자를 발견한 공로로 1906년 노벨 물리학상을 수상하였다. 그는 이 책의 저자인 러더퍼드의 지도 교수였으며 그가 은퇴하고 러더퍼드가 캐번디시 연구소 소장이 되었다.

9) 원문에서 "dark radiation"을 역자는 "암흑 방사선"이라고 번역하였다. 여기서 dark는 눈에 보이지 않는다는 의미로 사용되었다. X선이 최초로 눈에 보이지 않으면서도 사진건판을 감광시킨 존재였는데, X선이 발견된 뒤 당시 사람들은 그렇게 눈에 보이지 않으면서도 사진건판을 감광시키는 다른 종류의 방사선을 발견하려고 노력하였다.

10) 방사성 물체란 방사선을 방출하는 물체를 말한다.

는 능력에 의해서 쉽게 검출되었다. 방사성 물체를 정밀 연구함으로써 단지 방사선 자체의 성질뿐만 아니라 그러한 물질에서 발생하는 과정에 대해서도 역시 상당한 해결의 실마리를 제공하는 많은 새롭고도 놀라운 현상들이 드러났다. 그러한 현상들이 대단히 까다로운 성질을 가지고 있음에도 불구하고, 이 주제에 대한 지식은 매우 신속하게 발전하였고, 이제 굉장히 많은 양의 실험 자료가 축적되었다.

방사능 현상에 대해 설명하기 위하여, 러더퍼드와 소디[11]는 방사성 원소[12]에 속하는 원자는 저절로 붕괴하여[13] 원래의 어미 원소와는 다른 화학적 성질을 갖는 방사성 물질들을 잇달아 차례로 생성시킨다는 이론을 제안하였다. 방사성 원소에 속한 원자는 방사선을 내보내면서 쪼개지는데, 이때 방출되는 방사선을 이용하면 붕괴가 일어나는 비율을 상대적으로 측정하는 것이 가능하게 된다. 이 이론은 방사능에 대해 알려진 모든 사실을 만족스럽게 설명하며, 서로 연관성이 없다고 분리되었던 상당히 많은 사실들을 하나의 일관된 전체로 통합시킨다고 알려졌다. 이 견해에 따르면, 방사성 물체로부터 끊임없이 방출되는 에너지는 원자가 원래부터 가지고 있는 내부 에너지로부터 유래되며, 그래서 어떤 방법으로도 에너지 보존 법칙을 위배하지 않는다.[14] 그럼에도 불구하고 동시에, 이 이론은 막대한 양의 잠재적인 에너지가

11) 소디(Frederick Soddy, 1877-1956)는 영국의 물리학자로 옥스퍼드 대학을 졸업하고 1898년에서 1907년까지 캐나다의 맥길 대학에서 러더퍼드와 함께 방사능에 대해 연구했다. 소디는 최초로 원자 번호는 같지만 원자량이 다른 원소를 말하는 동위 원소의 존재를 밝힌 공로로 1921년 노벨 화학상을 수상하였다.

12) 방사성 원소는 방사선을 저절로 방출하는 원소이다.

13) 여기서 원자가 붕괴(decay)한다는 것은 그 원자가 속한 원소가 아닌 다른 원소에 속한 원자로 바뀐다는 의미이다. 당시에는 아직 알지 못했지만, 원자핵에서 α선과 β선이 나오면 그와 함께 원자핵의 양성자 수와 중성자 수가 바뀌어 원래와는 다른 원소가 되는데 그것을 원자가 붕괴한다고 말한다.

14) 방사선이 발견된 초기에는 화학 반응에서 방출되는 에너지와 비교하여 방사선이 대단히 많은

방사성 원소에 속한 원자 자체에 내재되어 있음을 암시한다. 이런 에너지의 저장은 전에는 결코 관찰되지 않았는데, 그 이유는 우리가 이용할 수 있는 수단인 화학 작용이나 물리적 힘으로는 각 원소에 속한 원자를 더 간단한 형태로는 결코 쪼갤 수가 없었기 때문이다.

이 이론으로부터 우리는 방사성 물체들끼리는 한 종류의 물질이 틀림없이 다른 종류의 물질로 바뀌는 것을 목격한다. 이러한 붕괴 과정은 화학적 방법을 이용하여 직접 조사된 것이 아니라, 방사성 물체가 갖고 있는 특정한 방사선을 방출하는 성질에 의해서 간접으로 조사되었다.[15] 라듐과 같이 방사능이 매우 강한 경우를 제외하면, 붕괴 과정은 아주 느리게 진행되어서, 그런 붕괴 과정에 의해 변환된 물질의 양이 정밀한 저울 또는 분광기에 의해 검출될 정도로 많아지기까지는 수백 년에서 수천 년이 걸린다. 그렇지만 라듐에서는 유한한 기간 이내에 이런 질문에 대해 확실한 화학적 증거[16]를 얻는 것이 가능할 정도의 빠른 비율로 붕괴 과정이 진행된다. 최근에는 라듐으로부터 헬륨을 얻을 수 있다는 사실이 발견되었는데, 이것 역시 이 이론이 옳다는 강력한 증거가 되었다. 왜냐하면 그런 실험적 증거가 나오기 전에 이미 방사성 원소가 붕괴하면 생길 수 있는 결과물로 헬륨이 제안되었기 때문이다. 방사성 물체가 변환되면 생길 수 있는 몇 가지 생성물들에 대해서도 이미 검토되었으며, 그러한 물질들에 대한 심화된 연구는 화학적 탐구에 대한 새롭고도 중요한 분야가 열리게 될 것임을 약속해준다.

이 책에서는 붕괴 이론[17]을 이용하여, 방사능에 대한 실험적 사실들과 그

양의 에너지를 가지고 방출되기 때문에 방사선이 나르는 에너지의 에너지원이 무엇인지 그리고 에너지 보존 법칙이 위배되는 것은 아닌가 하는 의문이 제기되었다.

15) 이 문장은 물질의 변환은 단지 화학적 반응에 의해서만 일어난다고 알고 있던 당시에, 화학적 방법이 아닌 다른 방법으로 그러한 변환이 일어나는 현상을 연구한 것이라는 점을 강조하였다.

16) 새로운 물질이 만들어졌다는 사실을 화학적 방법에 의해 확인한다는 의미이다.

사실들 사이의 관계를 설명한다. 관찰된 현상 중에서 많은 부분은 정량적인 방법으로 조사될 수 있으며, 어떤 이론이라도 그 이론이 설명하려고 추구하는 사실과 부합하는지를 확인하는 일은 궁극적으로 정확한 측정 결과에 의존하지 않을 수 없기 때문에, 정량적인 성격의 연구에 중점을 두었다.

어떤 이용 가능한 이론이라도 그 이론의 가치는 예외 없이 그 이론이 연관시킬 수 있는 실험 사실들의 수(數) 그리고 새로운 연구 분야로 확대시키는 그 이론의 능력에 의해 결정된다. 그런 관점에서, 붕괴 이론은 이미 그 결과에 의해서 정당성이 밝혀지고 있지만, 붕괴 이론이 궁극적으로 옳다고 판명될지는 아직 확실하지 않다.[18]

2. 방사성 물질

"방사능"이라는 용어는 이제 우라늄과 토륨, 라듐 그리고 이 원소들의 화합물과 같은 급의 물질에 일반적으로 적용된다. 그런 방사성 물질은 금속판을 투과하고 보통 빛에게는 불투명한 다른 물질도 투과할 수 있는 방사선을 저절로[19] 방출하는 성질을 가지고 있다. 이러한 방사선의 특징으로는, 물질을 투과하는 능력 이외에도, 사진건판에 작용하여 흔적을 남기고, 대전(帶電)된 물체를 방전시키는 능력을 가진다는 것이 있다. 그뿐 아니라, 라듐과 같은 강력한 방사성 물체는 부근에 놓인 물질이 눈에 띄게 인광(燐光)과 형광(螢光)을 내도록 만들 수 있다. 위와 같은 관점에서 방사선은 뢴트겐선과 유사한

17) 붕괴 이론은 방사능 현상을 설명하기 위해 러더퍼드와 소디가 제안한 이론으로, 앞으로 이 책에서 자세히 설명된다.

18) 러더퍼드와 소디가 제안한 붕괴 이론이 왜 성립하는지는 나중에 양자역학에 의해 소상히 밝혀진다.

19) 원문에서 "spontaneously"를 역자는 "저절로"라고 번역하였다. 이는 정해진 조건 아래서가 아니라 언제든지라는 의미로 일부 다른 책에서는 "자발적으로"라고도 번역된다.

성질을 가지고 있지만,[20] 앞으로 대부분의 방사선에서 뢴트겐선과 비슷한 부분은 지극히 한정되어 있음을 알게 될 것이다.

방사성 물체가 가지고 있는 가장 놀라운 성질은, 지금까지 알려진 것에 따르면, 외부로부터 어떤 들뜨게 만드는 원인을 작용을 받지 않더라도,[21] 에너지를 저절로 그리고 끊임없이 일정한 비율로 방사(放射)시키는[22] 능력이다. 시간이 흐르더라도 방사선을 방출하는 물질에 어떤 두드러진 변화도 관찰되지 않으므로, 언뜻 보기에 이 현상은 마치 에너지 보존 법칙을 직접 위반한 것처럼 보인다. 더구나 방사성 물체는 지각(地殼)에서 처음 형성되었을 때부터 계속해서 꾸준히 에너지를 방사하고 있었을 것임을 고려하면, 이 현상은 더 더욱 놀랍다.

뢴트겐에 의해 X선이 발견된 직후부터 수많은 물리학자들은 금속을 투과할 수 있고 빛에는 불투명한 다른 물질도 투과할 수 있는 방사선을 내보내는 성질을 지닌 다른 물질이 자연에 존재하는지 조사하기 시작하였다. X선이 만들어지는 것이 다양한 물체에서 강력한 형광(螢光)이나 인광(燐光)을 발생시킨 원인이 된 음극선과 어떤 방법으로든 연관되어 있었으므로, 가장 먼저 검토된 물질은 빛을 쪼였을 때 인광을 내는 물질이었다. 니벤글로브스키[i]가 이런 방면으로 첫 번째 관찰을 했는데, 그는 햇볕에 노출된 황화칼슘이 검정색 종이를 통과할 수 있는 방사선을 방출한다는 것을 발견하였다. 그로부터 얼마 뒤 특별히 준비된 황화칼슘을 이용한 H. 베크렐[ii]과 여섯 가지 물질을 혼합한 시료를 이용한 트루스트[iii]에 의해 비슷한 결과가 발표되었다. 이 결과들

20) 당시에 발견된 지 얼마 되지 않은 X선도 일부 불투명한 물질을 투과하고 사진건판을 감광시키며 인접한 물질에 형광과 인광을 유발시키는 성질을 갖고 있음이 알려져 있었다.
21) 외부로부터 들뜨는 원인을 제공받지 않는다는 것은 외부로부터 에너지가 주입되지 않는다는 의미이다.
22) 여기서 "에너지를 방사한다"는 것은 "에너지를 지닌 방사선을 방출한다"는 의미이다.

은 그 뒤에 아널드[iv]가 발표한 논문에서 다시 확인되고 더 확장되었다. 이러한 어느 정도 의심스러운 결과들에 대해 검은 종이가 빛을 구성하는 파동 중에서 일부에게는 투명할 것이라는 견해를 제외하고는 아직 어떤 만족스러운 설명도 나오지 않았다. 동일한 시기에 르봉[v]은 어떤 물체에 햇빛을 쪼여주면 눈에는 보이지 않지만 사진건판을 감광(感光)시키는 방사선을 방출한다는 것을 증명하였다. 이 결과들을 주제로 집중적인 논의가 수행되었지만, 이 효과들은 보통 빛에는 불투명한 일부 물질을 투과시킬 수 있는 파장이 짧은 자외선 빛에 의해 생긴 효과임을 의심할 여지는 거의 없어 보였다. 이런 효과들이 그 자체로는 매우 흥미로운 것이 틀림없지만, 이제 앞으로 다루게 될 방사성 물체에서 관찰되는 효과와는 그 성격이 아주 다르다.

3. 우라늄

M. 앙리 베크렐[23)]이 1896년 2월 우라늄과 포타슘의 이중 황산염인 우라늄염으로부터 검정 종이로 둘러싼 사진건판을 감광시킨 미지(未知)의 방사선이 나오는 것을 발견하였는데,[vi] 이것은 방사능이라는 주제에 대해 발표된 첫 번째 중요한 발견이었다. 그 방사선은 얇은 금속판 그리고 빛은 통과하지 못해 불투명한 다른 물질도 역시 투과할 수 있었다. 사진건판에 남겨진 흔적은 그 물질에서 떨어져 나온 증기 때문이라고 볼 수는 없었는데, 그 이유는 검정 종이 위에 우라늄 염을 직접 놓거나 유리로 만든 얇은 판을 우라늄 염과 사진건판 사이에 놓거나 똑같은 효과가 생겼기 때문이었다.

베크렐은 나중에 모든 종류의 우라늄 화합물은 물론 우라늄[24)] 금속 자체

23) 베크렐(M. Henri Becquerel, 1852-1908)은 프랑스의 물리학자로 뢴트겐의 X선 발견에 자극을 받고 인광 물질에 대해 연구하다가 우연히 방사선을 발견하였고 그 공로로 퀴리 부부와 함께 1903년 제3회 노벨 물리학상을 공동으로 수상하였다.

도 동일한 성질을 가지고 있으며, 비록 방사능이 작용하는 양은 서로 다른 화합물에 따라 약간 차이가 날지라도, 모든 경우에 그 효과는 서로 비교될 수 있을 정도로 비슷하다는 것을 발견하였다. 처음에는 이런 방사선의 방출이 어떤 방법으로든 인광(燐光)을 내는 능력과 연관된다고 가정하는 것이 논리상 자연스러워 보였지만, 더 뒤에 관찰된 결과들에 의하면 그들 사이에는 어떤 관계도 없음이 밝혀졌다. 원자가(原子價)가 높은 우라늄 염은 인광을 내지만 원자가가 낮은 우라늄 염은 인광을 내지 않는다. 인광계(燐光計)[25] 아래서 원자가가 높은 우라늄 염에 자외선을 쪼이면 인광이 약 0.01초 동안 지속된다. 이 우라늄 염이 물에 녹아 있을 때는 그 지속 시간이 줄어든다. 사진건판에 남겨진 방사능의 양은, 어떤 종류의 우라늄 화합물이 이용되었는지에는 전혀 의존하지 않고, 단지 그 화합물에 포함된 우라늄의 양에만 의존한다. 인광을 내지 않는 화합물의 경우에도 포함된 우라늄의 양만 같으면 인광을 내는 화합물과 사진건판에 동일하게 작용한다. 방사선을 내는 물체를 어두운 곳에 계속 놓아두더라도 방출되는 방사선의 양은 바뀌지 않는다. 그런 방사선은 용액에서도 나오고, 어두운 곳에 준비된 다음에 결코 빛에 노출된 적이 없는 용액에서 침전된 결정체에서도 나온다. 이것은 결정체가 광원(光源)에 노출됨으로써 그 결정체에 저장되었던 에너지가 점차로 방출되는 것이 방사선의 원인이라고는 어떤 방법으로도 생각할 수 없음을 보여준다.

24) 우라늄은 원자 번호가 92인 은회색의 방사성 금속 원소이다.
25) 인광계(燐光計, phosphoroscope)란 시료에 빛을 번갈아 쪼이고 적당한 시간이 지난 다음 인광의 세기를 측정하는 장치를 말한다.

4.

이와 같이 물질을 투과하는 방사선을 방출하는 능력은, 우라늄 금속은 물론 모든 우라늄 화합물에서 나타나기 때문에, 우라늄이라는 원소가 지닌 특유의 성질인 것처럼 보인다. 우라늄으로부터 나오는 이러한 방사선은 중단되지 않고 끊임없이 나오는데, 적어도 지금까지 관찰된 것에 따르면, 시간이 경과되더라도 그러한 방사선이 방출되는 세기나 그러한 방사선이 지니고 있는 특성이 변하지 않고 그대로 유지된다. 베크렐은 방사선의 그러한 불변성이 오랜 기간 동안 계속해서 유지되는지 확인하는 실험을 수행하였다. 원자가가 높은 우라늄 염과 원자가가 낮은 우라늄 염의 시료들을 두꺼운 납으로 제작된 두 겹의 상자에 넣고 그 전체를 빛에 노출되지 않도록 보관하였다. 간단한 배열에 의해, 검정 종이로 겹겹이 포장한 우라늄 염 위의 정해진 높이의 위치에 사진건판을 장치할 수가 있다. 그 사진건판을 48시간의 간격으로 노출시키고 사진건판에 남겨진 흔적을 비교한다. 그러한 관찰을 4년 동안 계속했지만 방사선이 약해지는 것을 감지(感知)할 수가 없었다. 퀴리 부인[26)]은 나중에 설명될 예정인 전기적(電氣的) 방법에 의해서 5년 동안 우라늄의 방사능을 측정하였는데, 그 기간 동안 감지할 수 있을 정도의 어떤 변화도 발견하지 못하였다.[vii]

이와 같이 우라늄은 알려진 에너지 공급원이 전혀 없는데도 불구하고 스스로 끊임없이 에너지를 방사(放射)하기 때문에, 혹시 이미 알려진 물질이나

26) 퀴리 부인(Marie Curie, 1867-1934)은 폴란드 출신의 프랑스 물리학자로 방사선을 발견한 베크렐 그리고 남편인 필립 퀴리와 함께 1903년 노벨 물리학상을 공동으로 수상하였다. 베크렐이 방사선을 발견한 직후에는 방사선이 별 관심을 받지 못하였으나, 그로부터 몇 년 뒤, 퀴리 부부가 방사능에 대한 분석을 다시 시작하여 방사성 원소의 정체를 밝힘으로써 방사선의 중요성이 인정받게 되었다.

원인에 의해서 방사선이 방출되는 비율이 조금이라도 영향을 받을 것인지에 대한 의문이 대두되었다. 그러나 방사선을 내는 물체에 자외선이나 적외선 또는 X선을 쪼였지만 어떤 변화도 관찰되지 않았다. 베크렐은 아크등과 스파크 불빛으로 우라늄과 포타슘의 이중 황산염을 비췄더니 방사능이 약간 증가했다고 보고했지만, 그는 거기서 관찰된 미약한 효과는 우라늄의 일정한 방사선에 추가로 중첩된 또 다른 방사능에 의한 것이라고 판단하였다. 우라늄 방사선의 강도(强度)는 온도를 200℃ 와 액체 공기의 온도 사이에서 변화시키더라도 영향을 받지 않는다. 이 문제에 대해서는 나중에 더 자세히 다룰 예정이다.

5.

사진건판을 감광시키는 이러한 작용 이외에도, 베크렐은 우라늄선[27]이 뢴트겐선과 마찬가지로 양전하로 대전된 물체와 음전하로 대전된 물체 모두를 방전시키는 중요한 성질을 가지고 있음을 증명하였다. 그 결과들은 켈빈 경과 스몰란 그리고 베아티에에 의해 확인되고 더욱 확장되었다.[viii] 이 책의 저자[28]는 우라늄에 의해 야기된 방전의 성질을 뢴트겐선에 의해 야기된 방전의 성질과 면밀히 비교하였고,[ix] 우라늄이 보인 방전시키는 성질은 방사선이 주위 기체 전체를 대상으로 만들어낸 대전(帶電)된 이온이 원인이었음을 밝혀내었다. 이 성질은 모든 방사성 물체로부터 방출되는 방사선을 정량적 그리고 정성적으로 조사하는 데 기초가 되었는데, 이는 제2장에서 자세하게 논의될 것이다.

27) 우라늄선이란 우라늄이 원인이 되어 방출된다고 생각한 방사선을 의미한다.
28) 이 책의 저자는 러더퍼드이다.

이와 같이 사진건판을 감광시킨다거나 전기적인 작용을 발생시킨다는 점에서 우라늄에서 나오는 방사선의 성질이 뢴트겐선의 성질과 비슷하지만, 평범한 X선관[29]에서 나오는 방사선에 의한 효과와 우라늄선에 의한 효과를 비교하면 우라늄선에 의한 효과는 지극히 미약하다. 뢴트겐선의 경우에는 몇 분 또는 심지어 몇 초 만에 사진건판에 짙은 흔적을 만드는 데 반하여, 검정 종이로 둘러싼 우라늄 화합물을 사진건판과 가까운 곳에 놓아두더라도 선명한 흔적을 남길 정도의 작용이 생산되기 위해서는 사진건판을 우라늄선에 여러 날 노출시켜야 한다. 적당한 방법을 이용하면 매우 간단히 측정할 수 있는 우라늄선에 의한 방전시키는 작용 또한 보통 X선관에서 나오는 X선에 의한 그러한 작용과 비교하면 별로 크지 않다.

6.

우라늄에서 나오는 방사선은 즉시 반사되거나 굴절되거나 편광되는 증거를 보이지 않는다.[x] 비록 우라늄에서 나오는 방사선이 즉시 반사되지는 않지만, 그런 방사선이 고체로 된 장애물과 충돌한 곳에서 외관상으로 흩어진 반사가 관찰된다. 이것이 실제로는 처음 나온 원래 방사선이 물질과 충돌할 때 생기는 2차 방사선[30]에 의한 것이다. 이러한 2차 방사선이 존재했기 때문에 처음에는 우라늄에서 나오는 방사선도 보통 빛[31]과 마찬가지로 반사되고 굴절될 수도 있다는 잘못된 견해가 생기게 만들었다. 지금까지 알려진 지식에

29) 유리관 내부의 공기를 제거하고 불활성 기체를 채운 관의 양단에 높은 전위차를 걸어주면 X선이 발생하는데, 이렇게 X선을 발생시키는 관을 음극선관, 크룩스관 또는 X선관이라 부른다.
30) 방사성 물질에서 저절로 방출되는 방사선이 1차 방사선이라면, 1차 방사선이 물체와 충돌하여 추가로 발생하는 방사선이 2차 방사선이다.
31) 여기서 보통 빛은 가시광선을 의미한다.

비추어, 우라늄으로부터 나오는 물질을 투과하는 성질을 갖는 방사선은 반사되지도, 굴절되지도, 또는 편광되지도 않는다고 결론지을 수 있다. 주된 효과가 사진건판을 감광시키는 것인 우라늄 방사선은, 이제 자기장 아래서 휘어질 수도 있으며 모든 측면에서 음극선과 비슷하다고, 다시 말하면 음극선처럼 매우 빠른 속도로 움직이는 작은 입자들로 구성되어 있다고 알려져 있다. 그래서 우라늄 방사선은 횡파인 빛 파동이 정상적으로 가지고 있는 성질들은 갖지 않을 수도 있을 것이라고 예상된다.[32)]

7.

우라늄에서 나오는 방사선에는 여러 가지 종류가 있는데, 물질을 투과하고 자기장 아래서 휘어지는 방사선 외에도, 매우 얇은 금속 박막(薄膜)을 투과하거나 공기 속에서 몇 센티미터 정도 지나가면서 아주 쉽사리 흡수되는 방사선도 또한 나온다. 이러한 방사선이 사진건판을 감광시키는 작용은 물질을 투과하는 방사선에 비해 매우 미약하지만, 대전된 물체를 방전시키는 것은 주로 그러한 방사선이 원인이 된다. 이러한 두 가지 종류의 방사선 외에도, 물질을 투과하는 능력은 매우 강하지만 자기장 아래서 휘어지지는 않는 방사선도 나온다. 사진건판을 이용해서 그런 방사선을 검출하기는 어렵지만, 전기적(電氣的) 방법에 의해서 어렵지 않게 조사될 수 있다.[33)]

32) 빛이 횡파인 것은 질량을 수반하지 않기 때문이며, 그래서 질량 입자로 구성된 방사선은 횡파일 수가 없다는 의미이다.

33) 오늘날에는 물질을 가장 잘 투과하고 자기장 아래서 많이 휘어지는 방사선은 α선이고, 매우 얇은 금속 박막이나 공기를 진행하면서 쉽게 흡수되는 방사선은 β선이며, 물질을 투과하는 능력은 강하지만 자기장에서 휘어지지 않는 방사선은 γ선임을 알고 있다.

8.

저절로 방출되면서 물질을 투과하는 방사선의 성질이 우라늄과 우라늄의 화합물만 갖고 있는 성질인 것인지 아니면 다른 물질에서도 그런 성질이 감지될 수 있을 정도로 나타날 수 있는 것인지에 대한 질문이 자연스럽게 대두되었다.

우라늄 방사능의 $\frac{1}{100}$ 정도의 방사능을 갖는 물체는 모두 다 보통의 감도(感度)인 전위계(電位計)[34]를 이용하는 전기적(電氣的) 방법에 의해서 검출될 수 있다. 인위적인 방법에 의하지 않고 이온화된 공기에 대해 실험하기 위해 C. T. R. 윌슨[35]이 설계한 것과 같은 특별한 구조를 갖는 검전기(檢電器)[36]를 이용하면 우라늄이 갖는 방사능의 $\frac{1}{10,000}$ 배의 방사능 그리고 어쩌면 $\frac{1}{100,000}$ 배의 방사능을 갖는 물질도 검출될 수 있다.

만일 우라늄과 같은 방사능을 갖는 물체를 갖지 않는 물체와 혼합하면, 그 결과로 얻은 혼합물의 방사능은 방사성 물질만 존재할 때와 비교하여 일반적으로 현저하게 감소한다. 이것은 함께 존재하는 방사능을 갖지 않는 물질에 의해 방사선이 흡수되기 때문에 일어난다. 감소되는 정도는 주로 방사능을 결정하는 층(層)의 두께에 의해 결정된다.

퀴리 부인은 희토류 원소[37]를 포함하여 알려진 물질 대부분에 대해 전기

34) 전위계(electrometer)란 전하의 양 또는 전위차를 측정하는 장치를 말한다.
35) 윌슨(Charles Thomson Rees Wilson, 1869-1959)은 영국의 실험 물리학자로 기체의 이온화에 대한 연구를 진행하면서 구름상자(cloud chamber)를 발견하여 새로운 기본 입자를 검출하는 데 크게 기여하였고 그 공로로 1927년 노벨 물리학상을 수상하였다.
36) 검전기(檢電器, electroscope)란 정전기 유도 장치를 이용해서 물체에 대전된 전하의 양과 그 전하가 양전하인지 음전하인지를 구별하는 장치를 말한다.
37) 희토류 원소는 원자 번호 57에서 71까지와 스칸듐과 이트륨을 더한 17개 원소를 한꺼번에 부르는 이름으로, 화학적 성질이 비슷하여 분리하기 어렵고 천연적으로 산출되는 양이 아주 적은 원소들이다.

적 방법을 이용하여 혹시 약간의 방사능이라도 갖지 않는지 면밀히 조사하였다. 가능하면 여러 원소들이 섞인 몇 가지 화합물에 대해서도 조사하였다. 토륨과 인(燐)을 제외하면, 방사능이 우라늄의 방사능의 $\frac{1}{100}$배 정도인 다른 물질을 찾아낼 수가 없었다.

그렇지만 인(燐)에 의한 기체의 이온화는 우라늄의 경우에서 발견되었던 것과 같이 물질을 투과하는 방사선이 원인인 것처럼 보이지는 않았고, 오히려 인(燐)의 표면에서 발생한 화학적 작용이 원인인 것처럼 보였다. 인(燐)의 화합물은 방사능을 조금도 보이지 않고 그런 측면에서 우라늄이나 다른 방사성 물체와는 다르다.

르봉xi38) 역시 황산키니네가 가열되었다가 냉각되면 짧은 시간 동안 양전하로 대전된 물체와 음전하로 대전된 물체 모두를 방전시키는 성질을 갖는다는 것을 관찰했다. 그러나 이런 종류의 현상과, 원래부터 방사성 물체인 물체에 의해 나타나는 현상은 뚜렷이 구분되었다. 비록 두 현상이 특별한 조건 아래서는 모두 기체를 이온화시키는 성질을 갖지만, 두 경우 각각에서 그 현상을 지배하는 법칙은 뚜렷이 구분된다. 예를 들어, 키니네의 경우에는 단 한 가지 화합물만, 그리고 그것도 그 단 한 가지 화합물이 미리 가열(加熱)된 때만, 그런 성질을 보인다. 인(燐)이 보이는 이온화시키는 성질은 주위의 기체가 어떤 종류인가에 의존하며, 온도에 따라서도 변화한다. 반면에, 천연적으로 존재하는 방사성 물체의 방사능은 저절로 일어나고 그 세기가 일정하게 유지된다. 그런 현상은 모든 방사성 물체를 포함한 화합물에서 나타나고, 지금까지 알려진 것에 의하면, 화학적인 조건이나 물리적인 조건에 따라 변하지 않는다.

38) 르봉(G. Le Bon)은 프랑스 물리학자 이름이다.

9.

방전(放電) 작용과 사진건판을 감광시키는 작용만으로 어떤 물질이 방사성(放射性)인지 아닌지를 판단하는 기준으로 삼을 수는 없다. 그에 더하여 방출되는 방사선을 조사할 필요가 있으며, 그리고 보통 빛은 통과하지 못하는 모든 종류의 불투명한 물질로 만든 상당한 두께의 시료를 투과하면서 그러한 작용이 발생하는지를 조사할 필요가 있다. 예를 들어, 자외선 빛 중에서 짧은 파장의 파동을 내보내는 물체도 여러 가지 측면에서 마치 방사성 물체인 것처럼 행동하도록 만들 수가 있다. 레나르트[xii]가 보인 것처럼, 자외선 빛 중에서 짧은 파장의 파동은 진행하는 경로에 위치한 기체를 이온화시키며, 그리고 그렇게 이온화된 기체에 의해 신속하게 흡수된다.[39] 그런 파장이 짧은 자외선 빛도 사진건판에 강력한 흔적을 남기고, 그리고 보통 빛에게 불투명한 일부 물질을 투과할 수가 있다. 그래서 이런 성질들에 관한 한, 방사성 물체와의 유사성이 상당히 흠잡을 데가 없다. 반면에, 이러한 빛 파동의 방출은, 방사성 물체의 방사선 방출과는 달리, 주로 화합물의 분자 상태에 의존하거나 온도와 그 밖에 다른 물리적 조건들에 의존한다. 그러나 구분을 위한 핵심 관점은 대상 물체로부터 나오는 방사선이 어떤 종류인지에 있다. 한 경우에 방사선은 빛 파동이 통상 만족하는 법칙을 따르는 횡파인 파동처럼 행동하는데 반하여, 천연적으로 방사능을 갖는 물체의 경우에는, 방사선이 대부분 그 물질로부터 매우 빠른 속도로 방출된 물질 입자들의 연속적인 흐름으로 구성된다. 어떤 물질이라도 그 물질이 천연적으로 방사성 원소가 지닌 성질을 기

39) 이 책이 저술될 당시에는 알지 못하였지만, 오늘날에는 자외선에 의한 이온화는 기체 분자에 자외선의 에너지가 모두 흡수되면서 발생하지만, γ선과 같은 방사선에 의한 이온화는, γ선이 나르는 에너지가 분자의 들뜬 에너지에 비해 굉장히 크므로, γ선의 에너지는 별 영향을 받지 않으면서도 기체의 이온화가 발생한다는 것을 알게 되었다.

술하기 위해 사용되는 용어로 "방사성"이라고 불릴 수 있으려면 먼저 그 물질에서 나오는 방사선을 면밀히 조사하는 것이 필요하다. 왜냐하면 "방사성"이라는 용어를, 우리가 지금까지 설명한 방사성 원소들이 지닌 방사선을 방출한다는 특징을 갖지 않는 물질에 대해서 사용하도록 확장하고, 그리고 방사성 원소들로부터 얻을 수 있는 방사능을 갖는 생성물에 대해서 사용하도록 확장하는 것은, 바람직하지 않기 때문이다. 그렇지만 일부 유사(類似) 방사능을 갖는 물체에 대해서는 나중에 제9장에서 다루게 될 것이다.

10. 토륨

여러 가지 많은 종류의 물질들을 조사하는 과정에서, 슈미트[xiii]는 토륨[40)]과 토륨의 화합물 그리고 토륨을 함유한 광물(鑛物)이 우라늄의 성질과 비슷한 성질을 갖는다는 것을 발견하였다. 퀴리 부인[xiv]도 슈미트와 독립적으로 똑같은 것을 발견하였다. 우라늄에서 나오는 방사선과 마찬가지로 토륨 화합물에서 나오는 방사선도 대전된 물체를 방전시키고 사진건판에 흔적을 남기는 성질을 갖는다. 동일한 조건 아래서, 토륨 화합물에서 나오는 방사선이 지닌 방전시키는 작용의 정도는, 우라늄에서 나오는 방사선의 경우와 비슷하였지만, 사진건판에 대한 효과는 눈에 띌 정도로 더 약하였다.

토륨에서 나오는 방사선은 우라늄에서 나오는 방사선보다 더 복잡하다. 몇몇 실험 학자들은 초기에 토륨 화합물, 그중에서도 특별히 산화물에서 나오는 방사선이, 대전(帶電)시키는 방법을 이용해 조사할 때, 결과가 매우 일정치 않은 데다가 불확실하다는 점을 관찰하였다. 오언스[xv]는 토륨에서 나오는 방사선을 다양한 조건 아래서 면밀하게 조사하였다. 그는 특히 두꺼운 층

40) 토륨은 우라늄에 이어 두 번째로 발견된 방사성 원소로 원자번호는 90이다.

(層)으로 준비된 산화 토륨은 두꺼운 종이 상자 내부의 기체에 전도성(傳導性)을 유발시키고,[41] 그 기체 상자 주위로 공기를 불어 지나가게 하면 그 전도성의 크기가 상당히 변한다는 것을 보였다. 공기의 흐름이 어떤 작용을 하는지 검토하는 과정에서, 이 책의 저자[xvi]는 토륨 화합물이 그 자체가 방사성인 매우 작은 입자들로 이루어진 물질로 된 에머네이션[42]을 방출한다는 것을 증명하였다. 이 에머네이션은 마치 방사성 기체처럼 행동한다. 에머네이션은 종이와 같은 기공(氣孔)이 있는 물질[43]을 통하여 신속하게 확산되며, 공기의 흐름에 의해 다른 곳으로 이동된다. 에머네이션의 존재에 대한 증거와 에머네이션의 성질에 대해서는 나중에 제8장에서 자세히 다루게 된다. 에머네이션을 내보내는 것에 더해서, 토륨은 세 가지 형태의 방사선을 방출하며, 각 형태의 방사선은 우라늄에서 나오는 세 가지 방사선 중에서 대응하는 형태의 방사선과 비슷한 성질을 갖는다는 점에서 우라늄과 똑같이 행동한다.

11. 방사성 광물

퀴리 부인은 우라늄과 토륨을 함유하는 많은 수의 광물이 갖고 있는 방사능에 대해 조사하였다. 전기적(電氣的) 방법이 이용되었으며, 지름이 8센티미터이고 간격을 3센티미터만큼 뗀 두 평행판 사이에서, 그중 한 판에 방사성 물질을 균일한 두께로 발라놓았을 때, 흐르는 전류를 측정하였다. 아래 표에 나오는 숫자들이 암페어 단위로 구한 포화 전류의 대략적인 크기를 보여준다.

41) 기체에 전도성(傳導性)을 유발시킨다는 것은 기체 분자를 이온화시킨다는 의미이다.
42) 방사성 물질이 변환되면서 방출하는 방사능을 띤 기체 형태의 물질을 에머네이션(emanation)이라고 불렀다. 오늘날에는 에머네이션이 상온에서 기체 상태로 존재하는 원자 번호가 86인 라돈 방사성 원소임이 알려졌다. 그래서 이제는 더 이상 에머네이션이라는 이름을 사용하지 않는다.
43) 기공(氣孔)이 있는 물질이란 매우 미세한 구멍이 많이 뚫려 있는 물질을 말한다.

	전류 (암페어)
요한게오르겐슈타트[44]에서 출토한 피치블렌드	8.3×10^{-11}
요아힘스탈[45]에서 출토한 피치블렌드	7.0×10^{-11}
프리밤에서 출토한 피치블렌드	6.5×10^{-11}
콘월에서 출토한 피치블렌드	1.6×10^{-11}
클레비테	1.4×10^{-11}
인동(燐銅) 우라늄광	5.2×10^{-11}
인회(燐灰) 우라늄광	2.7×10^{-11}
토륨석	$0.3 \sim 1.4 \times 10^{-11}$
오란가이트	2.0×10^{-11}
모나자이트	0.5×10^{-11}
제노타인	0.03×10^{-11}
에스키나이트	0.7×10^{-11}
퍼거소나이트	0.4×10^{-11}
사마스카이트	1.1×10^{-11}
니오바이트	0.3×10^{-11}
카르노타이트	6.2×10^{-11}

이 광물들은 모두 토륨이나 우라늄 또는 그 두 가지 모두의 혼합물을 포함하고 있으므로 어느 정도의 방사능이 있을 것으로 예상된다. 동일한 장치를 이용하여 동일한 조건 아래서 몇 가지 우라늄 화합물의 작용도 조사하였는데, 그 결과는 다음과 같다.

44) 요한게오르겐슈타트(Johanngeorgenstadt)는 독일 작센주에 위치한 도시 이름이다.
45) 요아힘스탈(Joachimsthal)은 체코의 보헤미아에 위치한 도시로 은과 우라늄광으로 유명한 곳이다.

	전류 (암페어)
(약간의 탄소를 함유한) 우라늄	2.3×10^{-11}
검정색 산화(酸化) 우라늄	2.6×10^{-11}
초록색 산화(酸化) 우라늄	1.8×10^{-11}
산성 수화(水化) 우라늄	0.6×10^{-11}
우라늄산 소듐	1.2×10^{-11}
우라늄산 포타슘	1.2×10^{-11}
우라늄산 암모니아	1.3×10^{-11}
우라늄 황산염	0.7×10^{-11}
우라늄과 포타슘의 황산염	0.7×10^{-11}
아세트산염	0.7×10^{-11}
구리와 우라늄의 인산염	0.9×10^{-11}
우라늄의 산 황화물	1.2×10^{-11}

이 결과와 연관되어 흥미로운 점은 피치블렌드[46]의 일부 시료가 금속 우라늄보다 네 배나 더 많은 방사능을 가지며, 구리와 우라늄의 결정체로 된 인산염인 인동(燐銅) 우라늄광의 방사능은 우라늄 방사능보다 두 배가 더 세고, 칼슘과 우라늄의 인산염인 인회(燐灰) 우라늄광은 방사능이 우라늄과 비슷하다는 것이다. 그 이전의 연구 결과에 의하면, 어떤 물질도 우라늄 또는 토륨보다 더 센 방사능을 가질 수는 없었다. 어떤 특정한 화학적 결합에 의해서 그렇게 큰 방사능이 나온 것이 아님을 확인하기 위하여, 퀴리 부인은 순수한 물질로부터 시작해서 인위적으로 합성한 인동(燐銅) 우라늄광[47]을 준비하였다. 이렇게 인위적으로 합성된 인동 우라늄광의 방사능은 그 성분으로부터

46) 피치블렌드(pitchblende)는 우라늄이 포함된 광석으로 역청 우라늄광이라고도 한다. 결정도(結晶度)가 낮고 괴상을 나타내며 겉모양이 피치(역청, 원유를 증류시킨 뒤에 남는 검은 찌꺼기)를 닮아서 이렇게 불린다.

47) 천연 인동 우라늄광을 사용하지 않고 실험실에서 인동 우라늄광의 순수한 구성 물질을 배합하여 인동 우라늄광을 직접 합성하였다는 의미이다.

예상되는 값, 즉 우라늄의 방사능의 약 0.4배가 되었다. 그러므로 천연 광물인 인동 우라늄광은 인위적으로 합성된 광물에 비하여 방사능이 다섯 배나 더 컸다.

그래서 일부 이런 광물이 우라늄이나 토륨에 비해 매우 큰 방사능을 갖는 원인은, 토륨과 우라늄 같은 알려진 물체와는 다른 매우 큰 방사능을 갖는 물질이 아주 작은 양이라도 포함되어 있기 때문일 것 같은 의심이 들었다.

퀴리 부부에 의해서 그런 의심이 사실임이 완벽하게 확인되었는데, 그들은 순전히 화학적 방법을 이용하여 피치블렌드로부터 두 가지의 매우 큰 방사능을 갖는 물체를 분리할 수가 있었으며, 그중에 하나는 순수한 상태에서 금속 우라늄에 비하여 방사능이 무려 100만 배 이상이나 더 컸다.

이 중요한 발견은 전적으로 새로운 물체들이 방사능 성질을 갖고 있기 때문에 가능하였다. 그 새로운 두 물체를 분리하는 데 이용된 유일한 지침은 그렇게 분리해서 얻은 생성 물질의 방사능이었다. 그런 측면에서 보면, 이러한 새로운 물체의 발견은 스펙트럼 분석이라는 방법에 의해서 희토류 원소를 발견한 것[48]과 아주 비슷하다. 분리 과정에서는 화학적 처리 후에 생성물의 상대적인 방사능을 조사하는 방법을 채택하였다. 이런 방법으로 방사능이 두 생성물의 하나 또는 다른 하나에 한정되어 있는지, 또는 두 생성물 모두에 배분되어 있는지, 그리고 어떤 비율로 그러한 배분이 발생하는지가 관찰되었다.

이와 같이 시료의 방사능은, 어떤 면에서 마치 분광기의 표시 눈금과 비슷하게,[49] 정성적 분석과 정량적 분석을 대략적으로 진행하는 기준을 제공해 주었다. 비교가 가능한 자료를 구하기 위해서는 모든 생성물을 건조된 상태

48) 희토류 원소는 화학적 성질이 비슷하고 천연으로 서로 섞여서 산출되며 그 양이 아주 적어서 분리하기가 어려운데, 특히 화학적 분석으로 분리하는 것은 아주 어렵다.
49) 희토류에 속한 원소를 분리하는 데 분광기(spectroscope)에서 가리키는 눈금이 이용된다.

에서 조사할 필요가 있었다. 이러한 조사에서는 피치블렌드가 매우 복잡한 광물이며, 알려진 금속 거의 모두에 각각 다른 양만큼씩 포함되어 있다는 사실이 가장 큰 어려움이었다.

12. 라듐

위에서 간단히 설명한 과정을 이용한 화학적 방법에 의해 피치블렌드를 분석하여 폴로늄과 라듐이라는 매우 큰 방사능을 갖는 두 물질이 발견되었다. 퀴리 부인이 발견한 첫 번째 물질을 일컫는 폴로늄은 퀴리 부인이 출생한 국가의 이름을 딴 것이다.[50] 라듐이라는 이름은 그것을 발견한 사람들에게 매우 행복한 격려가 되는데, 왜냐하면 라듐은 순수한 상태에서 놀랄 만큼 큰 방사능을 갖는다는 특징을 지니고 있기 때문이다.

라듐은 바륨을 분리하는 과정에 의해서 피치블렌드로부터 추출되는데, 라듐은 화학적 성질[xvii]에서 바륨과 매우 가까운 동류(同類)이다.[51] 다른 물질을 모두 제거한 뒤에도 라듐은 바륨과 혼합되어서 남아 있게 된다. 그렇지만 물이나 알코올 또는 염산에서 라듐과 바륨의 염화물이 녹는 용해도의 차이를 이용하여 라듐을 바륨과 부분적으로 분리시킬 수가 있다. 라듐의 염화물의 용해도가 바륨의 염화물의 용해도에 비해 낮아서, 분별(分別) 결정(結晶) 방법[52]을 이용하여 라듐을 바륨으로부터 분리시킬 수가 있다. 여러 번의 침전을 반복한 다음에, 바륨을 거의 완전히 제거시킨 라듐을 얻을 수가 있다.

피치블렌드에는 폴로늄과 라듐 모두 지극히 미량(微量)으로만 존재한다.

50) 퀴리 부인은 폴란드에서 출생하였고, 폴로늄(Polonium)은 폴란드(Poland)로부터 유래되었다.
51) 화학적 성질에서 동류라는 것은 동일한 화학적 성질을 가지고 있다는 의미이다.
52) 분별 결정(fractional crystallization) 방법이란 서로 다른 종류의 성분이 녹아 있는 용액에서 한 성분을 선택적으로 결정으로 만들어 분리시키는 방법을 말한다.

방사능이 매우 큰 라듐을 단지 몇 데시그램[53]만 얻기 위해서도, 수 톤의 피치블렌드 또는 우라늄 광물을 처리하여 구한 찌꺼기가 필요하다. 그러므로 라듐을 아주 소량 준비하는 데 연관된 비용과 노동이 매우 크다는 것을 바로 알 수 있다. 퀴리 부부는 그들이 연구를 처음 시작할 때 필요한 재료를 구하는 데 오스트리아 정부로부터 큰 도움을 받았다. 오스트리아 정부는 고맙게도 퀴리 부부에게 보헤미아에 위치한 요아힘스탈의 국영 회사로부터 처리된 우라늄 광물 찌꺼기 1톤을 공급해주었다. 프랑스의 과학 학술원과 다른 기관들의 도움으로, 힘들고 고된 분리 작업을 수행하기 위한 연구 자금이 제공되었다. 그 후에는 파리의 화학생산물 중앙협회[54]가 퀴리 부부에게 피치블렌드를 처리해 얻은 찌꺼기 1톤을 공급해주었다. 여러 나라에서 이 중요한 연구를 후하게 지원한 것은 그 나라들에서 순수 과학에 대한 연구를 촉진시키는 데 적극적인 관심을 보인다는 반가운 신호이다.

화학적 공정을 통하여 공급받은 찌꺼기를 대충 농축시키고 분리시키는 작업이 수행되었고, 이어서 고도로 정제(精製)시키고 농축시키는 작업을 위해 많은 노력과 수고가 뒤따랐다. 이런 방법으로, 퀴리 부부는 우라늄과 비교하여 방사능이 대단히 큰 라듐을 소량 얻을 수 있었다. 순수한 라듐의 방사능에 대한 명확한 결과를 아직 구하지는 못했지만, 퀴리 부부는 순수한 라듐의 방사능이 우라늄의 방사능보다 약 100만 배는 더 크고 어쩌면 그보다 더 클 수도 있을지 모른다고 추정하였다. 그렇게 매우 큰 방사능을 갖는 물체의 방사능을 정량적으로 결정하는 것은 지극히 어렵다. 전기적(電氣的) 방법에서는 한 쪽 판에 방사능을 갖는 물질을 균일하게 바르고, 두 평행판 사이에 흐르는

53) 1데시그램은 0.1그램과 같다.
54) "파리의 화학생산물 중앙협회"는 "the Société Centrale de Produits Chimiques of Paris"를 번역한 것이다.

최고 전류 또는 포화 전류의 상대적 세기를 측정하여 방사능을 비교한다. 두 평행판 사이에 포함된 기체가 매우 심하게 이온화되기 때문에, 매우 높은 전위차가 걸리지 않으면 포화 전류에 도달하는 것이 가능하지 않다.[55] 평행판 사이에 금속으로 된 스크린을 삽입하여 방사선의 강도를 줄이면 근사적인 비교가 가능해지는데, 이때는 방사능을 용이하게 측정할 수 있는 불순물을 대상으로 직접 실험하여 그러한 스크린을 투과하는 방사선의 비율을 먼저 결정해 놓아야 한다. 어찌되었든, 우라늄의 방사능과 비교한 라듐의 방사능은, 세 가지 종류의 방사선들[56] 중에서 어느 것이 비교의 기준이 되느냐에 따라, 어느 정도 변하게 되어 있다. 이와 같이 방사능 한 가지만을 측정하는 방법으로는 라듐 정제의 마지막 단계에 도달되었다고 결정하는 것이 쉽지 않다. 게다가 시료를 준비한 직후에 측정한 라듐의 방사능은 마지막에 측정한 방사능의 단지 4분의 1밖에 되지 않는다. 그 방사능은 라듐 염이 건조된 상태로 약 한 달 동안 유지된 후에 최댓값에 도달한다. 정제를 통제하는 실험으로는 마지막 방사능을 측정하기보다는 최초 방사능을 측정하는 것이 바람직하다.

퀴리 부인은 정제의 마지막 단계를 통제하는 수단으로 라듐을 포함한 바륨 결정체가 띠는 색깔을 이용하였다. 산용액(酸溶液)으로부터 침전된 라듐 염 결정과 바륨 염 결정은 겉모양만으로는 구별되지 않는다. 라듐을 포함한 바륨 결정이 처음에는 무색이지만, 몇 시간이 지나면 노란색으로 바뀌고, 주황색을 지나서 때로는 아름다운 장미 색깔이 된다. 이런 색깔의 변화가 얼마

55) 여기서 포화 전류란 전위차를 높여주어도 더 이상 증가하지 않는 최고 전류를 의미한다. 이온화가 심해서 평행판 사이에 대전된 입자가 많을수록 최고 전류가 흐르는 데 필요한 전위차가 높다.

56) 세 가지 종류의 방사선이란 앞에서 기체를 이온화시키는 성질과 물질을 투과시키는 성질 그리고 자기장에서 휘는 성질에 의해 구분되는 것으로 오늘날 α선, β선, γ선으로 알려진 방사선을 말한다.

나 신속하게 진행되는지는 포함된 바륨의 양에 의존한다. 순수한 라듐 결정은 색깔을 띠지 않거나, 어쨌든 바륨을 포함한 라듐의 결정처럼 그렇게 빨리 색깔을 띠게 되지 못한다. 라듐이 포함된 비율이 어떤 정해진 값일 때 색깔이 가장 짙게 되며, 존재하는 바륨의 양을 조사하는 수단으로 이 사실을 이용할 수가 있다. 결정체가 물에 녹으면 가지고 있던 색깔은 사라진다.

기젤[57]은 순수한 브롬화라듐이 분젠 버너[58]의 불꽃 아래서 짙은 빨간색으로 아름답게 보이는 것을 관찰하였다.[xviii] 만일 바륨이 조금이라도 포함되어 있으면, 바륨에 의해서 단지 초록색으로만 보이며, 분광기로 조사하면 단지 바륨선만 나타난다.[59] 분젠 버너의 불꽃 아래서 짙은 빨간색으로 나타나는 것은 그래서 라듐이 순수하다는 확실한 표시가 된다.

라듐의 발견에 대한 예비 발표가 있은 뒤에, 기젤[xix]은 피치블렌드로부터 라듐과 폴로늄 그리고 다른 방사성 물체들을 분리하는 데 굉장히 많은 노력을 기울였다. 그가 처음 시작할 때 필요한 재료를 구하는 데 P. 드헨 상사(商社)와 하노버 상사(商社)로부터 큰 도움을 받았는데, 그들이 기젤에게 피치블렌드 찌꺼기 1톤을 공급하였다. 염화물이 아니라 브롬화물의 분별 결정 방법을 이용하여, 기젤은 상당히 많은 양의 순수 라듐을 준비할 수가 있었다. 이

57) 기젤(Friedrich Oskar Giesel, 1852-1927)은 독일의 과학자로 라듐 연구의 선구자였다. 그는 방사성 광물에서 라듐을 제조해 다른 연구자들에게 제공한 공적 이외에도 방사성 물질에서 방출되는 방사선이 자기장 내에서 음극선이 휘어지는 것과 같은 방향으로 휘어지는 것을 발견했고, 라듐에서 발생되는 가스로부터 분광학적으로 헬륨을 검출했으며, 새로운 원소인 악티늄의 발견에도 기여했다.

58) 분젠 버너는 독일의 화학자 분젠(Robert Bunsen, 1811-1899)이 실험실에서 이용하려고 고안한 화력이 강한 버너로 호스에 가연성 기체와 공기를 함께 공급하여 화력이 알코올램프에 비해 매우 센 불꽃을 내는 장치이다.

59) 분광기란 빛을 프리즘에 통과시켜서 그 빛이 포함한 색깔을 스펙트럼으로 펼쳐서 그 빛에 포함된 색깔을 구별해내는 장치이고, 바륨선이란 들뜬 바륨 원자에서 방출되는 색깔에 해당하는 방사선을 말한다.

방법에 의해서 마지막으로 정제된 라듐을 얻기까지 필요한 수고가 상당히 경감되었다. 그는 라듐에서 바륨을 거의 완벽하게 제거하기까지 브롬화물을 이용하여 여섯 번에서 여덟 번의 결정화를 거치면 충분하다고 말하였다.

13. 라듐의 스펙트럼

라듐이 실제로는 바륨이 다른 형태로 나타난 것인지 아니면 정해진 스펙트럼을 갖는 새로운 원소인지[60]를 최대한 빨리 결정짓는 것이 매우 중요하였다. 그런 목적으로, 퀴리 부부는 염화라듐 시료를 준비해서 그 시료의 스펙트럼을 분석하기 위해 그 분야의 권위자인 드마르세[61]에게 시료를 보냈다. 드마르세가 분석했던 첫 번째 염화라듐 시료는 방사능이 별로 높지 않았지만, 드마르세[xx]는 바륨에 속한 선스펙트럼에 더하여 매우 강력한 새로운 스펙트럼선이 자외선 영역에 존재하는 것을 보였다. 방사능이 더 높은 다른 시료에서는, 앞에서 새롭게 나타났던 선은 여전히 더 강하게 보였으며 다른 스펙트럼선들 또한 새로 나타났는데, 새로 나타난 스펙트럼선의 세기는 바륨에 속한 스펙트럼선의 세기와 비슷하였다. 방사능이 그보다 더 높은, 아마도 거의 순수하다고 생각된, 시료에서는 바륨에 속한 스펙트럼선으로는 단지 세 개의 강한 선만 나타났으며, 앞에서 새로 나타났던 스펙트럼선은 매우 밝았다. 다음 표에는 라듐에서 새롭게 관찰된 스펙트럼선의 파장을 보여준다. 파

60) 어떤 원소에 속한 물질이든지 뜨겁게 가열한 뒤에 방출되는 빛을 분광기에 의해 스펙트럼으로 펼치면 정해진 몇 개의 선으로 된 선스펙트럼이 나오는데, 그 선스펙트럼의 파장은 원소마다 고유해서 그 물질이 어떤 원소로 이루어졌는지를 확인하는 지문처럼 행동한다.

61) 드마르세(Eugène-Anatole Demarçay, 1852-1903)는 프랑스의 화학자로 분광 분석의 전문가이다. 1898년 퀴리 부인을 도와 라듐 원소를 확인하는 데 기여했으며 1901년에는 사마륨에 포함된 불순물로부터 원자 번호가 63인 유로퓸(Europium)을 분리해내는 데 성공하고 이 원소를 유로퓸이라고 명명하였다.

장은 옹스트롬 단위[62]로 표현되어 있으며 각 방사선의 세기가 숫자로 표시되어 있는데, 세기가 최대인 값이 16이다.

파장	세기	파장	세기
4826.3	10	4600.3	3
4726.9	5	4533.5	9
4699.6	3	4436.1	6
4692.1	7	4340.6	12
4683.0	14	3814.7	16
4641.9	4	3649.6	12

이 스펙트럼선들은 모두 선명하게 정의되고, 그들 중에서 두 개에서 세 개의 세기는 다른 물질에서 알려진 어떤 다른 스펙트럼선의 세기와도 견줄 만한 강도(强度)이다. 스펙트럼에는 두 개의 강도가 센 애매한 띠 모양의 선[63]도 역시 존재한다. 스펙트럼 중에서 따로 기록되지 않은 가시광선 영역에서 유일하게 눈에 띄는 방사선의 파장은 5665옹스트롬인데, 그렇지만 그 스펙트럼선은 파장이 4826.3옹스트롬인 선과 비교하여 세기가 매우 약하였다. 스펙트럼의 일반적인 외관(外觀)은 알칼리 토류[64]에 속한 원소의 스펙트럼의 외관과 비슷한데, 알칼리 토류 금속의 스펙트럼은 몇 개의 강도가 센 스펙트럼선이 애매한 띠 모양으로 구성된다고 알려져 있다.

라듐의 스펙트럼선들 중에서 가장 중요한 선은 방사능이 우라늄의 50배인 불순물을 포함한 라듐에서도 구분될 수가 있다. 전기적(電氣的) 방법을 이

62) 1옹스트롬은 10^{-10}미터이다.
63) 애매한 띠 모양의 선이란 두께를 갖는 선이어서 하나의 파장으로 대표되지 않는 선을 말한다.
64) 알칼리 토류(alkaline earth) 원소란 주기율표에서 2A 족에 속한 원소로 Be(베릴륨), Mg(마그네슘), Ca(칼슘), Sr(스트론튬), Ba(바륨), Ra(라듐)를 한꺼번에 부르는 이름이다.

용하면 방사능이 우라늄의 $\frac{1}{100}$ 에 불과한 물체에서도 라듐이 존재하는지를 어렵지 않게 확인할 수 있다. 좀 더 감도(感度)가 좋은 전위계(電位計)를 이용하면 방사능이 우라늄의 $\frac{1}{10,000}$ 에 불과한 물체에서도 라듐의 존재가 확인될 수 있다. 그러므로 라듐의 검출을 위해서는 방사능을 조사하는 과정이 스펙트럼 분석에 비하여 거의 100만 배 이상 더 민감하다.

뒤이어서, 룽게[xxi] 그리고 엑스너와 하섹[xxii]은 기젤이 준비한 시료를 가지고 라듐의 스펙트럼을 관찰하였다. 크룩스[xxiii]는 라듐의 스펙트럼을 자외선 영역에서 사진으로 남겼으며, 룽게와 프레히트[xxiv]는 매우 순수한 라듐의 시료를 이용하여 스파크 스펙트럼으로부터 몇 개의 새로운 스펙트럼선을 관찰하였다. 분젠 버너의 불꽃 아래 라듐의 브롬화물에서 보이는 스펙트럼은 순수한 짙은 빨간색의 특성을 갖는다고 이미 언급하였다. 그 불꽃 스펙트럼에서는 주황색-빨간색 영역으로부터, 드마르세의 스펙트럼에서는 관찰되지 않았던, 두 개의 폭이 넓고 밝은 띠가 보인다. 거기에 더해서 파란색-초록색 스펙트럼선 한 개와 두 개의 약한 보라색 선이 존재한다.

14. 라듐의 원자량

퀴리 부인은 순도(純度)가 점점 더 좋은 시료들을 가지고 새로 발견한 원소의 원자량 값을 점점 더 정확하게 계속 개선하였다. 첫 번째 조사에서 라듐은 주로 바륨과 섞여 있었고 구한 원자량은 바륨의 원자량과 같은 137.5였다. 순도가 향상된 시료를 가지고 반복해서 잇따라 진행된 조사에서 구한 그 혼합물의 원자량은 146과 175였다. 최근에 구한 마지막 원자량 값은 225였는데, 이것은 라듐이 2가(二價) 원소[65]라는 가정 아래 라듐의 옳은 원자량이라

65) 원자가(原子價)가 2인 원소를 2가 원소라 한다. 원자가란 분자 내에서 한 원자가 다른 원자와

고 할 수 있다.

이 실험들에서 연이은 분별 증류법에 의해 순수한 염화라듐 0.1그램을 만들었다. 어느 정도 순수한 라듐을 단지 몇 센티그램[66]만큼 준비하거나 그보다 덜 농축된 라듐을 몇 데시그램만큼 준비하려면 대략 2톤의 광물을 처리해야만 한다는 사실로부터 원자량을 조사하는 데 충분할 만큼 필요한 양의 순수한 염화라듐을 준비하는 것이 얼마나 어려운지를 가늠할 수 있다.

룽게와 프레히트[xxv]는 자기장(磁氣場)에 놓인 라듐의 스펙트럼을 조사하고 칼슘과 바륨 그리고 스트론튬[67]에서 관찰되는 계열과 비슷한 계열[68]이 존재한다는 것을 보였다. 이 계열은 조사하는 대상 원소의 원자량과 연관되며, 룽게와 프레히트가 그 방법에 의해서 라듐의 원자량을 계산하였더니 그 값은, 화학적 분석에 의해서 퀴리 부인이 구한 값인 225보다 훨씬 더 큰 258이었다. 반면에 마셜 와츠[xxvi]는 스펙트럼선들 사이의 관계에 대한 다른 식을 이용하여서 퀴리 부인이 얻은 것과 같은 값을 유추하였다.[69] 룽게[xxvii]는 마셜 와츠가 사용한 유추의 방법은, 두 스펙트럼에서 서로 비교한 스펙트럼선이 제대로 대응하는 선이 아니라는 이유로, 잘못되었다고 지적하였다. 퀴리 부인이 구한 값은 주기율표에 의해 요구되는 것과 일치한다는 점을 고려하면, 우리 지식의 현재 상태에서는 분광학적 증거에 의해 룽게와 프레히트가 유추한 값보다는 실험으로 구한 값을 인정하는 것이 바람직해 보인다.

라듐은 주목할 만한 물리적 성질을 갖는 새로운 원소임이 분명하다. 피치

결합하는 수를 말한다.

66) 1센티그램은 0.01그램이다.

67) 칼슘과 바륨 그리고 스트론튬은 라듐과 같이 모두 2가 원소들이다.

68) 어떤 원소로 된 물질을 자기장에 놓으면 그 원소에 속한 선스펙트럼이 인접한 몇 개의 스펙트럼선으로 갈라지는데, 그렇게 갈라진 선들을 계열(series)이라 한다.

69) 오늘날 인정된 라듐의 원자량은 226.0254로 퀴리 부인이 구한 것이 상당히 정확하다.

블렌드에 지극히 낮은 비율로 존재하는 그러한 물질의 검출과 분리가 가능했던 것은 전적으로 우리가 고려하고 있는 그 물질의 특성 때문이었으며, 방사능 분야의 연구에서 첫 번째 괄목할 만한 성공이다. 앞으로 알게 되겠지만, 방사능이 지닌 성질은 단지 화학적 연구의 수단으로서뿐 아니라 매우 특별한 종류의 화학적 변화를 검출하는 놀라울 정도로 정교한 방법으로도 역시 사용될 수 있다.

15. 라듐에서 방출되는 방사선

라듐에서 방출되는 방사선은 그 방사능이 대단히 크기 때문에 매우 강하며, 브롬화라듐 몇 센티그램 근처에 가져다 놓은 아연 황화물 스크린[70]은 캄캄한 방에서 상당히 밝게 빛나고, 바륨 시안화백금 화합물 스크린에서는 번쩍번쩍 빛나는 형광이 발생한다. 라듐 염 근처로 가져온 검전기는 거의 순식간에 방전(放電)되며, 사진건판도 즉시 영향을 받는다. 라듐 염에서 1미터 되는 곳에서 라듐선[71]에 하루 동안 노출시키면 사진건판에는 매우 짙은 흔적이 남는다. 라듐에서 나오는 방사선은 우라늄에서 나오는 방사선과 비슷하며, 물질에 쉽게 흡수되는 것과 투과하는 것, 그리고 매우 잘 투과하는 것의 세 가지 종류로 구성된다. 라듐 역시 토륨에서 발생하는 것과 비슷한 에머네이션을 발생시키는데, 그러나 라듐에서 발생하는 에머네이션은 훨씬 더 느린 비율로 붕괴한다. 라듐에서 나오는 에머네이션은 방사능이 몇 주 동안이나 유지되지만, 토륨에서 나오는 에머네이션은 방사능이 단지 몇 분 동안만 계속된다. 라듐 몇 센티그램에서 나오는 에머네이션은 아연 황화물을 바른 스크린을 아

70) 아연 황화물(zinc sulphide)은 X선이나 방사선을 쪼여주면 밝은 형광을 내는 물질이다.
71) 라듐에서 나오는 방사선을 라듐선이라 한다.

주 밝게 빛나게 만든다. 라듐에서 나오는 매우 잘 투과하는 성질을 갖는 방사선은 캄캄한 방에서 두께가 몇 센티미터인 납을 통과한 뒤에도 그리고 두께가 몇 인치인 철을 통과한 뒤에도 X선 스크린을 환하게 만들 수 있다.

우라늄 또는 토륨의 경우와 마찬가지로, 라듐에서도 사진건판에 대한 작용은 주로 물질을 투과하는 음극(陰極)을 띤 방사선[72]에 의해 일어난다. 라듐에서 나오는 방사선을 쪼여 사진건판에서 얻은 사진들은 X선으로 얻은 사진들과 매우 비슷한데 X선으로 구한 것만큼 선명하지는 않고 세세하지도 않다. 라듐에서 나오는 방사선은 서로 다른 종류의 물질에서 서로 다르게 흡수되는데, 흡수되는 비율은 근사적으로 대상 물질의 밀도에 따라 변한다. 라듐에서 나온 방사선을 이용하여 사람의 손을 찍은 사진에서는 X선 사진에서처럼 뼈 모양이 드러나지는 않는다.

퀴리[73]와 라보르데는 라듐의 화합물이 그 화합물 주위의 공기의 온도보다 항상 몇 도 더 높은 온도를 유지하는 놀라운 성질을 가진다는 것을 증명하였다. 라듐 1그램은 매시간 100그램칼로리[74]에 해당하는 양의 에너지를 방사(放射)한다. 라듐의 이런 성질은 라듐이 갖고 있는 다른 성질과 함께 제5장과 제12장에서 자세히 논의된다.

72) 음극을 띤 방사선(cathodic ray)이란 음전하를 나르는 방사선으로 오늘날 전자(電子)들의 흐름이라고 밝혀진 β선을 말한다.

73) 퀴리(Pierre Curie, 1859-1906)는 프랑스의 물리학자로 결정학, 압전효과 등으로 유명한데 마리 퀴리와 결혼한 뒤 자신의 종전 전공 분야를 접고 아내의 방사능 연구에 전념했으며 그 공로로 1903년 노벨 물리학상을 베크렐 그리고 아내와 함께 공동으로 수상하였다.

74) 그램칼로리(gram calorie)는 cal라고 표시하며, 1기압 아래서 물 1그램을 섭씨 1도 올리는 데 필요한 열량을 1그램칼로리라고 한다. Cal라고 표시되는 열량은 cal의 1,000배로 1기압 아래서 물 1킬로그램을 섭씨 1도 올리는 데 필요한 열량이 1Cal이다.

16. 라듐의 화합물

라듐의 모든 염(鹽)은, 염화물이나 브롬화물이나 초산화물이나 황화물이나 탄산화물이나 모두, 처음 고체 상태로 준비되었을 때는 바륨의 대응하는 모든 염과 그 겉모양이 매우 비슷하지만, 시간이 지나면 그것들이 점차로 색깔을 띠게 된다. 화학적 성질에서는 라듐 염이 바륨 염과 실질적으로 똑같은데, 예외로는 라듐의 염화물과 브롬화물이 바륨의 대응하는 염들보다 물에 덜 녹는다는 것을 들 수 있다. 모든 라듐 염은 천연적으로 원래부터 인광(燐光)을 내는 성질을 가지고 있다. 불순물을 포함하고 있는 라듐의 인광은 어떤 경우에 매우 두드러진다.

모든 라듐 염은 그것을 담아둔 유리 용기가 신속하게 색깔을 띠게 만드는 성질을 모두 다 가지고 있다. 방사능이 미약한 물질의 경우 유리 용기가 나타내는 색깔은 보통 보라색이고, 방사능이 좀 더 높은 물질의 경우에는 유리 용기의 색깔이 노란 색깔을 띠는 갈색이고, 방사능이 아주 높아지면 유리 용기의 마지막 색깔은 검정색이다.

17. 악티늄

피치블렌드로부터 라듐이 발견되면서 큰 자극을 받아서 사람들은 우라늄 찌꺼기를 화학적으로 조사하게 되었고, 초기의 체계적인 탐색의 결과로 몇 가지 새로운 방사성 물체를 찾아내게 되었다. 비록 그렇게 새롭게 찾아낸 물체가 뚜렷한 방사능 성질을 보이기는 했지만, 지금까지 어느 한 가지도 라듐의 경우에서처럼 분명한 스펙트럼을 구할 수 있을 정도로 충분히 순수하게 분리해낼 수가 없었다. 드비에르누[75]는, 퀴리 부부가 오스트리아 정부로부

75) 드비에르누(André-Louis Debierne, 1874-1949)는 프랑스의 화학자로 퀴리 부부가 라듐을 분

터 공급받은 우라늄 찌꺼기를 연구하다가, 그런 물질들 중에서 가장 흥미롭고 중요한 하나를 발견하고[xxviii] 악티늄[76)]이라고 불렀다. 이 방사능이 높은 물질은 철(鐵) 족에 속하는 원소와 함께 침전되며, 비록 방사능은 토륨보다 수천 배 더 높지만, 화학적 성질에서는 토륨과 매우 가까운 동류(同類)이다. 토륨으로부터 그리고 희토류 원소들로부터 악티늄을 분리해내는 것이 매우 어렵다. 드비에르누는 악티늄을 부분적으로 분리하는 데 다음과 같은 방법을 이용하였다.

(1) 싸이오황산 나트륨을 조금 많이 넣고 염산을 약간 섞은 뜨거운 용액에서 침전시킨다. 방사능을 띤 물질은 거의 전부가 침전물에 존재한다.

(2) 침전에 의해 새로 얻은 수화물에 불화수소산을 작용시키고, 물에 띄워 놓는다. 녹은 부분은 단지 약간만 방사능을 띤다. 이 방법으로 티타늄이 분리될 수 있다.

(3) 과산화수소수에 의해 중성의 질산염 용액을 침전시킨다. 침전물은 방사성 물체를 아래로 내려가게 만든다.

(4) 녹지 않는 황산염을 침전시킨다. 예를 들어 바륨 황산염이라면 방사성 물체를 포함한 용액에서 침전되며, 바륨이 방사성 물질을 아래로 내려가게 만든다. 황산염이 염화물로 전환되고 암모니아에 의한 침전에 의해서 토륨과 악티늄이 바륨으로부터 분리된다.

이 방법으로 드비에르누는 방사능이 라듐과 필적할 만한 물질을 얻었다. 분리 과정이 어렵고 힘들어서 아직은 스펙트럼에서 어떤 새로운 스펙트럼선

리하고 남은 피치블렌드를 이용하여 원자 번호가 89번이고 은백색 금속 원소인 악티늄을 발견하였다. 악티늄은 어두운 곳에서 파란색 빛을 내는데, 그리스어로 빛을 의미하는 aktinos로부터 그 원소 이름이 유래되었다.

76) 악티늄(actinium)은 방사성 금속 원소로 원자 번호는 89이고 원소 기호는 Ac이다.

이 나타나게 할 만큼 충분하게 진행되지를 못하였다.

18.

악티늄이 발견되었다는 최초 발표가 있은 후에, 드비에르누가 악티늄에 대해 다른 새롭고도 분명한 결과를 발표하는 데까지 수년이 걸렸다. 그동안에, 기젤xxix이 피치블렌드로부터 드비에르누가 발견한 악티늄과 많은 측면에서 매우 비슷해 보이는 방사성 물질을 독립적으로 획득하였다. 그 방사성 물질은 세륨[77] 희토류 족에 속하고 그 원소들과 함께 침전된다. 연속적인 화학적 조작을 통하여 그 방사성 물질은 란탄[78]과 혼합되어 함께 분리된다. 그 새로운 방사성 물질은 토륨과 비교해서도 방사능이 지극히 높고, 방사능과 관련된 성질은 토륨과 아주 밀접하게 닮았지만, 분리 방법을 이용한 후에는 그 방사성 물질에 토륨은 지극히 소량만 포함될 수 있다. 기젤은 초기에 이미 그 방사성 물질이 방사능을 띤 에머네이션을 방출한다는 것을 관찰하였다. 그 방사성 물질이 방출하는 에머네이션의 세기가 높아서, 기젤은 그 물질을 "에머네이션을 방출하는 물질"이라고 불렀다. 최근에는 이 이름이 "에마늄"[79]으로 바뀌었고, 기젤이 준비한 그 방사성 물질 재료가 에마늄이라는 상품명으로 시장(市場)에 출시되었다.

기젤은 이 물질의 방사능이 내구성이 있고 분리된 다음 6개월 동안 계속 증가하는 것을 발견하였다. 이런 면에서 그 물질은 라듐의 화합물과 유사한데, 왜냐하면 전기적(電氣的)인 방법으로 측정한 라듐의 방사능도 한 달 동안

77) 세륨(cerium)은 희토류에 속한 원소로 원자 번호가 58이고 원소 기호는 Ce이다.
78) 란탄(lanthanum)은 희토류에 속한 원소로 원자 번호가 57이고 원소 기호는 La이다.
79) 에마늄(emanium)은 기젤이 피치블렌드로부터 새로운 원소를 발견했다고 믿고 붙인 이름인데, 후에 곧 이것은 악티늄과 동일한 것임이 밝혀졌다.

에 분리된 직후 처음 값에 비해서 네 배로 증가하기 때문이다.

최근의 연구xxx에 의하면 드비에르누의 "악티늄"과 기젤의 "에마늄"이 완전히 동일한 방사능 성질을 보이기 때문에, 방사능 관련 성질로만 보면 그 두 가지가 동일하게 구성되어 있다는 것을 의심할 여지가 없다. 두 가지 물질에서 모두 다른 물질에 쉽게 흡수되는 방사선이 나오고 또한 다른 물질을 투과하는 방사선도 나오며, 두 물질 모두에 대해 붕괴 비율이 동일한 특성을 갖는 에머네이션도 나온다. 악티늄은 방사능에 대한 성질은 물론 화학적 성질에서도 토륨과 너무나 똑같은 원소인데, 에머네이션의 붕괴 비율은 토륨으로부터 악티늄을 구별하는 가장 간단한 방법이다. 악티늄 에머네이션은 토륨 에머네이션보다 방사(放射)하는 능력을 더 빨리 잃어버리는데, 방사능이 절반 값으로 줄어들 때까지 걸리는 시간이 악티늄은 3.7초이고 토륨은 52초이다.

악티늄이 보유하고 있는 가장 두드러진 방사능 성질은 바로 이렇게 수명이 짧은 에머네이션을 신속하게 그리고 연속으로 방출한다는 것이다. 바람이 불지 않는 공기 중에서, 악티늄에서 방출되는 에머네이션은 방사하는 능력을 잃기 전까지 단지 매우 짧은 거리까지만 확산될 수 있으므로, 이 에머네이션의 방사능 효과는 방사성 물질로부터 몇 센티미터 거리 이내의 공간으로 한정되어 있다. 방사능이 아주 높은 악티늄 성분을 포함하고 있는 물질은 에머네이션에 의해 발생한 밝은 빛을 내는 안개로 둘러싸여 있는 것처럼 나타난다. 방사선은, 예를 들어 아연 황화물이나 규산아연광 그리고 바륨의 백금시안화물과 같은 일부 물질에서는, 강한 광채(光彩)를 발생시킨다. 그런 광채의 밝기는 아연 황화물을 바른 스크린에서 특별히 두드러진다. 밝은 광채를 내는 물질을 향해 바람을 서서히 불어 보내면 그 바람의 방향에서 광채가 즉시 사라지는데, 그로부터 광채가 나는 효과의 상당 부분이 에머네이션 때문임을 알 수 있다. 아연 황화물을 바른 스크린에서 악티늄은 "섬광(閃

光)" 현상을 보이는데, 그 밝은 정도는 심지어 라듐 자체가 보이는 것보다 더 강하다.

에마늄 시료도 일부 경우에 밝은 광채를 내며, 이 빛의 분광(分光) 특성을 조사하면 몇 개의 밝은 스펙트럼선이 나타났다.[xxxi]

악티늄 에머네이션이 보인 뚜렷한 특성 그리고 악티늄으로부터 만들어진 다른 방사능 생성물들이 항구적인 방사능을 계속하여 유지한다는 사실로부터, 악티늄이 결국에는 매우 강한 방사능을 갖는 새로운 방사성 원소로 판명될 것이라는 생각이 아주 그럴듯해 보였다. 비록 방사능이 매우 높은 악티늄을 포함한 시료를 구했지만, 아직은 그 시료로부터 불순물을 완전히 제거시키는 것이 가능하지 않았다. 결과적으로, 악티늄의 명확한 화학적 성질을 특정할 수가 없었으며, 새로운 스펙트럼선도 관찰되지 못하였다.

앞으로 여러 장에 걸쳐서 악티늄의 방사능 관련 성질과 다른 성질들에 대해 좀 더 철저하게 논의될 예정이다.

19. 폴로늄

폴로늄은 피치블렌드에서 찾아낸 첫 번째 방사성 물질이었다. 폴로늄을 발견한 퀴리 부인[xxxii]이 폴로늄에 대해 자세히 조사하였다. 산(酸)을 이용하여 피치블렌드를 녹이고 황화수소를 첨가하였다. 침전된 황화물은 방사성 물질을 포함하고 있었고, 그 침전된 황화물에서 불순물을 제거시키고 남는 것이 비스무트[80]와 연관되었음을 발견하였다. 폴로늄이라고 부르게 된 이 방사성 물질은 화학적 성질에서 비스무트와 너무 밀접하게 연관되어 있어서 아직까지 완벽하게 분리하는 것이 불가능하다고 알려져 있다. 폴로늄은 다음과

80) 비스무트(bismuth)는 원자 번호가 83번이고 원소 기호는 Bi인 금속 원소이다.

같은 절차의 여러 양식들 중에서 하나하나에 기초한 연속되는 분별(分別) 방법에 의해 부분적으로 분리시킬 수가 있다.

(1) 진공 중에서 승화시킨다. 방사능을 포함한 황화물은 비스무트의 황화물보다 휘발성이 크다. 방사능을 포함한 황화물은 진공관에서 온도가 섭씨 250도에서 300도 사이인 부분에 검정색 물질로 침전되었다. 이런 방법으로 우라늄보다 방사능이 700배나 더 큰 폴로늄을 구하였다.

(2) 질산 용액에서 물에 의해 침전시킨다. 침전된 질산의 염기성염의 방사능은 용액에 남아 있는 부분의 방사능보다 훨씬 더 높다.

(3) 매우 강한 산성의 염산 용액에서 황화수소에 의해 침전시킨다. 침전된 황화물의 방사능은 용액에 남아 있는 염의 방사능에 비해 훨씬 더 높다.

방사성 물질의 농도를 높이기 위하여 퀴리 부인[xxxiii]은 방법 (2)를 사용하였다. 그렇지만 그 과정은 매우 느리게 진행되고 매우 지루하며, 강한 산이나 약한 산 모두에서 녹지 않는 침전물을 형성하는 경향 때문에 한층 더 복잡하게 된다. 많은 수의 분별 작업 다음에, 우라늄에 비교해서도 방사능이 굉장히 높은 물질을 겨우 소량(少量)만 얻을 수 있었다. 그 물질을 분광학적(分光學的)으로 조사했더니, 단지 비스무트 스펙트럼선만 관찰되었다. 드마르세에 의해서 그리고 룽게와 엑스너에 의해 방사성 비스무트가 분광학적으로 조사되었는데, 그 결과에서도 새로운 스펙트럼선이 발견되지는 않았다. 반면에 윌리엄 크룩스 경[xxxiv]은 자외선 영역에서 새로운 스펙트럼선 한 개를 발견했다고 발표했고, 방사능이 300인 폴로늄을 연구한 베른트[xxxv]는 자외선 영역에서 여러 개의 새로운 스펙트럼선을 관찰하였다. 이 결과들은 다른 사람들에 의해 더 확인되기를 기다리고 있다.

세세한 성질들을 살펴보면, 퀴리 부인이 발견한 폴로늄은 다른 방사성 물체와 다르다. 첫째, 폴로늄에서는 매우 쉽게 흡수되는 방사선만 나온다. 우라늄과 토륨 그리고 라듐에서 나오는 물질을 투과하는 성질을 갖는 두 가지 방사선은 폴로늄에서는 나오지 않는다. 둘째, 폴로늄의 방사능은 일정하게 유지되지 않고 시간과 함께 연속적으로 감소한다. 퀴리 부인은 폴로늄의 시료마다 붕괴 비율이 어느 정도 달랐다고 말하였다. 일부 경우에는, 방사능이 약 6개월 만에 절반으로 떨어졌고, 다른 경우에는 11개월 만에 절반으로 떨어졌다.

20.

폴로늄의 방사능이 시간 흐름에 따라 서서히 감소하는 것이 언뜻 보기에는 방사능이 상당히 일정하게 유지되는 우라늄이나 라듐과 같은 물질과 폴로늄을 구별 짓는 것처럼 보였다. 그렇지만 이와 같은 행동에서의 차이는 종류가 다르기 때문이라기보다는 오히려 정도가 다른 것일 뿐이다. 우리는 나중에 피치블렌드에는 방사능이 일정하게 유지되지 않는 방사성 물질이 많이 존재한다는 것을 보이게 될 것이다. 서로 다른 경우마다, 그런 물체들의 방사능이 절반으로 줄어드는 데 걸리는 시간은 몇 초에서 수백 년에 이르기까지 다양하다. 실제로 방사능이 이처럼 서서히 감소하는 것은 방사능 현상을 다루는 우리 이론의 가장 중요한 부분이다. 어떤 방사성 물질도 그대로 놓아두면 영원히 방사선을 방출할 수는 없으며, 언젠가는 그 방사능이 다 없어지고야 만다. 우라늄이나 라듐과 같은 물체의 경우에, 방사능을 잃는 비율이 너무 느려서 몇 년 동안 관찰해보더라도 방사능에 변화가 있다는 것을 눈치 채지 못할 정도이지만, 이론적으로는 라듐의 방사능이 약 1000년의 주기로 결국에는 절반으로 되고, 우라늄과 같이 방사능이 별로 세지 않은 방사성 물질의 경우에는 방사능의 감소가 눈에 띌 정도가 되려면 수억 년이 흘러야 한다.

여기서 폴로늄의 방사능이 점점 감소하는 성질을 갖는 것에 대한 설명이 어떻게 바뀌었는지 간단히 돌이켜보는 것이 유익할 듯하다. 폴로늄이 비스무트와 긴밀히 연관되어 있어서 한동안 폴로늄은 새로운 방사성 물질이 아니고 단지 방사능을 가진 비스무트라고, 다시 말하면 어떤 방법으로든지 다른 방사성 물체와 혼합되어서 방사능을 띠게 된 비스무트라고 생각하였다. 어떤 물체를 토륨 또는 라듐 근처에 놓아두면 일시적으로 방사능을 띠게 된다는 것이 알려져 있었다.[81] 방사능을 갖지 않은 물질이 용액 속에 방사능을 갖는 물질과 함께 있으면 똑같은 일이 일어났다. 즉 방사능을 갖지 않는 물질이 방사능을 띠게 되었다. 이때 방사능을 갖지 않은 물질이 방사능을 갖는 물질과 접촉하면, 한때 사용한 용어에 의하면, "유도에 의해서" 방사능을 획득한다고 가정되었다.[82]

그렇지만 그것이 사실이라고 증명되지는 않았다. 그런데 증거에 따르면 방사능은, 방사능을 갖지 않은 물체 자체가 바뀌어서 띠게 되는 것이 아니라, 오히려 매우 강한 방사성 물질이 아주 소량(少量)이라도 혼합되어 있어서 갖게 되는 것처럼 보였다. 그 방사성 물질이 바로 피치블렌드에 존재하며 비스무트와 함께 분리되었지만, 그 방사성 물질은 화학적 성질에서 비스무트와 같지 않았다.

이 주제에 대해 지금 이야기하는 것은 바람직하지 않을 수가 있어서, 나중에 제9장에서 자세히 논의하게 될 것이다. 제9장에서는 피치블렌드에 비스무트와 함께 섞여 있는 방사능을 띤 구성 요소인 폴로늄은 비스무트와는 화

81) 오늘날에는 원자핵을 구성하는 양성자나 중성자가 들뜬 상태에 있으면 방사선을 방출하며 안정된 바닥상태로 가는데, 반대로 안정된 바닥상태의 원자핵이 방사선을 흡수하면 들뜬 상태가 된다는 것을 알게 되었다. 즉 방사성 물질 부근에 놓인 물질은 방사성 물질로 바뀐다.
82) 방사능의 원리가 무엇인지 모르던 당시에는 방사성 물질 근처의 보통 물질이 방사능을 띠게 되는 것을 보고 그런 현상을 방사능이 유도된다고 말하였다.

학적으로 뚜렷이 구별되는 물질로서 비록 화학적 성질에서 비스무트와 연결되어 있지만, 폴로늄은 비스무트와 부분적으로 분리될 수 있는 일부 엄격하게 다른 분석적 성질을 보유하고 있다.

폴로늄은, 만일 순수한 상태로 얻을 수 있다면, 초기에는 방사능이 순수한 라듐보다 수백 배 더 강하다. 그렇지만 이 방사능은 일정하게 유지되는 것이 아니라, 시간이 흐름에 따라 붕괴하는데, 대략 6개월이 지나면 절반으로 떨어진다.

방사성 비스무트의 스펙트럼에서 새로운 스펙트럼선이 하나도 나타나지 않는 것은 예상되는 일인데, 왜냐하면 아무리 방사능이 강한 비스무트 시료를 준비한다고 하더라도, 방사성 물질은 단지 매우 낮은 비율로 조금만 존재하기 때문이다.

21.

폴로늄이 갖고 있는 성질에 대한 논의는 마르크발트[83)]가 피치블렌드로부터 폴로늄과 유사한 물질을 분리해낼 수 있음을 발견한 뒤에 재개(再開)되었다.[xxxvi] 마르크발트는 그렇게 새로 분리해낸 물질은 시간이 흐르더라도 방사능이 별로 줄어들지 않는다고 말하였다. 우라늄 찌꺼기로부터 얻은 비스무트 염화물 용액으로부터 분리해내는 방법은 매우 간단하였다. 비스무트 또는 안티몬[84)]으로 만든 막대를 방사능을 띤 용액에 담그면 막대의 표면이 신속하게 검정색 침전물로 덮이는데, 그 침전물은 매우 강한 방사능을 띤다. 이 과정을 용액에 방사능이 전혀 남아 있지 않을 때까지 계속하였다. 이렇게 얻은

83) 마르크발트(Willy Marckwald, 1864-1942)는 독일 화학자로 동적 분할(kinetic resolution)을 통한 물질의 분석에 크게 기여하였다.
84) 안티몬(antimony)은 원자 번호가 51이고 원소 기호는 Sb인 금속 원소이다.

방사능을 띤 침전물은 단지 쉽게 흡수되는 방사선만 방출하였으며, 그런 면에서 퀴리 부인이 발견한 폴로늄과 비슷하였다.

그 방사능을 띤 물질은 주로 텔루르[85]로 구성되어 있음이 밝혀졌으며, 그런 이유로 마르크발트는 이 물질을 방사성-텔루르라고 명명(命名)하였다. 그렇지만 뒤이은 연구에서 마르크발트[xxxvii]는 방사능을 내는 구성 요소가 텔루르와는 아무런 관련이 없으며, 간단한 화학적 과정에 의해 그 물질로부터 텔루르를 완전히 분리해낼 수 있음을 보였다. 많은 양의 방사성 물질을 얻기 위해서 피치블렌드 2,000킬로그램이 처리되었다. 이렇게 해서 옥시염화 비스무트 6킬로그램이 생기고, 그로부터 방사성-텔루르 1.5그램이 분리되었다. 녹아 있던 텔루르가 히드라진 염산염에 의해 염산 용액으로부터 침전되었다. 침전된 텔루르도 여전히 약간의 방사능을 보이지만, 그 방사능은 이 과정을 반복함으로써 제거되었다. 그러면 방사성 물질은 여과된 액체에 남게 되는데, 그 액체를 증발시키고 주석을 함유한 염화물을 몇 방울 추가하면 방사능이 아주 강한 짙은 침전물이 소량(少量) 만들어진다. 이것이 필터를 이용해 수집되면 그것은 단지 4밀리그램밖에 되지 않는다.

이 강한 방사능을 띤 물질을 녹인 염산 용액에 구리나 주석 또는 비스무트로 만든 판을 담갔더니 매우 미세하게 구분되는 부착물이 그 판의 겉면을 덮는 것이 발견되었다. 이 판들은 대단히 강한 방사능을 띠었으며, 사진건판에 두드러진 흔적을 남기고 인광(燐光) 작용도 강하였다. 이 침전물이 지닌 매우 강력한 방사능을 보여주는 예로, 마르크발트는 구리판에서 넓이가 4제곱센티미터인 부분에 부착된 0.01밀리그램의 침전물로부터 나오는 방사선에 의해서 아연 황화물을 바른 스크린으로부터 나온 빛이 수백 명의 청중에게 보

85) 텔루르(tellurium)는 원자 번호가 52이고 원소 기호는 Te인 비금속 원소이다.

일 수 있을 정도로 밝았다고 말했다.

마르크발트의 방사능이 강한 물질은 퀴리 부인의 폴로늄과 화학적 성질 그리고 방사능 성질에서 아주 가까운 동류(同類)이다. 그 두 가지 방사성 물질 모두 비스무트와 함께 분리되고 두 물질 모두 쉽게 흡수되는 방사선만 방출한다. 우라늄이나 라듐 또는 토륨에서 방출되는 물질을 투과하는 방사선이 그 두 물질에서는 전혀 나오지 않는다.

그동안 마르크발트가 구한 방사성 물질이 과연 퀴리 부인의 폴로늄에 존재하는 방사성 물질과 동일한 물질인지 아닌지에 대해 상당히 많은 논의가 있었다. 마르크발트는 그의 방사성 물질은 6개월의 시간이 흐르는 동안에 방사능이 감지될 만큼 줄어들지는 않았지만, 측정에서 이용된 방법이 충분히 정확했는지에 대해서는 확신하지 못한다고 말하였다.

이 책의 저자는, 함부르크의 슈태머 박사가 마르크발트의 방법에 의해 준비해서 판매한, 방사선이 보통 정도인 방사선-텔루르의 방사능은 시간이 지나면 방사능을 잃게 되는 것이 틀림없음을 발견하였다. 방사성-텔루르는 광택을 낸 비스무트 막대 또는 판에 생기는 얇은 방사능 침전물의 형태로 얻는다. 비스무트 막대는 약 150일 뒤에 방사능의 절반을 잃는 것이 발견되었고, 다른 학자들도 유사한 결과를 기록하였다.

이와 같이 두 물질은 방사능 성질과 화학적 성질 모두에서 비슷하며, 두 경우 모두에 존재하는 방사능을 띤 구성 물질은 동일할 것이라는 예측을 반박하는 것은 합리적이지 못하다. 그 증거에 대해서는 제9장에서 자세히 논의되는데, 거기서 마르크발트의 방사성 텔루르에 존재하는 방사성 물질은 라듐으로부터 천천히 변환된 것임을 보이게 될 것이다.

22. 방사능 납

몇몇 학자들은 초기에 피치블렌드로부터 분리된 납이 강한 방사능 성질을 보인다는 점을 주목하였지만, 납의 방사능이 납의 변하지 않는 성질인 것인지에 대해서는 논란이 분분하였다. 엘스터와 가이텔[xxxviii]은 피치블렌드로부터 구한 납 황산염의 방사능이 매우 강하다는 것을 발견하였지만, 그들은 그 방사능은 아마도 납에 라듐이나 폴로늄이 섞여 있기 때문일지 모르며, 화학적으로 적절하게 처리하면 방사능이 없는 상태의 납 황산염을 얻을 수 있을 것이라고 생각하였다. 기젤[xxxix] 역시 방사능을 갖는 납을 분리하였지만 그것의 방사능은 시간이 흐르면 감소하는 것을 발견하였다. 반면에, 호프만과 슈트라우스[xl]는 피치블렌드로부터 방사능이 거의 불변으로 보이는 납을 구하였다. 그들은 방사능을 갖는 납이 대부분의 반응에서 보통 납과 비슷하지만, 황화물과 황산염에서 취하는 행동은 보통 납과 차이를 보인다고 말하였다. 납 황산염은 강한 인광을 내는 것이 발견되었다. 호프만과 슈트라우스의 이러한 결과는 논문으로 발표되었을 때 상당히 비판을 받았으며, 납 자체는 방사능을 띠지 않고 납과는 분리되는 소량의 방사성 물질을 포함했을 뿐이라는 것은 의심의 여지가 없었다. 뒤이은 연구[xli]에서 방사성 납은 몇 가지 방사능을 띤 구성 요소를 포함하고 있지만 그것은 적절한 화학적 방법에 의해서 제거될 수 있음이 증명되었다.

일부 방법을 이용해서 피치블렌드로부터 분리된 납은 상당히 센 방사능을 갖고 있으며, 그 방사능이 어느 정도 변하지 않고 그대로 유지된다는 것을 의심할 수는 없다. 방사성 납에서 일어나는 방사능의 변화는 복잡하며 지금 이 단계에서는 잘 이해되도록 논의할 수가 없지만, 제11장에서 자세하게 설명할 예정이다. 제11장에서 납에 포함된 주요 구성 요소는 라듐이 천천히 변환되면서 만들어지는 생성물임을 보이게 될 것이다. 이 물질은 그런 다음에 폴로늄에 포함된 방사능을 띤 구성 요소로 천천히 바뀌며, 그렇게 바뀐 것은 오직 쉽게 흡수되는 방사선 한 가지만 방출한다.

이 폴로늄은 적당한 화학적 방법을 이용하여 납으로부터 일시적으로 분리될 수 있지만, 방사능을 띤 납은 여전히 계속해서 폴로늄을 만들어내고, 그래서 몇 개월의 기간이 흐르도록 허용된다면 그렇게 방사능을 띤 납으로부터 갓 만들어진 폴로늄을 얻을 수가 있다.

방사능을 띤 납은 40년마다 그 방사능의 절반을 잃을 확률을 갖는데, 이 책의 뒷부분에서 그 확률을 계산한다.

아직까지 방사능을 띤 납이 포함하고 있는 구성 요소를 분리하지 못하고 있지만, 그렇게 분리된 부분이 순수한 상태에 있으면 라듐 자체가 갖는 방사능보다 훨씬 더 센 방사능을 갖는데, 그 점에 대해서는 나중에 설명할 예정이다. 이 물질은 순수한 상태로 분리된다면 과학적으로 라듐만큼이나 유용할 것이라고 생각되고 있음에도 불구하고 이 물질에 대해서는 아직 충분히 연구되지 않고 있다. 게다가, 이 물질로부터 폴로늄이 생성되기 때문에, 마치 시간이 흐르더라도 새로 방출되는 라듐 에머네이션이 라듐으로부터 계속 공급될 수 있듯이, 방사능이 매우 강한 폴로늄을 언제라도 새로 공급받는 것이 가능하게 된다.

호프만과 슈트라우스는 음극선에 의해 분리된 방사능을 띤 납 황산염에 음극선이 색다른 작용을 하는 것을 관찰하였다. 그들은 시간이 흐르면 납 황산염의 방사능이 감소하지만, 납을 짧은 시간 동안 음극선의 작용에 노출시키면 그 방사능이 다시 원래대로 돌아간다고 말하였다. 방사능을 띤 납의 황화물에서는 그런 현상이 나타나지 않는다. 이 효과는 음극선이 납 황산염에 작용하여 강한 인광을 유발시켜서 발생했을 뿐이며 그 물질의 방사능 성질과는 아무런 관련이 없을 가능성이 가장 높다.

23. 토륨은 방사성 원소인가?

악티늄과 토륨의 화학적 성질이 비슷하다는 이유로, 서로 다른 시기에, 토륨의 방사능은 토륨 자체에서 나오는 것이 아니라 악티늄이 극소량(極少量) 포함되어 있기 때문일 것이라고 제안되곤 하였다. 토륨에서 나온 에머네이션의 붕괴 비율과 악티늄에서 나온 에머네이션의 붕괴 비율이 같지 않다는 것을 고려하면, 그러한 제안은 신빙성이 떨어진다. 만일 토륨의 방사능이 악티늄 때문이라면, 그 두 에머네이션은 물론 그 두 물질들로부터 얻는 다른 생성물들의 붕괴 비율도 똑같아야만 한다. 각종 생성물들이 지닌 방사능이 붕괴하는 비율은 화학적 요인 또는 물리적 요인에 의해 바뀔 수 있다는 증거는 조금도 없으므로, 토륨이 방사능을 갖게 된 원인이 무엇이든 간에 그것이 악티늄 때문은 아니라고 자신 있게 결론지어도 좋다. 두 물체가 방사능을 띤 동일한 구성 요소를 포함하고 있는지 결정하는 데는, 방사능을 띤 생성물의 붕괴 비율에서 관찰되는 이런 차이가 화학적 행동에서 관찰되는 차이보다 훨씬 더 큰 비중을 갖는데, 왜냐하면 각 경우에 조사 대상이 되는 물질에 존재하는 방사성 물질은 단지 극소량만 존재하고, 그런 조건에서 화학적 검사만 하는 것은 애초부터 별 가치가 없기 때문이다.

그렇지만 호프만과 체르반의 최근 연구, 그리고 배스커빌의 최근 연구에 의하면, 토륨 자체는 방사능을 띠지 않으며, 보통 토륨 화합물에서 관찰된 방사능은 아직 알려지지 않은 방사성 원소가 혼합되어 있기 때문이라는 결론에 가까워지는 것처럼 보인다. 호프만과 체르반[xlii]은 여러 가지 종류의 광물 공급원으로부터 얻은 토륨의 방사능에 대해 체계적인 조사를 수행하였다. 그들은 일반적으로 우라늄이 상당히 높은 비율로 포함된 광물로부터 얻은 토륨의 방사능이, 우라늄은 거의 포함되지 않은 광물로부터 얻은 토륨의 방사능에 비해 훨씬 더 높다는 것을 발견하였다. 이것은 토륨에서 관찰된 방사능이 우라늄이 변환되어 만들어진 생성물 중에서 화학적으로 토륨과 동류(同類)이고 언제든지 토륨으로부터 분리될 수 있는 것으로부터 유래할 가능성이 있음을 가리킨다. 호프만은 전기적 방법과 사진 방법 모두를 이용해서 조사하더라도 광물인 가돌린석[86]으로부터 얻은 소량의 토륨은 방사능을 거의 가지고 있지 않다는 것을 발견하였다. 그 뒤에 배스커빌과 체르반[xliii]은 브라질 광물로부터 얻은 토륨은 방사능을 실질적으로 거의 가지고 있지 않음을 발견하였다.

이런 맥락에서 보통 토륨의 복잡성에 대한 배스커빌의 최근 연구는 관심의 대상이 된다. 특별히 준비된 화학적 방법에 의해서, 그는 토륨으로부터 지금까지 알려지지 않았던 두 가지 서로 구분되는 물질을 분리하는 데 성공하고, 그 두 물질을 그는 카롤리늄과 베르첼륨[87]이라고 불렀다. 이 두 물질은 모두 방사능이 강하고, 그래서 보통 토륨에서 관찰된 방사능을 띤 구성 요소가 이 두 원소들 중 하나 때문에 생긴 것일 수도 있다고 여겨졌다.

우리가 제안했던 것처럼 토륨 자체는 방사능을 띠지 않는다고 가정하자. 그러면 보통 시장(市場)에서 구할 수 있는 토륨과 화학적으로 순도(純度)가 높게 제작된 토륨이 거의 동일한 방사능을 갖는다는 것은 정말 대단히 놀랄 만한 일이다. 그런 결과는 정제(精製)시키는 방법을 이용하기는 했지만, 그 방법으로 처음부터 포함되어 있던 방사능을 띤 구성 요소를 조금도 제거하지 못했음을 가리킨다.

86) 가돌린석(gadolinite)은 희토류 금속을 추출할 수 있는 규산염 광물이다.
87) 배스커빌은 1901년에 토륨이라고 알려진 원소가 세 가지 서로 다른 원소로 구성되어 있다고 제안하고 다른 두 원소를 카롤리늄(carolinium)과 베르첼륨(berzelium)이라고 불렀지만 다른 사람들에 의해 곧 토륨은 단 한 가지 원소임이 밝혀졌다. 카롤리늄은 배스커빌이 재직 중이었던 대학이 속한 미국의 캐롤라이나(Carolina)주 이름을 딴 것이고 베르첼륨은 토륨을 발견한 스웨덴의 화학자 베르첼리우스의 이름을 딴 것이다.

토륨에 포함된 방사능을 띤 구성 요소가 무엇인지 마지막에 어떻게 판명될지 모른다고 할지라도, 그것이 절대로 라듐이나 악티늄 또는 어떤 알려진 다른 방사성 물질은 아닐 것임이 확실하다.

이 다음 장들에서는, 문제를 간단하게 만들기 위해서, 토륨 자체가 방사성 원소라는 가정 아래서 토륨의 방사능에 대해 논의하게 될 것이다. 그래서 발생하는 변화들에 대한 분석에서는 그 변화가 토륨 자체가 아니라 보통 토륨과 연관되어 있다고 알려진 1차 방사성 물질에 기인한다고 생각할 것이다. 방사능이 관련된 반응을 조사해서 얻는 결론은 대부분의 경우 토륨 자체가 방사능을 갖고 있는지 아니면 방사능이 어떤 알려지지 않은 원소 때문에 생긴 것인지 그런 면에는 전혀 의존하지 않고 결정된다. 만일 토륨 자체는 방사능을 띠지 않는다면, 토륨과 관련된 1차 방사능의 지속 기간이 얼마인지 물어보는 질문에 대해 어떤 결론도 도출하는 것이 가능하지 않다. 토륨이 포함하고 있는 방사성 원소의 양이 확실하게 결정되어야 비로소 그러한 유추가 가능해진다.

24.

만일 우라늄보다 더 무거운 원소가 존재한다면, 그 원소는 방사능을 갖게 될 가능성이 크다. 화학적 분석의 수단으로서 방사능이 갖는 성질이 지극히 예민하기 때문에 그러한 원소가 0에 무한히 가까울 정도로 소량(少量)만 존재하더라도 찾아낼 수가 있다. 현재까지 확인된 방사성 원소의 수는 셋 또는 넷인데, 이보다 훨씬 더 많은 수가 극소량이라도 존재할 가능성이 있으며, 지금까지 알려진 방사성 원소의 숫자가 앞으로 더 증가하게 될 것이다. 새로운 원소가 화학적 분석 또는 분광학적 분석에 의해서 검출될 정도로 그 양이 충분히 많을 가능성은 낮으므로, 방사성 원소를 찾는 첫 번째 단계에서 화학적 조사는 별 쓸모가 없다. 중요성에 대해 가장 먼저 고려해야 할 기준은 분명한 차이를 나타내는 방사선이나 에머네이션이 존재하는지 또는 존재하지 않는지 그리고 일정하게 유지되는 방사능을 가지고 있는지 등이다. 이미 알려진 것과는 다른 붕괴 비율을 갖는 방사능 에머네이션을 발견하면 그것은 새로운 방사성 물질이 존재한다는 강력한 증거를 제공한 것이 된다. 어떤 물질에 토륨 또는 라듐이 포함되어 있는지는 토륨이나 라듐에서 나오는 에머네이션의 붕괴 비율을 관찰하여 어렵지 않게 알아낼 수 있다. 새로운 방사성 원소가 그 원소의 방사능 성질에 대한 조사로부터 가능성이 있다고 일단 결정되면, 그 원소의 방사능의 성질이나 그 원소로부터 방출되는 에머네이션의 성질이 정성적 그리고 정량적 분석에 활용되어 그 원소를 분리하는 데 이용될 화학적 방법이 고안될 수 있다.

제1장 미주

i. Niewenglowski, *C. R.* 122, p. 385, 1896.
ii. Becquerel, *C. R.* 122, p. 559, 1896.
iii. Troost, *C. R.* 122, p. 564, 1896.
iv. Arnold, *Annal. d. Phys.* 61, p. 316, 1897.
v. Le Bon, *C. R.* 122, pp. 188, 233, 386, 462, 1896.
vi. Becquerel, *C. R.* 122, pp. 420, 501, 559, 689, 762, 1086, 1896.
vii. Mme Curie, *Thèse présentée à la Faculté des Sciences de Paris*, 1903.
viii. *Nature*, 56, 1897; *Phil. Mag.* 43, p. 418, 1897; 45, p. 277, 1898.
ix. Rutherford, *Phil. Mag.* Jan. 1899.
x. Ibid.
xi. Le Bon, *C. R.* 130, p. 891, 1900.
xii. Lenard, *Annal. d. Phys.* 1, p. 498; 3, p. 298, 1900.
xiii. Schmidt, *Annal. d. Phys.* 65, p. 141, 1898.
xiv. Mme Curie, *C. R.* 126, p. 1101, 1898.
xv. Owens, *Phil. Mag.* Oct. 1899.
xvi. Rutherford, *Phil. Mag.* Jan. 1900.
xvii. M. and Mme Curie and G. Bemont, *C. R.* 127, p. 1215, 1898.
xviii. Giesel, *Phys. Zeit.* 3, No. 24, p. 578, 1902.
xix. Giesel, *Annal. d. Phys.* 69, p. 91, 1890. *Ber. d. D. Chem. Ges.* p. 3608, 1902.
xx. Demarçay, *C. R.* 127, p. 1218, 1898; 129, p. 716, 1899; 131, p. 258, 1900.
xxi. Runge, *Astrophys. Journal*, p. 1, 1900. *Annal. d. Phys.* No. 10, p. 407, 1903.
xxii. Exner and Haschek, *Wien. Ber.* July 4, 1901.
xxiii. Crookes, *Proc. Roy. Soc.* 72, p. 295, 1904.
xxiv. Runge and Precht, *Annal. d. Phys.* XIV. 2, p. 418, 1904.
xxv. Runge and Precht, *Phil. Mag.* April, 1903.
xxvi. Watts, *Phil. Mag.* July, 1903; August, 1904.
xxvii. Runge, *Phil. Mag.* December, 1903.
xxviii. Debierne, *C. R.* 129, p. 593, 1899; 130, p. 206, 1900.
xxix. Giesel, *Ber. d. D. Chem. Ges.* p. 3608, 1902; p. 342, 1903.
xxx. Debierne, *C. R.* 139, p. 538, 1904. Miss Brooks, *Phil. Mag.* Sept. 1904. Giesel, *Phys. Zeit.* 5, p. 822, 1904. *Jahrbuch. d. Radioaktivität*, no. 4, p. 345, 1904.
xxxi. Giesel, *Ber. d. D. Chem.* Ges. 37, p. 1696, 1904; Hartmann, *Phys. Zeit.* 5, No. 18, p. 570, 1904.
xxxii. Mme Curie, *C. R.* 127, p. 175, 1898.
xxxiii. Mme Curie, *Thèse*, Paris, 1903.
xxxiv. Crookes, *Proc. Roy. Soc.* May, 1900.
xxxv. Berndt, *Phys. Zeit.* 2, p. 180, 1900.
xxxvi. Marckwald, *Phys. Zeit.* 4, No. 1b, p. 51, 1903.
xxxvii. Marckwald, *Ber. d. D. Chem. Ges.* p. 2662, No. 12, 1903.

xxxviii. Elster and Geitel, *Annal. d. Phys.* 69, p. 83, 1899.
xxxix. Giesel, *Ber. d. D. Chem. Ges.* p. 3775, 1901.
xl. Hofmann and Strauss, *Ber. d. D. Chem. Ges.* p. 3035, 1901.
xli. Hofmann, Gonder and Wölfl, *Annal. d. Phys.* No. 13, p. 615, 1904.
xlii. Hofmann and Zerban, *Ber. d. D. Chem. Ges.* No. 12, p. 3093, 1903.
xliii. Baskerville and Zerban, *Amer. Chem. Soc.* 26, p. 1642, 1904.

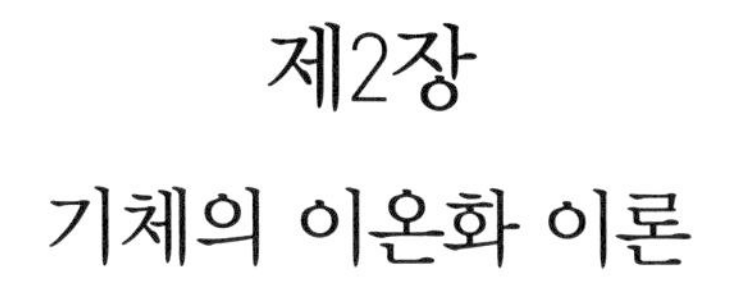

제2장

기체의 이온화 이론

25. 방사선에 의한 기체의 이온화

방사능을 띤 물체에서 나오는 방사선이 갖고 있는 가장 중요한 성질은 양전하로 대전되거나 음전하로 대전된 물체를 방전(放電)시키는 능력이다. 그 동안 이 성질이 방사선을 정량적으로 정확하게 분석하고 비교하는 방법의 기초로 이용되었으므로, 서로 다른 조건에서 방전의 비율이 어떻게 변하는지와 방전의 비율이 변하는 데 기초가 되는 과정에 대해 자세히 설명하고자 한다.

뢴트겐선이 갖고 있는 비슷한 방전 능력을 설명하기 위하여, 대전된 물체를 둘러싸고 있는 기체가 존재하는 부피 전체에 걸쳐서, 뢴트겐선이 양전하로 대전된 전하 운반자와 음전하로 대전된 전하 운반자를 만들어내는데, 그 전하 운반자들이 만들어지는 비율은 뢴트겐선의 세기에 비례한다는 이론[i]이 제안되었다. 이온[ii]이라고 부르기로 한 이 전하 운반자들은 변하지 않는 전기장 아래 놓이면 균일한 속도로 기체를 통과하며, 그 균일한 속도는 이온들이 놓인 전기장의 세기에 비례한다.

두 금속판 A와 B 사이에 방사선[1]에 노출된 기체가 놓여 있으며(그림 1), 두 금속판 사이의 전위차(電位差)는 일정하게 유지된다고 가정하자. 방사선에 의해서 매초 정해진 수(數)의 이온이 발생하며, 발생한 이온의 수(數)는 일반적으로 기체의 종류와 기체의 압력에 의존한다. 전기장에서 양이온은 음극

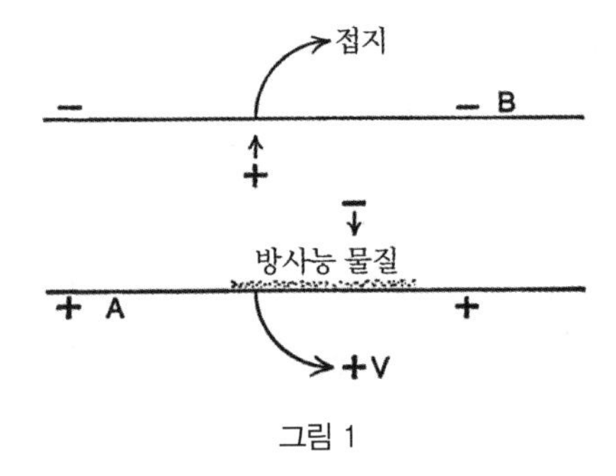

그림 1

(陰極)인 금속판을 향해서 이동하고, 음이온은 양극(陽極)인 금속판을 향해서 이동하며, 결과적으로 두 금속판 사이의 기체에는 전류가 흐르게 된다. 이온들 중에서 일부는 다시 결합하기도 하는데, 그렇게 재결합하는 비율은 존재하는 이온의 수의 제곱에 비례한다. 방사선의 세기가 주어지면, 기체를 통과하는 전류는 처음에는 두 금속판 사이의 퍼텐셜 차이[2]에 비례해서 증가하지만, 재결합이 일어나기 전에 전기장에 의해서 모든 이온이 제거될 때, 전류는 한계 값에 도달한다.

이 이론은 또한 방사성 물질에서 나오는 방사선에 의해 전도성(傳導性)을 갖게 되는 기체들이 지닌 특성들을 모두 다 설명해주는데, 물론 방사성 물질에 의해 만들어진 전도성 현상과 X선에 의해 만들어진 전도성 현상 사이에는 몇 가지 차이가 존재한다는 것도 관찰된다. 이 차이는 대부분 두 경우의 방사선이 기체에 흡수되는 양이 같지 않다는 것 때문에 생긴다. 뢴트겐선과는 달리, 방사성 물질로부터 나오는 방사선 중에서는 공기를 단지 몇 센티미터 지나가는 동안에 흡수되는 방사선의 비율이 상당히 크다. 그래서 기체의 이온화되는 비율은 서로 다른 위치에서 모두 같은 것이 아니라, 방사성 물질로부터 거리가 멀어질수록 급격히 감소한다.

26. 전위차에 따른 전류의 변화

수평 방향으로 놓인 두 개의 금속판 A와 B 중에서 (그림 1) 아래쪽 금속판 위에 방사성 물질이 균일하게 얇은 층으로 놓여 있다고 가정하자. 아래쪽 금속판 A는 전지(電池)의 한쪽 극과 연결되어 있고, 전지의 다른 쪽 극은 접

1) 이 문단에서 방사선은 문맥상 뢴트겐선을 의미한다.
2) 전위차(電位差, voltage)와 퍼텐셜 차이(potential difference)는 같은 말이다.

지(接地)[3]되어 있다. 금속판 B는 전위계(電位計)[4]의 사분면 중에서 한 쌍과 연결되어 있고, 전위계의 사분면의 다른 한 쌍은 접지되어 있다.

전위계의 바늘이 이동하는 비율에 의해 측정되는, 두 금속판 A와 B 사이에 흐르는 전류는,[iii] 처음에는 전위차가 증가함에 따라 급격히 증가하는 것으로 관찰되며, 그다음에는 조금 천천히 증가하고, 마지막에는 전위차가 매우 많이 증가하더라도 전류는 매우 조금밖에는 증가하지 않는 한계 값에 도달한다. 이것은, 앞에서 지적했듯이, 이온화 이론에 의해서 간단히 설명된다.

방사선은 이온을 일정한 비율로 생성하며, 전기장이 가해지기 전에는, 단위 부피당 이온의 수가 증가하는데, 새로운 이온이 생성되는 비율이 이미 생성되어 있던 이온들의 재결합 비율과 정확히 같게 되면 증가가 멈춘다. 약간의 전기장만 가하더라도, 양이온은 음극을 향해서 이동하고, 음이온은 양극을 향해서 이동한다.

두 금속판 사이에서 이온들이 이동하는 속도는 전기장의 세기에 정비례하기 때문에, 약한 전기장에서는 두 전극 사이를 이동하는 데 걸리는 시간이 무척 길며, 결과적으로 대부분의 이온들이 이동하는 중에 재결합된다.

결과적으로 측정된 전류는 작다. 두 금속판 사이의 전위차가 증가하면, 이온들이 이동하는 속력도 증가하며 그래서 재결합되는 이온들의 수도 더 작아진다. 결과적으로 전류는 증가하며, 전기장의 세기가 상당한 수의 재결합이 발생하기 전에 이온들을 모두 제거할 정도로 충분히 강해지면 전류가 최댓값에 도달하게 된다. 그렇게 되면 전위차가 크게 증가하더라도[5] 전류 값은 일

3) 전기 회로를 도체로 땅과 연결시키는 것을 접지시킨다고 한다. 접지시키면 회로의 전위가 땅의 전위와 같게 된다.
4) 전위계(electrometer)란 전하의 양 또는 전위차를 측정하는 장치인데, 여기서 말하는 상한 전위계(象限 電位計, quadrant electrometer)는 전극이 사분면(四分面)으로 구성되어 있다.
5) 두 금속판 사이의 거리가 일정하게 유지되면 단위 길이당 전위차가 전기장의 세기와 같다. 그

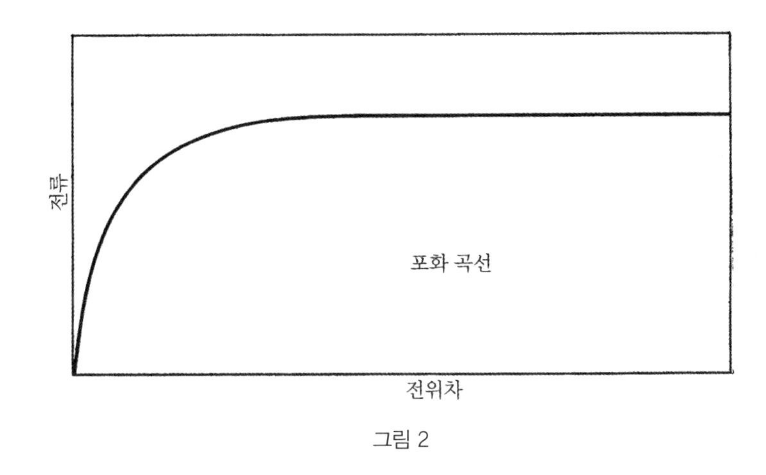

그림 2

정하게 유지된다.

그러한 최대 전류를 "포화" 전류라고 부르며, 이 최대 전류에 이르게 만드는 전위차의 값을 "포화 P.D."[6]라고 부른다.[iv]

전류-전위차 곡선의 일반적 형태가 그림 2에 나와 있는데, 여기서 세로축은 전류를 그리고 가로축은 전위차를 대표한다.

비록 전위차에 따른 전류의 변화가 단지 이온들의 속도와 이온들이 재결합하는 비율에만 의존한다고 하더라도, 그것을 수학적으로 완벽하게 분석하는 일은 쉽지가 않고, 전류와 전위차 사이의 관계를 표현하는 식은 오로지 균일한 이온화의 경우에만 적분될 수가 있다.[7] 이 식은 이온들의 속도가 모두 다르기 때문에 복잡해지고, 또한 이온들의 움직임에 의해서 두 금속판 사이

러므로 전기장의 세기가 강해진다는 것과 전위차가 커진다는 것은 같은 말이다.

6) 포화 전위차를 의미하는 Saturation Potential Difference를 포화 P.D.라고 쓴 것이다.

7) 어떤 식이 특별한 경우에만 적분될 수가 있다는 것은 그 식이 미분을 포함한 방정식인데 특별한 경우에만 그 식이 풀릴 수 있다는 의미이다.

의 퍼텐셜 기울기[8]가 일정하지 않고 달라지기 때문에도 복잡해진다. J. J. 톰슨[v]은 두 평행한 금속판 사이에서 이온들이 균일하게 생성되는 사례에 대해 연구하여 전류 i와 두 판 사이에 가해진 전위차 V 사이에는

$$Ai^2 + Bi = V$$

인 관계가 성립하는 것을 발견하였는데, 여기서 A와 B는 방사선의 세기와 두 금속판 사이의 거리가 정해졌을 때 성립하는 상수이다.

방사성 물질에서 방출되는 방사선에 대해 연구할 때 발생하는, 이온화가 비대칭적으로 일어나는 특별한 경우에는 전류와 전위차 사이의 관계가 위에 표현된 식과 매우 다르다. 그런 사례들 중에서 일부에 대해서는 47절에서 다룰 예정이다.

27.

방사성 물질에서 방출되는 방사선에 노출된 기체에 대한 전류-전위차 곡선의 일반적인 형태가 그림 3에 나와 있다.

이 곡선은 우라늄의 방사능에 비해 1,000배가 더 큰 방사능을 갖는 순수하지 않은 염화라듐 0.45 gram을 4.5 cm 간격으로 떼어놓은 두 넓은 평행판의 아래쪽 판 위의 33 cm^2인 넓이에 고르게 펴놓고 구했다. 그래프에 100이라고 표시한 관찰된 최대의 전류는 1.2×10^{-8} A 였는데, 전위차가 작을 때는 이 전류가 전위차에 거의 비례했으며, 포화된 값에 근사적으로 도달하는데 필요한 두 판 사이의 전위차는 약 600 V 였다.

우라늄 또는 토륨과 같이 방사능을 조금만 띠고 있는 물체를 이용하여 실

8) 두 금속판 사이의 퍼텐셜 기울기(potential gradient)는 두 금속판 사이의 전기장을 의미한다.

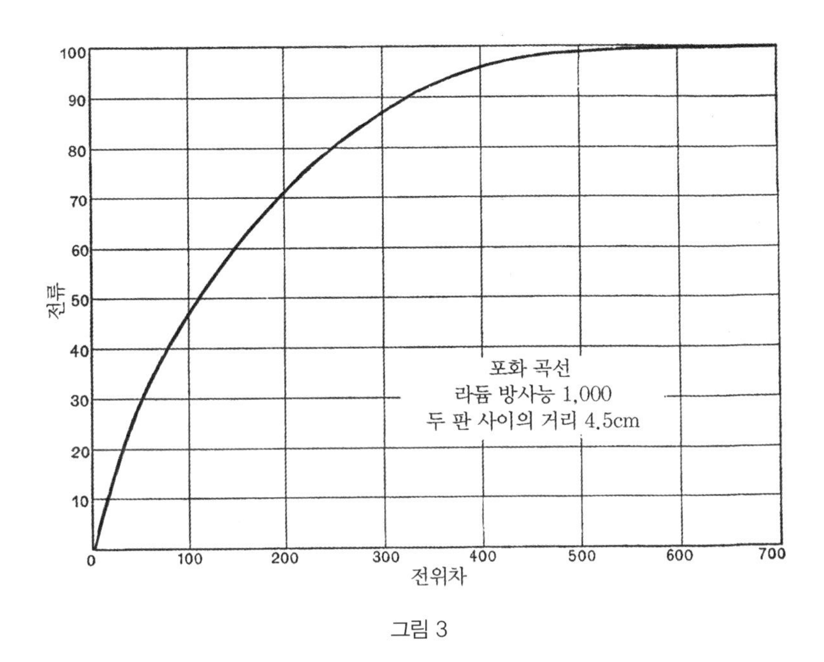

그림 3

험하면, 훨씬 더 낮은 전위차에서 근사적인 포화에 도달한다. 한쪽 금속판에 산화우라늄을 균일하게 얇은 층으로 덮은, 간격이 각각 0.5 cm와 2.5 cm인 두 평행한 금속판 사이에 흐르는 전류에 대한 결과가 표 I과 표 II에 나와 있다.

표 I

간격 0.5 cm

전위차	전류
0.125	18
0.25	36
0.5	55
1	67
2	72

표 II

간격 2.5 cm

전위차	전류
0.5	7.3
1	14
2	27
4	47
8	64

4	79	16	73
8	85	37.5	81
16	88	112	90
100	94	375	97
335	100	800	100

이 결과가 그림 4에 도표로 그려져 있다.

그림 3과 그림 4의 두 표에서 보면, 전류가 처음에는 전위차에 비례하여 증가하는 것을 알 수 있다. 비록 전위차가 크게 증가하면 전류는 매우 느리게 증가하지만, 완전히 포화된다는 증거는 없다. 예를 들어, 표 I에서, 전위차가 0.125 V 에서 0.25 V 로 변화하면, 전류는 최댓값의 18%에서 36%로 증가하지만, 전위차가 100 V 에서 335 V 로 변화할 때는 전류가 단지 6%만 증가

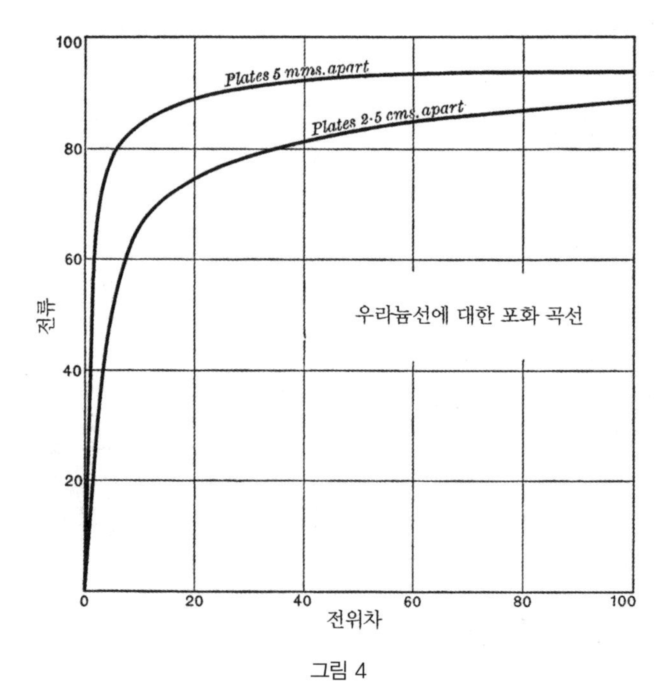

그림 4

한다. 그래서 이때 단위 전위차[9]마다 전류 변화량은 (고려하고 있는 전위차의 구간에서 전위차가 균일하게 변화한다고 가정하면) 앞에서 단위 전위차마다 전류 변화량의 약 5,000배 정도 더 크다.

이 곡선들의 앞부분만 고려하면, 전류는 단순한 이온화 이론에서 기대되는 것만큼 빨리 실질적인 최댓값에 도달하지 않는다. 전위차가 클 때 전류가 느리게 증가하는 것은 이온이 생성되는 비율에 미치는 전기장의 작용 때문이거나 우라늄의 표면 부근에서 생성되는 이온을 재결합하기 전에 제거시키는 것이 어렵기 때문인 것처럼 보인다. 아주 센 전기장의 존재가, 만일 그렇게 센 전기장이 없었더라면 초기에 이미 서로 잡아당기는 인력의 영향권으로부터 벗어나지 못했었을 이온들이, 분리하는 것을 거들었을 가능성도 있다. 낮은 압력의 기체를 통과하는 이온들의 움직임에 의해서 새로운 이온이 생성되는 조건에 대해 연구하면서 타운센드[10]가 구한 자료에 의하면, 전류의 증가가 기체의 추가적인 이온화가 이루어지는 과정에서 움직이는 이온들의 작용 때문은 아닌 것처럼 보인다.

28.

전류와 전위차 사이의 관계를 표현하는 식은 심지어 두 평행한 금속판 사이에서 이온들이 균일한 비율로 생성되는 경우에서조차도 매우 복잡하다. 그렇더라고 할지라도, 만일 퍼텐셜 기울기에 의한 영향을 무시하고 두 금속판 사이의 이온화가 균일하다고 가정하면, 실험 결과를 해석하는 데 유용하게

9) 전위차의 단위로 V(볼트)를 사용할 때 단위 전위차는 1V를 의미한다.
10) 타운센드(John Sealy Edward Townsend, 1868-1957)는 영국의 물리학자로 케임브리지 대학 캐번디시 연구소의 J. J. 톰슨의 제자이며 옥스퍼드 대학의 교수로 재직하면서 기체에서 대전 입자의 전하 측정과 충돌에 의한 기체의 이온화 연구 등에 기여하였다.

이용될 수 있는 근사(近似) 이론을 간단히 유도할 수 있다.

이온들이 간격이 l cm 인 두 평행한 금속판 사이의 기체에서 매초 매 세제곱센티미터마다 일정한 비율 q로 생성된다고 가정하자. 전기장을 가하지 않을 때, 매 세제곱센티미터에 존재하는 이온들의 수 N은, 이온들이 생성되는 비율과 재결합되는 비율이 평형을 이룰 때, $q = \alpha N^2$에 의해 주어지는데, 여기서 α는 상수이다.

만일 작은 퍼텐셜 차이 V가 가해지면, 이 퍼텐셜 차이는 최대 전류에 비해 아주 작은 전류만 흐르게 만들고, 그래서 결과적으로는 N의 값에 별 영향을 주지 않게 되므로, 금속판의 매 제곱센티미터마다 흐르는 전류는

$$i = \frac{NeuV}{l}$$

에 의해 주어지며, 여기서 u는 단위 퍼텐셜 기울기에 대한 이온들의 속도의 합이며, e는 이온 하나가 나르는 전하이다. 그래서 $\frac{uV}{l}$는 세기가 $\frac{V}{l}$[11]인 전기장에서 이온의 속도이다.

길이가 l인 기둥 중에서 단면의 넓이가 단위 넓이인 부분에서 매초 생성되는 이온들의 수는 ql이다. 금속판의 매 제곱센티미터마다 흐르는 최대 전류, 즉 포화 전류 I는 어떤 재결합도 일어나기 전에 이 이온들이 모두 다 전극(電極)에 의해 제거될 때 가능해진다.

그래서

$$I = q \,.\, l \,.\, e$$

이고,

11) $\frac{V}{l}$가 바로 앞에서 언급한 단위 퍼텐셜 기울기(unit potential gradient)이며 균일한 전기장에서 전기장의 세기와 같다.

$$\frac{i}{I} = \frac{NuV}{ql^2} = \frac{uV}{l^2\sqrt{q\alpha}}$$

이다. 이 식은, 앞에서 주목했던, 전위차 V가 작으면 전류 i는 전위차 V에 비례한다는 사실을 표현한다.

이제

$$\frac{i}{I} = \rho$$

라고 놓자. 그러면

$$V = \frac{\rho \cdot l^2\sqrt{q\alpha}}{u}$$

가 된다.

그래서 (1과 비교하여 작다고 가정된) 주어진 ρ값을 얻기 위한 V값이 더 크면 클수록, 포화 전류에 도달하기 위해 필요한 퍼텐셜도 더 크다.

그러므로 이 식으로부터 다음과 같은 결론을 내릴 수 있다.

(1) 방사선 세기가 주어지면, 포화 전위차[12]는 두 평행 금속판 사이의 거리가 커지면 증가한다. 이 식에서, ρ 값이 작으면, V는 l^2에 비례해서 변한다. 이것은 이온화가 균일한 경우에 성립한다는 것이 밝혀졌는데, 그러나 이온화가 균일하지 않은 경우에 이 식은 단지 근사적으로만 성립한다.

(2) 두 평행한 금속판 사이의 거리가 주어지면, 두 금속판 사이의 이온화의 세기가 더 클수록 포화 전위차도 더 커진다. 이것은 방사성 물질에 의해 야기되는 이온화의 경우에도 성립한다는 것이 밝혀졌다. 라듐과 같이 방사능이 매우 강한 물질의 경우에, 야기된 이온화가 너무 심해서 포화가 근사적으로 일어나는 데 필요한 전위차도 매우 커야만 된다. 반면에, 예를 들어 방사성 물

12) 포화 전위차(saturation potential difference)는 두 평행한 금속판 사이에 흐르는 전류가 포화 전류가 되는 전위차를 말한다.

질이 전혀 없는 닫힌 용기 내에서 관찰되는 저절로 일어나는 이온화의 경우와 같이 이온화가 매우 약한 곳의 기체에서 포화가 일어나기 위해서는 매 cm 마다 1 V 의 단지 몇 분의 1 정도의 전위차만 필요하다.

방사선의 세기가 주어지면, 기체의 압력이 감소함에 따라 포화 전위차가 급격히 감소한다. 이것은 이온화의 세기가 감소하고 이온의 속도가 증가하는 두 개의 원인이 같은 방향으로 동작하기 때문이다. 기체의 압력이 증가하면 이온화는 그에 비례하여 증가하지만 속도는 그에 반비례하여 감소한다. 그렇게 되면 재결합하는 비율은 더 느려지고 이온들이 두 전극 사이를 이동하는 데 걸리는 시간은 더 짧아지기 때문에, 포화가 더 빨리 일어나도록 만드는 효과를 내게 되는 것은 명백하다.

수소 기체와 이산화탄소 기체에서 관찰되는 포화 곡선의 모양[vi]은 공기에서 관찰되는 포화 곡선의 모양과 매우 비슷하다. 방사선의 세기가 주어지면, 이온화는 공기에서보다 수소 기체에서 더 덜 일어나고, 이온의 속도는 공기에서보다 수소기체에서 더 빠르기 때문에, 포화는 공기에서보다 수소 기체에서 더 쉽게 도달한다. 반면에 이온화는 공기에서보다 이산화탄소 기체에서 더 잘 일어나고, 이온의 속도는 공기에서보다 이산화탄소 기체에서 더 느리기 때문에, 이산화탄소 기체에서는 포화에 도달하는 데 공기에서보다 더 큰 전위차가 필요하다.

29.

타운센드[vii]는 낮은 압력에서 전위차에 따른 전류의 변화가 대기압에서 관찰된 전류의 변화와는 매우 다르다는 것을 보였다. 만일 뢴트겐선에 노출된 기체에서, 기체의 압력이 수은주 높이 1 mm 정도일 때, 전위차에 따른 전류의 증가를 측정한다면, 작은 전위차의 경우에 보통 관찰되는 포화 곡선을 얻는데,

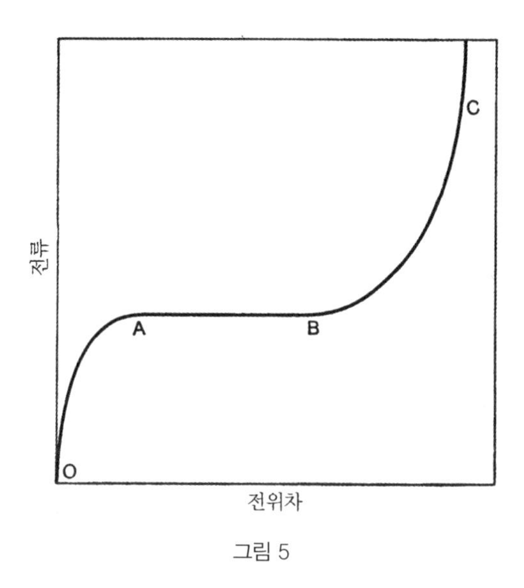

그림 5

그러나 가한 전위차가 어떤 값보다 더 높게 증가하면, 기체의 압력과 기체의 종류 그리고 전극 사이의 거리에 따라 차이가 있지만, 전류가 처음에는 완만하게 증가하기 시작하지만 전위차를 스파크[13]를 내는 값까지 올리면 전류는 매우 신속하게 증가한다. 전류 곡선의 일반적인 모습이 그림 5에 나와 있다.

이 곡선의 OAB 부분이 보통 포화 곡선에 해당한다. 전류는 B점에서 증가하기 시작한다. 여기서 전류가 증가하는 것은 낮은 압력에서 음이온이 이동하는 경로 중에 기체 분자와 충돌하여 새로운 이온을 생성하는 작용 때문임이 밝혀졌다. 압력이 수은주 높이 30 mm 보다 더 높은 공기 중에서는, 전위차가 스파크를 내는 데 필요한 값에 가까울 정도로 증가하기 전까지는, 전류의 증가가 관찰되지 않는다. 충돌에 의해서 이렇게 이온들이 생성되는 문

13) 두 평행한 금속판 사이의 전위차가 어떤 값 이상이 되면 두 전극 사이에 전자가 직접 이동하면서 불꽃을 내는데 이것을 스파크(spark)라고 한다.

제는 41절에서 더 자세하게 설명될 예정이다.

30. 이온의 재결합 비율

방사선에 의해 이온화된 기체는 방사성 물체로부터 이동된 뒤에 얼마 동안 그 기체의 전도성(傳導性)을 그대로 지니고 있게 된다. 그래서 방사성 물체 위로 공기를 흘려보내면, 그 공기는 약간의 거리만큼 멀리 놓여 있는 대전된 물체를 방전시킨다. 이와 같은 후방(後方) 전도성이 지속되는 시간은 그림 6에 보인 것과 비슷한 장치를 이용하여 아주 쉽게 측정될 수 있다.

건조한 공기 또는 어떤 다른 기체의 흐름이 일정한 비율로 기다란 금속관 TL을 통해 지나간다. 먼지 입자들을 제거시키기 위해 상당한 양의 솜털을 통과시킨 공기 흐름이 방사성 에머네이션을 방출하지 않는 우라늄과 같은 방사성 물체를 포함하고 있는 용기 T를 지나간다. 적당한 퍼텐셜로 대전된, 절연된 두 전극 A와 B를 이용하여, 금속관과 두 전극 중 하나 사이에 흐르는 전류가 금속관을 지나가는 여러 점들에서 조사될 수가 있다.

금속관에서 D로 표시된 위치의 단면에 설치된 측정 화면은 T 주위에서 이온들을 분리해내는 데 직접 작용하는 전기장을 막는 역할을 한다.

만일 전기장이 충분히 세다면, 모든 이온은 A에 위치한 전극을 향해서 이동하고, 그래서 B에 위치한 전극에서는 전류가 관찰되지 않는다. 금속관을 따라 서로 다른 거리에서, 관심의 대상인 접지된 전극을 제외하고 모든 전극에서, 연달아 전류를 측정하면, 방사성 물체로부터 거리가 멀어짐에 따라 전류가 줄어드는 것이 관찰된다. 만일 금속관의 구멍이 상당히 넓게 뚫려 있으면, 확산에 의한 이온의 손실은 많지 않고, 기체의 전도성이 감소하는 이유는 단지 이온의 재결합 한 가지 때문이다.

이온화 이론에서, 시간 dt 동안에 단위 부피에서 이온이 재결합하는 수

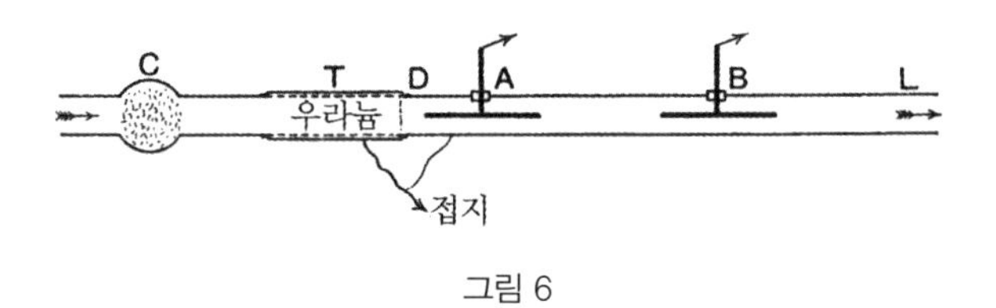

그림 6

(數) dn은 단위 부피에 존재하는 이온의 수의 제곱에 비례한다. 그래서

$$\frac{dn}{dt} = \alpha n^2$$

인데, 여기서 α는 상수이다.

이 식을 적분하면, 처음 존재하는 이온의 수가 N이고, 시간이 t만큼 경과한 뒤에 이온의 수가 n이라고 할 때

$$\frac{1}{n} - \frac{1}{N} = \alpha t$$

가 된다.[14)]

측정된 실험 결과[viii]는 이 식과 매우 잘 일치한다는 것이 밝혀졌다.

이온화의 공급원으로 이산화우라늄을 사용한 그림 6과 비슷한 실험에서, 기체에 존재하는 이온들 중에서 절반이 2.4초 이내에 재결합하고, 8초가 지난 뒤에는 이온들 중에서 4분의 1이 재결합하지 않고 그대로 남아 있는 것이 발견되었다.

이온들이 재결합하는 비율은 존재하는 이온들의 수의 제곱에 비례하므로, 기체에 처음 포함되어 있었던 이온들 중에서 절반이 재결합하는 데 걸리는 시간은 이온화의 세기가 증가하면 매우 급격히 감소한다. 만일 라듐이 사용된다면, 이온화의 세기가 매우 높아서 재결합의 비율은 굉장히 빨라진다. 방

14) 처음 식을 $\frac{dn}{n^2} = \alpha\, dt$ 라고 쓰고 양변을 $\int_N^n \frac{dn}{n^2} = \alpha \int_0^t dt$ 와 같이 적분한다.

사능이 대단히 큰 라듐 시료에 노출된 기체에서 포화에 도달하는 데 아주 큰 전위차가 필요한 것은 바로 재결합의 이러한 신속성 때문이다.

"재결합 계수"라고 불러도 좋은 상수 α값은 타운센드[ix]와 매클렁[x15)] 그리고 랑주뱅[xi16)]에 의해 서로 다른 실험 방법을 이용하여 절대적인 척도로 측정되었는데 그 결과들은 모두 상당히 잘 일치하였다. 예를 들어, 그림 6에 보인 장치를 이용하여 전극 A를 통과한 뒤에 이온들 중 절반이 재결합하는 데 걸린 시간 T가 실험적으로 측정되었다고 가정하자. 그러면 $\frac{1}{N} = \alpha T$인데, 여기서 N은 A에 위치한 1세제곱센티미터의 부피에 포함된 이온의 수(數)이다. 만일 포화 전류 i를 전극 A에서 측정한다면 $i = NVe$가 되는데, 여기서 e는 이온 하나에 대전된 전하이고 V는 매초 전극 A에 의해 이동되는 균일하게 이온화된 기체의 부피이다. 그러면 $\alpha = \frac{Ve}{iT}$가 된다.

다음 표에 서로 다른 기체에 대해 구한 α 값이 나와 있다.

상수 α값

기체	타운센드	매클렁	랑주뱅
공기	$3420 \times e$	$3384 \times e$	$3200 \times e$
이산화탄소	$3500 \times e$	$3492 \times e$	$3400 \times e$
수소	$3020 \times e$		

가장 최근에 결정된 e의 값이 3.4×10^{-10} E.S. 단위(esu)인데,[17)] 그래

15) 매클렁(Robert Kenning McClung, 1874-1960)은 캐나다의 물리학자로 기체의 전도성과 방사능에 대해 연구했다.

16) 랑주뱅(Paul Langevin, 1872-1946)은 프랑스의 물리학자로 물질의 자기적(磁氣的) 성질에 대해 많은 연구를 남겼다. 그 밖에 기체 이온의 성질과 기체 운동론 등에 관해 연구하였다.

17) E. S. 단위란 electrostatic unit(정전 단위)의 약자로 오늘날에는 그냥 esu라고 쓰는데, cgs 단위계에서 쿨롱 법칙을 $F = \frac{q^2}{r^2}$으로 표현할 때, $r = 1$ cm 에서 $F = 1$ dyne의 전기력을 작용하는 전하가 1 esu 이다. SI 단위계로 표현한 쿨롱 법칙 $F = \frac{1}{4\pi\epsilon_0}\frac{q^2}{r^2}$에 $F = 1\ \text{dyne} = 10^{-5}\ \text{N}$,

서 $\alpha = 1.1 \times 10^{-6}$ 이다.

이 값을 이용하면, 재결합의 식으로부터, 만일 매 세제곱센티미터의 부피마다 10^6 개의 이온이 존재한다면, 약 0.9초 동안에 그중에서 절반이 재결합하며, 90초가 지나면 99%가 재결합한다는 것을 어렵지 않게 보일 수 있다.

매클렁은 (앞에서 인용한 논문에서) 압력이 0.125기압과 3기압 사이에서는 α값이 근사적으로 압력과 무관함을 보였다. 그 후의 실험에서 랑주뱅은 매클렁이 사용한 최저 압력보다 더 낮은 압력에서는 α값이 급격하게 감소하는 것을 발견하였다.

31.

이온들의 재결합에 관한 실험에서 기체에는 먼지 또는 그 밖에 떠다니는 어떤 입자도 없어야 하는 것이 필수적이다. 먼지가 많이 포함된 공기에서는 먼지가 없는 공기에서보다 재결합 비율이 훨씬 더 빠른데, 그 이유는 이온들이 기체 전체에 퍼져 있는 상대적으로 큰 먼지 입자들로 빠르게 확산하기 때문이다. 전도성 기체에서 떠다니는 작은 입자들에 의한 효과가 오언스[xii]가 수행한 실험에 의해 매우 잘 예증되어 있다. 만일 그림 1에 보인 두 평행한 금속판 사이로 담배 연기를 불어넣는다면, 비록 보통 조건에서라면 포화 전류를 만들기에 충분한 전위차가 가해진다고 하더라도, 전류는 연기를 불어넣는 즉시 그 이전 전류 값에 비해 아주 소량으로 줄어들고 만다. 그래서 포화 전류에 도달하기 위해서는 훨씬 더 큰 전위차가 필요하다. 만일 깨끗한 공기를 다시 흘려보내서 연기 입자들이 제거되면, 전류는 즉시 원래 값으로 돌아간다.

$r = 1\,\text{cm} = 0.01\,\text{m}$, $\frac{1}{4\pi\epsilon_0} = 9 \times 10^9\,\text{N m}^2/\text{C}^2$을 대입하면 $q = 1\,\text{esu} = \sqrt{10^{-5} \times (0.01)^2/(9 \times 10^9)}\,\text{C} = 3.33 \times 10^{-10}\,\text{C}$ 이다. 이것을 오늘날 알려진 전자의 전하 $e = 1.6 \times 10^{-19}\,\text{C}$과 비교하면 $e = 4.8 \times 10^{-10}\,\text{esu}$ 이다. 1905년에는 가장 잘 결정된 e값이 $3.4 \times 10^{-10}\,\text{esu}$ 인 것이 흥미롭다.

32. 이온의 유동성(流動性)

러더퍼드[xiii]와 젤레니[xiv] 그리고 랑주뱅[xv]은 뢴트겐선에 노출된 기체들에 대해 이온의 유동성, 즉 매 센티미터마다 퍼텐셜 기울기가 1 V 인 경우에 이온의 속도를 측정하였다. 비록 아주 다른 방법들을 이용하였지만, 결과들은 서로 매우 잘 일치하였으며, 이온들은 전기장의 세기에 비례하는 속도로 이동한다는 견해를 전폭적으로 뒷받침해주었다. 전기장을 가한 즉시, 이온들은 거의 순간적으로 그 전기장에 대응하는 속도에 도달하고, 그 뒤로는 균일한 속력으로 움직인다.

젤레니[xvi]가 최초로 양이온과 음이온이 서로 다른 속도로 움직인다는 사실을 지적하였다. 음이온의 속도는 항상 양이온의 속도보다 더 빠르며, 기체에 존재하는 수증기의 양에 따라 변화한다.

앞에서 논의했던 전위차에 따른 전류의 변화와 이온의 재결합 비율에 대한 결과만 가지고, 방사성 물체에서 나오는 방사선에 의해서 기체에서 생성되는 이온이, 비슷한 조건 아래서 뢴트겐선에 의해 기체에서 생성되는 이온과 같은 크기임을 알 수 있지는 않다. 그 결과는 단순히, 다양한 조건들 아래서 전도성이, 대전된 이온은 기체의 부피 전체에 걸쳐서 생성된다는 견해에 의해, 만족스럽게 설명될 수 있음을 보여줄 뿐이다. 만일 방사선에 의해 생성되는 이온이 뢴트겐선에 의해 생성되는 이온과 크기나 속도가 상당히 다르다고 할지라도 동일한 일반적인 관계가 관찰되었을 것이다. 그 두 경우에 생성되는 이온들이 동일할지 또는 동일하지 않을지 결정할 수 있는 가장 만족스러운 방법은 비슷한 조건 아래서 이온의 속도를 결정하는 것이다.

이온들의 속도를 비교하기 위하여,[xvii] 이 책의 저자는 앞에서 소개한 그림 6에 보인 것과 비슷한 장치를 이용하였다.

이온들은 대전된 전극 A를 일정한 속도로 빨리 지나가는 공기의 흐름과 함께 이동되었으며, 기체의 전도성은 그 뒤 즉시 전극 A와 가까이 있는 전극 B에서 측정되었다. 절연된 두 전극 A와 B는 금속관 L의 중앙에 고정되었으며, 금속관은 접지(接地)시켰다.

계산이 편리하도록, 마치 원통이 무한히 긴 것처럼 취급하여 원통들 사이의 전기장도 모두 같다고 가정한다.

전극 A의 반지름은 a이고, 금속관 L의 반지름은 b라고 하고, A의 퍼텐셜은 V라고 하자.

(부호를 무시하면) 금속관의 중앙에서 거리가 r인 곳에서 기전력의 세기 X[18]는

$$X = \frac{V}{r \log_e \frac{b}{a}}$$

로 주어진다.

이제 u_1과 u_2는 각각 매 센티미터마다 퍼텐셜 기울기가 1 V 인 경우에 양이온의 속도와 음이온의 속도라고 하자.[19] 만일 그 속도가 어떤 점에서나 그 점에서 전기력에 비례한다면, 시간 간격 dt 동안 음이온이 진행한 거리 dr은

$$dr = Xu_2 dt$$

로 주어지며,[20] 그래서

$$dt = \frac{\left(\log_e \frac{b}{a}\right) r\, dr}{V u_2}$$

18) 여기서 기전력의 세기(electromotive intensity)는 전기장의 세기를 의미한다.

19) u_1과 u_2는 각각 단위 전기장의 세기에서 양이온과 음이온의 속도를 대표한다. 즉 이온의 속도를 전기장의 세기로 나눈 양이다.

20) u_2는 속도를 전기장의 세기로 나눈 것이므로, u_2에 전기장의 세기 X와 dt를 곱하면 시간 간격 dt 동안에 진행한 거리 dr이 나온다.

가 된다.

그리고 r_2는 공기의 흐름이 전극 A를 지나가는 경우에 측정된 시간 t 동안에 음이온이 딱 전극 A에 도달할 수 있는, 금속관의 축으로부터 측정된, 최대 거리라고 하자.

그러면[21]

$$t = \frac{(r_2^2 - a^2)}{2Vu_2} \log_e \frac{b}{a}$$

가 된다.

이제 ρ_2를 전극 A에 도달한 음이온의 수와 전극 A를 통과한 전체 이온의 수 사이의 비라고 하면,

$$\rho_2 = \frac{r_2^2 - a^2}{b^2 - a^2}$$

이 된다.[22] 그러므로

$$u_2 = \frac{\rho_2 (b^2 - a^2) \log_e \dfrac{b}{a}}{2Vt} \quad \cdots\cdots\cdots (1)$$

이다. 비슷하게 ρ_1이 외부 원통에 전하를 넘겨준 양이온의 수와 전체 양이온의 수 사이의 비라고 하면, ρ_1은 다음 식

$$u_1 = \frac{\rho_1 (b^2 - a^2) \log_e \dfrac{b}{a}}{2Vt}$$

에 의해 정해진다.

21) 위에 나온 식의 좌변을 시간 t에 대해 0에서 t까지 적분하고, 우변을 거리 r에 대해 a에서 r_2까지 적분하면 아래 식을 얻는다.

22) 금속관을 지나가는 이온들의 밀도가 같다는 가정 아래서 ρ_2는 금속관 단면에서 반지름이 a와 r_2인 원 사이의 부분 넓이와 반지름이 a와 b인 원 사이의 부분의 넓이 사이의 비와 같게 된다.

위 식은 공기의 흐름은 관의 단면 전체에 균일하게 퍼져서 지나가고, 이온들도 관의 단면 전체에 균일하게 분포되며, 또한 이온들이 이동하더라도 전기장은 크게 바뀌지 않는다고 가정하고 구한 것이다. 시간 t의 값은 공기 흐름의 속도와 전극의 길이를 알면 계산할 수 있기 때문에, 단위 퍼텐셜 기울기마다 이온들의 속도 값은 즉시 결정될 수가 있다.

식 (1)에 의하면 ρ_2는 V에 비례한다. 다시 말하면, 기체가 전극 A를 지나가면 기체에 포함된 모든 이온이 다 제거될 정도로 전극 A의 퍼텐셜 V가 크지 않다는 조건만 만족되면, 전극 A가 방전되는 비율은 전극 A의 퍼텐셜에 비례한다. 실험에 의하면 이 조건은 만족된다는 것이 밝혀졌다.

두 속도를 비교하기 위해, 퍼텐셜 V의 값을 조절하여 금속관에서 위치 L에 이산화우라늄을 놓았을 때 ρ_2가 약 $\frac{1}{2}$이 되도록 하였다. 그다음에 방사성 물질을 제거하였고, 황동으로 만든 관을 알루미늄 원통으로 교체하였다. X선이 이 알루미늄 원통의 중앙에 쪼이도록 허용되었으며, 우라늄의 경우에 기체의 전도성과 대략 같은 전도성이 생기도록 X선의 세기가 조절되었다. 이런 조건 아래서, ρ_2의 값은 처음 실험과 같다는 것이 알려졌다.

이 실험은 뢴트겐선에 의해 생성된 이온과 우라늄에 의해 생성된 이온이 동일한 속도로 움직일 뿐 아니라, 그 둘은 아마도 모든 측면에서 똑같다는 것을 확실하게 보여준다. 위에서 묘사된 방법은 속도를 정확히 결정하는 데 아주 적합하지는 않은데, 이 방법으로 구한 값은 양이온의 속도가 매 센티미터마다 1 V 의 퍼텐셜 차이에서 약 1.4 cm/s 이고, 음이온의 속도는 이 값보다 약간 더 크다.

33.

젤레니[xviii]와 랑주뱅[xix]이 뢴트겐선에 의해 생성된 이온의 유동성 값을 가장 정확하게 결정하였다. 젤레니는 위에서 설명한 방법과 원칙적으로 비슷한 방법을 이용하였다. 그의 결과는 아래 표에 나와 있는데, 이 표에서 K_1은 양이온의 유동성이고 K_2는 음이온의 유동성이다.

기체	K_1	K_2	$\frac{K_2}{K_1}$	온도
건조한 공기	1.36	1.87	1.375	13.5℃
습한 공기	1.37	1.51	1.10	14°
건조한 산소	1.36	1.80	1.32	17°
습한 산소	1.29	1.52	1.18	16°
건조한 이산화탄소	0.76	0.81	1.07	17.5°
습한 이산화탄소	0.81	0.75	0.915	17°
건조한 수소	6.70	7.95	1.15	20°
습한 수소	5.30	5.60	1.05	20°

랑주뱅은 이온의 속도를 직접 방법으로 결정했는데, 그 방법에서는 이온이 정해진 거리를 이동하는 데 걸린 시간이 측정되었다.

다음 표는 공기와 이산화탄소에 대해 구한 비교 대상인 값을 보여준다.

	공기			CO_2		
	K_1	K_2	$\frac{K_2}{K_1}$	K_1	K_2	$\frac{K_2}{K_1}$
직접 방법(랑주뱅)	1.40	1.70	1.22	0.86	0.90	1.05
기체의 흐름(젤레니)	1.36	1.87	1.375	0.76	0.81	1.07

이 결과들은 CO_2를 제외한 모든 기체에 대해, 기체가 건조하면 음이온의

속도가 눈에 띄게 증가하며, 습한 기체의 경우에서도, 음이온의 속도가 항상 양이온의 속도보다 더 크다는 것을 보여준다. 기체가 건조한지 또는 습한지가 양이온의 속도에는 별 영향을 미치지 않는다.

이온의 속도는 기체의 압력에 반비례해서 변한다. 그런 사실은 음전하로 대전된 표면에 쪼여준 자외선에 의해 생성된 음이온에 대한 러더퍼드의 연구[xx]에 의해, 그리고 그 뒤에는 뢴트겐선에 의해 생성된 양이온과 음이온 모두에 대한 랑주뱅의 연구[xxi]에 의해 밝혀졌다. 랑주뱅은 압력이 감소함에 따라 양이온의 속도가 음이온의 속도보다 더 천천히 증가한다는 것을 보였다. 특히 압력이 수은주 높이 약 10mm에서 음이온은 마치 크기가 줄어드는 것처럼 보였다.

34. 응결(凝結) 실험

이제 여러 가지 형태의 방사선에 의해 기체가 띠게 되는 전도성은 기체의 전체 부피에 걸쳐서 생성된 대전된 이온들 때문이라는 이론을 직접적인 방법으로 증명하는 실험들에 대해 설명하고자 한다. 정해진 조건 아래서, 이온들은 물의 응결을 촉진시키는 핵을 형성하는데, 이 성질이 기체에 개별적인 이온들이 존재한다는 것과 그런 이온들의 수가 몇 개인지를 보일 수 있도록 해준다.

수증기에 의해 포화된 공기를 갑자기 팽창시키면 작은 물방울로 이루어진 구름이 형성된다는 사실은 오래전부터 알려져 있었다. 이런 물방울은 기체에 존재하는 먼지 입자를 둘러싸고 형성되는데, 그 먼지 입자가 주위에 물을 응결시키는 핵의 역할을 한다. R. 폰 헬름홀츠와 리하르츠[xxii]는 주위에서 일어나는, 예를 들어 불꽃의 연소(燃燒)와 같은, 화학 반응이 증기 분사의 응결에 영향을 미친다는 것을 보여주는 실험을 수행하였다. 레나르트는 증기 분사 주위에 놓인 음전하로 대전된 아연 표면에 자외선을 비추면 비슷한 작용이 일어난다는 것을 보였다. 이러한 결과들은 기체에 존재하는 전하가 응결을 촉진시킨다는 점을 시사해주었다.

핵을 에워싸는 물의 응결이 가능한 조건들에 대한 대단히 완벽한 조사가 C. T. R. 윌슨에 의해 이루어졌다.[xxiii] 넓은 범위의 압력에 대해서 공기가 매우 순간적으로 팽창하도록 설계된 장치가 제작되었다.[23)] 작은 유리 용기 안에서 상당히 많은 양의 응결이 관찰되었다. 이 장치에 빛을 쪼여주면 새로 형성된 물방울들을 맨눈으로도 쉽게 관찰할 수가 있었다.

예비 단계에서 공기를 약간 팽창시키면 공기에 이미 존재한 먼지로 된 핵 주위에 물의 응결이 발생하였다. 그렇게 생긴 물방울들을 가라앉히면 먼지 핵들이 제거되었다. 공기를 약간 팽창시키는 작업을 몇 번 반복하였더니, 공기에 포함되었던 먼지가 완전히 제거되었고, 그래서 응결이 더 이상 생성되지 않았다.

이제 v_1은 용기에 포함된 기체의 초기 부피이고 v_2는 팽창된 뒤의 기체의 부피라고 하자. 만일 먼지가 전혀 없는 공기에서 $\frac{v_2}{v_1} < 1.25$이면, 응결은 생성되지 않는다. 그렇지만 만일 $1.25 < \frac{v_2}{v_1} < 1.38$이면, 몇 개의 물방울이 출현한다. 이 물방울의 수(數)는 $\frac{v_2}{v_1} = 1.38$에 이를 때까지는 대략 일정하게 유지되는데, $\frac{v_2}{v_1} = 1.38$이 되면 물방울의 수는 갑자기 증가하여 미세한 물방울들로 이루어진 매우 짙은 구름이 만들어진다.

만일 X선관 또는 방사성 물질에서 나오는 방사선[24)]이 이제 응결 용기를

23) 이 장치가 유명한 윌슨의 구름상자로, 구름상자는 1930년대에 우주선(宇宙線) 실험을 통하여 양전자와 뮤온 같은 입자들을 발견하는 데 이용되었고, 윌슨은 그러한 장치를 발견한 공로로 1927년도 노벨 물리학상을 수상하였다.

24) 방사선(radiation)은 문맥에 따라 α선, β선, γ선처럼 방사성 동위 원소에서 방출되는 자연 방

관통하여 지나간다면, 일련의 새로운 현상들이 관찰된다. 전과 마찬가지로, 만일 $\frac{v_2}{v_1} < 1.25$이면 물방울은 형성되지 않는데, 그러나 만일 $\frac{v_2}{v_1} = 1.25$이면 갑자기 구름이 생성된다. 이 구름을 구성하는 물방울들은 방사선의 세기가 더 클수록 더 미세해지고 그 수도 더 많아진다. 응결이 시작되는 경계는 아주 뚜렷해서, 팽창의 정도가 조금만 변해도 짙은 구름이 만들어지든지 아니면 구름이 전혀 만들어지지 않든지 둘 중 하나가 된다.

이제 방사선의 작용에 의해서 구름이 형성되는 것이 기체에서 이온이 생성되기 때문인지 아닌지 밝히는 것만 남았다. 팽창 용기에 두 개의 평행한 금속판을 설치하고 그 두 판 사이에 전기장을 가하면, 방사선을 작용하면서 팽창시켰을 때 형성되는 물방울들의 수는 전기장의 세기가 증가하면 감소하는 것이 관찰된다. 전기장의 세기가 더 강할수록 더 적은 수의 물방울이 형성되었다. 이 결과는 만일 이온이 응결의 중심이라면 예상될 수 있다. 왜냐하면, 센 전기장에서 이온들은 즉시 전극으로 이동하며, 그래서 기체로부터 제거되기 때문이다. 만일 전기장이 가해지지 않는다면, 구름은 방사선이 차단되고 나서 약간의 시간이 흐른 다음에도 생성될 수가 있다. 그러나 만일 강한 전기장이 가해진다면, 똑같은 조건 아래서, 구름은 형성되지 않는다. 이 결과는 이온이 재결합에 의해 제거되는 데 걸리는 시간을 보여주는 실험의 결과와도 일치한다. 그뿐 아니라, 미세한 물방울 하나하나가 모두 다 전하를 나르며 강하고 균일한 전기장 아래서 움직이게 만들 수도 있음을 증명할 수가 있다.

$\frac{v_2}{v_1} > 1.25$일 때, 방사선이 작용하지 않았는데도 생성되는 적은 수의 물방울은 기체에 포함된 아주 미미한 저절로 생기는 이온화 때문에 만들어진

사선을 가리키는 좁은 의미로 사용되기도 하고 X선과 자외선 그리고 심지어 빛까지 모두 포함하는 넓은 의미로 사용되기도 한다.

다. 기체에 그러한 이온화가 존재한다는 사실은 전기적 방법에 의해 분명하게 보여졌다(284절을 보라).

이와 같이 이온들 자체가 그들 주위에 물이 응결되는 중심 역할을 한다는 증거가 완벽하다. 이러한 실험들은 기체에서 전기의 통과가 기체의 부피 전역에 걸쳐서 분포되어 있는 대전된 이온들이 존재하기 때문임을 확실하게 보여주며, 그리고 물질에 의해 운반되는 전하들이 불연속적인 구조를 가지고 있다는 가정을 놀라운 방법으로 증명해준다.

이온들이 응결의 핵으로 작용한다는 이런 성질은 기체에 이온이 존재하는지 검출해낼 수 있는 대단히 민감한 방법을 가능하게 한다. 만일 단위 세제곱 센티미터의 부피마다 단지 한 개 또는 두 개의 이온만 존재한다면, 그런 이온이 존재한다는 사실은 기체를 팽창시킨 후에 형성된 물방울에 의해서 즉시 관찰된다. 이런 방법으로 응결 용기로부터 1야드[25]만큼 떨어진 곳에 놓인 소량의 우라늄 때문에 만들어진 이온화도 즉시 분명하게 드러난다.

35. 양이온과 음이온의 차이

이온이 운반하는 전하를 결정하려는 실험을 수행하는 중에, J. J. 톰슨[xxiv]은 팽창이 약 1.31일 때,[26] X선의 영향 아래서 형성되는 구름의 밀도가 증가하는 것을 관찰하였는데, 그 이유를 설명하는 과정에서 그는 양이온의 응결 시점과 음이온의 응결 시점이 다른 것 같다고 제안하였다.

C. T. R. 윌슨[xxv]은 다음과 같은 방법을 이용하여 양이온의 행동과 음이온

25) 야드(yard, 간단히 yd)는 영국의 길이 단위로 3피트 또는 36인치에 해당하며 정확히 0.9144 m와 같다.

26) 여기서 팽창이 1.31과 같다는 것은 34절에서 설명된 팽창 후 기체의 부피 v_2와 팽창 전 기체의 부피 v_1 사이의 비가 $\frac{v_2}{v_1} = 1.31$이라는 의미이다.

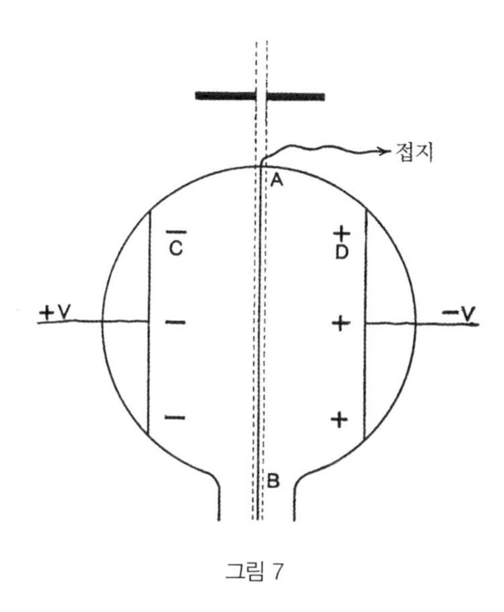

그림 7

의 행동 사이에 이런 차이에 대해 자세히 조사하였다. (그림 7에서) 응결 용기를 똑같은 두 부분으로 나누는 판 AB의 양쪽 면에 인접하여 X선 빛줄기가 지나가도록 만들었다. 판 A에 대해 대칭인 위치에 놓은 두 개의 평행판 C와 D에는 배터리의 양쪽 전극이 연결되었다. 배터리의 중간 점과 판 A는 접지되었다. 만일 판 C가 양전하로 대전된다면, A로부터 짧은 거리 이내인 공간 CA에 포함된 이온들은 모두 음이온들이다. 그리고 오른쪽에 포함된 이온들은 모두 양이온들이다. $\frac{v_2}{v_1} = 1.25$일 때는 AC에서 단지 음이온에서만 응결이 발생하고, AD에서 양이온에 의한 응결은 $\frac{v_2}{v_1} = 1.31$이 되기까지 응결이 전혀 발생하지 않는 것이 발견되었다.

이와 같이 응결의 중심으로는 음이온이 양이온에 비해 더 쉽게 행동한다. 응결의 원인으로 음이온이 갖고 있는 더 큰 효과가, 대기권 상층부에서 항상 양전하가 관찰되는 원인을 설명하는 이유가 된다고 제안되기도 하였다. 음이온들은 어떤 조건들 아래서 작은 물방울을 형성하는 중심이 되고 중력의 작용으로 땅으로 내려오는데, 이에 반해서 양이온들은 떠 있는 채로 그대로 남아 있게 된다.

위에서 설명한 장치를 이용하여, 양이온의 수와 음이온의 수는 같다는 것이 밝혀졌다. 만일 양이온과 음이온 모두에 대해서 응결이 일어날 수 있을 정도로 팽창이 충분히 크다면, 그림 7의 용기 오른쪽과 왼쪽에서 형성되는 물방울들의 수(數)가 같게 되고 같은 비율로 낙하하는데, 그것은 양이온에 의해 형성된 물방울의 크기와 음이온에 의해 형성된 물방울의 크기가 같음을 의미한다.

전기적으로 중성인 기체로부터 양이온과 음이온이 동일한 수로 생성되기 때문에, 이 실험은 양이온에 대전된 전하와 음이온에 대전된 전하가 크기는 같고 부호는 반대임을 증명한다.

36. 이온이 나르는 전하

수증기로 포화된 기체가 어떻게 급속 팽창했는지 주어지면, 이온 주위에 응결된 물의 양을 어렵지 않게 계산할 수 있다. 물방울의 크기는 물방울이 중력의 작용 아래서 낙하하는 비율을 측정하여 결정될 수 있다. 반지름이 r이고 밀도가 d인 작은 물방울이 점성 계수가 μ인 기체에서 떨어지는 종단 속도 u를 스토크스 방정식[27]을 이용하여 구하면

$$u = \frac{2}{9}\frac{dgr^2}{\mu}$$

로 주어지는데, 여기서 g는 중력 때문에 생기는 가속도이다. 그래서 물방울

27) 스토크스 방정식(Stokes' equation)은 크지 않은 점성이 있는 유체에서 움직이는 물체에 작용하는 마찰력은 속도에 비례한다고 말한다. 유체에서 중력과 이러한 마찰력을 받고 낙하하는 물체는 곧 일정한 속도로 떨어지게 되는데, 이 속도를 종단 속도라고 한다.

의 반지름 그리고 결과적으로 각 물방울의 무게를 구할 수가 있다. 응결된 물의 전체 무게는 이미 알려져 있으므로, 형성된 물방울의 수(數)는 바로 구해진다.

J. J. 톰슨[xxvi]은 이 방법을 이용하여 이온 하나가 나르는 전하의 양을 구하였다. 만일 팽창이 1.31 이라는 값을 초과하면, 양이온과 음이온 모두가 응결의 중심이 된다. 물방울이 낙하하는 비율로부터 물방울들은 모두 다 근사적으로 동일한 크기임을 보일 수가 있다.

응결 용기는 C. T. R. 윌슨이 사용한 것과 비슷하였다. 수평 방향으로 놓인 두 개의 평행한 판이 용기에 장치되었고, X선관 또는 방사성 물질로부터 나오는 방사선이 두 평행한 판 사이의 기체를 이온화시켰다. 기체를 포화시키기 위해 필요한 값에 비해서는 아주 작은 퍼텐셜 차이 V가 두 평행한 판 사이에 가해졌는데, 두 판 사이의 거리는 l cm 였다. (28절에서 설명된) 기체를 통해서 흐르는 소량의 전류 i는

$$i = \frac{Nu\,Ve}{l}$$

로 주어지는데, 여기서 N은 기체에 존재하는 이온들의 수(數)이고, e는 각 이온이 나르는 전하이며, u는 양이온의 속도와 음이온의 속도의 합이다. 이온들의 수를 나타내는 N값은 물방울의 수와 같고, 속도 u가 알려져 있으므로, e의 값을 구할 수가 있다.

J. J. 톰슨이 마지막으로 구한 값은

$$e = 3.4 \times 10^{-10}\ \mathrm{esu}$$

이다.[28] 이것과 상당히 일치하는 값을 H. A. 윌슨[xxvii]이 구하였는데, 그는 개

28) 오늘날 알려진 e값은 $e = 4.8 \times 10^{-10}$ esu 이다.

선된 방법으로 물방울의 수를 구해서 $e = 3.1 \times 10^{-10}$ esu를 얻었다. 물방울이 낙하하는 비율로부터 구한 물방울의 크기가 옳은지를 확인하기 위해 강한 전기장 아래서 물방울이 움직이는 비율을 측정하였는데, 이 전기장은 중력과 같은 방향 또는 반대 방향으로 작용하도록 설계되었다.

J. J. 톰슨은 수소에서 생성된 이온에 대전된 전하와, 산소에서 생성된 이온에 대전된 전하는, 서로 동일하다는 것을 발견하였다. 이것은 기체에서 발생하는 이온화의 본성이 용액의 전기 분해에서 발생하는 이온화의 본성과는 같지 않음을 보여준다. 전기 분해에서 만들어지는 산소 이온이 나르는 전하는 수소 이온이 나르는 전하의 항상 두 배이기 때문이다.

37. 이온의 확산

이온화된 기체에 대한 초기 실험들에서는, 기체를 면모(綿毛)와 같은 미세하게 나뉜 물질을 통과시키거나 기체가 물속에서 거품을 일으키게 만들면 이온화된 기체의 전도성이 제거된다는 것이 밝혀졌다. 이와 같은 전도성(傳導性)의 상실은 좁은 공간을 통과하는 이온들이 경계의 측면으로 확산되면서 이온들이 전하를 받아들이거나 내보내기 때문에 일어난다.

타운센드xxviii는 기체에서 뢴트겐선에 의해 생성되거나 방사성 물질에서 방출된 방사선에 의해서 생성된 이온들의 확산 계수를 직접 구하였다. 이때 사용된 일반적인 방법은 이온화된 기체의 흐름이 평행하게 정렬시킨 많은 수의 아주 작은 금속관들로 구성된 확산 용기를 통과하게 만드는 것이었다. 금속관을 통과하면서 일부 이온들은 측면으로 확산되는데, 기체의 움직임이 더 느릴수록 그리고 금속관이 더 가늘수록 이온들이 그렇게 확산되는 비율은 더 증가한다. 기체가 금속관을 통과하기 전과 통과한 후에 기체의 전도성이 측정되었다. 이런 방법으로, 만일 필요하면 금속관을 통과하는 시간 동안에 재결합에 대한 것을 보정하여서, 음이온이 제거되거나 양이온이 제거된 비율 R을 이끌어낼 수가 있다. R 값은 이온이 포함된 기체에서 이온들이 기체로 확산해 들어가는 확산 계수 K에 의해 주어지는 다음 식[xxix]

$$R = 4\left(0.195e^{-\frac{3.66KZ}{a^2V}} + 0.243e^{-\frac{22.3KZ}{a^2V}} + \text{등등}\right)$$

에 의해서 표현될 수가 있는데, 여기서

a = 금속관의 반지름

Z = 금속관의 길이

V = 금속관 내에서 기체의 평균 속도

를 의미한다.

가는 관들이 사용될 때는 이 식의 괄호 안에 들어 있는 항들 중에서 처음 두 항만 취하면 된다.

이 식에서 R과 V 그리고 a는 실험에 의해 결정되고, 그러므로 이 식을 이용해서 K를 구할 수가 있다.

다음 표는 타운센드가 X선을 이용하여 구한 결과를 보여준다. 그 뒤에 X선 대신 방사성 물질에서 나오는 방사선을 이용한 연구에서도 거의 동일한 결과를 얻었다.

이온이 기체 속으로 들어가는 확산 계수

기체	양이온에 대한 K	음이온에 대한 K	K의 평균값	R 값의 비율
건조한 공기	0.028	0.043	0.0347	1.54
습한 공기	0.032	0.035	0.0335	1.09
건조한 산소	0.025	0.0396	0.0323	1.58
습한 산소	0.0288	0.0358	0.0323	1.24

건조한 이산화탄소	0.023	0.026	0.0245	1.13
습한 이산화탄소	0.0245	0.0255	0.025	1.04
건조한 수소	0.123	0.190	0.156	1.54
습한 수소	0.128	0.142	0.135	1.11

습한 기체는 온도가 15℃ 일 때 수증기가 포화되었다.

이 표에 의하면 모든 경우에 음이온이 양이온보다 더 빨리 확산한다. 이론에 의하면 확산 계수는 이온들의 속도에 정비례해야 하므로, 이 결과는 음이온이 이동하는 속도가 더 빠르다는 실험 결과와 일치한다.

이온이 확산하는 비율에서 이러한 차이는 바로 한 가지 흥미로운 실험 결과가 왜 나오는지 설명해준다. 만일 금속관을 통해 이온화된 기체를 흘려보내면, 금속관은 음전하를 얻고 기체 자체는 양전하를 그대로 유지한다. 기체에 존재하는 양이온들의 수와 음이온들의 수가 처음에는 똑같은데, 그러나 음이온들이 더 신속하게 확산된 결과로, 양이온들보다 더 많은 음이온들이 금속관에 전하를 건네준다. 결과적으로 금속관은 음전하를 얻고 기체는 양전하를 얻는다.

38.

이온들의 속도와 이온들의 확산 계수가 주어지면 한 가지 매우 중요한 결과를 즉시 이끌어낼 수가 있다. (앞에서 인용한 참고문헌에서) 타운센드는 이온들의 운동에 대한 식이 다음 공식

$$\frac{1}{K}pu = -\frac{dp}{dx} + nXe$$

에 의해 표현될 수 있음을 보였는데, 여기서 e는 이온 하나가 띠고 있는 전하이고

$$n = \text{매 세제곱센티미터에 포함된 이온들의 수(數)}$$

$$p = \text{이온들의 부분 압력}$$

이며, u는 x축 방향을 향하는 전기력 X에 의한 속도이다. 기체와 이온들이 정상 상태에 도달하면

$$\frac{dp}{dx} = 0 \quad \text{그리고} \quad u = \frac{nXeK}{p}$$

가 성립한다.

압력이 P이고 온도가 15℃ 인 기체 1 cm^3에 포함된 분자의 수(數)가 N이라고 하고 그때 u값과 K값이 알려져 있다고 하자. 그러면 $\frac{n}{p}$ 자리에 $\frac{N}{P}$을 대입할 수가 있고, 대기압에서 압력 P는 10^6이므로[29] Ne 값은

$$Ne = \frac{3 \times 10^8 u_1}{K} \text{ esu}$$

가 되는데, 여기서 u_1은 매 cm 마다 1볼트$\left(\text{즉 } \frac{1}{300} \text{ esu}\right)$[30] 속도이다.

절대 정전 단위로 1만큼의 전기가 물속을 지나가면 온도가 15℃ 이고 표준 압력에서 1.23 cm^3의 수소가 나온다는 것이 알려져 있다. 이 부피에 포함된 원자들의 수(數)는 $2.46N$이고, 물의 전기 분해에서 수소 원자가 띠고 있는 전하가 e'이라면

$$2.46Ne' = 3 \times 10^{10} \text{ esu}$$

$$Ne' = 1.22 \times 10^{10} \text{ esu}$$

29) 대기압은 $P = 1.0325 \times 10^5$ Pa인데 이것을 약 $P = 10^5$ Pa $= 10^5$ N/m^{2}로 근사하고 cgs 단위로 표현하면 $P = 10^6$ dyne/cm^{2}이 된다.

30) 정전 단위(electrostatic unit)로 전위의 단위는 statvolt 인데, 정전 단위와 SI 단위 사이에는 1 statvolt = 299.792458 volts 인 관계가 있다. 여기서 299.792458은 m/s로 표현한 진공 중의 광속을 10^6으로 나눈 것이다. 여기서 1볼트$= \frac{1}{300}$ esu라고 한 것은 1볼트$= \frac{1}{300}$ statvolt라는 의미이다.

가 된다.

그래서

$$\frac{e}{e'} = 2.46 \times 10^{-2} \frac{u_1}{K}$$

가 된다.

예를 들어, 습한 공기에서 양이온에 대해 결정된 u_1 값과 K 값을 대입하면

$$\frac{e}{e'} = \frac{2.46}{100} \times \frac{1.37}{0.32} = 1.04$$

가 된다.

1과 크게 다르지 않은 이 비의 값은 수소와 산소 그리고 이산화탄소 기체에서 양이온과 음이온에 대해 구한 것이다. u_1값과 K값을 실험으로 구하는데 오차를 감안하면, 이 결과는 모든 기체에서 이온들이 나르는 전하는 액체의 전기 분해에서 수소 이온이 나르는 전하와 같다는 것을 가리킨다.

39. 이온들의 수(數)

우리는 타운센드가 실험 자료로부터 온도가 15℃ 이고 압력이 표준 압력인 기체의 1 cm^3에 포함된 분자들의 수 N은

$$Ne = 1.22 \times 10^{10}$$

에 의해 주어진다는 것을 발견했다는 것을 보았다.

이제 이온이 나르는 전하 e는 3.4×10^{-10} esu와 같으므로

$$N = 3.6 \times 10^{19}$$

이다.

이제 I가 기체를 통과하는 포화 전류이고, q가 기체에서 이온이 생성되는 총 비율이라면

$$q = \frac{I}{e}$$

가 된다.

간격을 4.5 cm만큼 떼어놓은 두 평행판 중에서 아래쪽 판의 넓이가 33 cm^2인 영역에 방사능이 우라늄보다 1,000배가 더 센 라듐 0.45 gr을 펴 놓았을 때, 공기를 통과하는 포화 전류가 1.2×10^{-8} A, 즉 36 E.S. 단위[31]인 것이 발견되었다. 이것은 매초 약 10^{11}개의 이온이 생성되는 것에 해당한다. 이해를 돕기 위해서, 두 판 사이에서 이온화가 균일하게 일어났다고 가정하면, 방사선에 의해서 작용된 공기의 부피는 약 14.8 cm^3이고, 매초 매 cm^3마다 생성된 이온의 수는 약 7×10^8개가 된다. 그런데 $N = 3.6 \times 10^{19}$이므로, 만일 분자 한 개가 이온 두 개를 생성한다면, 매초 이온화되는 기체의 비율은 전체의 약 10^{-11}배임을 알 수 있다. 우라늄의 경우에는 이 비율이 약 10^{-14}이고, 방사능이 우라늄보다 약 100만 배 더 센 순수한 라듐의 경우에는 이 비율이 약 10^{-8}이다. 이와 같이 순수한 라듐의 경우에서조차, 매초 기체 분자 1억 개마다 영향을 받는 분자의 수는 단지 대략 하나밖에 되지 않는다.

전기적 방법은 아주 민감하기 때문에 매초 1 cm^3마다 이온이 한 개만 생성되더라도 어렵지 않게 측정될 수 있다. 이것은 기체에 존재하는 10^{19}개마다 약 한 개의 분자가 이온화되는 것에 해당한다.

40. 이온의 크기와 성질

이온이 기체로 확산해 들어가는 계수 K에 대한 알려진 자료를 이용하면,

31) 1E.S. 단위의 전류는 $\frac{1}{2997924536}$ A에 해당한다.

이온의 질량을 그 이온이 생성된 기체에 속한 분자의 질량과 비교하여 근사적으로 구할 수가 있다. 습한 이산화탄소에서 양이온에 대한 K값은 0.0245임이 알려졌고, 공기에서 이산화탄소가 확산해 들어가는 K값은 0.14이다. 서로 다른 기체들에 대한 K값은 근사적으로 서로 상대방을 향해 확산하는 두 기체에 속한 분자의 질량의 곱의 제곱근에 반비례한다. 그래서 이산화탄소에서 양이온은 마치 질량이 분자의 질량에 비해서 큰 것처럼 행동한다. 양이온뿐 아니라 음이온에서도 유사한 결과가 성립하고, 이산화탄소를 제외한 다른 기체들에 대해서도 유사한 결과가 성립한다.

이것은 이온은 대전된 중심부와 그 주위를 둘러싸면서 함께 이동하는 한 무리의 분자들에 의해 구성되어 있으며, 그 한 무리의 분자들은 전기력에 의해서 중심의 대전된 핵(核) 주위[32]에 그 위치를 계속 유지하고 있다는 견해를 갖게 했다. 대략적인 계산에 의하면 기체 분자들 약 30개가 모여서 이러한 한 무리를 구성하는 것으로 보인다. 이 생각은 존재하는 수증기 내부에서 음이온의 크기 변화에 따른 속도의 변화에 의해서도 뒷받침된다. 왜냐하면 음이온은 건조한 기체에서보다 습한 기체에서 더 큰 질량을 갖는다는 것이 확실하기 때문이다. 동시에, 확산 방법에 의해서 구한 것처럼, 이온의 크기가 분명히 더 커 보이는 것은 부분적으로 이온이 나르는 전하 때문일 수도 있다. 움직이는 물체가 전하를 띠고 있으면 기체 분자들과 충돌이 더 빈번하게 일어날 것이며, 결과적으로 확산의 비율이 줄어들 것이다. 이런 견해에서는 이온의 실제 크기가 그 이온을 만들어낸 기체의 분자보다 더 크지는 않을 수도 있다.

음이온의 크기와 양이온의 크기가 다른 것은 확실하며, 이 차이는 기체의

32) 여기서 말하는 핵(nucleus)은 이 책이 저술된 1905년보다 훨씬 뒤인 1911년에 이 책의 저자인 러더퍼드에 의해 발견된 원자핵(atomic nucleus)과는 아무 관련이 없다.

압력이 작은 경우에는 매우 두드러진다. 대기압에서, 음전하로 대전된 물체에 쪼인 자외선의 작용에 의해서 생성된 음이온은 X선에 의해서 생성된 이온과 크기가 같지만, 낮은 압력에서는, J. J. 톰슨이 밝혔듯이, 음이온의 크기는 전자(電子)라는 입자의 크기와 똑같은데, 그 전자의 겉보기 질량은 수소 원자 질량의 약 $\frac{1}{1,000}$ 이다. 타운센드도 낮은 압력에서 X선에 의해 생성된 음이온에 대해서 비슷한 결과가 성립하는 것을 보였다. 음이온은 낮은 압력에서는 함께 거느리고 다니는 무리를 떼어놓는 것처럼 보인다. 압력이 낮아지면 음이온의 속도는 양이온의 속도가 증가하는 것보다 더 빨리 증가한다는 랑주뱅의 결과는 음이온에서 무리를 제거시키는 과정이 수은주 높이가 10 mm 인 압력에서 감지할 수 있을 정도로 분명해진다는 것을 보여준다.

기체에서 이온화가 일어나는 과정은 기체 분자로부터 음전하를 띤 미립자(微粒子),[33] 즉 전자를 제거함으로써 가능해진다고 가정해야만 한다.[34] 대기압에서 이 미립자는 즉시 집단을 이루는 분자들의 중심이 되어서 그 분자 집단을 거느리고 이동하는데, 이것이 음이온이다.[35] 음이온이 제거된 뒤에 분자가 양전하를 얻으면, 그것이 아마도 다시 집단을 이루는 새로운 분자들의 중심이 된다.

33) J. J. 톰슨은 1897년에 음극선관에서 관찰되는 음극선이 음전하를 띤 작은 입자의 흐름임을 발견하고 이를 미립자(corpuscle)라고 불렀는데, 이때 미립자는 전자(electron)와 같은 의미로 사용되었다.

34) 이 책이 저술된 1905년에는 원자의 내부 구조에 대해 아직 잘 알려지지 않았다. 1911년에 원자핵이 발견된 다음에 러더퍼드가 원자핵 주위를 전자가 회전한다는 원자 모형을 발표하였고, 1913년에 보어가 당시 관찰된 뜨거운 기체에서 나오는 선스펙트럼의 파장을 설명할 수 있는 원자 모형을 발표하였으며, 원자 내부의 전자 분포에 대해서는 1925년에 양자역학이 모습을 드러낸 후에 비로소 가능해졌다.

35) 오늘날 알려진 이온 형성 과정에 의하면 중성 원자에서 전자가 떨어져 나가면 양이온이 되고 중성 원자가 전자를 포획하면 음이온이 된다. 원자의 구조에 대해 잘 모르던 1905년 당시에는 이처럼 이온이 어떻게 만들어지는지에 대해 아직 잘 알지 못하였다.

그래서 이 책에서 사용되는 전자라는 용어와 이온이라는 용어는 다음과 같이 정의될 수 있다.

전자 또는 미립자는 과학에서 지금까지 알려진 가장 작은 질량을 갖는 입자이다. 이 전자는 크기가 3.4×10^{-10} 정전 단위인 음전하를 나른다. 전자가 존재한다는 증거는 단지 전자의 속력이 약 10^{10} cm/s에 이를 정도로 빨리 움직이고 있을 때만 감지되었는데, 이때 전자의 겉보기 질량 m은 $\frac{e}{m} = 1.86 \times 10^7$ 전자 단위[36]로 주어지는 값을 갖는다. 이 겉보기 질량은 속력이 빛의 속력에 접근하면 속력이 빨라질수록 증가한다(82절을 보라).

보통 압력의 기체에서 생성되는 이온의 크기는, 확산 비율로부터 구한 이온의 크기로 비교하면, 그 이온이 생성되는 기체에 속한 분자의 크기에 비해서 더 크다. 음이온은 전자 하나와 그 전자에 속해서 전자와 함께 움직이는 한 무리의 분자들로 구성되며, 양이온은 전자 하나가 떨어져 나간 분자와 그 분자에 속하는 한 무리의 분자들로 구성된다. 낮은 압력에서 전기장의 작용을 받으면, 전자는 주위에 한 무리의 분자들을 거느리지 못한다. 양이온은 언제나, 심지어 기체의 압력이 낮을 때도, 그 크기가 매우 작다. 이온들 하나하나는 크기가 3.4×10^{-10} 정전 단위인 전하를 나른다.

41. 충돌에 의한 이온 생성

방사성 물체에서 방출되는 방사선의 많은 부분은 매우 빠른 속도로 움직이는 대전된 입자들의 흐름으로 이루어져 있다. 이 방사선 중에서, 기체에서 관찰되는 이온화 중 대부분의 원인이 되는 α 입자는 빛의 속도의 약 $\frac{1}{10}$의

36) 전자(電磁) 단위(electromagnetic unit)는 서로 같은 세기의 자극을 진공에서 1 cm 떼어놓았을 때 그 사이에 작용하는 힘이 1 dyne이 되는 자극의 세기를 단위로 정한 단위계이다.

속도로 튀어나온 양전하로 대전된 입자이다.[37] β선은 음전하로 대전된 입자인데, 이 입자는 진공관에서 발생하고 빛의 속도의 약 절반의 속력으로 이동하는 음극선(陰極線)과 동일하다(제4장). 이렇게 방출된 두 종류의 방사선 모두가 매우 큰 운동에너지를 나르기 때문에 그 방사선이 지나가는 경로에 존재하는 기체 분자들과 충돌하여 많은 수의 이온들을 만들어낸다. 하나의 입자에 의해서 얼마나 많은 수의 이온들이 나오게 되는지에 대해서, 또는 입자의 속력에 따라 이온화가 어떻게 변하는지에 대해서는 아직 확실한 실험적 증거가 나와 있지 않지만, 그렇게 튀어나온 입자 하나하나는, 그 입자가 지니고 있는 운동에너지가 모두 소진되기 전에 지나가는 경로에서, 수천 개의 이온들을 발생시키는 것만큼은 의문의 여지가 없다.

낮은 압력에서 전기장의 작용을 받으며 움직이는 이온이 기체 분자와 충돌해서 새로운 이온을 만들어낼 수도 있다는 것은 (29절에서) 이미 언급되었다. 낮은 압력에서 관찰되는 음이온은 진공관에서 방출되거나 방사성 물질에서 방출되는 전자와 똑같은 입자이다.[38]

이온의 평균 자유 경로[39]는 기체의 압력에 반비례한다. 결과적으로 이온이 전기장 아래서 이동하면, 충돌과 충돌 사이에서 이온이 얻는 속도는 압력이 줄어들면 증가한다. 타운센드는 음이온이 퍼텐셜 차이가 10 V 인 두 점 사이를 이동하면서 가속된 다음 기체 분자와 충돌하면 때때로 새로운 이온을 만들어낸다는 것을 보였다. 퍼텐셜의 차이가 약 20 V 이면, 충돌할 때마다

37) 오늘날 α 입자는 헬륨 원자의 원자핵으로 양성자 두 개와 중성자 두 개가 단단히 결합된 입자임을 알고 있다.
38) 오늘날에는 전자와 음이온이 서로 다른 입자임을 알게 되었다.
39) 자유 경로(free path)는 많은 입자들의 계에서 입자가 한 입자와 충돌한 다음 다른 입자와 다시 충돌하기까지 이동한 거리를 말하는데, 평균 자유 경로(mean free path)는 모든 입자의 자유 경로를 평균한 값이다.

항상 새로운 이온이 생겨난다.xxx

이제 전하가 e인 음전하가 퍼텐셜 차이가 V인 두 점 사이를 이동하는 중에 가속되어서 얻는 에너지 W는

$$W = Ve$$

로 주어진다.

퍼텐셜 차이가 $V = 20\ \mathrm{V} = \dfrac{20}{300}$ 정전 단위이고 $e = 3.4 \times 10^{-10}$이면, 음이온이 충돌에 의해서 새로운 이온을 생성하는 경우에 필요한 에너지 W는

$$W = 2.3 \times 10^{-11}\ \mathrm{ergs}$$

이다.

질량이 m인 이온이 충돌 직전까지 도달하는 속도 u는

$$\frac{1}{2}mu^2 = Ve$$

에 의해 결정되므로

$$u = \sqrt{\frac{2Ve}{m}}$$

이다.

이제 전자의 속력이 크지 않다면 $\dfrac{e}{m} = 1.86 \times 10^7$ 전자 단위가 된다(82절).

퍼텐셜 차이로 $V = 20\ \mathrm{V}$를 취하면, 속도는

$$u = 2.7 \times 10^8\ \mathrm{cm/s}$$

가 되는 것을 알 수 있다.

이 속도는 기체 분자들이 무질서하게 이동하는 속도에 비하면 대단히 큰 속도이다.

약한 전기장에서는, 단지 음이온들만 충돌에 의해서 이온을 만들어낸다. 질량이 전자의 질량보다 적어도 1,000배는 더 큰 양이온은, 전기장이 기체

를 통해서 거의 스파크를 낼 정도로 충분히 세게 작용하지 않는 한, 충돌에 의해 이온을 만들어내기에 충분할 만큼 빠른 속도를 얻지 못한다.

러더퍼드와 매클렁은 X선에 의해 이온이 생성되는 데 얼마나 많은 에너지가 요구되는지 계산해보았다. X선의 에너지는 X선의 열(熱) 작용으로부터 측정되었으며, 그로부터 생성된 이온들의 전체 수(數)가 결정되었다. X선의 에너지는 모두 다 이온을 생성하는 데 사용되었다는 가정 아래서, $V = 175$ V가 구해졌는데, 이것은 타운센드가 충돌에 의해 생성된 이온화 자료로부터 구한 것보다 훨씬 더 큰 값이다. 그렇지만 두 경우에 이온화는 매우 다른 조건 아래서 발생했으며, X선의 에너지 중에서 얼마나 많이 열(熱)의 형태로 잃어버렸는지 계산하는 것은 불가능하다.

42.

기체의 압력과 기체의 종류 그리고 두 전극 사이의 거리가 바뀌면 방사성 물체로부터 튀어나오는 방사선에 노출된 기체를 통하여 흐르는 포화 전류도 변한다는 것이 발견되었다. 이제 측정 과정에서 특별히 중요한 몇 경우들에 대해 논의하고자 한다. 차폐되지 않은 방사성 물질에서 생기는 기체의 이온화는, 대단히 많은 부분이, 공기 중에서 몇 센티미터만 진행하더라도 그 경로 중에서 흡수되는 α선에 기인한다. 이렇게 신속하게 흡수되는 결과로, 이온화는 방사성 물체의 표면으로부터 거리가 멀어질수록 빠르게 감소하며, 이것이 뢴트겐선과 함께 관찰되는, 대부분의 경우에 거리에 따라 변하지 않고 균일한 이온화와 성격싱 매우 다른 진도싱(傳導性) 현상이 빌생하는 원인이 된다.

43. 두 판 사이의 거리에 따라 변하는 전류

넓은 평면으로 된 표면을 갖는 방사성 물질이 원인으로 발생되는 이온화의 세기는 판으로부터 거리에 근사적으로 지수법칙에 의해 감소한다는 것이 실험에 의해 밝혀졌다.[xxxi] 임의의 위치에서 이온이 생성되는 비율은 방사선의 세기 I를 측정하는 기준이 된다는 가정 아래서, 그 위치에서 I의 값은 $\frac{I}{I_0} = e^{-\lambda x}$에 의해 주어지는데, 여기서 λ는 상수이고, x는 판으로부터 거리이며, I_0는 판의 표면에서 방사선의 세기를 가리킨다.

비록 어떤 경우에 지수법칙이 거리에 따른 이온화의 변화를 근사적으로 대표하기도 하지만, 지수법칙과 차이가 많이 나는 경우도 없지 않다. 예를 들어, 폴로늄의 평면으로 된 표면에 의한 이온화는 지수법칙이 가리키는 것보다 더 빨리 감소한다. 라듐과 같은 방사능이 큰 물질로부터 방출되는 α선은 대단히 복잡하며, 그런 α선에 의해 발생하는 이온화의 변화를 기술하는 법칙은 어떤 경우에도 결코 간단하지 않으며 다양한 조건들에 의존한다. 방사성 물질이 두께가 큰 층으로 되어 있는지 또는 매우 두꺼운 껍질로 되어 있는지에 따라 이온화의 분포는 상당히 다르다. 이 문제는 제4장의 끝에 충분히 다루게 되지만, 문제를 간단하게 만들기 위하여 다음에 나오는 계산에서는 지수법칙이 가정되어 있다.

그림 1에 보인 것과 같은 두 개의 평행한 금속판이 있고 두 판 중에서 하나는 방사성 물질이 균일한 층으로 덮여 있다고 하자. 만일 두 판 사이의 거리 d가 판의 크기에 비해서 작다면, 판의 중심 부근의 이온화는 두 판에 평행이고 두 판 사이에 놓인 어떤 평면에 대해서나 눈에 띌 만큼 상당히 균일하다. 이제 어떤 표면에서 거리가 x인 곳에서 이온이 생성되는 비율이 q이고, 그 표면에서 이온이 생성되는 비율은 q_0라면 $q = q_0 e^{-\lambda x}$가 성립한다. 그러면 단위 넓이당 포화 전류 i는, e'이 한 이온의 전하라면,

$$i = \int_0^d q e' dx = q_0 e' \int_0^d e^{-\lambda x} dx = \frac{q_0 e'}{\lambda}\left(1 - e^{-\lambda d}\right)$$

로 주어지고, 그러므로 λd가 작을 때, 즉 두 판 사이에서 이온화가 거의 상수일 때

$$i = q_0 e' d$$

가 된다.

이와 같이 전류는 두 판 사이의 거리에 비례한다. 만일 λd가 크면, 포화 전류 i_0는 $\frac{q_0 e'}{\lambda}$와 같으며, 그래서 d값이 더 증가하더라도 포화 전류는 바뀌지 않는다. 그런 경우에 방사선은 두 판 사이에서 이온이 생성되면서 완전히 흡수되고, $\frac{i}{i_0} = 1 - e^{-\lambda d}$가 된다.

예를 들어, 이산화우라늄을 넓은 판 위에 얇은 층으로 펴놓은 경우에, 이온화를 가장 많이 발생시키는 방사선은 공기 중에서 거리 4.3 mm를 통과하면서 세기가 처음 값의 절반으로 줄어드는데, 즉 λ값이 1.6이다.[40] 다음 표는 두 판 사이의 거리에 따라 전류 i가 어떻게 변하는지를 보여주는 예이다.

거리(mm)	포화 전류
2.5	32
5	55
7.5	72
10	85
12.5	96
15	100

이와 같이 두 판 사이의 거리가 같은 양만큼 증가하더라도 전류가 증가하

40) $e^{-\lambda d} = \frac{1}{2}$인 조건에서 $d = 4.3\ \mathrm{mm} = 0.43\ \mathrm{cm}$를 대입하면 $\lambda = 1.6\ \mathrm{cm}^{-1}$이 된다.

는 양은 방사선이 지나가는 거리가 증가함에 따라 급격히 줄어든다.

15 mm 라는 거리는 모든 방사선을 완전히 흡수하기에 충분하지는 못하였으며, 그래서 전류는 한계 값에 도달하지 못하였다.

한 가지 종류 이상의 방사선이 존재하면, 두 평행판 사이의 포화 전류는

$$i = A\left(1 - e^{-\lambda d}\right) + A_1\left(1 - e^{-\lambda_1 d}\right) + \text{ 등등}$$

로 주어지는데,[41] 여기서 A와 A_1은 상수이고, λ와 λ_1은 기체에 존재하는 각 종류의 방사선에 대응하는 흡수 상수이다.

기체의 종류가 다르면 방사선이 흡수되는 정도도 다르므로, 거리에 따른 전류의 변화는 두 판 사이에 존재하는 기체의 종류에 의존한다.

44. 압력에 따라 변하는 전류

방사성 물질에서 튀어나오는 방사선에 의해 이온이 생성되는 비율은 기체의 압력에 정비례한다. 기체에서 방사선의 흡수 또한 압력에 정비례해서 변한다. 두 번째 결과는 만일 이온을 생성시키는 데 필요한 에너지가 압력에 의존하지 않는다면 당연히 성립해야 한다.

두 평행판 사이에서 이온화가 균일한 경우에, 전류는 압력에 정비례해서 변하게 된다. 그렇지만 이온화가 균일하지 않으면, 기체에서 방사선이 흡수되기 때문에, 이온화가 실질적으로 균일할 정도로 압력이 줄어들기 전까지는, 전류가 압력과 직접 관련되어 감소하지 않는다. 한 판에는 방사성 물질이 균일한 층으로 덮여 있는, 아주 큰 두 평행판 사이에서 포화 전류 i가 압력에 따라 변하는 것에 대해 생각해보자.

41) 원본에는 이 식이 $i = A(1 - e^{\lambda d}) + A_1(1 - e^{-\lambda_1 d})$ 라고 되어 있는데, 우변 첫째 항의 $e^{\lambda d}$를 역자가 $e^{-\lambda d}$라고 수정하였다.

이제 λ_1이 기체에서 단위 압력마다 방사선의 흡수 상수라고 하자.

임의의 위치 x에서 압력이 p일 때 방사선의 세기 I는

$$\frac{I}{I_0} = e^{-p\lambda_1 x}$$

로 주어진다. 그래서 포화 전류 i는

$$\int_0^d pI\,dx = \int_0^d pI_0 e^{-p\lambda_1 x} \cdot dx = \frac{I_0}{\lambda_1}\left(1 - e^{-p\lambda_1 d}\right)$$ [42)]

에 비례한다.

만일 압력이 p_1일 때 포화 전류와 압력이 p_2일 때 포화 전류의 비를 r이라고 하면,

$$r = \frac{1 - e^{-p_1\lambda_1 d}}{1 - e^{-p_2\lambda_1 d}}$$

가 된다.

이처럼 이 비는 두 판 사이의 거리 d 그리고 기체에 의한 방사선의 흡수에 의존한다.

그림 8에는 두 판 사이의 거리가 3.5 cm일 때 압력-전류 곡선이, 수소 기체와 탄산 기체의 경우에 어떻게 다른지가 잘 나타나 있다.

비교할 목적으로, 각 경우에 대기압과 대기 온도에서 전류를 1로 표시하였다. 전류의 실제 값은 탄산의 경우 최대였고 수소의 경우 최소였다. 흡수가 작은 수소에서는 전체 영역에서 전류가 압력에 거의 비례한다. 흡수가 큰 탄산에서는, 전류가 처음에는 압력이 증가함에 따라 천천히 감소하지만, 압력이 수은주 높이 235 mm보다 아래서는 압력에 거의 비례한다. 공기에 대한 곡선은 두 경우의 중간을 차지한다.

42) 원본에는 이 식의 맨 오른쪽 항이 $e^{p\lambda_1 d}$라고 되어 있는데 역자가 이 항을 $e^{-p\lambda_1 d}$로 수정하였다.

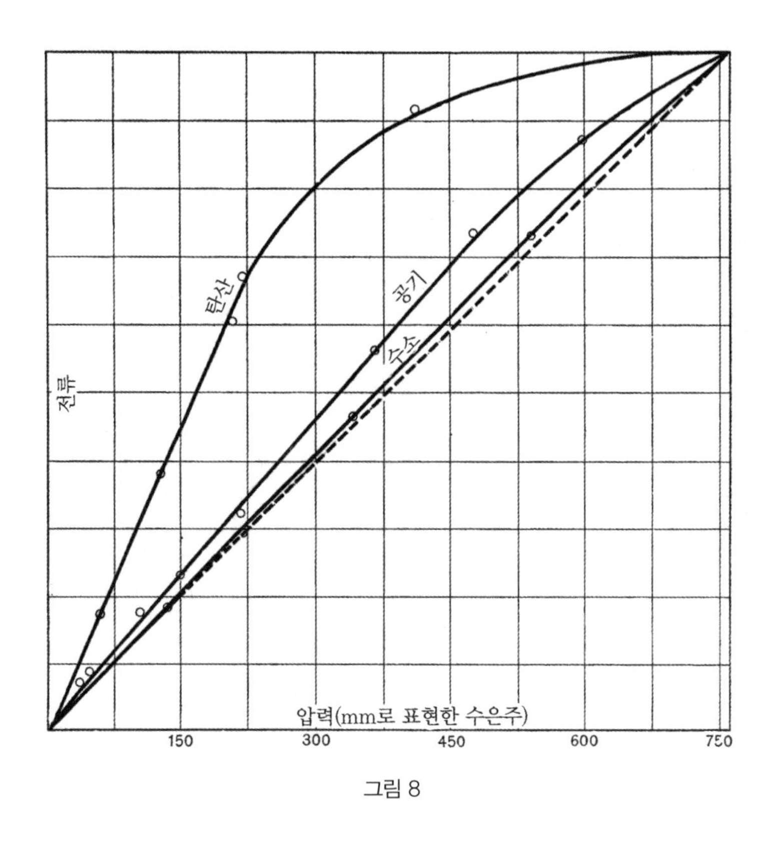

그림 8

두 판 사이의 거리가 큰 경우에는, 방사선이 다른 쪽 판에 도달할 정도로 흡수가 많이 감소하기 전까지, 포화 전류는 압력이 감소하더라도 일정하게 유지된다.

기체가 방사선을 신속하게 흡수하는 것 때문에 흥미로운 결과 한 가지가 뒤따른다. 아주 큰 평면으로 된 표면을 갖고 있는 방사성 물질에서 거리가 각각 d_1과 d_2로 고정된 두 평행판 사이에서 전류를 관찰하면, 압력이 감소할 때 전류는 처음에는 증가하고, 최댓값을 지나간 다음에는 감소하게 된다. 그런 실험의 경우에 방사선이 지나가는 아래쪽 판은 방사선이 어렵지 않게 통과하도록 작은 구멍들이 많이 뚫린 가는 금속 망 또는 아주 얇은 금속 박막(薄膜)으로 만든다.

포화 전류 i가

$$\int_{d_1}^{d_2} pI_0 e^{-p\lambda_1 x} dx, \quad 즉 \ \frac{I_0}{\lambda_1}\left(e^{-p\lambda_1 d_1} - e^{-p\lambda_1 d_2}\right)$$ 43)

에 비례하는 것은 자명하다.

이 결과는 압력의 함수이며

$$\log_e \frac{d_1}{d_2} = -p\lambda_1 (d_2 - d_1)$$

일 때 최대가 된다.

예를 들어, 만일 방사성 물질이 우라늄이라면 대기압에서 α선의 경우에 $p\lambda_1 = 1.6$이다. 만일 $d_2 = 3$ 그리고 $d_1 = 1$이라면, 포화 전류는 압력이 대기압의 약 3분의 1로 줄어들 때 최댓값에 도달한다. 이 결과는 실험으로도 증명되었다.

45. 방사선에 작용되었을 때 서로 다른 기체의 전도성

방사선의 세기가 주어지면, 기체에서 이온이 생성되는 비율은 기체의 종류에 따라 바뀌고 기체의 밀도가 커지면 증가한다. 스트럿[44]은 방사성 물질에서 방출된 서로 다른 종류의 방사선에 노출된 기체에서 상대적인 전도성(傳導性)이 어떻게 되는지에 대해 아주 완전한 조사를 하였다.xxxii 서로 다른

43) 원문에서는 왼쪽 항이 $\int_{d_1}^{d_2} pI_0 e^{-p\lambda_1 d}$로 되어 있는데, 잘못된 것이 분명해서 역자가 $\int_{d_1}^{d_2} pI_0 e^{-p\lambda_1 x} dx$로 수정하였다.

44) 스트럿(Robert John Strutt, 1875-1947)은 레일리 경이라는 칭호를 갖고 있는 영국 귀족이자 물리학자로 화학적으로 매우 활발한 성질을 갖는 활성 질소를 발견하고 밤하늘이 빨갛게 빛나는 원인을 밝혀낸 사람이다.

기체에서 방사선의 흡수가 차이 나는 것 때문에 필요한 보정(補正)을 피하기 위하여, 기체의 압력은 항상 이온화가 압력에 정비례하게 될 때까지, 그래서 위에서 설명되었던 것처럼 기체 전체에 걸친 모든 곳에서 이온화가 균일해질 때까지 낮춰졌다. 서로 다른 종류의 방사선에서, 각 종류마다 공기의 이온화를 1이라고 놓았다. 기체를 통한 전류가 서로 다른 압력 아래서 측정되었으며, 이온화가 압력에 비례한다는 가정 아래서 전류는 공통 압력까지 감소되었다.

방사성 물질을 무엇인가로 가리지 않으면, 이온화는 거의 전부가 α선에 의해 발생한다. 방사성 물질을 두께가 0.1 cm인 알루미늄으로 덮으면, 이온화는 주로 β선, 즉 음극선에 의해 발생하고, 방사성 물질을 두께가 1 cm인 납으로 덮으면, 이온화는 전적으로 γ선, 즉 투과력이 매우 큰 방사선에 의해 발생한다. 라듐에서 방출되는 γ선에 대한 실험이 검사 대상이 된 기체를 채운 특별히 제작된 금박(金箔) 검전기[45]를 방사선의 작용 아래 노출시켜서 검전기가 방전되는 비율을 측정하는 방법으로 수행되었다. 아래 표에는 서로 다른 다양한 종류의 이온화시키는 방사선에 노출된 기체의 상대적인 전도성(傳導性)이 수록되어 있다.

기체	상대 밀도	상대 전도성			
		α선	β선	γ선	뢴트겐선
수소	0.0693	0.226	0.157	0.169	0.114
공기	1.00	1.00	1.00	1.00	1.00
산소	1.11	1.16	1.21	1.17	1.39

45) 검전기(electroscope)는 정전기 유도를 이용하여 물체의 대전 상태를 알아내는 데 이용하는 도구로 금박 검전기(gold leaf electroscope)는 금으로 만든 얇은 박막을 이용한 검전기이다.

이산화탄소	1.53	1.54	1.57	1.53	1.60
시아노겐	1.86	1.94	1.86	1.71	1.05
아황산가스	2.19	2.04	2.31	2.13	7.97
클로로포름	4.32	4.44	4.89	4.88	31.9
아이오딘화 메틸	5.05	3.51	5.18	4.80	72.0
사염화탄소	5.31	5.34	5.83	5.67	45.3

수소를 제외하면, 기체의 이온화는 라듐에서 방출되는 α선과 β선 그리고 γ선에 대해 대체적으로 기체의 밀도에 비례하는 것을 알 수 있다. 그런데 스트럿이 구한 뢴트겐선에 대한 결과는 사뭇 다르다. 예를 들어, 아이오딘화 메틸에서 뢴트겐선에 의해 만들어진 상대 전도성은 라듐에서 방출되는 방사선에 의해 만들어진 것보다 최대 14배까지 더 크다. X선에 노출된 기체에 대한 상대 전도성은 최근에 매클렁[xxxiii]과 이브[xxxiv][46]에 의해서 다시 조사되었는데, 그들은 전도성이 사용된 X선이 얼마나 잘 투과하는지에 의존한다는 것을 발견하였다. 매클렁과 이브가 얻은 결과에 대해서는 나중에 (107절에서) 다시 논의될 예정이다.

기체에서 이런 전도성의 차이는 방사선의 흡수가 다르기 때문에 생긴다. 이 책의 저자[xxxv]는 우라늄에서 방출되는 α선에 의해 생성되는 이온들의 전체 수(數)는, 서로 다른 기체라고 하더라도 α선이 완전히 흡수되면, 그렇게 많이 다르지는 않다는 것을 보였다. 거기서 얻은 결과는 다음과 같다.

기체	**전체 이온화**
공기	100
수소	95
산소	106

46) 이브(A. S. Eve)는 당시 캐나다의 맥길 대학 소속이었던 물리학자이다.

탄산	96
염산 기체	102
암모니아	101

이 숫자들은, 비록 원래 단지 근사적일 수밖에 없지만, 이온 한 개를 만드는 데 필요한 에너지는 기체의 종류에 따라서 아마도 크게 차이나지는 않을지도 모른다는 것을 알려주는 것처럼 보인다. 기체의 종류가 다르더라도 이온 한 개를 만드는 데 필요한 에너지가 대략 같다고 가정하면, 상대 전도성은 방사선의 상대 흡수에 비례한다고 결론지을 수 있다.

매클렁은 음극선을 이용한 실험에서도 비슷한 결과를 얻었다. 그는 이온화가 기체에서 음극선이 흡수되는 것에 정비례한다는 것을 증명했고, 그래서 조사된 모든 기체에서 이온을 만드는 데 필요한 에너지는 모두 같음을 보였다.

46. 퍼텐셜 기울기

두 대전된 전극 사이의 전형적인 퍼텐셜 기울기는 두 전극 사이의 공간에 놓인 기체가 이온화가 되면 항상 변형된다. 차일드[47]와 젤레니[48]는 기체가 두 평행판 사이에서 균일하게 이온화되는 경우에, 두 판의 표면과 가까운 곳에서 퍼텐셜이 갑자기 줄어들고, 두 판 사이의 가운데 부분에서는 전기장이 상당히 균일하다는 것을 밝혔다. 퍼텐셜 기울기가 바뀌는 정도는 두 판에 가해진 퍼텐셜 차이에 의존하고, 두 판의 표면에서는 그와 다르다.

대부분의 방사능 측정 실험에서, 방사성 물질은 두 판 중에서 하나의 판 표면에만 발라놓는다. 그런 경우에 이온화는 대부분 방사성 물질을 발라놓은

47) 차일드(Clement D. Child, 1868-1933)는 미국의 물리학자로 1911년에 발표된 진공관 속의 두 금속판 사이를 흐르는 전류에 대한 "차일드 법칙"으로 널리 알려져 있다.
48) 젤레니(John Zeleny, 1872-1951)는 미국의 물리학자로 1911년에 젤레니 검전기를 발명했으며 액체 내의 전기장 효과를 연구하였다.

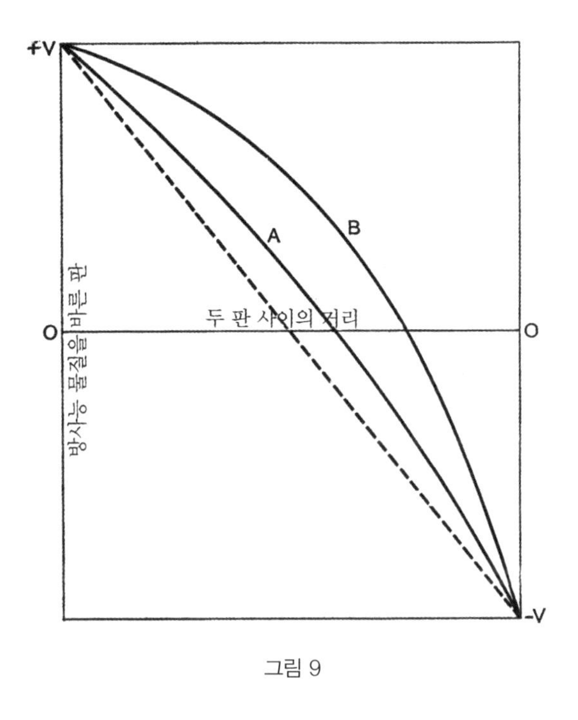

그림 9

판에 가까운 공기 부분으로 제한된다. 그런 경우에 대한 퍼텐셜 기울기가 그림 9에 그려져 있다. 그림 9에서 점선은 두 판 사이에 이온화가 생성되지 않을 때 두 판 사이의 임의의 점에서 퍼텐셜의 변화를 보여준다. 또한 곡선 A는 우라늄에서 생성된 것과 같은 약한 이온화에 대해, 그리고 곡선 B는 방사능이 매우 센 물질에 의해서 생성된 강한 이온화에 대해, 각 위치에서 퍼텐셜의 변화를 보여준다. 두 경우 모두에서, 방사성 물질을 바른 판 근처에서 퍼텐셜 기울기가 가장 작고, 방사성 물질을 바르지 않은 판 근처에서 퍼텐셜 기울기가 가장 크다. 이온화가 아주 강한 경우에는 방사성 물질을 바른 판 근처의 퍼텐셜 기울기는 아주 작다. 방사성 물질을 바른 판이 양전하로 대전되었는지 또는 음전하로 대전되었는지에 따라 퍼텐셜 기울기가 약간 다르다.

47. 표면 이온화에서 퍼텐셜 차이에 따른 전류의 변화

이온화가 강할 때, 전류가 측정되는 두 평행판 중에 한 판의 표면 가까운 공간에 한정되어, 전압에 따라 변화하는 전류에 대하여 매우 흥미로운 결과가 관찰된다.

이 주제와 관계된 이론이 차일드xxxvi와 러더퍼드xxxvii에 의해 독립적으로 연구되었다. 거리가 d만큼 떨어져 있는 두 평행판 사이의 퍼텐셜 차이가 V라고 하자. 이온화는 양전하로 대전된 판 A의 표면 근처의 (그림 1을 보라) 얇은 층에 국한되어 있다고 가정하자. 전기장이 가해지고 있을 때, 두 판 A와 B 사이에는 양이온들이 분포되어 있다.

이제 다음과 같이 놓자.

n_1 =판 A로부터 거리가 x되는 곳에서 단위 부피에
포함된 양이온의 수(數)

K_1= 양이온의 유동성

e= 이온 하나에 대전된 전하

기체에서 1 cm^2의 넓이를 통과하는 전류 i_1은 모든 x값에 대해서 똑같고

$$i_1 = K_1 n_1 e \frac{dV}{dx}$$

로 주어진다.

이제 푸아송 방정식

$$\frac{d^2V}{dx^2} = 4\pi n_1 e$$ [49]

49) 여기서 푸아송 방정식(Poisson's equation)은 전기장에 대한 미분 형태의 가우스 법칙 $\nabla \cdot \vec{E} = 4\pi\rho$에서 정전기장을 퍼텐셜로 $\vec{E} = -\nabla V$로 표현하여 가우스 법칙에 대입한 결과 $\nabla^2 V = -4\pi\rho$를 1차원 형태로 표현한 것이다.

을 이용하면

$$i_1 = \frac{K_1}{4\pi}\frac{dV}{dx}\frac{d^2V}{dx^2}$$

가 된다.

이 식을 적분하면[50)]

$$\left(\frac{dV}{dx}\right)^2 = \frac{8\pi i_1 x}{K_1} + A$$

를 얻는데, 여기서 A는 상수이다. 이제 A는 $x=0$일 때 $\left(\frac{dV}{dx}\right)^2$의 값[51)] 과 같다. 그런데 이온화를 매우 강하게 만들면, $\frac{dV}{dx}$ 값은 매우 작아질 수가 있다.

위 식에서 $A=0$이라고 놓으면

$$\frac{dV}{dx} = \pm\sqrt{\frac{8\pi i_1 x}{K_1}}$$

이 된다.

이 식이 두 판 사이에서 서로 다른 x값에서 퍼텐셜 기울기를 알려준다.

이 식을 두 판 사이의 거리의 한계인 0와 d 사이에서 적분하면

$$V = \pm\frac{2}{3}\sqrt{\frac{8\pi i_1}{K_1}}\,d^{\frac{3}{2}},\ \text{즉}\ i_1 = \frac{9V^2}{32\pi d^3}K_1$$

이 된다.

만일 전기장의 방향이 반대로 될 때 전류의 값이 i_2이고, K_2는 음이온의 속

50) 이 식을 $\frac{dV}{dx}\frac{d}{dx}\left(\frac{dV}{dx}\right) = \frac{4\pi i_1}{K_1}$ 로 바꿔쓰고 양변을 dx를 곱한 $\frac{dV}{dx}d\left(\frac{dV}{dx}\right) = \frac{4\pi i_1}{K_1}dx$ 의 양변을 0에서 x까지 적분하면 적분 결과가 $\left(\frac{dV}{dx}\right)^2 = \frac{8\pi i_1 x}{K_1} + A$가 된다.

51) 원본에서는 이 항이 $\frac{dV}{dx}$ 로 되어 있지만 역자가 이를 $\left(\frac{dV}{dx}\right)^2$ 으로 수정하였다.

도라면

$$i_2 = \frac{9V^2}{32\pi d^3}K_2$$

이므로

$$\frac{i_1}{i_2} = \frac{K_1}{K_2}$$

가 성립한다.

이와 같이 두 방향의 전류는 양이온과 음이온의 속도에 정비례한다. 전류는 가해진 퍼텐셜 차이의 제곱에 비례해서 변하고, 두 판 사이의 거리의 세제곱에 반비례해서 변해야만 한다.

방사성 물질이 원인인 이온화는 방사성 물질을 바른 판에서 몇 센티미터 정도까지 이온화가 진행되기 때문에 이론적으로 표면 이온화가 성립할 조건 자체를 충족시키지 못한다. 그렇지만 만일 이온화가 일어나는 거리에 비하여 두 판 사이의 간격이 훨씬 더 크면, 그 결과는 이론으로 구한 것과 대략적이나마 일치할 수 있다. 이 책의 저자는 라듐 방사능 시료를 사용하여 간격이 약 10 cm 인 두 평행판 사이에서 전류가 전위차에 따라 어떻게 변하는지에 대한 실험을 수행하였다.[xxxviii]

그 실험의 결과는 다음과 같다.

(1) 전위차가 작을 때는 기체를 통한 전류는 가해진 전위차가 증가하는 것보다 더 빨리 증가했지만, 그 전위차의 제곱에 비례해서 증가하는 것보다는 더 느리게 증가하였다.

(2) 기체를 통한 전류는 전기장의 방향에 의존하였다. 방사성 물질을 바른 판이 양전하로 대전되면 양이온의 유동성이 더 작기 때문에 전류는 항상 더 작았다. 두 전류 i_1과 i_2 사이의 차이는 기체가 건조했을 때 가장 컸는데, 기체가 건조한 것이 양이온의 속도와 음이온의 속도 사이의 차이가 가장 큰 조

건이다.

위의 이론에 의해서 한 가지 흥미로운 결과가 가능해진다. 두 판 사이의 전위차 V와 거리 d가 주어지면, 이온화가 아무리 많이 증가한다고 하더라도, 두 판 사이에서 흐르는 전류는 어떤 정해진 값을 초과할 수 없다. 비슷한 방법으로, 표면 이온화의 원인으로 라듐 방사능 시료가 사용되면, 두 판 사이의 전위차와 거리가 주어질 때, 방사성 물질의 방사능이 아무리 많이 증가하더라도, 두 판 사이에 흐르는 전류는 어떤 정해진 값을 초과하지 않는다.

48. 움직이는 이온에 의해 만들어지는 자기장

방사성 물질에서 방출되는 가장 중요한 두 가지 종류의 방사선은 저절로 매우 빠른 속도로 튀어나오는 대전된 입자로 구성되어 있다는 것을 곧 설명하려고 한다. α선이라고 알려진, 물질에 잘 흡수되는 방사선은 양전하로 대전된 물질 원자이다.[52] 물질을 좀 더 잘 투과하는 β선이라고 알려진 방사선은 음전하로 대전되어 있는데, 진공관에서 전기 방전이 일어날 때 만들어지는 음극선과 똑같다는 것이 밝혀졌다.

이 방사선들이 어떤 특징을 가지고 있는지 찾아내는 데 이용한 방법은 음극선이 매우 빠른 속도로 튀어나오는 음전하로 대전된 입자들의 흐름으로 이루어졌음을 보이기 위해 J. J. 톰슨이 이용한 방법과 매우 비슷하다.

음극선의 본성은 물질 입자이고, 음극선은 수소 원자의 질량보다 훨씬 더 작은 질량을 갖는 대전(帶電) 입자로 구성되어 있다고 증명한 것은 물리학 분야에서 중요한 신기원을 이루었다. 왜냐하면 그 증명이 단지 수많은 중요한

52) 오늘날 α선은 헬륨 원자의 원자핵임을 알고 있다. 이 책의 저자인 러더퍼드는 1911년에 원자핵을 발견했으므로, 이 책이 쓰인 1905년에는 아직 원자핵의 존재를 알지 못했다.

결과를 얻은 새로운 연구 분야를 시작하게 만들었을 뿐만 아니라, 또한 물질이 무엇으로 이루어져 있느냐는 우리의 이전 개념을 깊은 밑바닥부터 바꾸어 놓았기 때문이다.

이제 곧 대전된 움직이는 물체가 만드는 효과 그리고 또한 음극에서 방출되는 입자들이 질량과 속도를 결정하는 데 이용된 일부 실험적 방법들에 대해서 간단히 설명할 예정이다.xxxix

반지름이 a이고 전하 e를 나르며 빛의 속도에 비해서는 작은 속도 u로 움직이는 이온을 생각하자. 대전된 이온이 움직이고 있기 때문에, 그 이온의 주위에는 자기장이 형성되고, 그 자기장은 이온과 함께 이동한다. 움직이는 대전된 이온은 크기가 eu인 전류 요소를 만들며, 이온을 형성하는 구(球)로부터 거리가 r이고 이온이 움직이는 방향과 각 θ를 이루는 점에서 자기장 H는

$$H = \frac{eu\sin\theta}{r^2}$$

로 주어진다. 자기력선은 이온이 움직이는 축 주위로 원을 그린다. 이온이 빛의 속도에 비하여 작은 속도로 움직이면, 전기력선은 이온으로부터 거의 퍼져나가는 지름 방향으로 생기지만, 이온의 빠르기가 빛의 속력에 가까워지면, 전기력선은 운동하는 축을 떠나서 그 축에 수직인 면에서 원을 그리는 방향으로 휘어지기 시작한다. 이온의 속력이 빛의 속력에 매우 가까워지면, 자기장과 전기장은 상당 부분이 이온이 움직이는 축과 수직인 면에서 동심원을 그린다.

이동하는 물체의 주위에 존재하는 자기장은 그 물체를 둘러싸고 있는 매질에 자기(磁氣)에너지가 저장되어 있음을 암시한다. 그렇게 저장된 에너지의 양은 물체가 이동하는 속력이 빠르지 않은 경우에 매우 간단하게 계산할 수 있다.

세기가 H인 자기장에서 투자율이 1인 매질의 단위 부피에 저장된 자기에너지는 $\frac{H^2}{8\pi}$로 주어진다. 이렇게 주어진 값을 반지름이 a인 구의 외부 영역에 대해 적분하면, 대전된 물체의 운동 때문에 만들어지는 전체 자기(磁氣)에너지는

$$\begin{aligned}\int_a^\infty \frac{H^2}{8\pi} d(\mathrm{vol}) &= \frac{e^2u^2}{8\pi}\int_0^{2\pi}\int_0^{\pi}\int_a^\infty \frac{\sin^2\theta}{r^4} r\sin\theta d\phi\, r d\theta\, dr \\ &= \frac{e^2u^2}{4}\int_0^{\pi}\int_a^\infty \frac{(1-\cos^2\theta)}{r^2}\sin\theta\, d\theta\, dr \\ &= \frac{e^2u^2}{3}\int_a^\infty \frac{dr}{r^2} = \frac{e^2u^2}{3a}\end{aligned}$$

가 된다.

운동 때문에 만들어지는 자기에너지는 물체의 속도의 제곱에 의존하므로 운동에너지와 닮았다. 이온이 전하를 나른 결과로, 추가의 운동에너지가 이온과 함께 이동하게 된 것이다. 만일 이온의 속도가 바뀐다면, 그런 운동의 변화를 중지시키려고 시도하는 전기력과 자기력이 형성되며, 이온이 대전되지 않았을 경우에 비하여, 그런 변화 동안에 더 많은 일이 행해진다. 물체의 보통 운동에너지는 $\frac{1}{2}mu^2$이다. 이온이 전하를 나른다는 이유 때문에, 이온과 관련된 운동에너지가 $\frac{e^2u^2}{3a}$만큼 증가된다. 그래서 이온은 마치 질량이 $m+m_1$인 것처럼 행동하는데, 여기서 m_1은 값이 $\frac{2e^2}{3a}$인 전기적 질량이다.

지금까지는 단지 대전된 이온이 빛의 속도와 비교해서 작은 속도로 움직이는 경우로만 제한하여 그 이온의 전기적 질량을 도입하였다. 대전된 이온의 빠르기가 빛의 속력에 가까워지면, 자기에너지는 더 이상 위에서 구한 식으로 표현될 수가 없다. 대전된 물체의 전기적 질량의 값이 그 물체의 속력에 따라 어떻게 변하는지에 대한 문제는 J. J. 톰슨[xl]이 1887년에 최초로 다루었다. 좀 더 철저한 검토는 1889년에 헤비사이드[xli]에 의해 수행되었으며, 설[xlii]

은 대전된 물체가 구(球) 형태보다 더 일반적인 타원 회전체인 경우에 대해 같은 문제를 연구하였다. 최근에는 에이브러햄xliii이 이 문제를 다시 연구하였다. 구(球) 모양의 대전된 물체 내부에 포함된 전기(電氣)의 분포를 구할 때 어떤 가정을 사용했는지에 따라 속력에 따른 전기적 에너지의 변화에 대한 표현이 약간 다르게 구해졌다. 카우프만[53]은 에이브러햄이 구한 표현을 이용하여 전자(電子)의 질량이 전자기적인 원인에 의해서 생겼음을 보였는데, 그 내용은 나중에 82절에서 소개될 예정이다.

모든 계산이 전기적 질량은 속력이 크지 않으면 실질적으로 변하지 않고 일정하지만, 전자의 속력이 빛의 속력에 가까워지면 증가하며, 전자의 속력이 빛의 속력에 도달하면 전기적 질량은 무한대가 된다는 점에 일치된 결과를 보인다. 빛의 속력에 더 가까워질수록, 운동의 변화를 억제하려는 힘이 더 커진다. 전자가 실제로 빛의 속력을 얻기 위해서는 무한히 큰 힘이 필요하게 되는데, 그래서 오늘날 이론에 의하면, 전자가 빛보다 더 빨리 움직이는 것은, 즉 에테르 내에서 전자기(電磁氣) 신호가 이동하는 것보다 더 빨리 움직이는 것은 불가능하다.[54]

이렇게 내린 결론은 아주 중요한데, 그 이유는 움직이는 전하(電荷)가, 그 전하에 포함된 어떤 물질적 요소와도 무관하게, 단지 그 전하가 움직인다는 이유만으로 질량을 갖는 것처럼 보이며, 그렇게 생긴 질량은 그 전하가 움직이는 속력의 함수로 결정된다는 사실 때문이다. 실제로 우리는 나중에 (82절

53) 카우프만(Walter Kaufmann, 1871-1947)은 독일의 물리학자로 물체의 질량이 움직이는 속력에 따라 변한다는 것을 실험을 이용하여 최초로 보인 것으로 유명한 사람이다.

54) 아인슈타인이 1905년에 발표한 특수 상대성이론은 시간과 공간의 본성에 의해 진공에서 빛의 속력은 도달 가능한 속력의 최댓값임을 알게 해주었다. 여기서 전자가 빛보다 더 빨리 이동할 수 없다고 하는 것은 특수 상대성이론이 나오기 전 전자의 운동에너지에 대한 연구만으로 얻은 결과이다.

을 보라) 음극선에서 튀어나온 흐름을 구성하는 입자들의 겉보기 질량도, 전하가 분포된 곳에 물질로 된 물체가 존재한다고 가정할 필요 없이, 단지 그 입자들이 지닌 전하만에 의해서 설명될 수 있음을 보게 된다. 이것이 질량이 원래 전기적인 원인으로 생기는 것이고, 순전히 움직이는 전기가 질량을 만든다는 생각이 들게 만들었다.

49. 움직이는 이온에 대한 자기장의 작용

질량이 m인 이온이 전하 e를 나르면서 속도 u로 자유롭게 움직이고 있는 경우를 생각하자. 만일 u가 빛의 속력에 비해 작다면, 움직이는 이온은 크기가 eu인 전류 요소라고 생각할 수 있다. 만일 이온이 세기가 H인 외부 자기장 내에서 움직인다면, 이온은 이온이 움직이는 방향과 자기장의 방향 모두에 수직인 방향으로 작용하는 힘을 받는데, 그 힘의 크기는 $Heu\sin\theta$로 여기서 θ는 자기장의 방향과 이온이 움직이는 방향 사이의 사잇각이다.[55] 자기장에 의해 움직이는 전하가 받는 힘은 항상 움직이는 속도 방향과 수직이므로, 이 힘은 입자의 속력에는 아무런 영향을 미치지 않으며 단지 입자가 이동하는 경로의 방향만을 바꿀 수 있을 뿐이다.

이제 ρ가 이온이 이동하는 경로의 곡률 반지름이라면,[56] 곡선에 수직인 방향으로 작용하는 힘은 $\dfrac{mu^2}{\rho}$와 같으며, 이 힘이 $Heu\sin\theta$로 주어지는 자기력과 평형을 이룬다.

만일 $\theta = \dfrac{\pi}{2}$이면, 즉 이온이 자기장의 방향과 수직인 방향으로 이동하면

55) 오늘날에는 벡터 표기법으로 자기장 $\vec{B}$ 아래서 전하 q가 속도 $\vec{v}$로 움직이면 자기력 $\vec{F} = q\vec{v} \times \vec{B}$를 받는다고 말한다.
56) 여기서 곡선의 곡률 반지름은 그 곡선에 접하는 원의 반지름을 의미한다.

$Heu = \frac{mu^2}{\rho}$ 또는 $H\rho = \frac{m}{e}u$이다. 그런데 u는 변하지 않고 일정하므로, ρ도 역시 변하지 않고 일정하다. 다시 말하면 이 입자는 반지름이 ρ인 원형 궤도를 그리며 움직인다. 그래서 원형 궤도의 반지름은 u에 정비례하고 H에는 반비례한다.

만일 이온이 자기장의 방향과 각 θ를 이루는 방향을 향하여 움직이면, 이온은 자기장에 수직인 방향으로는 속도가 $u\sin\theta$인 입자의 운동과, 자기장과 평행인 방향으로는 속도가 $u\cos\theta$인 입자의 운동이 중첩되는 복잡한 곡선을 그리며 움직인다. 자기장의 방향에 수직인 운동은 $H\rho = \frac{m}{e}u\sin\theta$에 의해 정해지는 반지름이 ρ인 원형 궤도를 그리고, 자기장의 방향과 평행인 운동은 자기장으로부터 아무런 영향도 받지 않으면서 자기장의 방향을 향해서 변하지 않는 속도 $u\cos\theta$로 등속도 운동을 한다. 그 결과로 만들어지는 입자의 운동은 단면의 반지름이 $\rho = \frac{mu\sin\theta}{eH}$인 원통의 표면 위에서 그리는 나선형이 되는데, 이 원통의 축은 자기장의 방향을 향한다. 이와 같이 균일한 자기장에 자기장의 방향과 비스듬한 각을 이루며 들어가는 이온은 항상 나선(螺線)을 따라 움직이는데, 이 나선의 축은 자기력선과 평행하게 된다.[xliv]

50. 음극선 입자의 $\frac{e}{m}$ 구하기

발리[57]가 최초로 관찰한 음극선은 크룩스[58]에 의해 자세히 연구되었다.

57) 발리(Cromwell Fleetwood Varley, 1828-1883)는 영국의 공학자로 특히 전신(電信) 기계 개발에 관심이 많았던 사람인데, 음극선관에서 관찰되는 음극선이 전기를 나르는 입자들의 흐름이라고 최초로 제안하였다.

58) 크룩스(William Crookes, 1832-1919)는 영국의 물리학자 및 화학자로 낮은 기압의 기체에서

음극선은 내부의 압력이 매우 낮은 진공관의 음극(陰極)으로부터 튀어나온다. 음극선은 직선을 따라 이동하고 자석 부근에서 쉽게 휘어지며, 그들의 경로에 놓인 다양한 물질에서 강한 빛을 발생시킨다. 이 음극선들이 자기장에서 휘는 방향은 음극으로부터 음전하로 대전된 입자가 튀어나온다면 예상하는 것과 같은 방향이다. 이러한 음극선의 독특한 성질을 설명하기 위하여, 크룩스는 음극선이 매우 빠른 속도로 움직이는 음전하로 대전된 입자들로 구성되어 있으며, 그가 적절하게 표현한 것처럼, "새로운 물질이거나 또는 물질의 네 번째 상태"[59]를 구성한다고 가정하였다. 음극선의 본성이 무엇인지에 대해서는 지난 20년 동안 활발한 논란의 대상이 되어왔는데, 왜냐하면 일부 사람들은 음극선이 물질의 일종이라는 견해를 견지했지만, 음극선이 에테르에서 전달되는 파동 운동의 특별한 형태라고 생각하는 사람들도 있었기 때문이었다.

페랭[60]과 J. J. 톰슨은 음극선이 항상 음전하를 나른다는 것을 보였고, 레나르트는 음극선이 얇은 금속 박막(薄膜)을 통과하고, 보통 빛에는 불투명한 물질도 투과한다는 중요한 사실을 발견하였다. 음극선의 이러한 투과 성질을 이용하여, 레나르트는 음극선을 얇은 창을 통해 내보내는 방법으로 음극선이 처음 방출된 진공관의 밖에서 음극선의 성질을 조사했다.

물질에 의한 음극선의 흡수는 매우 넓은 범위에 걸쳐서 물질의 밀도에 거의 비례하고, 그리고 물질의 화학적 성분이 무엇인지에는 의존하지 않는다는 것이 밝혀졌다.

전기의 방전 현상을 연구하면서 크룩스관이라 불리는 음극선관을 발명한 사람이다.

59) 여기서 네 번째 상태란 고체 상태, 액체 상태 그리고 기체 상태에 하나를 더 추가하는 상태라는 의미이다.

60) 페랭(Jean Baptiste Perrin, 1870-1942)은 프랑스의 물리 화학자로 음극선과 X선을 연구했으며 분자가 실제로 존재한다는 연구에도 기여하고 아보가드로수 측정에도 성공했다.

음극선이 무엇인지에 대해서는 1897년에 J. J. 톰슨[xlv]에 의해서 성공적으로 증명되었다. 만일 음극선이 음전하를 띤 입자들로 구성되어 있다면, 음극선의 경로는 음극선이 자기장을 통과할 때뿐 아니라 전기장을 통과할 때에도 휘어져야 한다. 그런 실험이 헤르츠[61]에 의해 시도되었지만 예상했던 결과를 얻지 못했다. 그렇지만 J. J. 톰슨은 음극선이 전기장에서 음전하로 대전된 입자가 지나갈 때 휘어질 것으로 예상되는 방향으로 휘어진다는 것을 발견하였고, 헤르츠가 똑같은 종류의 실험에 실패한 이유는 음극선에 의해 기체에서 생성된 강한 이온화가 가해준 전기장을 가렸기 때문임을 찾아내었다. 이온화가 전기장을 가린 효과는 진공관의 기체 압력을 낮추는 것으로 제거되었다.

음극선이 전기장에서 휘어지는 것을 관찰하는 데 이용된 실험 장치가 그림 10에 나와 있다.

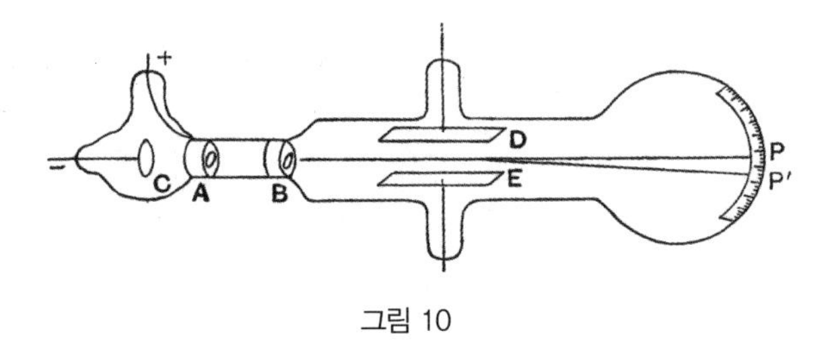

그림 10

음극선은 음극(陰極) C에서 튀어나오는데, 음극선이 작은 구멍이 뚫린 원판 AB를 통과하면서 폭이 좁은 흐름 다발이 된다. 그다음에 음극선은 절연된 두 평행판 D와 E의 중간을 지나가는데, 두 평행판의 간격은 d cm 이고 두 평행판 사이에는 일정한 퍼텐셜 차이 V가 유지된다. 좁은 흐름 다발로 도

61) 헤르츠(Gustav Ludwig Hertz, 1887-1975)는 독일의 물리학자로 전자(電子)가 파동의 성질을 가지고 있다는 실험으로 1925년 노벨 물리학상을 수상하였다. 맥스웰이 이론적으로 예언한 전자기파의 존재를 최초로 실험으로 증명한 헤르츠(Heinrich Rudolf Hertz)의 조카이다.

달한 음극선은 PP'에 장치된 형광 스크린에서 밝은 점으로 표시된다.

음전하 e를 나르는 입자는 대전된 평행판 사이를 지나가면서 양전하로 대전된 판을 향하여 힘 Xe를 받는데, 여기서 X는 $\frac{V}{d}$로 주어지는 전기장의 세기이다.

그래서 두 평행판에 의해서 전기장이 가해지면 형광 스크린의 밝은 점은 양전하로 대전된 판 쪽으로 이동한다. 그리고 이제 두 판 D와 E의 위치에 균일한 자기장이 음극선 흐름에 수직이고 두 판의 면에는 평행인 방향으로 가해서 입자에 작용하는 전기력과 자기력이 서로 반대 방향을 향하도록 하면, 자기장의 세기를 조절하여 형광 스크린의 밝은 점이 전기장과 자기장이 가해지지 않았을 때의 원래 위치로 돌아가도록 만들 수가 있다. 자기장의 세기가 H이면, 자기장에 의해서 입자에게 작용하는 힘은 Heu이고, 전기력과 자기력의 평형이 이루어지면

$$Heu = Xe$$

가 성립하므로

$$u = \frac{X}{H} \quad \cdots\cdots\cdots\cdots\cdots\cdots (1)$$

가 된다. 이제 만일 자기장 H만 가해진다면, 형광 스크린에서 밝은 점이 얼마나 이동하였는지에 의해 두 판 사이에서 음극선의 경로가 만드는 곡률 반지름 ρ를 구할 수가 있다. 그런데 우리는 이미

$$H\rho = \frac{mu}{e} \quad \cdots\cdots\cdots\cdots\cdots\cdots (2)$$

가 성립하는 것을 보았다. 두 식 (1)과 (2)로부터 입자의 속도 u와 전하와 질량의 비 $\frac{e}{m}$의 값을 결정할 수가 있다.

속도 u는 일정하게 유지되지 않고 두 전극(電極) 사이의 퍼텐셜 차이에 의

존하여 변하며, 그래서 속도 u는 결과적으로 진공관 내에 남아 있는 기체의 압력과 기체의 종류에 의존한다.

이 조건들을 바꾸면 음극에서 튀어나오는 입자의 속도가 매초 10^9 cm와 10^{10} cm 사이에서 바뀌는 속도에 도달하도록 만들 수가 있다. 이 속도는 역학적인 방법에 의해서 보통 물질에서 얻을 수 있는 속도와 비교하면 굉장히 빠른 속도이다. 반면에, 이 입자들에 대한 $\frac{e}{m}$ 값은 입자의 속도가 바뀌더라도 감지(感知)될 수 있는 한 상당히 일정하다.

일련의 실험들의 결과로 평균값 $\frac{e}{m} = 7.7 \times 10^6$을 얻었다. 이렇게 얻은 $\frac{e}{m}$의 값은 진공관에 남아 있는 기체의 종류나 기체의 압력에 의존하지 않으며, 음극으로 사용된 금속의 종류에도 의존하지 않는다. 레나르트[xlvi]와 다른 사람들도 비슷한 $\frac{e}{m}$ 값을 얻었다.

카우프만[xlvii]과 사이먼[xlviii]은 또 다른 방법을 이용하여 $\frac{e}{m}$ 값을 구했다. 그들은 진공관의 양쪽 전극 사이의 퍼텐셜 차이 V를 측정하였다. 대전된 입자가 진공관의 한쪽 끝에서 다른 쪽 끝까지 이동하는 데 입자가 받은 일은 Ve이며, 이 일은 움직이는 입자가 갖게 된 운동에너지 $\frac{1}{2}mu^2$과 같아야만 한다. 그러므로

$$\frac{e}{m} = \frac{u^2}{2V} \quad \cdots\cdots (3)$$

이 된다.

이 식을 자기장에 의한 휘어짐 측정에 의해 구한 (2)식과 결합하면 u와 $\frac{e}{m}$의 두 가지 모두를 결정할 수가 있다.

사이먼은 이 방법을 이용하여

$$\frac{e}{m} = 1.865 \times 10^7$$

임을 발견하였다. 나중에 (82절에서) 카우프만이 라듐에서 튀어나온 전자에 대해 이것과 비슷한 값을 구했다는 것이 설명될 예정이다.

움직이는 이온에 미치는 자기장과 전기장의 효과에 근거한 이 결과들은 비헤르트[62]에 의해서도 확인되었는데, 그는 대전 입자가 알려진 거리를 이동하는 데 걸리는 시간을 직접 측정하는 방법을 이용하였다.

음극에서 나오는 음극선을 구성하는 입자들을 J. J. 톰슨은 "미립자(微粒子)"[63]라고 명명했다. 그 입자들은 "전자(electron)"라고도 불렸고 최초로 그렇게 부른 사람은 존스턴 스토니[64]인데, 결국 이 이름이 일반적으로 통용되게 되었다.[xlix]

위에서 설명한 방법들에 의해서는 전자의 질량을 구할 수는 없고 단지 전자의 전하와 질량 사이의 비만을 구할 수 있다. 그럼에도 불구하고, 전자(電子)에 대한 비 $\frac{e}{m}$ 그리고 물의 전기 분해에서 분리된 수소 원자에 대한 대응하는 비를 직접 비교하는 것은 가능하다. 수소 원자 하나하나는 전하 e를 나른다고 가정되고 있으며, 물의 전기 분해에서 수소 1그램을 분리시키기 위해서는 9,600쿨롱의 전기 또는 우수리가 없는 수로 10^4 전자 단위가 필요하다고 알려져 있다. 수소 1그램에 포함된 수소 원자의 수가 N이면, $Ne = 10^4$이다. 그러나 수소 원자의 질량이 m이면 $Nm = 1$이다. 처음 것을 나중 것으로 나누면 $\frac{e}{m} = 10^4$이 나온다. 우리는 이미 기체 상태의 이온은 수소 원자가

62) 비헤르트(Emil Johann Wiechert, 1861-1928)는 독일의 물리학자 겸 지구 물리학자로 지진계의 수학적 이론을 발전시켜서 비헤르트 지진계를 제작한 것으로 널리 알려졌으며 전자의 발견에도 기여하였다.

63) 톰슨이 전자에 처음 붙인 이름인 "미립자"가 영어로는 "corpuscle"이다.

64) 존스턴 스토니(George Johnstone Stoney, 1826-1911)는 아일랜드에서 출생한 영국 물리학자인데 기체 운동론에서 분자의 크기에 대한 추정 값을 도출하였고 최초로 전자(電子)를 전자(electron)라는 이름으로 부른 사람으로 유명하다.

나르는 전하와 동일한 전하를 나른다는 것을 보았으며, 한편 간접적인 증거에 의하면 전자는 이온이 나르는 전하와 같은 전하를 나르며, 그래서 결과적으로 전자는 수소 원자가 나르는 것과 같은 전하를 나른다. 그러므로 전자의 겉보기 질량은 수소 원자의 질량의 단지 약 $\frac{1}{1,000}$ 밖에 되지 않는다고 결론지을 수 있다.[65] 그래서 전자는 과학이 아는 한 가장 작은 물체처럼 행동한다.

J. J. 톰슨은 뒤이은 실험들을 통하여, 낮은 압력 아래서 빛을 내는 탄소 필라멘트에 의해 떨어져 나온 음이온들 그리고 자외선 빛을 쪼인 아연 판에서 역시 떨어져 나온 음이온들이, 진공관에서 생긴 전자(電子)들에 대한 $\frac{e}{m}$ 값과 동일한 값을 갖고 있음을 보였다. 그러므로 전자가 모든 물질의 구성 요소라는 것이 그럴듯해 보였다. 이 견해는 지금까지와는 아주 다른 성질에 대한 실험에 의해서도 강력한 지지를 받았다. 제만[66]은 1897년에 강력한 자기장 아래 놓인 광원(光源)으로부터 나온 빛으로부터 얻은 스펙트럼의 선(線)들이 원래 위치로부터 이동하고 두 선으로 나뉘는 것을 발견하였다. 뒤이은 연구에서는 어떤 경우에는 스펙트럼선이 세 개로 갈라지기도 하고 다른 경우에는 여섯 개로 갈라지기도 하며, 드문 경우지만 그보다 더 많이 갈라지기도 하는 것이 알려졌다. 이런 결과들은 그보다 전에 로렌츠[67]와 라머[68]가 발표한 복사(輻射) 이론[69]에 의해 일반적으로 설명되었다. 복사선[70]은 어떤 광

65) 오늘날 알려진 전자와 수소 원자의 질량비는 1 : 1.836이다.
66) 제만(Pieter Zeeman, 1865-1943)은 네덜란드의 물리학자로 원자에서 나오는 빛의 선스펙트럼이 자기장 내에서 몇 개로 갈라지는 현상인 제만 효과를 발견하고 그 효과가 왜 일어나는지를 설명한 로렌츠와 함께 1902년에 제2회 노벨 물리학상을 공동으로 수상하였다.
67) 로렌츠(Hendrik A. Lorentz, 1853-1928)는 네덜란드의 물리학자로 뢴트겐에 이어 제2회 노벨 물리학상을 수상하였고 특수 상대성이론의 로렌츠 변환을 상대성이론과는 무관한 이유로 유도하였으며 전하를 띤 입자가 전기장과 자기장에서 받는 힘에 대한 공식을 유도하였다.
68) 라머(Joseph Larmor, 1857-1942)는 영국의 물리학자로 열역학과 전기역학 분야를 수학적으로 연구한 사람으로 자기장 내에서 이온의 운동을 설명하는 라머 세차 운동이 유명하다.

원(光源)으로부터 나왔든지 그 광원을 이루는 원자를 구성하는 대전(帶電)된 부분이 궤도 운동을 하거나 진동 운동을 한 결과라고 가정되었다. 움직이는 이온은 자기장의 영향을 받으므로, 광원이 강력한 자석의 두 극(極) 사이에 노출될 때는 대전된 이온들의 운동이 방해받는다. 그런 이유 때문에 방출된 빛의 주기가 조금 바뀌는데, 자기장을 가하면 그 결과로 스펙트럼의 밝은 선(線)이 이동하게 된다. 이 이론에 따르면, 방출된 빛의 파장에서 관찰되는 약간의 변화는 자기장의 세기 그리고 이온이 나르는 전하와 이온의 질량 사이의 비인 $\frac{e}{m}$ 에 의존한다. 이론과 실험 결과를 비교하여서, 운동하는 이온은 음전하를 나르며 $\frac{e}{m}$ 값은 약 10^7 로 추정되었다. 그래서 빛나는 물체로부터 나오는 복사선의 원인이 되는 대전된 이온은 진공관에서 튀어나오는 전자(電子)와 같은 것이다.

이와 같이 모든 물체를 구성하는 기본 구성 요소인 원자(原子)가 단순하지 않으며, 적어도 부분적으로는, 전자를 포함하고 있는데, 그 전자의 겉보기 질량은 수소 원자의 질량과 비교하여 대단히 작다고 가정하는 것이 그럴듯해 보인다. 그렇게 물체와 독립적으로 존재하는 전하의 성질에 대해 다른 누구보다도 라머가 수학적으로 연구하였는데, 그는 그런 구상(構想)으로부터 물질 이론의 기초가 나오리라고 예상하였다. J. J. 톰슨과 켈빈 경[71]은 많은 수의 전자들이 어떻게 배열되어야 외부에서 약간 건드려주더라도 안정된 상태

69) 로렌츠와 라머의 복사 이론(radiation theory)은 가속 운동하는 전하는 전자기파를 내보낸다는 이론을 말한다.

70) 복사선(輻射線)은 원문의 radiation을 번역한 것인데, radiation이 여기서는 빛을 내는 물체에서 나오는 전자기파를 의미한다.

71) 켈빈 경(Baron Kelvin, 1824-1907)은 본명이 톰슨(William Thomson)인 영국 물리학자로 열역학을 확립하여 절대온도계를 세웠으며 전자기학을 비롯한 물리학의 여러 분야에 기여한 사람이다.

를 그대로 유지하는지에 대한 수학적인 연구를 수행하였다. 이 문제에 대해서는 270절에서 더 자세히 논의될 예정이다.

51. 커낼선[72]

진공관의 압력이 정해진 한계 이내인 조건 아래서, 음극판에 작은 구멍을 뚫어놓은 경우에, 진공관에서 발생한 방전(放電)이 양극에서 멀리 떨어진 음극을 지나 음극의 건너편으로 진행하는 빛을 내는 흐름이 관찰된다. 골트슈타인[i]에 의해 최초로 관찰된 이런 광선을 그는 “Canal-strahlen”[73]이라고 불렀다. 이 방사선은 직선을 그리며 진행하고 여러 가지 물질에 부딪치면 빛을 발생시킨다.

빈[ii][74]은 커낼선이 강한 자기장과 전기장에 의해 휘어지지만, 비슷한 자기장이나 전기장 아래서 음극선이 휘어지는 것에 비교하면 휘어지는 정도는 매우 작다는 것을 보였다. 커낼선이 휘어지는 방향은 음극선이 휘어지는 방향과 반대임이 발견되었고, 이것은 커낼선이 양이온으로 구성됨을 가리킨다. 빈은 자기장과 전기장에서 커낼선이 휘어지는 각도를 측정하여 커낼선의 속도와 $\frac{e}{m}$의 비를 결정하였다. 그렇게 구한 $\frac{e}{m}$값은 진공관에 들어 있는 기체의 종류에 따라 달라진다는 것이 알려졌지만, $\frac{e}{m}$의 관찰된 최댓값은 10^4이었다. 이것은 양이온의 질량은 어떤 경우에도 수소 원자의 질량보다 더 작지 않다는 것을 보여준다. 커낼선은 기체로부터 생겨난 것이든지 또는 전

72) 음극선관에서 음극선뿐 아니라 양극선(陽極線)도 관찰되었는데, 양극선을 커낼선(canal ray)이라고도 부른다.

73) Strahlen은 독일어로 광선(ray)이라는 의미이다.

74) 빈(Wilhelm Wien, 1864-1928)은 독일의 물리학자로 흑체 복사 곡선 중에서 파장이 짧은 쪽 부분의 공식을 제안하여 플랑크가 올바른 흑체복사 공식을 유도하는 데 기여한 사람이며, 그 공로로 1911년 노벨 물리학상을 수상하였다.

극에서 나온 것이든지 간에 음극판에 뚫린 구멍을 통과하여 그 건너편 기체에 나타날 정도로 충분히 빠른 속도를 지닌 양이온들로 구성된 것이 틀림없어 보인다.

지금까지 양전하를 나르는 어떤 것도 겉보기 질량이 수소 원자의 질량보다 더 작은 것은 어떤 경우에도 관찰되지 않았다는 사실이 참으로 놀라운 일이다. 양전기는 항상 그 크기가 원자 정도인 물체와 관련된 것처럼 보인다. 우리는 기체에서 이온화가 일어나는 과정이 원자로부터 전자를 제거하는 것처럼 보인다는 사실을 알았다. 그렇게 해서 원자에 남아 있는 양전하가 원자와 함께 이동한다. 양전기와 음전기 사이의 이러한 차이점은 아주 기본적인 것처럼 보이는데, 아직까지는 그런 현상이 나타나는 그럴듯한 이유가 밝혀지지 않았다.

52. 에너지의 복사(輻射)

만일 전자(電子)가 직선 위를 일정한 속도로 똑같이 움직인다면, 전자와 함께 이동하는 자기장도 변하지 않고 일정하게 유지되며, 그 자기장으로부터 복사에 의한 어떤 에너지 손실도 일어나지 않는다. 그렇지만 만일 전자의 운동이 더 빨라지거나 더 느려진다면, 자기장이 변하고, 그 결과로 전자로부터 전자기파의 형태로 에너지의 손실이 일어난다. 가속 운동하는 전자로부터 에너지가 손실되는 비율을 라머[iii]가 최초로 계산했으며 그 값은 $\frac{2e^2}{3V}\times$(가속도)^{2}인 것을 보였는데, 여기서 e는 전자 단위로 전자에 대전된 전하이며, V는 빛의 속도이다.

이와 같이 움직이는 전하의 속도가 조금이라도 바뀌면 그 전하로부터 항상 에너지의 복사가 함께 일어난다. 진공관에서 튀어나온 전자는 전기장을 통과하면서 속도가 증가하므로, 전자가 음극에서 양극으로 이동하는 동안 전자로부터도 반드시 에너지가 복사되어야만 한다. 그런데 복사되는 에너지는 어렵지 않게 계산될 수 있고, 그 복사에너지로 잃는 에너지는 사실상 전자가 전기장을 통과하면서 얻는 운동에너지에 비해 아주 작다.

원 궤도를 따라 움직이는 전자(電子)는 원의 중심을 향하여 끊임없이 가속되고 있으므로 강력한 에너지 복사체가 된다. 반지름이 원자의 반지름과 같은 (약 10^{-8}cm 정도) 원을 그리며 회전하는 전자는, 심지어 원래 속도가 거의 빛의 속도와 같다고 하더라도, 1초의 몇 분의 1도 되지 않는 짧은 시간 동안에 자신의 운동에너지의 대부분을 잃게 된다. 그렇지만 만일 많은 수의 전자들이 원의 둘레에 같은 간격으로 배열되어서 원의 둘레를 따라 일정한 빠르기로 움직인다면, 에너지 복사(輻射)는 전자 한 개가 회전할 때보다 훨씬 더 작고, 원의 둘레를 따라 배열된 전자들의 수가 증가하면 에너지 손실은 급격히 줄어든다. J. J. 톰슨이 구한 이 결과는 나중에 회전하는 전자들로 구성된 계의 안정성에 대해 논의할 때 더 자세히 다루게 될 예정이다.

에너지의 복사는 가속도의 제곱에 비례하므로, 복사되는 전체 에너지의 비율은 전자(電子)가 얼마나 갑자기 출발하거나 정지하느냐에 의존한다. 이제 음극선 입자들 중에서 일부는 금속으로 된 음극(陰極)에 충돌할 때 갑자기 정지하며, 그 결과로 자신의 운동에너지 중에서 소량을 전자기 복사의 형태로 내보낸다. 스토크스와 바이케르트는 이 복사선이 X선을 만들어낸다고 제안했는데, X선은 음극선이 충돌하는 표면으로부터 나온다고 알려져 있다. J. J. 톰슨[iii]은 그와 관련된 수학적 이론을 수립하였다. 만일 전자(電子)의 운동이 갑자기 억지로 중지된다면, 충돌된 위치로부터 매우 강력한 자기력과 전기력을 담고 있는 얇은 구 껍질 모양의 강한 진동이 빛의 속도로 퍼져나간다. 전자의 움직임이 중지된 순간이 더 짧을수록, 그 진동은 더 얇아지고 더 강해진다. 이런 관점에서 X선은 그 X선을 만들어내는 음극선처럼 미세 입자인 것은 아니고, 에테르 내에서 진행 방향과 수직인 방향으로 생기는 교란으로 구성되어 있으며, 그것은 어떤 면에서 짧은 파장을 갖는 빛을 이루는 파동과 유사하다.75) 이와 같이 X선은 많은 수의 진동들이 모여서 만들어지는데, 성격상 주기적이지 않고 진동들이 불규칙적인 간격으로 뒤따른다.

X선의 본성(本性)에 대한 이와 같은 이론에서는, 만일 진동의 두께가 원자의 지름에 비해 작다면 X선이 직접적인 회절이나 굴절 또는 편광과 같은 성질은 갖지 않을 것으로 예상된다. 이 이론에 의하면 X선이 자기장이나 전기장에 의해 휘어지지 않는 것 또한 설명된다. 진동이 가지고 있는 전자기력의 세기가 아주 강해서 진동은 그 진동이 지나가는 데 존재하는 기체의 원자들 중 일부로부터 전자 하나를 제거하게 만드는 것이 가능하며, 그래서 관찰되는 이온화가 발생한다.

음극선은 X선을 만들어내고, 그렇게 만들어진 X선은 다시 고체에 충돌할 때마다 항상 2차 방사선이 나타나게 만든다. 이런 2차 방사선은 모든 방향으로 똑같이 퍼져나가며, 그중에서 일부는 X선 형태의 방사선도 있고 또한 다른 일부는 상당히 빠른 속도로 튀어나온 전자들도 있다. 이 2차 방사선이 다시 3차 방사선의 원인이 되며 그런 식으로 계속된다.

바클라76)는 방사선이 지나가는 데 놓인 기체로부터 방출된 2차 방사선 중에서 일부는 물질에 잘 흡수되는 방사선의 투과력과 같을 뿐 아니라 심지어 1차 방사선의 투과력과도 거의 같은 투과력을 갖는 산란된 X선으로 구성되어 있다는 것을 보였다.[liv]

음극선 중에서 일부는 음극에 충돌한 다음에 여러 방향으로 반사된다. 이

75) 오늘날에는 X선이 빛(가시광선)과 똑같이 전자기파의 일종으로 단지 진동수가 매우 큰(즉 파장이 매우 짧은) 전자기파라고 밝혀져 있다.

76) 바클라(Charles Barkla, 1877-1944)는 영국의 물리학자로 원소의 종류에 따라 방출되는 X선의 성질이 어떻게 다른지에 대한 연구의 공로로 1917년도 노벨 물리학상을 수상하였다.

렇게 산란된 방사선 중에서 일부는 1차 방사선과 동일한 속력의 전자들로 구성되어 있지만, 속도가 훨씬 더 작은 다른 방사선도 또한 포함하고 있다. 산란된 반사의 양은 음극이 무엇으로 만들어져 있는지에 의존하고 방사선의 입사각에 의존한다.

우리는 나중에 (제4장에서) 방사성 물질로부터 나온 방사선들이 고체에 충돌할 때도 비슷한 효과가 나타나는 것을 보게 될 것이다.

지금까지 제2장에서는 기체가 이온화되는 과정에 대한 이론을 전기적인 방법에 의한 방사능의 측정을 이해하는 데 필요한 정도까지 설명하였다. 이온화 이론의 발전 과정에 대해 더 자세히 논의하기 위하여, 불꽃과 증기를 통과하는 전기에 대한 설명이나, 뜨거운 물체로부터 나오는 전기에 의한 방전(放電)에 대한 설명 그리고 진공관에 전기가 통과하면서 관찰되는 매우 복잡한 현상에 대한 설명을 이곳에 포함시키는 것은 별로 적절해 보이지 않는다.

이온화 이론이라는 중요한 주제에 대해 더 자세히 알고 싶은 독자는 J. J. 톰슨이 저술한 『기체를 통한 전기의 전도(*Conduction of Electricity through Gases*)』를 추천하는데, 이 책에는 이온화 이론 전체가 충실히 그리고 완벽하게 다루어져 있다. 동일한 저자가 예일 대학교에서 행한 실리만 강의와 『전기와 물질(*Electricity and Matter*)』(Scriber, New York, 1904)이라는 제목의 책에서 움직이는 전하에 의한 효과와 물질의 전기 이론에 대해 간단히 설명하였다.

제2장 미주

i. J. J. Thomson and Rutherford, *Phil. Mag.* Nov. 1896.
ii. 이 주제에 대한 문헌에서 이제 이온(ion)이라는 명칭이 일반적으로 채택되고 있다. 이 명칭을 사용할 때, 기체에서 이온이 용액의 전기 분해에서 사용되는 이온과 같은 것이라고 가정되지는 않는다.
iii. 방사성 물질이 놓여 있지 않더라도 두 금속판 사이에서 소량의 전류가 측정된다. 이것은 금속판을 구성하는 물질에 포함된 약간의 자연 방사능 때문임이 밝혀졌다(제14장을 보라).
iv. 이런 용어들은 철(鐵)의 자기화 곡선에서 전류-전위차 곡선과 비슷한 것으로부터 유래되었다. 이온화 이론에서 최대 전류는 기체로부터 재결합이 발생하기 전에 모든 이온이 제거된 결과로 도달하기 때문에, 그 용어들이 아주 적절하지는 않다. 그렇지만 그런 용어들이 이제 일반적으로 사용되고 있어서, 이 책에서도 계속 그대로 사용될 것이다.
v. J. J. Thomson, *Phil. Mag.* 47, p. 253, 1899; *Conduction of Electricity through Gases*, p. 73, 1903.
vi. Rutherford, *Phil. Mag.* Jan. 1899.
vii. Townsend, *Phil. Mag.* Feb. 1901.
viii. Rutherford, *Phil. Mag.* Nov. 1897, p. 144, Jan. 1899.
ix. Townsend, *Phil. Trans.* A, p. 157, 1899.
x. McClung, *Phil. Mag.* March, 1902.
xi. Langevin, *Thèse présentée à la Faculté des Sciences*, p. 151, Paris, 1902.
xii. Owens, *Phil. Mag.* Oct. 1899.
xiii. Rutherford, *Phil. Mag.* p. 429, Nov. 1897.
xiv. Zeleny, *Phil. Trans.* A, p. 193, 1901.
xv. Langevin, *C. R.* 134, p. 646, 1902.
xvi. Zeleny, *Phil. Mag.* July, 1898.
xvii. Rutherford, *Phil. Mag.* Feb. 1899.
xviii. Zeleny, *Phil. Trans.* 195, p. 193, 1900.
xix. Langevin, *C. R.* 134, p. 646, 1902, and Thesis, p. 191, 1902.
xx. Rutherford, *Proc. Camb. Phil. Soc.* 9, p. 410, 1898.
xxi. Langevin, Thesis, p. 190, 1902.
xxii. Helmholtz and Richarz, *Annal. d. Phys.* 40, p. 161, 1890.
xxiii. Wilson, *Phil. Trans.* p. 265, 1897; p. 403, 1899; p. 289, 1900.
xxiv. Thomson, *Phil. Mag.* p. 528, Dec. 1898.
xxv. Wilson, *Phil. Trans.* A, 193, p. 289, 1899.
xxvi. Thomson, *Phil. Mag.* p. 528, Dec. 1898, and March, 1903. *Conduction of Electricity through Gases*, Camb. Univ. Press, 1903, p. 121.
xxvii. Wilson, *Phil. Mag.* April, 1903.
xxviii. Townsend, *Phil. Trans.* A, p. 129, 1899.
xxix. Townsend, *loc. cit.* p. 139.

xxx. 충돌할 때마다 이온이 생성되는 퍼텐셜 차이에 대해서는 약간의 이견(異見)도 있다. 타운센드는 그 퍼텐셜 차이가 약 20 V일 것이라고 생각하고, 랑주뱅은 60 V, 슈타르크는 약 50 V일 것으로 생각한다.

xxxi. Rutherford, *Phil. Mag.* Jan. 1899.

xxxii. Strutt, *Phil. Trans.* A. p. 507, 1901 and *Proc. Roy. Soc.* p. 208, 1903.

xxxiii. McClung, *Phil. Mag.* Sept. 1904.

xxxiv. Eve, *Phil. Mag.* Dec. 1904.

xxxv. Rutherford, *Phil. Mag.* p. 137, Jan. 1899.

xxxvi. Child, *Phys. Rev.* Vol. 12, 1901.

xxxvii. Rutherford, *Phil. Mag.* p. 210, August, 1901; *Phys. Rev.* Vol. 13, 1901.

xxxviii. Rutherford, *Phil. Mag.* Aug. 1901.

xxxix. 올리버 로지 경(Sir Oliver Lodge)이 1903년에 「전자(電子)」라는 제목의 그의 논문에서 대전된 이온의 움직임이 만드는 효과 그리고 물질의 전자 이론에 대해 간단하고도 훌륭하게 설명하였다(*Proceedings of the Institution of Electrical Engineers*, Part 159, Vol. 32, 1903). 또한 J. J. 톰슨의 『전기와 물질』을 보라(Scribner, New York, 1904).

xl. J. J. Thomson, *Phil. Mag.* April, 1887.

xli. Heaviside, *Collected Papers*, Vol. II. p. 514.

xlii. Searle, *Phil. Mag.* Oct. 1897.

xliii. Abraham, *Phys. Zeit.* 4, No. 1b, p. 57, 1902.

xliv. 다양한 조건 아래서 움직이는 이온이 그리는 경로에 대한 상세한 설명이 J. J. Thomson, *Conduction of Electricity in Gases*(Camb. Univ. Press, 1903), pp. 79-90에 나와 있다.

xlv. J. J. Thomsom, *Phil. Mag.* p. 293, 1897.

xlvi. Lenard, *Annal. d. Phys.* 64, p. 279, 1898.

xlvii. Kaufmann, *Annal. d. Phys.* 61, p. 544; 62, p. 596, 1897; 65, p. 431, 1898.

xlviii. Simon, *Annal. d. Phys.* 69, p. 589, 1899.

xlix. 전자의 속도와 질량을 측정하기 위해 채택된 여러 가지 방법들 그리고 그러한 방법들이 기반을 두고 있는 이론에 대한 완벽한 논의가 J. J. Thomson's *Conduction of Electricity through Gases*에 나와 있다.

l. Goldstein, *Berlin Sitzber.* 39, p. 691, 1896; *Annal. d. Phys.* 64, p. 45, 1898.

li. Wien, *Annal. d. Phys.* 65, p. 440, 1898.

lii. Larmor, *Phil. Mag.* 44, p. 593, 1897.

liii. J. J. Thomson, *Phil. Mag.* Feb. 1897.

liv. Barkla, *Phil. Mag.* June, 1903.

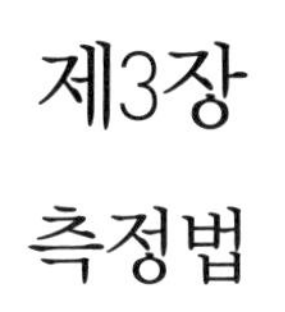

제3장
측정법

53. 측정법

방사성 물체로부터 나오는 방사선을 조사하는 데 일반적으로

(1) 사진건판에 대한 방사선의 작용

(2) 주위 기체에 대한 방사선의 이온화 작용

(3) 방사선이 바륨이나 유화 아연 또는 비슷한 물질의 시안화 백금산염을 바른 스크린에 만드는 형광

을 이용하는 세 가지 방법이 채택된다.

세 번째 방법은 적용이 지극히 제한되며, 단지 라듐과 폴로늄 같은 방사능이 매우 강력한 물질에 대해서만 채택될 수 있다.

사진건판을 이용한 방법은 특히 이 주제가 초기 개발 단계인 시기에 매우 널리 이용되었지만, 방사선을 정량적으로 측정해야 되는 필요성이 점점 더 중요해짐에 따라서 점차로 전기적 방법에 자리를 내주었다. 그럼에도 불구하고 어떤 특정한 측면에서는 사진건판을 이용한 방법이 전기적 방법에 비해 뚜렷하게 유리한 경우도 있다. 예를 들어, 방사선이 자기장 또는 전기장에 의해 휘어질 때, 방사선이 지나가는 경로의 곡률을 조사하는 데 사진건판을 이용하는 방법이 매우 소중한 수단이 되며, 그런 방사선과 관련된 상수(常數)들을 매우 정확하게 결정하는 데 이용되었다.

반면에, 사진건판을 이용하는 방법이 방사선을 연구하는 일반적인 방법으로는 적절치 않은 면도 많다. 우라늄과 토륨같이 방사선의 방출이 약한 방사선 공급원(放射線源)에 노출되었을 때 민감한 필름이 눈에 띌 만큼 감광(感光)되기 위해서는 일반적으로 하루 정도의 노출이 필요하다. 결과적으로 방사능을 급격히 잃어버리는 방사성 물질로부터 생성되는 방사선을 조사하기 위해서는 사진 방법을 채택할 수가 없다. 게다가, W. J. 러셀은 방사성 물체에서 방출하는 방사선을 내보내지 않는 다른 많은 원인에 의해서도 사진건판이

감광된다는 것을 보였다. 이와 같이 사진건판은 매우 다양한 조건 아래서 감광되며, 약한 방사선 공급원에 오래 노출시킬 때는 매우 특별한 주의를 기울이는 것이 반드시 필요하다.

그런데 사진건판을 이용한 방법이 바람직하지 않은 가장 중요한 이유는 방사선이 가장 강력한 전기적 효과를 내지만 매우 약한 사진 효과를 낸다는 사실에 있다.[1] 예를 들어, 소디[i]는 우라늄의 사진건판을 감광시키는 작용은 방사선들 중에서 투과력이 더 강한 방사선에 의해서만 발생하며, 쉽게 흡수되는 방사선은 상대적으로 아주 작은 효과만 만든다는 것을 보였다.[2] 일반적으로 말하면, 투과력이 강한 방사선이 사진건판을 가장 잘 감광시키며, 보통 조건 아래서 사진건판의 감광은 거의 전적으로 그 투과력이 강한 방사선에 의해 이루어진다.

방사성 물체로부터 방출되는 에너지의 대부분은 쉽게 흡수되는 방사선의 형태인데, 그 방사선들에 대해서는 상대적으로 사진 방법을 이용하는 것이 효과적이지 않다. 이 방사선들을 사진 방법으로 조사하는 것은 쉽지 않은데, 그 이유는 많은 경우에 조사 대상인 방사성 물질로부터 나오는 인광(燐光)을 흡수하기 위하여 필요한, 그 물질을 둘러싸는 검정색 종이가, 동시에 조사 대상인 방사선의 대부분을 차단시키기 때문이다. 이렇게 쉽게 흡수되는 방사선은, 방사성 물체에서 발생하는 과정들에서 사진건판을 감광시키는 데는 더 민감한, 투과력이 강한 방사선과 비교하여, 훨씬 더 중요한 역할을 한다는 것을 앞으로 알게 될 것이다.

1) 뢴트겐이 1895년에 눈에는 보이지 않는 방사선이 사진건판을 감광시킨 것으로부터 X선을 발견한 후 사람들은 사진건판을 이용하여 새로운 방사선을 발견하려는 노력을 하였다. 방사선은 나르는 에너지가 X선보다 훨씬 더 커서 사진건판을 별로 감광시키지 않는다.

2) α선과 β선 그리고 γ선 중에서 투과력이 강한 방사선은 γ선이고 물질에 잘 흡수되는 방사선은 α선과 β선이다.

반면에, 전기적 방법은 방사선을 정량적으로 조사하는 데 신속하고도 정확한 방법을 제공한다. 전기적 방법은, 빛 파동[3]을 제외하고, 방출된 모든 형태의 방사선을 측정하는 수단으로 이용될 수가 있으며, 매우 광범위한 영역에서 정확한 측정이 가능한 방법이다. 혹시 있을지 모를 어려움에 적절히 대처하기만 하면, 전기적 방법은 지극히 약한 세기의 방사선이 만들어내는 효과까지 측정하는 데 이용될 수가 있다.

54. 전기적 방법

방사능을 연구하는 데 이용되는 전기적 방법은 모두 다 기체를 이온화시키는 문제에서, 즉 기체가 존재하는 전체 부피에 걸쳐서 양전하로 대전된 전하 운반자와 음전하로 대전된 전하 운반자를 생성하는 문제에서, 방사선이 가지고 있는 성질에 근거를 둔다. 지난 제2장에서는 기체의 이온화 이론이 어떻게 방사능을 측정하는 데 적용되는지에 대해 논의하였다. 제2장에서는 방사선의 세기를 상대적으로 측정하는 데 반드시 지켜야 할 필수적인 조건은, 모든 경우에 기체를 통해 흐르는 전류가 최대 전류, 즉 포화 전류에 도달할 만큼 전기장이 강해야 한다는 것임을 보였다.

실제적인 포화 전류를 흐르게 만드는 데 필요한 전기장은 이온화의 세기 그리고 결과적으로 조사 대상 시료의 방사능에 따라 변화한다. 우라늄의 방사능보다 방사능이 500배를 넘지 않는 시료에 대해서는, 보통 조건 아래서, 세기가 500 V/cm 인 전기장이면 실제적인 포화 전류를 흐르게 하는 데 충분하다. 라듐과 같이 방사능이 지극히 높은 시료에 대해서는, 심지어 포화 전

3) 여기서 "빛 파동"이란 "light wave"를 직역한 것으로 가시광선을 의미하는데 가시광선의 파동성을 강조한 것이다.

류가 근사적으로만 도달하기에 충분히 높은 기전력을 쉽게 얻는 것이 불가능한 경우가 자주 일어난다. 그런 조건 아래서는, 포화 전류가 훨씬 더 용이하게 도달할 수 있도록 기체의 압력을 낮춘 뒤에 전류를 측정하는 방법으로 비교 측정을 이용할 수가 있다.

이런 이온화 전류를 측정하는 데 이용되는 방법은 대체로 측정될 전류의 세기가 얼마인지에 따라 달라진다. 만일 그림 1에 보인 두 개의 절연된 금속판 중에서 아래쪽 금속판에 방사능이 매우 큰 라듐을 얇게 펴놓고, 포화 전기장이 가해진다면, 전류는 높은 저항을 장착한 민감한 검류계[4]를 이용하여 어렵지 않게 측정될 수가 있다. 예를 들어서, 산화우라늄보다 방사능이 1,000배가 더 큰 염화라듐 0.45 gr 이 넓이가 33 cm^2 인 금속판 위에 펼쳐 있으면, 두 금속판 사이의 거리가 4.5 cm 일 때 두 금속판 사이에 흐르는 최대 전류는 1.1×10^{-8} A 이다. 이런 경우에 실질적으로 포화 전류라고 부를 수 있을 만큼의 전류가 흐르도록 가해주어야 할 퍼텐셜 차이는 약 600 V 였다. 이온화의 대부분은 공기 중에서 단지 몇 센티미터를 진행하는 중에 흡수된 방사선 때문에 발생한 것이므로, 두 금속판 사이의 간격을 더 벌려놓더라도 전류는 많이 증가하지를 못한다. 만일 전류가 검류계의 바늘을 움직이게 할 정도로 크지 못한 경우에는, 위쪽 절연된 금속판에 잘 절연된 축전기를 연결시키면 흐른 전류를 측정할 수도 있다. 1분 또는 2분 정도로 정해진 시간 동안 충전시킨 축전기를 떼어서 검류계를 연결하고 방전시키면 앞에서 흐른 전류를 어렵지 않게 구해낼 수 있다.

4) 검류계(galvanometer)는 미세한 전류도 측정할 수 있는 정밀한 전류계이다.

55.

그렇지만 대부분의 경우에, 우라늄이나 토륨 같은 방사능이 낮은 물질을 다루거나 방사능이 큰 물질이라도 소량만 다룰 때는, 보통 검류계로 편리하게 측정될 수 있는 전류보다 훨씬 더 작은 전류를 측정하기 위한 방법을 사용하는 것이 필요해진다. 이런 목적으로 가장 편리한 장치가 다양한 형태로 된 상한전위계(象限電位計), 즉 특별히 설계한 검전기 중 하나이다. 많은 실험에서, 특별히 두 물질의 방사능이 일정한 조건 아래서 비교되어야 한다면, 검전기가 매우 정확하고 쉬운 측정법을 가능하게 해준다. 이런 종류의 간단한 장치의 한 가지 예로, 퀴리 부부[5]가 초기 실험에서 사용한 검전기에 대해 간단히 설명하려고 한다.

장치가 어떻게 연결되어 있는지는 그림 11에 분명히 나와 있다. 고정된 원형 판 P의 맨 위에 놓인 판에 방사성 물질이 놓여 있고, 이것은 도구함과 함께 접지되어 있다. 위쪽 절연된 판 P'은 절연된 두 개의 금박(金箔)으로 된 장치 LL'과 연결되어 있다. S는 절연된 받침대이고 L은 금박이다.

이 장치는 먼저 금속 막대 C에 의해서 적당한 퍼텐셜까지 충전된다. 현미경을 이용하여 금박이 움직이는 비율이 관찰된다. 두 시료의 방사능을 비교하면서, 금박이 현미경의 접안렌즈에서 보이는 현미경의 눈금의 정해진 구간까지 벌어지는 데 걸리는 시간을 측정한다. 대전된 장치의 용량은 일정하게 고정되어 있기 때문에, 금박이 움직이는 평균 비율은 P와 P' 사이의 이온화

5) 퀴리 부부(Mr. and Mrs. Curie)는 남편인 피에르 퀴리(Pierre Curie, 1859-1906)와 아내인 마리 퀴리(Marie Curie, 1867-1934)를 말하는데 피에르 퀴리는 프랑스의 물리학자이고 마리 퀴리는 폴란드 출신의 물리학자로 함께 방사능 연구에 몰두하여 방사성 물질을 만드는 원소인 라듐과 폴로늄을 새로이 발견하고 방사선을 발견한 베크렐과 함께 1903년 노벨 물리학상을 공동으로 수상하였다.

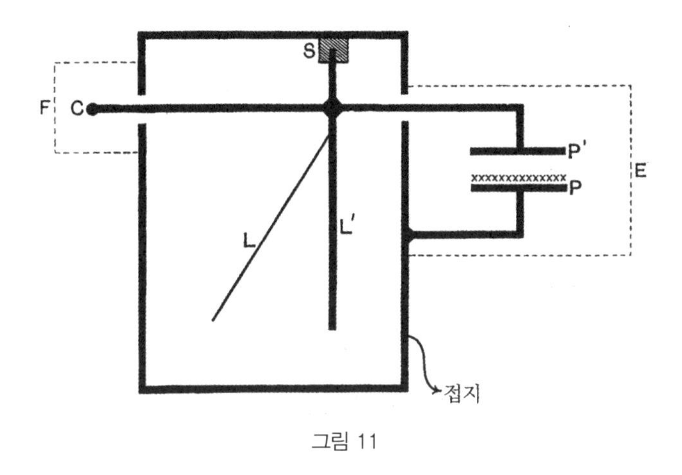

그림 11

에, 즉 방사성 물질에서 방출되는 방사선의 세기에 정비례한다. 방사능이 굉장히 높은 물질을 검사하지 않는 한, P와 P' 사이의 퍼텐셜 차이가 포화 전류에 충분히 도달할 만큼 만드는 것은 어렵지 않다.

필요하다면, 방사성 물질이 존재하지 않을 때 금박이 움직이는 비율에 대한 보정(補正)을 해야 할 수도 있다. 외부 원인에 의한 교란을 피하기 위해서, 두 판 P와 P' 그리고 금속 막대 C를 접지된 금속 원통 E와 F로 둘러쌀 수도 있다.

56.

지극히 작은 전류를 정확하게 측정하기 위해서는 수정된 형태의 금박 검전기를 이용할 수가 있으며, 민감한 전위계가 그런 전류를 측정할 수 없는 경우에 채택될 수 있다. 엘스터[6]와 가이텔[7]은 대기(大氣)의 자연 이온화에 대

6) 엘스터(Johann Elster, 1854-1920)는 독일의 실험 물리학자로 열이온 현상과 기체의 전기 전도 그리고 광전 효과 등을 연구하고 광전지(光電池)를 최초로 제작하였다.

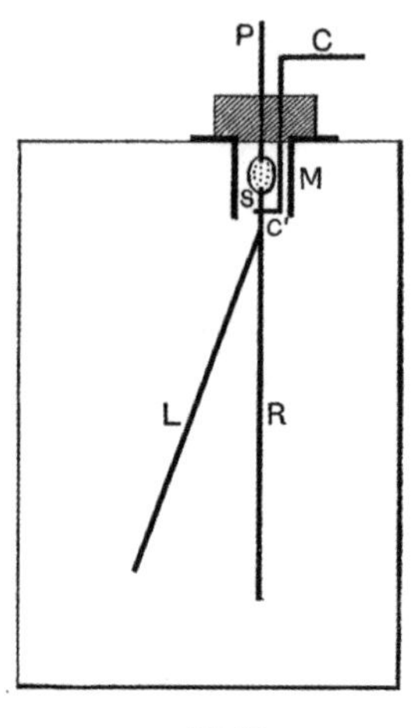

그림 12

한 실험을 하면서 특별한 형태의 검전기를 사용하였다. 기체의 미소(微少)한 이온화로 인해 흐르는 전류를 측정하는 매우 편리한 형태의 검전기가 그림 12에 나와 있다.

C. T. R. 윌슨ii이 밀폐된 상자 내부에서 공기의 자연 이온화에 대한 실험을 수행하면서 이러한 형태의 장치를 최초로 이용했다. 부피가 약 1리터 정도인 놋쇠로 만든 원통형 용기가 사용된다. 납작한 막대 R에 연결된 가는 띠로 된 금박(金箔) L로 구성된 금박 검전기는 용기 내부에서 받침 막대 P에 연결된 황(黃)으로 만든 작은 구슬 또는 한 조각의 호박(琥珀)으로 만든 S에 의해 절연되어 있다. 대기가 건조하면 깨끗한 유황 구슬 또는 한 조각의 호박은 거의 완벽한 절연체가 된다. 이 장치는 에보나이트 코르크를 통과하는 가볍고 구

7) 가이텔(Hans Geitel, 1855-1923)은 독일 물리학자로 기체의 전기 전도, 공중 전기, 광전 효과 등을 연구하였다.

부러진 막대 CC'에 의해서 충전된다. 막대 C는 200에서 300볼트인 작은 축전지로 된 배터리의 한쪽 끝에 연결되어 있다. 만일 그런 축전지가 없다면 이 장치는 봉랍[8]으로 만든 막대에 의해서도 충전될 수가 있다.[iii] 충전이 끝나면 충전용 막대 CC'은 금박과 접촉된 부분에서 제거된다. 그다음에 두 막대 P와 C 그리고 원통은 접지된다.

금박이 움직이는 비율은 원통에 뚫린 얇은 운모(雲母)로 막아놓은 두 구멍을 통해서 현미경의 눈금을 읽는 방법으로 측정한다. 오직 원통에 포함된 공기에 의해서만 생성된 자연 이온화를 정확히 측정하려고 시도하는 경우에는, 접지된 작은 금속 원통 M의 내부에 포함된 받침대로 이용되는 막대와 충전시키는 막대 그리고 황(黃)으로 된 구슬을 모두 따로 에워싸고, 단지 충전된 금박 부분만 대상 공기에 노출시키는 것이 바람직하다.

이런 종류의 장치에서 황으로 된 구슬을 통한 약간의 누출은 측정하는 동안 막대 P를 금박 부분의 평균 퍼텐셜과 동일한 정도로 충전을 유지시키면 거의 완벽하게 차단될 수 있다. 이 방법은 (앞에서 인용한) C. T. R. 윌슨에 의해서 대단히 성공적으로 이용되었다. 그렇지만 황으로 된 구슬을 통하여 일어나는 전도 전류의 유출이 이온화된 기체에 의한 방전과 거의 같을 정도인, 아주 낮은 압력의 기체에서 자연 이온화를 조사하는 경우를 제외하면 그런 미세한 조정이 일반적으로는 필요하지 않다.

57.

길이가 약 4 cm 인 금박 부분의 전기용량 C[9]는 보통 약 1 정전 단위이다.

8) 봉랍(sealing was)은 수지(樹脂)에 테레빈유와 안료를 혼합한 것으로 17세기부터 유럽에서 봉투의 봉인이나 공문서를 압인하는 데 사용되었다. 건전지의 봉인, 약품과 식품의 용기를 봉인하는 데도 사용되었다.

만일 V가 t초가 흐른 뒤에 금박 부분의 퍼텐셜 감소분이라고 하면, 기체를 통해 흐르는 전류 i는

$$i = \frac{CV}{t}$$

로 주어진다.

깨끗하게 닦은 부피가 1리터인 구리로 만든 검전기를 이용하여, 공기의 자연 이온화에 따른 퍼텐셜 강하(降下)가 시간당 약 6볼트 정도임이 발견되었다. 금박 부분의 전기용량이 약 1 정전 단위이므로 전류는

$$i = \frac{1 \times 6}{3,600 \times 300} = 5.6 \times 10^{-6} \text{ 정전 단위} = 1.9 \times 10^{-15} \text{ A}$$

가 된다.

특별한 주의를 기울이면, 이 양의 $\frac{1}{10}$ 또는 심지어 $\frac{1}{100}$에 해당하는 방전 비율도 정확하게 측정될 수가 있다.

만일 이온 하나가 나르는 전하를 안다면, 기체에서 생성되는 이온의 수(數)도 계산할 수 있다. J. J. 톰슨은 이온 하나가 나르는 전하 e가 3.4×10^{-10} esu, 즉 1.13×10^{-19} C과 같다는 것을 보였다.

이제 검전기의 전체 부피에 걸쳐서 1 cm^3마다 1 초에 생성되는 이온의 수를 q라고 하고, cm^3로 표현한 검전기의 부피를 S라고 하자.

만일 이온화가 균일하게 일어난다면, 포화 전류 i는 $i = qSe$로 주어진다.

그러면 부피가 1,000 cc인 검전기에서 전류 i는 약 1.9×10^{-15} A와 같게 된다. 위에서 얻은 값을 대입하면

9) 여기서 금박의 전기용량(capacity) C는 금박의 퍼텐셜이 1 V 증가하기 위해 금박에 추가로 대전되어야 할 전하량으로 정의된다.

$$q = \text{매초 매 cm}^3\text{마다 17개의 이온}$$

이 된다.

이와 같이, 적당히 주의를 기울이면 검전기를 이용해서 매초 매 cm^3 마다 1개의 이온이 생성되는 것에 대응하는 이온화 전류를 어렵지 않게 측정할 수가 있다.

이런 종류의 장치가 갖고 있는 가장 큰 장점은 측정된 전류가 용기 내부의 이온화에 의해 발생하고 외부 공기의 이온화나 다른 정전기적 교란에 의해서는 영향을 받지 않는다는 것이다.[iv] 이런 장치는 방사성 원소에서 방출되는 매우 투과력이 강한 방사선을 조사하는 데 매우 편리한데, 그 이유는 투과력이 강한 방사선은 검전기의 벽을 어렵지 않게 통과하기 때문이다. 검전기를 두께가 3 또는 4 mm 인 납으로 된 판 위에 놓으면, 그 납으로 된 판 아래 놓인 방사성 물체에 의해 검전기 내부에서 발생하는 이온화는 전적으로 매우 투과성이 강한 방사선이 원인이 되는데, 다른 두 종류의 방사선은 납으로 된 판에 의해 완전히 흡수되기 때문이다. 검전기의 밑바닥에 둥근 구멍을 내고 α선을 흡수하기에 충분히 두껍지만 아주 얇은 알루미늄으로 그 구멍을 막아 놓는다면, 그 밑에 놓인 방사성 물질로부터 나오는 β선의 세기를 쉽고도 확실하게 측정할 수가 있다.

58.

최근에 C. T. R. 윌슨[v]은 앞에서 소개한 종류의 장치가 측정한 것보다 훨씬 더 미소(微少)한 전류를 측정하는 데 대단히 유용할 것으로 기대되는 수정된 형태의 검전기를 고안하였다. 그 장치의 구성이 그림 13에 나와 있다.

장치함(裝置含)은 구리로 만든 직사각형 상자로 규격은 4 cm × 4 cm × 3 cm 이다. 폭이 좁은 금박 L이 깨끗한 유황 코르크를 통과하는 막대 R과

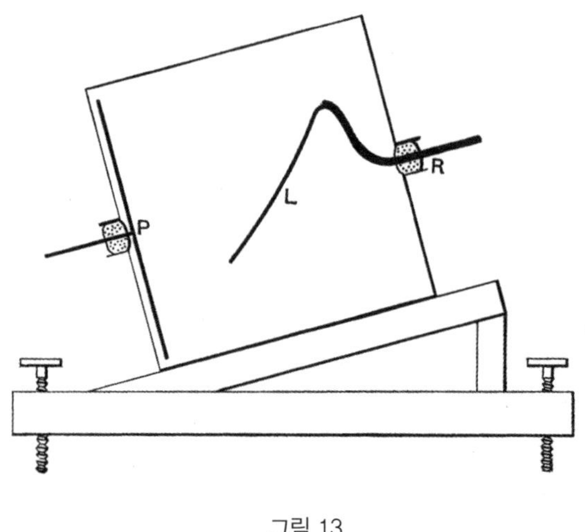

그림 13

연결되어 있다. 금박의 건너편에는 절연된 구리판 P가 고정되어 있는데, 상자의 벽으로부터 약 1 mm 되는 곳에 장치되어 있다. 금박의 움직임은 두 개의 작은 창을 통하여 마이크로미터 눈금[10)]이 그려져 있는 현미경을 이용하여 관찰한다. 구리판 P는 (일반적으로 약 200볼트인) 일정한 퍼텐셜로 유지된다. 전위계를 담은 상자는 그림에 보인 것처럼 기울어진 자세를 취하며, 그 경사각과 구리판의 퍼텐셜은 원하는 민감도를 달성하기 위한 값으로 조절된다. 금박은 처음부터 전위계를 담은 상자에 연결되어 있으며, 현미경은 눈금의 중앙에서 금박이 보이도록 미리 조정되어 있다. 구리판의 퍼텐셜이 정해지면, 이 장치의 민감도는 전위계를 담은 상자가 얼마나 기울어져 있는지에 의존한다. 상자의 기울기가 어떤 정해진 임계각보다 더 작으면 금박이 불안정해진다. 가장 민감한 위치는 그 임계각 바로 위에 놓이는 것이다. 한 실험에

10) 마이크로미터(μm) 눈금이란 한 눈금의 크기가 10^{-6} m 인 눈금을 말한다.

서 윌슨은 상자가 30° 만큼 기울어져 있고 구리판의 퍼텐셜이 일정하게 207 V 로 유지되면, 금박의 퍼텐셜이 상자의 퍼텐셜보다 1 V 더 높게 올려졌을 때, 접안렌즈에서 본 금박이 200 눈금보다 더 많이 이동한 것을 발견하였는데, 54 눈금이 1 mm 에 대응하였다.

사용 중에는, 막대 R이 절연된 외부 시스템에 연결되는데, 그 시스템의 퍼텐셜이 오르거나 내리는 것을 측정한다. 그 시스템의 전기용량이 작고 금박이 약간의 퍼텐셜 차이에도 많이 움직이기 때문에, 그러한 검전기는 지극히 미소한 전류를 측정할 수가 있다. 이 장치는 들고 다닐 수도 있다. 만일 구리판 P가 건전지의 한쪽 극과 연결된다면, 금박은 구리판 쪽을 향해서 벌어지게 되며, 그래서 그런 자세로 상해(傷害)의 위험 없이 이동될 수가 있다.

59. 전위계

비록 특별한 경우에는 검전기를 이용하는 데 여러 가지 장점이 있지만, 검전기의 적용 범위는 제한되어 있다. 기체를 통과하는 이온화 전류를 측정하는 데 가장 일반적으로 편리한 장치는 다양한 형태의 상한전위계(象限電位計) 중 하나이다. 보조 전기용량의 도움으로, 전위계는 넓은 범위에서 전류를 정확하게 측정하는 데 이용될 수가 있으며, 실질적으로 방사능에서 요구되는 모든 종류의 측정에서 사용될 수가 있다.

교과서에 설명되어 있는 대칭 상한전위계의 기본 이론은 매우 부족하다. 그 이론은 사분면(四分面) 사이에서 퍼텐셜 차이 1 V 에 대해 계기 바늘이 얼마나 움직이는지에 의해 측정되는 전위계의 민감도(敏感度)가, 대전된 계기 바늘의 퍼텐셜이 사분면 사이의 퍼텐셜 차이에 비해 크다면, 그 계기 바늘의 퍼텐셜에 정비례한다는 가정에 근거해서 만들어졌다. 그렇지만 대부분의 전위계에서 민감도는 최댓값에 도달했다가 계기 바늘의 퍼텐셜이 더 증가하면

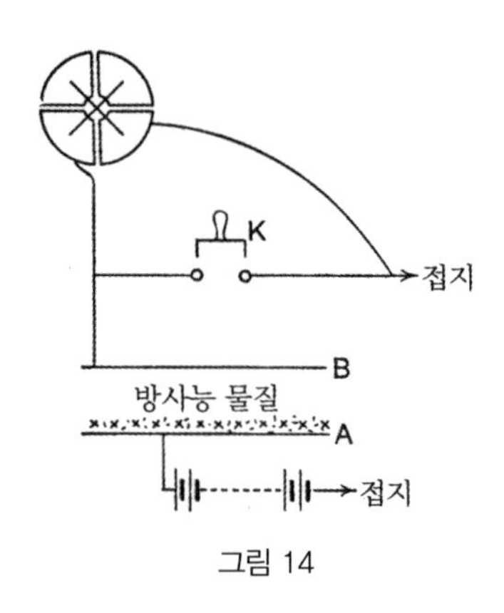

그림 14

오히려 감소하기 시작한다. 계기 바늘이 사분면에 가까이 위치한 전위계에서는, 계기 바늘의 퍼텐셜이 상대적으로 낮을 때 그런 최대 민감도에 도달한다. 최근에 G. W. 워커[vi]가 이런 사실을 설명하는 상한전위계 이론을 발표하였다. 그런 효과는 서로 인접한 사분면 사이에 어쩔 수 없이 존재하는 공기가 차 있는 공간 때문에 생기는 것처럼 보인다.

(그림 14에 보인) 수평 방향으로 놓인 두 개의 금속판 A와 B 중에서 아래쪽 판 위에 방사성 물질이 펼쳐져 있고, 그 두 금속판 사이의 이온화 전류를 전위계를 이용하여 측정해야 된다고 가정하자. 포화 전류가 요구되면, 절연된 금속판 A는 포화 전류를 만들기에 충분한 기전력을 갖는 배터리의 한쪽 극과 연결하고, 다른 쪽 극은 접지시킨다. 절연된 금속판 B는 전위계의 한 쌍의 사분면과 연결하고, 다른 한 쌍의 사분면은 접지시킨다. 적절하게 설계된 스위치 K를 이용하여, 금속판 B 그리고 금속판 B에 연결된 한 쌍의 사분면을 절연시키거나 접지시키는 것이 가능하게 되어 있다. 측정을 시작할 때는 접지시키는 쪽 연결은 끊는다. 만일 배터리의 양극(陽極)이 A와 연결된다면, 금속판 B와 전위계의 연결 부분은 즉시 양전하로 대전되기 시작하고, 허

용되는 한 그 퍼텐셜은 금속판 A의 퍼텐셜과 아주 거의 같게 될 때까지 꾸준히 증가한다. 전위계 장치에서 퍼텐셜이 증가되기 시작함과 동시에, 전위계의 계기 바늘은 일정한 비율로 움직이기 시작한다. 계기 바늘이 회전하는 것을 관찰할 때는 망원경과 눈금자를 이용하거나 보통 하듯이 눈금자에 비춘 방사선이 도달한 점(點)의 움직임을 이용한다. 만일 계기 바늘의 움직임이 느려져서 눈금자 위에서 균일하게 운동하면, 계기 바늘이 움직이는 비율, 즉 매초 눈금자를 지나가는 눈금의 수(數)를 기체를 통해 흐르는 전류 값으로 취해도 좋다. 계기 바늘이 움직이는 비율을 간단히 측정하려면, 계기 바늘의 움직임이 일정해진 뒤에, 스톱워치를 이용하여 방사선이 도달한 점이 눈금자의 눈금 100개를 지나가는 데 걸린 시간을 측정하면 된다. 측정이 끝나면 지체하지 않고 금속판 B는 다시 접지시키고 그러면 전위계의 계기 바늘은 원래 위치로 다시 돌아온다.

방사능을 다루는 대부분의 실험에서 포화 전류는 단지 상대적인 측정값만 필요하다. 만일 이런 측정이, 때때로 정말 그렇게 되는데, 몇 주간 또는 몇 달간 계속된다면, 전위계의 민감도가 변화하는 것을 보정하기 위하여, 상황에 따라 나날이 바뀌는 전위계를 표준화시키는 방법을 강구하는 것이 필요해진다. 그런데 측정하려는 전류를 표준이 되는 산화우라늄 시료에 의한 전류와 비교하기만 하면 가장 간단하게 표준화시킨 셈이 되는데, 그 표준 시료는 전위계와 관련하여 항상 준비해둔 작은 시험용 용기에 담아 정해진 위치에 놓아둔다. 산화우라늄은 항상 일정한 양의 방사선을 방출하는 공급원이며 산화우라늄에 의한 포화 전류는 날마다 똑같이 유지된다. 비록 진위계의 민감도가 연이은 측정들 사이에 크게 변할지도 모른다고 할지라도, 이렇게 비교하는 방법에 의해서 긴 시간이 지나는 동안 방사성 물질의 방사능이 어떻게 변화하는지에 대해 정확히 측정할 수가 있다.

60. 전위계의 제작

상한전위계는 전류를 정확히 측정하는 데 사용하기에는 어렵고 분명치가 않은 도구라는 평판을 받고 있으므로, 전위계를 제작하고 절연시키는 데 가장 좋은 방법을 구체적으로 자세하게 설명하는 것이 필요해 보인다. 대부분의 구형(舊型) 상한전위계에서는 계기 바늘 부분이 쓸데없이 무겁게 제작되었다. 그 결과로, 1 V 에 대한 계기 바늘의 이동이 100 mm 정도의 민감도가 될 것이 요구되면, 계기 바늘에 연결된 라이덴병[11)]을 상당히 높은 퍼텐셜까지 충전시켜야 한다. 높은 퍼텐셜까지 충전시켜야 한다는 사실 때문에 당장 어려움이 발생했는데, 높은 퍼텐셜의 라이덴병을 만족스러울 만큼 절연시키는 것도 쉽지 않았고, 매일매일 라이덴병을 동일한 퍼텐셜로 대전시키는 것도 쉽지 않았기 때문이다. 이런 결점은 상당 부분 켈빈 전위계의 하얀색 무늬에 의해서 해결되는데, 계기 바늘의 퍼텐셜을 정해진 값으로 유지하기 위해 켈빈 전위계에는 보충물과 끌어당겨진 원반이 계속 제공된다. 이런 종류의 전위계는 절연시키고 준비하는 수고만 마다하지 않으면, 과부족이 없는 민감도를 갖는 매우 유용한 도구로 사용될 수가 있으며, 크게 관심을 두지 않더라도 한두 해 정도는 무난한 동작 상태를 계속 유지할 수가 있다.

그렇지만 정확한 결과를 얻기 위해 더 좋은 민감도를 갖는 더 간단한 형태의 전위계를 어렵지 않게 제작할 수 있다. 거의 모든 실험실에서 찾아볼 수 있는 구형의 상한전위계를 어렵지 않게 유용하면서도 믿을 만한 결과를 낼 수 있도록 고칠 수 있다. 얇은 알루미늄이나 은(銀)을 입힌 종이 또는 얇은 운모(雲母)판에 전도성(傳導性)을 갖도록 금박(金箔)을 덧대면 가벼운 계기 바늘

11) 라이덴병(Leyden jar)은 1746년 네덜란드의 물리학자 무첸부르크에 의해서 네덜란드의 라이덴 대학에서 발명된 일종의 축전기를 말한다.

을 만들 수 있다. 알루미늄선과 연결된 거울도 최대한 가볍게 만들어야 한다. 계기 바늘은 미세한 석영(石英) 섬유 또는 두 개의 기다란 버팀용 비단 섬유에 연결되어 있어야 한다. 매우 가늘고 약간 긴 인청동(隣靑銅)[12]으로 만든 선(線)을 이용하여도 역시 만족할 만하다. 자기력(磁氣力)에 의한 조정은 바람직하지 않은데, 왜냐하면 주위에서 동작하는 코일 또는 다이너모[13]에 의해 방해받기 때문이다. 게다가 계기 바늘의 기준점이 석영이나 이중 섬유를 사용할 때에 비해 안정적이지 못하다.

계기 바늘이 움직이는 비율을 관찰하여 전류를 측정하는 식으로 전위계를 사용할 때는, 계기판을 비추는 광점(光點)이 균일하게 움직이도록 만들기 위하여, 계기 바늘의 움직임이 충분히 감쇠(減衰)되어야만 하는 것이 필수적이다. 계기 바늘의 움직임을 감쇠시키기 위해서는 상당히 정확한 조정을 필요로 한다. 만일 감쇠가 너무 약하면, 계기 바늘의 일정한 운동에 진동하는 동작이 중첩된다. 만일 감쇠가 너무 강하면, 정지 상태에서 움직이기 시작하기까지 너무 느리게 동작하며, 일정한 운동 상태에 이르기까지 너무 긴 시간이 걸린다. 계기 바늘이 아주 가벼우면, 작지만 약간의 추가적인 감쇠가 필요하다. 그렇게 만들기 위해서는 대부분 가벼운 백금 선(線)으로 만든 고리 하나를 황산 용액에 담그는 것으로 충분하다.

계기 바늘 부분을 경량화(輕量化)시키고 매단 부분을 정교하게 설계하면, 1 V를 측정하는 데 수천 개의 눈금을 지나가는 민감도를 얻기 위해 계기 바늘을 단지 수백 볼트의 퍼텐셜로 충전시키면 충분하다. 그렇게 낮은 퍼텐셜로 충전시키면, 계기 바늘이 전기적으로 연결되어 있는 충전기를 절연시키는

12) 인청동(隣靑銅, phosphor bronz)은 구리 합금으로 청동에 소량의 인을 첨가한 것이다. 경도와 내마모성을 요구하는 기계의 부속품으로 이용된다.
13) 다이너모(dynamo)는 회전에 의해 전류를 지속적으로 발전시키는 장치를 말한다.

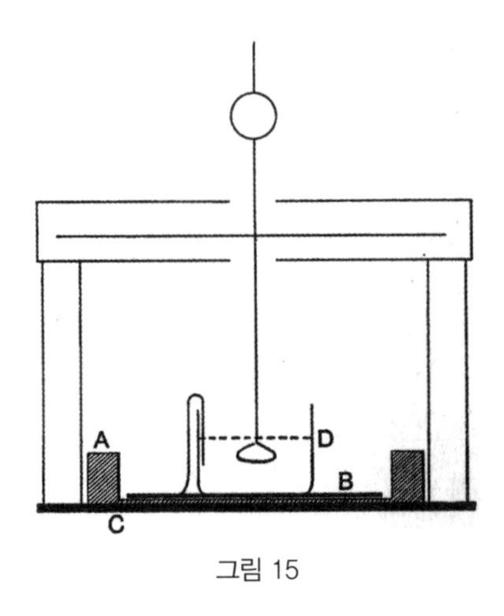

그림 15

데 따르는 어려움이 훨씬 더 작아진다. 계기 바늘의 퍼텐셜이 하루에 수 퍼센트보다 더 많이 떨어지지 않도록 하기 위해 축전기를 이용하는 것이 편리하다. 대부분의 경우에 일부분만 황산으로 채운 키가 낮은 보통 유리병을 이용하여 이 정도로 절연시키는 것이 쉽지 않다. 유리병 축전기를 그림 15에 보인 것과 같은 에보나이트[14] 축전기 또는 유황 축전기로 바꾸는 것이 더 좋다.[vii]

에보나이트로 만든 두께가 약 1 cm 인 원형 판을 중심 부분의 두께가 $\frac{1}{2}$ mm 를 초과하지 않을 때까지 깎는다. 이렇게 원형으로 움푹 들어간 부분에 동판(銅版) B를 느슨하게 맞도록 집어넣는다. 에보나이트 판은 접지된 별도의 동판(銅版) C 위에 올려놓는다. 이렇게 형성된 축전기는 상당히 큰 전기 용량을 가지며, 오랜 기간 동안 전하를 유지한다. 계기 바늘과 연결시키기 위하여, 일부만 황산으로 채운 작은 유리 용기 D를 동판 B 위에 올려놓고 가느다란 백금 선으로 계기 바늘과 연결한다. 계기 바늘과 연결된 백금 선은 황산

14) 에보나이트(ebonite)는 단단한 고무를 말한다.

용액에 잠기며 계기 바늘을 감쇠시키는 역할을 한다. 건조한 대기(大氣)에서, 이런 종류의 축전기가 일주일 동안에 잃는 전하는 20퍼센트를 초과하지 않을 것이다. 만일 절연이 점점 나빠지면, 에보나이트 A의 테두리를 사포지(砂布紙)로 문지르거나 선반(旋盤)을 이용하여 에보나이트 A의 표면을 깎아주면 어렵지 않게 다시 좋은 상태를 유지할 수 있다.

만일 충분한 기전력을 안정되게 공급할 수 있다면, 배터리를 계기 바늘에 항상 접속시켜놓고 축전기의 이용을 아주 피하는 것이 훨씬 더 좋다. 만일 작은 축전지로 만든 배터리를 사용한다면, 축전지의 퍼텐셜을 일정한 값으로 유지시킬 수가 있으며, 그러면 전위계는 항상 일정한 민감도를 갖는다.

61.

돌레잘렉[15)]이 민감도가 대단히 좋아서 매우 유용한 전위계를 고안하였다.[viii] 그가 만든 전위계는 평범한 상한전위계에 속하지만 굴대 모양의 은(銀)을 바른 종이로 만든 매우 가벼운 계기 바늘이 사분면에 매우 가까이 놓이도록 설계하였다. 계기 바늘은 아주 미세한 석영에 의해 매달려 있다. 계기 바늘이 매우 가볍고 사분면에 가까이 있기 때문에, 바늘 자체가 자신의 감쇠기 역할을 한다. 이것은 아주 중요한 장점(長點)인데, 왜냐하면 계기 바늘을 연결한 선이 황산 용액에 잠겨 있으면, 시간이 어느 정도 흐른 뒤에는 항상 황산 용액의 표면에 생기는 얇은 막이 어려움을 발생시키기 때문이다. 이 얇은 막은 황산 용액에 잠긴 백금 선의 운동에 방해가 되며, 그래서 정해진 기간이 되면 얇은 막을 규칙적으로 제거해야 한다. 이 장치는 계기 바늘이 약 100 V

15) 돌레잘렉(Friedrich Dolezalek, 1873-1920)은 헝가리에서 출생한 독일의 물리 화학자로 매우 민감한 상한전위계를 개발했다.

정도로 충전되었을 때, 1 V 에 대해 수천 단위의 눈금이 지나갈 정도의 민감도를 어렵지 않게 이룩할 수 있다. 계기 바늘의 퍼텐셜이 더 높아지면, 전위계의 민감도는 최댓값을 돌파한다. 계기 바늘은 항상 그러한 임계 퍼텐셜 값으로 충전시키는 것이 바람직하다. 전위계의 전기용량[16]은 일반적으로 (약 50 정전 단위 정도로) 높지만, 증가된 민감도는 이것을 상쇄시키고도 충분히 좋다. 계기 바늘은 배터리의 한쪽 극을 살짝 접촉시켜서 충전시킬 수도 있고, 석영 연결선을 이용하여 일정한 퍼텐셜로 계속 대전시킬 수도 있다.

돌레잘렉은 섬유를 묽은 염화칼슘 용액 또는 황산 용액에 적시는 것만으로도 섬유를 이 목적으로 충분하게 전도성을 갖도록 할 수 있다고 설명한다. 그러나 나는 많은 경우에서처럼 건조한 날씨에는 섬유를 건조한 공기에 며칠만 노출시켜놓더라도 실질적으로 전도성을 모두 잃어버려서 그 방법이 만족할 만하다고 생각할 수 없었다.

민감도가 매우 높다는 것에 추가해서, 이 장치의 또 다른 장점은 영점(零點)이 안정적이라는 것 그리고 감쇠를 위한 다른 장치가 필요 없다는 것이다.

만일 매우 미세한 섬유를 이용한다면, 매 볼트마다 10,000개의 밀리미터 눈금을 갖는 민감도를 어렵지 않게 얻을 수 있다. 그렇지만 아주 특별한 실험을 제외하고는 그렇게 높은 민감도의 사용을 추천하지 않는다. 그런 조건 아래서 계기 바늘이 진동하는 주기(週期)는 수 분(分)에 이르기 때문에, 사용하는 시험 용기가 저절로 새게 되는 것은 물론 전기적이거나 다른 방해 요인이 축적되어 두드러지게 나타나게 될 뿐이다. 만일 극소량의 전류 측정이 요구된다면, 매우 민감한 전위계에 비해 56절에서 설명된 것과 같은 형태의 검전

16) 전위계의 전기용량(capacity of electrometer)이란 사분면의 전위가 일정하게 유지될 때 계기 바늘의 퍼텐셜에 1 V 증가하기 위해 계기 바늘이 추가로 대전되어야 할 전하량으로 정의된다.

기를 훨씬 더 추천한다. 그런 경우에 검전기가 가리키는 것을 읽는 것이 전위계를 이용한 비슷한 측정에 비해 훨씬 더 정확하다.

방사능에 대한 대부분의 측정에서는, 매 볼트마다 100개의 눈금을 갖는 전위계가 상당히 적절하며, 민감도가 훨씬 더 좋은 전위계를 사용한다고 해서 추가적으로 얻는 이익이 별로 없다. 만일 여전히 더 미세한 효과를 측정할 필요가 있다면, 매 볼트마다 수천 개 정도의 눈금을 갖는 민감도로 증가시키는 것은 나쁘지 않다.

62. 조정과 차폐

전위계를 조정할 때, 계기 바늘이 사분면에 대해 대칭적으로 놓이도록 조정하는 것이 중요하다. 이것을 가장 잘 조사하는 방법은 사분면들을 모두 접지시키고 충전시키는 동안 계기 바늘이 움직이는지 관찰하는 것이다. 대부분의 전위계에는 조정이 가능한 사분면이 있는데, 충전시키는 동안 계기 바늘이 이동하지 않을 때까지 그 사분면을 조정할 수가 있다. 이 조건이 충족되면, 계기 바늘이 방전되더라도 전위계의 영점은 바뀌지 않고 그대로 유지되며, 전기의 양이 같고 부호가 반대이면 계기 바늘이 영점의 양쪽으로 이동하는 정도도 같게 된다.

사분면의 지지대(支持臺)들은 모두 만족스럽게 절연되어야 한다. 사분면의 지지대를 절연시키는 용도로는 대체로 유리보다 에보나이트 막대가 더 만족스럽다. 사분면과 사분면에 연결된 부속품들이 잘 절연되어 있는지 시험해 보려면, 전위계를 약 200개의 계기 눈금까지 충전시킨다. 만일 1분 동안 기다린 뒤에도 계기 바늘이 한두 눈금을 초과하여 이동하지 않으면 상당히 만족스럽게 절연되었다고 생각해도 좋다. 만일 빽빽하게 차 있는 전위계 상자 내부에 적당한 건조 장치가 설치되어 있다면, 사분면의 절연은 몇 달 동안이라도 양호하게 유지된다. 만일 에보나이트의 절연이 저하되면, 선반을 이용하여 에보나이트의 표면을 제거하면 어렵지 않게 다시 원래 상태로 복구시킬 수 있다.

돌레잘렉 전위계처럼 민감한 장치를 이용하여 실험할 때는, 전위계와 실험에 이용하는 장치를 모두 접지시킨 촘촘하게 짜인 철망으로 만든 차폐 장치 속에 완전히 둘러싸서 정전기(靜電氣)에 의한 교란을 피하도록 만드는 것이 필수적이다. 만일 전위계와 실험 장치 사이의 거리가 가깝지 않으면, 전위계와 연결된 도선들은 접지된 원통형 금속에 의해 절연되어야만 한다. 여러 위치에서 사용된 절연 장치의 크기는, 그 절연 장치 자체의 감전(感電)에 의한 교란을 피하기 위해서, 될 수 있는 대로 작게 만들어야 한다. 날씨가 습하면, 에보나이트보다 파라핀이나 호박(琥珀) 또는 유황이 더 잘 절연시킨다. 민감한 전위계에서 절연 장치에 파라핀을 사용하는 것을 꺼리는 이유는 파라핀의 표면에 대전된 전하를 완벽하게 제거시키기가 쉽지 않기 때문이다. 파라핀이 일단 대전(帶電)되면, 불꽃을 이용하여 방전시킨 뒤에도 여전히 남아 있는 전하가 오랜 기간 동안 계속해서 새어나간다. 모든 절연 장치는 알코올 램프를 이용하여 방전시켜야만 하며, 더 좋은 방법은 절연 장치 가까운 곳에 약간의 우라늄을 놓아두는 것이다. 절연 장치를 일단 방전시킨 다음에는 절대로 만지지 않도록 주의해야 한다.

정밀 실험이 요구될 때는 전위계 근처에서 가스 버너나 분젠 버너의 불꽃을 피하는 것이 바람직한데, 불꽃을 이루는 기체는 강하게 이온화되어 있고 그 전도성을 잃기까지 시간이 좀 걸리기 때문이다. 만일 실험실 내부에 방사성 물질이 존재하면, 전위계와 연결된 도선들은 충분히 가는 관으로 둘러싼 다음에 그 관을 접지시키는 것이 필요하다. 만일 그렇게 하지 않으면 계기 바늘이 일정한 비율로 움직이는 대신, 주위의 공기가 이온화되는 바람에, 전위계와 그 연결 장치들이 전하를 잃어버리는 비율이 측정하려는 전류와 상쇄되는 곳에서, 급격하게 어떤 안정된 위치로 이동하는 것을 발견하게 된다. 방사성 물질로부터 방출되는 투과력이 매우 강한 방사선을 측정할 때는 항상 이런 주의 사항을 반드시 지켜야 한다. 그런 방사선은 보통 차폐 장치는 간단히 통과하며, 전위계와 전위계를 연결한 도선들 주위의 공기를 이온화시킨다. 그런 이유 때문에 방사성 물질 시료를 다루는 실험실에서 측정하는 미소 전류를 정확하게 측정하는 것이 불가능해진다. 시간이 흐르면 그런 실험실 벽이 먼지가 붙는다든지 방사성 에머네이션이 작용한다든지[ix] 하는 이유 때문에 방사성이 된다.

63. 전위계의 시동(始動) 장치

민감도가 높은 전위계를 이용해서 실험할 때는 전류가 측정되는 순간에 정전기 교란을 피하기 위하여 사분면의 접지를 원격에서 조정할 수 있는 특별한 시동 장치가 필요하다. 그런 목적으로는 그림 16에 보인 간단한 시동 장치가 매우 만족스럽게 이용될 수 있다. 작은 황동(黃銅) 막대 BM에 줄을 연

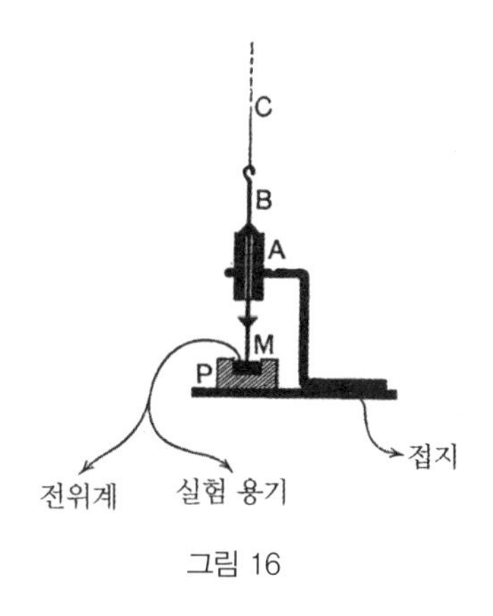

그림 16

결한 것이 황동관 A의 내부에서 연직 위아래 방향으로 이동할 수 있는데, 이 황동관은 구부러진 금속 지지대에 단단히 고정되어 있고 이 금속 지지대는 접지되어 있다. 황동 막대에 연결한 줄을 풀면, 황동 막대는 수은 M과 접촉하는데, 그 수은은 작은 금속 용기에 담겨 있고, 금속 용기는 에보나이트 P로 만든 받침대 위에 놓여 있다. 전위계와 실험 용기는 이 수은과 연결된다. 황동 막대에 연결된 줄을 잡아당기면, 황동 막대 BM은 수은으로부터 떨어지고 전위계와 그 부속품의 접지는 끊어진다. 줄을 풀면 황동 막대 BM은 밑으로 내려오고 그러면 전위계는 다시 접지된다. 전위계까지 거리가 멀더라도 동작되는 이 시동 장치를 이용하면, 계기 바늘에 어떤 감지될 만한 교란도 주지 않고 접지 연결을 정해진 간격마다 끊고 다시 연결시킬 수가 있다.

64. 실험 장치

그림 17에 보인 장치가 방사능을 측정하는 실험에서 매우 편리하게 이용된다. 두 개의 절연된 금속판 A와 B가 금속 용기 V에 평행하게 설치되어 있으며, 금속 용기에는 옆문도 달려 있다. 금속판 A는 작은 전기 저장 셀들로 이루어진 배터리의 한쪽 극과 연결되고 배터리의 다른 쪽 극은 접지되어 있다. 금속판 B는 전위계와 연결되고 용기 V는 접지되어 있다. 그림에서 빗금친 부분은 에보나이트 절연체들이 놓인 위치를 보여준다. 조사 대상인 방사성 물질은 황동 판 A에 (넓이는 약 5 cm^2이고 깊이는 2 mm가 되도록 파놓은) 얕은 홈에 균일하게 펼쳐놓는다. 금속판 A가 이동될 때마다 배터리와의 연결이 끊어지는 것을 방지하기 위하여, 배터리에서 나온 도선은 에보나이트 받침대에 놓인 금속 토막 N과 항상 연결되어 있다. 이렇게 배열하면 중간에 접지된 용기 V가 끼어 있으므로, 전기가 판 A로부터 판 B로 새어나갈 가능성이 없다.

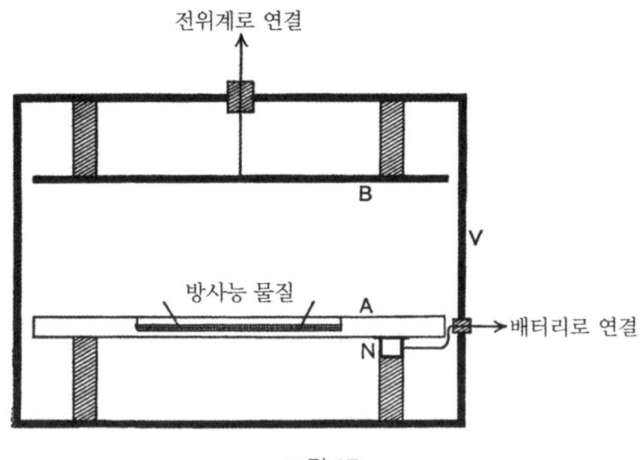

그림 17

이런 종류의 장치는 고체로 된 차폐 장치에 의해 방사선이 흡수되는 것을 조사하는 것은 물론 서로 다른 물체의 방사능에 대한 비교 연구를 하는 데도 매우 편리하다. 라듐 시료와 같이 방사능이 매우 큰 방사성 물질을 대상으로 하는 것이 아니라면, 두 금속판 사이의 거리가 5 cm를 초과하지 않을 때, 배터리의 기전력이 300 V 이면 충분히 포화 전류를 얻을 수 있다. 만일 방사성 에머네이션을 방출하는 물질이 조사될 예정이라면, 두 판 사이에 놓인 기체 자루로부터 일정한 비율로 공기를 흘려보내면 에머네이션의 효과를 제거시킬 수가 있다. 그렇게 하면 에머네이션이 발생한 즉시 다른 곳으로 보내진다.

만일 A의 위치에 깨끗한 새 판이 놓이면, 전위계의 계기 바늘이 약간 움직이는 것이 항상 관찰된다. 만일 주위에 방사성 물질이 없다면, 이 효과는 공기에서 나타나는 약간의 자연 이온화 때문이다. 이 자연스러운 누출은 필요할 때마다 언제나 바로잡을 수가 있다.

65.

우리는 종종 토륨 에머네이션 또는 라듐 에머네이션 때문에 생기는 방사능을 측정하거나 막대나 도선에 남겨진 에머네이션에 의해 생성된 들뜬 방사능을 측정하여야 한다. 그런 목적에 편리하게 이용될 수 있는 장치가 그림 18에 소개되어 있다. 원통형 관 B는 보통 사용되는 방법으로 배터리와 연결되어 있고, 중심의 전도체 A는 전위계와 연결되어 있다. 이 중심 막대는 에보나이트 코르크에 의해서 외부 원통으로부터 절연되는데, 이 에보나이트 코르크는 접지된 금속 고리 CC'에 의해서 두 부분으로 나뉜다. 이 고리는 일종의 보호 고리로 행동하여서, B와 A 사이에 어떤 전기의 누출도 새어나가지 않도록 방지한다. 에보나이트는 이와 같이 실험이 진행하는 동안 오로지 A에 생성되는 작은 퍼텐셜 상승을 만족스럽게 절연시키기 위해서만 필요하다. 방사성 물질과 연관된 전류를 정확하게 측정하는 모든 실험에서, 효과적인 절연을 달성하기 위해 언제나 보호 고리 원리가 이용된다. 보호 고리가 없을 때는 에보나이트가 수백 볼트를 절연시켜야 하는 경우지만, 그와는 달리 에보나이트가 단지 1 V 미만만 절연시켜야 할 때는 그렇게 하기가 별로 어렵지 않다.

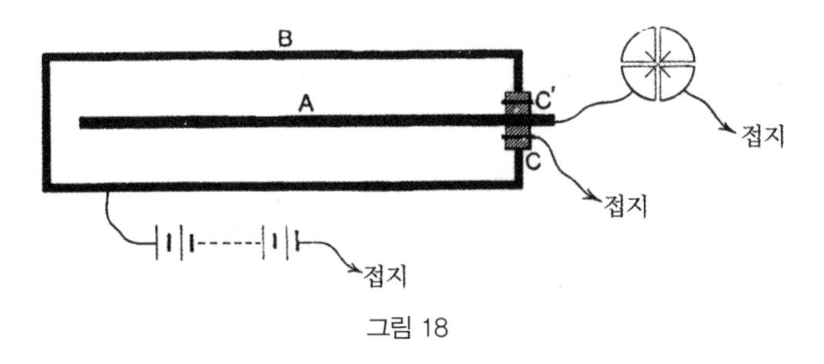

그림 18

66.

전위계를 이용하여 방사능을 측정하는 데는 적어도 지속적으로 300 V 의 기전력을 갖는 안정된 전원이 필요하다. 그런 기전력은 단순히 길고 가느다란 납 조각들을 묽은 황산 용액에 잠기게 하여 만든 작은 전지(電池)들로 만든 배터리라든지 흔히 하듯이 작은 축전지들로 만든 배터리에 의해 가장 잘 얻을 수 있다. 오늘날에는 약 $\frac{1}{2}$ A hr[17]의 전하를 저장할 수 있는 축전지를 적당한 가격에 구입할 수 있으며 납으로 만든 간단한 전지에 비해서 기전력이 더 일정하게 유지되고 관리하기가 더 쉽다.

넓은 범위의 전류를 측정하기 위해서는, 조금씩 증가하는 일련의 전기용량이 필요하다. 전위계와 실험 장치의 전기용량은 보통 약 50 정전 단위, 즉 0.000056 μF 이다. 운모(雲母)로 만든 세분(細分)된 축전기가 제작되어 있는데, 그 축전기에서는 0.001 μF 에서 0.2 μF 까지 변하는 가변 전기용량을 제공한다. 전위계의 전기용량과 축전기의 최저 전기용량 사이의 차이를 메꾸기 위해서, 그러한 가변 축전기에 더하여 또 다른 추가의 전기용량이 필요하다. 전기용량이 약 200 정전 단위인 축전기를 평행판 또는 더 좋게는 동심(同心) 원통을 이용하여 어렵지 않게 제작할 수 있다. 일련의 이런 전기용량을 이용하면 3×10^{-14} A 로부터 3×10^{-8} A 에 이르는, 100만 배를 초과하는 범위의 전류를 측정할 수가 있다. 만일 전위계의 민감도를 줄인다면, 또는 만일 더 큰 전기용량을 구할 수 있다면, 그보다도 더 큰 전류도 측정될 수가 있다.

방사성 물질의 방사능을 전위계를 이용하여 측정하는 실험실에는 조사 대상인 방사성 물질 이외에 어떤 다른 방사성 물질도 없어야 한다. 또한 실험실에는 먼지가 최대한 없어야 한다. 방사능 측정에서는 공기에 존재하는 많은

17) A hr 은 전하량 단위로, 1 A hr 는 1 암페어에 1 시간을 곱한 전하량을 나타낸다.

양의 먼지가 실험 결과를 교란시키는 매우 중요한 원인이다(31절을 보라). 이온들이 먼지 입자로 확산하기 때문에, 포화 전류에 도달시키기 위해서는 더 큰 기전력이 요구된다. 게다가 공기에 먼지가 존재하면 전기장에서 들뜬 방사능이 고르지 않게 분포되는 불확실성으로 이어진다(181절을 보라).

67. 전류의 측정

전위계 회로에서 계기 바늘이 움직이는 비율을 측정하여 전류가 얼마인지 결정하기 위해서는, 회로의 전기용량과 전위계의 민감도 두 가지를 모두 알아야 한다.

이제 C는 전위계와 그 부속 연결 장치의 전기용량을 정전 단위로 표현한 것이고, d는 계기 바늘이 1초 동안에 지나간 계기 눈금의 수이며, D는 전위계 사이에서 1 V 의 퍼텐셜 차이에 대해 계기 눈금의 수로 측정된 전위계의 민감도라고 하자.

그러면 전류 i는 시스템의 전기용량과 퍼텐셜이 증가하는 비율의 곱으로 주어진다. 그래서

$$i = \frac{Cd}{300D} \text{ 정전 단위}$$
$$= \frac{Cd}{9 \times 10^{11} D} \text{ A}$$

가 된다.

예를 들어,

$$C = 50, \quad d = 5, \quad D = 1{,}000$$

이라고 하자. 그러면 전류 i는

$$i = 2.8 \times 10^{-13} \text{ A}$$

이다.

전위계로는 계기 바늘이 1초에 반 눈금을 움직이는 데 해당하는 전류도 어렵지 않게 측정할 수 있으므로, 전위계를 이용하면 3×10^{-14} A의 전류도 측정할 수 있는데, 이 전류는 가장 민감한 검류계로 측정 가능한 전류의 범위보다 훨씬 더 작은 것이다.

전위계 자신의 전기용량이 사분면 한 쌍과 정지 위치에 있는 계기 바늘의 전기용량과 같다고 간주하면 안 된다. 계기 바늘은 대전된 채로 움직이기 때문에 실제 전기용량은 이보다 훨씬 더 크다. 예를 들어, 계기 바늘이 높은 음의 퍼텐셜로 대전되어 있는데 외부 구속 조건에 의해서 영점(零點)에 머물고 있다고 가정하자. 만일 양이 Q인 양전하가 전위계와 그 부속 장치에 주어지면, 시스템의 전체 전기용량이 C일 때 전체 시스템의 퍼텐셜은 $Q=CV$를 만족하는 V까지 퍼텐셜이 높아진다. 그렇지만 계기 바늘이 자유롭게 움직이게 되면, 계기 바늘은 대전된 한 쌍의 사분면에 끌린다. 이것은 사분면들 사이에 음전하로 대전된 물체를 가져다 놓은 셈이 되고, 결과적으로 이 시스템의 퍼텐셜은 V'까지 낮아진다. 그러므로 계기 바늘이 움직일 때 이 시스템의 실제 전기용량 C'은 C보다 더 커져서

$$C'V'=CV$$

를 만족한다.

이와 같이 전위계의 전기용량은 일정하지 않고 계기 바늘의 퍼텐셜에 의존하며 그러므로 전위계의 민감도에 의존한다.

전위계의 전기용량이 계기 바늘의 퍼텐셜에 따라 변한다는 사실로부터 실질적으로 중요한 한 가지 흥미로운 결과가 생긴다. 만일 전위계 자체의 전기용량에 비해서 전위계에 연결된 외부 전기용량이 더 작다면, 전류가 일정할 때 계기 바늘이 움직이는 비율은, 일부 경우에 민감도와는 무관하게 된다. 계기 바늘을 재충전하지 않고서도 전위계를 며칠 동안 또는 몇 주일 동안 사용

하면, 비록 계기 바늘의 퍼텐셜은 그 기간 동안 꾸준히 감소하더라도, 동일한 전류에 대해 이동하는 계기 바늘의 눈금이 일정하게 유지되는 전위계를 사용하게 되는 경우도 있다. 그런 경우에 민감도의 감소는 전위계의 전기용량의 감소에 거의 비례하며, 그래서 주어진 전류에 대해 계기 바늘이 이동하는 정도는 단지 조금만 바뀐다. 이런 행동에 대한 이론이 J. J. 톰슨에 의해 제안되었다.[x]

68.

전위계와 전위계에 연결된 장치의 전기용량은 작은 전기용량을 계산할 때 사용되는 어떤 교환 방법도 사용될 수 없는데, 왜냐하면 그런 경우에는 계기 바늘이 움직이지 않으며, 측정된 전기용량이 직접 사용하는 전위계 시스템의 전기용량과 일치하지 않기 때문이다. 그렇지만 전기용량의 값은 혼합 방법에 의해 구할 수 있다.

이제 C를 전위계와 전위계에 연결된 장치들의 전체 전기용량이라고 하고 C_1을 표준 축전기의 전기용량이라고 하자.

전위계와 그 연결 장치를 배터리를 이용하여 퍼텐셜 V_1까지 충전시키고 계기 바늘이 d_1만큼 이동한 것을 확인한다. 절연된 시동 장치를 이용하여, 표준 축전기의 전기용량이 전위계 시스템에 병렬로 추가된다. 그리고 이 시스템의 퍼텐셜이 V_2이고 계기 바늘의 새로운 이동은 d_2라고 하자. 그러면

$$CV_1 = (C + C_1) V_2$$

$$\frac{C + C_1}{C} = \frac{V_1}{V_2} = \frac{d_1}{d_2}$$

$$C = C_1 \frac{d_2}{d_1 - d_2}$$

가 된다.

두 개의 동심(同心) 황동 원통으로 이 목적에 알맞은 표준 전기용량을 제작할 수 있는데, 황동 원통의 지름도 정확히 측정될 수 있다.

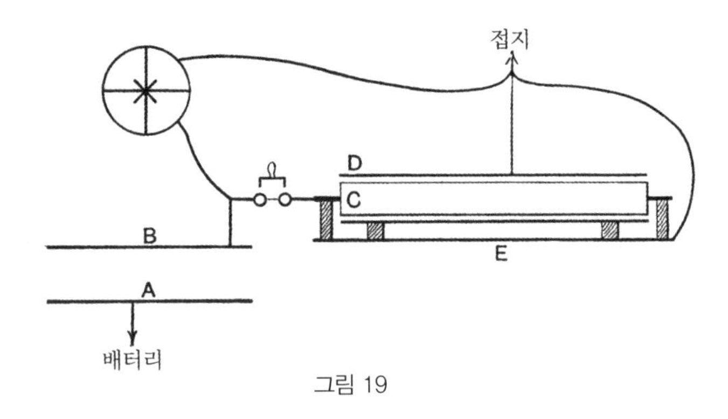

그림 19

(그림 19에 보인) 바깥쪽 원통 관 D는 나무로 만든 받침대 위에 올라와 있으며, 그 외부는 접지된 금속판 또는 얇은 금속 박막으로 덮여 있다. 원통 관 C는 에보나이트 막대를 이용하여 양쪽 끝의 중심을 받쳐놓았다. 이 장치의 전기용량은 근사적으로 다음 공식

$$C = \frac{l}{2\log_e \dfrac{b}{a}}$$

로 주어지며, 여기서 b는 D의 안쪽 지름이고, a는 C의 바깥쪽 지름이며, l은 두 원통관의 길이이다.

어떤 경우에는 다음과 같은 방법을 이용하는 것이 더 유리하다. 전위계에 실험용 용기가 연결되어 있는 동안에는, 우라늄 시료가 아래쪽 판 A에 놓인다. 이제 d_2와 d_1이 각각 표준 전기용량이 연결되어 있는 경우와 연결되어 있지 않은 경우 계기 바늘이 1초 동안에 지나가는 눈금의 수(數)라고 하자. 그러면

$$\frac{C+C_1}{C}=\frac{d_1}{d_2} \text{ 그래서 } C=C_1\frac{d_2}{d_1-d_2}$$

가 된다.

이 방법은 측정이 이루어지는 실제 조건 아래서, 상대적인 전기용량 값이, 계기 바늘이 이동한 값에 의해 표현된다는 이점(利點)을 가지고 있다.

69. 계기 바늘이 가리키는 눈금에 의해 측정하는 방법

앞에서 설명한 측정 방법들은 매달린 금박 또는 전위계의 계기 바늘이 회전 운동하는 비율에 의존한다. 검류계는 단지 지극히 강력한 방사성 물질에 대해서 측정할 때만 사용될 수가 있다. 그렇지만 방사성 물질에 의한 것이 아닌 보통 이온화 전류를 전위계의 계기 바늘이 움직이는 비율이 아니라 계기 바늘이 가리키는 눈금에 의해서 측정할 수 있어야 한다는 필요성이 오래전부터 제기되어왔다. 그런데 몇 분(分) 이내에 방사능이 급격히 변하는 방사성 물질과 관련된 실험을 하는 경우 이런 필요가 더 절실하게 된다.

그런 요구는 만일 (한 쌍의 사분면이 접지된) 전위계 시스템이 적당하게 고른 큰 전기 저항을 통해서 접지되면 달성된다는 것을 쉽게 알 수 있다. 계기 바늘이 가리키는 눈금이 일정하게 유지되는 것은 전위계 시스템에 전하가 공급되는 비율이 연결된 저항을 통하여 전하를 잃어버리는 비율과 평형을 이룰 때 성립된다. 연결된 큰 전기 저항이 옴의 법칙을 만족하면 계기 바늘이 이동해서 가리키는 눈금은 측정할 이온화 전류에 비례하게 된다.

여기서 필요한 전기 저항은, 대강 계산해보더라도, 매우 크다는 것을 알 수 있다. 예를 들어, 1 V 에 1,000개의 눈금을 지나가는 민감도를 갖는 전위계에서, 전위계 시스템의 전기용량은 50 정전 단위인 경우에, 매초 계기 바늘이 다섯 개의 눈금을 이동하는 비율에 해당하는 전류를 측정한다고 가정하자.

그 전류는 2.8×10^{-13} A와 같다. 만일 계기 바늘이 계속해서 10번째 눈금을 가리키고 있어야 한다면, 그리고 그 10번째 눈금은 시스템의 퍼텐셜이 1 V의 $\frac{1}{100}$만큼 올라가는 것에 해당한다면, 연결해야 할 전기 저항은 36,000 MΩ[18]이어야 한다. 만일 계기 바늘이 100번째 눈금을 가리키고 있어야 한다면, 연결할 전기저항은 그보다 10배 더 커야 한다. 저자의 연구실에서 연구하고 있는 브론슨 박사[xi][19]는 최근 이런 성격의 측정을 위한 실제적인 방법을 고안하기 위한 실험을 수행하였다. 이 목표를 이루기 위해서 충분히 크고 일정한 값을 유지하는 전기 저항을 구하는 것이 쉽지 않았다. 크실롤관[20]의 전기 저항은 너무 컸고, 특별히 마련된 탄소 전기 저항은 충분히 일정하게 유지될 수가 없었다. 이 어려움은 결국 "공기 저항"이라고 부를 수 있는 것을 이용해서 해결되었다. 실험에 이용한 장치의 배열이 그림 20에 나와 있다.

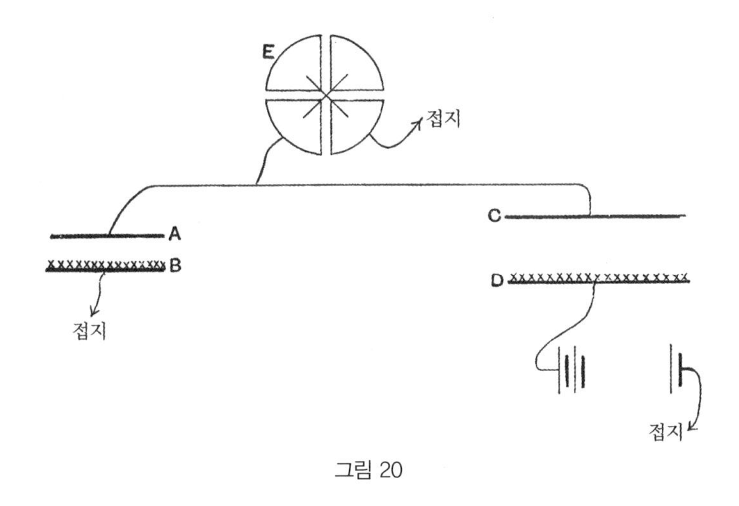

그림 20

18) $1\ \mathrm{M}\Omega = 1 \times 10^6\ \Omega$ 이다.
19) 브론슨(Howard L. Bronson, 1878-1968)은 미국 출신으로 맥길 대학교에서 러더퍼드와 함께 연구한 핵물리학자이다.

전위계 시스템은 두 개의 절연된 평행판 AB 중에서 위쪽 판과 연결되고, 아래쪽 판의 위에는 매우 방사능이 센 물질이 한 층으로 펼쳐 있다. 함부르크의 슈태머[21]에서 공급된 텔루르 방사성 동위 원소를 겉에 바른 방사능이 높은 비스무트 판이 이 목적으로 매우 적절하다는 것이 확인되었다.

아래쪽 판 B는 접지되었다. 시험 용기 CD의 위쪽 판과 전위계 시스템 사이에 교환되는 전하는 두 판 AB 사이의 강력한 이온화의 결과로 새어나가며, 전하가 들어오는 비율이 새어나가는 비율과 같으면 계기 바늘이 가리키는 눈금이 한 자리에서 움직이지 않게 된다.

이 공기 저항은 상당히 큰 범위에서 옴의 법칙을 만족하며, 그래서 계기 바늘이 일정하게 가리키는 눈금은 전류에 비례한다. 장치를 이렇게 배열하고 실험할 때는, 계기 바늘이 가리키는 눈금이 실험에서 요구되는 범위에서 이온화 전류에 비례하는지 미리 검사해보는 것이 바람직하다. 산화우라늄과 같은 방사능이 일정한 방사성 물질로 채운 여러 개의 금속 용기를 이용하면 그런 검사를 할 수가 있다. 그 금속 용기들을 시험 용기에 올려놓고 그 효과를 하나씩 개별적으로 또는 몇 개를 그룹으로 한꺼번에 검사할 수가 있고, 이런 방법으로 눈금이 정확하게 보정될 수가 있다.

평행하게 놓은 두 금속판 AB는 공기의 흐름에 영향을 받지 않도록 밀폐된 용기 내부에 놓는다. CD에 방사성 물질이 놓여 있지 않을 때, 계기 바늘이 일정한 양만큼 이동하여 계속 보이는, 두 평행한 금속판 AB 사이의 접촉 퍼텐셜 차이[22]는 두 판 A와 B의 표면을 아주 얇은 알루미늄 포일로 덮으면

20) 크실롤 관(tube of xylol)이란 유리관에 크실롤 기체를 채운 것을 말한다.
21) 함부르크의 슈태머(Sthamer of Hamburg)는 독일의 회사 이름이다.
22) 접촉 퍼텐셜 차이(contact difference of potential)는 서로 다른 종류의 물질이 접촉하거나 그와 가까운 상태에 접근할 때 나타나는 퍼텐셜 차이를 말한다.

대부분 제거된다.

이 방법은 급격하게 바뀌는 방사능을 매우 정확하고 편리하게 측정하는 것은 물론 전위계를 이용하는 데 계기 바늘이 움직이는 비율을 측정하는 보통 방법에 비하여 많은 장점을 가지고 있다는 것이 증명되었다. 보통 정도의 방사능을 갖는 라듐을 얇게 펴놓은 것이 어쩌면 방사성 텔루르 대신 사용될 수도 있는데, 그러나 라듐으로부터 나오는 에머네이션과 β선 그리고 γ선이 측정을 방해하는 가능한 원인에 속할 수도 있다. 이런 배열에서 전위계의 계기 바늘이 이동하는 정도는 전위계 시스템의 전기용량과는 무관하며, 그래서 매번 사용할 때마다 그 전기용량이 얼마인지 알아보지 않고서도 전류의 비교 측정이 가능하다.

70. 석영 압전(壓電) 방법

전위계를 이용하여 전류의 세기를 측정하는데, 측정 장치의 민감도를 결정하고 전위계와 부속 장치의 전기용량을 결정하는 것이 언제나 반드시 필요하다. MM.[23] J. 퀴리[24]와 P. 퀴리 형제[xii]에 의해 발명된 석영 압전 방법을 이용하면, 넓은 범위의 전류를 신속하고 정확하게 측정할 수가 있다. 이 측정 방법은 전위계 그리고 전위계에 연결된 외부 회로의 전기용량에 상당히 무관하다.

이 장치의 핵심 부분은 특별한 방식으로 자른 석영 판으로 구성된다. 이 판을 옆으로 잡아당기면, 판의 양쪽 면에는 양은 같지만 부호가 반대인 전기가 나타난다. (그림 21에서) 석영 판 AB는 연직 방향으로 걸려 있으며, 아래쪽

23) 여기서 MM.은 프랑스에서 사용되는 Messieurs의 약자로 존경하는 복수의 남자이름 앞에 붙이는 경칭이다.

24) J. 퀴리(Jacques Curie, 1855-1941)는 피에르 퀴리의 형으로 역시 물리학자이며 두 형제가 1880년대에 압전 효과를 발견했다.

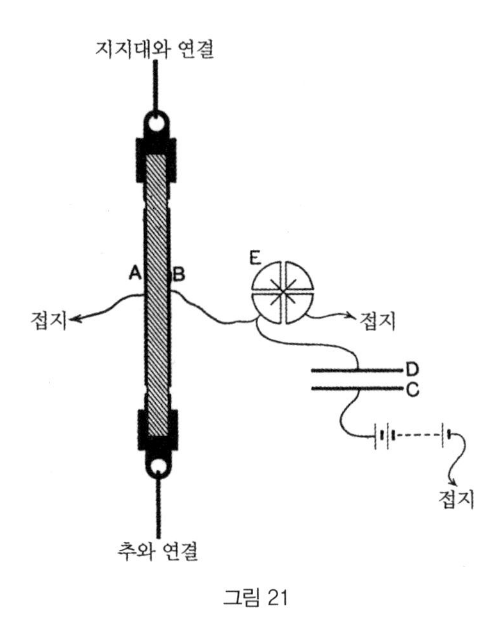

그림 21

끝에는 추가 연결되어 있다. 이 판은 결정체의 광학축이 수평 방향이고 판의 면과는 수직이 되도록 제작된다.

이 판의 두 겉 표면인 A와 B는 결정체의 이중(二重) 축 중의 (또는 전기적 두 축 중의) 한 축에 수직이다. 장력은 광학축과 전기적 축에 수직인 방향으로 작용해야만 한다. 두 표면 A와 B는 은도금이 되어 있지만, 이 판의 위쪽 끝과 아래쪽 끝에 좁은 띠 모양으로 은도금을 제거해서 이 판의 주요 부분은 전기적으로 절연되어 있다. 이 판의 한쪽 면은 전위계와 연결되고, 도체를 이용해서 전류가 새어나가는 비율이 측정된다. 이 판의 한쪽 면에서 나타나는 전하의 양은 정확하게

$$Q = 0.63\frac{L}{b}F$$

로 주어지는데, 여기서 L은 이 판에서 절연된 부분의 길이이며, b는 AB 사

이의 두께이고, F는 킬로그램으로 표현한 연결된 추의 무게이다. 그러면 Q는 정전 단위로 주어진다.

예를 들어, (그림 21에서) 판 C 위에 놓인 어떤 방사성 물질 때문에 두 판 CD 사이에서 생기는 전류를 측정해야 한다고 가정하자. 정해진 순간에 전위계의 사분면을 접지시킨 선의 연결을 끊는다. 석영 판에 연결한 추는 손으로 잡고 석영 판에 작용하는 장력을 서서히 증가시킨다. 그렇게 하면 판 D에 주어진 것과 부호가 반대인 전하가 생겨난다. 손으로 장력이 커지는 비율을 조절하여 가능한 한 전위계의 계기 바늘이 정지한 위치에서 그대로 있게 한다. 손을 완전히 떼어서 장력이 모두 다 작용하면, 계기 바늘이 영점(零點)으로부터 균일하게 움직이기 시작하는 순간을 기록한다. 그러면 두 판 CD 사이에 흐르는 전류는 $\frac{Q}{t}$가 되는데, 여기서 t는 앞에서 기록한 시간이다. Q의 값은 연결된 추의 무게로부터 구한다.

이 방법에서 전위계는 단지 해당 시스템의 퍼텐셜이 0으로 유지되는 것을 보여주는 검출계의 하나로 이용된다. 절연된 시스템의 전기용량에 대해서는 전혀 알 필요가 없다. 연습을 좀 하면, 이 방법으로 전류를 신속하고도 정확하게 측정할 수가 있다.

제3장 미주

i. Soddy, *Trans. Chem. Soc.* Vol. 81, p. 860, 1902.
ii. Wilson, *Proc. Roy. Soc.* Vol. 68, p. 152, 1901.
iii. 만일 이 장치의 공기가 밀폐될 필요가 있다면, 금박 부분이 자기화(磁氣化)된 철선(鐵線)을 이용하여 충전될 수도 있다. 자석을 가까이 가지고 가는 방법으로 이 철선이 막대 *R*과 접촉하게 만든다.
iv. 때로는 충전 직후에 금박의 움직임이 불규칙적임이 관찰되었다. 많은 경우에 조명으로 이용된 광원(光源)에 의해 비대칭적으로 가열된 결과로 검전기 내부에서 생긴 공기의 흐름 때문임이 밝혀졌다.
v. Wilson, *Proc. Camb. Phil. Soc.* Vol. 12, Part II, 1903.
vi. Walker, *Phil. Mag.* Aug. 1903.
vii. Strutt, *Phil. Trans.* A, p. 507, 1901.
viii. Dolezalek, *Instrumentenkunde*, p. 345, Dec. 1901.
ix. 실험실 내부에서 많은 양의 라듐 에머네이션이 배출되지 않도록 주의를 기울이는 일이 대단히 중요하다. 그런 에머네이션은 붕괴하는 비율이 느리고 공기의 흐름을 통해서 건물 전체의 방방곳곳에 퍼져나가기 때문에 마침내 변화의 비율이 매우 느린 방사능 퇴적물을 남겨놓게 된다(제11장을 보라). 이브(*Nature*, March 16, 1905)는 그런 조건 아래서 방사성 물질에 대한 미세한 측정을 하는 것의 어려움에 대해 주목할 필요가 있음을 지적하였다.
x. J. J. Thomson, *Phil. Mag.* 46, p. 537, 1898.
xi. Bronson, *Amer. Journ. Science*, Feb. 1905.
xii. J. and P. Curie, *C. R.* 91, pp. 38 and 294, 1880. 또한 Friedel and J. Curie, *C. R.* 96, pp. 1262와 1389, 1883 그리고 Lord Kelvin, *Phil. Mag.* 36, pp. 331, 342, 384, 414, 453, 1893도 보라.

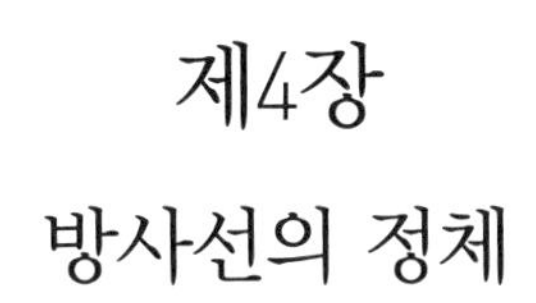

제4장

방사선의 정체

제1부 방사선의 비교

71. 세 종류의 방사선

방사성 물질은 모두 공통적으로 사진건판을 감광(感光)시키고 주위 기체를 이온화시키는 능력을 갖는다. 방사선은 사진건판을 얼마나 잘 감광시키는지 또는 얼마나 많은 기체를 이온화시키는지에 의해 그 세기가 비교될 수 있으며, 그리고 방사능이 아주 강한 물질의 경우에는 형광 물질을 바른 스크린에서 빛을 내는 작용을 하느냐에 의해서도 비교될 수 있다. 그렇지만 그렇게 비교하더라도 방사선이 같은 종류인지 또는 다른 종류인지를 구분하는 데는 별 쓸모가 없는데, 왜냐하면 파장이 짧은 자외선이나 뢴트겐선, 또는 음극선과 같은 서로 다른 종류의 방사선들이 모두 다 기체를 이온화시키고, 형광 스크린에서 빛을 내며, 사진건판을 감광시키는 성질을 갖고 있다는 사실이 널리 알려져 있기 때문이다. 또한 보통 사용되는 광학적(光學的) 방법도, 방사선이 정상적인 반사나 굴절 또는 편광과 같은 흔적을 전혀 보이지 않기 때문에, 방사선을 조사하는 데 이용될 수가 없다.

동일한 물체에서 방출되는 방사선이 어떤 종류인지 구별하는 데 그리고 또한 서로 다른 방사성 물질에서 방출되는 방사선을 비교하는 데는 두 가지 일반적인 방법이 사용될 수 있다. 그 두 가지 방법이란 다음과 같다.

(1) 방사선이 자기장 내에서 얼마나 많이 휘어지는지 관찰한다.

(2) 방사선이 고체와 기체에서 흡수되는 상대적인 비율을 비교한다.

이 두 가지 방법으로 조사하였더니, 방사성 물체에서 방출되는 방사선에는 세 가지 서로 다른 종류가 존재한다는 것이 발견되었고, 이 책의 저자가 그 세 가지 종류의 방사선을 간단히 그리고 편리하게 부르기 위해 α선, β선 그리고 γ선이라고 이름 지었다.

(i) α선은 얇은 금속 막에 의해서도 매우 쉽게 흡수되며 몇 센티미터의 공기를 지나갈 때도 역시 매우 쉽게 흡수된다. α선은 양전하로 대전된 물체로 광속의 약 $\frac{1}{10}$의 속도로 튀어나오는 것이 밝혀졌다. α선은 강한 자기장과 전기장에서 경로가 휘어지지만, 진공관에서 만들어지는 음극선이 같은 조건에서 휘어지는 것과 비교하면 휘어지는 정도가 별로 크지 않다.

(ii) β선은 α선에 비해 훨씬 더 잘 투과하는 성질을 가지며, 음전하로 대전된 물체로 광속과 거의 비슷한 속도로 튀어나온다. β선은 전기장과 자기장에서 α선보다 훨씬 더 쉽게 휘어지며, 실제로 진공관에서 만들어지는 음극선과 똑같다.

(iii) γ선은 투과성이 대단히 강하며 자기장에서 전혀 휘어지지 않는다. γ선이 무엇인지는 아직 확실하게 결정되지 못하고 있지만, 대부분의 측면에서 투과력이 매우 강한 뢴트겐선과 비슷하다.[1)]

가장 잘 알려진 세 가지 방사성 물질인 우라늄과 토륨 그리고 라듐 모두가 이 세 종류의 방사선을 모두 다 방출하며, 각각 방출되는 양은 α선에 의해 측정되는 상대적 방사능에 근사적으로 비례한다. 폴로늄만 예외적으로 오직 쉽게 흡수되는 방사선인 α선만을 방출한다.[i]

72. 방사선의 휘어짐

이와 같이 방사성 물체에서 방출되는 방사선은 전기 방전이 지나갈 때 압력이 매우 낮은 진공관에서 생성되는 방사선과 매우 가까운 유사성을 보인다. α선은 골트슈타인이 발견한 커낼선에 해당하는데, 빈은 커낼선이 매우

1) 뢴트겐선(X선)이나 γ선 모두 전자기파이다. 둘은 단지 진동수로 구분되는데 γ선의 진동수가 X선의 진동수보다 훨씬 더 크다.

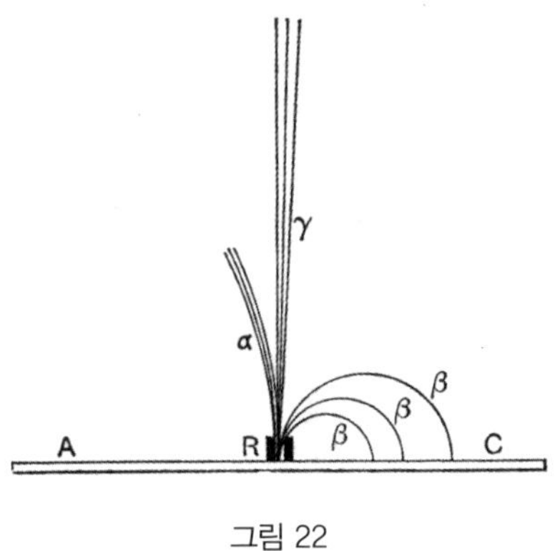

그림 22

빠른 속도로 움직이는 양전하로 대전된 물체로 구성되어 있다는 것을 밝혔다(51절을 보라). β선은 음극선과 같고, γ선은 뢴트겐선과 유사하다. 진공관에서 방사선을 생성하려면 아주 많은 양의 전기 에너지가 소비되지만, 방사성 물체에서는 방사선이 저절로 방출되고, 어떤 화학적이거나 물리적인 요인에도 영향을 받지 않는 비율로 방출된다. 방사성 물체에서 나오는 α선과 β선은 진공관에서 나오는 대응하는 방사선보다 훨씬 더 빠른 속도로 튀어나오며, 한편 γ선은 뢴트겐선보다 훨씬 더 강력한 투과력을 갖는다.

세 종류의 방사선을 방출하는 방사성 물질로부터 나오는 방사선 다발에 미치는 자기장의 효과가 그림 22에 매우 잘 설명되어 있다.[ii]

약간의 라듐이 납으로 만든 좁은 원통형 용기 R의 바닥에 놓여 있다. α선과 β선 그리고 γ선으로 이루어진 가는 방사선 다발이 원통형 용기의 위쪽 열린 구멍을 통하여 나온다. 강하고 균일한 자기장이 지면(紙面)과 수직이며 지면으로 들어가는 방향으로 작용되고 있으면, 세 종류의 방사선은 서로 분리된다. γ선은 전혀 휘어지지 않고 직선을 따라 계속 나간다. β선은 오른쪽으로 휘어져서 원을 그리는데, 원의 반지름은 상당히 큰 한계 내에서 변한다. 만일 사진건판 AC를 라듐이 담긴 용기 아래 설치하면, β선은 용기 R의 오른쪽에 널리 흩어진 사진 영상을 만든다. α선은 β선이 휘어진 방향과 반대 방향으로 휘어지며, 반지름이 매우 큰 원의 원호 중 일부를 그리지만, α선은 용기 R로부터 몇 센티미터도 진행하지 못하고 모두 다 신속하게 흡수되어버린다. 그림에 보인 β선에 비해 γ선이 휘어진 정도는 대단히 과장되게 그린 것이고, 실제는 그보다 훨씬 조금 휘어진다.

73. 방사선의 이온화시키는 능력과 투과력

세 종류의 방사선 중에서, α선이 기체를 가장 많이 이온화시키고 γ선이 가장 적게 이온화시킨다. 간격을 5 cm 만큼 뗀 평행한 두 금속판의 아래쪽 판에 방사성 물질을 한 층으로 얇게 펴놓고 덮개를 씌우지 않으면, α선과 β선 그리고 γ선에 의해 이온화되는 양의 상대적인 비율은 10,000 : 100 : 1이다. 이 숫자는 모두 단지 대략적인 근사 값일 뿐이고, 펴놓은 방사성 물질의 두께가 더 커지면 세 방사선에 의해 이온화되는 양의 차이는 점점 줄어든다.

각 방사선의 평균 투과력은 아래 표에 나와 있다. 첫 번째 열에는 각 방사선의 양을 절반으로 줄이는 데 필요한 알루미늄 박막의 두께가 나와 있고, 두 번째 열에는 각 방사선의 상대 투과력이 나와 있다. 이와 같이 상대 투과력은 이온화시키는 상대적인 양에 근사적으로 반비례한다. 그렇지만 이 숫자들은

방사선	방사선을 절반으로 줄이는 데 필요한 알루미늄 박막의 두께	상대 투과력
α선	0.0005cm	1
β선	0.05cm	100
γ선	8cm	10000

단지 상대 투과력의 대략적인 정도를 자릿수로 비교해줄 뿐이다. 이 투과력은 방사성 물체가 어떤 것인가에 따라 크게 변한다.

우라늄과 폴로늄에서 방출되는 α선의 투과력이 가장 약하고 토륨에서 방출되는 α선의 투과력이 가장 강하다. 토륨과 라듐에서 방출되는 β선의 경우는 매우 복잡하며, 투과력이 크게 다른 방사선들이 혼합되어 있다. 토륨과 라듐에서 방출되는 β선 중에서 일부는 투과력이 아주 약하고, 일부는 우라늄에서 방출되는 β선의 투과력보다 더 강한 것도 있는데, 우라늄에서 방출되는 β선의 투과력은 상당히 일정하다.

74. 비교 측정의 어려움

방사성 물질에서 방출되는 세 종류의 방사선의 상대적인 세기를 정량적으로 측정하기가 어렵고, 심지어 단지 정성적으로 측정하기도 쉽지 않다. 사용하는 세 가지 일반적인 방법은 첫째, 기체를 이온화시키는 데, 둘째, 사진건판을 감광시키는 데, 그리고 셋째, 일부 특정한 물질에 인광 또는 형광 효과를 유발시키는 데, 방사선이 어떻게 작용하는지에 의존한다. 이 세 가지 방법 하나하나에서 흡수되는 극히 일부의 방사선은 에너지로 변환되는데, 어떤 종류의 방사선이냐에 따라 변환되는 에너지의 형태가 모두 다르다. 심지어 어떤 특정한 한 가지 종류의 방사선만 관찰한다고 하더라도, 그 형태의 방사선이 복잡하기 때문에 비교 측정에 어려움이 따른다. 예를 들어, 라듐에서 방출되는 β선은 넓은 범위의 속도를 가지고 튀어나오는 음전하로 대전된 입자들로 이루어져 있는데, 결과적으로 정해진 두께의 물질을 통과하더라도 그때 흡수되는 양이 β선의 속도에 따라 모두 다르다. 각 경우마다, 흡수되는 에너지의 단지 작은 일부만 이온화시키는 에너지라든가, 화학적 에너지라든가, 또는 광학적 에너지와 같이 특정한 형태의 에너지로 변환되고, 그렇게 변환된 에너지가 측정의 수단을 제공한다.

전기적으로 가장 많이 활성화되어 있는 방사선이 광학적으로는 가장 덜 활성화되어 있다. 보통 조건 아래서, 우라늄과 토륨 그리고 라듐의 사진건판에 대한 대부분의 작용은 β선 또는 음극선에 의한 것이다. 우라늄과 토륨에서 방출되는 α선은 그 작용이 매우 약해서 아직까지 사진건판에 의해 검출된 적은 없다. 라듐과 폴로늄처럼 방사능이 강한 물질의 경우에는, α선이 사진건판을 감광시키는 데 전혀 어렵지 않았다. 지금까지 γ선은 단지 라듐에서만 사진건판에 의해 검출되었다. 아직까지 우라늄과 토륨에서 γ선의 광학적 작용이 드러나지 않은 것은 어쩌면 단순히 찾으려는 효과가 매우 약해서 오랜 기간 동안의 노출이 필요하고 그동안에 다른 이유에 의해서 두 금속판 사이에 무엇인가 다른 일이 벌어지는 것을 피하기가 매우 어려웠기 때문일 수도 있다. 다른 측면에서는 γ선이 다른 α선 그리고 β선과 매우 유사하다는 것을 생각하면, 비록 그 효과가 확실하다고 판단하기에는 너무 작다고 하더라도, γ선도 사진건판을 감광시키는 작용을 하지 않을 것이라고 믿기는 참 어렵다.

방사선에서 이런 사진건판을 감광시키는 성질과 이온화시키는 성질 사이의 차이는 그 두 방법으로 구한 결과를 비교하는 데 항상 고려해야만 한다. 서로 다른 그룹에서 이 두 방법으로 얻은 결과에서 겉보기에 서로 모순이 되는 것은 사진건판에 대한 작용과 이온화시키는 작용 사이의 상대적 차이 때문에 생기는 것임이 밝혀졌다. 예를 들어서, 덮개를 씌우지 않은 방사성 물질에서 전기적 방법으로 관찰된 이온화는 거의 대부분 α선에 의한 것인가 하면, 동일한 조건에서 사진건판에 대한 작용은 거의 모두가 다 β선에 의한 것이다.

때로는 방사선 종류마다 그 종류의 방사선을 모두 흡수하기에 충분한 물질의 두께가 얼마인지 아는 것이 편리하다. α선의 경우 알루미늄이나 운모

(雲母)를 이용하면 두께가 0.1 cm이면 어떤 α선이든 완전히 흡수하고 보통 필기용 종이 한 장도 α선을 완전히 흡수하는 데 충분하다. 방사성 물질을 두께가 0.1 cm인 알루미늄이나 운모 또는 종이 한 장으로 덮으면, 방사선의 효과는 모두 다 이 덮개를 지나면서 매우 조금밖에 흡수되지 않는 β선과 γ선에 의해서만 일어나게 된다. β선도 두께가 5 mm인 알루미늄이나 두께가 2 mm인 납에서는 대부분이 흡수된다. 그런 차폐 막을 통과한 방사선은 거의 대부분 γ선으로 이루어져 있다. 대부분의 경우에 편리하게 적용할 수 있는 근사적인 규칙으로, 어떤 종류의 방사선이든지 그 방사선을 모두 다 흡수하는 데 필요한 물질의 두께는 그 물질의 밀도에 반비례한다는 것이 있다. 즉 어떤 물질에 의한 방사선의 흡수는 그 물질의 밀도에 비례한다. 이 규칙은 원자 번호가 작은 물질에서 근사적으로 성립하는데, 수은이나 납처럼 원자 번호가 큰 물질에서는 밀도 규칙에 의해 예상하는 것보다 방사선이 거의 두 배 정도 더 잘 흡수된다.

제2부 β선 또는 음극선

75. β선의 발견

방사성 물질에서 방출되는 방사선의 연구에 큰 박차를 가하게 만든 발견이 1899년에 독일과 프랑스 그리고 오스트리아에서 거의 동시에 이루어졌다. 그 발견이란 라듐 시료가 자기장에서 휘어지는 방사선을 방출하는데, 그것이 진공관에서 생성되는 음극선과 똑같은 성질을 가지고 있다는 것이었다. 엘스터와 가이텔이 라듐선에 의해서 공기에 생성되는 전도성(傳導性)이 자기장(磁氣場)에 의해 변한다는 것을 발견했는데, 그 발견이 기젤로 하여금 방사선에 대한 자기장의 효과를 조사하도록 이끌었다.[iii] 기젤은 실험을 하면서 방사성 물질 시료를 전자석의 두 극 사이의 작은 용기에 담아놓았다. 그리고 용기에서 나오는 방사선 다발이 자기장에 대략 수직이 되도록 용기의 위치를 조정하였다. 용기에서 나오는 방사선은 스크린의 작은 부분이 형광으로 빛나게 만들었다. 그리고 전자석의 스위치를 켰더니 형광으로 빛나는 부분이 한쪽으로 퍼지는 것이 관찰되었다. 자기장의 방향이 전과 반대 방향이 되도록 만들었더니, 형광으로 빛나는 부분이 처음과 반대쪽으로 퍼졌다. 방사선이 휘어진 방향과 휘어진 정도가 음극선이 휘어진 방향과 휘어진 정도와 같았다.

S. 마이어[2)]와 슈바이틀러[3)]도 역시 비슷한 결과를 얻었다.[iv] 마이어와 슈바이틀러는 그 밖에도 자기장이 가해졌을 때 공기의 전도성(傳導性)이 변함에 따라서 방사선이 휘어지는 것도 보였다. 그보다 조금 뒤에는, 베크렐이 사진 방법을 이용하여 자기장에서 라듐선이 휘어지는 것을 보였다.[v] 그뿐 아니라, P. 퀴리[vi]는 전기적 방법을 이용하여 라듐에서 방출되는 방사선은 두 가지 종류로 구성되는데, 한 가지는 휘어지지 않는 것처럼 보이지만 쉽게 흡수되는 것(이것이 이제는 α선이라고 알려졌다), 다른 한 가지는 투과력이 강하지만 자기장에 의해 휘어지는 것(이것이 이제는 β선이라고 알려졌다)임을 밝혀내었다. β선에 의한 이온화 효과는 α선에 의한 이온화 효과와 비교하면 그 몇 분의 1도 안 되었다. 그로부터 얼마 지나지 않아서, 베크렐은 사진 방법을 이용하여 우라늄이 휘어질 수 있는 방사선을 방출한다는 것을 보였다. 그 전에 이미 우라늄에서 나오는 방사선은 α선과 β선으로 구성되어 있음이 알려져 있었다.[vii] 베크렐의 실험에서 휘어지는 방사선은 전부 β선으로만 구성된

2) 마이어(Stefan Meyer, 1872-1949)는 방사능을 연구한 오스트리아의 물리학자이다. 그는 비엔나의 라듐 연구소 소장으로 재직하면서 라듐에 대해 많은 연구 업적을 남겼다.
3) 슈바이틀러(Egon Schweidler, 1873-1948)는 오스트리아의 물리학자로 마이어와 함께 방사능 붕괴의 통계적 성질을 규명하는 데 크게 기여하였다.

다고 알려졌는데, 그 이유는 우라늄에서 나오는 α선이 사진건판에 눈에 띌 만큼 감광을 시키지 않기 때문이었다. 러더퍼드와 그라이어[viii]는 전기적 방법을 이용하여 우라늄의 혼합물과 마찬가지로 토륨의 혼합물도 역시 α선에 추가로 투과력이 강하고 자기장에서 휘어지는 β선을 방출한다는 것을 보였다. 라듐의 경우와 마찬가지로, 우라늄과 토륨에서 방출되는 α선에 의한 이온화도 β선에 의한 이온화와 비교하여 더 많았다.

76. 사진 방법으로 자기장에 의한 휘어짐 조사

베크렐은 사진건판을 이용하는 방법으로 라듐에서 방출되는 β선에 대해 대단히 완벽한 조사를 마쳤으며, 그 결과로 β선은 모든 측면에서 매우 빠른 속도로 움직이는 음전하로 대전된 입자인 음극선과 동일하게 행동한다는 것을 보였다. 자기장 내에서 대전된 이온이 어떤 운동을 하는지에 대해서는 49절에서 논의하였다. 거기서 질량이 m이고 전하가 e인 입자를 세기가 H로 균일한 자기장에서 자기장의 방향과 각 α를 이루며 속도 u로 던지면, 그 입자는 자기력선 주위로 나선(螺線)을 그리며 움직인다는 것을 설명하였다. 이 나선은 반지름이 R인 원통의 겉면을 감고 있는데, 그 원통의 중심축은 자기장의 방향과 평행하고, 반지름 R은

$$R = \frac{mu}{He}\sin\alpha$$

로 주어진다.

$\alpha = \frac{\pi}{2}$이면, 즉 입자를 자기장의 방향과 수직으로 던지면, 입자는 반지름이

$$R = \frac{mu}{He}$$

인 원을 그린다. 이 원이 놓인 면은 자기장의 방향과 수직이다. 그래서 입자의

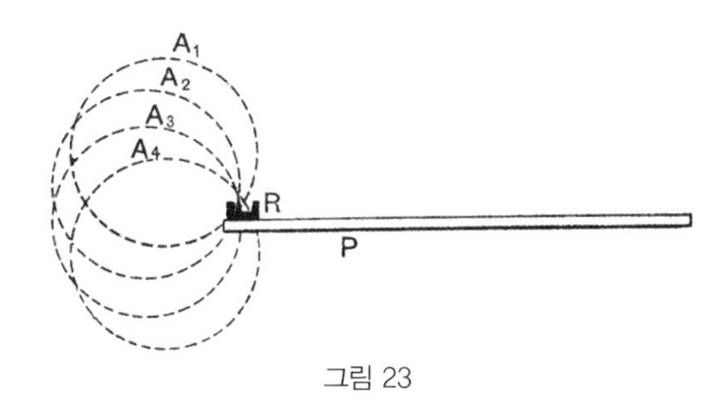

그림 23

속도 u가 정해지면, 반지름 R은 자기장의 세기 H에 반비례한다. 균일한 자기장에서 입자를 자기장의 방향과 수직인 방향으로 던지면 입자는 원을 그리며 운동하고, 처음 던진 방향은 시작점에서 그 원의 접선 방향이다.

그런 결론은 베크렐이 라듐에서 나오는 β선에 대해 그림 23에 보인 것과 비슷한 실험 장치를 이용하여 실험으로 증명하였다.

사진건판 P는, 아래쪽에 필름이 놓여 있는데, 검정색 종이로 둘러싸 놓았고 전자석으로 만든 수평 방향의 균일한 자기장 내에서 수평으로 놓여 있다. 자기장은 균일하다고 가정해도 좋고, 그림에서 자기장의 방향은 지면(紙面)과 수직인 방향을 향한다. 사진건판은 납으로 만든 얇은 판으로 덮고, 자기장의 중심에 방사성 물질을 담은 납으로 만든 작은 용기 R을 놓는다.

전자석의 스위치를 닫아서 자기장이 생기면, 방사선들은 그림의 왼쪽으로 휘어지고, 자기장에 의해 한 바퀴 회전한 방사선이 용기 R의 바로 밑의 사진건판이 감광된 것이 관찰된다. 방사성 물질은 방사선을 모든 방향으로 똑같이 내보낸다. 자기장의 방향과 수직인 방향으로 나간 방사선은 원을 그리고 한 바퀴 돌아서 바로 방사성 물질이 놓인 바로 밑에 도달한다. 그중에서 몇 개의 방사선인 A_1, A_2, A_3가 그림에 나와 있다. 사진건판에 수직으로 들어오는 이 방사선들은 건판과 거의 수직으로 충돌하지만 사진건판과 평행한 방향으로 들어오는 방사선들은 건판과 비스듬한 각도로 충돌한다. 자기장의 방향에 기울어지게 자기장으로 들어온 방사선은 나선(螺線)을 그리며 방사성 물질을 담은 용기를 통과하는 자기장에 평행한 축에 영향을 미친다. 그 결과로 방사선의 경로에 놓인 어떤 불투명한 스크린에든지 사진건판의 가장자리 가까이에 그림자를 만든다.

77. 방사선의 복잡성

라듐에서 방출되는 자기장에서 휘어지는 방사선은 복잡한데, 그 말은 그 방사선들이 라듐에서 튀어나오는 속도가 다 같지 않고 매우 넓은 범위의 속도로 튀어나와 비행하는 입자들로 구성되어 있다는 의미이다. 자기장 내에서 방사선은 튀어나오는 속도에 정비례하는 반지름의 원을 따라 지나간다. 그 방사선의 복잡성은 베크렐[ix]이 다음과 같은 방법으로 아주 분명하게 보였다.

전자석으로 만든 수평 방향의 균일한 자기장 내에, 위쪽에 필름을 놓은 가리지 않은 사진건판을 수평 방향으로 놓았다. 방사성 물질을 넣어둔, 뚜껑이 열린 납으로 만든 작은 상자를 자기장의 한가운데인 사진건판의 위에 놓았다. 그러므로 방사성 물질이 내보내는 인광(燐光)에 의한 빛은 사진건판에 도달할 수가 없다. 전체 장치는 암실(暗室)에 설치되었다. 사진건판에 남겨진 흔적은 사진건판의 한쪽에 생긴 크고 흩어져 있지만 타원형의 연속된 띠 형태를 하고 있었다.

그런 흔적은, 방사선이 튀어나오는 속도가 모두 다 같다고 할지라도, 그 방사선이 모든 방향을 향해 다 나왔을 때만 기대할 수 있다. 그것은 방사선의 경로가 자기장에 수직인 방향으로 짧은반지름은 $2R$과 같고 긴반지름은 πR과 같은 타원의 내부로 국한된다는 것을 이론적으로 어렵지 않게 보일 수 있기 때문이다. 그렇지만 만일 납으로 만든 단면의 지름이 크지 않은 깊은 원통형 용기의 바닥에 방사성 물질을 놓는다면, 방사선들은 실질적으로 모두 똑같은 방향으로 튀어나오며, 그런 경우에 사진건판의 각 부분은 정해진 곡률의 경로를 지나가는 방사선에 의해서만 감광(感光)된다.

그런 경우에도 역시 사진건판에서 흩어진 흔적이 관찰되는데, 말하자면 방사선은 연속된 스펙트럼으로 이루어져 있고 그래서 그것은 방사선의 경로가 그리는 곡률이 큰 범위 사이에서 차이가 남을 알려준다. 그림 24는 베크렐이 구한 그런 종류의 사진을 보여주는데, 이 사진은 사진건판 위에 긴 조각 모양의 종이, 알루미늄 그리고 백금을 올려놓고 구했다.

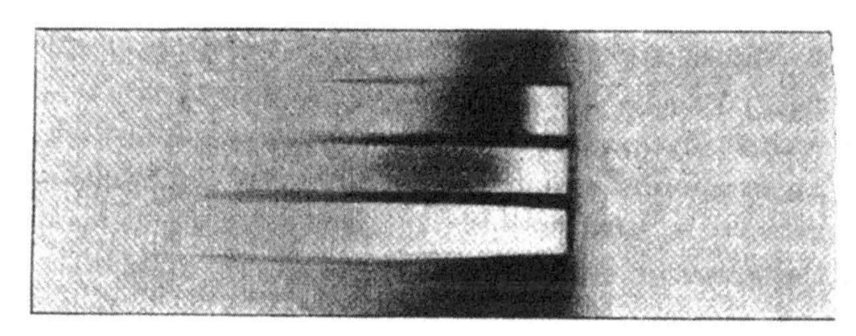

그림 24

만일 사진건판 위에 두께가 다른 스크린을 올려놓는다고 하더라도, 어떤 정해진 거리 이내에서는 사진건판이 별 영향을 받지 않으며, 이 거리는 스크린의 두께가 증가하면 함께 증가한다는 것이 관찰되었다. 그 거리는 방사선의 경로의 곡률 반지름의 두 배라는 것을 바로 알 수 있는데, 그 거리가 스크린을 투과하여 흔적을 만들 때 시작할 수 있는 거리이다.

위에서 시행된 실험들에서 물질에 의해 가장 잘 흡수되는 방사선이 가장 잘 휘어지는 방사선임을 아주 분명하게 보여주었다. 이런 종류의 관찰을 통해서 베크렐은 각 물질마다 서로 다른 두께를 통과한 방사선에 대한 HR 값의 하한(下限) 값이 근사적으로 얼마쯤인지 결정하였다.

그 결과는 아래 표에 나와 있다.

물질	두께(mm)	투과 광선에 대한 *HR*의 하한 값
검정색 종이	0.065	650
알루미늄	0.010	350
알루미늄	0.100	1000
알루미늄	0.200	1480
운모	0.025	520
유리	0.155	1130
백금	0.030	1310
구리	0.085	1740
납	0.130	2610

만일 모든 방사선에 대해 $\frac{e}{m}$가 다 같다면, HR 값은 방사선의 속도에 비례하며, 위의 표로부터 두께가 0.13 mm 인 납을 통과해서 사진건판에 효과를 만들어내기 시작하는 방사선의 속도는 두께가 0.01 mm 인 알루미늄을 통과해서 사진건판에 효과를 만들어내기 시작하는 방사선의 속도의 약 7 배가 되는 것을 알 수 있다. 그런데 이제 곧 82절에서 $\frac{e}{m}$가 모든 속력에 대해 일정한 상수이지 않고 방사선의 속도가 증가하면 감소한다는 것을 보이게 될 것이다. 그런 결과로 서로 다른 방사선의 속도 차이가 위에서 계산한 결과가 가리키는 것처럼 그렇게 크지는 않다. 베크렐은 우라늄에서 나오는 방사선을 조사하고 나서 우라늄에서 나오는 방사선이, 라듐에서 나오는 방사선만큼 복잡하지는 않고, 전체 방사선이 모두 HR 값이 약 2,000 정도인 방사선들로 이루어져 있음을 발견하였다.

78. 전기적 방법에 의한 β선의 조사

방사성 물질에서 방출되는 쉽게 휘어지는 방사선이 존재한다는 사실은 사진건판을 이용한 방법으로 쉽게 알 수 있지만, 그에 더해서, 기체에서 이온화를 유발시키는 투과성 방사선이 사진건판을 감광시키는 원인이 되는 방사선과 같은 종류임을 보이는 것이 필요하다. 그것은 그림 25에 보인 것과 비슷한 배열로 된 장치를 이용하여 편리하게 조사할 수가 있다.

방사성 물질 A는 납으로 만든 두 개의 평행한 판 B와 B' 사이에, 역시 납으로 만든 받침대 B'' 위에 놓여 있다. 방사성 물질에서 나온 방사선은 평행한 두 판 B와 B' 사이를 지나서 시험용 용기의 두 판 P와 P' 사이의 기체를 이온화시킨다. 종이 면에 수직인 방향으로는 자기장이 가해져 있다. 점선으로 된 사각형 $EEEE$는 자석의 극이 놓인 위치를 표시한다. 만일 라듐 화합물 또는 토륨 화합물이 조사 대상이라면, 방사능을 갖는 에머네이션이 시험용 용기로 확산되는 것을 방지하기 위하여 공기를 계속 흘려보내는 것이 필요하다. 우라늄이나 토륨 또는 라듐을 얇은 층으로 만들어 A에 깔아놓았을

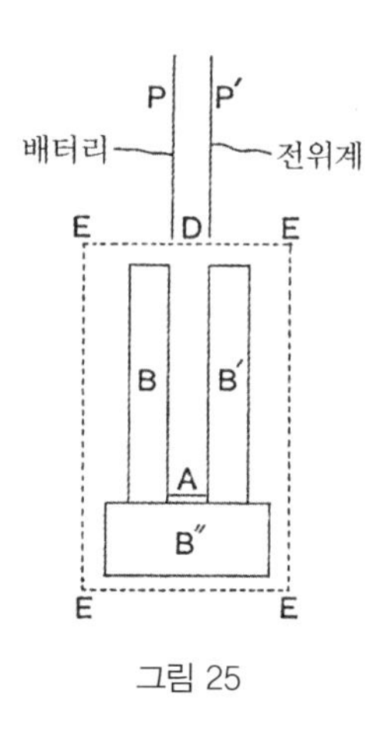

그림 25

때, 시험용 용기에서 이온화는 주로 α선과 β선이 원인으로 작용하여 발생한다. 알루미늄을 두께가 0.1 cm인 얇은 판으로 만들어 방사성 물질을 덮으면 α선은 차단된다. 방사성 물질로 된 층의 두께가 몇 mm를 초과하지 않으면 γ선에 의해 발생하는 이온화는 β선에 의해 발생하는 이온화에 비해 작아서 무시해도 좋다. 자기장의 방향이 방사선이 지나가는 평균 방향과 수직이 되도록 자기장을 가하면, 시험용 용기 내에서 방사선에 의해 발생하는 이온화는 자기장의 세기를 증가시키면 점점 감소하며, 자기장의 세기가 아주 커지면 이온화는 맨 처음 값에 비해 아주 작아진다. 그런 경우에 방사선은 그 경로가 너무 많이 휘어져서 시험용 용기로 들어가는 방사선이 하나도 없게 된다.

이런 방법으로 조사하였더니, 우라늄과 토륨 그리고 라듐에서 나오는 β선은 자기장에 의해 쉽사리 휘어지는 방사선들만으로 구성되어 있음이 발견되었다. 폴로늄에서 나오는 방사선은 전적으로 α선만으로 구성되어 있는데, α선의 휘어짐은 단지 매우 강한 자기장에서만 감지될 수 있었다.

방사성 물질을 덮고 있는 스크린이 제거된 때에는, 강한 자기장 내에서, 용기 내부의 이온화는 주로 α선에 의한 것이다. 보통 실험 조건 아래서, α선은 조금밖에 휘어지지 않기 때문에, 자기장을 훨씬 더 세게 증가시킨다고 하더라도, 용기 내부에서 α선에 의해 발생하는 전류가 눈에 띄게 바뀌지는 않는다.

잘 휘어지는 방사선에 의한 이온화 전류가 크기 때문에, 라듐과 같이 방사능이 매우 강한 물질에 가한 자기장의 효과를 전기적 방법으로 쉽게 보일 수가 있다. 우라늄이나 토륨과 같이 방사능이 작은 물질에서는, 휘어지는 방사선에 의한 이온화 전류가 매우 작고, 그러므로 자기장에서 매우 작은 전류와 관계된 변화를 결정하기 위해서는 민감한 전위계 또는 검전기가 필요하다. 동일한 무게의 산화우라늄에서 나오는 잘 휘어지는 방사선보다 단지 약 $\frac{1}{5}$밖에 안 되는 산화토륨에서 나오는 잘 휘어지는 방사선의 경우에 특별히 그렇게 민감한 전위계나 검전기가 필요하다.

79. 형광 물질을 바른 스크린을 이용한 실험

단지 몇 밀리그램의 순수한 브롬화라듐으로부터 나오는 β선은, 음극선을 쪼이면 빛이 생길 수 있도록 만든 바륨 시안화백금 화합물이나 다른 비슷한 물질에서 강한 형광을 발생시킨다. 브롬화라듐 1센티그램[4]을 사용하면, 그 위에 설치한 스크린에서 발생하는 광도(光度)는 대낮에도 충분히 잘 보인다. 암실(暗室)에서 그런 스크린만 이용하더라도 β선의 성질들 중에서 많은 부분을 간단히 살펴볼 수 있고 β선의 복잡한 성질이 분명히 나타난다. 한쪽 끝이 열려 있는 납으로 만든 짧고 가는 관의 바닥에 소량(少量)의 라듐을 놓는다. 라듐을 넣은 이 납으로 만든 관을 전자석의 두 극 사이에 놓고, 형광 물질을 바른 스크린을 그 밑에 놓는다. 자기장이 없으면 납을 어렵지 않게 통과하는 투과력이 매우 강한 γ선이 스크린에 발생시키는 희미한 광도(光度)가 관찰된다. 전자석에 의한 자기장이 가해지면 스크린의 한쪽에 타원 형태의 영역이 밝게 빛난다(77절). 자기장의 방향을 반대로 하면 밝게 비추는 부분의 방향도 반대로 된다. 밝게 비추는 영역이 넓은 것은 β선이 복잡한 성질을 지니고 있음을 보여준다. 스크린 위에 위치를 바꿔가며 금속 물체를 올려놓으면, 스크린 위를 비추는 그림자의 위치로부터 방사선의 경로를 쉽게 추적할 수 있다. 그림자가 얼마나 짙은지 관찰함으로써, 가장 잘 휘어지는 방사선은 가장 덜 투과하는 방사선임을 알 수 있다.

4) 1센티그램은 100분의 1그램이다.

β선과 음극선의 비교

80. 비교 방법

방사성 물질에서 나오는 β선이 진공관에서 나오는 음극선과 동일한 것인지 아닌지를 확인하기 위해서는 다음과 같은 사항을 분명히 할 필요가 있다.

(1) β선이 나르는 전하가 음극선이 나르는 전하와 똑같이 음전하인지.

(2) β선이 자기장뿐 아니라 전기장에서 휘어지는 모습이 음극선과 똑같은지.

(3) β선에 대한 $\frac{e}{m}$의 비가 음극선에 대한 $\frac{e}{m}$의 비와 똑같은지.

β선이 운반하는 전하

페랭과 J. J. 톰슨의 실험에 의해 음극선은 음전하를 나른다는 것이 밝혀졌다. 추가로, 레나르트는 음극선이 물질로 만든 얇은 판을 통과한 뒤에도 여전히 전하를 나른다는 사실을 밝혔다. 물질이 음극선을 흡수하면 음극선이 나른 전하는 그 물질로 전달된다. 심지어 방사능이 아주 센 라듐 시료로부터 나온 β선이 나르는 총 전하량도, 일반적으로, 진공관에 존재하는 전체 음극선이 나르는 전하에 비해 작아서, 오직 아주 민감한 방법에 의해서만 검출될 수가 있다.

방사능이 매우 강한 라듐을 얇은 층으로 만들어 접지(接地)된 금속판 위에 펴놓아서 β선이 그 금속판 위에 평행하게 놓인, 전위계에 연결된, 다른 금속판에 의해 흡수된다고 가정하자. 만일 그 β선이 음전하로 대전되어 있다면, 위쪽 금속판은 시간이 흐르면 증가하는 음전하를 받게 될 것이다. 그렇지만 두 판 사이에서 β선에 의해 발생하는 막대한 이온화 때문에, 두 금속판 중 어느 한 판에라도 흡수된 전하는 그 양이 얼마든 거의 즉시 흩어져 없어져버린다. 많은 경우에, 금속판은 어떤 종류의 금속으로 판이 만들어졌는지에 따라

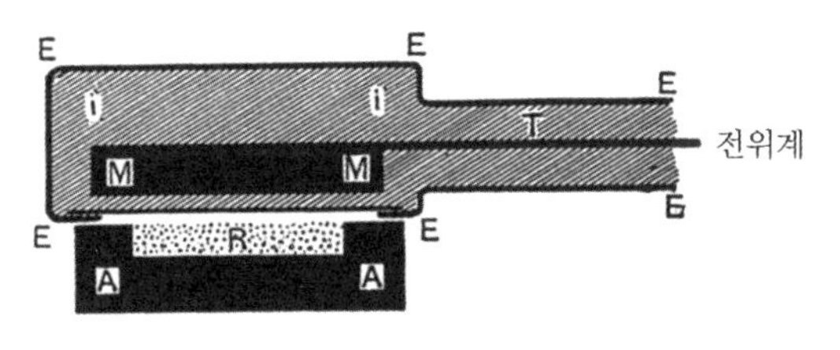

그림 26

어떤 정해진 0보다 더 크거나 0보다 더 작은 퍼텐셜로 대전되지만, 그렇게 대전되는 이유는 두 금속판 사이의 접촉 퍼텐셜 차이 때문이며, β선이 전하를 나르든 나르지 않든 그렇게 대전된다. 금속판에 깔아놓은 방사성 물질 위에 α선은 흡수하지만 β선은 거의 흡수되지 않고 통과시키는 금속 스크린을 덮어놓으면, 기체의 이온화는 상당히 많이 줄어든다.

위쪽 금속판으로 이동한 전하가 빠르게 없어지는 것은, 그 위쪽 금속판 주위의 기체의 압력을 낮게 하거나 그 금속판을 적당한 절연체로 둘러싸는 방법을 이용해서, 상당히 많이 줄일 수가 있다. 퀴리 부부는 위의 두 번째 방법을 이용해서 라듐에서 나오는 방사선이 나르는 전하의 양을 측정하는 실험을 수행하였다.[x]

(그림 26에서) 원형 금속판 MM은 도선 T에 의해 전위계와 연결되어 있다. 원형 금속판 MM과 도선 T는 절연체 ii에 의해 완벽하게 둘러싸여 있다. 이 장치 전체는 접지된 금속 덮개로 둘러싸여 있다. 원형 금속판의 아래쪽에 놓인 절연체와 금속 덮개는 매우 얇다. 그 아래쪽은 납으로 만든 판 AA의 위쪽에 옴폭 들어가게 파인 곳에 깔아놓은 라듐 R로부터 나오는 방사선에 노출되어 있다.

라듐에서 나오는 방사선은 거의 흡수되지 않고 금속 덮개와 절연체를 통과하지만, 그 방사선은 원형 금속판 MM에 의해서는 모두 다 흡수된다. 이 원형 금속판은 시간이 흐르면서 균일한 비율로 음전하를 받아들이고 있음이 관찰되었으며, 이것은 라듐에서 나오는 방사선이 음전하를 나른다는 증거가 된다. 관찰된 전류는 매우 작았다. 방사성 물질 시료로 넓이가 $2.5\ \mathrm{cm}^2$ 이고 두께가 2 mm 인 라듐을 사용할 때, 방사선이 두께가 0.01 mm 인 알루미늄층과 두께가 3 mm 인 에보나이트 층을 통과한 후에 관찰된 전류는 겨우 10^{-11} A 정도였다. 원형 금속판을 납으로 만들거나, 구리로 만들거나, 아연으로 만들거나 측정된 전류는 모두 같았으며, 에보나이트 대신 파라핀을 사용하더라도 결과는 역시 같았다.

퀴리는 다른 실험에서도 역시 라듐 자체가 양전하를 획득한다는 비슷한 성질을 관찰하였다. 이것은 만일 방출하는 방사선이 음전하를 나른다면 당연히 성립해야 하는 성질이다. 만일 단지 β선 하나만 전하를 나른다면, 완벽하게 절연되어 있는 아주 조그만 라듐 덩어리가 전혀 전도성(傳導性)이 없는 매질로 둘러싸여 있더라도, 시간이 흐르면 양(陽)의 퍼텐셜이 아주 높게 올려지게 될 것이다. 그렇지만 α선이 나르는 전하의 부호가 β선이 나르는 전하의 부호와 반대이므로, 그 라듐 덩어리가 결국 얻게 되는 전하가 양전하인지 또는 음전하인지는 α선과 β선이 나르는 전하량의 비가 결정되어야 알 수 있다. 그렇지만 만일 α선은 모두 다 흡수하기에 충분히 두껍지만 β선은 모두 다 통과할 수 있을 정도로 너무 두껍지 않은 절연된 도체 용기 내부에 라듐을 놓는다면, 그 용기는 진공 중에서 양전하를 얻게 될 것이다.

위와 같은 성질을 보여주는 흥미로운 실험 결과가 도른[5)]에 의해 발표되었다.[xi] 소량의 라듐을 봉인된 유리관에 넣고 수 개월 동안 그대로 놓아두었다.

5) 도른(Friedrich Ernst Dorn, 1848-1916)은 독일의 물리학자로 방사능에 대한 초기 연구에 활약했다. 1900년 β선이 전기장에서 휘어지는 실험을 수행하여 그 본성이 무엇인지 규명하고 라돈을 발견하는 데 기여하였다.

유리를 자르는 줄을 이용하여 유리관을 열었더니, 유리관이 쪼개지는 순간 밝은 전기 방전이 일어났는데, 그것은 유리관 내부와 지구 사이에 퍼텐셜 차이가 몹시 크다는 것을 보여준다.

이 경우에, α선은 유리관의 벽에 의해 흡수되었지만, 대부분의 β선은 유리관 벽을 통과하여 밖으로 나갔다. 그래서 시간이 흐르면서 유리관의 내부는 0보다 더 높은 큰 퍼텐셜로 대전되었고, 그렇게 음전하가 밖으로 통과해 나가는 비율과 유리관의 벽을 통하여 양전하가 새어나가는 비율이 같아지면 평형 상태에 도달하게 된다. 유리관의 외부 표면은 주위 공기의 이온화 때문에 항상 퍼텐셜이 실질적으로 0이 된다.

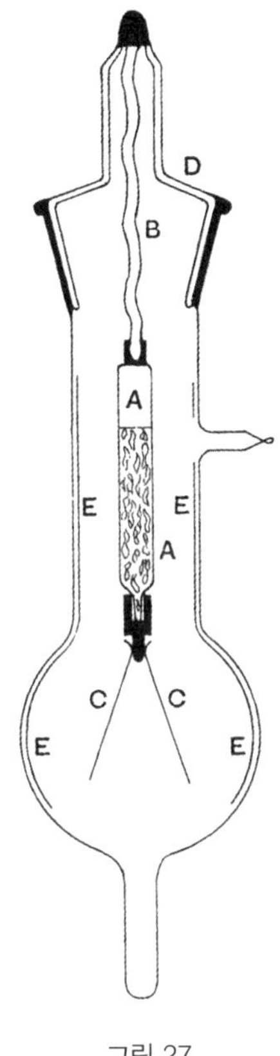

그림 27

최근에 스트럿은 모든 α선을 흡수할 만큼 충분히 두껍지만 대부분의 β선이 통과해 나갈 정도로 얇은 덮개로 둘러싼 라듐 시료가 양전하를 획득한다는 것을 좀 더 분명하게 보여주는 간단하고도 놀라운 실험에 대해[xii] 설명하였다. 그림 27에 사용된 실험 장치가 분명히 그려져 있다. 라듐이 들어 있는 봉인된 유리관 AA의 한쪽 끝에는 도체를 지나 한 쌍의 얇은 금박(金箔)이 연결되어 있고, 그 전체가 더 큰 관 내부에 석영(石英) 막대 B에 의해서 설연뇌어 있나. 그 큰 관의 내부 표면은 접지된 주석으로 만든 박막(薄膜) EE를 입혀놓았다. AA의 유리로 된 표면은 인산(燐酸)을 얇게 입혀서 도체로 만들어놓았다. 바깥쪽 관에 들어 있는 공기는, 기체의 이온화를 줄이고 그 결과로 금박이 갖고 있는 전하가 조금이라도 없어지는 것을 방지하기 위해서, 수은 펌프를 이용하여 가능한 한 모두 다 뽑아내었다. 금박을 20시간이 지난 뒤에 관찰하였더니 상당히 많은 양의 양전하를 획득하였음을 보여주었다. 이 실험에서 스트럿은 방사능이 우라늄이 갖는 방사능의 단지 100배에 지나지 않은 라듐을 포함한 바륨 $\frac{1}{2}$ 그램을 사용하였다.

만일 유리관 안이 순수한 브롬화라듐 30 mgr으로 채워져 있었다면, 약 1분 안에 금박은 최대로 벌어진다. 이 금박이 어떤 정해진 각도만큼 벌어졌을 때 접지된 금속 조각과 접촉할 수 있도록 설계한다면, 이 장치를 자동으로 동작하게 만들 수 있다. 금박이 양쪽으로 벌어지고, 금속 조각에 접촉하고, 금박은 즉시 오므라든 금박의 이런 주기적인 움직임은, 무한히 오래는 아니더라도, 라듐이 지속되는 한, 어떤 비율로도 계속될 수가 있다. 이런 "라듐 시계"는 몇 년이 지나더라도 확인할 수 있는 한 균일하게 동작할 것이지만, 나중에 (254절에서) 설명될 증거에 의하면, 같은 시간 간격 동안에 β선이 방출되는 수는 시간이 흐르면 지수법칙에 의해 감소해서 약 1200년 뒤에는 그 수가 절반으로 감소할 것이라고 믿을 만한 이유가 있다. 그래서 금박이 같은 동작을 반복하는 주기(週期)는 시간이 흐르면 조금씩 증가하고 궁극적으로는 이 효과가 관찰되지 않을 정도로 작게 감소할 것이다.

이런 라듐 시계의 동작이 현재까지 알려진 것들 중에서 적어도 겉보기로는 영구 기관에 가장 근접한 것이다.

빈은 라듐에서 나오는 β선이 나르는 전하의 양이 얼마인지 측정하였다.[xiii] 백금 용기에 밀폐시켜놓은 소량의 라듐이 유리로 만든 원통 관의 내부에 절연된 줄에 의해 매달려 있고, 유리 원통 내부는 압력이 아주 낮아질 때까지 공기를 제거하였다. 필요하다면 관을 기울이는 방법으로 백금 용기와 외부 유리 원통에 부착된 전극을 서로 접촉시킬 수가 있다. 빈은 양호한 진공 조건에서 백금 용기가 약 100볼트까지 대전되는 것을 관찰하였다. 브롬화라듐 4 mgr을 포함하고 있는 백금 용기로부터 음전하가 빠져나가는 비율은 2.91×10^{-12} A에 해당하였다. 만일 한 입자가 나르는 전하가 1.1×10^{-20} 전자 단위라고 하면, 위의 전류는 매초 2.66×10^7개의 입자가 빠져나가는 것에 해당한다. 브롬화라듐 1 gr에서 빠져나가는 입자의 수는 매초 6.6×10^9개가 된다. β선들 중에서 일부는 라듐을 담아놓은 용기의 벽을 통과하면서 흡수되기도 하고 라듐 자체에 의해서 흡수되기도 하기 때문에, 브롬화라듐 1 gr에서 실제로 튀어나오는 β선의 수는 위에서 구한 값보다 더 커야만 한다. 이 책의 저자는 그 점에 대해 확인하였다. 이때 채택된 방법은 β선의 흡수를 최소로 줄였는데, 그랬더니 방사능 평형 상태에서 브롬화라듐 1 gr으로부터 매초 방출되는 β선의 총 수는 4.1×10^{10}개, 즉 빈이 측정한 값의 대략 여섯 배인 것으로 확인되었다. 현 단계에서 위에서 채택한 방법을 자세히 설명하는 것보다는 나중에 253절에서 설명하는 것이 훨씬 더 유리하므로 그때까지 기다리기 바란다.

81. $\frac{e}{m}$의 결정

우리는 (50절에서) 축전기의 두 판 사이를 음극선이 지나가면서 양(陽)으로 대전된 판 쪽으로 휘어지는 것을 보았다. 라듐에서 나오는 β선이 자기장을 지나가면서 휘어지는 것이 발견된 직후에, 도른[xiv]과 베크렐[xv]은 β선이 전기장을 지나가면서도 휘어지는 것을 보였다.

전기장에서 휘어지는 정도와 자기장에서 휘어지는 정도를 분리해서 측정한 뒤에, 베크렐은 튀어나온 입자의 전하와 질량의 비 $\frac{e}{m}$값과 속력을 결정할 수가 있었다. 연직 평면에 세워지고 파라핀 상자로 절연된 높이가 3.45 cm인 구리로 만든 두 개의 직사각형 판을 1 cm 간격을 두고 세워놓았다. 두 판 중에서 하나는 유도 기전기(起電機)를 이용하여 높은 퍼텐셜로 대전시켰고 다른 판은 접지시켰다. 납으로 만든 판의 가운데를 구리판에 평행한 방향으로 좁게 움푹 판 곳에 방사성 물질을 놓고 그것을 두 구리 판 사이의 중간에 놓았다. 검정색 종이로 둘러싼 사진건판을 방사성 물질이 놓인 판 위에 수평으로 놓았다. 그렇게 얻은 크고 벌어진 방사선 빛줄기가 전기장에서 휘어졌지만, 휘어진 정도는 단지 몇 밀리미터 정도이고 측정하기도 어려웠다. 마지막으로 채택된 방법은 방사성 물질 위에 운모(雲母)로 만든 얇은 스크린을 연직 방향으로 세워서 주위 공간을 두 개의 동일한 부분으로 나누는 것이었다. 그러면 전기장을 가하지 않는 경우에, 그 판 위에 좁은 직사각형 그림자가 만들어졌다.

그다음에 전기장을 가하면, 방사선은 휘어지고 그 빛줄기의 일부는 운모로 만든 스크린에 의해 저지되었다. 그래서 이번에도 역시 그 판 위에 그림자가 생겼는데, 그 그림자가 휘어지는 방향과 가장 적게 휘어지는 방사선을 가리켜주었고, 그 방사선이 검정색 종이를 통과하여 사진건판을 감광시켰다.

만일 질량이 m이고 전하가 e인 입자가 세기가 X인 전기장에 수직인 방향으로 속도 u로 들어간다면, 가속도 α의 방향은 전기장 방향과 같고 그 크기는

$$\alpha = \frac{Xe}{m}$$

으로 주어진다. 입자는 전기장 방향과 평행한 방향을 향하는 일정한 가속도로 움직이기 때문에, 이 입자의 경로는 높은 곳에서 일정한 속도로 수평 방향을 향하여 던져서 중력을 받으며 떨어지는 물체의 경로와 똑같다. 그래서 이 입자의 경로는 포물선을 그리는데, 그 포물선의 축은 전기장의 방향과 평행한 방향이고, 그 포물선의 꼭짓점은 입자가 전기장으로 처음 들어온 위치에 놓인다. 전기장의 방향과 평행하게 전기장에 들어온 방사선이 거리 l만큼 진

행한 다음 휘어지는 선형(線形) 편차 d_1는

$$d_1 = \frac{1}{2}\frac{Xe}{m}\frac{l^2}{u^2}$$

으로 주어진다. 입자가 전기장인 곳에서 나가면, 그 입자는 바로 전기장에서 벗어나는 그 점에서 경로에 접하는 방향을 향하여 계속 똑바로 진행한다. 만일 θ가 그 점에서 경로의 각 편차라면

$$\tan\theta = \frac{eXl}{mu^2}$$

이 된다. 사진건판은 전기장이 가해진 공간의 맨 위에서 거리가 h만큼 더 높은 곳에 놓여 있다. 그래서 원래 경로로부터 거리가 d_2인 곳에서 사진건판과 충돌하는데 그 거리는

$$\begin{aligned} d_2 &= h\tan\theta + d_1 \\ &= \frac{Xle}{mu^2}\left(\frac{l}{2} + h\right) \end{aligned}$$

로 주어진다.

실험하는 데 이 값들은

$$d_2 = 0.4 \text{ cm}$$
$$X = 1.02 \times 10^{12}$$
$$l = 3.45 \text{ cm}$$
$$h = 1.2 \text{ cm}$$

와 같았다. 만일 동일한 방사선이 방사선의 경로와 수직인 방향으로 가해진 세기가 H인 자기장에서 지나가는 경로의 곡률 반지름이 R이면

$$\frac{e}{m} = \frac{u}{HR}$$ [6)]

이 성립한다. 이 두 식을 결합하면 입자의 속도 u는

$$u = \frac{Xl\left(\frac{l}{2}+h\right)}{HRd_2}$$

가 된다. 방사선의 복잡한 빛줄기 중에서 어느 부분이 전기장에 의해 휘어진 편차를 결정하고 어느 부분이 자기장에 의해서 휘어진 편차를 결정하는지 구분하는 일이 쉽지 않았다. 베크렐은 전기장에 의해 휘어진 방사선에 대한 HR 값이 약 1,600 C.G.S. 단위일 것으로 추산하였다. 그 결과

$$u = 1.6 \times 10^{10}\ \mathrm{cm/s}$$

$$\frac{e}{m} = 10^{7}$$

을 얻었다. 이와 같이 이 방사선들의 속도는 빛의 속도의 절반보다 더 빨랐고 겉보기 질량은 음극선 입자의 질량과 거의 같아서 수소 원자 질량의 약 $\frac{1}{1,000}$ 정도가 되었다. 그러므로 β선은 모든 측면에서 음극선과 비슷했는데, 단지 속도만 달랐다. 진공관 내에서 음극선의 속도는 일반적으로 약 $2 \times 10^{9}\ \mathrm{cm/s}$이다. 강한 전기장이나 자기장이 가해진 특별한 관에서는 음극선의 속도가 약 $10^{10}\ \mathrm{cm/s}$까지 빨라지기도 한다. 그렇다면 이 β입자들은 진공관에서 전기 방전에 의해 자유롭게 떨어져 나온 전자(電子)와 똑같은 독립적인 음전하를 지닌 개체로 행동한다. 라듐으로부터 튀어나온 전자들은 V를 빛의 속력이라고 할 때 약 $0.2\,V$로부터 최소한 $0.96\,V$까지 이르는 속도로 움직이며, 그러므로 진공관에서 발생하는 전자들의 속도에 비하여 훨씬 더 큰 평균 속력을 갖는다. 이렇게 움직이는 전자들은 진공관에서 발생하는 더 느린 전자들에 비해 물질에 흡수되기 전까지 훨씬 더 두꺼운 두께의 판을 통

6) 원본에는 이 식이 $\frac{e}{m} = \frac{V}{HR}$로 되어 있는데, 여기서 V는 u를 잘못 쓴 것으로 보인다.

과할 수가 있지만, 이 차이는 단순히 정도의 차이이지 종류가 다른 것은 아니다. 전자들이 라듐으로부터 끊임없이 그리고 매우 빠른 속도로 저절로 튀어나오기 때문에, 전자들은 튀어나오는 물질 자체로부터 자신들이 움직이는 에너지를 획득하는 것이 틀림없다. 이렇게 빠른 전자의 속도가 전자에 갑자기 부여되지는 않았을 것이라는 결론을 피하기가 어렵다. 속도를 그렇게 갑자기 획득했다는 것은 굉장히 많은 에너지가 그것도 순식간에 아주 작은 입자에 집중되었음을 의미하는데, 그보다는 전자가 방출되기 전에 원자 내에서 아주 빠른 회전 운동 또는 진동 운동을 하고 있었으며, 어떤 알지 못하는 방법에 의해서 전자의 궤도로부터 갑자기 빠져나온 것이라고 생각하는 것이 더 그럴듯하다. 이런 견해에 따른다면, 전자(電子)의 에너지가 갑자기 없던 데서 생긴 것이 아니라, 전자가 속한 시스템으로부터 빠져나오면서 비로소 그 모습을 분명히 드러낸 것이다.[7)]

82. 전자(電子)의 속도에 따른 $\frac{e}{m}$의 변화

라듐이 빛의 속력의 $\frac{1}{5}$과 $\frac{9}{10}$ 사이에서 변하는 속력으로 전자를 방출시킨다는 사실을 이용하여 카우프만은 전자의 $\frac{e}{m}$의 비가 전자의 속력에 따라 변하는지를 조사하였다.[xvi] 우리는 (48절에서) 전자기 이론에 따르면 움직이고 있는 전기를 띤 전하는 마치 그것이 겉보기 질량을 갖는 것처럼 행동한다는 것을 보았다. 물체의 반지름이 a일 때, 속력이 작으면 그런 추가의 전기적 질

7) β 입자가 원래 원자 내부에서 빠르게 운동하다가 나오면서 그 에너지를 함께 가지고 나온 것이라는 생각은 잘못된 것이다. 오늘날 알려진 것에 의하면, 방사성 원소에서 나오는 β 입자는 원자핵에서 중성자가 양성자와 전자로 바뀌면서 원자핵에 존재할 수 없는 전자가 방출된 것이다.

량은 $\frac{2}{3}\frac{e^2}{a}$ 와 같지만, 속도가 빛의 속력에 접근할 정도로 빨라지면 그 겉보기 질량은 급격히 증가한다. 그래서 전자(電子)의 질량이 부분적으로는 역학적인 원인으로 생겼지만 부분적으로는 전기적 원인으로 생겼는지, 아니면 종전의 질량 개념과는 전혀 무관하고 단지 움직이는 전기가 원인이 되어 생겼다고 설명할 수 있는지에 대한 문제를 해결하는 과제가 매우 중요하다.[8)]

속력에 따라 변하는 질량을 표현하는 약간 다른 공식을 J. J. 톰슨과 헤비사이드 그리고 설이 유도하였다. 카우프만은 그의 결과를 해석하는 데 M. 에이브러햄이 유도한 공식[xvii]을 이용하였다.

이제 다음과 같이 정하자.

m_0 = 느린 속력으로 움직이는 전자의 질량

m = 어떤 속력에서든 전자의 겉보기 질량

u = 전자의 속도

V = 빛의 속도

그리고 $\beta = \frac{u}{V}$ 라고 놓으면

$$\frac{m}{m_0} = \frac{3}{4}\psi(\beta) \quad \cdots\cdots\cdots\cdots (1)$$

임을 보일 수 있는데, 여기서

$$\psi(\beta) = \frac{1}{\beta^2}\left[\frac{1+\beta^2}{2\beta}\log\frac{1+\beta}{1-\beta} - 1\right] \quad \cdots\cdots\cdots\cdots (2)$$

이다.

8) 오늘날에는 전자의 질량이 역학적 원인 때문에 생긴 것도 아니고 전기적 원인 때문에 생긴 것도 아님을 알게 되었다.

전자(電子)의 전하 e와 질량 m의 비 $\frac{e}{m}$와 전자의 속도 u를 실험으로 구하는 방법은 교차 스펙트럼 방법과 비슷하다. 방사능이 매우 강력한 라듐 일부를 황동으로 만든 상자의 바닥에 놓았다. 라듐에서 나온 방사선은 절연된 채로 약 1.2 mm 간격으로 떨어뜨려놓은 두 개의 황동 판 사이를 지나갔다. 이 방사선은, 지름이 약 0.2 mm 인 작은 관을 포함하고 있는, 백금으로 만든 칸막이 판에 떨어졌는데, 좁은 방사선이 이 관을 지나갔다. 작은 관을 통과한 방사선은 그다음에 얇은 알루미늄 껍질로 둘러싸인 사진건판에 충돌하였다.

이 실험에서 칸막이 판은 방사성 물질로부터 거리가 약 2 cm 되는 곳에 놓였고 사진건판으로부터도 같은 거리만큼 떨어져 있었다. 이 장치 전체를 진공 속에 놓고서 전기 방전을 일으키지 않으면서 황동 판 사이의 퍼텐셜 차이를 2,000 V 에서 5,000 V 까지 높일 수 있었다. 그 방사선은 전기장을 지나가면서 경로가 휘어졌고, 사진건판에는 전기적(電氣的) 스펙트럼이라고 부르면 좋을 만한 것이 만들어졌다.

만일 전자석을 이용하여 전기장의 방향과 평행한 방향을 향하는 자기장을 만들어 전기장과 중첩시키면, 전기적 스펙트럼과는 수직인 방향으로 자기적(磁氣的) 스펙트럼이 구해진다. 그리고 두 가지 스펙트럼이 결합하여 사진건판에는 곡선이 나타난다. 거기에 추가로 자기장의 방향을 반대로 하여 사진건판에

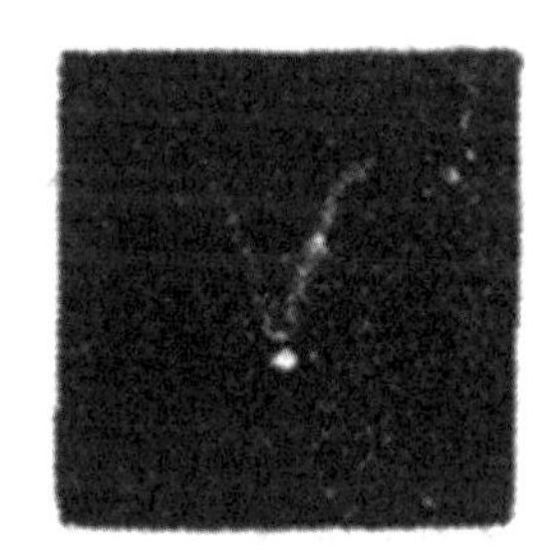

그림 28

새겨진 이중(二重) 흔적이 그림 28에 나와 있다. 약간의 작은 보정(補正)을 무시하고, 만일 y와 z가 각각 전기적 편차와 자기적 편차라면

$$\beta = \kappa_1 \frac{z}{y} \quad \cdots\cdots\cdots\cdots (3)$$

$$\frac{e}{m} = \kappa \frac{z^2}{y} \quad \cdots\cdots\cdots\cdots\cdots\cdots (4)$$

임을 어렵지 않게 보일 수 있다.

이 두 식을 (1)식과 결합하면

$$\frac{y}{z^2 \psi\left(\kappa_1 \frac{z}{y}\right)} = \kappa_2 \quad \cdots\cdots\cdots\cdots\cdots\cdots (5)$$

를 얻는데, 여기서 κ, κ_1, κ_2는 상수이다.

(5)식은 전자기 이론에 의해 얻는 사진건판에 나타나는 곡선을 표현하는 식이다. 이 식이 나타내는 궤적과 사진건판에서 얻은 실제 곡선을 비교하였더니 잘 들어맞았다.

이와 같은 방법으로 카우프만[xviii]은 전자(電子)의 속력이 증가하면 $\frac{e}{m}$값은 감소하는 것을 발견하였는데, 이것은 전하가 일정하다는 가정 아래서 전자의 속력이 증가하면 전자의 질량은 증가한다는 것을 보여준다.

아래 표에 나오는 숫자들이 그런 방법으로 얻은 예비적 결과 중 일부이다.

전자의 속도	$\frac{e}{m}$
매초 2.36×10^{10} cm	1.31×10^{7}
매초 2.48×10^{10} cm	1.17×10^{7}
매초 2.59×10^{10} cm	0.97×10^{7}
매초 2.72×10^{10} cm	0.77×10^{7}
매초 2.85×10^{10} cm	0.63×10^{7}

음극선의 경우에 S. 사이먼[xix]은 전자들의 평균 속력이 약 7×10^{9} cm/s 일 때 $\frac{e}{m}$값으로 1.86×10^{7}을 얻었다.

방사능이 아주 강한 라듐을 이용한 다음번 논문에서 정확한 측정이 가능한 좀 더 만족스러운 사진을 얻었다.[xx] 그 곡선에 대해 주어진 식이 실험 결과와 만족스럽게 일치하는 것이 발견되었다.

카우프만의 결과로부터 얻은 아래 표는 이론으로 구한 값과 실험으로 구한 값이 일치하는 것을 보여준다. 이 표에서 u는 전자의 속도이고 V는 빛의 속도이다.

$\frac{u}{V}$ 값	$\frac{m}{m_0}$의 관찰된 값	이론값과 백분율 차이
작음	1	
0.732	1.34	−1.5%
0.752	1.37	−0.9%
0.777	1.42	−0.6%
0.801	1.47	+0.5%
0.830	1.545	+0.5%
0.860	1.65	0 %
0.883	1.73	+2.8%
0.933	2.05	−7.8% ?
0.949	2.145	−1.2%
0.963	2.42	+0.4%

이와 같이 관찰된 값과 계산된 값 사이의 평균 백분율 오차는 1%보다 많이 더 크지는 않다. 전자의 속도가 빛의 속도에 아주 가까이 근접하여야 비로소 $\frac{m}{m_0}$값이 커진다는 사실은 아주 놀랍다. 전자의 속도가 얼마나 빨라야 $\frac{m}{m_0}$ 값이 커지기 시작하는지는 아래 표를 보면 알 수 있는데, 이 표에는 전자의 서로 다른 속도에 대응하는 계산된 $\frac{m}{m_0}$값이 나와 있다.[9)]

$\frac{u}{V}$값	작음	0.1	0.5	0.9	0.99	0.999	0.9999	0.999999
$\frac{m}{m_0}$의 계산 값	1.00	1.015	1.12	1.81	3.28	4.96	6.68	10.1

이처럼 전자의 속도가 빛의 속도의 0배에서 $\frac{1}{10}$배까지는 전자의 질량이 실질적으로 변하지 않고 일정하게 유지된다. 전자의 빠르기가 빛의 속도의 약 절반쯤이면 전자의 질량이 눈에 띄게 증가하며, 전자의 속도가 빛의 속도에 근접하도록 점점 더 빨라지는 동안에도 전자의 질량은 꾸준히 증가한다. 이론적으로는 전자가 빛의 속도로 움직이면 전자의 질량이 무한히 커지는데, 그렇지만 위의 결과에 의하면 전자의 속도가 빛의 속도에 비해 100만분의 1만큼만 더 작아도 전자의 질량은 전자가 느리게 움직일 때 질량의 단지 10배밖에 안 된다.[10]

그러므로 위의 결과는 전자의 질량이 전적으로 전기적 기원으로부터 비롯되었으며 순전히 운동하는 전기에 의해서 설명될 수 있다는 견해와 일치한다.[11] 위의 결과로부터 전자의 속력이 느리면 $\frac{e}{m_0}$값은 1.84×10^7인데, 이 값은 사이먼이 음극선에 대해 구한 값인 1.86×10^7과 아주 잘 일치한다.

전자가 나르는 전하가 반지름이 a인 구 내부에 균일하게 분포되어 있다고

9) 이 $\frac{m}{m_0}$값은 이 책이 출판된 직후 발표된 아인슈타인의 특수 상대성이론에 의해 $\gamma = \frac{1}{\sqrt{1-(u/V)^2}}$과 같음을 알게 되었다. $\frac{u}{V} = .1,\ .5,\ .9,\ .99,\ .999,\ .9999,\ .999999$와 같을 때 $\gamma = \frac{m}{m_0}$값은 각각 1.005, 1.15, 2.29, 7.09, 22.4, 70.7, 707이다.

10) 오늘날 알려진 특수 상대성이론에 의하면 $u = 0.999999V$일 때 $\frac{m}{m_0} = 10.1$이 아니라 $\frac{m}{m_0} = 707$이다.

11) 오늘날 움직이는 속력에 따른 질량의 증가는 순전히 특수 상대론적인 효과임이 밝혀졌다. 즉 질량도 에너지의 한 형태로, 입자가 움직이면 정지 질량에너지와 운동에너지를 합한 것이 상대론적 질량에너지가 된다.

가정하면, 빛의 속도에 비해 느린 속력에 대해서, 전자의 겉보기 질량은 $m_0 = \frac{2}{3}\frac{e^2}{a}$이다. 그러므로

$$a = \frac{2}{3}\frac{e^2}{m_0}$$

가 된다. e의 값이 1.13×10^{-20}이라면, 반지름 a는 1.4×10^{-13} cm가 된다. 그래서 전자(電子)의 지름은 원자의 지름에 비하여 아주 작다.

83. β입자의 속도 분포

최근에 파셴[12]은 라듐으로부터 서로 다른 속력으로 튀어나오는 β입자의 상대적 수(數)를 조사하기 위한 흥미로운 실험을 수행하였다.[xxi] 그 실험 장치가 그림 29에 나와 있다.

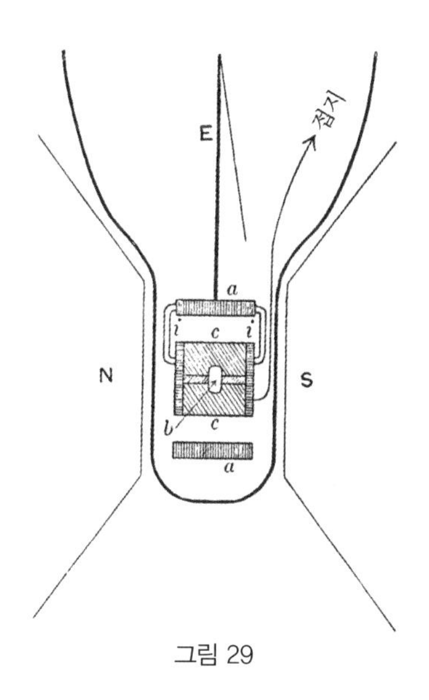

그림 29

12) 파셴(Friedrich Paschen, 1865-1947)은 독일의 실험 물리학자로 분광학 분야에서 중요한 기여를 하였고 수소 원자에서 나오는 선스펙트럼 중에서 파셴 계열을 발견한 사람이다.

표면에 은(銀)을 입힌 얇고 작은 유리관 b에 브롬화라듐 15 mgr을 담아, 단면 지름이 2 cm, 길이가 2.2 cm인 원통의 겉면에 배열한 많은 수의 납으로 만든 창살 속에 놓았다. 자기장을 가하지 않았을 때, 라듐에서 튀어나온 β 입자들은 열린 틈들을 통과해서 바깥쪽에 놓인 단면의 안쪽 지름이 3.7 cm이고 두께가 5.5 mm인 납으로 만든 동축 원통 aa에서 흡수되었다. 이 바깥쪽 원통은 석영으로 만든 막대 ii에 의해서 안쪽 원통 cc와 단단하게 연결되었으며, 석영 막대 ii는 연결한 원통을 절연시키는 역할도 함께 수행한다. 원통 c와 라듐은 접지되었다. 금박(金箔) 검전기 E가 a에 연결되어 있고, 장치 전체는 수은 펌프를 이용하여 공기를 배출시켜서 내부가 아주 낮은 진공 상태인 유리로 만든 용기 속에 들어 있다. 유리 용기는 전자석에 의해 형성된 균일한 자기장 아래 놓여 있으며 납으로 만든 원통의 중심축이 자기장의 방향과 평행한 방향으로 놓여 있었다.

바깥쪽 원통은 그 원통에 흡수된 입자들에 의해서 음전하를 얻는다. 바깥쪽 원통에 연결된 금박이 벌어지는 것으로부터 그 원통에 음전하가 들어온 것을 알게 되는데, 이 음전하는 통과하는 β선에 의해서 주위에 남아 있는 기체에 발생되는 소량의 이온화에 의해서 흩어진다. 처음 0보다 더 큰 퍼텐셜과 0보다 더 작은 퍼텐셜로 교대로 대전될 때 금박이 벌어지고 오므라드는 비율을 관찰해서 기체의 그러한 행동을 제거할 수 있다. 금박이 벌어지는 비율과 오므라드는 비율의 평균은 납으로 만든 원통에 음전하를 넘겨주는 β입자들의 수(數)에 비례한다. 이것이 왜 성립하는지를 설명하기는 어렵지 않은데, 입자가 넘겨주는 전하가 양전하이면 기체의 이온화는 금박이 벌어지는 비율을 더 빠르게 하고, 그 전하가 음전하이면 금박이 벌어지는 비율을 똑같은 정도로 더 느리게 만들기 때문이다.

자기장이 가해질 때, 개별적인 입자 하나하나는 그 입자의 속도에 따라 의존하는 곡률 반지름으로 정해지는 곡선을 그리며 움직인다. 자기장의 세기가 약하면, 속도가 가장 느린 입자들만 바깥쪽 원통과 충돌하지 않을 정도로 입자가 움직이는 경로가 충분히 휘어지지만, 자기장의 세기를 높이면, 바깥쪽 원통과 충돌하지 않는 입자들의 수가 증가하고, 자기장의 세기를 충분히 높게 하면 결국 모든 β입자가 바깥쪽 원통에 도달하지 못한다. 자기장의 세기를 증가시키면 바깥쪽 원통이 얻는 전하가 감소하는 모습이 그림 30의 곡선 I에 그래프로 표시되어 있다.

세로축은 납으로 만든 원통이 매초 얻는 전하를 임의의 단위로 표시하며, 그래서 원통에 도달하는 β입자의 수(數)를 알려준다. 장치의 크기를 알고, 카우프만이 발견한 $\frac{e}{m}$값이 옳다고 가정하면, 자기장의 세기가 얼마이든지, 그 자기장의 세기에 대해 납으로 만든 원통에 도달하지 못하는 입자의 최소 속도를 구할 수가 있다. 그림 30의 곡선 II는 곡선 I을 한 번 미분한 것인데, 그

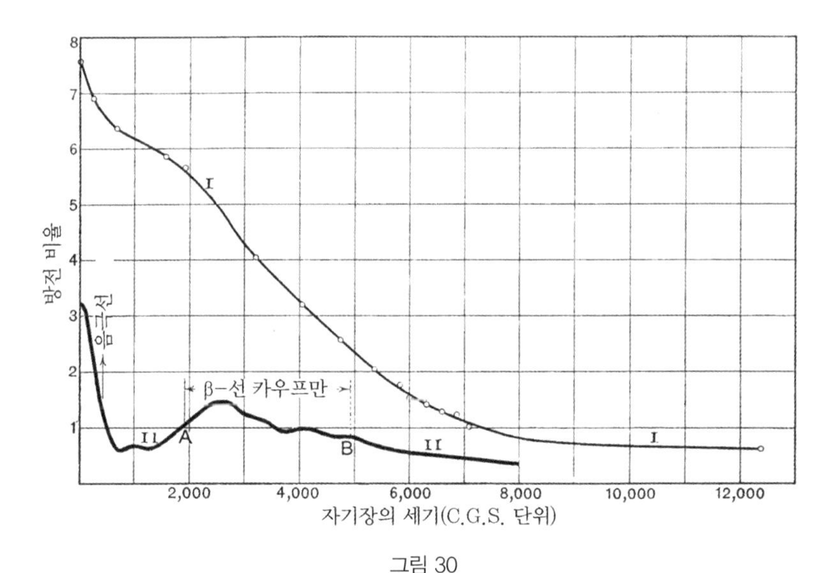

그림 30

러면 세로축은 튀어나온 β입자의 상대적인 수(數)를 속도의 함수로 보여준다.

카우프만이 제공한 자료로부터(82절을 보라), 파센은 카우프만이 조사했던 속도가 2.12×10^{10} cm/s에서 2.90×10^{10} cm/s 사이에 속하는 방사선들의 그룹이, 자기장의 세기가 1,875 C.G.S. 단위에서 4,931 C.G.S. 단위 사이일 때 납으로 만든 원통으로부터 완전히 휘어진 방사선들의 그룹에 해당한다고 추론하였다. 라듐에서 튀어나오는 β입자들을 휘어지게 만들기 위해 필요한 자기장의 세기가 최소 7,000 C.G.S. 단위이기 때문에, 파센은 β입자들이 카우프만이 기록했던 최대 속도보다 더 빠른 속도로 라듐에서 튀어나온다고 결론지었다.

파센은 위에서 고려한 것보다 더 세기가 센 자기장에서도 측정되는 약간의 전하는 대체로 γ선 때문에 생긴 것이라고 생각하였다. 그 효과는 별로 크지 않고, 그 전하는 아마도 γ선이 실제로 나르는 전하 때문에 생긴 것이 아니라 γ선이 유발한 2차 효과 때문에 생긴 것일지도 모른다. 이 문제에 대해서는 112절에서 더 자세히 논의될 예정이다.

라듐에서 튀어나온 β입자들 중에서도 진공관에서 방출된 전자들의 속력과 비슷한 느린 속도로 움직이는 그룹도 존재한다. 속도가 그렇게 느린 결과로, 아마도 라듐에서 가까운 거리에서 이온화의 상당 비율이 β선에 의해 발생할 수도 있다. 왜냐하면 (103절에서) 전자들이 지나가는 단위 경로마다 전자(電子)에 의해 발생하는 이온화가, 어떤 정해진 한계 값보다 더 빠른 속도에서는, 속도가 증가할수록 꾸준히 감소함을 알게 될 것이기 때문이다. 그런 결과는 물질을 통과하는 β선이 흡수되는 것에 대한 실험에 의해서 확인되기도 하였다.

파센의 실험에서, 라듐이 들어 있던 유리관의 두께는 0.5 mm이어서, 느린 속도의 β입자들 중에서 상당히 많은 부분이 유리관에 의해 정지되었음이

틀림없다. 그 결과는 앞으로 85절에서 설명될 예정인 자이츠가 나중에 수행했던 일부 실험에 의해 옳다는 것이 확인된다.

84. 물질에 의한 β선의 흡수

β입자가 기체를 통과하면 이온이 발생하고 그 결과로 β선의 운동에너지는 감소한다. β선이 고체로 된 매질이나 액체로 된 매질을 통과할 때도 역시 비슷한 행동이 일어나며, 아마도 흡수되는 메커니즘은 모든 경우에 다 비슷할지 모른다. 입자들 중에서 일부는 물질을 통과하면서 완전히 정지하지만, 반면에 일부 다른 입자들은 단지 속도가 느려진다. 그에 추가로, 물질 내부를 지나가면서 방사선이 현저하게 산란되기도 하고 반사되어 확산되기도 한다. 그런 산란이 일어나는 정도는 물질의 밀도에 의존하며 방사선이 물질로 들어오는 입사각에도 의존한다. 방사선의 그러한 산란에 대해서는 나중에 111장에서 다시 논의된다.

β선의 흡수가 어느 정도인지를 측정하는 일반적인 방법이 두 가지가 있다. 첫 번째 방법에서는, 방사성 물질을 서로 다른 물질과 두께로 된 여러 종류의 스크린으로 덮고서, 조사 대상 용기에서 이온화 전류를 측정한다. 이 용기에서 이온화는 물질을 통과하는 β입자의 수(數)와, 또한 단위 길이마다 β입자에 의해 만들어지는 이온의 수(數)의 두 가지에 의존한다. 전자(電子)에 의해 발생하는 이온화가 전자의 속도에 따라 어떻게 변하는지에 대한 어떤 확실한 정보도 없다면, 그런 실험으로부터 아주 확실한 결론을 내릴 수는 없다.

순수한 브롬화라듐의 출현으로 물질의 두께가 주어질 때, 튀어나온 방사선에 의해 운반된 음전하를 측정함으로써, 그 두께의 물질을 통과하면서 흡수되는 전자의 실제 수(數)를 결정하는 것이 가능해졌다. 자이츠가 그런 종류의 실험을 수행했으며 그에 대해 나중에 설명될 예정이다.

β선의 흡수를 측정하는 그러한 두 가지 방법은 원칙적으로 분명하게 구별되며, 그 두 경우에 따로 구한 흡수 계수의 값이 반드시 같을 것으로 기대할 수는 없다. 물질에 의해 전자가 흡수된다는 전체 주제 자체가 매우 복잡하며, 방사성 물질에 의해 방출되는 β선도 복잡하다는 사실이 어려움을 한층 더 배가시킨다. 서로 다른 방법을 이용하여 구한 많은 결과들이, 비록 일반적으로는 동일한 결론을 암시하지만, 정량적으로는 차이가 나는 부분이 아주 많다. β선이 물질에 흡수되는 메커니즘을 좀 더 잘 이해할 수 있도록 어떤 분명한 진전이 이루어지기 전에 먼저, 전자(電子)의 속력이 느린 경우부터 아주 빠른 경우까지 넓은 범위에서, 이온화가 전자의 속력에 따라 어떻게 변하는지를 결정해야 한다. 일부 연구가 이미 그런 방향으로 추진되었지만 속력의 범위가 아직 충분히 크지는 않다.

이온화 방법

우리는 제일 먼저 서로 다른 두께의 스크린으로 방사성 물질을 덮을 경우 이온화 전류를 측정하는 방법으로 구한 β선의 흡수에 대한 결과를 고려하려고 한다. 두께가 0.1 mm 인 알루미늄 포일로 방사성 물질을 덮을 때, 그림 17에 보인 것과 같은, 시험용 용기에서 측정되는 전류는 거의 전적으로 β선에 의해 생긴 것이다. 우라늄 화합물을 이용하면, 포화 전류는 통과한 물질의 두께가 증가함에 따라, 거의 지수법칙에 의해 감소하는 것이 발견되었다. 포화 전류가 방사선의 세기를 표현하는 척도라고 생각하면, 두께가 d인 물질을 통과한 뒤에 방사선의 세기 I는

$$\frac{I}{I_0} = e^{-\lambda d}$$

로 주어지는데, 여기서 λ는 방사선의 흡수 계수이고 I_0는 방사선의 초기 세기이다. 우라늄 방사선의 경우, 두께가 약 0.5 mm 인 알루미늄 포일을 통과하면 포화 전류의 세기는 처음 값의 절반으로 줄어든다.

토륨 화합물이나 라듐 화합물을 위에서와 똑같은 방법으로 조사하면, 위에서 준 식에 의해 규칙적으로 감소하지 않는 것이 관찰되었다. 라듐선에 대한 그런 종류의 결과는 마이어와 슈바이틀러도 얻었다.[xxii] 물질의 두께에 따라 흡수되는 방사선의 양은 방사선이 통과한 두께가 증가하면 감소한다. 이것은 α선에서 관찰한 것과는 정확히 반대이다. β선은 투과력이 매우 크게 차이가 나는 방사선들로 구성되어 있다는 사실 때문에 흡수에서 이런 차이가 발생한다. 우라늄에서 나오는 방사선은 그 성질이 상당히 균일한데, 그 말은 거의 비슷한 속도로 튀어나오는 방사선으로 구성되어 있다는 의미이다. 라듐에서 나오는 방사선과 토륨에서 나오는 방사선은 복잡한데, 그 말은 넓은 범위에서 서로 다른 속도로 튀어나오는 방사선으로 구성되어 있어서 그 결과 투과력도 넓은 범위로 다르다는 의미이다. 그래서 휘어지는 방사선을 전기적으로 조사한 결과도 사진건판을 이용하여 조사한 결과와 같다.

음극선의 흡수에 대한 결과를 레나르트[xxiii]가 구했는데, 그는 음극선의 흡수가 흡수하는 물질의 밀도에 거의 비례하고, 흡수하는 물질의 화학적 성질과는 무관하다는 것을 보였다. 만일 방사성 물질에서 나오는 휘어지는 방사선이 음극선과 유사하다면, 흡수에 대해 비슷한 법칙이 성립되리라고 예상할 수 있다. 라듐선에 대해 연구한 스트럿[xxiv]은 흡수 법칙이 어떻게 되는지 조사했는데, 빌노가 이산화황에 대해 0.041에서부터 백금에 대해 21.5에 이르기까지 넓은 범위에서, 라듐선의 흡수는 물질의 밀도에 대략적으로 비례하는 것을 발견하였다. 운모(雲母)와 마분지의 경우에, λ를 밀도로 나눈 값은 각각 3.94와 3.84였고, 백금의 경우에는 그 값이 7.34였다. 그로부터 흡수 계수를 구하기 위하여, 그는 방사선의 세기가 방사선이 진행한 거리에 따라 지수법칙으로 감소한다고 가정하였다. 라듐에서 나오는 방사선은 복잡하므로, 우리는 이것이 단지 근사적으로만 성립하는 경우임을 알고 있다.

우라늄에서 나오는 β선은 상당히 균일하고, 동시에 투과력도 비슷하므로, 라듐에서 나오는 복잡한 방사선에 비해 흡수 계수를 결정하는 데 이용하기가 더 적당하다. 그런 이유 때문에 나[13]는 방사선의 흡수가 물질의 밀도에 어떻게 의존하는지를 알아내기 위해서 우라늄에서 나오는 방사선을 이용한 실험을 수행하였다. 그렇게 얻은 결과가 다음 표에 나와 있는데, 여기서 λ가 흡수 계수이다.

물질	λ	밀도	$\frac{\lambda}{\text{밀도}}$
유리	14.0	2.45	5.7
운모	14.2	2.78	5.1
에보나이트	6.5	1.14	5.7
나무	2.16	0.40	5.4
마분지	3.7	0.70	5.3
철	44	7.8	5.6
알루미늄	14.0	2.60	5.4
구리	60	8.6	7.0
은	75	10.5	7.1
납	122	11.5	10.8
주석	96	7.3	13.2

이 표에서 보면 흡수 상수를 밀도로 나눈 값은 유리, 운모(雲母), 에보나이트, 나무, 철 그리고 알루미늄과 같이 아주 다른 물질들에서 상당히 매우 같음

13) 여기서 나는 이 책의 저자를 의미한다.

을 알 수 있다. 그렇지만 구리와 은(銀), 납 그리고 주석과 같은, 조사된 다른 금속의 경우에는 그 법칙과 많이 다르다. 주석의 경우, λ를 밀도로 나눈 값은 철과 알루미늄의 경우에 구한 같은 값보다 2.5배 더 크다. 이 차이로부터 β선의 흡수는 단지 밀도에만 의존한다는 법칙이 모든 물질에 대해 성립하지는 않음을 알 수 있다. 주석의 경우만 제외하면, 금속에서 λ를 밀도로 나눈 값은 원자량이 증가하는 것과 같은 정도로 증가한다.

물질에 의한 β선의 흡수는 속력이 증가하면 매우 빨리 감소한다. 예를 들어, (앞에서 인용했던) 레나르트의 실험에서 음극선의 흡수는 우라늄에서 나오는 β선의 흡수에 비해 약 500배 더 크다. 베크렐이 측정한 우라늄에서 나오는 β선의 속도는 약 1.6×10^{10} cm/s 이다. 레나르트의 실험에서 사용된 음극선의 속도는 그 β선의 속도의 $\frac{1}{10}$ 보다 더 작지 않은 것이 확실하며, 그래서 속도는 10배보다 덜 감소했는데 흡수는 500배보다 더 증가했다.

85. 물질에 의해 정지된 전자(電子)의 수(數)

이제 서로 다른 두께의 물질을 통과하면서 정지된 전자들의 상대적 수(數)를 측정한 자이츠의 실험xxv에 대해 설명하고자 한다. 실험 장치는 그림 31에 보인 것과 같다.

라듐은 절연된 황동 판 P를 포함하고 있는 유리 용기의 바깥에 놓여 있는데, 황동 판 P는 간단한 전자기적 장치를 동작시킴으로써 도선을 이용하여 전위계와 연결시킬 수도 있고 연결을 끊을 수도 있다. 라듐 R로부터 나온 β선은 얇은 알루미늄 포일로 덮은 황동 판 A에 나 있는 열린 틈을 통과한 다음에, 판 P에서 흡수되었다. 유리 공기 내의 공기는 제거되었으며, β선에 의해 P에 넘겨진 전하는 전위계를 이용하여 측정되었다.

좋은 진공 아래서 측정된 전류의 크기는 위쪽 판에 의해 흡수된 β 입자의 수를 알려주는 지표가 된다.[xxvi] 다음에 나오는 표는 서로 다른 두께의 주석 박막이 라듐을 덮을 때 얻은 결과를 보여준다. 그 표에 나오는 두 번째 줄은 비 $\frac{I}{I_0}$인데, 여기서 I_0는 흡수 스크린을 덮기 전에 관찰된 방전의 비율이다. 흡수 상수 λ의 평균값은 d가 β선이 지나간 물질의 두께일 때 식 $\frac{I}{I_0} = e^{-\lambda d}$를 이용해서 구했다.

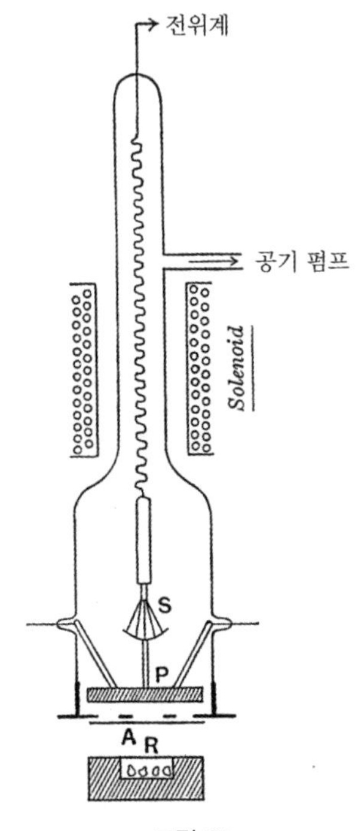

그림 31

표에서 괄호에 포함된 값들의 정확도는 괄호에 포함되지 않은 값들의 정확도와 같지 않다. 표에서 볼 수 있는 것과 같이, 라듐에서 나오는 β선의 투과력은 크게 차이가 있으며, β선 중에서 일부는 아주 쉽게 흡수된다.

주석의 두께 (mm)	$\frac{I}{I_0}$	λ
0.00834	0.869	175
0.0166	0.802	132.5
0.0421	0.653	101.5
0.0818	0.466	93.5
0.124	0.359	82.5
0.166	0.289	74.9
0.205	0.230	71.5
0.270	0.170	65.4
0.518	(0.065	53
0.789	0.031	44
1.585	0.0059	32
2.16	0.0043)	25)

두께가 3 mm 인 납으로 만든 스크린을 라듐 위에 덮었을 때도, 이 두께는 쉽게 휘어지는 β선을 모두 흡수하기에 충분한데, 여전히 약간의 음전하가 황동 판에 전달되며, 그 양은 최댓값의 0.29 %에 해당한다. 이것은 파셴이 측정한 값과 비교하면 훨씬 더 작다(그림 30을 보라). 이 차이가, 부분적으로는, 파셴의 실험에서 느린 속도로 움직이는 전자(電子)의 대부분이 라듐을 담고 있는 두께가 0.5 mm 인 유리관에서 흡수되었다는 사실 때문일 수도 있다.

자이츠도 또한 황동 판 P에 전달되는 음전하 중에서 일정한 양을 감소시키는 서로 다른 물질의 상대적 두께를, 주석의 두께와 비교하여, 측정하였다. 그 결과의 일부가 아래 표에 나와 있는데, 주석의 경우를 1로 놓고 그에 대해 상대적으로 구한 값이다.

물질	두께 주석=1	물질	두께 주석=1
납	0.745	철	1.29
금	0.83	알루미늄	1.56
백금	0.84	물	1.66
은	1	파라핀	1.69

β선 중에서 정해진 비율을 정지시키는 데 필요한 두께는 이와 같이 밀도가 증가하면 감소하지만, 밀도가 증가하는 빠르기와 비슷한 빠르기로 감소하는 것은 아니다. 이 결과는 음극선을 이용한 실험에서 레나르트가 발견한 흡수에 대한 밀도 법칙, 즉 이미 고려했던 이온화 방법의 결과와 조화를 이루기가 어렵다. 연관된 전체 질문에 대해 실험을 이용한 조사를 추가로 진행하는 것이 매우 바람직하다.

86. 방사능을 방출하는 물질의 층의 두께에 따른 방사선 양의 변화

방사선은 방사성 물질의 모든 부분에서 똑같이 튀어나오지만, 측정된 기체의 이온화는 오직 공기로 들어온 방사선에 의해서만 발생한다. 방사선이 표면까지 도달할 수 있는 깊이는 방사성 물질 자체에 의한 방사선의 흡수에 의존한다.

방사성 물질에서 나오는 한 가지 종류의 방사선에 대한 흡수 상수를 λ라고 하자. 두께가 d인 방사성 물질의 층으로부터 튀어나온 방사선의 세기 I가

$$\frac{I}{I_0} = 1 - e^{-\lambda d}$$

로 주어지는 것을 보이기는 어렵지 않은데, 여기서 I_0는 매우 두꺼운 층의 경우 표면에서 방사선의 세기이다.

이 식이 성립한다는 사실은 서로 다른 여러 두께에서 이산화우라늄에서 나오는 β선 때문에 발생한 전류를 측정하는 방법으로 실험에 의해 확인되었다. 이 경우에, λd가 $0.11\ \mathrm{gr/cm^2}$에 해당하는 이산화우라늄의 두께에서 $I = \frac{1}{2} I_0$이다. 이것은 λ를 밀도 6.3으로 나눈 값을 제공한다. 이것은 동일한 방사선이 알루미늄에서 흡수된 경우에 관찰된 것보다 약간 더 큰 값이다. 이런 결과는 β선을 방출하는 물질은 같은 밀도의 보통 물질이 β선을 흡수하는 것보다 더 많이 자신이 방출하는 β선을 흡수하지는 않는다는 것을 분명하게 보여준다.

흡수 상수 λ의 값은 서로 다른 방사성 물질에서 다르고, 그뿐 아니라 동일한 방사성 물질이라도 서로 다른 화합물로 되었을 경우에도 또 다르다.

제3부 α선

87. α선

자기장에서 β선이 휘어지는 것은 1899년 말 방사능의 역사에서 비교적 초기 단계에서 발견되었지만, α선이 지니고 있는 성질이 제대로 밝혀지기까지는 그로부터 3년이 더 필요하였다. 방사능이라는 주제의 초기 단계에서 β선의 매우 큰 투과력과 많은 물질에서 인광(燐光)을 유발시키는 주목받을 만한 β선의 작용 때문에 β선에 관심이 집중된 것은 당연하였다. 그에 비하여 α선은 별로 조사되지도 않았고 일반적으로 α선의 중요성을 인식하지도 못하였다. 그렇지만 이제 앞으로 방사능과 관련된 반응에서 α선은 β선보다 훨씬 더 중요한 역할을 하며, 이온화시키는 방사선의 형태로 방출되는 에너지의 아주 큰 부분이 바로 α선에 의한 것임을 보게 될 것이다.

88. α선의 성질

β선을 상당히 많이 휘어지게 만든 자기장이 α선에는 별 영향을 주지 않아서 α선이 무엇인지 알아내기가 무척 어려웠다. 실험 학자들 중에서는 α선이 사실은 그 α선을 발생시킨 방사성 물질에서 β선 또는 음극선에 의해 야기된 2차 방사선이라고 제안하는 사람도 있었다. 그렇지만 그러한 견해는 단지 α선만 방출하는 폴로늄의 방사능을 설명하지 못했다. 그 후 다른 연구에서는 우라늄 화합물에서 β선을 발생시켰던 물질을 우라늄으로부터 화학적으로 분리시킬 수가 있었는데, 그렇게 분리시킨 뒤에도 α선의 세기는 영향을 받지 않음을 보였다. 그 결과와 다른 결과들이 함께 α선과 β선은 전혀 서로 무관하게 독립적으로 발생한다는 것을 보여주었다. α선이 뢴트겐선 중에서 물질에 쉽게 흡수되는 종류에 속한다는 견해도 있었지만, 그 견해는 주어진 두

께의 물질에서 α선의 흡수가 그 이전에 지나온 물질의 두께가 증가함에 따라 증가한다는, 전기적 방법으로 확인되었던, α선의 특징을 설명하지 못한다. 그런 효과가 X선과 같은 방사선에 의해 발생할 수 있다는 것이 의심스러웠지만, 만일 방사선이 튀어나온 물체로 이루어져 있는데, 튀어나온 속도가 어떤 값보다 더 작게 되어서 기체에서 이온화를 유발시킬 수 없다면, 그러한 결과가 나올 것이라고 기대할 수도 있다. 스트럿[xxvii]은 1901년에 α선과 β선이 기체에서 발생시킨 상대적 이온화를 측정하고, 그 결과로부터 α선이 매우 빠른 속도로 튀어나온 양전하로 대전된 물체로 구성되었을 수도 있다고 제안하였다. 윌리엄 크룩스 경은 1902년에 동일한 가정을 내놨다.[xxviii] 폴로늄에서 나오는 α선에 대해 조사한 퀴리 부인은 1900년에 α선은 매우 빠른 속도로 튀어나온 입자로 구성되어 있으며 물질을 통과해 가면서 지니고 있던 에너지를 잃는 것일 수도 있다고 제안하였다.[xxix]

이 책의 저자는, 위에서 거명한 사람들과는 독립적으로, α선은 오직 매우 빠른 속도로 튀어나온 물질로 구성되어 있다는 가정에 의해서만 설명될 수 있는 수많은 간접 증거들로부터 그 사람들과 동일한 견해를 갖게 되었다. 방사능이 1,000인 라듐을 이용한 예비 실험을 통하여, α선이 자기장에서 휘는 것을 측정하기는 매우 어렵다는 것이 확인되었다. α선이 미세하게 휘어지더라도 측정될 수 있도록 폭이 충분히 좁은 틈을 통하여 α선을 보냈는데, 나오는 방사선의 이온화 효과가 너무 미미하여 확실하게 측정할 수가 없었다. 방사능이 19,000인 라듐이 구해진 뒤에야 비로소 아주 센 자기장에서 α선이 휘어지는 것을 측정할 수 있었다. α선이 세기가 10,000 C.G.S. 단위인 자기장에 수직인 방향으로 들어가면 반지름이 약 39 cm인 원의 원호를 그리는 데 반하여, 진공관에서 발생한 음극선은 동일한 조건 아래서 반지름이 약 0.1 cm인 원을 그린다는 사실로부터 α선이 자기장에서 얼마나 조금밖에 휘어지지 않는지를 판단할 수가 있다. 그러므로 한동안 α선은 자기장에서 휘어지지 않는다고 생각했던 것이 조금도 놀랄 일은 아니다.

89. 자기장에서 α선의 휘어짐

자기장에서 α선이 얼마나 휘어지는지를 측정하는 일반적인 방법은 α선을 좁은 틈을 통과하도록 보낸 다음에 검전기가 방전되는 비율이 강한 자기장을 가하면 지나가는 α선에 의해서 변화하는지 측정하는 것이었다.[xxx] 실험 장치의 일반적인 배열이 그림 32에 나와 있다. 얇은 층으로 준비된 방사능이 19,000인 라듐으로부터 나오는 방사선이 여러 개의 평행하게 뚫린 좁은 틈 G를 지나서 위로 올라온 뒤에, 두께가 0.00034 cm인 얇은 알루미늄 포일을 통과해서 시험용 용기 V로 들어왔다. 시험용 용기에서 용기로 들어온 방사선이 발생시킨 이온화는 금박 검전기 B의 양쪽 잎이 벌어지는 비율에 의해 측정되었다. 검전기의 금박 잎 시스템은 용기 내부에서 황으로 만든 구

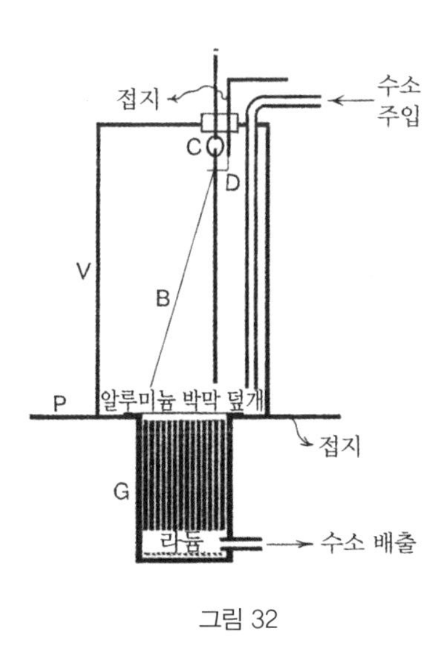

그림 32

슬 C에 의해 절연되었으며, 이동이 가능한 도선 D에 의해 대전시킬 수도 있는데, 도선 D는 나중에 접지되었다. 금박 잎이 움직이는 비율은 시험용 용기에 뚫린 운모(雲母)로 만든 조그만 창을 통하여 마이크로미터[14] 접안렌즈가 구비된 현미경을 이용하여 관찰되었다.

시험용 용기 내부의 이온화를 증가시키기 위하여, 방사선들은 서로 평행하게 같은 간격으로 놓인 20~25개 정도의 틈을 통과해 지나갔다. 이것은 옆으로 놓인 판에 일정한 간격으로 홈을 깎아내고 그 홈으로 황동 판을 끼워 넣는 방법으로 만들었다. 틈의 간격은 0.042 cm와 0.1 cm 사이에서 실험마다 달랐다. 자기장의 방향은 이 책 종이 면에 수직이고 틈들이 만드는 면에 평행하였다. 그래서 방사선들은 틈들이 만드는 면과 수직인 방향으로 휘어지며 아주 약간만 휘어지더라도 충분히 방사선이 흡수되는 판의 옆쪽에 충돌하게 된다.

시험용 용기와 위아래로 세운 판들은 모두 납으로 만든 판 P와 밀랍으로 봉인되어 있어서 방사선은 오직 알루미늄 포일을 통해서만 용기 V로 들어왔다. 이런 실험에서는 라듐에서 나오는 에머네이션이 시험용 용기로 확산되어 들어가는 것을 방지하기 위하여 위아래로 세운 판들 사이에 아래 방향을 향하여 기체를 일정한 비율로 꾸준히 흘려보내는 것이 필요하다. 라듐에서 항상 나오고 있는 그런 에머네이션이 시험용 용기 내부에 소량이라도 존재하면 상당히 많은 양의 이온화를 발생시키고 그래서 관찰하려고 하는 효과를 완전히 가려버린다. 그런 목적으로, 건조한 전해(電解) 수소를 매초 약 2 c.c.의 일정한 비율로 시험용 용기로 흘려보냈으며, 이 수소 기체는 작은 구멍들이 많이 뚫려 있는 알루미늄 포일을 통과해서 위아래로 세워진 판 사이를 지나

14) 현미경을 통해 대상 물체의 크기를 마이크로미터 단위까지 측정하는 기구를 마이크로미터라 한다.

가면서 에머네이션과 함께 실험 장치로부터 밖으로 나갔다. 공기의 흐름을 사용하는 대신에 수소의 흐름을 사용함으로써 실험이 매우 간단해졌는데, 왜냐하면 수소는 시험용 용기에서 α 선에 의한 이온화 전류를 증가시키지만, 동시에 β 선과 γ 선에 의한 이온화 전류는 굉장히 감소시키기 때문이다. 그렇게 되는 이유는 α 선이 수소에서보다 공기에서 훨씬 더 쉽게 흡수되고, 반면에 β 선과 γ 선에 의해 이온이 생성되는 비율은 공기에서보다 수소에서 훨씬 더 작게 된다는 사실 때문이다. 위아래로 세운 판 사이를 통과한 다음에 α 선의 세기는 수소가 사용될 때 결과적으로 더 크다. 그리고 방사선은 대부분 흡수될 시험용 용기의 수소 사이에서 충분히 먼 거리를 통과하기 때문에, 방사선에 의해 생성되는 이온화의 전체 양은 공기에서보다 수소에서 더 크다.

다음 예는 자기장에서 휘어지는 정도를 측정한 예이다.

폴피스[15] 1.90 cm × 2.50 cm

폴피스 사이의 자기장의 세기 8,370 단위

장치는 길이가 3.70 cm 이고, 폭이 0.70 cm 인 25 개의 평행판들로 이루어져 있으며 판들 사이에는 평균하여 0.042 cm 인 공기로 채워진 공간이 존재한다.

판들 아래 라듐까지 거리 1.4 cm

	V/min 의 단위로 표현한 검전기에서 방전되는 비율
(1) 자기장을 가하지 않을 때	8.33
(2) 자기장을 가할 때	1.72

15) 폴피스(Pole-piece)는 자극(磁極)의 단면을 말한다.

(3) 모든 α선이 흡수되도록 라듐을

운모로 된 얇은 층으로 덮을 때 ………………………… 0.93

(4) 라듐을 운모로 덮고 자기장을 가할 때 ……………… 0.92

두께가 0.01 cm인 운모(雲母) 판은 모든 α선을 다 흡수하기에 충분한 두께인 동시에, β선과 γ선은 거의 흡수하지 않으면서 그냥 통과시켰다. (1)과 (3)의 차이인 7.40 V/min은 단지 α선만 원인이 되어 발생한 방전의 비율이며, (2)와 (3)의 차이인 0.79 V/min은 자기장을 가하여 휘어지지 않은 α선이 원인이 되어 발생한 방전의 비율이다.

그러므로 자기장에 의해서 휘어지지 않은 α선의 양이 전체의 약 11%이다. (3)과 (4) 사이의 작은 차이는 β선에 의해 발생한 소량의 이온화를 측정한 것인데, 왜냐하면 β선은 자기장에 의해 모두 다 휘어지기 때문이다. (4)는 γ선의 효과에 수소에서 검전기가 저절로 누출된 것이 포함된 것으로 이루어져 있다.

이 실험에서는 방사선이 폴피스에 도착하기 전에 상당히 많은 양의 자기장이 방사선에 작용했다. α선이 원인이 된 방전의 비율이 줄어든 정도는 폴피스 사이의 자기장의 세기에 비례하는 것이 발견되었다. 자기장의 세기가 더 강력하면, 모든 α선이 다 휘어졌는데, 이것은 α선이 방사성 물질에서 튀어나온 대전된 입자만으로 구성되어 있다는 증거이다.

방사선이 어느 방향을 향하여 휘어지는지 결정하기 위하여, 폭이 1 mm이고 그 폭의 절반은 길고 가는 황동 조각으로 가려져 있는 틈 사이로 방사선을 통과시켰다. 그런 경우에 자기장의 세기가 주어졌을 때 시험용 용기에서 방전하는 비율이 감소하는 정도는 자기장이 어떤 방향을 가리키느냐에 따라 달라진다. 이런 방법으로 α선은 음극선이 휘어지는 방향과 반대 방향을 향하여 휘어진다는 것이 확인되었다. 음극선은 음전하로 대전된 입자로 구성되어 있으므로, α선은 양전하로 대전된 입자로 구성되어 있는 것이 틀림없었다.

이 결과는 곧 사진 방법을 이용한 베크렐에 의해서도 확인되었는데,[xxxi] 사진 방법은 자기장 아래서 방사선의 경로가 어떤 모습인지를 결정하는 데 아주 적당하였다. 납으로 만든 작은 받침대에 직선 모양으로 홈을 파고 라듐을 그 홈에 놓았다. 이 라듐으로부터 위쪽으로 거리가 약 1 cm 인 곳에 두 개의 평행한 금속판으로 만든 금속 스크린을 놓았는데, 두 금속판 사이에는 받침대에 판 홈과 평행하게 좁은 구멍을 뚫어놓았다. 그리고 이 스크린 위에 사진건판을 놓았다. 이 장치 전체는 받침대에 직선으로 뚫린 홈의 방향과 같은 방향을 향하는 센 자기장 아래 놓여 있었다. 자기장의 세기는 β선을 모두 다 판으로부터 멀리 휘어져 나가도록 만들기에 충분할 만큼 세었다. 사진건판이 받침대에 파놓은 홈과 평행한 방향으로 놓였을 때, 오직 α선만에 의한 흔적이 생겼는데, 그 흔적은 홈에서부터 거리가 멀어질수록 점점 더 넓게 확산되었다. 공기 중에서 α선이 흡수되기 때문에 이 거리는 1 cm 또는 2 cm 보다 더 멀지는 않았다. 만일 노출되어 있는 동안에 자기장이 동일한 시간 간격 동안 한 번은 한쪽 방향으로 그리고 다른 한 번은 그와 정반대 방향으로 향한다면, 사진건판을 현상하면 α선이 서로 반대 방향으로 휘어진 두 개의 상(像)이 관찰된다. 이런 차이는 아주 강한 자기장에서도 별로 크지 않지만, 충분히 알아볼 수 있을 정도이고 동일한 물질에서 나오는 β선 또는 음극선에서 관찰되는 차이와는 방향이 반대이다.

M. 베크렐도 똑같은 방법을 이용하여 폴로늄에서 나오는 α선이 휘어지는 방향이 라듐에서 나오는 α선이 휘어지는 방향과 같다는 것을 확인하였으며, 그래서 그것들도 역시 양전하로 대전된 입자들이 튀어나와 만들어진 것임을 확인하였다. 두 경우 모두에서, 사진건판에 나타난 흔적이 뚜렷했으며 β선

의 사진에서 항상 나타난 것과 동일하게 확산된 모습은 관찰되지 않았다.

90. 전기장에서 α선의 휘어짐

만일 방사선이 대전된 입자로 이루어져 있다면, 그 방사선은 강한 전기장을 지나갈 때도 휘어져야만 한다. 이 책의 저자는 실제로 그렇다는 것을 관찰했지만, 전기장의 세기는 라듐 근처에서 방전을 일으킬 정도로 강할 수는 없기 때문에 자기장에 의한 휘어짐에 비하여 전기장에 의한 휘어짐을 측정하기가 훨씬 더 어렵다. 전기장에서 휘어짐을 측정하는 데 이용되는 장치도 자기장에서 휘어짐을 측정한 장치와 (그림 32) 비슷한데, 한 가지 다른 점은 판들을 끼워 넣기 위해 황동으로 만든 옆면을 에보나이트로 대체했다는 것뿐이다. 판들은 하나씩 교대로 함께 연결되었고 소형 축전지에 의한 배터리를 이용하여 높은 퍼텐셜로 대전시켰다. 검전기에서 α선에 의한 방전은 전기장을 가하면 감소하는 것이 발견되었다. 높이는 4.5 cm 이고 판들 사이의 간격은 0.055 cm 인 경우, 틈들 사이에 걸리는 퍼텐셜 차이가 600 V 일 때, 줄어드는 비율은 단지 7%뿐이었다. 판들 사이의 간격을 0.01 cm 로 좁힌 특별한 배열에서 전기장이 10,000 V/cm 이면 방전은 약 45%가 줄어들었다.

91. α선과 연관된 상수들의 결정

만일 α선이 전기장과 자기장 모두에서 얼마나 휘어지는지 알면, 50절에서 설명된 것처럼, J. J. 톰슨이 최초로 음극선에 대해 사용했던 방법을 이용하여, α선의 속도 값과 입자의 전하와 질량 사이의 비 $\frac{e}{m}$을 결정할 수가 있다. 전하를 띤 입자의 운동을 기술하는 식으로부터, 방사선의 경로에 수직인 방향으로 가해진 세기가 H인 자기장에서 운동하는 α선의 경로가 그리는 곡률 반지름 ρ는

$$H\rho = \frac{m}{e} V$$

에 의해 주어진다. 만일 입자가 균일한 자기장에서 거리 l_1을 지나간 뒤에 그 입자가 원래 진행하던 방향으로부터 작은 거리 d_1만큼 휘어졌다면

$$2\rho d_1 = l_1^2$$

이 성립하므로 결과적으로

$$d_1 = \frac{l_1^2}{2} \frac{e}{m} \frac{H}{V} \quad \cdots\cdots (1)$$

이 된다. 만일 입자가 세기가 X인 균일한 전기장에서 거리 l_2만큼 지나간 다음 그 입자가 원래 진행하던 방향으로부터 작은 거리 d_2만큼 휘어진다면, 입자가 진행하는 방향과 수직인 방향으로 입자의 가속도는 $\frac{Xe}{m}$이고, 전기장을 통하여 이동하는 데 걸리는 시간은 $\frac{l^2}{V}$ 이므로

$$d_2 = \frac{1}{2} \frac{Xel_2^2}{mV^2} \quad \cdots\cdots (2)$$

가 된다.

두 식 (1)과 (2)로부터

$$V = \frac{d_1}{d_2} \frac{l_2^2}{l_1^2} \frac{X}{H}$$

그리고

$$\frac{e}{m} = \frac{2d_1}{l_1^2} \frac{V}{H}$$

를 얻는다. 그러므로 입자가 전기장과 자기장을 지나가면서 어느 정도 휘어지는지를 알면 V와 $\frac{e}{m}$ 값이 완전히 결정된다. 실험 결과 그 값들은

$$V = 2.5 \times 10^9 \text{ cm/s}$$

$$\frac{e}{m} = 6 \times 10^3$$

임이 밝혀졌다. 전기장에서 휘어지는 거리는 큰 값을 얻기가 매우 어려우므로, 위에서 구한 결과는 단지 근사적일 뿐이다.

데쿠드르[16]는 사진 방법을 이용하여 라듐에서 나오는 α선이 자기장과 전기장에서 휘어지는 정도에 대한 결과가 옳음을 확인하였다.[xxxii] 순수한 브롬화라듐이 방사선 공급원으로 이용되었다. 실험 장치 전체를 아주 낮은 압력의 진공 상태인 용기 내부에 설치하였다. 이런 방법으로 방사선 공급원으로부터 훨씬 더 먼 거리까지 α선이 사진건판에 남기는 흔적을 측정할 수 있었을 뿐 아니라, 방전을 일으키지 않으면서 훨씬 강한 전기장을 가할 수도 있었다. 그가 측정한 관계된 상수 값은

$$V = 1.65 \times 10^9 \text{ cm/s}$$

$$\frac{e}{m} = 6.4 \times 10^3$$

이었다. 이 값들은 전기적 방법으로 구한 숫자와 매우 잘 일치한다. 라듐에서 나오는 α선은 복잡하며,[17] 아마도 어떤 정해진 한계 사이에 속한 속도를 가지고 튀어나오는 양전하로 대전된 입자들의 흐름으로 이루어져 있다. 그래서 자기장에서 입자들이 휘어지는 정도는 입자의 속도에 따라 달라진다. 베크렐이 사진건판을 이용하여 구한 결과는 라듐에서 나오는 방사선의 속도가 오직

16) 데쿠드르(Theodor des Coudres, 1862-1926)는 독일의 물리학자로 라이프치히 대학에서 볼츠만의 후임으로 교수를 역임하였으며 α입자의 전하와 속도를 규명하는 데 기여하였다.

17) 이 책에서 α선이 복잡하다(the α rays are complex)는 의미는 α선이 모두 한 가지 속도로 움직이지 않고 서로 다른 여러 속도로 움직인다는 것이다.

상당히 작은 구간 안에서만 변할 수 있음을 가리키는데, 그 이유는 자기장에서 입자가 움직이는 경로는 예리한 흔적을 남겼고 β선을 이용한 유사한 실험에서 확산된 흔적과는 전혀 비슷하지 않았기 때문이다. 그렇지만 다음 절에서 논의될 증거에 의하면 두꺼운 층으로 마련된 라듐으로부터 나오는 α 입자의 속도는 상당히 큰 범위 내에서 변한다.

92.

베크렐은 매우 간단한 방법을 이용하여 방사선 공급원으로부터 서로 다른 여러 거리에서 자기장에 의해 α 선이 휘어지는 정도를 조사하였다.[xxxiii] 연직 방향을 향하는 아주 좁은 방사선 다발이 좁은 틈을 통과한 다음에 사진건판에 도달했는데, 그 사진건판은 연직 방향과 작은 각을 이루며 경사져 있었고 아래쪽 모서리는 틈의 방향과 수직인 방향을 향하였다. 방사선의 궤적은 사진건판에 가는 선으로 된 흔적으로 나타났다. 만일 틈의 방향과 평행인 방향으로 강한 자기장을 가하면, 자기장의 방향이 앞쪽을 향하는지 아니면 뒤쪽을 향하는지에 따라 방사선의 궤적은 오른쪽으로 휘어지거나 왼쪽으로 휘어진다. 만일 자기장의 방향을 한 번은 앞쪽으로 하고 다음번은 뒤쪽으로 하면서 같은 시간 동안 가하면, 현상된 사진건판에는 서로 다른 방향으로 갈라지는 두 개의 가는 선으로 된 흔적이 나타난다. 어떤 점에서든지 이 두 선 사이의 거리는 자기장의 값에 대응하는 평균 휘어진 거리의 두 배임을 알려준다. 여러 위치에서 두 궤적 사이의 거리를 측정하여서, 베크렐은 방사선의 경로의 곡률 반지름이 틈으로부터 거리가 증가함에 따라 증가한다는 것을 발견하였다. 자기장의 세기 H와 방사선의 경로의 곡률 반지름 ρ 사이의 곱인 $H\rho$가 다음 표에 나와 있다.

틈으로부터 거리 (mm)	$H\rho$
1	2.91×10^5
3	2.99×10^5
5	3.06×10^5
7	3.15×10^5
8	3.27×10^5
9	3.41×10^5

(앞에서 인용한 논문에서) 이 책의 저자는 가장 많이 휘어진 α선 최대 $H\rho$ 값이 390,000임을 보였다. 그러므로 저자의 결과와 위의 표에 나온 결과가 잘 일치한다. 한편 $H\rho=\frac{m}{e}V$이기 때문에, 이 결과는 튀어나온 입자에 대한 V 값이나 $\frac{e}{m}$ 값 모두 방사선 공급원으로부터 거리가 다르면 달라진다는 것을 보여준다. 베크렐은 α선이 균질이라고 생각했고,[18] 그가 얻은 결과가 왜 성립하는지를 설명하기 위해서, 그는 튀어나온 입자가 점점 더 멀리 지나갈수록 그 입자가 띠고 있는 전하가 조금씩 감소하기 때문에, 방사선 공급원으로부터 거리가 멀어지면 입자의 경로가 그리는 궤도의 곡률 반지름이 꾸준히 증가하는 것일지도 모른다고 제안하였다. 그렇지만 방사선은 서로 다른 속도로 튀어나온 입자들로 구성되어 있으며, 더 느린 입자들이 기체에서 더 빨리 흡수된다고 생각하는 것이 더 그럴듯해 보인다. 그 결과로, 방사선 공급원으로부터 어느 정도 멀어지면 단지 좀 더 빠른 입자들만 흡수되지 않아서 존재하는 것이다.

이 결론은 브래그[19]와 클리먼[20]이 최근에 수행한 물질이 α선을 흡수하

18) 이 책에서 방사선이 균질이다(the rays are homogeneous)는 의미는 방사선이 모두 한 가지 속도로 움직인다는 것이다.

19) 브래그(Sir William Henry Bragg, 1862-1942)는 영국의 물리학자로 방사성 물질에서 나오는 입

는 성질에 대한 실험에 의해서 사실임이 입증되었는데,[xxxiv] 이 성질에 대해서는 103절과 104절에서 더 자세히 논의된다. 그들은 두꺼운 층으로 된 라듐에서 나오는 α선은 복잡하며, 투과력이 넓은 범위에서 다르고, 추정컨대 속도 역시 넓은 범위에서 다르다는 것을 확인하였다. α선이 그렇게 복잡한 까닭은 라듐 시료의 다양한 깊이로부터 α선이 나온다는 사실 때문이다. α선은 물질을 통과하면서 속도가 감소하기 때문에, α선 다발은 속력이 상당히 다른 입자들이 함께 모여서 만들어지게 된다. 라듐의 안쪽에서 생겨서 라듐 바깥으로 겨우 나올 수 있는 α선은 공기로 나온 뒤 바로 흡수되지만, 라듐의 표면 부근에서 생겨서 튀어나온 α선은 기체를 이온화시키는 능력을 다 잃기 전까지 공기 속을 몇 센티미터에 이르는 거리만큼 지나갈 수가 있다. α입자들이 서로 다른 속도로 움직이기 때문에, 자기장에서 휘어지는 정도도 모두 다르며, 더 천천히 움직이는 입자가 더 빨리 움직이는 입자에 비하여 더 많이 굽어진 곡선을 그리며 움직인다. 결과적으로, 베크렐이 구한 것과 같은, α선 다발이 사진건판에 남기는 흔적의 바깥쪽 가장자리는 α입자들이 사진건판에 남기는 흔적이 끝나는 점들을 가리킨다. α입자가 기체를 이온화시키는 능력이 끝나는 마지막 위치에서 가장 효율적으로 기체를 이온화시킨다는 것이 밝혀졌다. α입자는 상당히 갑작스럽게 이온화시키는 능력을 잃어버리는 것처럼 보이며, 똑같은 속도로 움직이는 α입자는 모두 공기 중에서 속도에 따라 미리 정해진 거리를 진행하면 예외 없이 그 능력을 잃는다. 사진건판을 감광시키는 능력과 기체를 이온화시키는 능력이 모두 입자가 정지하기 직전

자의 경로 연구와 X선 파장의 측정에 기여하였고 아들 브래그(William Lawrence Bragg)와 함께 X선 간섭에 관한 브래그 공식을 수립하고 X선을 이용한 결정체 구조를 분석한 공로로 부자(父子)가 1915년 노벨 물리학상을 공동으로 수상하였다.

20) 클리먼(R. D. Kleeman)은 영국의 물리학자로 케임브리지 대학 교수로 재직했으며 W. H. 브래그의 제자로 브래그와 함께 α선 경로에 대한 브래그-클리먼 규칙을 발견하였다.

에 가장 세고, 그 능력이 갑자기 사라진다는 가정 아래, 브래그는 베크렐이 실험에서 기록해놓은 자료의 숫자가 (위의 표를 보라) 어떻게 나오게 되는지를 설명할 수가 있었다. 이론과 실험을 그렇게 정량적으로 비교하기 위해 필요한 특별한 가정과는 전혀 별개로, 거리가 멀어지면 $H\rho$값도 증가하는 것은 α선 다발이 복잡하다는, 즉 α선 다발이 서로 다른 여러 속도로 움직이는 α입자들로 이루어져 있다는 성질의 결과로 만족스럽게 설명될 수 있다는 점은 분명하다.[xxxv]

베크렐은 폴로늄에서 나오는 α선이나 라듐에서 나오는 α선이나 세기가 같은 자기장에서 휘어지는 정도도 같다고 단언한다. 이것은 $\frac{m}{e}V$값이 두 물질에서 나오는 α선에 대해 똑같음을 알려준다. 폴로늄에서 나오는 α선은 라듐에서 나오는 α선에 비해 훨씬 더 쉽게 흡수되는데, 이것은 폴로늄에서 나오는 α입자에 대한 $\frac{m}{e}$값이 라듐에서 나오는 α입자에 대한 $\frac{m}{e}$값보다 더 크다는 것을 시사한다. 그렇지만 이 중요한 문제를 확실히 하기 위해서는 더 많은 실험적 증거가 필요하다.

93. α선이 나르는 전하

우리는 β입자가 나르는 전하는 어렵지 않게 측정되는 것을 보았다. 라듐에서는 β입자 하나가 나올 때마다 네 개의 α입자가 함께 나오는 것을 믿을 만한 이유가 있기 때문에(229절), α입자가 나르는 양전하가 얼마쯤인지는 더 쉽게 결정할 수 있을 것으로 기대된다. 그런데 α입자가 나르는 전하를 정확히 정하려는 모든 초기 실험은 부정적인 결과만을 얻었으며, 성공적인 결과를 얻기 전에 우선 찾으려는 효과를 완전히 가로막는 일부 부차적인 작용을 제거하는 것이 필요함을 알게 되었다.

이 문제는 아주 중요하므로, 사용한 측정 방법과 그동안 제기되었던 실험에서 겪었던 특별한 어려움들에 대해 간단히 설명하고자 한다.

첫째, 가루로 준비한 브롬화라듐의 층으로부터 나온 α선 중에서 극히 일부만 주위의 기체로 빠져나간다는 사실을 반드시 기억해야 한다. α선은 물질을 통과하면서 아주 잘 정지되기 때문에, 단지 표면과 아주 가까운 층에서 나온 α선만 물질 외부로 탈출하며, 잔류 α선은 모두 다 라듐 자체에 의해 흡수된다. 그와는 대조적으로, β선은 훨씬 더 많은 부분이 탈출하는데, 그 이유는 β선이 훨씬 더 큰 투과력을 갖기 때문이다. 둘째, α입자는 β입자에 비하여 훨씬 효율적으로 기체를 이온화시키며, 그 결과로 만일 α선이 나르는 전하가 얼마인지 측정하는 데 β선이 나르는 전하가 얼마인지 측정할 때 사용한 방법과 비슷한 방법을 (80절을 보라) 사용한다면, 대전시키려는 도체를 둘러싸는 기체의 압력을 매우 작게 낮추어서, α선에 의한 잔류 기체의 이온화로부터 발생하는 전하의 손실을 가능한 한 모두 다 제거시켜야만 한다.[xxxvi]

이 책의 저자가 사용한 실험 장치가 그림 33에 나와 있다.

무게가 얼마인지 아는 브롬화라듐을 포함하고 있는 라듐 용액을 증발시켜서 판 A 위에 아주 얇은 필름으로 만든 라듐을 얻었다. 증발이 있은 지 몇 시

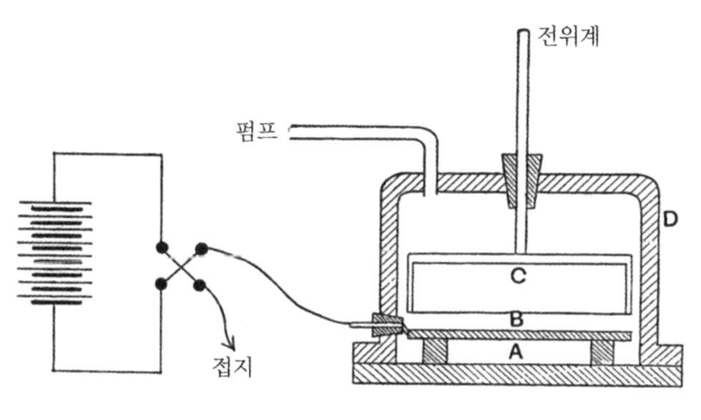

그림 33

간 뒤에, α선에 의해 측정한 라듐의 방사능은 최댓값의 약 25 %였으며 β선은 거의 전혀 존재하지 않았다. 그 뒤로 α선과 β선에 의해 측정된 방사능은 서서히 되찾게 되며, 약 한 달 정도가 지난 뒤에 원래 값으로 회복된다(제11장을 보라). β선이 존재하면 생기는 복잡성을 피하기 위하여, 방사능이 최소일 때의 방사능 판에서 실험을 수행하였다. 라듐으로 만든 필름은 아주 얇아서 α선 중에서 단지 극히 일부만 라듐에서 흡수되었다.

방사성 물질이 놓인 판 A는 금속 용기 D의 내부에서 절연되어 배터리의 한쪽 극에 연결되어 있고, 배터리의 다른 쪽 극은 접지되었다. 절연된 채로 돌레잘렉 전위계와 연결되어 있는 위쪽 전극은 직사각형의 구리로 만든 용기 BC로 구성되었는데, 그 위쪽 전극의 아래 부분은 알루미늄 포일로 만든 얇은 덮개로 덮였다. α선은 알루미늄 박막은 통과했지만 용기의 구리쪽 면에 의해 정지되었다. 이 장치는 위쪽 판의 표면에서 생성되는 2차 이온화를 감소시키는 것으로 밝혀졌다. 바깥쪽 용기 D는 A와 연결될 수도 있고 B와 연결될 수도 있고 또는 접지될 수도 있다. 수은 펌프를 이용해서, 용기가 아주 낮은 압력이 되도록 공기를 제거시켰다. 만일 방사선이 양전하를 나른다면, 전위계가 측정한 두 판 사이의 전류는 A가 양전하로 대전될 때 더 커야 한다. 그런데 진공을 아주 좋게 만들었음에도 불구하고 두 방향으로 흐르는 전류 사이에 어떤 차이도 관찰되지 않았다. 어떤 경우에는, 아래쪽 판이 양전하로 대전되어 있을 때보다 오히려 음전하로 대전되어 있을 때 그 전류가 더 큰 것이 관찰되기까지 하였다. 예기치 못한 또 다른 실험 결과도 나왔다. 두 평행판 사이의 전류가 처음에는 압력이 증가하면 줄어들었지만, 곧 진공을 아무리 더 좋게 개선하더라도 결코 변하지 않는 한계 값에 도달하였다. 예를 들어, 한 실험에서는, 간격이 약 3 mm 떨어진 두 평행판 사이에 흐르는 전류가 처음에는 6.5×10^{-9} A 였는데, 압력에 정비례해서 감소하였다. 전류가 도달한 한계 값은 약 6×10^{-12} A로 이것은 대기압일 때 값의 약 $\frac{1}{1,000}$ 이었다. 이 한계 값의 전류의 크기는 공기를 수소로 바꾸더라도 별로 달라지지 않았다.

스트럿xxxvii과 J. J. 톰슨xxxviii도 마르크발트 방법을 따라서 방사성 텔루르(폴로늄)로 덮은 비스무트 판을 이용해서 비슷한 내용의 실험을 수행했다. 이 물질은 오직 α 선만을 방출하기 때문에 이런 종류의 실험에는 특별히 적합하다. 스트럿은 β 선이 나르는 전하가 무엇인지 밝히기 위하여 자신이 사용하였던 방법을 (그림 27) 채택하였다. 그렇지만 그는 심지어 가능한 한 가장 낮은 압력의 진공에서조차 검전기는 전하를 급속히 잃었을 뿐 아니라 검전기가 양전하로 대전되거나 음전하로 대전되거나 관계없이 동일한 비율로 전하를 잃는 것을 발견하였다. 이것은 라듐에 대해 이 책의 저자가 구했던 결과와 일치한다.

J. J. 톰슨의 실험에서는 검전기가 방사성 텔루르 판으로부터 거리가 3 cm인 곳에 위치한 금속 원반에 연결되었다. 액체 공기에 잠기게 넣은 야자수 열매로 만든 숯이 남은 기체를 흡수하게 하는 듀어[21]의 방법으로 매우 낮은 압력의 진공을 만들었다. 검전기가 음전하로 대전되었을 때는 전하가 손실되는 비율이 지극히 느린 것이 관찰되었지만, 검전기가 양전하로 대전되었을 때는 전하가 손실되는 비율이 그보다 100배 더 빨랐다. 이것은 폴로늄이 많은 양의 음전하를 내보낸다는 증거였고, 양전하는 별로 검출되지 않았다. 이 장치에 강한 자기장을 가하였더니, 음전하가 검전기까지 도달하는 것을 방지할 수 있었고, 양전하의 손실은 중단되었다.

이 결과는 음전하를 나르는 입자들이 대전된 물체가 작용하는 척력에 대

21) 듀어(James Dewar, 1842-1923)는 영국의 화학자이자 물리학자로 기체 액화를 연구하고 보온병인 듀어병을 발명하고 공기의 액화에 성공한 것 등으로 유명하다.

향하여 움직이기에 충분한 속도로 튀어나오는 것은 아니며, 자기장에 의해 휘어진다는 것을 가리킨다. 그래서 방사성 물질의 표면으로부터 음전하를 띤 입자들의 (전자(電子)들의) 흐름이 매우 느린 속력으로 튀어나온다는 것은 거의 의심할 여지가 없어 보였다. 우라늄과 라듐에서도 역시 그렇게 느린 속도의 전자들이 튀어나온다. 이렇게 튀어나오는 전자들은 α 선이 부딪친 표면에서 형성된 일종의 2차 방사선일 가능성이 높다.[22] 이 입자들은 기체에서 대단히 잘 흡수되며 아주 낮은 압력의 진공이 아니면 검출되기가 어렵다. J. J. 톰슨도 처음에는 폴로늄에서 나오는 α 선이 전하를 띠고 있다는 증거를 찾지 못했지만, 간격이 훨씬 더 좁은 두 평행판을 이용한 뒤이은 실험에서 검전기는 α 선이 양전하를 나른다는 사실을 가리켰다.

느린 속도로 움직이는 이온이 자기장에 의해서 새어나가는 것을 방지시킬 때, 라듐에서 나오는 α 선에 의한 양전하를 관찰하기 위하여, 나는 그림 33에 나온 장치를 커다란 전자석의 양극(兩極) 사이에 놓고 두 판이 자기장의 방향에 평행하도록 설치하였다.[xxxix] 그랬더니 양전하가 이동하는 전류의 크기와 음전하가 이동하는 전류의 크기 모두에서 아주 뚜렷한 변화가 관찰되었다. 좋은 진공에서, 위쪽 판은 아래쪽 판이 양전하로 대전되었는지, 또는 음전하로 대전되었는지, 또는 접지되었는지에 상관없이 항상 양전하가 대전되었다. 자기장이 어떤 값에 도달된 후에는 자기장의 세기를 아주 높게 증가시키더라도 전류의 크기에는 어떤 눈에 띌 만한 효과도 미치지 못하였다.

다음에 나오는 표에는 두 판 사이의 간격이 3 mm 이며 두 판 모두가 얇은 알루미늄 포일로 덮여 있을 때 구한 결과가 나와 있다.

22) 오늘날 β 선은 2차 방사선이 아니며, 방사성 물질의 원자핵 내부의 중성자가 양성자와 전자로 변환되면서 생겨난 전자가 즉시 원자핵 밖으로 나온 것임이 밝혀졌다.

아래쪽 판의 퍼텐셜(V)	임의의 단위로 표현한 전류		
	자기장을 가하지 않을 때	자기장을 가할 때	
0	–	+0.36	
+2	2.0	+0.46	0.39
−2	2.5	+0.33	
+4	2.8	+0.47	0.41
−4	3.5	+0.35	
+8	3.1	+0.56	0.43
−8	4.0	+0.31	
+84	3.5	+0.77	0.50
−84	5.2	+0.24	

이제 위쪽 판에 흡수된 전하 e를 나르는 α 입자의 수(數)를 n이라고 하자. 그리고 잔류 기체에 발생한 약간의 이온화에 의한 전류를 i_0라고 하자.

만일 아래쪽 판에 단지 약간의 퍼텐셜만 가해진다면, 이 전류는 퍼텐셜이 반대로 가해졌을 때와 비교하여 크기는 같지만 방향은 반대로 되어야 한다. 이제 아래쪽 판이 양전하로 대전되었을 때 위쪽 전극으로 매초 이동하는 전하, 즉 전류를 i_1이라 하고, 아래쪽 판이 음전하로 대전되었을 때 전류를 i_2라고 하자. 그러면

$$i_1 = i_0 + ne$$
$$i_2 = i_0 + ne$$

가 되고, 이 둘을 더하면

$$ne = \frac{i_1 + i_2}{2}$$

를 얻는다. 이제 위에 나온 표의 세 번째 기둥으로부터 퍼텐셜이 2 V, 4 V 그리고 8 V일 때 $\frac{i_1 + i_2}{2}$ 값은 각각 0.39, 0.41 그리고 0.43임을 알 수 있다.

이와 같이 이 숫자들을 보면 상당히 잘 일치한다. 그림에 보인 위쪽 전극을 황동 판으로 바꾸어도 비슷한 결과를 얻었다. 자기장의 세기가 어떤 작은 값보다 더 크기만 하면 ne의 크기가 자기장의 세기와 무관하다는 것과, 전압을 바꾸면서 구한 숫자들이 서로 잘 일치한다는 것을 고려하면, 나는 위쪽 전극으로 전달된 양전하가 α 입자에 의해 운반되었다는 데는 의문을 품을 여지가 없다고 생각한다. 이 양전하는 작은 양이 아니었는데, 왜냐하면 약 20 cm^2 넓이의 얇은 박막 위에 펼쳐놓은 무게가 0.48 mgr인 브롬화라듐을 사용할 때, 입자들에 의해 운반된 전하는 8.8×10^{-13} A의 전류에 해당하고, 돌레잘렉 전위계를 이용하면 전위계 시스템에 0.0024 μF에 해당하는 전기용량을 추가했어야 되었기 때문이다.

이 실험에서 이용한 브롬화라듐 필름이 아주 얇아서 라듐 자체에 의해 정지된 α 입자의 수가 차지하는 백분율은 아주 작았다. 각 α 입자가 나르는 전하가 이온이 나르는 전하와 같은 1.1×10^{-19} C이라고 가정하고, α 입자의 절반은 아래쪽 판에서 흡수된다는 것을 기억하면, (방사능이 최저일 때) 1 gr의 브롬화라듐으로부터 매초 튀어나오는 α 입자의 수 N을 구할 수 있다. 사용된 라듐의 양이 각각 0.194 mgr과 0.484 mgr인 별개의 두 실험에서 구한 N 값은 거의 일치하였고 3.6×10^{10}과 같았다. 이제 곧 라듐에는 방사능이 평형일 때 세 가지 다른 생성물도 존재하는데, 각 생성물은 아마도 라듐 자체와 같은 수의 α 입자를 방출한다는 것을 보이게 될 것이다. 만일 정말 그렇다면, 방사능이 평형일 때 1 gr의 라듐으로부터 매초 튀어나오는 α 입자의 전체 수(數)는 $4N$, 즉 1.44×10^{11}이 된다. 브롬화라듐의 성분비가 $RaBr_2$라고 가정하면, 라듐 1 gr에서 매초 튀어나오는 수는 2.5×10^{10}이다. 이 수(數)는 (제13장의) 간접적인 자료로부터 구한 수(數)와 매우 잘 일치한다는 것을 앞으로 보일 예정이다. 이렇게 구한 N 값은 방사능 계산에서 여러 종류의 물리량에 대한 크기를 정하는 데 대단히 중요하다.

94. α입자의 질량과 에너지

라듐과 폴로늄에서 나오는 α선은 모두 양전하를 나르고 자기장에서 잘 휘어지지 않는다는 점에서 골트슈타인의 커낼선과 유사하다는 점은 이미 지적되었다.[23] 빈의 실험에 의하면 커낼선이 튀어나오는 속도는, 관 내에 포함된 기체의 종류와 가해진 전기장의 세기에 의존하지만, 일반적으로 라듐에서 나오는 α선의 속도의 약 $\frac{1}{10}$ 정도이다. 커낼선의 $\frac{e}{m}$값도 역시 관에 포함된 기체의 종류에 따라 변한다.

라듐으로부터 나오는 α선의 경우에 속도 V와 $\frac{e}{m}$값은

$$V = 2.5 \times 10^9 \text{ 그리고 } \frac{e}{m} = 6 \times 10^3$$

이라고 알려져 있다. 이제 물의 전기 분해에서 방출되는 수소 원자의 경우에 $\frac{e}{m}$값은 10^4이다.[24] α입자가 나르는 전하가 수소 원자가 나르는 전하와 같다고 가정하면, α 입자의 질량은 수소 원자 질량의 약 두 배이다.[25] α입자의 $\frac{e}{m}$을 측정한 실험값의 오차를 고려하면서 α입자가 이미 알려진 종류의 물질로 구성되어 있다고 가정한다면, 이 결과는 헬륨 또는 수소 중 하나가 튀어나온 것임을 시사한다. 이 중요한 질문에 대한 추가 증거에 대해 268절에서 논의하게 될 것이다.

방사성 물질에서 나오는 α선 그리고 방사능 에머네이션이나 들뜬 방사능

23) 커낼선에 대해서는 51절을 참고하라.
24) 여기서 수소 원자는 중성 수소 원자를 의미하지 않고 수소 이온을 가리킨다.
25) 오늘날에는 α입자가 양성자 두 개와 중성자 두 개가 결합되어 함께 움직이는 헬륨 원자핵과 같아서, α입자의 질량은 수소 원자 질량의 약 네 배임을 알고 있다.

의 원인이 되는 물질과 같은 모든 방사성 물질의 생성물로부터 나오는 α선은 모두 동일한 일반적인 성질을 가지며 투과력도 크게 차이가 나지 않고 모두 비슷하다. 그래서 모든 경우에 서로 다른 방사성 물질에서 나온 α선도 매우 빠른 속도로 튀어나온 양전하로 대전된 물체로 이루어져 있다는 것이 매우 그럴듯해 보인다. 라듐에서 나오는 방사선은 부분적으로 라듐에 저장된 에머네이션 그리고 라듐이 생성하는 들뜬 방사능으로부터 나오는 α선으로 구성되어 있으므로, 그러한 생성물 각각으로부터 나오는 α선은 양전하로 대전된 물체로 이루어져 있어야만 한다. 왜냐하면 라듐에서 나오는 α선은 모두 다 강한 자기장 아래서 휘어진다는 것이 이미 밝혀졌기 때문이다.

이렇게 튀어나온 입자 하나하나의 운동에너지는 그 입자의 질량에 비해 대단히 크다. 각 α입자의 운동에너지는

$$\frac{1}{2}mV^2 = \frac{1}{2}\frac{m}{e}V^2e = 5.9 \times 10^{-6}\ \mathrm{erg}$$

이다. 라이플총의 총알 속도가 10^5 cm/s라고 하면, 질량 대 질량으로 비교하여, α선이 운동하는 에너지는 라이플총의 총알이 운동하는 에너지에 비해서 6×10^8배 더 크다. 크기는 원자 정도인 물체가 이렇게 굉장히 큰 속도로 튀어나오는 것이 아마도 라듐이 열(熱) 효과를 발생시키는 주된 원인일지도 모른다(제12장).

95. 원자의 분해

방사성 원소가 지닌 방사능은 분자의 성질이 아니라 원자의 성질이다.[26)]

26) 이제는 방사능이 원자핵의 성질임이 밝혀졌다. 이 책이 저술된 1905년까지는 원자핵의 존재에 대해 알지 못했다. 원자핵은 1911년에 이 책의 저자인 러더퍼드가 발견했다.

방사선이 방출되는 비율은 단지 해당 원소가 존재하는 양에만 의존하고 그 원소가 결합하고 있는 방사능을 띠지 않은 물질과는 무관하다. 그것에 더하여, 나중에 방사선이 방출되는 비율은 온도의 변화에 의해 영향을 받지 않고 어떤 알려진 화학적 힘이나 물리적 힘에 의해서도 영향을 받지 않음을 보이게 될 것이다. 방사성 원소의 성질이 방사선을 내보내는 능력이고, 방사선의 대부분은 매우 큰 속도로 튀어나오는 양전하를 띤 질량과 음전하를 띤 질량이므로, 방사성 원소에 속한 원자들은 원자의 일부분이 원자를 이루는 시스템으로부터 빠져나가는 과정에서 분해된다[27]고 가정하는 것이 필요하다. α 입자와 β 입자가 원자로부터 대단히 큰 속도로 튀어나가는 속도를 원자의 내부 또는 외부에 존재하는 힘의 작용에 의해서 갑자기 얻을 수 있다는 것은 도무지 그럴듯해 보이지 않는다. 예를 들어, α 입자가 원자로부터 빠져나가는 속도에 의한 운동에너지를 얻기 위해서는 정지 상태로부터 출발하면 퍼텐셜이 5.2 백만 볼트의 차이가 나는 두 점 사이를 지나가야 한다. 그래서 이 입자들은 튀어나오면서 갑자기 운동을 시작한 것이 아니라 원래 원자 시스템 내에서 이미 아주 빠른 진동이나 궤도 운동을 하고 있다가 빠져나온 것이 더 그럴듯해 보인다. 이 관점에서 보면 에너지가 튀어나온 입자로 전달되기보다는 입자가 튀어나오기 전에 원래 있던 원자에서 전부터 존재한다. J. J. 톰슨과 라머 그리고 로렌츠는 원자란 빠른 진동 또는 궤도 운동을 하고 있는 전하를 띤 부분들로 이루어진 복잡한 구조를 갖고 있다는 생각을 발전시켰다. α 입자의 크기는 원자의 크기와 견줄 만하므로, 방사성 원소에 속하는 원자들은 단지 운동하는 진자들만으로 이루어져 있다고 보기보다는, 수소 원자의 질량이나

27) 이 절에서는 원자에서 α 선이 나오면서 원자의 일부가 분해(disintegrate)된다고 설명한다. 나중에 원자핵이 발견되고 α 선이 방출되면 한 원소의 원자핵이 다른 종류의 원소의 원자핵으로 바뀌는데, 오늘날에는 이 과정을 붕괴(disintegrate 또는 decay)라고 부른다.

헬륨 원자의 질량 정도인 질량을 갖는 양전하를 띤 입자들에 의해서도 역시 이루어져 있다고 생각하는 것이 자연스럽다.

나중에 심지어 라듐과 같이 방사능이 대단히 큰 원소에서 나오는 방사선을 설명하기 위해서도, 방사성 원소에 속하는 원자의 단지 아주 작은 일부만 매초 떼어내면 됨을 보일 것이다. 원자를 이렇게 분해시키는 원인으로 가능한 것이 무엇인지, 그리고 그러한 분해로부터 생기는 결과는 무엇인지에 대한 질문에 대해서는 나중에 제13장에서 논의할 예정이다.

96. 유화아연을 바른 스크린을 이용한 실험

시도[28]의 (형광을 내는 유화아연 결정체를 말하는) 육각형 혼합물을 바른 스크린에 라듐과 폴로늄에서 나오는 α선을 작용시키면 스크린은 환한 빛을 낸다. 만일 확대경을 이용하여 스크린의 표면을 조사하면, 스크린으로부터 나오는 빛은 균일하게 분포되어 있지 않고 많은 수의 섬광(閃光)들로 이루어져 있음을 알 수 있다. 어떤 두 번쩍임도 똑같은 위치에서 연속해서 나타나지는 않고, 번쩍임들은 표면 위에 흩어져서 일어나며 어떤 이동도 없이 재빠르게 나타나고 사라지는 것만 반복된다. 라듐과 폴로늄에서 나온 방사선이 유화아연 스크린에 미치는 이런 놀라운 작용은 윌리엄 크룩스 경[xl]에 의해 발견되었고, 그와 독립적으로 공기 중에서 또는 토륨 에머네이션을 포함하고 있는 용기 내에서 음전하로 대전된 도선으로부터 나오는 방사선을 관찰한 엘스터와 가이텔에 의해서도 발견되었다.[xli]

스크린 위에 라듐의 섬광이 나타나게 만들기 위하여 윌리엄 크룩스 경은

28) 시도(Théodore Sidot)는 프랑스의 화학자로 1866년에 형광을 내는 유화아연을 발견한 것으로 유명하다. 유화아연을 바른 스크린은 뢴트겐이 X선을 발견할 때, 베크렐이 방사선 관련 실험을 할 때 널리 이용되었다.

자신이 "섬광 측정기"29)라고 부른 간단한 장치를 고안했다. 라듐 용액에 담갔다가 꺼낸 작은 금속 조각을 작은 유화아연 스크린의 몇 밀리미터 위에 놓는다. 이 스크린은 짧은 황동관의 한쪽 끝에 고정되어 있으며, 관의 다른 쪽 끝에 고정된 렌즈를 통해서 스크린을 본다. 이런 방법으로 보면, 스크린의 표면은 검은 배경에 굉장히 빨리 나타나고 사라지기를 반복하는 빛으로 된 밝은 점들이 찍힌 것처럼 보인다. 어떤 한순간에 단위 넓이에 보이는 섬광의 수(數)는 라듐으로부터 거리가 멀어지면 급격히 감소하고, 그 거리가 몇 센티미터까지 멀어지면, 섬광은 단지 가끔 하나씩만 보인다. 이 실험은 지극히 아름다우며, 관찰자는 마치 라듐이 연속해서 입자들을 쏘아대는데, 각 입자가 스크린에 충돌할 때마다 빛의 번쩍임이 기록된다는 생생한 인상을 갖게 만든다.

스크린 위에서 빛이 번쩍이는 점들은 α 입자가 스크린의 표면에 충돌한 결과이다. 만일 α 선을 모두 다 흡수하기에 충분한 두께의 포장지로 라듐을 덮으면, 번쩍임은 더 이상 보이지 않는다. 스크린에는 β선과 γ선 때문에 발생하는 형광이 여전히 존재하지만, 그런 형광의 광도(光度)는 눈에 띌 만한 정도의 번쩍임으로 기록되지 않는다. 윌리엄 크룩스 경은 섬광의 수가 진공에서나 대기압의 공기에서나 비슷하다는 것을 보였다. 스크린의 온도를 일정하게 유지시키고, 라듐의 온도를 액체 공기의 온도까지 내리더라도 섬광의 수에는 별로 눈에 띄는 차이가 관찰되지 않았다. 그렇지만 스크린의 온도가 액체 공기의 온도에 이르기까지 스크린을 점차로 냉각시키면, 섬광의 수는 줄어들다가 마지막에는 섬광이 전혀 나타나지 않았다. 그렇게 낮은 온도에서 스크린이 형광을 내는 능력을 크게 잃었기 때문이다.

29) 섬광 측정기(Spinthariscope)는 α 입자가 형광 물질을 바른 스크린에 부딪쳐서 생기는 번쩍임을 관찰하는 확대경을 말한다.

섬광은 라듐과 악티늄 그리고 폴로늄에서만 발생하는 것이 아니고, 에머네이션과 α선을 방출하는 다른 방사능 생성물에서도 역시 발생한다. 그뿐 아니라, F. H. 글루[30]는 금속 우라늄과 토륨 화합물 그리고 다양한 종류의 피치블렌드에서도 섬광이 관찰될 수 있음을 발견하였다.[xlii] 피치블렌드에 의해 만들어지는 섬광을 보여주기 위해서, 피치블렌드의 표면을 평평하게 연마하고 그 위에 투명한 스크린을 놓았는데, 스크린의 아래쪽 면에는 유화아연을 입혀놓았다. 글루는 아주 간단한 형태의 개선된 섬광 측정기를 설계하였다. 한쪽 면을 얇은 층으로 만든 유화아연을 입힌 투명한 스크린을 방사성 물질과 접촉시켜서 설치하고 섬광은 렌즈를 이용하여 종전과 같은 방법으로 관찰하였다.

공기 중에서는 흡수가 일어나지 않으므로, 광도(光度)는 최댓값을 기록한다. 이 방법을 이용하면, 방사성 물질과 스크린 사이에 끼워 넣은 여러 가지 서로 다른 물질의 상대적 투명도를 직접 조사할 수도 있다.

섬광을 만들어내는 것은 모든 방사성 물질에서 나오는 α선의 일반적인 성질인 것처럼 보인다. 섬광은 유화아연을 바른 스크린을 이용하면 가장 잘 보였지만, 규산아연광이나 가루로 만든 금강석 그리고 포타슘 시안화 백금산염을 이용하여도 역시 섬광이 관찰된다(글루가 쓴 앞서 인용한 문헌). 만일 라듐에서 나온 α선에 바륨 시안화 백금산염을 바른 스크린을 노출시키면, 섬광은 관찰하기가 어렵고, 그 광도는 같은 조건 아래서 노출된 유화아연 스크린에서보다 훨씬 더 오래 계속된다. 이 경우처럼 형광이 오래 지속되는 것이 아마도 눈에 보이는 섬광이 존재하지 않는 이유가 될지도 모른다.

30) 글루(F. Harrison Glew, 1858-1926)는 영국 출신으로 공학과 약학을 전공했으며 X선을 의학용으로 이용하는 데 선구적인 역할을 했다.

섬광은 α 입자들이 민감한 스크린에 계속 충돌한 결과임은 의심할 여지가 없다. α 입자들 하나하나는 굉장히 빠른 속도로 움직이며, 상당히 큰 운동에너지를 갖는다. 이 α 입자들이 어렵지 않게 정지하는 것을 보면, α 입자는 지니고 있는 대부분의 에너지를 스크린의 표면에서 잃고, 그렇게 잃은 에너지의 일부분이 어떤 아직 알지 못하는 방법으로 빛으로 변환된다. 유화아연은 역학적 충격에 매우 민감하다. 만일 스크린을 가로질러서 주머니칼을 긋거나 스크린을 향하여 공기 바람을 불면 빛이 나타난다. α 입자가 충돌한 효과로 나타나는 움직임은 충돌하는 입자의 크기보다 훨씬 더 먼 거리까지 퍼져나가는데, 그래서 입자가 스크린에 충돌한 결과로 나타나는 빛나는 점은 눈에 띌 만큼 크게 보인다. 최근에 베크렐[xliii]은 서로 다른 여러 물질들에 의해 발생하는 섬광을 조사하고, 섬광은 스크린을 구성하는 결정에 α 입자가 충돌하여 불규칙적인 형태로 결정체가 움푹 파인 결과로 나타난다고 결론지었다. 섬광은 결정체를 쭈그러뜨리는 방법에 의해 역학적으로 발생시킬 수가 있다. 토마시나[31]는 여러 날 동안 라듐에서 나오는 방사선을 비추지 않은 유화아연 스크린 근처에 대전된 막대를 가지고 오면 다시 섬광을 낸다는 것을 발견하였다.[xliv]

유화아연에서 발생하는 섬광의 수(數)는 유화아연에 약간 존재하는 불순물과 유화아연의 결정(結晶) 상태에 의존한다. 가장 민감한 유화아연 스크린에서도, 섬광(閃光)이 나타나는 수(數)는 그 스크린에 부딪치는 전체 α 입자 수의 극히 일부에 지나지 않는다는 것을 증명할 수 있다. α 입자와 충돌하면 결정체는 어떤 방법으로든 변하게 되고, 결정체들 중에서 일부는 때로는 빛

31) 토마시나(Thomas Tommasina, 1855-1935)는 이탈리아 출신의 미술가로 스위스로 이주하여 물리학자가 되었으며, 대기(大氣)의 이온화와 중력 이론에 대해 중요하게 기여하였다.

을 내보내며 쪼개지는 것처럼 보인다.[xlv]

비록 순수한 브롬화라듐에서 나온 입자 하나에 의한 섬광의 수가 매우 많다고 할지라도, 그 수가 세지 못할 정도로 많은 것은 아니다. 라듐과 가까운 거리에서는, 광도(光度)가 매우 밝지만, 고성능 현미경을 이용하면 그 광도도 여전히 수많은 섬광들로 이루어져 있음을 보일 수가 있다. 섬광이 나타나는 수(數)는 아마도 방출된 α 입자의 수와 밀접하게 관계되지 않을 것이므로, 섬광이 나타나는 수를 결정하는 일이 물리적으로 특별히 의미가 있다고 생각되지 않는다. α 입자의 수와 섬광이 나타나는 수 사이의 관계는 아마도 일정한 값이 아니라 α 입자가 충돌하는 민감한 물질의 화학적 성분 그리고 또한 그 물질의 결정 상태에 상당히 크게 의존하여 바뀔 것이다.

97. 물질의 α선 흡수

α선은 기체에 의해 흡수되는 양이 얼마인지 또는 고체 물질의 얇은 스크린에 의해 흡수되는 상대적인 양이 얼마인지에 따라 그 α선이 서로 다른 어떤 방사성 물질에서 방출된 것인지 구별할 수가 있다. 동일한 조건 아래서 조사한다면, 정해진 두께의 물질에서 흡수되는 양에 따라 α선이 서로 다른 여러 방사성 물질 중에서 어느 것에서 나오는지 그 순서를 정할 수가 있다.

물질의 두께가 변할 때 흡수되는 α선의 양이 어떻게 변하는지 조사하기 위하여, 64절에서 소개된 그림 17에 보인 것과 유사한 장치를 사용하였다.[xlvi] 넓이가 약 30 cm^2 되는 곳에 방사성 물질을 얇은 층으로 균일하게 펴놓고, 간격이 3.5 cm 떨어진 두 평행판 사이에 흐르는 포화 전류를 측정하였다. 아주 얇은 층으로 준비한[xlvii] 방사성 물질로 실험하는 경우, 두 판 사이의 이온화는 거의 모두 다 α선에 의해 발생한다. β선에 의해서 발생하는 이온화와 γ선에 의해서 발생하는 이온화는 합해도 일반적으로 전체 일반화의 1%를 넘지 못한다.

다음 표는 두 판 사이에서 α선에 의한 포화 전류가 어떻게 변하는지를 보여준다. 두 판 사이에는 두께가 0.00034 cm인 알루미늄 포일을 여러 장 포개 놓은 아래 라듐과 폴로늄을 놓았다. 라듐에서 나오는 β선에 의한 이온화를 제거하기 위하여, 사용한 염화라듐을 물에 녹인 다음에 증발시켰다. 이렇게 해서 방사능을 띤 화합물을 구했는데, 상당한 시간 동안 β선이 거의 나오지 않았다.

폴로늄

알루미늄 포일 개수	전류	포일마다 감소 비율
0	100	0.41
1	41	0.31
2	12.6	0.17
3	2.1	0.067
4	0.14	
5	0	

라듐

알루미늄 포일 개수	전류	포일마다 감소 비율
0	100	0.48
1	48	0.48
2	23	0.60
3	13.6	0.47
4	6.4	0.39
5	2.5	0.36
6	0.9	
7	0	

방사성 물질 위에 알루미늄 포일이 하나만 있을 때 초기 전류를 100으로 놓는다. 라듐에서 방출되는 방사선에 의한 전류는 알루미늄 포일이 한 층씩 늘어날 때마다 거의 절반씩 줄어서 전류는 결국 최댓값의 약 6%까지 감소하는 것을 보게 될 것이다. 그다음에 전류는 훨씬 더 빨리 0으로 접근한다. 그래서 라듐의 경우에 넓은 범위에서 전류는 스크린의 두께에 대하여 근사적으로 지수법칙에 따라 감소해서

$$\frac{i}{i_0} = e^{-\lambda d}$$

라고 쓸 수 있는데, 여기서 i는 스크린의 두께가 d일 때 흐르는 전류이고, i_0는 맨 처음에 흐른 전류이다. 폴로늄의 경우에는, 전류가 지수법칙이 가리키는 것보다 훨씬 더 급격하게 감소한다. 포일이 한 층일 때 전류는 비율이 0.41로 감소한다. 포일이 세 층으로 추가되면 전류의 비율은 0.17로 작아진다. 대부분의 방사성 물체에 대해, 전류는 지수법칙에 의해 줄어든다고 예상되는 것보다 약간 더 빨리 감소하는데, 방사선이 거의 다 흡수된 때에는 특별히 더 그러하다.

98.

폴로늄에서 나온 α선이 지나간 물질의 두께가 커지면 α선의 흡수가 증가하는 모습이, 퀴리 부인이 수행한 실험에서, 매우 분명하게 드러났다. 그때 사용한 장치가 그림 34에 나와 있다.

간격이 3 cm 인 두 평행판 PP' 사이에서 포화 전류를 측정하였다. 폴로늄 A는 금속 상자 CC에 들어 있으며, 그로부터 나온 방사선은 아래쪽 판

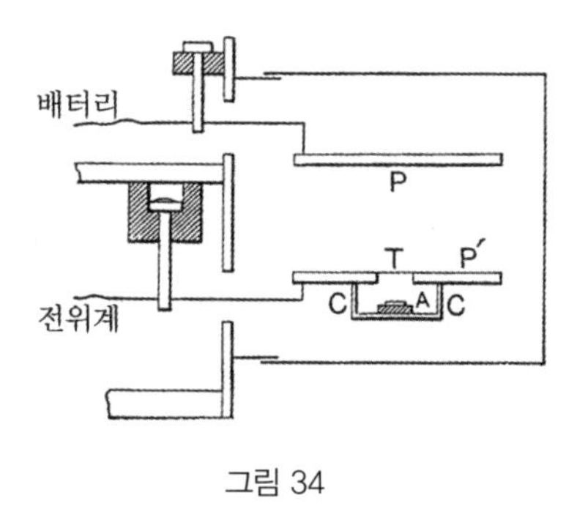

그림 34

P'에 뚫린 한 층의 얇은 포일 T로 덮은 구멍을 통해 나와서 두 판 사이의 기체를 이온화시킨다. AT 사이의 거리가 4 cm 이거나 그보다 더 멀면 P와 P' 사이에 주목할 만큼의 전류가 측정되지 않았다. 거리 AT가 줄어들면, 전류는 매우 갑작스럽게 증가해서, 거리 AT가 조금만 변하더라도 전류는 아주 많이 커졌다. 그 거리가 더 가까워지면, 전류는 좀 더 규칙적인 방식으로 증가하였다. 실험 결과는 다음 표에 나와 있는데, 이 표에서 스크린 T는 각각 한 층과 두 층의 알루미늄 포일로 되어 있다. 알루미늄 포일로 만든 스크린을 덮지 않고 방사선에 의해 흐르는 전류는 두 경우 모두 100이다.

거리 AT (cm)	3.5	2.5	1.9	1.45	0.5
알루미늄 박막 한 층을 통과한 방사선 100개당	0	0	5	10	25
알루미늄 박막 두 층을 통과한 방사선 100개당	0	0	0	0	0.7

이와 같이 금속으로 만든 스크린은 방사선이 지나가는 거리가 더 멀면 멀수록 방사선의 더 많은 비율을 차단시킨다. 이 효과는 두 평행판 PP'가 서로 더 가까이 있으면 훨씬 더 뚜렷해진다. 라듐을 폴로늄으로 바꾸면, 이와 비슷하지만 그렇게 뚜렷하지는 않은 결과가 관찰된다.

이 실험으로부터 방사성 물질을 균일하게 깔아놓은 넓은 판이 원인이 되어 생기는 단위 부피당 이온화는 그 판으로부터 거리가 멀어짐에 따라 급격히 감소하는 것을 알 수 있다. 거리가 10 cm이면 우라늄이나 토륨 또는 라듐으로부터 나오는 α선은 완전히 흡수되었고, 기체에서 관찰된 약간의 이온화는 투과력이 좀 더 큰 β선과 γ선에 의해 생긴다. 방사선 공급원으로부터 주어진 거리에서 측정되는 이온화의 상대적인 양은 방사성 물질로 덮은 층의 두께에 비례하여 증가하지만, 그 두께가 어떤 값을 초과하면 최댓값에 도달한다. 그러므로 스크린으로 가리지 않은 방사성 물질이 원인인 이온화의 더 큰 비율은 거의 모두가 방사성 물질을 둘러싼 두께가 10 cm를 초과하지 않는 공기층에 국한되어 있다.

99.

동일한 방사성 원소가 포함된 서로 다른 화합물에서 나오는 α선은 거의 같은 평균 투과력을 갖는다. 이 문제에 대한 실험들을 이 책의 저자[xlviii] 그리고 오언스[xlix]가 수행하였다. 그러므로 서로 다른 방사성 원소에서 나오는 α선의 상대 투과력을 비교하려면, 각 방사성 원소가 포함된 화합물 단지 한 가지씩에 대해서만 투과력을 결정하면 된다. 러더퍼드와 브룩스 양[32)]은 서로 다른 여러 방사성 물질에서 나온 α선이 두께가 0.00034 cm인 알루미늄 포일을 연달아 여러 층 지나가면서 α선이 흡수되는 양을 측정하였다.[l] 그 흡수 곡선이 그림 35에 나와 있다. 서로 다른 경우를 비교하기 위하여, 아무것으로도 가리지 않은 방사능 합성물에 의한 초기 전류를 100으로 놓았다. 방사성 물질은 아주 얇은 층으로만 깔았으며, 토륨과 라듐의 경우에는, 시험용 용기에 공기를 천천히 불어넣어서 방출되는 에머네이션을 제거하였다. 두 판 사이에는 300V의 퍼텐셜 차이를 가하였는데, 그 퍼텐셜 차이는 각 경우에 최대 전류가 가능하게 할 만큼 충분히 컸다.

오가나이트와 토라이트의 광물질에 대한 곡선도 산화토륨에 대한 곡선과 대단히 비슷하였다.

비교하기 위하여, 토륨과 라듐의 경우에는 들뜬 방사선에 대한 흡수 곡선

32) 브룩스(Harriet Brooks, 1876-1933)는 캐나다의 첫 번째 여성 핵물리학자로 라돈을 발견하고 에머네이션이 라돈 기체임을 밝힌 사람 중 하나이다. 러더퍼드의 제자로 러더퍼드는 그녀가 자질 면에서 퀴리 부인에 버금간다고 보았다.

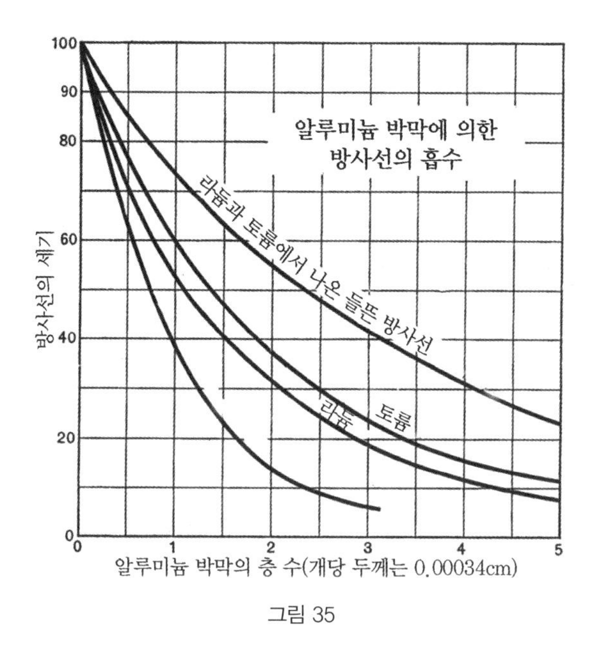

그림 35

이 방사성 원소인 우라늄과 토륨, 라듐 그리고 폴로늄에 대한 흡수 곡선과 함께 그려져 있다. α 방사선을 투과력이 가장 센 것으로부터 시작해서 투과력 차례로 배열하면 아래 순서와 같이 된다.

토륨 } 들뜬 방사선
라듐 }
토륨
라듐
폴로늄
우라늄

흡수하는 물질로는 알루미늄, 네덜란드 금박, 은박지, 종이, 공기 그리고 다른 기체들과 같은 것들을 조사하였는데, 이들 조사한 물질에 대해서는 모두 똑같은 순서가 관찰되었다. 방사성 물질에 따라 α 선의 흡수에 차이가 나는 것은 이와 같이 무시할 수 없을 정도로 컸으며, 그 이유는 서로 다른 방사성 물질에서 나오는 α선의 질량이나 속도에서 차이가 나는 데 있든가, 또는 질량과 속도 모두의 차이 때문이라고 할 수밖에 없다.

α선은 질량이나 속도가 다르므로, 모든 방사성 물체에 공통으로 어떤 한 가지 방사능을 갖는 불순물이 포함되어 있다고 할 수가 없다.

100. 기체의 α선 흡수

서로 다른 방사성 물질에서 나온 α선이 대기압과 상온의 공기에서 몇 cm만 지나가더라도 공기에 의해 신속하게 흡수된다. 그렇게 흡수되는 결과로, α선에 의한 공기의 이온화는 방사선을 내보내는 물체의 표면 근처에서 가장 크며, 표면에서 멀어지면 이온화는 매우 빨리 줄어든다(98절을 보라).

기체의 α선 흡수를 측정하는 간단한 방법이 그림 36에 나와 있다. 두 평행판 A와 B의 간격을 2 cm로 고정하고, 나사를 이용하여 방사성 물질의 표면에서 두 판까지의 거리를 이동시키면서 두 판 사이에 흐르는 최대 전류를 측정한다. 방사성 물질의 표면에서 나오는 방사선은 판 A에 뚫린, 얇은 알루미

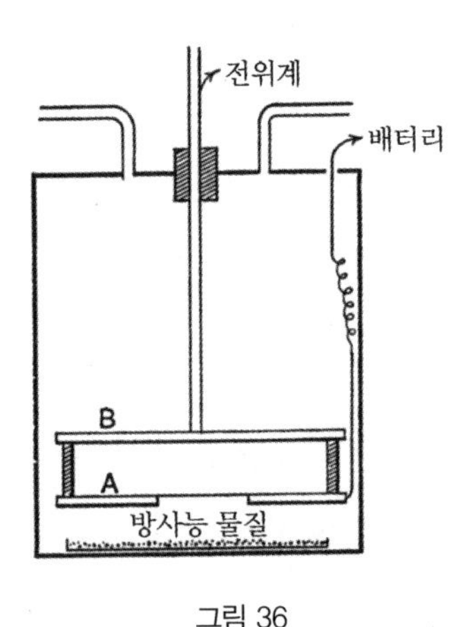

그림 36

늄 포일로 덮은 둥그런 구멍을 통과한 다음에 위쪽 판에 의해 정지되었다. 공기가 아닌 다른 기체에 대해 측정하고, 그 효과를 서로 다른 압력에서 조사하기 위하여, 이 장치는 밀폐된 원통으로 둘러싸여 있다.

만일 방사성 물질 표면의 반지름이 그 표면으로부터 판 A까지의 거리에 비하여 크면, 방사선의 세기는 판 A에 뚫린 구멍 전체에서 근사적으로 균일하며 거리 x가 증가하면 지수법칙을 따라 감소한다. 즉

$$\frac{I}{I_0} = e^{-\lambda x}$$

가 성립하는데, 여기서 λ는 조사 대상인 기체에 대해 방사선의 "흡수 상수"이다.[li] 이제

$$x = \text{방사성 물질로부터 아래쪽 판까지 거리}$$
$$l = \text{고정된 두 판 사이의 거리}$$

라고 하자.

그러면 아래쪽 판에서 방사선의 에너지는 $I_0 e^{-\lambda x}$이고, 위쪽 판에서 방사선의 에너지는 $I_0 e^{-\lambda(l+x)}$가 된다. 그러므로 두 판 A와 B 사이에서 만들어지는 이온들의 전체 수는

$$e^{-\lambda x} - e^{-\lambda(l+x)} = e^{-\lambda x}\left(1 - e^{-\lambda l}\right)$$

에 비례하게 된다.

위 식의 우변에 나오는 인자 $1 - e^{-\lambda l}$은 상수이므로, A와 B 사이의 포화 전류는 $e^{-\lambda x}$처럼 변한다. 즉 포화 전류는 거리가 멀어짐에 따라 지수법칙을 따라 감소한다.

서로 다른 기체에 대해서, 얇은 층으로 준비된 산화우라늄으로부터 거리의 함수로 A와 B 사이의 전류가 어떻게 변하는지에 대한 그래프가 그림 37에

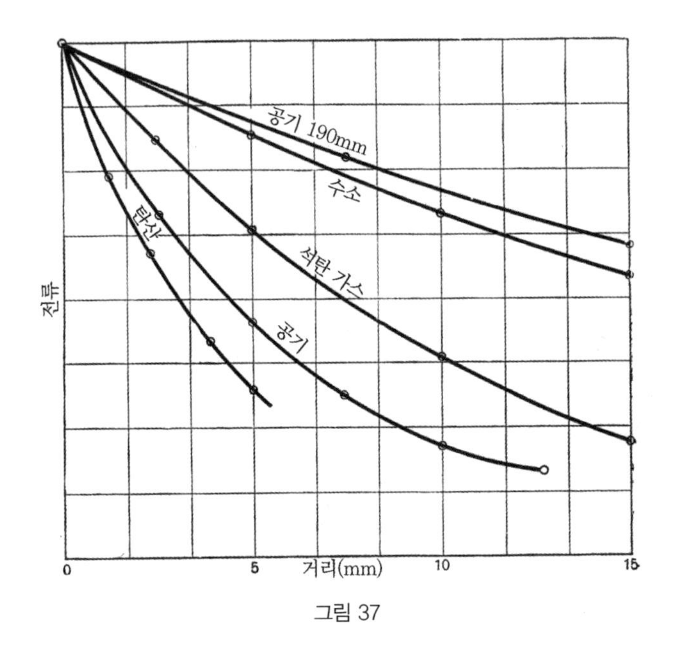

그림 37

나와 있다. 방사성 물질의 표면에서 거리가 약 3.5 mm 되는 곳에서 맨 처음 측정이 시작되었다. 이 맨 처음 전류에 대한 실제 값은 기체의 종류가 바뀌면 달라졌지만, 비교할 목적으로 각 기체에서 처음 전류 값을 1로 놓았다.

거리가 멀어지면 전류는 거리에 대해 근사적으로 기하급수적으로 줄어든다는 것을 알게 될 것인데, 이 결과는 위에서 설명한 간단한 이론과 부합된다. 방사선이 흡수되기 전에 기체를 지나가는 거리를 서로 다른 여러 기체에 대해 쓰면 다음과 같다.

기체	방사선 절반이 흡수되는 거리(mm)
탄산	3
공기	4.3
석탄 가스	7.5
수소	16

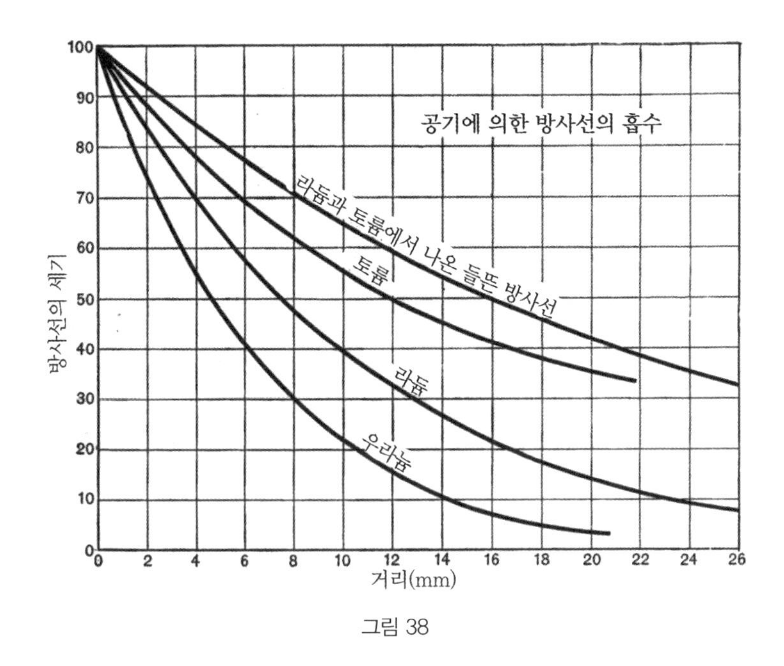

그림 38

수소에 대한 결과는 조사된 거리에서 흡수가 매우 작아서 단지 근사적으로 구한 것이다.

방사선의 흡수는 수소에서 가장 작고 탄산에서 최대이며, 기체의 밀도와 같은 순서를 따른다. 공기와 탄산의 경우에는, 방사선의 흡수가 밀도에 비례하지만, 수소의 경우에는 그 규칙이 크게 벗어난다. 서로 다른 방사성 물질에 대해 α선이 공기에 흡수되는 상대적인 양에 대한 결과가 그림 38에 나와 있다.

최초 측정은 방사성 물질이 표면으로부터 거리가 약 2 mm 되는 곳에서 했으며, 각 경우에 처음 전류는 모두 100이라고 놓았다. 우라늄의 경우에서처럼, 처음에는 전류가 거리에 대해 근사적으로 기하급수적으로 감소한다. 방사선의 세기가 절반으로 줄어들 때까지 방사선이 지나간 공기층의 두께는 다음과 같다.

	거리(mm)
우라늄	4.3
라듐	7.5
토륨	10
토륨과 라듐에서 생긴 들뜬 방사선	16.5

방사성 물질에서 나오는 방사선이 공기에서 흡수되는 정도는 방사선이 조사에 이용된 금속으로 된 물질이나 고체로 된 물질에 의해서 흡수되는 정도와 같다.

101. 흡수와 밀도 사이의 관계

모든 경우에, 방사선이 처음에는 지나간 거리에 대해 근사적으로 지수법칙에 따라 감소되므로, 두께 x를 지나간 다음 세기 I는 $I = I_0 e^{-\lambda x}$로 주어지는데, 여기서 λ는 흡수 상수이고 I_0는 맨 처음 세기이다.

다음 표는 공기와 알루미늄에 대해 서로 다른 방사선의 λ값을 보여준다.

방사선	알루미늄의 λ	공기의 λ
들뜬 방사선	830	0.42
토륨	1250	0.69
라듐	1600	0.90
우라늄	2750	1.6

물의 밀도를 1이라고 할 때 온도가 20℃이고 압력이 760 mmHg인 공기의 밀도를 0.00120이라고 놓으면, 다음 표는 서로 다른 방사선에 대해 λ값을 밀도로 나눈 것을 보여준다.

방사선	알루미늄	공기
들뜬 방사선	320	350
토륨	480	550
라듐	620	740
우라늄	1060	1300

그래서 알루미늄과 공기를 비교하면, 모든 방사선에 대해 흡수는 대략 밀도에 비례한다. 그렇지만 흡수-밀도를 나타내는 숫자는 주석과 알루미늄처럼 두 금속이 비교되면 차이가 크게 벌어진다. 주석에 대한 λ값은 알루미늄에 대한 λ값보다 훨씬 더 크지는 않지만, 주석의 밀도는 알루미늄 밀도의 거의 세 배이다.

만일 흡수가 밀도에 비례한다면, 기체에서 흡수는 압력에 정비례해야 하는데, 진짜 그렇다는 것이 밝혀졌다. 그 주제와 관련하여, 이 책의 저자는 (이미 인용된 참고문헌에서) 압력이 $\frac{1}{4}$ 기압과 1기압 사이에서 우라늄 방사선에 대한 결과를 구했다. 오언스도 (이미 인용된 참고문헌에서) 압력이 0.5기압과 3기압 사이일 때 토륨으로부터 나온 α선이 공기에서 얼마나 흡수되는지를 조사하고 흡수는 압력에 정비례하는 것을 발견하였다.

이와 같이 방사성 물질에서 튀어나온 양전하를 대전한 입자들의 흡수가 밀도에 따라 어떻게 변하는지에 대한 법칙이, 튀어나온 음전하를 대전한 입자에 대한 법칙과 매우 비슷하고, 음극선에 대한 법칙과도 매우 비슷하다. 두 경우 모두에서 흡수는 주로 밀도에 의존하지만, 모든 경우에 다 밀도에 정비례하지는 않는다. 기체에서 α선의 흡수는 아마도 대부분 기체에서 이온을 생성하느라 방사선의 에너지를 다 사용해버렸기 때문에 일어나는 것처럼 보이는데, 금속에서 α선의 흡수도 그와 비슷한 원인으로 일어난다고 생각하는 것이 그럴듯해 보인다.

102. 기체에서 이온화와 흡수 사이의 관계

만일 기체에서 α선이 완전히 흡수되면, 생성된 전체 이온화는 조사된 모든 기체에서 거의 같다는 것이 (45절에서) 증명되었다. 방사선은 서로 다른 기체에서 흡수되는 정도가 다르므로, 상대적인 이온화와 상대적인 흡수 사이에는 직접적인 관계가 존재해야만 한다. (45절에서 다룬) 스트럿의 결과를 (100절에서 다룬) 상대적인 흡수 상수와 비교하면 그것이 사실임을 알게 된다.

기체	상대적인 흡수	상대적인 이온화
공기	1	1
수소	0.27	0.226
이산화탄소	1.43	1.53

흡수를 정확하게 구하는 것이 얼마나 어려운지를 고려하면, 기체에서 상대적인 이온화는 실험 오차의 한계 내에서 상대적인 흡수에 정비례하는 것으로 보인다. 이 결과는 이온을 생성하기 위해 흡수되는 에너지가 공기와 수소 그리고 이산화탄소에서 거의 같다는 사실을 알려준다.

103. 물질에서 α선이 흡수되는 메커니즘

앞에서 이미 설명한 실험들은 평면으로 된 방사성 물질의 큰 표면으로부터 나오는 α선에 의한 기체의 이온화는 대부분의 경우에 방사선이 거의 모두 흡수될 때까지 근사적으로 지수법칙에 따라서 감소하고, 그다음에는 이온화가 훨씬 더 빠른 비율로 줄어든다는 것을 알려준다. 폴로늄의 경우에, 이온화는 간단한 지수법칙으로 예상되는 것보다 더 빨리 감소한다.

기체에서 생성되는 이온화는 빠르게 움직이는 α선이 그 경로에 위치한 기체 분자와 충돌한 결과로 일어난다. α입자의 질량이 매우 크기 때문에, α입자는 같은 속력으로 움직이는 β입자보다 더 효과적으로 이온화를 일으킨다. 실험 결과로부터 튀어나온 α 입자 하나는, 지나가는 경로에서 더 이상 기체를 이온화시킬 수 없는 어떤 정해진 한계 값까지 속도가 줄어들기 전에, 기체에서 몇 센티미터를 통과하면서 약 100,000개의 이온을 만들어내는 것이 가능하다고 추론할 수 있다.

기체를 이온화시키려면 에너지가 필요하며, 그 에너지는 오직 튀어나온 α 입자의 운동에너지를 소비해야만 생길 수 있다. 그래서 α 입자는 기체를 통해 지나가면서 자신의 속도와 운동에너지를 점차로 잃어야만 한다는 것이 예상된다.

기체에서 α 선이 흡수되는 비율은 방사선 공급원으로부터 서로 다른 거리에서 이온화된 기체를 측정해서 알아내게 되므로, 측정한 결과를 분석하기 위해서는 튀어나온 α 입자의 속력에 따라 그 입자의 이온화시키는 능력이 어떻게 변하는지에 대한 법칙을 알 필요가 있다. 그렇지만 이 문제에 관련되어 실험으로 얻은 자료는 이 문제를 해결하는 데 직접 적용하기에는 너무 부족하다. 타운센드는 움직이는 전자는 어떤 한계 속도에 도달한 뒤에야 비로소 기체에서 이온을 생성한다는 것을 증명하였다.[lii] 그러면 전자(電子)가 기체를 통과하는 경로 중에서 매 1 cm마다 생성하는 이온의 수(數)는 최댓값까지 증가했다가, 전자의 속력이 더 커지면 그 수는 계속해서 감소한다. 예를 들어, 타운센드는 전기장 내에서 움직이는 전자에 의해 생성되는 이온의 수는 전기장이 약하면 처음에는 적다가, 전기장의 세기가 증가하면 증가하는데, 압력이 1 mmHg인 공기에서는 지나가는 경로 1 cm 마다 이온 20개의 최댓값까지만 증가하는 것을 발견하였다. 두랙[33]은 진공관에서 만들어진 약 5×10^9 cm/s

33) 두랙(Joseph J. E. Durack, 1877-1955)은 오스트레일리아 출신의 물리학자로 케임브리지 대학

의 속도로 움직이는 전자가 압력이 1 mmHg인 기체에서 5 cm의 경로를 지나갈 때마다 이온 두 개씩을 만들어내는 것을 알아냈다.[liii] 뒤이은 논문에서 두랙은 라듐에서 튀어나온 광속의 절반보다 더 빠른 속도로 움직이는 전자가 10 cm의 경로를 지나갈 때마다 두 개의 이온을 만들어내는 것을 보였다. 이와 같이 라듐에서 나오는 매우 빠른 속력의 전자는 이온화시키는 데는 매우 효율적이지 못하고, 타운센드가 관찰한 느리게 움직이는 전자가 단위 길이당 일으키는 이온화의 단지 $\frac{1}{100}$의 이온화만을 생성한다.

104.

α 입자의 경우에, 입자 속도의 함수로 이온화가 어떻게 변하는지에 대한 직접 측정은 이루어지지 않았고, 그래서 α 입자에 대한 흡수 법칙을 직접 유도할 수는 없다. 그렇지만 최근에 브래그와 클리먼[liv]은 이 질문을 간접적으로 공략해서 그들이 α 선의 흡수에 대해 구한 실험 결과를 설명할 간단한 이론을 수립하였다. 간단한 형태의 방사성 물질에서 나오는 α 입자는 물질이 같으면 모두 같은 속도로 튀어나오며, 대기압과 상온에서 모두 다 흡수되기 전에 정해진 거리 a를 통과한다고 가정한다. 첫 번째 근사로, α 입자가 흡수되기 전에 지나간 전체 길이에 대해 단위 길이당 이온화가 바뀌지 않고 일정하며 방사선 공급원으로부터 정해진 거리가 되면 상당히 갑작스럽게 이온화가 중지된다고 가정한다. 이 가정은 방사선 공급원으로부터 두 평행판까지의 거리가 어떤 정해진 거리에 가까이 다가가면 두 평행판 사이에서 이온화가 매우 갑작스럽게 증가한다는 관찰된 사실과 잘 부합한다. 이 범위 a는 α 입자의 처음 운동에너지에 의존하며 그래서 방사성 물질의 종류가 무엇이냐에

에서 공부하고 인도에서 교수를 역임했으며 초기 방사능 연구에 기여하였다.

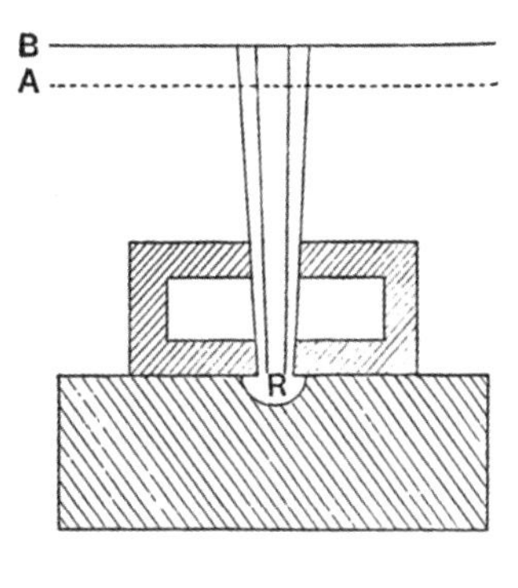

그림 39

따라 바뀐다. 만일 두꺼운 층으로 된 방사성 물질이 사용되면, 단지 방사성 물질의 표면에서 나오는 α 입자만 그 범위 a를 갖는다. 깊이가 d인 곳으로부터 표면까지 도달한 α 입자의 범위는 공기의 경우에 비해 ρd만큼 줄어드는데 여기서 ρ는 방사성 물질의 밀도이다. 이것은 단순히 α 선의 흡수가 α 선이 지나온 두께와 지나온 물질의 밀도에 비례한다는 사실을 표현할 뿐이다. 그러므로 두꺼운 층으로 된 방사성 물질에서 나온 방사선은 복잡하며, 도달하는 범위가 0에서 a 사이의 모든 값을 갖는 서로 다른 속도로 움직이는 입자들로 이루어진다.

이제 그림 39에 보인 것과 같이 두꺼운 층으로 된 방사성 물질에서 나온 좁은 α 선 다발이 금속 장애물에 의해서 좁은 영역으로 제한되어 있다고 가정하자.

좁은 방사선 다발은 가는 도선 그물망 A를 통과해서 이온화 용기 AB로 들어간다. 이온화의 양이 방사선이 발생하는 R에서 판 A까지 거리 h의 함수로 A와 B의 사이에서 측정된다.

방사성 물질의 표면에서 측정하여, $h = a - \rho x$에 의해 결정되는 깊이 x로부터 나오는 입자는 모두 다 이온화 용기로 들어간다. 이온화 용기의 깊이 dh

에서 생성되는 이온의 수(數)는 $nxdh$와 같은데, 그래서 $n\frac{(a-h)}{\rho}dh$와 같고, 여기서 n은 상수이다.

이온화 용기의 깊이가 b라면, 용기에서 생성된 이온의 전체 수는

$$\int_h^{h+b} n\frac{a-h}{\rho}dh = \frac{nb}{\rho}\left(a-h-\frac{b}{2}\right)$$

가 된다.

이 결과는 입자들의 흐름이 용기를 완전히 통과한다고 가정하고 얻는 것이다. 만일 그렇지 않다면 결과는

$$\int_h^{a} n\frac{a-h}{\rho}dh = \frac{n(a-h)^2}{2\rho}$$

로 바뀐다.

만일 용기 AB 내부의 이온화를 측정하고, 이온화와 거리 h 사이의 관계를 보여주는 곡선을 그린다면, 처음 식의 곡선은 기울기가 $\frac{nb}{\rho}$인 직선이 되고 나중 식은 포물선이 된다.

그래서 만일 얇은 층으로 만든 방사성 물질을 사용하고, 이온화 용기도 얕다면, 이온화는 (그림 40의) APM과 같은 곡선으로 대표되는데, 여기서 세로축은 방사선 공급원으로부터 거리이고, 가로축은 두 판 AB 사이의 이온화 전류이다.

이 경우에 PM은 방사성 물질의 가장 아래층으로부터 나온 α입자의 범위이다. PM보다 더 가까운 거리에서는 모두 다 전류가 변하지 않아야 한다.

두꺼운 층으로 된 방사성 물질의 경우, 곡선은 APB와 같은 직선이 된다.

위와 같은 성질을 갖는 곡선들은 단지 일정한 원뿔 내부에 포함된 방사선을 이용하고, 이온화 용기는 얕으며 원뿔에 속한 방사선을 모두 포함할 때만 얻을 수 있다. 그런 경우에 거리의 제곱에 반비례하는 법칙은 고려할 필요가 없다.

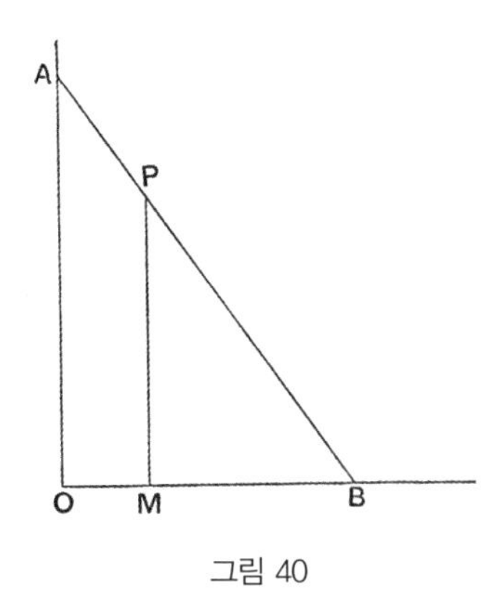

그림 40

앞에서 (99절과 100절에서) 설명된 실험에서는 방사성 물질이 넓은 범위로 펼쳐져 있는 경우에 간격이 몇 센티미터 정도 되는 평행판 사이에서 이온화가 측정되었다. 그 실험들이 수행된 시기에는 단지 방사능이 약한 방사성 물질만 나와 있었으므로, 당시에는 그렇게 배열시킨 실험을 해야만 되었다. 그때는 좁은 원뿔로 이루어진 방사선과 얕은 이온화 용기를 이용했기 때문에 측정 가능한 전기적 효과가 별로 없었지만, 방사선 공급원으로 순수한 브롬화라듐이 출현함으로써 그와 같은 단점이 제거되었다.

브래그와 클리먼이 수행했던 흥미로운 실험은 이론으로 얻은 곡선들이 근사적으로나마 실제로 구현됨을 보여준다. 실험 결과를 분석하면서 직면했던 가장 주된 어려움은 라듐이 복잡한 방사성 물질로 네 가지 서로 다른 방사능 생성물을 포함하고 있으며, 각 생성물은 도달하는 범위가 서로 다른 α선을 방출한다는 사실 때문에 나왔다. 라듐으로부터 구한 결과의 일반적인 성질은 그림 41의 곡선 A, B, C, D를 이용하여 그래프로 표시되어 있다.

이 그림의 세로축은 라듐과 시험 용기의 철망 사이의 거리를 대표하고 가로축은 이온화 용기의 전류를 임의의 단위로 표현한다. 브롬화라듐 5 mgr

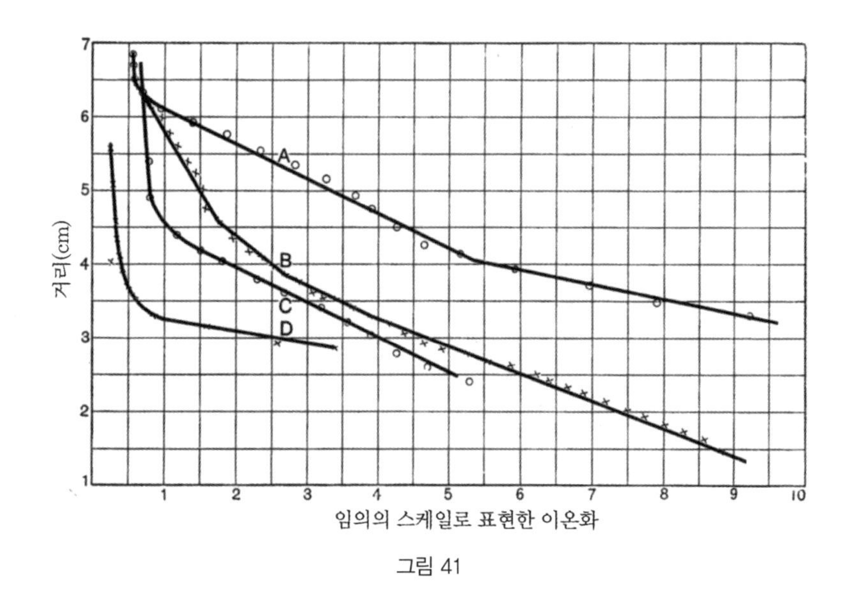

그림 41

이 이용되었으며, 이온화 용기의 깊이는 약 5 mm였다. 곡선 A는 꼭지각이 20°인 원뿔에 속한 방사선에 대한 것이다. 거리가 7 cm인 곳에서 처음 전류는 β선과 γ선 그리고 자연 누전(漏電)에 의한 것이다. 이 곡선은 처음에는 포물선으로부터 시작했지만 그 뒤로는 두 개의 직선으로 이루어져 있다. 곡선 B는 더 작은 원뿔에 속한 방사선에 대한 것이며, 라듐으로부터 거리가 멀지 않은 범위에서 곡선의 성질은 직선임을 보여준다. 곡선 C는 곡선 A와 똑같은 조건 아래서 구했지만, 단지 라듐의 표면 위에 금박공(金箔工) 가죽[34]을 한 겹 올려놓은 것만 다르다. 금박공 가죽을 올려놓으면 곡선 A의 세로 눈금 값을 모두 다 같은 양만큼 감소시킨 효과를 낸다. 그것은 앞에서 이미 고려한 간단한 이론에 의해서 예상된 효과이다. 곡선 D는 에머네이션과 에머네이션에 의

34) 금박공 가죽(Goldbeater's skin)이란 금을 얇게 펴기 위해 금 위에 까는 얇은 짐승 가죽이다.

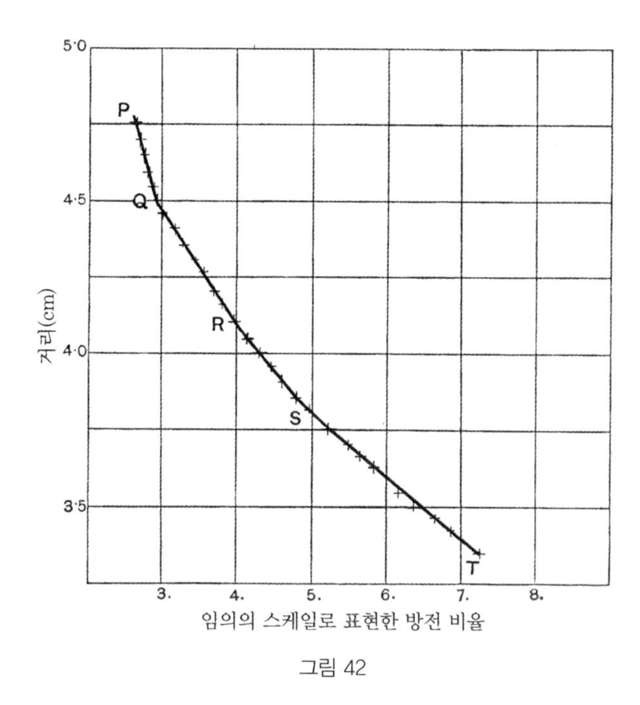

그림 42

한 생성물을 제거시키기 위해 가열된 라듐에 대해 얻었다. 곡선 D에서는 가장 큰 범위의 α선은 분명히 존재하지 않으며 곡선이 더 간단하다.

라듐 곡선의 복잡한 성질은 깊이가 단지 2 mm로 얕은 이온화 용기를 이용하여 라듐으로부터 거리가 2 cm와 5 cm 사이에 해당하는 곡선의 부분을 자세히 조사하면 좀 더 분명하게 나타난다. 그 결과가 그림 42에 나와 있는데, 그 그림에는 곡선이 근사적으로 PQ, QR, RS 그리고 ST로 대표되는, 서로 다른 기울기를 갖는 네 개의 직선으로 구성되어 있음을 볼 수 있다.

앞으로 보이게 되겠지만 방사능 평형 상태의 라듐에는 네 가지 서로 구분되는 α선 생성물이 존재하기 때문에, 그런 결과는 이미 예상된 것이다. 라듐의 그러한 네 가지 생성물 각각은 매초 동일한 수(數)의 α선을 방출하지만, 각 α선이 도달하는 범위는 같지 않다. 이제 a_1이 한 흐름의 범위이고 a_2는 다른 흐름의 범위라고 하면, 두 흐름이 용기로 들어올 때, 용기 AB에서 이온화는

$$\frac{nb}{\rho}\left(a_1 - h - \frac{b}{2}\right) + \frac{nb}{\rho}\left(a_2 - h - \frac{b}{2}\right), \quad \text{즉} \quad \frac{nb}{\rho}(a_1 + a_2 - 2h - b)$$

가 되어야 한다. 그래서 이 경우에 곡선의 기울기는 $\frac{2nb}{\rho}$ 이어야만 하고, 반면에 만일 단지 하나의 흐름만 용기로 들어온다면, 곡선의 기울기는 $\frac{nb}{\rho}$ 이어야만 한다. 만일 흐름 세 개가 용기로 들어온다면 곡선의 기울기는 $\frac{3nb}{\rho}$ 이어야 하고, 네 개의 흐름이 용기로 들어온다면 곡선의 기울기는 $\frac{4nb}{\rho}$ 이어야 한다. 이 결과가 실제로도 상당히 근접하게 실현된다. (그림 42에서) 이 곡선은 네 부분으로 구성되어 있는데, 네 부분의 기울기의 비는 16, 34, 45, 65로 이것은 1, 2, 3, 4의 비와 매우 가깝다.

앞에서 (그림 40) 보았던 것처럼 매우 다른 형태의 곡선이 예상되는 매우 얇은 층으로 만든 브롬화라듐에 대해서도 실험이 수행되었다. 결과의 한 예가 그림 43의 곡선 I, 곡선 II, 그리고 곡선 III으로 나와 있다. 곡선 I은 에머네이션을 제거하기 위해 가열시킨 브롬화라듐을 이용해서 구했고, 곡선 II와 곡선 III은 동일한 물질에 대해, 며칠이 지나 에머네이션이 충분히 모이고 나서 구했다. 첫 번째 곡선에서는 나타나지 않은 부분 PQ는 아마도 에머네이션에 의해 생성된 "들뜬" 방사능에 의한 것처럼 보인다. 에머네이션을 제거시키기 위해 라듐을 가열한 뒤 구한 곡선들에서 나타나는 연속적인 변화를 자세히 조사하면, 서로 다른 생성물 하나하나에서 나오는 α선의 범위가 얼마인지 알아내는 것이 가능한데, 브래그와 클리먼이 그런 면에서 어느 정도의 성과를 거두었다.

여기서 구한 결과가, 아주 기발한 방법에 의해, 전혀 다른 성질의 자료로부터 알려지게 된 방사능의 변화에 대한 이론이 성립한다는 증거가 된다는 것

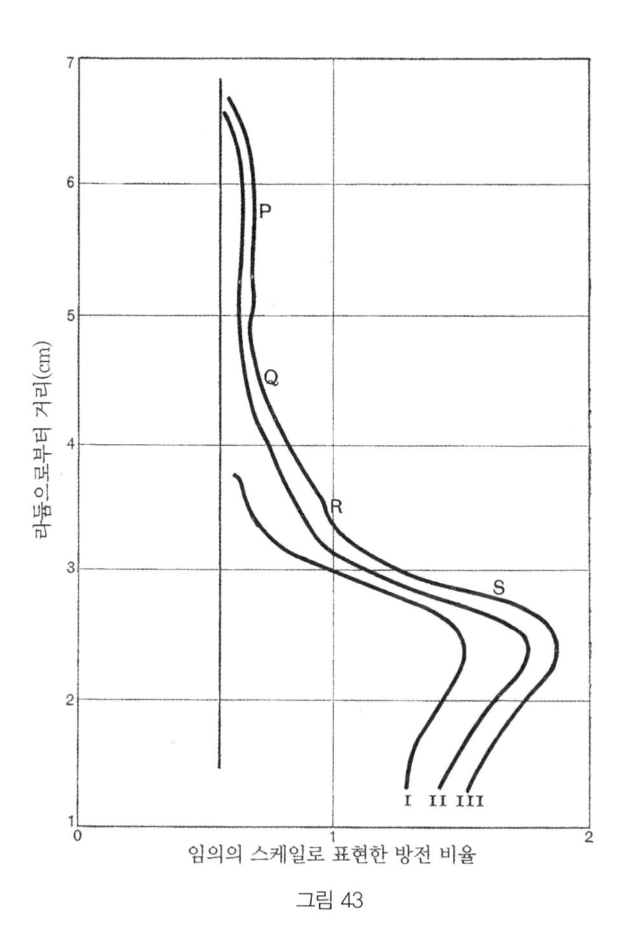

그림 43

이, 이 책의 뒷부분에서 설명될 것이다.

그림 43에서 라듐에 대한 곡선의 안쪽을 향하는 기울기는 α 입자가 속도가 느려지면서 더 효과적으로 이온화에 기여한다는 것을 보여준다. 이것은 β선에서 관찰된 것과도 일치하는 결과이다. 브래그는 경우에 따라서 α 입자가 이온화시키는 능력을 잃기 직전에 가장 효과적으로 기체를 이온화시킨다는 것도 또한 관찰하였다.

그래서 이런 실험의 결과로부터 단순한 방사성 물질[35)]에서 나오는 α 입자는 정해진 압력과 온도의 공기 중에서 정해진 거리를 통과하며, 그다음에는 상당히 급작스럽게 이온화시키기를 끝낸다고 결론지을 수가 있다. 만일 α 선이 얇은 금속판을 통과하면, 이온화시키는 유효 범위는 ρd에 대응하는 거리만큼 감소되는데, 여기서 ρ는 공기의 밀도에 대한 금속을 구성하는 물질의 상대 밀도이며 d는 얇은 금속판의 두께이다. 두꺼운 층으로 준비한 단순한 방사성 물질에서 나온 α 선은 공기 중에서 범위가 0에서 최대 범위까지 서로 다른 범위를 갖는 서로 다른 속도의 α 입자들로 구성되어 있다. 단위 길이의 경로마다 입자들의 이온화는 그 범위의 끝에서 최대이고, 방사선 공급원으로 접근하면 이온화가 어느 정도 감소한다. 라듐과 같은 복잡한 방사선 공급원은 서로 다르며 분명히 구분되는 범위를 갖는 네 가지 형태의 α 선을 내보낸다.

이 이론을 이용하면, 방사성 물질의 넓은 영역에 금속으로 된 아주 얇은 판을 덮으면 측정되는 전류의 감소를 근사적으로 계산하는 것이 가능하다. 이 방법을 이용하여 그림 35와 그림 38에 보인 곡선들을 구하였다.

(예를 들어 방사성 텔루르로 덮은 비스무트 판 또는 토륨 에머네이션이나 라듐 에머네이션이 존재하는 곳에 노출시켜서 방사능을 띠게 만든 금속판과 같이) 단순한 방사성 물질을 아주 얇은 층으로 만들어서 사용하고 이온화 용기는 α 선을 완전히 흡수할 만큼 충분히 깊다고 가정하자.

이제 금속판의 두께가 d이고, 공기의 밀도와 비교한 금속의 상대 밀도를 ρ라고 하자. 판의 위쪽 면에 가까운 점 P를 취한다. 한 점으로부터 움직이는 입자의 이동 경로가 P에서 법선과 각 θ를 이룬다면, 공기에서 범위를 a라고 할

35) 단순한 방사성 물질(simple radio-active substance)이란 방출되는 방사선의 속력이 모두 같은 물질을 말한다.

때, 그 입자의 범위는 $a-\rho d\sec\theta$이다. 그래서 경로가 P에서 법선과 만드는 각이 $\cos^{-1}\dfrac{\rho d}{a}$ 보다 더 큰 점들로부터 나온 방사선은 그 판에서 흡수된다. 점 P 아래 그린 원 내부에 대해 적분하면 용기에서 총 이온화는

$$\int_0^{\cos^{-1}\frac{\rho d}{a}} 2\pi\sin\theta\cos\theta\,(a-\rho d\sec\theta)d\theta = \pi\frac{(a-\rho d)^2}{a}$$

에 비례한다는 것을 보이는 것은 어렵지 않다. 그래서 전류와 금속을 통과한 거리 사이의 관계를 보이는 곡선은 d에 대해 포물선이어야만 한다. 이 결과는 방사성 텔루르와 같이 단순한 물질에 대해서는 근사적으로 성립한다. 두꺼운 층으로 된 라듐에 대한 곡선은 방사선들의 복잡성 때문에 계산하기가 쉽지 않지만, 실험으로부터 그 곡선이 근사적으로 기하급수적으로 급격히 증가한다는 것을 알고 있다. α 입자가 기체를 이온화시킬 수 있는 속도의 범위를 결정하기 위해 수행된 최근의 몇 가지 조사에 대한 설명이 부록 A 에 나와 있다. 그 부록의 결과는 위에서 논의한 α 선의 흡수에 대한 이론을 강력하게 뒷받침해준다.

제4부 투과력이 매우 강한 γ선

105.

α 선과 β 선에 더해서, 세 가지 방사성 물질인 우라늄, 토륨 그리고 라듐은 모두 투과력이 굉장히 강한 성질을 갖는 방사선을 내보낸다. 그런 방사선인 γ 선은 "단단한" 진공관에서 생성되는 X선보다도 훨씬 더 투과력이 강하다. 라듐과 같은 방사성 물질에서는 γ 선의 존재가 쉽게 관찰될 수 있지만, 우라늄과 토륨에서는 많은 양의 방사성 물질이 사용되지 않으면 γ 선을 검출하는 것이 쉽지 않다.

빌라르[36]는 사진 방법을 이용하여 우라늄이 그렇게 매우 투과력이 강한 방사선을 내보낸다는 사실에 최초로 관심을 가졌고 그 방사선은 자기장에서 휘어지지 않는다는 것을 발견하였다.[lv] 베크렐도 똑같은 결과를 확인하였다.[lvi]

브롬화라듐 몇 밀리그램으로 실험하면, γ선이 무기질 규산아연광 또는 바륨의 시안화 백금산염에서 빛을 나오게 만드는데, 그 γ선을 암실에서 검출할 수가 있다. 라듐 위에 두께가 1 cm인 납을 올려놓으면 α선과 β선은 완전히 흡수되며, 그다음에 납을 통과하는 방사선은 오직 γ선만으로 이루어져 있다. 이 방사선의 투과력이 아주 세다는 사실은 라듐과 스크린 사이에 두께가 몇 센티미터로 두꺼운 금속판을 놓더라도 스크린에 보이는 빛의 광도(光度)가 아주 조금밖에 줄어들지 않는다는 것으로부터 쉽게 알 수 있다. 이 방사선도 α선이나 β선과 마찬가지로 역시 기체를 이온화시키고 이 방사선의 성질은 전기적 방법에 의해 가장 잘 조사된다. 브롬화라듐 30 mgr 으로부터 나온 γ선이 두께가 30 cm 인 철을 통과한 것을 검전기를 이용하여 측정할 수 있다.

106. γ선의 흡수

방사성 물질을 전기적 방법으로 조사하면서, 이 책의 저자는 우라늄과 토륨 모두로부터 대략 각 물질의 방사능에 비례하는 양만큼 γ선이 방출된다는 것을 발견하였다.[lvii] 그림 12에 보인 것과 같은 종류의 검전기가 사용되었다. 그 검전기는 두께가 0.65 cm 인 커다란 납 판 위에 놓았고 방사성 물질은 그

36) 빌라르(Paul Ulrich Villard, 1860-1934)는 프랑스의 화학자 겸 물리학자로 1900년에 γ선을 발견하였다. 빌라르는 자신이 발견한 투과력이 매우 강한 방사선의 이름을 명명하지 않았는데, 1903년에 이미 발견된 α선과 β선에 비해 투과력이 훨씬 강한 빌라르 방사선을 러더퍼드가 γ선이라고 부르기 시작하였다.

밑의 밀폐된 용기 속에 넣었다. 처음에는 검전기 내부의 공기가 자연 이온화되어 생긴 방전이 관찰되었다. 방사성 물질에 의한 추가 방전은 납 판과 검전기의 벽을 모두 통과한 방사선에 의해 생긴 것이 틀림없다. 다음 표는 그러한 방사선에 의해 생긴 방전이 근사적으로 방사선이 통과한 납의 두께가 커질수록 지수법칙에 의해 감소하는 것을 보여준다.

납판의 두께	방전 비율
0.62cm	100
0.62cm +0.64cm	67
0.62cm +2.86cm	23
0.62cm +5.08cm	8

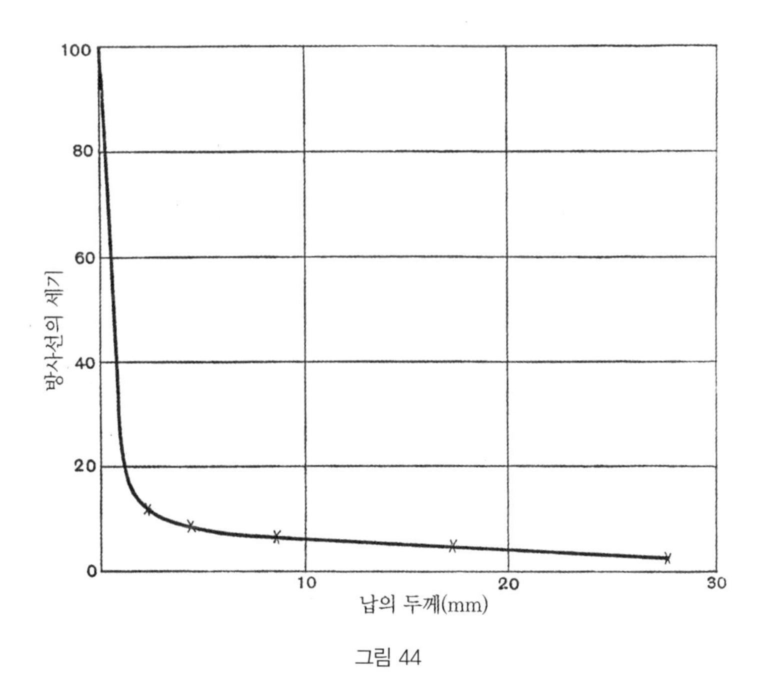

그림 44

우라늄과 토륨 100 gr을 사용하면, 두께가 1 cm인 납을 통과한 방사선에 의한 방전이 상당히 많으며 어렵지 않게 측정된다. 그 결과에 의하면 γ선의 양이 같은 무게의 토륨과 산화우라늄에 대해 대략적으로 같았다. 투과력 또한 라듐에서 나온 방사선과 거의 같았다.

이 책의 저자는 라듐에서 방출되는 γ선의 흡수는 γ선이 지나간 물질의 밀도에 근사적으로 비례한다는 것을 보였다. 최근에 매클리랜드[lviii]는 여러 가지 다양한 물질에서 γ선의 흡수에 대한 좀 더 자세한 조사를 수행하였다. (그림 44에 보인) 곡선은 시험용 용기에서 연달아 놓인 납의 층에 따라 β선과 γ선에 의한 이온화 전류가 감소하는 것을 보여준다. β선은 4 mm 두께의 납에서 거의 완전히 정지되었고 그다음의 이온화는 전적으로 γ선에 의한 것임이 관찰되었다.

β선이 완전히 흡수되도록 만들기 위하여, 라듐을 두께가 8 mm인 납으로 덮었으며, 그보다 더 두꺼운 추가 두께에 대해서도 흡수 계수 λ를 측정하였다. 방사선이 지나간 두께를 d라고 할 때, 전에 사용한 식인 $\frac{I}{I_0} = e^{-\lambda d}$를 이용하여 λ의 평균값을 계산하였다. 다음 표는 (I) (맨 처음 두께가 8 mm 인 납을 통과하고 난 뒤에) 각 물질 중 가장 앞의 2.5 mm 에 대한 λ값, (II) 그다음 2.5 mm 에서 5 mm 까지의 두께에 대한 λ값, (III) 그다음 5 mm 에서 10 mm 까지의 두께에 대한 λ값, 그리고 마지막으로 (IV) 10 mm 에서 15 mm 까지의 두께에 대한 λ값을 보여준다.

표 A

물질	I	II	III	IV
백금	1.167			
수은	0.726	0.661	0.538	0.493

납	0.641	0.563	0.480	0.440
아연	0.282	0.266	0.248	0.266
알루미늄	0.104	0.104	0.104	0.104
유리	0.087	0.087	0.087	0.087
물	0.034	0.034	0.034	0.034

위의 표 A에서, 알루미늄과 유리 그리고 물에서의 흡수가, 지나간 거리에 대한 λ의 변화를 정확하게 결정하기에는, 너무 작았다. 좀 더 밀도가 큰 물질에서는 흡수 계수가 방사선이 지나간 거리가 커지면 감소한다는 것이 앞으로 관찰될 예정이다. 이것은 방사선이 이질(異質) 성분으로 구성되어 있음을 가리킨다. λ의 변화는 무거운 물질에서 더 뚜렷해진다.

표 B

밀도를 λ로 나눈 값

물질	I	II	III	IV
백금	0.054			
수은	0.053	0.048	0.039	0.036
납	0.056	0.049	0.042	0.037
아연	0.039	0.037	0.034	0.033
알루미늄	0.038	0.038	0.038	0.038
유리	0.034	0.034	0.034	0.034
물	0.034	0.034	0.034	0.034

표 B는 표 A에 나온 λ값을 각 물질의 밀도로 나눈 값이다. 만일 흡수가 밀도에 정비례하면, 표 B에 나온 값인 λ를 밀도로 나눈 몫은 모든 경우에 다 같아야 한다.

표 B에서 첫 번째 기둥 I에 나온 값들은 상당히 많이 변하지만, 기둥이 II, III, IV 로 갈수록 값들의 차이가 작아지고, 마지막으로 기둥 IV 에서는 흡수가 밀도에 정비례하는 것에 아주 가깝다.

방사성 물질에서 방출되는 세 가지 형태의 방사선들 모두의 흡수가 그 방사선이 지나가는 물질의 밀도에 근사적으로 비례하는데, 이런 관계는 레나르트가 음극선에서 최초로 관찰하였다. 이런 흡수 법칙은 이처럼 방사성 물질에서 튀어나온 양전하로 대전된 입자와 음전하로 대전된 입자 모두에서 성립하고, 비록 α선의 흡수는 γ선의 흡수에 비해, 예를 들어 10,000배는 더 크다고 할지라도, γ선을 구성한다고 믿어지는 전자기적 진동에 대해서도 역시 성립한다. 우리는 84절에서 납에 대한 흡수 상수 λ의 값은 우라늄에서 나오는 β선의 경우 122임을 보았다. 라듐에서 나오는 γ선에 대한 흡수 상수 λ의 값은 0.64와 0.44 사이에서 변하는데, 이것은 γ선의 투과력이 β선의 투과력보다 200배 이상임을 보여준다.

107. γ선의 성질

γ선이 α선 그리고 β선과 다른 점은 투과력이 그 둘보다 훨씬 크다는 것 외에도 자기장 또는 전기장에서 눈에 띌 만큼 휘지 않는다는 것이다. 강한 자기장에서 β선과 γ선은 갑작스럽게 행동을 달리하는데, β선이 γ선으로부터 완전히 분리되어 휘어져 나가는 것을 사진건판을 이용하여 보일 수 있다. 이것은 자기장의 작용에 관한 한 β선과 γ선 사이에 자기적(磁氣的) 성질이 점진적으로 바뀌지 않는다는 것을 가리킨다. 파셴은 매우 강한 자기장에서 γ선을 조사하고, γ선에서는 휘어짐이 일어나지 않는다는 사실로부터, 만일 γ선이 이온 전하[37]를 나르는 대전된 입자로 구성되었다면 γ선의 겉보기 질량은 수소 원자 질량의 최소한 45배보다 더 커야 된다는 계산 결과를 얻었다.[lix]

37) 여기서 이온 전하(ionic charge)란 이온이 띤 전하를 말한다.

이제 우리에게 남은 것은 γ선의 정체가 입자인지 아니면 뢴트겐선과 비슷하게 에테르에서 전파되는 일종의 전자기적 진동인지 구별해내는 것만 남았다.[38] γ선은 투과력이 대단히 강하며 자기장에서 휘어지지 않는다는 점에서 뢴트겐선을 닮았다. 초기 실험에서는 γ선의 작용과 X선의 작용 사이에 중요한 차이가 있는 것처럼 보였다. 흔히 보는 보통의 X선은 밀도의 차이가 별로 크지 않은데도 불구하고 공기에서보다 황화수소 기체나 염산 기체와 같은 기체에서 훨씬 더 많은 이온화를 일으킨다는 것이 잘 알려져 있다. 예를 들어, X선에 노출된 황화수소 기체는 공기에 비해 여섯 배나 더 큰 전기 전도성을 갖지만, γ선에 노출된 황화수소 기체는 공기의 전기 전도성보다 겨우 약간 더 클 뿐이다. 이런 내용과 관련되어 스트럿이 얻은 결과는 이미 45절에서 소개되었다. 45절에서는 γ선에 노출된 (그리고 또한 α선과 β선에 노출된 경우도 마찬가지로) 기체의 상대 전도성이 대부분의 경우에 그 기체의 상대 밀도에 거의 비례하지만, X선에 노출된 일부 기체와 증기에 대한 상대 전도성은 γ선에 노출된 경우보다 훨씬 더 크다는 것이 설명되어 있다. 그렇지만 스트럿이 구한 결과는 투과력이 γ선에 비해 훨씬 약한 "연 X선"[39]을 이용하여 구하였음을 기억할 필요가 있다. X선에 의해 생성된 기체의 상대 전도성이 X

38) 빛이 전자기파에 해당하는 파동임이 밝혀지고도 한동안 사람들은 빛과 전자기파가 모두 에테르를 매개로 전달되는 전자기적 진동이라고 믿었다. 1905년에 아인슈타인의 특수 상대성이론이 제안되고 그 이론이 시공간을 설명하는 올바른 이론임이 밝혀지고 난 뒤에야 비로소 빛과 전자기파를 전달해주는 매질인 에테르는 존재하지 않고 필요도 없음이 명백해졌다.

39) X선은 전자기파로 자외선보다 진동수가 더 높고 γ선보다 더 낮아서 진동수는 3×10^{16} Hz 에서 3×10^{19} Hz 사이이고 에너지는 100 eV 에서 100 keV 사이 그리고 파장은 약 10^{-12} m 에서 10^{-8} m 까지이다. X선을 투과력에 따라 연 X선(soft X ray)과 경 X선(hard X ray)으로 구분하기도 한다. X선 중에서 진동수는 상대적으로 작고 그래서 파장은 상대적으로 길고 에너지도 상대적으로 작아서 에너지가 100 eV 에서 10 keV 사이의 것을 연 X선이라 한다. 그리고 에너지가 10 keV 에서 100 keV 까지를 경 X선이라고 한다.

선의 투과력에 어떻게 의존하는지 밝히기 위해서, A. S. 이브는 보통의 경우보다 훨씬 더 큰 투과력을 갖는 종류인 X선을 발생시키는 매우 "강한" X선 발생기를 이용하여 실험을 수행하였다.[lx]

측정 결과가 아래 표에 나와 있는데, 이 표에는 서로 다른 종류의 방사선의 전도성이 공기를 1로 보고 그에 대한 상대 값으로 표현되어 있다. 비교할 목적으로 스트럿이 구한 "연한" X선에 대한 결과와 이브가 구한 γ선에 대한 결과도 추가되어 있다.

여러 기체들의 상대 전도성(傳導性)

기체	상대 밀도	"연" X선	"강" X선	γ선
수소	0.07	0.11	0.42	0.19
공기	1.0	1.0	1.0	1.0
황화수소	1.2	6	0.9	1.23
클로로포름	4.3	32	4.6	4.8
요오드화메틸	5.0	72	13.5	5.6
4염화탄소	5.3	45	4.9	5.2

이 표를 보면 연 X선에 비해 경 X선의 밀도 법칙이 γ선에서 관찰되는 밀도 법칙과 훨씬 더 가까운 것을 알 수 있다. 클로로포름 증기와 4염화탄소에 대해 연 X선을 이용하여 구한 이전 결과의 높은 값들은 경 X선의 경우에 상당히 많이 감소하였으며, γ선을 이용하여 구한 값과 거의 같다. 반면에, 요오드화메틸은 예외적으로 여전히 높은 전도성을 보인다. 그렇지만 γ선은 경 X선보다 투과력이 40배나 더 강하며, 그래서 투과력이 경 X선보다 더 센 X선을 이용하면 요오드화메틸에 대한 값도 더 작아질 것으로 예상된다.

경 X선은 γ선보다 더 많은 2차 방사선을 방출하는 것으로 알려졌지만, 이 효과는 아마도 1차 방사선의 투과력에도 역시 의존한다. 나중에 (112절에서) γ선은 β선 형태의 2차 방사선의 원인이 된다는 것에 대해 설명될 예정이다. 그와 같은 현상은 X선에 대해서도 역시 관찰되었다.

실험으로 얻은 결과를 전반적으로 검토하면, γ선과 X선 사이에는 매우 뚜렷한 유사성이 존재한다는 데 의심의 여지가 없다. 이론적으로 검토해보더라도 γ선은 투과력이 매우 강한 성질을 갖는 일종의 X선이라는 견해가 설득력이 있다. 우리는 (52절에서) X선은 음극선 입자가 갑자기 정지하면서 촉발되는 현상으로, 어떤 측면에서 파장이 짧은 빛 파동과 같은 종류로 전자기적 진동이라고 믿는다는 설명을 접했다. 역으로, X선이 전자(電子)가 갑작스럽게 정지할 때뿐 아니라 갑자기 출발할 때도 역시 발생한다고 기대할 수 있다. 라듐에서 나오는 β 입자들 중에서 대부분은 진공관의 음극 입자들이 움직이는 속도에 비해서 훨씬 더 큰 속도로 라듐 원자로부터 튀어나오기 때문에, 매우 강한 투과력을 갖는 X선이 발생하게 될 것이다.[40] 그러나 이런 견해를 지지하는 가장 강력한 논거(論據)는 방사성 물질에서 방출되는 β선과 γ선의 기원과 그 둘 사이의 관계에 대한 조사로부터 얻을 수 있다. 나중에 라듐에서 관찰되는 α선의 방사능은 라듐에 저장되어 있는 몇 가지의 붕괴 생성물로부터 발생하는 데 반하여, β선과 γ선은 그런 생성물들 중에서 오직 라듐 C라고 명명된 단 한 가지 생성물로부터만 발생한다는 것이 밝혀질 것이다. 또한 γ

40) 마치 음극선관에서 갑자기 정지하는 전자(電子)로부터 X선이 발생하듯이 매우 빠른 속도로 원자에서 갑자기 튀어나오는 β선으로부터 γ선이 발생한다고 생각할 수도 있다는 설명인데, 이 설명은 전혀 성립하지 않는 것이 오늘날 밝혀져 있다. X선은 원자에서 전자가 높은 에너지 준위에서 낮은 에너지 준위로 옮겨가며 그 에너지 차이가 전자기파 형태로 방출된 것이고 γ선은 원자핵에서 양성자와 중성자가 높은 에너지 준위에서 낮은 에너지 준위로 옮겨가며 그 에너지 차이가 전자기파 형태로 방출된 것이다. 그러나 이 책이 저술된 1905년에는 아직 원자핵이 발견되지 않았다.

선에 의해 측정된 방사능은 항상 β선에 의해 측정된 방사능에 비례한다는 것도 역시 밝혀졌다. 다만 이때 생성물들을 분리시키면 β선에 의한 방사능은 그 값이 생성물에 따라 크게 달라진다는 특징도 존재한다.

이와 같이 γ선의 세기는 항상 β입자가 방출되는 비율에 비례하며, 이 결과는 β선과 γ선 사이에 긴밀한 연관성이 있음을 가리킨다. 라듐 원자로부터 전자(電子) 하나가 튀어나오면 교란이 일어나는 위치로부터 매우 좁은 간격의 구면(球面) 진동이 발생하는 식으로 β입자가 γ선이 발생하는 원인이 된다면, 그런 결과가, 즉 γ선의 세기가 항상 β입자가 방출되는 비율에 비례하는 결과가, 일어나리라고 예상된다.

108.

γ선의 정체가 무엇인지에 대한 또 다른 가능한 가설이 존재한다. 앞에서 (48절과 82절에서) 전자(電子)가 빛의 속력과 가까운 속력으로 움직이면 전자의 겉보기 질량이 증가한다는 것을 보였다. 이론적으로 전자의 속도가 빛의 속도에 아주 근접하면 전자의 증가한 겉보기 질량은 대단히 커야만 한다. 그런 경우라면 움직이는 전자가 자기장 또는 전기장에서 휘어져서 진행하기는 매우 어렵게 된다.

γ선은 음전하를 나르며 광속과 거의 같은 속도로 움직이는 전자(電子)라는 견해를 최근에 파셴도 옳다고 지지하였다.[lxi] 그는 자기가 수행한 실험에서 γ선이 β선과 마찬가지로 음전하를 나른다고 결론지었다. 우리는 (85절에서) 자이츠도 역시 γ선이 충돌한 물체에 약간의 음전하가 전달되었음을 관찰한 것을 보았는데, 그러나 그렇게 전달된 전하의 양은 파셴이 측정한 것에 비하면 무척 작았다. 나는 개인적으로 γ선이 지나간 물체에 약간의 양전하 또는 음전하가 전달된다는 측정 결과에 큰 비중을 두지 않는 것이 좋겠다고

생각한다. 왜냐하면 γ선이 물질 내부를 통과하는 동안에 부분적으로 전자(電子)로 구성된 강한 2차 방사선이 유발되기 때문이다. 측정된 소량의 전하는 γ선이 나르는 전하에 의한 직접적인 결과라기보다 물체의 표면에서 방출된 2차 방사선 때문에 생기는 간접적인 효과라고 보는 것이 전혀 있을 법하지 않다고 볼 수만은 없다. 소량의 라듐을 완전히 둘러싸는 두꺼운 납으로 된 용기는 소량의 양전하를 습득하지만, 이 결과는, 납의 표면으로부터 방출되는 2차 방사선인 음전하를 나르는 입자들이 튀어나와서 만들어지므로, γ선이 전하를 나르거나 나르지 않거나 항상 발생한다는 데는 의심할 여지가 없다.

γ선의 정체가 입자라는 이론의 관점에서는, γ선을 구성하는 각 전자들이 대단히 큰 겉보기 질량을 가져야만 하고, 만일 그렇지 않다면 강한 자기장에 의해서 상당히 많이 휘어져야만 한다. 그 결과 전자(電子)의 운동에너지는 매우 커야만 하며, 만일 γ선을 구성하는 전자(電子)들의 수(數)가 β선을 구성하는 전자들의 수와 같다면, γ선이 물질에서 정지할 때 큰 열(熱)에 의한 효과가 나타나야만 할 것으로 예상된다. 파센은 γ선 때문에 라듐에서 방출되는 열(熱)이 있는지에 대한 실험을 수행하고,[lxii] 라듐에서 방출되는 전체 열 가운데 절반 이상이 γ선에 의한 것이며 γ선은 라듐 1 gr마다 매시간 100 gr cal 이상의 비율로 에너지를 가져가버린다고 결론지었다. 이 결과는 그 뒤에 러더퍼드와 반스가 수행한 실험에 의해서 확인되지는 않았고,[lxiii] 오히려 그들은 γ선에 의한 열작용이 라듐에서 방출되는 전체 열(熱) 중에서 단지 몇 퍼센트를 초과하지 못한다는 것을 발견하였다. 이런 결과들은 나중에 제12장에서 다시 논의될 예정이다.

실험상으로나 이론상으로나 현재는 γ선이 X선과 같은 종류이지만 단지 투과력이 더 큰 종류라는 증거가 더 우세하다.[41] X선은 전자의 운동이 억제될 때 에테르에서 형성되는 비-주기적인 진동으로 구성된다는 이론을 사람들이 가장 선호하지만, 확실히 그렇다고 결정내릴 수 있는 실험 방법을 찾아내기가 어렵다. X선의 정체가 파동이라는 주장을 지지하는 가장 강력한 증거는 바클라의 실험으로부터 나왔는데,[lxiv] 바클라는 X선이 금속 표면에 충돌하면서 만드는 2차 방사선의 양이 X선 벌브[42)]가 놓인 방향에 의존하는 것을 발견하였다. 이와 같이 X선은 오직 에테르에서 전달되는 파동으로 이루어진 방사선인 경우에만 갖는 성질이라고 예상되는 한쪽 방향으로만 구성된 성질, 즉 편광(偏光)의 증거를 보였다.

제5부 2차 방사선

109. 2차 방사선의 생성

뢴트겐선이 고체에 충돌하면 원래 입사했던 뢴트겐선보다 투과력이 훨씬 더 약한 2차 방사선을 생성한다는 사실은 오랫동안 알고 있었다. 이 사실은 페랭이 가장 먼저 밝혔으며 그 뒤를 이어 사냐크,[43)] 랑주뱅, 타운센드 그리고 다른 사람들에 의해서 더 자세히 연구되었다. 그러므로 방사성 물질에서 나오는 방사선에서도 비슷한 현상이 관찰되는 것이 아주 놀라운 일은 아니다. 사진 방법을 이용하여, 베크렐은 방사성 물질에서 발생하는 2차 방사선에 대해 면밀히 조사하였다.[lxv] 그의 가장 초기 실험에서 베크렐은 금속으로 된 물체에 대한 X선 사진에 나온 형체의 경계 부분을 항상 주목하였다. 이 효과는

41) 오늘날 밝혀진 것에 따르면 γ선은 X선과 똑같은 전자기파로 진동수가 X선보다 훨씬 더 클 뿐이다.

42) 여기서 X선 벌브(bulb)란 X선을 발생시키는 진공관을 말한다.

43) 조르주 사냐크(Georges Sagnac, 1869-1928)는 프랑스 물리학자로 간섭계의 기초가 되는 사냐크 효과라고 알려진 현상으로 유명하다. 프랑스에서 퀴리 부부와 페랭 그리고 랑주뱅 등과 같은 시기에 활동했다.

스크린의 표면에 입사한 방사선에 의해 형성된 2차 방사선에 의한 것이다.

α선에 의해서 발생하는 2차 방사선은 매우 미약하다. α선에 의한 2차 방사선은 오직 α선만 내보내기 때문에 β선에 의해 결과가 복잡해질 염려가 없는 폴로늄에 의해 가장 잘 관찰된다. β선이나 음극선이 충돌한 위치에서 강력한 2차 방사선이 형성된다. 베크렐은 이 작용의 크기가 방사선의 속도에 크게 의존하는 것을 발견하였다. 가장 낮은 속도의 방사선이 가장 강한 2차 작용을 나타냈으며, 이와 대조적으로 투과력이 강한 방사선은 거의 2차 효과를 나타내지 않았다. 이런 2차 방사선이 존재하는 결과로, 작은 구멍이 뚫린 스크린에 대한 사진 영상(影像)이 깨끗하지도 않고 분명하지도 않게 된다. 경우마다 사진건판 영상은 이중으로 나타나는데, 하나는 주방사선에 의한 것이고 다른 하나는 주방사선이 만든 2차 방사선에 의한 것이다.

2차 방사선은 자기장에 의하여 휘어질 수 있으며, 2차 방사선은 다시 3차 방사선을 형성하고, 계속하여 그렇게 계속된다. 어느 경우에나 2차 방사선은 자신을 발생시킨 주방사선보다 더 쉽게 휘어지고 더 쉽게 흡수된다. 매우 투과력이 강한 γ선도 사진건판에 강도 높게 작용하는 2차 방사선을 발생시킨다. 육면체 모양의 납덩어리 내부 깊은 곳에 뚫은 동공(洞空)에 라듐을 넣었을 때, 베크렐은 사진건판에서, 납을 통과해 나온 방사선이 직접 만든 흔적 외에도, 납의 표면으로부터 방출된 2차 방사선이 원인인 뚜렷한 흔적이 존재하는 것을 관찰하였다. 사진건판에 대한 2차 방사선의 작용이 아주 강해서, 사진건판에 남겨진 효과는 많은 경우에 방사성 물질과 사진건판 사이에 금속으로 된 스크린을 추가시키면 더 증가한다.

사진건판에 대한 주방사선과 2차 방사선의 상대적인 작용을 이용하여 주방사선과 2차 방사선의 상대적 세기를 알아낼 수 있는 것은 아니다. 예를 들어, 일반적으로 아주 민감한 필름에서도 β선 에너지의 극히 일부만 흡수될 뿐이다. 주방사선에 비하여 2차 방사선이 훨씬 더 잘 흡수되기 때문에, 2차 방사선이 사진건판에 작용할 때 주방사선의 경우보다 2차 방사선의 에너지의 훨씬 더 많은 부분이 소비된다. 그래서 β선과 γ선에 의해 발생된 2차 방사선이, 어떤 경우에는, 주방사선에 의한 것보다 더 선명하지는 않다고 하더라도, 주방사선에 의한 것에 비견될 정도로 뚜렷한 사진건판 흔적을 만드는 것이 아주 놀라운 일은 아니다.

이런 2차 방사선 때문에, 라듐에서 나오는 β선을 이용하여 만든 방사선 필름 사진은 일반적으로 대상 물체의 경계 부분이 흐릿하게 된다. 이런 이유 때문에 이런 종류의 방사선 필름 사진은 X선 사진이 보여주는 경계의 선명함을 가지고 있지 못한다.

110. α선이 만드는 2차 방사선

퀴리 부인은 전기적 방법을 이용하여 폴로늄에서 나오는 α선이 2차 방사선을 만든다는 것을 보였다.[lxvi] 퀴리 부인은 두 평행판 사이에서 이온화 전류를 비교하는 방법을 이용하였는데, 그 실험에서 폴로늄 위에 놓은 서로 다른 물질로 만든 두 개의 스크린을 교환하였다.

이 결과는 폴로늄에서 나오는 α선이 물질을 지나가면서 바뀌며, 형성되는 2차 방사선의 양은 어떤 종류의 물질로 만든 스크린을 이용하느냐에 따라 달라진다. 퀴리 부인은 똑같은 방법을 이용하였는데도 라듐에서 나오는 β선으로부터는 그런 효과를 조금도 관찰할 수 없었다. 그런데 사진 방법을 이용하면 라듐에서 나오는 β선이 2차 방사선을 만든다는 것을 어렵지 않게 보일 수 있다. 우리는 이미 (93절에서) 금속판 위에 펼쳐놓은 라듐 또는 방사성 텔루르에서 나오는 α선은 매우 느린 속도로 움직이는 전자와 함께 나온다는 것을 보았다. 이 전자들은 아마도 α선이 물질로부터 튀어나올 때 또는 물질에 충돌할 때 방출되며, 그때 나오는 전자들의 수는 스크린으로 이용된 물질의 종류에 의존한다.

스크린을 만든 물질	두께 (mm)	측정된 전류
알루미늄 판지	0.01 0.005	17.9
판지 알루미늄	0.005 0.01	6.7
알루미늄 주석	0.01 0.005	150
주석 알루미늄	0.005 0.01	126
주석 판지	0.005 0.005	13.9
판지 주석	0.005 0.005	4.4

위의 표에서 스크린의 종류를 바꾸면 관찰되는 전류의 차이가 나는 것은 바로 그런 방법으로 간단히 설명된다.

111. β선과 γ선이 만드는 2차 방사선

최근에 A. S. 이브는 여러 가지 서로 다른 물질이 라듐에서 나오는 β선과 γ선에 노출되었을 때 그 물질로부터 방출되는 2차 방사선의 양과 성질에 대해 조사하였다.[lxvii] 그때 사용되었던 일반적인 실험 방법은 그림 45에 나와 있다.

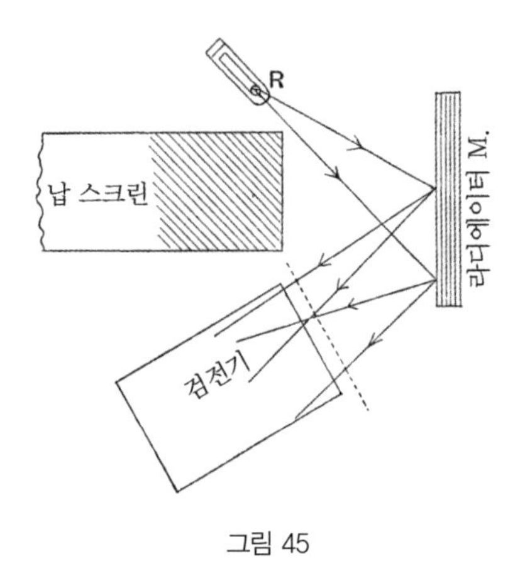

그림 45

(그림 45에서) 검전기는 두께가 4.5 cm 인 납으로 만든 스크린 뒤에 놓여 있는데, 이 스크린이 R에 놓인 라듐이 들어 있는 관으로부터 나오는 모든 β선을 정지시키고 γ선의 많은 부분을 흡수하였다. 주방사선은 물질로 만든 판 M 가까이로 다가와서 판에 충돌하고 모든 방향을 향하여 방출되는 2차 방사선은 두께가 0.05 mm 인 알루미늄 포일로 덮인 검전기의 옆을 지나간다. 판 M을 제 위치에 가져다 놓기 전에는, 검전기가 방전되는 비율의 원인은 검전기에서 저절로 방전되는 것과 R에서 나오는 γ선, 그리고 공기로부터 나오는 2차 방사선이다. 라디에이터 M을 제자리에 위치시키면, 검전기가 방전되는 비율이 많이 증가하였으며, 두 경우에 검전기의 금박이 움직이는 비율 사이의 차이는 M으로부터 나오는 2차 방사선의 양을 측정하는 기준으로 이용되었다. 2차 방사선의 흡수는 검전기의 전면(前面)에 두께가 0.85 mm 인 알루미늄 판을 놓고 조사하였다.

2차 방사선은 그 세기가 지나간 거리에 대해 지수법칙을 따라 감소하는 것으로부터 상당히 균일하다는 것이 밝혀졌다. 흡수 상수 λ의 값은 전부터 사용했던 식인 $\frac{I}{I_0} = e^{-\lambda d}$ 로부터 결정되었으며, 여기서 d는 스크린의 두께이다. 아래 나와 있는 표는 고정된 위치 M에 서로 다른 여러 물질로 만든 동일한 크기의 판을 놓았을 때 구한 결과를 보여준다. 유체(流體)로부터 나오는 2차 방사선도 실험 장치의 배열을 약간 변경하여 구하였다.

브롬화라듐 30 mgr이 이용되었으며, 결과는 1초 동안 검전기의 금박이 지나간 계측자의 눈금의 수로 표현되었다.

2차 방사선의 양은 대부분의 경우에 밀도와 거의 같게 변했으며, 수은에서 가장 크다는 것을 알 수 있다. 2차 방사선의 양을 밀도로 나눈 값이 상수(常數)가 아니고 상당히 변하는데, 그 값은 가벼운 물질에서 가장 크다. 서로 다른 라디에이터를 놓았을 때 2차 방사선의 흡수 상수는 크게 차이 나지 않았는데, 다만 거기서 다른 물질에 비해 투과력이 거의 두 배인 2차 방사선을 방출하는 화강암, 벽돌 그리고 시멘트와 같은 물질은 제외된다.

β선과 γ선

라디에이터	밀도	2차 방사선	$\frac{\text{2차 방사선}}{\text{밀도}}$	알루미늄 0.085 cm λ
수은	13.6	147	10.8	
납	11.4	141	12.4	18.5
구리	8.8	79	9.0	20
황동	8.4	81	9.6	21
철(연철)	7.8	75	9.6	20
주석	7.4	73	9.9	20.3
아연	7.0	79	11.3	
화강암	2.7	54	20.0	12.4
점판암	2.6	53	20.4	12.1
알루미늄	2.6	42	16.1	24
유리	2.5	44	17.6	24
시멘트	2.4	47	19.6	13.5

벽돌	2.2	49	22.3	13.0
에보나이트	1.1	32	29.1	26
물	1.0	24	24.0	21
얼음	0.92	26	28.2	
고체 파라핀	0.9	17	18.8	21
액체 파라핀	0.85	16	18.8	
마호가니	0.56	21.4	38.2	23
종이	0.4?	21.0	52	22
마분지	0.4?	19.4	48	20.5
종이 반죽		21.9		
참피나무	0.36	20.7	57	22
소나무	0.35	21.8	62	21
X선 스크린		75.2		23.6

2차 방사선이 단지 라디에이터의 표면에서만 나오지 않고 표면으로부터 깊이가 좀 된 것에서도 역시 나온다. 2차 방사선의 양은 라디에이터의 두께가 증가함에 따라 점점 더 많아지며, 유리와 알루미늄의 경우에는 판의 두께가 약 3 mm 정도에 이르면 실질적으로 최댓값에 도달한다.

위의 표에서는, 2차 방사선은 β선 그리고 γ선 모두를 합한 것으로부터 유발된다. β선이 라듐과 라디에이터 사이에 놓아둔 두께가 6.3 mm 인 납으로 만든 판에 의해서 차단되었을 때는, 검전기에 나타난 효과가 이전 값의 20퍼센트 미만으로 감소되었는데, 그것은 β선이 2차 방사선의 80퍼센트보다 더 많은 양을 공급한다는 증거이다. 다음 표는 서로 다른 물질들이 β선과 γ선 모두에 노출되었을 때 그리고 단지 γ선에만 노출되었을 때 그 물질들에서 나오는 2차 방사선의 상대적인 양을 보여준다. 각 경우에 납으로부터 나오는 2차 방사선의 양을 기준으로 삼고 그 값을 100이라고 하였다. 이 표에는 타운센드가 발견한 연 X선으로부터 나온 2차 방사선의 양도 비교의 목적으로 추가해놓았다.

2차 방사선

라디에이터	β선과 γ선	γ선	뢴트겐선
납	100	100	100
구리	57	61	291
황동	58	59	263
아연	57	…	282
알루미늄	30	30	25
유리	31	35	31
파라핀	12	20	125

이 표에 의하면 단지 γ선에만 노출된 경우나 β선과 γ선 모두에 노출된 경우나 2차 방사선의 상대적인 양이 거의 같음을 알 수 있다. 반면에, X선에 의해 유발된 2차 방사선의 양은 매우 다르며, 예를 들어 납은 황동이나 구리에 비하여 그 양이 매우 적다. 단지 γ선에 의해서만 나온 2차 방사선은 β선과 γ선 모두에 의해서 나온 2차 방사선에 비하여 투과력이 약간 더 작지만, 타운센드가 조사한 X선에 의해서 나온 2차 방사선보다는 투과력이 훨씬 더 크다.

β선과 γ선 모두에 의해서 유발된 2차 방사선의 양은 라디에이터의 표면 상태에 대체적으로 무관하다. 철로부터 얻은 양이나 쇳가루로부터 얻은 양이 거의 비슷하고, 액체 파라핀으로부터 얻은 양이나 고체 파라핀으로부터 얻은 양도 거의 비슷하고, 얼음으로부터 얻은 양이나 물로부터 얻은 양도 거의 비슷하다.[lxviii]

베크렐은 β선으로부터 형성되는 2차 방사선이 자석에 의해 휘어지며 음전하로 대전된 입자로 (전자(電子)로) 구성되어 있음을 보였다. 앞의 52절에서 음극선이 금속에 부딪치면 여러 방향으로 분산(分散)되어 반사한다는 점이 지적되었었다. 여기서 설명하고 있는 2차 방사선도 전자들로 구성되어 있는데, 일부는 주방사선이 움직이는 속도와 같은 속도로 움직이며 일부는 주

방사선이 움직이는 속도에 비해 훨씬 더 느린 속력으로 움직인다. 라듐에서 나오는 β선에 의해 형성된 2차 방사선의 투과력은 평균적으로 주방사선의 투과력보다 더 작으며, 결과적으로 2차 방사선의 속도도 주방사선의 속도보다 더 느리다. 라듐에서 나오는 β선은 매우 복잡하며, 상당히 넓은 범위의 서로 다른 속도로 튀어나오는 전자로 구성되어 있음을 잊지 않아야 한다. 평균적으로는 2차 방사선의 투과력이 라듐으로부터 나온 가장 잘 흡수되는 β선의 투과력보다는 더 센 것이 분명하고, 아마도 빛의 속도의 약 절반 정도의 속도로 움직인다. 주방사선이 물질에 작용하여 2차 방사선이 발생하는지, 아니면 2차 방사선은 물질을 통과하면서 운동의 방향이 바뀐 주방사선의 일부로 물질의 표면에서 속도가 감소된 뒤에 다시 튀어나온 것인지는 아직 확실하지가 않다.

112. γ선이 만드는 2차 방사선이 자기장에서 휘어지기

앞에서 γ선만에 의해 형성된 2차 방사선의 성질이 β선이 원인이 되어 만들어진 2차 방사선의 성질과 매우 비슷하다는 것을 보았다. 이 결과는 이브에 의해 더 철저하게 확인되었는데, 이브는 γ선에 의해 발생된 2차 방사선이 자기장에 의해 쉽게 휘어진다는 것을 보였다. 실험 장치의 배열은 그림 46에 나와 있다.

작은 검전기를 두께가 1.2 cm 인 납으로 만든 받침대의 한쪽 곁에 올려놓았고, 받침대는 높이가 10 cm 이고 지름이 10 cm 인 납으로 만든 원통 위에 얹혀 있다. 원통의 가운데 조그맣고 길쭉한 구멍이 나 있고 원통의 중심까지 닿은 구멍의 아래에 라듐이 놓여 있다.

2차 방사선이 받침대에서 검전기 쪽을 향해 휘어지도록 만들기 위해서, 종이 면에 수직인 방향으로 강한 자기장을 가하면, 방전의 비율이 상당히 많이 증가하였다. 자기장의 방향을 반대로 바꾸면, 그 효과는 상당히 많이 줄어들

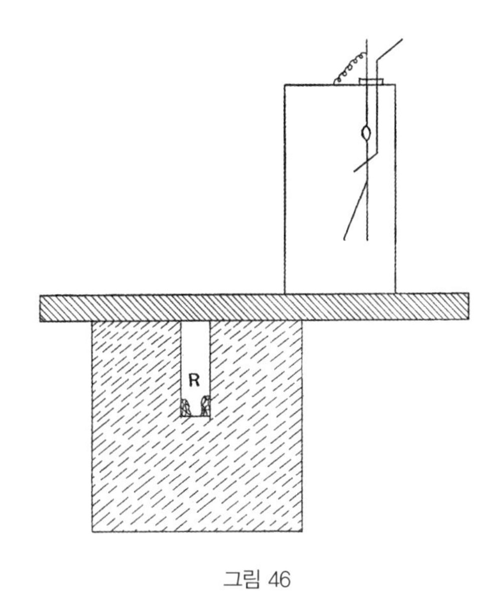

그림 46

었다. γ선 자체는 자기장에서 휘어지지 않기 때문에, 이 결과는 2차 방사선의 성질이 주방사선의 성질과 아주 다르며 속도가 (투과력으로부터 유추하건대) 빛의 속도의 약 절반 정도로 빠르게 튀어나오는 전자(電子)들로 구성되어 있다는 것을 보여준다. 우리는 방사선이 물질을 통과하면 전자가 방출된다는 것을 반드시 γ선이 음전하를 나른다고 가정하지 않는다고 하더라도 파셴에 의해 관찰된 전하만 가지고도 충분히 잘 설명할 수 있다는 것을 이미 지적하였다.

뢴트겐선에 의해 발생하는 2차 방사선의 일부는, β선과 γ선에 의해 발생하는 2차 방사선과 마찬가지로, 상당히 빠른 속도를 가지고 튀어나오는 전자(電子)로 구성된다. β선과 γ선 그리고 X선의 세 가지 종류의 방사선은 그 방사선들이 지나온 물질에서 전자를 방출시키는 데 대략 동일한 능력을 가지고 있는 것처럼 보인다. 우리는 앞에서 X선과 γ선이 십중팔구는 전자가 갑자기 출발하거나 정지하면서 만들어내는 전자기적 진동이라는 증거를 보았는데,

이제는 이 방사선들이 다시 물질로부터 전자를 방출시키는 원인이 되는 것으로 보아, 이 과정은 양방향으로 다 일어날 수 있는 것처럼 보인다. β선은 운동에너지가 다 소진되기 전에 어느 정도의 두께를 갖는 물질을 통과하기 때문에, 이론적으로 β선을 흡수하는 물질에서 일종의 연 X선이 발생할 것이라고 예상하게 된다.

제6부

113. α선에 의해 발생하는 이온화와 β선에 의해 발생하는 이온화의 비교

스크린으로 가리지 않은 방사성 물질을 이용할 때, 그림 17에서처럼 장치된 두 개의 평행판 사이에서 발생하는 이온화는 주로 α선에 의한 것이다. α선은 투과력이 별로 세지 못하기 때문에, 방사성 물질의 두께가 크지 않을 때 α선에 의한 전류는 실질적으로 최댓값에 도달한다. 두 평행판이 충분히 멀리 떨어져 있어서 두 평행판 사이의 기체에 의해 α선이 모두 다 흡수되는 경우에, 서로 다른 두께의 산화우라늄에 대해 두 평행판 사이에서 측정된 포화전류가 다음 표에 나와 있다.[lxix]

표면의 넓이가 38㎝^{2}인 산화우라늄 표면

산화우라늄의 무게 (gr/㎝^{2})	넓이 1㎝^{2}마다 포화 전류(A)
0.0036	1.7×10^{-13}
0.0096	3.2×10^{-13}
0.0189	4.0×10^{-13}
0.0350	4.0×10^{-13}
0.0955	4.7×10^{-13}

전류는 1 cm^2마다 산화우라늄의 무게가 0.0055 gr이면 최댓값의 절반에 도달한다. 만일 금속 스크린을 이용하여 α선을 감소시키면, γ선에 의한 이온화는 비교적 적기 때문에, 발생하는 이온화는 주로 β선에 의한 것이다. 산화우라늄에서 나오는 β선에 대해, 1 cm^2의 넓이마다 0.11 gr에 해당하는 두께일 때 전류는 최댓값의 절반에 도달한다는 것이 앞에서 (86절에서) 밝혀졌다.

마이어와 슈바이틀러는 질산 우라늄의 수용액에서 나오는 방사선의 양은 그 수용액에 존재하는 우라늄의 양에 아주 거의 정비례하는 것을 발견하였다.[lxx]

α선의 투과력과 β선의 투과력이 다르기 때문에, α선에 의해 발생하는 이온화 전류와 β선에 의해 발생하는 이온화 전류 사이의 비는 조사받는 방사성 물질 층의 두께에 의존한다. 다음 표에 나오는 α선과 β선에 의해 발생하는 전류의 상대적 값은 아주 얇은 층으로 준비한 방사성 물질을 이용하여 구했다.[lxxi] 방사능이 2,000인 산화우라늄, 산화토륨, 또는 염화라듐으로 만든 무게가 $\frac{1}{10}$ gr인 미세한 가루를 넓이가 80 cm^2인 판 위에 가능한 한 균일하게 뿌렸다. 포화 전류는 간격이 5.7 cm만큼 떨어진 두 평행판 사이에서 측정되었다. 이 간격은 방사성 물질에서 나오는 α선의 대부분을 흡수하는 데 충분한 거리였다. 두께가 0.009 cm인 알루미늄 층에서 모든 α선이 흡수되었다.

	α선에 의한 전류	β선에 의한 전류	전류의 비 $\frac{\beta}{\alpha}$
우라늄	1	1	0.0074
토륨	1	0.27	0.0020
라듐	2000	1350	0.0033

위의 표에서 우라늄으로부터 나오는 α선이 원인이 되는 포화 전류와 β선이 원인이 되는 포화 전류를 각 경우마다 1로 놓았다. 이 표의 세 번째 기둥에는 동일한 무게의 물질에 대해 측정한 두 전류의 비가 나와 있다. 이 결과는 그 성격상 단지 근사적일 수밖에 없는데, 그것은 주어진 무게의 물질에 의해 발생하는 이온화는 가루가 얼마나 미세하게 나뉘어졌느냐에 의존하기 때문이다. 모든 경우에, β선이 원인인 전류가 α선이 원인인 전류에 비하여 작으며, 그 비는 우라늄의 경우가 가장 크고 토륨의 경우가 가장 작다. 방사성 물질의 층의 두께가 증가할수록 두 전류 사이의 비 $\frac{\beta}{\alpha}$는 일정한 값에 도달할 때까지 계속 꾸준히 증가한다.

114. α선에 의해 방사(放射)되는 에너지와 β선에 의해 방사되는 에너지의 비교

아직까지 α선의 에너지와 β선의 에너지를 직접 측정하는 것이 가능하지 않다. 그렇지만 그 두 가지 형태의 방사선이 방사(放射)하는 에너지의 비는 두 가지 서로 다른 방법에 의해 간접적으로 구할 수 있다.

만일 α선에 의하거나 β선에 의하거나 이온을 만드는 데 필요한 에너지의 양이 같다고 가정하면, 그리고 또 이온을 만드는 데 α선이나 β선의 총 에너지 중에서 같은 비율이 사용된다고 가정하면, α선과 β선에 의해 발생하는 이온의 전체 수 사이의 비를 측정함으로써 α선과 β선에 의해 방사되는 에너지의 비에 대한 근사적인 추정 값을 구할 수가 있다. 이제 공기 중에서 β선이 흡수되는 흡수 계수가 λ라면, β선의 공급원으로부터 거리가 x인 곳에서 단위 부피마다 이온이 발생하는 비율은, 그 공급원에서 이온화의 비율이 q_0라면, $q_0e^{-\lambda x}$이다.

해당 방사선이 완전히 흡수되기까지 발생하는 이온의 전체 수(數)는

$$\int_0^{\infty} q_0 e^{-\lambda x} dx = \frac{q_0}{\lambda}$$

로 주어진다.

이제 실험으로 공기에 대한 λ를 측정하는 것은 어렵지만, β선의 흡수는 어떤 주어진 물질에서도 그 물질의 밀도에 근사적으로 비례한다는 사실을 이용하면, λ 값에 대한 근사적인 추정 값을 구할 수가 있다.

우라늄에서 나오는 β선인 경우에, 알루미늄에 대한 λ값은 약 14이고, λ를 알루미늄의 밀도[44]로 나누면 5.4이다. 공기의 밀도[45]를 0.0012라고 하면, 공기에 대한 λ값은

$$\lambda = 0.0065$$

가 된다.

그러므로 방사선이 완전히 흡수될 때 공기에서 만들어지는 이온의 전체 수는 $154q_0$가 된다.

이제 위의 표를 보면, β선이 공기 중에서 5.7 cm 만큼의 거리를 지나갈 때 β선이 원인인 이온화는 α선이 원인으로 만드는 이온화의 0.0074배가 된다.

그래서 근사적으로

$$\frac{\beta\text{선에 의해 생성되는 이온의 전체 수}}{\alpha\text{선에 의해 생성되는 이온의 전체 수}} = \frac{0.0074}{5.7} \times 154 = 0.20$$

이 된다.

그러므로 얇은 층으로 된 알루미늄에 의해서 공기로 방사(放射)된 총 에너지의 약 $\frac{1}{6}$은 β선 또는 전자(電子)에 의해서 운반된다. 각 방사선들에 대한 λ값을 대체로 동일한 평균값으로 취한다고 가정하면, 토륨의 경우에는 이 비

44) 알루미늄의 밀도는 2.70 g/cm^{3}이다.
45) 섭씨 20°일 때 공기의 밀도는 0.0012041 g/cm^{3}이다.

율이 약 $\frac{1}{22}$ 이고 라듐의 경우에는 이 비율이 약 $\frac{1}{14}$ 이다.

이 계산은 단지 방사성 물질을 둘러싸고 있는 기체로 방사되는 에너지만을 고려한다. 그러나 α 선은 아주 얇은 층의 물질에서도 쉽게 흡수되기 때문에, 방사선 중에서 더 많은 부분이 방사성 물질 자체에 의해 흡수된다. 이것은 토륨 또는 라듐에서 나오는 α 선이 두께가 약 0.0005 cm 인 얇은 알루미늄 포일을 통과하면서 처음 값의 절반으로 줄어들었음을 기억하면 정말 그렇다는 것을 알 수 있다. 방사성 물질의 밀도는 매우 크다는 것을 고려하면, 공기로 빠져나간 방사선의 대부분은 두께가 0.0001 cm 보다 훨씬 크지는 않은 가루의 얇은 껍질 때문에 그렇게 빠져나갈 수 있는 것처럼 보인다.

한편, 두꺼운 방사성 물질 층으로부터 나오는 α 선과 β 선에 의해 에너지가 방출되는 상대적인 비율은 다음과 같은 방법으로 구할 수 있다. 문제를 간단하게 만들기 위해, 두꺼운 층으로 된 방사성 물질이 평면으로 된 넓은 영역에 균일하게 분포되어 있다고 가정하자. 그러면 질량을 구성하는 각 부분에서 방사선이 균일하게 방출된다는 것은 의심의 여지가 없어 보인다. 그런 결과로, 방사성 물질로 된 층의 위쪽에 놓인 기체에서 이온화 작용을 발생시키는 방사선은 그 층의 표면까지 도달하는 방사선을 모두 다 더한 것이다.

방사성 물질 자체 내에서 α 선의 평균 흡수 계수를 λ_1 이라고 하고, 그 방사성 물질의 비중을 σ 라고 하자. 그리고 방사성 물질 자체에서 흡수된 방사선을 제외할 때 단위 질량의 방사성 물질마다 매초 방사(放射)되는 총 에너지를 E_1 이라고 하자. 그러면 방사성 물질의 표면으로부터 거리가 x 인 곳에의 밑면의 넓이는 단위 넓이이고 두께는 dx 인 부분에 의해 위쪽 표면을 향해 매초 방사되는 에너지는

$$\frac{1}{2}E_1\sigma e^{-\lambda_1 x}dx$$

로 주어진다.

두께 d만큼의 방사성 물질에 의해서 매초 방사되는 단위 넓이당 총 에너지는

$$\begin{aligned} W_1 &= \frac{1}{2}\int_0^d E_1 \sigma e^{-\lambda_1 x} dx \\ &= \frac{E_1 \sigma}{2\lambda_1}\left(1 - e^{-\lambda_1 d}\right) = \frac{E_1 d}{2\lambda_1} \end{aligned}$$

으로 주어지는데, 마지막 결과는 $\lambda_1 d$가 큰 경우에 얻은 것이다.

비슷한 방법으로, α선의 경우에 E_1과 λ_1에 대응하는 β선의 경우의 값을 각각 E_2와 λ_2라고 하면, 방사성 물질의 표면에 도달하는 β선의 에너지 W_2는

$$W_2 = \frac{E_2 \sigma}{2\lambda_2}$$

로 주어지는 것을 보일 수가 있다. 그래서

$$\frac{E_1}{E_2} = \frac{\lambda_1 W_1}{\lambda_2 W_2}$$

가 성립하는데, λ_1과 λ_2를 방사성 물질 자체로부터 직접 결정하는 것은 어렵지만, $\frac{\lambda_1}{\lambda_2}$는 알루미늄과 같은 또 다른 물질에 대한 흡수 계수의 비와 크게 다르지 않을 가능성이 높다. 이것이 성립하는 것은 α선의 흡수와 β선의 흡수가 모두 물질의 밀도에 비례한다는 일반적인 결과로부터 알 수 있다. 왜냐하면 우라늄에서 나오는 β선의 경우에 방사성 물질 내에서 β선의 흡수는 밀도가 같지만 방사성 물질이 아닌 다른 물질에서 흡수와 대략적으로 같다는 것이 이미 밝혀졌기 때문이다.

넓이가 22 cm^2인 영역에 두꺼운 층으로 펼쳐놓은 산화우라늄을 이용하면, 간격이 6.1 cm인 평행판 사이에서 α선이 원인으로 생긴 포화 전류는 β선이 원인이 되어 생긴 전류에 비해서 12.7배 더 크다는 것이 관찰되었다. α

선은 두 평행판 사이에서 빠짐없이 모두 다 흡수되었고 β선에 의해 발생한 전체 이온화는 판의 표면에서 값의 154배이므로, 다음 관계

$$\frac{W_1}{W_2} = \frac{\alpha\text{선에 의해 생성되는 이온의 전체 수}}{\beta\text{선에 의해 생성되는 이온의 전체 수}} = \frac{12.7 \times 6.1}{154} \approx 0.5$$

가 성립한다.

이제 알루미늄에 대한 λ_1값은 2,740이고 똑같은 알루미늄에 대한 λ_2값은 14이므로

$$\frac{E_1}{E_2} = \frac{\lambda_1 W_1}{\lambda_2 W_2} \approx 100$$

이 된다.

이 결과는 β선에 의해 두꺼운 층으로 된 방사성 물질에서 방사되는 에너지는 α선의 형태로 방사되는 에너지의 겨우 약 1퍼센트에 불과하다는 것을 보여준다.

이 추정 값은 이것과 상관없이 따로 독립적으로 얻은 자료에 근거하여 구한 계산에서도 확인된다. α입자와 β입자의 질량은 각각 m_1과 m_2이고 α입자와 β입자의 속도는 각각 v_1과 v_2라고 하자. 그러면

$$\frac{\alpha\text{입자 한 개의 에너지}}{\beta\text{입자 한 개의 에너지}} = \frac{m_1 v_1^2}{m_2 v_2^2} = \frac{\frac{m_1}{e} v_1^2}{\frac{m_2}{e} v_2^2}$$

가 성립한다.

그리고 라듐에서 나오는 α선의 경우에

$$v_1 = 2.5 \times 10^9$$

$$\frac{e}{m_1} = 6 \times 10^3$$

임이 이미 알려져 있다.

라듐에서 나오는 β선의 속도는 넓은 범위에서 변한다. 다음과 같은 평균값

$$v_2 = 1.5 \times 10^{10}$$
$$\frac{e}{m_2} = 1.8 \times 10^7$$

을 취하면 라듐에서 나오는 α선의 에너지는 라듐에서 나오는 β선의 에너지의 거의 83배에 달하게 된다. 만일 매초 동일한 수의 α선과 β선이 튀어나온다면, α선의 형태로 방사되는 전체 에너지는 β선의 형태로 방사되는 전체 에너지의 약 83배이다.

나중에 (253절에서) 튀어나온 α입자의 수가 아마도 튀어나온 β입자의 수의 네 배 정도라는 것을 보여주는 증거에 대해 설명될 예정이다. 그러므로 여전히 에너지 중에서 더 많은 부분이 α선의 형태로 방출된다. 그래서 이런 결과는, 방출된 에너지의 관점에서는 α선이 β선보다 훨씬 더 중요하다는 결론에 이르게 한다. 제7장과 제8장에서 논의되는 다른 증거도 이 결론이 옳음을 보여주는데, 제7장과 제8장에서는 방사성 물체에서 일어나는 변화에서는 α선이 가장 중요한 역할을 담당하며 β선은 방사성 과정의 단지 나중 단계에서만 나타난다는 것을 알게 될 것이다. 공기 중에서 β선과 γ선의 상대적인 흡수와 상대적인 이온화에 근거한 자료로부터, β선이 나르는 것과 같은 양의 에너지를 γ선도 나른다는 것을 보일 수 있다. 이런 결론은 라듐의 열(熱) 효과에 대한 직접적인 측정에 의해서 확인되는데, 라듐의 열 효과에 대해서는 제12장에서 자세히 논의된다.

제4장 미주

i. 우라늄에 대해 조사하면서 이 책의 저자는 우라늄에서 방출되는 방사선은 투과력이 매우 큰 차이를 보이는 두 가지 종류로 구성되어 있음을 발견하였고, 그 두 가지를 각각 α선과 β선이라고 불렀다. 그 후에 토륨과 라듐에서도 비슷한 종류의 방사선이 방출된다는 것이 발견되었다. 우라늄과 토륨은 물론 라듐에서도 투과력이 매우 강한 방사선이 방출된다는 것이 발견되면서, 이 책의 저자는 그 방사선을 γ선이라고 불렀다. 이제 비록 α선과 β선은 매우 빠르게 움직이는 입자임이 확인되었음에도 불구하고, 이 책에서는 "선(線)"이라는 용어를 그대로 사용한다. 이 용어는 뉴턴이 그의 저서『프린키피아』에서 빛이라는 현상을 만든다고 믿었던 입자들의 흐름에 적용했던 방사선이라는 용어와 똑같은 의미에서 사용된다. 최근에 나온 일부 논문에서는 α선과 β선을 α "에머네이션"과 β "에머네이션"이라고 부르기도 하였다. 그렇게 부르더라도 혼동을 일으키지는 않는데, 왜냐하면 "방사능 에머네이션"이라는 용어가 토륨과 라듐 혼합물로부터 서서히 확산되고 자신도 방사선을 방출하는 물질에 적용되는 방사능에서 이미 일반적으로 채택되고 있기 때문이다.

ii. 이런 방법의 설명은 퀴리 부인이 *Thèse présentée à la Faculté des Sciences de Paris*, 1903에서 한 것이다.

iii. Giesel, *Annal. d. Phys*. 69, p. 834, 1899.
iv. Meyer and Schweidler, *Phys. Zeit*. 1, pp. 90, 113, 1899.
v. Becquerel, *C. R*. 129, pp. 997, 1205, 1899.
vi. Curie, *C. R*. 130, p. 73, 1900.
vii. Rutherford, *Phil. Mag*. Jannuary, 1899.
viii. Rutherford and Grier, *Phil. Mag*. September, 1902.
ix. Becquerel, *C. R*. 130, pp. 206, 372, 810, 979, 1900.
x. M. and Mme Curie, *C. R*. 130, p. 647, 1900.
xi. Dorn, *Phys. Zeit*. 4, No. 18, p. 507, 1903.
xii. Strutt, *Phil. Mag*. Nov. 1903.
xiii. Wien, *Phys. Zeit*. 4, No. 23, p. 624, 1903.
xiv. Dorn, *C. R*. 130, p. 1129, 1900.
xv. Becquerel, *C. R*. 130, p. 809, 1900.
xvi. Kaufmann, *Phys. Zeit*. 4, No. 1b, p. 54, 1902.
xvii. Abraham, *Phys. Zeit*. 4, No. 1b, p. 57, 1902.
xviii. Kaufmann, *Nachrichten d. Ges. d. Wiss. zu Gött.*, Nov. 8, 1901.
xix. Simon, *Annal. d. Phys*. p. 589, 1899.
xx. Kaufmann, *Phys. Zeit*. 4, No. 1b, p. 54, 1902.
xxi. Paschen, *Annal. d. Phys*. 14, p. 389, 1904.
xxii. Meyer and Schweidler, *Phys. Zeit*. pp. 90, 113, 209, 1900.
xxiii. Lenard, *Annal. d. Phys*. 56, p. 275, 1895.
xxiv. Strutt, *Nature*, p. 539, 1900.
xxv. Seitz, *Phys. Zeit*. 5, No. 14, p. 395, 1904.

xxvi. 비록 자이츠의 논문에 직접 언급되지는 않았지만, 이 논문의 결과는, 필요한 경우에, 이온화된 기체에 의해 야기된 방전의 효과를 고려한 보정이 이루어져 있음이 가정되어 있다.
xxvii. Strutt, *Phil. Trans.* A, p. 507, 1901.
xxviii. Crookes, *Proc. Roy. Soc.* 1902. *Chem. News*, 85, p. 109, 1902.
xxix. Mme Curie, *C. R.* 130, p. 76, 1900.
xxx. Rutherford, *Phil. Mag.* Feb. 1903. *Phys. Zeit.* 4, p. 235, 1902.
xxxi. Becquerel, *C. R.* 136, p. 199, 1903.
xxxii. Des Coudres, *Phys. Zeit.* 4, No. 17, p. 483, 1903.
xxxiii. Becquerel, *C. R.* 136, p. 1517, 1903.
xxxiv. Bragg, *Phil. Mag.* Dec. 1904; Bragg and Kleeman, *Phil. Mag.* Dec. 1904.
xxxv. 이 중요한 질문과 연관된 추가의 실험 결과에 대해서는 이 책의 부록에 나와 있다.
xxxvi. Bakerian Lecture, *Phil. Trans.* A, p. 169, 1904.
xxxvii. Strutt, *Phil. Mag.* Aug. 1904.
xxxviii. J. J. Thomson, *Proc. Camb. Phil. Soc.* 13, Pt. I. p. 39, 1905. *Nature*, Dec. 15, 1904.
xxxix. Rutherford, *Nature*, March 2, 1905. J. J. Thomson, *Nature*, March 9, 1905.
xl. Crookes, *Proc. Roy. Soc.* 81, p. 405, 1903.
xli. Elster and Geitel, *Phys. Zeit.* No. 15, p. 437, 1903.
xlii. Glew, *Arch. Röntgen Ray*, June 1904.
xliii. Becquerel, *C. R.* 137, Oct. 27, 1903.
xliv. Tommasina, *C. R.* 137, Nov. 9, 1903.
xlv. 이 책이 부록 A에 설명된 실험에 의해 이 질문에 대한 흥미로운 정보가 예상치 않게 나왔다.
xlvi Rutherford and Miss Brooks, *Phil. Mag.* July 1902.
xlvii. 얇은 층으로 만들기 위하여, 조사할 화합물을 미세한 가루가 되도록 간 다음에 아주 가는 실로 조밀하게 짠 채를 이용하여 정해진 넓이 위에 균일하게 떨어뜨려서 단지 판의 일부만 덮도록 만들었다.
xlviii. Rutherford, *Phil. Mag.* Jan. 1899.
xlix. Owens, *Phil. Mag.* Oct. 1899.
l. Rutherfored and Miss Brooks, *Phil. Mag.* July 1900.
li. 판 위의 어떤 점에서든지 이온화는 커다란 방사성 물질 층의 모든 점으로부터 방출되는 α 입자들의 효과가 모두 더해져서 생기므로, λ는 점으로 이루어진 방사선 공급원으로부터 나오는 방사선의 흡수 상수와는 같지 않다. 그렇지만 그것에 비례하게 된다. 그런 이유로 λ를 여전히 "흡수 상수"라고 부른다.
lii. Townsend, *Phil. Mag.* Feb. 1901.
liii. Durack, *Phil. Mag.* July 1902, May 1903.
liv. Bragg and Bragg and Kleeman, *Phil. Mag.* Dec. 1904.
lv. Villard, *C. R.* 130, pp. 1010, 1178, 1900.
lvi. Becquerel, *C. R.* 130, p. 1154, 1900.
lvii. Rutherford, *Phys. Zeit.* 3, p. 517, 1902.
lviii. McClelland, *Phil. Mag.* July 1904.
lix. Paschen, *Phys. Zeit.* 5, No. 18, p. 563, 1904.
lx. A. S. Eve, *Phil. Mag.* Nov. 1904.

lxi. Paschen, *Annal. d. Physik*, 14, p. 114, 1904; 14, 2, p. 389, 1904. *Phys. Zeit.* 5, No. 18, p. 563, 1904.
lxii. Paschen, *Phys. Zeit.* 5, No. 18, p. 563, 1904.
lxiii. Rutherford and Barnes, *Phil. Mag.* May 1905. *Nature*, p. 151, Dec. 15, 1904.
lxiv. Barkla, *Nature*, March 17, 1904.
lxv. Becquerel, *C. R.* 132, pp. 371, 734, 1286. 1901.
lxvi. Mme Curie, *Thèse présentée à la Faculté des Sciences*, Paris 1903, p. 85.
lxvii. A. S. Eve, *Phil. Mag.* Dec. 1904.
lxviii. 최근 한 논문(*Phil. Mag.* Feb. 1905)에서, 매클리랜드는 이브가 구한 실험 결과를 대체로 옳다고 확인하였다. 그는 검전기 대신에 전위계를 이용하였다. 매클리랜드는 이브의 결과에 더해서 2차 방사선의 양은 주방사선이 입사하는 각도에 의존하며, 입사각이 45°일 때 2차 방사선의 양이 최대가 되는 것을 발견하였다. *Nature*에 제출한 편지에서(Feb. 23, p. 390, 1905), 매클리랜드는 최근 실험 결과에 의하면 서로 다른 물질에서 나오는 2차 방사선의 양은 그 물질의 밀도의 함수이기보다는 오히려 그 물질의 원자량의 함수라고 말한다. 조사된 모든 경우에서, 2차 방사선의 양은 원자량이 증가하면 증가하였는데, 그렇지만 2차 방사선의 양이 원자량에 비례해서 증가하지는 않았다.
lxix. Rutherford and McClung, *Phil. Trans.* A. p. 25, 1901.
lxx. Meyer and Schweidler, *Wien Ber.* 113, July, 1904.
lxxi. Rutherford and Grier, *Phil. Mag.* Sept. 1902.

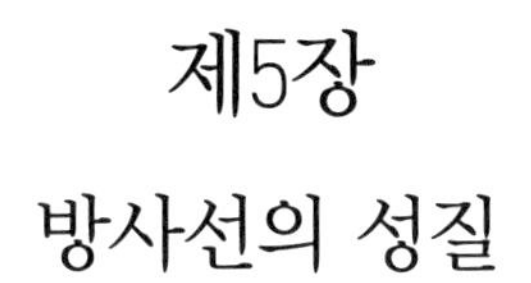

제5장

방사선의 성질

방사선의 성질

115.

방사성 물체에서 나오는 방사선은, 사진건판을 감광시키고 기체를 이온화시키는 능력 외에도, 다양한 물질에 뚜렷한 화학적 작용과 물리적 작용을 행할 수 있다. 이런 효과가 일어나는 원인은 대부분이 α선 또는 β선이다. γ선은 α선과 β선에 비하면 거의 아무런 효과도 발생시키지 않는다. β선은 모든 측면에서 높은 속도로 움직이는 음극선과 비슷하므로, β선은 진공관에서 관찰되는 음극선에 의해서 발생하는 효과와 성질이 비슷한 효과를 발생시킬 것으로 예상된다.

인광(燐光) 작용

베크렐은 라듐에서 방출되는 방사선이 서로 다른 여러 물체에서 인광을 발생시키는 작용에 대해 조사하였다.[i] 조사를 하려는 대상 물질은 가루 형태로 준비해서 매우 얇은 운모(雲母)판 위에 뿌린 다음에 운모판을 라듐 위에 올려놓았다. 조사는 칼슘과 스트론튬 황화물, 루비, 금강석, 갖가지 종류의 섬광석(閃光石), 인(燐) 그리고 육방정계의 섬아연석을 대상으로 진행하였다. 가시광선 아래서는 인광(燐光)을 내는 루비와 섬광석이 라듐선 아래서는 인광을 내지 않았다. 반면에, 자외선 아래서 야광(夜光)을 낸 물질은 라듐선의 작용 아래서도 역시 야광을 내었다. 라듐선은 X선과는 분명한 차이를 보인다. 예를 들어, 라듐선을 비추면 매우 밝은 야광을 내는 금강석이 X선에는 아무런 영향을 받지 않았다. 우라늄과 포타슘의 이중 황산염은 X선 아래서 육방정계의 섬아연석보다 더 센 야광을 내지만 라듐선 아래서는 정반대가 성립하는데, 칼슘의 황화물은 라듐선 아래서 푸른 야광을 내지만 X선 아래서는 거의 영향을 받지 않았다.

다음 표는 여러 가지 물체에서 여기(勵起)된 상대적인 인광을 보여준다.

물질	무(無) 스크린 세기	검정 종이 스크린
육방정계 섬아연석	13.36	0.04
바륨의 시안화 백금산염	1.99	0.05
금강석	1.14	0.01
우라늄과 포타슘의 이중 황산염	1.00	0.31
황화칼슘	0.30	0.02

이 표의 마지막 기둥에서 각 경우마다 모두 스크린이 없는 세기를 1로 놓았다. 방사선이 검정 종이를 통과한 다음에 세기가 많이 감소한 것은, 스크린이 없을 때 나타난 인광 중에서 상당수가, 대부분의 경우에 α선에 의한 것임을 보여준다.

바리[ii]는 라듐선 아래서 야광(夜光)을 내는 물질들에 대해 매우 완벽한 조사를 수행하였다. 그는 라듐선 아래서 야광을 내는 물질의 절대 다수는 알칼리 금속 그리고 알칼리 토류에 속한다는 것을 발견하였다. 이 물질들은 또한 모두 다 X선의 작용 아래서도 인광을 내었다.

(시도의 섬아연석[1]이라고 불리는) 황화아연 결정체는 라듐 또는 매우 센 방사성 물질로부터 나오는 방사선의 영향 아래서 매우 밝은 인광을 낸다. 퀴리와 드비에르누가 라듐 에머네이션과 그 에머네이션이 여기시킨 들뜬 방사

1) 프랑스 화학자인 시도(Théodore Sidot)가 1866년에 황화아연이 인광을 낸다는 사실을 발견하였는데, 그 뒤로 황화아연의 결정체를 시도의 섬아연석(blende)이라고 부른다.

능에 대해 연구하다가 이런 현상을 관찰하였다. 또한 기젤은 매우 방사능이 센 방사성 물질에서 나오는 에머네이션의 존재를 검출하는 광학적 방법으로 이 현상을 광범위하게 이용하였다. 그 현상은, 이미 96절에서 논의되었던, α선이 "섬광"을 내는 것을 이용하여 α선의 존재를 검출하는 데 매우 예민한 수단으로 이용되었다. α선은 공기 중에서 몇 센티미터만 지나가더라도 흡수되므로, α선이 빛을 내게 만들기 위해서는 스크린을 방사성 물질에 가깝게 놓아야만 한다. 황화아연은 β선을 작용하는 경우에도 역시 빛을 내지만, β선에 의한 인광(燐光)은 α선이 발생시키는 인광에 비하여 훨씬 더 오래 계속된다.

커다란 결정체로 된 시안화 백금산염에 라듐선을 비추면 매우 아름다운 빛을 내는 효과가 나타난다. 리튬을 포함하는 시안화 백금산염은 눈부신 분홍색깔을 만든다. 칼슘과 바륨을 포함한 염(鹽)은 짙은 초록색의 형광을 내며, 나트륨 화합물은 담황색으로 빛난다. 최근에 쿤츠[2]가 발견한 규산 아연광은 방사선의 존재를 검출하는 데 바륨의 시안화 백금산염보다 더 예민한 방법으로 이용되었다. 규산 아연광은 아름다운 초록색의 형광을 내며, 한 조각의 규산 아연광을 방사선이 작용하는 곳에 노출시키면 아주 반투명이 되어 버린다. 바륨과 리튬의 시안화 백금산염 결정체는 γ선이 작용하고 있음을 보여주는 데 특별히 적합하며, 그런 측면에서는 규산 아연광보다 더 우수하다.

쿤츠가 발견한 스포듀민[3]의 새로운 변종(變種)인 쿤차이트 석이 대단히

2) 쿤츠(George Frederic Kunz, 1856-1932)는 미국에서 출생한 광물학자이다. 그는 투명하면서 핑크에서 담자색을 나타내는 스포듀민의 일종인 광석을 발견했는데, 쿤츠의 이름을 따서 쿤차이트(kunzite)로 명명되었다.

3) 스포듀민(spodumene)은 운모와 같은 결정체인 단사정계에 속한 광물로 리티아휘석이라고도 불리는데, 색깔은 무색, 회색, 녹백색, 황색, 녹색, 자홍색 등이 있고 많은 양의 리튬을 함유하는 것이 특징이다.

놀라운 효과를 보여준다.[iii] 쿤차이트 석은 석영처럼 투명한 보석으로, 흔히 매우 큰 덩어리로 존재하며, β선이나 γ선을 쪼이면 불그스레한 아름다운 색깔로 빛나지만, α선에는 그렇게 민감하지 않은 것처럼 보인다. 환한 빛은 결정체 전체에 고루 나타나지만, 시안화 백금산염 또는 규산 아연광에서처럼 그렇게 뚜렷하지는 않다. 암브레흐트는 방해석(方解石)의 한 형태로 망간을 몇 퍼센트 정도 함유하고 있는 스파르타이트 석[iv]을 발견했는데, 이 광물은 β선과 γ선을 쪼이면 매우 짙은 주황색의 형광을 내었다. 형광 빛의 색깔은 쪼여주는 방사선의 세기에 의존하는 것처럼 보이며, 라듐에서 어느 정도 거리를 두며 떨어져 있을 때보다 라듐에 가까이 있을 때 색깔이 더 짙다.

쿤차이트와 스파르타이트를 진공관에서 나오는 음극선의 작용 아래 노출시키면 나타나는 색깔은 라듐선이 발생시키는 색깔과는 다르다. 라듐선 아래서 관찰된 짙은 빨간색 대신에 음극선 아래서는 짙은 노란색이 나타난다.

다음 실험에 의해서 라듐선이 이런 형광 물질에 서로 다르게 작용한다는 것을 매우 간단하고 매우 아름답게 예증(例證)할 수 있다. 작은 U자 관에 형광 물질 조각들이 층을 이루며 배열되어 있다. U자 관을 액체 공기 속에 담그고 약 30 mgr의 브롬화라듐으로부터 나오는 에머네이션을 관 내부에서 응결시킨다. 관의 마개를 닫고 관을 액체 공기에서 꺼내면, 에머네이션은 스스로 관에 균일하게 퍼진다. 서로 다른 물질에 나타나는 여러 색조(色調)들이 분명하게 보인다.

앞에서 실험한 모든 결정체는 에머네이션에 의해 생성된 들뜬 방사능으로 인하여 광도(光度)가 여러 시간 동안 증가하는 것이 관찰된다. 이 효과가 특별히 쿤차이트에서 관찰되지만, 실은 쿤차이트가 처음에는 방사선에 거의 반응하지 않는다. 왜냐하면 쿤차이트가 형광을 내는 원인이 되는 β선과 γ선이 에머네이션 자체에 의해 발생되는 것이 아니라 나중에 에머네이션에 의해 만들어지는 생성물에 의해서 나오기 때문이다. 그 결과로 β선과 γ선의 세기가 처음에는 작지만, 몇 시간이 지난 뒤에 최댓값에 이를 때까지 증가하며, 그래서 관찰된 광도도 그와 같은 순서에 의해서 변화한다.

윌리엄 크룩스 경은 금강석을 라듐선에 계속해서 노출시키면 나타나는 효과에 대해 조사하였다.[v] 희미한 노란색을 띠는 "색깔이 좋지 않은" 금강석을 브롬화라듐과 함께 관 속에 넣었다. 이렇게 78일 동안 노출시킨 뒤에, 그 금강석은 색깔이 흐려졌고 색조가 푸른빛을 띠는 초록색이 되었다. 이 금강석을 염소산칼륨 혼합물과 함께 50°의 온도로 열흘 동안 가열했을 때, 금강석의 칙칙한 표면 색깔은 없어지고 밝고 투명하게 되었으며 색조는 엷은 푸른색이 도는 초록색으로 변했다. 이처럼 방사선은 금강석에 이중(二重)으로 작용을 하는데, 투과력이 약한 쪽의 β선은 금강석의 표면을 흑연으로 변화시켜서 외면(外面)을 거뭇해지게 만들고 투과력이 강한 쪽의 β선 그리고 γ선은 금강석의 내부 전체의 색깔을 변화시킨다. 금강석은 방사선에 노출된 동안 내내 밝은 인광(燐光)을 내었다. 크룩스는 또한 흑연으로 된 바깥쪽 껍질을 벗겨낼 정도로 충분히 강력한 혼합물 속에서 열흘 동안 가열한 금강석에는, 관에서 꺼낸 다음 35일이 지난 뒤에도 사진건판에 흔적을 남길 정도의 방사능이 여전히 남아 있음을 관찰하였다. 이 남겨진 방사능은 물체의 표면에 부착되어 있던, 더디게 진행된 에머네이션에 의한 변환 생성물 때문에 생겼을 가능성이 있다(제11장을 보라).

마르크발트는 방사성 텔루르로부터 나온 α선이 어떤 종류의 금강석에 쪼이면 뚜렷한 인광이 발생하는 것을 관찰하였다. 쿤츠와 배스커빌은 서로 다른 보석들에 라듐선과 악티늄선을 쪼이면 발생하는 각종 발광 효과에 대한 논문을 발표하였다.[vi]

바륨을 포함한 황화아연과 시안화 백금산염은 모두 방사선에 충분히 오래 노출된 다음에는 광도가 줄어든다. 시안화 백금산염을 바른 스크린의 발광을 재생시키려면 햇빛에 노출시킨다. 빌라르는 뢴트겐선에 노출시킨 스크린에서 비슷한 현상을 관찰하였다. 기젤은 방사성 바륨의 시안화 백금산염 스크린을 제작하였다. 이 스크린은 처음에는 매우 밝게 빛났는데, 색깔이 점점 갈색으로 변하였고, 결정체는 두 가지 색깔을 갖게 되었다. 이런 조건 아래서, 방사성 물질의 방사능은 처음 준비되었을 때보다 더 증가했음에도 불구하고, 광도(光度)는 매우 약했다. 방사성 물질에서 나오는 방사선 아래서 빛을 내는 물질들 중에서 대다수는 온도가 낮으면 그런 성질을 대부분 잃는다.[vii]

116. 라듐 화합물의 광도

라듐 화합물은 모두 저절로 빛을 내는 발광체이다. 그 빛의 광도는 건조한 할로겐 염에서 특별히 밝고, 그 빛은 상당히 오랜 기간 동안 계속된다. 습한 공기 중에서 라듐의 할로겐 염은 광도의 많은 부분을 잃지만, 건조되면 그 광도를 곧 회복한다. 퀴리 부부는 방사능이 매우 강한 라듐 염화물이 내는 빛의 색깔과 밝기가 시간이 흐르면서 어떻게 변하는지를 관찰하였다. 라듐 염화물을 녹였다가 건조하면 원래의 광도를 회복하였다. 라듐을 함유한 바륨 중에서 방사능을 띠지 않은 대다수 시료의 광도는 아주 높다. 이 책의 저자는, 불순물이 섞인 브롬화라듐의 시료에서, 캄캄한 실내에서 책을 읽기에 충분한 빛이 나오는 것을 보았다. 라듐에서는 넓은 범위의 온도에서 밝은 빛이 나오며 액체 공기의 온도[4]에서 밝기가 상온에서 밝기와 비슷하다. 라듐을 녹인 용액에서도 약간의 빛이 관찰되며, 용액에서 결정체가 형성되기 시작하면, 그 결정체는 더 밝은 빛을 내기 때문에 용액에서 분명하게 구분될 수가 있다.

4) 액체 공기의 온도란 약 -190℃를 말한다.

117. 라듐과 악티늄에서 나오는 인광 빛의 스펙트럼

바륨이 상당히 많이 혼합되어 있는 라듐의 화합물은 대부분 저절로 강한 빛을 낸다. 이 빛의 밝기는 라듐의 순도(純度)가 많아지면 감소하며, 순수한 브롬화라듐은 단지 매우 약한 빛이 저절로 나올 뿐이다. 윌리엄 허긴스 경 부부(夫婦)[5]는 순수한 브롬화라듐에서 나오는 약한 인광 빛의 스펙트럼을 조사하였다.[viii] 그 빛을 직시(直視) 분광기[6]를 이용하여 보았더니, 스펙트럼의 서로 다른 위치에서 광도가 약간 달랐다. 적당한 시간 이내에 스펙트럼의 사진을 구하기 위하여, 허긴스 경 부부는 이전에 희미하게 보이는 별의 스펙트럼을 조사하는 데 사용한 적이 있었던 특별히 설계한 석영(石英) 분광기를 이용하였다. 틈의 간격이 1인치의 $\frac{1}{450}$ 인 슬릿을 이용하여 사흘 동안 노출시킨 다음에 구한 네거티브 필름에는 많은 수의 밝은 선이 나타났다. 확대된 스펙트럼이 그림 46A에 나와 있다. 이 스펙트럼의 선(線)들이 놓인 위치뿐 아니라 선들의 세기까지도 질소의 띠 스펙트럼[7]에서 관찰되는 위치와 세기하고 똑같았다. 질소의 띠 스펙트럼과 함께 라듐의 불꽃 스펙트럼[8]도 같은 그림에 함께 나와 있다.[ix]

5) 윌리엄 허긴스 경(Sir William Huggins, 1824-1910)과 그의 아내 마거릿 린지 허긴스(Lady Margaret Lindsay Huggins, 1848-1915)는 모두 영국의 천문학자이다. 윌리엄 허긴스 경은 런던에 세운 사설 천문대에서 천체 스펙트럼을 연구하고 분광기를 발명하여 항성에서 오는 빛의 스펙트럼을 분석하고 항성에 나트륨, 칼슘, 철, 수소 등의 원소가 존재함을 발견하였다.

6) 직시 분광기(direct vision spectroscope)란 바로 세운 프리즘과 거꾸로 세운 프리즘을 여러 개 연결하여 똑바른 방향에서 빛의 스펙트럼을 관찰하도록 만든 분광기이다.

7) 띠 스펙트럼(band spectrum)이란 분자에서 방출되는 빛의 선 스펙트럼 중에서 다수의 빛이 한데 합쳐져서 띠 모양을 형성하는 스펙트럼을 말한다.

8) 불꽃 스펙트럼(spark spectrum)이란 불꽃을 광원으로 한 발광(發光) 스펙트럼을 말한다. 기체 중에 적당한 간격으로 전극을 놓고 고전압을 걸어주면 불꽃 방전을 일으키는데 여기서 얻는 스펙트럼이다.

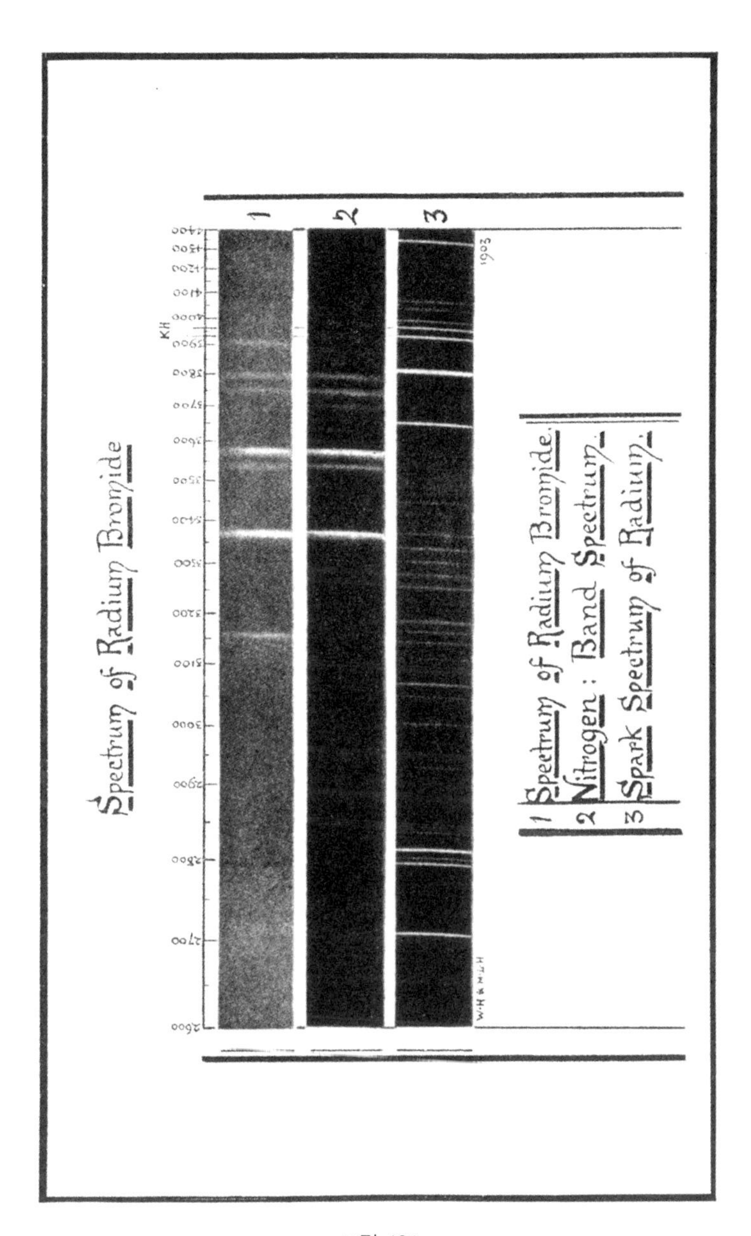
Spectrum of Radium Bromide
1
2
3
2600
2700
2800
2900
3000
3100
3200
3300
3400
3500
3600
3700
3800
3900
4000
4100
4200
4300
4400
K H
1903
1 Spectrum of Radium Bromide.
2 Nitrogen : Band Spectrum.
3 Spark Spectrum of Radium.

그림 46A

어느 정도 시간이 지난 뒤에 윌리엄 크룩스 경과 듀어 교수는 만일 라듐이 높은 진공 상태의 관에 넣으면 더 이상 이 질소 스펙트럼이 나타나지 않는 것을 보였다. 그래서 이 스펙트럼은 관 속에 포함된 질소 또는 라듐 주위의 공기 중에 포함된 질소에 라듐선이 작용했기 때문에 생긴 것으로 보인다.

브롬화라듐에 의한 인광(燐光)과 같은 인광 빛에 의해서 질소 원소의 뚜렷한 선 스펙트럼이 나타난다는 것은 매우 주목할 만한 일이다. 이것은 단지 특별한 조건 아래서 일어나는 전기 방전에서만 생성되는 방사선을 상온(常溫)에서 라듐이 생성할 수 있다는 증거이다.

윌리엄 허긴스 경 부부는 라듐 원자에서 벌어지는 일에 대한 어떤 단서라도 발견할 수 있을지 모른다는 기대를 갖고 라듐에서 나오는 자연 인광 빛의 스펙트럼을 조사하게 되었다. 라듐에서 나오는 주된 방사선은 매우 빠른 속도로 튀어나오는 양전하로 대전된 원자들로 구성되어 있으므로, 방사선은 튀어나온 물체에서뿐 아니라 그 물체를 내보낸 시스템에서도 역시 만들어져야만 한다.

기젤은 악티늄에서 나온 인광 빛의 스펙트럼이 세 개의 밝은 선으로 구성되어 있음을 관찰하였다.[x] 하르트만이 그 선의 파장을 측정하였다.[xi] 그 선의 세기는 매우 약했고 그래서 오랜 시간 동안 노출시키는 것이 요구되었다. 세 선은 빨간색, 파란색 그리고 초록색에서 관찰되었다. 세 선의 세기와 파장 λ가 아래 표에 나와 있다.

선	세기	λ			
1	10	4885.4	±	0.1	옹스트롬 단위
2	6	5300	±	6	〃
3	1	5909	±	10	〃

4885선은 폭이 매우 넓었고, 다른 두 선은 너무 희미해서 그 파장을 정확하게 결정하는 것이 어려웠다. 하르트만은 이 선들을 새로운 별의 스펙트럼에서 관찰할 수 있을지 모른다고 제안하였다. 악티늄에서 발생하는 인광 빛으로부터 관찰된 세 선은 라듐과 어떤 관계도 없고 라듐 에머네이션과도 아무 관계 없다.[xii]

118. 열에 의한 발광

E. 비에데만[9]과 슈미트는 음극선이나 전기 방전에 노출되었던 물체들 중에 일부는 고온(高溫) 발광을 일으키는 것보다 훨씬 낮은 온도로 가열하더라도 발광(發光)하는 것을 보였다.[xiii] 이런 열에 의해 발광하는 성질은 두 가지 종류의 염(鹽)이, 한 가지가 다른 한 가지보다 양이 훨씬 더 많은데 함께 응결하는 특별한 경우에 가장 뚜렷하게 나타난다. 그런 물체는 또한 라듐에서 나오는 β선, 즉 음극선에 노출될 때도 그 성질을 얻는다고 예상되는데, 정말 그렇다는 것이 비에데만에 의해서 발견되었다.[xiv] 베크렐은 라듐선에 노출된 형석(螢石)[10]도 가열되면 빛을 내는 것을 보였다. 라듐을 담아둔 유리관은 얼마 지나지 않아 검정색으로 변한다. 그 관을 가열하면 강렬한 빛을 내며 그 전에 띠었던 색깔은 대부분 없어진다. 이런 물체들 중 많은 수가 지니고 있는 특이한 점은 가열한 뒤에 발광하는 성질이 그 물체를 들뜨게 만든 원인의 영향이 없어진 뒤에도 오랫동안 그대로 지속된다는 사실이다. 라듐에서 나오는 방사선이 그런 물체에서 화학적 변화를 초래하고 그런 변화는 나

9) 비에데만(Eilhard Wiedemann, 1852-1928)은 독일의 물리학자이자 과학사(科學史) 학자로 과학사에 대한 여러 권의 저서를 남겼다.
10) 형석(fluor-spar 또는 fluorite)은 등축정계에 속하는 광물로 화학 조성은 CaF_2이고 칼슘 51%와 불소 49%로 이루어졌다.

중에 가열될 때까지 계속해서 남아 있다고 생각하는 것이 그럴듯해 보인다. 그리고 가열될 때 화학적 에너지의 일부가 눈에 보이는 빛의 형태로 방출되는 것이다.

물리적 작용

119. 전기적 효과 중 일부에 대해

라듐선은 자외선 그리고 뢴트겐선과 마찬가지로 전극 사이에서 방전을 일으키는 기능을 증가시키는 효과를 낸다. 엘스터와 가이텔은 두 전극 사이의 거리를 방전을 일으키기 직전까지 떼어놓고서 두 전극을 라듐 시료 부근으로 가져오면 그 두 전극 사이에서 바로 방전이 일어난다는 것을 보였다.[xv] 이 효과는 작은 유도 코일에서 일어나는 짧은 방전에서 가장 잘 관찰되었다. 퀴리 부부는 두께가 1 cm인 납으로 만든 차폐 막으로 완전히 둘러싼 라듐이 비슷한 작용을 하는 것을 관찰하였다. 그 경우에는 단지 γ선만에 의해서 그런 효과가 일어났다. 방사선의 이런 작용은 병렬로 연결한 유도 코일을 이용하여 두 개의 불꽃 거리[11)]를 하나로 잇는 방법으로 매우 간단히 보여줄 수가 있었다. 한 회로의 불꽃 거리를 방전이 일어나기 직전 거리로 조정하고 다른 회로는 그대로 둔다. 라듐을 방전이 일어나지 않았던 회로 옆으로 가지고 오면 즉시 방전이 일어나지만 다른 회로에서는 일어나지 않는다.[xvi]

헴프틴은 방사능이 높은 라듐을 진공관 가까이 가지고 오면 진공관에서 무전극(無電極) 방전이 더 높은 압력에서 일어나기 시작하는 것을 발견하였다.[xvii] 라듐선이 없는 실험에서 방전은 압력이 51 mm일 때 시작하였지만, 라

11) 불꽃 거리(spark gap)란 방전이 일어나는 두 전극 사이의 최대 거리를 말한다.

듐선이 있으면 압력이 68 mm에서 시작하였다. 방전의 색깔 역시 바뀌었다.

힘슈테트12)는 셀레늄13)의 전기 저항이 보통 빛을 쪼여줄 때와 똑같이 라듐선을 쪼여주어도 감소하는 것을 발견하였다.[xviii]

F. 헤닝14)은 방사능이 1,000인 라듐을 포함하고 있는 염화바륨 용액의 전기저항을 조사하였지만,[xix] 그 용액 그리고 비슷하지만 순수한 염화바륨 용액 사이에서 어떤 눈에 띌 만한 차이도 관찰하지 못하였다. 이 실험은 라듐에서 나오는 방사선이 바륨 용액의 전도성에 어떤 변화도 발생시키지 않는다는 것을 보여준다.

콜라우슈15)와 헤닝은 최근에 순수한 브롬화 바륨 용액의 전도성을 상세하게 조사하고, 거기에 대응하는 바륨 용액의 전도성(傳導性)과 매우 유사한 결과를 얻었다.[xx] 콜라우슈는 라듐에서 나온 방사선을 쪼인 물의 전도성이 쪼이지 않은 물의 전도성보다 더 신속하게 증가하는 것을 발견하였다.[xxi] 전도성의 이런 증가는 물 자체의 전도성이 증가했기 때문일 수도 있지만 물을 담고 있는 용기의 유리가 녹는 비율이 증가했기 때문일 수도 있다.

대기(大氣)의 임의의 위치에서 퍼텐셜을 구하기 위해 강한 방사성 물질의 표본이 이용되었다. 방사성 물질 때문에 발생하는 이온화는 너무 강렬해서 방사성 물질과 연결된 물체는 방사성 물질을 둘러싸는 공기의 퍼텐셜을 신속하게 받아들인다. 그런 점에서 방사성 물질 표본을 이용하는 것이 보통 테이

12) 힘슈테트(von H. Himstedt)는 독일 출신의 물리학자이다.
13) 셀레늄(selenium)은 원자 번호가 34번인 원소로 원소 기호는 Se이다. 셀레늄은 빛을 받으면 전기를 잘 통하는 성질을 보이는 반도체 물질로, 빛을 전기적 신호로 바꾸는 것이 필요한 장치에 사용된다.
14) 헤닝(Fritz Henning, 1877-1958)은 독일 출신의 물리학자이다.
15) 콜라우슈(Friedrich Wilhelm Kohlrausch, 1840-1910)는 독일의 실험 물리학자로 넓은 분야에 걸쳐서 측정 방법의 발전에 공헌한 사람이다.

퍼나 워터 드로퍼16)보다 더 편리하고 더 신속하게 작동하지만, 발생된 강한 이온화에 의해서 전기장이 교란을 받기 때문에, 방사성 물질 표본이 아마도 워터 드로퍼를 이용하는 것보다 더 정확하지는 않을 수도 있다.

120. 액체와 고체 유전체에 대한 효과

P. 퀴리는 라듐선의 영향을 받으면 액체 유전체가 부분적으로 도체가 된다는 아주 중요한 관찰을 하였다.[xxii] 그 실험에서는 유리관에 담은 라듐을 구리로 된 작은 안쪽 원통에 놓았다. 그 작은 구리 원통은 축이 같은 다른 구리 원통으로 둘러싸여 있으며, 조사 대상인 액체는 두 원통 사이의 공간에 채워져 있다. 강한 전기장을 가한 뒤에, 전위계를 이용하여 액체를 통과하는 전류를 측정하였다.

이 실험에서 구한 전류 값은 다음 표에 나온 것과 같다.

물질	1 ㎤의 전도성(傳導性)(MΩ)
이황화탄소	20×10^{-14}
석유 에테르	15×10^{-14}
아밀린	14×10^{-14}
염화탄소	8×10^{-14}
벤젠	4×10^{-14}
액체 공기	1.3×10^{-14}
바셀린 오일	1.6×10^{-14}

16) 테이퍼(taper) 또는 워터 드로퍼(water dropper)는 정전 유도를 이용하여 퍼텐셜 차이를 발생시키는 장치이다.

액체 공기, 바셀린 오일, 석유 에테르, 아밀린은 보통 때는 거의 완전한 절연체이다. 온도가 $-17℃$ 일 때 아밀린과 석유 에테르의 방사선 때문에 생기는 전도성은, 0℃ 일 때의 단지 $\frac{1}{10}$ 일 뿐이었다. 그래서 전도성에는 온도가 뚜렷하게 영향을 미친다. 방사능이 매우 강한 물질의 경우에 전류는 전압에 비례했다. 방사능이 단지 $\frac{1}{500}$ 인 물질은 옴의 법칙을 따르지 않는 것이 발견되었다.[17)]

다음과 같은 숫자를 얻었다.

전압	전류
50	109
100	185
200	255
400	335

전압이 8배 증가하면, 전류는 겨우 약 3배 증가한다. 이와 같이 액체에서 전류는 기체를 통한 보통의 이온화 전류가 그러듯이 "포화"되는 경향이 있다. 이 결과는 이온화 이론과 중요한 관계가 있으며, 방사선은 아마도 기체에서뿐 아니라 액체에서도 역시 이온을 생성할 수도 있음을 보여준다. 또한 X선도 라듐선과 거의 같은 정도로 전도성을 증가시킨다는 것도 역시 발견되었다.

베크렐은 최근에 라듐에서 나오는 β선과 γ선에 노출된 고체 파라핀이 전기를 전달시키는 성질을 약간 갖게 된 것을 관찰하였다.[xxiii] 라듐을 치운 뒤에 전도성은 이온화 기체에서와 동일한 법칙에 의해서 줄어든다. 이런 결과는

17) 어떤 물질이 옴의 법칙을 따른다는 것은 그 물질의 서로 다른 위치에 전위차를 주어서 흐르는 전류가 전위차에 비례한다는 의미이다.

액체 상태의 유전체나 기체 상태의 유전체뿐 아니라 고체 상태의 유전체도 라듐선의 영향으로 이온화된다는 것을 보여준다.

121. 방사선에 미치는 온도의 효과

베크렐은 전기적 방법을 이용하여 액체 공기의 온도와 같은 온도의 우라늄의 방사능을 측정하고, 그 방사능은 상온의 방사능에 비하여 1퍼센트도 다르지 않음을 발견하였다.[xxiv] 그의 실험에서, 우라늄에서 나오는 α선은 시험용 용기에 도달하기 전에 흡수되었으며, 측정된 전류는 오직 β선에 의한 것뿐이었다. P. 퀴리는 라듐의 광도(光度)와 물체에서 형광을 여기(勵起)시키는 라듐의 성질이 액체 공기의 온도에서도 그대로 유지되는 것을 발견하였다.[xxv] 라듐의 방사능이 액체 공기의 온도에서도 바뀌지 않는다는 것 역시 전기적 방법으로 관찰되었다. 만일 라듐 화합물이 열린 용기에서 가열되면, α선에 의해 측정된 방사능은 원래 값의 약 25퍼센트 정도로 떨어지는 것이 측정된다. 그렇지만 이것은 방사능이 바뀌기 때문이 아니라, 라듐에 저장된 방사능을 갖는 에머네이션이 방출되기 때문이다. 만일 라듐이 밀폐된 용기에서 가열되어서, 그 용기로부터 방사능을 갖는 어떤 생성물도 새어나갈 수가 없다면, 아무런 변화도 일어나지 않는 것이 관찰된다.

122. 전기장에서 라듐의 운동

졸리[18]는 한쪽 면에 수 밀리그램의 브롬화라듐을 바른 원판에 대전된 물체를 가까이 가지고 오면 대전된 물체는 방사성 물질을 바르지 않은 경우와

18) 졸리(John Joly, 1857-1933)는 영국 아일랜드 출신의 지질학자, 물리학자로 암 치료용 라듐 요법을 개발하였고 천연색 사진의 개발에 기여하였다.

는 사뭇 다른 운동을 하는 것을 발견하였다.xxvi 대전된 물체는, 양전하로 대전되거나 음전하로 대전되거나 구별 없이, 한쪽에만 라듐을 바른 원판을 줄에 매달고, 라듐을 바른 쪽을 가까이 가지고 가면 물체가 원판을 밀어내지만, 바르지 않은 쪽을 가까이 가지고 가면 물체는 원판을 잡아당긴다.

이 효과는 복사계(輻射計)[19]와 비슷한 작은 장치를 이용하면 아주 간단히 확인된다. 길이가 약 6 cm인 유리 섬유의 끝에 라듐을 바른 두 장의 유리 날개를 표면이 동일한 평면에 놓이도록 연결한다. 이 장치는 한 점을 중심으로 자유롭게 회전한다. 두 유리 날개의 서로 엇갈리는 표면에 브롬화라듐을 바르고, 이 전체 장치는 유리로 만든 수신기 내부에 포함되어 있다. 에보나이트 또는 봉랍으로 만든 대전된 막대를 수신기에 가까이 가져오면 날개가 회전하는데, 수신기 내부 공기의 압력이 수은주 높이 5~6 cm 정도로 낮아지면[20] 날개는 더 빨리 회전한다. 이 장치를 윔즈허스트기[21]의 양극(兩極)과 연결된 두 평행판 사이에 놓으면, 이 장치의 날개는 일정한 빠르기로 회전한다. 이때 라듐을 바른 표면이 항상 대전된 물체로부터 멀어지는 방향으로 회전이 발생한다.

이 작용은 쿨롱의 비틀림 저울의 유리 기둥에 날개를 연결하는 방법으로 더 자세히 조사되었다. 외부로부터 충전될 수 있는 금속 구를 바륨을 바른 쪽 면을 향하도록 고정시켰다. 충전된 전하가 매우 강하거나 날개가 금속 구에 가까울 때를 제외하고는 금속 구와 날개 사이에 항상 척력이 관찰되었다. 그렇지만 혹시 두 날개가 가벼운 도선으로 연결되거나 비슷한 금속 구가 처음

19) 복사계(radiometer)란 복사선(輻射線)을 측정하는 계기를 말한다.
20) 1기압을 가리키는 수은주 높이는 76 cm이다.
21) 윔즈허스트기(Wimshurst machine)는 영국의 발명가 윔즈허스트(James Wimshurst, 1832-1903)가 고안한 정전류 발생기이다.

금속 구와 정확히 반대편에 놓여 있으면, 한 금속 구만 대전되었으면 인력(引力)이 관찰되었지만, 두 금속 구가 모두 다 대전되었으면 척력이 관찰되었다. 이러한 효과는 날개가 알루미늄으로 만들었거나 유리로 만들었거나 관계없이 항상 관찰되었다.

졸리는 전기장 내에서 이온의 운동에 기인한 어떤 직접적인 작용으로도 이 효과를 설명할 수 없음을 발견하였다. 날개의 한쪽 면에서 튀어나온 α 입자 때문에 발생하는 반동(反動)은 관찰된 움직임을 설명하기에는 너무나 작았다.

나는 라듐을 바른 날개의 두 면 부근에 존재하는 기체의 전도성 사이의 차이를 고려하면 이 효과를 간단히 설명할 수 있다고 생각한다. 만일 양쪽 면에 라듐을 균일하게 바르고 절연된 지지대 위에 올려놓은 작은 날개를 일정한 퍼텐셜로 유지시킨 대전된 물체 가까이로 가지고 오면, 대전된 물체는 마치 워터 드로퍼처럼 행동해서 날개가 올라오기 직전 위치에 존재했던 평균 퍼텐셜과 매우 가까운 퍼텐셜을 신속하게 얻는다. 그 결과로 날개에 작용하는 역학적 힘은 크지 않을 것이다. 그렇지만 만일 날개에서 대전된 물체와 가까운 쪽에만 라듐이 입혀져 있다면, 날개와 대전된 물체 사이의 이온화와, 그래서 결과적으로 그 사이의 기체의 전도성이, 날개에서 물체가 있는 쪽과 반대쪽의 이온화와 전도성보다 훨씬 더 크다. 문제를 간단히 설명하기 위해, 물체가 양(陽)의 퍼텐셜로 대전되어 있다고 가정하자. 대전된 물체를 향하고 있는 쪽의 기체의 전도성이 더 크기 때문에, 그 부분의 기체는 신속하게 양전하를 얻고, 날개의 퍼텐셜은 날개가 그곳에 오기 전 그 위치의 퍼텐셜보다 더 높은 값의 퍼텐셜에 도달하게 될 것이다. 이것은 날개를 밀어내는 결과를 가지고 오게 된다. 이것은 또한 앞에서 이미 언급했던 쿨롱의 비틀림 저울을 이용한 실험에서 관찰되었던 인력(引力)도 설명한다. 한 금속 구는 양전하로 대전되고 다른 금속 구는 접지되어 있으며, 두 날개는 금속으로 서로 연결되어 있다고 가정하자. 대전된 금속 구 바로 옆의 날개는 양전하로 대전되겠지만, 이 대전된 전하는 건너편 날개에 가까운 기체의 이온화 때문에 바로바로 흩어지게 되며, 대부분의 조건 아래서, 이런 전하의 소모가 매우 신속하게 일어나기 때문에 그 날개의 퍼텐셜은, 만일 그 날개가 제거된다고 가정할 때 공간의 그 위치에 존재했을 값에 도달하는 것이 가능하지 않다. 그래서 결과적으로 날개에는 날개를 금속 구 쪽으로 향하게 하는 인력이 작용하게 된다.

이와 같이 졸리가 관찰한 척력은 단지 라듐에 의해 기체에 발생한 이온화의 간접적인 결과일 뿐이며, 어떤 다른 원인에 의해서건 이온화가 비슷하게 불규칙적으로 분포된 조건 아래서는 언제나 관찰될 수 있어야 한다.

라듐은 상당히 빠른 비율로 열(熱)을 방출하기 때문에, 날개의 한쪽 면에 유연(油煙)[22] 대신에 라듐을 바른 복사계는, 근처에 어떤 광원(光源)을 가지고 오지 않더라도, 낮은 압력의 기체에 가져다 놓으면 회전해야 한다. 이것이 가능한 이유는 날개의 바륨을 입힌 면이 다른 면에 비해 약간 더 높은 온도에 도달할 것이기 때문이다. 이런 실험이 시도는 되었지만, 그 효과가 날개를 회전시키기에는 너무 작은 것처럼 보였다.

화학적 작용

123.

방사성 라듐 시료로부터 나온 방사선은 산소를 오존으로 바꾼다.[xxvii] 오존

22) 유연(lampblack)은 광물유나 송진 등을 불완전 연소시킬 때 생기는 탄소 가루, 즉 그을음을 모아서 만든 흑색 안료(顔料)를 말한다.

의 존재는 냄새로 또는 요오드화칼륨 녹말 종이[23]를 이용한 요오드화물의 작용에 의해서 검출될 수가 있다. 이 효과는 라듐에서 나오는 α선과 β선에 의한 것이지 라듐에서 나오는 가시광선에 의한 것은 아니다. 산소로부터 오존을 생성시키려면 에너지가 필요한데, 그 에너지는 방사선의 에너지로부터 나와야만 한다.

퀴리 부부는 라듐 화합물이 유리를 신속하게 착색시킨다는 것을 발견하였다. 방사능이 중간 정도인 물질에 의해 착색되는 색깔은 보라색이며, 방사능이 좀 더 센 물질에 의해 착색되는 색깔은 노란색이다. 착색 작용이 오래 지속되면 유리에 납 성분이 전혀 포함되어 있지 않은데도 불구하고 유리를 검정색으로 바꾼다. 이런 착색은 유리에서 점차로 퍼져나가며, 사용된 유리의 종류가 무엇이냐에 따라서도 착색 정도가 어느 정도 달라진다.

기젤은 라듐선을 이용하더라도, 진공관에서 나오는 음극선의 작용에 노출시켜서 암염(巖鹽)과 형석(螢石)을 착색시킨 것과 똑같은 정도로, 암염과 형석을 착색시킬 수 있음을 발견하였다.[xxviii] 그런데 라듐선에 의한 착색이 음극선에 의해 발생한 것보다 훨씬 더 짙게 퍼져 있었다. 보통 진공관에서 발생하는 음극선보다 라듐선의 속도가 더 빠르고 그 결과로 더 큰 투과력을 가지므로, 라듐선에 의한 착색이 더 짙은 것은 충분히 예상되는 결과이다. 골트슈타인은 소금이 녹아 있거나 적열(赤熱)을 낼 때까지 가열될 때 착색이 훨씬 더 진하고 더 신속하게 일어나는 것을 발견하였다. 방사능이 매우 강한 라듐 시료의 작용 아래 놓인 녹은 황산칼륨은 바로 초록색을 띤 짙은 파란색으로 착색되었는데, 그것은 점차로 어두운 초록색으로 바뀌었다. 살로몬센과 드

23) 요오드화칼륨 녹말 종이(potassium paper)는 녹말에 냉수를 첨가해 끓인 액과 요오드화칼륨을 녹인 용액을 건조시켜 만든 것으로 미량의 산화제와 반응하여 청색으로 바뀐다. 염소, 오존, 과산화수소 등의 검출에 이용된다.

레이웨르는 라듐선에 노출시킨 석영 판이 착색된 것을 발견하였다.[xxix] 정밀하게 조사한 결과, 광축(光軸)[24]에 수직하게 자른 판에서는 광축에 수직한 두 축에 평행한 방향으로 줄들과 가는 홈들이 보였다. 줄과 홈이 나 있는 계의 인접한 부분들은 착색된 정도에서 상당히 큰 차이를 보였고 결정체 구조가 균일하지 못함을 분명히 드러냈다.

그동안 많은 논의에서 음극선과 라듐선 아래서 이런 착색이 일어나는 원인이 무엇인지를 주제로 다루었다. 엘스터와 가이텔[xxx]은 라듐선에 의해 초록색으로 착색되는 황산칼륨 시료가 강한 광전(光電) 작용[25]을 보이는 것을, 즉 칼륨 시료가 자외선 빛의 작용 아래 노출되면 신속하게 음전하를 잃어버리는 것을 관찰하였다. 음극선에 의해 채색되는 모든 물질은 강한 광전(光電) 작용을 보이며, 금속인 나트륨과 칼륨 자체도 상당히 뚜렷한 정도로 광전 작용을 보이므로, 엘스터와 가이텔은 착색(着色)이 염분(鹽分)과 섞인 금속의 고용체(固溶體)[26]가 원인이 되어 발생한 것일 수도 있다고 제안하였다.

비록 라듐선에 의한 착색은 음극선에 의한 착색보다 더 짙지만, 햇빛에 노출될 때는 두 경우에 거의 비슷한 비율로 착색된 색깔이 엷어진다.

베크렐은 하얀색의 인(燐)에 라듐선이 작용하면 여러 가지 종류의 빨간색으로 바뀌는 것을 발견하였다.[xxxi] 이 작용은 주로 β선이 원인인 것으로 밝혀졌다. 1차 방사선에 의해 형성된 2차 방사선 역시 뚜렷한 효과를 발생시켰다. 옥살산[27]이 존재하면 라듐선은 보통의 가시광선과 마찬가지로 역시 칼로

24) 빛이 결정체를 통과하면 보통 두 방향으로 나뉘어 복굴절(複屈折)을 하지만 어떤 특별한 방향의 전기장을 갖는 빛이 입사하면 빛은 두 갈래로 갈라지지 않는데, 이 방향을 대상 결정체의 광축(optical axis)이라 한다.

25) 광전 작용(photo-electric action)이란 도체 표면에 빛을 쪼여주면 그 표면에서 전자가 튀어나오는 현상을 말한다.

26) 고용체(solid solution)란 몇 가지 성분이 고르게 혼합되어 고체가 된 것을 말한다.

멜[28] 침전물의 원인이 된다.

하디와 윌코크 양[xxxii]은 클로로포름에 녹인 요오드포름 용액을 5밀리그램의 브롬화라듐에서 나오는 방사선 아래 5분 동안 노출시켜놓으면 그 용액이 자주색으로 바뀌는 것을 발견하였다. 이 작용은 요오드가 유리(流離)되기 때문에 발생한다. 라듐 위에 두께가 다른 스크린을 덮은 효과를 조사하였더니, 이 작용은 주로 라듐에서 나오는 β선 때문임이 발견되었다. 뢴트겐선도 비슷한 채색 작용을 일으킨다.

하디[xxxiii]는 또한 글로불린[29]의 응고물에 대한 라듐선의 작용에 대해서도 관찰하였다. 황소의 혈청으로부터 얻은 두 종류의 글로불린 용액이 이용되었는데, 하나는 초산(硝酸)을 첨가하여 양전하를 띠게 만들었고 다른 하나는 암모니아를 첨가하여 음전하를 띠게 만들었다. 글로불린이 전혀 가려지지 않은 채로 라듐에 직접 노출되었을 때는 양전기를 띤 용액의 유백광(乳白光)[30]이 빠르게 감소하는데, 이것은 이 용액이 더 완전해지는 것을 보여준다. 음전기를 띤 용액은 빠르게 젤리로 바뀌고 불투명해졌다. 이런 작용은 라듐의 α선만에 의한 것으로 밝혀졌다.

이것은 α선이 원자 정도 크기를 갖는 양전하로 대전되어 튀어나온 물체로 구성되어 있다는 추가 증거인데, 왜냐하면 비슷한 응고 효과가 액체 전해질의 금속 이온에 의해서도 발생하며, W. C. D. 웨덤[31]은 이 응고 효과가 이온

27) 옥살산(oxalic acid)은 화학식이 $C_2H_2O_4$인 무색(無色)의 침상 결정으로 냄새가 없는 산제 식품 제조용 첨가물로 이용된다.

28) 칼로멜(calomel)은 염화수은의 다른 이름으로 속칭 감홍(甘汞)이라고도 한다.

29) 단순 단백질 중에서 물에 잘 용해되지 않는 단백질 군을 글로불린(globulin)이라고 총칭한다. 약산성으로 열에 바로 응고되고 순수한 단백질로 얻어지는 것은 적다.

30) 유백광(opalescence)은 물체 내부에 입사된 방사선이 산란되어 젖빛 흰색으로 나타나는 것을 말하며 물체 내부의 밀도가 고르지 않거나 다른 이유로 굴절이 고르지 않을 때 생긴다.

31) 웨덤(William Cecil Dampier Whetham, 1867-1952)은 영국의 과학자 겸 과학사 학자로 젖 성

이 나르는 전하에 의해서 생기는 것임을 보였기 때문이다.xxxiv

124. 라듐으로부터 발생한 기체

퀴리와 드비에르누는 진공관 안에 넣은 라듐 시료가 진공관 내의 압력을 계속해서 낮추는 것을 관찰하였다.xxxv 이때 발생한 기체는 항상 에머네이션과 함께 나왔지만, 그 기체의 스펙트럼에 추가된 새로운 선은 전혀 관찰되지 않았다.[32] 기젤은 브롬화라듐 용액에서도 비슷하게 기체가 발생하는 것을 관찰하였다.xxxvi 기젤은 그 기체를 분광학적으로 조사하기 위해 방사성 물질을 룽게와 뵈들란데르에게 보냈다. 라듐이 5퍼센트 포함된 시료 1그램으로부터 16일이 경과된 뒤에 3.5 cc의 기체를 모았다. 그렇지만 이 기체는 산소가 12퍼센트 포함된 주로 수소임이 밝혀졌다. 그 이후에 수행된 실험들에서 램지[33]와 소디는 브롬화라듐 50밀리그램으로부터 매일 약 0.5 cc의 비율로 기체가 발생하는 것을 발견하였다.xxxvii 기체가 발생하는 이 비율은 룽게와 뵈들란데르가 관찰한 것보다 두 배가 더 빨랐다. 이 기체를 분석하였더니 약 28.9퍼센트가 산소이고 나머지는 모두 수소였다. 그들은 물의 분해에서 얻는 것에 비하여 수소가 약간 더 많은 것은 멈춤 꼭지[34]의 기름에 산소가 작용했기 때문이라고 생각하였다. 라듐에서 나오는 방사능을 띤 에머네이션은 강력

분에서 단백질과 지방을 빼고 남은 맑은 액체인 유장(乳漿)으로부터 락토오스(젖당)를 추출하는 방법을 발명하였다.

32) 뜨거운 기체에서 방출되는 빛을 프리즘에 통과시키면 나오는 선스펙트럼의 각 선에 해당하는 파장은 그 기체가 무엇인지 알려주는 역할을 한다. 스펙트럼에 추가된 새로운 선이 없다는 것은 새로운 종류의 기체가 출현한 것은 아님을 의미한다.

33) 램지(William Ramsay, 1852-1916)는 영국의 화학자로 아르곤과 헬륨 등 새로운 원소를 발견하고 라돈이 붕괴될 때 헬륨이 방출된다는 것도 발견하였다.

34) 멈춤 꼭지(stop cock)란 기체나 액체가 흐르는 관을 개폐시키거나 흐름의 방향을 바꿔주는 장치로 흔히 보는 수도꼭지도 이에 속한다.

한 산화 작용을 하며 만일 탄소를 포함한 물질이 주위에 있으면 순식간에 이산화탄소를 발생시킨다. 기체는 아마도 방사선이 물을 분해하는 작용 때문에 발생할지도 모른다. 램지와 소디가 관찰한, 브롬화라듐 1그램에 대해 하루에 10 cc인, 물의 분해 비율을 만들어내기 위해 필요한 에너지의 양은 하루에 대략 30그램칼로리에 해당한다. 이 에너지의 양은 열(熱)의 형태로 방출되는 총 에너지의 약 2퍼센트 정도이다.

램지와 소디는 (앞에서 인용된 논문에서) 브롬화라듐 용액에서 발생된 기체에 헬륨이 존재하는 것도 역시 관찰하였다. 이 중요한 결과에 대해서는 267절에서 자세히 설명된다.

생리적 작용

125.

라듐선도 뢴트겐선과 동일하게 쪼이면 화상(火傷)을 입히는 성질을 가지고 있다는 것을 발코프[35]가 최초로 관찰하였다. 그런 방면으로의 실험은 기젤과 큐리 그리고 베크렐도 수행했는데 매우 유사한 결과를 얻었다. 처음에는 통증을 동반하는 자극이 생기지만 그다음에는 염증이 나타나는데, 이 염증은 10~20일 정도 계속된다. 이 효과는 모든 종류의 라듐 시료에서 발생하고 주로 α선과 β선이 원인인 것처럼 보인다.

방사선은 통증을 동반하는 염증을 일으키므로 라듐을 취급하는 데는 반드시 주의해야 한다. 만일 라듐 시료를 담고 있는 캡슐의 밑에 손가락이 몇 분

35) 발코프(Friedrich Otto Walkhoff, 1860-1934)는 독일의 치과의사로 검은 종이와 고무로 싼 유리 사진판을 자신의 입 속에 넣고 X선에 노출시켜 최초의 치과 방사선 사진을 촬영하였다.

동안 닿아 있게 되면, 피부가 약 15일 동안 충혈되며 그다음에는 살갗이 벗겨진다. 통증은 두 달 동안 없어지지 않는다. 데니츠[36)]는 이 작용이 주로 피부에만 국한되며 피부 밑의 조직으로까지는 미치지 않는다는 것을 발견하였다.[xxxviii] 방사선을 쪼인 애벌레는 며칠이 지나면 움직이지 못하고 결국에는 죽는다.

라듐선이 암(癌)의 치료에 효험이 있는 경우가 발견되었다. 그 효과가 겉보기로는 뢴트겐선에서 발생하는 효과와 비슷하지만, 라듐을 사용하면 방사선 공급원을 미세한 관에 밀폐시키고 특정한 위치에만 방사선을 작용시킬 수가 있기 때문에 라듐의 사용이 큰 이점(利點)을 가지고 있다. 방사선은 또한 세균의 증식을 억제하거나 중지시킨다는 것이 발견되었다.[xxxix]

여기서 라듐선이나 다른 방사성 물질이 애벌레나 실험용 쥐 그리고 기니피그[37)]에 미치는 작용에 대해 물리학자나 생리학자가 수행한 수많은 실험을 설명하는 것은 적절하지 않아 보인다. 어떤 경우에는 에머네이션을 불어넣은 공기 내부에 생물체를 집어넣고서 실험을 수행하였다. 그런 조건 아래 며칠 또는 몇 주일 노출시킨 효과는 일반적으로 해롭고 몇 경우에는 치명적임이 발견되었다. 이런 새로운 분야에 대한 조사를 다룬 문헌은 이미 상당히 많이 나와 있으며 급속하게 증가하고 있다.

기젤은 라듐선이 지닌 또 다른 하나의 흥미로운 작용을 관찰하였다. 캄캄한 방에서 라듐 시료를 감은 눈에 가까이 가져오면 산란된 빛의 감각을 느낀다. 이 효과에 대해서는 힘슈테트와 나겔도 조사했는데,[xl] 그들은 이 효과가

36) 데니츠(Jan Kazimierz Danysz, 1884-1914)는 폴란드계 프랑스 물리학자로 퀴리 부인의 조수를 거쳐서 β선의 분광학에 크게 기여한 사람이다.

37) 기니피그(guinea pig)는 남아메리카 원산의 설치류로 애완용으로 기르기도 하지만 주로 실험용으로 이용되는 동물이다.

인간의 눈 자체에서 방사선에 의해 발생한 형광(螢光) 때문임을 밝혔다. 눈이 먼 사람도 만일 망막이 그대로 있다면 이 빛을 감지할 수 있지만 망막이 손상되었다면 감지할 수 없다. 하디와 앤더슨은 이 효과를 상당히 자세하게 조사하였다.[xli] 빛의 감지(感知)는 β선과 γ선 모두에 의해서 발생한다. 눈꺼풀이 실질적으로 모든 β선을 흡수하며, 그래서 눈을 감고 관찰된 빛은 단지 γ선만에 의한 것이다. 눈의 수정체(水晶體)와 망막은 β선과 γ선의 작용 아래서 강력한 인광(燐光)을 낸다. 하디와 앤더슨은 캄캄한 방에서 눈을 뜨고 관찰한 빛은 (여기서 라듐 자체의 인광은 검정 종이로 차단됨) 대체적으로 안구(眼球)에서 형성된 인광에 의한 것이라고 간주했다. 대부분의 경우, γ선은 망막에 충돌한 다음에 빛에 대한 감각을 발생시켰다.

토마시나는 사람이 내뱉은 공기는 보통 공기보다 더 많은 이온을 포함하고 있고, 그 결과로 사람이 내뱉은 공기는 검전기가 더 빠른 비율로 방전하도록 만든다고 말했다. 엘스터와 가이텔도 같은 실험을 반복하였지만 결과는 부정적이었다.[38] 그렇지만 그들은 브라운슈바이크 공과대학[39]의 기젤 박사가 호흡하며 내뱉은 공기가 검전기의 전하를 급속하게 잃는 원인이 된 것을 발견하였다. 기젤 박사는 계속해서 방사성 물질의 화학적 분리에 종사한 사람이었다. 에머네이션을 잔뜩 포함하고 있는 실험실의 공기를 흡입하여 기젤 박사의 신체가 에머네이션으로 가득 차 있어서, 방전 비율이 이렇게 증가한 원인은 아마도 주로 라듐 에머네이션 때문이었을 것이다.

38) 보통 사람들이 내뱉은 공기는 검전기를 방전시키지 않는 결과를 얻었다는 의미이다.
39) 브라운슈바이크(Braunschweig) 공과대학은 1745년에 독일에서 최초로 세워진 공과대학이다.

제5장 미주

i. Becquerel, *C. R.* 129, p. 912, 1899.
ii. Bary, *C. R.* 130, p. 776, 1900.
iii. Kunz and Baskerville, *Amer. Journ. Science* XVI. p. 335, 1903.
iv. *Nature*, p. 523, March 31, 1904를 보라.
v. Crookes, *Proc. Roy. Soc.* 74, p. 47, 1904.
vi. Kunz and Baskerville, *Science* XVIII, p. 769, Dec. 18, 1903.
vii. 베일비(George Thomas Beilby, 1850-1924)는 최근에 왕립학회에 보낸 서한(1905년 2월 9일과 23일)에서 라듐에서 나오는 β선과 γ선에 의한 인광의 생성에 대해 자세히 조사하고 관찰된 서로 다른 작용을 설명하는 이론을 제안하였다.
viii. Huggins, *Proc. Roy. Soc.* 72, pp. 196 and 409, 1903.
ix. 브롬화라듐의 불꽃 스펙트럼은 칼슘의 H선과 K선을 보였으며 또한 바륨의 강한 선들의 일부도 약하게나마 보였다. 드마르세(Demarçay)와 그의 동료들이 발견한 파장이 3814.59, 3649.7, 4340.6 그리고 2708.6인 라듐의 고유 선들이 이 그림에 분명하게 나와 있다. 파장이 약 2814인 강한 선이 라듐에서 나온 것이다.
x. Giesel, *Ber. d. D. Chem. Ges.* 37, p. 1696, 1904.
xi. Hartmann, *Phys. Zeit.* 5, No. 18, p. 570, 1904.
xii. 최근에 발표된 논문에서, 기젤은 (*Ber. d. D. Chem. Ges.* No. 3, p. 775, 1905) 밝은 선이 불순물로 존재하는 디디뮴에 의한 것임을 보였다. 라듐선에 노출된 디디뮴도 역시 이 선들이 나타나게 만드는 원인이 되었다.
xiii. Wiedemann and Schmidt, *Wied. Annual.* 59, p. 604, 1895.
xiv. Wiedemann, *Phys. Zeit.* 2, p. 269, 1901.
xv. Elster and Geitel, *Annal. d. Phys.* 69, p. 673, 1899.
xvi. 윌론스(Willons)와 펙(Peck)은, 어떤 조건 아래서는, 특히 방전이 오래 계속될 때는, 방전이 일어나는 데 라듐선이 장애가 되는 것을 발견하였다(*Phil. Mag.* March, 1905).
xvii. Hemptinne, *C. R.* 133, p. 934, 1901.
xviii. Himstedt, *Phys. Zeit.* p. 476, 1900.
xix. Henning, *Annal. d. Phys.* p. 562, 1902.
xx. Kohlrausch and Henning, *Verh. Deutsch. Phys. Ges.* 6, p. 144, 1904.
xxi. Kohlrausch, *Verh. Deutsch. Phys. Ges.* 5, p. 261, 1904.
xxii. P. Curie, *C. R.* 134, p. 420, 1902.
xxiii. Becquerel, *C. R.* 136, p. 1173, 1903.
xxiv. Becquerel, *C. R.* 133, p. 199, 1901.
xxv. P. Curie, Société de Physique, March 2, 1900.
xxvi. Joly, *Phil. Mag.* March, 1904.
xxvii. S. and P. Curie, *C. R.* 129, p. 823, 1899.
xxviii. Giesel, *Verhandlg. d. D. Phys. Ges.* Jan. 5, 1900.
xxix. Salomonsen and Dreyer, *C. R.* 139, p. 533, 1904.
xxx. Elster and Geitel, *Phys. Zeit.* p. 113, No. 3, 1902.

xxxi. Becquerel, *C. R.* 133, p. 709, 1901.
xxxii. Hardy and Miss Wilcock, *Proc. Roy. Soc.* 72, p. 200, 1903.
xxxiii. Hardy, *Proc. Physiolog. Soc.* May 16, 1903.
xxxiv. Whetham, *Phil. Mag.* Nov. 1899; *Theory of Solution*, Camb. 1902, p. 396.
xxxv. Curie and Debierne, *C. R.* 132, p. 768, 1901.
xxxvi. Giesel, *Ber. D. d. Chem.* Ges. 35, p. 3605, 1902.
xxxvii. Ramsay and Soddy, *Proc. Roy. Soc.* 72, p. 204, 1903.
xxxviii. Danysz, *C. R.* 136, p. 461, 1903.
xxxix. Aschkinass and Caspari, *Arch. d. Ges. Physiologie*, 86, p. 603, 1901.
xl. Himstedt and Nagel, *Drude's Annal.* 4, p. 537, 1901.
xli. Hardy and Anderson, *Proc. Roy. Soc.* 72, p. 393, 1903.

제6장
방사성 물질의 연속적인 생성

126.

이제 단지 방사성 물체의 방사능을 유지시키는 역할을 하는 과정의 성질뿐 아니라, 방사성 물체로부터 끊임없이 방출되는 에너지의 공급원이 무엇인지도 명백히 밝혀줄 실험들에 대한 설명을 하려고 한다. 이 장에서는 논의를 간단히 하기 위하여 단지 우라늄과 토륨의 방사능만 고려할 예정인데, 왜냐하면 이 두 물질에서 발생하는 변화가 모든 방사성 물질에서 발생하는 변화의 전형이 된다는 것을 나중에 알 수 있게 되기 때문이다.

우리는 (지난 23절에서) 토륨의 방사능이 토륨 원소 자체 때문에 생긴 것인지, 아니면 토륨과 관련된 어떤 아직 알려지지 않은 방사능을 띤 구성 요소 때문에 생긴 것인지가 아직 해결되지 않았음을 보았다. 그렇지만 그런 불확실성이 토륨의 방사능에 대해 논의하는 데 심각한 어려움을 초래하지는 않는데, 그 이유는 대부분의 경우에 토륨이 주된 방사능 요소인지 아닌지는 일반적으로 내릴 수 있는 결론과 무관하기 때문이다. 그렇지만 문제를 간단히 만들기 위하여, 당장은 토륨 자체가 방사능의 원인이라고 가정할 것이다. 만일 향후의 연구에 의해 토륨에서 보통 관찰되는 방사능이 토륨과 혼합된 새로운 방사성 원소 때문임이 확실히 밝혀진다면, 지금 고려하는 방사성 과정이 그 새로운 원소를 지칭하게 될 것이다.

127. 우라늄 X

퀴리 부인의 실험은 우라늄과 토륨의 방사능이 원자 현상임을 보여준다.[1)]

1) 오늘날 원자 현상은 원자에 포함된 원자핵 주위의 전자에 의한 현상을 의미하고 원자핵 현상은 원자핵의 구성 요소인 양성자와 중성자에 의한 현상을 의미한다. 그런 의미에서는 방사능이 원자의 현상이라기보다는 원자핵의 현상이다. 그러나 이 책은 원자핵이 발견되기 전에 저술되어서, 방사능이 원자 현상이라는 문장의 의미는 오늘날 사용되는 의미와는 같지 않다.

어떤 우라늄 화합물이라도 그 물질의 방사능은 단지 그 화합물에 우라늄 원소가 포함된 양에만 의존하고, 우라늄이 다른 물질과 화학적으로 어떻게 결합되어 있는지에는 전혀 영향을 받지 않으며, 온도가 크게 변하더라도 별로 영향을 받지 않는다. 우라늄의 방사능은 우라늄 원소의 분명한 성질이기 때문에, 화학적 행위에 의해서 방사능을 우라늄 원소로부터 분리시킬 수가 없다.

그런데 1900년 윌리엄 크룩스 경이 단 한 번의 화학적 조작에 의해서 우라늄은 사진건판상으로 방사능이 없는 것으로 만들고 방사능 전체가 우라늄을 전혀 포함하지 않은 나머지 소량(少量)의 찌꺼기에 집중되어 있도록 만들 수 있음을 보였다.[i] 그가 Ur X라고 명명(命名)한 이 찌꺼기는 무게 대 무게로 그 찌꺼기를 분리해낸 우라늄에 비하여 사진건판상으로 방사능이 수백 배가 더 세었다. 이렇게 분리하는 데 이용된 방법은 탄산암모늄을 가지고 우라늄 용액을 침전시키는 것이었다. 충분히 많은 시약(試藥)에서 침전물을 용해시키더라도, 약간의 침전물이 여전히 남아 있게 된다. 이것을 필터로 여과시켜서 얻은 것이 Ur X였다. 방사성 물질인 Ur X는 아마도 우라늄에서 유래된 불순물과 함께 섞여서 아주 소량으로 존재했다. Ur X의 스펙트럼에서는 어떤 새로운 선(線)도 관찰되지 않았다. 또 다른 방법에 의해서 우라늄의 방사능을 부분적으로 분리시키는 것도 역시 가능하였다. 질화우라늄 결정(結晶)을 에테르에 녹였더니 우라늄 자체가 에테르 그리고 함께 존재하는 물 사이에서 서로 다른 비율로 나뉘는 것이 발견되었다. 사진 방법으로 조사했을 때, 수분(水分) 층에 녹은 소량의 부분이 실질적으로 방사능 전체를 다 포함하고 있지만, 반면에 나머지 부분은 방사능을 거의 갖고 있지 않다는 것이 발견되었다. 이 결과는, 이 결과만으로도, 우라늄의 방사능은 우라늄 원소 자체 때문에 생긴 것이 아니라 우라늄과 연관되지만 우라늄과는 확연히 구분되는 화학적 성질을 갖는 어떤 다른 물질 때문에 생긴 것이라고 결론 내려야 한다는 강력한 증거가 된다.

비슷한 성격의 결과를 베크렐도 관찰하였다.[ii] 염화바륨을 우라늄 용액에 넣고 바륨을 황산염으로 침전시키면 바륨이 사진건판상으로 매우 강한 방사능을 띠게 만들 수 있다는 것이 관찰되었다. 침전이 계속되면 우라늄은 사진건판상으로 방사능을 거의 잃지만 반면에 바륨은 강한 방사능을 띠게 되었다.

방사능이 없는 우라늄과 방사능을 띤 바륨을 따로 놓아두었는데, 1년 뒤에 그 우라늄과 바륨을 다시 조사하였더니 우라늄은 방사능을 완전히 회복하였지만 바륨의 방사능은 완전히 사라졌음이 관찰되었다. 우라늄이 방사능을 상실한 것은 성격상 이처럼 단지 일시적인 것이었다.

위의 설명에서 우라늄의 방사능은 사진 방법으로 조사되었다. 우라늄에 의해 발생한 사진건판에 대한 작용은 거의 전적으로 β선에 의한 것이다. 그에 비하여 α선은 효과가 있더라도 극히 작을 뿐이다. 이제 Ur X에서 나오는 방사선은 전적으로 β선으로 구성되며, 그 결과로 사진건판에 대해 매우 센 작용을 한다. 만일 우라늄을 어떤 스크린으로도 가리지 않고 그 방사능을 전기적으로 측정하면, 관찰된 전류는 거의 대부분 α선 때문에 생긴 것이며, 그 전류는 Ur X를 제거하더라도 거의 변화가 없을 텐데, 그 이유는 단지 β선만을 내는 요소만 제거되었기 때문이다. 이런 중요한 사항에 대해서는 205절에서 더 자세히 논의된다.

128. 토륨 X

토륨 화합물에 대해 연구하던 러더퍼드와 소디는 단 한 번의 화학적 조작에 의하여 토륨으로부터 방사능이 매우 강력한 요소를 분리할 수 있음을 발견하였다.[iii] 만일 토륨 용액에 암모니아를 첨가하면, 토륨이 침전되지만, 많은 양의 방사능은 여과된 액체에 남겨지는데, 이것에는 화학적으로 토륨이 전혀 포함되어 있지 않다. 이 여과물을 건조할 때까지 증발시키고, 암모늄염은 점화 장치에 의해서 제거하였다. 소량으로 얻은 찌꺼기는, 무게 대 무게로 비교하여, 어떤 경우에 그 찌꺼기가 나온 원래 토륨에 비하여 방사능이 수천 배 더 강하고, 반면에 침전된 토륨의 방사능은 원래 값의 절반 아래로 줄어들었다. 이렇게 얻은 방사능이 강한 구성물을 크룩스의 Ur X와 유사하게 Th X라고 명명하였다.

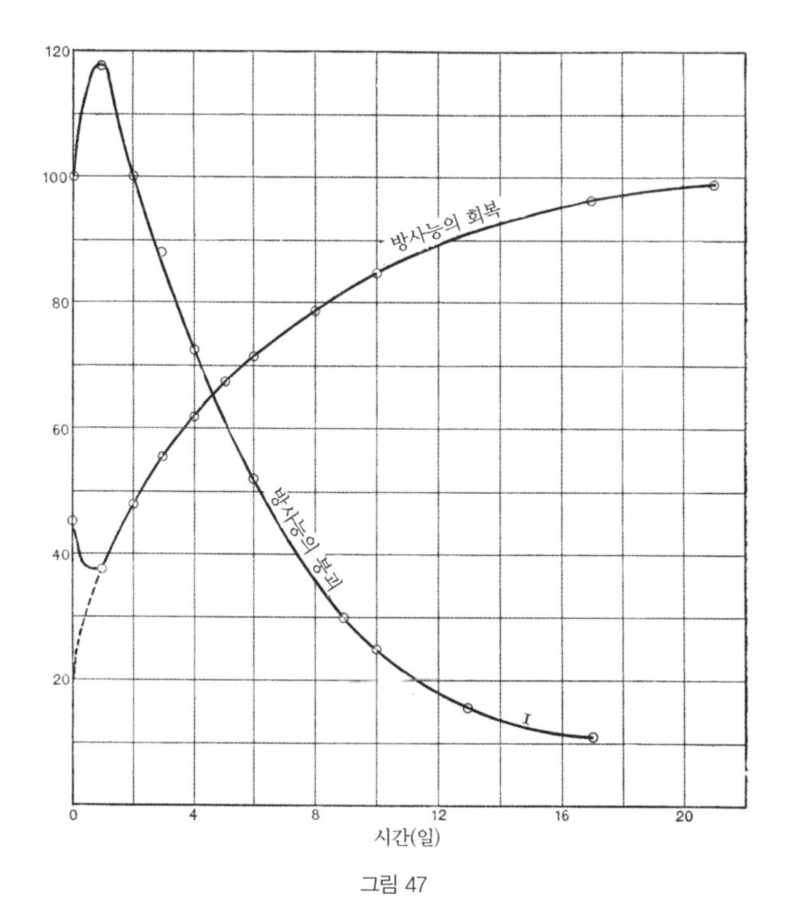

그림 47

방사능을 갖는 찌꺼기는 주로 토륨에서 나온 불순물로 구성되었음이 발견되었다. 화학적으로 Th X를 조사할 수는 없었으며 Th X가 어쩌면 극히 미량(微量)만 존재하였다. 토륨을 물과 함께 얼마 동안 흔들면 방사능을 띤 구성물을 토륨으로부터 부분적으로 분리할 수 있다는 것도 역시 발견되었다. 물을 여과시키고 증발시키면 아주 방사능이 센 찌꺼기가 남는데, 그 찌꺼기도 모든 면에서 Th X와 유사하였다.

그렇게 얻은 생성물을 한 달 뒤에 다시 조사하였더니, Th X는 더 이상 방사능을 띠지 않았고, 반면에 토륨은 방사능을 완전히 회복하였다. 방사능을 잃고 다시 얻는 이런 과정이 일어나는 시간 비율을 조사하기 위해 오랜 시간 동안 일련의 실험들이 수행되었다.

그 결과는 그림 47에 그래프로 나와 있는데, 여기서 토륨의 마지막 방사능과 Th X의 처음 방사능을 모두 각 경우에 100으로 놓았다. 세로축은 이온화 전류에 의해 결정된 방사능을 표시하고 가로축은 시간인데 단위는 일(日, 24시간)이다. 처음 이틀 동안은 두 곡선 모두 규칙적이지 않은 것이 관찰된다. 처음에는 Th X의 방사능이 증가하지만 토륨의 방사능은 줄어든다. 곡선의 시작 부분에서 보이는 이러한 불규칙적인 움직임을 무시하면, 그리고 그 부분에 대해서는 208절에서 자세히 설명될 예정이며, 처음 이틀이 지난 다음부터는 토륨이 잃은 방사능의 절반을 다시 회복하기까지 걸리는 시간은 Th X가 처음 시작한 방사능의 절반을 잃기까지 걸리는 시간과 거의 같다. 각 경우에 이 시간은 약 나흘이다. 임의의 정해진 기간 동안 토륨이 방사능을 회복한 비율 퍼센트는, 같은 기간 동안 Th X가 방사능을 잃은 비율 퍼센트와 근사적으로 같다.

만일 회복 곡선을 세로축과 만날 때까지 시간에 대해 거꾸로 연장시키면, 세로축과 만나는 최솟값은 25퍼센트에서 만나는데, 만일 회복이 이 최솟값

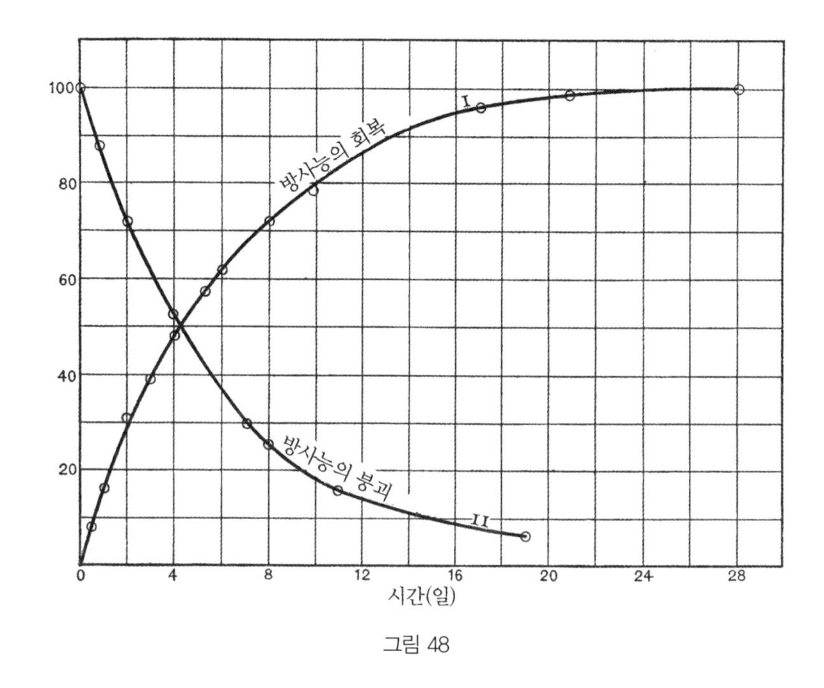

그림 48

으로부터 시작한다고 가정하면 위에서 내린 결론이 더 정확하게 성립한다. 그렇게 되는 것이 그림 48에 더 분명하게 표시되어 있는데, 이 그림에서는 최솟값인 25퍼센트로부터 시작한 방사능을 회복한 퍼센트가 세로축에 표시된다. 같은 그림에 붕괴 곡선이 이틀 뒤부터 시작하여 같은 눈금으로 표시된다. Th X의 방사능은 지수법칙에 따라 붕괴하는데, 약 나흘 뒤에 절반으로 떨어진다. 처음 방사능이 I_0이고 시간 t가 흐른 뒤의 방사능이 I_t이면

$$\frac{I_0}{I_t} = e^{-\lambda t}$$

인데 여기서 λ는 상수이고 e는 자연대수(自然對數)의 밑수이다. 그러므로 방사능이 최솟값으로부터 최댓값으로 증가하는 실험 곡선은 다음 방정식

$$\frac{I_t}{I_0} = 1 - e^{-\lambda t}$$

에 의해 표현되는데, 여기서 I_0는 방사능이 일정한 값에 도달할 때 회복된 방사능의 양이고, I_t는 시간 t가 경과된 다음에 회복된 방사능이며, λ는 전과 같은 상수이다.

129. 우라늄 X

우라늄을 조사했을 때도 비슷한 결과를 얻었다. Ur X는 바륨과 함께 연속적으로 침전시키는 베크렐 방법에 의해 분리되었다. 분리된 부분의 방사능의 붕괴 그리고 잃은 방사능의 회복을 그림 49에 그래프로 그려놓았다. 이 실험에 대한 더 자세한 논의는 205절에 나온다.

붕괴 곡선과 회복 곡선이 똑같은 특색을 보이며 토륨의 경우와 같은 식에

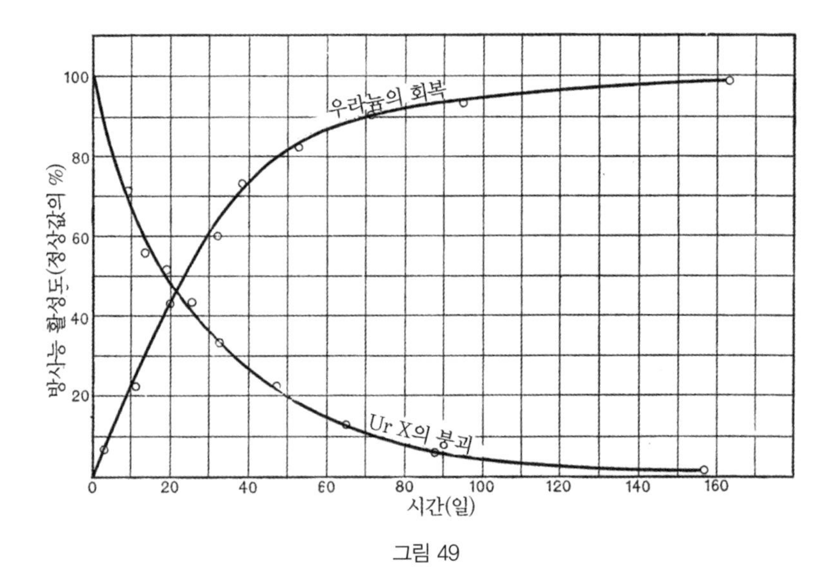

그림 49

의해서 표현될 수 있다. 그렇지만 붕괴와 회복이 일어나는 시간 비율은 토륨의 경우보다 훨씬 더 느리며, Ur X의 방사능은 약 22일 만에 값이 절반으로 떨어진다.

방사성 원소로부터 분리된 다른 방사능을 띤 생성물로부터 비슷한 성격을 갖는 수많은 결과를 얻었지만, 현재로는 방사성 물체에서 일어나는 과정에 대한 논의의 기초를 세우는 데 토륨과 우라늄의 사례만 가지고도 충분할 것이다.

130. 이 현상에 대한 이론

두 물질을 가까이 두지 않고 완전히 분리하거나 납으로 둘러싸거나 진공관에 넣으면, 이러한 붕괴 과정과 회복 과정은 정확히 동일한 비율로 진행된다. 붕괴 과정과 회복 과정이, 둘 사이에 서로 상호작용할 가능성이 전혀 없는데도 불구하고, 그렇게 밀접하게 연관되어 있다는 것이 첫 눈에도 굉장한 현상이다. 그렇지만 다음과 같이 가정하면 그런 결과를 완벽하게 설명할 수 있다.

(1) 방사성 물체에 의해서 새로운 방사성 물질이 일정한 비율로 생성된다.

(2) 그렇게 만들어진 물질의 방사능은 그 물질이 만들어진 순간부터 시간에 대한 지수법칙에 따라 감소한다.

주어진 질량의 물질로부터 매초 새로운 물질의 입자 q_0개가 생성된다고 가정하자. 시간 dt 동안에 생성된 입자들에 의해서 에너지가 방출되는 비율은, 그 입자들이 생성되는 순간에, $Kq_0\,dt$와 같은데, 여기서 K는 상수이다.

이제 이 과정이 시간 T 동안 계속된 뒤에 생성된 전체 물질을 원인으로 하는 방사능을 구해야 한다.

시간이 t일 때 시간 간격 dt 동안에 생성된 물질에 의한 방사능 dI는 그 물질에 의한 방사능을 구하기 전 시간 간격 $T-t$ 동안에 지수법칙에 따라 붕

괴하며, 그 결과로

$$dI = Kq_0 e^{-\lambda(T-t)} dt$$

로 주어지는데, 여기서 λ는 방사성 물질의 방사능의 붕괴 상수이다. 그래서 시간 T 동안에 생성된 전체 물질에 의한 방사능 I_T는

$$\begin{aligned} I_T &= \int_0^T Kq_0 e^{-\lambda(T-t)} dt \\ &= \frac{Kq_0}{\lambda}\left(1 - e^{-\lambda T}\right) \end{aligned}$$

로 주어진다.

방사능은 T가 매우 크면 최댓값 I_0에 도달하는데, 그 최댓값은

$$I_0 = \frac{Kq_0}{\lambda}$$

로 주어지므로

$$\frac{I_T}{I_0} = 1 - e^{-\lambda T}$$

가 된다.

이 식은 잃은 방사능의 회복에 대한 실험 결과와도 일치한다. 이 식을 구하는 또 다른 방법이 나중에 133절에 나온다.

이미 생성된 물질이 방사능을 잃는 비율이, 새로운 방사성 물질의 생성에 의해서 공급되는 방사능과 균형을 이루면 평형 상태에 도달한다. 이 견해에 의하면, 방사성 물체는 변화하지만, 서로 반대되는 두 과정의 작용 때문에 방사능은 일정하게 유지된다. 이제 만일 이 방사성 물질이 어느 순간에 그 물질이 생성된 물체로부터 분리될 수 있다면, 전체적인 방사능은 시간에 대해 지수법칙을 따라 붕괴하여야 하는데, 그 이유는 물질의 각 부분이 얼마나 오래전에 생성되었는지에는 전혀 상관없이 방사능은 모두 시간에 대해 지수법칙

에 따라 감소하여야 되기 때문이다. 만일 I_0가 분리된 생성물의 처음 방사능이라면, 시간 간격 t가 지난 다음에 방사능 I_t는

$$\frac{I_t}{I_0} = e^{-\lambda t}$$

로 주어진다.

이와 같이, 방사성 물질이 균일하게 생성된다는 것과 그것이 생성되는 순간부터 그것의 방사능이 지수법칙에 따라 붕괴한다는, 두 가지 가정만으로 방사능의 붕괴 곡선과 회복 곡선 사이의 관계를 만족할 만큼 잘 설명한다.

131. 실험적 증거

이제 이런 가설이 옳음을 보여주는 실험적 증거들을 좀 더 고려해보는 일이 남아 있다. 주요 쟁점(爭點)은 방사성 물체가 자신들로부터 스스로 처음 물질의 화학적 성질과는 다른 화학적 성질을 갖는 물질을 생성할 수 있다는 것 그리고 이 과정이 일정한 비율로 진행된다는 것이다. 이 새로운 물질은 처음부터 방사능의 성질을 가지며 그 방사능 성질을 확실하게 정해진 법칙에 따라 잃는다. 라듐과 토륨의 방사능 중에서 일부분이 Th X 또는 Ur X와 같은 소량의 방사성 물질에 집중되어 있을 수 있다는 사실이, 그 자체만으로, 방사능을 일으키는 원인이 되는 물질 요소가 화학적으로 분리되었다고 직접 증명하는 것은 아니다. 예를 들어, 토륨으로부터 Th X가 분리되는 경우에, 용액에서 토륨이 아닌 부분이 토륨과 연관되어서 일시적으로 방사능을 띠고, 이 성질이 침전과 증발 그리고 점화 과정을 통하여 그대로 존속되고, 마지막으로 남아 있는 찌꺼기에서 그 성질이 구현된 것이라고 가정할 수도 있다. 이 견해에 따르면 토륨 용액으로부터 토륨을 완전히 제거하는 것이 가능한 어떤 침전물이라도 암모니아를 이용하여 얻은 찌꺼기와 유사한 방사능을 갖는 찌꺼

기를 산출할 것으로 예상된다. 그렇지만 그런 경우는 전혀 관찰되지 않았다. 예를 들어, 나트륨 또는 탄산암모늄에 의해 질산토륨이 침전될 때 증발 및 착화 뒤에 여과된 찌꺼기는 방사능을 전혀 갖지 않으며 그때 얻은 탄산 토륨은 방사능을 정상적인 양만큼 갖는다. 사실은, 지금까지 알려진 것 중에서 토륨으로부터 Th X를 완전히 분리시킬 수 있는 시약(試藥)은 오로지 암모니아뿐이다. Th X는 물에 잘 녹기 때문에 산화토륨을 물과 함께 잘 흔들면 Th X를 부분적으로 분리시킬 수 있다.

토륨과 우라늄은 암모니아와 탄산암모늄의 작용 아래서 매우 다르게 행동한다. Ur X는 암모니아 용액에 포함된 우라늄으로부터 완전히 침전되며 여과된 액체는 방사능을 띠지 않는다. Ur X는 탄산암모늄에 의해서도 분리되지만, 동일한 조건 아래서 Th X는 토륨과 함께 완전히 침전된다. 이렇듯 Ur X와 Th X는 분명하게 드러나는 화학적 성질에 의해서 그들이 생성될 때 물질의 형태와는 뚜렷하게 구별되는 물질의 형태처럼 행동한다. 바륨의 침전물에 의해 Ur X를 제거하는 것이 어쩌면 Ur X의 화학적 성질과 직접 관계되지는 않을지도 모른다. 아마도 밀(密)한 바륨 침전물이 Ur X를 끌어내려서 분리가 이루어졌을 수도 있다. 윌리엄 크룩스 경은 불용해성(不溶解性)에 대한 의문이 연관되지 않을 때는 침전물이 Ur X를 끌어내린 것을 발견하였으며, 만일 Ur X가 지극히 소량(少量)만 존재한다면 그런 결과가 예상되기도 한다. 토륨과 우라늄에서 분리된 방사능 성분 Th X와 Ur X의 실제 양은 아마도 극미량(極微量)이며 찌꺼기의 더 많은 부분이 매우 소량의 방사성 물질이 섞인 염분과 시약에 들어 있는 불순물 때문에 생긴 것임을 잊지 않아야 한다.

132. Th X의 생성 비율

새로운 방사성 물질이 계속해서 생성되기 때문에 우라늄과 토륨의 방사능 회복이 일어난 것이라면, 그렇게 만드는 과정에 대한 증거를 실험으로 찾는 것이 가능해야만 한다. 토륨의 경우가 가장 충분히 조사되었으므로 Th X가 일정한 비율로 계속해서 생성됨을 보이기 위해 러더퍼드와 소디[iv]가 수행한 일부 실험에 대해 간략하게 설명하고자 한다. 예비 실험에 의하면 토륨으로부터 Th X를 거의 완전히 제거하는 데는 연달은 세 번의 침전이면 충분하였다. 실험에 사용한 일반적인 방법은 질산토륨 5그램과 암모니아를 섞은 용액을 침전시키는 것이었다. 거기서 얻은 침전물을 다시 질산에 녹이고, 토륨은 가능한 한 신속하게 전과 마찬가지로 다시 침전되는데, 그래서 연이은 침전이 일어나는 동안에 생성된 Th X는 결과에 눈에 띌 만큼 영향을 미치지는 못한다. Th X를 제거한 뒤에 바로 연이은 여과액(濾過液)으로부터 구한 찌꺼기의 방사능을 측정하였다. 세 번의 연이은 침전에서 찌꺼기의 방사능은 각각 100, 8, 1.6에 비례하였다. 이와 같이 두 번의 침전이면 Th X로부터 토륨을 제거시키는 데 거의 충분하다.

이때 Th X로부터 제거된 토륨은 정해진 시간 동안 보관했다가 그 시간 동안에 침전 과정에서 구한 Th X의 양을 측정하였다. 이론에 의하면, 시간 t 때 형성되는 토륨의 방사능 I_t는

$$\frac{I_t}{I_0} = 1 - e^{-\lambda t}$$

로 주어지는데, 여기서 I_0는 방사능이 평형에 도달할 때 Th X의 총 방사능이다.

만일 λt가 작으면

$$\frac{I_t}{I_0} = \lambda t$$

가 된다.

Th X의 방사능은 4일 만에 처음 값의 절반으로 떨어지므로, λ의 값은 시

간을 단위로 할 때 0.0072가 된다. 1시간이 지나가면 방사능은 도달할 최댓값의 $\frac{1}{140}$ 배가 되고, 1일 뒤에는 최댓값의 $\frac{1}{6}$, 4일 뒤에는 최댓값의 $\frac{1}{2}$ 이 된다. 앞의 실험에서 구한 결과는 Th X가 변하지 않는 일정한 비율에 의해 생성된다는 결과를 표현하는 식으로부터 예상할 수 있는 것과 일치함을 보여주었다.

Th X로부터 제거된 질산토륨을 한 달 동안 그대로 두었더니, 그것도 역시 동일한 과정의 지배를 받았다. Th X의 방사능은 같은 양의 원래 질산토륨으로부터 구한 방사능과 같다는 것이 밝혀졌다. 그러므로 한 달 만에 Th X가 다시 생성되었으며, 최댓값에 도달하였다. 방사능을 온전히 회복하기까지 내버려 두는 방법으로, 이 과정은 무기한으로 반복될 수 있으며, 매번 침전이 이루어질 때마다 같은 양의 Th X를 얻는다. 보통 상업용 질산토륨과 구할 수 있는 가장 순수한 질산염이 정확히 똑같이 작용하였으며, 동일한 무게로부터 동일한 양의 Th X를 얻을 수 있었다. 이처럼 이 과정은 물질의 화학적 순수성과는 무관한 것처럼 보였다.[v]

Th X가 생성되는 과정은 연속적이며, 분리가 반복으로 일어난 뒤에도 정해진 시간 동안 생성된 양은 변하지 않는 것으로 관찰되었다. 9일을 초과하여 계속된 23번의 침전이 있은 뒤에 정해진 시간 간격 동안에 생성된 양은 그 과정의 초기에 생성된 양과 대략적으로 같았다.

이 결과들은 모두가 다 Th X가 토륨 화합물로부터 일정한 비율로 끊임없이 생성된다는 견해와 일치한다. 토륨 1그램으로부터 생성되는 방사성 물질의 양은 아마도 대단히 작겠지만, 그 극소량에 의한 전기적 효과는 대단히 커서 그 생성 과정이 지극히 짧은 시간 간격 동안에도 추적할 수 있다. 감도(感度)가 좋은 전위계를 이용하면 10그램의 질산토륨으로부터 1분 동안에 생성되는 Th X의 양은 전위계 바늘을 빨리 움직이게 만든다. 간격을 좀 더 길게 하면 이 계기의 범위 내에서 효과를 측정하기 위해서는 전위계 시스템에 전기용량을 더 추가해야만 한다.

133. 방사능의 붕괴 비율

Ur X와 Th X의 방사능이 시간에 대해 지수법칙을 따라 붕괴한다는 것은 이미 알려져 있다. 이 법칙은, 곧 알게 되겠지만, 저절로 만들어진 것인지, 저절로 만들어진 2차 방사능 생성물로부터 제거된 것인지의 방사성 물질 종류에는 상관없이 어떤 경우라도 방사능의 붕괴에 대한 일반적인 법칙이다. 어쨌든, 혹시 이 법칙이 성립하지 않는다면, 방사능에는 하나하나가 시간에 대해 지수법칙으로 붕괴하는 두 가지 이상의 효과가 중첩되어 있음을 보일 수가 있다. 이 법칙의 물리적 의미는 아직 더 논의될 문제로 남아 있다.[2)]

우라늄 화합물과 토륨 화합물에서는 각 화합물을 방사능 평형으로 유지하도록 방사성 물질이 끊임없이 생성되고 있다는 것이 밝혀졌다. 방사성 물질의 생성과 함께 일어나는 변화는 본성이 화학적이어야만 하는데, 그 이유는 그 작용의 생성물의 화학적 성질과, 원래 그 변화를 발생시킨 물질의 화학적 성질이 다르기 때문이다. 생성물의 방사능은 그 생성물에서 생기는 변화를 추적할 수 있는 수단을 제공한다. 이제 임의의 어떤 시간에 방사능과 그때 일어난 화학적 변화 사이에 어떤 관계가 있는지 알아보는 일만 남아 있다.

무엇보다 먼저, 방사능 생성물이 시간 t 동안 붕괴하도록 허용된 뒤에 포화 이온화 전류 i_t는

$$\frac{i_t}{i_0} = e^{-\lambda t}$$

2) 무작위로 발생하는 현상은 지수법칙에 의해 설명되는데, 방사능은 불안정한 원자핵이 안정된 상태로 붕괴하면서 생기는 현상으로 붕괴 대상인 원자핵이 무작위로 정해지는 것이 방사능 붕괴가 지수법칙으로 기술되는 원인임을 양자역학이 나온 뒤에 알게 되었다.

로 주어진다는 것이 실험적으로 발견되었는데, 여기서 i_0는 초기 포화 이온화 전류이고 λ는 붕괴 상수이다.

이제 포화 전류는 시험용 용기에서 매초 동안에 생성되는 전체 수(數)를 측정하는 데 이용된다. 기체에서 이온화의 대부분을 생성하는 α선은 매우 빠른 속도로 튀어나온 양전하로 대전된 입자로 구성되어 있음이 이미 밝혀졌다. 문제를 간단하게 만들기 위하여, 방사성 물질을 구성하는 각 원자가, 방사성 물질이 변화하는 과정에서, 튀어나오는 α입자 하나를 생기게 만든다고 가정하자. 각 α입자는 공간의 경계에 충돌하거나 기체에서 흡수되기 전까지 지나가는 경로상에서 평균해서 정해진 어떤 수(數)의 이온을 만들게 될 것이다. 매초마다 튀어나온 입자의 수는 매초 변화한 원자의 수와 같기 때문에, 시간이 t일 때 매초 변화하는 원자의 수 n_t는

$$\frac{n_t}{n_0} = e^{-\lambda t}$$

로 주어지는데, 여기서 n_0는 매초 변화하는 초기의 수(數)이다. 그러면 이러한 견해로 비추어 보아서, 붕괴 법칙은 단위 시간 동안에 변화하는 원자의 수가 시간에 대해 지수법칙으로 줄어든다는 결과를 표현한다. 시간 간격 t가 지난 뒤에도 변하지 않고 그대로 남아 있는 원자의 수 N_t는

$$N_t = \int_t^\infty n_t dt = \frac{n_0}{\lambda} e^{-\lambda t}$$

로 주어진다.

만일 N_0가 최초 원자의 수라면

$$N_0 = \frac{n_0}{\lambda}$$

가 된다.

그래서

$$\frac{N_t}{N_0} = e^{-\lambda t} \quad \cdots\cdots\cdots\cdots\cdots\cdots\cdots\cdots (1)$$

이거나 붕괴 법칙은 임의의 시간에 생성물의 방사능이 그 시간에 변화하지 않고 남아 있는 원자의 수에 비례한다는 사실을 표현한다.

이 법칙은 화학에서 한-분자 변화 법칙과 같은 법칙이며, 변화시키는 시스템은 단지 하나만 존재한다는 사실을 표현한다. 만일 변화가 두 시스템의 상호작용에 의존한다면, 붕괴 법칙은 다르게 표현되어야만 하는데, 그 이유는 그런 경우에 붕괴 비율이 두 가지의 반응하는 물질의 상대 농도에 의존할 것이기 때문이다. 그럴 수는 없는데, 그것은 붕괴 법칙이 존재하는 방사성 물질의 양에 의해 영향을 받는다는 단 하나의 경우도 지금까지 관찰된 적이 없기 때문이다.

위의 (1)식으로부터

$$\frac{dN_t}{dt} = -\lambda N_t$$

가 성립하는데, 이것은 단위 시간 동안에 변화하는 시스템의 수가 그 시간에 변하지 않은 수에 비례한다는 것을 나타낸다.

방사능을 갖는 생성물이 제거된 뒤, 방사능이 회복되는 경우에, 단위 시간 동안에 변화하는 시스템의 수는, 방사능 평형에 도달하였을 때, λN_0와 같다. 이 수는 단위 시간 동안에 적용된 새로운 시스템의 수 q_0와 같아서

$$q_0 = \lambda N_0$$

이며, 따라서

$$\lambda = \frac{q_0}{N_0}$$

가 되는데, 이와 같이 λ는 분명한 물리적 의미를 가지며, 존재하는 시스템 중에서 매초 변화하는 시스템 수가 차지하는 비율이라고 정의될 수 있다. λ는 다른 형태의 방사성 물질마다 다른 값을 갖지만, 특정한 형태의 방사성 물질에 대해서는 변함없이 똑같은 값을 갖는다. 그러한 이유로, λ를 그 생성물의 "방사능 상수"라고 부르고자 한다.

이제 우리는 Th X가 토륨으로부터 완전히 제거된 뒤에, 토륨에서 Th X가 점진적으로 증가하는 데 대한 더 많은 물리적 확실성에 대해 논의할 수 있게 되었다. 토륨에 의해 매초 생성된 Th X 입자의 수를 q_0라 하고, 처음 Th X가 완전히 제거되고 시간이 t만큼 지난 뒤에 존재하는 Th X 입자의 수를 N이라고 하자. 매초 변화하는 Th X 입자의 수는 λN인데, 여기서 λ는 Th X의 방사능 상수이다. 이제 회복 과정이 일어나는 중간의 임의의 시간에 Th X 입자의 수가 증가하는 비율은 생성의 비율에서 변화의 비율을 뺀 것과 같으므로

$$\frac{dN}{dt} = q_0 - \lambda N$$

이 된다. 이 식의 풀이는 $N = ae^{-\lambda t} + b$의 형태인데, 여기서 a와 b는 상수이다.

이제 t가 매우 크면 존재하는 Th X 입자의 수는 최댓값 N_0에 도달한다.

그래서 $N = N_0$이므로, $t = \infty$ 일 때

$$b = N_0$$

이고, $t = 0$일 때 $N = 0$이므로

$$a + b = 0$$

가 성립하고, 그러므로

$$b = -a = N_0$$

이며, 그래서 이 식은

$$\frac{N}{N_0} = 1 - e^{-\lambda t}$$

가 된다.

이 식은 이미 130절에서 구한 식과 똑같은데, 그 이유는 방사선의 세기가 항상 존재하는 입자의 수에 비례하기 때문이다.

134. 조건이 붕괴 비율에 미치는 영향

어떤 방사능 생성물의 경우라도 임의의 시간에 그 생성물의 방사능은 화학 변화가 일어나는 비율을 알려주는 척도가 될 수 있으므로, 방사능은 방사성 물질에서 발생하는 변화에 대한 조건의 효과를 결정하는 수단으로도 이용될 수 있다. 만일 변화의 비율을 높여야 한다거나 줄여야 한다면, 방사능 상수 λ의 값이 더 커지거나 더 작아지게 됨을, 즉 서로 다른 조건 아래서는 붕괴 곡선이 다른 형태를 취하게 되는 것을 예상할 수 있다.

그렇지만 새로 만들어진 방사능 생성물에서 시스템으로부터 빠져나오는 것이 허용된 방사능 변화 중에서 어떤 경우에도 그런 효과는 전혀 관찰되지 않았다. 붕괴 비율은 어떤 화학적 행위에서도 또는 어떤 물리적 행위에서도 전혀 바뀌지 않으며, 이런 관점에서 방사성 물질에서 일어나는 변화는 보통의 화학적 변화와 뚜렷이 구별된다. 예를 들어, 어떤 생성물에서든지 방사능 붕괴는 그 물질을 빛에 노출시킬 때 진행되는 비율이 그 물질을 어두운 곳에 놓아둘 때 진행되는 비율과 동일하며, 진공 중에 진행되는 비율이 공기 중 또는 대기압 아래의 어떤 다른 기체에서 진행되는 비율과도 동일하다. 방사성 물질의 붕괴 비율은 밖에서 어떤 일상적인 방사선도 영향을 끼칠 수 없는 조건을 만들기 위해서 두꺼운 납으로 만든 구조물로 방사성 물질을 둘러싸더라도 전혀 바뀌지 않는다. 방사성 물질의 방사능은 점화(點火)시키거나 화학적인 처치를 하더라도 영향을 받지 않는다. 방사능을 일으키는 물질은 산(酸)에 녹인 다음에 용액을 증발시켜서 그 물질을 다시 얻더라도 방사능은 조금도 변하지 않는다. 붕괴 비율은 방사성 물질을 고체 상태로 두거나 용액으로 만들더라도 동일하다. 어떤 방사능 생성물이 방사능을 모두 잃으면, 분해하거나 가열(加熱)하는 방법으로 방사능이 재생되지 않으며, 앞으로 알게 되겠지만, 지금까지 조사된 방사능 생성물의 붕괴 비율은 적열(赤熱) 온도에서나 액체 공기의 온도에서나 똑같다. 실제로, 물리적 조건이나 화학적 조건을 어떻게 변화시키더라도 지금까지 조사된 수많은 형태의 방사성 물질의 방사능 붕괴에 어떤 차이도 관찰되지 않았다.

135. 조건이 방사능을 회복하는 비율에 미치는 영향

방사성 원소에서 방사능 생성물이 제거되고 나서, 시간과 함께 그 방사성 원소의 방사능이 회복되는 것은 새로운 방사성 물질이 생성되는 비율과 이미 생성된 방사성 물질의 방사능이 붕괴되는 비율의 지배를 받는다. 분리된 생성물의 방사능이 붕괴하는 비율은 어떤 조건에도 의존하지 않고 똑같으므로, 방사능이 회복되는 비율은 단지 새로운 방사성 물질이 생성되는 비율의 변화에 의해서만 바뀔 수가 있다. 실험에 의해 알려진 한, 방사능 붕괴 비율과 마찬가지로 방사성 물질이 생성되는 비율은 어떤 화학적 조건이나 물리적 조건에도 의존하지 않는다. 이 규칙의 명백한 예외에 해당하는 경우도 분명 존재하기는 한다. 예를 들어, 토륨이나 라듐으로부터 방사능 에머네이션이 빠져나오는 것은 열(熱)이나 습도 그리고 용액에 의해 쉽게 영향을 받는다. 그러나 더 철저한 조사에 의하면 그런 예외는 단지 그렇게 보일 뿐 실제로 영향을 받는 것은 아니다. 그런 사례에 대해서는 제7장에서 좀 더 자세히 논의될 예정이지만, 관찰된 그런 차이는 방사성 물질이 생성되는 비율의 차이 때문이 아니고 에머네이션이 주위의 기체로 빠져나가는 비율의 차이 때문에 생긴 것임을 여기서 미리 말해놓는다. 그런 이유로 대부분의 경우 발생시킨 에머네이션을 쉽사리 공기로 빠져나가는 것을 허용하는 토륨 화합물의 경우에 쟁점이 되고 있는 질문에 대해 조사하는 것이 쉽지 않다.

방사성 물질이 생성되는 비율이 분자(分子) 상태나 온도 등과도 무관하다는 것을 보이기 위하여, 그런 경우에는 회복의 전체 시간에 걸쳐서 일련의 많은 측정을 수행하는 것이 필요하다. 한 종류의 화합물에서 다른 종류의 화합물로 바뀔 때 방사능이 변하는지를 확인하기 위해 정확한 상대적 비교를 하는 것은 불가능하다. 그런 경우에 비록 두 화합물의 전체 방사능은 변하지 않고 일정하다고 하더라도, 정해진 무게의 방사성 물질을 금속판 위에 균일하게 펼쳐놓고 측정할 때, 상대적 방사능은 침전물의 물리적 조건에 따라 상당히 많이 변한다.

다음에 설명하는 방법[vi]은 방사성 물질이 생성되는 비율이 분자(分子) 상태에 의해 영향을 받는지 여부를 조사하는 정확하고도 간단한 수단을 제공한다. 물질은 원하는 어떤 화합물로도 화학적으로 변환되며, 방사능 생성물이 다시 만들어지는지 주의해야 한다. 그다음에 그렇게 변환된 새로운 화합물을 금속판 위에 얇게 펼쳐놓고 우라늄으로 만든 표준 샘플과 며칠 동안이든지 또는 몇 주 동안이든지 요구되는 만큼 비교한다. 만일 방사성 물질이 생성되는 비율이 이 변환으로 바뀌면, 방사성 물질의 생성이 다시 붕괴 비율과 균형을 이룰 때, 방사능이 변동이 없는 새로운 값으로 증가하거나 감소하여야 한다. 이 방법은 침전물의 물리적 조건에 영향을 받지 않는다는 커다란 이점(利點)이 있다. 이 방법은 백열(白熱)까지 가열한 질산염이나 산화물과 같은 토륨의 화합물에도 만족스럽게 적용될 수 있는데, 그렇게 가열하면 단지 소량의 에머네이션만 빠져나간다. 질산염은 백금으로 만든 도가니에서 황산으로 처리하고 백열까지 점화(點火)시키는 방법으로 산화물로 변환되었다. 그렇게 구한 산화물을 판 위에 얇게 펼쳐놓았는데, 시간이 흘러도 방사능에 어떤 변화도 관찰되지 않았으며, 이것은 이 경우에 방사성 물질이 생성되는 비율이 분자 상태와는 무관함을 보여준다. 토륨의 경우에만 제한적으로 적용할 수 있는 이 방법은 에머네이션의 존재 때문에 결과가 더 복잡해지지 않는 우라늄 화합물에까지도 일반적으로 적용될 수 있을지도 모른다.

서로 다른 토륨 화합물들에서 Th X를 제거한 뒤에 나타나는 회복 곡선에는 아직 어떤 차이도 관찰되지 않았다. 예를 들어, 회복의 비율은 침전된 수산화물이 산화물로 변하거나 황화물로 변하거나 똑같았다.

136. 붕괴 가설

지금까지는 방사성 물체의 변화에 대한 논의에서, 단지 방사능 생성물인 Ur X와 Th X만 고려되었다. 그렇지만 나중에 이 두 생성물은 방사성 원소에 의해 만들어지는 여러 다른 형태의 방사성 물질들에 속한 예에 불과하며, 이런 방사성 물질의 각 형태는 다른 형태와 구분될 뿐 아니라 그 형태의 방사성 물질을 만든 물질과도 구분되는 방사능 성질은 물론 화학적 성질도 갖고 있음을 보여주게 될 것이다.

이러한 변화들에 대해 완벽하게 조사하면, 방사능은 물질에서 일어나는 특별한 종류의 화학적 변화에 수반되는 것으로, 방사성 원소의 방사능이 변하지 않고 일정한 것은 새로 생긴 방사성 물질이 생성되는 비율과 이미 형성된 방사성 물질이 변화하는 비율이 평형을 이루기 때문이라는 가설이 모든 측면에서 옳다는 사실이 확인될 것이다.

이제 방사성 원소에서 새로운 종류의 방사성 물질이 일정한 비율로 생성되게 만들기 위해 진행되는 과정은 어떤 것인지에 대해 알아보자. 토륨 화합물이나 우라늄 화합물에서는 어미 물질과는 화학적인 성질이 다른 방사성 물질이 끊임없이 만들어지고 있으므로, 방사성 원소에서 어떤 미지의 변화가 벌어지고 있음이 틀림없다. 새로운 물질을 만들어내는 이 변화는 화학에서 다루는 분자(分子) 차원에서의 변화와는 성격이 매우 다른데, 왜냐하면 적열(赤熱) 상태의 온도와 액체 공기 상태의 온도에서 동일한 비율로 진행되며, 어떤 물리적 작용과 화학적 작용과도 무관하게 진행되는 화학적 변화는 존재하지 않기 때문이다. 그렇지만 만일 방사성 물질의 생성이 분자가 아니라 원자 자체가 변화한 결과라고 가정한다면, 온도가 큰 영향을 미치지는 않을 것으로 기대된다. 온도의 변화에 의해서 한 원소(元素)를 다른 원소로 바꿀 수는 없다는 화학에서의 일반적인 경험도 그 자체가 온도를 큰 범위에서 변화시키더라도 화학적 원자의 안정성을 바꾸는 데 별 영향을 줄 수 없다는 강력한 증거이다.

러더퍼드와 소디는 위에서 설명한 특징을 갖는 증거에 입각해서, 방사성 원소에 속한 원자에서는 저절로 붕괴가 진행된다는 견해를 제안하였다. α 선이 물질 입자라는 성질을 갖는다는 발견은 이 가설이 옳다는 쪽에 강력한 뒷받침이 되었다. 앞에서 (95절에서) 이미 α 입자가 튀어나온 것은 방사성 원소에 속한 원자가 붕괴된 결과임이 분명하다는 지적이 있었기 때문이다. 한 예로 토륨의 경우를 보면, 원자 내부에서 진행되는 과정을 다음과 같이 그려볼 수 있다. 토륨 원자는 영구히 안정된 시스템이라고 할 수는 없고, 평균적으로 아주 낮은 비율로, 매초 10^{16} 개의 원자들 중에서 한 원자 꼴이라고 하면 충분한데, 쪼개진다고 가정해야만 한다. 그러한 붕괴는 원자로부터 한 개 또는 그 이상의 α 입자가 아주 빠른 속도로 튀어나가는 것으로 이루어진다. 문제를 간단하게 만들기 위하여, 각 원자는 α 입자 하나를 내보낸다고 가정하자. 라듐에서 나오는 α 입자의 질량은 수소 원자 질량의 약 2배임이 밝혀졌다. 토륨과 라듐에서 방출되는 α 선이 매우 유사하다는 사실로부터 토륨에서 나오는 α 입자의 질량이 라듐에서 나오는 α 입자의 질량과 크게 다르지 않고, 어쩌면 똑같을 수도 있을 확률이 높다. 토륨 원자가 쪼개질 때 튀어나온 α 입자는 토륨의 "분리될 수 없는 방사능"이라고 알려진 것을 만든다. 이 방사능은 α 선에 의해 측정되며 최대 방사능의 약 25퍼센트를 차지한다. α 입자가 빠져나온 다음에, 처음 원자의 질량보다 질량이 약간 줄어든, 원자에 그대로 남아 있는 부분은 임시로 안정된 시스템을 형성하기 위하여 구성 요소들이 재배치되려고 한다. 그 남아 있는 부분의 화학적 성질은 그 부분을 만든 원래 토륨 원자의 화학적 성질과 다를 것으로 예상된다. 이 견해를 따르면, Th X로 된 물질을 구성하는 원자는 토륨 원자에서 α 입자 한 개를 뺀 것이다. Th X 원자는 토륨 원자에 비해 훨씬 더 불안정하며, 그 원자들은 차례로 쪼개지면서 전과 마찬가지로 α 입자를 하나씩 내보낸다. 이렇게 튀어나온 α 입자가 Th X에서 방출되는 방사선을 만든다. Th X의 방사능은 약 4일만에 처음 값의 절반으로 떨어지므로, Th X의 원자들 중에서 평균적으로 절반이 4일 만에 쪼개지며, 매초 쪼개지는 원자의 수(數)는 항상 그때 존재하는 원자의 수에 비례한다. Th X 원자 한 개가 α 입자 한 개를 내보낸 다음에는, 남은 시스템의 질량은 다시 감소하고 화학적 성질도 바뀐다. 앞으로 (154절에서) Th X는 방사능을 띤 기체로 존재하는 에머네이션을 발생시키고, 이렇게 발생한 에머네이션은 다시 고체로 된 물체에 흡착되어 물질로 변환된 다음에 들뜬 방사능 현상을 만든다는 것이 설명될 예정이다. 토륨에서 연달아 일어나는 처음 몇 변화가 (그림 50에) 도표로 나와 있다.

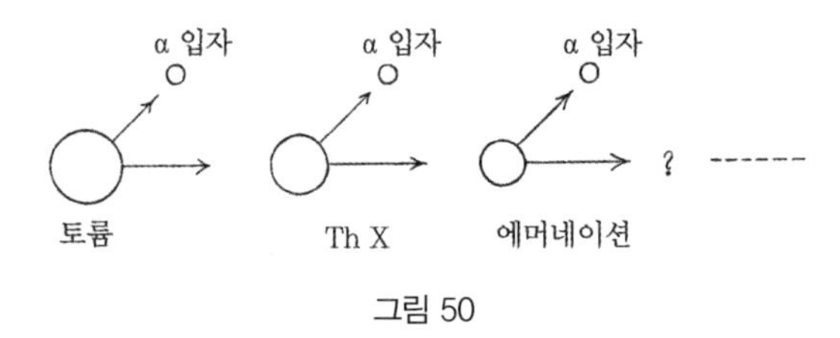

그림 50

이와 같이 토륨 원자가 붕괴한 결과로 일련의 화학적 물질이 생성되는데, 각 물질은 제각기 서로 다른 화학적 성질을 갖는다. 이 생성물은 모두 방사성 물질이며, 각 물질은 방사능을 정해진 법칙에 따라 잃는다. 토륨의 원자량은 237이고, α 입자의 무게는 약 2이기 때문에, 만일에 매 변화마다 α 입자는 단지 하나씩만 나온다면, 붕괴 과정이 연달아 수없이 일어나더라도 그 과정의 마지막에 남겨진 질량이 원래 맨 처음의 어미 원자의 질량과 크게 차이 나지 않을 수도 있다.

나중에 토륨에 대해 앞에서 설명한 붕괴 과정이 우라늄과 악티늄 그리고 라듐에도 역시 그대로 똑같이 일어난다고 가정해야만 한다는 것을 설명할 예정이다. 토륨과 라듐 그리고 악티늄의 세 가지 물질의 가장 중요한 생성물 중에서 두 가지가 방사능을 띤 에머네이션과 들뜬 방사능을 일으키는 물질을 통하여 자세하게 다룬 다음에야 비로소 이 주제에 대해 제대로 완전히 논의할 수 있다.

137. 변화의 크기

토륨에서 관찰된 방사능을 설명하기 위해서는 1그램의 토륨에서 매초 약 3×10^4 개의 원자가 붕괴된다는 것이 몇 가지 서로 독립적인 방법으로 계산될 수 있다(246절을 보라). 대기의 압력과 온도 아래서 수소 기체 분자는 1 cm^3 의 부피에 약 3.6×10^{19} 개 포함되어 있다는 것이 잘 알려져 있다(39절). 그것으로부터 토륨 1그램은 3.6×10^{21} 개의 원자를 포함하고 있음을 알 수 있다. 그래서 매초 토륨 원자가 쪼개지는 비율은 약 10^{-17} 이다. 이것은 지극히 낮은 비율이며, 물질이 변화된 양을 분광기(分光器) 또는 저울을 이용하여 검출할 수 있을 정도가 되려면 붕괴 과정이 매우 오랜 시간 동안 계속되어야만 한다는 것은 분명하다. 검전기를 이용하면 10^{-5} 그램의 토륨으로부터 방출되는 방사선을 측정하는 것이 가능하다. 즉 검전기는 매초 토륨 원자 한 개가 붕괴하면서 발생하는 이온화를 측정할 수가 있다. 그러므로 검전기는, 방사성 원소의 경우와 같이, 매우 빨리 움직이는 대전된 입자를 내보내면서 발생하는 물질의 미세한 변화를 검출하는 지극히 정교한 수단이 된다. 토륨 1그램으로부터 매초 발생하는 Th X의 양을 Th X에서 나오는 방사선을 이용하여 측정할 수가 있는데, 만일 그것을 저울이나 분광기를 이용하여 측정할 수가 있으려면 아마도 수천 년의 시간이 흘러야 할 것이다. 그래서 토륨에서 일어나는 변화는 보통 화학적 변화와 자릿수에서 크게 차이가 나는 것[3)]이 분명하며, 지금까지 화학적 방법에 의해 직접 전혀 관찰되지 않은 것이 조금도 놀랍지가 않다.

3) 자릿수에서 차이가 난다는 것은 한 배 또는 두 배 차이가 나는 식이 아니라 10의 몇 제곱배로 차이가 난다는 의미이다.

제6장 미주

i. Crookes, *Proc. Roy. Soc.* 66, p. 409, 1900.
ii. Becquerel, *C. R.* 131, p. 137, 1900; 133, p. 977, 1901.
iii. Rutherford and Soddy, *Phil. Mag.* Sept. and Nov. 1902. *Trans. Chem. Soc.* 81, pp. 321 and 837, 1902.
iv. Rutherford and Soddy, *Phil. Mag.* Sept. 1902.
v. 토륨의 방사능이 토륨 자체 때문에 생긴 것이 전혀 아니고 토륨에 섞여 있는 작지만 일정한 양의 방사능을 띤 불순물 때문이라는 것이 증명되었다고 가정하더라도, 이 주제를 다루는 일반적인 방법은 바뀌지 않을 것이다.
vi. Rutherford and Soddy, *Phil. Mag.* Sept. 1902.

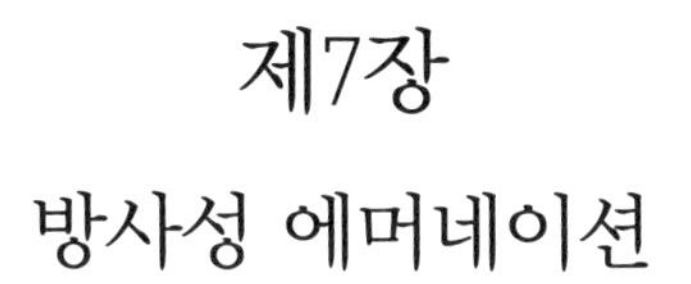

제7장
방사성 에머네이션

138. 서론

라듐과 토륨 그리고 악티늄은 가지고 있지만 우라늄이나 폴로늄은 가지고 있지 않은 가장 중요하고도 놀라운 성질은 주위 공간에 방사능을 띠었으며 기체의 모든 성질을 지닌 물질인 에머네이션을 끊임없이 방출하는 능력이다.[1] 이 에머네이션은 기체나 기공(氣孔)이 뚫린 물질을 통하여 신속하게 확산될 수가 있고, 에머네이션이 혼합된 기체로부터 극저온의 응결을 이용하여 에머네이션만 분리시키는 것도 가능하다. 이 에머네이션은 방사성 원소 자체의 방사능과 주위에 놓인 물체에 방사능의 성질을 갖도록 촉발시키는 능력 사이를 연결시키는 고리 역할을 하며, 에머네이션이 기체 상태로 존재한다는 이유 때문에 다른 방사능 생성물에 대한 연구에 비하여 에머네이션에 대한 연구가 더 상세하게 진행되었다. 세 가지 방사성 물체로부터 방출되는 에머네이션 모두가 비슷한 방사능 성질을 갖지만, 라듐이라는 원소가 매우 큰 방사능을 갖기 때문에, 라듐에서 나오는 에머네이션의 경우에 그 효과가 더 뚜렷하다.

토륨 에머네이션

139. 에머네이션의 발견

토륨의 방사선에 대해 조사하는 과정에서, 몇 관찰자들은 토륨 화합물 중에서 일부가, 특히 토륨 산화물이, 열린 용기 내에서 전기적 방법으로 조사되었을 때 방사선이 매우 일정하지 않고 들쭉날쭉 방출되는 것을 확인하였다.

1) 오늘날 에머네이션은 기체 상태로 존재하는 방사성 원소인 라돈임이 밝혀졌다. 그래서 오늘날에는 에머네이션이라는 이름을 더 이상 이용하지 않는다.

오언스[i]는 그런 들쭉날쭉함은 공기의 흐름이 존재하기 때문이었음을 발견하였다. 밀폐된 용기가 이용되었을 때, 방사성 물질을 집어넣으면 그 즉시 이온화 전류가 시간이 흐르면 증가하고 마침내 어떤 일정한 값에 도달하였다. 일정한 공기의 흐름을 용기로 들여보내면, 이온화 전류 값은 상당히 줄어들었다. 또한 그 방사선은 보통의 α선은 완전히 흡수하는 두께가 상당히 큰 종이를 관통할 수 있다는 것이 관찰되었다.

토륨 화합물의 이렇게 이상한 성질을 조사하면서, 이 책의 저자[ii]는 그 효과가 토륨 화합물에서 방출되는 일종의 방사능을 띤 입자가 방출되기 때문에 생기는 것임을 발견하였다. 그것을 편의상 "에머네이션"이라고 불렀는데, 이 에머네이션은 기체를 이온화시키는 성질을 가지며, 종이나 얇은 금속 박막과 같이 다공성(多孔性) 물질을 통하여 신속히 확산될 수가 있다.

방사성 물질을 운모(雲母)로 만든 얇은 판으로 덮으면 에머네이션도 기체와 마찬가지로 새어나가는 것이 완전히 방지된다. 에머네이션은 공기의 흐름을 이용해서 이동시킬 수도 있다. 에머네이션은 탈지면으로 만든 마개를 통과하며 방사능을 조금도 잃지 않고 용액을 통과하여 차오를 수도 있다. 이와 같은 점에서, 에머네이션은 방사성 물질에서 방출된 방사선에 의해 기체에서 만들어지는 이온과는 매우 다르게 행동한다. 이온은 똑같은 조건에서 나르는 전하를 모두 다 잃어버리기 때문이다.

에머네이션은 두꺼운 판지(板紙)와 빽빽하게 다져진 탈지면을 어렵지 않게 통과하므로, 에머네이션이 방사성 물질에 의해 떨어져 나간 먼지 입자들로 구성된다고 보기는 어렵다. 이 점에 대해서는 공기 중에 먼지 입자의 존재를 측정하는 데 에이트컨[2]과 윌슨이 이용한 방법에 의해서 더 자세하게 조사

2) 에이트컨(John Aitken, 1839-1919)은 영국의 기상학자로 대기 속의 세진(洗塵) 위에 응결된 물

되었다. 종이로 만든 원통으로 둘러싼 산화물을 유리 용기에 놓았고, 물의 표면 위의 공기를 반복하여 조금씩 팽창시키는 방법으로 먼지가 제거되었다.[3] 먼지 입자는 작은 물방울을 형성하는 핵(核)으로 행동하며 그다음에는 중력의 작용으로 공기로부터 제거된다. 반복된 팽창 다음에는 구름이 형성되지 않았으며, 그러면 먼지는 모두 제거된 것으로 간주되었다. 토륨 에머네이션이 모일 수 있도록 잠시 동안 기다린 다음에, 다시 팽창을 시작했지만 구름은 만들어지지 않았다. 이것은 이용된 작은 팽창으로는 입자들이 응결의 중심이 되기에 너무 작다는 것을 보여주었다. 그래서 에머네이션은 토륨에서 나온 먼지라고 생각될 수는 없었다.

과산화수소와 같은 화학적 물질도 역시 다공성 물질을 통하여 신속하게 확산하거나 사진건판을 감광시키는 능력을 가지고 있으므로, 에머네이션이 그런 성격의 물질인 것은 아닌지 확인하기 위하여 추가 실험이 수행되었다. 그렇지만 과산화수소는 방사능을 띠지 않으며 사진건판에 대한 과산화수소의 작용은 순전히 화학적인 것이고, 이에 더해서 에머네이션에서 이온화 효과와 사진건판을 감광시키는 효과는 에머네이션 자체에 의한 것이 아니라 에머네이션에서 나오는 방사선에 의한 것임이 밝혀졌다.

140. 실험 장치

토륨에서 에머네이션은 아주 작은 양만 나온다. 에머네이션을 발생시키는 화합물을 진공관에 넣어두더라도 압력이 더 낮아지는 것을 감지할 수가 없으며 어떤 새로운 스펙트럼선도 관찰되지 않는다.

방울을 측정해 세진의 수를 측정하는 에이트컨 세진계를 고안했다.
3) 공기를 팽창시키면 온도가 내려가고 응결이 일어나 물방울이 형성된다.

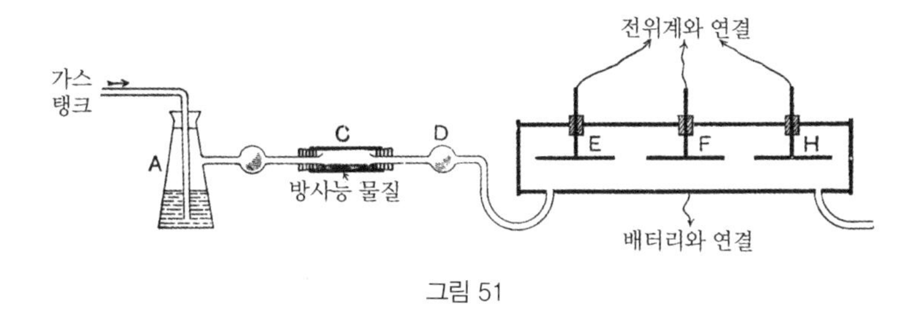

그림 51

에머네이션을 조사하기 위하여, 원칙적으로 그림 51에 보인 것과 유사한 장치가 편리하게 이용된다.

토륨 화합물을, 그대로 노출시키거나 종이로 된 덮개로 쌓거나 해서, 유리관 C에 놓아두었다. 가스탱크로부터 나오는 공기 흐름이, 먼저 먼지 입자를 제거시키기 위하여 탈지면이 채워진 관을 통과한 다음에, 용기 A에 담긴 황산을 통해 거품의 형태로 들어온다. 그 공기는 남겨진 약간의 비말(飛沫)도 모두 제거되도록 빽빽하게 채워진 탈지면이 들어 있는 동그란 부분을 통과해 보내졌다. 공기와 혼합된 에머네이션은 에머네이션과 함께 운반되는 모든 이온을 완전히 제거하기 위하여 용기 C로부터 탈지면 D로 된 마개를 통과하도록 보내졌다. 그렇게 지나온 것은 그다음에 길이가 75 cm이고 단면의 지름이 6 cm인 황동으로 만든 긴 관으로 보내졌다. 이 절연된 원통은 보통 하던 방법대로 배터리와 연결되었다. 길이가 동일한 세 개의 절연된 전극(電極) E, F, H가 원통의 축을 따라 설치되었고 원통의 내부에서 에보나이트 코르크를 통하여 지나가는 황동 막대에 의해 받쳐졌다. 에머네이션이 존재하기 때문에 생기는 기체를 통과하는 전류는 전위계를 이용하여 측정되었다. 세 개의 전극 E, F, H 중에서 단지 하나만 전위계의 한 쌍의 사분면에 신속하게 연결되고 나머지 두 개의 전극은 항상 접지(接地)되도록 동작하는 절연된 스위치가 설치되었다. 시험용 원통 용기에서 관찰되는 전류는 전적으로 공기의 흐름에 의해서 용기 안으로 들어온 에머네이션이 만든 이온들 때문에 생겼다. 토륨 대신 우라늄 화합물로 바꾸면, 전류는 전혀 측정되지 않았다. 공기의 일정한 흐름이 약 10분 동안 지나간 다음에, 에머네이션이 원인이 된 전류는 일정한 값에 도달한다.

전위차에 따라 변화하는 이온화 전류는 방사성 물체에서 나오는 방사선에 의해 이온화된 기체에 대해 관찰한 것과 유사하다. 전류는 전위차가 증가함에 따라 처음에는 커지지만, 결국은 포화된 값에 도달한다.

141. 에머네이션의 방사능이 지속되는 기간

에머네이션은 시간이 흐르면 방사능을 빠르게 잃는다. 그런 변화는 그림 51의 장치를 이용해서 매우 간단히 볼 수가 있다. 전류는 원통을 따라 진행해 나가면서 감소하는 것이 관찰되며, 한 전극에서 다른 전극 사이의 변화는 공기 흐름의 속도에 의존한다.

만일 공기 흐름의 속도를 알고 있다면, 시간이 지나가면서 에머네이션의 방사능이 어떻게 줄어들지 알아낼 수가 있다. 공기의 흐름이 중지되고, 원통의 입구를 막는다면, 전류는 시간이 흐름에 따라 일정한 비율로 감소한다. 다음 표에 나온 수(數)는 닫힌 용기 내의 에머네이션이 원인이 되어서 흐르는 포화 전류가 시간이 흐름에 따라 어떻게 변하는지 보여준다. 이 값들은 공기의 흐름이 정지된 뒤에 연속적으로 그리고 가능한 한 신속하게 측정되었다.

시간(초)	전류
0	100
28	69
62	51
118	25

155	14
210	6.7
272	4.1
360	1.8

그림 52의 곡선 A는 기체를 통과하는 전류와 시간 사이에 존재하는 관계를 보여준다. 공기의 흐름이 정지하기 직전의 전류를 1로 놓는다. 기체를 통과하는 전류는, 이 전류가 에머네이션의 방사능을 알려주는 척도인데, 생성물 Ur X와 Th X의 방사능과 마찬가지로, 시간에 대해 지수법칙에 따라 감소한다. 그렇지만 붕괴 비율이 훨씬 더 빠른데, 에머네이션의 방사능은 약 1 분만에 절반으로 감소한다. 앞의 136절에서 설명된 관점(觀點)에 따르면, 이것은 1분 동안에 에머네이션 입자의 절반이 변화를 겪게 된다는 의미이다. 10

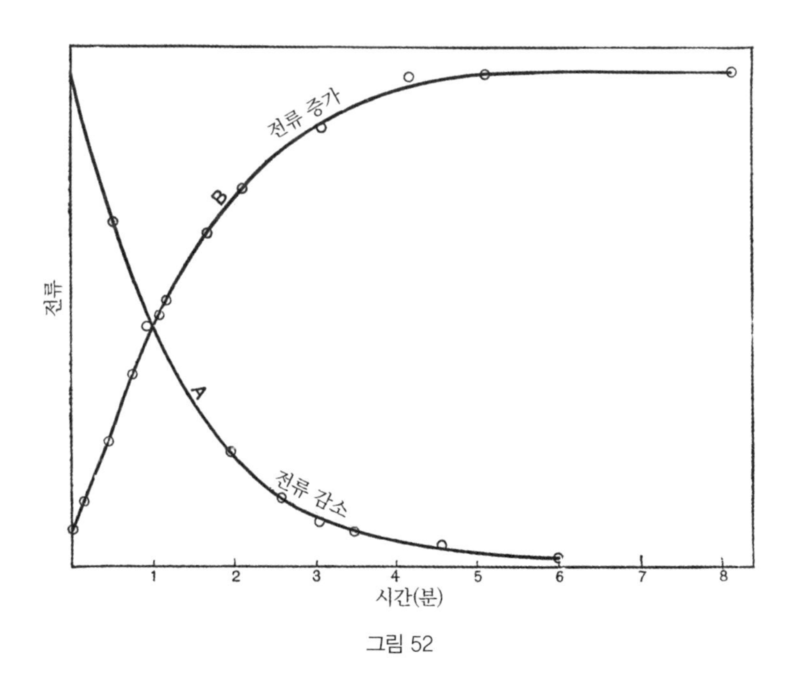

그림 52

분의 시간이 흐른 뒤에는 에머네이션 때문에 생긴 전류가 매우 작아지고 그것은 존재하는 거의 모든 에머네이션 입자들이 변화를 겪었음을 보여준다. 로시놀과 김밍엄[iii]은 붕괴 비율을 좀 더 정확하게 결정하였고 에머네이션의 방사능이 약 51초 만에 절반으로 줄어드는 것을 발견하였다. 브론슨[iv]은, 69절에서 설명된 계기 바늘의 눈금이 일정하게 유지되는 방법을 이용하여, 그 시간이 54초임을 발견하였다.

시간과 함께 전류가 감소하는 것은 에머네이션의 방사능이 감소하는 실제 지표(指標)이며, 발생된 이온이 전극까지 도달하는 데 걸린 시간이 그 전류의 감소에 어떤 방법으로든 영향을 주지는 않았다. 만일 그 이온들이 우라늄 화합물에서 만들어졌다면, 포화 전압에 대한 전도성(傳導性)이 지속되는 기간은 겨우 1초의 몇 분의 1밖에 안 되었을 것이다.

에머네이션의 방사능이 붕괴하는 비율은 기체에 작용하는 기전력(起電力)과는 무관하다. 이것은 방사능을 띤 입자가 전기장에 의해서 소멸되지는 않음을 보여준다. 공기의 흐름이 정지된 뒤에, 어떤 특정한 순간에 기체를 통과하는 전류는 기전력이 계속해서 작용하거나 기전력이 단지 조사하는 동안에만 작용하거나 관계없이 같다는 것이 관찰되었다.

에머네이션 자체는 아주 센 전기장에 의해서도 전혀 영향을 받지 않으며, 그래서 에머네이션은 대전(帶電)되지 않았음이 분명하다. 높은 퍼텐셜로 대전된 길고 중심축이 동일한 여러 개의 원통을 통과해 나온 에머네이션의 방사능을 조사하면, 퍼텐셜의 기울기가 매 cm 마다 1 V인 경우[4] 에머네이션은 매초 0.00001 cm 보다 더 빠른 속도로는 움직이지 않는다는 것이 분명하게 밝혀졌으며, 에머네이션이 조금이라도 이동했다는 것을 보여주는 증거도 전

4) 단위 길이당 퍼텐셜 차이로 표현되는 퍼텐셜 기울기(gradient of potential)는 전기장의 세기와 같다.

혀 없었다. 이 결론은 매클리랜드의 실험v에 의해서도 확인되었다.

에머네이션이 만들어지는 비율은 방사성 물질을 둘러싼 기체와는 무관하다. 만일 그림 51의 장치에서 공기를 수소나 산소 또는 탄산과 같은 다른 기체로 바꾸더라도 비슷한 결과를 얻는다. 다만 시험용 용기에서 관찰된 전류는 기체마다 약간씩 다른데, 그 이유는 기체마다 에머네이션에서 나오는 방사선을 흡수하는 비율이 다르기 때문일 뿐이다.

만일 α선을 흡수하는 종이로 둘러싼 토륨 화합물을 닫힌 용기에 넣어놓으면, 에머네이션에 의한 포화 전류는 압력에 정비례해서 변하는 것이 관찰된다. 방사선 공급원이 일정한 경우에 이온화 비율은 압력에 비례하기 때문에, 이 실험은 에머네이션이 방출되는 비율이 기체의 압력과는 무관함을 보여준다. 에머네이션이 만들어지는 비율에 대한 압력의 효과는 나중에 157절에서 더 자세히 논의된다.

142. 방사성 물질을 편 얇은 층의 두께의 효과

토륨 화합물을 펼쳐놓은 넓이가 주어지면 거기서 나오는 에머네이션의 양은 토륨 화합물을 펴놓은 층의 두께에 의존한다. 매우 얇은 층에서는 그림 17에 보인 것과 같은 닫힌 용기에 놓은 두 평행판 사이에 흐르는 전류는 거의 대부분 α선 때문에 생긴다. α선은 매우 잘 흡수되므로, 판의 표면이 얇은 층으로 된 방사성 물질로 완전히 덮일 때 α선에 의한 전류가 실질적으로 최댓값에 도달한다. 반면에 에머네이션에 의한 전류는 펼쳐진 방사성 물질의 두께가 몇 밀리미터로 두꺼워질 때까지 증가하며, 그다음에는 새로운 방사성 물질을 더 추가하더라도 전류가 크게 바뀌지 않는다. 펼쳐진 방사성 물질의 두께가 어떤 값에 도달한 뒤에는 전류가 줄어들 것으로 예상되었는데, 그것은 층을 통해서 확산되기까지 몇 분이 걸리는 에머네이션이 이미 자신의 방사능 중에서 상당히 많은 부분을 잃어버렸기 때문이다.

닫힌 용기에 넣은 토륨 산화물의 두께가 두꺼운 경우에는, 두 판 사이의 전류는 대부분 두 판 사이에 위치한 에머네이션으로부터 나오는 방사선 때문에 생긴다. 아래 표에는 층의 두께가 얇은 경우와 두꺼운 경우 모두에 대해서 종이의 두께에 따라 전류가 어떻게 변하는지를 보여준다.

표 I. 얇은 층

종이 한 장의 두께 0.0027 cm

종이의 수	전류
0	1
1	0.37
2	0.16
3	0.08

표 II. 두꺼운 층

종이 한 장의 두께 0.008 cm

종이의 수	전류
0	1
1	0.74
2	0.74
5	0.72
10	0.67
20	0.55

화합물을 종이로 가리지 않을 때 처음 전류를 1로 놓았다. 얇은 층으로 된 토륨 산화물에 대한 표 I에서, 얇은 종이를 추가하면 전류는 아주 빨리 감소하였다. 이 경우에 전류는 거의 전적으로 α선 때문에 생긴다. 표 II에서는 첫 번째 종이에서 전류가 0.74로 감소하였다. 이 경우에 전류의 약 26 %가 α선 때문에 생기는데, 이 α선은 두께가 0.008 cm인 종이 한 장에 의해서 실질적으로 모두 다 흡수된다. 종이를 추가하면 전류가 조금씩 감소하는 것은 에머네이션이 몇 장의 종이를 통해서 매우 신속하게 확산되기 때문에 그렇게 통과하는 동안에 방사능의 손실이 거의 없음을 보여준다. 그렇지만 종이 20장을 통과하면서 확산해나가는 데 걸리는 시간은 감지될 수 있을 정도이고, 그 결과로 전류는 감소하였다. 전류는 두께가 1.6 mm인 한 장의 판지(板紙)를 통과한 다음에 처음 값의 약 5분의 1로 감소한다. 닫힌 용기에서 총 전류 중

에머네이션 때문에 생긴 부분은 두 판 사이의 거리뿐 아니라 펼친 방사성 물질의 두께에 의해서도 변화한다. 그 부분은 어떤 화합물을 이용해서 조사하는지에 따라서도 크게 변화한다. 에머네이션을 단지 소량(少量)만 내보내는 질산염에서는 그 부분이 에머네이션을 대량으로 내보내는 수산화물에서보다 훨씬 더 작다.

143. 시간에 따른 전류의 증가

에머네이션 때문에 생기는 전류는 방사성 물질을 닫힌 용기에 넣고 상당한 시간이 흐르더라도 마지막 값에 도달하지 않는다. 전류가 시간이 흐름에 따라 변하는 모습이 다음 표에 나와 있다. 길이가 5.5 cm이고 단면의 지름이 0.8 cm인 중심축이 동일한 원통들 사이에서 종이로 둘러싼 산화토륨에 의한 포화 전류를 측정하였다.

전류를 측정하기 직전에 아주 빠른 공기의 흐름이 장치를 지나가도록 불어넣었다. 이렇게 해서 대부분의 에머네이션이 제거되었다. 그렇지만 에머네이션에 의해 이온화된 기체 때문에 생긴 전류는 공기의 흐름에 의해 이동되기 때문에, 여전히 상당히 컸다. 결과적으로 전류는 0으로부터 시작하지 않는다.

시간(초)	전류
0	9
23	25
53	49
96	67
125	76
194	88
244	98
304	99
484	100

이 결과는 그림 52에서 곡선 B에 의해 그래프로 표현된다. 에머네이션의 방사능이 시간이 흐르면서 붕괴하는 것은, 그리고 밀폐된 공간에서 에머네이션에 의해 증가하는 방사능의 비율은 Th X와 Ur X에서 붕괴 곡선과 회복 곡선 사이와 똑같은 방법으로 연결된다.

전에 이용한 표기법으로 표현하면, 붕괴 곡선은

$$\frac{I_t}{I_0} = e^{-\lambda t}$$

로 그리고 회복 곡선은

$$\frac{I_t}{I_0} = 1 - e^{-\lambda t}$$

로 주어지는데, 여기서 λ는 에머네이션의 방사능 상수이다.

이 관계는 이미 예상된 것인데, 왜냐하면 에머네이션의 붕괴 곡선과 회복 곡선은 Ur X와 Th X의 붕괴 곡선과 회복 곡선이 결정되는 조건과 정확하게 동일한 조건에 의해 결정되기 때문이다. 두 경우 모두 다

(1) 방사능을 띤 새로운 입자의 공급이 일정한 비율로 생성되고

(2) 입자의 방사능의 손실은 시간에 대해 지수법칙을 따르기 때문이다.

Ur X와 Th X의 경우에, 생성된 방사성 물질은 그 물질이 형성된 위치에서 그 물질의 방사능을 나타낸다. 이러한 새로운 현상에서, 방사성 물질의 일부분은 에머네이션의 형태로 그 물질을 둘러싸는 주위 기체로 새어나간다. 그래서 닫힌 용기에 가둬놓은 토륨 화합물 때문에 생긴 에머네이션의 방사능은 그 화합물로부터 생긴 새로운 에머네이션 입자가 공급되는 비율이 이미 존재하는 에머네이션 입자가 붕괴되는 비율과 평형을 이룰 때 최댓값에 도달한다. 마지막 방사능의 절반이 회복되기까지 걸리는 시간은 약 1분이고, 그 시간은 에머네이션을 그대로 두었을 때 그 방사능의 절반을 잃을 때까지 걸리는 시간과 같다.

이제 q_0를 매초 주위의 기체로 새어나가는 에머네이션 입자의 수(數)이고, N_0를 방사능의 평형이 도달했을 때 에머네이션 입자의 마지막 수라고 하면 (133절을 보라),

$$q_0 = \lambda N_0$$

가 된다.

에머네이션의 방사능은 1분 만에 절반으로 줄어들기 때문에

$$\lambda = \frac{1}{87}$$

이고[5] $N_0 = 87q_0$가 되어서, 평형 상태가 도달했을 때 존재하는 에머네이션 입자의 수는 매초 생성되는 에머네이션의 수에 87을 곱한 것과 같다.

라듐 에머네이션

144. 에머네이션의 발견

토륨 에머네이션이 발견된 직후에, 도른은 그 결과를 반복해서 얻었고, 그뿐 아니라, 라듐 화합물도 역시 방사능을 띤 에머네이션을 방출하며 그 화합물을 가열하면 방출되는 에머네이션의 양이 상당히 증가한다는 것을 보였다.[vi] 라듐 에머네이션이 방사능을 잃는 비율은 토륨 에머네이션이 방사능을 잃는 비율과 다르다. 라듐 에머네이션은 토륨 에머네이션에 비하여 훨씬 더 느리게 붕괴하지만, 다른 면에서는 토륨 에머네이션과 라듐 에머네이션이 상당히 동일한 성질을 갖는다. 두 에머네이션 모두 함께 혼합되어 있는 기체를 이

5) $N(t) = N_0 e^{-\lambda t}$에서 $t = 1$분$= 60$ s일 때 $N(t) = \frac{N_0}{2}$가 되므로 $\frac{1}{2} = e^{-60\lambda}$를 풀면 $\lambda = \frac{\ln 2}{60} = \frac{1}{86.56}$이 된다.

온화시키고 사진건판을 감광시킨다. 두 에머네이션 모두 다공성(多孔性) 물질을 통하여 쉽게 확산하지만 얇은 운모(雲母) 판을 통과해 지나가지는 못한다. 두 에머네이션은 모두 함께 이동하는 공기나 다른 기체에 아주 소량만 혼합되어 있더라도, 일시적으로 방사능을 띤 기체처럼 행동한다.

145. 에머네이션의 방사능의 붕괴

고체 상태의 라듐 염화물로부터는 에머네이션이 거의 새어나가지 못하지만, 그 화합물을 가열하거나 물에 녹이면 새어나가는 양이 상당히 증가한다. 라듐 염화물 용액 안에서 공기 거품을 만들거나, 가열된 라듐 화합물에 공기를 불어넣으면, 많은 양의 에머네이션을 얻어서 적당한 용기 내에 공기와 혼합되어 수집할 수가 있다.

P. 퀴리[vii] 그리고 러더퍼드와 소디[viii]는 에머네이션의 방사능이 붕괴하는 비율을 정확하게 결정하기 위한 실험을 수행하였다. 러더퍼드와 소디의 실험에서, 공기와 혼합된 에머네이션이 보통 기체를 담는 용기의 수은(水銀) 위에 저장되었다. 가끔 가스 피펫[6]을 이용하여 에머네이션이 혼합된 동일한 양의 공기를 측정하여 나누었고 이것을 시험용 용기로 옮겼다. 시험용 용기는 중심에 절연된 전극(電極)이 설치된 밀폐된 황동 원통으로 구성되어 있었다. 원통에 포화 전압이 가해졌고, 내부 전극은 적당한 전기용량이 배열된 전위계와 연결되었다. 방사능을 띤 기체를 시험용 용기에 불어넣자마자 즉시 포화 전류가 관찰되었으며, 이것은 거기 존재하는 에머네이션의 방사능의 양을 알려주었다. 기체를 담고 있는 용기의 벽에서 들뜬 방사능이 생성되었기 때문

6) 가스 피펫(gas pipette)은 기체 분석에 이용되는 유리 기구의 일종으로 그 안에서 기체의 흡수나 연소 등을 연구한다.

에 전류는 시간이 흐르면서 빠르게 증가하였다. 이 효과는 제8장에서 자세히 설명된다.

이 실험은 33일간에 걸쳐서 적당한 간격으로 측정되었다. 다음 표는 결과를 보여주는데, 처음 방사능을 100으로 놓았다.

시간(시)	상대 방사능
0	100
20.8	85.7
187.6	24.0
354.9	6.9
521.9	1.5
786.9	0.19

방사능은 시간에 대해 지수법칙으로 감소하며 3.71일 만에 절반 값으로 붕괴한다. 앞에서 사용한 표기법으로

$$\frac{I_t}{I_0} = e^{-\lambda t}$$

가 되는데, 이 결과로부터 구한 λ값의 평균은

$$\lambda = 2.16 \times 10^{-6} = \frac{1}{463000}$$

로 주어진다.

P. 퀴리는 다른 방법을 이용하여 에머네이션이 붕괴하는 비율을 측정하였다. 방사성 물질을 양쪽이 마힌 관의 힌쪽 끝에 놓았다. 충분한 시간이 흐른 뒤에 라듐 화합물을 포함하고 있는 부분을 제거하였다. 관의 다른 쪽에 모여 있는 에머네이션의 방사능이 손실되는 양을, 유리 용기의 벽을 통과하는 방사선 때문에 생기는 이온화 전류를 관찰하는 방법으로, 규칙적인 시간 간격마다 조사하였다. 그림 53에 조사용 장치와 연결 부분이 분명하게 나와 있다.

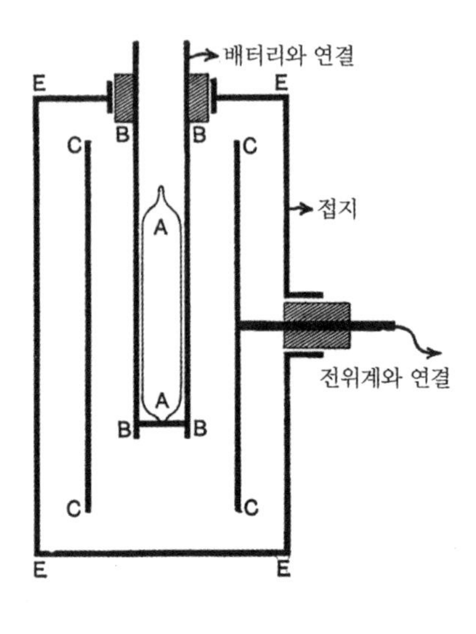

그림 53

이온화 전류는 두 용기 BB와 CC 사이에서 관찰되었다.

이제 에머네이션 자체는 단지 α선만 내보내며, 그 방사선도 유리벽을 대단히 얇게 만들지 않는 이상 그 유리벽에 의해 완전히 흡수된다는 것을 나중에 보여줄 예정이다. 그래서 시험용 용기에서 이온화를 발생시키는 방사선은 에머네이션으로부터 나오는 α선이 전혀 아니고, 오히려 유리관의 내부에 들어 있는 에머네이션에 의해 유리관의 벽으로부터 발생하는 들뜬 방사능에 의해 생기는 β선과 γ선에 의한 것이다. 그러므로 실제로 측정되는 것은 에머네이션으로부터 발생한 들뜬 방사능의 붕괴였고, 에머네이션 자체의 방사능 붕괴는 아니었다. 그렇지만 평형 상태에 도달할 때 들뜬 방사능의 양은 언제나 에머네이션 자체의 방사능의 양에 거의 비례하므로, 용기의 벽에서 발생하는 들뜬 방사능이 붕괴하는 비율은 에머네이션 자체가 붕괴하는 비율에 대해 간접적인 지표를 제공한다. 이것은 들뜬 방사능이 최댓값에 도달하는 시간을 가질 수 있도록 관찰이 시작하기 전에 에머네이션을 관 내부에 네 시간에서 다섯 시간 정도 놓아둔다는 가정 아래서만 성립한다.

이 방법을 사용하여서, P. 퀴리는 직접적인 방법에 의해 러더퍼드와 소디가 구한 값과 비슷한 결과를 구하였다. 시간에 대해 지수법칙을 따라 붕괴하는 방사능은 3.99일 만에 절반 값으로 줄어들었다.

실험은 아주 다양한 조건들 아래서 수행되었지만, 붕괴 비율은 바뀌지 않고 그대로 유지되는 것을 발견하였다. 붕괴 비율은 에머네이션을 담고 있는 용기를 만든 물질에 의존하지 않았고 에머네이션이 혼합된 기체의 종류나 기체의 압력에도 의존하지 않았다. 관찰이 시작되기 전에 들뜬 방사능이 최댓값에 도달하도록 충분한 시간 동안 기다리기만 하면, 붕괴 비율은 존재하는 에머네이션의 양에도 영향을 받지 않았고 라듐에 노출시킨 시간에 의해서도 영향을 받지 않았다. P. 퀴리[ix]는 에머네이션을 담고 있는 용기를 +450℃ 로부터 −180℃ 에 이르기까지 서로 다른 온도에 노출시키더라도 방사능이 붕괴하는 비율은 바뀌지 않는 것을 확인하였다.

이런 측면에서 토륨 에머네이션과 라듐 에머네이션은 아주 비슷하다. 붕괴 비율은 어떤 물리적 요인이나 화학적 요인에 의해서도 영향을 받지 않는 것처럼 보이며, 에머네이션은 앞에서 이미 언급한 Th X와 Ur X의 방사성 생성물과 정확히 같은 방법으로 행동한다. 그래서 방사능 상수 λ는 토륨 에머네이션과 라듐 에머네이션 모두에 대해서 고정된 변할 수 없는 양인데, 단지 한 경우의 상수 값이 다른 경우의 상수 값보다 약 5,000배 정도 더 크다.

악티늄에서 나오는 에머네이션

146.

드비에르누[x]는 악티늄도 토륨 에머네이션과도 비슷하고 라듐 에머네이션의 에머네이션과도 비슷한 에머네이션을 내보낸다는 것을 발견하였다. 악티늄 에머네이션의 방사능의 손실은 토륨 에머네이션의 방사능의 손실보다 더 신속하게 이루어지는데, 악티늄 에머네이션의 방사능은 3.9초 만에 절반으로 떨어진다. 방사능이 신속하게 붕괴하는 결과로, 악티늄 에머네이션은 자신의 방사능의 대부분을 잃어버리기 전에 방사성 물질로부터 공기를 통하여 단지 아주 짧은 거리까지만 확산될 수가 있다. 기젤은 일찍이, (18절에서) 우리가 방사능의 성질이 악티늄과 완벽하게 동일하다고 확인한, 그가 분리시켰던 방사성 물질이, 많은 양의 에머네이션을 방출하는 것을 관찰하였다. 그러한 성질 때문에 그는 그가 발견한 것에 "내뿜는 물질"이라는 이름을 붙였으며, 나중에 그것을 "에마늄"이라고 불렀다. 이 물질에 불순물이 섞인 시료는 에머네이션을 아무 방해도 받지 않고 내보내며 그런 면에서 대부분의 토륨 화합물과 다르다. 토륨에서 나오는 에머네이션이나 라듐에서 나오는 에머네이션과 마찬가지로 악티늄에서 나오는 에머네이션도 방사능을 띠지 않은 물질에 방사능이 들뜨게 만드는 성질을 갖지만, 악티늄 에머네이션은 더 잘 알려진 토륨 에머네이션이나 라듐 에머네이션만큼 완벽하게 조사되지는 않았다.

많은 양의 라듐 에머네이션을 이용한 실험

147.

방사능이 매우 센 라듐 시료를 이용하면 많은 양의 에머네이션을 구할 수 있으며, 전기적인 효과와 사진건판 효과 그리고 형광 효과도 그만큼 더 세다. 토륨의 방사능은 약하고 토륨 에머네이션은 빠르게 붕괴하기 때문에, 토륨에 의해서 생기는 효과는 약하고 토륨 에머네이션이 생성된 뒤 단지 몇 분 동안만 조사될 수 있다. 반면에, 라듐에서 나오는 에머네이션은 그 방사능이 천천히 붕괴하기 때문에, 흔히 사용하는 기체 관에 공기와 혼합하여 저장될 수 있으며, 라듐 에머네이션이 지닌 사진건판을 감광시키는 작용과 전기적 작용을 그 에머네이션을 만든 라듐과 상당히 멀리 떨어진 곳에서 며칠 또는 심지어 몇 주 동안 계속해서 조사할 수도 있다.

에머네이션은 그 에머네이션을 담고 있는 용기의 표면에 2차 형태의 방사능을 끊임없이 발생시키고 있다는 사실 때문에, 에머네이션 하나만에 의해 발생하는 방사선에 대해 조사하는 것은 일반적으로 쉽지 않다. 이러한 들뜬 방사능은 에머네이션을 도입하고 나서 몇 시간이 지난 뒤에 최댓값에 도달하며, 에머네이션이 용기에 그대로 있는 한, 용기의 벽에서 들뜬 방사능은 에머네이션이 붕괴하는 비율과 동일한 비율로 붕괴한다. 즉 들뜬 방사능도 약 4일이 지난 뒤에 처음 값의 절반으로 떨어진다. 만일 에머네이션이 제거된다면, 들뜬 방사능은 표면에서 그대로 남아 있지만, 몇 시간 정도 만에 방사능을 빨리 잃어버린다. 그래서 몇 시간이 지나면 남아 있는 방사능의 세기는 매우 작다.

이런 효과 그리고 그 효과와 에머네이션 사이의 관계는 제8장에서 더 자세히 논의된다.

기젤[xi]은 인광(燐光)을 내는 유화아연을 바른 스크린에서 라듐 에머네이션이 보여주는 효과에 대한 흥미로운 관찰 내용을 기록하였다. 건조되지 않은 브롬화라듐 몇 센티그램을 스크린 위에 놓으면 공기가 약간이라도 움직이면 스크린 위에서 이리저리 움직이는 밝은 빛이 나타났다. 공기를 천천히 흘려보내면 나타나는 인광의 방향을 마음대로 조절할 수 있었다. 관 속에 방사성 물질을 넣고 스크린을 향한 관 내부에 공기를 흘려보내면 그러한 효과가 훨씬 더 증가하였다. 바륨 시안화 백금산염, 즉 발맹의 페인트[7]를 바른 스크린에서는 똑같은 조건에서 어떤 빛도 나타나지 않았다. 스크린에 나타나는 밝기는 자기장을 가하더라도 달라지지 않았지만, 그 밝기가 전기장의 영향은 받았다. 스크린을 대전시키면 스크린에 나타나는 밝기는 스크린이 양전하로 대전되었을 때보다 음전하로 대전되었을 때 더 뚜렷하였다.

기젤은 스크린에 생긴 밝기가 균일하지 않았지만 스크린의 표면에서 이상한 반지 모양의 양식으로 동심원을 이루고 있다고 적었다. 스크린 위에서 밝기가 양극(陽極) 주위에 집중되어 있지 않고 오히려 음극(陰極) 주위에 집중된 것은 아마도 에머네이션 자체 때문에 생기지 않고 에머네이션이 원인이 된 들뜬 방사능 때문에 생기는데, 왜냐하면 그러한 들뜬 방사능이 전기장에서 주로 음극 주위에 집중되어 있기 때문이다(제8장을 보라).

많은 양의 에머네이션에서 나온 방사선에 의해서 일부 물질에서 만들어진 인광을 보여주는 실험에 대해서는 165절에서 설명된다.

148.

퀴리와 드비에르누[xii]는 라듐에서 나오는 에머네이션과 그 에머네이션이 만드는 들뜬 방사능에 대해 조사하였다. 일부 실험은 매우 낮은 압력에서 라듐으로부터 나오는 에머네이션의 양을 조사하였다. 에머네이션을 담을 관을 수은 펌프로 배기(排氣)하여 좋은 진공으로 만들었다. 라듐으로부터 나온 기체가 유리관의 벽에서 들뜬 방사능을 만드는 것이 관찰되었다. 이 기체의 방

7) 발맹의 페인트(Balmain's paint)란 형광 물질인 바륨 시안화 백금산염(barium platino-cyanide)을 말한다.

사능이 굉장히 세었으며 매우 신속하게 유리를 통과해 나와서 사진건판을 감광시켰다. 이 기체는 유리의 표면에서 발생하는 형광의 원인이 되었고 유리 표면을 짧은 시간에 검게 만들었으며, 열흘을 보낸 뒤에도 여전히 방사능을 가지고 있었다. 이 기체를 분광기(分光器)로 분석하면, 이 기체에서 어떤 새로운 선(線)도 나타나지 않았고, 일반적으로 탄산이나 산소 그리고 수은의 선 스펙트럼에 속한 선들만 나타났다. 124절에서 설명한 결과를 고려하면, 라듐에서 나온 이 기체는 아마도 방사능을 띠지 않은 수소 기체와 산소 기체인데, 그중에 방사능을 띤 에머네이션이 소량 섞여 있다. 나중에 (242절에서) 에머네이션으로부터 방출된 에너지는 관련된 물질의 양과 비교하여 어마어마하게 많으며, 대부분의 경우에 관찰된 효과는 거의 극소량의 에머네이션에 의해 발생한 것임을 보이게 될 것이다.

그 이후에 추가로 진행된 실험들에서, 퀴리와 드비에르누[xiii]는 많은 물질들이 에머네이션의 작용을 받으면 인광을 내보내며, 에머네이션에 의해서 들뜬 방사능이 발생한다는 것을 발견하였다. 이 실험들에서는, 두 유리 공 A와 B가 (그림 54) 유리관에 의해 연결되어 있다. 유리 공 A에 방사성 물질을 놓고 조사될 물질을 공 B에 놓았다.

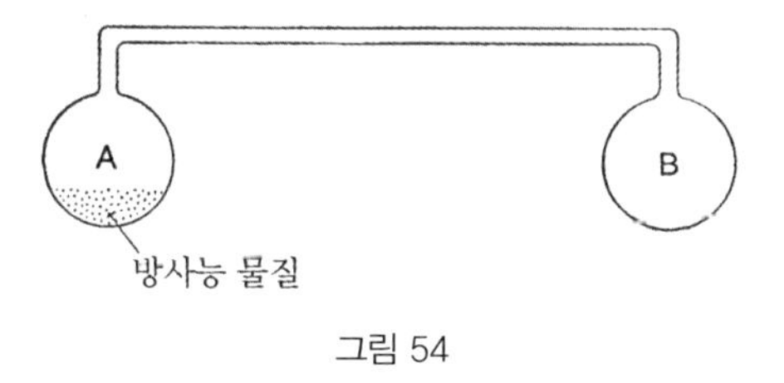

그림 54

그들은 일반적으로 보통 빛 아래서 인광을 내보내는 물질들은 밝게 빛나는 것을 발견하였다. 아연의 황화물은 특별히 눈부시며 마치 강한 빛에 노출된 것처럼 빛났다. 충분히 긴 시간이 지나면 밝기는 일정한 값에 도달하였다. 인광이 부분적으로는 유리의 표면에서 에머네이션에 의해 발생한 들뜬 방사능 때문에 생기고, 그리고 부분적으로는 에머네이션에서 직접 나온 방사선 때문에도 생긴다.

유리에서도 역시 인광이 발생하였다. 튀링겐 유리[8]가 가장 뚜렷한 효과를 보였다. 유리의 밝기는 두 공에서 거의 비슷한 것으로 관찰되었지만, 두 공을 연결하는 유리관에서 더 뚜렷했다. 두 공을 연결한 관이 매우 가늘더라도 두 공에 나타나는 효과는 같았다.

용기 내에 서로 다른 거리의 간격으로 떨어뜨려 일련의 인광 판을 놓고서도 또한 실험이 수행되었다. 인광 판 사이의 간격을 1 mm로 했을 때 그 효과는 매우 미미했지만, 간격이 증가하면 그 간격에 비례하여 효과도 커졌으며 간격이 3 cm에 이르자 효과도 상당히 커졌다.

이러한 효과는 이미 앞에서 제안되었던 견해에 대한 일반적인 설명이 된다. 라듐을 닫힌 용기에 놓아둘 때, 에머네이션이 일정한 비율로 방출되며 점차로 용기 내 전체 공간으로 확산된다. 에머네이션이 보통 크기인 관을 통하여 확산되는 데 걸리는 시간이 방사능이 눈에 띄게 줄어드는 데 요구되는 시간보다 작으므로, 에머네이션 그리고 에머네이션에 의해 들뜬 방사능도 또한 용기 내부 전체에 거의 고르게 분포된다.

그러므로 에머네이션 때문에 생기는 밝기는 관의 양쪽 끝에서 같아야 한다. 심지어 두 공을 모세관으로 연결하더라도, 라듐이 끊임없이 방출하는 기체가 항상 에머네이션을 운반하며 에머네이션이 실질적으로 균일하게 분포

8) 튀링겐 유리(Thuringian glass)는 독일의 튀링겐주 라우샤(Laucha) 지방에서 생산되는 채색 유리를 말한다.

하도록 만든다.

관 전체를 통하여 점차로 증가하는 에머네이션의 양은 다음 식

$$\frac{N_t}{N_0} = 1 - e^{-\lambda t}$$

에 의해 주어지는데, 여기서 N_t는 시간이 t일 때 존재하는 에머네이션 입자의 수이고, N_0는 방사능 평형이 도달했을 때 존재하는 에머네이션 입자의 수이며, λ는 에머네이션의 방사능 상수이다. 부분적으로는 에머네이션에서 나오는 방사능 때문에 생기고 부분적으로는 벽의 들뜬 방사능 때문에 생기는 인광 작용은 그래서 나흘 만에 최댓값의 절반에 도달하고 3주의 기간이 지나가면 실질적으로 그 한계 값에 도달해야 한다.

두 스크린 사이의 거리가 바뀌면 밝기의 변화도 예상된다. 스크린의 경계에 저장되는 들뜬 방사능의 양은 존재하는 에머네이션의 양에 비례한다. 에머네이션은 똑같이 분포되어 있으므로, 두 스크린 사이의 에머네이션 때문에 발생하는, 두 스크린에 저장된 들뜬 방사능의 양은, 두 스크린 사이의 간격이 스크린의 크기에 비해 작다는 가정 아래서, 두 스크린 사이의 거리에 정비례한다. 기체의 압력이 충분히 작아서 두 스크린 사이의 기체 자체에서 에머네이션이 방사선을 흡수하지 못한다는 조건만 만족되면, 그 인광이 에머네이션 자체 때문에 생긴 것이라고 하더라도 위에서 얻은 결과는 똑같이 성립한다.

149. 에머네이션 방출능

고체 상태의 토륨 화합물이 방출하는 에머네이션의 양은 보통 조건 아래서 매우 다양하다. 화합물 1그램이 매초 방출하는 에머네이션의 양을 표현하는 에머네이션 방출능이라는 용어[9]를 이용하면 편리하다. 그렇지만 우리는 존재하는 에머네이션의 절대적인 양을 결정할 방법을 갖고 있지 않으므로,

에머네이션 방출능에 대한 측정은 모두 다 상대적일 수밖에 없다. 대부분의 경우에, 가능한 한 변하지 않고 일정한 조건 아래서 유지하는 정해진 무게의 어떤 한 종류의 토륨 화합물을 기준으로, 조사하려는 화합물의 에머네이션의 양을 비교하는 것이 편리하다.

이런 방법으로 러더퍼드와 소디[xiv]는 여러 토륨 화합물들의 에머네이션 방출능을 비교하였는데, 그림 51에 보인 것과 비슷한 장치를 이용하였다.

정해진 무게만큼의 조사 대상 물질을 유리관 C의 얕은 접시에 펼쳐놓았다. 먼지를 모두 제거한 건조한 공기 흐름을, 실험하는 동안 내내 일정하게 유지하며, 화합물을 향해 불어서 에머네이션을 시험용 용기로 이동시켰다. 10분의 시간이 흐른 뒤에, 시험용 용기에서 에머네이션 때문에 생긴 전류는 일정한 값에 도달했다. 그다음에 화합물을 치우고 그 자리에 같은 무게의 기준이 되는 비교 샘플을 가져다 놓았다. 그리고 평형 상태가 다시 도달했을 때 포화 전류를 측정하였다. 이 두 전류의 비는 두 샘플의 에머네이션 방출능의 비가 된다.

실험에서 사용한 공기 흐름 속도에 대해, 토륨의 무게가 20그램이 되기까지는, 시험용 용기 내부에서 포화 전류가 토륨의 무게에 정비례한다는 것이 실험으로 밝혀졌다. 이 실험 결과는 공기 흐름에 의해서 에머네이션이 형성되자마자 화합물의 질량으로부터 신속하게 제거된다고 가정하면 잘 설명된다.

이제 i_1과 i_2를

$$i_1 = \text{표준 샘플의 무게 } w_1\text{에 의해 생기는 포화 전류}$$
$$i_2 = \text{조사 대상 샘플의 무게 } w_2\text{에 의해 생기는 포화 전류}$$

9) 방사능 화합물 1그램이 매초 방출하는 에머네이션의 양을 에머네이션 방출능(emanation power)라고 한다.

라고 정의하자.

그러면 다음 식

$$\frac{\text{조사 대상 샘플의 에머네이션 방출능}}{\text{표준 샘플의 에머네이션 방출능}} = \frac{i_2}{i_1}\frac{w_1}{w_2}$$

가 성립한다.

이 관계식을 이용하면 무게가 다른 화합물의 에머네이션 방출능도 비교할 수가 있다.

토륨 화합물은 그 화합물에 포함된 토륨의 비율이 별로 크게 다르지 않은데도 불구하고 에머네이션 방출능에서는 큰 변화를 보인다는 것이 관찰되었다. 예를 들어, 토륨 수산화물의 에머네이션 방출능은 일반적으로 제조 회사에서 생산하는 보통 산화토륨 에머네이션 방출능보다 3~4 배나 더 크다. 고체 상태의 토륨 질산염의 에머네이션 방출능은 보통 산화토륨 에머네이션 방출능의 단지 $\frac{1}{200}$ 밖에 되지 않지만, 토륨 탄산염의 경우에는 그 시료가 만들어진 방법이 조금만 바뀌어도 에머네이션 방출능이 크게 바뀌는 것이 밝혀졌다.

150. 에머네이션 방출능에 미치는 조건의 영향

서로 다른 토륨 화합물과 서로 다른 라듐 화합물의 에머네이션 방출능은 화학적 조건이 바뀌거나 물리적 조건이 바뀌면 상당히 큰 영향을 받는다. 이런 면에서, 에머네이션이 주위의 기체로 빠져나가는 비율에 대한 척도인 에머네이션 방출능은, 이미 외부 조건에 의해서는 전혀 영향을 받지 않는다고 밝혀진 에머네이션 자체의 방사능이 붕괴하는 비율과 혼동되지 않아야 한다.

도른은 (앞에서 인용한 논문에서) 최초로 토륨 화합물의 에머네이션 방출능과 라듐 화합물의 에머네이션 방출능은 습도에 큰 영향을 받는다는 것을 관찰하였다. 이 점에 대해 더 충분히 조사한 러더퍼드와 소디는 산화토륨 에머네이션 방출능이 건조한 기체에서보다 촉촉한 기체에서 두 배에서 세 배는 더 크다는 것을 발견하였다. 산화토륨을 오산화인을 포함하고 있는 유리관 내에서 계속해서 건조시키면 에머네이션 방출능은 보통의 건조한 공기에서보다 많이 감소하지 않는다. 똑같은 방법으로 고체 상태의 염화라듐은 건조한 기체에서는 에머네이션을 매우 조금밖에 방출하지 않지만, 촉촉한 기체에서는 방출되는 에머네이션의 양이 상당히 증가한다.

에머네이션이 새어나가는 비율은 화합물의 용액에 의해서 상당히 증가한다. 예를 들어, 고체 상태에서 산화토륨 에머네이션 방출능에 비해 단지 $\frac{1}{200}$ 밖에 되지 않는 토륨 질산염의 에머네이션 방출능이 용액 상태에서는 산화토륨이 에머네이션 방출능의 3~4배가 된다. P. 퀴리와 드비에르누는 라듐도 용액으로 만들면 에머네이션 방출능이 상당히 증가하는 것을 관찰하였다.

온도도 에머네이션 방출능에 매우 뚜렷한 효과를 미친다.

이 책의 저자[xv]는 보통 산화토륨을 백금 관에 넣고 암적열(暗赤熱)[10)]까지 가열하면 에머네이션 방출능이 세 배에서 네 배까지 증가하는 것을 보였다. 만일 온도를 일정하게 유지하면, 에머네이션은 계속해서 증가된 비율로 새어나가지만, 냉각시키면 다시 원래 값으로 돌아왔다. 그렇지만 만일 화합물을 백열(白熱)[11)]까지 가열하면, 에머네이션 방출능은 굉장히 감소하며, 냉각과 함께 원래 값의 약 10 %가 회복된다. 그런 경우 해당 화합물의 에머네이션 방출능이 박탈당했다고 말한다. 라듐 화합물의 에머네이션 방출능은 온도가 올라가면 여전히 더 뚜렷한 방식으로 변화한다. 에머네이션이 새어나가는 비율

10) 암적열(dull red heat)은 약 600 ~ 700 ℃ 의 온도까지 가열한 경우를 말한다.
11) 백열(white heat)은 약 1500 ~ 1600 ℃ 의 온도까지 가열한 경우를 말한다.

은 암적열까지 가열하면 순간적으로 심지어 10,000배까지 증가된다. 이 효과가 계속되지는 않는데, 그 이유는 가열(加熱)에 의해 많은 양의 에머네이션이 새어나가는 것이 실제로는 라듐 화합물에 저장되어 있던 에머네이션이 풀려나와 가능하게 되었기 때문이다. 산화토륨과 마찬가지로, 화합물이 일단 매우 높은 온도까지 가열되면, 그 화합물은 자기 에머네이션 방출능을 잃게 되고 다시 되찾지 못한다. 그렇지만 그 화합물은 용액이 되어서 다시 분리되면 에머네이션을 방출하는 능력을 되찾는다.

러더퍼드와 소디xvi는 온도의 효과에 대해 더 심도 있게 조사하였다. 산화토륨 에머네이션 방출능은 온도를 낮추면 매우 신속하게 감소하며, 고체 탄산의 온도에서 산화토륨 에머네이션 방출능 값은 원래 값의 단지 약 10 %일 뿐이다. 그렇지만 감열소염제(感熱消炎劑)[12]를 제거하면 에머네이션 방출능은 바로 원래 값으로 돌아온다.

이처럼 온도를 80 ℃ 에서 백금의 적암열까지 증가시키면 에머네이션 방출능을 약 40배 더 크게 만들고, 이 효과는 동일한 화합물을 가지고 계속해서 반복될 수가 있다. 다만 온도는 에머네이션 방출능이 박탈당하는 온도까지 높아지지 않아야 한다. 에머네이션 방출능의 박탈은 적열(赤熱)[13]을 초과하면 시작되며, 그때 에머네이션 방출능은 영구적으로 줄어드는데, 그러나 백열(白熱)에서 오랫동안 가열을 계속하더라도 에머네이션 방출능을 완전히 없애지는 못한다.

12) 감열소염제(cooling agent)란 폭발 시 폭발 온도를 낮추어 폭염을 억제하기 위해 사용하는 재료를 말한다.
13) 적열(red heat)은 약 700 ~ 900 ℃ 의 온도까지 가열한 경우를 말한다.

151. 에머네이션 방출능의 재생(再生)

토륨과 라듐 에머네이션 방출능을 박탈하는 것이 에머네이션을 생성하는 물질을 제거하거나 변화시켜서 가능한지 아니면 강력한 점화(點火)가 단순히 고체에서 주위의 대기로 에머네이션이 새어나가는 비율이 변화하기 때문에 가능한지라는 흥미로운 질문이 제기된다.

산화토륨의 물리적 성질이 강력한 점화에 의해서 상당히 크게 변화하는 것은 분명하다. 산화토륨은 색깔이 흰색에서 분홍색으로 바뀐다. 산화토륨의 밀도는 더 높아질 뿐 아니라 산(酸)에서 훨씬 더 잘 녹지 않는다. 박탈당한 에머네이션 방출능이 순환되는 화학적 처리를 통해서 재생될 수 있는지 조사하기 위해서, 에머네이션의 방출능을 박탈당한 산화토륨을 용액으로 만들어서 수산화물로 침전시킨 다음에 다시 산화물로 환원시켰다. 이와 동시에 정상적인 산화물 시료를 정확히 똑같은 방법으로 처리하였다. 두 화합물 모두의 에머네이션 방출능은 동일하였으며, 보통 산화토륨 에머네이션 방출능보다 두 배에서 세 배 더 컸다.

이와 같이 에머네이션 방출능 박탈에 의해서 토륨이 에머네이션을 방출하는 능력을 완전히 소멸시키는 것이 아니라 단순히 화합물로부터 새어나가는 에머네이션의 양에 대한 변화를 만들어낼 뿐이다.

152. 에머네이션이 생성되는 비율

그래서 토륨 화합물의 에머네이션 방출능은 습도와 열 그리고 용액에 의해서 크게 영향을 받는 매우 변동이 심한 양이다. 일반적으로 말하면, 온도를 높이거나 용액으로 만들면 토륨과 라듐 모두의 에머네이션 방출능을 매우 크게 증가시킨다.

이런 물질들의 에머네이션 방출능이 고체 상태에서 그리고 용액에서 크게 차이 나는 것은 그 차이가 아마도 에머네이션이 주위의 기체로 새어나가는 비율의 차이 때문에 생긴 것이고 에머네이션을 발생시키는 반응의 비율이 다르기 때문은 아니라는 결론을 얻게 한다. 토륨 에머네이션이 화합물로부터 기체로 새어나가는 비율이 아주 조금만 지연되더라도, 에머네이션의 방사능의 붕괴가 신속하게 일어나기 때문에, 에머네이션 방출능에 큰 변화를 가져올 것임은 분명하다. 용액으로 만들거나 화학적으로 처리하여 에머네이션 방출능이 박탈된 산화토륨과 라듐 에머네이션 방출능을 재생시킨 사실은 에머네이션을 생성하는 토륨과 라듐의 원래 능력은 전혀 바뀌지 않은 수준으로 여전히 계속된다는 것을 분명히 알게 해준다.

에머네이션을 방출하는 화합물과 방출하지 않는 화합물에서 에머네이션이 동일한 비율로 생성되는 것인지에 대한 질문이 정량적으로 확실하게 밝혀지도록 조사가 진행될 수 있다. 만일 에머네이션이 거의 새어나가지 못하는 고체 화합물에서 에머네이션이 생성되는 비율이, 아마도 에머네이션이 모두 새어나가는 용액에서 에머네이션이 생성되는 비율과 같다면, 고체 화합물에서는 갇혀 있어야만 하는 에머네이션이, 결과적으로 그 화합물의 용액에서는 갑자기 방출되어야만 할 것이 틀림없다. 라듐 에머네이션의 방사능은 매우 느리게 붕괴하기 때문에, 용액에서 에머네이션이 한꺼번에 방출되는 효과는 토륨 화합물에서보다 라듐 화합물에서 훨씬 더 뚜렷하게 나타나야만 한다.

앞의 133절에서 논의된 관점으로부터, 에머네이션의 붕괴에 대한 지수법칙은 시간이 t일 때 변하지 않고 남아 있는 입자의 수 N_t는, 처음에 존재한 입자의 수를 N_0라고 할 때,

$$\frac{N_t}{N_0} = e^{-\lambda t}$$

로 주어진다는 결과를 표현한다. 평형 상태에 도달하면, 새로운 에머네이션

입자가 생성되는 비율인 q_0는 이미 존재해 있던 N_0개의 입자가 변화하는 비율과 정확히 균형을 이루어서

$$q_0 = \lambda N_0$$

가 성립하는데, 이 경우에 N_0는 화합물에 "갇힌" 에머네이션의 양을 대표한다. 라듐 에머네이션에 대해 145절에서 구한 λ값을 대입하면

$$\frac{N_0}{q_0} = \frac{1}{\lambda} = 463,000$$

이다.

그러므로 에머네이션을 내보내지 않는 라듐 화합물에 저장된 에머네이션의 양은 매초 그 화합물에 의해 생성되는 에머네이션의 양의 거의 500,000배가 되어야 한다. 이 결과는 다음과 같은 방법으로 검증되었다.[xvii]

우라늄의 방사능보다 1,000배가 더 큰 방사능을 갖는 라듐 염화물 0.03그램을 드렉셀 병[14]에 넣고 용액을 만들기에 충분한 물을 들여보낸다. 새어나간 에머네이션은 공기를 작은 기체 관과 그다음에 시험용 용기로 흐르게 해서 쓸어냈다. 최초 포화 전류는 N_0에 비례하였다. 그런 다음에 라듐 용액을 통하여 빠른 공기 흐름을 상당히 긴 시간 동안 보내서 처음에 제거되지 않은 약간의 에머네이션이라도 모두 제거시켰다. 드렉셀 병은 밀폐되어 정해진 시간 t 동안 건드리지 않고 가만히 놓아두었다. 그다음에 축적된 에머네이션을 전과 같이 시험용 용기로 쓸어냈다. 새로운 이온화 전류는 시간 t 동안에 화합물에서 생성된 에머네이션의 양인 N_t값을 대표한다.

그 실험에서

14) 드렉셀 병(Drechsel bottle)은 유리병에 두 개의 가는 유리관이 삽입되어 있는 화학 실험에 사용되는 유리로 만든 도구이다.

$$t = 105 \text{ 분}$$

이었으며 측정된 값은

$$\frac{N_t}{N_0} = 0.0131$$

이었다.

이 시간 동안에 붕괴가 일어나지 않았다고 가정하면

$$N_t = 105 \times 60 \times q_0$$

이다. 그래서

$$\frac{N_0}{q_0} = 480,000$$

이 된다.

그 시간 동안에 방사능이 붕괴한 데 대한 작은 보정을 하면

$$\frac{N_0}{q_0} = 477,000$$

을 얻는다.

우리는 앞에서 이론적으로

$$\frac{N_0}{q_0} = \frac{1}{\lambda} = 463,000$$

임을 보였다.

이와 같이 이론과 실험은 실험의 성질로부터 예상할 수 있는 정도로 가까이 일치한다. 이 실험은 고체 화합물에서 에머네이션이 생성되는 비율이 용액에서 생성되는 비율과 같다는 것을 결정적으로 증명한다. 고체 화합물의 경우에는 에머네이션이 갇혀 있고 용액의 경우에는 에머네이션이 생성되면 즉시 새어나간다.

고체 라듐 염화물에 저장된 에머네이션의 양과 비교하면 건조한 대기에서

는 그 화합물로부터 굉장히 적은 양의 에머네이션만 새어나간다는 것이 놀라울 뿐이다. 한 실험에 의하면 건조한 고체 상태에서 에머네이션 방출능은 용액에서 에머네이션 방출능의 $\frac{1}{2}$ % 이하였다. 고체 화합물에서 매초 축적되는 에머네이션의 양은 매초 생성되는 양의 거의 500,000배이므로, 이 결과는 매초 새어나가는 에머네이션의 양이 그 화합물에 갇혀 있는 에머네이션의 양의 10^{-8}배보다 더 작다는 것을 보여주었다.

만일 고체 화합물인 라듐 염화물이 촉촉한 대기(大氣)에서 저장되면, 에머네이션 방출능은 용액에서 매초 에머네이션이 생성되는 비율과 비교할 만해진다. 그런 경우에, 새어나가는 비율은 지속적으로 일어나므로, 갇힌 에머네이션의 양은 에머네이션을 내보내지 않는 물질에 갇힌 에머네이션의 양보다 훨씬 더 적을 것이다.

라듐 에머네이션이 갇혀 있는 현상은, 비록 이 책에서 그 현상의 성질을 이용하여 에머네이션의 방사능을 측정했지만, 에머네이션의 방사능과는 어떤 방법으로도 서로 연결되어 있지 않을 것으로 짐작된다. 광물(鑛物)에 갇힌 헬륨은 라듐에 갇힌 에머네이션과 거의 완벽하게 유사하다. 예를 들어, 헬륨의 일부는 가열되면 퍼거소나이트[15]에 의해서 방출되며 광물을 물에 녹이면 거의 모든 헬륨이 방출된다.

153.

위의 결과와 비슷한 결과가 토륨에서도 성립하지만, 에머네이션의 방사능이 손실되는 비율이 아주 빠르기 때문에, 에머네이션이 새어나가지 않는 화

15) 퍼거소나이트(fergursonite)는 다양한 희토류 원소와의 복합 산화물로 이루어진 광물의 이름이다. 영국의 광물 수집가인 로버트 퍼거슨의 이름에서 광물의 이름을 따왔다.

합물에 갇힌 에머네이션의 양은 라듐에서 관찰된 양에 비해서 매우 작다. 만일 토륨 에머네이션의 생성이 어떤 조건 아래서든지 항상 동일한 비율로 진행된다면, 에머네이션을 내보내지 않는 고체 화합물의 용액에서는 그 이후에 생성되는 에머네이션의 양보다 더 많은 에머네이션이 갑자기 방출되어야 한다. 전과 똑같은 표기법을 사용하면 토륨 에머네이션에 대해서

$$\frac{N_0}{q_0} = \frac{1}{\lambda} = 87$$

이 성립한다.

이 결과는 다음과 같이 조사되었다. 보통 산화토륨의 에머네이션 방출능의 $\frac{1}{200}$ 인 에머네이션 방출능을 갖는 일정량의 토륨 질산염을 미세한 가루로 만들어 뜨거운 물이 들어 있는 드렉셀 병에 넣고 공기를 흘려보내서 에머네이션을 신속하게 시험용 용기로 쓸어내었다. 이온화 전류는 최댓값까지 빠르게 증가하였으나 곧 다시 정상 값으로 떨어졌는데, 이것은 질산염이 녹을 때 방출되는 에머네이션의 양이 그 이후에 용액으로부터 생성되는 에머네이션의 양보다 더 크다는 것을 보여주었다.

토륨 에머네이션은 방사능을 빨리 잃기 때문에 라듐에서 했던 것과 같이 정량적으로 비교하는 것이 매우 어렵다. 그렇지만 실험의 조건을 약간만 바꿨더니 에머네이션이 생성되는 비율은 고체 화합물에서나 용액에서나 똑같다는 것을 확실하게 증명할 수 있었다. 드렉셀 병에 질산염을 떨어뜨린 다음에, 아주 빠른 공기 흐름을 25초 동안 용액을 통과하여 시험용 용기로 보냈다. 그다음 공기 흐름을 정지시킨 직후에 바로 이온화 전류를 측정하였다. 그 용액은 다음에 10분 동안 건드리지 않고 가만히 두었다. 그 시간 동안에 축적된 에머네이션의 양은 다시 한 번 더 실제적인 최댓값에 도달하고 다시 한 번 더 정상 상태가 되었다. 이때 다시 전과 마찬가지로 공기 흐름을 25초 동안 불어

넣은 다음 멈추고 전류를 다시 측정하였다. 두 경우 모두에서, 전위계는 매초 14.6 눈금만큼의 이동을 기록하였다. 똑같은 공기 흐름을 용액을 통하여 지속적으로 불어넣었더니, 마지막 전류는 매초 7.9 눈금에 해당했으며 이것은 에머네이션이 처음 한꺼번에 나올 때 관찰된 값의 약 절반이다.

이와 같이, 비록 에머네이션 방출능, 즉 에머네이션이 새어나가는 비율은 고체에서보다 용액에서 600배 이상 더 크지만, 에머네이션이 생성되는 비율은 고체인 질산염에서나 용액에서나 똑같다.

토륨에 의해서 에머네이션이 생성되는 비율은, Ur X와 Th X가 생성되는 비율과 마찬가지로, 아마도 조건과는 무관해 보인다. 그러므로 각종 화합물의 에머네이션 방출능이 습도와 열 그리고 용액에 의해 변화하는 것은 순전히 에머네이션이 주위의 기체로 새어나가는 비율이 변화하기 때문이라고 보아야 하며 화합물에서 에머네이션이 생성되는 비율이 변화하기 때문이라고 보면 안 된다.

이런 견해에 비추어보면, 토륨 화합물의 시료를 준비하는 방식에 약간만 차이가 있더라도 에머네이션 방출능에는 큰 변화가 생길 수 있다는 것을 이해하기가 어렵지 않다. 그런 효과가 자주 관찰되었으며, 그 이유는 침전물에서 약간의 물리적 변화 때문이라고 보아야만 한다. 에머네이션이 생성되는 비율은 에머네이션이 만들어지는 토륨의 물리적 조건 또는 화학적 조건에 무관하다는 사실은 이처럼 방사능 생성물인 Ur X와 Th X에 대해 앞에서 관찰된 것과 조화를 이룬다.

토륨 에머네이션의 공급원

154.

토륨 에머네이션은 토륨 자체로부터 직접 만들어지는 것이 아니라 방사능을 띤 생성물인 Th X로부터 만들어진다는 것을 보여주는, 러더퍼드와 소디가 수행한 일부 실험[xviii]에 대해 살펴보자.

Th X가 암모니아와 함께 침전에 의해서 많은 양의 토륨 질산염으로부터 제거될 때, 침전된 토륨 수산화물의 에머네이션 방출능이 처음에는 거의 감지되지 않는다. 이런 에머네이션 방출능의 상실은, 에머네이션을 방출하지 않는 이산화물의 경우처럼, 생성된 에머네이션이 새어나가는 비율이 억제되기 때문이 아니다. 수산화물의 경우에 산(酸)에 용해되면 여전히 에머네이션을 내보내지 않는다. 반면에, Th X를 포함하고 있는 용액은 상당한 정도의 에머네이션 방출능을 지니고 있다. 침전된 수산화물과 Th X가 상당히 긴 시간 동안 가만히 내버려두면, Th X의 에머네이션 방출능은 감소하지만 수산화물은 점진적으로 에머네이션 방출능을 회복하는 것이 관찰된다. 약 한 달의 기간이 지나면, 수산화물의 에머네이션 방출능은 최댓값에 거의 도달하지만 반대로 Th X의 에머네이션 방출능은 거의 사라진다.

Th X와 침전된 수산화물의 에머네이션 방출능이 시간에 따라 붕괴하고 회복하는 곡선은 각각 그림 47에 보인 방사능이 붕괴하고 회복하는 곡선과 정확히 동일하다는 것이 밝혀졌다. Th X의 방사능은 물론 에머네이션 방출능도 나흘 만에 원래 값의 절반으로 떨어지지만, 반면에 수산화물은 같은 기간 동안에 잃어버린 방사능의 절반뿐 아니라 마지막 에머네이션 방출능의 절반도 역시 회복한다.

이 결과로부터 Th X의 에머네이션 방출능은 Th X의 방사능에 정비례함을, 다시 말하면 에머네이션 입자를 생성하는 비율이 항상 매초 Th X로부터 튀어나오는 α 입자의 수와 비례한다는 것을 알 수 있다. 이와 같이 Th X로부터 나오는 방사능은 Th X가 에머네이션으로 변화하는 것을 동반한다. 에머네이션의 화학적 성질은 Th X의 화학적 성질과 뚜렷이 구분되기 때문에, 그리고 또한 에머네이션이 붕괴하는 비율과 Th X가 붕괴하는 비율은 서로 다르기 때문에, 에머네이션이 Th X의 증기(蒸氣)라고 간주할 수는 없고, 오히려 에머네이션은 Th X에서 일어나는 변화에 의해서 생성되는 뚜렷이 구분되는 화학적 물질이라고 간주해야 한다. 앞의 136절에서 제안된 견해를 따르면, 에머네이션 원자는 Th X의 원자 중에서 하나 또는 그보다 더 많은 α 입자가 떨어져 나가고 남은 부분으로 구성된다. 에머네이션 원자는 불안정해서 차례차례 α 입자를 내보낸다. 이렇게 튀어나온 α 입자들이 에머네이션의 방사선이 되며, 그것이 존재하는 에머네이션의 양을 측정하는 척도가 된다. 에머네이션의 방사능은 1분 만에 그 값이 절반으로 떨어지지만 Th X의 방사능은 나흘 만에 절반 값으로 떨어지기 때문에, 에머네이션은 Th X의 원자에 비하여 거의 6,000배 더 짧은 시간 간격마다 절반으로 붕괴하는 원자로 구성되어 있다.

라듐 에머네이션과 악티늄 에머네이션의 공급원

155.

라듐과 라듐 에머네이션 사이에는, 토륨에서 Th X에 대응하는, 중간 상태인 라듐 X가 지금까지 관찰되지 않았다. 라듐으로부터 나오는 에머네이션은 아마도 라듐 원소로부터 직접 만들어진다. 이런 면에서, 라듐 에머네이션은 토륨에서 Th X가 차지하는 위치를 라듐에서 차지하며, 라듐으로부터 라듐 에머네이션이 만들어지는 것은 토륨에서 Th X가 만들어지는 것과 정확히 동일한 선상에서 설명될 수 있다. 나중에 제10장에서, 악티늄 에머네이션도, 토륨 에머네이션과 마찬가지로, 어미원소인 악티늄 원소로부터 직접 발생하는 것이 아니라 악티늄 X라는 중간 생성물로부터 발생한다는 것을 보이게 될 것이다. 이 중간 생성물인 악티늄 X는 물리적 성질과 화학적 성질에서 Th X와 매우 유사하다.

에머네이션에서 나오는 방사선

156.

에머네이션에서 나오는 방사선이 어떤 성질을 갖는지 조사하기 위해서는 특별한 방법이 필요한데, 그 이유는 에머네이션이 분포되어 있는 기체의 부피 전체로부터 방사선이 나오기 때문이다. 토륨 에머네이션에서 나오는 방사선을 조사하기 위해 이 책의 저자는 다음과 같은 방법으로 실험을 수행하였다.

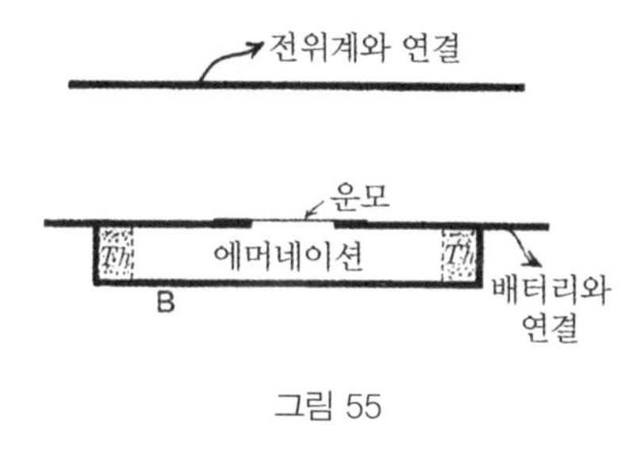

그림 55

종이로 둘러싼 에머네이션 방출능이 매우 큰 토륨 화합물을 그림 55에 보인 깊이가 약 1 cm인 납으로 만든 상자 B 내부에 넣었다. 상자의 위쪽에 구멍을 뚫고 그 위에 매우 얇은 운모(雲母)로 만든 판을 왁스를 이용하여 붙여놓았다. 에머네이션은 종이를 통과하여 신속하게 용기로 확산되었고, 10분이 지난 다음에 방사능 평형 상태에 도달하였다. 에머네이션에서 나온, 얇은 운모로 만든 창을 통과한 방사선의 투과력을 전과 마찬가지 방법인 전기적 방법을 이용하여 조사하기 위하여 얇은 알루미늄 포일로 만든 스크린을 추가하였다. 이 실험에서 얻은 결과가 다음 표에 나와 있다.

운모 창의 두께 0.0015 cm

알루미늄 포일의 두께 0.00034 cm

포개진 포일의 수	전류
0	100
1	59
2	30
3	10
4	3.2

이와 같이 전도성(傳導性)의 더 큰 부분은 방사성 원소의 경우와 마찬가지로 α선 때문에 생긴다. 알루미늄 포일이 이 α선을 흡수하는 양은 방사성 물체로부터 나오는 방사선을 흡수하는 양과 대략적으로 같다. 에머네이션에서 나오는 α선이, 지나간 물질의 두께에 비례하여 흡수되는 비율이 증가한다는, 특유의 성질을 보이기 때문에, 직접 비교할 수가 없다. 조사를 하기 전에, 운모로 만든 창이 대부분의 방사선을 흡수했으며, 그 결과 투과력은 감소하였다.

에머네이션 용기의 내부에 절연된 도선을 설치하고 그 도선을 높은 양의 전위 또는 음의 전위로 대전시키더라도 에머네이션에서 나오는 방사선에는 어떤 변화도 관찰되지 않았다. 공기를 용기에 흘려보내서 에머네이션이 생성되는 즉시 바로바로 쓸어냈을 때, 방사선의 세기는 이전 값에서 아주 조금 줄어들었다.

이 실험에서는, 비록 아주 작은 효과는 검출되었다고 할지라도, 방사선 중에 β선이 존재한다는 증거는 발견되지 않았다. 그렇지만 몇 시간이 지나간 뒤에, β선이 나타나기 시작하였다. 이 β선들은 에머네이션으로부터 용기의 벽에 침전된 들뜬 방사능 때문에 생긴 것이지 에머네이션 자체로부터 직접 생긴 것은 아니었다.

라듐 에머네이션은, 토륨 에머네이션과 마찬가지로, 단지 α선만 발생시킨다. 그것은 다음과 같은 방법으로 조사되었다.[xix]

두께가 0.005 cm인 구리판으로 만든 원통으로 많은 양의 에머네이션을 들여보냈는데, 구리판은 α선은 모두 다 흡수하고 혹시 존재하는 β선과 γ선은 약간의 손실만으로 통과시켰다. 원통 외부의 방사선은 에머네이션을 들여보내고 약 2분 뒤부터 간격을 두고 측정하기 시작하였다. 처음에 관찰된 양은 지극히 작았지만, 신속하게 증가해서 세 시간에서 네 시간 만에 실질적으로 최댓값에 도달하였다. 이와 같이 라듐 에머네이션은 단지 α선만 방출하며, 들뜬 방사선처럼 나타나는 β선은 용기의 벽에서 만들어진다. 공기의 흐름에 의해서 에머네이션을 쓸어내더라도, 방사선이 즉시 눈에 띄게 감소하지는 않았다. 이것은 에머네이션이 β선을 조금도 방출하지 않는다는 또 다른 증명이다. 비슷한 방법으로, 에머네이션이 γ선도 방출하지 않는다는 것을 보일 수 있다. 그 방사선들은 항상 β선이 나타나면 동시에 함께 나타난다.

에머네이션에서 나오는 방사선을 조사하는 방법에 대해 상당히 자세히 논의하였는데, 그 이유는 방사능 생성물과 그 생성물이 방출하는 방사선에서 일어나는 변화들 사이의 관계에 대해 나중에 제10장과 제11장에서 다루게 될 논의에서 그 결과가 매우 중요하기 때문이다. 에머네이션이 초래하는 들뜬 방사능을 제외하더라도, 에머네이션은 거의 틀림없이 양전하로 대전된 입자로 구성되고 매우 큰 속도로 튀어나오는 오직 α선만을 방출한다는 것은 의심할 여지가 없다.

에머네이션이 생성되는 비율에 대한 압력의 효과

157.

토륨 에머네이션 때문에 발생하는 전도성(傳導性)은 기체의 압력에 비례하는데, 이것은 에머네이션이 생성되는 비율이 주위에 존재하는 기체의 종류와는 무관할 뿐 아니라 기체의 압력에도 무관함을 가리킨다는 것을 이미 지적하였다. 이 결과는 그림 55에 보인 장치에 의해서 직접 확인되었다. 용기 아래에 놓인 기체의 압력이 서서히 감소되었을 때, 창밖에서 조사된 방사선은 한계 값까지 증가하였고, 그다음에는 넓은 범위의 압력 아래서 일정하게 유지되었다. 수소에서보다 공기에서 훨씬 더 뚜렷하게 나타난 이 증가는 에머네이션에서 나오는 α선이 대기압일 때 용기 내의 기체에 의해서 일부가 흡수되었다는 사실 때문에 발생한다. 수은주 높이가 1밀리미터 정도의 압력에서 외부 방사선은 감소했지만, 실험은 이것이 생성된 비율의 변화 때문이 아니라 펌프에 의해 에머네이션이 제거된 때문으로 보아야만 한다는 것을 보여주었다. 토륨 화합물은 낮은 압력에서는 느리게 방출되는 수증기를 매우 잘 흡수하며, 그 결과로 에머네이션 중에서 일부가 수증기와 함께 용기 바깥으로 나온다.

퀴리와 드비에르누[xx]는 방사능을 띤 라듐 시료를 담고 있는 닫힌 용기에서 생성되는 들뜬 방사능의 양과, 또한 최댓값에 도달하는 데 걸린 시간 모두가 압력에도 무관하고 주위에 존재하는 기체의 종류에도 무관하다는 것을 발견하였다. 이것은 압력이 포화 증기압에 이르기까지 내려간 용액의 경우에도 성립하였으며, 매우 낮은 압력의 고체 염류(鹽類)의 경우에도 성립하였다. 수은주 높이가 0.001 mm 정도의 압력을 유지하도록 펌프가 가동되었을 때, 들뜬 방사능의 양은 상당히 줄어들었다. 이것은 아마도 에머네이션이 새어나가는 비율이 조금이라도 변했기 때문은 아니고 에머네이션이 형성되면 즉시 바로바로 펌프의 작용에 의해서 에머네이션이 제거되기 때문이었다.

방사능 평형 상태에 있을 때 들뜬 방사능의 양은 그 방사능을 만들어내는 에머네이션의 양을 측정하는 척도가 되기 때문에, 이런 결과들은 생성되는 비율과 붕괴되는 비율이 균형을 이룰 때 존재하는 에머네이션의 양이 압력에도 무관하고 주위의 기체의 종류에도 무관하다는 것을 보여준다. 또한 방사능이 평형을 이루는 점까지 도달하는 데 걸리는 시간도 용기의 크기 또는 존재하는 방사성 물질의 양에 영향을 받지 않는다는 것도 역시 밝혀졌다. 이것은 평형 상태가 어떤 방법으로든지 에머네이션이 어느 정도의 증기압을 가지고 있기 때문에 가능한 것은 아님을 증명한다. 왜냐하면, 만일 증기압 때문에 평형 상태가 가능하다면, 평형 값에 도달하는 데 걸린 시간이 용기의 크기에 의존해야 하고 또한 존재하는 방사성 물질의 양에도 의존해야만 되기 때문이다. 그렇지만 얻은 결과는 관에는 극소량의 에머네이션만 존재하며, 평형은 순전히 에머네이션의 방사능이 붕괴하는 상수인 방사능 상수 λ에 의해서만 지배된다는 견해와 일치한다. 이런 결과는 밀도와 압력 그리고 온도에 의한 모든 조건 아래서 동일하게 성립한다는 것이 관찰되었고, 방사능 화합물로부터 나오는 에머네이션이 공급되는 비율이 변화하지 않는 한, 용기의 크기가 얼마나 크든지 또는 주위에 존재하는 기체의 종류가 무엇이고 그 기체의 압력이 얼마이든지, 방사능이 평형 값까지 증가하는 시간 비율이 항상 동일하리라는 것도 관찰되었다.

에머네이션의 화학적 성질

158.

이제 에머네이션을 생성하는 물질은 생각하지 않고, 에머네이션 자체의 물리적 성질과 화학적 성질을 구하는 실험에 대해 살펴보자. 그 이유는 혹시 에머네이션이 이미 알려진 물질과 연결지을 수 있는 성질을 조금이라도 갖고 있는지 확인하기 위해서이다.

토륨 에머네이션은 일찍이 산성 용액을 통과하더라도 전혀 영향을 받지 않는다는 것이 관찰되었으며, 그 뒤에는 통과시킨 모든 종류의 시약에 대해서 토륨 에머네이션과 라듐 에머네이션 모두의 경우에 똑같은 결과가 성립한다는 것이 밝혀졌다. 예비 실험xxi에 의하면 산화토륨을 통과한 공기에 의해서 여느 때나 마찬가지로 구한 토륨 에머네이션은 전기적으로 가능한 최고 온도까지 가열한 백금 관을 통과하고서도 그 양이 전혀 바뀌지 않았다. 그때 그 관은 촉매용 백금흑[16]으로 채워져 있었고, 에머네이션은 낮은 온도에서 그 관을 통과하기 시작하여, 관의 온도는 최고 온도에 도달하기까지 서서히 증가하였다. 다른 실험에서는, 에머네이션이 유리관에서 적열(赤熱)로 달군 크롬산납 층을 통과하였다. 이 실험에서는 공기 대신 수소 기체를 들여보냈으며, 에머네이션이 적열로 달군 마그네슘 가루와 백금흑을 통과하였고, 이산화탄소를 이용하여 적열로 달군 아연 가루를 지나갔다. 이 모든 경우에 에머네이션은 통과하면서 그 양이 눈에 띌 만큼 바뀌지는 않았다. 만일 조금이라도 바뀌었다면, 찬 때보다 뜨거운 때가 약간 더 적어서 그 결과로 지나가는 동안 붕괴가 더 적은데, 기체 흐름이 관을 통과하는 데 걸린 시간 때문에 양이

16) 백금흑(platinum black)이란 극히 미소한 입자의 흑색 백금 분말인데 촉매로 이용된다.

약간 증가한 것이다. 사용된 모든 시약(試藥)을 통과하면서 양이 전혀 바뀌지 않을 수 있는 유일하게 알려진 기체는 최근에 발견된 아르곤 족에 속한 원소이다.

그러나 이 결과를 다르게 해석하는 것도 가능하다. 만일 에머네이션이 주위의 대기(大氣)에 들뜬 방사능 형태로 나타났다면, 이 실험의 성격상 각 경우마다 사용된 시약에 영향을 받지 않는, 대기(大氣)로 이용될, 기체가 필요했으므로, 앞에서 구한 결과가 당연히 나왔을 것으로 예상할 수도 있다. 적열의 마그네슘은 방사성 수소로 이루어진 에머네이션을 함유하지 않고, 적열의 아연 가루도 방사성 이산화탄소로 이루어진 에머네이션을 함유하지 않는다. 이런 설명이 옳지 않다는 것은 다음과 같은 방법으로 증명되었다. 산화토륨을 지나온 이산화탄소는 T자 관에서 공기와 만나 섞인 뒤에 함께 시험용 원통으로 보내졌다. 그러나 시험용 원통과 T자 관 사이에는 큰 소다 석회관[17]이 연결되어서, 원통에서 에머네이션에 대해 시험하기 전에 통과하는 기체에서 혼합되어 있는 이산화탄소가 제거되었다. 여기서 설명된 방법으로 산화토륨에 이산화탄소를 통과시켰는지, 아니면 다른 장치는 똑같이 유지하면서 이산화탄소 대신에 공기를 똑같은 빠르기로 보냈는지에 관계 없이, 측정된 에머네이션의 양은 거의 바뀌지 않았다. 그래서 에머네이션이 주위 매질의 들뜬 방사능의 효과라는 이론은 성립하지 않는 것으로 증명된다.

그 뒤에 라듐 에머네이션에 대해서도 비슷한 종류의 실험이 이루어졌다. 기체가 염화라듐 용액을 일정한 비율로 통과한 다음 사용될 시약을 지나 부피가 크지 않은 시험용 용기로 보내져서 통과하는 동안에 에머네이션의 양에 조금이라도 변화가 있으면 어렵지 않게 측정될 수 있었다. 토륨 에머네이션

17) 소다 석회관(soda-lime tube)은 이산화탄소를 흡착하는 데 이용되는 장치이다.

과 마찬가지로 라듐 에머네이션도 어떤 시약을 사용하건 그 양이 바뀌지 않고 통과하였다.

그 뒤에 윌리엄 램지 경과 소디가 수행한 실험[xxii]에서는 라듐에서 나오는 에머네이션을 더 극단적으로 다루었다. 알칼리를 통과한 산소를 이용하여 유리관 속에 들어 있는 에머네이션에 여러 시간 동안 불꽃 방전을 일으켰다. 그런 다음에 점화(點火)된 인(燐)을 이용하여 산소를 제거시켰으며 어떤 눈에 보이는 찌꺼기도 남지 않았다. 그런데 그 유리관에 소량의 에머네이션에 다른 기체를 혼합하여 들여보냈다가 제거시켰어도, 에머네이션이 방사능은 전혀 바뀌지 않은 것이 관찰되었다. 또 다른 실험에서는, 에머네이션을 마그네슘 석회관에 넣고 세 시간 동안 적열(赤熱)로 가열하였다. 그다음에 에머네이션을 제거하고 시험했는데, 에머네이션의 방전(放電) 출력은 조금도 감소되지 않은 것이 관찰되었다.

이와 같이 토륨 에머네이션과 라듐 에머네이션은 아르곤 족에 속한 기체를 제외하고는 지금까지 관찰된 적이 없는 방식으로 화학적 처리에 전혀 반응하지 않았다.

159.

램지와 소디는 (앞에서 인용한 논문에서) 에머네이션이 지니고 있는 기체의 성질을 보여주기 위한 흥미로운 실험에 대해 기록하였다. 작은 유리관에 대량의 라듐 에머네이션을 수집하였다. 이 관은 에머네이션에서 나오는 광선의 영향 아래서 밝은 인광(燐光)을 내었다. 에머네이션이 한 점에서 다른 점으로 지나가는 모습이 캄캄한 방에서 유리에 들뜬 광채(光彩)에 의해 관찰되었다. 퇴플러 펌프[18]를 연결하는 멈춤 꼭지를 열면, 아주 가는 관을 통하여 기체가 천천히 흘러들어 오고, 더 넓은 관을 통하여 신속하게 통과하며, 산화인(酸化燐)으로 만든 마개를 통과하면서는 지연되어서, 퇴플러 펌프의 저장소에서 빠르게 팽창되는 것이 확인되었다. 압축되었을 때는 에머네이션의 밝기가 증가하였고, 에머네이션을 포함하고 있는 작은 거품들이 아주 가는 관을 통하여 배출되면서 매우 밝아졌다.

에머네이션의 확산

160.

토륨 에머네이션과 라듐 에머네이션은 시험 대상이 된 공기나 다른 기체에서 극소량으로 분포된 방사능을 띤 기체처럼 행동한다는 것이 밝혀졌다. 지금까지 조사된 방사성 물질이 소량에 불과했기 때문에 그들 에머네이션의 밀도를 결정하기에는 충분한 양이 되지 못하였다. 비록 아직은 에머네이션의 분자량을 화학적 방법으로 직접 구하지는 못했지만, 에머네이션이 공기 또는 다른 기체로 환산되는 비율을 구함으로써 에머네이션의 밀도를 간접적으로 추정할 수는 있다. 여러 종류의 기체들 사이의 상호 확산 계수는 오래전부터 알려졌으며, 그 결과에 의하면 한 가지 종류의 기체가 다른 종류의 기체로 확산되는 확산 계수는, 간단한 기체의 경우에, 근사적으로 두 종류 기체의 분자량의 곱의 제곱근에 반비례한다. 그러므로 만일 에머네이션이 공기로 확산되는 확산 계수가 알려진 두 기체 A와 B 사이의 확산 계수 사이에 속하는 어떤 값임을 알아낸다면, 에머네이션의 분자량은 두 기체 A와 B의 분자량 사이의 어떤 값이 될 것으로 짐작할 수 있다.

18) 퇴플러 펌프(Töpler pump)는 독일의 실험 물리학자 퇴플러가 1862년에 고안한 수은을 사용하는 진공 펌프의 일종이다.

비록 라듐에서 방출된 에머네이션의 부피가 매우 작다고 하더라도, 기체에서 에머네이션에 의해 만들어진 전기 전도도(傳導度)는 대부분의 경우에 매우 크며, 존재하는 에머네이션의 양을 측정하는 데 손쉬운 수단을 제공한다.

브룩스 양과 이 책의 저자[xxiii]는 라듐 에머네이션이 공기로 확산하는 비율을 측정하기 위한 실험을 수행하였다. 이 실험은 로슈미트[19]가 1871년에 기체의 상호 확산 계수를 조사하면서 채택했던 것과 비슷한 방법[xxiv]을 이용하였다.

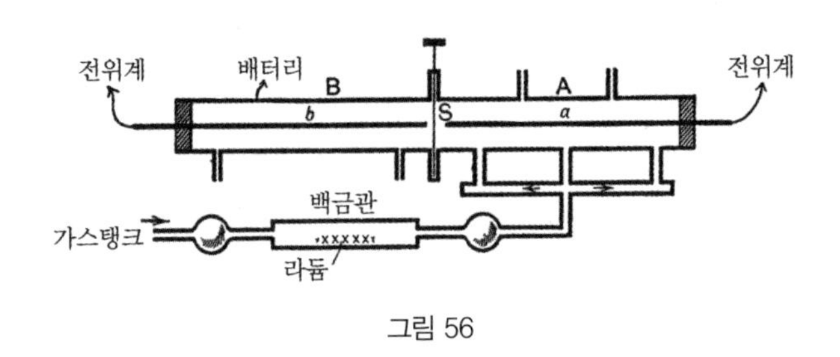

그림 56

그림 56은 이 실험의 일반적인 배치를 보여준다. 황동으로 만든 길이가 73 cm이고 지름이 6 cm인 기다란 원통 AB가 이동이 가능한 금속 이동판 S에 의해 동일한 두 부분으로 나뉘어져 있다. 원통의 양쪽 끝은 에보나이트로 만든 마개를 이용하여 닫혀 있다. 길이가 모두 관의 절반인 두 개의 절연된 황동 막대 a와 b는 에보나이트로 만든 마개를 뚫고 관의 중심부를 지나가도록 장치되어 있다. 원통은 절연되었고 한쪽 극은 기전력이 300볼트인 배터리에 연결되고 다른 쪽 극은 접지되었다. 중심부에 놓인 막대는 민감한 상한 전위계와 연결될 수 있도록 설계되었다. 온도 조건을 가능한 한 가장 안정되게 유지하

19) 로슈미트(Johann Joseph Loschmidt, 1821-1895)는 체코 보헤미아에서 출생한 오스트리아 국적의 물리학자, 화학자로 공기 분자의 크기를 연구하여 공기 1그램에 포함된 분자 수를 처음으로 정밀하게 산출하였고 이 수는 분자의 종류에 따라 변함이 없음을 증명했다. 로슈미트수라고 불리는 이 수는 오늘날 아보가드로수로 불리는 수와 같은 수이다.

기 위하여 원통의 겉면을 두꺼운 펠트[20]로 둘러쌓고 전체를 면모(綿毛)로 채운 금속 상자 내부에 넣었다. 원통의 절반인 A로 에머네이션을 충분히 많이 들여보내기 위하여, 라듐을 약간 가열하는 것이 필요하였다. 이동판 S는 닫았고 양쪽 관은 열어놓았다. 가스탱크로부터 건조한 공기가 천천히 흘러들어와서 소량(少量)의 라듐 화합물이 놓여 있는 백금 관을 통과하였다. 에머네이션이 공기와 함께 원통 A로 운반되었다. 충분한 양이 들어온 다음에 공기의 흐름을 중지시켰다. 양쪽 관은 미세하게 가는 관으로 마감되었다. 이것은 확산에 의해 기체가 손실되지 않으면서도 A 내부의 기체의 압력이 외부 공기의 압력과 똑같이 유지하는 역할을 하였다. 그림에 보인 원통으로 들어가는 세 개의 외부 기체 유입관은 초기에 에머네이션과 기체를 가능한 한 균일하게 혼합하기 위한 것이다.

온도 조건이 안정될 때까지 몇 시간 정도 기다린 뒤에, 이동판을 열고 에머네이션이 관 B로 확산되기 시작하였다. 두 관 A와 B를 통과하는 전류를 적당한 전기용량이 병렬로 연결된 전위계를 이용하여 규칙적인 간격으로 측정하였다. 처음에 B에서는 전류가 흐르지 않았지만, 이동판을 연 다음에는, A에서 전류가 감소하였고 B에서 전류는 꾸준히 증가하였다. 몇 시간이 지나간 다음에는 양쪽 절반에서 전류의 양이 거의 같았는데, 이것은 원통 전체를 통해서 에머네이션이 거의 균일하게 확산되었음을 보여준다.

만일

$K=$ 에머네이션이 공기로 확산되는 확산 계수

$t=$ 초로 표현한 확산 실험 기간

$a=$ 원통의 전체 길이

20) 펠트(felt)는 모직이나 털을 압축해서 만든 부드럽고 두꺼운 천을 부르는 이름이다.

S_1 = 관 A에서 확산이 끝난 뒤 에머네이션의 부분압

S_2 = 관 B에서 확산이 끝난 뒤 에머네이션의 부분압

이라면

$$\frac{S_1 - S_2}{S_1 + S_2} = \frac{8}{\pi^2}\left(e^{-\frac{\pi^2 Kt}{a^2}} + \frac{1}{9}e^{-\frac{9\pi^2 Kt}{a^2}} + \cdots\right)$$

가 성립하는 것을 어렵지 않게 보일 수 있다.[xxv]

이제 S_1과 S_2의 값은 원통의 양쪽 절반에서 에머네이션에 의해 발생한 포화 이온화 전류에 비례한다. 정해진 시간 t 동안 확산이 진행된 뒤에 S_1의 값과 S_2의 상대적인 값을 측정하면, 이 식으로부터 K를 결정할 수가 있다.

S_1과 S_2를 측정하는 일은 용기의 벽에 발생하는 들뜬 방사능에 의해서 복잡해진다. 이 들뜬 방사능에 의한 이온화는 원통의 양쪽 절반에서 측정된 전체 이온화에서 빼야만 한다. 왜냐하면 들뜬 방사능은 에머네이션을 구성하는 물질에 의해서 발생하고 전기장 아래서 전극(電極)으로 제거되기 때문이다. 들뜬 방사능에 의한 전류와 에머네이션에 의한 전류 사이의 비는 에머네이션에 노출된 시간에 의존하며, 몇 시간 정도 노출된 경우에 단지 그 시간에 비례할 뿐이다.

이 실험에서 채택되는 일반적인 방법은 15~120분 사이에서 수행되는 실험에서 정해진 간격 동안 이동판을 열어놓는 것이었다. 그다음에 이동판을 닫고 양쪽 절반 모두에서 동시에 전류가 측정되었다. 실험하는 동안 계속 음전하로 대전시킨 가운데 막대의 표면에 들뜬 방사능이 모두 모여 있었다. 이 막대들을 새 막대로 교체하고 즉시 전류를 측정하였다. 이런 조건 아래서 원통의 양쪽 절반에서 관찰되는 전류의 비는 그 두 절반의 원통에 존재하는 에머네이션의 양 S_1과 S_2에 비례하였다.

서로 다른 여러 t값들에 대해 계산한 K값들은 모두 다 잘 일치한다고 밝혀졌다. 초기 실험에서는 K에 대한 이 값이 0.08과 0.12 사이에서 변하는 것을 발견하였다. 그 뒤에 수행된 온도 조건이 매우 일정하게 유지되도록 세심하게 주의했던 일부 실험에서는 K에 대한 이 값이 0.07과 0.09 사이임이 발견되었다. 온도가 일정하게 유지되지 못하면 K값이 더 커지는 경향이 있으므로, 더 작은 값인 0.07이 실제 값에 더 가까울 확률이 훨씬 더 높다. 공기가 건조하거나 습하거나 또는 전기장이 작용하거나 작용하지 않거나 K값이 바뀐다는 확실한 증거는 관찰되지 않았다.

161.

얼마 뒤에 라듐 에머네이션이 공기로 확산되는 비율에 대한 실험이 P. 퀴리와 댄니[21]에 의해 수행되었다.[xxvi] 만일 에머네이션이 밀폐된 통에 들어 있다면, 존재하는 에머네이션의 양을 알려주는 지표인 에머네이션의 방사능은 시간에 대해 지수법칙을 따라 감소한다는 것이 알려져 있다. 만일 이 통이 가는 관을 통하여 외부 공기와 연결된다면, 에머네이션은 서서히 확산되어 나가며, 통에 들어 있는 에머네이션의 양은 전과 똑같은 지수법칙에 의해서 감소하는데, 오히려 빠른 비율로 감소한다. 길이도 다르고 지름도 다른 관을 이용하면, 확산의 비율은 기체에서 성립한 것과 똑같은 법칙의 지배를 받는 것을 발견하였다. K의 값은 0.100임이 발견되었다. 이것은 러더퍼드와 브룩스 양이 발견한 최젓값 0.07보다 약간 더 큰 값이다. 퀴리와 댄니는 온도가 방해받지 않도록 어떤 특별한 주의를 기울였는지, 그리고 그들이 더 높은 값의 K를 구한 것이 온도 때문으로 설명될 수 있는지에 대해서는 언급하지 않았다.

21) 댄니(G. Danne)는 물리학자 이름이다.

퀴리와 댄니는 또한 에머네이션도 서로 연결된 두 개의 통 사이에서 기체와 마찬가지로 항상 통의 부피에 비례하여 나뉘는 것을 발견하였다. 한 실험에서는 한 통의 온도를 10℃ 로 유지하였고 다른 통의 온도는 350℃ 로 유지하였다. 이때 에머네이션이 두 통 사이에서 나뉜 비율은 기체가 똑같은 조건 아래서 두 통 사이에서 나뉜 비율과 같았다.

162.

비교할 목적으로, 란돌트-베른슈타인 표[22]에서 몇 기체에 대한 상호 확산 계수를 아래 표에 수록하였다.

기체 또는 증기	공기로 들어가는 확산 계수	분자량
수증기	0.198	18
탄산 기체	0.142	44
알코올 증기	0.101	46
에테르 증기	0.077	74
라듐 에머네이션	0.07	?

이 표가, 비록 비교 목적으로 매우 만족스럽지는 못하지만, 상호 확산 계수의 순서가 분자량의 순서와 반대임을 보여준다. 라듐 에머네이션에 대한 K 값은 분자량이 74인 에테르 증기에 대한 K값에 비해서 약간 더 작다. 그래서 에머네이션의 분자량은 74보다 더 크다는 결론을 내릴 수 있다. 에머네이션

22) 란돌트-베른슈타인 표(Landolt-Bernstein Table)은 이공계의 전 분야에 대한 자료를 체계적으로 정리한 표로 물리학자 란돌트(Hans Heinrich Landolt)와 화학자 베른슈타인(Richard Bernstein)이 1883년에 최초로 출판하였다.

의 분자량은 100 부근의 어떤 값이거나 아마도 그 값보다 좀 더 크다고 생각하는 것이 그럴듯해 보인다. 왜냐하면 에테르 증기와 알코올 증기는 탄산 기체와 비교하면 이론에 의해 기대할 수 있는 것보다 더 높은 확산 계수를 갖기 때문이다. 만일 단순한 기체들에 대해 관찰된 결과, 즉 확산 계수가 분자량의 제곱근에 반비례한다는 결과가 현재 우리가 다루는 경우에도 성립한다면, 에머네이션이 공기로 들어가는 확산 계수와 탄산 기체가 공기로 들어가는 확산 계수를 비교해서, 에머네이션의 분자량은 약 176 정도여야 한다는 것을 알 수 있다. 범스테드[23)]와 휠러[24)]는 다공질판(多孔質板)을 통해서 라듐 에머네이션이 확산되는 비율과 이산화탄소가 확산되는 비율을 비교하여서 에머네이션의 분자량이 약 180일 것이라는 결론을 내렸다.[xxvii] 붕괴 이론에 따르면, 에머네이션 원자는 라듐 원자에서 α 입자 하나를 내보내고 얻는다. 그래서 에머네이션의 분자량은 200보다 더 클 것으로 예상하고 있다.

뢴트겐선에 의하거나 방사성 물질로부터 나오는 방사선에 의해서 정상 상태의 압력과 온도의 공기 중에서 생성되는 기체 이온에 대해 (37절에서) 타운센드가 결정한 K값을 $K = 0.07$이라는 값과 비교해보면 흥미롭다. 타운센드가 건조한 공기에서 발견한 K값은 양이온에 대해서는 0.28이고 음이온에 대해서는 0.043이었다. 이처럼 라듐 에머네이션은 기체에서 라듐의 방사선에 의해 생성된 이온보다 더 빨리 확산되며, 에머네이션의 질량은 마치 공기 중에서 생성된 이온의 질량보다 더 작지만 그 이온이 혼합되어 있는 공기 분자의 질량보다는 상당히 더 큰 것처럼 행동한다.

23) 범스테드(Henry Andrews Bumstead, 1870-1920)는 미국의 물리학자로 X선이 납과 아연에 미치는 영향에 대한 연구를 남겼다.
24) 휠러(Richard Vernon Wheeler, 1880-1939)는 영국의 화학자로 본-휠러 장치라고 불리는 가스 분석 장치를 고안했고 갱내 폭발에 대한 연구를 남겼다.

에머네이션이 원래는 방사성 물체와 접촉했던 기체가 일시적으로 수정된 상태에 있는 것으로 간주할 수는 없다. 그런 조건 아래서는 훨씬 더 큰 K값이 예상된다. 확산에 대한 실험으로 얻은 증거는 에머네이션은 분자량이 큰 기체라는 견해를 지지한다.

최근 매코워[25]는 또 다른 방법을 이용하여 라듐 에머네이션의 분자량에 대한 의문을 공략하였다.[xxviii] 소석고(燒石膏)로 만든 다공성(多孔性) 마개를 통과한 에머네이션이 확산하는 비율을 산소, 이산화탄소 그리고 이산화황 기체가 동일한 마개를 통과하여 확산하는 비율과 비교하였다. 그레이엄의 법칙,[26] 즉 확산 계수 K는 분자량 M의 제곱근에 반비례한다는 법칙을 엄격하게 적용할 수 없음이 발견되었다. 이 기체들에 대해서 $K\sqrt{M}$ 값이 일정하지 않고 기체의 분자량이 증가하면 감소하는 것이 발견되었다. 그렇지만 만일 세로축은 $K\sqrt{M}$을 그리고 가로축은 K를 나타내도록 그래프를 그리면 O와 CO_2 그리고 SO_2에 대응하는 값들은 직선 위에 놓이는 것이 밝혀졌다. 에머네이션의 분자량을 선형 외삽법에 의해서 추정하였다. 세 개의 서로 다른 다공성 마개에 대한 실험으로부터 얻은 값은 각각 85.5, 97 그리고 99였다. 이 방법에 의하면 라듐 에머네이션의 분자량은 약 100 정도임을 가리켰다. 그렇지만 확산에 대한 모든 실험에서 상호 확산의 비율을 검사하는 대상 에머네이션은 기체에 매우 극미량만 존재하며 대량으로 존재하는 기체가 상호 확산하는 비율과 비교되고 있음을 잊지 말아야 한다. 왜냐하면, 이런 이유 때문에 에머네이션의 분자량을 추측해서 결정하는 데 상대적으로 큰 오차가 존

25) 매코워(Walter Makower, 1880-1945)는 영국의 맨체스터 대학에서 러더퍼드와 함께 근무한 물리학자로 방사능 연구에 기여하였다.

26) 그레이엄의 법칙이란 1831년 영국의 화학자 그레이엄(Thomas Graham, 1805-1869)이 발표한 기체의 확산에 대한 법칙으로 작은 구멍이 있는 용기에서 기체가 유출되는 속도는 기체 밀도의 제곱근에 반비례하고 용기의 안과 밖의 압력차의 제곱근에 비례한다는 법칙이다.

재할 수 있으며 그런 오차를 수정하기가 어렵기 때문이다.

토륨 에머네이션의 확산

163.

토륨 에머네이션의 방사능이 붕괴하는 비율이 매우 빠르기 때문에, 라듐 에머네이션에 대해 사용했던 것과 같은 방법으로 토륨 에머네이션이 공기로 확산하는 계수인 K값을 정하는 것이 가능하지 않다. 이 책의 저자는 토륨 에머네이션에 대한 K값을 다음과 같은 방법으로 결정하였다. 그림 57에서 수산화토륨을 깔아놓은 판 C를 연직으로 세운 기다란 황동 원통 P의 밑바닥에 가까운 곳에 수평으로 놓이게 만들었다. 토륨 화합물로부터 방출된 에머네이션이 원통에서 위로 확산된다.

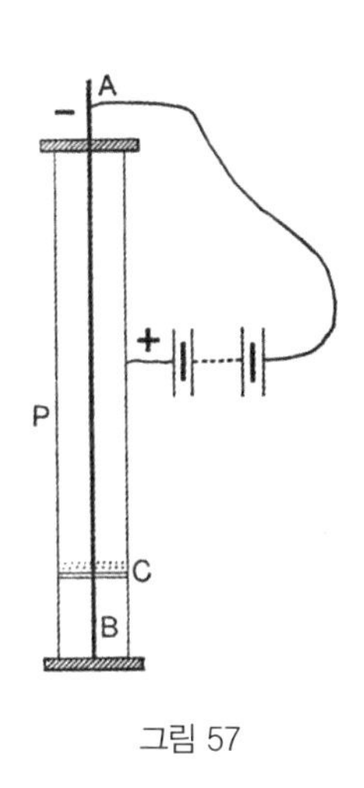

그림 57

공급원 C로부터 거리가 x인 곳에서 에머네이션의 부분압을 p라고 하자. 이 부분압은 원통의 단면에서는 근사적으로 균일할 것이다. 확산에 대한 일반 원리로부터 다음 식

$$K\frac{d^2p}{dx^2}=-\frac{dp}{dt}$$

를 얻는다.

에머네이션은 끊임없이 쪼개지고 α 입자를 내보낸다. 에머네이션 잔여물은 양전하를 얻고, 전기장 내에서, 즉시 음극으로 보내져서 기체로부터 제거된다.

임의의 시간에 에머네이션의 방사능은 언제나 쪼개지지 않은 입자의 수에 비례하므로, 그리고 p_1은 $t=0$일 때 p 값이고 λ가 에머네이션의 방사능 상수이면, 방사능은 시간에 대해 $p=p_1e^{-\lambda t}$라는 지수법칙으로 붕괴하므로,

$$\frac{dp}{dt}=-\lambda p$$

$$K\frac{d^2p}{dx^2}=\lambda p$$

가 성립하며, 그러므로

$$p=Ae^{-\sqrt{\frac{\lambda}{K}}x}+Be^{\sqrt{\frac{\lambda}{K}}x}$$

를 얻는다.

그런데 $x=\infty$이면 $p=0$이기 때문에 $B=0$이다. 그리고 만일 $x=0$일 때 $p=p_0$이면 $A=P_0$이다.

그래서

$$p=p_0e^{-\sqrt{\frac{\lambda}{K}}x}$$

가 된다.

실험으로 원통을 따라서 에머네이션의 방사능을 결정하기가 쉽지 않다는 것을 알게 되었지만, 음전하로 대전되어 있는 중앙에 놓인 막대 AB를 따라서 생성된 "들뜬 방사능"의 분포에 대한 측정에 의존하는 거의 맞먹는 방법이 사용되었다.

임의의 점에서 들뜬 방사능의 양이 항상 그 점에 존재하는 에머네이션의 양에 비례한다는 것을 나중에 (177절에) 알게 될 것이다. 그래서 판 C로부터 위쪽으로 중앙에 놓인 막대에 따라서 "들뜬 방사능"의 분포는 관을 따라서 에머네이션에 대한 p의 변화를 알려준다.

이 실험에서 원통은 대기압에서 건조한 공기로 채워졌으며 일정한 온도로 유지되었다. 중앙에 놓인 막대는 음전하로 대전되었으며 에머네이션이 존재한 채로 하루에서 이틀 동안 노출되었다. 그다음에 막대를 제거하고, 막대에 유도된 들뜬 방사능의 분포가 전기적 방법을 이용하여 결정되었다. 들뜬 방사능의 양은 거리 x가 증가함에 따라 지수법칙에 의해 감소해서, 거리가 약 1.9 cm이면 방사능의 양은 절반으로 떨어진다. 이 결과는 위에서 설명한 이론과 부합한다.

에머네이션의 방사능이 1분에 절반으로 떨어지므로 $\lambda = 0.0115$이다. 여러 번 수행된 실험에서 얻은 결과를 평균해서 $K = 0.09$라는 값이 도출되었다. 이 값은 라듐 에머네이션에 대해 얻었던 $K = 0.07$보다 약간 더 크지만, 이 결과는 토륨 에머네이션의 분자량이 라듐 에머네이션의 분자량과 별로 다르지 않음을 보여준다.

매코워는 (앞에서 인용한 논문에서) 토륨 에머네이션과 라듐 에머네이션이 다공성 마개를 통해서 확산되는 비율을 비교하고 두 에머네이션의 분자량이 거의 같다는 결론을 내렸는데, 그래서 위의 방법으로 구한 결과가 옳음을 확인할 수 있다.

액체로 확산되는 에머네이션

164.

발슈타베[xxix]는 라듐 에머네이션이 각종 액체로 들어가는 확산 계수를 구하기 위한 실험을 수행하였다. 원통 모양의 용기에 담긴 관찰 대상 액체를 포함하고 있는 고립된 용기에서 라듐 에머네이션을 확산시켰다. 원통에는 고립된 저장소 바깥까지 연장된 관과 멈춤 꼭지가 연결되어 있어서 서로 다른 층의 액체를 제거시킬 수 있었다. 그다음에 액체를 고립된 시험용 용기에 장치해놓았는데, 그곳에서 액체로부터 빠져나가는 에머네이션에 의한 이온화 전류가 몇 시간 뒤에 최댓값까지 증가하였다가 다시 감소하는 것이 관찰되었다. 이온화 전류의 이 최댓값은 액체에 흡수된 에머네이션의 양을 측정하는 기준이 되었다.

에머네이션이 액체로 확산되어 들어가는 확산 계수 K는 토륨 에머네이션이 공기로 들어가는 확산을 결정할 때 사용된 것과 동일한 식인

$$p = p_0 e^{-\sqrt{\frac{\lambda}{K}}x}$$

로부터 구할 수가 있는데, 여기서 λ는 라듐 에머네이션의 방사능이 붕괴하는 붕괴 상수이고 x는 표면에서부터 물의 층의 깊이이다.

$\alpha = \sqrt{\frac{\lambda}{K}}$ 라고 놓으면

$$\text{물에 대해서는 } \alpha = 1.6$$
$$\text{톨루올에 대해서는 } \alpha = 0.75$$

임이 밝혀졌다.

시간의 단위를 하루로 표현한 λ값은 약 0.17이다.

그래서 라듐 에머네이션이 물로 확산하는 K값은 $= 0.66\ \mathrm{cm}^2/\mathrm{day}$이다.

슈테판[27]이 측정한 이산화탄소가 물로 확산하는 K값은 $1.36\ \mathrm{cm}^2/\mathrm{day}$였다.[xxx] 그래서 이 결과들은 라듐 에머네이션이 공기로 들어가는 확산으로부터 도출한 결론과 일치하며 라듐 에머네이션이 분자량이 큰 기체처럼 행동

27) 슈테판(Josef Stefan, 1835-1893)은 오스트리아의 물리학자로 기체의 분자 운동론에 대해 기여하고 1879년 흑체 복사의 전체 복사에너지는 흑체 절대온도의 네제곱에 비례한다는 슈테판-볼츠만 법칙으로 유명하다.

함을 보여준다.

에머네이션의 응결

165. 에머네이션의 응결

토륨 에머네이션에 대한 물리적 작용과 화학적 작용의 효과를 조사하면서, 러더퍼드와 소디는 백열(白熱)로 달군 백금 관을 통과하거나 고체 이산화탄소의 온도로 냉각한 관을 통과한 대량의 에머네이션에 아무런 변화도 없음을 발견하였다.[xxxi] 그 후에 수행된 실험에서는 더 낮은 온도에 대한 효과도 조사하였으며, 액체 공기의 온도에서 라듐 에머네이션과 토륨 에머네이션이 모두 다 응결되는 것을 발견하였다.[xxxii]

만일 라듐 에머네이션과 토륨 에머네이션 중에서 어느 하나라도 액체 공기에 담긴 금속으로 만든 나선형 관을 통하여 천천히 흐르는 수소나 산소 또는 공기와 함께 이동하여 그림 51에 보인 시험용 용기와 연결되면, 유출된 기체에 에머네이션이 새어나온 흔적은 없다. 액체 공기를 제거하고 나선형 관을 탈지면에 넣은 뒤 몇 분이 흐른 뒤에야 전위계의 바늘이 움직이는 것이 관찰되며, 그다음에 응결된 에머네이션이 매우 빠르게 휘발되며, 특히 라듐 에머네이션의 경우에 전위계 바늘이 매우 갑작스럽게 움직인다. 상당히 많은 양의 라듐 에머네이션을 가지고, 위에서 언급한 것과 동일한 조건 아래서, 전위계 바늘이 움직이기 시작한 순간부터 수백 개의 눈금을 지나가는 데까지 몇 초가 걸리지 않는다. 토륨 에머네이션의 경우나 라듐 에머네이션의 경우나 모두 에머네이션을 발생하는 화합물이 기체의 흐름에 계속 유지되어야 하는 것은 아니다. 나선형 관에서 에머네이션이 응결된 뒤에, 토륨 화합물이나 라듐 화합물은 제거되고 기체의 흐름만 나선형 관으로 직접 보내도 좋다. 그러나 토륨의 경우에는, 시간이 흐르면서 에머네이션의 방사능의 붕괴가 액체 공기의 온도에서도 상온에서나 마찬가지로 진행되어 매우 신속하게 감소하기 때문에, 똑같은 조건 아래서 관찰된 효과가 당연히 매우 작다.

만일 많은 양의 라듐 에머네이션이 유리로 된 U자 관에서 응결된다면, 방사선이 유리에서 들뜨게 만드는 형광을 이용하여, 응결이 진행되는 과정을 맨눈으로도 볼 수가 있다. 만일 관의 양쪽 끝을 막고 관 내부의 온도가 올라간다면, 형광 빛은 관 전체를 통해서 균일하게 확산되고, 관의 아무 곳이나 액체 공기를 이용하여 어느 정도까지 국지적(局地的)으로 냉각시키면 형광 빛이 그 위치에 집중될 수 있다.

166. 실험 장치

에머네이션의 응결과 휘발(揮發) 그리고 에머네이션이 독자적으로 갖는 성질을 보여주는 간단한 실험 장치가 그림 58에 나와 있다. 용액에 의하거나 가열(加熱)에 의해서 몇 밀리그램의 브롬화라듐으로부터 얻은 에머네이션이 액체 공기에 잠긴 유리로 된 U자 관 T에서 응결된다. 그다음에 이 U자 관은 더 큰 유리관 V에 연결되는데, 이 유리관의 위쪽 부분에는 황화아연으로 된 스크린 Z를 장치하고 이 유리관의 아래쪽 부분에는 규산 아연광 한 조각을 넣어놓는다. 멈춤 꼭지 A를 닫고 U자 관과 용기 V는 멈춤 꼭지 B에 연결된 펌프를 이용하여 공기의 일부를 배기(排氣)시킨다. 이렇게 압력을 낮추면 방출되는 에머네이션이 더 빨리 확산하도록 만든다. 만일 U자 관 T가 계속해서 액체 공기에 담겨 있으면, 에머네이션은 새어나가지 않는다. 그다음에 멈춤 꼭지 B를 잠그고 액체 공기를 제거한다. 그 뒤에 에머네이션이 휘발하는 온도까지 관 V의 온도가 올라갈 때까지 몇 분 동안은 관 V의 스크린이나 규산 아연광 모두에서 어떤 빛도 나타나지 않는다. 그런 다음에 부분적으로

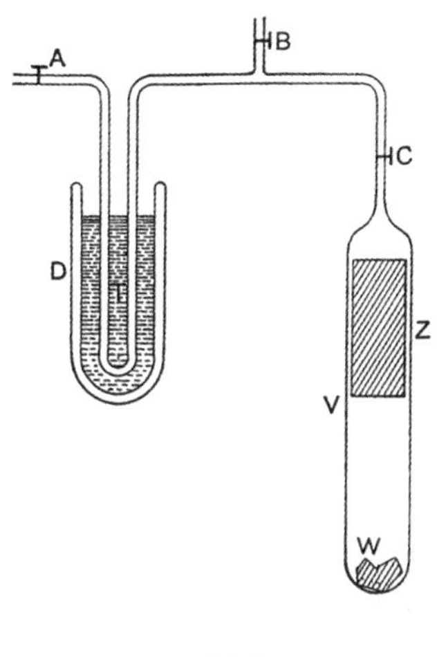

그림 58

온도가 오르면서 관 T의 기체가 팽창하는 것에 의해서 그리고 부분적으로 확산 과정에 의해서, 에머네이션은 신속하게 용기 V로 이동한다. 그러면 스크린 Z와 규산 아연광 W를 둘러싸는 에머네이션에서 방출되는 방사선의 영향으로 스크린 Z와 규산 아연광 W에서 밝게 빛나는 형광 빛이 나타난다.

그다음에 만일 용기 V의 끝을 액체 공기에 담근다면, 에머네이션은 관의 아래쪽 끝에서 다시 응결되고, 규산 아연광은 전보다 인광(燐光)을 훨씬 더 밝게 내보낸다. 이것은 액체 공기의 온도에서 규산 아연광이 인광이 증가하기 때문이 아니라, 규산 아연광 주위에 응결된 에머네이션에서 나온 방사선의 효과 때문에 생긴 것이다. 동시에 황화아연의 밝기는 서서히 감소하며, 만일 관의 끝을 계속 액체 공기에 담가놓으면 몇 시간이 지난 뒤에 황화아연에서는 실질적으로 빛이 전혀 나오지 않는다. 만일에 관을 액체 공기로부터 꺼내면, 에머네이션은 다시 휘발해서 스크린 Z를 환하게 밝힌다. 규산 아연광의 밝기는 몇 시간이 지난 뒤에 다시 원래 값으로 돌아온다. 황화아연 스크린과 규산 아연광의 밝기가 이렇게 느리게 변하는 것은 에머네이션의 작용 아래 놓인 모든 물체의 표면에 에머네이션이 생성한 "들뜬 방사능"이 서서히 붕괴하기 때문이다(제8장). 이와 같이 스크린의 밝기는 부분적으로는 에머네이션에서 나온 방사선에 의해서 그리고 부분적으로는 에머네이션이 원인이 된 들뜬 방사선에 의해서 나타난다. 에머네이션이 관의 위쪽 부분에서 관의 아래쪽 부분으로 이동되는 즉시, 관의 위쪽 부분에서 "들뜬" 방사선은 서서히 감소하고 관의 아래쪽 부분에서는 서서히 증가한다.

관에 포함된 에머네이션이 방사능을 잃으면서 시간이 흐르면 스크린의 밝기는 서서히 감소하지만, 몇 주가 지난 뒤에도 여전히 어느 정도의 밝기가 남아 있다.

P. 퀴리는 라듐 에머네이션의 응결을 설명하기 위해 만든 비슷한 특성을 갖는 장치에 대해 설명한 바가 있다.[xxxiii]

167.

러더퍼드와 소디는 (앞에서 인용한 문헌에서) 두 종류의 에머네이션이 응결을 시작하고 휘발을 시작하는 온도에 대해 자세히 연구하였다. 첫 번째 방법에 이용한 실험 장치가 그림 59에 분명히 나와 있다. *A*를 통해 들어오는 기체의 느리고 일정한 흐름이 액체 에틸렌이 들어 있는 용기에 잠긴 황동으로 만든 나선형 관 *S*를 3미터 이상 통과해 지나간다. 황동으로 만든 나선형 관은 그 관의 전기 저항을 측정하면 황동관 자체의 온도를 측정하는 온도계의 역할을 하도록 만들었다. 저항 온도 곡선은 0°에서, 액체 에틸렌이 끓는 온도인 −103.5°에서, 에틸렌의 응고점인 −169°에서 그리고 액체 공기에서 측정하여 구한다. 액체 공기의 온도는 공기에 포함된 서로 다른 여러 산소 비율에 대해 액체 공기의 끓는점을 알려주는 밸리[28])가 만든 표를 이용하여 추정

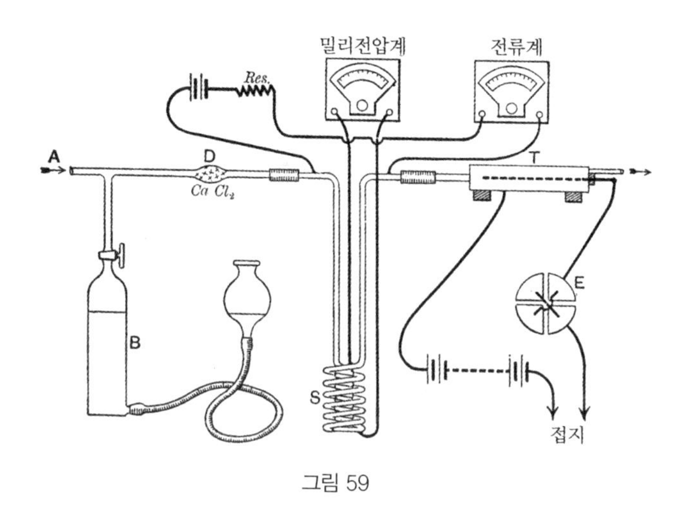

그림 59

하였다. 어떤 특정한 나선형 관을 이용할 때, 저항-온도 곡선은 0°와 −192° 사이에서 거의 직선이고 만일 가능하다면 이 직선은 거의 절대 영도에서 온도 축을 자르는 것이 밝혀졌다. 나선형 관에 흐르는 전류가 변하지 않을 때, 정확하게 보정된 웨스턴 밀리 전압계[29]로 측정된 자료로부터 추정한 나선형 관의 저항은 그래서 근사적으로 절대온도에 매우 정확하게 비례하였다. 액체 에틸렌은 전기 모터를 이용하여 쉬지 않고 힘차게 휘저었으며, 액체 에틸렌을 담은 용기를 액체 공기로 둘러싸서 액체 에틸렌의 온도를 어떤 온도든지 원하는 온도까지 냉각시켰다.

라듐 에머네이션에 대해서는 적당한 양의 에머네이션을 사용할 예정인 기체와 섞어서 기체 저장고 B에서 나선형 관으로 보내서 응결 온도 밑으로 냉

28) 밸리(Edward Charles Cyril Baly, 1871-1948)는 영국의 화학자로 광합성과 그 외에 광화학 방면의 연구와 분광화학의 연구로 알려졌다.
29) 웨스턴 밀리 전압계(Weston millivoltmeter)는 영국 출신의 화학자인 웨스턴(Edward Weston)이 세운 웨스턴 전기기구회사(Weston Electrical Instrument Company)에서 제작 판매한, 전압을 정밀하게 측정하는 장치이다.

각시키는 일반적인 방법을 이용했다. 에머네이션이 나선형 관에서 응결된 다음에 나선형 관을 통해 전해 수소 또는 전해 산소의 흐름을 통과시켰다. 온도가 서서히 오르도록 허용하였으며, 조사용 용기 T에 에머네이션이 존재하기 때문에 전위계의 바늘이 움직이는 순간이 관찰되었을 때 온도를 기록하였다. 에머네이션이 조사용 용기로 이동하는 데 필요한 시간 때문에 약간의 보정을 한 저항은 에머네이션이 일부가 휘발하기 시작한 온도에 대한 정보를 제공하였다. 조사용 용기에서 이온화 전류는 최댓값까지 급격하게 상승했으며, 이것은 온도가 약간만 상승해도 라듐 에머네이션 전체가 휘발하는 것을 보여주었다. 아래 표는 매초 1.38세제곱센티미터의 수소 흐름에 대해 얻은 결과를 보여준다.

온도	매초 전위계 눈금
−160°	0
−156°	0
−154.3°	1
−153.8°	21
−152.5°	24

다음 표는 서로 다른 흐름의 수소와 산소에 대해 얻은 결과를 보여준다.

	기체의 흐름	T_1	T_2
수소	매초 0.25cc	−151.3	−150
수소	매초 0.32cc	−153.7	−151
수소	매초 0.92cc	−152	−151
수소	매초 1.38cc	−154	−153
수소	매초 2.3cc	−162.5	−162

산소	매초 0.34cc	−152.5	−151.5
산소	매초 0.58cc	−155	−153

위의 표에서 온도 T_1은 최초로 휘발할 때 온도이며 T_2는 응결된 에머네이션의 절반이 방출된 온도이다. 천천히 흐르는 수소와 산소에 대해, T_1값과 T_2값은 잘 일치한다. 매초 2.3세제곱센티미터라는 빠른 기체의 흐름에서는 T_1값이 훨씬 더 낮다. 그런 결과는 예상할 수가 있는데, 왜냐하면 아주 빠른 흐름에서는 기체가 나선형 관의 온도까지 냉각되지 않으며, 그 결과로 나선형 관의 안쪽 표면은 평균 온도보다 더 높고, 에머네이션 중에서 일부는 그보다 훨씬 더 낮은 것이 분명한 온도에서 새어나간다. 산소의 경우에, 이 효과는 기체의 흐름이 매초 0.58세제곱센티미터일 때 나타난다.

토륨 에머네이션에 대한 실험에서는, 방사능이 매우 급격하게 줄어들기 때문에, 약간 다른 방법이 필요하다. 일정한 비율의 기체 흐름이 토륨 화합물을 통과해 지나간 다음에 전위계의 움직임이 분명하게 나타난 순간을 관찰하였다. 그렇게 하면 토륨 에머네이션의 작은 일부가 응결하지 않고 새어나간 온도를 알 수 있는데, 그 온도는 라듐 에머네이션에 대해 관찰했던 이미 사전에 응결되었던 에머네이션의 작은 일부가 휘발한 온도인 T_1값과는 다르다.

다음 표가 얻은 결과를 보여준다.

	기체의 흐름	온도
수소	매초 0.71cc	−155℃
수소	매초 1.38cc	−159℃
산소	매초 0.58cc	−155℃

라듐 에머네이션에 대해 얻은 값과 위 표의 값을 비교하면, 기체의 흐름이 같으면 온도도 거의 같음을 관찰할 수 있을 것이다.

그렇지만 토륨 에머네이션에 대해 좀 더 깊이 조사한 자료에 따르면, 이와 같이 겉보기에 일치하는 것은 단지 우연히 그럴 뿐이며, 실제로는 두 종류의 에머네이션에 대한 온도의 효과에서 매우 뚜렷한 차이가 존재하였다. 라듐 에머네이션은 휘발하기 시작하는 온도와 매우 가까운 온도에서 응결되며 응결하는 온도와 휘발하는 온도가 상당히 분명하게 정의되는 것이 실험으로 밝혀졌다.

반면에 토륨 에머네이션의 경우에는 응결이 시작된 다음에 응결이 완결되기까지 30℃ 를 초과하는 범위가 필요하였다. 그림 60은 수소의 흐름이 매초 1.38 cc씩 일정하게 지나가는 경우에 구한 결과의 예이다. 세로축은 서로 다

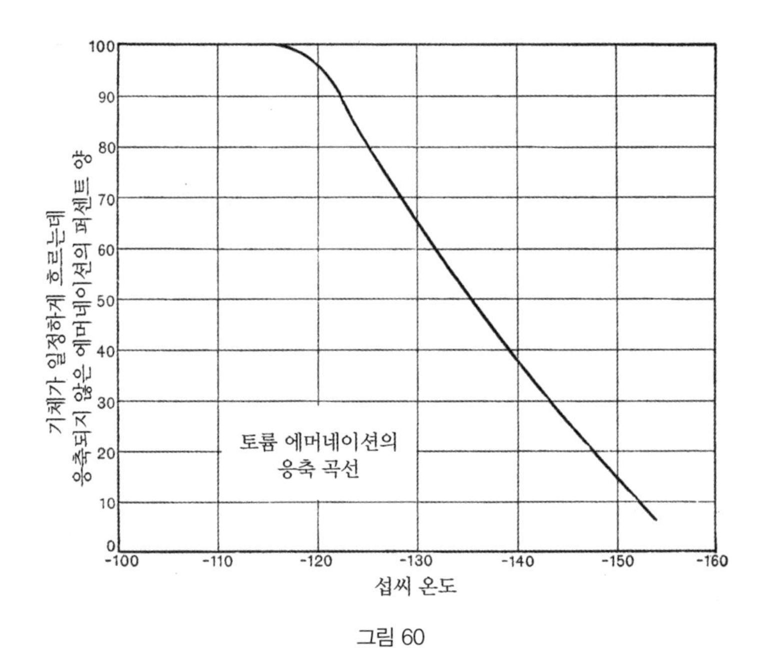

그림 60

른 온도에서 응결되지 않은 에머네이션의 비율을 퍼센트로 표현한다. 응결은 약 −120°에서 시작하고 −155℃ 에서는 새어나가는 에머네이션의 비율이 아주 낮은 것을 볼 수가 있다.

토륨 에머네이션과 라듐 에머네이션에서 이런 다른 행동이 나타나는 것을 조사하기 위하여, 이 두 종류의 에머네이션이 비슷한 조건 아래서 검사하는 것이 가능한 정적(靜的) 방법을 채택하였다. 미리 수은 펌프를 이용하여 진공으로 만든 낮은 온도의 나선형 관에 사용할 기체 소량(少量)을 혼합한 에머네이션을 들여보냈다. 정해진 시간이 지난 다음에도 응결되지 않고 남아 있는 에머네이션은 펌프를 이용하여 신속하게 제거하고 조사 용기에는 예비로 마련해둔 기체를 일정한 비율로 들여보냈다.

이런 방법으로 조사한 결과, 라듐 에머네이션이 휘발하는 온도는 분출(噴出) 방법에 의해 구한 것과 거의 같아서 −150℃ 였다. 반면에 토륨 에머네이션의 경우에는, 응결이 약 −120℃ 에서 시작했으며, 약 30℃ 범위를 초과해서까지 계속되었다. 비록 경우마다 응결이 시작된 온도는 거의 같아서, 즉 −120℃ 이지만, 어떤 온도에서든지 에머네이션 중에서 응결된 비율은 다양한 조건에 의존한다는 것이 발견되었다. 에머네이션 중에서 응결된 비율은 압력에 의존하고 어떤 종류의 기체를 이용했는지에 의존했으며, 에머네이션의 농도에도 의존하고 에머네이션이 나선형 관에 머문 시간에도 의존했다. 온도가 주어지면 압력이 더 낮을수록 그리고 에머네이션이 나선형 관에 남겨진 시간이 더 길수록 더 많은 비율이 응결되었다. 동일한 조건 아래서, 산소보다 수소에서 더 빨리 응결하였다.

168.

이와 같이 라듐 에머네이션이 응결하기 시작하는 온도보다 더 높은 온도에서 토륨 에머네이션이 응결하기 시작하는 것은 의심할 여지가 없다. 기체에 남아 있는 에머네이션 입자의 수가 몇 안 될 때를 고려하면 토륨 에머네이션이 기이하게 행동하는 이유가 분명해진다. 토륨 에머네이션과 라듐 에머네이션은 모두 단지 α선만 방출한다는 것이 알려져 있다. 토륨 에머네이션과 라듐 에머네이션에서 나오는 α 입자의 성질은 비슷할 것 같고 그 α 입자들이 기체를 통과하며 만드는 이온의 수도 거의 같을 것 같다. 각 α 입자가 자신의 에너지를 모두 잃을 때까지 생성하는 이온의 수는 아마 약 70,000이다(252절을 보라).

이제 실험에서 전위계는 10^{-3} 정전 단위의 전류를 어렵지 않게 측정한다. 이온이 대전하고 있는 전하가 3.4×10^{-10} 정전 단위라고 하면, 이것은 조사 용기에서 매초 약 3×10^{6}개의 이온이 생성되는 것에 대응하는데, 이 이온들은 매초 약 40개가 방출된 α 입자에 의해 생성된다. 방사선을 내보내는 입자 하나하나가 한 개보다 더 작은 수의 α 입자를 방출할 수는 없고 아마도 더 많은 수의 α 입자를 방출할 것이지만, 토륨 에머네이션 원자에 의해 방출되는 α 입자의 수는 라듐 에머네이션 원자에 의해 방출되는 α 입자의 수와 크게 다르지 않을 것으로 짐작된다.

앞의 133절에서, 붕괴 법칙에 따라 N 개의 입자가 존재하면 매초 λN 개의 입자가 변화한다는 것을 보였다. 그래서 40개의 α 입자를 생성하기 위해서는 λN이 40보다 더 클 수는 없다. 토륨 에머네이션의 경우에 λ가 $\frac{1}{87}$이기 때문에, N은 3,500보다 더 클 수 없다는 것을 알 수 있다. 그러므로 전위계는 3,500개의 토륨 에머네이션 입자가 존재한다는 것을 측정했으며, 정적(靜的) 방법에서 응결시키는 나선형 관의 부피는 약 15 cc이므로, 이 숫자는 매 세제곱센티미터마다 약 230개의 입자인 농도에 해당한다. 기압이 대기압과 같고 온도가 대기의 온도와 같은 보통 기체는 아마도 매 세제곱센티미터의 부피에 약 3.6×10^{19}개의 분자를 포함하고 있다. 이와 같이 만일 나선형 관에서 에머네이션의 분압(分壓)이 대기압의 10^{-17}배보다 더 작으면 에머네이션이 나선형 관에서 검출되었을 것이다.

그래서 토륨 에머네이션의 응결이 일어나는 온도가 뚜렷하게 정의되지 않는 것이 놀라운 일은 아니다. 오히려 기체에 에머네이션이 아주 희박하게 분포되어 있어도 에머네이션의 응결이 그렇게도 쉽게 일어난다는 것을 주목해야 한다. 왜냐하면 입자들이 서로 상대방의 영향권 안으로 들어와야만 응결이 발생할 가능성이 생기기 때문이다.

이제 라듐 에머네이션의 경우에 붕괴하는 비율은 토륨 에머네이션이 붕괴하는 비율에 비해 약 5,000배 더 느리며, 결과적으로 두 경우에 매초 동일한 이온화를 생성하기 위해서 존재해야 하는 입자의 수는 라듐의 경우가 토륨의 경우보다 5,000배 더 많아야 한다. 이 결과는 단순히 각 경우에 에머네이션 입자 하나가 생성하는 방사선의 수가 같고, 배출된 입자가 기체를 통과하는 동안 동일한 수의 이온을 생성한다는 가정만 이용하여 얻은 것이다. 그러므로 이 실험에서 존재하는 입자의 수를 전위계를 이용하여 측정할 수 있기 위해서는 존재하는 입자의 수가 약 $5{,}000\times3{,}500$개, 즉 약 2×10^{7}개가 되어야만 한다. 라듐 에머네이션의 행동과 토륨 에머네이션의 행동 사이에 차이가 나는 것은, 동일한 전기적 효과에 대해서, 라듐 에머네이션 입자의 수가 토륨 에머네이션 입자의 수보다 훨씬 더 커야만 한다는 견해에 의해서 잘 설명된다. 입자가 상대 입자의 영향권으로 들어올 확률은 입자의 농도가 증가하면 매우 급격하게 증가하며, 라듐 에머네이션의 경우에, 일단 응결이 시작하는 온도에 도달하면 존재하는 입자의 전체 수 중에서 작은 일부를 제외하고는 매우 짧은 시간 이내에 모두 다 응결한다. 그렇지만 토륨 에머네이션의 경우에는 응결이 시작하는 온도보다 훨씬 더 낮은 온도에서도 상당히 많은 부분이 상대적으로 긴 시간 동안 응결되지 않고 남아 있다. 이 견해를 따르면, 구한 실험 결과가 충분히 예상된 것과 같다. 같은 조건이면 응결에 걸리는 시간이 오래될수록 에머네이션의 더 많은 부분이 응결된다. 수소 기체보다 산소 기체에서 확산이 더 크기 때문에 응결이 산소에서보다 수소에서 더 신속하게 발생한다. 똑같은 이유로, 존재하는 기체의 압력이 더 낮을수록 응결은 더 빨리 발생한다. 마지막으로, 기체의 일정한 흐름에 의해 에머네이션이 운반되면, 그렇지 않은 경우에 비해서 더 적은 부분이 응결하는데, 왜냐하면 그런 조건에서는 단위 부피의 기체마다 에머네이션의 농도가 더 적기 때문이다.

에머네이션의 응결은 기체 자체가 아니라 기체를 담고 있는 용기의 표면에서 일어날 수도 있다. 응결 온도에 대한 정확한 관찰은 지금까지 단지 황동으로 만든 나선형 관에서만 이루어졌는데, 그러나 대략 동일한 온도에서는 황동관에서와 마찬가지로 납이나 유리로 만든 관에서도 응결이 발생하는 것은 분명하다.

169.

아주 많은 양의 라듐 에머네이션을 이용하여 정적(靜的) 방법으로 수행된 실험에서, 에머네이션 대부분이 방출되는 온도보다 몇 도 더 낮은 온도에서 응결된 에머네이션 중 미량(微量)이 새어나가는 것이 관찰되었다. 이것은 예상된 것인데, 왜냐하면 그런 조건 아래서 전위계는 응결된 에머네이션 전체 양 중에 극히 미세한 일부라도 검출하는 것이 가능하기 때문이다.

많은 양의 급속히 끓는 산화질소에 담가놓은 나선형 관을 가지고 대량(大量)의 에머네이션으로 시행한 특별한 실험이 그런 효과를 매우 극명하게 보여주었다. 예를 들어, 응결된 에머네이션은 -155℃에서 휘발하기 시작하였다. 그로부터 4분이 지나면 온도는 $-153.5°$로 높아졌으며, 휘발된 양은

$-155°$일 때보다 네 배가 더 많아졌다. 그다음 $5\frac{1}{2}$분이 지난 다음에 온도는 $-152.3°$로 높아졌고, 실질적으로 전량(全量)이, 그 양은 온도가 $-153.5°$일 때의 최소한 50배는 되는데, 휘발하였다.

그래서 만일 휘발이 처음 관찰된 온도로 온도가 변하지 않고 그대로 유지된다면 그리고 방출된 에머네이션이 시간적 간격을 두고 제거된다면, 시간이 흐르면서 에머네이션 전체가 바로 그 온도에서 모두 방출된다는 것이 가능해 보인다. 퀴리와 듀어 그리고 램지는 액체 공기에 담가놓은 U자 관에 응결된 에머네이션이, 만일 펌프가 쉬지 않고 계속 동작하면, 서서히 새어나가는 것을 관찰하였다. 이 결과는 응결된 에머네이션이 실제로 증기압을 가지고 있을 가능성을 암시하는데, 그러한 결론이 확실하다고 결정되려면 실험 방법에서 상당히 많은 개선이 필요하다.

토륨 에머네이션이 실제로 응결하는 온도는 아마도 약 $-120℃$ 이며, 라듐 에머네이션이 실제로 응결하는 온도는 약 $-150℃$ 이다. 그러므로 이런 면에서 그리고 또한 토륨 에머네이션과 라듐 에머네이션이 모두 화학적으로는 똑같이 비활성이지만 방사능에 관해서는 아주 분명하게 구별된다는 것에는 의심의 여지가 없다. 응결하는 온도에 대한 이런 결과는 에머네이션이 응결하는 온도와 알려진 기체가 응결하는 온도를 비교하는 데는 이용할 수가 없는데, 그 이유는 지극히 작은 압력까지 압력을 감소하면 기체가 응결하는 온도가 어떻게 바뀌는지에 대해서는 아직 연구되지 않았기 때문이다.

170.

액체 공기의 온도인 나선형 관에서 응결되었을 때 토륨 에머네이션의 방사능이 붕괴하는 비율이 상온에서 붕괴하는 비율과 같다는 것이 발견되었다.[xxxiv] 이것은 라듐 에머네이션에 대해 P. 퀴리가 (145절에서) 구한 비슷한 종류의 결과와 일치하며, 방사능 상수 값은 넓은 온도 범위에서 온도의 영향을 받지 않고 일정함을 보여준다.

라듐과 토륨에서 나오는 에머네이션의 양

171.

앞의 93절에서 실험 자료로부터 방사능이 최저인 브롬화라듐 1그램은 매초 약 3.6×10^{10}개의 α입자를 방출한다는 것을 설명하였다. 라듐에 묻혀 있는 에머네이션이 원인이 되는 방사능은, 방사능 평형 상태에 도달했을 때, 전체 방사능의 약 4분의 1이고 최저 방사능과 같기 때문에, 브롬화라듐 1그램으로부터 나오는 에머네이션에 의해 매초 튀어나오는 α입자의 수는 약 3.6×10^{10}개다. 앞의 152절에서 매초 생성되는 에머네이션 양의 463,000배가 라듐에 저장된다는 것을 알았다. 그러나 방사능 평형 상태에서, 매초 붕괴되어 나오는 에머네이션 입자의 수는 매초 생성되는 입자의 수와 같다. 붕괴되어 나오는 에머네이션 입자 하나마다 α입자 하나를 방출한다고 가정하면, 방사능 평형 상태에 도달했을 때 브롬화라듐 1그램에 존재하는 에머네이션 입자의 수는 $463{,}000\times 3.6\times 10^{10}$개, 즉 1.7×10^{16}개임을 알 수 있다. 대기압과 상온에서 기체 1 cc에 포함된 수소 분자의 수가 3.6×10^{19}개라고 하면(39절), 대기압과 상온에서 브롬화라듐 1그램으로부터 나오는 에머네이션의 부피는 4.6×10^{-4}세제곱센티미터이다. 브롬화라듐이 $RaBr_2$로 구성되어 있다고 가정하면, 방사능 평형 상태에서 라듐 1그램으로부터 나오는 양은 0.82세제곱밀리미터이다. 어떤 계산 방법을 사용하더라도, 그 방법과는 상당히 무관하게 오래전부터 에머네이션의 부피는 지극히 작다는 것이 분명하였는데, 왜냐하면 부피에 의해 에머네이션의 존재를 검출하려는 초기 시도가 모두 성공하지 못하였기 때문이다. 그렇지만 실험에 사용할 수 있는 라듐의 양이 더 많아지면서, 에머네이션이 충분히 많이 수집되어 그 부피가 측정될 수 있을 정도로 커지게 되었다.

토륨의 경우에 고체 토륨 1그램으로부터 얻을 수 있는 에머네이션의 최대 양은, 토륨의 방사능이 작기 때문에, 그리고 에머네이션이 생성된 다음에 얼마 지나지 않아서 바로 붕괴하기 때문에, 대단히 작다. 에머네이션을 내보내지 않는 라듐 화합물에 저장되어 있는 에머네이션의 양은 에머네이션이 생성되는 비율의 463,000배인 데 비하여, 에머네이션을 내보내지 않는 토륨 화합물에 저장되어 있는 에머네이션의 양은 에머네이션이 생성되는 비율의 단지 87배이기 때문에, 그리고 라듐에 의해서 에머네이션이 생성되는 비율은 토륨에 의해서 에머네이션이 생성되는 비율보다 약 100만 배나 더 빠르기 때문에, 토륨 1그램으로부터 얻을 수 있는 에머네이션의 양은 같은 무게의 라듐으로부터 얻을 수 있는 에머네이션의 양의 10^{-10}배보다 더 크지 않다. 즉 토륨에 의해 얻는 에머네이션의 부피는 보통의 압력과 온도에서 10^{-13} cc 보다 더 크지 않다. 굉장히 많은 양의 토륨을 이용한다고 하더라도 에머네이션의 양은 그 부피로 측정되기에는 너무 작다.

172. 라듐에서 나오는 에머네이션의 부피

에머네이션은 분자량이 크고 화학적으로 불활성인 기체의 모든 성질을 다 가지고 있다는 결론을 내리기까지는 매우 강력한 증거들을 이미 충분히 고려하였다.

에머네이션은 끊임없이 붕괴하고, 물체의 표면에 흡착되어 고체 형태의 물질로 변환하기 때문에, 라듐으로부터 분리된 에머네이션의 부피는 에머네이션이 방사능을 잃는 비율과 같은 비율로 수축되어야만 한다. 다시 말하면 그 부피는 약 나흘 만에 절반으로 감소해야 한다. 주어진 양의 라듐으로부터 얻는 에머네이션의 양은 새로운 에머네이션이 생성되는 비율이 에머네이션이 변화하는 비율과 균형을 이룰 때 최대가 된다. 이 조건에 실질적으로 도달하는 것은 에머네이션을 한 달의 기간 동안 수집하도록 허용될 때이다. 이 책의 저자xxxv는 몇 가지 조건 아래서 당시 구할 수 있는 자료를 이용하여 라듐 1그램으로부터 얻는 에머네이션의 예상되는 부피를 구했는데, 라듐 1그램으로부터 얻는 에머네이션의 부피가 대기압과 상온에서 0.06세제곱밀리미터와 0.6세제곱밀리미터였는데 아마도 나중 값에 더 가까웠다. 최신 자료로부터 예상되는 부피는 앞 절에서 논의되었으며 약 0.82세제곱밀리미터임을 설명하였다. 이와 같이 에머네이션의 부피는 매우 작지만, 라듐 몇 센티그램을 구할 수 있다면 전혀 측정하지 못할 정도로 작은 것은 아니다. 램지와 소디xxxvi가 그렇다는 것을 증명했는데, 그들은 대단히 조심스럽게 수행한 실험에서 결국 소량(少量)의 에머네이션을 분리시키고 그 부피를 측정하는 데 성공하였다. 이제 그들이 사용한 실험 방법에 대해 간략히 설명하려고 한다.

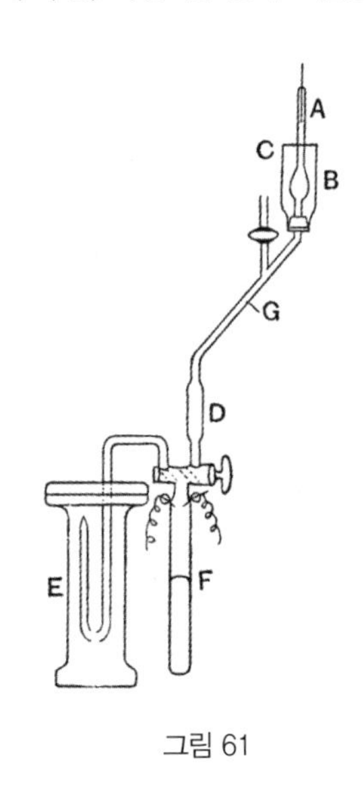

그림 61

용액의 브롬화라듐 60밀리그램으로부터 나온 에머네이션을 여드레 동안 수집하였으며, 그다음에 (그림 61에 보인) 거꾸로 세운 사이펀[30] E를 통하여 폭발용 뷰렛[31] F로 이동

30) 사이펀(siphon)은 압력 차이를 이용하여 기체나 액체를 한 용기에서 다른 용기로 옮기는 데 사용되는 관을 말한다.
31) 뷰렛(burette)은 눈금이 그려져 있는 화학 실험용 유리관을 말한다.

시켰다. 이 기체의 대부분은 방사선이 용액의 물에 작용하여 생성된 수소와 산소로 구성되었다. 폭발이 있은 다음에, 에머네이션과 혼합된 수소 초과량은 이산화탄소를 말끔이 제거하기 위하여 얼마동안 뷰렛의 위쪽 부분에 놓인 가성소다와 접촉되어 있었다. 그동안 내내 장치의 위쪽 부분 공기는 완전하게 제거되었다. 펌프로 통하는 연결부는 닫아놓았고, 수소와 에머네이션은 오산화인 관 D를 지나야만 장치로 들어갔다. 에머네이션은 액체 공기를 채운 관 B로 둘러싸인 모세관 A의 아래쪽 부분에서 응결되었다. 그 관의 아래쪽 부분이 아주 밝게 빛나는 것을 보면 응결이 일어나는 것이 분명했다. 그다음에 뷰렛으로부터 나온 수은을 G로 보내고 다시 장치에서 공기를 완전히 제거시켰다. 펌프의 접합부도 다시 잠갔고, 액체 공기도 제거하고 휘발된 에머네이션은 강제로 가는 모세관 A로 보냈다. 그런 다음에 에머네이션의 부피를 매일 측정하였다. 측정 결과는 아래 표와 같다.

시간	부피	시간	부피
시작	0.124 mm^3	7일 후	0.0050mm^3
1일 후	0.027mm^3	9일 후	0.0041mm^3
3일 후	0.011mm^3	11일 후	0.0020mm^3
4일 후	0.0095mm^3	12일 후	0.0011mm^3
6일 후	0.0063mm^3	28일 후	0.0004mm^3

시간과 함께 줄어든 부피는 한 달이 지난 뒤에는 아주 작았지만, 미세한 에머네이션 거품이 그 밝기를 잃지 않고 끝까지 여전히 유지하고 있었다. 관의 색깔은 짙은 보라색이 되었으며, 그래서 매우 센 빛이 없으면 확인하기가 어려웠다. 하루가 지난 다음에 부피는 갑자기 큰 폭으로 줄어들었는데, 그것은 아마도 모세관에 흡착된 수은 때문일 수도 있다.

실험은 다른 모세관을 이용하여 반복되었으며 보통 압력 아래서 측정된 기체의 부피는 0.0254세제곱밀리미터였다. 그렇게 구한 기체는 압력이 상당히 큰 폭으로 변하는 범위 내에서 실험 오차 한계 내에서 보일의 법칙을 따르는 것이 관찰되었다. 그러나 첫 번째 실험과는 다르게, 처음 몇 시간 동안 기체는 수축하기보다 매우 빠르게 팽창하였으며 그런 다음에 좀 더 서서히 팽창해서 23일이 지난 뒤에는 결국 처음 부피의 약 10배인 0.262세제곱밀리미터에 도달하였다. 수은 기둥의 꼭대기에서 기체의 거품이 나타났기 때문에 측정은 아주 복잡해졌다. 이 두 실험에서 관찰된 차이가 무엇 때문인지를 설명하기는 쉽지 않다. 우리는 나중에 에머네이션이 항상 헬륨을 생성하며, 첫 번째 실험에서 부피가 0으로 감소한 것은 헬륨이 관의 벽에 묻히거나 흡수되었음을 가리킨다는 것을 알게 될 것이다. 두 번째 실험의 경우에는, 아마도 모세관을 만든 유리에서 어떤 차이 때문에, 헬륨이 흡수되지 않고 방출되었을 수도 있다. 이런 제안은 실험이 끝난 다음에 기체에서 헬륨의 특징인 밝은 스펙트럼이 관찰되었다는 사실에 의해서 확인된다.

우리는 나중에 방사성 물질에서 방출된 α 입자는 헬륨 원자로 구성되어 있다는 상당히 믿을 만한 증거를 보게 될 것이다. 알파 입자가 매우 빠른 속도로 튀어나오기 때문에, 그 입자들은 처음에는 관의 벽에 묻히게 되지만, 그다음에는 아마도 관을 만드는 데 이용된 유리의 종류에 의존하는 조건에 따라서 서서히 다시 기체로 확산되어 나올 수도 있다. α 입자는 에머네이션에서 튀어나오기도 하지만 에머네이션으로부터 발생하는 매우 급격히 변화하는 생성물들 중에서 두 가지로부터도 또한 튀어나오기 때문에, 이런 견해를 이용하면, 헬륨의 부피는 최초 에머네이션 부피의 세 배가 되어야 한다. 만일 발생한 헬륨이 관의 벽으로부터 기체로 새어나갔다면, 모세관에서 기체의 겉보기 부피는 한 달의 기간 동안에 최초 부피의 세 배로 증가해야만 한다. 왜냐하면 그 기간 동안에 에머네이션 자체는 관의 벽에 침전된 고체 형태의 물질로 변환되기 때문이다.

램지와 소디는 그들의 실험 결과를 분석한 결과 라듐 1그램으로부터 얻는 에머네이션의 최대 부피는 표준 압력과 온도에서 약 1세제곱밀리미터이며, 라듐 1그램으로부터 에머네이션은 매초 3×10^{-6}세제곱밀리미터 생성된다고 결론지었다. 이 양은 계산된 값과 아주 잘 일치하며, 이 양을 구하는 계산이 근거한 이론이 일반적으로 옳다는 것을 강력하게 시사한다.

173. 에머네이션의 스펙트럼

에머네이션이 분리되고 에머네이션의 부피가 결정된 뒤에, 램지와 소디가 에머네이션의 스펙트럼을 구하기 위해 많은 시도를 하였다. 초기 실험 중 일부에서, 짧은 시간 동안 몇 개의 밝은 선이 보였지만, 그 밝은 선들은 그 뒤 바로 나타난 수소(水素) 선에 의해 가려졌다. 그 후에 수행된 실험에서 램지와 콜리[32]는 짧은 시간 동안 계속되는 스펙트럼의 파장을 재빨리 결정하여 에머네이션의 스펙트럼을 구하는 데 성공하였다.[xxxvii] 그들은 그 스펙트럼이 매우 밝았으며 매우 밝은 선과 그 선들 사이는 완벽하게 짙은 검정색이라고 설명하였다. 그 스펙트럼은 아르곤 족에 속한 기체의 스펙트럼과 일반적인 성질에서 굉장히 비슷하였다.

에머네이션의 그 스펙트럼은 곧 사라졌고 수소 스펙트럼이 나타나기 시작하였다. 다음 표는 그 스펙트럼에서 관찰된 선들의 파장을 보여준다. 이미 파장이 알려진 선들에 대해 일치하는 정도로 미루어 판단하면 오차는 아마도 5 옹스트롬 이하일 것으로 보인다.

32) 콜리(John Norman Collie, 1859-1942)는 영국의 과학자로 X선을 의학용 진단에 이용하는 기초를 수립하는 데 기여했으며 등반가로도 유명하다.

파장	특이 사항
6567	수소 C; 실제 파장 6563; 매번 관찰됨.
6307	단지 최초에만 관찰됨; 바로 사라짐.
5975	단지 최초에만 관찰됨; 바로 사라짐.
5955	단지 최초에만 관찰됨; 바로 사라짐.
5805	매번 관찰됨; 계속 유지됨.
5790	수은; 실제 파장 5790.
5768	수은; 실제 파장 5769.
5725	단지 최초에만 관찰됨; 바로 사라짐.
5595	매번 관찰됨; 계속 유지되고 강함.
5465	수은; 실제 파장 5461.
5105	최초에는 관찰되지 않음; 몇 초 뒤에 나타남; 계속 유지되고 두 번째 실험에서 보임.
4985	매번 관찰됨; 계속 유지되고 강함.
4865	수소 F; 실제 파장 4861.
4690	단지 최초에만 관찰됨.
4650	에머네이션을 다시 조사할 때는 관찰되지 않음.
4630	에머네이션을 다시 조사할 때는 관찰되지 않음.
4360	수은; 실제 파장 4359.

이 실험들은 에머네이션을 새로 공급받아 반복되었는데, 강한 선들 중에서 일부는 다시 관찰되었고, 일부 새로운 선도 나타났다. 램지와 콜리는 강한 선 5595는 피커링[33]이 번갯불의 스펙트럼에서 관찰했지만 어떤 알려진 기체에 속한 스펙트럼에서도 확인할 수 없었던 선[xxxviii]에 해당하는 선일 수도 있다고 제안하였다.

실험에 사용할 많은 양의 라듐을 확보할 수 있기 전까지는 이 선들 중에서 에머네이션의 스펙트럼에 속한다고 확인하거나 파장을 정확히 측정하는 것

33) 피커링(Edward Charles Pickering, 1846~1919)은 미국의 천문학자로 하버드 대학 천문대장을 지냈으며 45,000개 이상의 항성의 스펙트럼을 관찰하여 국제적 기준을 세웠다.

이 어려워 보였다.

그럼에도 불구하고 이 결과는, 우리가 이미 본 것처럼, 에머네이션이 화학적으로 관련이 깊은 아르곤 족 기체와 같은 일반적인 성질의 뚜렷하면서도 새로운 스펙트럼을 갖는다는 것을 보여주기 때문에 매우 흥미롭다.

결과의 요약

174.

방사능을 갖는 에머네이션이 무엇인지에 대한 조사는, 그래서 다음과 같은 결과에 도달하였다. 방사성 원소인 토륨, 라듐 그리고 악티늄은 그들 자체로부터 어떤 조건에서도 변하지 않는 일정한 비율로 방사능을 갖는 에머네이션을 끊임없이 생성한다. 일부 경우에서 에머네이션은 방사성 화합물로부터 주위의 기체로 끊임없이 확산되며, 다른 경우에서는, 에머네이션이 생성된 물질로부터 벗어나지 못하지만, 갇혀 있다가 단지 용액이 되거나 열을 가해야만 방출될 수가 있다.

에머네이션은 방사능을 갖는 기체의 모든 성질을 갖는다. 에머네이션은 기체와 액체 그리고 다공성(多孔性) 물질을 통해 확산되며, 일부 고체에는 갇혀 있을 수 있다. 압력과 부피 그리고 온도가 다른 여러 조건 아래서, 에머네이션은 기체에 적용되는 것과 같은 법칙을 따라서 기체와 동일한 방법으로 분포된다.

에머네이션은 극저온(極低溫)의 영향 아래서 응결하는 중요한 성질도 가지며, 응결을 이용하여 에머네이션이 섞여 있는 기체로부터 에머네이션만 분리할 수도 있다. 에머네이션에서 나오는 방사선은 본성(本性)이 입자이며, 매우 빠른 속도로 튀어나오는 양전하로 대전된 입자들의 흐름으로 구성된다.

에머네이션은 화학적으로는 불활성의 성질을 가지며, 그런 점에서 아르곤족의 기체와 비슷하다. 에머네이션은 극미량(極微量)씩 생성되지만, 라듐 에머네이션은 그 부피와 스펙트럼을 결정할 수 있을 정도로 충분한 양이 구해진다. 에머네이션이 확산되는 비율에 대해서는, 토륨 에머네이션과 라듐 에머네이션 모두 분자량이 매우 큰 기체처럼 행동한다.

이러한 에머네이션들이 검출되었으며, 에머네이션이 가지고 있는 특별한 성질의 방사선을 방출하는 성질을 이용하여 에머네이션의 성질을 조사하였다. 에머네이션이 방출하는 방사선은 모두가 α 선으로, 즉 질량이 수소 원자의 약 두 배인 양전하를 띠고 매우 빠른 속도로 튀어나오는 입자로 구성되어 있다. 에머네이션은 변함없이 방사선을 내보내는 성질은 갖지 않고, 방사선의 세기는 시간이 흐름에 따라 지수법칙을 따라 감소하여, 악티늄으로부터는 4초 만에, 토륨으로부터는 1분 만에, 그리고 라듐으로부터는 약 4일 만에 처음 값의 절반으로 줄어든다. 방사능이 붕괴하는 법칙은 어떤 물리적 또는 화학적 요인에 의해서도 영향을 받지 않는 것처럼 보인다.

에머네이션 입자는 서서히 부서지며, 각 입자는 부서지면서 대전된 물체를 내보낸다. 에머네이션은 방사선을 방출한 다음에는 똑같은 상태로 존재하지 못하고 새로운 종류의 물질로 변환되고, 그것은 물체의 표면에 침전되어 들뜬 방사능 현상을 발생시킨다. 다음 장에서는 이 마지막 성질에 대해서, 그리고 에머네이션과 그 마지막 성질 사이의 관계에 대해서 자세히 논의한다.

제7장 미주

i. Owens, *Phil. Mag.* p. 360, Oct. 1899.
ii. Rutherford, *Phil. Mag.* p. 1, Jan. 1900.
iii. Rossinol and Gimingham, *Phil. Mag.* July, 1904.
iv. Bronson, *Amer. Journ. Science*, Feb. 1905.
v. McClelland, *Phil. Mag.* April, 1904.
vi. Dorn, *Abh. der. Naturforsch. Ges. für Halle-a-S.*, 1900.
vii. P. Curie, *C. R.* 135, p. 857, 1902.
viii. Rutherford and Soddy, *Phil. Mag.* April, 1903.
ix. P. Curie, *C. R.* 136, p. 223, 1903.
x. Debierne, *C. R.* 136, p. 146, 1903.
xi. Giesel, *Ber. D. Deutsch. Chem. Ges.* p. 3608, 1902.
xii. Curie and Debierne, *C. R.* 132, pp. 548 and 768, 1901.
xiii. Curie and Debierne, *C. R.* 133, p. 931, 1901.
xiv. Rutherford and Soddy, *Trans. Chem. Soc.* p. 321, 1902. *Phil. Mag.* Sept. 1902.
xv. Rutherford, *Phys. Zeit.* 2, p. 429, 1901.
xvi. Rutherford and Soddy, *Phil. Mag.* Nov. 1902.
xvii. Rutherford and Soddy, *Phil. Mag.* April, 1903.
xviii. Rutherford and Soddy, *Phil. Mag.* Nov. 1902.
xix. Rutherford and Soddy, *Phil. Mag.* April, 1903.
xx. Curie and Debierne, *C. R.* 133, p. 931, 1901.
xxi. Rutherford and Soddy, *Phil. Mag.* Nov. 1902.
xxii. Ramsay and Soddy, *Proc. Roy. Soc.* 72, p. 204, 1903.
xxiii. Rutherford and Miss Brooks, *Trans. Roy. Soc.* Canada 1901, *Chem. News* 1902.
xxiv. Loschmidt, *Sitzungsber. d. Wien. Akad.* 61, II. p. 367, 1871.
xxv. 다음 논문을 보라. Stefan, *Sitzungsber. d. Wien. Akad.* 63, II. p. 82, 1871.
xxvi. P. Curie and Danne, *C. R.* 136, p. 1314, 1903.
xxvii. Bumstead and Wheeler, *Amer. Jour. Science*, Feb. 1904.
xxviii. Makower, *Phil. Mag.* Jan. 1905.
xxix. Wallstabe, *Phys. Zeit.* 4, p. 721, 1903.
xxx. Stefan, *Wien. Ber.* 2, p. 371, 1878.
xxxi. Rutherford and Soddy, *Phil. Mag.* Nov. 1902.
xxxii. Rutherford and Soddy, *Phil. Mag.* May, 1903.
xxxiii. P Curie, Société de Physique, 1903.
xxxiv. Rutherford and Soddy, *Phil. Mag.* May, 1903.
xxxv. *Nature*, Aug. 20, 1903.
xxxvi. Ramsay and Soddy, *Proc. Roy.* Soc. 73, No. 494, p. 346, 1904.
xxxvii. Ramsay and Collie, *Proc. Roy.* Soc. 73, No. 495, p. 470, 1904.
xxxviii. Pickering, *Astrophys. Journ.* Vol. 14, p. 368, 1901.

제8장

들뜬 방사능

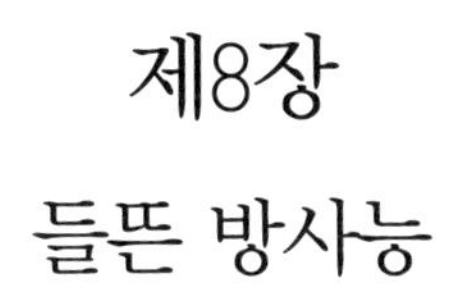

175. 들뜬 방사능

토륨과 라듐 그리고 악티늄의 성질 중에서 가장 흥미롭고 놀라운 것은 주위의 모든 물체에 일시적인 방사능을 "들뜨게 만드는" 또는 "유발시키는" 능력이다. 라듐 또는 토륨이 존재하는 곳에 얼마 동안 노출된 물질은 마치 그 표면이 강한 방사성 물질로 된 보이지 않는 침전물로 덮인 것처럼 행동한다. 들뜬 물체는 사진건판을 감광시키고 기체를 이온화시킬 수 있는 방사선을 방출한다. 그렇지만 방사성 원소 자체와는 다르게, 그 물체를 들뜨게 만든 방사성 물질의 영향으로부터 벗어나면 그 물체의 방사능은 일정하게 유지되지 않고 시간이 흐르면 줄어든다. 라듐 때문에 생긴 방사능은 몇 시간 동안 계속되고 토륨 때문에 생긴 방사능은 며칠 동안 계속된다.

이 성질은 라듐에 대해서는 퀴리 부부[i]가 최초로 관찰했으며, 토륨에 대해서는 그들과 독립적으로 이 책의 저자[ii]가 최초로 관찰했다.[iii]

만일 어떤 고체 형태의 물체라도 에머네이션을 발생시키는 토륨 화합물

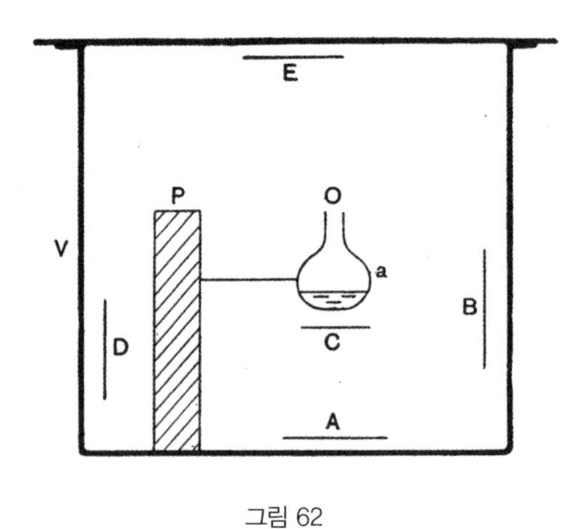

그림 62

또는 라듐 화합물이 들어 있는 밀폐된 용기에 집어넣으면, 그 표면이 방사능을 띠게 된다. 토륨 화합물의 경우, 물체에 유도되는 들뜬 방사능의 양은 일반적으로 그 물체가 방사성 물질에 더 가까울수록 더 크다. 그렇지만 라듐의 경우에는, 물체가 여러 시간 동안 방사능에 노출되었다는 조건 아래서, 들뜬 방사능의 양은 대체적으로 방사성 물질을 포함하고 있는 용기 내에서 물체가 차지하는 위치에는 영향을 받지 않았다. 물체들은 방사성 물질의 작용에 직접 노출되거나 직접 쪼이는 방사선을 스크린으로 가리거나에 상관없이 방사능을 띠었다. 이것은 P. 퀴리가 수행한 일부 실험에 의해 분명하게 증명되었다. (그림 62에서) 라듐 용액을 포함하고 있는 열린 작은 용기 a가 더 큰 밀폐된 용기 V 내부에 놓여 있다.

용기 내부의 여러 위치에 판 A, B, C, D, E가 놓여 있다. 하루 동안 노출된 다음에 가지고 나온 이 판들은, 심지어 방사선이 직접 작용하는 것으로부터 완전히 차단된 위치에 있더라도, 방사능을 띠는 것이 관찰되었다. 예를 들어, 납으로 만든 판 P에 의해서 방사선이 직접 쪼이는 것으로부터 차단된 판 D가 방사선에 직접 노출된 판 E와 마찬가지로 방사능을 띤다. 정해진 시간 동안에 정해진 위치에서 정해진 넓이의 판에 생성되는 방사능의 양은 그 판을 만든 물질과는 상관없이 결정된다. 운모(雲母), 황동, 판지(板紙), 에보나이트로 만든 판들이 모두 다 같은 양의 방사능을 띤다. 방사능의 양은 판의 넓이에 의존하고 판 주위에 빈 공간의 양에 의존한다. 들뜬 방사능은 에머네이션을 내는 화합물의 작용 아래 노출되면 물속에서도 역시 생성된다.

176. 음극(陰極)에 생긴 들뜬 방사능의 농도

토륨 또는 라듐을 밀폐된 용기에 넣어두면, 그 용기의 안쪽 전체 표면은 모두 다 강한 방사능을 띤다. 그런데 강한 전기장을 가하면 방사능이 전적으로

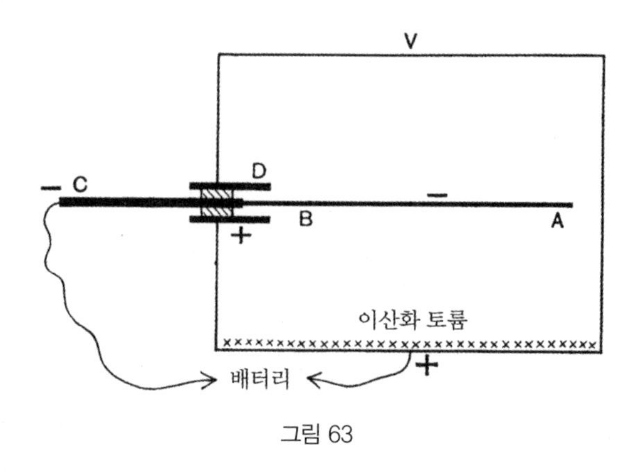

그림 63

음극에 한정된다는 것을 이 책의 저자가 발견하였다. 장치를 적절하게 배열하면, 전에는 용기의 전체 표면에 분포되어 있었던 들뜬 방사능 모두가 용기 내부의 작은 음극에 모두 밀집되어 있도록 만들 수가 있다. 그런 목적을 위한 실험 장치가 그림 63에 나와 있다.

많은 양의 산화토륨이 담긴 금속 용기 V를 기전력이 약 300볼트인 배터리의 양극에 연결한다. 방사능을 띠게 만들 예정인 도선 AB가 용기의 옆면에 고정된 짧은 원통 D 내부에서 에보나이트 막대를 통과한 튼튼한 막대 BC에 단단히 연결되어 있다. 이 막대는 배터리의 음극에 연결되어 있다. 이런 방법으로 도선 AB는 음전하를 대전하며 전기장에 노출된 유일한 도체이며, 들뜬 방사능은 모두 다 이 막대에 모여 있는 것이 관찰되었다.

이런 방법으로 짧고 가는 금속 도선의 단위 넓이당 방사능이 원래 들뜬 방사능의 원인인 산화토륨보다 10,000배 이상 더 세게 만드는 것이 가능하다. 같은 방법으로, 라듐이 원인인 들뜬 방사능도 주로 음극(陰極)에 농축되게 만들 수도 있다. 토륨의 경우에, 만일 중앙에 놓인 도선이 양전하로 대전된다면, 방사능이 눈에 띌 만큼 생기지 않는다. 그렇지만 라듐을 이용하면 양전하로 대전된 물체도 약간 방사능을 띤다. 대부분의 경우에, 양극(陽極)에 생성된 방사능의 양은 그 물체가 음전하로 대전된 때에 해당하는 양에 비하여 5%보다 더 많지 않다. 토륨과 라듐 모두에 대하여, 같은 크기의 전극에 생기는 들뜬 방사능의 양은 그 전극을 만든 물질에는 영향을 받지 않는다.

금속은 모두 다 노출 시간이 같으면 같은 정도의 방사능을 띤다. 전기장이 작용하지 않을 때는, 운모(雲母)나 유리와 같은 절연체에 생성되는 방사능의 양이 같은 크기의 도체에 생성되는 방사능의 양과 같다.

177. 에머네이션과 들뜬 방사능 사이의 관계

들뜬 방사능이 생성되는 조건에 대해 조사한 결과 에머네이션과 들뜬 방사능 사이에는 긴밀한 관계가 존재한다. 만일 토륨 화합물을 α선은 차단하지만 에머네이션은 통과시키도록 몇 겹의 종이로 덮으면, 그 위 공간에서 여전히 들뜬 방사능이 생성된다. 만일 방사성 물질의 겉면을 얇은 운모판으로 덮어서 에머네이션이 새어나가지 못하도록 막으면, 그 바깥에서는 들뜬 방사능이 생성되지 않는다. 에머네이션을 방출하지 않는 우라늄이나 폴로늄은 다른 물체에 들뜬 방사능을 생성시킬 수가 없다. 단지 에머네이션이 존재해야만 들뜬 방사능이 생성되는 것이 아니라, 들뜬 방사능의 양은 항상 존재하는 에머네이션의 양에 비례한다. 예를 들어, 에머네이션을 내보내지 않는 산화토륨은 보통 산화토륨에 비하여 훨씬 적은 들뜬 방사능을 생성한다. 모든 경우에, 생성된 들뜬 방사능의 양은 에미네이션 방출능에 비례한다. 에머네이션은 전기장을 지나면서 방사선 방출능이 감소하는 것과 같은 비율로 방사능을 들뜨게 만드는 성질을 잃는다. 이 사실은 다음 실험에 의해 증명되었다.

기체 탱크에서 나오는 천천히 일정하게 흐르는 공기의 흐름이 탈지면을 통과하면서 먼지가 제거되고 길이가 70 cm인 직사각형 모양의 나무로 만든 관을 통과한다. 그 관에는 일정한 간격으로 네 개의 동일한 절연된 금속판 A, B, C, D를 놓는다. 기전력이 300볼트인 배터리의 양극(陽極)이 관의 맨 아래 부분에 설치된 금속판과 연결되었으며, 배터리의 음극(陰極)은 네 개의 절연된 금속판과 연결되었다. 산화토륨 덩어리를 판 A의 아래쪽 관의 맨 아래 부분에 놓았으며, 에머네이션에 의한 전류를 네 개의 판 각각에서 측정했다. 관을 통해서 매초 0.2 cm의 공기 흐름을 7시간 동안 흘려 들여보낸 다음에 그 판들이 제거되었고 그 판들에 생성된 들뜬 방사능의 양을 전기적 방법에 의해 조사하였다. 다음과 같은 결과를 얻었다.

	에머네이션이 원인인 상대 전류	상대 들뜬 방사능
판 A	1	1
판 B	0.55	0.43
판 C	0.18	0.16
판 D	0.072	0.061

이와 같이, 들뜬 방사능의 양은 측정 오차 내에서 에머네이션으로부터 나오는 방사선, 즉 존재하는 에머네이션의 양에 비례한다. 라듐 에머네이션에서도 똑같은 이야기가 성립한다. 라듐의 경우에는 방사능 손실이 느리게 일어나기 때문에 가스 저장소에서 에머네이션이 공기와 오랜 기간 동안 혼합되어 저장될 수가 있으며, 그 효과는 그 에머네이션을 생성한 방사성 물질과는 상당히 독립적으로 조사되었다. 에머네이션에 의해 생성된 들뜬 방사능이 원인으로 만들어진 이온화 전류는 항상 한 달 또는 그보다 더 긴 기간 동안 에머네이션이 원인인 전류와 비례하며, 그래서 들뜬 방사능은 전위계를 이용하여 편리하게 측정될 정도로 충분히 크다.

만일 그 기간 중에서 어떤 순간에 에머네이션의 일부를 새로운 조사용 용기로 옮긴다면, 이온화 전류는 즉시 증가하기 시작하여 너덧 시간 만에 원래 값의 약 두 배 정도로 커진다. 전류의 이러한 증가는 에머네이션이 들어 있는 용기의 벽에 생성된 들뜬 방사능에 의한 것이다. 에머네이션을 내보내면 들뜬 방사능만 뒤에 남아서 즉시 붕괴되기 시작한다. 발생한 지 얼마나 오래되었는지와는 관계없이, 에머네이션은 여전히 들뜬 방사능을 발생시키는 성질을 갖고 있으며, 항상 에머네이션의 방사능에 비례한 양만큼, 즉 존재하는 에머네이션의 양만큼 들뜬 방사능을 생성한다.

이 결과는 방사능이 없는 물질에 방사능을 들뜨게 하는 능력은 방사성 에머네이션이 지닌 성질이며, 그 능력은 존재하는 에머네이션의 양에 비례하는 것을 보여준다.

들뜬 방사능 현상을 에머네이션에서 나오는 방사선이 물체 표면에서 만들어내는 일종의 인광(燐光)에 속한다고 할 수는 없다. 왜냐하면 에머네이션을 내보내는 방사성 물질에서 나오는 방사선을 음극으로부터 차단시키더라도, 방사능은 강한 전기장 내에서 음극에 집중될 수가 있음이 밝혀졌기 때문이다. 들뜬 방사능의 양은 기체와 혼합된 에머네이션에 의해 발생한 이온화와 어떤 방법으로도 관계되는 것처럼 보이지 않는다. 예를 들어, 만일 밀폐된 용기를 절연된 두 큰 평행판과 함께 만들고, 그중 아래쪽 판에 한 겹의 산화토륨을 펼쳐놓는다면, 위쪽 판을 음극(陰極)으로 대전시킬 때 위쪽 판에 생기는 들뜬 방사능의 양은 두 판 사이의 거리를 1밀리미터에서 2센티미터 사이에서 변화시키더라도 두 판 사이의 거리에 전혀 영향을 받지 않는다. 이 실험은 들뜬 방사능의 양이 단지 산화토륨에서 방출된 에머네이션의 양에만 의존함을 보여준다. 왜냐하면 두 판 사이의 거리가 2센티미터일 때 발생하는 이온화가 그 거리가 1밀리미터일 때 발생하는 이온화의 약 10배이기 때문이다.

178.

만일 백금 선을 산화토륨의 에머네이션에 노출시켜서 방사능을 띠게 만들면, 그 백금 선을 특정한 산(酸)으로 처리하여 그 방사능을 제거할 수 있다.[iv] 예를 들어, 그 백금 선을 뜨거운 물이나 찬 물 또는 질산에 담그더라도 방사능은 크게 바뀌지 않지만, 묽거나 진한 황산 용액이나 염산 용액에 담그면 방사능의 80 % 이상이 제거된다. 이런 처리법으로 방사능이 없어지는 것이 아니라 용액 내부에서 방사능이 분명하게 드러난다. 만일 용액을 증발시키면 방사능은 접시 위에 남게 된다.

이 결과는 들뜬 방사능이 산에 녹인 용액에서 분명한 성질을 갖는 방사성 물질로 된 물체의 표면에 생긴 침전물에 기인(基因)함을 보여준다. 방사성 물질은 몇 가지 산에 녹는데, 그 용액이 증발된 뒤에 방사성 물질은 그대로 남는다. 이 방사성 물질은 물체의 표면에 침전되는데, 왜냐하면 천으로 물체의 표면을 비비면 방사성 물질이 부분적으로 제거되고 판을 사포(砂布) 또는 사지(沙紙)로 문지르면 거의 완전히 제거될 수 있기 때문이다. 만일 라듐 에머네이션이 대량(大量)으로 존재하는 곳에 음전하로 대전된 도선을 놓는다면, 그 도선은 강력한 방사능을 띤다. 만일 도선을 그곳에서 가지고 나와서 황화아연 또는 규산아연광을 바른 스크린에 가로질러 지나가게 하면, 방사성 물질 중 일부가 떨어져 나오고 스크린에는 빛이 나는 자국이 남는다. 침전된 방사성 물질의 양은 지극히 미량(微量)인데, 왜냐하면 방사능이 아주 강하게 침전된 백금 선에서 무게의 변화를 조금도 측정할 수가 없기 때문이다. 그 도선을 현미경 아래서 조사하더라도 다른 물질의 흔적이 조금도 관찰되지 않는다. 이런 결과로부터 들뜬 방사능의 원인이 되는 물질은 라듐 자체보다 무게 대 무게로 방사능이 수천 배 더 강하다.

이 방사성 물질에 대해 새로운 이름을 지정하는 것이 편리하다. 왜냐하면

"들뜬 방사능"이란 용어는 단지 방사성 물질에서 유래한 방사선을 가리킬 뿐이지 그 물질 자체는 가리키지 않기 때문이다. 일반적으로 그 물질을 부를 때는 "방사능 침전물"이라는 용어가 적용될 것이다. 토륨과 라듐 그리고 악티늄의 세 가지 물질에서 나오는 방사능 침전물은 각 경우마다 대응하는 에머네이션으로부터 유래하며, 전기장에 놓인 음전하로 대전된 전극의 침전물이 갖는, 그리고 기체에서 물체의 표면에 침전되는 비휘발성 물질이 갖는 일반적인 성질과 같은 성질을 갖는다. 이 방사능 침전물들은 모두 강한 산에 녹는다는 공통점도 갖지만, 화학적으로는 서로 분명하게 구분된다.

그렇지만 "방사능 침전물"이라는 용어는 단지 그 물질 전체에 대해 언급할 때만 적용할 수가 있다. 왜냐하면, 나중에 밝혀지겠지만, 보통 조건 아래서 그 물질은 복잡하며 뚜렷이 구분되는 서로 다른 물리적 성질과 화학적 성질을 가질 뿐 아니라 또한 서로 다른 붕괴 비율을 갖는 몇 가지 성분을 포함하기 때문이다. 앞의 136절에서 소개한 이론에 따르면, 토륨과 라듐 그리고 악티늄의 에머네이션은 불안정하고 α 입자를 방출하며 쪼개진다고 가정할 수 있다. 에머네이션 원자에서 α 입자가 나가고 남은 부분은 용기의 옆면을 향해 확산되거나 전기장에서 음극 쪽으로 옮겨간다. 이 방사능 침전물도 결국 불안정해지고 연달아 일어나는 몇 단계에 걸쳐서 쪼개진다.

엄밀한 의미의 "들뜬 방사능"은 방사능 침전물의 내부에서 일어나는 변화의 결과로 형성되는 방사선이다. 이런 견해에 따르면, 마치 Th X가 에머네이션의 원인인 것과 같은 의미로 에머네이션이 방사능 침전물의 원인이다. 만일 한 물질이 다른 물질의 원인이라면, 에머네이션의 방사능과 에머네이션이 원인이 된 들뜬 방사능 사이에 항상 성립하는 비례 관계는 간단히 설명된다.

179. 토륨에 의해 생성된 들뜬 방사능의 붕괴

토륨의 에머네이션에 오랫동안 노출된 물체에 생성되는 들뜬 방사능은 시간에 대해 지수법칙에 따라 붕괴하여, 약 11시간이 지난 뒤에는 처음 값의 절반으로 떨어진다. 아래 표는 황동 막대에 생성된 들뜬 방사능이 붕괴하는 비율을 보여준다.

흐른 시간(단위, 시간)	전류
0	100
7.9	64
11.8	47.4
23.4	19.6
29.2	13.8
32.6	10.3
49.2	3.7
62.1	1.86
71.4	0.86

이 결과를 그래프로 표현하면 그림 64의 곡선 A와 같다.

임의의 시간 t가 지난 뒤에 방사선의 세기 I는 $\frac{I}{I_0} = e^{-\lambda t}$로 주어지는데, 여기서 λ는 방사능 상수이다.

다른 방사능 생성물의 방사능이 붕괴하는 비율과 마찬가지로, 들뜬 방사능이 붕괴하는 비율도 조건이 달라진다고 해서 별 영향을 받지 않는다. 들뜬 방사능이 붕괴하는 비율은 들뜬 방사능의 농도와 무관하며, 들뜬 방사능이 생성된 물체를 구성하는 물질의 종류와도 무관하다. 들뜬 방사능이 붕괴하는 비율은 주위 기체의 성질이나 압력에도 역시 무관하다. 들뜬 방사능이 붕괴하는 비율은 전기장이 있는 곳의 물체에서 생성되건, 전기장이 없는 곳의 물체에서 생성되건 변하지 않는다.

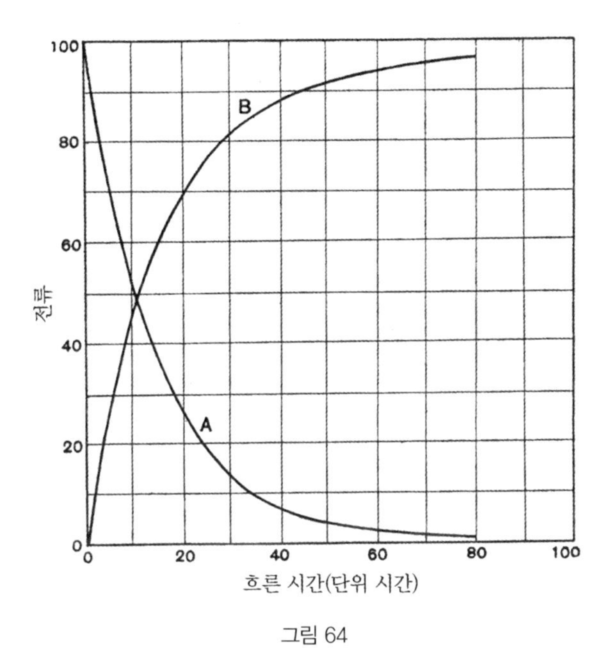

그림 64

물체에 생성된 들뜬 방사능의 양은 처음에는 시간과 함께 증가하지만, 며칠 동안 노출된 다음에는 최댓값에 도달한다. 그런 결과의 예가 다음 표에 나와 있다. 이 실험에서 이산화토륨을 포함하고 있는 밀폐된 용기 내부에서 막대가 음극(陰極) 역할을 한다. 이 막대는 정해진 기간마다 막대의 방사능을 측정하는 데 필요한 짧은 시간 동안 꺼냈다가 되돌려놓았다.

흐른 시간(단위, 시간)	전류
1.58	6.3
3.25	10.5
5.83	29
9.83	40
14.00	59

23.41	77
29.83	83
47.00	90
72.50	95
96.00	100

이 결과를 그래프로 표현하면 그림 64의 곡선 B와 같다. 붕괴 곡선과 회복 곡선은 근사적으로 다음 식에 의해 대표될 수 있음이 알려졌다.

붕괴 곡선 A에 대한 식 $\frac{I}{I_0} = e^{-\lambda t}$

회복 곡선 B에 대한 식 $\frac{I}{I_0} = 1 - e^{-\lambda t}$

이와 같이 두 곡선은 서로에 대해 보완적이다. 이 두 곡선은 Ur X의 붕괴 곡선과 회복 곡선이 연결된 것과 똑같은 방법으로 연결되며, 이 두 곡선을 설명하는 것과 Ur X의 붕괴 곡선과 회복 곡선을 설명하는 것이 비슷하다.

새로 만들어지는 방사능 입자들이 공급되는 비율과 이미 침전되어 있는 방사능 입자들이 변화하는 비율이 같아질 때 들뜬 방사능의 양은 최댓값에 도달한다.

180. 짧은 노출에 의해 생성되는 들뜬 방사능

그림 64의 회복 곡선 B의 처음 시작 부분은 위에 쓴 식에 의해 정확하게 대표되지 않는다. 처음 몇 시간 동안에는 방사능이 그 식으로부터 예상하는 것보다 더 느리게 증가한다. 그렇지만 이 결과는 더 나중에 나온 결과에 의해서 완벽하게 설명된다. 이 책의 저자는 물체를 토륨 에머네이션에 짧은 시간 동안 노출시키면, 토륨 에머네이션을 제거한 뒤에 물체에 생성된 들뜬 방사능은, 즉시 정상적인 비율로 붕괴하는 대신에, 몇 시간 동안은 오히려 더 증가하는 것을 발견하였다.[v] 일부 경우에는 물체의 방사능이 몇 시간 만에 원래 값

의 세 배에서 네 배까지 증가한 다음에 시간에 대해 정상적인 비율로 붕괴하였다.

에머네이션에 41분 동안 노출한 경우, 에머네이션을 제거한 후에 들뜬 방사능은 약 세 시간 만에 처음 값의 세 배로 커졌으며, 그다음에는 다시 정상 비율과 가까운 비율로 떨어져서 11시간이 지난 뒤에는 원래 값의 절반에 도달하였다.

에머네이션에 더 오래 노출되면, 에머네이션을 제거한 뒤에 증가하는 비율은 훨씬 덜 두드러진다. 하루 동안 노출시킨 경우에는, 에머네이션을 제거시키면 방사능이 즉시 줄어들기 시작하였다. 이 경우에는, 마지막 몇 시간 동안 침전된 물질의 방사능이 증가한 양은 방사성 물질 전체의 방사능이 감소

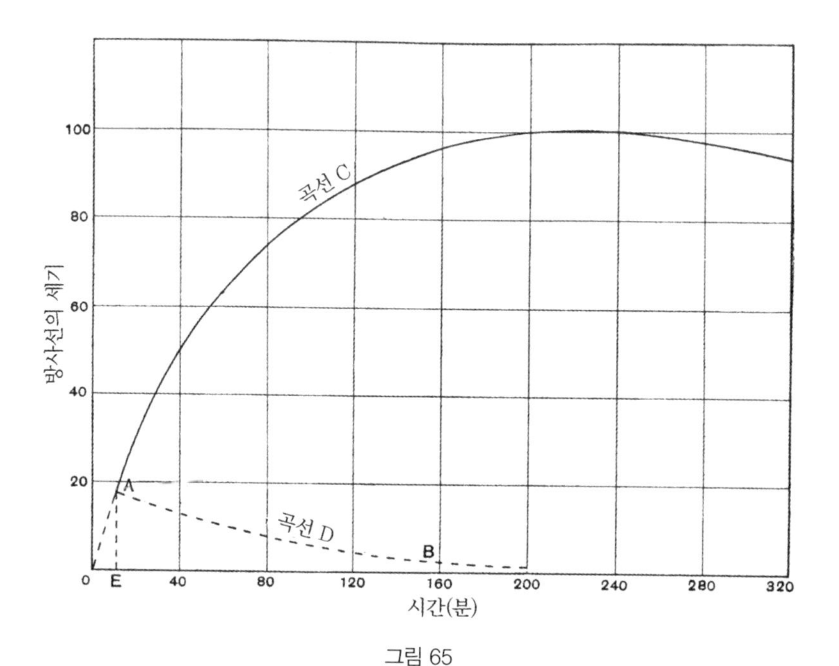

그림 65

한 양을 충당하지 못하며, 결과적으로 방사능은 즉시 붕괴하기 시작한다. 시간에 대해 방사능이 이렇게 증가하는 것이 회복 곡선의 처음에서 관찰되는 불규칙성이 어떻게 일어나게 된 것인지를 설명해주는데, 그 이유는 처음 몇 시간 동안에 침전된 방사성 물질이 최대 방사능에 도달할 때까지 어느 정도의 시간이 필요하며, 결과적으로 처음 방사능이 식으로부터 예상되는 것보다 더 작기 때문이다.

브룩스 양이 토륨 에머네이션이 존재하는 곳에서 짧은 시간 동안 노출된 막대에서 증가한 방사능에 대해 더 자세히 조사하였다. 그림 65의 곡선 C는 먼지가 없는 공기가 채워진 에머네이션 용기에서 10분 동안 노출된 황동 막대의 방사능이 시간에 대해 어떻게 변하는지를 보여준다. 에머네이션을 제거한 다음에 들뜬 방사능은 3.7시간 동안에 처음 값의 다섯 배로 증가하였으며, 그다음에는 정상적인 비율로 붕괴하였다. 점선인 곡선 D는 만일 방사능이 시간에 대해 지수법칙으로 붕괴한다면 예상되는 방사능의 변화를 대표한다. 이런 놀라운 작용에 대한 설명은 207절에서 자세히 고려될 예정이다.

181. 들뜬 방사능의 분포에 미치는 먼지의 영향

캐번디시 연구소에서 연구하던 브룩스 양은 토륨 에머네이션이 원인이 된 들뜬 방사능이 어떤 경우에는 전기장 내의 양극(陽極)에도 나타나며, 그렇게 나타난 들뜬 방사능의 분포는 겉으로 보기에 전혀 예측할 수 없는 방식으로 변하는 것을 관찰하였다.[vi] 이 효과가 결국 규명되었는데, 에머네이션 용기의 공기에 먼지가 존재하기 때문이었다. 예를 들어, 5분 동안 노출한 경우에 막대에서 관찰되는 들뜬 방사능의 양은 그 전에 에머네이션 용기 내부에서 공기가 교란되지 않고 유지된 시간에 의존하는 것이 관찰되었다. 이 효과는 지속된 시간에 따라 증가했으며, 약 18시간이 지난 뒤에 최댓값이 되었다.

그런 경우에 막대에서 구한 들뜬 방사능의 양은 신선한 공기가 들어온 경우에 관찰된 양에 비해 20배가 더 컸다. 이 막대의 방사능은 에머네이션을 제거한 뒤에도 증가하지 않았지만, 신선한 공기가 들어온 경우에는 5분 동안 노출시킨 다음에 들뜬 방사능이 처음 값의 다섯 배에서 여섯 배가 증가하였다.

물체를 넣었을 때 방사능을 띠게 만드는 용기의 공기에 포함된 먼지 입자들의 존재가 이런 비정상적인 행동의 원인임이 밝혀졌다. 이런 먼지 입자들이 에머네이션이 포함된 용기에 갇힐 때 방사능을 띠게 된다. 음(陰)으로 대전된 막대를 용기 속에 집어넣으면, 방사능을 띤 먼지의 일부가 막대 표면에 침전하며, 이렇게 침전된 방사능이 도선에 생성된 정상적인 방사능에 더해진다. 용기 내의 공기를 충분히 긴 시간 동안 건드리지 않고 가만히 놓아두어서, 먼지 입자들 하나하나가 방사능의 평형 상태에 도달하면, 전기장을 가할 때, 양(陽)으로 대전된 먼지 입자들은 모두 다 즉시 음극 쪽으로 이동하게 될 것이다. 도선에 침전된 먼지 입자의 방사능의 붕괴는 도선에서 생성된 정상적인 방사능의 초기 증가를 가리기 때문에, 전극(電極)의 방사능은 즉시 붕괴하기 시작한다.

방사능을 띤 먼지의 일부는 양극(陽極)으로도 역시 이동하며, 공기를 교란시키지 않은 시간이 오래될수록 양극으로 이동하는 방사능을 띤 먼지의 비율은 증가한다. 양극으로 간 방사능을 띤 먼지의 양의 최댓값은 음극으로 간 방사능을 띤 먼지의 양의 최댓값의 약 60 %였다.

유리솜으로 만든 마개를 통과시키거나 강력한 전기장을 긴 시간 동안 작용해서 먼지를 모두 제거한 공기를 이용하면 그러한 비정상적인 효과가 관찰되지 않는 것이 발견되었다.

182. 라듐에서 생성된 들뜬 방사능의 붕괴

라듐 에머네이션에 노출된 물체에 생성된 들뜬 방사능은 토륨에 의해 생성된 들뜬 방사능보다 훨씬 더 신속하게 붕괴한다. 라듐 에머네이션에 짧은 시간 동안 노출시킨 경우에 붕괴 곡선은 매우 불규칙적이다. 그 결과가 그림 66에 나와 있다.[vii]

α선에 의해 측정된 방사선의 세기는 노출을 중지한 다음 처음 10분 동안은 신속하게 감소하지만 노출을 중지한 다음 약 15분이 지난 다음에는 그 뒤 약 20분 동안에 걸쳐서 방사선의 세기가 거의 일정한 값을 유지하는 것이 관찰되었다. 그다음에는 방사능의 세기가 결국 지수법칙을 따르며 0에 이르기

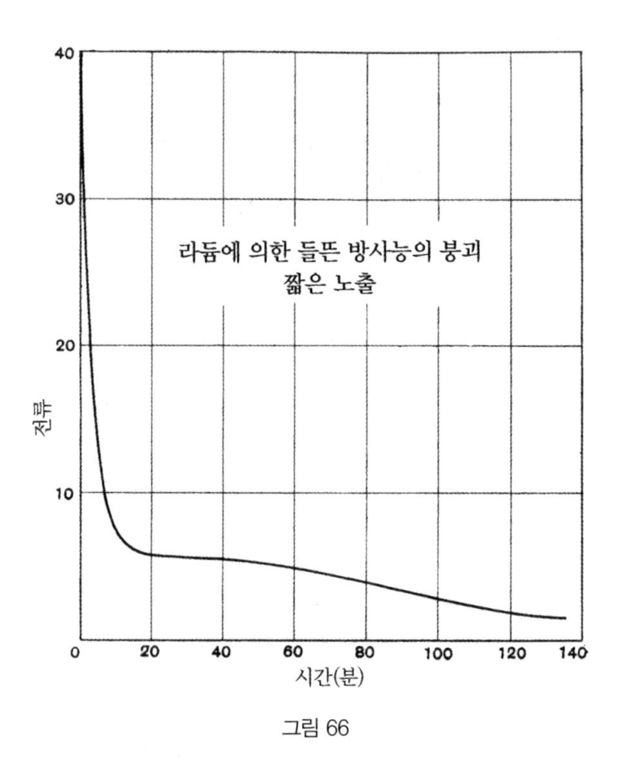

그림 66

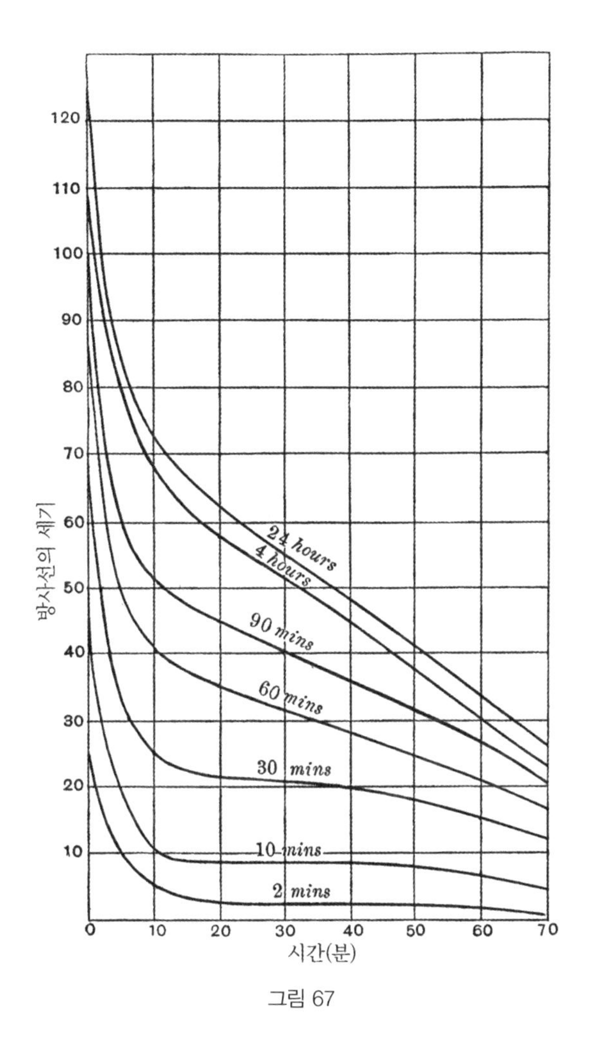

그림 67

까지 붕괴했는데, 방사능의 세기는 약 28분 만에 처음 세기의 절반으로 떨어졌다. 노출 시간을 더 길게 한다고 해서 곡선이 더 불규칙해지지는 않았다.

최근에 브룩스 양은 노출 시간을 바꿔가면서 α 선을 측정하는 방법으로 라듐에 의한 들뜬 방사능의 붕괴 곡선을 결정하였다. 그 결과는 그림 67에 나와 있는데, 그 그림에서 처음 세로 좌표는 일정한 비율로 공급되는 에머네이션에 서로 다른 시간만큼 노출된 물체에 전달된 방사능을 대표한다. 모든 경우에 처음에는 방사능이 갑자기 감소하는데, 노출 시간이 길어질수록 감소하는 정도가 줄어드는 것을 볼 수가 있다. 노출을 중지한 뒤 여러 시간이 지나가면 모든 경우에 방사능은 지수법칙을 따라 감소하며 약 28분이 지나면 처음 값의 절반으로 떨어진다.

노출을 중지한 다음에 들뜬 방사능이 변화하는 곡선은 에머네이션에 노출된 시간에만 의존하는 것이 아니고 α선과 β선 그리고 γ선 중에서 어떤 것을 사용하여 측정하였는지에도 역시 의존한다. γ선에 대해 구한 곡선은 β선에 대해 구한 곡선과 똑같은데, 그것은 γ선과 β선이 항상 함께 그리고 항상 동

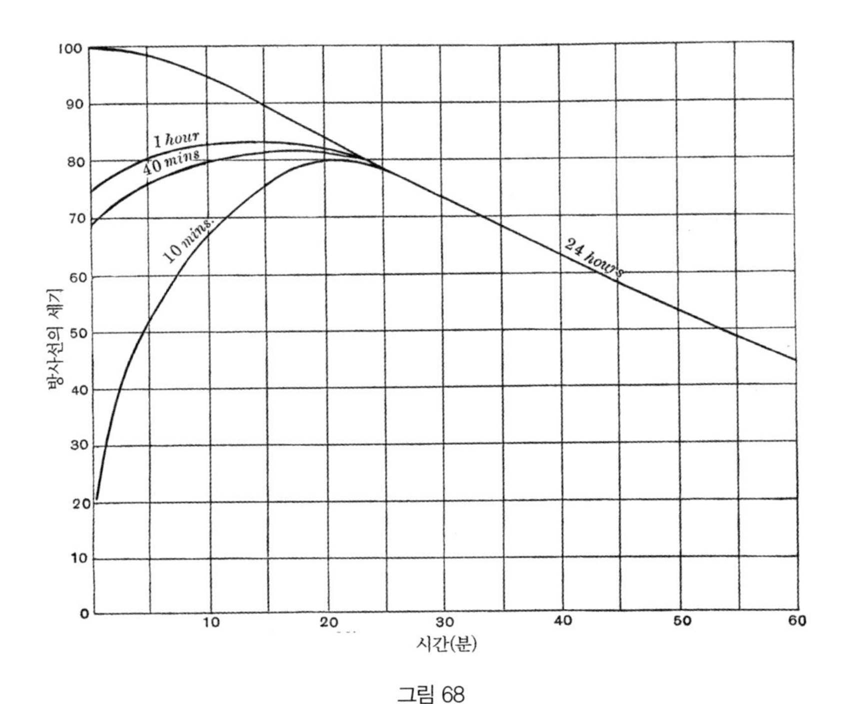

그림 68

일한 비율로 발생하는 것임을 보여준다. β선에 의해 측정된 곡선들은 서로 사이에 매우 다르며, 특히 에머네이션에 짧은 시간 동안 노출된 경우에 더 다르다. 그렇게 다르다는 사실은 그림 68에 분명히 나타나 있는데, 이 그림은 노출 시간이 10분, 40분, 1시간 그리고 극단적인 경우로 노출 시간이 24시간인 경우에 β선과 γ선에 의한 곡선들을 보여준다.

노출을 중지하고 약 25분이 지나면, 방사능은 모든 경우에 다 대략적으로 같은 비율로 붕괴한다. 표현을 편리하게 하도록 25분 뒤에는 각 경우가 모두 동일한 점을 지나도록 곡선의 세로축 값을 조정하였다. 우리는 나중에 (제11장에서) 노출을 중지한 다음에 여러 시간이 지나가기 전까지는 서로 다른 경우에 방사능이 붕괴하는 비율들이 아주 똑같아지지는 않음을 보게 될 것이다. 그러나 위에 그린 그림에서 약간의 변화를 표시하는 것은 쉽지 않다. 노출 시간이 10분으로 짧은 경우 β선에 의해 측정된 방사능이 처음에는 약 22분 만에 최댓값까지 올라가고, 그다음에는 시간이 흐르면 서서히 사라지는 것을 관찰할 수 있다. 노출 시간이 긴 경우에 β선에 의해 측정된 방사능의 붕괴 곡선은, α선에 의해 측정된 모든 방사능의 붕괴 곡선에서 발생하는 초기의 급격한 감소가 전혀 나타나지 않는다. 퀴리와 댄니[viii]는 라듐 에머네이션에 서로 다른 시간 동안 노출된 경우에 대해 들뜬 방사능의 붕괴 곡선을 조사하였는데, 그렇지만 그들은 α선에 의해 측정한 결과와 β선에 의해 측정한 결과가 아주 다른 붕괴 곡선을 그린다는 사실을 고려하지는 않았음이 분명하다. 그들의 논문에 포함된 곡선들 중에서 일부는 α선에 의해 측정되었고 다른 일부는 β선에 의해 측정되었다. 그럼에도 불구하고, 그들이 구한 붕괴 곡선은 오래 노출된 경우 (그것은 β선에 의해 측정된 곡선과 일치하는데) 경험적으로 다음과 같은 형태의 식

$$\frac{I_t}{I_0} = ae^{-\lambda_1 t} - (a-1)e^{-\lambda_2 t}$$

에 의해 표현될 수 있음을 보여주었는데, 여기서 I_0는 처음 세기이고, I_t는 임의의 시간 t가 지난 뒤의 세기이며, $\lambda_1 = \frac{1}{2,420}$, $\lambda_2 = \frac{1}{1,860}$이다. 여기서 얻은 상수 a의 값은 $a = 4.20$이다. 두 시간 반이 경과된 다음에, 로그 함수로 표현되는 붕괴 곡선이 거의 똑바른 직선이 되는데, 그것은 방사능이 시간에 대해 지수 함수 법칙에 따라 감소하며, 약 28분마다 세기가 절반으로 줄어든다는 의미이다.

이 식에 대한 충분한 설명 그리고 라듐의 들뜬 방사능이 보이는 여러 가지 붕괴 곡선의 특이 사항들에 대해서는 제11장에서 자세히 논의될 예정이다.

토륨으로부터 나오는 들뜬 방사능의 경우처럼, 라듐에서 나오는 들뜬 방사능이 붕괴하는 비율도 대부분 방사능을 띤 물체의 성질과는 아무런 관련이 없다. (앞에서 인용한 논문에서) 퀴리와 댄니는 방사능을 띤 물체가 주위의 물체에 들뜬 방사능을 유발시킬 수 있는 에머네이션 자체를 방출하는 것을 관찰하였다. 이 성질은 순식간에 사라졌으며, 방사능을 띤 물질을 제거하고 두 시간이 지나면 거의 남아 있지 않았다. 셀룰로이드와 천연 고무 같은 일부 물질에서는, 방사능의 붕괴가 금속과 비교하여 훨씬 더 느리게 진행된다. 이 효과는 에머네이션에 노출된 시간을 길게 하면 더 뚜렷해진다. 비슷한 효과가 납에서도 나타나지만, 그렇게 두드러지게 나타나지는 않는다. 방사능이 계속되는 동안에는, 이 물질들이 계속해서 에머네이션을 방출한다.

들뜬 방사능이 붕괴하는 비율이 실제로 바뀌기 때문에 이렇게 일반적인 법칙에서 벗어나기보다는 오히려 노출되는 시간 동안에 그런 물질들에 의해서 막혀서 에머네이션이 퍼지지 못하기 때문일 수도 있다. 노출이 시작된 뒤에는 에머네이션이 서서히 퍼져나가며, 그래서 이렇게 막힌 에머네이션에 의한 방사능과 에머네이션에 의해 생성된 들뜬 방사능이 시간이 흘러도 매우 느리게 붕괴한다.

183. 매우 느리게 붕괴하는 방사능 침전물

퀴리 부부[ix]는 라듐 에머네이션이 존재하는 곳에서 오랫동안 노출된 물체는 그 물체의 방사능을 모두 다 잃지는 않는다는 것을 확인하였다. 초기에는 들뜬 방사능이 정상적인 비율로 빠르게 붕괴하여 약 28분이 지나면 절반으로 감소하지만, 그들이 처음 방사능의 $\frac{1}{20,000}$ 정도라고 이야기하는, 여전히 남아 있는 방사능은 결코 없어지지 않는다. 기젤도 유사한 효과를 관찰하였다. 이 책의 저자는 그렇게 남아 있는 방사능이 어떻게 변하는지를 조사했는데, 여러 해가 지나가면 그 방사능이 증가하는 것을 발견하였다. 그 결과에 대해서는 제11장에서 자세히 논의된다. 제11장에서 서서히 변환하는 그런 방사능 침전물은 폴로늄과 방사성 텔루르 그리고 방사성 납에 존재하는 방사능 성분을 포함하고 있음을 보이게 될 것이다.

184. 악티늄에 의해 생성되는 들뜬 방사능

토륨 에머네이션이나 라듐 에머네이션과 마찬가지로 악티늄 에머네이션도 물체에 들뜬 방사능을 생성하며, 그 들뜬 방사능은 전기장 내에서 음극에 집중된다. 드비에르누[x]는 들뜬 방사능이 근사적으로 지수법칙에 의해 붕괴하여 41분이 지나면 절반 값으로 감소하는 것을 관찰하였다. 기젤[xi]은 (앞에서 본 것처럼 아마도 악티늄이 포함하고 있는 것과 같은 방사성 성분을 포함한) "에마늄"의 들뜬 방사능이 붕괴하는 비율을 조사하여 방사능이 34분 만에 절반으로 감소하는 것을 발견하였다. 브룩스 양[xii]은 기젤의 에마늄에서 생성된 들뜬 방사능이 붕괴하는 곡선은 에머네이션에 노출된 시간에 따라 바

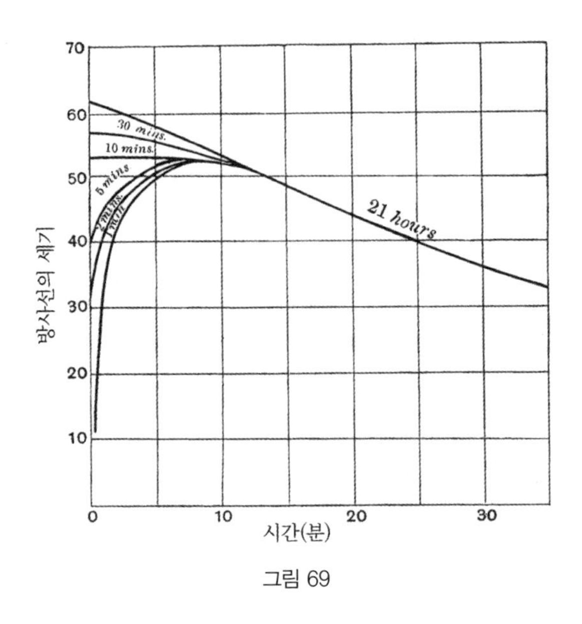

그림 69

뀌는 것을 발견하였다. 그 결과는 노출 시간이 1분, 2분, 5분, 10분, 30분인 경우와 또한 21시간까지 오래 노출된 경우에 대해 그림 69에 그래프로 그려놓았다. 10분이 지난 뒤에는 곡선들이 모두 근사적으로 동일한 붕괴 비율을 갖는다. 비교가 편하도록, 곡선들의 세로축 값을 변경하여 하나의 공동 점을 지나도록 조정하였다. 노출 시간이 매우 짧으면, 방사능이 처음에는 작지만 약 9분이 지난 뒤에는 최댓값에 도달하고 마지막에는 0이 될 때까지 지수함수로 붕괴한다.

브론슨은 매우 짧은 노출 시간의 경우 방사능 변화에 대한 곡선을 정확하게 결정하였는데, 그 결과는 나중에 그림 83에 나와 있다. 그는 방사능의 붕괴가 마지막에는 지수 함수로 감소하여 36분마다 절반 값으로 줄어드는 것을 발견하였다.

이러한 곡선들에 대한 설명은 제10장 212절에서 자세히 논의된다.

185. 방사능 침전물의 물리적 성질과 화학적 성질

토륨 에머네이션으로부터 생성되는 방사능 침전물이 서서히 붕괴하기 때문에, 토륨 에머네이션에 의한 방사능 침전물의 물리적 성질과 화학적 성질이 라듐 에머네이션에 의해 생성되는 방사능 침전물의 물리적 성질과 화학적 성질보다 더 면밀하게 조사되었다. 앞에서 이미 토륨의 방사능 침전물이 일부 산(酸)에서 용해된다는 것은 언급했었다. 이 책의 저자[xiii]는 진하거나 묽은 황산과 염산 그리고 플루오르화수소산 용액에서 방사성 물질이 바로 녹지만, 물이나 질산 용액에서는 잘 녹지 않는다는 것을 발견하였다. 용액이 모두 증발되면 방사성 물질은 뒤에 증발되지 않고 남아 있었다. 방사성 물질이 황산 용액에 녹아 있더라도 붕괴는 계속되고 붕괴하는 비율은 영향을 받지 않았다. 이 실험에서, 방사능을 띤 백금 선에서 방사성 물질이 녹았으며, 그런 다음에 동일한 양의 용액을 정해진 시간 간격마다 취해서 백금 접시 위에서 증발시켰고, 남아 있는 부분의 방사능은 전기적 방법으로 조사하였다. 그 결과로 얻은 붕괴 비율은 방사성 물질이 백금 선에 남아 있는 경우와 정확히 동일하게 나왔다. 다른 실험에서는, 방사능을 띤 백금 선을 황산구리 용액에서 음극(陰極)으로 만들어 백금 선의 표면에 얇은 구리 필름이 침전되도록 하였다. 방사능이 붕괴하는 비율은 이런 과정에서도 변하지 않았다.

F. 폰 레르히[1]는 토륨에 의한 방사능 침전물의 물리적 성질과 화학적 성질에 대해 상세하게 분석하여서 몇 가지 중요하고 흥미로운 결과를 얻었다.[xiv] 방사능 침전물 용액은 토륨 에머네이션이 있는 곳에 오랫동안 노출시킨 금속을 녹여서 준비하였다. 대부분의 경우에 방사성 물질은 금속과 함께 침전되

1) 폰 레르히(Friedrich von Lerch, 1878-1947)는 오스트리아의 물리학자로 초기 방사능 연구에 크게 기여하였다.

었다. 예를 들어, 방사능을 띤 구리 도선을 질산에 녹인 다음 수산화칼륨에 의해 침전되었다. 그 침전물은 강한 방사능을 띠었다. 방사능을 띤 마그네슘 도선도 염산에 녹이고 인산염으로 침전되면 역시 방사능을 띤 침전물을 남겼다. 침전물의 방사능은 정상적인 비율로 붕괴하였는데, 방사능은 약 11시간 만에 절반으로 떨어졌다.

서로 다른 여러 가지 용액에서 방사능 침전물의 용해도에 대한 실험도 역시 수행되었다. 백금 판이 방사능을 띠게 만든 다음에 서로 다른 용액에 넣고 방사능이 어떻게 감소하는지를 관찰하였다. 앞에서 이미 언급한 산(酸)들에 추가로 상당히 많은 종류의 물질이 방사능 침전물을 어느 정도는 녹이는 것이 발견되었다. 그렇지만 방사성 물질이 에테르나 알코올에는 별로 녹지 않았다. 많은 물질이 방사능을 띤 용액에 담그면 방사능을 띠게 되고 침전물이 되었다. 예를 들어, 방사능을 띤 백금 선의 침전물을 녹여서 만든 방사능을 띤 염산 용액을 만들었다. 그다음에 염화바륨을 추가하였더니 황산염이 침전물로 남았다. 이 침전물은 강한 방사능을 띠었으며, 그것은 바륨에 의해 방사성 물질이 이어져 내려왔음을 암시하였다.

186. 용액의 전기 분해

도른은 라듐을 포함한 염화바륨 용액을 전기 분해하면 양극(陽極)과 음극(陰極)이 모두 일시적으로 방사능을 띠지만, 음극보다는 양극이 더 강하게 방사능을 띠는 것을 확인하였다. F. 폰 레르히는 토륨에 의해 생긴 방사능 침전물이 녹은 용액에 전기 분해가 어떤 작용을 하는지 면밀히 조사하였다. 방사성 물질은 염산에 의해 방사능을 띤 백금 판으로부터 녹은 다음에 백금 전극들 사이에서 전기 분해되었다. 음극은 강한 방사능을 띠었으나 양극이 방사능을 띤 흔적은 찾을 수 없었다. 음극은 정상적인 경우에 비하여 매우 빠른 비율로 방사능을 잃었다. 반면에 아연과 합금된 음극은 붕괴 비율이 정상적이었다. 방사능을 띤 염산 용액이 물을 전기 분해시키는 데 필요한 기전력보다 더 작은 기전력으로 전기 분해시켰을 때, 백금은 방사능을 띠었다. 이때 방사능은 4.75시간이 지난 뒤에 절반 값으로 감소했는데, 정상적인 붕괴에서는 방사능이 절반으로 줄어드는 데 11시간이 걸린다. 이 결과는 방사성 물질이 복합적이어서 방사능 붕괴 비율이 서로 다른 두 부분으로 되어 있으며, 그 두 부분은 전기 분해에 의해서 분리될 수가 있다는 결론을 암시한다.

특별한 조건 아래서는 양극(陽極)이 방사능을 띠도록 만들 수 있음이 밝혀졌다. 만일 음이온 자체가 양극에 붙으면 가능해진다. 예를 들어, 방사능을 띤 염산 용액이 은(銀)으로 만든 양극을 이용하여 전기 분해되면, 그때 형성된 은 염화물은 센 방사능을 띠게 되며 그 은 염화물의 방사능은 정상적인 비율로 붕괴하였다. 방사능을 띤 용액에 서로 다른 금속을 동일한 시간 동안 담근 다음에 금속이 갖게 된 방사능의 양은 금속의 종류에 따라 크게 차이가 났다. 예를 들어, 만일 염산 용액에서 동일한 퍼텐셜 차이를 유지하는 아연판과 아말감화한 아연판을 동일한 방사능을 갖는 서로 다른 용액에 동일한 시간 동안 담근다면, 아연판의 방사능이 아말감화한 아연판에 비해 일곱 배나 더 강한 것이 확인되었다. 방사능을 띤 용액에 아연판을 담그면 수 분 이내에 용액의 방사능이 거의 모두 제거되었다. 방사능을 띤 용액에 담그면 방사능을 띠는 금속도 있지만 그렇지 않은 금속도 있다. 백금과 팔라듐 그리고 은(銀)은 방사능을 띤 용액에 담그더라도 방사능을 띠지 않았지만, 구리, 주석, 납, 니켈, 철, 아연, 카드뮴, 마그네슘 그리고 알루미늄은 방사능을 띠었다. 이 결과들은 들뜬 방사능이 서로 구별되는 화학적 행동을 하는 방사성 물질이 침전되어 생긴다는 견해가 옳다는 강력한 증거가 된다.

G. B. 피그램[2)]은 순수한 토륨염과 상업용 토륨염을 전기 분해해서 얻는

방사능을 띤 침전물에 대해 정밀 조사를 수행했다.xv P. 드 아엔(de Haen)이 제공한 상업용 질산토륨은 전기 분해되었을 때 양극(陽極)에 과산화납을 침전물로 남겼다. 이 침전물은 방사능을 띠었으며, 이 방사능은 토륨에 의해 생성된 들뜬 방사능이 정상적으로 붕괴하는 비율과 동일한 비율로 붕괴하였다. 순수한 질산토륨 용액에서는 양극에 눈에 보이는 침전물이 관찰되지 않았지만, 어쨌든 그 양극(陽極)은 방사능을 띤 것이 확인되었다. 양극의 방사능은 신속하게 붕괴하여, 약 한 시간 만에 절반 값으로 감소하였다. 토륨 용액에 금속염을 담그고 전기 분해시키면 어떤 효과가 나타나는지에 대한 실험도 역시 수행되었다. 이런 방법으로 얻은 양극과 음극에 침전되는 산화물 또는 금속이 방사능을 띠는 것이 관찰되었지만, 방사능은 겨우 몇 분 안에 절반 값으로 떨어졌다. 전기 분해에서 생성되는 기체도 방사능을 띠었지만, 그 방사능은 토륨 에머네이션의 존재 때문이었다. 피그램과 폰 레르히가 구한 결과들에 대한 설명은 앞으로 207절에서 다룰 예정이다. 토륨의 방사능을 띤 침전물은 붕괴하는 비율이 다른 두 개의 뚜렷이 구분되는 물질을 포함하고 있음을 보이게 될 것이다.

187. 온도 효과

토륨 에머네이션이 존재하는 곳에 노출된 백금 선을 백열까지 가열하면 백금 선은 방사능을 거의 완전히 잃는다. F. 게이츠 양[3]은 그 방사능이 강렬

2) 피그램(George Braxton Pegram, 1876-1958)은 미국 물리학자로 원자폭탄 개발 사업인 맨해튼 프로젝트를 주도적으로 이끈 사람 중 하나이고 초기 방사능 연구에 크게 기여하였다.

3) 게이츠(Fanny Cook Gates, 1872-1931)는 미국 여성 핵물리학자로 캐나다의 맥길 대학에서 러더퍼드에게 배웠다. 그녀는 방사능은 화학 반응에 의한 열이나 이온화에 의해 없어지지 않으며 방사성 물질은 정량적으로나 정성적으로나 형광 물질과는 다른 존재임을 밝혔다.

한 열에 의해서 없어진 것이 아니라 주위의 물체로 옮겨갔음을 발견하였다.[xvi] 밀폐된 원통 내부에 포함된 방사능을 띤 도선을 전기적 방법으로 가열하면, 그 방사능은 도선으로부터 원통 내부 표면으로 옮겨갔고 그 양도 줄어들지 않았다. 방사능이 붕괴하는 비율도 이 과정에 의해 영향을 받지 않았다. 가열하는 동안 원통을 향해 공기를 불어넣으면, 방사성 물질의 일부분이 원통으로부터 제거되었다. 라듐에 의해 생성된 들뜬 방사능에 대해서도 비슷한 결과가 관찰되었다.

(앞에서 인용한 논문에서) F. 폰 레르히는 여러 온도에서 방사능이 얼마나 감소하는지에 대해 측정하였다. 토륨 에머네이션에 의해 들뜬 방사능을 띤 백금 선에 대한 결과를 다음 표에 수록하였다.[xvii]

	온도	제거된 방사능의 비율
2분 동안 가열	800℃	0
그 뒤에 $\frac{1}{2}$분을 추가로 가열	1020℃	16
그 뒤에 $\frac{1}{2}$분을 추가로 가열	1260℃	52
그 뒤에 $\frac{1}{2}$분을 추가로 가열	1460℃	99

퀴리와 댄니는 라듐의 방사능 침전물이 휘발하는 데 열이 어떤 효과를 미치는지에 대해 자세히 조사하였다. 그들이 얻은 흥미롭고도 중요한 결과에 대해서는 제11장 226절에서 논의될 예정이다.

188. E.M.F.[4]의 변화가 토륨에 의해 생성되는 들뜬 방사능의 양에 미치는 영향

강한 전기장에서는 들뜬 방사능이 음극(陰極)에 국한되는 것이 밝혀졌다. 전기장이 더 약해지면, 들뜬 방사능은 음극과 용기의 벽으로 나뉘어 생성된다. 이것은 그림 70에 보인 장치를 이용하여 조사되었다.[xviii]

A는 지름이 5.5 cm인 원통형 용기이고, B는 절연된 양쪽 끝 C와 D를 통과하는 음극(陰極)이다. 전위차가 50볼트이면 대부분의 들뜬 방사능은 전극(電極) B에 침전되었다. 전위차가 약 3볼트이면, 전체 들뜬 방사능 중에서 절반은 막대 B에 생성되고, 나머지 절반은 용기의 벽에 생성되었다. 적용된 전압의 크기와 관계없이, 일단 정상 상태에 도달하면 가운데 막대에 생성된 방사능과 원통 용기의 벽에 생성된 방사능의 합은 똑같다는 것이 관찰되었다.

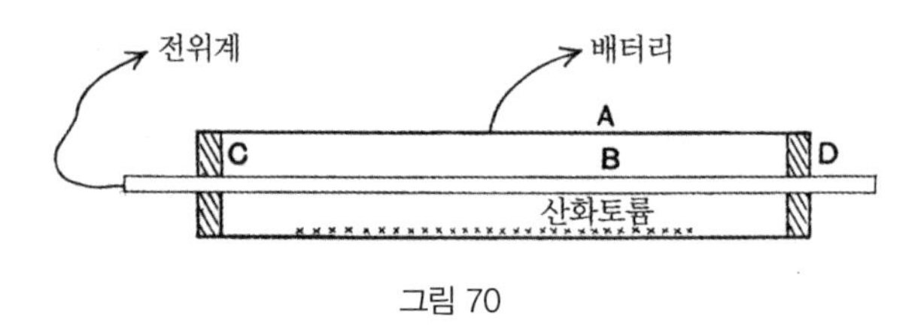

그림 70

막대에 전압이 걸리지 않았을 때는, 단지 확산만 일어나고, 그 경우에 전체 방사능의 약 13퍼센트만 막대에 있었다. 그래서 전기장을 걸어주는 것이 들뜬 방사능을 더한 총량에는 영향을 주지 않으며, 단지 음극에 침전되는 비율만 제어할 뿐이다.

4) 여기서 E.M.F.는 electromotive force(기전력)의 약자이다.

F. 헤닝도 비슷한 방법으로 전기장의 세기가 변하면 음극에 침전되는 양이 어떻게 변하는지에 대해 좀 더 세밀한 조사를 수행하였다.[xix] 그는 강한 전기장 내에서 막대의 지름을 0.59~6.0 mm 사이에서 변화시키더라도, 들뜬 방사능의 양이 막대 B의 지름과는 사실상 거의 무관한 것을 발견하였다. 전압이 작으면, 음극에 침전된 방사능의 양은 지름에 따라 바뀌었다. 전압과 들뜬 방사능의 양 사이의 관계를 보여주는 곡선은 이온화된 기체를 통과하는 전류가 가한 전압에 따라 변하는 모습을 보여주는 곡선과 특징이 아주 비슷하다.

기체로부터 방사성 물질이 모두 제거되면 들뜬 방사능이 형성될 때만큼 신속하게 최댓값에 도달한다. 약한 전기장 아래서는 일부가 용기의 옆면으로 확산되어 양극(陽極)에 들뜬 방사능을 생성한다.

189. 압력이 들뜬 방사능의 분포에 미치는 영향

강한 전기장에서, 음극에 생성된 들뜬 방사능의 양은 압력을 약 10 mmHg까지 감소시키더라도 영향을 받지 않는다. 이 책의 저자가 수행한 실험에서,[xx] 지름이 약 4 cm인 밀폐된 원통형 용기에 에머네이션을 발생하는 토륨 화합물을 넣고, 그 중심에 절연된 막대를 통과시켰다. 중심 막대는 기전력이 50볼트인 배터리의 음극에 연결하였다. 압력이 10 mmHg 이하로 감소되었을 때, 음극(陰極)에 생성된 들뜬 방사능의 양이 감소하였고, 압력이 $\frac{1}{10}$ mmHg이면 방사능은 원래 값의 아주 작은 부분밖에 되지 않았다. 이 경우에 들뜬 방사능 중 일부는 용기의 내부 표면에 분포되어 있음이 발견되었다. 그래서 낮은 압력에서 들뜬 방사능은 양극과 음극 모두에서 나타나며, 심지어 강한 전기장에서도 그렇다고 결론지을 수 있다. 다음 절에서 이 효과를 설명할 수 있는 이론을 소개하려고 한다.

퀴리와 드비에르누[xxi]는 에머네이션을 발생하는 라듐 화합물이 담겨 있는 용기를 낮은 압력으로 유지하면 용기 내에서 생성된 들뜬 방사능의 양이 많이 감소하는 것을 관찰하였다. 이 경우에 라듐에 의해 방출된 에머네이션은 라듐 화합물에서 연속해서 발산되는 다른 종류의 기체와 함께 진공 펌프에 의해 제거되었다. 에머네이션의 방사능은 매우 느리게 붕괴하기 때문에, 에머네이션이 통과하면서 용기의 벽으로부터 생성되는 들뜬 방사능의 양은 발생하는 에머네이션이 새어나가는 것을 전혀 허용하지 않을 때 생성되는 들뜬 방사능의 양에 비하면 아주 미미하였다.

190. 들뜬 방사능의 전달

강한 전기장에서는 들뜬 방사능을 음극(陰極)에만 생기도록 제한시킬 수 있는 것이 들뜬 방사능의 특징이다. 그 방사능은 대전된 표면에 방사성 물질이 침전되어 생기기 때문에, 방사성 물질은 양전하로 대전된 운반자에 의해 이동되어야만 한다. 페를[xxii]이 수행한 실험에서는 들뜬 방사능을 나르는 운반자가 전기장에서 전기력선을 따라 이동하는 것이 관찰되었다. 예를 들어, 음전하로 대전된 작은 금속판을 에머네이션을 방생하는 토륨 화합물이 담겨있는 금속 용기의 중앙에 놓아두면, 용기의 중심부에 비하여 용기의 옆면이나 모서리에 들뜬 방사능이 더 많이 발생하였다.

그런데 방사능 운반자가 양전하로 대전되어 있는지 음전하로 대전되어 있는지를 알아내는 문제는 더 어렵다. 136절에서 설명된, 그리고 앞으로 제10장과 제11장에서 설명될 견해를 따르면, 물체에 침전되어 있으면서 들뜬 방사능의 원인이 되는 방사성 물질은 그 자체가 에머네이션으로부터 유래되었다. 토륨 에머네이션과 라듐 에머네이션은 단지 양전하로 대전된 입자인 α 선만을 방출한다. α 입자 하나를 방출하고 남은 것은, 방사능을 띤 침전물의 주요 부분을 차지하는 물질이므로, 음전하로 대전되어야 하고, 그러므로 전기장에서 양극(陽極) 쪽으로 이동하여야 한다. 그런데 실제로 관찰된 것은 그와 정반대이다. 이 실험으로 얻은 증거는 에머네이션에서 방출된 양전하로 대전된 α 입자가 들뜬 방사능 현상의 직접적인 원인이라는 견해가 옳지 않다고 말한다. 그런 견해는, 물체가 에머네이션에 직접 접촉하지 않으면, 에머네이션의 α 선에 노출된 물체에는 들뜬 방사능이 전혀 생성되지 않기 때문에 갖게 된 것이다.

그동안 이론과 실험 사이의 이와 같은, 누가 봐도 알 수 있는 불일치에 대해 과도할 만큼 큰 관심을 보였다. 여기서 어려움은 몇 가지 가능한 원인들 중에서 고른 결과를 그럴듯하게 설명하지 못한다는 것이다. 원자가 붕괴하는 주된 원인이 양전하를 나르는 α 입자를 방출하는 데 있다는 것은 의심할 여지가 없지만, 원자에서 α 입자가 방출된 나머지 부분이 음극으로 이동하기 전에 일련의 복잡한 과정들이 발생할 수도 있다. 실험에서 구한 증거에 의하면 원자에서 α 입자가 방출되는 것과 동시에 음전하를 띤 한 개 이상의 느린 전자들이 원자로부터 빠져나오는 것처럼 생각된다. 라듐으로부터 그리고 폴로늄으로부터도 역시, 흔히 보는 β 선과는 구분되는 입자가 방출되면서 느리게 움직이기 때문에 결과적으로 쉽게 흡수되는 많은 수의 전자들이 함께 나온다는 최근의 발견이 그러한 생각이 옳음을 뒷받침한다. 만일 α 입자가 방출되는 것과 동시에 음전하로 대전된 전자 두 개가 빠져나온다면, 나머지 부분은 양전하로 대전되고 음극(陰極) 쪽으로 이동할 것이다. 이와 관련해서 또 다른 중요한 실험적 관점이 있다. 전기장이 없는 경우에, 전하 운반자들은 상당히 오랜 시간 동안 기체 내에 머물고 그 위치에서 입자들의 변환이 일어난다. 그리고 심지어 전기장이 있는 경우에도 역시 방사능 침전물을 나르는 운반자들이 에머네이션을 내보내고 즉시 전극(電極) 쪽으로 쓸려가지는 않고 오히려 양전하를 얻을 때까지 잠시 기체에 머무른다는 증거도 있다(227절).

방사능 침전물을 구성하는 원자는 기체처럼 존재하지 않고 확산 과정을 통하여 함께 모여서 덩어리를 형성한다는 것을 기억할 필요가 있다. 이 덩어리들은 작은 금속 조각처럼 행동하며, 만일 그 조각들이 기체에 대해 전기적으로 양성(陽性)이면 기체로부터 양전하를 얻게 된다.

전기장에 놓인 음극에서 에머네이션이 떨어져 나가고 α 입자를 방출하고 남은 부분이 침전되는 사이에 벌어지는 과정은 복잡해서 어떤 현상들이 연달아 일어나는지를 밝혀줄 세심한 실험이 필요하다는 데는 전혀 의문의 여지가 없다.

그 운반자들이 양전하를 얻은 과정에 대한 견해가 무엇이든 간에, 에머네이션 원자로부터 매우 큰 속도로 α 입자가 방출되면 나머지 부분도 움직여야만 하는 것은 틀림없다. 이 나머지 부분의 질량이 상대적으로 상당히 크기 때문에, 나머지 부분이 얻은 속도는 떨어져 나간 α 입자의 속도에 비하면 느릴 것이며, 움직이는 질량은 대기압 아래서는 움직이는 경로 위에 놓인 기체 분자들과 충돌하여 신속하게 정지할 것이다. 그렇지만 압력이 낮으면 공기 분자들과 충돌하는 빈도가 너무 드물어서 둘러싼 용기에 충돌할 때까지 멈추지 않을 것이다. 이렇게 큰 질량의 경우에는 기체 분자들과의 충돌에 의해 이미 정지되지 않는 한, 전기장이 그 운동을 제어하는 데 별 효과가 없다. 이것이 압력이 낮으면 왜 전기장에서 방사성 물질이 음극(陰極)에 침전되지 않는지를 설명해준다. 드비에르누는 악티늄에 의해 생성된 들뜬 방사능을 조사하다가 그런 종류의 과정이 일어난다는 직접적인 증거를 얻었는데, 그에 대해 192절에서 논의된다.

191.

이 책의 저자는 라듐과 토륨의 들뜬 방사능을 나르는 양전하를 띤 운반자들이 전기장에서 움직이는 속도를 측정하는 데 다음과 같은 방법을 이용하였

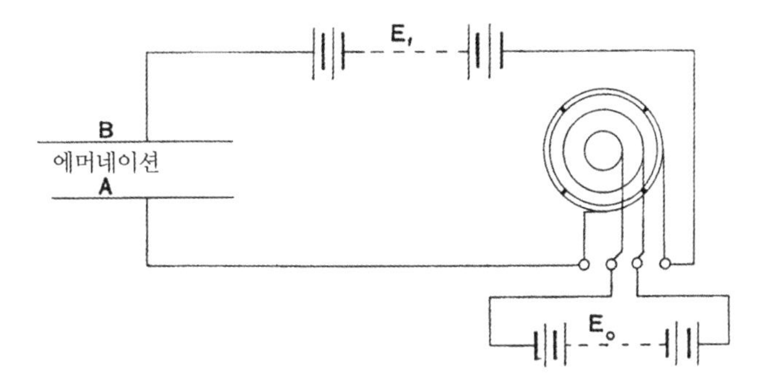

그림 71

다.[xxiii] (그림 71에서) A와 B는 에머네이션의 영향에 노출된 두 개의 서로 평행하게 놓인 판이고, 에머네이션은 두 판 사이에 균일하게 분포되어 있다고 하자. 만일 교류 기전력 E_0가 두 판 사이에 걸리면, 각 전극(電極)에는 동일한 양의 들뜬 방사능이 생성된다. 만일 교류 기전력의 전원과 직렬로 E_0보다 작은 기전력 E_1을 갖는 배터리를 연결한다면, 양전하를 띤 운반자는 반주기마다 다른 반주기에서보다 강한 전기장에서 움직인다. 양전하를 띤 운반자의 속도는 그 운반자가 놓인 전기장의 세기에 비례하므로, 결과적으로 이 운반자는 두 반주기 동안에 서로 다른 거리를 이동한다. 그 결과 두 전극에 분포된 들뜬 방사능은 동일하지 않게 될 것이다. 만일 교류 기전력의 진동수가 충분히 크다면, 한 판으로부터 단지 어떤 작은 거리 이내에 분포된 양전하 운반자들만 그 판까지 이동할 수 있고, 나머지 운반자들은 여러 반주기들이 지나간 다음에 다른 판으로 운반된다.

판 B가 음(陰)으로 대전된 때 두 판 사이의 E.M.F.는 $E_0 - E_1$이고, 판 B가 양(陽)으로 대전된 때 두 판 사이의 E.M.F.는 $E_0 + E_1$이다.

이제

d = 두 판 사이의 거리

T = 반주기 시간

ρ = 판 B의 들뜬 방사능을 두 판 A와 B의 들뜬 방사능의 합으로 나눈 비

K = 퍼텐셜 기울기가 1 V/cm인 경우에 양전하 운반자의 속도

라고 하자.

두 판 사이의 전기장이 균일하고 운반자의 속도는 전기장에 비례한다는 가정 아래서, 판 B쪽을 향하는 양전하 운반자의 속도는

$$\frac{E_0 - E_1}{d}K$$

이고, 그다음 반주기 동안 판 A 쪽을 향하는 양전하 운반자의 속도는

$$\frac{E_0 + E_1}{d}K$$

이다.

그래서 만일 x_1이 d보다 더 작으면, 연이은 두 번의 반주기 동안에 양전하 운반자가 이동하는 최대 거리 x_1과 x_2는

$$x_1 = \frac{E_0 - E_1}{d}KT \quad \text{그리고} \quad x_2 = \frac{E_0 + E_1}{d}KT$$

로 주어진다.

이제 두 판 사이에서 양전하 운반자는 매초 단위 거리마다 일정한 비율 q로 생성된다고 가정하자. 반주기 동안에 B에 도달하는 양전하 운반자의 수는 다음과 같은 두 부분으로 이루어진다.

(1) 판 B로부터 거리 x_1 이내에서 생성되는 운반자의 절반에 해당하는 부분으로, 그 수는

$$\frac{1}{2}x_1 qT$$

와 같다.

(2) 직전 반주기가 끝날 때 B로부터 거리 x_1 이내에서 출발한 모든 운반자에 해당하는 부분으로, 그 수는

$$\frac{1}{2}x_1 \frac{x_1}{x_2} qT$$

와 같음을 어렵지 않게 보일 수 있다.

전체 한 주기 동안 A와 B 사이에서 생성된 나머지 운반자들은 뒤섞이는 비율이 그리 크지 않다면 주기가 이어져서 반복되는 동안 다른 판 A에 도달하게 될 것이다. 양전하 운반자들이 처음 반주기 동안에 A를 향해 진행하는 거리가 그다음 반주기 동안 B를 향해 돌아오는 거리에 비해 더 길기 때문에, 뒤섞이는 비율이 그리 크지 않을 것임이 분명하기는 하다. 그래서 교류 전기장에서 운반자들이 앞으로 진행하기도 하고 뒤로 돌아오기도 하지만, 전체적으로는 판 A를 향해 앞으로 진행한다.

한 번의 전체 주기 동안에 두 판 사이에서 생성되는 양전하 운반자들의 전체 수는 $2dqT$이다. 그러므로 생성된 전체 수에 대해 B에 도달하는 수의 비 ρ는

$$\rho = \frac{\frac{1}{2}x_1 qT + \frac{1}{2}x_1 \frac{x_1}{x_2} qT}{2dqT} = \frac{1}{4}\frac{x_1}{d}\frac{x_1 + x_2}{x_2}$$

로 주어진다.

이 식에 x_1의 값과 x_2의 값을 대입하면

$$K = \frac{2(E_0 + E_1)}{E_0(E_0 - E_1)}\frac{d^2}{T}\rho$$

를 얻는다.

실험을 하면서 E_0, E_1, d 그리고 T의 값을 변화시켰으며, 구한 결과는 위

의 식과 대체적으로 일치하였다.

토륨에 대한 결과는 아래와 같다.

판 사이의 거리: 1.3 cm

$E_0 + E_1$	$E_0 - E_1$	**매초 반복된 수**	ρ	K
152	101	57	0.27	1.25
225	150	57	0.38	1.17
300	200	57	0.44	1.24

두 판 사이의 거리: 2 cm

$E_0 + E_1$	$E_0 - E_1$	**매초 반복된 수**	ρ	K
273	207	44	0.37	1.47
300	200	53	0.286	1.45

많은 실험으로부터 얻은 평균 유동성 K는 대기압과 상온에서 매초, 매 cm, 매 볼트마다 1.3 cm였다. 이 속도는 공기 중에서 뢴트겐선에 의해 생성되는 양이온의 속도인 매초 1.37 cm와 거의 같다. 라듐 에머네이션을 이용하여 얻은 결과는 토륨을 이용하여 얻은 결과보다 불확실한데, 그 이유는 양극(陽極)에도 약간의 들뜬 방사능이 분포되어 있기 때문이다. 그렇지만 운반자의 속도에 대한 값은 라듐에 대한 것도 토륨에 대한 것과 거의 비슷하다.

이 결과는 기체 내에서 방사능 침전물의 운반자가 움직이는 속도는 기체 내에서 방사선에 의해 생성되는 양이온 또는 음이온이 움직이는 속도와 거의 비슷하다는 것을 알려준다. 이 결과는 방사성 물질이 양이온에 결합됨을 암시하거나, 또는 방사성 물질 자체가 알지 못하는 방법으로 양전하를 얻어서 그 양전하와 함께 이동하는 일단의 중성 분자들을 끌어 모은다는 것을 암시한다.

192. 악티늄과 "에마늄"으로 생성된 들뜬 방사능의 운반자

기젤은 "에마늄"이 다량의 에머네이션을 발생시키며, 이 에머네이션은 그가 E선이라고 명명한 새로운 형태의 방사선의 원인이 되는 것을 관찰하였다.[xxiv] 방사성 물질을 포함한 가늘고 길이가 약 5 cm인 금속 원통을 열린 쪽을 아래로 향해서 유화아연을 바른 스크린의 표면에 세워놓았다. 자석 발전기를 이용하여 이 스크린을 높은 전위의 음전하로 대전시켰으며, 금속 원통은 접지시켰다. 스크린에서는 밝은 점이 관찰되었는데, 그 점은 중심보다 가장자리에서 더 밝았다. 접지된 도체를 그 밝은 점에 가까이 가지고 갔더니, 그 밝은 점을 밀어내는 것이 분명히 보였다. 절연체를 그 밝은 점에 가까이 가지고 갈 때는 그와 같은 분명한 효과가 나타나지 않았다. 금속 원통에서 방사성 물질을 제거시키더라도, 스크린에서 보이는 밝은 빛은 한동안 계속되었다. 이것은 아마도 스크린에 만들어진 들뜬 방사능이 원인인 것 같았다.

기젤이 얻은 결과는 "에마늄"에 의한 들뜬 방사능의 운반자가 양전하로 대전되어 있다는 견해가 옳음을 뒷받침한다. 강한 전기장 안에서 그 운반자들은 음극(陰極)으로 이어지는 전기력선을 따라 이동하여 스크린에 생기는 들뜬 방사능의 원인이 된다. 도체를 가까이하면 스크린의 밝은 영역이 움직이는데, 이것은 전기장이 영향을 받은 탓이다.

드비에르누는 악티늄도 역시 다량의 에머네이션을 방출하며, 그 에머네이션의 방사능은 매우 신속하게 붕괴해서 방사능이 3.9초 만에 원래 값의 절반으로 떨어지는 것을 발견하였다.[xxv]

이 에머네이션은 주위의 물체에 들뜬 방사능을 발생시키며, 기압을 감소시키면 그 에머네이션은 에머네이션을 포함하고 있는 용기에 균일하게 분포된 들뜬 방사능을 생성한다. 그 들뜬 방사능은 41분 만에 원래 값의 절반으로 감소한다.

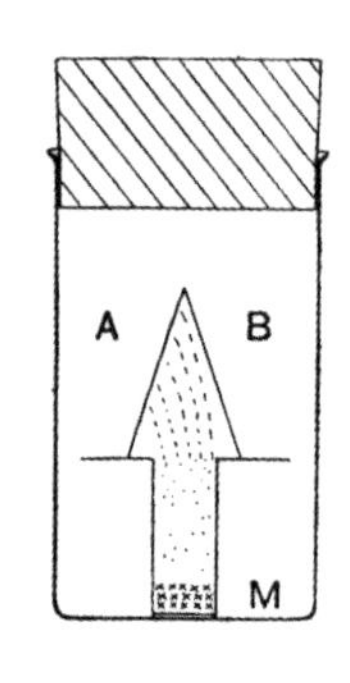

그림 71A

드비에르누는 강한 자기장에 의해서 들뜬 방사능의 분포가 바뀌는 것을 관찰하였다. 드비에르누가 사용한 실험 장치의 배열이 그림 71A에 나와 있다. 방사성 물질은 M에 놓여 있으며, 두 판 A와 B는 방사성 물질에 대해 대칭으로 놓여 있다. 강한 자기장을 종이 면에 수직인 방향으로 작용시키면 들뜬 방사능은 두 판 A와 B 사이에 서로 다르게 분포되었다. 그 결과는 들뜬 방사능의 운반자가 자기장에 의해서 음극선이 움직인 방향과는 반대 방향으로 이동했음을 보여준다. 즉 이 운반자가 양전하로 대전되어 있음을 보여준 것이다. 그렇지만 일부 경우에는 그 반대 효과도 관찰되었다. 드비에르누는 악티늄의 들뜬 방사능이 "이온 활성자" 때문에 생기는 가능성에 대해서도 고려하였다. 그 이온 활성자가 자기장의 영향을 받는 것인지도 모르기 때문이다. 다른 실험에 의하면 자기장이 에머네이션이 아니라 그 "이온 활성자"에 작용한다는 결과를 얻었다.

이와 같이 드비에르누의 실험 결과는 들뜬 방사능의 운반자가 에머네이션으로부터 유래되었으며 상당히 큰 속도로 튀어나왔다고 결론짓게 한다. 이 결과는 에머네이션으로부터 방출된 α 입자 때문에 α 입자를 내보내고 남은 계의 일부분이 빠른 운동을 하게 만들어야 한다는, 190절에서 제안되었던 견해가 옳음을 뒷받침한다. 악티늄과 에머네이션 물질에 의해 들뜬 방사능이 이동하는 방식을 자세히 조사하면 전극(電極)에 방사성 물질이 침전되는 과정을 이해하는 데 실마리를 제공해줄 것으로 기대된다.

제8장 미주

i. M. and Mme. Curie, *C. R.* 129, p. 714, 1899.
ii. Rutherford, *Phil. Mag.* Jan. and Feb. 1900.
iii. 출판 날짜와 관련하여, "들뜬 방사능"의 발견에 대한 공로는 퀴리 부부의 것이다. 퀴리 부부는 1899년 11월 6일에 이 주제에 대한 짧은 논문을 "Sur la radioactivité provoquée par les rayons de Becquerel"이라는 제목으로 *Comptes Rendus*에 제출하였다. 베크렐은 이 논문에 짧은 주석을 추가하였는데, 거기서 들뜬 방사능 현상이 인광(燐光)의 한 형태라고 생각했다. 나의 입장에서는, 나도 동시에 토륨 화합물로부터 에머네이션이 방출되고 그 에머네이션이 들뜬 방사능을 발생시킨다는 것을 1899년 7월에 발견하였다. 그런데 나는 에머네이션과 들뜬 방사능의 성질과 그 둘 사이의 관계에 대해 좀 더 자세히 규명하기 위해서 논문의 발표를 늦췄다. 그 결과는 두 개의 논문으로, (1900년 1월과 2월에) "A radio-active substance emitted from thorium compounds" 그리고 "Radio-activity produced in substances by the action of thorium compounds"라는 제목으로 *Philosophical Maganzine*에 발표하였다.
iv. Rutherford, *Phil. Mag.* Feb. 1900.
v. Rutherford, *Phys. Zeit.* 3, No. 12, p. 254, 1902. *Phil. Mag.* Jan. 1903.
vi. Miss Brooks, *Phil. Mag.* Sept. 1904.
vii. Rutherford and Miss Brooks, *Phil. Mag.* July, 1902.
viii. Curie and Danne, *C. R.* 136, p. 364, 1903.
ix. Mme Curie, *Thèse*, Paris, 1903, p. 116.
x. Debierne, *C. R.* 138, p. 411, 1904.
xi. Giesel, *Ber. d. D. Chem. Ges.* No. 3, p. 775, 1905.
xii. Miss Brooks, *Phil. Mag.* Sept. 1904.
xiii. Rutherford, *Phys. Zeit.* 3, No. 12, p. 254, 1902.
xiv. F. von Lerch, *Annal. d. Phys.* 12, p. 745, 1903.
xv. Pegram, *Phys. Review*, p. 424, Dec. 1903.
xvi. Miss Gates, *Phys. Review*, p. 300, 1903.
xvii. 슬레이터 양은 토륨에 의해 생성되는 들뜬 방사능에 미치는 온도의 효과에 대해 좀 더 철저한 조사를 수행하였다(207절).
xviii. Rutherford, *Phil. Mag.* Feb. 1900.
xix. Henning, *Annal d. Phys.* 7, p. 562, 1902.
xx. Rutherford, *Phil. Mag.* Feb. 1900.
xxi. Curie and Debierne, *C. R.* 132, p. 768,1901
xxii. Fehrle, *Phys. Zeit.* 3, No. 7, p. 130, 1902.
xxiii. Rutherford, *Phil. Mag.* Jan. 1903.
xxiv. Giesel, *Ber. d. D. Chem.* Ges. 36, p. 342, 1903.
xxv. Debierne, *C. R.* 136, pp. 446 and 671, 1903; 138, p. 411, 1904.

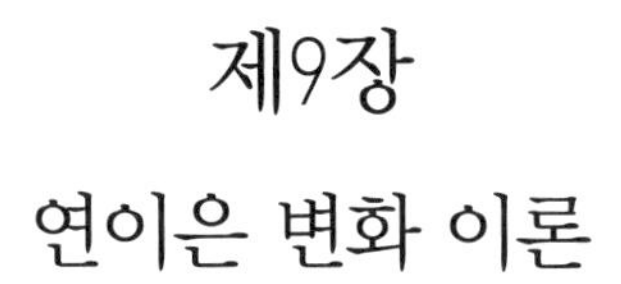

제9장
연이은 변화 이론

193. 서론

우리는 앞의 여러 장에서 방사성 원소의 방사능은 항상 뚜렷이 구분되는 물리적 성질과 화학적 성질을 갖는 새로운 물질을 연이어서 만들어내는 것을 보았다. 예를 들어, 토륨은 스스로 강한 방사능을 갖는 물질인 Th X를 생성하는데, Th X는 암모니아에 녹기 때문에 토륨으로부터 분리시킬 수가 있다. 그뿐 아니라, 토륨은 기체 생성물인 토륨 에머네이션을 만들어내며, 또한 토륨 주위에 존재하는 물체의 표면에 침전되는 또 다른 물질도 만들어내는데, 그 물질의 존재는 "들뜬 방사능"이라고 알려진 현상으로 발견하였다.

이런 생성물의 기원이 무엇인지에 대해 면밀하게 조사하였더니, 그들은 동시에 생성된 것이 아니라 방사성 원소로부터 유래하는 연이은 변화의 결과로 생기는 것임을 알게 되었다. 가장 먼저, 토륨이 생성물 Th X의 원인이 된다. Th X는 자체로부터 토륨 에머네이션을 만들어내며, 토륨 에머네이션은 다시 휘발성이 아닌 물질로 바뀐다. 라듐에서도 비슷한 일련의 변화가 관찰되는데, 단지 다른 점은 토륨의 경우에 Th X에 해당하는 생성물이 라듐에는 존재하지 않는다는 것이다. 라듐은 다른 무엇보다 먼저 에머네이션을 발생시키고, 그 에머네이션은 토륨과 마찬가지로 휘발성이 아닌 물질로 바뀐다. 우라늄에서는 생성물이 단지 한 가지 Ur X만 관찰되었으며, 우라늄은 에머네이션을 내보내지 않고, 그래서 물체에 들뜬 방사능을 생성하지 않는다.

한 물질이 다른 물질의 어미라고 추론하게 만드는 증거의 전형적인 예로 두 생성물인 Th X와 토륨 에머네이션을 고려하자.[1] 우리는 앞에서 (154절에서) 암모니아 그리고 침전 방법으로 토륨 용액으로부터 Th X를 분리한 다음

1) 한 물질이 다른 물질로 변환하면 원래 물질을 어미(parent), 변환된 물질을 딸(daughter)이라고 부른다.

에 침전된 수산화토륨은 에머네이션을 방출하는 능력을 거의 모두 잃어버림을 보았다. 이것은 침전된 수산화토륨에서 만들어진 에머네이션이 방출되지 못했기 때문이라고 할 수는 없는데, 그 이유는 만일 에머네이션이 존재한다면 대부분을 가지고 나올 공기를 용액 상태의 그 수산화물에 통과시킬 때 에머네이션이 거의 관찰되지 않기 때문이다. 반면에, Th X를 포함하는 용액은 다량의 에머네이션을 방출하는데, 이것은 에머네이션을 방출하는 능력이 생성물 Th X에 있음을 보여준다. 이제 분리된 Th X가 방출하는 에머네이션의 양은 시간에 대해 지수 함수로 감소해서 그 값이 나흘 만에 절반으로 떨어지는 것을 알고 있다. 그래서 에머네이션이 생성되는 비율도 그와 똑같은 법칙에 따라 감소하며 α 선에 의해 통상적인 방법으로 측정되는 Th X의 방사능도 똑같은 비율로 감소한다. 이제 이것이 만일 Th X가 에머네이션의 어미라면 예상되는 정확한 결과인데, 왜냐하면 임의의 시간에 Th X의 방사능은 Th X가 변화하는 비율에 비례하기 때문이다. 다시 말하면, 임의의 시간에 Th X의 방사능은 Th X가 변화한 결과로 생긴 에머네이션에 의해 만들어지는 두 번째 종류의 물질이 생성되는 비율에 비례하기 때문이다. 에머네이션이 변화하는 비율은 (1분 만에 절반이 변화하는데) Th X가 변화하는 비율에 비해 매우 빠르기 때문에, 존재하는 에머네이션의 양은 실질적으로 어떤 순간이든지 그때 Th X의 방사능에, 그래서 변화하지 않고 남아 있는 Th X의 양에 비례한다. 시간이 흐르면 수산화토륨이 에머네이션을 방출하는 능력을 되찾는 관찰된 사실이 성립하는 이유는 토륨에 의해 새로운 Th X가 만들어지고 그것이 다시 에머네이션을 방출하기 때문이다.

비슷한 방법으로, 에머네이션이 통과하는 물체의 표면에 들뜬 방사능이 생성되며, 그 양은 에머네이션의 방사능에, 그러므로 존재하는 에머네이션의 양에 비례한다. 이것은 들뜬 방사능 현상의 원인이 되는 방사능 침전물 자체가 에머네이션이 만들어내는 것임을 보여준다. 그래서 Th X는 에머네이션의 어미이고 에머네이션은 침전된 물질의 어미라는 증거는 상당히 믿을 만해 보인다.

194. 방사능 생성물의 물리적 성질과 화학적 성질

이런 방사성 생성물 하나하나는 모두 그 이전 생성물과 구별되고 그 이후 생성물과도 구별되는 어떤 뚜렷한 물리적 성질과 화학적 성질을 갖는다. 예를 들어, Th X는 고체로 행동한다. Th X는 암모니아에서 녹지만 토륨은 암모니아에서 녹지 않는다. 토륨 에머네이션은 화학적으로 불활성 기체로 행동하며 − 120℃ 의 온도에서 응결된다. 에머네이션으로부터 생기는 방사능 침전물은 고체로 행동하고 황산과 염산에 잘 녹고 암모니아에서는 단지 약간만 녹는다.

많은 경우에 어미 물질과 그 어미 물질에 의해 만들어진 생성물의 화학적 성질과 물리적 성질 사이에 뚜렷한 차이가 존재하는데, 그중에서도 그 차이가 가장 잘 나타나는 경우가 라듐과 라듐 에머네이션이다. 라듐은 염화물과 브롬화물의 용해성에 약간의 차이가 있는 것만 제외하면 화학적 성질에서 바륨과 거의 똑같은 원소여서 라듐과 바륨을 화학적으로 구분하는 것이 어려울 정도이다. 라듐은 뚜렷한 일련의 선스펙트럼을 갖는데,[2] 그 선스펙트럼이 많은 점에서 알칼리 토류와 흡사하다. 라듐은 바륨과 마찬가지로 상온에서 비휘발성이다. 반면에, 라듐으로부터 연이어 생성되는 에머네이션은 방사성이며 화학적으로 불활성 기체이고 − 150℃ 에서 응결된다. 선스펙트럼으로 비

2) 빛을 프리즘에 통과시키면 그 빛이 포함한 색깔의 파장에 따라 펼쳐지는데, 이때 특정한 파장의 빛만 표시된 것을 선스펙트럼이라 한다. 원소마다 그 원소에 고유하게 흡수하거나 방출하는 선스펙트럼의 파장이 정해져 있다.

추어보거나 특정한 화학적 성질이 결여된 것으로 비추어보거나 그 에머네이션은 불활성 기체의 아르곤-헬륨 그룹과 유사하지만, 일부 뚜렷한 성질에서는 그 기체들과 구별된다.

에머네이션은 비휘발성 형태의 물질로 분해되는 불안정한 기체로 간주되어야만 하며, 그 분해와 함께 무거운 원자 물질이 (α 입자가) 빠른 속도로 튀어나온다. 이렇게 분해되는 비율은 조사된 상당히 넓은 범위의 온도에서 온도에 전혀 영향을 받지 않는다. 한 달의 기간이 지나면, 그 에머네이션의 부피는 처음 값의 단지 아주 작은 부분으로 줄어든다. 그러나 에머네이션의 가장 놀라운 성질은, 우리가 앞으로 (제12장에서) 보게 되겠지만, 에머네이션이 갖는 방사능의 직접적인 결과인데, 에머네이션으로부터 굉장히 많은 양의 에너지가 방출된다는 것이다. 에머네이션은 연이어 분해되는 과정을 거치면서 동일한 에머네이션의 부피와 동일한 부피의 산소와 수소가 물로 결합하는 데 적절한 비율로 혼합되어 폭발하면서 내보내는 에너지의 약 300만 배의 에너지를 방출한다.[3] 그런데 수소와 산소가 혼합되어 폭발하는 화학 반응은 어떤 다른 알려진 화학 반응보다 더 많은 열을 방출한다.

우리는 두 종류의 에머네이션과 그 생성물인 Ur X와 Th X가 시간에 대해 간단한 지수법칙에 의해 방사능을 잃으며, 지금까지 관찰된 결과에 의하면, 그 방사능을 잃는 비율은 우리가 이용할 수 있는 어떤 화학적 요인이나 물리적 요인에도 의존하지 않음을 보았다. 그래서 이 생성물 하나마다 처음 값의 절반으로 떨어지는 데 걸리는 시간은, 이 생성물을 모든 다른 생성물과 구별하는 데 이용되는, 확실한 물리적 성질이다.

3) 화학 반응에서 나오는 에너지는 수 eV 정도이고 원자핵 반응에서 나오는 에너지는 수 MeV 정도여서 원자핵 반응의 에너지 규모는 화학 반응의 에너지 규모의 100만 배 정도이다.

반면에, 에머네이션들에 의해 만들어지는 들뜬 방사능의 변화는 그런 지수법칙에 심지어 근사적으로도 의존하지 않는다. 그 붕괴 비율은 단지 각 에머네이션에 노출되는 시간에 의존할 뿐 아니라, 라듐의 경우에는, 상대적 측정의 수단으로 이용되는 방사선의 형태에도 역시 의존한다. 앞으로 뒤이은 여러 장에서 붕괴의 그러한 복잡성은 방사능 침전물을 구성하는 물질이 연이어 몇 단계의 변화를 거치기 때문에 생기며, 서로 다른 여러 조건 아래 구한 붕괴 곡선의 특이한 모습들은, 토륨과 악티늄에서는 모두 방사능 침전물에서 두 단계의 변화를 거치고, 라듐에서는 방사능 침전물에서 여섯 단계의 변화를 거친다고 가정하면 완전히 설명될 수 있음을 보게 될 것이다.

195. 명명법(命名法)

수많은 방사능 생성물에 적용할 명명법은 대단히 중요한 문제일 뿐 아니라 매우 어려운 문제 중 하나이기도 하다. 라듐에서 생성되는 뚜렷하게 구분되는 서로 다른 물질이 적어도 일곱 가지가 존재하기 때문에, 그리고 토륨과 악티늄에서 생성되는 서로 다른 물질은 아마도 다섯 가지는 될 것이기 때문에, 그 생성물 하나하나에 어미원소에 적용된 것과 같은 특별한 이름을 부여하는 것은 바람직하지도 않고 유익하지도 않다. 동시에, 각 생성물의 이름은 연이어 일어나는 변화에서 그 생성물이 어떤 단계에 있는지를 가리키도록 이름을 지어야 할 필요가 점점 더 커지고 있다. 서로 다른 에머네이션에서 생긴 방사능 침전물에서 발생하는 수많은 변화들을 논의할 때 이런 어려움을 특히 실감한다. 이런 생성물에 붙인 이름들 중 많은 수가 연이은 변화의 순서들 중에서 해당 생성물의 위치가 어디인지 이해되기 전에, 그 생성물이 처음 발견되었을 때 명명(命名)되었다. 이런 방법으로 Ur X와 Th X라는 이름은 우라늄과 토륨을 화학적으로 처리하는 과정에서 얻는 방사능 잔여물에 적용되었다.

모든 가능성을 열어두더라도, Ur X와 Th X는 우라늄과 토륨 원소의 첫 번째 생성물이기 때문에, 무엇보다도 이름이 간단하다는 장점을 가지고 있으므로, 그 이름을 그대로 유지하는 것이 바람직할지도 모른다. "에머네이션"이라는 명칭이 처음에는 토륨으로부터 방출되는 방사능을 띤 기체를 부르는 이름이었으며, 그 뒤로 라듐과 악티늄에서 방출되는 비슷한 기체 생성물도 같은 이름이 적용되었다.

"라듐 에머네이션"이라는 이름이 약간 길고 어색해서 윌리엄 램지 경은 최근에 그 이름에 대한 대안으로 "ex-radio"[4]라고 부를 것을 제안하였다. 이 이름은 정말 간단하고 또한 어디서 유래한 것인지도 분명히 밝혀준다. 그런데 에머네이션의 어미원소와 같은 원소를 어미원소로 갖는 적어도 여섯 가지 서로 다른 ex-radio들의 이름이 정해지지 않았다. 다른 기체 생성물에 비슷하게 ex-thorio라든지 ex-actinio라는 이름을 부여할 때 어려움이 발생하는데, 왜냐하면 토륨과 악티늄에서 발생하는 에머네이션은 라듐의 경우와 달리 해당 방사성 원소가 분해하면서 방출되는 첫 번째 생성물이 아니라 두 번째 생성물이기가 쉽기 때문이다. 그래서 이런 경우에는 첫 번째 생성물에 또 다른 이름이 적용되어야만 한다. 어쩌면 에머네이션에는 특별한 이름을 부여하는 것이 더 바람직할지도 모르는데, 왜냐하면 에머네이션이 가장 많이 조사된 생성물이고 화학적으로 분리된 최초의 생성물이기 때문이다. 그렇지만 반면에 "라듐 에머네이션"이란 이름은 역사적으로 흥미로울 뿐 아니라 그 이름이 휘발성이거나 기체인 형태의 물질임을 시사해준다. "들뜬" 방사능 또는 "유도된" 방사능이라는 용어는 단지 방사성 물체에서 나온 방사선을 가리키기 때문에, 이 이름은 방사선을 방출하는 물질 자체에만 적용된다. 이 책의 저자

4) ex-radio란 라듐에서 유래한 것이라는 의미이다.

는 이 책의 제1판에서 "에머네이션 X"라는 이름을 제안했다.[ii] 이 명칭은 Ur X와 Th X라는 이름과 비슷한 의미로 제안되었으며, 그 방사성 물질이 에머네이션으로부터 생성된 것임을 가리킨다. 그렇지만 그 이름이 매우 적합한 것은 아니고, 게다가 그 이름은 단지 침전된 최초 생성물에만 적용될 수 있을 뿐이고 그 침전물이 분해되어 만들어지는 그 이후 생성물에는 적용될 수가 없다. 연이은 변화에 대한 이론을 수학적으로 논의하는 데 A라고 부르는 침전된 물질이 B로 변화하고, B는 C로 변화하고, C는 D로 변화하고, 그런 식으로 계속된다고 가정하면 매우 편리하다. 그래서 나는 에머네이션 X라는 이름은 버리고 라듐 에머네이션의 분해에 의한 연이은 생성물임을 의미하기 위하여 라듐 A, 라듐 B로 계속되는 용어를 사용하였다. 토륨과 악티늄의 경우에도 비슷한 명명법을 적용한다. 이런 이름 체계는 탄력적이고 간단하며, 나는 연이은 생성물에 대해 논의하는 데 이 이름 체계가 매우 편리하다는 것을 발견하였다. 들뜬 방사능의 원인이 되는 방사성 물질에 대해 일반적으로 언급할 때, 나는 "방사능 침전물"이라는 용어를 사용하였다. 이 책에서 채택된 명명법의 체계가 아래 표에 분명하게 정리되어 있다.

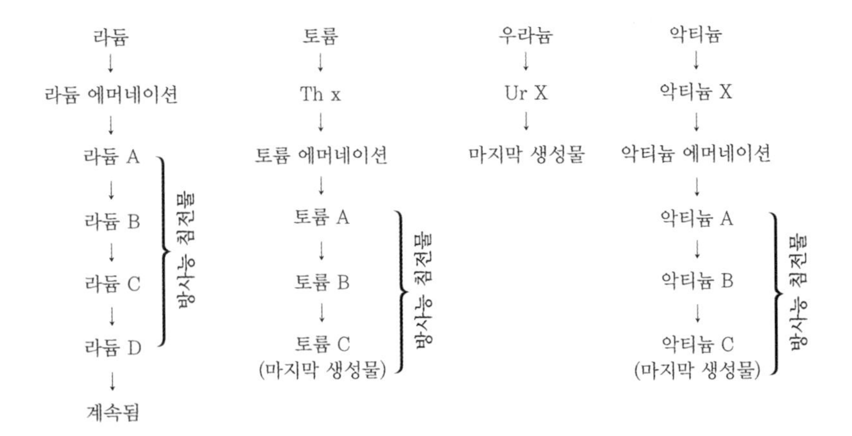

이 체계에 나오는 각 생성물은 그 밑에 쓴 생성물의 어미이다. 토륨과 악티늄의 방사능 침전물에서는 단지 두 종류의 생성물만 관찰되었으므로, 토륨에 대해서는 토륨 C가 그리고 악티늄에 대해서는 악티늄 C가 해당 원소의 최종 비방사능 생성물이다. 다음 장에서는 토륨의 경우와 마찬가지로 악티늄과 악티늄 에머네이션 사이에 중간 단계의 생성물이 존재함을 보게 될 것이다. 두 생성물 Th X와 Ur X에서와 마찬가지로, 그 물질도 "악티늄 X"라는 용어로 불린다.[5]

196. 연이은 변화 이론

연이은 변화가 가능하다는 증거에 대해 알아보기 전에, 방사성 물질의 연이은 변화에 대한 일반적인 이론에 대해 먼저 알아보자. 먼저 물질 A가 물질 B로 변하고, 물질 B는 물질 C로, 그리고 물질 C는 물질 D로 변하는 식으로 계속된다고 가정한다.

이 변화의 각각은 화학의 한 분자 변화에서와 같은 법칙을 따라 발생한다고 가정한다. 여기서 화학의 한 분자 변화의 법칙은 시간 t가 흐른 다음에 변하지 않은 입자의 수 N은 $N = N_0 e^{-\lambda t}$로 주어지는데, 여기서 N_0는 처음 입자의 수이며 λ는 변화 상수이다.

이제 $\dfrac{dN}{dt} = -\lambda N$이기 때문에, 어떤 시간에서건 변화가 일어나는 비율은 항상 변하지 않고 남아 있는 물질의 양에 비례한다. 그리고 전에 이미 방사능 생성물의 방사능 붕괴에 대한 이 법칙은 그러한 변화가 한 분자의 화학적 변

5) 원자핵이 발견되고 핵종(nuclide)이라고 불리는 원자핵의 종류는 그 원자핵에 포함된 양성자 수와 중성자 수에 의해 정해진다는 사실이 확립된 1930년대 이후에 이러한 명명법이 더 이상 사용될 필요가 없어졌다. 방사능이 관련된 변화는 모두 원자핵의 변화이며 원자핵의 변화는 양성자 수와 중성자 수의 변화로 모두 설명되는 것이 알려졌기 때문이다.

화와 같은 형태라는 사실을 표현한 것이라고 지적되었다.

시간이 t일 때 물질 A, B 그리고 C에 속한 입자의 수를 각각 P, Q, R로 대표한다고 가정하자. 그리고 λ_1, λ_2, λ_3를 각각 물질 A, B, C의 변화 상수라고 하자.

물질 A의 각 원자는 물질 B의 원자 하나를 발생시키고, B의 원자 하나는 C의 원자 하나를 발생시키며, 그런 식으로 계속된다.

이때 떠나간 "광선" 또는 입자는 방사능을 띠지 않았고, 그러므로 이 이론에 영향을 미치지 않는다. 만일 P, Q, R, $\cdots$ 에 대한 처음 값이 주어지면, 각 물질이 확보된 다음에 임의의 시간 t에 존재하는 물질 A, B, C, $\cdots$ 에 속하는 원자의 수 P, Q, R, $\cdots$ 을 수학적으로 추론하는 것이 그리 어렵지 않다. 그런데 실제로는, 예를 들어 정해진 양의 라듐 에머네이션에 노출된 도선에 생성된 방사능 침전물이 (1) 노출 시간이 변화가 일어나는 기간에 비해 매우 짧은 경우, (2) 노출 시간이 충분히 길어서 각 생성물의 양이 변하지 않는 한계값에 도달한 경우, 그리고 (3) 노출 시간을 임의로 취할 경우의 단지 세 가지 특별한 경우의 이론을 채택하는 것이 필요할 뿐이다.

그리고 여전히 중요한 또 다른 경우도 있는데, 그것은 실질적으로 세 번째 경우의 역으로 최초 공급원으로부터 물질 A가 일정한 비율로 제공되면 그 이후 시간에 A, B, C의 양을 구하는 경우이다. 그렇지만 이 경우에 대한 풀이는 추가의 분석을 하지 않더라도 세 번째 경우로부터 즉시 구할 수가 있다.

197. 경우 1.

처음에 시작한 물질은 모두 한 종류 A뿐이라고 가정하자. 여기서 문제는 그 이후 임의의 시간 t 때 각각의 물질 A, B, C에 속하는 입자의 수 P, Q, R을 구하는 것이다.

그러면 처음에 존재하는 A에 속하는 입자의 수가 n이면 $P=ne^{-\lambda_1 t}$이다. 이제 단위 시간 동안에 물질 B에 속하는 입자의 수가 증가한 양인 $\frac{dQ}{dt}$는 물질 A가 변화하면서 공급한 양에서 B가 C로 변화한 수를 뺀 것과 같아서

$$\frac{dQ}{dt}=\lambda_1 P-\lambda_2 Q \quad \cdots\cdots (1)$$

과 같이 된다. 비슷하게

$$\frac{dR}{dt}=\lambda_2 Q-\lambda_3 R \quad \cdots\cdots (2)$$

이 성립한다. (1)식에 포함된 P의 값을 n으로 표현한 것으로 대입하면

$$\frac{dQ}{dt}=\lambda_1 ne^{-\lambda_1 t}-\lambda_2 Q$$

가 된다. 이 식의 풀이는

$$Q=n\left(ae^{-\lambda_1 t}+be^{-\lambda_2 t}\right) \quad \cdots\cdots (3)$$

의 형태가 된다. 이 풀이를 대입하면 $a=\frac{\lambda_1}{\lambda_2-\lambda_1}$이 된다. 그리고 $t=0$일 때 $Q=0$이므로 $b=-\lambda_1(\lambda_2-\lambda_1)$이 된다. 그래서

$$Q=\frac{n\lambda_1}{\lambda_1-\lambda_2}\left(e^{-\lambda_2 t}-e^{-\lambda_1 t}\right) \quad \cdots\cdots (4)$$

를 얻는다. Q에 대한 이 값을 (2)식에 대입하면

$$R=n\left(ae^{-\lambda_1 t}+be^{-\lambda_2 t}+ce^{-\lambda_3 t}\right) \quad \cdots\cdots (5)$$

가 되는 것을 쉽게 보일 수 있는데, 여기서

$$a=\frac{\lambda_1\lambda_2}{(\lambda_1-\lambda_2)(\lambda_1-\lambda_3)},\ b=-\frac{\lambda_1\lambda_2}{(\lambda_1-\lambda_2)(\lambda_2-\lambda_3)},\ c=\frac{\lambda_1\lambda_2}{(\lambda_1-\lambda_3)(\lambda_2-\lambda_3)}$$

이다.

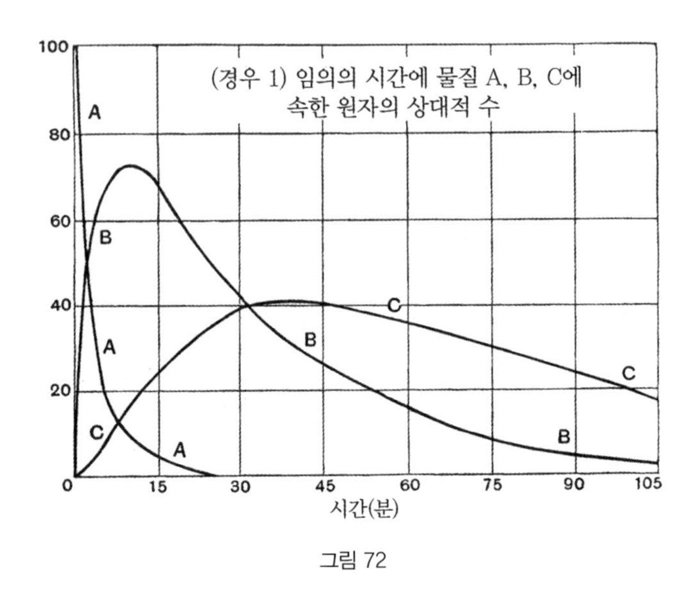

그림 72

그림 72에 보인 곡선 A, B, C는 각각 공급 물질을 제거한 뒤에 시간의 함수로 P, Q, R 값의 변화를 그래프로 그린 것이다. 라듐 A의 처음 세 변화에 대응하여 나중에 다루게 될 실제적 경우에 대한 곡선을 그리기 위하여, λ_1, λ_2, λ_3 값으로는 각각 3.85×10^{-3}, 5.38×10^{-4}, 4.13×10^{-4}를 취하였는데, 이 값은 물질의 연이은 형태에 요구되는 시간이 각각 약 3분, 21분 그리고 28분인 경우에 해당한다.

곡선의 세로축은 임의의 시간에 존재하는 물질 A, B 그리고 C에 속한 원자들의 상대 수를 대표하며, 물질 A에 침전된 원자의 처음 수인 n의 값은 100으로 놓았다. 물질 B의 양은 처음에는 0이고, 이 특별한 경우에는 약 10분이 지난 뒤에 최댓점을 통과하며, 그다음에는 시간이 흐름에 따라 감소한다. 비슷한 방법으로, C의 양은 제거된 다음에 약 37분이 지나서 최댓점을 통과한다. 여러 시간이 지나간 다음에는 B와 C 모두의 양이 매우 근사적으로 시간에 대해 지수법칙을 따라 감소하는데, 각각 21분과 28분의 시간이 흐른 뒤에 처음의 절반 값으로 떨어진다.

198. 경우 2.

주공급원은 일정한 비율로 물질 A를 공급하고 이 과정이 이미 매우 오랫동안 진행되어서 생성물들 A, B, C, ⋯가 변하지 않는 한계 값에 도달했다. 여기서 문제는 그 이후 임의의 시간 t 때 남아 있는 A, B, C, ⋯의 양을 구하는 것이다.

이 경우에, 공급원으로부터 매초 침전되는 A의 입자 수 n_0는 매초 B로 변화하는 A의 입자 수와 같고, 매초 C로 변화하는 B의 입자 수와도 같으며, 그리고 그런 식으로 계속된다. 그래서 다음 관계식

$$n_0 = \lambda_1 P_0 = \lambda_2 Q_0 = \lambda_3 R_0 \quad \cdots\cdots (6)$$

이 만족되어야 하는데, 여기서 P_0, Q_0, R_0는 변하지 않는 정상 상태에 도달할 때 물질 A, B 그리고 C의 입자의 최대수이다.

공급원을 제거한 뒤 임의의 시간 t 때 P, Q, R값은 노출 시간이 짧은 경우의 (3)식 그리고 (5)식과 같은 형태의 식으로 주어진다. 초기 조건이

$$P = P_0 = \frac{n_0}{\lambda_1}$$

$$Q = Q_0 = \frac{n_0}{\lambda_2}$$

$$R = R_0 = \frac{n_0}{\lambda_3}$$

임을 기억하면

$$P = \frac{n_0}{\lambda_1} e^{-\lambda_1 t} \quad \cdots\cdots (7)$$

$$Q = \frac{n_0}{\lambda_1 - \lambda_2}\left(\frac{\lambda_1}{\lambda_2}e^{-\lambda_2 t} - e^{-\lambda_1 t}\right) \quad \cdots\cdots\cdots\cdots\cdots\cdots (8)$$

$$R = n_0\left(ae^{-\lambda_1 t} + be^{-\lambda_2 t} + ce^{-\lambda_3 t}\right) \quad \cdots\cdots\cdots\cdots\cdots\cdots (9)$$

가 되는 것을 어렵지 않게 보일 수 있는데, 여기서

$$a = \frac{\lambda_2}{(\lambda_1 - \lambda_2)(\lambda_1 - \lambda_3)}$$

$$b = \frac{-\lambda_1}{(\lambda_1 - \lambda_2)(\lambda_2 - \lambda_3)}$$

$$c = \frac{\lambda_1 \lambda_2}{\lambda_3(\lambda_1 - \lambda_3)(\lambda_2 - \lambda_3)}$$

이다.

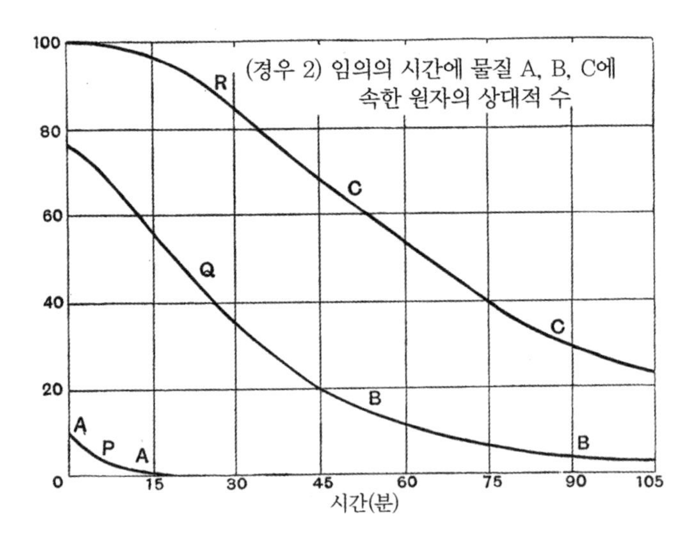

그림 73

그림 73에는 임의의 시간에 존재하는 원자들의 상대적 수인 P, Q, R이 각각 곡선 A, B, C로 그래프로 그려져 있다. 비교를 위해 원자의 수 R_0를 100으로 놓았으며, λ_1, λ_2, λ_3 값으로는 라듐의 방사능 침전물에서 3분과 21분 그리고 28분의 변화에 해당하는 값을 취했다. 짧은 노출 시간에 대한 곡선인 그림 72와 비교하면 두 경우에 P, Q, R의 상대적인 양의 변화를 뚜렷이 보인다. 처음에는 R의 양이 매우 느리게 감소한다. 이것은 B가 먼저 쪼개져서 C로 공급되는 것이 C가 쪼개져서 거의 다 상쇄되기 때문에 나타난 결과이다. 몇 시간 뒤의 Q와 R 값은 지수법칙으로 감소하여 28분 만에 절반 값으로 떨어진다.

199. 경우 3.

임의의 시간 T 동안 일정한 비율로 물질 A를 공급한 주공급원을 그 뒤 바로 제거한다고 가정하자. 그 후 임의의 시간에 A, B, C의 양을 구하는 것이 문제이다.

물질 A의 입자가 매초 n_0 개가 침전된다고 하자. 시간 T 동안 노출시킨 다음에 존재하는 물질 A의 입자의 수 P_T는

$$P_T = n_0 \int_0^T e^{-\lambda_1 t} dt = \frac{n_0}{\lambda_1}\left(1 - e^{-\lambda_1 T}\right)$$

가 된다.

공급원을 제거한 다음 임의의 시간 t 때, 물질 A의 입자의 수 P는

$$P = P_T e^{-\lambda_1 t} = \frac{n_0}{\lambda_1}\left(1 - e^{-\lambda_1 T}\right) e^{-\lambda_1 t}$$

로 주어진다.

시간 간격 dt 동안 생성된 물질 A의 입자 수 $n_0 dt$를 생각하자. 임의의 나중 시간 t 때, 물질 A가 변화한 결과로 생긴 물질 B의 입자 수 dQ는 ((4)식을 보라)

$$dQ = \frac{n_0\lambda_1}{\lambda_1 - \lambda_2}\left(e^{-\lambda_2 t} - e^{-\lambda_1 t}\right)dt = n_0 f(t)dt \quad \cdots\cdots\cdots\cdots (10)$$

로 주어진다.

노출 시간 T가 지난 다음에, 존재하는 물질 B의 입자 수 Q_T는

$$Q_T = n_0[f(T)dt + f(T-dt)dt + \cdots\cdots + f(0)dt]$$

$$= n_0\int_0^T f(t)dt$$

로 주어짐을 어렵지 않게 보일 수 있다.

만일 노출 시간 T가 지난 다음에 에머네이션으로부터 물체를 제거시킨다면, 임의의 나중 시간 t 때 B의 입자 수는 똑같은 방법으로

$$Q = n_0\int_t^{T+t} f(t)dt$$

로 주어진다.

여기서 Q_T와 Q를 구하는 과정에서 함수 $f(t)$가 구체적으로 어떤 형태인지는 영향을 주지 않는다는 점을 유의하여야 한다.

식 (10)에 주어진 $f(t)$의 구체적인 값을 대입하고 적분하면

$$\frac{Q}{Q_T} = \frac{ae^{-\lambda_2 t} - be^{-\lambda_1 t}}{a-b} \quad \cdots\cdots\cdots\cdots\cdots\cdots (11)$$

를 어렵지 않게 구할 수 있는데, 여기서 $a = \dfrac{1-e^{-\lambda_2 T}}{\lambda_2}$, $b = \dfrac{1-e^{-\lambda_1 T}}{\lambda_1}$ 이다.

비슷한 방법으로, 임의 시간에 존재하는 물질 C의 입자 수 R은 (5)식에 $f(t)$ 값을 대입하여 구할 수 있다. 그런데 이 식들은 하려는 실험에 간단히 적용하기에는 그 형태가 너무 복잡하고, 그래서 여기서는 다루지 않는다.

200. 경우 4.

주공급원으로부터 물질 A가 일정한 비율로 공급된다. 처음에는 A, B, C가 존재하지 않았을 때, 그 이후 임의의 시간 t 때 A, B, C의 입자 수를 구하자.

다음 방법에 의해 풀이를 간단히 구할 수 있다. 생성물 A, B, C는 방사능 평형을 이루고 있으며 세 물질 각각의 존재하는 입자 수를 P_0, Q_0, R_0라고 하자. 공급원은 제거되었다고 가정한다. 그 이후 임의의 시간에 P, Q, R 값은 각각 (7)식, (8)식, (9)식에 의해 주어진다. 이제 제거되었던 공급원이 여전히 동일한 일정한 비율로 A를 계속해서 공급한다고 가정하고, 그 이후 임의의 시간에 다시 존재하는 A, B, C의 입자 수를 P_1, Q_1, R_1이라고 하자. 우리는 이미 각 생성물을 하나만 고려하면 어느 것이나 변화하는 비율이 어떤 조건과도 무관하고 그 물질이 어미 물질과 혼합되어 있건 또는 어미 물질로부터 분리되어 있건 똑같다는 것을 보았다. P_0값과 Q_0값 그리고 R_0값은 각 물질이 공급되는 비율이 그 물질이 변화하는 비율과 같을 때 그대로 유지되는 정상 상태를 대표하므로, 공급원과 함께 임의의 시간에 존재하는 A, B, C의 입자의 수의 합은 항상 P_0, Q_0, R_0, ⋯와 같아야 한다. 즉

$$P_1 + P = P_0$$

$$Q_1 + Q = Q_0$$

$$R_1 + R = R_0$$

가 성립해야 한다. 이 식들은 당연히 성립해야 하는데, 만일 성립하지 않는다면 단순히 공급원을 그 공급원의 생성물과 분리시키는 과정만으로 물질이 없어지거나 새로 생겨나기 때문이다. 그런데 처음 가정부터 공급원을 제거시킨다고 공급원으로부터 공급되는 비율이나 생성물이 변화하는 법칙 모두가 어떤 방법으로든 바뀌지 않는다.

(7)식과 (8)식 그리고 (9)식의 P, Q, R 값을 대입하면

$$\frac{P_1}{P_0} = 1 - e^{-\lambda_1 t}$$

$$\frac{Q_1}{Q_0} = 1 - \frac{\left(\lambda_1 e^{-\lambda_2 t} - \lambda_2 e^{-\lambda_1 t}\right)}{(\lambda_1 - \lambda_2)}$$

$$\frac{R_1}{R_0} = 1 - \lambda_3\left(ae^{-\lambda_1 t} + be^{-\lambda_2 t} + ce^{-\lambda_3 t}\right)$$

를 얻는데, 여기서 a, b, c는 (9)식 다음에 주어진 값을 갖는다. 그래서 P, Q, R의 증가를 보여주는 곡선들은, 모든 경우에, 그림 73에 보인 곡선들과 상호 보완적이다. 어떤 시간에서든지 증가하는 곡선과 감소하는 곡선의 세로축 값을 더하면 100과 같다. 우리는 앞에서 Ur X와 Th X의 붕괴 곡선과 회복 곡선의 경우에 이미 그와 같은 예를 보았다.

201. 혼합된 생성물의 방사능

이전 계산에서 연이은 생성물 각각의 입자 수가 서로 다른 조건 아래서 시간이 흐르면 어떻게 변하는지에 대해 알아보았다. 이제 그 입자 수가 혼합된 생성물의 방사능과 어떻게 연관되는지 살펴보자.

만일 N이 어떤 생성물의 입자의 수라면, 매초 부서져 나오는 입자의 수는 λN이고 여기서 λ는 변화 상수이다. 만일 각 생성물의 각 입자가, 부서져 나오면서 하나의 α 입자를 방출한다면, 임의의 시간에 혼합된 생성물로부터 매초 방출되는 α 입자의 수는 $\lambda_1 P + \lambda_2 Q + \lambda_3 R + \cdots$ 와 같은데, 여기서 P, Q, R, $\cdots$ 는 연이은 생성물 A, B, C, $\cdots$ 의 입자 수이다. 앞에서 고려한 네 경우 중에서 어느 하나로부터 이미 구한 P, Q, R 값을 대입하면, 매초 방출된 α 입자의 수가 시간이 흐르면서 어떻게 변하는지를 구할 수 있다.

방사능 생성물의 혼합 비율이 무엇이든지 그 방사능을 측정하는 이상적인

방법은 그 혼합된 생성물로부터 매초 방출되는 α 입자 또는 β 입자의 수를 정하는 것이다. 그렇지만 실제로는 그 방법이 불편하기도 하고 실험적으로도 매우 어렵다.

한 생성물의 방사능을 다른 생성물의 방사능과 비교하려고 시도할 때 몇 가지 실제적인 어려움이 등장한다. 우리는 앞으로 많은 경우에 연이은 생성물 모두가 α 선을 방출하지는 않음을 알게 될 것이다. 어떤 생성물은 β 선과 γ 선만을 방출하고, 몇몇 생성물에서는 α 선과 β 선 그리고 γ 선 중에서 어느 것도 내보내지 않는 "방사선이 캄캄한" 생성물도 존재한다. 예를 들어, 라듐의 경우에, 라듐 A는 오직 α 선만 방출하며, 라듐 B는 어느 방사선도 방출하지 않는데, 그렇지만 라듐 C는 α 선과 β 선 그리고 γ 선 모두를 방출한다.

실제로, 임의의 시간에 어떤 개별적인 생성물의 상대적 방사능 값은 보통 적당한 조사 용기에 장착된 전극(電極) 사이에 흐르는 상대적인 포화 이온화 전류를 측정하여 결정한다.

예를 들어, 단지 α 선만 방출하는 생성물의 경우를 보자. α 입자가 기체를 통과하면 그 경로상에 많은 수의 이온이 생성된다. 생성물의 종류가 무엇인지에 따라 그 생성물에서 α 입자가 튀어나올 때 움직이는 평균 속도는 외부 조건이 어떻게 바뀌건 모두 똑같으므로, 조사 용기 내에서 매초 만들어지는 평균 이온화 양은 그 방사능의 변화를 측정하는 정확한 지표의 역할을 한다. 그렇지만 생성물의 종류가 다르면 어떤 서로 다른 두 종류의 생성물도 동일한 평균 속력을 갖는 α 입자를 방출하지는 않는다. 우리는 이미 어떤 생성물에서 방출되는 방사선은 다른 생성물에서 방출되는 방사선보다 기체 내에서 더 쉽게 정지하는 것을 보았다. 그래서 조사 용기 내에서 두 가지 서로 다른 생성물에 의해 발생한 상대적 포화 전류는 매초 방출되는 α 입자의 상대적 입자 수를 비교하는 데 정확한 방법이 되지 않는다. 두 전류의 비는 일반적으로 조사 용기의 두 판 사이의 거리에 의존하며, 다른 자료로부터 그 두 생성물에서 나오는 평균적인 α 입자로부터 생성되는 상대적 이온화에 대해 미리 알고 있지 않는 한, 두 전류를 비교하는 것은 기껏해야 기체로 새어나가는 α 입자의 상대적인 수에 대해 알려주는 근사적인 참고 자료가 될 뿐이다.

202.

이제 위에서 고려했던 인자(因子)들이 서로 다른 실험 조건 아래서 구한 방사능 곡선의 특성에 어떻게 영향을 미치는지를 보여주는 몇 가지 예들을 살펴볼 예정이다. 예시(例示)의 목적으로, 라듐 에머네이션이 일정한 비율로 공급되고 있는데 서로 다른 시간 동안 노출시킨 물체의 들뜬 방사능을 제거시킨 뒤의 변화를 살펴볼 것이다. 제거시킬 때 방사능 침전물에는 일반적으로 세 생성물인 라듐 A, B 그리고 C가 혼합되어 있다. 편리하게 이용될 수 있도록 다음 표에 각 생성물에서 나오는 방사선의 종류, 각 생성물이 변화하는 시간, λ값이 나와 있다.

생성물	**방사선**	T	$\lambda(s^{-1})$
라듐 A	α선	3분	3.85×10^{-3}
라듐 B	방출 없음	21분	5.38×10^{-4}
라듐 C	α선, β선, γ선	28분	4.13×10^{-4}

단지 생성물 C만 β선과 γ선을 발생하기 때문에, 이 두 가지 종류의 방사선 중 어느 하나에 의해 측정된 방사능이든지 임의의 시간에 존재하는 C의 양, 즉 R의 값에 비례할 것이다. 그래서 노출 시간이 오래 경과된 경우에는, β선과 γ선에 의해 측정된, 시간에 따른 방사능의 변화가 그림 73의 위쪽 곡선인 CC에 의해 대표되는데, 이 그래프에서 세로축은 방사능을 대표한다. 이 곡선

의 형태는 그림 68에 나온 노출 시간이 긴 경우의 실험 곡선 형태와 매우 유사하다.

라듐 B는 방사선을 방출하지 않으므로, 매초 방사능 침전물로부터 방출되는 α 입자의 수는 $\lambda_1 P + \lambda_3 R$에 비례한다. 그래서 전기적 방법을 이용해서 α선에 의해 측정된 방사능은 임의의 시간에 $\lambda_1 P + K\lambda_3 R$에 비례하는데, 여기서 K는 조사 용기에서 생성된 이온의 입자 수 중에서 C로부터 발생한 α 입자에 의한 것과 A로부터 방출된 α 입자에 의한 것의 비를 대표하는 상수이다.

나중에, 이 특별한 경우에 대해서, K는 거의 1과 같음을 알게 될 것이다. $K = 1$이라고 놓으면, 공급원을 제거시킨 뒤 임의의 시간에 방사능은 $\lambda_1 P + \lambda_3 R$에 비례한다.

경우 1. 우선 첫 번째 과제로, 라듐 에머네이션에 짧은 시간 동안만 노출시킨 방사능 곡선을 살펴보자. 임의의 시간에 이 경우에 대응하는 P, Q 그리고

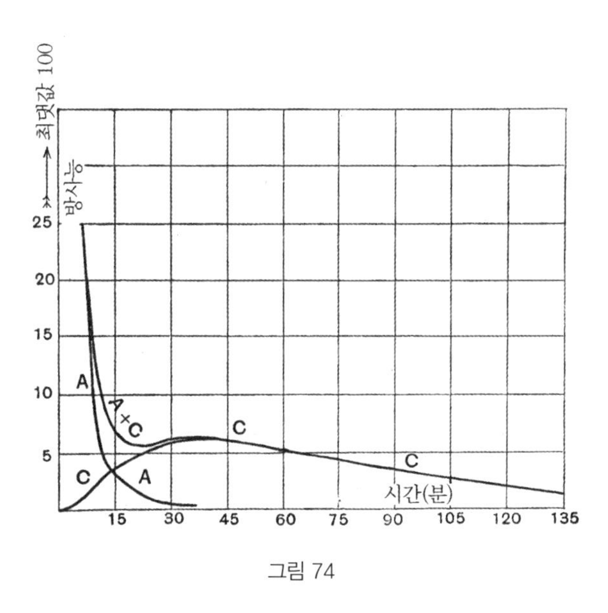

그림 74

R의 상대적인 값이 그림 74에 그래프로 그려져 있다. 임의의 시간에 α선에 의해 측정된 방사능은 A와 C에 따라 원인이 된 방사능의 합이 될 것이다.

(그림 74에서) 곡선 AA는 A에 의한 방사능을 대표한다고 하자. 이 곡선은 지수법칙으로 감소하며, 3분 만에 절반 값으로 줄어든다. 이 그림에서 C가 원인인 얼마 안 되는 방사능을 분명하게 보이도록 만들기 위해서, A가 원인인 방사능이 최댓값일 때에 비해 25퍼센트로 줄어든 6분의 간격이 지나간 다음에, A에 의한 방사능을 그래프로 그렸다. C가 원인인 방사능은 $\lambda_3 R$에 비례하며, C가 원인인 방사능을 A가 원인인 방사능과 같은 눈금으로 대표하기 위하여, 그림 72에 나오는 곡선 CC에 대한 세로축의 눈금을 $\frac{\lambda_3}{\lambda_1}$의 비율로 줄이는 것이 필요하다.

그래서 C가 원인인 방사능은 이처럼 그림 74에서 곡선 CCC로 대표된다. 그러므로 총 방사능은 곡선 A + C에 의해 대표되는데, 이 곡선의 세로축은 A와 C의 세로축의 합이 된다.

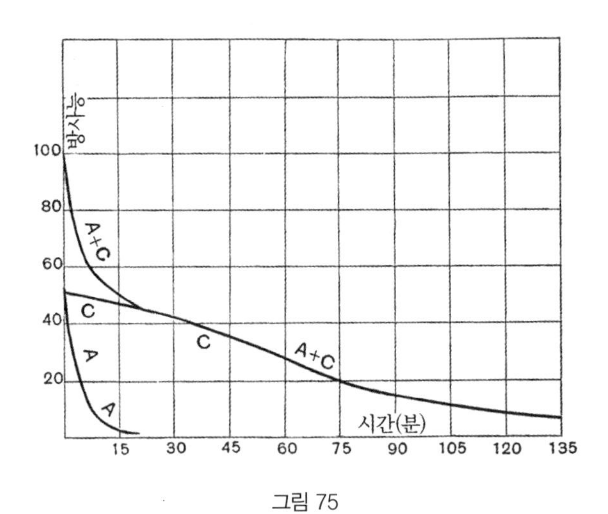

그림 75

이 이론적인 방사능 곡선은 그림 66에 그려놓은 노출 시간이 매우 짧은 경우 α선을 이용해 측정한 실험적인 방사능 곡선과 일반적인 성질들에서 아주 비슷해 보인다.

경우 2. 이제 에머네이션에 노출된 시간이 긴 경우 방사능 곡선에 대해 살펴보자. A와 C를 제거한 뒤에 방사능은 $\lambda_1 P + \lambda_3 R$에 비례하는데, 여기서 P 값과 R 값은 그림 75의 두 곡선 AA와 CC에 의해 그래프로 나와 있다. A와 C를 제거한 직후에는, A와 C가 방사능 평형을 이루고 있고 두 생성물 각각에서 매초 같은 수의 입자가 떨어져 나오기 때문에 $\lambda_1 P_0 = \lambda_3 R_0$이다. A만에 의한 방사능은 그림 75에 곡선 AA로 표시되어 있다. 그 방사능은 지수법칙으로 감소해서 3분 만에 처음 값의 절반으로 줄어든다. 임의의 시간에 C가 원인인 방사능은 R에 비례하며, 처음에는 A의 방사능과 같다. 그래서 C가 원인인 방사능 곡선은 곡선 CC로 대표되는데, 그 곡선은 그림 73의 위쪽 곡선 CC와 같은 곡선이다. A와 C가 함께 원인인 방사능은 (그림 75에서) 위쪽 곡선 A + C로 대표되는데, 여기서 세로축은 곡선 A의 세로축과 곡선 C의 세로축을 합한 것과 같다. 이 이론적 곡선은, α선에 의해 측정한, 노출 시간이 긴 경우 방사능 침전물의 방사능 붕괴를 보여주는, (그림 67에 보인) 실험적 곡선과 형태가 매우 비슷함을 알 수 있다.

203. 방사능 곡선에서 방사선이 나오지 않는 변화의 효과

방사능 생성물 중의 하나가 방사선을 내보내지 않아서 직접 특성될 수 없을 때는 방사능 변화를 분석하는 데 몇 가지 중요한 사례들이 발생한다. 그런데 그렇게 방사선이 나오지 않는 변화가 일어나면 그 존재가 연이어 생기는 생성물의 방사능이 바뀌는 모습으로부터 어렵지 않게 관찰될 수 있다.

예를 들어, 처음에는 모두 방사능을 띠지 않은 물질 A 한 종류만 존재하는

데, 물질 A가 방사능을 내보내는 물질 B로 바뀐 경우를 생각하자. 방사능을 띠지 않은 물질 A는 그 물질의 방사능 생성물이 보이는 지수법칙과 같은 법칙을 따라서 변화한다고 가정하자. 두 물질 A와 B의 변화 상수가 각각 λ_1과 λ_2라고 하자. 만일 처음에 존재하는 A의 입자 수가 n이라면, 197절의 (4)식으로부터 임의의 시간에 존재하는 물질 B의 입자 수는

$$Q = \frac{n\lambda_1}{\lambda_1 - \lambda_2}\left(e^{-\lambda_2 t} - e^{-\lambda_1 t}\right)$$

로 주어지는 것을 알 수 있다.

이 식을 미분해서 0과 같다고 놓으면, Q의 값이 최대인 시간 T는 다음 식

$$\lambda_2 e^{-\lambda_2 T} = \lambda_1 e^{-\lambda_1 T}$$

을 만족한다.

이것이 어떤 의미인지 살펴보는 예로, 에머네이션에 매우 짧은 시간 동안 노출되어 생긴 토륨의 방사능 침전물의 방사능이 변하는 모습을 고려하자. 토륨 A는 방사선을 내보내지 않으며, 토륨 B는 α선과 β선 그리고 γ선을 내보내며, 토륨 C는 방사능을 띠지 않는다.

물질 A는 11시간 만에 절반이 변화하며, 물질 B는 55분 만에 절반이 변화한다. 그래서 변화 상수의 값은 $\lambda_1 = 1.75 \times 10^{-5}\ (\mathrm{sec})^{-1}$과 $\lambda_2 = 2.08 \times 10^{-4}\ (\mathrm{sec})^{-1}$이다.

두 생성물의 혼합인 A + B의 방사능은 단지 B만에 의한 것이며, 그래서 그 방사능은 항상 존재하고 있는 B의 양, 즉 Q의 값에 비례한다.

A + B의 방사능이 시간에 따라 변화하는 모습이 그림 76에 그래프로 그려져 있다. 방사능은 0으로부터 증가해서 220분 만에 최댓값까지 증가하며 그 다음에는 붕괴하여, 마지막에는 시간에 대해 지수법칙으로 감소하는데 11시간 만에 절반 값으로 떨어진다.

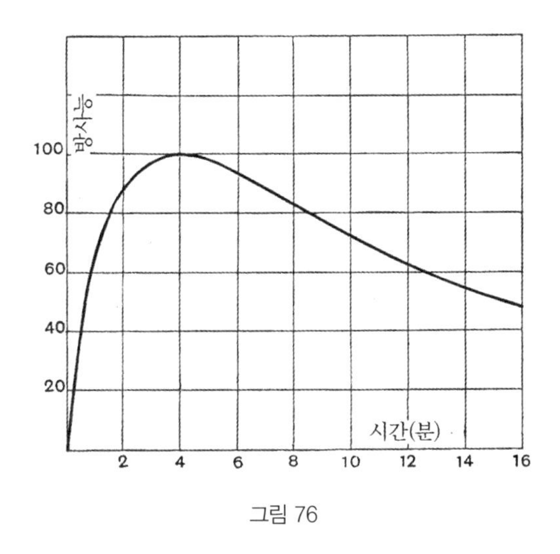

그림 76

이 이론적 곡선은 (그림 65의) 실험적 곡선과 그 형태가 아주 잘 일치하는 것을 볼 수 있는데, 이 실험적 곡선은 에머네이션이 존재하는 곳에서 짧은 시간 동안 노출되어 생성된 토륨의 방사능 침전물의 방사능이 변화하는 모습을 보여준 것이다.

이런 종류의 방사능 곡선과 연관되어 몇 가지 흥미로운 사항이 존재한다. 에머네이션을 제거하고 몇 시간이 지난 뒤 방사능은 지수법칙을 따라 붕괴하는데, 그 비율이 원래 방사능을 발생시킨 생성물 B의 비율과 같지 않고, 처음 방사선을 내보내지 않는 변화의 비율과 같다. 만일 방사선을 내보내지 않는 생성물이 뒤를 이은 방사능을 띤 생성물보다 변화의 비율이 더 늦은 경우에도 역시 똑같은 상황이 된다. 그림 76에 보인 성격의 방사능 곡선이 주어지면, 그 곡선으로부터 최초 변화는 방사선을 내보내지 않는다는 것과 함께 또한 논의되고 있는 두 변화의 주기(週期)[6]도 추론해서 알 수 있다. 그렇지만 그 곡선으로부터 변화의 주기 중에서 어느 것이 방사능을 내보내지 않는 생성물과 관련이 있는지를 결정할 수는 없다. 관계된 식에서 λ_1과 λ_2가 대칭적으로 포함되어 있기 때문에 생성물의 주기, 즉 λ_1값과 λ_2 값을 서로 바꾸더라도 방사능 곡선은 바뀌지 않는다. 예를 들어, 토륨의 방사능 침전물의 경우에, 추가의 자료가 없다면 첫 번째 변화의 주기가 55분인지 또는 11시간인지 결정하는 것이 가능하지 않다. 그런 경우에 두 생성물 A와 B를 구분하고, 그다음에 각 생성물의 방사능이 붕괴하는 비율을 따로따로 조사하기 위해서는 다른 물리적 또는 화학적 수단을 이용해야만 문제가 해결된다. 실제로, 전기 분해를 이용하거나 두 생성물의 휘발성(揮發性)의 차이를 이용하는 경우가 종종 발생한다. 이제 만일 A와 B의 혼합물로부터 방사능이 지수법칙에 의해 감소하고 55분 만에 절반 값으로 떨어지는 생성물을 분리해냈다면 (그리고 그것을 실험적으로 관찰했다면), 우리는 즉시 생성물 B의 주기가 55분이라고 결론지을 수 있다.

물체를 에머네이션에 노출시키는 시간이 길어지면, 즉 에머네이션을 제거시킬 때 A에 점점 더 많은 양의 B를 혼합시키면, 그림 76에 보인 방사능 곡선의 특징이 점점 덜 뚜렷해진다. 두 생성물 A와 B가 방사능 평형을 이루고 있을 때, 노출 시간이 길면 에머네이션을 제거시킨 뒤에 방사능은 Q에 비례하는데, 여기서 Q는 (198절의 (8)식을 보라)

$$Q = \frac{n_0}{\lambda_1 - \lambda_2}\left(\frac{\lambda_1}{\lambda_2}e^{-\lambda_2 t} - e^{-\lambda_1 t}\right)$$

로 주어진다. 이 경우에 Q값은 에머네이션을 제거한 뒤에 증가하지 않고 즉시 감소하기 시작한다. 그 결과로 방사능은 에머네이션을 제거시킨 순간부터

6) 여기서 주기는 period를 번역한 것인데, 문장의 맥락에 비추어보면 이 주기가 오늘날 반감기(半減期)에 해당한다.

감소하지만, 지수법칙으로 예상되는 것보다 더 천천히 감소한다. 그렇지만 이전 경우와 마찬가지로 결국에는 방사능이 감소해서 11시간 만에 절반 값으로 떨어진다.

앞에서 우리는 방사능 생성물과 비방사능 생성물 모두 상대적으로 빠른 비율로 변화할 때 구한 방사능 곡선에 대해 논의하였다. 악티늄과 라듐의 변화에 대한 분석에서 제기되는 몇 가지 경우에, 방사선을 내보내지 않는 생성물이 변화하는 비율이, 방사능 생성물이 변화하는 비율에 비하여, 대단히 느렸다. 이 사례가 방사성 물질 B를 일정한 비율로 A에 공급하는 경우에 해당한다. 그래서 방사능 곡선의 형태가 Th X와 Ur X의 회복 곡선의 형태와 똑같아질 것이다. 다시 말하면, 임의의 시간 t 때 방사능 I는 $\frac{I_t}{I} = 1 - e^{-\lambda_2 t}$ 라는 식에 의해 대표될 것인데, 여기서 I_0는 방사능의 최댓값이고 λ_2는 B의 변화 상수이다.

204.

이 장에서 우리는 주기와 함께 변화의 수(數)가 주어졌을 때, 서로 다른 조건 아래서 연이은 생성물의 원자 수가 시간에 따라 어떻게 바뀌는지를 살펴보았다. 그리고 갖가지 조건 아래서 예상되는 방사능 곡선은 간단한 이론으로부터 쉽게 유도되는 것을 알았다. 그렇지만 실제로는 여러 조건 아래서 구한 방사능 곡선을 분석해서 생성물의 주기와 수 그리고 성질을 추론하는 역문제(逆問題)를 푸는 데 큰 어려움을 겪는다.

최소 일곱 가지의 서로 다른 변화가 일어나는 라듐의 경우에, 이 문제는 대단히 어렵다고 정평이 나 있으며, 생성물 중 일부를 분리시키는 특별한 물리적 방법과 화학적 방법을 고안한 뒤에야 비로소 한 가지 풀이를 구할 수 있었다.

우리는 나중에 라듐과 악티늄에서는 방사선을 내보내지 않는 변화가 두 가지씩 일어나며 토륨에서는 그러한 변화가 한 가지 일어나는 것을 알게 될 것이다. 방사선을 내보내지 않는 물질을 검출할 수가 있고 그런 물질의 성질을 조사할 수 있다는 사실이 처음에는 아주 놀라웠다. 방사선을 내보내지 않는 물질은 그 물질이 방사선을 방출하는 다른 물질로 변환될 때에만 검출되거나 그 성질을 조사할 수 있다. 왜냐하면 나중 물질의 방사능의 변화로부터 어미 생성물의 주기뿐 아니라 물리적 성질과 화학적 성질도 역시 결정할 수가 있기 때문이다. 다음 두 장에서는 방사성 원소에서 발생하는 복잡한 과정들을 연이은 변화 이론을 적용하여 만족스럽게 설명할 수 있음을 보이게 될 것이다.

제9장 미주

i. Ramsay, *Proc. Roy. Soc.* p. 470, June, 1904; *C. R.* 138, June 6, 1904.
ii. Rutherford, *Phil. Mag.* February, 1904.

제10장

우라늄, 토륨, 악티늄의 변환 생성물

205.

지난 마지막 장에서는 연이은 변화에 대한 수학 이론을 공부하였다. 이제 거기서 구한 결과를 우라늄, 토륨, 악티늄, 라듐 그리고 그들의 생성물에서 관찰된 방사능 현상을 설명하는 데 적용하려고 한다.

우라늄의 변환 생성물

몇 가지 서로 다른 과정을 이용하면 우라늄으로부터 방사성 구성물인 Ur X를 분리할 수 있음을 127절과 129절에서 보았다. 분리된 Ur X의 방사능은 시간이 흐르면 붕괴하는데, 약 22일 만에 처음 값의 절반으로 떨어진다. 동시에 Ur X가 분리해나간 우라늄은 잃은 방사능을 서서히 되찾는다. Ur X가 붕괴하는 법칙과 우라늄이 잃은 방사능을 회복하는 법칙이 식으로는

$$\frac{I_t}{I_0} = e^{-\lambda t} \quad \text{그리고} \quad \frac{I_t}{I_0} = 1 - e^{-\lambda t}$$

로 표현되는데, 여기서 λ는 Ur X의 방사능 상수이다. 우라늄으로부터 Ur X라는 물질이 생성되는 비율은 일정하며, 우라늄에서 관찰된 일정한 방사능은 새로운 방사성 물질이 생성되는 비율이 이미 생성된 Ur X가 변화되는 비율과 같아서 평형 상태가 되었음을 나타낸다.

우라늄에서 발생하는 방사성 과정은 토륨과 라듐에서 발생하는 방사성 과정과 몇 가지 점에서 차이가 난다. 첫째, 우라늄은 에머네이션을 내보내지 않으며 그 결과로 물체에 들뜬 방사능을 생성하지 않는다. 지금까지 우라늄에서는 단지 한 종류의 방사능 생성물 Ur X만 관찰되었다. 이 방사성 생성물 Ur X에서 나오는 방사선은 거의 완전히 β선뿐임을 고려하면 Ur X는 Th X와 다르고 에머네이션과도 다르다. Ur X로부터 나오는 방사선의 이런 특이한 점 때

문에 처음에는 Ur X와 Ur X가 분리되어 나간 어미원소인 우라늄을 관찰한 결과를 해석하기가 혼란스러웠다. 사진 방법으로 조사했을 때, Ur X를 제거시킨 우라늄은 방사능을 전혀 띠지 않았는데, 오히려 Ur X가 아주 강한 방사능을 갖고 있었다. 반면에 전기적 방법으로 조사한 결과는 정확히 그 반대였다. Ur X를 포함하지 않은 우리늄의 방사능은 거의 줄어들지 않았고, 그런대로 Ur X의 방사능은 매우 작았다. 이 결과가 어떻게 된 것인지는 소디[i] 그리고 러더퍼드와 그라이어[ii]가 설명했다. 우라늄의 α선은 사진건판에서는 거의 활동하지 않지만, 기체에서는 이온화의 대부분이 그 α선에 의해 발생한다. 반면에 β선은 사진건판에서 강한 작용을 하지만, α선과 비교하면 이온화에는 거의 기여하지 않는다. Ur X가 우라늄으로부터 분리되었을 때, 우라늄이 처음에는 β선을 전혀 내보내지 않는다. 시간이 흐르면서 우라늄으로부터 새 Ur X가 생성되고, β선이 나타나기 시작하며, 그 세기는 Ur X가 분리되기 전에 보인 원래 값에 도달할 때까지 조금씩 서서히 증가한다.

그래서 Ur X가 분리된 다음에 우라늄의 회복 곡선을 결정하기 위해서는, β선이 증가하는 비율을 측정하는 것이 필요하였다. 그것은 α선을 모두 흡수할 정도로 충분히 두꺼운 알루미늄 덮개로 우라늄을 덮고 그다음에 그림 17에 보인 것과 비슷한 장치에서 방사선 때문에 발생한 이온화를 측정하는 방법으로 수행되었다.

전기적 방법으로 조사했을 때는 방사능을 띠지 않은 우라늄을 구하지 못하였다. 베크렐[iii]은 방사능을 띠지 않은 우라늄을 얻을 수 있었다고 말했는데, 그러나 그의 실험에서 그는 α선을 완전히 흡수할 정도의 검정 종이로 우라늄을 덮었다. 우라늄의 α선이 화학적 처리 방법에 의해서 그 성질을 바꾸거나 나오는 양이 바뀐다는 증거는 전혀 존재하지 않는다. α선은 우라늄으로부터 분리될 수 없는 것처럼 보이며, 나중에 알게 되지만 우라늄뿐 아니라 토륨과 라듐도 역시 전적으로 α선만으로 구성되는 분리시킬 수 없는 방사능을 갖는다. 그래서 우라늄에서 일어나는 변화는 두 가지 종류라고 생각해야만 하는데, 그 두 가지란 (1) α선과 생성물 Ur X를 발생시키는 변화, (2) Ur X로부터 β선을 발생시키는 변화이다.

우라늄의 β선을 발생시키는 Ur X를 분리시키는 것이 가능하다는 사실은 α선과 β선이 서로와는 전혀 무관하게 생성되며, 서로 다른 화학적 성질을 갖는 물질에 의해 생성됨을 보여준다.

136절에서 논의된 일반적인 고려 사항들에 의하면, 우라늄 원자는 매초 — 존재하는 전체 원자 수 중에서 지극히 작은 일부분이면 충분한데 — 불안정해져서 쪼개지고 α입자를 매우 빠른 속도로 내보낸다고 가정해도 좋을 듯하다. 우라늄 원자에서 α입자 하나를 제외시키면 새로운 물질인 Ur X의 원자가 된다. 이 새로운 물질도 역시 불안정하여 β입자를 내보내고 γ선이 출현하면서 쪼개진다.

우라늄에서 벌어지는 일련의 변화가 그림 77에 그림으로 표시되어 있다.

이 견해를 따르면 α선에 의한 우라늄의 방사능은 우라늄이 원래부터 가지고 있는 고유한 성질이어야 하며, 물리적이거나 화학적인 수단에 의해서 그 방사능을 우라늄으로부터 분리할 수 없어야 한다. 우라늄의 방사능 중에서 β선과 γ선에 의한 것은 Ur X의 성질인데, Ur X의 화학적 성질은 어미 물질인 우라늄과 같지 않고 언제든지 우라늄으로부터 완전히 제거시킬 수 있다. Ur X가 붕괴된 다음에 도달하는 마지막 생성물은 방사능을 아주 조금만 띠고 있어서 그 방사능이 최근까지 관찰되지 않았었다. 우리는 나중에 (제13

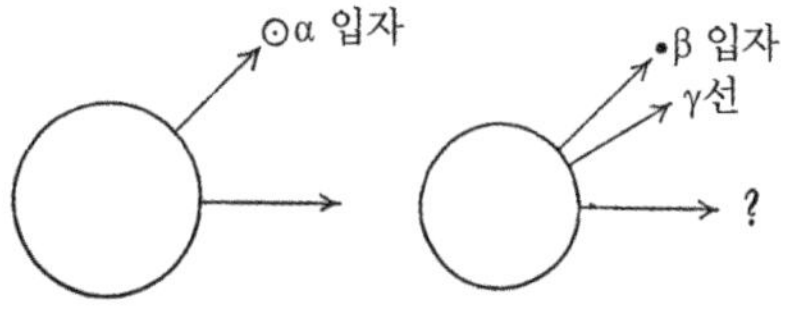

⊙α 입자
•β 입자
γ선
?

그림 77

장에서) 우라늄의 변화는 Ur X에서 끝나지 않고 한 단계 또는 두 단계 더 계속되어서 결국 라듐에 이르게 될 것이라고, 또는 다른 말로는 우라늄 원자가 쪼개진 생성물이 라듐이라고 믿을 만한 이유가 존재하는 것을 알게 될 것이다.

마이어와 슈바이틀러[iv]는 최근 발표한 논문에서 밀폐된 용기에서 우라늄 시료가 원인인 방사능은 약간 증가한다고 말하였다. 그렇지만 우라늄을 제거하면 남아 있는 방사능이 전혀 관찰되지 않았다. 마이어와 슈바이틀러는 이 효과가 우라늄이 방출한 수명이 매우 짧은 에머네이션 때문일지도 모른다고 생각한다.

206. 결정화(結晶化)가 우라늄의 방사능에 미치는 효과

마이어와 슈바이틀러[v]는 최근에 특별한 방법으로 처리한 우라늄 질산염의 방사능을 β선을 이용하여 측정하면 방사능이 굉장히 많이 바뀌는 것을 관찰하였다. 반면에 α선에 의한 방사능은 바뀌지 않았다. 일부 우라늄 질산염을 물에 녹인 다음에 에테르와 함께 잘 저었으며, 그다음에 에테르는 제거되었다. 이 방법을 이용한 크룩스의 초기 실험에서 에테르 부분의 우라늄의 방사능은 사진 방법으로 검출되지 않았다. 이 결과는 Ur X가 에테르에 녹지 않아서 Ur X는 물 부분에 남아 있다고 가정하면 간단히 설명된다. 에테르 부분은 약 22일 만에 마지막 방사능의 절반을 회복하였는데, 이것은 만일 우라늄으로부터 Ur X가 일정한 비율로 생성된다면 에테르 부분의 β선에 의한 방사능이 예상되는 정상적인 비율까지 서서히 회복됨을 말해준다. 물 부분의 우라늄 중 일부는 결정으로 만들어서 검전기 아래 놓았다. 처음에는 β선에 의한 방사능이 빠르게 감소해서 나흘이 지나는 동안 방사능은 절반으로 떨어졌다. 그다음에 방사능은 일정하게 유지되었고, 한 달 동안 더 이상의 변화가 관찰되지 않았다. 에테르로 처리하지 않은 우라늄 질산염 결정을 이용한 다른 실험들도 수행되었다. 질산염을 물에 녹이고 한 층의 결정을 분리시켰다. 이 결정들의 β선에 의한 방사능은 처음에는 매우 빨리 감소했는데, 그렇게 감소한 비율은 실험에 따라 다소 달랐으나, 최댓값에 도달한 시간은 모두 약 닷새였다. 그다음에 β선에 의한 방사능은 수개월 동안 느린 비율로 다시 증가하였다.

처음에는 결정체의 방사능이 급격하게 감소하는 것이 결정화(結晶化)가 어떤 식으로든 우라늄의 방사능을 바꿀 수 있음을 가리키는 것처럼 보였다.

저자의 연구소에서 연구에 참여하고 있던 고들레프스키 박사[1]가 마이어와 슈바이틀러의 실험을 반복해서 비슷한 성질의 결과를 얻었으나, 초기에 방사능이 감소하는 정도는 실험마다 그 비율과 양이 모두 바뀌는 것을 발견하였다. 이 결과가 처음 보기에 매우 이상하였고 설명하기가 어려웠는데, 왜냐하면 결정체를 제거하고 남아 있는 모액(母液)[2]은 그에 대응하는 초기의 방사능 증가를 보이지 않았기 때문이었다. 만일 방사능이 바뀐 것이 우라늄의 어떤 새로운 생성물이 부분적으로 분리된 이유로 발생하였다면 모액에서 방사능의 증가가 뒤따라야만 했다.

그런데 고들레프스키가 수행한 잘 고안된 몇 실험에 의해서 이 효과의 원인이 무엇인지가 매우 분명해졌다. 그는 우라늄 질산염을 납작한 접시에 담긴 뜨거운 물에 녹여서 검전기 아래서 결정화시켰다. 결정화가 이루어지는 순간까지 β선에 의한 방사능은 일정하게 유지되었지만, 용액의 바닥에서 결

1) 고들레프스키(Tadeusz Godlewski, 1878-1921)는 폴란드 출신의 물리학자로 방사능과 전기화학 분야의 발전에 기여하였다. 러더퍼드가 캐나다의 맥길 대학교에 재직할 때 고들레프스키도 러더퍼드의 연구실에서 연구에 참여하였다.

2) 모액(mother liquor)이란 용액 중에 결정이나 침전이 생성되어 있을 때, 그 용액을 말한다. 대부분의 경우 고형 성분의 포화 용액으로 되어 있다.

정체가 형성되기 시작하는 순간부터 β선에 의한 방사능은 아주 빠르게 증가하여 단지 수 분 만에 처음 값의 다섯 배가 되었다. 방사능은 최댓값에 도달한 다음에는 매우 느리게 감소하여 다시 보통 값에 도달하였다. 그런데 만일 결정체 판을 뒤집어놓으면, β선에 의한 방사능이 처음에는 보통 값보다 훨씬 더 작았지만, 반대쪽의 방사능이 줄어든 것과 같은 비율로 증가하였다.

이 효과는 간단히 설명된다. Ur X는 물에 매우 잘 녹고 처음에는 우라늄과 결정을 잘 만들지 않지만, 용액에 그대로 남아 있다가 용기의 바닥에서 결정화가 일어나기 시작하면 용액의 위쪽 층에는 결국 Ur X의 비율이 더 커진다. 우라늄 자체에서는 β선이 방출되지 않고 생성물 Ur X에서만 β선이 생기기 때문에, 그리고 Ur X는 거의 모두 용액의 위층에 모여 있기 때문에, Ur X가 두꺼운 우라늄 층 전체에 균일하게 분포되어 있을 때보다 훨씬 더 큰 비율의 β선이 탈출한다. 용액에 추가로 부어준 물의 양이 Ur X가 결정화하는 데 딱 알맞은 양이면, 결정체의 위쪽 층에 존재하던 Ur X가 질량을 가로질러서 서서히 퍼져나가서, 결국에는 위쪽 표면의 방사능은 감소하고 아래쪽 표면의 방사능이 증가한다. 비슷한 설명이 마이어와 슈바이틀러가 관찰한 효과에도 적용된다. 에테르로 처리한 뒤에 남은 물 부분이 모든 Ur X를 포함하고 있다. 물 부분에서 형성된 첫 번째 결정체 층은 약간의 Ur X를 포함하며, 이 Ur X는 거의 대부분 결정체의 꼭대기 층에 국한하여 존재한다. Ur X가 표면으로부터 서서히 확산하기 때문에 β선의 양이 처음에는 감소한다. 최초 실험에서, 존재하는 Ur X의 양이 우라늄과 방사능 평형을 이루고 있었으며, β선에 의한 방사능은 초기에만 감소한 다음에 일정하게 유지되었다. 두 번째 실험에서는 처음에 형성된 우라늄 결정이 포함하고 있는 Ur X의 양이 방사능 평형을 이루기에는 부족하여 방사능이 서서히 증가한 것이다. 그 결과로 β선에 의한 방사능은 최솟값에 도달한 다음에 평형 값에 도달하기까지 다시 서서히 증가한다.

우라늄에 의해 나타나는 이런 효과는 대단히 흥미로운데, Ur X와 우라늄이 지닌 성질의 차이를 극명한 방법으로 보여준다. Ur X가 결정체의 전체 질량으로 서서히 확산되어 나가는 것은 주목할 만하다. β선에 의한 방사능을 시간의 함수로 측정함으로써, Ur X가 결정체의 질량으로 확산하는 비율을 구할 수 있을 것이다.

토륨의 변환 생성물

207. 방사능 침전물의 분석

토륨에서 진행되는 방사성 과정은 우라늄에서 진행되는 방사성 과정에 비해 훨씬 더 복잡하다. 토륨에서는 방사능 생성물 Th X가 쉬지 않고 만들어진다는 것은 이미 제6장에서 설명하였다. 이 Th X는 쪼개져서 방사능을 띤 에머네이션을 발생시킨다. 에머네이션은 자체적으로 물체의 표면에 침전되는 일종의 방사성 물질을 만들어내며, 그 방사성 물질이 들뜬 방사능 또는 유도 방사능이라고 불리는 현상을 만든다. 이 방사능 침전물은 일부 뚜렷한 화학적 성질과 물리적 성질에 의해 에머네이션과도 구별되고 Th X와도 구별된다. 우리는 (180절에서) 방사능 침전물이 방사능을 잃는 비율은 방사능을 띠게 된 물체를 에머네이션에 노출시킨 시간에 의존한다는 것을 보았다. 노출 시간이 다른 경우에 대한 방사능 곡선이 어떻게 달라지는지 설명해보자.

10분 정도의 짧은 노출 시간에서 방사능이 변하는 곡선은 이미 그림 65에 나와 있다. 방사능이 처음에는 작지만 시간과 함께 빠르게 증가한다. 방사능 곡선은 약 4시간 뒤에 최댓값을 통과하고 결국에는 시간에 대해 지수법칙으로 붕괴해서 11시간 만에 절반 값으로 떨어진다.

이 놀라운 효과는 방사능 침전물이 두 가지 서로 다른 물질로 구성되어 있다고 가정하면 완벽하게 설명할 수 있다.[vi] 토륨 A라고 불리게 될, 에머네이션에 의해 처음부터 침전된 물질은 토륨 B로 변환될 것으로 예정되어 있다. 토륨 A는 정상적인 지수법칙에 따라 변환되지만, 그 변화는 이온화 능력을 가진 방사선을 동반하지 않는다. 다른 말로 하면, A에서 B로의 변화는 방사선을 내보내지 않는 "캄캄한" 변화이다. 반면에, B는 세 종류의 방사선 모두를 동반하면서 C로 쪼개진다. 이 견해에 의하면 임의의 시간에 방사능 침전물의 방사능은 존재하는 물질 B의 양을 알려주는 지표인데, 왜냐하면 C는 방사능을 띠지 않거나 방사능을 띠더라도 극미한 정도이기 때문이다.

토륨 에머네이션이 있는 장소에서 짧은 시간 동안 노출된 물체에 전달된 방사능의 변화는 침전된 물체 A에서 발생한 두 번의 연이은 변화 때문에 초래된 것인데, 첫 번째 변화는 방사선을 내보내지 않는 "캄캄한" 변화로, 에머네이션을 제거한 뒤 임의의 시간 t 때 방사능 I_t는 그 시간에 존재하는 물질 B의 입자 수 Q_t에 비례해야만 한다. 이제 197절의 (4)식으로부터

$$Q_t = \frac{\lambda_1 n}{\lambda_1 - \lambda_2}\left(e^{-\lambda_2 t} - e^{-\lambda_1 t}\right)$$

임을 보일 수 있다.

Q_t의 값은

$$\frac{\lambda_2}{\lambda_1} = e^{-(\lambda_1 - \lambda_2)T}$$

를 만족하는 시간 T 때 최댓값 Q_T를 지나간다.

방사능의 최댓값 I_T는 Q_T에 비례하고

$$\frac{I_t}{I_T} = \frac{Q_t}{Q_T} = \frac{e^{-\lambda_2 t} - e^{-\lambda_1 t}}{e^{-\lambda_2 T} - e^{-\lambda_1 T}}$$

를 만족한다.

나중에 노출 시간이 짧을 때 물체에 전달된 방사능이 시간에 대해 어떻게 변하는지에 대한 식이 위에 쓴 식의 형태로 주어진다는 것을 보이게 될 것이다. 그래서 단지 λ_1값과 λ_2값을 정하는 일만 남을 뿐이다. 위에 나온 식이 λ_1과 λ_2에 대해 대칭이기 때문에, 이론에 의한 곡선과 실험에 의한 곡선이 일치한다는 것만으로는 어떤 λ값이 처음 변화에 해당하는지 정할 수가 없다. 방사능이 시간 흐름에 따라 어떻게 변하는지를 보여주는 곡선은 λ_1값과 λ_2값을 서로 바꾸더라도 달라지지 않는다.

에머네이션을 제거하고 다섯 시간 또는 여섯 시간이 지난 뒤에 방사능은 시간에 대해 매우 근사적으로 지수법칙을 따라 붕괴해서 방사능은 11시간 만에 절반 값으로 떨어진다는 것이 실험에 의해서 밝혀졌다. 에머네이션으로부터 방사성 물체를 제거하고 나서 여러 시간이 지난 다음에 측정을 시작한다는 조건만 맞추면, 이것은 모든 노출 시간에 대해 토륨의 정상적인 붕괴 비율이다.

이렇게 하면 변화 상수 중 하나의 값을 정한 셈이다. 우선은 그것이 λ_1값이라고 가정하자.

그러면

$$\lambda_1 = 1.75 \times 10^{-5}(\mathrm{sec})^{-1}$$

이다.

방사능의 최댓값은 (그림 65를 보라) $T=220$분의 시간 간격이 지난 뒤에 도달하기 때문에, 이 식에 λ_1값과 T 값을 대입하면 λ_2값은

$$\lambda_2 = 2.08 \times 10^{-4}(\mathrm{sec})^{-1}$$

임을 알게 된다.

이 λ_2값은 물질의 절반이 55분 만에 변환하는 변화에 해당한다.

이제 λ_1값과 λ_2값 그리고 T값을 대입하면, 이 식은

$$\frac{I_t}{I_T} = 1.37\left(e^{-\lambda_2 t} - e^{-\lambda_1 t}\right)$$

가 된다.

이론으로 구한 식의 결과와 관찰된 값이 얼마나 잘 일치하는지가 다음 표에 나와 있다.

시간(분)	$\frac{I_t}{I_T}$ 의 이론값	$\frac{I_t}{I_T}$ 의 관찰값
15	.22	.23
30	.38	.37
60	.64	.63
120	.90	.91
220	1.00	1.00
305	.97	.96

방사능은 5시간이 지난 뒤에는 시간에 대해 거의 지수법칙으로 감소해서 11시간 만에 절반 값으로 떨어졌다.

이와 같이 노출 시간이 짧은 경우에 방사능이 증가하는 곡선은 침전된 물질에서 두 가지 변화가 일어나는데, 그중에서 첫 번째는 방사선을 내보내지 않는 캄캄한 변화라고 가정하면 매우 만족스럽게 설명된다.

변화에 대한 시간 상수들 중에서 어느 것이 첫 번째 변화에 대한 것인지를 결정하기 위해서는 추가 자료가 필요하다. 이 문제를 해결하기 위해서는, 변환 생성물 중 하나를 분리시켜서 그 생성물의 방사능이 시간에 따라 어떻게 바뀌는지 조사할 필요가 있다. 예를 들어, 방사능이 55분 만에 절반으로 붕괴

하는 생성물을 분리시킬 수가 있으면, 두 변화 중에서 두 번째 변화가 더 신속하게 일어나는 것을 의미한다. 그런데 피그램[vii]이 토륨 용액의 전기 분해에 의해 구한 방사능 생성물을 조사하였다. 그 방사능 생성물의 붕괴 비율은 어떤 조건이냐에 따라 바뀌었지만, 여러 경우에 방사능이 약 1시간 만에 절반 값으로 떨어지는 매우 신속하게 붕괴하는 생성물들을 얻었다. 조사한 생성물이 전기 분해에 의해 완벽하게 분리되지 않을 수 있는 확률이 있으므로 다른 생성물도 역시 미량(微量) 포함되어 있다고 치더라도, 이 결과는 방사선을 내보내는 마지막 변화가 두 변화 중에서 더 신속하게 일어나는 변화임을 가리킨다.

슬레이터 양[3)]은 최근 수행한 토륨의 방사능 침전물에 대한 온도의 효과를 자세히 조사한 실험을 통하여 이 점을 확실하게 드러냈다.[viii]

백금 도선을 토륨 에머네이션에 오랫동안 노출시켜서 방사능을 띠게 만든 다음에 전류를 흐르게 하여 원하는 온도에 이를 때까지 몇 분 동안 가열하였다. 가열시키는 동안 그 도선은 납으로 만든 원통으로 둘러싸 혹시 도선에서 떨어져 나오는 물질이 있다면 모두 원통의 표면에서 수집되게 하였다. 그다음에 도선의 방사능의 붕괴와 납으로 만든 원통의 방사능의 붕괴가 모두 따로 조사되었다. 암적열(暗赤熱)까지 가열한 뒤에, 처음에는 방사능의 감소가 별로 나타나지 않았지만, 도선의 방사능이 붕괴하는 비율은 정상적인 경우보다 좀 더 신속한 것이 발견되었다. 납 원통의 방사능은 처음에는 얼마 되지 않았지만, 약 4시간 뒤에 최댓값에 도달했으며 그다음에는 시간에 대해 정상적

3) 슬레이터(Jesse Mabel Wilkins Slater, 1879-1961)는 케임브리지 대학의 여자 단과대학인 뉴햄 대학을 졸업하고 (케임브리지 대학에서는 1948년까지 여성에게 박사학위를 수여하지 않았기 때문에) 런던 대학에서 박사학위를 받았으며 1926년 결혼하기 전까지 모교인 뉴햄 대학에서 교편을 잡았던 여성 핵물리학자이다.

인 비율로 붕괴하였다.

이것은 만일 도선으로부터 일부 토륨 A가 떨어져 나온다면 예상되는 결과이다. 왜냐하면 납 원통의 방사능이 증가하는 것은 토륨 에머네이션이 존재하는 곳에 잠깐 동안 노출된 도선에서 관찰되는 방사능이 증가하는 것, 즉 처음에는 단지 토륨 A만 존재하는 조건 아래 있는 것과 매우 비슷하기 때문이다.

도선을 700℃ 보다 더 높게 가열하면 방사능은 감소하는 것이 관찰되었는데, 이것은 토륨 B의 일부도 역시 제거됨을 보여준다. 몇 분에 걸쳐서 약 1,000℃ 로 가열하면, 거의 대부분의 토륨 A가 떨어져 나갔다. 그러면 도선의 방사능은 시간에 대해 지수법칙에 의해 붕괴해서, 약 1시간 만에 절반 값으로 떨어진다. 약 1,200℃ 로 1분 동안 가열한 뒤에는 방사능이 모두 다 제거되었다. 이 결과는 토륨 A가 토륨 B보다 더 잘 떨어져 나가는 것을 보여주며, 방사선을 내보내는 생성물인 토륨 B의 주기는 약 55분임을 알려준다.

또 다른 일련의 실험이 수행되었는데, 그 실험에서는 방사능을 띤 알루미늄 원판을 진공관 내부에 놓고 음극선 방전에 노출시켰다. 이런 조건 아래서 원반의 방사능 중 일부가 제거되었다. 원반을 양극(陽極)으로 만들었더니, 30분 동안의 노출에서 방사능 손실은 보통 20~60퍼센트에 달하였다. 만일 원반을 음극(陰極)으로 만들면, 방사능 손실은 훨씬 더 컸는데, 10분 동안에 약 90퍼센트에 달하였다. 원반으로부터 제거된 방사성 물질의 일부가 그 원반 근처에 설치한 두 번째 원반에 수집되었다. 이 두 번째 원반은 음극선 방전에서 끼낸 뒤에는 방사능을 정상적인 경우보나 훨씬 더 빠른 비율로 잃었다. 첫 번째 원반의 방사능이 붕괴하는 비율도 역시 바뀌었는데, 음극선 방전에서 꺼낸 뒤에는 방사능이 때로는 심지어 증가하기도 했다. 이 결과는, 이 경우에, 두 생성물의 겉보기 휘발성이 서로 뒤바뀌기도 한다는 것을 가리킨다. 토륨 B는 토륨 A보다 원반으로부터 더 잘 떨어져 나간다. 원반이 방전(放電)에 노출된 뒤에는 그 표면에 침전된 토륨 A와 토륨 B의 비율이 달라진다고 가정하면, 서로 다른 조건 아래 구한 붕괴 비율이 만족스럽게 설명되었다.

토륨 B가 방전의 영향 아래 놓인 원반으로부터 떨어져 나오는 것은 온도의 직접 영향 때문이라기보다는 오히려 잘 알려진 전극(電極)의 "스퍼터링"[4]과 유사한 작용의 결과인 것처럼 보인다.

폰 레르히[ix]가 방사능 침전물 용액을 전기 분해하면서 얻는 결과도 역시 비슷한 해석을 가능하게 한다. 전극에는 서로 다른 비율로 붕괴하는 생성물들이 생겼는데, 방사능의 절반을 잃는 데 걸리는 시간이 약 1~5시간까지 다양하였다. 이런 다양성이 생긴 이유는 두 생성물이 서로 다른 비율로 섞여 있기 때문이다. 그래서 전체적으로 이 증거들은 토륨으로부터 발생한 방사능 침전물이 다음과 같은 두 단계의 연이은 변화를 일으킨다는 결론을 강력하게 뒷받침한다.

(1) 첫 번째 변화는 방사선을 내보내지 않는 캄캄한 변화로 이 변화에 대해서는 $\lambda_1 = 1.75 \times 10^{-5}$, 즉 물질의 절반이 11시간 만에 변환한다.

(2) 두 번째 변화는 α선과 β선 그리고 γ선을 내보내는데, 이 변화에 대해서는 $\lambda_2 = 2.08 \times 10^{-4}$, 즉 물질의 절반이 55분 만에 변환한다.[x]

토륨에서 나온 방사능 침전물이 붕괴하는 마지막 비율이 마지막 생성물 자체가 변화하는 비율이 아니라 오히려 방사선을 전혀 내보내지 않는 그 전 생성물이 변화하는 비율이라는 결과가, 언뜻 보기에 참 예상 밖이다.

앞으로 212절에서 논의될 악티늄의 들뜬 방사능의 붕괴에서도 비슷한 특이점이 관찰된다.

4) 스퍼터링(sputtering)이란 진공으로 만든 용기 내에서 이온화된 기체를 가속하여 고체 시료에 충돌시키고, 그 에너지로 고체 표면의 원자를 탈취하는 현상을 말하는데, 유리 등의 물체 면에 금속의 얇은 막을 부착시키는 데 이용된다.

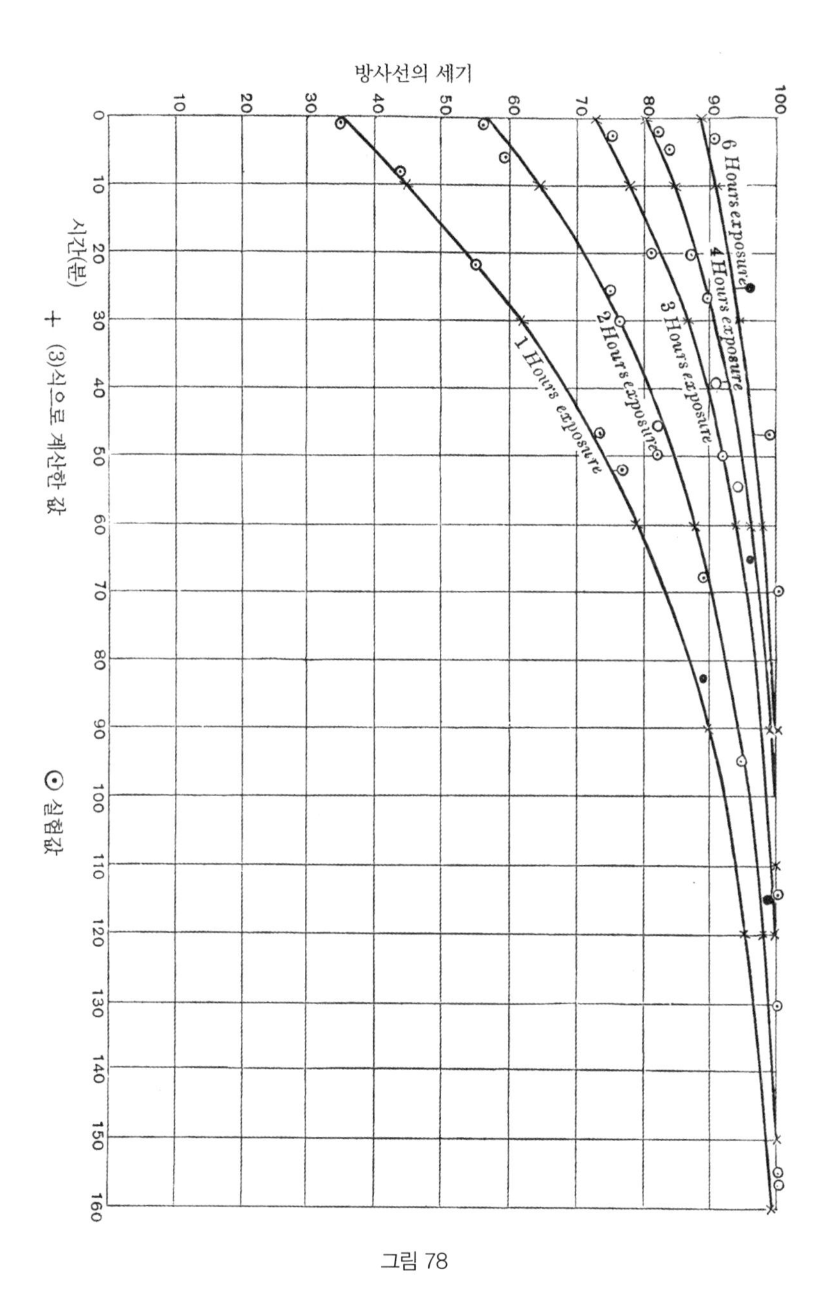
방사선의 세기
10
20
30
40
50
60
70
80
90
100
0
10
20
30
40
50
60
70
80
90
100
110
120
130
140
150
160
시간(분)
6 Hours exposure
4 Hours exposure
3 Hours exposure
2 Hours exposure
1 Hours exposure
+ (3)식으로 계산한 값
⊙ 실험값

그림 78

연속해서 공급되는 토륨 에머네이션이 존재하는 곳에 오랫동안 노출시키면, 방사능의 변화를 시간의 함수로 표현하는 식은 198절의 (8)식인

$$\frac{I_t}{I_0}=\frac{Q}{Q_0}=\frac{\lambda_2}{\lambda_2-\lambda_1}e^{-\lambda_1 t}-\frac{\lambda_1}{\lambda_1-\lambda_2}e^{-\lambda_2 t}$$

$$=\frac{\lambda_2 e^{-\lambda_1 t}}{\lambda_2-\lambda_1}\left(1-0.083e^{-1.90\times10^{-4}t}\right)$$

가 된다. 에머네이션을 제거하고 약 5시간이 지나면 괄호 안의 두 번째 항은 매우 작아지고, 그 뒤에 방사능은 시간에 대해 거의 지수법칙을 따라서 붕괴해서 11시간 만에 절반 값으로 떨어지게 될 것이다. 노출 시간이 임의의 값인 T라면, 에머네이션을 제거한 뒤 시간이 t일 때 방사능은 (199절의 (11)식을 보라)

$$\frac{I_t}{I_0}=\frac{Q}{Q_T}=\frac{ae^{-\lambda_2 t}-be^{-\lambda_1 t}}{a-b}$$

로 주어지는데, 여기서 I_0는 에머네이션을 제거한 바로 뒤의 방사능의 처음 값이고

$$a=\frac{1-e^{-\lambda_2 T}}{\lambda_2},\quad b=\frac{1-e^{-\lambda_1 T}}{\lambda_1}$$

이다. 두 상수 λ_1과 λ_2값을 대입하면, 이 식으로부터 T값을 바꾸어 모든 노출 시간에 대해 방사능의 변화를 보여주는 곡선을 정확하게 구할 수 있다. 브룩스 양[xi]은 서로 다른 노출 시간에 토륨의 들뜬 방사능이 붕괴하는 곡선을 조사했으며, 그 결과 실험과 이론이 상당히 잘 일치하는 것을 발견하였다. 그 결과는 그림 78에 그래프로 보였다. 각각의 노출 시간에 대해 방사능의 최댓값을 100으로 놓았다. 이론값과 관찰한 값이 그림에 나와 있다.

208. Th X의 붕괴 곡선과 회복 곡선의 분석

이제 Th X와 토륨의 붕괴 곡선과 회복 곡선(128절 그림 47의 두 곡선 A와 B) 각각에 대해 처음 부분의 특이점을 살펴보자. 암모니아와 함께 침전시키는 방법으로 Th X를 토륨으로부터 제거했을 때, 첫날 방사선은 약 15퍼센트 증가하였고, 최댓값을 통과한 다음에는 지수법칙으로 떨어져서 나흘 만에 절반 값으로 감소하는 것을 보았다. 동시에 분리된 수산화물의 방사능은 첫날 감소하였고, 최젓값을 통과한 다음에, 다시 서서히 증가하여, 약 한 달이 지난 뒤에는 원래 값까지 올랐다.

토륨 화합물이 방사능 평형 상태에 있을 때, Th X와 에머네이션 그리고 토륨 A와 B가 생성되는 일련의 변화들이 동시에 진행된다. 각 생성물 하나하나가 평형 상태에 도달했으므로, 단위 시간 동안 각 생성물이 변화하는 양은 단위 시간에 그 이전 변화로부터 공급되는 그 생성물의 양과 같다. 이제 물질 Th X는 암모니아에 녹지만 토륨 A와 토륨 B는 녹지 않는다. 그래서 암모니아와 함께 침전시키는 방법으로 Th X는 토륨으로부터 제거되지만, 토륨 A와 토륨 B는 토륨과 함께 그대로 남아 있다. 방사능 침전물은 에머네이션으로부터 생성되고, 그것은 다시 Th X로부터도 생성되므로, 어미 물질인 Th X가 제거되면, 새로운 물질이 생성되는 비율이 그 물질 자신이 변화하는 비율과 더 이상 평형을 이루지 않게 되므로, 이 방사능 침전물 때문에 생기는 방사선은 붕괴하게 될 것이다. 방사능 침전물의 붕괴 곡선에서 처음에 불규칙한 부분을 무시하면, 그 침전물의 방사능은 약 11시간 반에 절반 값으로 붕괴하고 22시간이 지난 다음에는 4분의 1 값으로 붕괴한 셈이다. 그렇지만 Th X가 분리된 뒤에도 즉시 토륨 화합물에는 새로운 Th X가 생성된다. 그런데 처음에는 이 새로운 Th X의 방사능이 방사능 침전물의 변화로 인한 방사능의 손실을 메꾸기에는 충분하지 않으며, 그래서 전체적으로 방사능이 처음에는 감소하고, 최솟값을 통과한 다음에, 다시 증가한다.

이 관점이 옳은지에 대해서 러더퍼드와 소디[xii]는 다음과 같이 조사하였다. 만일 Th X를 제거한 다음에 침전된 토륨 수산화물이 짧은 시간 간격 사이에 암모니아와 함께 일련의 침전을 일으킨다면, Th X는 생성되자마자 거의 즉시 제거되고, 동시에 토륨에 포함된 토륨 B의 방사능도 붕괴한다.

위에서 얻은 결과는 다음 표에 나와 있다. 일련의 침전이 일어날 때마다 침전된 수산화물 부분은 제거되었으며 침전물의 방사능은 전과 같은 방법으로 조사되었다.

	수산화물의 방사능 (퍼센트)
1번의 침전 다음	46
24시간 간격으로 3번의 침전 다음	39
24시간 간격으로 3번의 침전과 8시간 간격으로 3번의 침전 다음	22
8시간 간격으로 3번의 추가 침전 다음	24
4시간 간격으로 6번의 추가 침전 다음	25

이 표의 마지막 세 숫자의 차이는 의미가 별로 없는데, 그 이유는 약간 다른 조건 아래서 침전된 토륨 화합물의 방사능을 정확하게 비교하는 것이 어렵기 때문이다. 그래서 연이은 침전의 결과 방사능은 최저 약 25퍼센트까지 감소된 것이 관찰된다. 이렇게 23번 침전된 수산화물의 방사능의 회복 곡선이 그림 79에 나와 있다. 곡선에는 처음 감소하는 부분이 전혀 나와 있지 않으며, 최젓값으로부터 출발한 이 곡선은 처음 이틀이 지난 다음의 토륨 수산화물에 대한 회복 곡선인 그림 48에 보인 곡선과 실질적으로 똑같다. 이렇게 남아 있는, 최댓값의 약 25퍼센트인, 방사능은 시도된 어떤 화학적 과정에 의해서도 토륨으로부터 분리시킬 수가 없다.

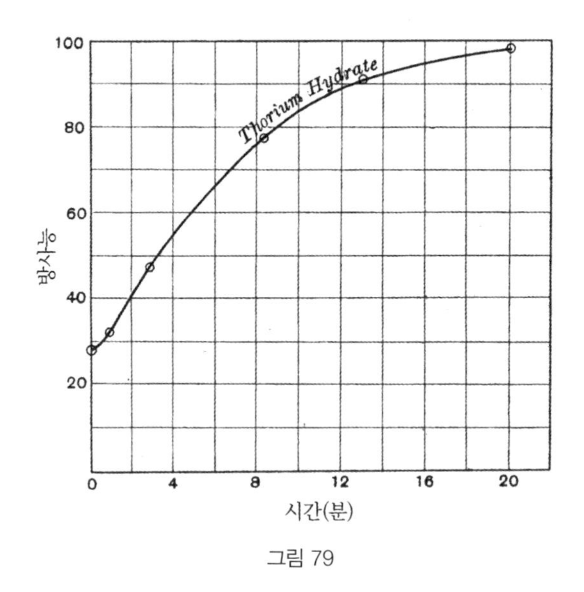

그림 79

이제 Th X를 분리시킨 다음에 Th X의 방사능이 처음에 증가하는 것에 대해 살펴보자. 모든 경우에, 분리된 Th X의 방사능은 24시간이 지난 다음에 약 15퍼센트 정도 증가하고, 약 나흘 뒤에는 절반 값으로 떨어지는 것이 확인되었다.

Th X의 이런 특이한 성질은, 당연한 일이지만, 회복 곡선에서 감소하는 부분을 설명하기 위해 이미 사용하였던 고려 사항들을 이용하면 잘 이해된다. Th X가 분리된 다음에는 즉시 스스로 에머네이션을 발생시키며, 이것은 다시 토륨 A와 토륨 B를 생성한다. 토륨 B의 방사능이 처음에는 Th X 자체의 방사능이 붕괴하는 부분을 상쇄하고도 남는다. 그래서 총 방사능은 최댓값까지 증가하고, 그다음에는 시간에 대해 지수법칙을 따라서 영이 될 때까지 서서히 붕괴한다. 시간이 흐르면 분리된 Th X의 방사능이 어떻게 바뀌는지를 표현하는 곡선은 제9장에서 이미 고려하였던 연이은 변화 이론으로부터 유도할 수 있다. 이번 경우에는 네 번의 연이은 변화가 동시에 일어나는데, Th X가 에머네이션이 되는 변화, 에머네이션이 토륨 A가 되는 변화, 토륨 A가 토륨 B가 되는 변화, 그리고 토륨 B가 방사능을 띠지 않는 생성물로의 변화가 그것들이다. 그렇지만 에머네이션이 토륨 A가 되는 변화는 (1분 동안에 약 절반이 변화하는데) Th X나 토륨 A 또는 토륨 B에서 일어나는 변화에 비하여 훨씬 더 빨리 진행되기 때문에, 계산을 하는 목적으로는 Th X가 바로 방사능 침전물로 변화한다고 가정하더라도 심각한 오차를 초래하지는 않는다. 똑같은 이유로 55분 변화도 역시 무시할 예정이다.

이제 Th X의 방사능의 붕괴 상수와 토륨 A의 방사능의 붕괴 상수를 각각 λ_1과 λ_2라고 하자. Th X의 방사능과 토륨 A의 방사능은 각각 4일과 11시간 만에 절반으로 떨어지기 때문에, 두 상수의 값은 $\lambda_1 = 0.0072$와 $\lambda_2 = 0.063$인데, 여기서 1시간이 시간의 단위이다.

이 문제는 다음 문제를 푸는 것이나 마찬가지이다.

한 종류인 물질 A(Th X)가 주어지고, 이 물질이 물질 B(토륨 B)로 변화할 때, 그 이후 임의의 시간에 A와 B 모두의 방사능을 구하라. 이 문제는 (197절의) 경우 1에 해당한다. 임의의 시간 T 때 B의 양 Q는

$$Q = \frac{\lambda_1 n_0}{\lambda_1 - \lambda_2}\left(e^{-\lambda_2 t} - e^{-\lambda_1 t}\right)$$

로 주어지며, 임의의 시간에 A와 B 모두의 방사능 I는 $\lambda_1 P + K\lambda_2 Q$에 비례하고, 여기서 K는 A의 이온화에 대한 B의 이온화 비율이다.

그러면

$$\frac{I_t}{I_0} = \frac{\lambda_1 P + K\lambda_2 Q}{\lambda_1 n_0} = e^{-\lambda_1 t}\left[1 + \frac{K\lambda_2}{\lambda_2 - \lambda_1}\left(1 - e^{-(\lambda_2 - \lambda_1)t}\right)\right]$$

가 되는데, 여기서 I_0는 Th X의 n_0 입자에 의한 처음 방사능이다.

이 식을 그림 47에 보인 Th X의 방사능이 시간 흐름에 따라 바뀌는 곡선과 비교하면, K는 거의 0.44 정도가 됨을 알 수 있다. 그런데 에머네이션의 방사능과 Th X의 방사능이 함께 포함되어 있으므로, 토륨 B의 방사능은 두 개의 이전 생성물의 방사능의 약 절반 정도임을 잊지 말아야 한다.

서로 다른 시간 t값에 대한 $\frac{I_t}{I_0}$의 계산값과 실험값이 각각 다음 표의 첫 번째 기둥과 두 번째 기둥에 나와 있다.

시간(하루)	$\frac{I_t}{I_0}$의 이론값	$\frac{I_t}{I_0}$의 관찰값
0	1.00	1.00
0.25	1.09	–
0.5	1.16	–
1	1.15	1.17
1.5	1.11	–
2	1.04	–
3	0.875	0.88
4	0.75	0.72
6	0.53	0.53
9	0.315	0.295
13	0.157	0.152

이와 같이 이론값과 관찰값은 측정의 오차 한계 이내에서 일치한다. 이론 곡선은 그림 80의 곡선 A로 나와 있다(비교를 위해서 관찰한 점들이 표시되어 있다). 곡선 B는 방사능 침전물로 가는 더 이상의 변화가 없다는 가정 아래서 Th X와 에머네이션의 붕괴에 대한 이론 곡선을 보여준다. 곡선 C는 곡선 A와 곡선 B 사이의 차이를 보여주는 곡선으로 서로 다른 시간에 방사능 침전물이 원인인 방사능이 차지하는 부분을 나타낸다. 그래서 방사능 침전물이

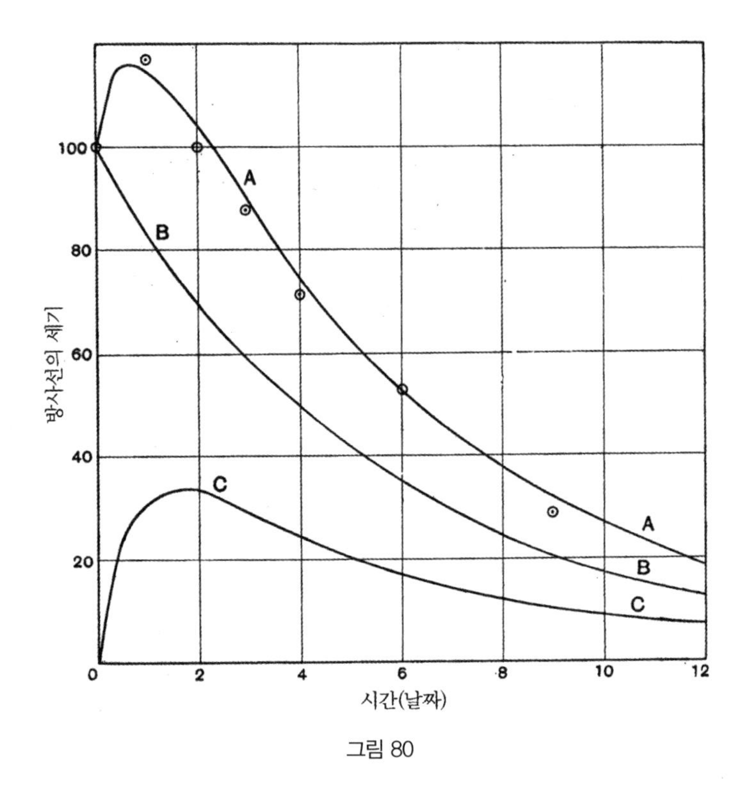

그림 80

원인인 방사능은 Th X를 제거한 뒤 약 이틀이 지난 다음에 최댓값까지 올라가며, 그다음에는 Th X 자신이 붕괴하는 것과 같은 비율로 붕괴해서 방사능은 나흘마다 절반 값으로 떨어진다. 시간 t가 나흘을 초과하면, 이론 식에서 $e^{-(\lambda_2-\lambda_1)t}$ 항은 매우 작아진다.

그러므로 이 시간 이후의 방사능에 대한 식은

$$\frac{I_t}{I_0}=\left(1+\frac{K\lambda_2}{\lambda_2-\lambda_1}\right)e^{-\lambda_1 t}$$

로 표현되는데, 그래서 방사능은 시간에 대해 지수법칙으로 붕괴한다.

209. 토륨 생성물에서 나오는 방사선

지난 마지막 절에서 토륨의 방사능은 암모니아와의 연이은 침전에 의해서 초기 방사능의 거의 25 %에 해당하는 한계 값까지 감소한다는 것을 알았다. 이 "분리될 수 없는 방사능"은 α선으로 구성되며 β선과 γ선은 모두 포함되어 있지 않다. 붕괴 이론에 따르면, 이 결과는 토륨 원자가 처음 쪼개질 때 단지 α 입자의 방출만을 수반한다는 사실을 표현한 것이다. 우리는 이미 156절에서 토륨 에머네이션도 역시 단지 α선만을 방출하는 것을 보았다. 방사능 침전물에서, 토륨 A는 방사선을 전혀 내보내지 않지만 토륨 B는 세 가지 형태의 방사선 모두를 내보낸다.

분리 후 몇 시간이 지나면, Th X는 α선과 β선 그리고 γ선을 내보내지만, β선과 γ선이 출현한 것은 아마도 Th X와 관련된 토륨 B 때문일 가능성이 크다. 만일 에머네이션을 제거하기 위해 Th X 용액에 공기를 계속 불어넣어 주면 Th X의 β선과 γ선 방사능은 상당히 많이 감소한다. 만일 Th X 내에서 토륨 B의 형성을 방지하도록 에머네이션이 만들어지는 속속 제거될 수 있다면, Th X 자체는 단지 α선만을 방출할 것이라는 예상이 아주 그럴듯해 보인다. 그렇지만 토륨 에머네이션이 변화하는 비율이 매우 빠르기 때문에, 그것을 실험으로 확인하기는 쉽지 않다.

210. 토륨의 변환 생성물

토륨의 변환 생성물과 그 생성물들에서 방출되는 방사선을 아래 (그림 81에) 그래프로 그려놓았다.

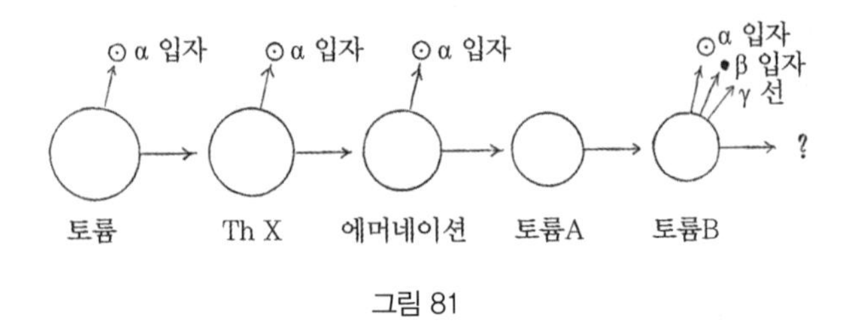

그림 81

아래 표에는 토륨의 변환 생성물이 각 생성물의 몇 가지 물리적 성질 및 화학적 성질과 함께 나와 있다.

생성물	절반이 변환할 때까지 걸리는 시간	$\lambda(\text{sec})^{-1}$	방사선	물리적 성질과 화학적 성질
토륨	–	–	α선	암모니아에 녹지 않음.
↓				
Th X	4일	2.00×10^{-6}	α선	암모니아에 녹음.
↓				
에머네이션	54초	1.28×10^{-2}	α선	불활성 기체, 120℃에서 응결
↓				
토륨 A	11시간 } 들뜬침전물	1.75×10^{-5}	없음	강한 산에 녹음. 백열에 휘발함.
↓				
토륨 B	55분 } 들뜬침전물	2.1×10^{-4}	α, β, γ선	토륨 B는 전기 분해와 휘발성 차이에 의해 토륨 A에서 분리될 수 있음.
↓				
?	–	–	–	–

211. 악티늄의 변환 생성물

앞에서 (17절과 18절에서) 드비에르누의 악티늄과 기젤의 에마늄은 동일한 방사능 구성 요소를 포함하고 있음을 지적하였다.[5)] 악티늄과 에마늄 모두 수명이 짧고 물체의 표면이 방사능을 띠게 만드는 에머네이션을 방출한다. 최근에 브라운슈바이크 공국[6)]의 기젤 박사가 "에마늄" 시료를 판매했는데, 이 책의 후반부에서 설명된 조사의 대부분은 그 시료를 이용하였다. 기젤 박사에게 감사한다.

악티늄 X. 악티늄과 토륨의 방사능 성질은 매우 밀접하게 관련된다. 악티늄과 토륨 모두 매우 빨리 변환하는 에머네이션을 방출하지만, 악티늄 에머네이션이 변화하는 비율이 토륨 에머네이션이 변화하는 비율보다 더 빨라서 방사능이 절반 값으로 떨어지는 데 3.7초가 걸린다. 브룩스 양[xiii]은 악티늄 에머네이션으로부터 생긴 방사능 침전물을 분석하고 그 침전물 내부에서 두 가지의 연이은 변화가 일어나는데, 그 성질이 토륨의 방사능 침전물에서 관찰된 연이은 변화의 성질과 매우 비슷하다는 사실을 밝혀내었다. 그래서 둘 사이의 비슷함으로부터 유추하면, 토륨에서 Th X에 해당하는 중간 생성물이 악티늄에서도 발견됨직해 보였다.[xiv] 최근 연구가 이 가정을 입증하였다. 기젤[xv]과 고들레프스키[xvi]는 서로 독립적으로 "에마늄"으로부터 방사능이 아주 세다는 점뿐 아니라 화학적 성질과 물리적 성질도 토륨에서 Th X의 그런 성질과 매우 비슷한 물질을 분리시킬 수 있음을 확인하였다. 이 생성물이 토륨

5) 드비에르누는 퀴리 부부가 라듐을 분리하고 남은 피치블렌드에서 원자 번호가 89번인 악티늄을 발견하였는데, 그 뒤에 기젤도 피치블렌드로부터 새로운 원소를 발견했다고 믿고 그 원소를 에마늄이라고 불렀다. 그러나 얼마 지나지 않아 에마늄은 악티늄과 동일한 원소임이 밝혀졌다.

6) 브라운슈바이크(Braunschweig) 공국은 과거 연방제로 운영하던 독일 연방의 구성국 중 하나이다.

에서와 마찬가지로 "악티늄 X"라고 불릴 예정이다. 러더퍼드와 소디가 토륨으로부터 Th X를 분리시키는 데 사용했던 것과 같은 방법이 악티늄으로부터 악티늄 X를 분리시키는 데도 역시 효과적이다. 방사능을 띤 암모니아 용액을 침전시키면 여과된 액체에 악티늄 X가 남는다. 증발시키고 태우면 방사능이 아주 센 잔류물을 얻는다. 동시에 침전된 악티늄은 방사능 중에서 상당히 많은 부분을 잃는다.

기젤은 방사선을 측정하기 위해 형광 스크린을 이용하였는데, 방사능 생성물이 분리된 것을 관찰하였다. 이 책의 저자의 연구실에서 고들레프스키는 생성물 악티늄 X에 대해 가능한 최대의 조사를 수행하였다.

악티늄 X를 분리시킨 뒤에, 방사능은 α 선에 의해 측정하건 β 선에 의해 측정하건 첫째 날 동안에 약 15퍼센트 증가하고, 그 뒤에는 시간에 대해 지수 함

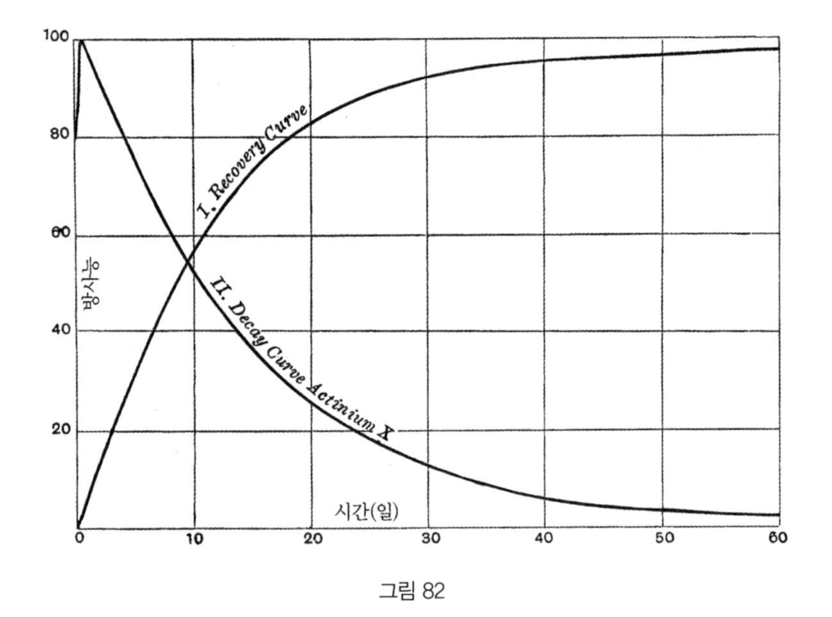

그림 82

수로 붕괴하여 10.2일 만에 절반 값으로 떨어진다. 분리된 악티늄의 방사능이 처음에는 작았지만 시간이 흐르면서 꾸준히 증가하여서 60일의 기간이 지난 뒤에 실질적으로 최댓값에 도달하였다. 첫째 날이 지난 다음에는, 방사능의 붕괴 곡선과 회복 곡선이 서로에 대해 보완적이다. 증가하는 곡선과 붕괴하는 곡선이 그림 82에 그래프로 그려져 있는데 각각 곡선 I과 곡선 II로 표시되어 있다.

고들레프스키는 악티늄 X를 제거시킨 악티늄 용액은 에머네이션을 거의 내보내지 않는 데 반해서 악티늄 X 용액은 많은 양의 에머네이션을 방출하는 것을 관찰하였다. 용액에서 나오는 에머네이션의 양은 조사용 용기에서 생성되는 방사능을 관찰하는 방법으로 측정되었는데, 그 방법은 용액에 일정한 비율로 공기를 통과시키는 경우에 그림 51에 보인 것과 같다. 악티늄 X의 에머네이션 방출능은, 악티늄 X가 방사능을 잃는 비율과 같은 비율로, 시간에 대해 지수 함수적으로 감소하였다. 동시에 악티늄 용액의 에머네이션 방출능은 증가해서 60일 후에는 원래 값에 도달하였다. 이와 같이 악티늄의 행동과 토륨의 행동은 아주 비슷하며, 그래서 토륨의 붕괴 곡선과 회복 곡선을 설명하는 데 이용된 내용을 악티늄의 붕괴 곡선과 회복 곡선을 설명하는 데도 똑같이 적용할 수 있다.

악티늄 X는 어미 물질인 악티늄으로부터 일정한 비율로 생성되고, 시간에 대해 지수 함수에 따라 변환한다. 변화 상수는 $\lambda = 0.068(\text{day})^{-1}$이며, 이 값은 생성물 악티늄 X가 지닌 고유한 성질이다. 토륨의 경우와 마찬가지로, 위의 실험 결과에 의하면 에머네이션은 악티늄 자체로부터 나오지 않고 악티늄 X로부터 나온다. 그리고 에머네이션은 결국 쪼개져서 물체의 표면에 방사능 침전물을 남기는 원인이 된다.

212. 에머네이션에서 비롯되는 방사능 침전물의 분석

드비에르누[xvii]는 악티늄에 의해 생성된 들뜬 방사능이 약 41분 만에 절반값으로 붕괴하는 것을 관찰하였다. 브룩스 양[xviii]은 에머네이션을 제거한 뒤에 들뜬 방사능의 붕괴 곡선이 에머네이션에 계속 노출된 기간에 의존하는 것을 확인하였다. 서로 다른 노출 시간에 대한 곡선들은 이미 그림 69에 나와 있다.

브론슨은 69절에서 설명한 직편법(直編法)[7]을 이용하여 짧은 시간 동안 악티늄 에머네이션에 노출시킨 경우에 방사능 곡선을 정확하게 측정하였다. 그렇게 구한 곡선이 그림 83에 그려져 있다.

이 곡선의 형태는 토륨에 의해 생성된 방사능 침전물에 대해 구한 대응하는 곡선의 형태와 비슷하며, 그래서 두 경우가 비슷한 방법으로 설명된다. 임

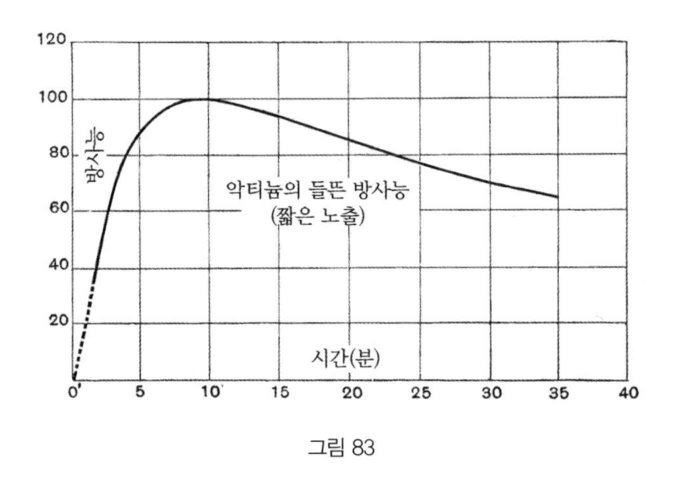

그림 83

7) 직편법(直編法, direct deflection method)은 측정 수단의 하나로 계기 바늘의 눈금을 직접 측정하여 실험값을 정하는 방법이다.

의의 시간 t 때 방사능 I_t는

$$\frac{I_t}{I_T}=\frac{e^{-\lambda_2 t}-e^{-\lambda_1 t}}{e^{-\lambda_2 T}-e^{-\lambda_1 T}}$$

로 주어지는데, 여기서 λ_1과 λ_2는 두 상수이고, I_T는 시간 간격 T가 흐른 뒤에 도달하는 최대 방사능이다. 방사능은 20분 뒤부터 시간에 대해 지수 함수적으로 감소하여 35.7분 만에 절반 값으로 떨어진다. 이것은 상수 값 $\lambda_1 = 0.0194(\mathrm{min})^{-1}$에 해당한다. 방사능 곡선과 비교해보면 λ_2값은 $0.317(\mathrm{min})^{-1}$임을 알 수 있다. 이 값은 2.15분 만에 물질의 절반이 변환하는 것에 해당한다. 토륨에서 비슷한 곡선과 아주 똑같이, 처음에 침전된 물질이 두 가지 변화를 거치는데, 첫 번째 변화는 방사선이 나오지 않는 캄캄한 변화이다. 토륨의 경우에서와 똑같이 두 λ 값 중에서 어느 것이 첫 번째 변화를 나타내는지를 결정하는 데 어려움이 발생한다. 브룩스 양이 수행한 (앞에서 인용한) 실험에 의하면 방사선을 내보내지 않는 생성물의 변환 주기가 더 길다. 백금 도선의 악티늄의 방사능 침전물은 녹아서 전기 분해되었다. 양극(陽極)은 방사능을 띤 것이 밝혀졌으며, 그 방사능은 시간에 대해 지수 함수적으로 감소하여 약 1.5분 만에 절반 값으로 떨어졌다. 그렇게 빠르게 붕괴하는 비율을 정확하게 측정하는 어려움을 감안하면, 이 결과는 방사선을 내보내는 생성물의 빠른 주기가 2.15분임을 가리킨다. 그래서 악티늄의 방사능 침전물에 대한 분석으로부터 얻는 결론은 다음과 같다.

(1) 악티늄 A라고 불리는 에머네이션으로부터 최초로 침전된 물질은 방사선을 내보내지 않으며 35.7분 만에 절반이 변환한다.

(2) 절반이 변환하는 데 2.15분 걸리는 B로의 변화는 α선과 β선 모두를 (그리고 어쩌면 γ선도) 내보낸다.

고들레프스키는 악티늄의 방사능 침전물이 매우 쉽게 휘발하는 것을 발견하였다. 방사성 물질 대부분을 날려 보내는 데 100℃ 의 온도로 수 분 동안 가열하면 충분하였다. 악티늄 방사능 침전물은 암모니아와 강산(强酸)에 잘 녹는다.

213. 악티늄과 악티늄 생성물에서 나오는 방사선

방사능 평형8)에 있는 악티늄은 α선과 β선과 γ선을 내보낸다. 고들레프스키는 악티늄과 라듐의 β선과 γ선 사이의 차이에서 몇 가지 특이 사항을 발견하였다. 악티늄의 β선은 모두 같은 종류인 것으로 보이는데, 왜냐하면 검전기로 측정된 방사능은 물질의 지나간 두께에 정확하게 지수 함수 법칙에 따라 감소하는 것이 관찰되었기 때문이다. 악티늄의 β선은 두께가 0.21 mm인 알루미늄을 통과하면서 절반이 흡수되었다. 이것은 β입자들이 악티늄으로부터 모두 같은 속도로 튀어나온다는 것을 가리킨다. 이런 점에서 악티늄은 라듐과 매우 다르게 행동하는데, 왜냐하면 라듐에서 나오는 β입자들의 속도는 넓은 범위에서 서로 다르기 때문이다.

β선이 흡수된 뒤에는 투과력이 더 강한 다른 종류의 방사선이 관찰되었는데, 그 방사선은 다른 방사성 원소에서 나오는 γ선에 해당하는 것처럼 보인다. 그렇지만 악티늄에서 방출되는 γ선은 라듐에서 방출되는 γ선보다 투과력이 훨씬 더 작았다. 이 방사선에 의한 방사능은 두께가 1.9 mm인 납을 통과하면 절반으로 줄어들었지만, 라듐의 γ선 중에서 절반을 흡수하면 두께가 약 9 mm인 납이 필요하였다.

악티늄의 방사능 침전물은 α선과 β선을 (그리고 어쩌면 γ선을) 방출하

8) 어떤 방사성 동위 원소가 방사능 평형(radio-active equilibrium)에 놓여 있으면 그 원소가 붕괴하여 다른 원소로 바뀌는 비율과 어떤 다른 원소가 그 원소로 바뀌는 비율이 같아서 그 원소의 양은 일정하게 유지된다.

였다. 악티늄 X가 α선과 함께 β선도 방출하는지를 확실하게 결정하기는 어려웠다. 악티늄 X를 적열(赤熱)까지 가열했을 때, β선 방사능은 일시적으로 처음 값의 약 절반까지 줄어들었다. 이와 같은 감소는 아마도 앞에서 본 열(熱)에 의해 쉽게 휘발하는 방사능 침전물이 제거된 때문인 것 같다. 만일 β선 방사능이 더 이상 줄어들 수가 없다면, 이것은 악티늄 B뿐 아니라 악티늄 X도 β선을 방출한다고 결론지을 수 있겠지만, 지금까지 구한 증거로는 아직 확실하지 않다.

악티늄의 방사능 침전물이 열에 의해 쉽게 휘발된다는 사실은 (그림 82에서) 붕괴 곡선과 회복 곡선의 처음 부분이 이상하게 행동하는 점을 매우 간단하게 설명한다. 악티늄 X의 방사능이 처음에는 증가하지만, 남은 악티늄의 방사능에서 그에 대응하는 감소가 일어나지 않는다. 악티늄의 방사능 침전물은 암모니아에서 녹을 수 있음이 이미 알려졌는데, 그 결과로 악티늄 X와 함께 제거된다. 토륨의 경우에는 토륨 A와 토륨 B가 토륨 X와 함께 제거되지 않기 때문에 방사능이 증가하지만, 악티늄 A와 악티늄 B 그리고 악티늄 X의 세 생성물들은 분리된 직후부터 방사능 평형에 있게 되며, 그러므로 제거된 다음에 토륨의 경우처럼 방사능이 조금이라도 증가할 것으로 예상할 수는 없다. 그렇지만 암모늄염을 날려 보내기 위해 악티늄 X를 가열하면 방사능 침전물 중 일부는 휘발한다. 이것을 다시 냉각시키면, 방사능 침전물의 양은 이전 값과 거의 같을 정도로 증가하고 방사능도 그만큼 증가한다.

214. 악티늄 생성물

방사능과 관련된 토륨의 행동과 악티늄의 행동 사이에는 한 가지 매우 흥미로운 차이점이 존재한다. 악티늄 X를 제거한 뒤에 악티늄은 원래 방사능의 약 5퍼센트만 보이지만, 그에 반해서 Th X를 제거한 뒤에 토륨은 항상 최댓값의 약 25퍼센트인 잔여 방사능을 보인다. 악티늄의 잔여 방사능이 이렇게 매우 작다는 사실은, 만일 모든 생성을 완전히 제거시킨다면 악티늄이 방사능을 전혀 내보내지 않을 것임을, 다른 말로는 악티늄의 첫 번째 변화는 방사선을 내보내지 않는 변화임을 가리킨다.

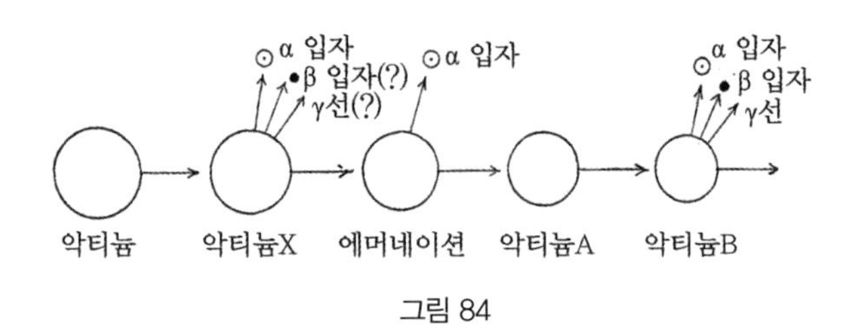

그림 84

악티늄의 방사능 생성물이 그림 84에 그림으로 그려져 있다. 악티늄의 생성물이 지닌 화학적 성질과 물리적 성질 중 일부가 아래 표에 나와 있다.

생성물	절반이 변환할 때까지 걸리는 시간	방사선	물리적 성질과 화학적 성질
악티늄	?	없음	암모니아에 녹지 않음.
악티늄 X	10.2일	α선, (β선과 γ선)	암모니아에 녹음.
에머네이션	3.9초	α선	기체처럼 행동.
악티늄 A	35.7분	없음	암모니아와 강산에 녹음.
악티늄 B	2.15분	α선, β선, γ선	100℃에 휘발함. 전기 분해에 의해 A로부터 B를 분리시킬 수 있음.

제10장 미주

i. Soddy, *Trans. Chem. Soc.* 81, p. 460, 1902.
ii. Rutherford and Grier, *Phil. Mag.* Sept. 1902.
iii. Becquerel, *C. R.* 131, p. 137, 1900.
iv. Meyer and Schweidler, *Wien Ber.* Dec. 1, 1904.
v. Meyer and Schweidler, *Wien Ber.* 113, July, 1904.
vi. Rutherford, *Phil. Trans.* A. 204, pp. 169-219, 1904.
vii. Pegram, *Phys. Rev.* p. 424, December, 1903.
viii. Miss Slater, *Phil. Mag.* 1905.
ix. von Lerch, *Ann. de Phys.* November, 1903.
x. 방사선을 내보내지 않는 "캄캄한 변화"에서 α선이 나오지 않는 것은 분명하며, 특별히 설계된 실험에서 눈치 챌 만큼의 β선의 양이 존재하지 않는다는 것도 확인되었다. 반면에 두 번째 변화에서는 세 가지 종류의 방사선이 모두 다 나온다.
xi. Miss Brooks, *Phil. Mag.* Sept. 1904.
xii. Rutherford and Soddy, *Trans. Chem. Soc.* 81, p. 837, 1902. *Phil. Mag.* Nov. 1902.
xiii. Miss Brooks, *Phil. Mag.* Sept. 1904.
xiv. Rutherford, *Phil. Trans.* A. p. 169, 1904.
xv. Giesel, *Ber. d. D. Chem. Ges.* p. 775, 1905.
xvi. Godlewski, *Nature*, p. 294, Jan. 19, 1905.
xvii. Debierne, *C. R.* 138, p. 411, 1904.
xviii. Miss Brooks, *Phil. Mag.* Sept. 1904.

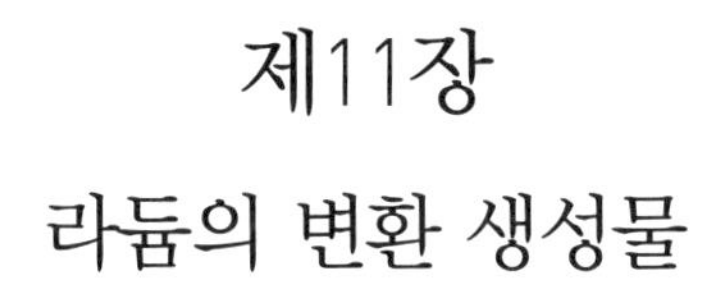

제11장 라듐의 변환 생성물

215. 라듐의 방사능

방사능의 상대적 세기에서는 굉장히 큰 차이가 있음에도 불구하고, 라듐의 방사능은 많은 점에서 토륨의 방사능 그리고 악티늄의 방사능과 상당히 비슷하다. 그 물질들은 모두 다 에머네이션을 생기게 하고 그렇게 만들어진 에머네이션은 주위의 물체에 "들뜬 방사능"을 생성한다. 그런데 이상하게도 라듐은 원소 자신과 그 원소가 생성하는 에머네이션 사이에 중간 생성물을 발생시키지 않는다. 다시 말하면, 라듐에는 토륨에서 Th X에 해당하는 생성물이 존재하지 않는다.

기젤은 라듐 화합물의 경우에는 시료를 준비한 다음에 방사능이 서서히 증가해서 한 달의 기간이 지난 뒤에야 겨우 일정한 값에 도달한다는 사실을 최초로 주목하였다. 라듐 화합물을 물에 녹여서 상당한 시간 동안 끓이거나 용액 내부로 공기를 흘려보내면, 증발하면서 방사능이 감소하는 것이 관찰된다. 고체 라듐 화합물을 공기 중에서 가열시켜도 똑같은 결과가 관찰된다. 이런 방사능의 손실은 용액으로 만들거나 가열하는 과정에서 에머네이션이 제거되기 때문에 생긴다. 라듐 화합물 용액을 깊이가 얕은 용기에 담아 공기에 노출하여 용액이 증발하고 마를 때까지 그대로 둔 경우를 생각하자. 용액 상태에서 발생한 에머네이션은 형성되면 바로 제거되어 활동하지 못하고, 이제는 에머네이션이 발생시킨 방사능 침전물과 함께 방사선을 원래 라듐으로부터 나오는 방사선에 추가시킨다. 에머네이션이 새로 만들어지는 비율이 이미 발생한 에머네이션이 변화하는 비율과 균형을 이루면 방사능은 최댓값까지 증가할 것이다.

이제 그 화합물을 한 번 더 녹이거나 가열하면 에머네이션은 새어나간다. 방사능 침전물은 휘발성을 갖지 않고 물에도 녹지 않으므로, 용액으로 만들거나 가열하는 과정에 의해 제거되지 않는다. 그렇지만 원인이 되는 어미 물

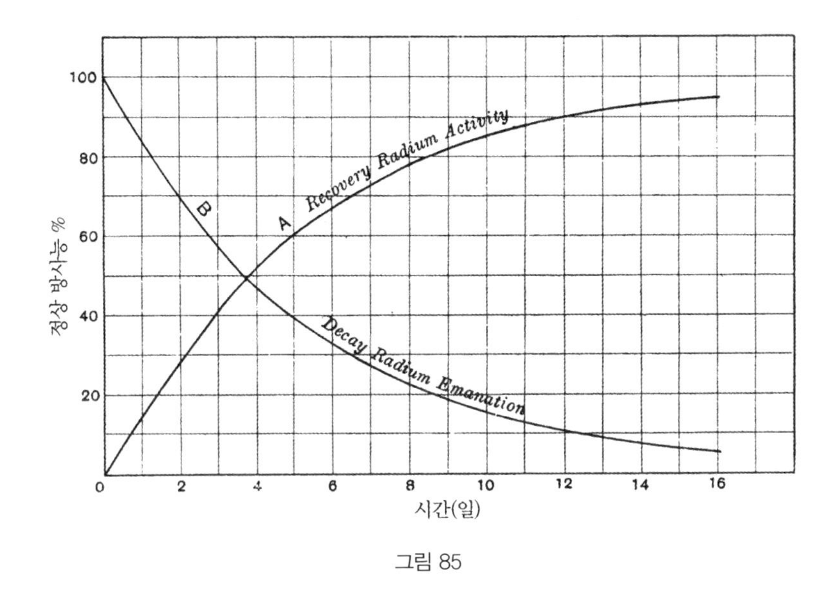

그림 85

질이 제거되었으므로, 방사능 침전물에서 나오는 방사능은 즉시 붕괴하기 시작할 것이며, 몇 시간이 지나가는 사이에 방사능은 거의 사라질 것이다. 그다음에 α 선에 의해 측정된 라듐의 방사능은 원래 값의 약 25 퍼센트임이 확인되었다. 모두가 α 선으로만 이루어진 라듐의 이러한 잔여 방사능은 분리시킬 수가 없고 화학적 방법 또는 물리적 방법에 의해서도 더 이상 줄어들지 않는다. 러더퍼드와 소디는 염화라듐 용액에 상당히 긴 시간 동안 공기를 흘려보낸 효과를 조사하였다. 최초 몇 시간이 지난 뒤에 방사능은 25퍼센트로 감소하는 것이 관찰되었으며, 추가로 3주 동안 공기를 흘려보냈지만 방사능이 더 이상 줄어들지는 않았다. 그다음에 라듐은 마를 때까지 증발되었으며, 시간이 흐르면서 방사능이 증가하는 것을 측정하였다. 그 측정의 결과가 다음 표에 나와 있다. 두 번째 기둥의 마지막 방사능을 100으로 놓았다. 세 번째 기둥에는 회복된 방사능이 백분율로 주어졌다.

시간(일)	방사능	회복된 방사능 백분율
0	25.0	0
0.70	33.7	11.7
1.77	42.7	23.7
4.75	68.5	58.0
7.83	83.5	78.0
16.0	96.0	95.0
21.0	100.0	100.0

이 결과가 그림 85에 그래프로도 나와 있다.

같은 그림에 라듐 에머네이션의 붕괴 곡선도 그려져 있다. 이와 같이 라듐이 잃어버린 방사능에 대한 회복 곡선은 각각 방사능 생성물 Ur X와 Th X로부터 자유롭게 된 우라늄의 회복 곡선 그리고 토륨의 회복 곡선과 비슷하다. 임의의 시간에 회복된 방사능의 세기 I_t는 $\frac{I_t}{I_0} = 1 - e^{-\lambda t}$에 의해 주어지는데, 여기서 I_0는 마지막 값이고, λ는 에머네이션의 방사능 상수이다. 붕괴 곡선과 회복 곡선은 서로 상대에 대해 보완적이다.

형성된 에머네이션 모두가 라듐 화합물에서 가려진다는 조건 아래서, 라듐 에머네이션의 방사능이 붕괴하는 비율을 알면 이처럼 라듐 방사능의 회복 곡선을 즉시 유추할 수 있다.

물에 녹이거나 가열하는 방법으로 라듐 화합물로부터 에머네이션이 제거되면, β선에 의해 측정된 방사능은 거의 영으로 떨어지지만, 한 달 정도 지나가면 원래 값까지 다시 증가한다. 시간이 흐르면서 β선과 γ선이 증가하는 모습을 보여주는 곡선은 그림 85에 나온 α선에 의해 측정된 라듐의 잃어버린 방사능의 회복을 보여주는 곡선과 실질적으로 똑같다. 이 결과에 대한 설명은 라듐으로부터 나오는 β선과 γ선은 오직 방사능 침전물에서만 생기며, 라듐의 분리될 수 없는 방사능은 단지 α선에 의해서만 발생한다는 사실에서 찾을 수 있다. 에머네이션을 제거하면, 방사능 침전물의 방사능은 거의 영에 이르기까지 붕괴하며, 그 결과로 β선과 γ선은 거의 조금도 남지 않고 사라진다. 라듐이 계속 존재하도록 허용되면, 라듐에서 나오는 에머네이션은 쌓이기 시작하고, 그 결과로 방사능 침전물을 생성하며, 그 방사능 침전물이 β선과 γ선을 내보낸다. 그러면 (처음 지체되는 몇 시간 정도를 기다리면) β선과 γ선의 양은 라듐으로부터 끊임없이 생성되는 에머네이션의 방사능이 증가하는 비율과 같은 비율로 증가한다.

216. 에머네이션이 새어나가는 효과

만일 라듐에서 생성된 에머네이션 중 일부가 공기로 새어나가는 것이 허용된다면, 회복 곡선은 그림 85에 보인 것과 달라질 것이다. 예를 들어, 임의의 시간에 라듐 화합물에 존재하는 에머네이션의 양 중에서 매초 일정한 비율 α만큼 새어나간다고 가정하자. 시간 t 때 라듐 화합물에 존재하는 에머네이션 입자의 수가 n이면, 시간 dt 동안에 변화하는 에머네이션 입자의 수는 $\lambda n\,dt$인데, 여기서 λ는 에머네이션의 방사능의 붕괴 상수이다. 이제 매초 에머네이션 입자가 생성되는 비율이 q이면, 시간 dt 동안에 에머네이션 입자가 증가하는 수 dn은

$$dn = q dt - \lambda n dt - \alpha n dt$$

이므로

$$\frac{dn}{dt} = q - (\lambda + \alpha) n$$

이 된다.

에머네이션이 새어나가지 않으면 상수 $\lambda + \alpha$를 λ로 바꾸는 것만 차이 나

는 똑같은 식을 얻는다. 정상 상태[1]에 도달하면 $\frac{dn}{dt}$은 영이 되고, n의 최댓값은 $\frac{q}{\lambda+\alpha}$와 같아진다.

만일 에머네이션이 새어나가지 않으면, n의 최댓값은 $\frac{q}{\lambda}$와 같다. 그래서 에머네이션이 새어나가면 회복되는 방사능의 양을 $\frac{\lambda}{\lambda+\alpha}$의 비율로 낮추게 될 것이다. 이제 n_0가 라듐 화합물에 축적된 에머네이션 입자의 마지막 수이면, 위 식을 적분한 결과는

$$\frac{n}{n_0} = 1 - e^{-(\lambda+\alpha)t}$$

가 된다.

그래서 방사능의 회복 곡선은 에머네이션이 새어나가지 않을 때 곡선의 일반적인 형태와 같지만 단지 상수 λ가 $\lambda+\alpha$로 바뀔 뿐이다.

예를 들어, $\alpha = \lambda = \frac{1}{463,000}$이면, 방사능이 증가하는 식은

$$\frac{n}{n_0} = 1 - e^{-2\lambda t}$$

로 주어지고, 결과적으로 방사능이 최댓값까지 증가하는 시간이 에머네이션이 새어나가지 않는 경우에 비해 훨씬 더 빨라진다.

이와 같이 에머네이션이 약간만 새어나가더라도, 마지막 최댓값과 방사능의 회복 곡선 모두에서 큰 변화를 초래하게 될 것이다.

퀴리 부인은 그녀의 학위논문(Thèse présentée à la Faculté des Sciences de Paris)에서 라듐의 방사능을 감소시키는 용액과 열(熱)의 효과에 대한 여러 실험들에 대해 설명하였다. 그 논문에서 구한 결과는 라듐의 방사능 중에

1) 시간이 흐르더라도 변하지 않는 상태가 정상 상태이다.

서 75퍼센트가 에머네이션과 에머네이션이 발생시키는 들뜬 방사능 때문에 생긴다는 위의 견해와 대체적으로 일치한다. 만일 물에 녹이거나 가열하는 방법으로 에머네이션이 전부 또는 일부가 제거되면, 라듐의 방사능은 그렇게 제거된 비율만큼 줄어들지만, 새로운 에머네이션이 발생하기 때문에 라듐 화합물의 방사능은 저절로 회복된다. 새로운 에머네이션이 발생하는 비율과 라듐 화합물에 축적된 에머네이션이 변화하는 비율이 균형을 이룰 때는 방사능 평형 상태에 도달한다. 서로 다른 조건 아래서 라듐이 회복되는 비율이 다르다고 관찰되는 이유는 아마도 에머네이션이 새어나가는 비율에 대한 차이 때문이다.

217.

에머네이션은 고체에서나 용액에서나 똑같은 비율로 생성된다는 것이 152절에서 증명되었으며, 지금까지 구한 모든 결과에 의하면 라듐으로부터 나오는 에머네이션은 물리적 조건과 전혀 상관없이 일정한 비율로 생성된다고 결론짓게 만든다. 토륨과 마찬가지로 라듐은 최대 방사능의 25퍼센트가 분리될 수 없는 방사능을 갖고, 라듐의 방사능은 전적으로 α선만으로 이루어졌다. β선과 γ선은 단지 방사능 침전물로부터만 발생한다. 에머네이션 자신은 (156절에 설명되어 있듯이) 단지 α선만 방출한다. 이 결과는 그래서 토륨의 경우에 (136절에 나온) 적용된 설명을 그대로 이용할 수 있게 한다. 라듐 원자는 α입자를 방출하면서 일정한 비율로 쪼개진다. 라듐 원자의 찌꺼기가 에머네이션 원자가 된다. 이 에머네이션 원자도 역시 불안정해서 α입자를 내보내며 쪼개진다. 에머네이션은 나흘 만에 절반이 변환된다. 우리는 이 에머네이션이 방사능 침전물을 발생시키는 것을 확인하였다. 지금까지 구한 결과가 아래 도표로 그려져 있다.

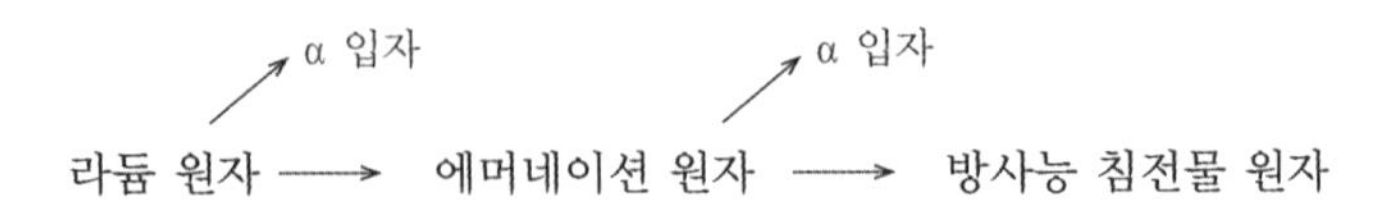

218. 라듐에서 발생한 방사능 침전물에 대한 분석

우리는 제8장에서 라듐 에머네이션의 작용에 의해서 물체에 발생한 들뜬 방사능은 물체의 표면에 부착된 얇은 필름으로 된 방사성 물질 때문임을 확인하였다. 이 방사능 침전물은 라듐 에머네이션이 분해된 생성물이며, 물질의 표면에 어떤 방사선의 작용으로 생긴 것은 아니다.

들뜬 방사능이 시간에 대해 변화하는 모습을 보여주는 곡선은 매우 복잡해서 단지 에머네이션의 존재에 노출된 시간에만 의존하는 것이 아니라 측정에 사용된 방사선의 종류에도 역시 의존한다. 이 방사능 침전물의 방사능 중에서 더 많은 부분은 24시간 정도 지나가면 없어지지만 아주 작은 일부는 여전히 남아서 매우 천천히 변화한다.

이 장에서는 방사능 침전물에서 적어도 여섯 번의 연이은 변화가 일어난다는 것을 보일 예정이다. 에머네이션으로부터 맨 처음 만들어진 물질을 라듐 A라고 부르며, 그다음에 연이어 생성되는 물질이 라듐 B, 라듐 C, 라듐 D, 라듐 E, 라듐 F이다. 임의의 시간에 존재하는 라듐 A, 라듐 B, 라듐 C, … 등의 양을 표현하는 식은 매우 복잡하지만, 일부 중요하지 않은 항을 일시적으로 무시하면 이론과 실험의 비교가 매우 간단해진다. 예를 들어, 생성물 라듐 A, 라듐 B, 라듐 C는 라듐 D에 비해 매우 빠른 비율로 변환한다. 대부분의 경우에 라듐 D + 라듐 E + 라듐 F가 원인인 방사능은 라듐 A의 방사능 또는 라듐 C의 방사능에 비해 무시할 정도로 작은데, 보통 라듐 A 또는 라듐 C에서 관찰된 최초 방사능의 $\frac{1}{100,000}$ 보다 더 작다. 그래서 라듐의 방사능 침전물에 대한 분석은 다음 두 단계로 편리하게 나눌 수가 있다.

(1) 주로 라듐 A, 라듐 B 그리고 라듐 C로 구성된 빠른 변화의 침전물에 대한 분석

(2) 라듐 D, 라듐 E 그리고 라듐 F로 구성된 느린 변화의 침전물에 대한 분석

219. 빠른 변화의 침전물에 대한 분석

다음에 설명된 실험에서, 라듐 용액은 밀폐된 유리 용기에 들어 있었다. 그래서 에머네이션은 용액 위의 공기로 된 공간에서 수집되었다. 방사능을 띨 막대는 마개에 뚫린 구멍을 통해서 밀어 넣었으며 정해진 시간 동안 에머네이션의 존재에 노출되었다. 방사능의 붕괴를 α선으로 측정할 때는 그 막대가 그림 18에 보인 것과 같은 원통형 용기에서 중심 전극(電極)이 되었다. 포화 전압이 작용하면 전위계(電位計)를 이용하여 두 원통 사이의 전류를 측정하였다. 방사능이 매우 센 막대를 조사하려면, 민감한 검류계를 이용할 수 있지만, 그런 경우에 포화 상태에 도달하기 위해서는 매우 큰 전압이 필요하다. 막대에 에머네이션이 조금이라도 붙어 있지 않도록 원통에는 먼지를 제거한 느린 공기 흐름을 끊임없이 순환시켰다. β선과 γ선에 대한 실험에서는 전위계 대신에 그림 12에 보인 것과 같은 검전기를 이용하는 것이 더 좋다는 것을 알게 되었다. γ선을 이용한 측정에서는, 방사능을 띤 막대를 검전기 아래 놓았으며, α선은 모두 다 흡수되도록, 용기로 들여보내기 전에 방사선은 상당히 두꺼운 금속판을 통과시켰다. γ선을 이용한 측정에서는, 검전기를 두께가 0.6 cm인 납으로 된 판 위에 올려놓았으며, 방사능을 띤 막대는 그 납으로 된 판 아래 놓았다. 납은 α선과 β선을 완벽하게 정지시켰으며, 그래서 검전기에서 방전(放電)은 순전히 γ선만에 의해 일어났다. 이런 성격의 측정에서는 검전기가 안성맞춤이어서 간단하고 어렵지 않게 정확한 측정이 가능하다.

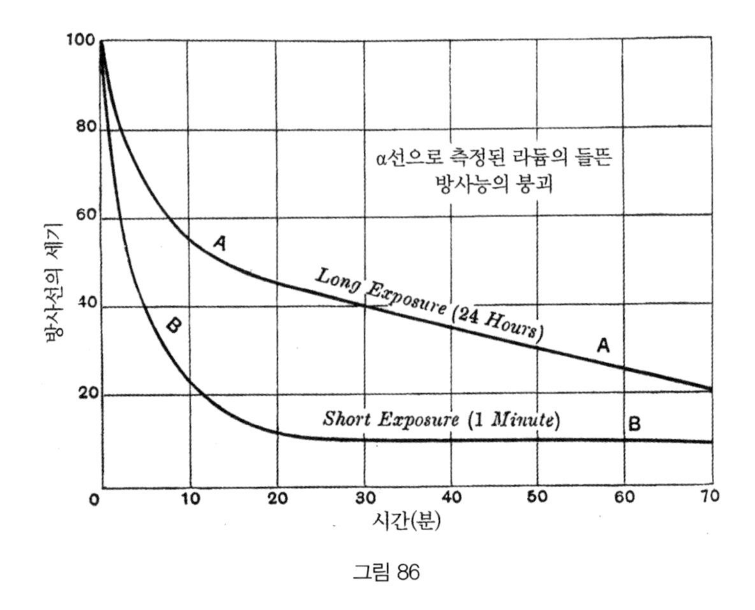

그림 86

라듐 에머네이션이 존재한 곳에서 1분 동안 노출시킨 다음 α 선에 의해 측정된 방사능의 붕괴 곡선이 그림 86에 보인 곡선 BB이다.

이 곡선은 다음 세 단계를 보여준다.

(1) 15분에 걸쳐서 에머네이션이 제거된 직후 값의 10퍼센트 미만으로 줄어드는 빠른 붕괴

(2) 방사능이 매우 조금밖에 변하지 않는 30분의 기간

(3) 거의 영까지 서서히 감소

초기 감소는 시간에 대해 매우 근사적으로 지수법칙에 의해 붕괴해서 약 3분 만에 절반 값으로 떨어진다. 에머네이션을 제거하고 세 시간에서 네 시간이 지나면 방사능은 다시 시간에 대해 지수법칙에 의해 붕괴하고 약 28분 만에 절반 값으로 떨어진다. 서로 다른 노출 시간에 대해 구한 곡선족(曲線族)[2)]이 그림 67에 이미 그려져 있다. 그래서 이 결과가 가리키는 것은 다음과 같다.

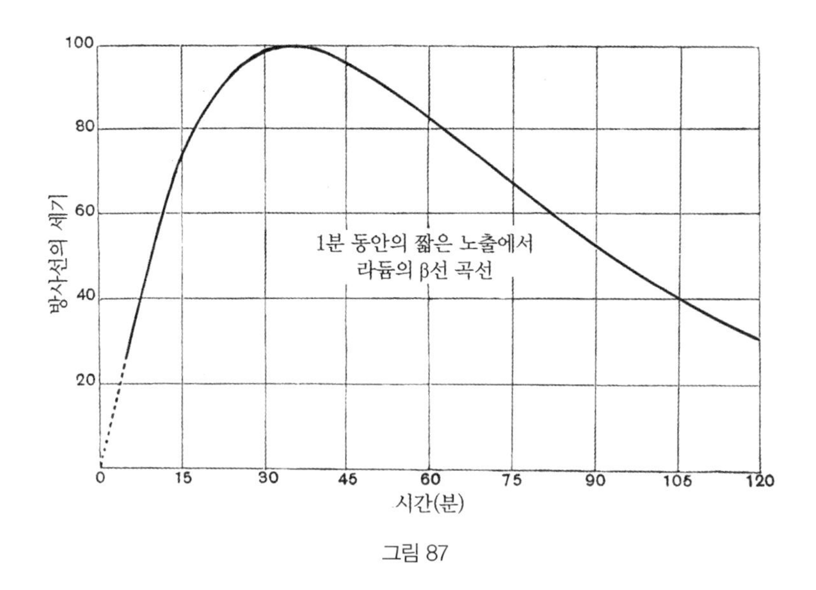

그림 87

(1) 물질의 절반이 3분 만에 변환하는 초기 변화

(2) 물질의 절반이 28분 만에 변환하는 마지막 변화

곡선의 중간 부분에 대한 설명을 고려하기 전에 실험 결과를 더 살펴보자.

에머네이션에 오랫동안 (24시간 동안) 노출시킨 경우에 그래프로 그린 들뜬 방사능의 붕괴 곡선이 그림 86의 곡선 AA이다. 그 곡선의 앞부분은 최초 15분 동안에 초기 값의 약 50퍼센트로 감소하는 것을 보여주며, 그다음에는 더 느린 붕괴가 일어나고, 약 4시간의 간격이 지나간 다음에는 시간에 대해 지수법칙으로 거의 영에 이를 때까지 점차로 붕괴하며 28분 만에 절반 값으로 떨어진다.

2) 곡선족(曲線族, family of curves)이란 동일한 식에서 상수만 바꾸면 구해지는 식으로 그린 일련의 곡선들을 말한다.

β선에 의해 측정된 들뜬 방사능의 시간에 대한 변화 곡선이 그림 87과 그림 88에 그래프로 그려져 있다.

그림 87은 1분 동안 짧은 노출에 대한 그래프이다. 그림 88은 약 24시간 동안 긴 노출에 대한 그래프이다.

β선에 대해 구한 곡선은 α선에 대해 구한 곡선과 큰 차이를 보인다. 노출 시간이 짧으면, β선으로 측정한 방사능은 처음에는 작지만 에머네이션을 제거한 뒤 약 36분이 지나면 최댓값을 통과한다. 곡선은 그다음에 서서히 감소하며, 몇 시간이 지난 다음에 방사능은 지수법칙에 따라 붕괴하여, 다른 경우와 마찬가지로, 28분 만에 절반 값으로 떨어진다.

그림 88에 β선에 대해 보인 곡선은, α선에서 관찰된 빠른 초기 감소가 전혀 없다는 점만 제외하면, α선에 대해 그림 86에 그린, 곡선 AA로 표시한, 대

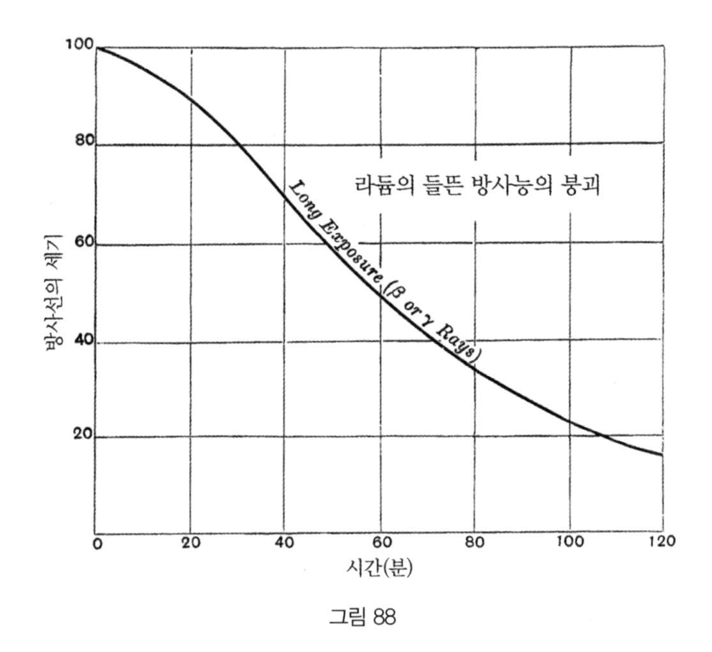

그림 88

응하는 곡선과 그 형태가 매우 비슷하다. 이 곡선의 후반부는 형태가 비슷하며, 에머네이션을 제거한 뒤 처음 15분만 고려하지 않으면, 방사능은 두 경우에 정확히 같은 비율로 붕괴한다.

γ선을 이용하여 구한 곡선들은 β선을 이용하여 구한 곡선들과 정확하게 같다. 이것은 β선과 γ선이 언제나 동시에 그리고 같은 비율로 발생함을 보여준다.

노출 시간을 1분에서 24시간으로 증가시키면, 그렇게 구한 곡선들의 형태는 두 대표적인 한계 곡선인 그림 87과 그림 88의 중간 정도가 된다. 이러한 곡선들 중에서 일부는 이미 그림 68에 그려놓았다.

220. 곡선에 대한 설명

그림 86의 곡선 A와 곡선 B에서 빠른 초기 감소는, 약 3분 동안에 물질의 절반이 변환하는, α선을 발생시키는 변화 때문임을 이미 지적하였다. β선으로 측정된 대응하는 곡선에서는 그런 감소가 관찰되지 않는 것은 최초에 3분 동안 지속되는 변화에서는 β선을 발생시키지 않음을 보여준다. 왜냐하면, 만일 그런 변화가 β선을 발생시킨다면, 방사능은 대응하는 α선 곡선과 동일한 비율로 감소하여야 되기 때문이다.

에머네이션을 제거하고 몇 시간이 지난 다음부터는 모든 경우에 방사능이 시간에 대해 지수법칙에 따라 붕괴해서 약 28분 만에 절반 값으로 떨어진다는 것은 이미 확인하였다. 이것은 노출 시간이 짧든지 길든지, 또는 방사능이 α선, β선, γ선 중에서 어느 것으로 측정되든지 모두 다 성립한다. 이것은 마지막 28분 변화가 세 종류의 방사선 모두를 생기게 함을 가리킨다.

이 결과는 아래와 같은 성질을 갖는 침전된 물질에서 다음과 같은 세 가지의 연이은 변화가 발생한다고 가정하면[ii] 완벽하게 설명될 수 있음을 앞으로 보일 예정이다.

(1) 처음 침전된 물질 A가 약 3분 만에 절반이 변환하는 변화. 이 변화에서는 α선만 발생한다.

(2) 두 번째 방사선이 나오지 않는 "캄캄한" 변화로 이 변화에서는 물질 B가 21분 만에 절반이 변환한다.

(3) 물질 C의 절반이 28분 만에 변환하는 세 번째 변화. 이 변화에서는 α선, β선, γ선이 발생한다.

221. β선 곡선의 분석

첫 번째 3분 변화를 잠시 무시하면 변화에 대한 분석이 상당히 간단해진다. 에머네이션을 제거하고 6분의 시간이 경과하는 동안에, 물질 A의 4분의 3이 물질 B로 변환하고, 에머네이션을 제거하고 20분이 지나면 물질 A의 1퍼센트를 남기고 나머지는 모두 변환한다. 만일 첫 번째 변화를 전혀 고려하지 않는다면, 임의의 시간에 존재하는 물질 B의 양과 물질 C의 양이 감소하거나 증가하는 모습이 이론과 더 가까이 일치한다. 이 중요한 관점에 대한 논의가 나중에 (228절에서) 설명될 예정이다.

서로 다른 노출 시간에서 얻는 β선 곡선에 대한 설명은 제일 먼저 고려하자(그림 87과 88을 보라.) 노출 시간이 매우 짧으면, β선에 의해 측정된 방사능이 처음에는 얼마 되지 않지만, 약 36분 뒤에는 최댓값을 지나가고, 그다음에는 시간이 지나가면서 꾸준히 감소한다.

그림 87에 보인 곡선은 토륨 곡선과 악티늄 곡선 중에서 대응하는 곡선과 일반적인 형태가 매우 비슷하다. 그래서 물질 B가 물질 C로 바뀌는 변화에서는 β선이 생기지 않지만 물질 C가 물질 D로 바뀌는 변화에서는 β선이 생긴다고 가정하는 것이 필요하다. 그런 경우에 (β선에 의해 측정된) 방사능은

존재하는 물질 C의 양에 비례한다. 첫 번째의 빠른 변화를 고려하지 않으면, 임의의 시간에 방사능 I_t는 (207절에서 설명된) 토륨과 악티늄에 대해 성립하는 것과 동일한 형태의 식으로 주어지는데, 그 식은

$$\frac{I_t}{I_T} = \frac{e^{-\lambda_3 t} - e^{-\lambda_2 t}}{e^{-\lambda_3 T} - e^{-\lambda_2 T}}$$

이며 여기서 I_T는 시간 T가 지난 다음에 도달하는 관찰된 최대 방사능이다. 방사능은 마지막에는 (28분 만에 절반으로 떨어지는) 지수법칙을 따라 붕괴하기 때문에, λ값 중에 하나는 4.13×10^{-4}이다.[3] 토륨과 악티늄의 경우에서처럼, 실험으로 구한 곡선만 보고는 이 λ값이 λ_2에 대입해야 할지 아니면 λ_3에 대입해야 할지를 구별해낼 수가 없다. 나중에 다른 자료를 이용해서 (226절을 참고하라) 이것이 λ_3여야만 함을 보이게 될 것이다. 그래서 $\lambda_3 = 4.13 \times 10^{-4}$ $(\text{sec})^{-1}$이다.

만일 $\lambda_2 = 5.38 \times 10^{-4}$ $(\text{sec})^{-1}$로 취하면 실험 곡선이 이론과 아주 잘 일치한다.

이론과 실험이 얼마나 잘 일치하는지는 아래 표로 확인할 수 있다. 최댓값 I_T는 (100이라고 놓았는데) 시간이 $T = 36$분일 때 도달한다.

시간(분)	방사능에 대한 이론값	방사능에 대한 측정값
0	0	0
10	58.1	55
20	88.6	86

3) $e^{-\lambda t_{1/2}} = \frac{1}{2}$의 반감기 $t_{1/2}$ 자리에 $t_{1/2} = 28$ 분$= 28 \times 60$ s를 대입하면 $\lambda = 4.13 \times 10^{-4}$ s^{-1}이 된다.

30	97.3	97
36	100	100
40	99.8	99.5
50	93.4	92
60	83.4	82
80	63.7	61.5
100	44.8	42.5
120	30.8	29

β선 곡선을 구하기 위해 다음과 같은 과정을 채택하였다. 알루미늄으로 만든 얇은 판을 유리관 내부에 놓고, 유리관의 공기를 모두 빼내서 진공으로 만들었다. 그다음에는 압력이 대기압으로 맞추어져 있는 에머네이션 용기와 연결하는 마개를 열면 많은 양의 에머네이션이 순식간에 유리관으로 들어왔다. 에머네이션이 유리관에 1.5분 동안 머물게 한 다음 공기를 흘려보내서 에머네이션을 신속하게 내보냈다. 그다음에 알루미늄 판을 그림 12에 보인 것과 같이 검전기 아래에 놓았다. 알루미늄 판으로부터 나오는 α선은 알루미늄 판과 검전기 사이에 끼워 넣은 두께가 0.1 mm인 알루미늄으로 만든 스크린에 의해서 차단되었다. 시간은 에머네이션이 들어온 후 45초의 주기로 재었다.

이처럼 β선에 의해 측정된 방사능에 대해 계산된 값과 측정된 값은 서로 잘 일치한다.

만일 다음과 같이 가정하면 이 결과가 만족스럽게 설명된다.

(1) 물질 B에서 물질 C로 바뀌는 (21분 만에 절반이 변환하는) 변화는 β선을 발생하지 않는다.

(2) 물질 C에서 물질 D로 바뀌는 (28분 만에 절반이 변환하는) 변화는 β선을 발생한다.

222.

이 결론은 노출 시간이 긴 경우에 대해 β선을 이용하여 측정된 붕괴의 변화에 의해서도 매우 강력하게 뒷받침된다. 붕괴 곡선은 그림 88에 나와 있고 그림 89의 곡선 I로도 그려져 있다.

P. 퀴리와 댄니는 그림 88에 보인 긴 노출 시간에 대한 붕괴에 대응하는 붕괴 C 곡선은 다음

$$\frac{I_t}{I_0} = ae^{-\lambda_3 t} - (a-1)e^{-\lambda_2 t}$$

와 같은 형태의 경험으로 얻은 식에 의해서 정확하게 표현될 수 있다는 중요한 결과를 얻었는데, 여기서 $\lambda_2 = 5.38 \times 10^{-4}(\mathrm{sec})^{-1}$이고 $\lambda_3 = 4.13 \times 10^{-4}(\mathrm{sec})^{-1}$이며, $\alpha = 4.20$은 수치 해석으로 얻은 상수이다.

나는 실험 오차의 한계 내에서 이 식은 노출 시간이 긴 경우에 β선에 의해

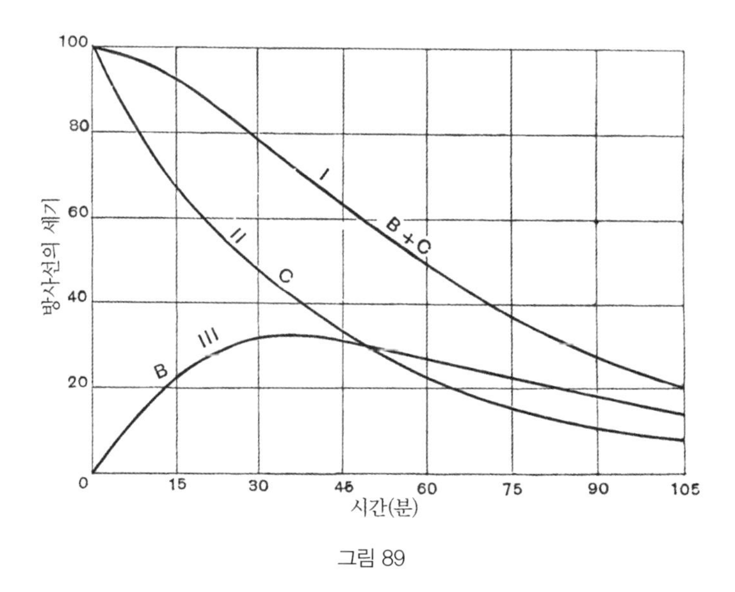

그림 89

측정된 라듐의 들뜬 방사능의 붕괴를 대표한다는 것을 확인하였다. α선으로 측정된 방사능의 붕괴를 표현하는 식은 이 식과 상당히 많이 차이 나며, 특히 곡선의 처음 부분에서는 더 많이 차이 난다. 에머네이션을 제거하고 여러 시간이 지나면 방사능은 시간에 대해 지수법칙으로 붕괴하여 28분 만에 절반 값으로 줄어든다. 이것을 이용하여 λ_3값을 고정한다. 상수 α와 λ_2값은 실험으로 구한 곡선에 여러 가지 값으로 시도하여 가장 알맞은 값으로 정한다. 그런데 우리는 이미 앞에서(207절에서), 토륨에서 생긴 방사능 침전물의 경우, 두 가지의 변화 상수 λ_2와 λ_3가 있는데, 그중에서 단지 두 번째 변화만 방사선을 발생시키며, 방사선의 세기는 긴 노출 시간의 경우에 (198절의 8식을 보라)

$$\frac{I_t}{I_0}=\frac{\lambda_2}{\lambda_2-\lambda_3}e^{-\lambda_3 t}-\frac{\lambda_3}{\lambda_2-\lambda_3}e^{-\lambda_2 t}$$

로 주어지는 것을 보았다. 이 식은 퀴리와 댄니가 실험적으로 발견한 것과 같은 형태의 식이다. 퀴리와 댄니가 발견한 λ_2값과 λ_3값을 대입하면

$$\frac{\lambda_2}{\lambda_2-\lambda_3}=4.3 \text{ 그리고 } \frac{\lambda_1}{\lambda_1-\lambda_3}=3.3$$

이 된다.

이와 같이 이론 공식이 실험으로 구한 공식과 같은 형태이며, 숫자로 얻는 상수 값도 역시 잘 일치한다. 만일 두 번째 변화에서와 마찬가지로 첫 번째 변화에서도 방사선이 발생된다면, 위의 식이 갖는 일반적 형태는 바뀌지 않고 그대로 유지되겠지만, 숫자로 얻는 상수 값은 첫 번째 변화와 두 번째 변화의 이온화 비율에 따라 달라질 수가 있다. 예를 들어, 두 변화에서 모두 같은 양의 β선이 나온다고 가정하면, 붕괴 공식은

$$\frac{I_t}{I_0}=\frac{0.5\lambda_2}{\lambda_2-\lambda_3}e^{-\lambda_3 t}-0.5\left(\frac{\lambda_3}{\lambda_2-\lambda_3}-1\right)e^{-\lambda_2 t}$$

가 되는 것을 어렵지 않게 계산해낼 수 있다.

퀴리가 찾은 λ_2와 λ_3값을 취하면, $e^{-\lambda_3 t}$ 앞의 상수 값은 4.3 대신 2.15가 되고 $e^{-\lambda_2 t}$ 앞의 상수 값은 3.3 대신에 1.15가 된다. 이 경우에 이론으로 구한 붕괴 곡선은 관찰된 붕괴 곡선과 바로 구분될 수 있다. 퀴리와 댄니가 구한 붕괴 공식에서는 처음 방사선을 내보내지 않는 변화가 필요하다는 것을 다음과 같이 설명할 수가 있다.

(그림 89의) 곡선 I은 실험 곡선을 보여준다. (최초 빠른 변화를 무시하면) 물체를 에머네이션으로부터 꺼내는 순간에, 방사성 물질은 물질 B와 물질 C 모두에 의해 구성되어야만 한다. 꺼내는 순간에 C의 형태로 존재했던 물질을 고려하자. 그 물질은 지수법칙에 따라 변환하여 방사능은 28분 만에 절반으로 떨어지게 될 것이다. 이것이 곡선 II에 나와 있다. 곡선 III는 곡선 I과 곡선 II의 세로축 값의 차이를 대표한다. 곡선 II는 β선에 의해 측정된 짧은 시간 동안 노출된 경우의 방사능이 어떻게 변하는지를 보여주는 (그림 87에 나온) 곡선과 그 형태가 똑같음을 알 수 있다. 그 곡선은 동일한 시간에 (약 36분에) 최댓값을 통과한다. 곡선 III의 세로축은 에머네이션을 제거한 뒤에 존재하는 물질 B가 물질 C로 변화한 결과로 추가된 방사능을 표현한다. 존재하고 있던 물질 B는 조금씩 물질 C로 변화하고, 그렇게 변화한 물질 C가 물질 D로 변화하면서 관찰된 방사선을 발생시킨다. 단지 물질 B만 따로 떼어서 고려하는 것이므로, 곡선 III로 표현된, 물질 B가 두 단계로 변화한 결과로 생기는 시간에 대해 바뀌는 방사능은 짧은 시간 동안 노출된 경우에 얻은 곡선과 일치해야만 하는데(그림 87을 보라), 우리가 이미 본 것처럼, 실제로 그렇게 된다.

이론과 실험이 일치하는 것은 다음 표에서 확인된다. 첫 번째 기둥은 다음 식

$$\frac{I_t}{I_0} = \frac{\lambda_2}{\lambda_2 - \lambda_3} e^{-\lambda_3 t} - \frac{\lambda_3}{\lambda_2 - \lambda_3} e^{-\lambda_2 t}$$

를 이용한 긴 노출 시간에 대해 이론적 붕괴 곡선으로 구한 값인데, 사용된 상수 값은 $\lambda_2 = 5.38 \times 10^{-4}$와 $\lambda_3 = 4.13 \times 10^{-4}$이다.

시간(분)	계산한 값	관찰된 값
0	100	100
10	96.8	97.0
20	89.4	88.5
30	78.6	77.5
40	69.2	67.5
50	59.9	57.0
60	49.2	48.2
80	34.2	33.5
100	22.7	22.5
120	14.9	14.5

이 표의 마지막 기둥은 에머네이션이 존재하는 가운데 24시간이라는 긴 노출의 경우에 (검전기를 이용해서 측정한) 관찰된 방사능 값이다.

방사능을 띤 물체에 공기의 흐름을 계속 보내준 경우에, 관찰된 값이 이론값에 비하여 약간 더 작다. 이것은 아마도 상온에서 생성물 라듐 B가 약간의 휘발성을 갖기 때문에 나타나는 것처럼 보인다.

223. α선 곡선의 분석

이제 α선으로 측정한 라듐의 들뜬 방사능의 붕괴 곡선에 대한 분석이 논의될 예정이다. 뒤에 나오는 표는 라듐 에머네이션이 존재하는 가운데 오랜 시간 노출된 다음에 방사선의 세기가 어떻게 바뀌는지를 보여준다. 많은 에머네이션이 포함된 유리관에 넣고 여러 날 동안 노출시킨 백금판이 방사능을 띠게 되었다. 에머네이션을 제거한 다음에 방사능을 띤 백금 판을 두 개의 절

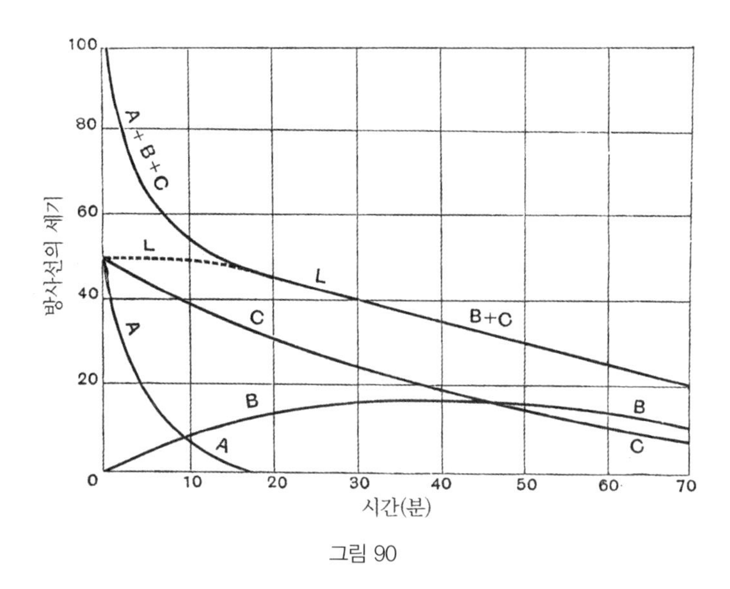

그림 90

연된 납으로 만든 판 중에서 밑에 있는 판 위에 놓고 600볼트의 포화 기전력을 작용하였다. 이온화 전류는 감도가 예민한 고저항 검류계로 문제없이 측정될 만큼 충분히 컸으며, 백금 판을 에머네이션 용기에서 꺼낸 뒤 눈금을 가능한 빨리 읽었다. (100이라고 놓은) 전류의 처음 값은 곡선이 세로축에 만날 때까지 곡선을 반대 방향으로 연장시켜서 구했는데(그림 90을 보라), 그 값은 3×10^{-8}암페어였다.

시간(분)	전류	시간(분)	전류
0	100	30	40.4
2	80	40	35.6
4	69.5	50	30.4
6	62.4	60	25.4
8	57.6	80	17.4

10	52.0	100	11.6
15	48.4	120	7.6
20	45.4		

이 결과는 그림 90의 위쪽 곡선에 그래프로 나와 있다. 처음 갑자기 감소하는 부분은 물질 A의 방사능이 붕괴하기 때문에 생긴 것이다. 만일 곡선의 기울기가 에머네이션을 제거시키고 20분부터 뒤쪽으로 만들어진다면, 곡선은 세로축과 약 50에서 만나게 된다. 임의의 시간에 곡선 A + B + C와 LL 사이의 차를 표현한 것이 곡선 AA이다. 곡선 AA는 임의의 시간에 라듐 A의 변화에 의해 공급되는 방사능을 대표한다. 세로축에서 시작하는 곡선 LL은 노출 시간이 긴 경우 β선으로 측정한 방사능의 붕괴를 대표하는, 이미 고려한 적이 있는 (그림 88을 보라) 곡선과 똑같다.

시간(분)	방사능의 계산값	방사능의 관찰값
0	100	100
10	96.8	97.0
20	89.4	89.2
30	78.6	80.8
40	69.2	71.2
50	59.9	60.8
60	49.2	50.1
80	34.2	34.8
100	22.7	23.2
120	14.9	15.2

이 결과는 위의 표에서 숫자들이 잘 일치하는 것으로 확인할 수 있다. 이 표의 가운데 기둥은 다음 공식

$$\frac{I_t}{I_0} = \frac{\lambda_2}{\lambda_2 - \lambda_3} e^{-\lambda_3 t} - \frac{\lambda_3}{\lambda_2 - \lambda_3} e^{-\lambda_2 t}$$

으로부터 구한 방사능의 이론값인데, 앞에서와 똑같은 λ_2와 λ_3값을 사용하였다. 마지막 기둥은 붕괴 곡선 LL로부터 구한 방사능의 관찰된 값이다.

두 단계의 변화가 존재하고 그중에서 첫 번째 변화는 방사선을 방출하지 않는다고 가정하고 구한 이론 곡선과 곡선 LL이 아주 잘 일치하는 것은 라듐 B가 라듐 C로 변화할 때 α선을 내보내지 않는다는 증거가 된다. 비슷한 방법으로, 그림 89의 곡선 I에서와 마찬가지로, 곡선 LL도 두 곡선 CC와 BB에 의해 대표되는 두 성분으로 분석될 수가 있다. 곡선 CC는 에머네이션을 제거한 순간에 존재하는 물질 C에 의해 공급되는 방사능을 대표한다. 곡선 BB는 물질 B가 물질 C로 변화한 결과 생긴 방사능을 대표하며 그림 89에 대응하는 곡선과 아주 똑같다. 그래서 전에 사용했던 것과 똑같은 추리를 사용하면, 물질 B에서 물질 C로의 변화는 α선을 수반하지 않는다고 결론지을 수 있다. 물질 B가 물질 C로 변화하면서 β선을 발생하지 않는 것은 이미 확인하였고, β선 곡선과 γ선 곡선이 똑같다는 사실로부터 물질 B가 물질 C로 변화하며 γ선도 발생하지 않음을 알 수 있다. 그러므로 물질 B에서 물질 C로의 변화는 방사선을 내보내지 않는 "캄캄한" 변화인 데 반하여, 물질 C에서 물질 D로의 변화는 세 종류의 방사선 모두를 발생한다.

이와 같이 라듐의 들뜬 방사능의 붕괴를 분석하여 침전된 물질에서 다음과 같이 뚜렷이 구분되는 세 가지의 빠른 변화가 일어남을 알게 된다.

(1) 에머네이션의 변화로부터 유래된 물질 A는 절반이 3분 만에 변환하며 이때 단지 α선만 나온다.

(2) 물질 B는 21분 만에 절반이 변환하며 이온화시키는 방사선은 나오지 않는다.

(3) 물질 C는 28분 만에 절반이 변환하며 α선과 β선 그리고 γ선을 수반한다.

(4) 네 번째 매우 느린 변화에 대해 나중에 논의할 예정이다.

224. 방사능 곡선을 표현하는 식

시간이 흐름에 따라 방사능이 어떻게 바뀌는지를 표현하는 식을 아래 정리하여 한눈에 알아보게 만들었는데, 이 식들에서 $\lambda_1 = 3.8 \times 10^{-3}$, $\lambda_2 = 5.38 \times 10^{-4}$, $\lambda_3 = 4.13 \times 10^{-4}$이다.[4]

(1) 짧은 노출: β선으로 측정한 방사능은

$$\frac{I_t}{I_T} = 10.3\left(e^{-\lambda_3 t} - e^{-\lambda_2 t}\right)$$

로 표현되는데, 여기서 I_T는 방사능의 최댓값이다.

(2) 긴 노출: β선으로 측정한 방사능은

$$\frac{I_t}{I_0} = 4.3e^{-\lambda_3 t} - 3.3e^{-\lambda_2 t}$$

로 표현되는데, 여기서 I_0는 처음 값이다.

(3) 임의의 노출 시간 T: β선으로 측정한 방사능은

$$\frac{I_t}{I_0} = \frac{ae^{-\lambda_3 t} - be^{-\lambda_2 t}}{a-b}$$

로 표현되는데 여기서

$$a = \frac{1-e^{-\lambda_3 T}}{\lambda_3}, \quad b = \frac{1-e^{-\lambda_2 T}}{\lambda_2}$$

이다.

4) 반감기 $t_{1/2}$와 붕괴 상수 λ 사이의 관계인 $e^{-\lambda t_{1/2}} = \frac{1}{2}$을 이용하면 $\lambda_1 = 3.8 \times 10^{-3}\,\mathrm{s}^{-1}$, $\lambda_2 = 5.38 \times 10^{-4}\,\mathrm{s}^{-1}$, $\lambda_3 = 4.13 \times 10^{-4}\,\mathrm{s}^{-1}$은 각각 $t_{1/2} = 3$분, 21분, 28분에 해당함을 알 수 있다.

(4) 긴 노출 시간: α 선으로 측정한 방사능은

$$\frac{I_t}{I_0} = \frac{1}{2}e^{-\lambda_1 t} + \frac{1}{2}\left(4.3e^{-\lambda_3 t} - 3.3e^{-\lambda_2 t}\right)$$

로 표현된다.

임의의 노출 시간에서 α 선에 대한 식은 순조롭게 구해지지만, 그 표현은 약간 복잡하다.

225. 들뜬 방사능의 증가에 대한 식

일정한 양의 에머네이션이 존재하는 곳에 노출된 물체에 생성되는 들뜬 방사능이 최댓값까지 서서히 증가하는 것을 표현하는 곡선은 긴 노출에서 붕괴 곡선과 서로 보완적이다. 증가 곡선의 세로축 값과 붕괴 곡선의 세로축 값의 합은 언제나 일정하다. 이 결과는 이론으로부터 반드시 그렇게 되지만 연역적인 추론을 이용해도 역시 간단히 알아낼 수 있다(200절을 보라).

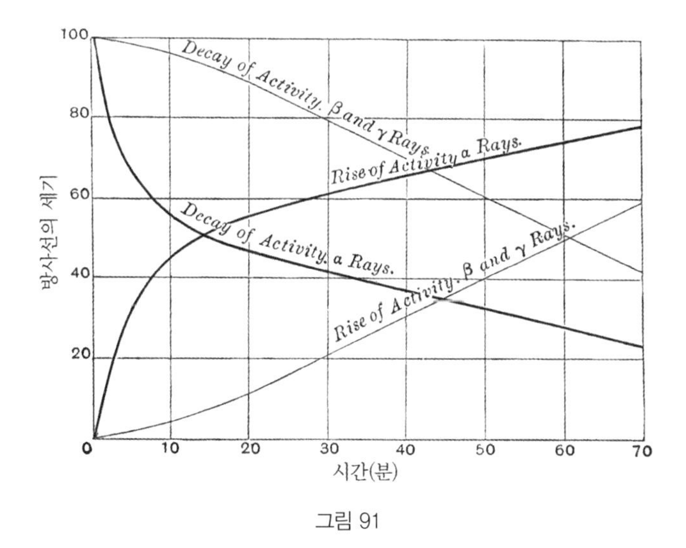

그림 91

α선과 β선 모두의 경우에, 들뜬 방사능이 증가하고 붕괴하는 곡선이 그림 91에 그래프로 그려져 있다. 굵은 선으로 된 곡선이 α선에 대한 곡선이다. α선으로 측정한 붕괴 곡선과 β선으로 측정한 붕괴 곡선 사이의 차이가 그림에서 뚜렷이 눈에 띈다. 방사능이 최댓값까지 증가하는 것을 표현한 식이 아래 나와 있다.

β선과 γ선에 대한 식은

$$\frac{I_t}{I_{\max}} = 1 - \left(4.3e^{-\lambda_3 t} - 3.3e^{-\lambda_2 t}\right)$$

이다.

α선에 대한 식은

$$\frac{I_t}{I_{\max}} = 1 - \frac{1}{2}e^{-\lambda_1 t} - \frac{1}{2}\left(4.3e^{-\lambda_3 t} - 3.3e^{-\lambda_2 t}\right)$$

이다.

226. 온도의 효과

우리는 지금까지 물질 C에서 21분 변화가 아니라 오히려 28분 변화가 일어난다는 증거에 대해서는 아직 고려하지 않았다. P. 퀴리와 댄니[iii]가 에머네이션에 의해 침전된 방사성 물질의 휘발에 대해 연구한 최근의 몇 가지 중요한 실험에 의해서 그런 증거가 나왔다. 게이츠 양[iv]은 이 방사성 물질이 적열(赤熱)보다 더 높은 온도에서 백금 도선으로부터 휘발되었으며 백금 도선을 둘러싼 낮은 온도의 원통 표면에 침전되었음을 확인하였다. 퀴리와 댄니는 방사능을 띤 백금 도선을 짧은 시간 동안 15℃ 에서 1,350℃ 사이에 변하는 온도의 영향 아래 두었다가 백금 도선에 남아 있는 방사성 물질에 대해서뿐만 아니라 휘발된 부분에 대해서도 상온에서 붕괴 곡선을 조사하는 방법으로 이 결과를 확장시켰다. 퀴리와 댄니는 증류하여 얻은 부분의 방사능이 에머네이션을 제거한 뒤에 항상 증가하였고, 최댓값을 통과한 다음에, 마지막으로 지수법칙에 따라 28분 만에 절반 값으로 붕괴하는 것을 발견하였다. 약 630℃ 의 온도에서 백금 도선에 남아 있는 방사성 물질은 즉시 지수법칙에 따라 붕괴해서 28분 만에 절반 값으로 떨어졌다. P. 퀴리와 댄니는 물질 B가 물질 C에 비해서 훨씬 더 잘 휘발하는 것을 보였다. 전자는 (물질 B는) 약 600℃ 에서 완전히 휘발하지만, 후자는 (물질 C는) 심지어 1,300℃ 에서도 완전히 휘발하지 않는다. 물질 B가 완전히 휘발한 다음에 여전히 남아 있는 물질 C가 즉시 28분 만에 절반으로 붕괴하는 사실을 보면, 물질 B가 아니라 물질 C가 28분 만에 절반이 변환한다는 것을 알 수 있다.

퀴리와 댄니는 또한 방사성 물질이 붕괴하는 비율은 백금 도선에 작용한 온도 범위에서 온도에 의해서도 변하는 것을 발견하였다. 방사능이 붕괴하는 비율이 630℃ 에서는 정상적인데, 1,100℃ 가 되면 방사능은 약 20분 만에 절반으로 떨어졌고, 1,300℃ 에서는 방사능이 약 25분 만에 절반으로 떨어졌다.

나도 퀴리와 댄니의 실험을 반복했는데 매우 비슷한 결과를 얻었다. 가열한 다음에 관찰한 측정된 붕괴 비율이 그렇게 나온 것은 상온에서 물질 C가 휘발하는 비율이 영구적으로 증가한 부분 때문일지도 모른다는 생각이 들었다. 그렇지만 이 설명이 그럴듯하지는 않은데, 왜냐하면 백금 도선의 방사능을 밀폐된 관에서 조사하거나 백금 도선 위로 공기가 지나가는 열린 공간에서 조사하거나 관계없이 방사능이 동일한 비율로 감소하는 것이 발견되었기 때문이다.

이 결과는, 생성물 C가 변화하는 비율이 일정하지 않고 온도의 차이에 의해 영향을 받는다는 것을 알려주기 때문에, 매우 중요하다. 어떤 방사능 생성물에 대해서도 온도가 변화의 비율에 주목할 만한 영향을 준다는 연구가 없었고 이 연구가 그것을 밝힌 첫 번째 경우이다.

227. 상온에서 라듐 B의 휘발성

브룩스 양[v]은 라듐 에머네이션에 노출되어서 방사능을 띤 물체가 그 물체가 놓인 용기의 벽에 들뜬 2차 방사능을 유발시키는 것을 관찰하였다. 이 방사능은 보통 전체 방사능의 약 $\frac{1}{1,000}$ 배였지만, 방사능을 띤 도선을 물에 씻고 가스 화염 위에서 건조시키면, 그 방사능의 양이 약 $\frac{1}{200}$ 배로 증가하였다. 물에 씻고 가스 화염에서 건조시키는 방법은 도선에서 라듐 에머네이션을 모두 제거시키기 위해 자주 이용된다. 방사능을 생성하는 효과는 에머네이션으로부터 도선을 꺼낸 직후에 가장 두드러지게 나타났고, 그로부터 10분이 지나면 거의 감지(感知)할 수 없을 정도가 되었다.

이 효과는 구리판을 이용한 실험에서 특별히 분명하게 나타났는데, 구리판은 라듐에서 생성된 방사능 침전물 용액에 짧은 시간 동안 담가서 방사능을 띠게 되었다. 이 방사능을 띤 용액은 방사능을 띤 백금 도선을 묽은 염산에 담가서 만들었다. 구리판을 조사 용기에 몇 분 동안 놓았다가 꺼내면, 그 용기의 벽에서는 구리판의 방사능의 약 1퍼센트에 달하는 방사능이 관찰되었다.

이 효과는 방사능을 띤 물체로부터 에머네이션이 방출되어서 생긴 것이 아니라 상온에서도 나타나는 라듐 B가 지닌 약간의 휘발성 때문에 생겨야만 한다는 것이 확인되었다. 이것이 옳다는 것은 용기의 벽에 침전된 물질의 방사능이 바뀌는 모습을 관찰해서 증명되었다. 방사능이 처음에는 작았지만, 약 30분이 지난 뒤에 최댓값까지 상승하였고, 그 뒤에는 시간이 흐르면서 붕괴하였다. 상승하는 곡선은 그림 87에 나온 상승하는 곡선과 매우 비슷한데, 그 상승하는 곡선이 방사능을 띠지 않은 물질인 라듐 B가 용기의 벽까지 이동해서 거기서 라듐 C로 변화한 다음에 그 라듐 C가 관찰된 방사선을 생기게 만든 것임을 알려준다.

생성물 B는 에머네이션이 제거된 뒤에 물체로부터 단지 짧은 시간 동안만 새어나갈 뿐이다. 이것은 생성물 B의 분명한 휘발성이 빠르게 변화하는 생성물인 라듐 A가 존재하는 것과 연관되어 있다는 강력한 증거이다. 물질 A는 α 입자를 방출하며 쪼개지기 때문에, 라듐 B를 구성하는 남은 원자들 중 일부는 기체로 새어나갈 수 있을 정도의 충분한 속도를 얻게 되며, 그다음에 확산에 의해 용기의 벽까지 전달된다.

브룩스 양은 방사능이 전기장 아래서 음극에 집중되어 있지 않고 용기의 벽에 균일하게 퍼져 있음을 관찰하였다. 이러한 관찰은, 다음 절에서 논의될 예정인, 라듐의 방사능 침전물에 의해 나타나는 그런 비정상적인 효과를 어떻게 설명할지 결정하는 데 중요한 요소가 된다.

228. 첫 번째 빠른 변화의 효과

우리는 만일 첫 번째의 3분 변화를 고려하지 않는다면 β선 또는 γ선에 의해 측정된 방사능의 붕괴 법칙을 매우 만족스럽게 설명할 수 있음을 보았다. 그렇지만 197절과 198절에서 제기된 질문과 그림 72와 73의 곡선들에 대한 전체적인 이론적 조사로 비추어보면, 첫 번째 변화가 있으면 그 후 연이어 일어나는 변화들에 의한 방사능의 측정에 의해서 검출되기에 충분한 크기의 효과가 존재해야만 한다. 이 질문은 대단히 흥미로운데, 왜냐하면 물질 A와 물질 B가 서로에 대해 전혀 무관하게 독립적으로 생성되는지, 아니면 물질 A가 물질 B의 어미인지라는 중요한 이론적 관점과 연관되기 때문이다. 후자(後者)의 경우에, 이미 존재하는 물질 A가 물질 B로 변화하며, 그 결과 물질 A 이후에 존재하는 물질 B의 양은 물질 B가 독립적으로 생성된 경우에 비하여 약

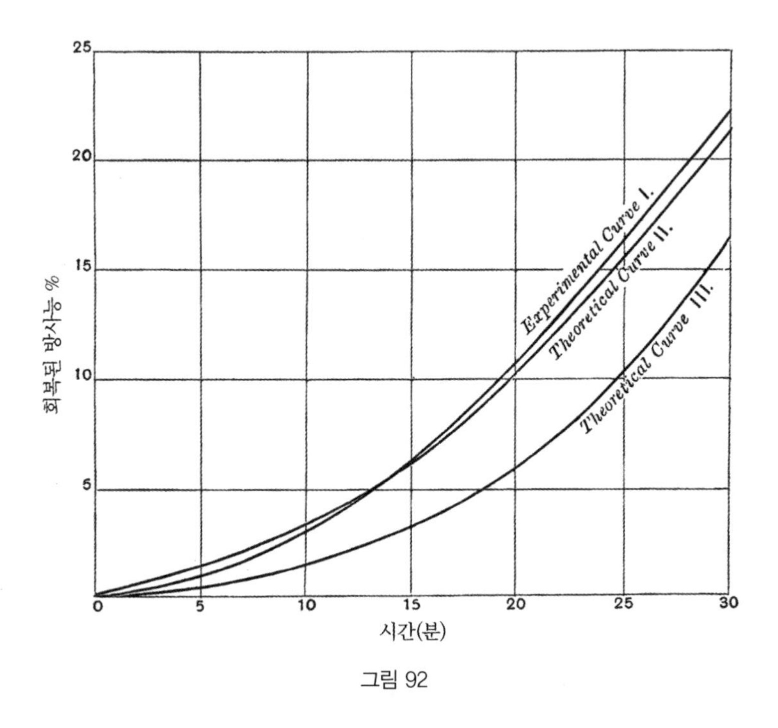

그림 92

간이라도 더 많아야 한다. 물질 A의 변화는 상당히 빠르기 때문에, 그 효과는 곡선의 초기 부분에서 가장 두드러지게 나타나야 한다.

이 점을 실험으로 조사하기 위하여, 밀폐된 용기에 많은 양의 라듐 에머네이션을 들여보낸 직후부터 β선을 이용하여 방사능의 상승 곡선을 측정하였다. 긴 노출에서 에머네이션을 제거한 후 물체가 띤 방사능의 붕괴 곡선과, 에머네이션을 들여보낸 후 방사능의 상승은, 모든 경우에 서로에 대해 보완적이다. 그렇지만 방사능이, 예를 들어 주어진 시간 동안에 100에서 99로 떨어졌는지 아니면 98.5로 떨어졌는지 확신을 가지고 측정하는 것은 어렵지만, 그와는 대조적으로 반대 실험에서 방사능의 대응하는 상승이 마지막 양의 1퍼센트인지 아니면 1.5퍼센트인지 확실히 아는 것은 쉽다. 그림 92의 곡선

I은 에머네이션을 들여보낸 뒤에 20분 간격으로 (β선에 의해 측정하여) 구한 방사능이 상승하는 모습을 보여준다. 세로축은 임의의 시간에 다시 회복한 마지막 방사능의 백분율 양을 표현한다.

곡선 III는 물질 A가 물질 B의 어미라고 가정하고 구한 이론 곡선을 보여준다. 이 곡선은 198절에서 논의된 (9)식을 이용해서 계산했고 λ_1, λ_2, λ_3로는 전에 구한 값을 대입하였다.

곡선 II는 물질 A와 물질 B가 서로 독립적으로 생긴다는 가정 아래 임의 시간에 이론적 방사능을 나타낸다. 이 곡선은 198절의 (8)식과 같은 형태의 식을 이용해 계산했다.

실험 결과는 물질 A와 물질 B가 서로 독립적으로 생긴다는 견해와 가장 잘 일치한다. 그렇지만 이 문제는 대단히 중요하기 때문에 이론적인 조건들이 실험에서 모두 만족되었는지를 면밀히 검토하기 전에 그런 결론을 그대로 받아들일 수는 없다. 무엇보다도 먼저, 들뜬 방사능을 발생시킨 운반자가 형성되자마자 즉시 방사능을 띠게 될 물체의 표면에 침전된다고 가정되었다. 그렇지만 그런 운반자들 중에서 일부는 물체에 침전되기 전부터 기체에 상당히 오랜 기간 동안 존재한다는 증거도 있다. 예를 들어, 만일 여러 시간 동안 아무 영향도 받지 않은 라듐 에머네이션이 들어 있는 용기 속에 물체를 약 1분 정도로 짧은 시간 동안만 넣으면, 첫 번째 빠른 붕괴 뒤에 방사능은 (그림 86의 곡선 B를 보라) 얼마 전부터 전기장을 작용한 경우에 비해 훨씬 더 큰 비율로 존재하게 된다. 이 결과는 전기장이 작용되면 물질 B의 운반자와 물질 C의 운반자 모두가 전극(電極) 쪽으로 쓸려간다는 증거가 된다. 나도 역시 만일 얼마 전부터 아무런 영향도 받지 않은 라듐 에머네이션을 조사 용기로 들여보낸다면, 상승 곡선은 붕괴 곡선과 보완적이라기보다는 오히려 에머네이션과 함께 많은 양의 라듐 B와 라듐 C가 존재함을 가리킨다는 것을 확인하였다. 앞에서 언급했던 브룩스 양의 실험 결과는 라듐 B는 전하를 얻지 않으며, 그러므로 기체에 그대로 남아 있음을 보여준다. 이 책의 저자의 실험실에서 연구하는 브론슨 박사는 심지어 강한 전기장 아래서도 많은 양의 라듐 D가 기체에 남아 있다는 증거를 얻었다. 만일 기체에 물질 B가 어느 정도 존재한다면, 세 가지 연이은 변화들에 대한 이론적 곡선들 사이의 차이가 설명될 수 있다. 왜냐하면 에머네이션을 다른 용기로 이동시키면서, 에머네이션과 혼합된 물질 B가 즉시 물질 C로 변화하기 시작하고 그로부터 관찰된 방사선 중 일부가 생길 것이기 때문이다.

방사능이 생성물 A와 생성물 C 사이에 똑같이 나뉘는 것은 (그림 90을 보라) 물질 C가 물질 A의 생성물이라는 견해를 뒷받침한다. 왜냐하면 방사능 평형이 도달할 때, 매초 변화하는 물질 A의 입자 수는 매초 변화하는 물질 B 또는 물질 C의 수와 같기 때문이다. 만일 물질 A와 물질 C의 원자 하나하나가 질량이 같고 평균 속도가 같은 α 입자를 내보낸다면, 물질 A 때문에 생기는 방사능은 물질 C 때문에 생기는 방사능과 같아야만 하며, 이것은 우리가 이미 본 것처럼 실제로 그렇다.

라듐 A와 라듐 B가 연달아 만들어진 생성물임을 실험에 의해 단정적으로 증명하기는 대단히 어려운 일이지만, 나는 실제로 그렇다고 굳게 믿는다. 상승 곡선과 붕괴 곡선을 정확히 정하면 에머네이션 원자가 쪼개지는 것과 전극(電極)에 방사능 침전물이 나타나는 것 사이에 분명히 일어날 것으로 예상되는 복잡한 과정에 대한 추가의 실마리를 얻을 수 있을지도 모른다.

229. 라듐의 α선 생성물이 공급하는 상대적 방사능

라듐에는 α선을 내보내는 네 가지 생성물, 즉 라듐 자체, 에머네이션, 라듐 A 그리고 라듐 C가 있다. 만일 이 생성물들이 방사능 평형에 놓여 있다면, 각 생성물마다 매초 똑같은 수의 입자가 변환하며, 만일 각 원자가 α 입자 하나를 내보내며 쪼개진다면, 매초 방출된 α 입자의 수는 각 생성물마다 모두 같아야 한다.

그렇지만 α 입자가 네 가지 생성물에서 모두 똑같은 속도로 튀어나오지는 않기 때문에, 전에 했던 것과 같은 방법으로 이온화 전류에 의해 측정된 방사능은 생성물에 따라 다를 수가 있다. 기체에 존재하는 α 선을 모두 흡수할 정도로 충분히 떨어진 거리에 놓인 평행판 사이에서 포화 전류에 의해 측정한 방사능은 기체로 새어 들어오는 α 입자의 에너지에 비례한다.

에머네이션을 제거한 뒤에 라듐의 최소 방사능은, 방사능을 α 선으로 측정할 때, 최댓값의 25퍼센트임이 확인되었다. 최댓값의 나머지 75퍼센트는 다른 생성물로부터 나온 α 선에 의한 것이다. 그런데 라듐 A와 라듐 C에 의해 공급된 방사능은 거의 똑같다(228절). 만일 지름이 약 5 cm인 원통 용기로 에머네이션을 들여보내면, 용기의 표면에 생긴 라듐 A의 침전물과 라듐 C의 침전물 때문에 방사능은 처음 값의 약 두 배로 증가한다. 이로부터 에머네이션의 방사능이 라듐 A 또는 라듐 C가 공급하는 방사능과 거의 같은 크기임을 알 수 있지만, 라듐 A와 라듐 C는 용기의 벽에만 침전되어 있는 것에 반하여 에머네이션은 기체의 전 영역에 분포되어 있으므로, 정확한 비교를 하는 것은 어렵다. 그뿐 아니라 에머네이션의 상대적 흡수와 라듐 A의 상대적 흡수 그리고 라듐 C의 상대적 흡수가 얼마인지 알지 못한다.

이 책의 저자는 에머네이션을 모두 떼어버릴 만큼 충분히 높은 온도까지 가열한 직후에 라듐의 방사능이 얼마나 감소하는지에 대해 실험을 수행하였다. 이 방법으로 구한 결과는 가열한 결과로 방사선을 내보내는 표면이 달라져서 복잡하지만, 이 결과로 미루어보면 에머네이션이 라듐 A 또는 라듐 C의 방사능의 약 70퍼센트를 공급한다.

이 결과에 의하면 에머네이션에서 나오는 α입자가 라듐 C에서 나오는 α 입자보다 더 느린 속도로 튀어나온다고 결론지어도 좋을 듯하다.

다음 표는 방사능 평형에서 라듐의 서로 다른 생성물에 의해 공급되는 방사능을 근사적으로 보여준다.

생성물	전체 방사능에서 차지하는 백분율
라듐	25퍼센트
에머네이션	17퍼센트
라듐 A	29퍼센트
라듐 B	0퍼센트
라듐 C	29퍼센트

라듐의 생성물과 그 생성물에서 나오는 방사선에 대해서는 나중에 그림 95에 그래프로 나와 있다.

230. 느린 변환의 라듐의 방사능 침전물

앞에서 라듐 에머네이션에 노출된 물체는 에머네이션을 제거한 뒤 오랜 시간이 흘러도 방사능을 모두 잃어버리지는 않고 약간의 남아 있는 방사능이 항상 관찰된다는 것을 언급한 적이 있다(183절). 그런 잔여 방사능의 크기는 사용된 에머네이션의 양에만 의존하는 것이 아니라 에머네이션이 존재하는 곳에 물체를 노출시킨 시간에도 역시 의존한다. 에머네이션이 존재하는 곳에서 몇 시간 노출시킨 경우에 잔여 방사능은 에머네이션을 제거한 직후 방사능의 100만분의 1보다 더 작다.

이제 이 잔여 방사능이 무엇인지에 대해 그리고 방사성 물질 자체의 화학적 성질에 대해 이 책의 저자[vi]가 연구한 결과를 설명하려고 한다. 무엇보다 먼저 잔여 방사능은 방사성 물질의 침전물의 결과로 생기는 것이지 방사능을 띤 물체가 받은 강한 방사선의 어떤 작용 때문에 생기는 것은 아님을 밝힐 필요가 있다.

알루미늄, 철, 구리, 은, 납 그리고 백금을 얇게 편 금속판으로 긴 유리관의 안쪽 표면을 덮었다. 그리고 많은 양의 라듐 에머네이션을 그 관의 내부로 들여보내고 관을 밀폐시켰다. 이레 동안 유리관을 밀폐된 채로 둔 뒤에 금속판을 꺼내고, 정상적인 들뜬 방사능이 모두 없어질 때까지 이틀을 그대로 두었으며, 그 뒤 금속판에 남은 방사능을 전위계를 이용하여 조사하였다. 각 금속판의 방사능은 서로 같지 않은 것이 확인되었는데, 구리와 은이 가장 컸고 알루미늄이 가장 작았다. 구리의 방사능은 알루미늄의 방사능의 두 배만큼 더 컸다. 그로부터 일주일을 더 기다린 뒤에 각 판의 방사능을 다시 조사하였다. 그 기간 동안에 각 금속판의 방사능은 어느 정도 감소하였지만, 처음에 관찰된 금속판 사이의 차이는 대부분 사라졌다. 각 금속판의 방사능은 최젓값에 도달한 다음에 서서히, 그러나 모두 동일한 비율로 꾸준히 증가하였다. 한 달이 지난 다음에는 각 금속판의 방사능이 거의 같았고, 최젓값의 세 배보다 더 많아졌다. 서로 다른 금속의 붕괴 곡선에서 처음 부분이 고르지 않은 것은 금속판마다 라듐 에머네이션을 흡수하는 정도가 약간씩 다르기 때문일 개연성이 높은데, 에머네이션을 흡수하는 정도는 구리와 은이 가장 높고 알루미늄이 가장 낮다. 막힌 에머네이션이 서서히 풀려나거나 그 방사능을 잃으면서, 금속의 방사능은 한계 값까지 떨어졌다. 퀴리와 댄니는 납과 파라핀 그리고 생고무가 라듐 에머네이션을 흡수하는 것을 주목하였다(182절).

금속판의 잔여 방사능은 α선과 β선 모두를 포함하는데, β선은 모든 경우에 매우 특이한 비율로 존재하였다. 다른 금속으로 된 금속판의 방사능이 모두 같다는 것과 각 금속판에서 방출되는 방사선의 종류로부터, 잔여 방사능은 금속판에 침전된 물질의 어떤 형태가 변화해서 생긴 것이지 강력한 방사능의 작용으로 생길 수는 없다는 것을 알 수 있는데, 왜냐하면 만일 강력한 방사능의 작용으로 잔여 방사능이 생겼다면, 서로 다른 종류의 금속판에 발생한 방사능은 그 양만 다를 뿐 아니라 그 방사능의 성질도 다를 것이기 때문이다. 이 결과는 백금 판을 황산 용액에 넣으면 방사능을 제거할 수 있다는 것과 방사능이 그 밖에도 뚜렷한 화학적 성질과 물리적 성질을 갖는다는 것을 관찰함으로써 확인되었다.

α선으로 측정한 잔여 방사능이 시간에 대해 바뀌는 모습을 먼저 고려하자. 백금 판을 라듐 에머네이션이 존재하는 곳에 이레 동안 노출시켰다. 처음에 존재한 에머네이션의 양은 순수한 브롬화라듐 약 3밀리그램으로부터 얻는 에머네이션의 양과 같았다. 에머네이션을 제거한 직후에 평행판 사이에서 검류계를 이용하여 측정한 포화 전류는 1.5×10^{-7}암페어였다. 에머네이션을 제거하고 몇 시간이 지난 다음에, 방사능은 시간에 대해 지수법칙으로 붕괴하고, 28분 만에 절반 값으로 떨어졌다. 에머네이션을 제거하고 사흘이

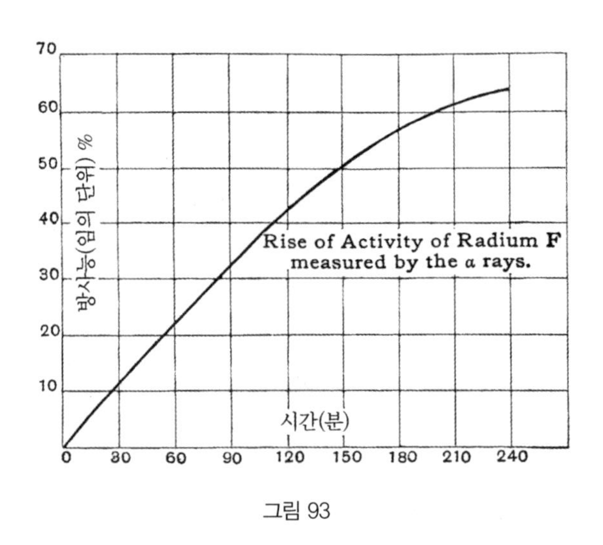

그림 93

지난 다음에 방사능을 띤 판에서 전위계를 이용하여 측정한 포화 전류는 5×10^{-13}암페어였는데, 이것은 초기 방사능의 $\frac{1}{300,000}$배였다. 방사능은 시간에 대해 꾸준히 증가하는 것이 관찰되었다. 그 결과는 그림 93에 나와 있는데, 시간은 에머네이션에 노출된 전체 시간의 절반이 지난 다음부터 계산된 것이다.

그 곡선의 처음 부분은 거의 직선으로 원점을 통과한다. 방사능을 관찰하는 기간을 8개월로 연장하였는데, 그동안 방사능은 시간이 흐르면서 계속 증가한다. 그렇지만 곡선의 후반부는 원점에서 그린 접선 아래로 떨어지는데, 이것은 방사능이 시간에 대해 비례해서 증가하는 것은 아님을 보여준다.

위와는 다른 방식으로 구한 방사능 침전물도 더 긴 기간 동안 조사되었다. 브롬화라듐 30밀리그램으로부터 나온 에머네이션을 유리관에서 응결시켜서 밀봉하였다. 한 달이 지난 뒤에, 그 유리관을 열어서 묽은 황산을 넣었다. 유리관 안에서 방사능 침전물을 분리시키고 열을 가하여 황산을 증발시켰더니 방사능 찌꺼기가 남았다. α선을 이용하여 측정한 이 찌꺼기의 방사능은 18개월의 기간 동안 꾸준히 증가하였지만, 그림 93에 그린 것과 같이 시간이 흐르면서 방사능이 바뀌는 곡선은 증가가 점점 더 완만해지며, 곡선은 최댓값을 향해 접근하는 것이 분명하다.

이 곡선에 대한 설명은 나중에 236절에서 다룰 것이다.

231. β선 방사능의 바뀜

잔여 방사능은 α선과 β선 모두에 의해 구성되어 있지만 처음에는 비정상적으로 많은 양의 β선이 존재한다. 에머네이션을 제거하고 한 달이 지난 뒤에 백금 판에서 나오는 β선에 대한 α선의 비율은 방사능 평형에서 얇은 필름으로 된 브롬화라듐에서 나오는 β선에 대한 α선의 비율의 최대 50분의 1

에 불과하였다. α선으로 측정한 방사선과는 달리, 약 한 달 정도 된 방사능 침전물의 β선으로 측정한 방사능은 일정하게 유지되며, 그 결과 β선에 대한 α선의 비율이 시간에 대해 꾸준히 증가한다. 실험에 의하면 기간을 18개월로 연장하면 β선의 세기는 전혀 변하지 않거나 변한다고 하더라도 조금밖에 변하지 않는다. α선과 β선 사이에 비례관계가 없는 것은 두 종류의 방사선이 서로 다른 생성물로부터 발생함을 보여준다. 나중에 설명할 예정인 실험에 의해서도 이 결론이 확인되는데, 이 실험은 α선을 발생하는 생성물과 β선을 발생하는 생성물이 물리적 수단과 화학적 수단에 의해서 일시적으로 서로 분리될 수 있음을 보여준다.

방사능 침전물이 형성된 직후부터 관찰하였더니, β선에 의해 측정한 방사능이 처음에는 작지만 시간이 흐르면 증가해서 약 40일 뒤에 실질적인 최댓값에 도달하는 것이 관찰되었다. 실험에는 백금 판이 사용되었고, 백금 판은 라듐 에머네이션을 포함하고 있는 용기에서 3.75일 동안 노출되었다. 에머네

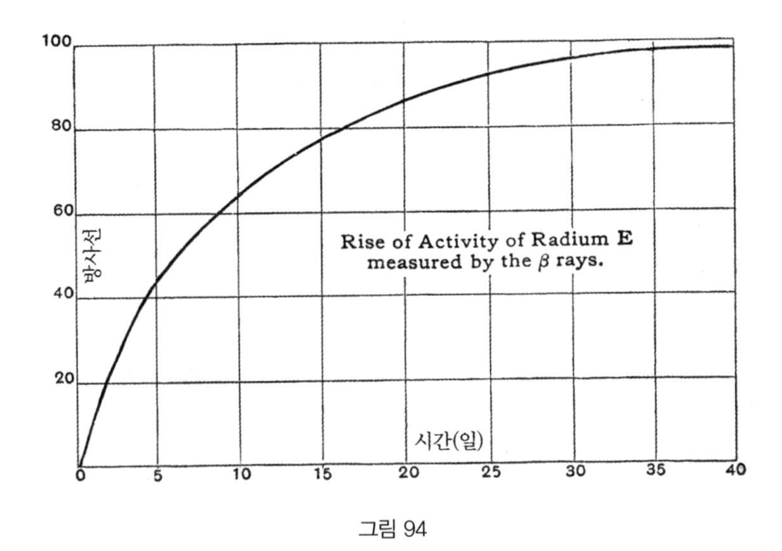

그림 94

이션을 제거하고 24시간 뒤부터 β선 방사능을 관찰하였다. 그 결과는 그림 94에 나와 있는데, 여기서 시간은 에머네이션에 노출된 전체 시간의 중간에서부터 측정되었다. 음전하로 대전된 도선을 에머네이션에 노출시킨 경우에서도 비슷한 결과를 얻었다. 곡선을 원점 방향으로 연장시키면 Ur X와 다른 방사능 생성물의 회복 곡선과 매우 비슷해지며, I_0를 최대 방사능이라고 하면 그 곡선은 다음 식

$$\frac{I_t}{I_0} = 1 - e^{-\lambda t}$$

에 의해 표현할 수 있다. 방사능은 약 엿새 만에 마지막 값의 절반에 도달하고 λ값은 0.115 $(\mathrm{day})^{-1}$과 같다. 우리는 203절에서 이런 성질을 갖는 상승하는 곡선은 β선 방사능이 주공급원으로부터 일정한 비율로 제공되는 생성물에서 발생한다는 것을 가리킴을 보였다. α선 방사능과 β선 방사능이 시간이 흐르면서 상승하는 모습을 보여주는 이런 곡선들에 대한 설명을 자세히 논의하기 전에, 먼저 더 많은 실험 결과들을 살펴보자.

232. 방사능에 대한 온도의 효과

앞에서 설명된 방법으로 방사능을 띤 백금 판을 전기로(電氣爐) 안에서 변하는 온도에 노출시키고, 그 뒤에 상온에서 방사능을 조사하였다. 전기로에서 처음에는 430℃ 에서 그리고 나중에는 800℃ 에서 4분 동안 노출시킨 것은 방사능에 거의 영향을 미치지 않았다. 약 1,000℃ 에서 4분 동안 노출시켰더니 방사능이 약 20퍼센트 감소하였고, 약 1,050℃ 의 온도에서 추가로 8분 동안 더 노출시켰더니 α선 방사능이 거의 완전히 제거되었다. 반면에, 에머네이션을 제거하고 즉시 측정한 β선 방사능은 가열에 의해 바뀌지 않았지만, 더 높은 온도에 노출시켰더니 β선 방사능도 감소하였다. 이 결과는 방사

성 물질이 두 종류로 구성되어 있음을 보여준다. β선을 방출하는 부분은 1,000℃ 에서 휘발되지 않지만, α선을 방출하는 다른 부분은 그 온도에서 거의 완전히 휘발된다.

그렇지만 약 1,000℃ 로 가열한 다음에 β선 방사능은 영구적이지 않고 시간에 대해 지수법칙으로 붕괴하여, 방사능은 약 4.5일 만에 절반 값으로 감소하는 것이 발견되었다. 앞에서 이미 고려했던 β선 방사능의 회복 곡선에서는 β선 방사능이 엿새 만에 절반 값으로 붕괴할 것으로 예상되었다. β선 방사능이 붕괴하는 주기에서 이 차이는 높은 온도가 라듐 E의 붕괴 비율을 변경시키기 때문일 수도 있다. 아마도 주기가 엿새인 것이 더 옳을 것처럼 보인다. β선의 상승과 붕괴에 대해 얻은 결과를 함께 정리하면 다음과 같은 사실을 알려준다.

(1) β선을 내보내는 생성물은 매우 느린 변화를 하는 일부 어미 물질로부터 일정한 비율로 공급된다.

(2) 이 어미 물질은 1,000℃ 또는 그 미만에서 휘발하고, β선 생성물만 남는다. 어미 물질이 제거되므로, 그 생성물은 고유한 비율로 즉시 방사능을 잃기 시작하여 약 엿새 만에 방사능이 절반 값으로 떨어진다.

233. 비스무트 접시를 이용한 구성 성분의 분리

브롬화라듐 30밀리그램에서 나온 에머네이션이 한 달 동안 저장되어 있던 유리관에 묽은 황산을 넣어서 느리게 붕괴하는 방사성 물질을 구했다. 이 용액은 강한 방사능을 보였으며 α선과 β선 모두를 방출했는데, 후자인 β선은 다른 경우에서와 마찬가지로 비정상적으로 큰 비율로 존재하였다.

잘 닦은 비스무트 접시를 그 용액에 몇 시간 동안 담가두었더니, 그 접시가 강한 방사능을 띠었다. 비스무트에 침전된 방사성 물질은 α선을 내보냈지만

β선은 전혀 나오지 않았다. 그 용액 속에 여러 개의 비스무트 접시를 연달아 넣어두었더니, α선을 방출하는 방사성 물질은 거의 완전히 제거되었다. 이것은 사후 처리 뒤에 용액을 증발시켜서 확인되었다. β선 방사능은 바뀌지 않고 그대로 유지되었지만, α선 방사능은 원래 값의 약 10퍼센트로 줄어들었다. 이런 방법으로 방사능을 띤 세 개의 비스무트 접시를 따로 챙겨놓고 규칙적인 시간 간격마다 그 접시들의 방사능을 측정하였다. 접시들을 꺼낸 뒤에 방사능은 200일 동안 시간에 대해 지수법칙에 따라 감소했는데, 각 접시의 방사능은 평균해서 약 143일 만에 절반 값으로 떨어졌다.

동시에 α선 방사능이 제거된 용액은 서서히 방사능을 다시 얻었는데, 이것은 용액에 남아 있던 물질로부터 α선을 내보내는 방사성 물질이 계속해서 생성되었음을 보여주었다.

234. 결과에 대한 설명

우리는 느린 변화의 방사능 침전물을 면밀히 조사해서 다음을 알아내었다.

(1) 약 엿새 만에 방사능의 절반을 잃는 β선 생성물의 존재.

(2) 비스무트에 침전되고 1,000℃에서 휘발되는 α선 생성물의 존재. 이 생성물은 143일 만에 그 방사능의 절반을 잃는다.

(3) 일정한 비율로 β선 생성물을 만들어내는 어미 물질의 존재.

이 어미 생성물은, 그 생성물이 발생시키는 β선 생성물이 평형 값에 빨리 도달하고 1년보다 더 긴 기간에 걸쳐서 눈에 띌 만큼 변화하지 않기 때문에, 매우 느리게 변환해야만 한다. 실험에서 구한 증거에 의하면 이 어미 생성물은 β선을 발생시키지 않고 β선은 전적으로 그다음 생성물로부터 발생된다는 결론을 내리게 된다. 이 어미 생성물은 α선을 발생시킬 수가 없는데, 그 이유는 우리가 이미 보았다시피 처음 α선 방사능은 지극히 작지만 적어도

18개월의 긴 기간 동안 시간이 흐르면서 방사능이 꾸준히 증가하기 때문이다. 그래서 그 어미 생성물은 α선도 발생시키지 못하고 β선도 역시 발생시키지 못하며, 그래서 방사선을 내보내지 않는 "캄캄한" 생성물임이 틀림없다.

라듐 에머네이션의 처음 세 변환 생성물, 즉 라듐 A와 라듐 B 그리고 라듐 C에 대해서는 이미 분석하였고 이들은 연이어 생성되는 것이 밝혀졌다. 그래서 느린 변화의 방사능 침전물은 라듐 C의 마지막 생성물이 뒤이어 변환된 것들로부터 생겨야만 한다고 생각하는 것이 그럴듯해 보인다. 만일 세 가지 변환 생성물, 즉 라듐 D와 라듐 E 그리고 라듐 F가 느린 비율 변화의 방사능 침전물에 존재한다고 가정하면, 지금까지 이미 얻은 결과들이 모두 완벽하게 설명될 수가 있다. 이 생성물들의 성질을 아래에 정리해놓았다.

라듐 D는 매우 느린 비율 변화의 방사능을 내보내지 않는 생성물이다. 나중에 이 생성물은 약 40년 만에 절반이 변환한다는 것이 밝혀질 것이다. 이 생성물은 1,000℃ 이하에서 휘발성을 갖고 있고 강산(强酸)에 녹는다.

라듐 E는 라듐 D로부터 생성된다. 라듐 E는 쪼개지면서 β선을 (그리고 어쩌면 γ선도) 내보내지만 α선은 내보내지 않는다. 라듐 E는 약 엿새 만에 절반이 변환하고 라듐 D와 라듐 F만큼 휘발성을 갖지는 못한다.

라듐 F는 라듐 E로부터 생성된다. 라듐 F는 단지 α선만 내보내며 약 143일 만에 절반이 변환된다. 용액에서 이 물질은 스스로 비스무트에 들러붙는다. 라듐 F는 약 1,000℃ 에서 휘발성이 있다.

라듐 원자의 변환 단계를 보이는 것이 그 자체만으로도 가치와 관심이 있지만, 이런 분석은 그에 더하여 피치블렌드로부터 분리되는 잘 알려진 방사성 물질 중 일부의 기원을 밝히는 데 중요한 관련성을 가지고 있다. 그래서 생성물 라듐 F는 방사능을 띤 텔루르와 어쩌면 폴로늄에도 역시 존재하는 방사성 물질임을 나중에 밝히게 될 것이다. 게다가, 호프만이 구한 방사능을 띤 납

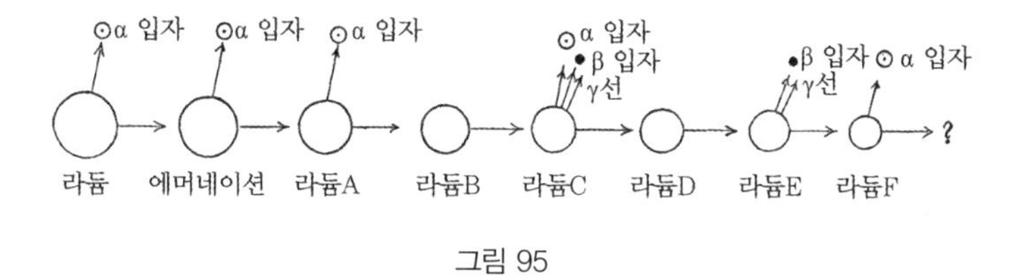

그림 95

은 세 생성물 라듐 D와 라듐 E 그리고 라듐 F를 모두 함께 포함하고 있다는 매우 강력한 증거가 존재한다.

지금까지 알려진 라듐의 연이은 변화에 의한 생성물들을 그림 95에 도표로 그려놓았다. 추가 연구에 의해서 라듐 F가 변환의 끝이 아니라고 밝혀지는 것도 얼마든지 가능하다.

우리가 라듐 D는 라듐 E의 어미임을 보였지만, 라듐 E가 라듐 F의 어미라는 결정적인 증거는 아직 제시하지 못했다. 그런데 바로 그 증거를 다음 실험에서 얻는다. 이미 설명한 방법으로 방사능을 띤 백금 판을 전기로(電氣爐)에 넣고 약 1,000℃ 에서 4분 동안 가열하였다. 생성물 D와 생성물 F의 대부분은 휘발하였지만 생성물 E는 남아 있다. 어미 물질 D가 제거되었으므로, 생성물 E는 즉시 자신의 β선 방사능을 잃기 시작했다. 동시에 백금 판에 남겨진 소량의 α선 방사능은 처음에는 빠르게 증가했지만, 그다음에는 생성물 E의 방사능이 점점 더 작아지면서, 더 느리게 증가하는 것이 관찰되었다. 이 실험은 결정적으로 생성물 E가 α선 생성물인 생성물 F의 어미임을 보여준다.

235. 라듐 D의 변환 비율

방사능 평형에서는 α선을 내보내는 라듐의 생성물 하나하나가 모두 라듐의 방사능 중에서 동일한 비율의 방사능을 제공하는 것이 실험으로 관찰되었다. 방사능 평형에 도달하면, 연이은 생성물들 하나하나에서 모두 매초 같은 수의 입자가 쪼개져야 하므로, 라듐 생성물들이 모두 동일한 비율로 방사능을 제공한다는 것은 각 생성물의 원자들이 모두 쪼개지면서 같은 수의 (아마도 한 개의) α 입자를 내보낸다는 것을 의미한다. 이제 라듐 D는 라듐 C로부터 직접 나오며, 그리고 라듐 D가 변화하는 비율은 라듐 C가 변화하는 비율에 비하여 매우 느리므로, 처음에 존재하는 라듐 D 입자의 수는 라듐 D가 형성되고 있는 시간 동안에 쪼개지는 라듐 C 입자 수와 아주 거의 같아야만 한다. 그런데 라듐 D 자체는 방사선을 내보내지 않지만, 라듐 D에서 나오는 생성물인 라듐 E에서는 방사선을 내보낸다. 라듐 D를 분리시킨 후 한 달이 지나면 생성물 D와 생성물 E는 실질적으로 방사능 평형에 있으며, 그러면 생성물 E의 β선 방사능이 바뀌는 모습은 그 어미 생성물 D가 바뀌는 모습을 측정하는 도구의 역할을 한다. 어떤 용기에 많은 양의 라듐 에머네이션이 채워져 있다고 가정하자. 몇 시간 뒤에, β선을 내보내는 생성물인 라듐 C는 최댓값에 도달하고, 그다음에는 에머네이션이 자신의 방사능을 잃는 비율과 같은 비율로 감소해서 3.8일 만에 절반 값으로 떨어진다. 이제 라듐 C의 방사능이 최댓값일 때 N_1이 라듐 C로부터 나오는 β입자의 수이면, 에머네이션의 수명 동안에 나오는 β입자의 총 수인 Q_1은 근사적으로

$$Q_1 = \int_0^\infty N_1 e^{-\lambda_1 t} dt = \frac{N_1}{\lambda_1}$$

으로 주어지는데, 여기서 λ_1은 에머네이션의 변화 상수이다.

에머네이션이 모두 없어지고, 마지막 생성물인 D + E가 방사능 평형에 도달한 다음에, 라듐 E로부터 매초 나오는 β입자의 수인 N_2가 정해진다고 가정하자. 그리고 D + E의 수명 동안에 내보낸 입자의 전체 수가 Q_2라면, 전과 마찬가지로 Q_2는 근사적으로 $Q_2 = \dfrac{N_2}{\lambda_2}$로 주어지는데, 여기서 λ_2는 라듐

D의 변화 상수이다. 그래서 라듐 C 입자 하나와 라듐 E 입자 하나가 각각 하나의 β입자를 발생시키면,

$$Q_1 = Q_2$$

가 성립한다고 예상할 수 있고 이것은 다시

$$\frac{\lambda_2}{\lambda_1} = \frac{N_2}{N_1}$$

를 의미한다. 동일한 조사 용기에서 라듐 C와 라듐 E에서 나오는 β선이 원인인 방사능을 측정하여 비 $\dfrac{N_2}{N_1}$을 측정하였다. 그러면 $\dfrac{N_2}{N_1}$을 알고 있고 또한 λ_1값도 알고 있으므로, 라듐 D의 변화 상수인 λ_2의 값이 구해진다. 이런 방법으로 라듐 D는 약 40년 만에 절반이 변환된다고 계산하였다.

위의 계산에서는, 1차 근사로, 라듐 C와 라듐 E에서 발생하는 β선이 동일한 평균 속도로 나온다고 가정되었다. 이 가정이 어쩌면 정확하게 성립하지 않을지도 모르지만, 위에서 구한 수(數)는 생성물 D의 주기의 대체적인 크기를 정하는 데 어느 정도 역할을 하는 것이 틀림없다. 이 계산은 나중에 설명할 예정인 오래된 라듐에서 생성물 D와 생성물 E의 양을 관찰한 것으로부터 옳다는 것이 확인되었다.

여기서 이 책의 저자도 라듐 F의 주기가 실험으로 결정되기 전에 위와 비슷한 방법을 이용하여 라듐 F의 주기를 계산하였고 라듐 F는 약 1년 만에 절반이 변환한다는 것을 발견했다는 사실을 언급하는 것이 좋을지도 모르겠다. 이 값은 나중에 실험으로 발견된 143일과 매우 다르지는 않다. 게다가, 그 계산에서는 라듐 C와 라듐 F에서 α입자가 동일한 속도로 튀어나와서 결과적으로 같은 양의 이온화를 발생시킨다고 가정했다. 그렇지만 실제로는 라듐 F에서 나온 α입자는 라듐 C에서 나온 α입자의 약 절반 되는 거리에서 흡수되며, 결과적으로 라듐 F는 라듐 C에 비해 단지 약 절반의 이온화를 발생시키는

것이 밝혀졌다. 만일 이런 보정을 고려한다면, 절반이 변환하는 데 걸리는 계산된 주기는 1년이 아니고 6개월이 되었을 것이다.

아래 표에 라듐의 변환 생성물과 그 생성물들에 속한 일부 물리적 성질과 화학적 성질이 정리되어 있다.

변환 생성물		절반이 변환하는 시간	방사선	물리적 성질과 화학적 성질
라듐 ↓		1,200년	α선	–
에머네이션 ↓		3.8일	α선	화학적으로 불활성 기체, 150℃에서 응결함.
라듐 A ↓	빠른 변화의 방사능 침전물	3분	α선	고체처럼 행동, 물체 표면에 침전. 전기장에서는 음극에 모임. 강산(强酸)에 녹음. 백열(白熱)에 휘발됨. 라듐 B가 라듐 A나 라듐 C보다 더 잘 휘발됨.
라듐 B ↓	빠른 변화의 방사능 침전물	21분	없음	
라듐 C ↓	빠른 변화의 방사능 침전물	28분	α선, β선, γ선	
라듐 D ↓	느린 변화의 방사능 침전물	약 40년	없음	강산(强酸)에 녹고 1,000℃ 미만에서 휘발됨.
라듐 E ↓	느린 변화의 방사능 침전물	6일	β선 (그리고 γ선)	1,000℃에서 휘발되지 않음.
라듐 F	느린 변화의 방사능 침전물	143일	α선	1,000℃에서 휘발됨. 용액에서 비스무트 접시에 침전됨.
?		–	–	–

236. 오랜 시간 간격에 대한 방사능의 변동

우리는 이제 오랜 시간 간격에 걸쳐서 방사능 침전물의 α선 방사능과 β선 방사능이 어떻게 변동하는지 계산할 수 있는 단계가 되었다. 만일 처음에 침전된 물질은 오직 라듐 D만으로 구성되어 있다고 가정한다면, 그 이후 임의의 시간에 존재하는 라듐 D, 라듐 E 그리고 라듐 F의 양 P, Q 그리고 R은 197절의 (3)식, (4)식, (5)식으로 주어진다.

그렇지만 중간 생성물 E가 라듐 D 또는 라듐 F에 비하여 훨씬 더 빠른 비율로 변화하므로, 라듐 E의 변화는 무시하고 라듐 D가 β선을 내보내며 직접 α선 생성물인 F로 변화한다고 가정하면, 정확도는 별로 희생하지 않으면서도 식을 훨씬 더 간단하게 근사시킬 수가 있다.

라듐 D와 라듐 F의 변화 상수가 각각 λ_1과 λ_2라고 하자. 그리고 n_0가 처음에 존재하는 라듐 D 입자의 수라고 하자. 그러면 197의 표기법을 그대로 사용하여, 임의의 시간 t 때 라듐 D의 양 P는 $P = n_0 e^{-\lambda_1 t}$로 주어진다. 라듐 F의 양 Q는

$$Q = \frac{n_0 \lambda_1}{\lambda_1 - \lambda_2}\left(e^{-\lambda_2 t} - e^{-\lambda_1 t}\right)$$

로 주어진다.

수개월 뒤에, 매초 라듐 D + 라듐 E가 내보내는 β입자의 수는 $\lambda_1 n_0 e^{-\lambda_1 t}$이고, 라듐 F가 내보내는 α입자의 수는

$$\frac{\lambda_1 \lambda_2 n_0}{\lambda_1 - \lambda_2}\left(e^{-\lambda_2 t} - e^{-\lambda_1 t}\right)$$

이다.

이 결과는 그림 96에 곡선 EE와 곡선 FF에 의해 그래프로 그려져 있는데, 여기서 세로축은 매초 각각 생성물 D와 생성물 F가 내보내는 β입자의 수와

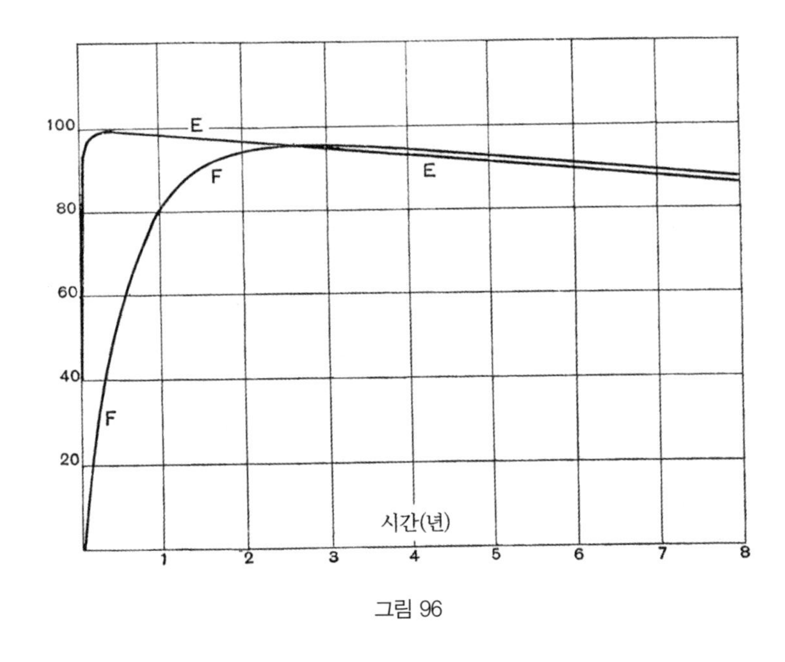

그림 96

α입자의 수이다. 세 변화에 대한 가능한 최대의 계산에 의하면 β입자의 수는 곧 실질적인 최댓값에 도달하며, 그다음에 시간에 대해 거의 지수법칙으로 붕괴해서 40년 만에 절반 값으로 떨어진다. 매초 방출되는 α 입자의 수는 몇 년 동안 증가하지만, 2.6년 뒤에 최댓값에 도달하고, 그 뒤로는 약해져서, 마지막으로 시간에 대해 지수법칙으로 떨어져서 40년 만에 절반 값에 도달한다.

위의 이론으로 최댓값을 계산하면, 그림 93에 보인 α선 방사능의 상승에 대해 실험으로 얻은 곡선은, 그것을 측정한 때까지는, 정확하게 구해진다. 주기인 250일이 경과한 다음 관찰된 방사능 값이 곡선 위에 X로 표시한 점이다.

237. 오래된 라듐을 이용한 실험

라듐 D 물질은 라듐으로부터 일정한 비율로 생성되므로, 라듐과 혼합되어 있는 라듐 D의 양은 오래될수록 증가한다. 이 책의 저자는 4년 전에 엘스터 교수와 가이텔 교수 두 분이 친절하게 선물해준 소량의 불순물이 섞인 염화라듐을 소지하고 있었다. 그 염화라듐에 존재하는 라듐 D의 양을 다음과 같은 방법으로 조사하였다. 그 물질을 물에 녹여서 약 6시간 동안 계속 끓였다. 이런 조건 아래서는 에머네이션이 만들어지는 즉시 곧 제거되고, 라듐 C 때문에 라듐에서 나오는 β선은 실질적으로 없어진다. 이와 똑같은 조건 아래 새로 준비된 브롬화라듐 시료는 원래 β선의 단지 1퍼센트에 해당하는 부분만 계속 남아 있다. 그렇지만 오래된 라듐의 β선으로 측정된 방사능은 (이런 방식으로 처리한 직후에) 원래 양의 약 8퍼센트였다. 더 오래 끓이거나 또는 용액을 통하여 공기를 흘려보내는 방법으로는 방사능이 이보다 더 아래로 내려가게 만들 수는 없었다. 이런 잔여 β선 방사능은 라듐에 저장된 생성물 라듐 E가 원인으로 생긴 것이었다. 그래서 라듐 E가 원인인 β선 방사능은 라듐 C가 원인인 β선 방사능의 약 9퍼센트였다. 두 종류의 β선이 흡수되는 정도에서 차이를 무시하면, 라듐에서 생성물 E의 방사능이 최댓값에 도달할 때, 라듐 E가 원인인 β선 방사능은 라듐 C가 원인인 β선 방사능과 같아야만 한다. 어미 생성물 D는 40년 만에 절반으로 변환되므로, 4년이 지난 뒤에 라듐에 존재하는 양은 최댓값의 약 7퍼센트여야만 한다. 다시 말하면 β선 방사능이 라듐 C가 원인인 β선 방사능의 약 7퍼센트여야만 한다. 그러므로 관찰된 값과 계산된 값이 (각각 7퍼센트와 9퍼센트가) 거의 같은 정도의 크기이다. 약 1년 된 순수한 브롬화라듐에 존재하는 라듐 E로부터 나오는 β선의 양은 전체의 약 2퍼센트였다.

오래된 라듐에 존재하는 라듐 F의 양을 용액에 며칠 동안 담가놓은 비스무트 접시에 전달한 방사능을 관찰하는 방법으로 측정하였더니 계산값과 같은 정도의 크기임이 밝혀졌다. 라듐 F는 브롬화라듐의 수용액으로부터 비스무트에 눈에 띌 정도로 침전되지는 않는다. 그런데 그 용액에 약간의 황산을 추가하면, 라듐 F가 비스무트에 바로 침전된다. 라듐 용액에 황산을 추가하면 실질적으로 순수한 라듐으로부터 라듐 D와 라듐 E 그리고 라듐 F를 분리하는 결과를 가져왔다. 왜냐하면 순수한 라듐은 황산염으로 침전되고 생성물 D와 생성물 E 그리고 생성물 F는 용액에 그대로 남아 있기 때문이다. 그 용액이 여과된 다음에 그 용액에는 생성물 D와 생성물 E 그리고 생성물 F의 비율은 더 많아지고 라듐은 거의 없어졌다.

238. 시간에 대한 라듐 방사능의 변동

앞에서 새로 준비된 라듐의 방사능은 처음에는 시간이 흐르면서 증가하다가 약 한 달이 지나면 실질적으로 최댓값에 도달하는 것을 보였다. 이미 고려한 결과에 의하면 그 뒤에도 방사능은 시간이 흐르면 여전히 천천히 증가한다. 이것은 방사능을 α선으로 측정하든 β선으로 측정하든 똑같이 성립한다. 나중에 라듐은 아마도 약 1000년 만에 절반이 변환하는 것을 보이게 될 것이다. 이것을 이용하면 생성물 D와 생성물 E 그리고 생성물 F의 양은 약 200년이 지나가면 최댓값에 도달할 것임을 어렵지 않게 계산할 수 있다. 그때는 생성물 C와 생성물 E 각각은 매초 같은 수의 원자가 쪼개지게 될 것이다. 만일 이 두 생성물에 속한 원자 하나하나가 분해하면서 같은 수의 (아마도 한 개의) β입자를 내보낸다면, 매초 튀어나온 β입자의 수는 만들어진 지 수개월 되는 라듐에서 매초 튀어나오는 β입자의 수의 두 배가 될 것이다. 이 수(數)는 처음에는 매년 약 2퍼센트 비율로 증가할 것이다.

비슷한 고려 사항이 α선 방사능에도 그대로 적용된다. 그렇지만 라듐 자체만 α입자를 내보내는 것이 아니라 네 종류의 라듐 생성물들도 α입자를 내보내므로, 오래된 라듐에서 매초 내보내는 α입자의 수는 만들어진 지 몇 개월이 지나지 않은 라듐으로부터 나오는 α 입자의 수의 25퍼센트보다 더 많지 않을 것이다. 그래서 라듐 F에서 나오는 α 입자가 발생하는 이온화는 다른 라듐 생성물에서 나오는 α 입자가 발생하는 이온화보다 더 적기 때문에, α 선으로 측정한 방사능은 25퍼센트보다 더 많게는 증가하지 않을 것이며, 어쩌면 그보다도 더 적게 증가할 것이다. 결과적으로 라듐의 방사능은 200년이 지난 다음에 최댓값으로 올라가고 그다음에 시간이 흐르면 서서히 사라지게 될 것이다.

239. 피치블렌드에 존재하는 이러한 생성물들

라듐 D, 라듐 E 그리고 라듐 F와 같은 생성물은 피치블렌드에 존재해야만 하는데, 그 양은 피치블렌드에 존재하는 라듐의 양에 비례하며, 그 생성물들은 적당한 화학적 방법에 의해 광물(鑛物)로부터 분리시키는 것이 가능해야만 한다. 순수한 상태로 구한 이 물질들의 방사능 성질을 아래 정리해놓았다.

처음 분리될 때 라듐 D는 매우 적은 양의 α 선 또는 β 선을 내보내야 한다. β 선 방사능은 신속하게 증가하여 엿새 만에 최댓값의 절반에 도달한다. α 선 방사능은 처음에는 흐른 시간에 거의 비례해서 증가하고, 약 3년의 기간이 지나면 최댓값에 도달한다. 최댓값에 도달한 다음 α 선과 β 선 방사능은 결국 붕괴하며, 약 40년 만에 절반 값으로 떨어진다. 라듐 D가 40년 만에 절반이 변환하고 라듐은 1200년 만에 절반이 변환하기 때문에, 라듐 D의 최대 β 선 방사능은, 무게의 비율로, 라듐의 약 300배가 될 것이다.

언제라도 α 선 방사능은 용액 내부에 비스무트 접시를 넣는 방법으로 제거된다.

분리된 다음의 라듐 F는 단지 α 선만 내보낸다. 분리된 뒤 라듐 F의 방사능은 지수법칙에 따라 감소하며 143일 만에 절반 값으로 떨어진다. 방사능 평형에서 라듐은 네 종류의 α선을 방출하는 생성물을 포함하기 때문에, 매초 라듐 F로부터 배출되는 α입자의 수는, 방사능 평형에 놓인 새 라듐으로부터 배출되는 α입자의 수에 비해, 무게 비율로, 약 800배가 더 많게 된다. 라듐 F에서 나오는 α입자가 발생하는 이온화는 다른 라듐 생성물에서 나오는 α입자가 발생하는 이온화에 비해서 단지 약 절반밖에 되지 않으므로, 전기적 방법으로 측정한 라듐 F의 방사성은 라듐의 방사성에 비해 약 400배가 될 것이다.

240. 방사성 텔루르와 폴로늄의 기원(起源)

이제 라듐의 이런 생성물들이 피치블렌드로부터 이전에 분리된 적이 있는지, 그리고 다른 이름으로 알려진 적이 있는지 살펴보는 것이 필요하다.

첫 번째로 α선 생성물인 라듐 F를 보자. 마르크발트의 방사성 텔루르와 퀴리 부인의 폴로늄은 모두 단지 α선만 내보내며 용액에서 비스무트 접시에 침전된다는 점에서 라듐 F를 닮았다. 만일 방사성 텔루르에 존재하는 방사능 성분이 라듐 F의 방사능 성분과 동일하다면, 방사성 텔루르의 방사능도 라듐 F의 방사능과 동일한 비율로 붕괴하여야만 한다. 이 책의 저자[vii]는 라듐 F의 방사능이 붕괴하는 비율과 마르크발트의 방사성 텔루르의 방사능이 붕괴하는 비율을 조심스럽게 비교해서 그 둘이 실험 오차 한계 내에서 동일하다는 것을 확인하였다. 그 둘이 모두 약 143일 만에 방사능의 절반을 잃었다.[viii] 마이어와 슈바이틀러도 방사성 텔루르의 방사능이 붕괴하는 비율로 비슷한 값을 얻었다.[ix]

방사성 텔루르에 대한 실험은 마르크발트의 지시 아래 준비된, 함부르크의 슈태머 박사가 공급한 방사능을 띤 비스무트 판에서 수행되었다.

두 생성물이 동일하다는 추가 증거[x]는 알루미늄 포일에 의한 α선 흡수를 비교하여 구했다. 서로 다른 생성물에서 나오는 α선은 서로 다른 속도로 튀어나오기 때문에, 그 결과로 α선이 물질에 흡수되는 비율이 같지 않다. 두 생성물에서 나오는 α선이 알루미늄 포일에 의해 흡수되는 정도가 매우 가깝게 일치하였으며, 이것은 그 α선을 내보낸 두 물질이 동일한 물질일 가능성이 높다는 것을 가리킨다.

그러므로 마르크발트의 방사성 텔루르에 존재하는 방사능 성분은 생성물 라듐 F와 동일하다는 데는 의문의 여지가 있을 수 없다. 이것은 매우 흥미로운 결과이며, 방사성 물체의 연이은 변환을 면밀히 조사하면 피치블렌드에서 발견되는 여러 물질의 기원을 조사하는 데 어떻게 도움이 되는지를 알려준다.

우리는 이미 (21절에서) 마르크발트가 특별한 화학적 방법을 이용해서 2톤을 초과하는 피치블렌드로부터 수 밀리그램의 매우 방사능이 강한 물질을 얻을 수 있었음을 보았다. 우리는 이미 (239절에서) 이 물질이, 만일 순수한 상태로 얻는다면, 라듐의 방사능보다 400배 더 강한 방사능을 가져야 한다는 것을 보았다. 그러므로 방사성 텔루르의 방사능을 라듐의 방사능과 비교하여 측정하면 방사성 텔루르에 존재하는 불순물의 양을 짐작하게 된다. 이 방법은 라듐 F의 아직 관찰되지 않은 스펙트럼을 결정할 목적으로 라듐 F를 정제(精製)하는 데 유용하게 사용될 수 있다.

241. 폴로늄

마르크발트가 자신이 방사성 텔루르라고 부른 방사성 물질을 분리한 이후, 그 물질의 방사능 성분이 퀴리 부인이 발견한 폴로늄에 존재하는 방사능 성분과 동일한지 아닌지에 대해 상당히 많은 논의가 있었다. 두 물질 모두 비슷한 방사능 성질과 화학적 성질을 가지고 있지만, 두 물질의 방사능 성분이 똑같다는 견해에 대한 주된 반대는 마르크발트가 일찍이 그가 만든 방사능이 매우 강한 시료 중 하나의 방사능이 6개월이 경과하는 동안에도 별로 붕괴하지 않았다고 말했기 때문에 나왔다. 그런데 방사성 텔루르의 방사능은 꽤 빨리 붕괴하는 것을 알았기 때문에 그러한 반대는 이제 제기되지 않는다. 퀴리 부인이 사용한 방법으로 피치블렌드로부터 분리된 폴로늄의 방사능은 영구적이지 않고 시간이 흐르면 붕괴한다는 것은 초창기에 이미 인식하고 있었다. 그때 방사능 붕괴 비율에 대한 측정이 아주 정확한 것은 아니었는데, 퀴리 부인은 그녀의 시료 중에서 일부는 약 6개월 만에 방사능의 절반을 잃었지만 다른 시료의 붕괴 비율은 그보다 약간 더 작았다고 말하였다. 폴로늄의 서로 다른 시료들에서 초기에 관찰된 붕괴 비율의 차이는 폴로늄에 약간의 라듐 D가 포함된 때문에 생긴 것일 수가 있다. 내가 가지고 있는 폴로늄은 방사능을 상당히 빨리 잃었으며, 약 4년이 경과하는 동안에 방사능 값이 얼마 되지 않는 작은 값으로 감소하였다. 폴로늄의 방사능을 가끔 대충 관찰하였는데, 약 6개월 만에 그 방사능이 절반 값으로 줄어들었다. 만일 폴로늄이 방사성 텔루르와 똑같다면, 폴로늄의 방사능이 143일 만에 절반 값으로 붕괴해야만 하는데, 내 생각에 좀 더 정확하게 측정하면 실제로 둘이 똑같은 것인지는 확실하게 정할 수 있으리라고 믿는다.

폴로늄에서 방사능 성분이 무엇인지에 대한 증명은 방사성 텔루르에서 방사능 성분이 무엇인지에 대한 증명만큼 단정적이지는 않지만, 나는 두 물질 모두 라듐의 일곱 번째 변환 생성물인 동일한 방사성 물질을 포함하고 있다고 믿기에 충분한 증거가 있다고 생각한다. 마르크발트는 폴로늄의 행동과 방사성 텔루르의 행동 사이에서 일부 화학적 차이가 있음을 감지했지만, 두 경우 모두 방사능 성분은 조사하는 물질 중에 극히 미량(微量)만 존재할 뿐 아니라 방사성 물질의 화학적 성질은 불순물이 섞이면 크게 영향을 받는다는 것을 기억한다면, 마르크발트의 그러한 관찰에 큰 의미를 둘 수는 없다. 가장 중요하고 믿을 수 있는 조사는 나오는 방사선의 종류가 무엇인지 그리고 붕괴의 주기가 얼마인지 확인하는 데 달려 있다.

241 A. 방사성 납의 기원(起源)

이제 피치블렌드로부터 호프만이 (22절에서) 최초로 분리시킨 방사성 납이 생성물 라듐 D와 라듐 E 그리고 라듐 F를 포함하고 있음을 알려주는 실험에 대해 논의하자. 호프만은 방사성 납의 방사능이 7년이 경과하는 동안 눈에 띄게 붕괴하지 않는 것을 관찰하였다. 호프만과 곤데르 그리고 뵐플[xi]은 최근 실험에서 방사성 납의 화학적 성질을 면밀히 조사하고 방사성 납에는 두 가지 방사능 성분이 존재하는데, 그 두 성분이 생성물 라듐 E 그리고 라듐 F와 일치할 가능성이 큼을 보였다. 그렇지만 유감스럽게도 방사능 측정이 매우 정확하지는 못해서, 분리된 생성물의 변화 주기를 아주 엄밀하게 조사하지 못했다.

방사성 납의 용액에 물질을 추가하고 그다음에 침전에 의해 그 물질을 다시 제거한 효과에 대한 실험도 이루어졌다. 소량의 이리듐, 로듐, 팔라듐 그리고 백금을 염화물의 형태로 용액에 추가하여 3주 동안 보관하였다가 그다음에 포르말린 또는 수산화아민을 이용하여 침전시켰다. 이 물질들 모두가 α선과 β선 모두를 내보내는 것이 관찰되었으며, 로듐의 방사능이 가장 컸고 백금의 방사능이 가장 작았다. β선 방사능은 6주가 지나면 상당히 많은 부분이 사라졌고, α선 방사능은 1년이 지나면 대부분 사라졌다. 두 가지 생성물인 라듐 E와 라듐 F는 금속들과 함께 방사성 납으로부터 제거되었을 가능성이 크다. 우리는 라듐 E는 β선을 내보내며 약 엿새 만에 방사능의 절반을 잃고, 라듐 F는 단지 α선을 내보내는데 방사능은 143일 만에 절반으로 떨어지는 것을 보았다. 이 결론은 이 물질들의 방사능에 미치는 열(熱)의 효과에 대한 실험에 의해서도 추가로 확인되었다. 완전한 적열(赤熱)까지 가열하면 α선 방사능은 단지 몇 초 만에 없어졌다. 이것은 우리가 이미 (232절에서) 본 라듐 F는 약 1,000℃ 에서 휘발하며 라듐 E는 그대로 남아 있는 결과와도 일치한다.

방사성 납에 추가된 금과 은 그리고 수은의 염들도, 용액에서 제거되면 단지 α선 방사능만 보이는 것이 관찰되었다. 이것은 단지 라듐 F만 이 물질들과 함께 제거된다는 견해와 일치한다. 반면에 비스무트 염은 처음에는 α선 방사능과 β선 방사능을 보였지만, β선 방사능은 급속히 사라졌다. 퀴리 부인은 초창기에 이미 새롭게 마련된 폴로늄에 β선이 존재하는 것을 관찰하였다. 방사성 납의 α선 방사능과 β선 방사능은 용액에 추가된 비스무트의 침전에 의해 많이 줄어들었다. 그런데 방사성 납의 α선 방사능과 β선 방사능은 저절로 다시 회복된다. 이 결과는 만일 방사성 납이 라듐 D, 라듐 E 그리고 라듐 F를 포함하고 있다면 예상될 수 있는 것과 정확히 같다. 라듐 E와 라듐 F는 비스무트와 함께 제거되지만, 어미 물질인 라듐 D는 그대로 남아 있고, 그래서 결과적으로 새로 생긴 라듐 E와 라듐 F가 공급된다.

비록 방사성 납에서 분리된 생성물이 라듐 E 그리고 라듐 F와 똑같은지에 대한 문제를 확실하게 해결하기 위해서는 추가의 실험이 필요하지만, 실제로 그럴 것이라는 데는 의심할 여지가 별로 없다. 이 결론은 뉴헤이븐의 볼트우드 씨가 친절하게 나에게 보내준 방사성 납 시료를 이용하여 내가 수행한 실험에 의해서도 옳다는 것이 더 확실해진다. 이 방사성 납은 α선과 β선을 내보냈는데, 보통 β선이 더 큰 비율로 나왔다. 조사가 최초로 이루어졌을 때, 방사성 납은 만든 지 4개월이 되었다. 그 뒤 6개월 동안 β선 방사능은 눈에 띌 정도로 일정하게 유지되었지만, α선 방사능은 꾸준히 증가하였다. 이 결과는 만일 방사성 납이 라듐 D를 포함한다면 예상된다. 납에서 생성물인 라듐 D를 분리시킨 뒤 약 40일이 지나면 라듐 E는 실질적으로 최댓값에 도달한다. 라듐 F가 원인인 α선 방사능은 약 2.6년 만에 (236절을 보라) 최댓값까지 증가해야 한다.

피치블렌드로부터 분리된 직후에 납은 오직 라듐 D만 포함하고 있을지, 아니면 라듐 D와 함께 라듐 E도 역시 발생하는지 하는 문제를 해결하기 위해서는 추가 실험이 필요하다. 그런데 납에서 분리될 때 처음부터 용액에 존재한 비스무트는 라듐 E 그리고 라듐 F 두 가지 모두를 계속 함유하게 될 것이고, 방사성 납에 이 두 생성물이 존재하는 것은 분리된 다음에 어미 물질인 라듐 D에 의해서 생성된 것처럼 보인다.

피치블렌드로부터 라듐 D를 분리하고, 그것을 순수한 상태로 얻는 것은 과학적 가치가 있을 것이다. 왜냐하면 그렇게 분리한 때로부터 한 달 뒤에는 라듐 D로부터 나오는 β선 방사능이 같은 무게의 라듐으로부터 나오는 β선 방사능의 약 300배 더 클 것이기 때문이다. 이 물질의 용액에 비스무트 접시를 넣으면, 라듐 F(폴로늄)가 분리될 것이고, 충분히 긴 시간 간격이 지나가도록 기다리면, 언제든지 새로 공급되는 라듐 F를 얻을 수가 있다.

(40년 만에 절반이 변환하는) 라듐 D의 변환 비율은 충분히 느려서 대부분의 실험에서 라듐 D의 유용성이 심하게 방해받지 않는다.

라듐 생성물을 폴로늄, 방사성 텔루르 그리고 방사성 납에 포함된 생성물과 비교한 결과가 아래 정리되어 있다.

오래된 납의 생성물	라듐 D = 새 방사성 납의 생성물, 방사선 없음. 40년 만에 절반이 변환됨.
	↓
	라듐 E는 β선을 내보냄, 비스무트, 이리듐 그리고 백금과 함께 분리됨. 엿새 만에 절반이 변환됨.
	↓
	라듐 F = 폴로늄과 방사성 텔루르의 생성물. 단지 α선만 내보냄. 143일 만에 절반이 변환됨.

242. 방사성 물질에서 분리된 방사능을 띠지 않은 물질의 임시 방사능

우리는 지난 마지막 절에서 백금족 금속[5]과 비스무트는 방사성 납 용액에 섞이면 임시 방사능을 얻으며, 이 효과는 방사성 납의 변화 생성물 중 일부가 방사능을 띠지 않은 물질과 함께 제거된다고 생각하면 매우 만족스럽게 설명되는 것을 보았다. 피그램과 폰 레르히도 (186절) 방사능을 띠지 않은 물질을 토륨 용액과 토륨의 방사능 침전물 용액에 추가했을 때 매우 비슷한 효과를 관찰하였다. 이 결과 역시 토륨의 생성물 중 하나 또는 그 이상이 방사능을 띠지 않은 물질과 함께 제거되었기 때문에 생겼음이 거의 확실하다. 이런 성격의 예는 어렵지 않게 많이 찾아볼 수 있고, 그중에서 더 흥미롭고 더 중요한 것들 중 일부가 나중에 간단히 논의될 예정이다.

방사능을 띠지 않은 물질이 임시로 획득한 이런 방사능의 성격에 관하여 두 가지 일반적인 관점이 존재해왔다. 어떤 사람은 그 물질의 방사능을 띠지 않은 분자가 용액과 혼합되어 "방사능 유도"에 의해 임시 방사능을 얻은 것이라고 가정했는데, 방사능을 띤 물질과 띠지 않은 물질이 빽빽하게 혼합되어 방사능을 띠지 않은 물질의 일부 분자에 방사선을 내보내는 성질을 건네주었다는 것이 그 가정의 밑에 깔린 생각이다. 반면에, 방사능의 붕괴 이론에 따르면, 원래는 방사능을 띠지 않은 물질의 임시 방사능은 방사능을 띠지 않은 물질 자체의 어떤 변경이 원인이 아니고, 방사능을 띠지 않은 물질에 수많은 방사능 생성물 중에서 하나 또는 몇 개가 섞인 것이 원인이다. "방사능 유도"라는 생각이 옳다는 어떤 확실한 실험적 증거는 없지만, 그 생각이 옳지 않다는

5) 백금족 금속(platinum metal)은 원소 주기율표에서 제8족에 속하는 귀금속으로 루테늄, 로듐, 팔라듐, 오스뮴, 이리듐, 백금의 여섯 원소를 통틀어 부르는 이름이다.

간접 증거는 많다.

이제 이런 사실들이 분해 이론에서 어떻게 이해되는지 살펴보자. 예를 들어, 오래된 라듐 시료에서, 라듐 자체를 제외하고도, 라듐으로부터 발생하는 일곱 가지 연이은 생성물들이 존재한다. 이 생성물들 하나하나는 그 화학적 성질과 물리적 성질에서 다른 생성물과 구분된다. 예를 들어, 만일 이제 비스무트 막대를 용액에 넣는다면, 하나 또는 더 많은 생성물들이 비스무트에 침전된다. 이 작용은 사실상 전기 분해에 의해 일어나는 것이 거의 분명하며, 용액 내 생성물들의 전기-화학적 성질에 비해 비스무트의 전기-화학적 성질에 의존할 것이다. 전기적으로 음성인 물질은 전기적으로 강한 양성인 생성물 또는 생성물들을 제거시키려 할 것이다. 이 관점은 전기-화학렬[6]에서 어느 위치에 있는지에 따라 왜 서로 다른 금속들이 서로 다른 정도로 방사능을 띠게 되는지 설명하는 데 도움이 된다.

단지 침전 동안에만 방사능이 침전에 의해서 방사능을 띤 용액으로부터 방사능을 띠지 않은 물질로 전달되는 것은 그럴듯해 보인다. 이 견해가 옳은지는 방사능을 띠지 않은 물질이 용액에 존재한 시간이 그 물질에 전달된 방사능의 크기에 조금이라도 영향을 미쳤는지만 관찰하면 쉽게 확인될 수 있다.

피치블렌드에 방사성 원소인 우라늄, 토륨, 라듐, 악티늄 그리고 그 방사성 원소들의 수많은 생성물들이 존재하는 것을 기억하면, 피치블렌드에서 분리된 방사능을 띠지 않은 물질들 중에서 많은 수가 그 물질들과 함께 제거된 생성물들과 혼합되었기 때문에 상당히 큰 방사능을 보이는 것이 놀랍지 않다. 피치블렌드에서 라듐을 분리하는 실험을 수행하면서, 퀴리 부부는 정제(精

6) 전기-화학렬(electro-chemical series)은 금속을 표준 전극 전위 순으로 배열한 것을 말한다. 용해하기 쉬운 양성의 순으로 K, Na, Ca, Ba, Mg, Al, Mn, Zn, Fe, Ni, Sn, Pb, H, Cu, Hg, Ag, Pt, Au가 된다.

製) 단계가 많이 진행되지 않더라도 방사성 물질의 분리가 상당히 완전한 것을 관찰하였다. 구리와 안티몬 그리고 비소[7]는 약간 방사능을 띠고서도 분리될 수 있지만, 납과 철 같은 다른 물질은 항상 방사능을 보인다. 침전 단계가 더 진행되면, 방사능 용액에서 분리된 모든 물질은 방사능을 띤다.

드비에르누가 이런 방향에서는 가장 먼저 관찰했는데, 그는 악티늄 용액에 의해서 바륨이 방사능을 띨 수 있음을 발견했다. 악티늄으로부터 제거된 방사성 바륨은 화학적으로 처리된 후에도 방사능을 여전히 유지하고 있었는데, 이런 방법으로 방사능이 우라늄의 6,000배인 염화바륨을 얻었다. 비록 염화바륨의 방사능이 라듐을 포함한 염화바륨의 방사능과 같은 방법으로 농축시킬 수 있었지만, 염화바륨에서는 라듐에 속한 스펙트럼선 중 어느 것도 보이지 않았으며, 염화바륨의 방사선이 라듐 원소가 바륨과 섞인 원인으로 생겼을 수는 없다. 바륨의 방사능은 항구적이지 않았으며, 드비에르누는 바륨의 방사능이 석 달 만에 처음 값의 약 3분의 1로 떨어졌다고 말했다. 침전된 바륨은 생성물 악티늄 X 그리고 또한 약간의 악티늄 자체와 함께 침전되었으며, 관찰된 붕괴는 악티늄 X 때문이었다고 생각하는 것이 그럴듯해 보인다. 바륨이 서로 다른 방사성 원소의 수많은 생성물들을 제거할 수 있다는 것이 흥미롭다. 이 효과는 아마도 전기-화학렬에서 바륨이 차지하는 위치와 연관되는데, 그 이유는 바륨이 상당히 전기-양성(陽性)이기 때문이다.

기젤은 1900년에 비스무트를 라듐 용액에 담가서 방사능을 띠게 만들 수 있음을 보였고, 폴로늄이 실제로는 유도 과정에 의해 방사능을 띠게 된 비스무트라고 간주하였다. 나중 실험에서, 그는 비스무트 접시가 단지 α선만 내보내는 것과, 비스무트의 방사능에는 β선이 존재하지 않기 때문에 그 방사능이 라듐

7) 비소(arsenic)는 원자 번호가 33이고 원소 기호가 As인 금속 원소이다.

때문이라고 볼 수 없음을 발견하였다. 우리는 이미 비스무트의 이런 방사능이 비스무트의 표면에 침전된 생성물인 라듐 F 때문에 생겼음을 보았다.

퀴리 부인도 역시 비스무트는 라듐 화합물 용액에 의해 방사능을 띠게 되었음을 발견하고, 위의 비스무트를 폴로늄과 같은 방법으로 혼합물을 구분하는 데 성공하였다. 이런 방법으로 방사능이 우라늄보다 2,000배 더 강한 비스무트를 구했는데, 그 방사능은 피치블렌드에서 분리된 폴로늄의 방사능과 마찬가지로 시간이 흐르면서 감소하였다. 라듐의 변환 생성물들에 대한 실험에 비추어보면, 퀴리 부인의 이러한 일련의 초기 실험들은 라듐 자체로부터 분리된 생성물이 (라듐 F가) 피치블렌드로부터 직접 구한 폴로늄과 똑같다는 견해를 한 번 더 확인하는 것임을 알게 된다.

제11장 미주

i. Rutherford and Soddy, *Phil. Mag*. April, 1903.
ii. Rutherford, *Phil. Trans*. A. p. 169, 1904. Curie and Danne, *C. R*. p. 748, 1904.
iii. P. Curie and Danne, *Comptes Rendus*, 138, p. 748, 1904.
iv. Miss Gates, *Phys. Rev*. p. 300, 1903.
v. Miss Brooks, *Nature*, July 21, 1904.
vi. Rutherford, *Phil. Mag*. Nov. 1904. *Nature*, p. 341, Feb. 9, 1905.
vii. Rutherford, *Nature*, p. 341, Feb. 9, 1905.
viii. Marckwald (*Ber. d. D. Chem. Ges*. p. 591, 1905)는 최근에 그의 방사성 텔루르의 방사능이 139일 만에 절반 값으로 떨어지는 것을 발견하였다.
ix. Meyer and Schweidler, *Wien Ber*. Dec. 1, 1904.
x. Rutherford, *Phil. Trans*. A. p. 169, 1904.
xi. Hofmann, Gonder and Wölfl, *Annal. d. Phys*. 15, p. 615, 1904.

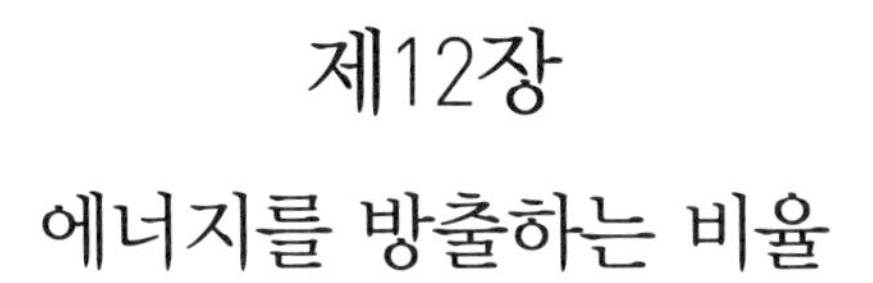

제12장

에너지를 방출하는 비율

243.

사람들은 방사성 물체들이 고유한 방사선의 형태로 상당한 양의 에너지를 방출한다는 것을 일찍부터 인식하였다. 아주 초기에는 이 에너지를 튀어나온 입자의 수와 입자의 에너지에 근거하여 추산(推算)하였는데, 그 크기가 너무 작았다. 방사성 물체에서 전리(電離) 방사선[1]의 형태로 방출되는 에너지의 더 많은 부분은 α선이 원인이 되어 생기고, 그에 비하여 β선은 상대적으로 단지 매우 작은 부분의 에너지만 공급한다는 것이 이미 (114절에서) 지적되었다.

러더퍼드와 매클렁[i]은 α선을 완전히 흡수하고 발생시키는 이온의 전체 수를 결정하는 방법으로 얇은 층으로 된 방사성 물질이 방출하는 방사선의 에너지를 계산하였다. 이온을 발생시키기 위해 필요한 에너지는 X선의 열(熱)효과 그리고 방사선이 공기 중에서 완전히 흡수되었을 때 발생하는 전체 이온의 수를 관찰하여 실험으로 결정하였다. 공기 중에서 이온 한 개를 만드는데 필요한 에너지는 1.90×10^{-10} erg임을 알게 되었다. 부록 A에 보일 예정인데, 이 추산(推算)은 아마도 너무 크지만, 자릿수는 얼추 맞는다.[2] 이 값을 이용해서 계산한 결과 산화우라늄 가루 1그램을 판 위에 얇은 층으로 펼친 것으로부터 매년 0.032그램칼로리의 비율로 에너지가 공기로 방출되었다. 이것은 매우 작은 에너지가 방출되는 셈이다. 그러나 방사능이 우라늄의 약 200만 배인 라듐과 같이 방사능이 매우 강한 방사성 물질의 경우에, 위에서

1) 전리 방사선(ionizing radiation)은 물질에 작용하여 전리를 일으키는, 즉 방사선이 물질을 통과하면서 물질을 구성하는 원자의 궤도 전자를 밖으로 튀겨내서 원자를 이온으로 만드는 방사선을 말한다.

2) 자릿수가 얼추 맞는다는 것은 "right order of magnitude"를 번역한 것으로 10배 이상 또는 $\frac{1}{10}$ 이하로 틀리지는 않는다는 의미이다.

계산한 것에 대응하는 에너지를 방출하는 비율은 매년 69,000그램칼로리이다. 이 값은 너무 작은 것이 분명한데, 왜냐하면 단지 공기로 방출되는 에너지만 포함하기 때문이다. 실제로 α 선 형태로 방출되는 에너지는 α 선이 방사성 물질 자신에게 흡수되기 때문에 이 값보다 훨씬 더 클 것임이 명백하다.

나중에 라듐과 라듐의 생성물들의 열작용이 방출되는 α 입자의 에너지를 측정하는 척도가 됨을 보이게 될 것이다.

244. 라듐의 열(熱) 방출

P. 퀴리와 라보르데ii3)는 한 라듐 화합물이 스스로 계속해서 주위의 대기(大氣) 온도보다 몇 도 더 높은 온도를 유지한다는 놀라운 결과에 최초로 주목하였다. 이와 같이 라듐에서 방출되는 에너지는 사진 방법이나 전기적 방법뿐 아니라 라듐 자체가 열(熱)을 내는 효과에 의해서 입증될 수가 있다. 퀴리와 라보르데는 두 가지 서로 다른 방법을 이용하여 열을 방출하는 비율을 결정하였다. 한 방법에서는, 방사능이 순수한 라듐의 방사능의 약 $\frac{1}{6}$ 인 라듐을 포함한 염화바륨 1그램을 담은 관과, 순수한 염화바륨 1그램을 담은 정확하게 똑같은 모양의 관 사이에 철-콘스탄탄 열전대(熱電對)4)를 연결하는 방법으로 온도 차이를 관찰하였다. 관찰된 온도 차이는 1.5℃ 였다. 열이 방출되는 비율을 측정하기 위하여, 순수한 염화바륨에 저항을 알고 있는 도선으로 만든 코일을 놓았으며, 바륨의 온도를 라듐을 포함한 바륨의 온도와 같은 온도까지 올리는 데 필요한 전류의 세기를 측정하였다. 다른 방법에서는, 유

3) 라보르데(A. Laborde)는 프랑스의 물리학자이다.
4) 열전대(thermo couple)는 두 종류의 금속을 조합하여 양단의 온도가 다르면 전류가 흐르는 현상을 이용해 두 점 간의 온도를 측정하는 장치이고, 콘스탄탄(constantan)은 구리 55%와 니켈 45%를 섞은 합금으로, 철-콘스탄탄 열전대는 철과 콘스탄탄을 연결한 열전대를 말한다.

리관에 담은 방사성 바륨을 분젠 열량계[5)]에 넣었다. 열량계에 라듐을 넣기 전에는, 열량계 중간 스템의 수은 높이가 안정적으로 유지되었다. 먼저 얼음물로 냉각된 라듐을 열량계에 넣자마자, 수은 기둥이 규칙적인 비율로 움직이기 시작하였다. 라듐 관을 제거하면 수은의 움직임도 멈췄다. 이 실험으로부터 자기 무게의 약 $\frac{1}{6}$ 에 해당하는 무게의 순수한 염화라듐을 포함하고 있는 바륨 1그램으로부터 발생하는 열은 매 시간 14그램칼로리임이 밝혀졌다. 순수한 염화라듐 0.08그램에 대해서도 역시 측정이 이루어졌다. 이 결과로부터 퀴리와 라보르데는 순수한 라듐 1그램이 매시간 약 100그램칼로리에 해당하는 열량을 방출한다고 추정하였다. 이 결과는 룽게와 프레히트[iii] 그리고 다른 사람들의 실험에 의해서도 확인되었다. 현재까지 진행된 관찰에 관한 한, 열이 방출되는 이 비율은 시간이 흐르더라도 변하지 않고 그대로 지속된다. 그러므로 라듐 1그램은 하루가 지나는 동안 2,400그램칼로리의 열을 방출하고, 1년이 지나는 동안 876,000그램칼로리의 열을 방출한다. 수소와 산소가 결합하여 물 1그램을 형성하는 데 방출되는 열의 양은 3,900그램칼로리이다. 그래서 라듐 1그램은 매일 거의 물 1그램을 분해하는 데 필요한 만큼의 에너지를 방출함을 알 수 있다.

순수한 브롬화라듐 0.7그램을 사용한 나중 실험에서, P. 퀴리[iv]는 수은 온도계가 가리킨 라듐의 온도가 주위 공기의 온도보다 3℃ 더 높은 것을 발견하였다. 이 결과는 브롬화라듐 1그램을 이용하여 5℃ 의 온도 차이를 구한 기젤에 의해 확인되었다. 실제로 관찰된 온도가 올라간 정도는 말할 것도 없이 라듐을 담고 있는 용기의 크기와 무엇으로 그 용기를 만들었는지에 의존한다.

5) 분젠 열량계란 독일의 화학자인 분젠(Robert Wilhelm Eberhard Bunsen, 1811-1899)이 고안한 열량계로 얼음이 얼거나 녹을 때 부피 변화와 잠열 관계를 이용하여 얼음 열량계라고도 불린다.

퀴리 부부는 1903년 왕립협회에서 강연하기 위해 영국을 방문한 동안, 다른 방법을 이용하여 매우 낮은 온도에서 라듐으로부터 열이 발생하는 비율을 조사하려는 목적으로, 듀어 교수[6]와 함께 몇 가지 실험을 수행하였다. 이 방법은 라듐 시료를 끓는 온도의 액화된 기체 속에 담가놓은 관의 내부에 넣었을 때 휘발되는 기체의 양을 측정하는 것에 의존한다. 이 열량계의 배치는 그림 97에 나와 있다.

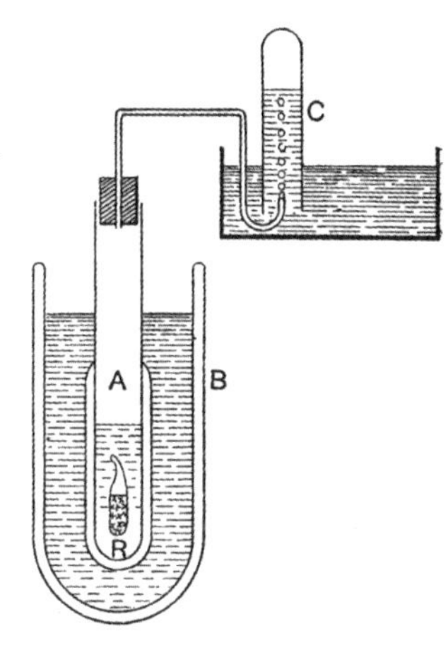

그림 97

닫혀 있는 작은 듀어 플라스크 A[7]는 이용할 액체에 담가놓은 유리관 R에 넣은 라듐을 포함하고 있다. 플라스크 A는 같은 액체가 들어 있는 또 다른 듀어 병 B로 둘러싸여 있어서, 외부로부터 A로 열이 교환될 수 없도록 차단된다. 관 A에서 발생한 기체는 보통 이용되는 방법인 물 또는 수은 위에서 포집되며 그 부피가 측정된다. 이 방법에 의해서, 라듐에서 열이 발생하는 비율은 끓는 이산화탄소와 수소에서 거의 같다는 것이 밝혀졌고, 액체 수소에서도 역시 같았다. 액체 수소에서 구한 결과가 특히 흥미를 끌었는데, 왜냐하면 그렇게 낮은 온도에서는 정상적인 화학적 활동이 억제되기 때문이다. 라듐에서 열의 발생이 그렇게 넓은 범위의 온도에서도 변하지 않는다는 사실은 라듐에서 α 입자를 방출하는 비율이 온도에 무관하다는 것을 간접적으로 보여주는데, 그 이유는 나중에 설명될 예정이지

6) 듀어 경(Sir James Dewar, 1842-1923)은 영국 스코틀랜드 출신의 화학자이자 물리학자로 보온병의 발명으로 유명하다.
7) 듀어 플라스크는 듀어가 발명한 듀어병이라고 불리는 보온하도록 만든 플라스크를 말한다.

만 관찰된 열작용은 α 입자에 의한 라듐의 충격이 원인이기 때문이다.

작은 양의 라듐에서 열이 방출되는 비율을 입증하는 데 액체 수소를 이용하는 것은 매우 편리하다. 브롬화라듐 0.7그램으로부터 (이것이 겨우 열흘 전에 준비된 것인데) 매분마다 73 cc의 기체가 나왔다.

나중 실험에서 P. 퀴리는 (앞에서 인용한 논문에서) 정해진 양의 라듐에서 열이 방출되는 비율은 그 라듐 시료를 준비한 다음에 경과한 시간에 의존한다는 것을 발견하였다. 처음에는 방출된 열이 작았지만, 한 달의 기간이 지나간 다음에 실제적인 최댓값에 도달하였다. 만일 라듐 화합물을 녹여서 밀폐된 관에 넣으면, 열이 방출되는 비율은 고체 상태로 같은 양의 라듐에서 도달하는 것과 같은 최댓값에 도달한다.

245. 열의 방출과 방사선 사이의 연관성

열이 방출되는 비율이 라듐 시료가 얼마나 오래된 것인지에 의존한다는 퀴리의 관찰은 라듐에서 열이 방출되는 현상이 그 원소의 방사능과 연관됨을 가리켜준다. 라듐 화합물의 방사능은 그 화합물을 만든 지 약 한 달 뒤까지 증가한 다음에 정상 상태에 도달한다는 것은 오랫동안 알려져 있었다. 방사능의 이런 증가는 라듐이 방사능을 띤 에머네이션을 계속해서 발생시키기 때문에 생기는데, 그 방사능을 띤 에머네이션은 라듐 화합물에 숨겨져 있다가 자신의 방사능을 순수한 라듐의 방사능에 보탠다는 것을 이미 (215절에서) 보였다. 그래서 열작용은 어떻게 해서든 에머네이션의 존재와 연관된다고 보는 것이 그럴듯하다. 러더퍼드와 반스[v]는 이 관점에 대해 알아보는 실험을 수행하였다. 방출된 작은 양의 열을 측정하기 위하여, 그림 98에 보인 일종의 온도차 공기 열량계를 이용하였다. 약 500 cc의 동일한 유리 플라스크 두 개에 대기압의 건조한 공기가 채워져 있었다. 이 두 플라스크는 크실렌[8]으로 채운 U자

관으로 연결되어 있었는데, 이 U자 관은 플라스크에 들어 있는 공기의 압력이 어떻게 변하는지 관찰하는 압력계 역할을 하였다. 아래쪽 끝을 막은 작은 유리관을 두 플라스크의 중간에 집어넣었다. 이 유리관에 연속해서 열을 발생시키는 열원(熱源)을 넣으면, 유리관 주위의 공기가 가열되었고, 압력이 높아졌다. 정상 상태에 도달하였을 때, 두 플라스크의 압력 차이를 압력계로 측정하였는데, 이때 압력계는 접안렌즈에 마이크로미터 눈금이 그려진 현미경으로 보았다. 다른 쪽 플라스크에 열원을 넣은 똑같은 유리관을 집어넣으면, 압력의 차이가 뒤바뀌었다. 이 장치를 일정한 온도로 유지하기 위하여, 두 플라스크를 중탕냄비에 담갔는데, 중탕냄비의 물을 계속 잘 저었다.

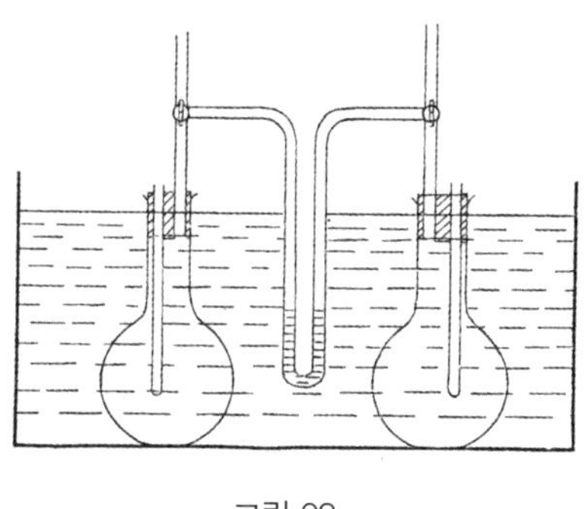
그림 98

첫 번째 관찰에서는 브롬화라듐 30밀리그램에서 방출되는 열을 측정하였다. 우선 라듐의 위치에 전기 저항을 알고 있는 도선으로 만든 작은 코일을 넣어서 압력계로 측정한 압력의 차이를 표준화시켰다. 압력계에서 똑같은 압력의 차이를 보일 때까지 도선을 통해 흐르는 전류의 세기를 조절하였다. 이런 방법으로 브롬화라듐 1그램당 방출하는 열량은 매시간 65그램칼로리에 해당하는 것을 발견하였다. 라듐의 원자량을 225라고 하면, 이것은 금속 라듐 1그램으로부터 매시간 110그램칼로리의 비율로 열이 방출되는 것에 대응한다.

8) 크실렌(xylene)은 벤젠의 수소 원자 두 개가 메틸과 바뀐 무색 액체로 유기 안료, 염료 등의 제조 원료로 사용되고 자일렌이라고도 불린다.

브롬화라듐 30밀리그램으로부터 나온 에머네이션은 라듐을 가열해서 제거하였다(215절). 액체 공기에 담근 작은 관을 통하여 에머네이션을 통과시키면 에머네이션이 응결되었다. 에머네이션이 그 관에 여전히 응결되어 있는 동안 관을 밀봉하였다. 이런 방법으로 길이가 약 4 cm인 작은 유리관에 에머네이션을 농축시켰다. "에머네이션을 방출하지 않은" 라듐의 열작용과 에머네이션 관의 열작용을 시간 간격을 두고 측정하였다. 에머네이션을 제거한 다음에, 라듐의 열작용은 몇 시간이 지나간 후 최초 방출된 열의 약 25퍼센트에 해당하는 최젓값으로 줄어들었고, 그다음에 다시 서서히 증가하여 약 한 달의 기간이 지난 뒤에 원래 값에 도달하는 것이 발견되었다. 에머네이션 관의 열작용은 분리시킨 후 처음 몇 시간 동안은 최댓값까지 증가하고, 그다음에 지수법칙에 따라 시간에 대해 규칙적으로 감소하여, 약 나흘 만에 최댓값의 절반으로 떨어지는 것이 발견되었다. 에머네이션 관과 같은 길이와 같은

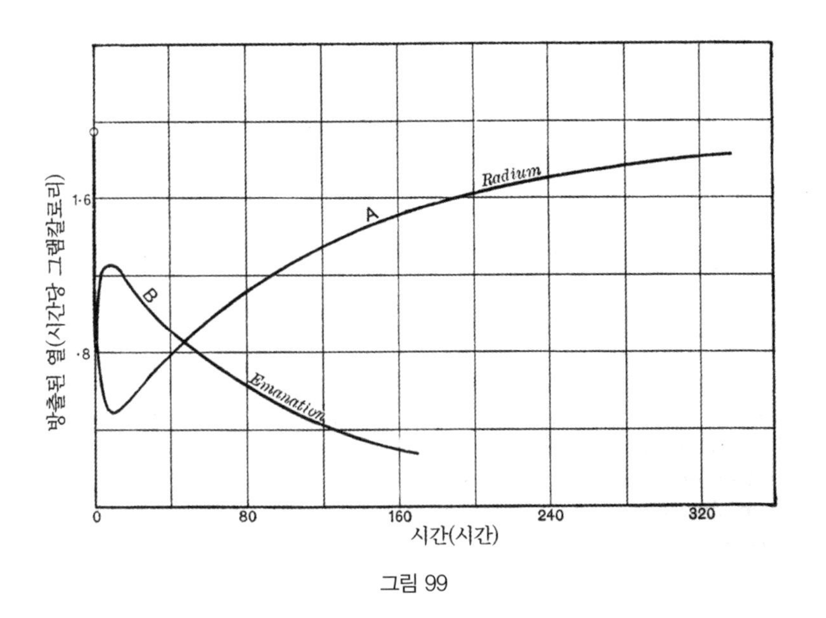

그림 99

위치를 차지하는 도선 코일에 전류를 흐르게 해서 에머네이션 관의 실제 열작용을 측정하였다.

라듐 30밀리그램과 그 라듐으로부터 나오는 에머네이션의 열작용이 시간에 대해 바뀌는 모습을 그림 99에 그려놓았다.

곡선 A는 라듐에서 방출되는 열이 시간에 따라 바뀌는 모습이고 곡선 B는 에머네이션에서 방출되는 열이 시간에 따라 바뀌는 모습이다. 임의의 시간에 라듐에서 열이 방출되는 비율과 에머네이션에서 열이 방출되는 비율을 더한 합은 원래 라듐에서 열이 방출되는 비율과 같다는 것이 밝혀졌다. 브롬화라듐 30밀리그램으로부터 나오는 에머네이션을 포함하는 관의 최대 열작용은 매시간 1.26그램칼로리였다. 그래서 라듐 1그램에서 나오는 에머네이션과 에머네이션으로부터 발생하는 2차 생성물이 함께 매시간 42그램칼로리의 열량을 내보내는 셈이다. 그러므로 라듐에 축적되는 에머네이션이 라듐에서 나오는 총 방출 열량의 3분의 2 이상을 차지한다. 나중에, 에머네이션을 제거한 다음에 라듐의 열작용이 최솟값으로 감소하는 것은 들뜬 방사능의 붕괴와 연관이 있음을 보게 될 것이다. 똑같은 방법으로, 에머네이션이 제거된 몇 시간 뒤에 에머네이션의 열작용이 최댓값까지 증가하는 것도 역시 장치를 둘러싸는 용기의 벽에 에머네이션이 발생시킨 들뜬 방사능의 결과이다. 열 방출에서 이러한 초기의 급속한 변화를 당분간 무시하면, 에머네이션과 에머네이션의 추가적인 생성물의 열작용은 최댓값에 도달한 다음에 에머네이션이 자기 방사능을 잃는 비율과 같은 비율로 붕괴한다. 즉 이 열작용은 나흘 만에 절반 값으로 떨어진다. 이제 $Q_{\max}$가 최대 열작용이고, Q_t는 그 뒤 임의의 시간 t 때의 열작용이면, $\frac{Q_t}{Q_{\max}} = e^{-\lambda t}$가 되는데, 여기서 λ는 에머네이션의 변화 상수이다.

라듐의 열작용이 최솟값으로부터 다시 증가하는 회복 곡선은 α선으로 측정한 라듐 방사능의 회복 곡선과 똑같다. 최소 열작용은 전체 열작용의 25퍼센트이므로, 최솟값에 도달한 다음 임의의 시간 t 때 열작용 Q_t는

$$\frac{Q_t}{Q_{max}} = 0.25 + 0.75(1 - e^{-\lambda t})$$

로 주어지는데, 여기서 Q_{max}는 열 방출의 최대 비율이고, λ는 전과 마찬가지로 에머네이션의 변화 상수이다.

라듐과 라듐 에머네이션의 열작용이 회복하는 곡선 그리고 감소하는 곡선이 각각 대응하는 방사능이 상승하는 곡선 그리고 하강하는 곡선과 일치하는 것은 라듐과 라듐 생성물에서 열의 방출이 라듐과 라듐 생성물의 방사능과 직접 연관이 있음을 보여준다. 라듐과 라듐 에머네이션 모두의 열 방출이 바뀌는 모습은 α선으로 측정한 라듐과 라듐 생성물의 방사능에 근사적으로 비례한다. 그 열 방출이 바뀌는 모습이 β선 또는 γ선으로 측정한 방사능에는 비례하지 않는데, β선 또는 γ선의 세기는 에머네이션을 제거하고 몇 시간이 지나면 거의 0으로 떨어지지만, α선 방사능의 경우에는, 열작용과 마찬가지로, 에머네이션을 제거하고 몇 시간이 지나가면 최댓값의 25퍼센트까지만 떨어진다. 그래서 이 결과는 라듐의 열 방출이 α입자의 배출을 동반하고, 그 열 방출이 배출된 α입자의 수에 근사적으로 비례한다는 견해와 부합한다. 그러나 그런 결론이 옳다고 결정짓기 전에 에머네이션으로부터 생기는 방사능 침전물의 열작용도 방사능 침전물의 α선 방사능과 같은 방법으로 바뀌는지 확인하는 것이 필요하다. 이제 그러한 관점을 조사하는 실험에 대해 알아보려 한다.

246. 에머네이션에서 생긴 방사능 침전물의 열 방출

방사능 평형에서 새로 생긴 라듐은 α입자를 내보내며 쪼개지는 네 가지의

연이은 생성물을 포함하는데, 그것들은 라듐 자체, 에머네이션, 라듐 A 그리고 라듐 C이다. 라듐 B는 어떤 방사선도 내보내지 않는다. 라듐을 새로 만든 지 1년이 지나지 않았으면, 더 나중의 생성물인 라듐 D, 라듐 E, 라듐 F의 효과는 무시해도 좋다.

방사능 평형에서 네 가지 생성물 각각이 공급하는 상대 방사능이 얼마인지 확실하게 정하는 것은 쉽지 않지만, 229절에서 α 선을 방출하는 네 생성물의 방사능이 아주 많이 다르지는 않음을 이미 보였다. 라듐 A와 라듐 C에서 나오는 α 입자의 투과력이 라듐 자체와 에머네이션에서 나오는 α 입자의 투과력보다 더 크다. 현재까지 얻은 증거로 미루어보면 에머네이션이 공급하는 방사능은 다른 생성물들이 공급하는 방사능에 비해 더 작다는 결론을 내리게 한다. 이것은 에머네이션에서 나온 α 입자가 튀어나오는 속도가 다른 생성물에서 나온 α 입자가 튀어나오는 속도보다 더 느리다는 것을 알려준다.

열 또는 용액에 의해서 라듐으로부터 에머네이션이 갑자기 제거되면, 세 생성물 라듐 A, 라듐 B 그리고 라듐 C가 남는다. 어미 물질이 제거되었으므로, 생성물들 라듐 A, 라듐 B, 라듐 C의 양은 즉시 줄어들기 시작하고, 약 세 시간 뒤에는 그 양이 매우 작은 값에 도달한다. 만일 열작용이 α 선 방사능에 의존한다면, 그래서 라듐의 열 방출은 에머네이션을 제거한 뒤에 급속히 최젓값으로 줄어들 것으로 예상된다.

용기에 에머네이션을 들여보내면, 즉시 생성물들 라듐 A, 라듐 B, 라듐 C가 나타나고 그 양이 증가하며 약 3시간 뒤에 실질적으로 최댓값에 도달한다. 그래서 에머네이션 관의 열작용은 에머네이션을 들여보내고 여러 시간 동안 증가해야 한다.

에머네이션을 제거한 뒤에 라듐의 열작용이 급속히 변하는 것을 추적하기 위하여, 러더퍼드와 반스는 (앞에서 인용한 논문에서) 백금 시차(示差) 온도계[9] 두 개를 사용하였다. 각 온도계는 길이가 35 cm인 가는 백금 선을 조심스럽게 감아서 길이가 3 cm인 코일로 만든 다음 지름이 5 mm인 얇은 유리관 내부에 집어넣은 것으로 만들어졌다. 라듐을 넣은 유리관과 에머네이션을 넣은 유리관을 두 코일의 안쪽에 밀어 넣어서, 도선은 열원이 들어가 있는 유리관의 겉 부분과 직접 접촉하도록 되어 있다. 라듐이 들어 있는 관 또는 에머네이션이 들어 있는 관을 한 코일에서 다른 코일로 바꿀 때, 백금 온도계의 저항 변화는 쉽게 측정된다.

처음에는 방사능 평형에서 라듐의 열작용을 정확하게 측정하였다. 길이가 3 cm이고 내부 지름이 3 mm인 작은 유리관에 급속히 응결된 에머네이션을 내보내기 위해 라듐이 들어 있는 관을 가열하였다. 온도 조건이 안정되게 유

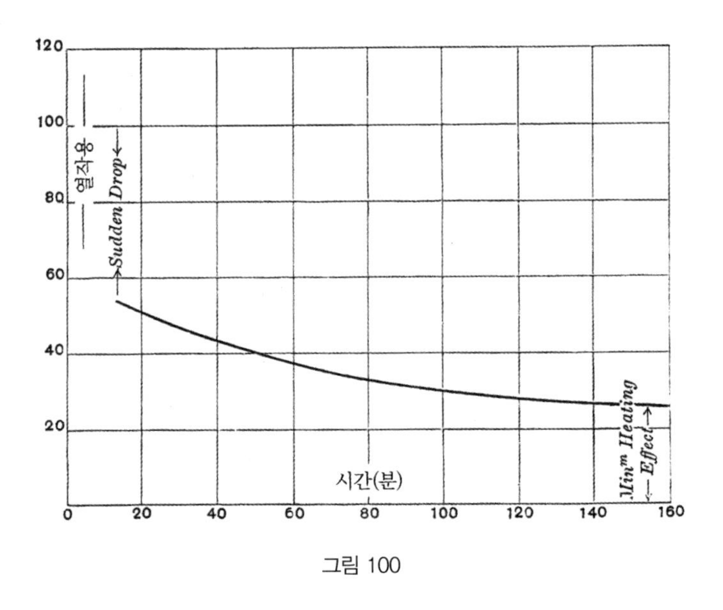

그림 100

9) 시차 온도계(differential thermometer)는 두 점 사이의 온도차를 측정하기 위해 사용되는 온도계를 모두 한꺼번에 부르는 이름이다.

지되기까지 짧은 시간을 기다린 후, 라듐이 들어 있는 관의 열작용을 측정하였다. 그 결과는 그림 100에 나와 있다. 에머네이션을 제거하고 약 12분 동안에는 관찰을 진행할 수 없었으며, 그 뒤에 열작용은 최댓값의 약 55퍼센트로 떨어진 것을 발견하였다. 시간이 흐르면서 열작용은 꾸준히 줄어들어서 여러 시간 뒤에는 마침내 25퍼센트라는 최솟값에 도달하였다.

이런 종류의 실험에서는 에머네이션의 열작용을 라듐 A가 공급한 열작용과 분리시키는 것이 가능하지 않다. 라듐 A는 3분 만에 절반이 변환되므로, 10분이 지나면 라듐 A의 열작용은 대부분 사라지며, 그래서 열작용이 감소하는 원인은 주로 라듐 B와 라듐 C의 변화 때문이다.

방사능 침전물의 열작용이 시간에 대해 바뀌는 모습은 작은 관에 에머네이션을 넣을 때 열작용이 상승하는 것을 조사하고, 에머네이션이 제거된 뒤에 열작용이 감소하는 것을 조사하면 한층 더 분명하게 드러난다. 상승 곡선

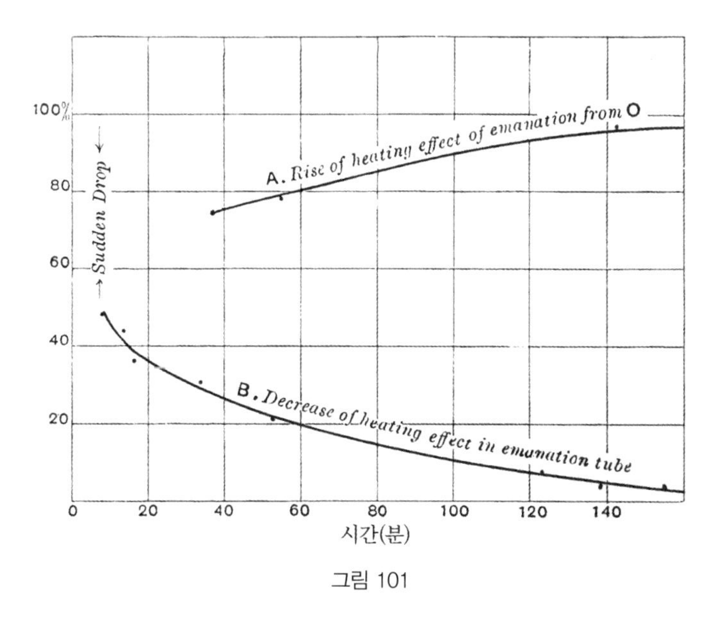

그림 101

은 그림 101의 위쪽 곡선에 나와 있다. 에머네이션을 집어넣고 40분이 경과한 다음에, 열작용은 최댓값의 75퍼센트까지 올라갔는데, 거기까지 올라가는 데는 약 3시간이 걸렸다.

에머네이션이 들어 있는 관의 열작용이 최댓값에 도달한 다음에, 에머네이션은 제거되었고, 그 뒤 가능한 한 빨리 열작용이 시간에 대해 붕괴하는 모습이 관찰되었다. 그 결과는 그림 101의 아래쪽 곡선에 나와 있다. 상승 곡선과 회복 곡선의 두 곡선은 상대 곡선에 대해 서로 보완적임을 볼 수 있다. 최초 관찰은 에머네이션을 제거하고 10분 뒤부터 수행되었으며, 그다음에 열작용은 처음 값의 47퍼센트로 떨어졌다. 이와 같은 갑작스러운 감소가 일어난 이유는 부분적으로는 에머네이션을 제거했기 때문이고 부분적으로는 라듐 A의 급속한 변환 때문이다. 아래쪽 곡선의 모양은 (그림 86을 보라) 오랜 노출 뒤에 들뜬 방사능에 대해 대응하는 α 선 곡선과 거의 똑같은데, 이것은 열작용이 조사된 전 영역에서 α 선으로 측정한 방사능에 정비례함을 분명하게 보여준다. 열작용은 α 선으로 측정한 방사능과 동일한 법칙에 따라서, 그리고 동일한 비율로 감소한다.

에머네이션을 제거하고 20분이 지나면, 라듐 A는 거의 모두 다 변환하고, 그러면 중간 생성물인 라듐 B는 방사선을 내보내지 않으므로, 방사능은 존재하는 라듐 C의 양에 비례하게 된다. 방사능 곡선과 열 방출 곡선이 잘 일치하는 것은 열작용도 또한 라듐 C의 양에 비례함을 보여준다. 그래서 방사능을 내보내지 않는 캄캄한 생성물 라듐 B는 관찰된 열 방출에 기여하지 못하거나, 기여한다고 해도 지극히 조금 기여한다고 결론 내려도 좋다. 만일 라듐 B가 공급하는 양이 라듐 C가 공급하는 양과 같다면, 시간이 흐르면서 열작용이 감소하는 곡선은 방사능 곡선과 상당히 다를 것이다.

열작용이 주로 방출된 α 입자가 운동하는 에너지 때문에 발생하는 것이라고 가정하면, 라듐 B가 변환하면서는 다른 변화에서만큼 열의 방출을 수반하지 않는다는 결론이 충분히 예상된다.

다음 표에는 라듐 생성물에 의해서 발생하는 상대적 열작용이 나와 있다. 라듐 C의 초기 열작용은 대응하는 방사능 곡선과 비교하여 추정된다.

생성물	방사선	열 방출의 초기 비율
라듐	α선	전체의 25퍼센트
에머네이션	α선	전체의 44퍼센트
라듐 A	α선	
라듐 B	없음	전체의 0퍼센트
라듐 C	α선, β선, γ선	전체의 31퍼센트

라듐 A와 라듐 C가 거의 같은 비율의 방사능을 공급하므로, 라듐 A와 라듐 C는 동일한 초기 열작용을 가질 것으로 예상된다. 만일 그렇다면, 에머네이션 하나만의 열작용은 전체의 13퍼센트를 차지한다.

247. β선과 γ선의 열작용

라듐에서 방출된 β입자의 운동에너지가 아마도 α입자가 원인인 운동에너지의 1퍼센트보다 더 크지는 않다는 것을 114절에서 보였다. 만일 열 방출이 덩어리로부터 튀어나온 입자들에 의해 충돌한 결과로 생긴 것이라면, β선의 열작용은 α선의 열작용에 비해 매우 작으리라는 것은 예상된다. 이러한 예상은 실험에 의해서도 옳음이 증명되었다. 퀴리는 라듐이 (1) 얇은 봉투 안에 들어 있을 때 그리고 (2) 1밀리미터의 납으로 둘러싸여 있을 때, 열작용을 측정하였다. 라듐이 얇은 봉투 안에 들어 있을 때는, 대부분의 β선이 새어나갔으며, 납으로 둘러싸여 있을 때는 거의 모든 β선이 흡수되었다. (1)의 경우에 비해 (2)의 경우의 열작용이 증가한 부분은 5퍼센트를 넘지 않았는데,

그것도 과대평가했기가 쉽다.

비슷한 방법으로, β선에 의한 전체 이온화는 γ선에 의해 생긴 이온화와 거의 같기 때문에, γ선의 열작용은 α선에 의해 발생하는 열작용에 비해 매우 작을 것으로 예상해야 한다.

파셴은 분젠 얼음 열량계를 이용하여 라듐의 열작용에 대한 실험을 수행하였다. 이 실험에서 대부분의 γ선을 흡수하기에 충분한 두께가 1.92 cm인 납으로 라듐을 둘러쌌다. 파셴은 처음 발표한 논문[vi]에서 γ선의 열작용이 심지어 α선의 열작용보다도 더 크다는 결과를 실었다. 이 결과는 똑같은 방법으로 나중에 관찰한 실험에서 확인되지 않았다. 그는 미량의 열을 측정하는 데 얼음 열량계가 신뢰할 만하지 않다고 결론지었다.

파셴의 처음 논문이 발표된 뒤에, 러더퍼드와 반스[vii]는 다른 방법을 이용하여 이 문제를 조사하였다. 그림 98에 보인 공기 열량계를 이용했는데, 결과가 상당히 만족스러웠다. (1) 라듐을 알루미늄 원통으로 둘러쌌을 때 그리고 (2) 라듐을 같은 크기의 납 원통으로 둘러쌌을 때, 라듐의 열 방출을 측정하였다. 알루미늄은 단지 작은 일부분의 γ선만을 흡수했지만, 납은 절반보다 더 많은 γ선을 정지시켰다. 두 경우의 열작용 사이에 어떤 분명한 차이도 관찰되지 않았는데, 파셴의 이전 실험에서는 적어도 50퍼센트 이상의 차이가 예상되었다.

그러므로 β선과 γ선은 둘을 합해도 라듐의 전체 열 방출의 몇 퍼센트를 초과하여 공급하지는 못한다고 결론 내려야 한다. 이 결과는 서로 다른 종류의 방사선에 의해 발생하는 전체 이온화에 근거한 계산 결과와도 일치한다.

248. 에너지의 공급원

라듐의 열작용은 α선으로 측정한 방사능과 아주 가깝게 비례하는 것을 이미 보았다. 방사능을 측정하는 평행판 축전기의 두 평행판 사이의 거리는 일반적으로 대부분의 α 입자들이 기체에서 모두 흡수될 정도로 떨어져 있으므로, 열작용이 α 선으로 측정한 방사능에 가까이 비례한다는 결과는 열작용이 방출된 α 입자의 에너지에 비례하는 것을 보여준다. 라듐의 신속한 열 방출은 방사능의 붕괴 이론으로부터 당연하게 성립한다. 이때 방출되는 열은 어떤 외부 공급원이 아니라 라듐 원자의 내부 에너지로부터 유래되는 것으로 여겨진다. 원자는 매우 빠르게 움직이는 대전된 물체들로 이루어진 복잡계이고, 그래서 원자는 많은 양의 잠재 에너지를 저장하고 있으며, 그 저장된 에너지는 원자가 쪼개질 때만 드러날 수가 있을 것으로 예상된다. 무슨 이유인지는 모르지만; 원자계가 불안정해지고, 질량이 수소 원자의 약 두 배인 α 입자가 자신의 운동에너지를 가지고 원자로부터 빠져나온다. α 입자는 두께가 0.001 cm인 라듐을 통과하면 실질적으로 흡수되므로, 라듐 덩어리에서 쫓겨난 α 입자들 중 많은 부분은 라듐 자체에서 정지되고 α 입자들의 운동에너지는 열의 형태로 나타나게 된다. 그래서 라듐은 자신들 스스로의 충돌로 주위 공기 온도보다 더 높게 가열된다. 아마도 쫓겨난 α 입자들의 에너지만으로는 라듐이 방출하는 열 모두를 설명하지는 못한다. 원자의 일부가 격렬하게 방출되면 그 결과로 분명히 원자 내에서 강력한 전기적 소동이 일어나야만 할 것이다. 동시에, 붕괴된 원자의 남은 부분은 영구적으로 또는 일시적으로 안정된 계를 형성하기 위해서 스스로 재배치된다. 이 과정 동안에, 아마도 일부 에너지가 역시 방출되며, 그 에너지가 라듐 자체에서 열에너지의 형태로 나타나게 된다.

라듐의 열 방출의 매우 많은 부분이 라듐으로부터 방출된 α 입자들이 가지고 나온 운동에너지 때문이라는 견해는 그런 가정 아래서 예상되는 열작용의 크기를 계산한 것에 의해 강력하게 뒷받침된다. 앞의 93절에서 브롬화라듐 1

그램이 매초 약 1.44×10^{11}개의 α입자를 방출한다는 것을 보았다. 라듐(Ra=225) 1그램에서는 매초 2.5×10^{11}개의 α입자가 방출된다. 그런데 앞의 94절에서는 실험 자료로부터 라듐에서 방출된 α입자의 평균 운동에너지는 5.9×10^{-6} erg라고 계산하였다. 모든 α입자는 라듐 자체 또는 라듐을 둘러싼 봉투에서 흡수되므로, 매초 방출된 α입자들의 전체 에너지는 1.5×10^{6} erg이다. 이것은 매시간 약 130그램칼로리의 에너지가 방출된 것에 해당한다. 한편 라듐의 관찰된 열작용은 매시간 약 100그램칼로리이다. 이 계산이 어떻게 진행되는지를 고려하면, 관찰된 값과 실험값이 일치된 정도는 예상할 수 있는 범위에서 최상이며, 라듐의 열 방출은 거의 대부분 라듐 덩어리로부터 튀어나온 α입자들이 라듐과 라듐을 담은 용기에 충돌한 결과로 생긴다는 견해를 직접 뒷받침한다.

249. 라듐 에머네이션의 열작용

α입자의 방출을 수반하는 방사능 변환에서 방출되는 열의 양이 얼마나 굉장히 많은지는 라듐 에머네이션의 경우에 아주 잘 설명되어 있다.

라듐 1그램에서 나오는 에머네이션의 열 방출은 가장 클 때 매시간 75그램칼로리이다. 이 열 방출은 오직 에머네이션에 의한 것만은 아니고, 에머네이션과 함께 생기는 추가의 생성물들에 의한 것도 포함된다. 열 방출은 시간 흐름에 따라 지수 함수적으로 붕괴해서 나흘 만에 약 절반 값으로 줄어들기 때문에, 라듐 1그램에서 나오는 에머네이션의 수명 동안 방출되는 열의 전체 양은, $\lambda = 0.0072$(시간)$^{-1}$이므로, 근사적으로

$$\int_0^{\infty} 75e^{-\lambda t}dt = \frac{75}{\lambda} = 10,000 \text{그램칼로리}$$

와 같다. 그런데 라듐 1그램에서 나오는 에머네이션의 부피는 표준 압력과 온

도에서 약 1 mm^3이다(172절). 그러므로 부피 1 cm^3에 포함된 에머네이션은 변환하는 동안에 10^7 그램칼로리를 방출한다. 수소와 산소 1 cc가 물을 만들기 위해 결합하는 동안에 방출하는 열은 약 2그램칼로리이다. 그러니까 에머네이션은 변화하는 동안에 동일한 부피의 수소와 산소가 물을 형성하기 위해 결합하면서 내보내는 에너지의 5×10^6배의 에너지를 내보낸다. 이것은, 수소와 산소가 결합하는 반응은 어떤 다른 알려진 화학 반응보다 더 많은 에너지를 내보낸다는 것을 기억하면, 더 굉장한 일이다.

라듐 에머네이션 1 cc에서 나오는 열은 매초 약 21그램칼로리의 비율로 생산된다. 열이 이런 정도로 발생하면 그 열은 에머네이션을 담고 있는 유리관이 벽을, 녹아내리게 하지는 못한다고 하더라도, 빨갛게 달구도록 가열시키기에는 충분하다.

에머네이션이 수소 분자량의 약 100배의 분자량을 갖는다고 가정하면, 1그램 무게의 에머네이션이 열을 발생할 것으로 예상되는 비율을 어렵지 않게 계산할 수 있다. 에머네이션 100 cc의 무게가 약 1그램이므로, 에머네이션 1그램에서 나오는 전체 방출 열은 약 10^9 그램칼로리이다.

무게가 1 파운드인 에머네이션이 에너지를 방사(放射)하는 비율은 최대 약 10,000마력임을 어렵지 않게 계산할 수 있다. 이런 에너지 방사는 시간이 흐르면 줄어들지만, 에머네이션의 수명 동안에 방출하는 전체 에너지는 60,000마력일[10]에 해당한다.

10) 1 마력일은 1 마력에 하루, 즉 24시간을 곱한 에너지이다.

250. 우라늄과 토륨 그리고 악티늄의 열작용

라듐이 열을 방출하는 것은 덩어리 라듐에서 튀어나온 α 입자들이 충돌한 직접 결과이므로, α 선을 방출하는 모든 방사성 원소도 역시 그 원소의 α 선 방사능에 비례하는 비율로 열을 방출할 것으로 예상된다.

순수한 라듐의 방사능은 아마도 우라늄 또는 토륨의 방사능보다 약 200만 배 더 강하므로, 토륨 또는 우라늄 1그램이 방출하는 열은 매시간 약 5×10^{-5} 그램칼로리 또는 매년 약 0.44그램칼로리가 되어야 한다. 이것은 열 발생 비율로는 매우 미미하지만, 만일 많은 양의 우라늄 또는 토륨을 사용하면 측정될 수가 있어야 한다. 피그램[viii]이 토륨의 열작용을 측정하는 실험을 수행하였다. 이산화토륨 3 kg을 듀어 벌브에 밀폐해서 얼음 통에 보관하였으며, 토륨과 얼음 통 사이의 온도 차이를 철-콘스탄탄 열전대를 이용하여 측정하였다. 관찰된 최대 온도차는 0.04℃ 였고, 온도가 변화하는 비율로부터 계산하였더니 이산화토륨 1그램은 매시간 8×10^{-5} 그램칼로리의 비율로 열을 방출하였다. 현재 열 방출에 대한 좀 더 정확한 측정이 진행 중인데, 지금까지 얻은 결과는 예상한 것과 같은 자릿수 크기이다.

251. 방사능 생성물이 방출하는 에너지

열 방출은 축출된 α 입자의 에너지를 구하는 수단이라는 사실로부터 한 가지 중요한 결과가 따라온다. 만일 각 생성물에 속한 원자들 하나하나가 모두 따로 α 입자를 내보낸다면, 그 생성물 1그램으로부터 방출되는 전체 에너지가 얼마인지를 즉시 알 수가 있다. 서로 다른 생성물에서 나오는 α 입자들이 거의 같은 속도로 튀어나오며, 그래서 결과적으로 대략 동일한 양의 에너지를 가지고 나온다. 그런데 라듐에서 나오는 α 입자 하나의 에너지는 약 5.9×10^{-6} erg 임을 알고 있다. 대부분의 생성물의 원자량은 대략 200 정도이다. 부피 1 cm^3

에 포함된 수소 분자의 수는 3.6×10^{19}개이므로, 그 생성물 1그램에는 약 3.6×10^{21}개의 원자가 포함되어 있다는 것은 쉽게 계산될 수 있다.

만일 그 생성물의 원자 하나하나가 α 입자 한 개를 내보낸다면, 그 생성물 1그램에서 나오는 전체 에너지는 약 2×10^{16} erg 또는 8×10^{8} 그램칼로리이다. 단지 β선만 내보내는 생성물이 방출하는 전체 에너지는 아마도 이 값 8×10^{8}그램칼로리의 약 100분의 1 정도이다.

지금까지 우리는 단지 한 생성물에서 나오는 에너지의 경우만 고려하고 그 생성물에 연이은 생성물들에 대해서는 고려하지 않았다. 예를 들어, 라듐은 서서히 쪼개져서 그다음에도 네 가지 α선 생성물들을 발생시키는 원인이 된다고 생각할 수가 있다. 그래서 라듐과 생성물을 합한 1그램에서 나오는 전체 열 방출은 위에서 구한 양의 약 다섯 배, 즉 4×10^{9}그램칼로리이다.

라듐에서 방출되는 전체 에너지는 나중에 266절에서 약간 다른 관점으로 논의된다.

252. α입자 하나가 생성하는 이온의 수

이 책의 최초 판에서 몇 가지 서로 무관한 다른 방법을 이용한 계산으로부터 라듐 1그램은 매초 약 10^{11}개의 α 입자를 방출한다는 결과를 얻었다. 나중에 α 입자가 나르는 전하를 측정하는 방법으로 α 입자가 실제로 나오는 수를 알아내었으므로(93절), 역으로 우리는 그 수를 이용하여 원래 계산에서 얼미리고 가정하고 사용했던 몇 가지 상수 값을 너 정확하게 정할 수가 있다.

예를 들어, 기체에서 α 입자 하나가 생성하는 이온의 전체 수를 쉽게 구할 수 있다. 사용된 방법은 다음과 같다. 브롬화라듐 0.484밀리그램을 물에 녹여서 알루미늄 판에 균일하게 펼쳤다. 이것이 다 마른 다음에, 라듐의 방사능이 최저일 때 포화 이온화 전류를 측정하였더니 8.4×10^{-8} 암페어였다. 조사하는 용기의 판은 α선이 기체에서 모두 다 흡수될 만큼 충분히 멀리 놓여 있었다. 매초 기체로 방출된 α입자의 수를 실험으로 구했더니 8.7×10^6개였다. 이온 하나의 전하를 1.13×10^{-19} C 라고 하면(36절), 기체에서 매초 만들어진 이온의 전체 수는 7.5×10^{11}개였다. 그래서 α입자 한 개는 흡수되기 전에 평균 86,000개의 이온을 발생시켰다.

그런데 브래그는 (104절) 방사능이 최저일 때 라듐에서 나온 α입자가 공기에서 약 3 cm 진행하다가 정지되는 것을 보였다. 그가 구한 결과에 의하면 라듐 근처에서 경로상 매 cm마다 입자들의 이온화는 라듐에서 어느 정도 떨어진 곳에서 매 cm마다 입자들의 이온화보다 더 작다. 그러나 1차 근사로 이온화는 경로상에서 균일하다고 가정하면, 경로상 매 cm마다 α입자에 의해 생성되는 이온의 수는 29,000개이다. 이온화는 압력에 정비례해서 변하므로, 압력이 1 mmHg일 때, 단위 경로당 이온의 수는 약 38개가 된다. 한편 타운센드는 (103절) 압력이 1 mmHg인 공기에서 움직이는 전자(電子)에 의해 단위 경로당 생성되는 이온의 최대 수가 20임을 발견했으며, 이 경우에 전자(電子)가 자신이 움직이는 경로상에서 분자와 만날 때마다 한 쌍의 새로운 이온이 생성되었다. 현재 경우에 전자의 질량에 비해 질량이 매우 큰 α입자는 전자보다 영향을 미치는 범위가 훨씬 더 커서 전자가 이온화시키는 분자 수보다 두 배 더 많은 분자들을 이온화시키는 것처럼 보인다.

게다가, α입자가 단위 경로당 생성하는 이온의 수는, 같은 속도로 움직이는 전자가 단위 경로당 생성하는 이온의 수보다 더 많은데, 그 이유는 어떤 속도에 도달한 다음에는 전자가 이온화시키는 능력이 떨어진다는 것이 증명되었기 때문이다(103절). 브래그가 (앞에서 인용된 논문에서) 지적한 것처럼, 그것은 이미 예상된 것인데, 왜냐하면 α입자는 많은 수의 전자들로 이루어져 있고, 그래서 결과적으로 고립된 전자에 비해 이온화시키는 기능이 훨씬 더 효율적이기 때문이다. α 입자가 이온을 생성하는 데 필요한 에너지를 계산한 것이 부록 A에 실려 있다.

253. 라듐 1그램에서 방출되는 β입자의 수

방사능 평형에 놓인 라듐 1그램에서 튀어나오는 β입자의 전체 수를 비교하는 것은, 이론적으로 그 수가 방출된 α 입자의 전체 수와 분명한 관계를 가지고 있으므로, 중요하다. 우리는 이미 방사능 평형에서 새로 생긴 라듐은 α선을 방출하는 네 가지 생성물들을 포함하는데, 그것들은 라듐 자체, 에머네이션, 라듐 A 그리고 라듐 C임을 보았다. 방사능 평형에 놓인 연이은 생성물들 하나하나에서 매초 동일한 수의 원자들이 쪼개진다. 만일 원자 하나가 쪼개질 때마다 α 입자 하나가 튀어나온다면, 그리고 라듐 C의 경우에는 β입자 하나도 추가로 또 나온다면, 방사능 평형에서 라듐으로부터 방출되는 α 입자의 수는 방출되는 β입자의 수의 네 배가 될 것이다.[11)]

알려진 양의 라듐에서 방출되는 β입자의 수를 측정하기 위하여 빈이 어떤 방법을 사용했는지에 대해서는 80절에서 이미 논의되었다. β입자 중 일부가 라듐을 둘러싼 봉투와 라듐 자체에서 흡수되기 때문에, 그가 측정한 수는 과도하게 너무 작았다. 라듐에서는 잘 흡수되는 β선이 다수(多數) 튀어나오는데, 그중 대부분은 라듐 자체 또는 라듐이 들어 있는 봉투에서 정지(停止)된다는 것이 85절에서 설명되었다.

이런 흡수에 의한 오차를 가능한 한 제거시키기 위하여, 이 책의 저자가 수행한 실험에서는 β선의 공급원으로 라듐 자체보다 오히려 라듐 에머네이션

11) 방사능 평형에서 라듐의 연이은 생성물 네 가지에서 모두 α 입자 하나씩 네 개가 나올 때, β 입자는 라듐 C에서만 나오므로, 동일한 시간 동안 라듐에서 나오는 α 입자의 수가 β 입자의 수보다 네 배 더 많다.

에서 얻은 방사능 침전물을 사용하였다. 납으로 만든 길이가 4 cm이고 단면의 지름이 4 mm인 막대를 많은 양의 라듐 에머네이션이 있는 곳에 음극(陰極)으로 세 시간 동안 노출시켰다. 이 막대를 꺼낸 다음에는 즉시 검전기를 이용하여 γ선 효과를 측정하였고, 그 결과를 방사능 평형에 놓인 같은 무게의 브롬화라듐의 대응하는 γ선 효과와 비교하였다. 방사능 침전물은 단독으로 β선을 방출하는 생성물 라듐 C를 포함하고 있으므로, 그리고 β선의 세기와 γ선의 세기는 언제나 서로 비례하므로, 매초 납으로 만든 막대로부터 배출되는 β입자의 수는, 납으로 만든 막대의 γ선 효과와 같은 γ선 효과를 갖는 무게의 브롬화라듐에서 매초 배출되는 β입자의 수와 같다.

그다음에 납으로 만든 그 막대를 α선을 흡수하기에 딱 알맞은 두께인 0.0053 cm인 알루미늄 포일로 감싸서 낮은 압력이 되도록 신속하게 공기를 배출시킨 원통형 금속 용기 내에서 절연된 전극으로 만들었다. 두 방향으로 흐르는 전류를 전위계로 간격을 두고 측정하였으며, 93절에서 본 것처럼, 두 전류의 대수합은 ne에 비례하는데, 여기서 n은 납으로 만든 막대로부터 매초 튀어나오는 β입자의 수이고, e는 각 입자가 띠고 있는 전하이다. 라듐 C의 방사능은 시간과 함께 붕괴하지만, 알려져 있는 붕괴 곡선으로부터, 납으로 만든 막대를 에머네이션에서 꺼낸 직후의 초기 값으로 그 결과를 보정할 수 있다. 방사능 침전물에서 방출되는 β입자의 절반은 라듐 자체에서 흡수되는 것을 고려하고, β입자가 띤 전하가 1.13×10^{-19}쿨롱이라고 하면, 라듐 1그램으로부터 매초 방출되는 β입자의 전체 수를 측정한 서로 다른 두 실험의 결과는 각각 7.6×10^{10}과 7.0×10^{10}이었다. 이들의 평균을 취하면, 방사능 평형에 놓인 라듐 1그램에서 매초 방출되는 β입자의 전체 수는 약 7.3×10^{10}이라고 결론지을 수 있다.

방사능이 최저일 때 라듐 1그램에서 방출되는 α입자의 전체 수는 (93절에서) 6.2×10^{10}임을 보였다. α입자가 방출된 수와 β입자가 방출된 수가 근사적으로 일치하는 것은 앞에서 논의한 이론적 견해가 옳다는 강력한 증거가 된다. 이런 방법으로 추정한 β입자의 수는 진짜 값보다는 약간 더 클 것으로 예상되는데, 그 이유는 β입자가 매우 빠른 속력으로 움직이며 역시 음전하로 대전된 입자들로 이루어진 2차 방사선을 발생시키기 때문이다. 납에 β입자가 충돌하면 발생하는 이런 2차 β입자는 알루미늄 스크린을 통과하고 그 효과를 1차 β선에 추가하게 된다.

그렇지만 결과를 보면 방사능 평형에 놓인 라듐에서 β입자 하나마다 네 개의 α입자가 방출되며, 그래서 연이은 변화 이론이 옳음을 확인해준다.

제12장 미주

i. Rutherford and McClung, *Phil. Trans*. A. p. 25, 1901.
ii. P. Curie and Laborde, *C. R*. 136, p. 673, 1903.
iii. Runge and Precht, *Sitz. Ak. Wiss. Berlin*, No. 38, 1903.
iv. P. Curie, Société de Physique, 1903.
v. Rutherford and Barnes, *Nature*, Oct. 29, 1903. *Phil. Mag*. Feb. 1904.
vi. Paschen, *Phys. Zeit*. Sept. 15, 1904.
vii. Rutherford and Barnes, *Nature*, Dec. 18, 1904; *Phil. Mag*. May, 1905.
viii. Pegram, *Science*, May 27, 1904.

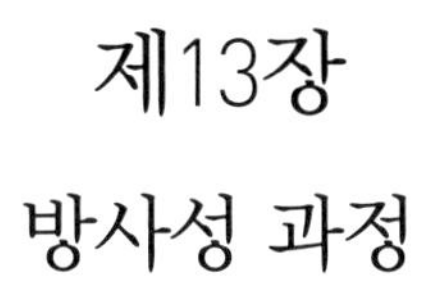

제13장

방사성 과정

254. 방사능 이론

이전 장들에서 방사선이 무엇이고 방사선은 어떤 성질을 갖는지에 대해 그리고 방사성 물질에서 일어나는 복잡한 과정에 대해 자세히 설명하였다. 방사성 원소에서 발생하는 여러 가지 생성물들도 자세히 조사하였으며, 그 생성물들은 어미원소로부터 다수의 뚜렷하게 식별되는 단계를 거쳐서 변환된 결과임도 보였다. 이 장에서는, 방사능 현상을 설명하는 데 붕괴 이론을 적용하는 것을 더 깊게 고려할 예정이고, 이론으로부터 얻게 될 논리적 추론을 간단히 논의할 예정이다.

먼저 방사능 분야를 연구하는 사람들에게 안내가 되는 이용 가능한 가정들을 다시 검토해보자. 이런 이용 가능한 가정들은 실험 지식이 점점 쌓이면서 많은 경우에 수정되거나 확장되었다.

퀴리 부인의 초기 실험에서는 방사능이 분자와 관련된 현상이 아니라 원자와 관련된 현상임을 보여주었다. 그런 견해는 나중 연구에서도 여전히 더 뒷받침되었고, 피치블렌드로부터 라듐을 검출하고 분리시킨 것은 이 가정이 옳았다는 대단히 성공적인 증거가 되었다.

방사성 원소에서 나오는 β선이 진공관에서 발생하는 음극선과 비슷하다는 발견은 중요한 발전이었으며, 그 발견이 몇 가지 뒤이은 이론들의 기초가 되었다. J. J. 톰슨과 다른 사람들의 견해에 이어서, 1901년에 J. 페랭[i]은 물체를 구성하는 원자가 내부 구조를 가지고 있으며 마치 축소된 태양계와 같은 모양일지도 모른다고 제안하였다. 방사성 원소에 속한 원자에서는 중심에서 더 먼 곳에서 원자를 구성하는 부분은 중심을 향하는 인력으로부터 벗어나서 관찰된 에너지를 갖는 방사선의 원인이 될 수도 있다. 베크렐[ii]은 1901년 겨울에 추가의 가정을 제안하였는데, 그는 그 가정이 자신의 연구를 안내하는 역할을 했다고 말하였다. J. J. 톰슨의 견해에 따르면, 방사성 물질은 음전하로 대전된 입자와 양전하로 대전된 입자로 구성된다. 음전하로 대전된 입자는 수소 원자 질량의 약 $\frac{1}{1,000}$ 인 질량을 가지며, 반면에 양전하로 대전된 입자는 음전하로 대전된 입자의 질량의 약 1,000배의 질량을 갖는다. 음전하로 대전된 입자는 (β선은) 매우 빠른 속도로 튀어나오지만, 훨씬 더 느리게 튀어나오는 양전하로 대전된 더 큰 입자는 일종의 기체를 (에머네이션을) 형성하고 스스로 물체의 표면에 흡착된다. 이것이 다시 더 나뉘어져서 방사선을 (들뜬 방사능을) 발생시킨다.

러더퍼드와 매클렁[iii]은 1900년 6월에 왕립협회에 제출한 논문에서 방사능이 우라늄의 100,000배인 라듐으로부터 이온화시키는 방사선의 형태로 기체로 방사(放射)된 에너지는 매년 3,000그램칼로리일 것으로 추산하였다. 가장 최근에 추정한 순수한 라듐 화합물의 방사능인 2,000,000을 이용하면, 위에서 얻은 값은 1그램당 매년 약 66,000그램칼로리의 에너지를 α선의 형태로 기체를 향해 방출하는 것에 해당한다. 이 에너지는 방사성 원소를 구성하는 부분들이 재편성하는 것으로부터 유래되었을지 모른다고 제안되었고, 그 부분들의 밀도가 더 높을 때 나오는 것이 가능한 에너지는 분자 반응에서 나오는 에너지에 비해 크다는 것이 지적되었다.

토륨 에머네이션과 토륨 에머네이션에 의해 생성된 들뜬 방사능에 대해 설명하는 최초 논문들[iv]에서도 이 두 가지 모두 방사성 물질에 의해서 나타났다는 견해를 보였다. 에머네이션은 기체처럼 행동하는 데 반하여, 들뜬 방사능의 원인이 되는 물질은 고체를 좋아해서 일부 산(酸)에는 녹지만 다른 일부 산에는 녹지 않는다. 러더퍼드와 브룩스 양은 라듐 에머네이션이 분자량이 큰 기체처럼 공기를 통해 확산하는 것을 보였다. 그 후 어느 날에 러더퍼드와 소디는 라듐 에머네이션과 토륨 에머네이션이 가장 극단적인 물리적 환경과 화학적 환경에서도 전혀 영향을 받지 않아서, 그들이 화학적으로 불활성 기체처럼 행동한다는 것을 보였다.

반면에 드비에르누와 함께 일련의 연구를 수행한 P. 퀴리는 이 견해에 반대를 표명했다. P. 퀴리[v]는 에머네이션이 물질에 속한다는 충분한 증거가 있다고 생각하지 않았으며, 그런 물질이 존재한다는 어떤 분광학적 증거도 아직 얻지를 못했으며, 또한 밀폐된 용기에 담아놓으면 에머네이션은 사라졌다고 지적했다. 이 책의 저자[vi]는 분광선(分光線)을 측정하는 데 실패한 이유는 아마도 에머네이션이 보통 조건 아래서는 단지 극미량만 존재했기 때문일 수 있으며, 그럼에도 불구하고 그렇게 적은 에머네이션에 의해 발생하는 전기적 작용과 인광을 내는 작용은 매우 뚜렷하다고 지적하였다. 이 주장은 뒤이은 연구에 의해 사실임이 증명되었다. P. 퀴리가 처음에는 에머네이션이 물질이 아니라 기체 분자에 속해 있는 응집된 에너지의 중심으로 구성되어 기체와 함께 움직인다는 견해를 가졌다.

퀴리 부부는 내내 방사능 현상에 대해 매우 일반적인 견해를 가졌고, 어떤 확실한 이론을 제시하지는 않았다. 그들은 1902년 1월에 그들의 연구에 지침이 된 일반적인 이용 가능한 이론[vii]에 대해 설명하였다. 방사능은 원자에 속한 성질이며, 이 사실을 인식함으로써 그들은 새로운 연구 방법을 만들어내었다. 원자 하나하나가 끊임없이 에너지를 방출하는 공급원으로 동작한다. 이 에너지는 원자 자체의 퍼텐셜 에너지로부터 올 수도 있고, 또는 원자 하나하나가 잃은 에너지를 순간적으로 되찾는 메커니즘으로 동작할 수도 있다. 그들은 이 에너지가 카르노[1]의 원리로는 설명되지 않는 어떤 방법에 의해 주위의 기체로부터 빌린 것일 수도 있다고 제안하였다.

1) 카르노(Nicolas Léonard Sadi Carnot, 1796-1832)는 프랑스의 물리학자로 열역학의 아버지라고도 불리며 가장 효율이 좋은 이론적인 열기관을 제안한 것으로 유명하다. 카르노 원리는 열기관이 얻을 수 있는 최대 효율을 정해준다.

토륨의 방사능을 면밀히 조사하는 과정에서, 러더퍼드와 소디[viii]는 토륨이 토륨 자신으로부터 끊임없이 새로운 종류의 방사성 물질을 만들어내고 있다고 가정하는 것이 필요함을 발견했다. 그 새로운 물질은 일시적으로만 방사능을 지녔고 화학적 성질에서는 토륨 자체와 같지 않았다. 토륨의 끊임없는 방사능은 방사성 물질이 생성되는 과정과 이미 생성된 물질의 변화 사이에 평형이 이룩된 결과로 생긴 것임을 알게 되었다. 동시에, 방사성 물질의 생성은 원자가 붕괴한 결과로 생긴다는 이론이 제안되었다. 그다음 해에도 같은 생각 아래 우라늄과 라듐의 방사능을 조사하는 데 연구가 집중되었으며, 토륨에 대해 내린 결론이 우라늄과 라듐에도 똑같이 성립한다는 것이 밝혀졌다.[ix] 방사성 에머네이션의 응결이 발견됨으로써[x] 에머네이션이 성질상 기체라는 견해가 더욱더 뒷받침되었다. 그동안에, 이 책의 저자[xi]는 원자 정도의 크기를 갖는 양전하로 대전된 물체로 이루어진 방사선이 매우 빠른 속도로 튀어나온다는 것을 발견하였다. 이런 방사선들의 정체가 물질이라는 발견은 원자가 분해된다는 이론에 힘을 보탰으며, 동시에 α 선과 방사성 원소에서 일어나는 변화 사이의 관계에 대한 설명을 제공했다. 러더퍼드와 소디[xii]는 「방사능 변화」라는 제목의 논문에서 방사능 현상을 설명하는 일환으로 원자 분해 이론을 자세히 설명했으며, 동시에 이 이론으로부터 얻는 좀 더 중요한 결과 중에서 일부에 대한 것이 논의되었다.

라듐에서 열이 방출되는 것을 발견하고 발표한 논문에서, P. 퀴리와 라보르데[xiii]는 열에너지가 나온 이유로 라듐 원자가 쪼개졌기 때문일 확률과 라듐이 어떤 외부 공급원으로부터 에너지를 흡수했기 때문일 확률이 거의 똑같다고 말했다.

J. J. 톰슨[xiv]은 〈네이처〉[2)]에 보낸 "라듐"에 대한 논문에서, 라듐으로부터 에너지가 방출되는 것은 아마도 원자 내부의 어떤 변화 때문이라는 견해를

피력하고, 원자의 수축에 의해서 원자에 비축된 많은 에너지가 방출되는 것일 수도 있다고 지적하였다.

윌리엄 크룩스 경은 1899년에 방사성 원소가 기체로부터 에너지를 흡수하는 성질을 가지고 있다는 이론[xv]을 제안하였다. 만일 물질에 좀 더 신속하게 충돌하는 움직이는 분자들이 방사성 물질로부터 훨씬 더 느린 속도로 방출된다면, 방사성 원소에서 방출되는 에너지는 대기(大氣)로부터 유래되었을 수도 있다. 이 이론은 나중에 P. 퀴리와 라보르데가 발견한 라듐에서 방출되는 많은 열(熱)을 설명하기 위하여 다시 제안되었다.

최근에 F. 레[xvi]는 특별히 방사성 물체에 적용할 것을 염두에 두고 물질에 대한 매우 일반적인 이론을 제안하였다. 그는 원자를 구성하는 부분들이 원래는 자유롭게 움직였고 지극히 희박한 성운(星雲)을 구성하고 있었다고 가정한다. 그 부분들이 서서히 응결될 중심 주위에 결합해서 원소에 속한 원자를 형성했다. 이 견해에 의하면 원자는 활동을 멈춘 태양에 비유될 수 있다. 방사성 원소는 최초 성운과 좀 더 안정된 화학적 원자 사이의 과도적인 단계를 차지하고 있으며, 더 수축하는 과정에서 관찰된 열의 방출이 일어난다.

켈빈 경은 1903년의 영국 협회 회의에 제출한 논문에서 라듐은 외부 공급원으로부터 에너지를 취하는 것일 수도 있다고 제안하였다. 만일 한 용기에는 흰 종이를 집어넣고 똑같은 다른 용기에는 검정 종이를 집어넣고서, 두 용기 모두에 빛을 쪼여주면 검은 종이를 넣은 용기의 온도가 흰 종이를 넣은 용기의 온도보다 더 높아진다. 그는 라듐도 그와 비슷한 방법으로 아직 알려지지 않은 방사선을 흡수하는 능력에 의하여 주위 공기의 온도보다 더 높은 온

2) 〈네이처(*Nature*)〉는 영국에서 발간되는 학술지의 이름으로 1869년에 창간되었으며 자연과학의 전 분야를 망라한 논문이 실린다.

도를 유지할 수도 있다고 제안하였다.

리하르츠[3]와 셍크[4]는 라듐 염에 의해 발생되는 것으로 알려진 오존이 생성되고 분열되는 것이 방사능의 원인일 수도 있다고 제안하였다.[xvii]

255. 각종 이론들에 대한 논의

방사능에 대한 가능한 설명의 후보로 제안된 일반적인 가설들을 점검해 본 결과, 그런 가설들을 대략적으로 두 가지로 나눌 수 있어 보이는데, 그중에서 하나는 방사성 원소에서 방출되는 에너지가 원자의 내부 에너지로부터 얻는다고 가정하고, 다른 하나는 에너지가 외부 공급원으로부터 유래하지만, 방사성 원소는 그렇게 빌려온 에너지를 방사능 현상에서 드러나는 특별한 형태로 변환시키는 것이 가능한 메커니즘으로 동작한다고 가정한다. 이러한 두 종류의 가설들 중에서 첫 번째 가설이 더 그럴듯해 보이며, 실험으로 얻은 증거에 의해 가장 잘 뒷받침된다. 현재까지 라듐의 에너지가 외부 공급원으로부터 유래되었다는 어떤 실험적 증거도 제시된 적이 없다.

J. J. 톰슨은 (앞에서 인용한 논문에서) 의문점을 다음과 같이 논의하였다.

"라듐이 에너지를 주위 공기로부터 얻고, 라듐 원자는 자기보다 느리게 움직이는 공기 분자와 충돌하면 자기에너지를 그대로 유지할 수 있지만 자기보다 더 신속하게 움직이는 공기 분자로부터는 그 분자의 운동에너지를 흡수하는 능력을 가지고 있다는 제안이 나왔다. 그런데 나는 설사 라듐 원자가 그런 능력을 실제로 가지고 있다고 하더라도 라듐의 행동을 어떻게 설명할 수 있는지 이해할 수가 없다. 라듐의 일부가 한 덩어리의 얼음에 뚫린 동공(洞空)

3) 리하르츠(Franz Richarz, 1860-1920)는 독일 물리학자로 오존에 대한 연구로 박사학위를 받았다.
4) 셍크(Rudolf Schenck, 1870-1965)는 독일의 화학자 및 광물학자로 독일 대학협회 회장, 독일 뮌스터 대학 총장 등을 역임하였다.

에 놓여 있다고 상상해보자. 라듐 주위의 얼음은 녹는다. 이렇게 만드는 에너지는 어디서 나오는가? 처음 가설에 의하면, 동공에서 공기와 라듐으로 이루어진 계에는 어떤 변화도 없어야 한다. 왜냐하면 동공 주위의 녹은 얼음은 그 주위를 둘러싸는 얼음보다 더 온도가 높아서, 외부로부터 동공으로 열이 흘러들어 올 수가 없으므로, 라듐이 얻은 에너지는 공기가 잃어야만 되기 때문이다."

이 책의 저자는 최근 큰 질량의 납으로 라듐을 에워싸더라도 라듐의 방사능이 전혀 바뀌지 않는 것을 발견하였다. 지름이 10 cm이고 높이도 10 cm인 원통을 납으로 만들었다. 원통의 한쪽 끝 중앙에 구멍을 뚫어 동공을 만들고 작은 유리관에 집어넣은 라듐을 그 동공에 놓았다. 그리고 입구는 단단히 밀폐하였다. 납을 통하여 투과한 γ선에 의해 검전기가 방전하는 비율을 이용하여 측정한 방사능은 한 달에 걸친 기간 동안에 어떤 감지될 만한 변화도 관찰되지 않았다.

일찍이 퀴리 부부는 일종의 뢴트겐선이 공간을 가로질러 진행하고 방사성 원소는 그것들을 흡수하는 성질을 갖는다고 가정하면 방사성 물체로부터 나오는 에너지의 방사선을 설명할 수도 있을 것이라고 제안하였다. 최근 실험에 의하면 (279절) 지표면(地表面)에는 라듐의 γ선과 유사한 투과력이 매우 강한 광선이 존재한다고 보고되었다. 설사 방사성 원소가 그런 방사선을 흡수하는 능력을 갖고 있다고 가정한다고 하더라도, 그 방사선의 에너지는 심지어 우라늄처럼 방사능이 작은 원소에서 방사(放射)되는 에너지의 원인이라고 말하기에도 너무 작다. 그뿐 아니라, 지금까지 구한 모든 증거가 가리키는 결론은 방사성 물체가 그것들의 밀도에 비추어 예상할 수 있는 것보다 더 큰 범위로는 자신이 방출하는 종류의 방사선은 흡수하지 않는다는 것이다. 이것은 우라늄의 경우에도 역시 성립함을 이미 보였다(86절). 설사 방사성 원소가, 보통 물질에서는 거의 흡수되지 않고 그 물질을 그냥 통과하는, 어떤 아직 알려지지 않은 종류의 방사선의 에너지를 흡수하는 성질을 가지고 있다고 하더라도, 방사성 원소에서 나오는 기이한 방사선을 설명하기에는, 그리고 방사성 원소에서 일어나는 일련의 변화를 설명하기에는, 기본적인 어려움이 여전히 존재한다. 열의 방출은 방사능과 직접 연관이 있음을 (제12장에서) 보았기 때문에, 열 방출만 설명하는 것은 충분하지 못하다.

게다가, 라듐으로부터 발생하는 방사능 생성물들 사이에서 라듐의 열 방출이 분배되어 있는 것도 방출된 에너지가 외부 공급원에서 빌려온 것이라는 가정 아래서는 설명하기가 지극히 어렵다. 라듐에서 방출되는 열의 3분의 2 이상이 에머네이션과 그 에머네이션이 생성한 방사능 침전물 때문임이 밝혀져 있다. 에머네이션이 라듐으로부터 분리될 때, 에머네이션의 열 방출능은 최댓값에 도달한 다음에 시간이 흐르면 지수법칙에 따라 감소한다. 그래서 외부 공급원으로부터 에너지를 흡수한다는 가정 아래서는, 보통 조건 아래서 관찰되는, 라듐에서 방출되는 열의 대부분이 라듐 자체로부터 나온 것이 아니라 라듐으로부터 생성된 무엇에서부터 나왔다고 상정할 필요가 생기게 되는데, 라듐이 외부 공급원에서 에너지를 흡수하는 능력은 시간에 따라 줄어들어야 한다.

에머네이션에서 생성된 방사능 침전물의 열작용이 시간에 따라 변화하는 것에도 역시 똑같은 논거(論據)가 적용된다. 지난 장에서 우리는 라듐과 라듐의 생성물에서 관찰된 열 효과의 대부분은 라듐과 라듐 생성물에서 튀어나간 α 입자들이 충돌한 결과임을 보았다. 그렇게 굉장히 빠른 속도가 갑작스럽게 α 입자에 흡수되게 만드는 메커니즘을, 그것이 내부적이든 또는 외부적이든, 상상하기가 어렵다는 것이 이미 (136절에서) 지적되었다. 그래서 우리는 α 입자가 이런 운동에너지를 갑작스럽게 획득한 것은 아니고, 원자 내에서 원래부터 빠르게 움직이고 있었는데, 원자로부터 갑자기 튀어나오면서 그 전에 원자 내부의 궤도에서 움직이던 속도를 그대로 갖고 나온다고 결론짓지 않을 수가 없다.

외부 에너지를 흡수한다는 가정이 옳지 않음을 보여주는 가장 강력한 증거는, 방사능이 관찰될 때마다 원래 방사성 물질의 화학적 성질과는 뚜렷이 구별되는 화학적 성질을 갖는 새로운 생성물에 의해 측정될 수 있는 변화가 반드시 수반되는 사실을, 그런 가정을 채택한 이론이 설명할 수가 없다는 점이다. 이런 사항들은 일종의 "화학적" 이론으로 인도하며, 다른 결과들로부터는 그러한 변화가 분자에서 일어나기보다는 원자에서 일어남을 알게 해준다.

256. 방사능 변화 이론

방사성 원소에서 일어나는 과정들은 이전에 화학에서 본 어떤 것과도 아주 다르다. 비록 방사능이 새로운 종류의 방사성 물질이 저절로 그리고 끊임없이 생성되는 것이 원인임을 밝혀졌지만, 방사성 물질이 생성을 조절하는 법칙은 보통 화학 반응의 법칙과 다르다. 방사성 물질이 생성되는 비율뿐 아니라 생성된 다음에 변화하는 비율 역시 어떤 방법으로도 바꾸기가 불가능하다는 것이 알려졌다. 화학 반응이 진행되는 빠르기를 바꾸는 데 중요한 인자인 온도가 이 경우에는 거의 전혀 영향을 주지 않는다. 게다가, 알려진 어떤 보통의 화학적 변화에서도 굉장히 빠른 속도로 날아가는 대전된 원자가 튀어나오는 것이 함께 일어나지는 않는다. 암스트롱[5]과 로리[6]는 방사능이 매우

5) 암스트롱(Henry Edward Armstrong, 1848-1937)은 영국의 화학자로 과학 교육에 크게 기여한 사람으로 기억된다.
6) 로리(Martin Lowry, 1874-1936)는 영국의 물리 화학자로 암스트롱이 그의 박사학위 지도교수였다.

느린 비율로 붕괴하는 현광 또는 인광의 과장된 형태일지도 모른다고 제안하였다.[xviii] 그러나 어떤 형태의 인광도 지금까지 방사성 원소에서 방출되는 성질을 갖는 방사선을 수반한다고 알려진 적이 없었다. 방사능을 설명하려고 제안된 가설이라면 일련의 방사능 생성물들을 발생시키는 데 서로 다른 생성물들끼리, 그리고 어미원소와 화학적 성질과 물리적 성질이 모두 다른 것을 설명해야 할 뿐 아니라, 특수한 성질을 갖는 방사선의 방출 또한 설명해야만 한다. 거기다 추가로 방사성 원소로부터는 많은 양의 에너지가 끊임없이 방사(放射)되는 것 또한 설명할 필요가 있다.

원자량이 크다는 것을 제외하면, 방사성 원소들 사이에, 방사능 성질을 감지할 만한 정도로 갖지 않은 다른 원소와 구별할 어떤 특별한 화학적 특징이 존재하지 않는다. 알려진 모든 원소 중에서, 우라늄과 토륨 그리고 라듐의 원자량이 가장 큰데, 라듐은 225, 토륨은 232.5, 그리고 우라늄은 240이다.

만일 원자량이 크다는 사실이 원자의 구조가 복잡하다는 증거로 채택된다면, 가벼운 원자에 비해 무거운 원자가 더 잘 붕괴할 것으로 예상된다. 동시에, 원자량이 가장 큰 원소가 방사능이 가장 커야 한다고 가정할 이유는 존재하지 않는다. 실제로 우라늄보다 원자량이 더 작은 라듐의 방사능이 우라늄의 방사능보다 훨씬 더 크다. 방사능 생성물에서도 역시 이런 일이 똑같이 일어난다. 예를 들어, 라듐 에머네이션이 같은 단위 무게로 비교하면 라듐 자체보다 훨씬 더 큰 방사능을 갖고 있으며, 에머네이션의 원자는 라듐의 원자보다 더 가볍다고 믿을 만한 증거가 얼마든지 있다.

방사능 현상을 설명하기 위하여, 러더퍼드와 소디는 방사성 원소에 속한 원자는 저절로 쪼개지며, 쪼개진 원자는 일련의 뚜렷한 변화를 거치는데, 그런 변화는 대부분의 경우에 α선의 방출을 동반한다는 이론을 제안하였다.

이미 136절에서 이 가설에 대한 예비 설명을 했으며, 이 가설에 근거한 연이은 변화에 대한 수학적 이론이 제9장에서 논의되었다. 우라늄과 토륨, 악티늄 그리고 라듐에서 발견되는 수많은 방사성 물질을 설명하는 데 제10장과 제11장에서는 일반적인 이론이 활용되었다.

이 이론은 주어진 시간에 평균해서 각 방사성 물질에 속한 원자들 중에서 정해진 작은 일부가 불안정해진다고 가정한다. 이런 불안정성의 결과로, 원자가 쪼개진다. 대부분의 경우에, 원자의 쪼개지기는 격렬하게 폭발적으로 증가하고, 매우 큰 속도의 α 입자가 튀어나오는 것을 수반한다. 몇 경우에는 α 입자와 β 입자가 함께 튀어나오고, 다른 경우에는 β 입자만 홀로 튀어나오기도 한다. 몇 경우에는 원자에서 변화가 성격상 덜 격렬해 보이고, α 입자와 β 입자가 모두 튀어나오지 않기도 한다. 이런 방사선이 나오지 않는 캄캄한 변화는 259절에서 고려한다. 질량이 수소 원자의 약 두 배인 α 입자가 튀어나오면, 원래 원자보다 더 가벼운 새로운 계가 뒤에 남게 되고, 뒤에 남은 계의 화학적 성질과 물리적 성질은 원래 원소의 성질과 매우 다르다. 이 새로운 계도 다시 불안정해지고, 또 다른 α 입자를 내보낸다. 분해 과정은, 일단 시작하면, 각 경우에 정해진 측정 가능한 비율로 단계마다 진행한다.

분해가 시작된 다음 언제든지, 아직 변하지 않은 원래 물질 중 일부가 이미 변화된 부분과 섞여서 존재한다. 이것은 관찰된 사실과 부합하는데, 예를 들어 라듐의 스펙트럼이 시간이 흐르면 계속해서 바뀌는 것은 아니다. 라듐은 아주 천천히 쪼개져서 수년의 시간이 지나가더라도 단지 작은 일부만 변환한다. 변화하지 않은 부분은 여전히 라듐의 특성을 지닌 스펙트럼을 내보내며, 라듐이 조금이라도 존재하는 한 그것은 계속된다. 동시에 오래된 라듐에서는 아무리 소량이더라도 함께 존재하는 생성물의 스펙트럼도 또한 나타날 것으로 기대해야 한다.

방사성 원소에 속하는 원자가 연이어 쪼개지면서 생기는, 변화가 진행되는 원자 하나하나에 대한 편리한 표현으로 메타볼론이라는 용어가 제안되었다. 각 메타볼론은 평균해서 단지 제한된 시간 동안만 존재한다. 같은 종류의 메타볼론들의 모임에서, 만들어진 다음 시간이 t일 때 아직 변화하지 않은 수(數) N은 $N = N_0 e^{-\lambda t}$로 주어지는데, 여기서 N_0는 원래 수(數)이다. 그러면 $\frac{dN}{dt} = -\lambda N$이므로, 단위 시간 동안에 변화한, 존재하는 메타볼론의 비는 λ와 같다. 여기서 $\frac{1}{\lambda}$ 값은 각 메타볼론의 평균 수명이라고 생각해도 된다.

이것은 다음과 같이 간단히 보일 수 있다. N_0개의 메타볼론이 제외된 뒤 임의의 시간 t 때 시간 dt 동안 변화된 수는 $\lambda N dt$, 즉 $\lambda N_0 e^{-\lambda t} dt$와 같다. 각 메타볼론의 수명이 t이므로, 전체 수의 평균 수명은

$$\int_0^\infty \lambda t e^{-\lambda t} dt = \frac{1}{\lambda}$$

로 주어진다.

방사성 원소에서 나오는 각종 메타볼론은 지극히 불안정하다는 것과 그 결과 신속하게 변화하는 것으로 보통 물질과 구분된다. 방사능을 갖는 물체는 방사능을 갖는다는 그 사실 때문에 변화되어야만 하므로, 예를 들어 에머네이션이나 Th X와 같은 방사능 생성물은 그 어느 것도 어떤 알려진 물질로 이루어질 수가 없다. 왜냐하면 방사능을 띠지 않은 물질이 방사성 물질이 된다든가, 또는 동일한 원소가 방사능을 띠기도 하고 띠지 않기도 하는 두 형태로 존재한다는 어떤 증거도 존재하지 않기 때문이다. 예를 들어, 라듐 에머네이션을 구성하는 물질의 절반은 나흘 동안에 변화를 겪는다. 약 한 달의 기간이 지나가면 있는 그대로의 에머네이션은 거의 모두 다 사라지며, 그동안에 몇 단계를 거치며 모두 더 다른 안정된 형태의 물질로 변환되고, 그 물질은 결과적으로 방사능으로 존재를 검출하는 것은 어렵다.

제10장에서 이미 많은 경우에 각종 생성물들의 화학적 성질과 물리적 성

질이 뚜렷이 차이 나는 것과, 또한 원래 방사성 물질의 그런 성질과 그 방사성 물질의 생성물의 그런 성질 사이도 뚜렷이 차이 나는 것에 대해서 관심을 가졌었다. 어떤 생성물은 뚜렷이 차이 나는 전기-화학적 행동을 보여서, 전기분해에 의해 용액으로부터 제거할 수가 있었다. 다른 생성물 중에는 휘발성에서 차이를 보여서 그 성질을 이용하여 부분적으로 분리시킬 수가 있었다. 이 생성물들 중 하나하나는 새로운 화학 물질임에 틀림이 없으며, 만일 보통 사용되는 화학적 방법으로 조사될 수 있기에 충분히 많은 양이 수집될 수만 있다면, 뚜렷이 구분되는 새로운 화학적 원소로 행동한다는 사실을 알게 될 것이다. 그런데 그런 원소가 보통 화학적 원소와 구별되는 점은 짧은 수명과 끊임없이 또 다른 물질로 변환된다는 사실이다. 우리는 나중에 (261절에서) 라듐 자체가, 끊임없이 변화해서 다른 것으로 변하며 자신도 다른 물질로부터 생성된다는 점에서, 그 용어의 의미에 딱 들어맞는 메타볼론임을 믿을 충분한 이유가 있음을 알게 될 것이다. 라듐과 다른 생성물들 사이에 존재하는 주된 차이점은 라듐이 변화하는 비율이 비교적 느리다는 데 있다.

라듐이 변화하는 비율이 느리기 때문에, 라듐이 다른 좀 더 빨리 변화하는 생성물에 비해서 피치블렌드에 더 많은 양이 존재한다. 많은 양의 광물에 작업을 해서, 화학적 조사를 하는 데 충분한 양의 순수한 생성물을 얻을 수가 있었다.

피치블렌드에 존재하는 에머네이션의 양이 피치블렌드에 존재하는 라듐의 양보다 훨씬 더 적은 이유는 에머네이션의 수명이 짧다는 것이지만, 에머네이션도 또한 화학적으로 분리되어서 그 부피를 측정하였다. 이 에머네이션 또는 기체의 기이한 성질은 이미 논의되었으며, 에머네이션은 존재하며, 기체 중에서 아르곤-헬륨 그룹에 속하는 화학적 성질을 공유하는 새로운 원소라고 생각해야 한다는 데는 의심할 수가 없다.

방사성 원소에서 물질이 저절로 변환하며, 그렇게 해서 생기는 서로 다른 생성물들은 변환의 과정에서 각 단계 또는 잠시 쉬어가는 휴게소에 해당하는데, 그 휴게소에서 원자들은 새로운 계로 다시 쪼개지기 전에 잠시 존재할 수가 있음을 우리는 목격하고 있다는 것을 의심할 여지가 없다.

257. 방사능 생성물

다음 표는 세 방사성 원소가 붕괴한 결과로 생겼다고 알려진 방사능 생성물 또는 메타볼론들의 명단이다. 이 표의 두 번째 기둥에는 각 생성물에 대한 방사능 상수 λ값, 즉 매초 변화가 진행되는 방사성 물질의 비율이 나와 있다. 세 번째 기둥에는 방사능이 절반으로 떨어지기까지 필요한 시간 T, 즉 방사능 생성물 절반이 변화되기까지 걸리는 시간이 나와 있다. 네 번째 기둥에는 각 방사능 생성물에서 나온 방사선의 종류가 나와 있는데, 여기에는 그 방사능 생성물에서 또 생긴 생성물로부터 나온 방사선은 포함되지 않았다. 다섯 번째 기둥에는 각 메타볼론에 속한 몇 가지 대표적 물리적 성질과 화학적 성질이 나와 있다.

생성물	$\lambda(\text{sec})^{-1}$	T	방사선 종류	생성물의 화학적 성질과 물리적 성질
우라늄 …	–	–	α	과도한 탄산암모늄에서 녹음, 에테르에서 녹음.
↓				
우라늄 X …	3.6×10^{-7}	22일	β와 γ	과도한 탄산암모늄에서 녹음, 에테르와 물에서 녹음.
↓				
?	–	–	–	–
토륨 …	–	–	α	암모니아에서 녹음.
↓				
토륨 X …	2.0×10^{-6}	4일	α	암모니아와 물에서 녹음.
↓				
에머네이션 …	1.3×10^{-2}	53초	α	분자량이 큰 화학적으로 불활성 기체. −120℃에서 액화됨.
↓				

토륨 A …	1.74×10^{-5}	11시간	없음	물체에 침전됨. 전기장에서 음극에 집중되어 있음. 일부 산에 녹음. 토륨 A는 토륨 B보다 더 잘 휘발됨. 확실한 전기-화학적 행동을 보임.
↓				
토륨 B …	2.2×10^{-4}	55분	α, β, γ	
↓				
?	–	–	–	
악티늄 …	–	–	없음	암모니아에서 녹지 않음.
↓				
악티늄 X …	7.8×10^{-7}	10.2일	$\alpha(\beta?)$	암모니아에서 녹음.
↓				
에머네이션 …	0.17	3.9초	α	기체처럼 행동함.
↓				
악티늄 A …	3.2×10^{-4}	36분	없음	물체에 침전됨. 전기장에서 음극에 집중되어 있음. 암모니아와 강산에 녹음. 100℃의 온도에서 휘발함. 전기 분해로 A와 B를 분리시킬 수 있음.
↓				
악티늄 B …	5.4×10^{-3}	2.15분	α, β, γ	
↓				
?	–	–	–	
라듐 …	–	1300년	α	화학적으로 바륨과 화합물을 이룸.
↓				
에머네이션 …	2.1×10^{-6}	3.8일	α	분자량이 큰 화학적으로 불활성 기체, −150℃에서 액화됨.
↓				
신속히 변하는 방사능 침전물				
라듐 A	3.85×10^{-3}	3분	α	물체의 표면에 침전됨. 전기장에서 음극에 집중되어 있음. 강산에 녹음. B는 약 700℃에서 휘발함. A와 C는 약 1000℃에서 휘발함.
↓				
라듐 B	5.38×10^{-4}	21분	없음	
↓				
라듐 C	4.13×10^{-4}	28분	α, β, γ	
↓				
느리게 변하는 방사능 침전물				
라듐 D	–	약 40년	없음	산에서 녹음, 1,000℃ 이하에서 휘발함.
↓				
라듐 E	1.3×10^{-6}	6일	β와 γ	1,000℃에서 휘발하지 않음.
↓				
라듐 F	5.6×10^{-8}	143일	α	용액에서 비스무스에 침전됨. 약 1,000℃에서 휘발함. 방사성 텔루르 그리고 폴로늄과 성질이 같음.
↓				
?	–	–	–	

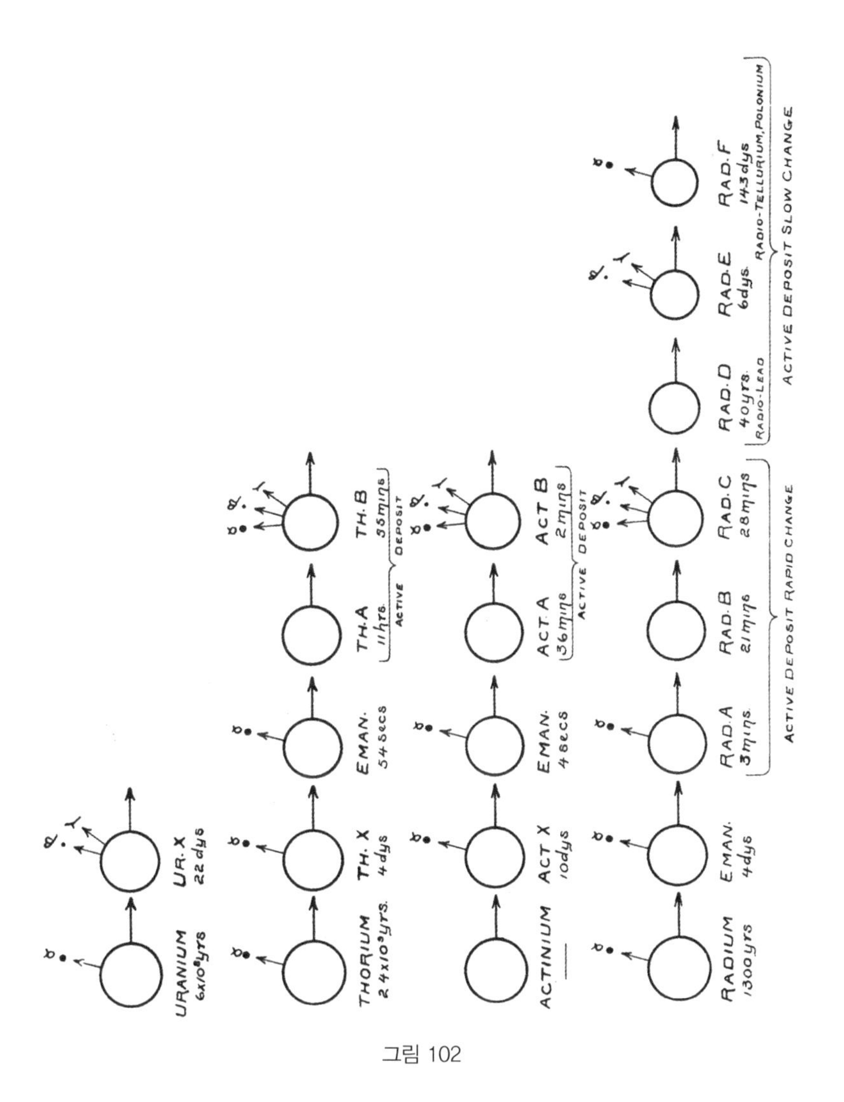

그림 102

방사능 생성물과 그 생성물에서 나오는 방사선은 그림 102에 표시되어 있다. 우라늄에서는 생성물 하나가, 토륨에서는 생성물 네 개가, 그리고 라듐에서는 생성물 일곱 개가 관찰되었다. 방사성 원소를 더 면밀히 조사하면 추가 변화가 더 드러날 가능성이 없지 않다. 혹시라도 매우 짧은 시간에 일어나는 변화가 존재한다면, 그런 변화는 검출하는 것이 대단히 어려울 것이다. 예를 들어, 토륨 X가 에머네이션으로 바뀌는 변화는 그 변화의 생성물이 성격상 기체가 아니었다면 아마도 발견되지 못했을 것이다. 많은 경우에 용액의 전기 분해는 방사능 생성물을 서로 분리시키는 매우 강력한 방법이며, 아직 그 가능성이 모두 다 시도되지는 않았다. 방사성 원소의 변화 중에서 주요 구성원은, 알려져 있는 것까지는 최대한, 면밀하게 조사되었으며, 변화하는 비율이 상대적으로 느린 어떤 생성물도 못보고 그냥 넘어갔을 가능성은 없다. 그렇지만 어떤 경우에는 단 한 가지 물질의 붕괴로부터 두 가지의 방사능 생성물이 생겨날 수도 있다. 이 점에 대해서는 260절에서 더 깊이 논의된다.

방사능 변화가 연이어 일어나는 붕괴 이론의 복잡한 실타래를 푸는 데 붕괴 이론이 적용되는 놀라운 방법을 라듐의 경우를 보면 매우 잘 이해할 수 있다. 붕괴 이론의 도움이 없었더라면, 방사능의 연이은 변화에서 일어나는 복잡한 과정을 이해하는 것이 불가능했을 수도 있다. 우리는 이미 폴로늄이나 방사성 텔루르 그리고 방사성 납과 같은 물질이 실제로 라듐으로부터 나온 생성물임을 보이는 데 이 분석이 없어서는 안 될 역할을 하는 것을 보았다.

방사성 물질이 위에서 찾아낸 연이은 변화를 겪은 다음에, 마지막 단계에 도달하는데, 그 마지막 단계에서는 원자들이 영원히 안정되어 있거나, 변화가 너무 느려서 그 원자의 방사능으로는 존재를 확인하는 것이 어렵게 된다. 그렇지만 변환 과정이 더 느리게 일어나는 단계를 통하여 계속되는 것도 가능하다.

이제 우라늄 원소와 라듐 원소 그리고 악티늄 원소는 함께 밀접하게 연결되어 있다는 증거가 상당히 많이 존재한다. 나중 두 원소인 라듐과 악티늄은 아마도 우라늄이 쪼개진 결과로 생겼다. 이 생각을 뒷받침하는 증거가 262절에 나와 있는데, 현재 이 두 원소를 서로 갈라놓는 틈을 메우기 위해 해야 할 과제가 여전히 많이 남아 있다.

일련의 변환이 끝에 도달한 다음에는, 아마도 방사능이 없거나 있더라도 단지 미소한 범위로만 있는 생성물 또는 생성물들이 남게 될 것이다. 게다가, 변환이 진행되는 중에 튀어나오는 α 입자는 그 성격상 물질이고 방사능을 띠지 않았으므로, 방사성 물질 내부에 어느 정도 큰 양이 모여 있어야만 한다. α 입자가 헬륨으로 되어 있을 확률에 대해서는 나중에 268절에서 고려된다.

생성물의 절반이 변환되는 데 걸리는 시간인 T의 값은 서로 다른 메타볼론들이 얼마나 안정되어 있는지를 상대적으로 측정하는 기준으로 이용될 수 있다. 생성물들의 안정성은 매우 넓은 범위로 변한다. 예를 들어, 라듐 D에 대한 T값은 40년이지만 악티늄 에머네이션에 대한 T값은 단지 3.9초에 불과하다. 이것은 안정성의 범위가 3.8×10^8만큼 되는 것에 해당한다. 그뿐 아니라 방사성 원소 자체는 매우 느리게 변화하는 것을 기억하면, 안정성의 범위는 여전히 더 확장된다.

안정성이 대략적으로라도 같은 유일한 두 개의 메타볼론은 토륨 X와 라듐 에머네이션이다. 각 경우에, 약 나흘 만에 절반의 변환이 완료된다. 나는 이 숫자가 근사적으로 같은 것은 단순히 우연이며, 이 두 형태의 물질은 서로 완전히 다르다고 생각한다. 왜냐하면, 만일 그 두 메타볼론이 똑같다면, 두 메타볼론에서 일어나는 변화도 같은 방법으로 그리고 같은 비율로 발생할 것으로 예상할 수 있는데, 그러나 그런 일은 일어나지 않기 때문이다. 게다가, Th X와 라듐 에머네이션의 화학적 성질과 물리적 성질도 서로 아주 다르다.

라듐과 토륨 그리고 악티늄의 세 방사성 물질이 그들 사이에 일어나는 연이은 변화가 아주 비슷한 점을 갖고 있다는 것이 매우 놀라운 일이다. 이들 중 하나하나가 모두 붕괴되는 한 단계에서 방사능을 갖는 기체를 방출하고, 각 경우에 모두 이 기체는 고체로 변환해서 물체의 표면에 침전된다. 이 세 방사성 물질 중 어느 것에 속한 원자가 일단 붕괴하기 시작하면, 연이은 변화가 똑같이 일어나서 그 결과로 만들어지는 계도 같은 종류의 화학적 성질과 물리적 성질을 갖는 것처럼 보인다. 그런 연관성은 멘델레예프의 주기율표에서처럼 서로 다른 원소에 속한 원자들에서 비슷한 성질이 반복되어 나타나는 이유를 알려줄 가능성이 있어서 관심의 대상이 된다.[7] 토륨과 악티늄 사이에는 생성물의 수나 그 본성 모두에 대해서 특별히 가까운 연관성이 있다. 연이은 생성물들이 변환하는 주기는, 비록 그 크기가 다르다고 할지라도, 아주 비슷한 방법으로 커지고 작아진다. 이것은 토륨과 악티늄에 속한 원자들이 매우 유사하게 구성되어 있음을 의미한다.

258. 생성물의 양

연이은 변화 이론을 적용하면, 라듐에 존재하는 그리고 다른 방사성 원소에 존재하는 생성물 하나하나의 예상되는 양을 어렵지 않게 추산(推算)할 수 있다.

방사능을 띤 원자 하나하나는 대략 수소 원자 또는 헬륨 원자의 원자량과 같은 원자량을 갖는 α 입자를 하나씩 방출하므로, 중간 생성물에 속한 원자의 무게가 어미 원자의 무게와 크게 다르지 않게 된다.

라듐 1그램에 존재하는 각 생성물의 무게를 근사적으로 구하는 것은 어렵지 않다. 방사능 평형에서 1그램에 존재하는 생성물 A, B, C의 수가 각각 N_A, N_B, N_C라고 하자. 그리고 λ_A, λ_B, λ_C가 각각 대응하는 변화 상수라고 하

7) 실제로 원자핵이 발견된 후 원자의 구조가 밝혀지고 주기율표의 주기성이 나타나는 이유를 잘 이해하게 되었다.

자. 그러면 만일 q가 매초 1그램에서 쪼개지는 어미 원자의 수라면

$$q = \lambda_A N_A = \lambda_B N_B = \lambda_C N_C$$

가 된다.

이제 q값이 6.2×10^{10}인 (93절) 라듐 생성물의 경우를 생각하자. λ값과 q값을 알면, N값은 즉시 계산될 수 있다. 원자량이 약 200인 물질 1그램에는 약 4×10^{21}개의 원자가 존재하므로(39절), 대응하는 무게를 구할 수 있다. 다음 표에 결과가 나와 있다.

생성물	$\lambda(\text{sec})^{-1}$값	1그램에 존재하는 원자 수 N	라듐 1그램에 포함된 생성물 무게(밀리그램)
라듐 에머네이션	2.0×10^{-6}	3.2×10^{16}	8×10^{-3}
↓			
라듐 A	3.8×10^{-3}	1.7×10^{13}	4×10^{-6}
↓			
라듐 B	5.4×10^{-4}	1.3×10^{14}	3×10^{-5}
↓			
라듐 C	4.1×10^{-4}	1.6×10^{14}	4×10^{-5}

구할 수 있는 라듐의 양이 작아서, 라듐 생성물 A, B 그리고 C의 양은 무게를 측정하기에는 너무 작다. 그렇지만 분광기를 이용하면 그 생성물들의 존재를 확인하는 것이 가능할 수도 있다.

토륨의 경우에, 생성물 Th X의 무게는, 최대한 많이 존재하는 경우에도, 너무 작아서 측정할 수가 없다. Th X에 대한 λ값은 라듐 에머네이션에 대한 λ값과 대략 같기 때문에, 라듐에 대한 q값은 토륨에 대한 q값의 약 2×10^6배인 것을 기억하면, 1그램에 존재하는 최대 무게는 약 4×10^{-12}그램이다. 토륨이 1 킬로그램 있다고 하더라도, Th X의 양은 무게로 측정하기에는 너무 작다.

각 생성물에 대한 λ값이 알려져 있기만 하면, 이 방법은 방사능 평형에 놓인 어떤 연이은 생성물들의 상대적인 양을 계산하는 데라도 일반적으로 이용될 수가 있다. 예를 들어, 우라늄이 라듐의 어미로 절반이 변환하는 데 약 6×10^8년 걸리고, 라듐과 라듐 D는 절반이 변환하는 데 각각 1300년과 40년이 걸린다는 것을 나중에 보이게 될 것이다. 방사능 평형이 도달하였을 때, 우라늄 1그램에 존재하는 라듐의 무게는 그래서 2×10^{-6}그램이고, 라듐 D의 무게는 약 7×10^{-8}그램이다. 우라늄 1톤을 포함하고 있는 광물에서 라듐은 약 1.8그램 그리고 라듐 D는 약 0.063그램 존재한다. 262절에서 설명한 최근 실험에서는 이와 같은 이론적 계산값이 약 두 배쯤 너무 크다는 것이 밝혀졌다.

259. 방사선을 내보내지 않는 캄캄한 변화

라듐과 토륨 그리고 악티늄에서 α입자 또는 β입자를 내보내지 않지만 뚜렷이 식별되는 변화의 존재는 매우 흥미로우며 매우 중요하다.

방사선을 내보내지 않는 변화는 기체의 이온화를 거의 수반하지 않기 때문에, 직접적인 방법으로는 그 존재를 검출할 수가 없다. 그렇지만 물질이 변화하는 비율은, 우리가 앞에서 본 것처럼, 뒤이은 생성물의 방사능이 시간에 따라 어떻게 바뀌는지 측정하여 간접적으로 정할 수가 있다. 방사능을 내보내지 않는 변화에 대한 법칙도 α선을 내보내는 변화에 대한 법칙과 동일하다는 것이 밝혀졌다. 그래서 방사선을 내보내지 않는 캄캄한 변화가 어떤 측면에서는 화학에서 관찰되는 한 분자 변화와 비슷한데, 다른 점은 캄캄한 변화는 원자 자체에서 일어나며, 한 분자가 더 간단한 분자로 분해하거나 구성 원자들로 분해하기 때문에 일어나는 것이 아니라는 것이다.

방사선을 내보내지 않는 변화는 성격상 α입자 또는 β입자를 발생시키는 변화처럼 격렬하게 일어나지 않는다고 가정되어야만 한다. 이 변화는 원자의 구성 요소들 사이에 재배치가 있거나 원자가 쪼개지지만 거기서 나오는 부분의 속도가 기체와 충돌하여 기체를 이온화시킬 만큼 빠르지는 않다고 가정하면 설명될 수가 있다. 나중 관점은, 만일 옳다면, 즉시 방사성 원소가 아닌 원소에서 비슷한 성격의 변화가 검출되지 않으면서 천천히 발생할지도 모른다는 가능성을 시사한다. 즉 다른 말로는, 모든 물질이 변화를 천천히 진행시키고 있을지도 모른다는 가능성을 시사한다. 방사성 원소에서 일어나는 변화는 오직 붕괴된 원자의 부분들이 매우 빠른 속도로 튀어나온 결과에 의해서만 관찰되었다. 부록 A에서 설명된 일부 최근 실험에서는 라듐에서 나온 α 입자의 속도가 매초 약 10^9 cm 아래로 떨어지면 더 이상 기체를 이온화시키지 않음을 보여준다. 그래서 빠른 속도로 튀어나온 α 입자라고 할지라도 기체에서 이온화를 일으키지 못할 수도 있다. 그런 경우에, 알려진 방사성 물질에 의해 나타난 것에 비하여 전기적 효과가 매우 작을 것이므로, 전기적 방법을 이용하여 변화를 추적하는 것이 어려울 수도 있다.

260. 생성물에서 나오는 방사선

우리는 앞에서 방사능 생성물의 거의 대부분은 α 입자를 내보내며 쪼개지고, γ 선과 함께 나오는 β 입자는 대부분의 경우에 마지막 빠른 변화에서만 나타나는 것을 보았다. 예를 들어, 방사능이 매우 커서 가장 면밀하게 조사된 라듐의 경우에, 라듐 자체와 에머네이션 그리고 라듐 A는 단지 α 입자만 방출하고, 라듐 B는 방사선을 전혀 내보내지 않는데, 라듐 C는 세 종류의 방사선 모두를 방출한다. 생성물 토륨 X와 악티늄 X가 β 입자를 방출하는지 여부를 확신을 가지고 단정하기는 어렵지만, 각 경우에 방사능 침전물에서 관찰되는 마지막 신속한 변화에서 β 선과 γ 선이 나타나는 것은 확실하고, 그런 측면에서 β선과 γ선은 라듐에서와 비슷한 방식으로 행동한다.

라듐에서 방출되는 입자들을 동반하는 매우 느리게 움직이는 전자들은 (93절) 고려하지 않았는데, 그 이유는 α입자가 물질에 충돌한 결과로 전자들이 원자로부터 자유롭게 되었고, 라듐 C에서 방출된 β입자의 속력과 비교하면 얼마 되지 않는 속력으로 방출된 것처럼 보였기 때문이다.

방사성 원소의 단지 마지막 빠른 변화에서만 β선과 γ선이 나타난다는 것은 매우 놀랍고 단순히 우연히 그렇게 된다고는 볼 수가 없다. β입자 하나를 마지막으로 방출시키면 그 결과가 매우 안정성이 있는 생성물의 출현이며, 또는 라듐의 경우에, 앞선 생성물들보다 훨씬 더 안정성이 높은 생성물(라듐 D)의 출현이다. 처음 변화는 α입자의 방출을 수반하고, 일단 β입자가 방출되면 남은 원자를 구성하는 부분들은 상당히 안정된 배열로 들어가고, 그래서 변환하는 비율이 매우 느린 것처럼 보인다. 그러므로 마지막으로 방출되는 β입자는 연이은 단계를 통하여 방사능 원자의 붕괴를 촉진시키는 능동적인 매개자로 간주하는 것이 그럴듯해 보인다. 이 질문에 대한 논의는 나중에 원자의 안정성에 대한 일반적인 질문을 논의할 때 (270절) 더 잘 다루게 될 것이다.

세 종류의 방사선이 모두 나타나는 변화가 그 이전의 변화보다 성격상 훨씬 더 격렬한 것은 의미가 있다. 단지 α입자만 어떤 다른 변화에서보다 더 빠른 속도로 방출되는 것이 아니라, β입자도 빛의 속도에 아주 가까운 속도로 튀어나온다.

원자에서 그렇게 격렬한 폭발이 일어나면, 단지 α입자와 β입자만 방출되는 것이 아니라, 원자 자체가 몇 개의 조각으로 파괴되는 가능성이 언제나 존재한다. 만일 붕괴의 결과로 나타나는 더 많은 부분이 한 가지 종류만으로 되어 있다면, 붕괴 비율만 관찰해서 적은 양이 빠르게 변화하는 물질의 존재를 검출하는 것이 어려울 수도 있다. 그러나 만일 그렇게 만들어진 생성물들이 뚜렷이 구분되는 전기-화학적인 행동을 한다면, 어떤 경우에는 전기 분해에 의해서 부분적인 분리를 가져와야 한다. 앞에서 (207절) 이미 토륨 용액의 전기 분해에서 피그램과 폰 레르히의 결과는 토륨 A와 토륨 B가 서로 구분되는 전기-화학적 행동을 한다는 가정 아래서 설명될 수 있다고 지적되었다. 그런데 피그램은 추가로 6분 만에 절반으로 붕괴하는 생성물의 존재를 관찰하였다. 이 방사능 생성물은 순수한 토륨염에 소량의 질산구리를 첨가한 용액을 전기 분해하여 얻었다. 구리 침전물은 방사능을 약간 띠었고 약 6분 만에 방사능의 절반을 잃었다.

주요 변화 계획에 들어가 있지 않은 그런 방사능 생성물의 존재는, 붕괴의 어떤 단계에서, 하나 이상의 물질이 생긴다는 것을 시사한다. 라듐 C와 토륨 B가 나타나는 격렬한 붕괴에서, 그런 결과를 예상할 수 있는데, 왜냐하면 원자의 구성 요소들이 몇 가지 서로 다르게 배열하더라도 약간 안정된 계를 형성하는 것이 불가능하지는 않기 때문이다. 그러한 붕괴의 결과로 나타난 두 생성물들은 어쩌면 서로 다른 비율로 존재할 수도 있는데, 그 두 생성물들이 서로 다른 종류의 방사선을 방출하지 않는 이상, 그 둘을 서로 분리하는 것은 어려울 수가 있다.

261. 라듐의 수명

방사성 원소에 속한 원자들은 끊임없이 쪼개지기 때문에, 그 방사성 원소 또한 메타볼론이라고 간주되어야 하며, 방사성 원소와 에머네이션이나 Th X 그리고 다른 것이 속하는 메타볼론과의 유일한 차이는 방사성 원소의 상대적으로 큰 안정성과 결과적으로 변화 비율이 매우 느리다는 것이다. 앞에서 밝힌 변화 과정이 현재 조건 아래서 원래로 되돌릴 수 있다는 증거는 없으며, 시간이 흐르면 라듐이나 우라늄 또는 토륨의 남은 양은 서서히 다른 종류의 물질로 바뀌어야만 한다.

이런 결론을 피할 수는 절대로 없는 것처럼 보인다. 예를 들어, 라듐의 경우를 보자. 라듐은 끊임없이 자신으로부터 라듐 에머네이션을 생성하고 있으며, 그 생성 비율은 항상 존재하는 라듐의 양에 비례한다.[8] 라듐이 언젠가는 모두 다 에머네이션으로 변화해야 하며, 에머네이션도 다시 연이은 단계들을 거쳐서 다른 종류의 물질로 변환되어야 한다. 에머네이션은 화학적으로 라듐 자체와 아주 다르다는 것에는 의문의 여지가 전혀 없다. 새로 형성되는 에머네이션을 상쇄하기 위해서 라듐의 양은 줄어들어야만 한다. 만일 그렇지 않다면 에머네이션의 형태로 존재하는 물질은 어떤 알려지지 않은 공급원으로부터 창조된다고 가정해야만 한다.

앞에서 (93절) 방사능이 최소일 때 1그램의 라듐은 매초 6.2×10^{10}개의 α 입자를 내보내는 것을 실험으로 보였다. 만일 각 생성물에 속한 원자 하나가 쪼개지면서 α 입자 하나를 내보낸다고 가정하면, 라듐의 열작용이나 라듐의 부피가 이 계산과 잘 일치한다. 이 가정 아래서, 매초 라듐 원자 6.2×10^{10}개가 쪼개지는 것을 보았다.

그런데 실험적으로 (39절) 표준 압력과 표준 온도 아래의 수소 1세제곱센티미터는 3.6×10^{19}개의 분자를 포함하고 있음을 보았다. 라듐의 원자량이 225라고 하면, 라듐 1그램에 포함된 원자의 수는 3.6×10^{21}개와 같다. 그래서 쪼개지는 라듐의 비 λ는 매초 1.9×10^{-11} 또는 매년 5.4×10^{-4}이다. 결과적으로 라듐 1그램마다 매년 약 0.5밀리그램이 쪼개진다. 라듐의 평균

8) 이것이 바로 러더퍼드와 소디가 발견한 유명한 방사능 붕괴의 지수법칙이다. 어떤 시간 t에 존재하는 방사성 물질의 양이 $N(t)$이고 생성 비율 $\frac{dN}{dt}$가 N에 비례하여 $\frac{dN}{dt} = -\lambda N$이 성립하면 바로 $N(t) = N_0 e^{-\lambda t}$가 나오는데, 이것이 지수법칙이다.

수명은 약 1800년이고, 원래 있던 라듐의 절반은 약 1300년 만에 다른 물질로 변환한다.

이제 램지와 소디가 관찰한 결과에 근거해서 구한 라듐 1그램에서 얻는 에머네이션의 부피는 약 1세제곱밀리미터라는 계산에 대해 생각해보자. 확산 결과에 근거한 실험적 증거에 의하면, 에머네이션의 분자량은 약 100이다. 만약 붕괴 이론이 옳다면, 에머네이션은 라듐에서 입자 하나를 뺀 원자이며, 그러므로 에머네이션의 분자량은 최소한 200은 되어야 한다. 어느 정도 확실하지 않아야만 하는 증거에 근거한 실험으로 구한 값보다 이 높은 값이 더 옳아 보인다. 그런데 매초 에머네이션이 생성되는 비율은 λN_0와 같은데, 여기서 N_0는 방사능 평형에서의 값이다. 분자량을 200으로 취하면, 라듐 1그램으로부터 매초 생성되는 에머네이션의 무게는 $= 8.96 \times 10^{-6}\lambda = 1.9 \times 10^{-11}$ 그램이다.

그래서 매초 생성되는 에머네이션의 무게는 매초 쪼개지는 라듐의 무게와 아주 가깝다. 이와 같이 매초 쪼개지는 라듐의 비는 약 1.9×10^{-11}이고, 이것은 앞에서 첫 번째 방법으로 계산한 수와 일치한다.

그러므로 라듐은 1300년 만에 절반이 변환한다고 결론지어도 좋다.

순수한 라듐의 방사능이 우라늄의 방사능의 약 200만 배라고 하면, 그리고 α선을 발생시키는 변화가 우라늄에서는 단지 한 가지이지만 라듐에서는 네 가지임을 기억하면, 매년 우라늄이 변화하는 비는 약 10^{-9}임을 간단히 계산할 수 있다. 이로부터 우라늄은 약 6×10^8년 만에 절반이 변환한다는 결론을 얻는다.

만일 토륨이 진정한 방사성 원소라면, 토륨의 방사능은 우라늄의 방사능과 대략적으로 같지만 α선을 방출하는 네 개의 생성물을 포함하고 있으므로, 토륨의 절반이 변환하는 데 걸리는 시간은 약 2.4×10^9년이다. 만일 토륨의 방사능이 약간의 방사성 불순물 때문에 생긴 것이라면, 주된 방사성 물질이 분리되고 그 물질의 방사능이 측정되기 전까지는 토륨의 수명이 얼마인지 결정될 수가 없다.

262. 라듐의 기원

이와 같이 라듐의 변화는 상당히 빨리 일어나며, 만일 한 덩어리의 라듐을 홀로 놓아두면, 수천 년 내에 자기 방사능의 대부분을 잃어야 한다. 앞에서 구한 라듐의 수명을 이용하면, 시간의 단위를 연(年)으로 할 때 λ값은 5.4×10^{-4}이다. 한 덩어리의 라듐을 홀로 놓아두면 1300년 만에 절반이 변환하며, 26000년 뒤에는 단지 100만분의 1만 남아 있게 된다. 그래서 이해를 돕기 위한 예로, 지구가 원래는 순수한 라듐으로 이루어져 있었다고 가정한다면, 26000년이 지난 다음에 매 그램당 지구의 방사능은 좋은 샘플로 고른 피치블렌드에서 오늘날 관찰되는 방사능보다 더 크지 않을 것이다. 심지어 라듐의 수명에 대한 이런 추산이 너무 짧다고 하더라도, 라듐이 실질적으로 완전히 사라지기에 필요한 시간은 지구의 예상 수명에 비해 짧다. 그래서 라듐이 어떤 방법으로든 지구의 나이에 비해 아주 최근의 어느 날 갑자기 형성되었다는 대단히 있을 것 같지 않은 가정을 하지 않는 한, 지구에서 라듐은 계속해서 만들어지고 있다는 결론을 내리지 않을 수가 없다. 일찍이 러더퍼드와 소디[xix]는 라듐이 피치블렌드에서 발견되는 방사성 원소 중 하나의 붕괴 생성물일 수도 있다는 제안을 하였다. 우라늄과 토륨이 라듐을 생성하는 가능한 공급원으로 필요한 조건을 다 갖추고 있다. 우라늄과 토륨 모두 피치블렌드에 존재하며, 원자량이 라듐의 원자량보다 더 크고, 라듐이 변화하는 비율에 비해 변화의 비율이 더 느리다. 어떤 면에서, 우라늄이 그런 필요한 조건을 토륨보다 더 잘 만족한다. 왜냐하면 토륨이 풍부한 광물에서는 라듐이 많이 포함되어 있는 경우가 별로 관찰되지 않은 반면에 대부분의 라듐을 포함하는 피치블렌드는 많은 비율의 우라늄을 포함하고 있기 때문이다.

만일 라듐이 우라늄으로부터 생성되지 않았다면, 피치블렌드에서 지금까지 관찰된 가장 큰 방사능이 우라늄 방사능의 약 다섯 배에서 여섯 배라는 것은 정말로 놀라운 우연의 일치이다. 라듐의 수명은 우라늄의 수명에 비해 짧기 때문에, 생성된 라듐의 양은, 새로운 라듐이 생성되는 비율이 — 그 비율은 또한 우라늄이 변화하는 비율을 측정하는 기준이 되기도 한데 — 그 생성물이 변화하는 비율과 평형을 이루는 수천 년이 지난 다음에 최댓값에 도달해야만 한다. 그런 점에서 이 과정은 라듐에 의해 에머네이션이 생성되는 과정과 정확히 대응되는데, 둘 사이에 차이는 라듐이 에머네이션에 비해 훨씬 더 천천히 변화한다는 것이다. 그러나 라듐 자체도 자신이 붕괴하면서 적어도 다섯 가지 변화와 대응하는 α 선의 생성을 발생시키고, (α 선으로 측정된) 라듐이 원인인 방사능은, 우라늄과 방사능 평형을 이룰 때, 라듐을 생성하는 우라늄의 방사능의 약 다섯 배가 되어야 한다. 왜냐하면 우라늄에서 α 선을 내보내는 변화는 단지 한 가지만 관찰되었기 때문이다. 피치블렌드에 악티늄이 존재하는 것을 고려하면, 가장 좋은 피치블렌드에서 관찰된 방사능은 라듐이 우라늄의 붕괴 생성물이라고 가정할 때 예상되는 방사능과 대략 일치한다. 만일 이 가정이 옳다면, 스며드는 물에 의해서 라듐이 광물로부터 제거되지만 않는다면, 어떤 피치블렌드에나 존재하는 라듐의 양은 그때 존재하는 우라늄의 양에 비례해야만 한다.

볼트우드[xx][9)]와 매코이[xxi][10)] 그리고 스트럿이[xxii] 이 질문을 실험적으로 탐

9) 볼트우드(Bertram Borden Boltwood, 1870-1927)는 미국의 화학자, 물리학자로 방사성 물질의 붕괴 순서를 알아내고 라듐이 우라늄의 붕괴 생성물임을 발견하였다.
10) 매코이(Herbert Newby McCoy, 1870-1945)는 미국 화학자로 시카고 대학과 유타 대학에서 가

구하였다. 매코이는 가루 형태로 준비한 서로 다른 광물의 상대적 방사능을 검전기를 이용하여 측정하여 화학적 분석으로 존재하는 우라늄의 양을 측정하였다. 그의 결과에 의하면 광물에서 관찰된 방사능은 우라늄의 함량에 대단히 근사적으로 비례하였다. 광물에는 우라늄과 그 생성물뿐 아니라 악티늄도 존재하므로, 이 결과는 라듐과 악티늄을 합한 양이 우라늄의 양에 비례함을 가리킨다. 볼트우드와 스트럿은 서로 다른 광물에서 점점 더 많아지는 상대적인 라듐 에머네이션의 양을 측정하는 방법으로 이 문제를 더 직접적으로 파고들었다. 광물을 녹여서 밀폐된 용기에 보관하면, 존재하는 에머네이션의 양이 약 한 달의 기간이 경과된 다음 최댓값에 도달한다. 그러면 에머네이션을 그림 12에 보인 것과 같은 금박 검전기가 들어 있는 밀폐된 용기에 넣는다. 금박이 움직이는 비율은 용액에서 나오는 에머네이션의 양에 비례하며, 이것은 다시 라듐의 양에 비례한다. 이런 방법으로 볼트우드는 다양한 종류의 피치블렌드와 라듐을 포함한 다른 광석에 존재하는 라듐의 함량을 매우 완전하고 정확하게 비교했다. 고체 상태의 많은 광물들은 상당히 큰 비율의 에머네이션이 공기로 빠져나가도록 허용했음이 밝혀졌다. 이런 방법으로 잃어버린 에머네이션 전체 양의 백분율이 다음 표의 기둥 II에 나와 있다. 기둥 I은 에머네이션이 전혀 빠져나가지 않을 때 광물 1그램에 존재하는 에머네이션의 최대 양을 임의의 단위로 보여준다. 기둥 III은 광물 1그램에 포함된 우라늄의 무게를 그램 단위로 표현한 것이고, 기둥 IV는 에머네이션의 양을 우라늄의 양으로 나눈 비이다. 만일 라듐의 양이 우라늄의 양에 비례한다면, 기둥 IV에 나온 수(數)는 모두 같아야 한다.

르쳤으며 린지 라이트 & 케미컬(Lindsay Light & Chemical Company)의 부사장을 역임하였다. 물리화학과 방사능 그리고 희토류에 대해 많은 논문을 남겼으며, 저서로 『일반 화학 개론(*Introduction to General Chemistry*)』(1919)을 집필했다.

물질	지역	I	II	III	IV
우라니나이트	노스캐롤라이나	170.0	11.3	0.7465	228
우라니나이트	콜로라도	155.1	5.2	0.6961	223
구마이트	노스캐롤라이나	147.0	13.7	0.6538	225
우라니나이트	요아힘스탈	139.6	5.6	0.6174	226
우라노페인	노스캐롤라이나	117.7	8.2	0.5168	228
우라니나이트	작센	115.6	2.7	0.5064	228
우라노페인	노스캐롤라이나	113.5	22.8	0.4984	228
토로구마이트	노스캐롤라이나	72.9	16.2	0.3317	220
카르노타이트	콜로라도	49.7	16.3	0.2261	220
우라노토라이트	노르웨이	25.2	1.3	0.1138	221
사마스카이트	노스캐롤라이나	23.4	0.7	0.1044	224
오란가이트	노르웨이	23.1	1.1	0.1034	223
유크세나이트	노르웨이	19.9	0.5	0.0871	228
토라이트	노르웨이	16.6	6.2	0.0754	220
페르구소나이트	노르웨이	12.0	0.5	0.0557	215
에스키나이트	노르웨이	10.0	0.2	0.0452	221
제노타임	노르웨이	1.54	26.0	0.0070	220
모나자이트(모래)	노스캐롤라이나	0.88	–	0.0043	205
모나자이트(결정)	노르웨이	0.84	1.2	0.0041	207
모나자이트(모래)	브라질	0.76	–	0.0031	245
모나자이트(덩어리)	코네티컷	0.63	–	0.0030	210

일부 모나자이트[11]를 제외하면, 우리가 구한 수(數)는 놀랄 정도로 잘 일치하며, 서로 다른 광물에 포함된 우라늄의 함량이 매우 다양하고, 그 광물을 구한 지역이 널리 퍼져 있는 것을 고려하면, 이 결과는 광물에 포함된 라듐의 양이 우라늄의 양에 정비례한다는 직접적이고도 만족스러운 증거가 되기에 충분하다.

11) 모나자이트(monazite)는 세륨, 토륨, 지르코늄, 이트륨 등을 함유한 인산염 광물로 누런색, 갈색, 붉은색을 띠고 희토류 원소의 중요한 원료가 된다.

이와 연관되어, 비록 이전 분석의 대부분은 모나자이트에 우라늄이 존재하지 않는다는 데 의견을 같이하는 데도 불구하고, 볼트우드가 다양한 종류의 모나자이트에 존재하는 상당한 양의 라듐을 발견한 것은 주목할 만하다. 그 결과로, 이 문제를 조사하기 위해 면밀한 검사가 이루어졌으며, 특별한 방법을 이용하여 우라늄이 실제로 존재하며, 그 양도 또한 이론으로 예상되는 것과 일치한다고 밝혀졌다. 인산염에 포함되어 있어서 보통 분석 방법으로는 정확한 결과를 얻는 데 실패했던 것이다.

스트럿[xxiii]도 최근에 비슷한 성격의 결과를 얻었다.

이와 같이 광물에 포함된 우라늄 1그램에 대한 라듐의 무게는 분명한 상수로, 이것은 실제적으로 상당히 중요하다. 볼트우드가 최근에 알려진 무게의 우라니나이트에서 나온 에머네이션을 알려진 양의 순수한 브롬화라듐에서 나온 에머네이션과 비교하여 이 값을 구하였다. 이 책의 저자가 이 목적으로 순수한 브롬화라듐을 볼트우드에게 제공하였다. 브롬화라듐의 측정된 무게는 매 그램마다 매시간 100그램칼로리를 약간 웃도는 비율로 열을 방출하는 비축해놓은 광물로부터 구했으며, 그래서 그 브롬화라듐은 아마도 순수하다. 이 브롬화라듐을 물에 녹였으며, 표준 용액은 매 cc마다 브롬화라듐 10^{-7}그램을 포함하였다. 브롬화라듐의 성분을 $RaBr_2$라고 하면, 어떤 광물에서든지 우라늄 1그램에 포함된 라듐의 무게는 8.0×10^{-7}그램이었다. 그래서 우라늄 1톤에 대해 광물에 포함된 라듐의 양은 0.72그램이다.

스트럿은 (앞에서 인용한 문헌에서) 이보다 거의 두 배가 되는 값을 얻었으나, 그는 자신이 사용한 브롬화라듐이 얼마나 순수한지를 가려낼 방법이 없었다.

이렇게 얻은 우라늄 1그램당 라듐의 양은 라듐의 어미가 우라늄이라면 붕괴 이론으로 예상되는 값과 거의 일치한다. 우라늄에 대한 라듐의 이론적인 비율을 정확히 구하기 위해 필요한 우라늄의 방사능과 비교한 순수한 라듐의 방사능이 충분히 정확하게 알려져 있지 않다.

우라늄으로부터 라듐이 생성된다는 생각이, 비록 이런 실험들에 의해 강력하게 뒷받침되고 있기는 하지만, 우라늄에서 어떻게 라듐이 증가하는지에 대해 실험에 의한 직접적인 증거를 얻지 못하면, 확실하게 인정받는 것은 아니다. 붕괴 이론으로 예상되는 라듐이 생성되는 비율은 어렵지 않게 계산될 수 있다. 매년 쪼개지는 우라늄의 비가 계산되었는데 (261절) 그 결과는 매년 약 10^{-9}이었다. 이 수(數)가 매년 우라늄 1그램에서 생성되는 우라늄의 무게를 대표한다. 우라늄 1그램으로부터 매년 생성되는 양의 라듐으로부터 방출되는 에머네이션은 보통 보는 금박 검전기를 약 1시간 반 만에 방전시키는 원인이 된다. 만일 우라늄 1킬로그램이 이용되면, 단 하루 동안 생성되는 라듐의 양은 어렵지 않게 검출될 수 있다.

우라늄에 포함된 라듐의 양이 증가하는 것을 검출하려는 실험이 몇 사람들에 의해 수행되었다. 소디[xxiv]는 용액 상태의 우라늄 질산염 1킬로그램으로부터 서로 다른 시간에 방출되는 에머네이션의 양을 조사하였다. 그 용액은 원래는 적당한 화학적 과정으로 소량의 라듐도 존재가 확인되지 않았던 것이다. 그 용액은 밀폐된 용기에 저장되었으며, 용액에서 수집된 에머네이션의 양은 같은 시간 간격마다 측정되었다.

예비 실험에 의하면, 라듐이 실제로 생성되는 비율은 이론으로 예상한 양에 비해 훨씬 더 작았으며, 처음에는 라듐이 생성된다는 증거가 거의 나타나지 않았다. 우라늄을 18개월 동안 보관한 다음에야, 소디는 에머네이션의 양이 분명히 처음보다 더 많다고 보고하였다. 이 기간이 지난 다음에 용액에는 약 1.5×10^{-9}그램의 라듐이 포함되어 있었다. 이 값은 매년 변화하는 우라늄의 비의 값이 약 2×10^{-12}임을 가리키는데, 이에 대한 이론값은 약 10^{-9}이다.

웨덤xxv 역시 1년 동안 보관한 우라늄 질산염에서 라듐 함량이 상당히 증가한 것을 발견했으며, 라듐이 생성되는 비율이 소디가 발견한 비율보다 더 빠르다고 생각하였다. 그의 경우에, 처음부터 우라늄에 약간의 라듐이 포함되어 있었다.

이 문제가 제대로 해결되기 위해서는 여러 해로 기간을 늘린 관찰이 필요한데, 왜냐하면 에머네이션의 양을 이용하여 소량의 라듐을 정확히 측정하는 것에는 어려움이 따르기 때문이다. 시간 간격을 길게 한 관찰에서는 특별히 이 점을 고려해야 한다.

이 책의 저자는 라듐이 악티늄 또는 토륨으로부터 생성되지는 않는지 조사하였다. 악티늄이 우라늄과 라듐 사이의 중간 생성물로 판명될 가능성이 있다고 생각되었다. 라듐이 없는 용액을 1년 동안 보관하였지만 라듐 함량이 증가하는 것은 관찰되지 않았다.

우라늄에 의한 라듐의 생성이 처음에는 이론으로 예상되는 비율의 단지 극히 일부만에 의해 진행되는 것은 틀림없다. 생성물 Ur X와 라듐 사이에 아마도 몇 단계가 끼어드는 것을 고려하면 그것은 별로 놀라운 일은 아니다. 예를 들어, 라듐의 경우에 보통 관찰되는 빠른 변화들 다음에 많은 느린 변화들이 뒤따르는 것을 보았다. 우라늄의 방사능이 미미하기 때문에, 그런 변화가 일어나는 것을 직접 측정하는 것은 쉽지 않다. 예를 들어, 만일 Ur X와 라듐 사이에 하나 또는 그보다 더 많은 방사선을 내지 않는 생성물들이 발생하고, 그것을 라듐에서 제거한 화학적 과정과 동일한 과정으로 우라늄으로부터 제거시킨다면, 라듐이 생성되는 비율이 처음에는 매우 작겠지만 우라늄에 점점 더 많은 중간 생성물들이 저장되면서 라듐이 생성되는 비율은 시간이 흐르면서 점점 증가할 것으로 예상된다. 방사성 광물에서 우라늄과 라듐의 함량이 항상 서로 비례한다는 사실은, 라듐이 우라늄으로부터 생성된다는 분명한 실험적 증거와 결합하여, 우라늄이 어떤 방법으로든 라듐의 어미임을 알려주는 거의 결정적인 증거를 제공한다.

라듐이 어떤 다른 물질로부터 끊임없이 생성되는 것이 틀림없다는 것을 보여주기 위해 제시하는 일반적인 증거는 라듐의 방사능의 세기와 같은 정도의 세기의 방사능을 갖는 악티늄에도 역시 적용된다. 피치블렌드에 라듐과 함께 악티늄도 존재한다는 사실은 악티늄도 또한 어떤 방법으로든 우라늄으로부터 유래한다는 것을 시사한다. 악티늄이 라듐으로부터 생성되거나 라듐과 우라늄 사이의 중간 물질이라고 판명되는 것도 가능하다. 라듐과 마찬가지로, 만일 방사성 광물에 존재하는 악티늄의 양이 우라늄의 양에 비례한다면, 그것은 그런 연관성에 대한 간접적인 증거가 될 수 있다. 이 문제를 악티늄에 대해 해결하는 것은 라듐에 대해 해결할 때처럼 간단하지 않은데, 왜냐하면 악티늄은 수명이 매우 짧은 에머네이션을 내보내며, 그래서 광물에 포함된 라듐의 함량을 구하는 데 사용된 방법을 대폭 수정하지 않고서는 악티늄의 함량을 구하는 데 사용할 수가 없기 때문이다.

지금까지 얻은 실험 자료는 토륨에서 주된 방사성 물질의 기원을 밝히는 데 많은 실마리를 제공하지는 않는다.

호프만과 다른 사람들은 (23절) 우라늄을 함유한 광물에서 분리시킨 토륨의 방사능이 항상 존재하는 우라늄의 양이 더 많을수록 더 세다는 것을 보였다. 이것은 토륨에 존재하는 방사성 물질도 역시 우라늄으로부터 유래되었음을 가리킨다.

방사성 원소의 기원과 방사성 원소들 사이의 관계를 결정하는 일에 대해서, 비록 앞으로 해야 할 일이 여전히 많이 남아 있지만 그래도 이미 시작된 출발은 그 조짐이 나쁘지 않다. 우리는 폴로늄과 방사성 텔루르 그리고 방사성 납과 라듐 사이의 연관성이 수립된 것은 이미 보았다. 이제 라듐 자체가 이 명단에 추가되며, 악티늄도 곧 뒤따라 추가될 것으로 예상된다.

실험에 의하면 보통 방사성 광물에 존재하는 우라늄의 양과 라듐의 양 사이에는 분명한 관계가 있음을 확실히 알게 되는데, 최근에 댄니[xxvi]는 매우 흥미로운 누가 봐도 알 수 있는 한 가지 예외에 대해 주의를 환기시켰다. 손루아르주의 이시레베크 인근[12]에 존재하는 일부 광물 매장 층에서, 우라늄의 흔적은 찾을 수 없는데도 불구하고, 상당한 양의 라듐이 발견되었다. 방사성 물질은 납을 포함한 점토(粘土)에 포함된 (납의 인산염인) 녹연광[13]과 페그마타이트[14]에서 발견되었는데, 라듐은 보통 녹연광에 더 많은 양이 존재한다. 녹연광은 석영(石英)과 장석[15]의 광맥(鑛脈)에서 발견된다. 이 광맥들은 주위에 많은 샘들이 있어서 항상 젖어 있다. 녹연광에 포함된 우라늄의 양은 경우마다 상당히 많이 다른데, 댄니는 매 톤마다 약 1센티그램의 라듐이 존재한다고 생각한다. 이 지역에서 발견된 라듐은 아마도 과거에 이 지역을 흐르는 물에 의해서 침전되었다고 보는 것이 그럴듯하다. 이 지역에서 약 40마일 떨어진 곳에서 인산우라늄광의 결정체가 발견되었기 때문에, 라듐의 존재가 놀랄 일은 아니며, 아마도 그 지역에 우라늄을 포함한 퇴적층이 존재한다. 이 결과는 물이 라듐을 이동시켜서 물리적 작용이나 화학적 작용을 통하여 멀리 떨어진 곳에 퇴적시켰음을 시사하고 있기 때문에 흥미롭다.

다음 장에서는 라듐이 지표면의 매우 넓은 지역에서 발견되지만, 일반적으로 매우 소량으로만 존재한다는 것에 대해 논의할 예정이다.

12) 손루아르주의 이시레베크(Issy-l'Evêque in the Saône-Loire district)는 프랑스의 지명이다.
13) 녹연광(pyromorphite)은 녹색-황색-갈색의 광석으로 성분은 $Pb_5P^3O^{12}Cl$이다.
14) 페그마타이트(pegmatite)는 화강암의 일종이다.
15) 장석(felspar 또는 feldspar)은 흰색 또는 붉은 색을 띤 암석의 일종이다.

263. 라듐의 방사능은 밀도에 의존할까?

우리는 앞에서 어떤 생성물의 방사능 상수 λ도 그 생성물의 밀도와는 무관함을 보았다. 이 결과는 매우 넓은 범위의 물질에 대해서 성립함이 확인되었으며, 특히 라듐 에머네이션에 대해서도 성립하는 것이 확인되었다. 단위부피의 공기에 존재하는 에머네이션의 양이 100만 배로 바뀌더라도 에머네이션이 붕괴하는 비율에는 어떤 확실한 차이도 관찰되지 않았다.

J. J. 톰슨[xxvii]은 라듐이 붕괴하는 비율이 어쩌면 라듐 자체의 방사선에 의해 영향을 받을지도 모른다고 제안하였다. 이것이 처음에는 매우 그럴듯해 보이는데, 왜냐하면 작은 덩어리의 순수한 라듐 화합물이 자신으로부터 발생한 방사선에 의해 강력하게 충돌될 터이고, 방사선이란 자신이 지나간 물질의 원자들을 쪼개는 성질을 가지고 있기 때문이다. 만일 이것이 실제로 성립한다면, 주어진 양의 라듐의 방사능은 자신의 밀도의 함수여야만 하며, 큰 질량의 물질에 퍼져 있을 때보다 고체 상태에서 더 커야만 한다.

이 책의 저자는 이 문제를 조사하기 위한 실험을 수행하였다. 유리관 두 개를 준비하고, 하나에는 방사능 평형 상태의 순수한 브롬화라듐 몇 밀리그램을 넣었고 다른 하나에는 염화바륨 용액을 넣었다. 두 관의 맨 위쪽을 짧은 가로지르는 관으로 연결하였으며, 관의 열린 쪽을 밀폐시켰다. 그림 12에 보인 것과 같은 종류의 얇은 금속으로 만든 검전기 근처에 첫 번째 관을 정해진 위치에 놓는 방법으로, 관에 고체 상태의 라듐을 넣은 즉시 방사능을 조사하였다. 라듐에서 나온 β선과 γ선에 의해서 검전기가 방전하는 비율이 증가하는 것이 관찰되었다. 납으로 만든 두께가 6 mm인 판을 라듐과 검전기 사이에 놓고 단지 γ선만에 의한 방전 비율을 관찰하였다. 장치를 약간 기울여서, 바륨 용액이 라듐이 들어 있는 관으로 흘러들어 가 라듐을 녹였다. 그 관을 잘 흔들어서 라듐이 용액 전체에 골고루 퍼지도록 했다. 한 달의 기간이 지나도 γ선으로 측정한 방사능에는 별다른 변화가 관찰되지 않았다. β선과 γ선에 의해 측정된 방사능은 약간 줄어들었지만, 이것은 방사능이 감소했기 때문이 아니라 β선이 용액을 통과하면서 더 많이 흡수되었기 때문이다. 용액의 부피는 고체 브롬화라듐의 부피보다 적어도 1,000배는 더 컸으며, 그 결과로 라듐은 훨씬 더 약한 방사능의 작용 아래 놓였다. 나는 이 실험으로부터 라듐에 의해 방출된 방사선은 라듐 원자의 붕괴를 유발시키는 데 별 영향을 주지 못한다고 결론지을 수 있다고 생각한다.

최근에 폴러[16]는 라듐의 수명이 라듐의 농도에 따라 굉장히 크게 변하는 것처럼 보이는 실험에 대한 논문[xxviii]을 발표하였다. 그의 실험에서, 알려진 세기의 브롬화라듐 용액이 넓이가 1.2제곱센티미터인 백금 용기에서 증발시켜 밀도를 증가시키면서 가끔 방사능을 측정하였다. 그렇게 침전된 라듐의 방사능은 에머네이션이 생성되기 때문에 예상할 수 있는 정상적인 증가를 하였지만, 최댓값에 도달한 다음에 라듐은 신속하게 붕괴하였다. 예를 들어, 무게가 10^{-6}밀리그램인 브롬화라듐의 경우 방사능은 최댓값에 도달한 다음 26일 만에 실질적으로 사라졌다. 방사능이 사라지기까지 걸리는 시간은 존재하는 라듐의 양에 비례하여 급격히 증가하였다. 다른 일련의 실험에서, 그는 용기에서 관찰된 방사능이 존재하는 라듐의 양에 비례하지는 않았다고 말하였다. 예를 들어, 존재하는 라듐의 양은 10^{-9}밀리그램에서 10^{-3}밀리그램으로 100만 배 증가하여도, 방사능은 겨우 24배 증가하였다.

그렇지만 이 결과는 그 뒤에 이브가 수행한 실험에서 확인되지 못하였다. 이브는 조사된 범위에서 방사능은 실험 오차 한계 내에서 존재하는 라듐의 양에 정비례하는 것을 발견하였다. 다음 표는 그가 얻은 결과를 보여준다. 라

16) 폴러(Carl August Voller, 1842-1920)는 독일의 물리학자이다.

듐의 밀도는 넓이가 4.9제곱센티미터인 백금 용기에서 증발하여 높였다.

라듐의 무게(밀리그램)	방사능(임의 단위)
10^{-4}	1000
10^{-5}	106
10^{-6}	11.8
10^{-7}	1.25

라듐의 양이 1,000배 증가한 데 대해, 방사능은 800배 증가했는데, 폴러는 그의 실험에 의하면 단지 3~4배 증가한다고 말했다.

이브의 실험에서는, 방사능 침전물을 담고 있는 용기를 검전기 내부에 놓았을 때 금박 검전기의 방전이 증가하는 비율을 관찰하는 방법으로 방사능을 측정하였다. 그가 사용한 검전기로 10^{-8}밀리그램의 방사능을 정확하게 측정하기에는 방사능이 너무 작았고, 반면에 10^{-3}밀리그램의 방사능을 측정하기에는 방전의 비율이 너무 빨랐다. 반면에, 폴러가 사용한 측정 방법은 매우 약한 방사능을 측정하기에 적당하지가 못했다.

이브는 또한 밀폐된 용기에 보관한 작은 양의 라듐이 시간이 흘러도 방사능을 잃지 않는 것을 발견하였다. 은(銀)을 바른 유리 용기에 그림 12에 보인 것과 같은 금박 시스템이 들어가 있다. 브롬화라듐 10^{-6}밀리그램을 포함한 용액이 넓이가 76제곱센티미터인 용기의 바닥에서 증발되었다. 방사능은 최댓값에 도달한 다음에는 관찰이 진행된 100일 동안 변하지 않고 일정하게 유지되었다.

이브의 이 실험들은, 그 실험들 한계 내에서, 라듐의 방사능이 존재하는 라듐의 양에 비례하는 것 그리고 밀폐된 용기에 보관된 라듐은 방사능이 감소한다는 징후는 나타나지 않는다는 것을 보여준다. 반면에, 나는 판에 침전되고 열린 공간에 흩어진 극소량의 라듐은 그 방사능을 충분히 신속하게 잃는 것이 틀림없다고 생각한다. 방사능을 이렇게 잃는 것은 라듐 자체의 수명이 짧은 것과는 전혀 아무런 관계도 없으며, 단순히 라듐이 판으로부터 주위의 기체로 빠져나가기 때문에 일어날 뿐이다. 예를 들어, 10^{-9}밀리그램의 브롬화라듐을 포함한 용액을 넓이가 1제곱센티미터인 용기에서 증발시킨다고 가정하자. 이만한 양의 라듐은 바닥에 분자 두께의 매우 얇은 층을 만들기에도 모자랄 만큼 너무 작다. 증발하는 과정에서, 라듐은 작은 덩어리로 모여서 용기의 표면에 침전된다고 생각하는 것이 그럴듯해 보인다. 그런 작은 덩어리들은 느리게 흐르는 공기에 의해 매우 쉽게 쓸려나가서 판으로부터 새어나간다. 미량(微量)의 라듐이 그렇게 사라진다고 예상되고, 그런 일이 아마도 소량으로 존재하는 모든 종류의 물질에서 일어나는 것 같다. 그런 효과는 라듐의 수명이 바뀌는 것과는 전혀 관계가 없으며 이들이 서로 혼동되어서는 안 된다.

주어진 양의 라듐에서 나오는 전체 방사선은 오직 라듐의 양에만 의존하고 밀도가 얼마인지에는 의존하지 않는다는 결과는 매우 중요한데, 왜냐하면 바로 그 결과가 라듐이 매우 널리 퍼진 상태로 존재하는 광물과 토양(土壤)에 포함된 라듐 함량을 정확히 정하도록 해주기 때문이다.

264. 방사선의 불변성

우라늄과 토륨을 초기에 관찰할 때는 조사하는 데 걸린 수년의 기간 동안에 방사능이 일정하게 유지되는 것처럼 보였다. 우라늄과 토륨으로부터 각각 방사능 생성물인 Ur X와 Th X를 분리할 수 있다는 가능성은, Ur X와 Th X의 방사능은 시간이 흐르면 붕괴하므로, 처음에는 앞의 결과와 모순이 되는 것처럼 보였다. 그렇지만 좀 더 자세히 관찰하였더니, 그런 물체들의 전체 방사능은 화학적 과정에 의해서는 바뀌지 않았는데, 왜냐하면 방사능 생성물이 제거된 원래 우라늄과 토륨은 저절로 자신들의 이전 방사능을 회복하였기 때문이다. 방사능 생성물을 제거한 뒤 임의의 시간에, 분리된 생성물들의 전체 방사능과 그 생성물들을 분리시키고 남은 원래 물질의 전체 방사능을 모두 합한 방사능은, 분리가 이루어지기 전 최초 물질의 방사능과 항상 똑같다. Ur X나 라듐 에머네이션과 같은 방사능 생성물이 시간에 대해 지수법칙에 따라 붕괴하는 경우에, 위에서 말한 내용을 실험으로부터 바로 확인할 수 있다. 만일 I_1이 분리시킨 다음의 임의의 시간 t 때 생성물의 방사능이고, I_0는 그 방사능의 초기 값이라면, 우리는 $\frac{I_1}{I_0} = e^{-\lambda t}$임을 알고 있다. 동시에 동일한 시간 간격 t 동안에 회복되는 방사능 I_2는 $\frac{I_2}{I_0} = 1 - e^{-\lambda t}$로 주어지는데, 여기서 λ는 전과 동일한 상수이다. 그래서 $I_1 + I_2 = I_0$가 성립하는데, 이것이 앞에서 말로 설명한 결과이다. 분리된 생성물의 방사능이 붕괴하는 법칙이 무엇이건 간에 똑같은 것이 항상 성립한다(200절을 보라). 예를 들어, Th X가 토륨에서 분리된 다음에 Th X의 방사능은 처음에는 시간이 흐르면 증가한다. 동시에, 남아 있는 토륨 화합물의 방사능은 처음에는 감소하지만, 남아 있는 토륨의 방사능과 토륨에서 분리된 생성물의 방사능을 합한 것은, 생성물을 분리시키기 전 원래 토륨이 방사능과 항상 똑같게 만드는 그런 비율로, 남아 있는 토륨 화합물의 방사능이 감소한다.

전체 방사선의 이런 분명한 불변성은 방사성 과정이 알려진 힘의 작용에 의해서 어떤 방법으로도 바뀔 수 없다는 일반적인 결과에 따라 성립하는 것이다. 여기서 방사능 생성물의 방사능 붕괴 상수는 어떤 조건에서도 변하지 않는 분명하게 고정된 값을 갖는다는 사실을 기억할 필요가 있다. 이 붕괴 상수는 방사성 물질의 밀도나, 압력이나, 방사성 물질이 놓인 기체의 종류와 같은 어떤 것에도 의존하지 않으며, 온도가 넓은 범위로 바뀌더라도 전혀 영향을 받지 않는다. 유일하게 관찰된 예외는 생성물 라듐 C이다. 라듐 C의 λ값은 약 1,000℃ 부근에서는 어느 정도 온도가 증가하면 증가하지만, 1,200℃ 가 되면 거의 정상 값으로 다시 돌아온다. 같은 방법으로, 방사성 원소로부터 방사성 물질이 생성되는 비율을 바꾸는 것은 가능하지 않다는 것이 밝혀졌다. 그뿐 아니라, 어떤 방사성 물체에서도 방사능이 바뀌거나 방사능이 없어지거나 또는 방사성이 아닌 원소로부터 방사성 물체가 창조되는 단 한 번의 공인된 경우도 존재하지 않는다.

얼핏 보면 방사능이 없어진다고 가리키는 것처럼 보이는 일부 사례들이 관찰되었다. 예를 들어, 들뜬 방사능은 적열(赤熱) 이상으로 가열될 때 백금 도선에서 제거된다. 그런데 게이츠 양은 (187절을 보라) 방사능이 없어진 것이 아니라 백금 도선 주위의 더 찬 물체에 없어진 것과 똑같은 양이 침전되어 있음을 보였다. 산화토륨은 백열(白熱)로 점화하면 자신의 에머네이션 방출능을 큰 폭으로 잃는다고 알려졌다. 그러나 면밀한 조사에 의하면 에머네이션은 똑같은 비율로 생성되고 있지만 단지 화합물 내에 가려져 있을 뿐이다.

주어진 질량에서 특유한 방사선으로 측정한 방사성 원소의 전체 방사능은, 비록 그 방사성 원소로부터 분리될 수 있는 일련의 생성물에서 분명해지더라도, 절대로 증가하지도 않고 감소하지도 않는 양이다. 그래서 "방사능의 보존"이라는 용어가 오늘날 알려진 사실을 표현하는 데 적절하다. 그렇지만 아주 고온 또는 아주 저온에서 더 실험해보면 방사능이 변할 가능성이 전혀 없는 것도 아니다.

비록 5년의 기간에 걸쳐서 우라늄의 방사능은 전혀 차이가 없다고 관찰되었지만, 이론적으로는 주어진 양의 방사성 원소의 방사능은 시간이 흐르면 감소해야만 한다는 것이 증명되었다(261절). 그렇지만 우라늄에서는 그 변화가 너무 느려서, 아마도 측정될 만한 변화가 생기기까지는 수백만 년이 지나야 하며, 주어진 양의 홀로 놓아둔 방사성 물질의 전체 방사능은 이처럼 감소해야 하지만, 일정한 질량의 방사성 원소의 방사능은 변하지 않아야 한다. α선과 β선에 의해 측정된 라듐의 방사능은 아마도 라듐이 분리된 뒤에 수백 년 동안 증가할 것임이 (238절) 이미 지적되었다. 이것은 라듐에서 새로운 생성물이 출현하기 때문이다. 그렇지만 방사능이 결국에는 시간에 대해 지수법칙에 따라 감소해서 약 1300년 만에 절반 값으로 떨어져야만 한다.

방사능의 보존은 단지 방사선 전체에만 적용되는 것이 아니고, 방사선의 종류마다 따로 하나씩의 방사능에도 역시 적용된다. 만일 라듐 화합물로부터 에머네이션이 제거되면, 라듐에서 나오는 β선의 양은 즉시 감소하기 시작하지만, 그렇게 감소된 양은 분리된 에머네이션이 저장된 용기에서 나온 방사선 중에 β선이 출현해서 상쇄된다. 언제든지 라듐에서 나오는 전체 β선과 에머네이션 용기에서 나오는 전체 β선의 합은 에머네이션이 제거되기 전에 라듐 화합물에서 나오는 전체 β선의 양과 항상 동일하다.

비슷한 결과가 γ선에 대해서도 역시 성립하는 것이 발견되었다. 그 사실은 이 책의 저자에 의해 다음과 같은 방법으로 조사되었다. 일부 고체 브롬화 라듐에서 열에 의해 에머네이션이 방출되어 작은 유리관에서 응결되었으며, 그다음에 유리관을 밀폐시켰다. 그렇게 처리한 라듐과 에머네이션이 든 관을 함께 검전기 아래 놓았는데, 그 사이에는 오직 γ선만 통과할 수 있도록 두께가 1 cm인 납으로 된 차폐 막을 끼워놓았다. 이 실험은 3주 동안 계속되었는데, 라듐에서 나오는 γ선과 에머네이션 관에서 나오는 γ선의 합은, 실험이 진행된 전체 기간을 통하여, 원래 라듐에서 나오는 γ선과 같았다. 이 기간 동안에 라듐에서 나오는 γ선 양이 처음에는 원래 값의 단지 몇 퍼센트까지 감소했으며, 그다음에 다시 서서히 증가해서, 3주가 지난 다음에 γ선은 에머네이션을 제거하기 전의 원래 값을 거의 다시 회복하였다. 동시에 에머네이션

관에서 나오는 γ선의 양은 0에서 최댓값까지 증가했다가 그다음에 다시 관에 든 에머네이션의 방사능이 붕괴하면서 서서히 같은 비율로 감소하였다. 이 결과는 라듐에서 나오는 γ선의 양이, 비록 라듐에서 나오는 γ선의 양과 에머네이션 관에서 나오는 γ선의 양이 순환해서 변한다고 하더라도, 관찰이 진행된 기간에 걸쳐서 일정한 양으로 유지되었음을 보여준다.

이와 관련해서 꼭 기억해야만 하는 한 가지 흥미로운 가능성이 있다. 방사성 물질에서 나오는 방사선은 매우 농축된 형태의 에너지를 나르며, 이 에너지는 물질에서 흡수되면서 흩어진다. 이 방사선이 방사능을 띠지 않은 물질에 떨어지면 그 물질에 속한 원자들이 붕괴하도록 만들어서 새로운 방사능의 원인이 될 수도 있다고 기대된다. 이런 효과를 여러 사람들이 실험으로 찾을 수 있는지 조사되었다. 램지와 W. T. 쿠크[xxix]는 방사선의 공급원으로 라듐 약 1데시그램을 사용하여 그러한 작용을 확인했다고 발표했다. 유리 용기에 밀폐된 라듐의 외부를 다른 유리관으로 둘러싼 다음에 라듐에서 나오는 β선과 γ선의 작용 아래 여러 주 동안 노출시켰다. 그 유리관의 안쪽과 바깥쪽이 방사능을 띤 것이 관찰되었으며, 방사성 물질은 물에 녹여서 제거되었다. 관찰된 방사능은 겨우 우라늄 1밀리그램에 해당하는 매우 소량이었다. 이 책의 저자는 여러 번에 걸쳐서 이러한 성격의 실험을 시도했지만 번번이 부정적인 결과를 얻었다. 그런 실험에서는 방사능이 라듐에서 나오는 방사선을 제외한 다른 원인으로 생기지 않게 보장하기 위해서 세심하게 주의하여야만 한다. 상당히 많은 양의 라듐 에머네이션이 공기 중으로 새어나가도록 허용된 실험실에서 그런 종류의 주의가 특별히 더 필요하다. 모든 물질의 표면은 라듐의 느리게 변환하는 생성물, 즉 라듐 D와 라듐 E 그리고 라듐 F에 의해 막이 덮이게 된다. 원래는 방사능을 띠지 않았던 물질에 이런 방법으로 방사능이 전달되는 것이 가끔 무시할 수 없을 정도가 된다. 라듐 에머네이션에 의한 이러한 방사능의 전달은 대류나 확산에 의해 에머네이션이 퍼져서 전체 실험실로 확장된다. 예를 들어, 이브xxx는 그가 이 책의 저자의 실험실에서 조사한 모든 물질이 정상보다 훨씬 더 큰 방사능을 갖고 있음을 발견하였다. 이 경우에 실험실이 속한 건물에서 라듐을 약 2년 동안 사용하고 있었다.

265. 줄어드는 방사성 원소의 무게

방사성 원소는 크기가 원자 정도인 α 입자들을 끊임없이 내보내고 있으므로, α 입자가 빠져나갈 수 있을 정도로 충분히 얇은 용기에 담긴 방사성 물질의 무게는 서서히 감소해야만 한다. 이렇게 무게가 줄어드는 정도는 보통 조건 아래서는 크지 않을 텐데, 그 이유는 생성된 α 선들 중에서 더 많은 부분이 그 물질의 질량에서 흡수되기 때문이다. 만일 매우 얇은 층의 라듐 화합물을 α 입자가 눈에 띌 정도로 많이 흡수되지 못하도록 매우 얇게 만든 판으로 된 물질 위에 펼쳐 놓으면, α 입자의 방출 때문에 무게가 줄어드는 것을 감지(感知)해낼 수 있을지도 모른다. α 입자에 대해서는 $\frac{e}{m} = 6 \times 10^3$ 이고 $e = 1.1 \times 10^{-20}$ 전자 단위이며 라듐 1그램마다 매초 2.5×10^{11} 개의 α 입자가 방출되므로, 줄어드는 질량은 매초 4.8×10^{-13} 이고 매년 10^{-5} 이다. 그런데 라듐이 상당히 빨리 무게를 잃어버릴 수 있는 한 가지 조건이 존재한다. 만일 라듐 용액 위를 공기의 흐름이 천천히 지나간다면, 생성된 에머네이션은 만들어지자마자 바로 제거될 것이다. 에머네이션 원자의 질량이 아마도 라듐 원자의 질량보다 훨씬 더 작지는 않을 것이기 때문에, 매년 제거된 질량의 비는 매년 변화한 라듐의 비와 거의 같을 것인데, 그래서 라듐 1그램은 (261절) 매년 약 0.5 밀리그램 정도 무게가 감소하게 될 것이다.

만일 β 입자가 무게를 갖는다고 가정하더라도, β 입자를 방출하기 때문에 감소하는 무게는 α 입자를 방출하기 때문에 감소하는 무게에 비하여 아주 작다. 이 책의 저자는 (253절) 1그램의 라듐으로부터 매초 약 7×10^{10}개의 β 입자가 튀어나가는 것을 보였다. 그 결과로 감소하는 무게는 매년 겨우 약 10^{-9}그램밖에 안 된다.

매우 특수한 실험 조건을 제외하고는, 그래서 라듐의 질량으로부터 방출되는 β입자 때문에 생기는 라듐의 무게가 줄어드는 것을 측정하기가 어려울 것이다. 그렇지만 방사능 생성물 중 어느 것도 새어나가지 못하게 막더라도 라듐의 무게가 바뀔 가능성이 존재한다. 예를 들어, 만일 만유인력은 원자 내에 원인을 갖는 힘의 결과로 작용한다는 견해를 취한다면, 쪼개진 원자의 각 부분들의 무게를 합한 것이 원래 원자의 무게와 같지 않을지도 모른다.[17)]

밀폐된 관에 보관된 라듐의 무게가 변하는지를 확인하기 위해 많은 실험이 수행되었다. 실험에 이용할 수 있는 라듐의 양이 소량이어서, 시간이 흐르면서 라듐의 무게에 어떤 차이가 있다는 확실한 결론도 아직 수립되지 않았다. 헤이트바일러가 라듐의 무게가 감소하는 것을 관찰했다고 보고했고, 도른 역시 무게가 변한다는 약간의 징후를 얻었다. 그렇지만 그 결과들은 확인되지 않았다. 나중에 포르히는 어떤 의미 있는 변화도 관찰할 수가 없었다.

J. J. 톰슨[xxxi]은 라듐의 무게와 질량 사이의 비가 방사능을 띠지 않은 물질의 무게와 질량 사이의 비와 같은지 확인하는 실험을 수행하였다. 우리는 48절에서 움직이는 전하(電荷)는 겉보기 질량을 갖는데, 그 질량은 느린 속력에서는 일정한 값이지만 속력이 빛의 속력에 가까워지면 증가하는 것을 보았다. 그런데 라듐은 빛의 속도에 가까운 속도를 갖는 전자(電子)를 방출하며, 짐작건대 전자들은 원자에서 나오기 전에 이미 원자 내에서 빠른 운동을 하

17) 오늘날에는 원자 내부에 대해 잘 이해하게 되었고 만유인력이 작용하는 원인이 원자 내부에 있을지도 모른다는 견해는 더 이상 거론되지 않는다.

고 있다.[18] 그래서 라듐에 대한 무게와 질량 사이의 비는 보통 물질에서 무게와 질량 사이의 비와 다를 수도 있다. 진자(振子) 방법이 이용되었으며, 작고 가벼운 관에 넣은 라듐을 명주 줄에 매달았다. 실험 오차 내에서 무게와 질량의 비는 보통 물질에서와 똑같다는 것이 밝혀졌고, 그래서 빛의 속도에 가까운 속도로 움직이는 전자(電子)들의 수가 존재하는 전체 전자들의 수에 비해 작다고 결론지을 수 있다.

266. 방사성 원소에서 방출되는 전체 에너지

라듐 1그램은 매시간마다 100그램칼로리의 비율로 에너지를 방출하고, 매년마다 876,000그램칼로리의 비율로 에너지를 방출하는 것이 밝혀졌다. 만일 라듐 1그램을 방사능 평형에서 그대로 두면, 시간이 t일 때 방사능과 그 결과로 생기는 열 방출은 $qe^{-\lambda t}$로 주어지는데, 여기서 λ는 라듐 방사능과 초기 열작용의 붕괴 상수이다. 그래서 라듐 1그램의 전체 열 방출은 $\int_0^{\infty} qe^{-\lambda t}dt = \frac{q}{\lambda}$로 주어진다.

그런데 261절에서 구한 라듐의 수명에 대한 추정 값을 이용하면, 시간의 단위로 1년을 택했을 때 λ값은 $\frac{1}{1,850}$이다. 그래서 라듐 1그램이 수명 동안에 내보내는 전체 열 방출은 1.6×10^9 그램칼로리이다. 수소와 산소가 결합하여 물 1그램을 만들 때 방출되는 열은 약 4×10^3 그램칼로리이며, 이 반응에서는 같은 무게에서 어떤 다른 알려진 화학 반응에서보다 더 많은 열이 방출된다. 그래서 라듐 1그램이 변화하는 동안에 방출하는 전체 에너지는 어떤 알려진 분자 변화에서 방출되는 전체 에너지보다 약 100만 배 더 많음을 알

18) 오늘날에는 이 생각이 옳지 않음을 알게 되었다. 원자핵에서 중성자가 양성자와 전자로 바뀌는 것이 베타 붕괴인데 원자핵에서 이렇게 만들어진 전자는 즉시 원자 밖으로 나온다.

수 있다. 특별한 조건 아래서는 물질이 굉장히 많은 양의 에너지를 방출할 수 있다는 사실에 대한 좋은 실례(實例)가 라듐 에머네이션의 경우이다. 이 에너지의 양을 계산한 방법은 249절에 이미 설명되어 있다.

다른 방사성 원소가 라듐과 구별되는 점은 단지 변화가 더 느리게 일어난다는 것뿐이므로, 우라늄과 토륨에서 방출되는 전체 열의 크기도 비슷하게 많아야만 한다. 이와 같이 방사성 원소의 원자에는 굉장히 많은 양의 잠재 에너지가 저장되어 있다고 믿을 이유가 존재한다. 만일 원자에서 붕괴 과정이 천천히 일어나지 않았더라면 이런 에너지의 저장이 있다고 깨달을 수가 없었을 것이다. 방사능 변화에서 방출되는 에너지는 원자의 내부 에너지로부터 유래한다. 이 에너지의 방출은 에너지 보존 법칙을 위배하는 것은 아니다. 왜냐하면 방사능 변화가 멈추었을 때, 마지막 생성물의 원자에 저장된 에너지가 방사성 원소의 원래 원자에 저장된 에너지보다 방출된 에너지만큼 작다고만 가정하면 되기 때문이다.[19] 변화를 겪은 물질이 원래 가지고 있던 에너지와, 변화로 생긴 마지막 방사능을 띠지 않은 생성물이 가지고 있는 에너지 사이의 차이가 방출된 에너지 전체 양을 나타낸다.

모든 원소에 속한 원자 에너지가 방사성 원소의 원자 에너지와 규모가 비슷하게 크다고 생각할 만한 충분한 이유가 있는 것처럼 보인다. 원자량이 크다는 것을 제외하고는, 방사성 원소가 그렇지 않은 원소와 구별되도록 만드는 어떤 특별한 화학적 특징도 가지고 있지 않다.[20] 원자에 저장된 잠재 에너

19) 매우 큰 에너지가 나오는 방사선이 처음 발견되었을 때 이 방사선이 에너지 보존 법칙이 성립하지 않는 증거가 될 수도 있다는 제안이 제기되었는데, 이 부분은 그 제안에 대한 답변으로 방사선이 에너지 보존 법칙이 성립되지 않는 것과는 무관하다는 주장이다.

20) 오늘날 알려진 바에 의하면, 원소의 화학적 특징은 원자핵 바깥에 존재하는 전자들에 의해 나타나고 방사성 원소의 특징은 원자핵에 의해 나타나므로 방사성 원소와 비방사성 원소 사이를 구분하는 화학적 특징은 존재하지 않는다.

지는 J. J. 톰슨과 라머 그리고 로렌츠에 의해 수립된 원자가 서로에 대해 빠르게 진동하거나 궤도 운동을 하고 있는 전하를 띤 부분들로 이루어진 복잡한 구조를 가지고 있다고 보는 새로운 견해의 당연한 결과이다. 이 에너지가 일부는 운동에너지이고 다른 일부는 퍼텐셜에너지일 수도 있지만, 원자를 구성하고 있을지도 모르는 전하를 띤 입자들이 단순히 농축되어 있다는 것만으로도, 라듐이 변화하는 동안에 방출되는 에너지에 비해 훨씬 더 많은 에너지가 원자에 저장되어 있음을 암시한다.

우리 마음대로 선택할 수 있는 물리적 방법이나 화학적 방법으로 원자를 더 간단한 형태로 쪼갤 수는 없기 때문에, 잠재 에너지의 이런 저장고가 존재한다는 사실이 보통 때는 저절로 나타나지 않는다. 그런 잠재 에너지의 저장고가 존재한다는 사실은 즉시 왜 화학적 방법으로 원자를 변환시키지 못하는지 설명하며, 또한 방사성 과정이 변화하는 비율이 모든 외부적 요인에 의해 간섭받지 않는 이유가 무엇인지도 역시 알려준다. 지금까지 한 번도 방사성 원소에서 에너지가 방출되는 비율을 바꾸는 것이 가능하다고 밝혀진 적이 없다. 만일 언젠가 방사성 원소가 붕괴하는 비율을 마음대로 조절하는 것이 가능하다고 밝혀진다면, 작은 양의 물질로부터 막대한 양의 에너지를 얻을 수가 있을 것이다.[21)]

267. 라듐과 라듐 에머네이션으로부터 발생한 헬륨

방사성 원소가 붕괴한 결과인 마지막 생성물은 방사능을 띠지 않기 때문에, 그런 마지막 생성물은 지질 시대들을 거치면서 어느 정도 많은 양이 모여

21) 질량이 막대한 양의 에너지에 해당한다는 관계식인 $E = mc^2$이 아인슈타인에 의해 1905년에 알려졌다. 러더퍼드는 그보다 먼저 방사선에 대한 분석으로부터 그런 사실을 예견하고 있다.

있어야 하며, 방사성 원소와 연관되어 항상 발견되어야 한다. 그런데 방사능 변화의 결과인 방사능을 띠지 않은 생성물은 각 단계마다 방출된 α 입자 그리고 붕괴 과정이 방사능 성질에 의해 더 이상 추적되지 못할 때 남아 있는 방사능을 띠지 않는 생성물 또는 생성물들이다.

대부분의 방사성 원소가 발견된 피치블렌드는 모든 알려진 원소의 상당히 많은 부분을 소량씩 포함하고 있다. 모든 방사성 원소에 공통으로 존재하는 가능한 붕괴 생성물을 찾는 경우에, 방사능을 띤 광물에 헬륨의 존재는 주목할 만한 가치가 있다. 왜냐하면, 헬륨은 오직 방사능을 띤 광물에서만 발견되고, 헬륨은 방사성 원소에서 변치 않는 동반자이기 때문이다. 게다가, 광물에 헬륨과 같이 가볍고 불활성 기체가 존재한다는 사실은 항상 놀랄 만한 일이었다. 화학적으로 헬륨-아르곤 족에 속하는 불활성 기체처럼 행동하는 방사능 에머네이션이 라듐과 토륨에 의해 생성된다는 것은 방사성 원소의 붕괴에서 마지막으로 얻는 방사능을 띠지 않은 생성물이 화학적으로 불활성 기체일 수도 있다는 가능성을 암시하였다. 그 후에 α 선이 물질의 성질을 갖는다는 발견은 이 제안에 중요성을 더해주었다. 왜냐하면, α 입자의 $\frac{e}{m}$ 비를 측정했더니 만일 α 입자가 이미 알려진 종류의 물질로 되어 있다면 그것은 수소 또는 헬륨이어야 함을 알았기 때문이다. 이런 이유로, 러더퍼드와 소디[xxxii]는 1902년에 헬륨이 방사성 원소의 붕괴 생성물일 수도 있다고 제안하였다.

윌리엄 램지 경과 소디는 새로운 물질이 존재한다는 분광학적 증거[22)]를 얻을 가능성이 있는지 찾을 목적으로 라듐 에머네이션에 대한 조사를 수행했다. 무엇보다 먼저, 그들은 에머네이션을 매우 극단적인 처치에 노출시키고

22) 분광학적 증거란 뜨겁게 가열하여 방출되는 빛을 프리즘에 통과시켜 관찰되는 선스펙트럼의 파장을 말한다. 당시에는 물질마다 갖고 있는 고유의 분광선(分光線)으로 그 물질이 무엇인지를 분석하였다.

(158절), 에머네이션은 화학적으로 불활성 기체처럼 행동하며, 그런 관점에서 에머네이션이 헬륨-아르곤 그룹에 속한 기체의 성질과 비슷한 성질을 갖는다는, 전에 이미 러더퍼드와 소디에 의해 알려진 결과를 확인하고 확장시켰다.

(약 3개월 전에 준비된) 순수한 브롬화라듐 30밀리그램을 구해서 램지와 소디xxxiii는 브롬화라듐 용액으로부터 배출된 기체에 헬륨이 존재하는지를 보기 위해 조사를 진행하였다. 그 용액에서는 상당한 양의 수소와 산소가 (124절을 보라) 배출되었다. 그렇게 배출된 기체를 적열(赤熱)로 달군 부분적으로 산화된 나선형의 구리선 위를 통과시켜서 수소와 산소를 제거하였고, 그 결과로 나온 수증기는 오산화인 관에서 흡수되었다.

그다음에 이 기체를 작은 U자 관과 연결된 작은 진공관을 따라 흘려보냈다. U자 관을 액체 공기에 놓아서, 존재하는 대부분의 에머네이션은 응결하였고, 기체에 존재하는 대부분의 CO_2 역시 응결하였다. 진공관에서 이 기체의 스펙트럼선을 조사하였더니, 헬륨의 특성선(特性線)인 D_3가 관찰되었다.

이 실험은 같은 목적으로 이 책의 저자가 제공한 약 4개월 된 브롬화라듐 30밀리그램으로 다시 반복되었다. 에머네이션과 CO_2는 액체 공기에 집어넣은 U자 관을 통과시켜 제거되었다. 파장이 6677, 5876, 5016, 4972, 4713 그리고 4472[23]인 실질적으로 완전한 헬륨의 스펙트럼이 관찰되었다. 그 스펙트럼에는 아직 무엇인지 확인되지 않은 파장이 약 6180, 5695, 5545인 다른 선들도 함께 있었다.

나중 실험에서, 브롬화라듐 50밀리그램으로부터 나온 에머네이션을 수소와 함께 액체 공기에서 냉각된 U자 관으로 이동시켜서, 그곳에서 에머네이션

23) 이 파장들의 단위는 Å 이다.

이 응결되었다. 새로 만든 수소를 추가하고, U자 관을 다시 꺼냈다. 액체 공기를 제거했을 때, U자 관과 연결된 작은 진공관에서 처음에는 헬륨 선을 볼 수가 없었다. 이때 얻은 스펙트럼은 전혀 새로운 것으로 램지와 소디는 그것이 아마도 에머네이션 자체의 스펙트럼선일지도 모른다고 생각하였다. 에머네이션 관을 나흘 동안 더 놓아두었더니, 모든 특성 선을 다 갖춘 헬륨 스펙트럼이 나타났으며, 거기에 추가로, 라듐의 용액에 의해 구한 헬륨에서 세 개의 새로운 선들이 존재했다. 그 뒤로 이 결과는 다른 사람들에 의해서도 확인되었다. 브롬화라듐 50밀리그램에서 방출된 헬륨과 에머네이션은 극미량이었기 때문에, 그렇게도 놀랍고 중요한 결과를 가져온 실험이 결코 쉽게 진행되지 않았다. 모든 경우에 조사 대상인 물질에서 나오는 스펙트럼을 가리기에 충분한 양이 존재하는 다른 기체들을 거의 완전히 제거시키는 것이 반드시 필요하였다. 이 실험들이 성공한 주된 원인은 이 조사에서 전에 윌리엄 램지 경이 대기(大氣)에 미세한 비율로 존재하는 불활성 기체인 크세논과 크립톤을 분리하는 데 대단히 익숙하게 이용하였던 세련된 기체 분석 방법을 적용하였기 때문이다. 헬륨 스펙트럼이 처음에는 존재하지 않았지만 관에 에머네이션이 며칠 동안 남아 있던 다음에 다시 나타났던 사실은 헬륨이 에머네이션으로부터 생성되었어야만 함을 보여준다. 에머네이션이 헬륨 자체일 수는 없는데, 왜냐하면 첫째, 헬륨은 방사능을 갖고 있지 않으며, 둘째, 관에 들어 있는 에머네이션의 양이 가장 많을 때, 헬륨 스펙트럼이 처음에는 존재하지 않았기 때문이다. 그뿐 아니라, 앞에서 이미 논의했던 확산 실험에서 에머네이션은 높은 분자량을 가지고 있다고 결론짓도록 암시한다. 그래서 헬륨은 라듐 에머네이션에서 발생하는 어떤 종류의 변화의 결과로 라듐 에머네이션으로부터 유래한다는 데는 의심의 여지가 없다.

이 결과는 나중에 다른 관찰자들 사이에서도 확인됐다. 퀴리와 듀어[xxxiv]

는 다음과 같은 실험을 수행하였다. 무게가 약 0.42그램인 브롬화라듐을 석영관[24]에 넣고 기체가 더 이상 나오지 않을 때까지 이 관의 공기를 뺀다. 그 다음에 라듐이 녹을 때까지 가열하였는데, 이때 가열 과정에서 약 2.6 cc의 기체가 배출되었다. 그다음에 이 관을 밀폐하였고, 그로부터 몇 주일이 지난 다음에 관에서 라듐에 의해 배출된 기체의 스펙트럼을 델랑드르[25]가 조사하고 헬륨의 전체 스펙트럼이 나오는 것을 관찰하였다. 라듐을 처음에 가열할 때 배출된 기체를 수집했는데, 그 기체가 액체 공기에 담근 두 개의 관을 통과했음에도 그 기체에 많은 양의 에머네이션이 포함된 것을 발견하였다. 이 기체가 담겨 있던 관은 매우 밝게 빛났고 재빨리 자주색으로 변했는데, 그동안에 기체의 절반 이상이 흡수되었다. 이때 발생한 인광 빛의 스펙트럼은 불연속이고 세 개의 질소 띠로 이루어져 있음이 발견되었다. 비록 헬륨이 반드시 존재했어야 함에도 불구하고 헬륨 스펙트럼이 존재한다는 조짐은 관찰되지 않았다.

힘슈테트와 마이어[xxxv]는 작은 진공관과 연결된 U자 관에 브롬화라듐 50밀리그램을 넣었다. 이 관의 공기를 조심스럽게 제거한 뒤에 밀폐시켰다. 처음 석 달 동안 수소 스펙트럼과 이산화탄소 스펙트럼만 관찰되었지만, 넉 달 뒤에, 헬륨 스펙트럼에 속한 빨강, 노랑, 초록 그리고 파랑 선들을 볼 수가 있었다. 헬륨 스펙트럼이 천천히 나타나는 것은 아마도 관 속에 상당히 많은 양의 수소가 존재하기 때문으로 보인다. 다른 실험에서, 석영관에 넣고 밝은 적열까지 가열한 약간의 라듐 황산염을 작은 진공관과 연결하였다. 그로부터 3

24) 석영관(quartz tube)은 석영(石英)을 녹여서 성형한 관으로 고온에도 견디며 산(酸) 종류에도 강해서 화학 실험에서 널리 이용된다.

25) 델랑드르(Henri Alexandre Deslandres, 1853-1948)는 프랑스의 천문학자로 분광학의 전문가이다. 지름이 1.2 m인 망원경에 분광기를 붙여서 행성들에서 오는 빛의 스펙트럼도 관측했다.

주 뒤에, 헬륨의 일부 스펙트럼선이 분명하게 보였으며 시간이 흐르며 그 선의 밝기가 점점 더 세어졌다.

268. 헬륨과 α입자 사이의 관계

라듐 에머네이션이 들어 있는 관에서 헬륨이 나타난 것은 헬륨이 일련의 방사능 변화의 끝에서 나타나는 마지막 생성물들 중 하나이거나 헬륨이 실제로 방출된 α입자이거나 둘 중에 하나를 가리킨다. 지금까지 나온 증거로는 후자(後者), 즉 α입자가 실제로 헬륨이라고 생각하는 것이 더 가능성이 많은 설명이라고 생각된다. 우선, 에머네이션은 분자량이 큰 기체처럼 확산하며, 몇 개의 α입자들을 방출한 다음에 마지막 생성물의 원자량이 에머네이션의 원자량과 비슷하다고 말하는 것이 그럴듯해 보인다. 반면에, 튀어나온 α입자에 대해 측정한 $\frac{e}{m}$값은, 만일 α입자가 알려진 종류의 물질로 만들어졌다면 그것은 수소 또는 헬륨이라고 결론지을 것을 암시한다.

라듐 에머네이션으로부터 생성된 헬륨은 그 물질의 마지막 변환 생성물이라고 가정하는 경향이 존재하였다. 그렇지만 지금까지 나온 증거는 그런 견해가 옳다고 보이게 만들지 않는다. 우리는 에머네이션이, 초기의 빠른 변화들 다음에는, 매우 느리게 변환하는 것을 보았다. 만일 헬륨이 마지막 생성물이라면, 절반이 변환하는 데 40년이 걸리는 생성물 라듐 D가 중간에 끼어들기 때문에, 며칠 뒤 또는 몇 주 뒤에 에머네이션 관에 존재하는 헬륨의 양은 별로 많지 않아야 한다. 일련의 변화에서 헬륨이 마지막 생성물일 수는 없기 때문에, 그리고 다른 모든 생성물은 방사능을 갖고 있으며 원자량이 클 것임이 거의 확실하기 때문에, 헬륨이 연이은 변환들에서 방출된 α입자가 아니라면, 변환 방식에서 헬륨 원자가 차지하는 자리가 어디일지 알기가 어렵다.

α입자가 튀어나온 헬륨 원자인지 아닌지 확실하게 단정하는 것은 매우

어려운 일이다. 전기장에서 α 선은 매우 조금밖에 휘지 않기 때문에, 그리고 라듐에서 나오는 α 선의 매우 복잡한 성질 때문에, α 입자에 대한 $\frac{e}{m}$ 값을 정확하게 결정하는 데 많은 어려움이 있다.

이 문제는 원래 에머네이션으로 채워진 관에서 기체의 부피를 정확히 측정하면 해결될 수도 있다. 에머네이션 자체가 α 입자를 방출하고, 에머네이션에서 생기는 빠르게 변하는 두 생성물도 α 입자를 방출하므로, 만일 α 입자가 기체 상태로 존재할 수 있다면, α 입자의 마지막 부피는 에머네이션 부피의 세 배가 될 것이다. 램지와 소디는 (172절) 이런 종류의 실험을 수행하였지만, 어떤 종류의 유리를 사용했는지에 따라, 얻은 결과들이 서로 매우 모순되었다. 한 경우에, 남은 기체의 부피는 거의 0에 이를 정도로 줄어들었으며, 다른 경우에는 처음 부피가 증가하여 처음 값의 약 열 배가 되었다. 나중 실험에서는 남은 기체에서 헬륨 스펙트럼의 눈부신 모습이 관찰되었다. 행동에서 이런 차이는 아마도 유리관이 헬륨을 흡수하는 정도가 다르기 때문이다.

만일 α 입자가 헬륨 원자라면, α 입자는 유리 속으로 어느 정도 깊이까지 침투하기에 충분한 속도로 튀어나오기 때문에, 라듐 에머네이션이 들어 있는 관에서 생성된 헬륨 중에서 큰 비율이 유리관의 벽면에 묻히게 될 것이다. 이 헬륨은 유리 내부에 남아 있거나 어떤 경우에는 다시 빠르게 밖으로 확산될 것이다. 어느 경우든지, 강력한 전기(電氣) 방전이 관을 지나갈 때 헬륨의 일부가 다시 자유롭게 될 것이다. 몇 예에서, 램지와 소디는 에머네이션이 상당히 오랫동안 저장되었던 관의 벽을 가열할 때 소량의 헬륨을 관찰하였다.

α 입자가 실제로 헬륨 원자라고 가정하면, 라듐 1그램에서 매년 생성되는 헬륨의 부피를 어렵지 않게 계산할 수 있다.

앞에서 라듐 1그램으로부터 매초 2.5×10^{11} 개의 α 입자가 방출되는 것을 보았다. 표준 압력과 온도에서 어떤 기체든 1 cm^3 의 부피에는 3.6×10^{19} 개의 분자가 포함되어 있으므로, 매초 방출되는 α 입자의 부피는 7×10^{-9} cc이고, 매년 방출되는 α 입자의 부피는 0.24 cc이다. 이런 가정 아래서, 에머네이션에 의해 방출되는 헬륨의 부피는 후자(後者)의 부피의 세 배임은 이미 지적되었다. 그래서 방사능 평형에서 라듐 1그램으로부터 방출되는 에머네이션에서 얻는 헬륨의 양은 약 3세제곱밀리미터이다.

램지와 소디는 라듐 1그램이 매초 생성하는 헬륨의 가능한 부피를 실험으로 추정하려고 시도하였다. 브롬화라듐 50밀리그램으로부터 구한 헬륨을 밀폐된 용기 속에 용액 형태로 60일 동안 보관하였다가 진공관에 넣었다. 다른 똑같은 진공관 하나를 바로 옆에 나란히 놓고, 나란히 놓인 두 관에 전기 방전이 지나간 후 보이는 헬륨 스펙트럼선의 밝기가 대략 같을 때까지 두 번째 관에 넣은 헬륨의 양을 조절하였다. 이런 방법으로 그들은 존재하는 헬륨의 양이 0.1세제곱밀리미터라고 계산하였다. 이 계산에서, 라듐 1그램에서 매년 생성되는 헬륨의 양은 약 20세제곱밀리미터이다. 우리는 앞에서 α 입자가 헬륨 원자라는 가정 아래서 계산한 양은 약 240세제곱밀리미터임을 보았다. 램지와 소디는 두 관 중에서 하나의 관에 존재한 아르곤이 이 추정 값의 정확성을 심각하게 훼손하였다고 생각한다. 위와 같은 성격의 추정 값에 연관된 오차가 매우 크다. 그래서 램지와 소디가 구한 값만 보고 앞에서 계산된 값의 자릿수가 옳지 않다고 판단할 수는 없다.

정상적인 화학선(化學線)에서 보면 라듐에 헬륨이 존재하는 것을 설명하기 위해서, 라듐은 진정한 원소가 아니라 헬륨과 어떤 알려진 또는 알려지지 않은 물질이 결합한 분자 화합물이라고 제안되었다. 분자 화합물이 서서히 분해되어서 관찰된 헬륨을 발생시킨다는 것이다. 이렇게 상정된 헬륨 화합물의 성질이 화학에서 이전에 관찰된 어떤 다른 화합물의 성질과도 전혀 다른 종류임이 즉시 명백하다. 무게 대 무게로 볼 때, 그렇게 상정된 화합물은 변화하는 동안에 지금까지 알려진 어떤 분자 화합물에 비해서 적어도 100만 배 더 큰 양의 에너지를 방출한다(249절을 보라). 게다가, 분자 화합물이 분해하는 비율이 굉장히 넓은 범위의 온도에 무관하다고 가정해야만 하는데, 이 결과는 전에는 어떤 분자 변화에서도 결코 관찰되지 않았다. 이 헬륨 화합물은 분해되면서 기이한 방사선을 발생시켜야만 하고 라듐에서 관찰된 연이은 방사능 변화를 거쳐야만 한다.

이와 같이 이 견해 아래서 헬륨의 생성과 방사능을 설명하기 위해서는, 붕괴 이론에서 방사성 원소에 속한 원자가 갖는 성질을 사실상 하나도 빠짐없이 모두 다 갖고 있는 아주 특별한 종류의 분자를 상정해야만 한다. 반면에, 라듐은 지금까지 조사된 한, 원소라면 갖추어야 하는 모든 조건을 다 만족하였다. 라듐은 뚜렷이 식별되는 특성 스펙트럼선을 갖고 있으며, 라듐이 정상적인 의미로 비추어봐서 원소라고 받아들이지 못한다고 가정할 어떤 이유도 존재하지 않는다.

방사성 원소는 원자 규모에서 붕괴된다는 이론에 비추어, 헬륨은 라듐 원자의 구성물로 간주되어야만 하며, 또는 다른 말로는, 라듐 원자가 부분들이 모여서 구성되었는데, 적어도 그 부분들 중 하나가 헬륨 원자로 간주되어야 한다. 무거운 원자는 모두 물질의 어떤 간단한 기본 단위가, 즉 원질(原質)[26]이, 모여서 이루어졌다는 이론이 다양한 시기에 많은 저명한 화학자들과 물리학자들에 의해 제안되었다. 모든 원소는 수소들이 모여서 이루어졌다는 프라우트의 가설[27]이 이 주제와 연관된 관점의 예이다.

붕괴 이론에서, 방사성 원소에서 일어나는 변화는 연이은 변화를 통하여

26) 원질(protyle)은 19세기 이전까지 화학에서 모든 원소의 근원 물질이라고 여겨졌던 것을 말한다.
27) 프라우트(William Prout, 1785-1850)는 영국의 화학자, 생화학자로서 1815년에 발표한 수소를 단위로 하면 모든 다른 원소의 원자량이 정수로 표현된다는 "프라우트의 가설"로 유명하다.

원자들의 실제적인 변환을 수반한다. 이 변화가 우라늄과 토륨에서는 너무 느려서 변화된 양이 저울로 측정될 만큼 커지기 위해서는 적어도 100만 년이 흘러야 한다. 라듐은 그 기간이 100만 배가 더 빨라지는데, 그러나 심지어 그 경우에도, 다른 방면의 증거에 의해 그런 변화의 가능성이 제안되지 않았더라면, 여러 해가 지나더라도 보통의 화학적 방법으로는 어떤 눈에 뜨일 정도의 변화가 관찰될 것인지는 확신할 수가 없다.

서로 다른 방사성 원소에서 방출된 α 입자들이 모두 유사한 것은 그 입자들이 모두 같은 종류의 방출된 입자들임을 가리킨다. 이 견해에 따르면, 헬륨은 각 방사성 원소들로부터 생성되어야 한다. 예를 들어, 램지가 설명한 모나자이트 모래 그리고 세일론 미네랄[28]과 같이 토륨을 포함한 광물에 헬륨이 존재하는 것은 헬륨이 라듐의 생성물일 뿐 아니라 토륨의 생성물일 수도 있음을 가리킨다. 최근에 스트럿[xxxvi]은 헬륨을 많이 포함한 광물은 항상 헬륨을 포함하는 반면에 토륨이 거의 없는 많은 우라늄 광물은 헬륨을 포함하지 않는다는 사실을 발견하고, 방사성 광물에서 관찰된 헬륨의 대부분은 우라늄과 라듐보다는 오히려 토륨이 쪼개진 생성물일 수도 있다고 제안하였다. 그렇지만 이 견해를 뒷받침하는 증거들도 아주 만족스럽지는 않은데, 왜냐하면 우라늄 광물 중에서 문제가 되는 일부는 2차 우라늄 광물로(부록 B를 보라), 상대적으로 늦은 시기에 물의 작용 또는 다른 매개체의 작용에 의해 퇴적되었으며, 많은 경우에 역시 에머네이션을 상당히 많이 방출하며, 결과적으로 에머네이션이 생성하는 헬륨의 비율보다 더 많은 헬륨을 보유한다고 기대할 수가 없기 때문이다.

28) 세일론(Ceylon) 미네랄은 램지 경이 세일론에서 발견한 광물을 일컫는다. 세일론은 오늘날 스리랑카로 1796년 영국이 점령하면서 세일론이라고 불렸다.

α 입자가 튀어나온 헬륨 원자라는 견해를 취하면, 우리는 방사성 원소의 원자가 알려지거나 알려지지 않은 물질이 헬륨과 결합한 화합물이라고 간주해야만 한다. 이 화합물은 저절로, 심지어 라듐의 경우에는 매우 느린 비율로 쪼개진다. 분해는 연이은 단계들로 발생하며, 대부분의 단계에서 헬륨 원자는 매우 빠른 속도로 튀어나온다. 이 분해에는 막대한 양의 에너지도 함께 나온다. 방사능 변화에서 그렇게 많은 양의 에너지가 풀려 나온다는 사실만 가지고 즉시 우리가 취할 수 있는 어떤 물리적 수단이나 화학적 수단도 변화의 비율에 영향을 미칠 수 없음을 설명해준다. 이런 견해에 의하면, 우라늄과 토륨 그리고 라듐은 실제로 헬륨의 화합물이다. 그렇지만 헬륨은 아주 강력하게 결합되어 있어서 이 화합물은 물리적 힘과 화학적 힘으로는 쪼개질 수가 없으며, 결과적으로 우라늄과 토륨 그리고 라듐은 보통 화학적으로 인정된 의미로는 화학적 원소처럼 행동한다.[29]

화학적 원소라고 부른 것들의 상당수가 헬륨의 화합물이라고 밝혀지는 것이, 또는 다른 말로, 헬륨 원자가 무거운 원자를 구성하는 2차 단위들 중 하나라고 밝혀지는 것이 불가능하지는 않아 보인다. 이와 관련되어 원소들 중에서 상당수의 원자량이 헬륨의 원자량인 넷씩 차이가 나는 것은 흥미롭다.

만일 α 입자가 헬륨 원자라면, 우라늄(238.5)의 원자량이 라듐(225)의 원자량으로 줄어들기 위해서는 우라늄으로부터는 적어도 세 개의 α 입자가 배출되어야만 한다. 라듐의 연이은 변환 동안에 라듐으로부터는 다섯 개의 α 입자가 배출된다는 것이 알려져 있다. 이것은 마지막 남은 것의 원자량인 225−20 = 205로 만들 것이다. 이것은 납의 원자량인 206.5와 매우 가깝다. 나는 한동

29) 원자핵의 존재를 모르고 있었기 때문에 우라늄과 토륨 그리고 라듐이 헬륨이 한 구성 요소인 화합물이라고 생각할 수밖에 없었다. 이 문제는 이 책이 출판되고 몇 년 후 원자핵이 발견된 다음에 곧 해결된다.

안 납이 라듐의 끝 또는 마지막 생성물일 가능성이 있다고 생각하였다. 최근에 볼트우드xxxvii도 똑같은 제안을 하였다. 이 관점은 모든 우라늄 광물에서 납이 항상 소량(少量) 발견되며, 방사성 광물에서 납과 헬륨의 상대적 비율은 납과 헬륨이 모두 라듐의 분해 생성물이라고 가정하면 예상되는 것과 대략 같다는 사실로 뒷받침된다. 볼트우드 박사는 나로 하여금 많은 방사성 광물에서 납이 차지하는 비율이 헬륨의 함량에 따라 변한다는 사실에 관심을 갖게 만들었다. 헬륨을 많이 포함한 광물은 거의 모든 경우에 헬륨을 적게 포함한 광물에 비하여 더 많은 납을 포함한다. 이것이 현재로는 단지 추측 이상으로 간주될 수는 없지만, 그들이 대표하는 사실은 암시하는 바가 매우 많다.[30]

269. 방사능 원소의 수명

헬륨은 오직 방사성 광물에서만 발견되며, 이 사실은 라듐에서 헬륨이 배출된다는 것과 함께 헬륨이 라듐 그리고 광물에 포함된 다른 방사성 물질로부터 생성되어야만 함을 가리킨다. 그런데 광물에서 헬륨의 약 절반은 많은 경우에 열에 의해 방출되며 나머지 절반은 용액에 의해 방출된다. 광물 덩어리 전체를 통하여 생성되는 헬륨은 광물 속에 역학적으로 감금되어 있다고 생각해도 좋아 보인다. 모스xxxviii[31]는 진공에서 피치블렌드를 연마하면 헬륨이 방출되는 것을 발견하였는데, 이것은 헬륨이 광물의 동공(洞空)에 존재함을 분명히 보여준다. 트래버스xxxix[32]는 헬륨이 가열하면 방출되기 때문에 이 효과는 연마하면서 발생하는 열 때문에 생긴다고 제안하였다. 가열된 광

30) 오늘날에는 α 입자가 양성자 두 개와 중성자 두 개가 결합된 헬륨 원자핵임이 밝혀져 있다.
31) 모스(R. J. Moss, 1847-1934)는 아일랜드의 과학자로 아일랜드의 왕립 더블린 협회에서 광물을 관장하고 분석하였다.
32) 트래버스(Morris William Travers, 1872-1961)는 영국의 무기 화학자로 지도교수인 램지와 함께 크립톤, 네온, 제논 등의 비활성 기체를 발견하였으며 유리 기술의 권위자이다.

물에서 헬륨이 탈출하는 것은 아마도 자키로흐[xl]가 관찰한 헬륨이 500℃ 이상으로 가열된 석영관의 벽을 통하여 통과한다는 사실과도 연관이 있어 보인다. 그 광물의 물질이 아마도 비슷한 성질을 가지고 있는 듯하다. 트래버스는 헬륨이 광물 내부에 과포화된 고체 용액 상태로 존재한다고 생각하지만, 이 사실은 헬륨이 광물의 덩어리 내부에 역학적으로 감금되어 있다고 가정하여도 똑같이 잘 설명된다.

헬륨이 방출될 때 광물인 퍼거소나이트에서 관찰된 갑작스러운 온도 상승은, 헬륨을 포함하지 않은 광물에서도 역시 발생하기 때문에, 헬륨의 존재와는 별 관계가 없음이 밝혀졌다. 헬륨은 광물과 화학적으로 결합된 상태라는 이전 견해는 이와 같은 좀 더 최근의 실험에 비추어 포기해야만 한다.

헬륨은 일부 광물들로부터 단지 높은 온도를 작용하거나 용액에 의해서만 방출되기 때문에, 광물에서 발견되는 헬륨의 높은 비율이 보통 조건 아래서는 탈출할 수 없는 것이 있음직해 보인다. 그래서 만일 방사성 물질에 의해서 헬륨이 생성되는 비율을 확실히 알면 용액에 의해 광물로부터 배출되는 헬륨의 부피를 측정해서 그 광물의 수명을 계산하는 것이 가능해야 한다.

그런 확실한 정보가 없다면, 근사적인 계산을 통해서 그 광물이 형성된 뒤 흐른 시간, 또는 헬륨이 탈출하지 못할 정도로 충분히 낮은 온도였을 시기 이후에 흐른 시간이 얼마 정도인지 대략 알 수가 있다.

예를 들어, 램지와 트래버스[xli]가 발견한 광물인 퍼거소나이트가 1.81 cc의 헬륨을 방출한다고 하자. 퍼거소나이트는 약 7퍼센트의 우라늄을 포함하고 있었다. 그런데 오래된 광물에서 우라늄은 아마도 그 무게의 8×10^{-7} 정도에 해당하는 라듐을 포함하고 있다(262절을 보라). 그래서 광물 1그램은 약 5.6×10^{-8} 그램의 라듐을 포함한다. 이제 만일 α 입자가 헬륨이라면, 라듐 1그램은 매년 0.24 cc의 헬륨을 생성하는 것을 보았다. 그래서 퍼거소나이트 1

그램에서 매년 생성되는 헬륨의 부피는 1.3×10^{-8} cc이다. 헬륨이 생성되는 비율이 일정하다고 가정하면, 매 그램마다 1.81 cc의 헬륨을 생성하는 데 필요한 시간은 약 1억 4000만 년이다. 만일 라듐이 헬륨을 생성하는 비율이 너무 많게 잘못 계산되었다면, 필요한 시간은 그만큼 상대적으로 더 길어진다.

나는 이 계산에 요구되는 상수들이 더 확실하게 고정될 때, 이 방법은 아마도 지각(地殼)에 존재하는 방사성 광물 중에서 일부의 가능한 수명에 대해 상당히 믿을 만한 정보를 주고, 따라서 간접적으로 그 광물들이 발견된 지층(地層)의 수명에 대해서도 정보를 줄 것이라고 생각한다.

이와 관련해서 램지[xlii]가 세일론 미네랄인 토리아나이트[33]는 매 그램당 최대 9.5 cc까지의 헬륨이 포함되어 있음을 발견한 것을 주목하면 흥미롭다. 던스턴[34]의 분석에 따르면, 이 광물은 약 76퍼센트의 토륨과 12퍼센트의 우라늄을 함유하고 있다. 이 광물에서 방출된 평소와는 다르게 많은 양의 헬륨은 이 광물이 앞에서 고려했던 퍼거소나이트보다 더 이른 시기에 형성되었음을 가리킨다.

270. 붕괴의 가능한 원인

방사능 현상을 설명하기 위해서, 정해진 작은 일부의 방사성 원소가 매초 붕괴된다고 가정하였지만, 불안정성을 만들고 그 결과가 붕괴로 이어지는 원인에 대한 가정은 없었다. 원자의 불안정성은 외부 힘이 작용하거나 원자 자체에 내재하는 힘이 작용하거나 둘 중 하나에 의해서 발생한다고 가정할 수가 있다. 예를 들어, 폭발을 시작하기 위해서는 기폭 장치가 필요한 것과 같은

33) 토리아나이트(thorianite)는 토륨 광물의 일종으로 방사능을 가지고 있고 스리랑카 지역 등에서 산출된다.
34) 던스턴(Sir Wyndham Rowland Dunstan, 1861-1949)은 영국의 화학자이다.

원리 아래, 외부에서 약간의 힘을 작용한 것이 불안정성의 원인이 되고 그 결과 많은 양의 에너지가 풀려나는 것을 동반하는 붕괴가 일어난다고 생각해볼 만하다. 방사성 생성물에 속하는 원자가 매초 붕괴하는 수(數)는 존재하는 그 원자의 수에 비례하는 것이 밝혀져 있다. 이 변화의 법칙은 이 질문에 어떤 실마리도 제공해주지 않는데, 왜냐하면 두 가정 중에서 어느 것을 이용하건 똑같이 예상되기 때문이다. 어떤 생성물이 변화하는 비율도 어떤 알려진 물리적 힘이나 화학적 힘을 작용하더라도 바꿀 수가 있다고 밝혀진 것은 없다. 단 한 가지 가능성은 우리가 조절할 수가 없는 만유인력이 어떤 방법으로든 방사성 원소의 안정성에 영향을 줄 수 있다는 것이다.

그러므로 방사성 원소와 방사성 원소의 생성물에 속하는 원자들이 붕괴되는 원인은 원자 자체의 내부에 존재한다고 생각하는 것이 그럴듯해 보인다. 원자의 구성에 대한 현대적인 견해에 따르면, 원소에 속한 원자는 겉에서 본 것만큼 그렇게 영구적이지는 않으므로, 일부 원자가 붕괴한다고 해서 그렇게 놀랄 일은 아니다. J. J. 톰슨의 가정에 따르면, 원자는 많은 수의 작은 양전하로 대전된 입자와 음전하로 대전된 입자들이 내부에서 빠르게 움직이면서 그들 사이에 서로 작용하는 힘에 의해서 평형 상태를 유지한다고 가정할 수가 있다. 원자를 구성하는 부분들 사이의 상대적 운동에서 가능한 변동이 매우 큰 복잡한 원자에서, 한 부분이 전체 계로부터 탈출하기에 충분한 운동에너지를 획득하거나, 또는 속박력이 순간적으로 상쇄되어서 그 부분이 탈출되는 순간에 가졌던 속도로 계로부터 벗어나는, 그런 상황에 도달할 수도 있다.

올리버 로지 경[xliii][35]은 원자의 불안정성이 원자에서 에너지가 방사되는

35) 로지(Sir Oliver Joseph Lodge, 1851-1940)는 영국의 물리학자로 무선 전보 기술에 관한 특허를 다수 보유한 발명가이기도 하다.

결과로 비롯된다는 견해를 제안하였다. 라머는 가속 운동하는 전자(電子)가 가속도의 제곱에 비례하는 비율로 에너지를 방출하는 것을 증명하였다. 직선 위를 일정한 속도로 움직이는 전자는 에너지를 방출하지 않지만, 일정한 속력으로 원형 궤도를 움직이도록 속박된 전자는 강력한 에너지 방출자인데, 왜냐하면 그런 경우에 전자(電子)는 중심을 향해서 끊임없이 가속되고 있기 때문이다. 로지는 음전하로 대전된 전자가 질량은 상대적으로 크지만, 동일한 양전하로 대전되고 전기력에 의해 평형을 유지하는 원자 주위를 회전하는 간단한 경우를 생각하였다. 이 시스템은 에너지를 방사(放射)하게 될 것이고, 에너지의 방사는 저항하는 매질에 대한 운동과 동등하므로, 그 입자는 중심을 향하여 움직이려고 하고, 그 입자의 속력은 끊임없이 증가한다. 에너지가 방사되는 비율은 전자의 속력이 빨라지면 급격하게 증가한다. 전자의 속력이 빛의 속도에 거의 가까워질 때, 로지에 의하면, 또 다른 효과가 발생한다. 앞에서 우리는 전자(電子)의 겉보기 질량은 속력이 빛의 속력에 접근하면 매우 급격히 증가한다는 것을 보았으며(82절), 이론적으로는 전자의 속력이 빛의 속력과 같아지면 전자의 질량이 무한대가 된다. 이 단계에서 회전하는 원자의 질량에 갑작스러운 증가가 발생할 것이며, 이 단계가 도달될 수 있다는 가정 아래서, 결과적으로 시스템을 함께 유지하는 힘의 평형이 방해받게 된다. 로지는 이런 조건 아래서 시스템을 구성하는 부분들이 산산이 쪼개지고 서로 영향을 미치는 구(球)로부터 벗어나게 될 것이라고 생각한다.

원자가 붕괴하는 주된 원인은 전자기 복사로 인한 원자 시스템의 에너지 손실에서 찾아야 한다는 것이 (52절) 그럴듯해 보인다. 라머[xliv]는 빨리 움직이는 전자(電子)들의 계가 에너지를 잃지 않고 지속될 수 있기 위하여 만족해야 할 조건은 중심을 향한 전자들의 가속도의 벡터 합이 영구적으로 0이 되어야 하는 것임을 증명하였다. 비록 원형 궤도를 따라 움직이는 단 하나의 전자

(電子)는 강력한 에너지 방출자이지만, 몇 개의 전자들이 고리 모양의 궤도를 따라 회전하면 방출되는 에너지가 급작스럽게 감소하는 것은 매우 놀랄 만하다. 이것은 최근에 J. J. 톰슨[xlv]에 의해 증명되었는데, 그는 원의 둘레를 따라 등간격으로 위치한 음전하로 대전된 입자들이 그 원의 중심 주위로 평면 위에서 일정한 속력으로 회전하는 시스템의 경우를 수학적으로 조사하였다. 예를 들어, 그는 빛의 속력의 $\frac{1}{10}$의 속도로 움직이는 여섯 입자 그룹으로부터 방출되는 방사 에너지는, 같은 속도로 같은 원을 그리는 단 하나의 입자가 방출하는 에너지의 100만분의 1보다 더 작은 것을 발견하였다. 속도가 빛의 속도의 $\frac{1}{100}$이면, 방출되는 에너지는 같은 궤도를 같은 속도로 움직이는 단 하나의 입자가 방출하는 에너지의 겨우 10^{-16}배일 뿐이다.

이런 종류의 결과는 많은 수의 전자들로 이루어진 원자가 에너지를 지극히 느리게 내보낼 수도 있음을 가리키지만, 원자로부터 이렇게 미량(微量)이더라도 계속해서 에너지가 빠져나가면 결국에는 원자를 구성하는 부분들이 새로운 시스템으로 재배치되거나 원자로부터 전자 하나 또는 한 그룹의 전자가 내보내져야 한다.

켈빈 경[xlvi]은 α 입자를 쫓아내는 폴로늄의 행동 그리고 β 입자를 쫓아내는 라듐의 행동을 흉내 내는 간단한 원자 모형에 대해 논의하였다. 양전하로 대전된 입자들과 음전하로 대전된 입자들이 원자를 구성한다고 가정하는 어떤 안정된 배열을 고안하고, 그 배열에 방해하는 힘을 작용하면 그 시스템의 일부가 굉장히 큰 속도로 배출되게 만드는 것이 가능하다.

J. J. 톰슨[xlvii]은 양전하가 균일하게 분포된 구(球)에서 많은 수의 전자들이 운동하는 안정된 배열이 가능한지에 대해 수학적으로 조사하였다. 그런 모형의 원자가 갖는 성질은 매우 놀라웠으며, 화학에서 주기율을 설명하는 방법을 간접적으로 제시하였다. 그는 전자들이, 한 평면 위에 놓인다면, 몇 개의

동심원에 배열하는 것을 보였다. 그리고 일반적으로, 만일 전자들이 평면 위에서만 움직이도록 구속받지 않는다면, 마치 양파의 껍질처럼 많은 수의 동심(同心) 구 껍질에 배열되는 것을 보였다.

만일 전자(電子)들이 한 평면 위에서 고리를 따라 회전하고, 각 고리에 속한 전자들은 동일한 각(角) 간격으로 배열된다고 가정하면, 이것을 다루는 수학 문제는 매우 간단해진다. 다음 표에는 전자들이 스스로를 그룹 짓는 수로 나누는 방법이, 60에서 5까지 5의 간격으로 표시한 수가 나와 있다.

전자(電子)들의 수	60	55	50	45	40	35
연이은 반지에 들어 있는 수	20 16 13 8 3	19 16 12 7 1	18 15 11 5 1	17 14 10 4	16 13 8 3	16 12 6 1
전자들의 수	30	25	20	15	10	5
연이은 반지에 들어 있는 수	15 10 5	13 9 3	12 7 1	10 5	8 2	5

다음 표에는 20개 바깥쪽 고리가 가질 수 있는 일련의 가능한 배열이 나와 있다.

전자(電子)들의 수	59	60	61	62	63	64	65	66	67
연이은 반지에 들어 있는 수	20 16 13 8 2	20 16 13 8 3	20 16 13 9 3	20 17 13 9 3	20 17 13 10 3	20 17 13 10 4	20 17 14 10 4	20 17 14 10 5	20 17 15 10 5

바깥쪽 고리 20을 가질 수 있는 가장 작은 전자들의 수는 59이고, 가장 큰 전자들의 수는 67이다.

전자들의 각종 배열은 가족으로 분류될 수 있으며, 거기서 그룹으로 나눈 전자들이 공통으로 갖는 성질이 있다. 그래서 전자가 60개인 그룹은 전자가 40개인 그룹에 20개의 전자로 된 바깥쪽 고리만 추가한 배열과 같은 배열로 구성된다. 전자가 40개인 그룹은 바깥쪽에 고리가 추가된 전자가 24개인 그룹과 동일하다. 그리고 전자가 24개인 그룹은 다시 추가의 고리를 갖는 전자가 11개인 그룹과 동일하다. 일련의 모형 원자들이 이런 방법으로 형성될 수 있으며, 그 안에서 각 원자는 이 이전 구성 원자에 전자들로 된 고리를 추가한 것으로부터 유도된다. 그런 원자들은 많은 공통 성질을 가질 것으로 예상되며, 멘델레예프[36]의 주기율표에서 동일한 수직 기둥에 속한 원소들에 대응한다.

전자들이 다르게 배열되면 안정성도 크게 바뀐다. 어떤 배열은 한 개 또는 두 개의 추가 전자를 얻더라도 여전히 안정되어 있을 수도 있고, 다른 배열은 전자 하나를 잃어도 안정성이 영향을 받지 않을 수도 있다. 전자(前者)는 전기적 음성 원자이고 후자(後者)는 전기적 양성 원자이다.

어떤 배열로 된 전자들은 정해진 값보다 더 빠른 각속도로 움직이더라도 여전히 안정되지만, 속도가 이 값 아래로 떨어지면 불안정해진다. 예를 들어, 한 평면에서 네 개의 전자들이 운동하면 안정되는데, 속도가 어떤 정해진 임계값 아래로 떨어지면, 시스템은 불안정해지고, 전자들은 스스로를 정사면체의 꼭짓점에 배열하려는 경향이 있다. J. J. 톰슨은 (앞에서 인용한 논문에

36) 멘델레예프(Dmitri Mendeleev, 1834-1907)는 러시아의 화학자로 1868년에 무기화학 교과서를 집필하면서 당시에 알려진 63종의 원소를 배열하는 순서를 생각하며 주기율표를 작성하였다.

서) 왜 방사성 물질에 속한 원자가 쪼개지는지를 설명하기 위하여 그 성질을 다음과 같이 적용하였다.

"이제 이 종류의 입자들로 된 (전자들로 된) 시스템을 포함하는 원자의 성질을 생각하자. 입자들이 처음에는 임계 속도보다 훨씬 더 빠른 속도로 움직이고 있었다고 가정하자. 움직이는 입자들이 에너지를 내보낸 결과로, 그 입자들의 속도는 천천히 — 매우 천천히 — 줄어들 것이다. 긴 시간이 흐르고 속도가 임계 속도에 도달했을 때, 입자들의 폭발과 같은 것이 일어나게 되는데, 입자들은 자신들의 원래 위치에서 아주 멀리 이동하여, 그 입자들의 퍼텐셜에너지는 감소하고 운동에너지는 증가하게 된다. 이런 방법으로 증가한 운동에너지는 시스템을 원자 바깥으로 이동시키는 데 충분할 수도 있으며, 라듐의 경우에서처럼, 원자의 일부가 떨어져 나가게 만들기도 할 것이다. 방사선에 의해 에너지가 매우 느리게 흩어진 결과로, 원자의 수명은 매우 길 것이다. 우리는 여기서 시스템의 형태로 네 입자의 경우를 취했는데, 이 시스템은, 팽이와 마찬가지로, 안정성을 유지하기 위해서는 정해진 양의 회전이 필요하다. 이런 성질을 갖는 시스템은 어떤 것이든지, 에너지가 방사선에 점차로 소실되는 결과, 그 시스템으로 된 원자에 네 입자 시스템에 부여된 성질과 유사한 방사능 성질을 갖게 만든다."

271. 태양과 지구의 열(熱)

러더퍼드와 소디[xlviii]는 만일 방사성 원소에서 일어나는 것과 같은 붕괴 과정이 태양에서도 일어난다고 가정하면, 오랜 기간 동안 태양의 열이 그대로 유지되는 것을 설명하기가 어렵지 않다는 점을 지적하였다. 〈네이처〉(1903년 7월 9일)에 보낸 편지에서 W. E. 윌슨은 태양의 질량 중에서 1세제곱미터마다 라듐이 3.6그램 포함되어 있다면, 태양이 현재 에너지를 방출하고 있는 비율을 설명하는 데 충분하다는 것을 보였다. 이 계산은 1그램의 라듐은 매시간마다 100그램칼로리의 에너지를 방출한다는 퀴리와 라보르데의 추정 값 그리고 태양 표면의 매 제곱센티미터의 넓이마다 매시간 8.28×10^6 그램칼로리의 열을 방출한다는 랭글리[37]의 측정값을 근거로 하였다. 태양의 평균 밀도는 1.44이기 때문에, 태양에 존재하는 라듐의 양이 무게를 기준으로 100만분의 2.5이면 현재 에너지를 방출하는 비율을 설명할 수가 있다.[38]

태양의 스펙트럼 조사에서는 아직까지 어떤 라듐선도 갖고 있다고 밝혀지지는 않았다. 그렇지만 분광선에 의한 증거에 의하면 태양에 헬륨은 존재하며, 이것이 태양에 방사성 물질도 또한 존재할 것임을 간접적으로 제안한다.[39] 지표면에서는 태양으로부터 투과 방사선[40]이 오지 않은 것이 태양에 방사성 원소가 존재하지 않음을 암시하지 않는다는 점[xlix]을 쉽게 보일 수 있다. 심지어 태양이 순수한 라듐만으로 구성되었다고 하더라도, 방출된 γ선이 지표면에서 쉽게 눈에 띌 것이라고는 예상하기가 어려운데, 왜냐하면 그 방사선은 두께가 76센티미터에 대응하는 대기(大氣)를 지나오면서 거의 완전히 흡수될 것이기 때문이다.

톰슨과 테이트[41]의 『자연 철학』[42]에 나오는 부록 E에서, 켈빈 경은 에너

37) 랭글리(Samuel Pierpont Langley, 1834-1906)는 미국의 천문학자이자 항공 기술자로 지구가 받는 태양열의 양을 측정하고 고도차에 따른 일사량의 강약을 비교한 사람이다.

38) 태양은 핵융합 반응에 의해 열을 유지하는데, 당시에는 핵융합과 같은 것을 알 수가 없었다.

39) 오늘날 보면 이 제안 역시 옳지 못하다. 태양의 헬륨은 방사성 원소 때문이 아니라 수소가 핵융합된 결과로 존재한다.

40) 투과 방사선(penetrating radiation)이란 물질 투과력이 강한 방사선으로 γ선, 높은 에너지의 X선, 중성자 등이 해당한다.

41) 테이트(Peter Guthrie Tait)는 스코틀랜드의 수리 물리학자로 켈빈 경과 함께 『자연 철학(*Treatise on Natural Philosophy*)』이라는 제목의 교과서를 저술한 것으로 유명하다.

42) 켈빈 경이라고 알려진 윌리엄 톰슨(William Thomson)은 1855년에서 1867년 사이에 테이트와 함께 역학과 수리물리학에 관한 교과서 『자연 철학』을 집필하였다.

지가 무한히 흩어진다는 가정 아래 현재 밀도를 갖는 태양에서 방출되는 에너지를 계산하였으며, "태양의 수명이 1억 년보다 더 오래지는 않아 보이며, 5억 년보다 더 오래는 아니라는 것이 거의 확실하다. 미래에 대해서는, 창조라는 거대한 창고에 현재 우리에게 알려지지 않은 공급원이 준비되지 않는 한, 지구에 사는 사람이 그들의 생활에 필수적인 빛과 열을 수백만 년보다 더 오래 누릴 수는 없다는 것이 똑같이 확실해 보인다"라고 결론지었다.

라듐과 같은 물질의 작은 질량이 막대한 양의 열(熱)을 저절로 방출할 수 있다는 발견은 태양의 열이 지속된 수명에 대한 이런 추정 값이 훨씬 증가될 수도 있다는 가능성을 엿보게 만들었다. 〈네이처〉에 보낸 편지에서 (1903년 9월 24일) G. H. 다윈[43]은 이 확률에 대해 주의를 환기시켰으며, 동시에 켈빈의 가정에서 태양의 열이 비춘 기간에 대한 켈빈의 추정 값이 아마도 너무 길지 않은지 지적하고 다음과 같이 말하였다. "태양에는 질량 M, 반지름이 r인 구에 균일하게 분포되어 있다고 가정하면, 태양이 잃은 에너지는 $\frac{3}{5}\mu\frac{M^2}{a}$인데, 여기서 μ는 만유인력 상수이다. 이 공식에 나오는 기호에 값을 대입하면, M을 그램으로 표현할 때 나는 잃은 에너지가 $2.7\times10^7\,M$이 됨을 얻는다. 만일 태양 상수로 랭글리의 값을 취하면, 이 열은 1200만 년을 공급하기에 충분하다. 켈빈 경은 태양 상수로 푸이에의 값[44]을 사용했지만, 만일 그가 랭글리의 값을 이용할 수 있었더라면, 그의 1억 년은 6000만 년으로 줄어들었을 것이다. 내 결과인 1200만 년과 켈빈 경의 결과인 6000만 년 사이의 차이는 중심부를 향하면서 태양의 밀도가 증가하려면 필요하다고 추정되는 잃

43) 다윈(Sir George Howard Darwin, 1845-1912)은 영국 천문학자로 진화론을 제안한 찰스 다윈의 차남이다.

44) 푸이에(Claude Pouillet, 1790-1868)는 프랑스 물리학자로 지표면에 도달하는 태양의 복사에너지의 기준치를 말하는 태양 상수의 추정 값을 발표하였다.

어버린 에너지의 증가에 의해서 설명된다." 그런데 라듐 1그램은 자신의 수명 동안에 방출하는 열의 양 1.6×10^9 그램칼로리에 해당한다는 것이 (266절) 증명되었다. 방사능을 띠지 않은 원소의 화학적 원자에도 비슷한 양의 에너지가 내재되어 있을 것이라고 가정해도 좋을 이유가 충분하다는 것도 역시 지적되었다. 태양의 막대하게 높은 온도에서는 원소가 지구에서보다 더 빠른 비율로 더 간단한 형태로 쪼개질 개연성이 결코 낮지 않다. 그래서 원소에 속한 원자에 내재(內在)한 에너지가 이용된다면, 태양이 현재 비율로 열을 계속 방출하는 기간은 동적(動的) 자료로부터 계산한 값보다 적어도 50배는 더 길어진다.[45)]

지구의 수명에 대한 문제도 비슷하게 접근할 수 있다. 켈빈 경은 톰슨과 테이트가 저술한 『자연 철학』의 부록 D에서 지구가 녹아 있는 질량 덩어리로부터 오랜 시간에 걸쳐서 냉각했다고 가정하고 구한 지구의 예상 수명에 대해 자세히 논의하였다. 그는 그곳에서 지구가 녹아 있는 질량 덩어리였던 약 1억 년 후에, 지표면의 복사에 의해 서서히 일어나는 냉각이 지표면 가까이에서 오늘날 관찰되는 평균 온도 변화도인 매 피트당 $\frac{1}{50}$°F 를 설명하는 것을 보였다.

이제 현재 지구에서 관찰되는 온도 변화도를 이용해서 지구가 동물과 식물이 생명을 이어갈 수 있는 온도였던 기간을 추정할 수는 없음을 가리키는 몇 가지 고려 사항들에 대해 논의하자. 지구에는 지구 표면에서 복사열로 잃은 양에 해당하는 열을 보충하기에 충분한 방사성 물질이 지구에 존재했을 수도 있음을 보일 예정이다. 지구를 구성하는 물질의 평균 열전도도 K가 0.004(C.G.S. 단위)라고 하고, 지표면 부근에서 온도 변화도 T가 매 cm당

45) 오늘날 핵융합을 이용하여 추정한 태양의 수명은 약 100억 년이다.

0.00037℃ 라고 하면, 지구 표면으로 매초 전도된 열 Q는 그램칼로리 단위로

$$Q = 4\pi R^2 KT$$

로 주어지는데, 여기서 R은 지구의 반지름이다.

이제 X가 방사성 물질의 존재 때문에 지구 부피 매 세제곱센티미터당 매초 풀려나는 평균 열량이라고 하자. 만일 지구로부터 복사되어 나가는 열 Q가 지구에서 방사성 물질에 의해 제공되는 열과 같다면

$$X \cdot \frac{4}{3}\pi R^3 = 4\pi R^2 KT,$$

$$\text{즉 } X = \frac{3KT}{R}$$

이 된다. 이제 상수 값들을 대입하면

$$X = 7 \times 10^{-15}\text{그램칼로리/s}$$

$$= 2.2 \times 10^{-7}\text{그램칼로리/년}$$

이 된다.

라듐 1그램은 매년 876,000그램칼로리를 방출하므로, 지구의 매 단위 부피마다 라듐 2.6×10^{-13}그램이 존재하면, 또는 지구의 매 단위 질량마다 라듐 4.6×10^{-14}그램이 존재하면, 열전도에 의해 잃어버린 열을 지구로부터 보충할 수 있다.

이제 다음 장에서는 방사성 물질이 지구와 대기(大氣)에 상당히 균일하게 분포되어 있는 것처럼 보인다는 점을 설명할 예정이다. 그뿐 아니라, 모든 물질은 미미한 정도로 방사능을 띠고 있는데, 다만 이 방사능이 생긴 주된 이유가 방사성 원소가 불순물로 존재하기 때문인지 아닌지에 대해서는 아직 잘 모른다.[46] 예를 들어, 스트럿[1]은 백금 판이 우라늄 질산염과 비교하면 약 $\frac{1}{3,000}$배의 방사능을 띠고, 라듐과 비교하면 약 2×10^{-10}배의 방사능을 띠

는 것을 관찰하였다. 이것은 지구의 열손실을 보충하는 데 필요한 방사능보다 훨씬 더 큰 방사능에 해당한다. 그런데 지구 내부에서 파낸 물질이 보이는 방사능에 대한 자료를 이용하면 더 정확한 추정 값을 구할 수 있다. 엘스터와 가이텔li은 부피가 3.3×10^3 cc인 접시를 정원에서 파낸 점토(粘土)로 채우고, 그 접시를 부피가 30리터인 용기에 넣고서, 그 용기에 포함된 기체의 전도도(傳導度)를 측정하기 위해 용기 안에 검전기를 넣었다. 그로부터 며칠을 기다린 다음에, 그들은 공기의 전도도가 정상 값의 세 배에 해당하는 일정한 최댓값에 도달했음을 관찰하였다. 나중에 (284절) 밀폐된 용기에서 관찰되는 정상적인 전도도는 매초 매 cc 마다 약 30개의 이온이 만들어지는 것에 해당함을 보이게 될 것이다. 그래서 지구의 방사능에 의해서 용기 안에서 매초 만들어지는 이온의 수는 약 2×10^6 개였다. 이 값을 이용하면 기체를 통과하는 포화 전류는 2.2×10^{-14} 전자 단위가 된다. 그런데 금속 원통에 저장된 라듐 1그램으로부터 나오는 에머네이션이 만드는 포화 전류는 약 3.2×10^{-5} 전자 단위이다. 엘스터와 가이텔은 기체에서 관찰되는 전도도의 대부분은 점토로부터 용기 내의 공기로 서서히 확산된 방사능 에머네이션 때문에 생긴다고 생각하였다. 그래서 엘스터와 가이텔이 관찰한 기체에서 증가한 전도도는 라듐 7×10^{-10} 그램에서 나오는 에머네이션에 의해 생성되었다. 점토의 밀도를 2라고 하면, 이것은 점토 1그램당 라듐 약 10^{-13} 그램에 해당한다. 그러나 만일 지구 질량 1그램마다 라듐 4.6×10^{-14} 그램이 존재한다면, 라듐에서 방출된 열은 진도와 복사에 의해 지구가 잃어버리는 열을 상쇄한다는 것을 보았다. 그래서 지구에서 관찰되는 방사능의 양은 필요한 열 방출을 설명

46) 오늘날에는 한 가지 원소가 무게가 다른 여러 동위 원소로 구성되어 있으며 그 동위 원소 중에는 방사성 원소도 있음을 알게 되었다.

하기에 대략적으로 맞아 떨어지는 크기이다. 위의 추정 계산에서, 지구에 존재하는 우라늄과 토륨 광물은 고려하지 않았다. 게다가, 점토에서 나오는 방사능의 전체 양은, 에머네이션을 방출하지 않는 다른 방사성 물질이 존재할 가능성도 있으므로, 계산된 양보다 상당히 더 클 개연성이 높다.

만일 지구가 복사에 의해 잃은 열을 방사성 물질로부터 공급받아서 열적 평형 상태에 놓여 있다고 가정하면, 지구에는 라듐 약 2억 7,000만 톤에 해당하는 양의 방사성 물질이 존재해야 한다. 만일 지구에 이보다 더 많은 양의 라듐이 있었다면, 온도 변화도의 값은 오늘날 관찰된 값보다 더 커야 한다. 이것은 아주 많은 양의 라듐인 것처럼 보일지 모르지만, 최근에 대기에서 라듐 에머네이션의 양을 측정한 것에 따르면 (281절) 많은 양의 라듐이 지구 표면의 토양에 존재해야만 한다는 견해를 강력하게 뒷받침해준다. 이브는, 최소로 추정해서, 항상 대기에 존재하는 에머네이션의 양은 라듐 100톤으로부터 유도된 평형을 이루는 양과 같음을 발견하였다. 대기에서 측정되는 에머네이션은 토양으로부터 나오는 확산 그리고 지하수가 올라오는 샘 두 가지 원인 모두에 의해서 공급되는 것이 거의 확실하다. 에머네이션은 나흘 만에 처음 방사능의 절반을 잃어버리므로, 에머네이션이 굉장히 깊은 곳으로부터 확산될 수는 없다. 라듐이 지구 전체에 균일하게 분포되어 있다고 가정하면, 깊이가 약 13미터에 불과한 얇은 지각(地殼)에서 생성되는 라듐 에머네이션 양이면 대기에서 보통 관찰되는 양을 설명하는 데 충분하다.

나는 현재 지구가 열을 잃어버리는 비율은 지구에 존재하는 방사성 물질로부터 공급된 열의 결과로 오랜 기간 동안 변하지 않고 계속되었다라고 결론지어도 좋다고 생각한다. 그래서 지구는 오늘날 관찰되는 온도와 크게 다르지 않은 온도로 매우 오랫동안 더 그대로 유지되고, 그 결과로 지구가 동물과 식물이 생명을 유지하며 존재할 수 있도록 지원하는 것이 가능한 온도로 존재한 기간은, 다른 자료를 이용하여 켈빈 경이 추정한 기간보다 훨씬 더 길 수도 있을 개연성이 많아 보인다.

272. 물질의 진화

비록 모든 물질은 물질의 기본 단위인 원질(原質)로 구성된다는 가설이 다양한 시기에 많은 저명한 물리학자들과 화학자들에 의해서 제안되었지만, 화학적 원자가 물질의 가장 작은 단위가 아님을 보이는 첫 번째 확실한 실험적 증거는 J. J. 톰슨이 1897년에 진공관에서 전기 방전에 의해서 생성된 음극선의 성질에 대해 살펴본 그의 최고 수준의 연구를 수행하면서 얻었다. 우리는 앞에서 음극선의 놀라운 성질을 최초로 입증한 윌리엄 크룩스 경이 음극선은 튀어나온 전하를 띤 물질 입자들의 흐름으로 구성되었다고 제안하고, 음극선을, 그가 부른 용어로, 물질의 새로운 상태 또는 "물질의 네 번째 상태"라고 표현하였다.

J. J. 톰슨은 서로 다른 두 방법을 이용하여(50절), 음극선은 매우 빠른 속도로 튀어나온 음전하로 대전된 입자들의 흐름으로 구성된 것을 보였다. 이 입자들은 질량이, 알려진 가장 가벼운 원자인, 수소 원자 질량의 단지 약 $\frac{1}{1,000}$밖에 되지 않는 것처럼 행동했다. 톰슨이 명명한 이름인 이 미립자(corpuscle)들은 나중에 빛을 내는 탄소 필라멘트에서도 만들어졌고 자외선의 작용 아래 노출된 아연판에서도 나왔다. 그 미립자들은 음전하를 띤 고립된 단위처럼 행동했으며, 우리가 앞에서 본 것처럼, 라머와 로렌츠에 의해서 수학적으로 연구된 전자(電子)와 일치한다고 생각할 수도 있다. 이 전자들이 단지 빛과 열 그리고 전기 방전의 작용에 의해서만 만들어지는 것이 아니고, 비슷한 물체가 방사성 원소에서도 역시 저절로 방출되는 것이 발견되었는데, 여기서 방출된 입자의 속도는 진공관에서 나온 전자에서 관찰된 속도에 비해

훨씬 더 빨랐다.

이렇게 다양한 방법으로 생성된 전자는 음전하를 나르며, 전자의 전하와 질량 사이의 비인 $\frac{e}{m}$ 이 모든 경우에 실험 오차 한계 내에서 다 같기 때문에, 겉보기로는 모두 똑같아 보였다. 서로 다른 물질에서, 그리고 서로 다른 조건에서 생성된 전자들이 모든 경우에 다 똑같기 때문에, 전자들이 모든 물질을 구성하는 요소라고 생각하는 것이 그럴듯해 보인다. J. J. 톰슨은 원자는 이렇게 음전하로 대전된 전자들 몇 개가 대응하는 양전하로 대전된 물체와 어떤 방법으로 결합하여 만들어진다고 제안하였다.

이 견해에서는 화학적 원소에 속하는 원자는 단지 구성 요소인 전자들이 배열되는 수에 의해서만 서로가 구분된다.[47)]

강력한 전기 방전이 기체를 통과하면 원자의 구조에 영구적인 변화가 초래되었음을 보이는 어떤 증거도 지금까지 나온 것이 없기 때문에, 이온화의 경우에 원자로부터 전자 한 개를 제거하는 것이 시스템의 안정성에 영구적으로 영향을 미치는 것처럼 보이지는 않는다. 반면에, 방사성 물체의 경우에, 질량이 대략 수소 원자 질량의 두 배 정도인 양전하로 대전된 입자가 무거운 방사능 원자로부터 빠져나온다. 이와 같은 손실의 결과로 즉시 원자의 영구적인 변화를 초래하는 것처럼 보이고, 이와 같은 손실은 그 원자의 물리적 성질과 화학적 성질에 뚜렷한 변화가 생기는 원인이 된다. 그뿐 아니라 이 과정이 가역적이라는 증거도 없다.

방사성 물질에 속한 원자로부터 매우 빠른 속도로 β입자가 방출되는 것 역시 원자가 변환되는 결과를 낳는다. 예를 들어 라듐 E는 β입자 한 개를 방

47) 여기서는 원자에 포함된 전자들의 수에 의해서 구분되는 것이 아니라 전자들이 배열되는 방법의 수에 의해서 구분된다고 말한다. 오늘날 원소는 원자핵에 포함된 양성자의 수에 의해서, 그러므로 중성 원자에 포함된 전자의 수에 의해서 구분되는 것이 밝혀져 있다.

출하며, 그 결과로 뚜렷이 구분되는 물질인 라듐 F(폴로늄)를 발생시킨다. β 입자 하나가 매우 빠른 속도로 방출되면 원자의 부분들의 완전한 재배치를 가져오는 이런 종류의 경우는 아마도 이온화 동안에 일어나는 원자로부터 느린 전자가 빠져나오고 남아 있는 원자의 안정성에는 별 효과를 미치지 않는 과정과는 아주 뚜렷이 달라 보인다.

물질이 변환하는 것을 보여주는 실험에서 나온 유일한 직접 증거가 방사성 물체를 조사하면서 나왔다. 방사성 현상을 설명하기 위하여 제안된 붕괴 이론의 중요한 요소들이 옳다면, 방사성 원소들은 원래 원소에 속하지 않는 다른 종류의 물질로 저절로 그리고 계속해서 변환하는 과정을 진행하고 있다. 변환의 비율이 우라늄과 토륨에서는 느리지만, 라듐에서는 상당히 빠르다. 라듐의 질량 중에서 매년 변환되는 부분은 존재하는 전체 양의 약 $\frac{1}{2,000}$인 것이 증명되었다. 우라늄과 토륨의 경우에는 아마도 그와 비슷한 양의 변화가 만들어지기까지 100만 년이 필요할 것이다. 이와 같이 우라늄과 토륨에서 변환 과정은 적당한 기간 안에 저울이나 분광기를 이용해서 그 결과를 측정하기에는 정말 너무 느리지만 변환에서 수반되는 방사선은 어렵지 않게 측정될 수 있다. 비록 변화 과정이 느리기는 하지만, 그 과정이 쉬지 않고 끊임없이 일어나며, 오랫동안 지구에 존재하는 우라늄과 토륨은 다른 형태의 물질로 변환되었어야만 한다.

원자가 변환 과정을 겪을 확률에 관심을 둔 사람들은 일반적으로 물질이 그 물질 전체 질량의 물리적 성실과 화학적 성질이 점차로 바뀌면서, 전체적으로 꾸준히 진행되는 변화를 겪을 것이라고 생각한다. 붕괴 이론에서는 그렇게 생각하지 않는다. 단위 시간 동안에 존재하는 물질 중에서 단지 아주 작은 부분만 쪼개지며, 붕괴된 원자들이 지나가는 연이은 단계들 하나하나에서, 대부분의 경우에 물질의 물리적 성질과 화학적 성질에 뚜렷한 변화가 발생한다. 이와 같이 방사성 원소의 변환은 부분이 갑자기 바뀌는 변환이지 전체가 점진적으로 꾸준히 바뀌는 변환이 아니다. 변환 과정이 진행된 다음에 임의의 시간에, 물질에는 아직 변하지 않은 부분이 그대로 남아 있고, 그 부분과 나머지 부분이 변환된 결과로 생긴 생성물이 혼합되어 존재한다.

물질이 분해되는 과정이 방사성 원소에서만 일어나는지, 아니면 물질의 보편적인 성질인지에 대한 질문이 자연스럽게 대두된다. 곧 제14장에서 지금까지 조사된 모든 물질은 아주 약간이라도 방사능의 성질을 나타낸다는 것을 보일 것이다. 그렇지만 관찰된 방사능이 물질에 존재하는 방사성 원소의 미미한 흔적 때문이 아닌지를 확실히 아는 것은 매우 어렵다. 만일 보통 물질이 방사능을 띤다면, 그 물질의 방사능은 우라늄의 방사능에 비해 굉장히 작은 것은 확실하며, 결과적으로 그 물질이 변환하는 비율은 대단히 느려야만 한다. 그렇지만 고려해야 할 다른 하나의 가능성도 존재한다. 방사성 원소가 변화할 때 대전된 입자가 매우 빠른 속도로 튀어나오지 않았더라면, 방사성 원소에서 일어나는 변화는 아마도 결코 감지되지도 않았을 것이다. 원자가 그 시스템의 일부를 기체를 이온화시키기에 충분한 속도로 배출시키지 않으면서도 원자가 분해될 가능성이 전혀 없지는 않아 보인다. 실제로, 우리는 방사성 원소에서도, 토륨, 라듐 그리고 악티늄 모두에서 일련의 변화 중 몇 가지는 이온화시키는 방사선을 동반하지 않는 것을 보았다. 이 책의 부록 A에 수록된 실험 결과들이 이 견해를 강력하게 뒷받침한다. 그래서 모든 물질은 느린 변환 과정을 진행하고 있지만, 아직까지는 변화되는 동안에 빠른 속도로 튀어나오는 대전된 입자들에 의해서 오직 방사성 원소의 변화만이 감지된 것일 수도 있다. 오랫동안 계속된 이러한 물질의 분해 과정은 지구의 구성 요소를 더 간단하고 더 안정된 물질 형태로 바꾸었어야만 한다.

헬륨이 라듐의 변환 생성물이라는 생각은 헬륨이 좀 더 기본적인 물질 중 하나로 무거운 원자들은 헬륨으로 구성된다는 가능성을 암시한다. 노먼 로키어 경[48]은 그의 흥미로운 책 『무기물의 진화』에서 가장 뜨거운 별의 스펙트럼선은 헬륨선과 수소선이 지배적임을 지적하였다. 온도가 더 낮은 별에는 더 복잡한 형태의 물질이 나타난다. 노먼 로키어 경은 별에서 관찰된 분광선에 의한 증거를 바탕으로 그의 물질 진화 이론을 수립했으며, 물질을 더 간단한 형태로 쪼개는 주요 인자는 온도라고 생각했다. 반면에, 방사성 원소에서 발생하는 물질의 변환은 저절로 발생하며, 조사된 범위에서 온도와 무관하다.

48) 로키어(Sir Joseph Norman Lockyer, 1836-1920)는 영국의 천문학자로 홍염의 분광선에서 미지의 스펙트럼선이 존재하는 것을 발견하고 그 스펙트럼선을 내는 원소를 헬륨이라고 불렀다. 유명한 영국 학술지인 〈네이처〉를 창간하고 50년간 그 편집을 맡았다.

제13장 미주

i. Perrin, *Revue Scientifique*, April 13, 1901.
ii. Becquerel, *C. R.* 133, p. 979, 1901.
iii. Rutherford and McClung, *Phil. Trans*. A, p. 25, 1901.
iv. Rutherford, *Phil. Mag*. Jan. and Feb. 1900.
v. P. Curie, *C. R.* 136, p. 223, 1903.
vi. Rutherford, *Phil, Mag*. April, 1903.
vii. M. and Mme Curie, *C. R.* 134, p. 85, 1902.
viii. Rutherford and Soddy, *Trans. Chem. Soc*. 81, pp. 321, 837, 1902. *Phil. Mag*. Sept. and Nov. 1902.
ix. Rutherford and Soddy, *Phil. Mag*. April, 1903.
x. Rutherford and Soddy, *phil. Mag*. May, 1903.
xi. Rutherford, *Phys. Zeit*. 4, p. 235, 1902. *Phil. Mag*. Feb. 1903.
xii. Rutherford, *Phil. Mag*. May, 1903.
xiii. Curie and Laborde, *C. R.* 136, p. 673, 1903.
xiv. J. J. Thomson, *Nature*, p. 601, 1903.
xv. Crookes, *C. R.* 128, p. 176, 1899.
xvi. F. Re, *C. R.* p. 136, p. 1393, 1903.
xvii. Richarz and Schenck, *Berl. Ber*. p. 1102, 1903. Schenck, *Berl. Ber*. p. 37, 1904.
xviii. Armstrong and Lowry, *Proc. Roy. Soc*. 1903. *Chem. News*, 88, p. 89, 1903.
xix. Rutherford and Soddy, *Phil. Mag*. May, 1903.
xx. Boltwood, *Nature*, May 25, p. 80, 1904. *Phil. Mag*. April, 1905.
xxi. McCoy, *Ber. d. D. Chem. Ges*. No. 11, p. 2641, 1904.
xxii. Strutt, *Nature*, March 17 and July 7, 1904. *Proc. Roy. Soc*. March 2, 1905.
xxiii. Strutt, *Proc. Roy. Soc*. March 2, 1905.
xxiv. Soddy, *Nature*, May 12, 1904; Jan. 19, 1905.
xxv. Whetham, *Nature*, May 5, 1904; Jan. 26, 1905.
xxvi. Danne, *C. R.* Jan. 23, 1905.
xxvii. J. J. Thomson, *Nature*, April 30, p. 601, 1903.
xxviii. Voller, *Phys. Zeit*. 5, No. 24, p. 781, 1904.
xxix. Ramsay and Cooke, *Nature*, Aug. 11, 1904.
xxx. Eve, *Nature*, March 16, 1905.
xxxi. J. J. Thomson, International Electrical Congress, St Louis, Sept. 1904.
xxxii. Rutherford and Soddy, *Phil. Mag*. p. 582, 1902; pp. 453 and 579, 1903.
xxxiii. Ramsay and Soddy, *Nature*, July 16, p. 246, 1903. *Proc. Roy. Soc*. 72, p. 204, 1903; 73, p. 346, 1904.
xxxiv. Curie and Dewar, *C. R.* 138, p. 190, 1904. *Chem. News*, 89, p. 85, 1904.
xxxv. Himstedt and Meyer, *Ann. d. Phys*. 15, p. 184, 1904.
xxxvi. Strutt, *Proc. Roy. Soc*. March 2, 1905.
xxxvii. Boltwood, *Phil. Mag*. April, 1905.

xxxviii. Moss, *Trans. Roy. Soc. Dublin*, 1904.
xxxix. Travers, *Nature*, p. 248, Jan. 12, 1905.
xl. Jaquerod, *C. R.* p. 789, 1904.
xli. Ramsay and Trasvers, *Zeitsch. Physik. Chem.* 25, p. 568, 1898.
xlii. Ramsay, *Nature*, April 7, 1904.
xliii. Lodge, *Nature*, June 11, p. 129, 1903.
xliv. Larmor, *Aether and Matter*, p. 233.
xlv. J. J. Thomson, *Phil. Mag.* p. 681, Dec. 1903.
xlvi. Lord Kelvin, *Phil. Mag.* Oct. 1904.
xlvii. Thomson, *Phil. Mag.* March, 1904.
xlviii. Rutherford and Soddy, *Phil. Mag.* May, 1903.
xlix. Strutt and Joly, *Nature*, Oct. 15, 1903을 보라.
l. Strutt, *Phil. Mag.* June, 1903.
li. Elster and Geitel, *Phys. Zeit.* 4, No. 19, p. 522, 1903. *Chem. News*, July 17, p. 30, 1903.

제14장

대기(大氣)와 보통 물질의 방사능

273. 대기(大氣)의 방사능

가이텔[i]과 C. T. R. 윌슨[ii]은 1900년에 실험을 통하여 밀폐된 용기에 넣은 양전하로 대전되거나 음전하로 대전된 도체가 전하를 서서히 잃는 것을 관찰하였다. 전하의 이런 손실은 용기 내의 공기에 존재하는 약간의 이온화 때문임이 밝혀졌다. 엘스터와 가이텔도 역시 대전된 물체를 공기 중에 노출하면 그 전하를 빨리 잃게 되며, 그 방전 비율은 지역과 대기의 조건에 의존하는 것을 발견하였다. 이 결과에 대한 좀 더 자세한 묘사와 논의는 나중에 284절에서 다룰 예정이다.

이 실험을 진행하는 과정에서, 가이텔은 용기를 닫은 다음에 잠깐 동안 방전의 비율이 약간 증가하는 것을 관찰하였다. 그는 이것이 공기 중에 약간의 방사성 물질이 존재하기 때문일 가능성이 있다고 생각하였다. 그 방사성 물질이 용기의 벽에 들뜬 방사능을 생성해서 전하가 흩어지는 비율을 증가시켰을 수도 있다. 엘스터와 가이텔[iii]은 1901년에 공기로부터 방사성 물질을 추출해내는 것이 가능한지 보는 대담한 실험을 시도하였다. 이 책의 저자가 수행한 실험에 의하면 토륨 에머네이션에 의한 들뜬 방사능은 강한 전기장에서 음극(陰極)에 침전될 수가 있었다. 이 결과는 방사능의 매개체가 양전하를 띠고 있음을 가리킨다. 그러므로 엘스터와 가이텔은 비슷한 성질을 갖고 있는 양전하로 대전된 매개체들이 대기(大氣) 중에 존재하는지 확인하는 실험을 시도하였다. 그런 목적으로, 음(陰)으로 600볼트까지 대전된 철망으로 만든 원통을 공기 중에 여러 시간 동안 노출시켰다. 그런 다음에 원통을 제거하고, 재빨리 유리 덮개를 가지고 와서 방전 비율을 측정하기 위해 그 내부에 검전기를 가져다 놓았다. 방전 비율은 약간 증가하는 것이 관찰되었다. 이 효과를 증폭시키기 위하여, 길이가 약 20미터인 도선을 지면에서 약간의 높이를 두고 노출시켰으며, 그 도선을 유도기 전기[1]의 음극에 연결하여 높은 퍼텐셜로 계속 대전시켰다. 몇 시간의 노출이 계속된 다음에, 이 도선을 가져다 에너지가 손실되는 용기 내부에 넣었다. 이 도선이 존재한 원인으로 방전 비율이 여러 배 증가하는 것을 관찰하였다. 도선이 음극 대신 양극으로 대전되었을 때는 방전 비율의 증가가 관찰되지 않았다. 이 결과는 또한 토륨 에머네이션의 존재에 노출되어 방사능을 띤 도선에서 방사성 물질을 제거한 것과 똑같은 방법으로, 이 도선에서도 방사성 물질을 제거할 수 있음을 보여주었다. 암모니아에 적신 가죽 한 조각으로 방사능을 띤 도선을 문질렀다. 이 가죽 조각을 조사했더니 강한 방사능을 띠고 있음을 발견하였다. 긴 도선을 사용했을 때는, 가죽에서 얻은 방사능의 양은 산화우라늄 1그램이 갖고 있는 방사능과 비슷하였다.

도선에 생성된 방사능이 영구적이지는 않았고, 대부분 여러 시간이 지나면 사라졌다. 주어진 크기의 도선에 생성된 방사능의 양은 도선을 만든 물질과는 관련이 없었다. 납으로 만든 도선이나 쇠로 만든 도선 그리고 구리로 만든 도선이 대략 비슷한 효과를 내었다.

오랫동안 방해하지 않고 내버려 둔 많은 양의 공기에 음으로 대전된 도선을 노출시키면 도선에서 얻는 방사능의 양은 크게 증가하였다. 볼펜뷔텔[2]에 위치한 큰 동굴에서 실험을 진행했는데, 대단히 많은 양의 방사능을 관찰하였다. 그 방사능을 가죽 조각으로 옮겼더니, 캄캄한 곳에서 방사선이 바륨 시안화백금산염[3] 스크린을 눈에 띌 정도로 밝게 만들 수 있음을 발견하였다.[iv] 이 방사선은 또한 두께가 0.1 mm인 알루미늄 조각을 통과해서 사진건판을

1) 유도 기전기(influence machine)는 1880년대에 영국 발명가 윔즈허스트(James Wimshurst)가 발명한 정전 발전기로 높은 전압을 발생시키는 장치이며 윔즈허스트 유도 기전기라고도 부른다.
2) 볼펜뷔텔(Wolfenbüttel)은 독일의 니더작센주 오커강(Oker River) 주변의 도시이다.
3) 바륨 시안화백금산염은 형광 물질이다.

감광시켰다.

이 주목할 만한 실험은 대기(大氣)로부터 얻은 들뜬 방사능의 성격이 라듐 에머네이션과 토륨 에머네이션에 의해 생성된 들뜬 방사능의 성격과 매우 유사함을 보여주었다. 엘스터와 가이텔은 대기(大氣)의 방사능과 대기의 이온화에 대한 우리의 지식에 가장 크게 기여하였다. 여기서 소개된 실험들은 그들과 다른 사람들이 대기가 지닌 방사능 성질에 대해 조사한 일련의 연구의 출발점이 되었고, 그 실험들이 이 중요한 주제에 대한 우리 지식을 크게 증진시켰다.

러더퍼드와 앨런[4]은 야외에 노출된 음으로 대전된 도선에 생성된 들뜬 방사능의 방전 비율을 측정하였다.[v] 길이가 약 15미터인 도선을 야외에 노출시켰으며, 유도 기전기를 연결하여 약 −10,000볼트의 퍼텐셜로 계속 대전시켰다. 도선에 많은 양의 들뜬 방사능을 얻기 위해서는 한 시간의 노출이면 충분하였다. 그다음에 도선을 신속히 가져와 구조물 위에 감았으며 큰 원통형 금속 용기 내에 중심 전극으로 만들었다. 민감한 돌레잘렉 전위계[5]를 이용하여 포화 전압에 대한 이온화 전류를 측정하였다. 도선의 방사능을 측정하는 데 이용되는 이 전류는 시간에 대해 지수법칙에 따라 감소하여 약 45분 만에 절반 값으로 떨어지는 것이 관찰되었다. 붕괴 비율은 도선을 만든 물질이나 노출 시간 그리고 도선의 퍼텐셜과 무관하였다.

방사능을 띤 도선이 내보내는 방사선의 종류에 대해서도 또한 조사가 진행되었다. 이를 위해서 앞에서 설명한 방법을 이용하여 납으로 만든 도선이

4) 앨런(S. J. Allan)은 러더퍼드가 캐나다의 맥길 대학에서 함께 연구한 사람이다.

5) 돌레잘렉 전위계(Dolezalek electrometer)는 독일의 돌레잘렉이 1901년에 제작한 민감도를 크게 향상시킨 전위계를 말한다. 그 이전 다른 전위계는 0.1볼트 단위로 측정할 수 있었으나 돌레잘렉 전위계는 0.0001볼트까지 측정하였다.

방사능을 띠게 만들고, 이 도선을 신속히 평평한 나선형 모양으로 감았다. 그리고 방사선의 투과능을 그림 17에 보인 것과 비슷한 용기에서 조사하였다. 대부분의 이온화는 어떤 매우 쉽게 흡수되는 방사선 때문에 생겼음을 관찰했는데, 라듐 에머네이션이나 토륨 에머네이션에 의해 방사능을 띤 도선에서 나오는 α선에 비해 투과하는 성질이 약간 더 컸다. 방사선의 세기는 두께가 약 0.001 cm인 알루미늄 박막에서 절반으로 줄어들었다. 엘스터와 가이텔은 사진건판을 이용하여 두께가 0.1 mm인 알루미늄판을 투과한 방사선도 약간 존재함을 확인하였다. 나중에 전기적 방법을 이용한 앨런도 그 결과를 확인하였다. 이 투과 방사선은 아마도 방사성 원소에서 나오는 β선과 비슷한 성격의 방사선이다.

274.

음(陰)으로 대전된 도선에 생성된 들뜬 방사능은 도선의 표면에 강한 전기장이 작용한 결과일 수는 없다. 왜냐하면 닫힌 원통 내부에서는 동일한 퍼텐셜로 대전된 도선에서 들뜬 방사능이 거의 생성되지 않기 때문이다.

우리는 도선에 생성된 들뜬 방사능은 문지르거나 산(酸) 용액에 의해 부분적으로 제거될 수 있음을 관찰했으며, 이런 관점에서, 그 들뜬 방사능은 라듐 에머네이션에 의해 물체에 생성되거나 토륨 에머네이션에 의해 물체에 생성된 들뜬 방사능과 비슷하였다. 대기(大氣)에서 구한 들뜬 방사능과 라듐과 토륨 에머네이션에서 구한 들뜬 방사능이 매우 유사하다는 것은 대기에 방사능을 띤 에머네이션이 존재하는 가능성을 암시한다. 이 견해는 276절과 277절 그리고 280절에 논의될 많은 간접 증거들에 의해서도 확인된다.

대기 중에 방사능을 띤 에머네이션이 존재한다고 가정하면, 관찰된 방사능 효과는 간단히 설명된다. 공기 중의 에머네이션은 조금씩 쪼개져서 어떻게 해서든 양전하로 대전된 방사능 매개체를 발생시킨다. 이것들이 전기장에서 음극으로 보내지고, 거기서 추가로 변화해서, 도선에서 관찰된 방사선의 원인이 된다. 그래서 들뜬 방사능의 원인이 된 물질은 라듐의 방사능 침전물이나 토륨의 방사능 침전물과 비슷하다.

지구는 대기권 상층부를 기준으로 음으로 대전되어 있기 때문에, 공기 중에서 생성된 이런 양(陽)으로 대전된 방사능 매개체는 지구 표면에 계속해서 침전된다. 건물의 외부 벽과 풀 그리고 나무의 나뭇잎을 포함해서 지구 표면의 모든 것은 방사성 물질의 보이지 않는 침전물로 덮여 있어야만 한다. 언덕이나 산꼭대기 또는 어떤 큰 바위나 땅덩어리도 그 위치에 지구의 전기장을 집중시키며 결과적으로 평지(平地)에 비해 더 많은 들뜬 방사능을 받을 것이다. 엘스터와 가이텔은 툭 튀어나온 꼭대기 근처에서 공기의 이온화가 더 많이 관찰된다는 점이 이 견해를 잘 설명해준다고 지적하였다.

만일 방사능 매개체가 대기(大氣) 중에서 일정한 비율로 생성된다면, 주어진 조건 아래 노출된 도선에 생성된 들뜬 방사능의 양 I_t는, 시간 t 동안 노출된 다음에, $I_t = I_0(1-e^{-\lambda t})$에 의해 주어지는데, 여기서 I_0는 도선의 최대 방사능이고 λ는 들뜬 방사능의 붕괴 상수이다. 도선을 공기 중에서 제거한 다음에 도선의 방사능은 약 45분 만에 절반으로 떨어지므로 λ값은 0.92 (시간)$^{-1}$이다. 앨런[vi]이 수행한 실험 결과는 위에 쓴 식과 대략적으로 일치한다. 야외 공기의 방사능이 일정하지 않기 때문에 정확하게 비교한 결과를 얻기는 어렵다. 도선을 여러 시간 동안 노출시킨 다음에, 방사능은 실질적인 최댓값에 도달하고, 더 오래 노출시키더라도 그보다 별로 더 증가하지 않는다.

우리는 (191절) 라듐과 토륨의 방사능 침전물의 매개체는 전기장 내에서 이온과 대략 같은 속도로 움직이는 것을 보았다. 그러므로 우리는 높은 음(陰) 퍼텐셜로 대전된 긴 도선은 상당히 먼 거리까지 대기(大氣)로부터 방사능을 나르는 매개체를 끌어 모은다고 예상하게 된다. 그런데 이브가 −10,000 볼트의 퍼텐셜로 대전된 도선은 반지름이 1미터 미만의 공기에서만 매개체를 끌어 모았다고 관찰한 것을 보면 이 예상은 성립하지 않는다. 그보다는 오히려 방사능 매개체가 공기 중에 존재하는 수많은 미세한 먼지에 침전되어 있어서 매우 강한 전기장 내에서도 매우 느리게 움직인다고 생각하는 것이 더 그럴듯해 보인다.

지구 표면으로부터 어느 정도 먼 거리에 놓은 도선에 생성된 들뜬 방사능의 양은 전압이 증가하면 꾸준히 증가해야 하는데, 왜냐하면 퍼텐셜이 더 클수록 방사능 매개체를 끌어 모을 공기의 부피가 더 크기 때문이다.

대기에 방사성 물질이 존재한다는 사실은 지구 표면 가까운 곳의 공기가 이온화된 원인의 상당히 많은 부분을 설명한다. 이 중요한 문제에 대해서는 281절에서 더 자세히 논의한다.

275. 갓 떨어진 비와 눈의 방사능

C. T. R. 윌슨[vii]은 공기 중의 방사능이 비와 함께 떨어지는지 조사하는 실험을 시도하였다. 이를 위해서 상당히 많은 양의 갓 떨어진 비를 모아서 백금 용기에서 마를 때까지 증발시킨 다음에 용기를 검전기에 놓는 방법으로 남은 것의 방사능을 조사하였다. 모든 경우에, 검전기가 방전하는 비율은 상당히 많이 증가하였다. 약 50 cc의 빗물로부터, 방사선이 얇은 층으로 된 알루미늄 포일이나 금 박막을 통과한 다음에 검전기의 방전 비율을 네 배에서 다섯 배까지 증가시키기에 충분한 양의 방사능을 얻었다. 방사능은 몇 시간이 지나면 사라졌으며, 약 30분 만에 절반 값으로 떨어졌다. 몇 시간 동안 가만히 내버려 둔 빗물은 방사능의 흔적을 보이지 않았다. 수돗물은 증발된 다음에 방사능을 띤 찌꺼기를 남기지 않았다.

주어진 양의 빗물로부터 얻은 방사능의 양은, 빗방울이 아주 작거나 아주 크더라도, 낮이거나 밤이라도, 또는 몇 시간 동안 많은 강우량으로 비가 온 처음이거나 마지막이더라도, 그 크기가 모두 다 대략 비슷했다.

비로부터 얻은 방사능은 백금 용기를 적열(赤熱)까지 가열하더라도 없어지지 않는다. 이런 점이나 다른 점에서, 비로부터 얻은 방사능은 야외에 노출시킨 음으로 대전된 도선에서 얻은 들뜬 방사능과 매우 닮았다.

C. T. R. 윌슨[viii]은 빗물에 약간의 염화바륨을 추가하고 황산을 이용해서 바륨을 침전시키는 방법으로 방사능 침전물을 얻었다. 빗물에 백반을 추가하고 암모니아로 알루미늄을 침전시켜도 역시 방사능 침전물을 얻었다. 이런 식으로 구한 침전물은 큰 방사능을 띠었다. 졸아든 여과물은 거의 방사능을 띠지 않았는데, 이것은 침전과 함께 방사성 물질이 완전히 제거되었음을 의미한다. 이 효과는 토륨의 방사능 퇴적물을 포함한 용액으로부터 방사능을 띤 침전물이 생성되는 것과 상당히 유사하다(185절을 보라).

갓 내린 눈의 방사능을 영국에서는 C. T. R. 윌슨[ix]이, 그리고 캐나다에서는 앨런[x]과 맥레넌[xi][6)]이 서로 독립적으로 관찰하였다. 많은 양의 방사능을 얻기 위하여, 눈의 표면 층을 제거하고 금속 용기에서 마를 때까지 증발시켰다. 이렇게 해서 얻은 방사능을 띤 찌꺼기의 방사능 성질은 갓 내린 비로부터 얻은 방사능을 띤 찌꺼기가 갖고 있는 방사능 성질과 비슷하였다. 윌슨과 앨런은 모두 비의 방사능과 눈의 방사능이 대략 비슷한 비율로 붕괴하여, 방사능은 약 30분 만에 절반 값으로 떨어지는 것을 발견했다. 맥레넌은 눈이 오랫동안 내린 다음에는 공기 중에서 더 적은 양의 방사능을 관찰했다고 말하였다.

슈마우스[xii][7)]는 뢴트겐선에 의해 이온화된 공기를 통과해 떨어지는 빗방

6) 맥레넌(Sir J. C. McLennan, 1867-1935)은 캐나다의 저명한 실험 물리학자이다.

울이 음전하로 대전된 것을 관찰하였다. 이 효과는 공기 중의 음이온이 양이온보다 더 빨리 확산한다는 사실 때문에 생긴다. 이 견해를 따르면 빗방울과 눈송이는 공기를 통과하면서 음전하로 대전된다. 그 결과 빗방울과 눈송이는 공기로부터 양전하로 대전된 방사능 매개체를 수집하는 역할을 한다. 물을 증발시키면 그 방사성 물질이 남게 된다.

276. 지구에서 발생하는 방사능 에머네이션

엘스터와 가이텔은 동굴이나 지하 저장고의 공기가 대부분의 경우에 특별히 많은 방사능을 띠고 있으며 매우 강한 이온화를 보이는 것을 관찰하였다. 이 작용은 정체된 공기에서 스스로 에머네이션이 발생한 효과이거나 토양에서 나온 방사능 에머네이션이 확산된 효과 때문일 수가 있다. 이 에머네이션이 공기 자체에서 발생했는지를 조사하기 위하여, 엘스터와 가이텔은 공기를 몇 주 동안 큰 보일러에 가두어놓았으나 별다른 방사능 증가나 이온화 증가를 관찰하지 못했다. 토양의 모세관에 갇힌 공기가 방사능을 띠는지 확인하기 위하여, 엘스터와 가이텔[xiii]은 땅에 파이프를 꽂고 양수기를 이용하여 공기를 뽑아 조사용 용기에 담았다.

공기의 이온화를 조사하기 위해 사용된 장치가 그림 103에 나와 있다. 그림에서 C는 철망 Z와 연결된 검전기이다. 방사능을 띤 공기를 용량이 27리터이며 내부가 철망 MM′으로 덮인 큰 병 모양의 유리 덮개에 집어넣었다. 병모양의 유리 덮개는 쇠로 만든 판 AB에 놓여 있다. 검전기는 막대 S를 이용하여 대전될 수가 있다. 방사능을 띤 공기가 주입되기 전에 검전기가 방전되는 비율을 기록하였다. 방사능을 띤 공기가 들어오기 시작하면, 방전 비율은 신속

7) 슈마우스(A. Schmauss)는 독일의 물리학자이다.

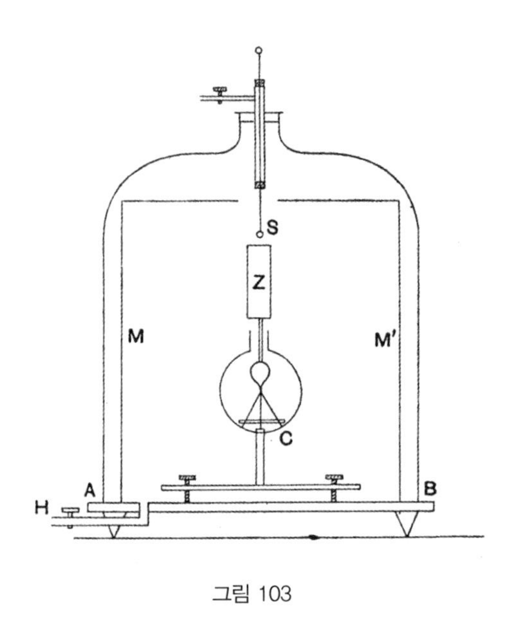

그림 103

하게 증가하였고, 몇 시간이 흐른 뒤에 한 실험에서는 방전 비율이 원래 값의 30배나 증가하였다. 엘스터와 가이텔은 공기가 들어 있는 용기의 벽에 에머네이션이 들뜬 방사능을 생성시키는 것을 관찰하였다. 땅에서 뽑아 올린 공기는 동굴의 공기나 지하 저장고의 공기보다 오히려 방사능을 더 많이 띠고 있었다. 그러므로 동굴이나 지하 저장고의 공기에서 관찰된 비정상적으로 많은 방사능은 땅에 존재하며 지구 표면까지 서서히 확산되어 공기가 방해받지 않는 장소에서 수집된 방사능 에머네이션 때문임이 틀림없다.

엘스터와 가이텔이 볼펜뷔텔에 위치한 땅에서 뽑은 공기로부터 얻은 결과와 비슷한 결과를 나중에 뮌헨에서 에베르트[8]와 에베르스[9]도 역시 얻었

8) 에베르트(von H. Ebert)는 독일의 물리학자이다.
9) 에베르스(P. Ewers)는 독일의 물리학자이다.

다.[xiv] 에베르트와 에베르스는 토양에서 매우 센 방사능을 띤 에머네이션을 측정했으며, 그에 더해서 밀봉된 용기에 들어 있는 에머네이션이 원인인 방사능이 시간에 대해 어떻게 바뀌는지도 조사했다. 방사능을 띤 공기를 조사용 용기에 집어넣은 뒤에, 몇 시간 동안은 방사능이 증가하고, 그다음에는 시간에 대해 지수법칙을 따라 붕괴하여 약 3.2일 만에 절반 값으로 떨어지는 것을 관찰하였다. 이 붕괴 비율은 나흘이 약간 못 되어서 절반 값으로 붕괴하는 라듐 에머네이션에서 관찰된 붕괴 비율보다 더 빠르다. 시간에 대해 방사능이 증가하는 이유는 아마도 에머네이션에 의해 용기의 벽에 들뜬 방사능이 생성되기 때문이다. 이런 점에서 방사능을 띤 공기의 방사능 비율이 증가하는 것은 라듐 에머네이션을 밀폐된 용기에 넣었을 때 관찰된 방사능의 증가와 비슷하다. 에베르트와 에베르스는 이 들뜬 방사능의 붕괴 비율에 대해서는 실험으로부터 확실한 결과를 얻지 못하였다. 한 실험에서 장치를 통하여 방사능을 별로 띠지 않은 공기를 들여보내는 방법으로, 140시간 동안 용기에 들어 있던 방사능을 띤 에머네이션을 제거하였다. 방사능은 신속하게 약 절반 값으로 떨어졌고, 그다음에는 시간 흐름에 따라 방사능이 서서히 감소하였다. 이 결과는 관찰된 방전 비율의 약 절반은 에머네이션에서 나오는 방사선 때문이고, 나머지 절반은 그 방사선에 의해 생성된 들뜬 방사능 때문임을 암시한다.

이 실험에서 에베르트와 에베르스가 사용한 장치는 그림 103에 보인 엘스터와 가이텔이 사용한 장치와 매우 비슷하였다. 에베르트와 에베르스는 검전기에 연결된 철망이 음으로 대전되었을 때, 관찰된 방전 비율은 항상 그 철망이 양으로 대전되었을 때보다 더 큰 것을 관찰하였다. 그 두 방전 비율 사이의 관찰된 차이는 10퍼센트와 20퍼센트 사이에서 변하였다. 사라신[10)]과 토마시나 그리고 미첼리[xv11)]도 야외의 공기에 노출시켜서 방사능을 띠게 만든 도선에서 비슷한 효과를 관찰하였다. 양전하가 방전하는 비율과 음전하가 방전하는 비율 사이의 이러한 차이는 아마도 기체에 떠 있는 먼지 입자 또는 작은 물방울의 존재와 연관이 있다. 브룩스 양이 수행한 실험에서는 (181절) 토륨 에머네이션을 포함한 공기에 존재하는 먼지 입자들이 방사능을 띠는 것을 보여주었다. 이 먼지 입자들 대부분은 양전하로 대전되며 전기장에서는 음극으로 이동한다. 이 효과가 음전하로 대전된 검전기의 방전 비율을 증가시킨다. 나중 실험에서, 에베르트와 에베르스는 어떤 경우에, 공기를 용기 속에서 여러 날 동안 보관하였을 때, 이 효과가 거꾸로 일어나서 검전기가 양전하로 대전되었을 때 방전 비율이 아주 큰 것을 주목하였다.

J. J. 톰슨[xvi]은 만일 이온화된 기체에서 미세한 물방울들이 떠 있으면 이온화 전류의 크기가 전기장의 방향에 의존하는 것을 관찰하였다.

나중 실험에서, 에베르트[xvii]는 액체 공기에서 응축시키는 방법으로 방사능을 띤 에머네이션을 공기로부터 제거시킬 수 있음을 발견하였다. 라듐 에머네이션과 토륨 에머네이션의 응결에 관해서 러더퍼드와 소디가 얻은 결과에 대해 알기 전에 에베르트는 에머네이션에 대한 이 결과를 독립적으로 발견하였다. 주어진 부피의 공기에서 방사능을 띤 에머네이션의 양을 증가시키기 위하여, 흙으로부터 빨아내서 구한 방사능을 띤 다량의 공기를 액체 공기 기계에서 응결시켰다. 그다음에 공기를 부분적으로 증발시키는데, 그 증발 과정을 에머네이션의 휘발 점에 도달하기 전에 중단시켰다. 이 과정은 또 다른 다량의 공기에도 반복하였고 얻은 찌꺼기는 서로 더했다. 이런 식으로 진

10) 사라신(Edouard Sarasin, 1843-1917)은 혼자 연구 활동을 한 스위스 과학자로 부유한 집안에서 출생하여 개인 실험실을 만들고 여러 학자들과 교류하면서 전자파와 방사선에 대한 업적을 남겼다.

11) 미첼리(F. Micheli)는 이탈리아의 물리학자이다.

행해서, 에베르트는 작은 부피의 공기에서 에머네이션을 농축시킬 수가 있었다. 공기를 증발시키면, 조사 용기 내의 공기의 이온화는 한동안 급속히 증가하다가 그다음에는 천천히 감소하였다. 에베르트는 신선한 공기에서보다 오랫동안 액화된 공기에서 에머네이션이 더 먼저 최대가 된다고 말한다. 에머네이션의 방사능이 붕괴하는 비율은 에머네이션을 얼마 동안 액체 공기 온도로 유지하더라도 변하지 않았다. 이런 점에서 공기의 에머네이션은 라듐과 토륨 에머네이션이 행동하는 것처럼 행동하였다.

J. J. 톰슨[xviii]은 케임브리지의 수돗물을 통하여 기포가 된 공기의 전도도(傳導度)가 보통 공기의 전도도보다 훨씬 더 큰 것을 발견하였다. 큰 저장고에 양수기를 이용하여 공기를 물로 보내고 민감한 전위계로 이온화 전류를 측정하였다. 음으로 대전된 막대를 이 전도성 공기에 집어넣었더니 막대는 방사능을 띠었다. 전도성 기체에 15~30분 정도 노출시킨 다음에, 막대를 두 번째 조사용 용기에 집어넣었을 때, 용기 내의 포화 전류는 정상 값의 약 다섯 배 증가하였다. 막대가 대전되지 않았거나 같은 시간 동안 양으로 대전되었을 때는 거의 아무런 효과도 나타나지 않았다. 막대의 방사능은 시간이 지나면서 붕괴하여 약 40분 만에 절반 값으로 떨어졌다. 일정한 조건 아래서 도선에 생성된 방사능의 양은 도선을 만든 물질과는 상관이 없었다. 막대에서 나오는 방사선은 몇 센티미터의 공기를 지나면서도 쉽게 흡수되었다.

이 효과들이 처음에는 기체에 떠 있는 작은 물방울들의 작용 때문이라고 생각되었는데, 왜냐하면 물을 통하여 빠르게 주입된 공기의 전도성은 일시적으로 증가한다고 잘 알려졌기 때문이다. 그렇지만 나중 결과에 의하면 케임브리지 수돗물에는 방사능을 띤 에머네이션이 존재하였다. 이것이 영국 곳곳에 존재하는 깊은 저수지 물을 조사하는 계기가 되었고, J. J. 톰슨은 어떤 경우에 저수지 물에서 대량(大量)의 에머네이션을 얻을 수 있음을 발견하였다.

에머네이션은 물을 통하여 기포를 만들거나 물을 끓이는 방법으로 방출되었다. 물을 끓여서 얻은 기체는 강력한 방사능을 띠는 것이 관찰되었다. 방사능을 띤 에머네이션과 혼합된 공기 샘플이 응축되었다. 액화 기체를 증발시키고, 기체의 처음 부분과 마지막 부분을 서로 다른 용기에 수집하였다. 마지막 부분은 처음 부분보다 방사능이 약 30배 더 큰 것이 관찰되었다.

애덤스xix12)가 그렇게 구한 방사능을 띤 기체의 방사능 성질을 조사하였다. 그는 에머네이션의 방사능이 시간에 대해 지수법칙으로 붕괴하며, 약 3.4일 만에 절반 값으로 떨어지는 것을 발견하였다. 이 비율은 나흘보다 약간 더 일찍 절반 값으로 떨어지는 라듐 에머네이션의 방사능이 붕괴하는 비율과 많이 다르지 않다. 에머네이션에 의해 생성된 들뜬 방사능은 약 35분 만에 절반 값으로 붕괴한다. 라듐에서 생긴 들뜬 방사능의 붕괴는 처음에는 불규칙적이지만, 어느 정도 시간이 흐른 다음에는 지수법칙에 의해 감소해서, 28분 만에 절반 값으로 줄어든다. 이런 실험에서 관찰된 매우 작은 이온화의 측정에 늘 따라다니는 오차를 고려하면, 이 결과는 영국의 우물물에서 얻은 에머네이션이 라듐 에머네이션과 똑같지는 않다고 하더라도 아주 비슷함을 가리킨다. 애덤스는 에머네이션이 물에 약간 녹는 것을 관찰하였다. 우물물을 얼마 동안 끓인 다음에 가만히 두었더니 그 우물물은 에머네이션을 내보내는 능력을 다시 회복한다는 것이 관찰되었다. 어느 정도의 시간이 흐른 다음에 얻은 방사능의 양은 처음 얻은 양의 10퍼센트보다는 결코 더 커지지 않았다. 그래서 우물물에는 나중에 혼합된 에머네이션에 더하여 영구적인 방사성 물질이 미량 우물물에 녹아 있을 수도 있다. 보통 빗물이나 증류수는 에머네이션을 내

12) 애덤스(E. P. Adams)는 영국 출신의 물리학자로 케임브리지에서 J. J. 톰슨에게 지도를 받고 미국 프린스턴 대학으로 건너가서 방사능 연구에 기여했다.

보내지 않는다.

범스테드와 휠러[xx]는 미국 코네티컷주의 뉴헤이븐에서 지표수(地表水)[13]와 토양에서 방출된 에머네이션의 방사능을 매우 세심하게 조사하였다. 물을 끓여서 얻은 에머네이션이 커다란 조사용 원통을 통과하였고, 민감한 전위계로 전류를 측정하였다. 에머네이션이 도입된 후에 전류는 서서히 최댓값에 도달하였는데, 그 전류는 라듐 에머네이션이 도입된 후에 용기에서 전류가 증가한 것과 똑같은 방법으로 증가하였다. 물과 토양으로부터 얻은 에머네이션의 방사능의 붕괴를 조심스럽게 측정하였으며, 그 방사능이 붕괴하는 비율은 실험 오차 내에서 라듐 에머네이션에서 관찰된 방사능의 붕괴 비율과 일치하였다. 물과 토양으로부터 발생한 에머네이션이 라듐 에머네이션과 똑같다는 사실은 다공성(多孔性) 판을 통해 에머네이션이 확산되는 비율에 대한 실험에 의해서도 더욱더 확실해졌다. 비교 조사에 의해서 물과 토양에서 나오는 에머네이션의 확산 계수가 라듐 에머네이션의 확산 계수와 같다는 것이 관찰되었다. 또한, 탄산이 확산하는 비율을 비교하여, 에머네이션의 밀도는 탄산 밀도의 약 네 배쯤인 것을 알았는데, 이 결과는 라듐 에머네이션에 의해 관찰된 것과 잘 일치하였다(161절과 162절).

범스테드[xxi]는 라듐 에머네이션뿐 아니라 상당한 양의 토륨 에머네이션이 뉴헤이븐의 공기 중에 존재함을 발견하였다. 야외에서 세 시간 동안 노출시킨 경우에, 도선에 생성된 들뜬 방사능의 3~5퍼센트까지는 토륨 때문에 생겼다. 열두 시간 동안 노출시키면, 토륨 방사능이 때로는 전체의 15퍼센트였다. 토륨의 들뜬 방사능의 붕괴가 상대적으로 느리게 진행되기 때문에, 도선을

13) 지표수(surface water)란 지구 표면에 있는 물로 하천, 호수 등 육지에 존재하여, 저층 해수의 영향보다는 대기의 영향을 많이 받는 물을 말한다.

공기 중에서 꺼내서 세 시간 또는 네 시간 후에 도선에 남은 방사능은 거의 전적으로 토륨에 의한 것이다. 그러면 붕괴 비율은 정확하게 측정될 수 있으며, 그 비율은 토륨 에머네이션이 존재한 곳에 노출된 도선에 생긴 것과 동일함이 관찰되었다.

다두리언[xxii][14]은 뉴헤이븐의 지하에 존재하는 공기를 조사했으며, 그 공기도 역시 다량의 토륨 에머네이션을 포함하고 있음을 발견하였다. 땅에 지름이 약 50 cm이고 깊이가 2미터인 원형 구멍을 팠다. 절연된 틀에 도선을 많이 감아서 구멍에 넣어 매달았으며, 그다음에 구멍의 꼭대기 부분을 덮었다. 도선은 윔즈허스트 기계를 이용하여 음(陰)으로 대전시켰다. 오랫동안 노출된 다음에 도선에 생성된 들뜬 방사능이 줄어들었는데, 그 줄어든 비율은 도선에 생성된 들뜬 방사능이 토륨의 들뜬 방사능과 라듐의 들뜬 방사능이 혼합된 것임을 알려주었다.

많은 온천(溫泉)들과 광천(鑛泉)들에 라듐 에머네이션이 존재하는지에 대해 조사하는 대단히 많은 양의 연구가 수행되었으며, 여기서는 이 주제에 대해 유럽과 미국에서 발표된 아주 많은 논문들 중에서 대표적인 몇 개만 간단히 언급하는 것으로 만족하려고 한다. H. S. 앨런과 블리스우드 경[xxiii]은 배스[15]와 벅스턴[16]의 온천에서 방사능 에머네이션이 발생되는 것을 관찰하였다. 이 사실은 스트럿[xxiv]에 의해서도 확인되었는데, 그는 탈출하는 기체에 라듐 에머네이션이 포함되었음을 발견했으며, 또한 온천에 퇴적한 진흙이 라듐 염의 흔적을 포함하고 있음을 발견했다. 이 결과들은 상당히 중요한데, 왜

14) 다두리언(H. M. Dadourian, 1879-1974)은 미국의 물리학자로 예일 대학에서 박사 학위를 받고 미국 코네티컷주의 하트퍼드에 위치한 트리니티 대학에서 교수로 재직하면서 수학과 물리학에 관한 다섯 권의 저서를 저술하였다.
15) 배스(Bath)는 영국 잉글랜드의 남서부 서머싯주에 위치한 온천으로 유명한 도시이다.
16) 벅스턴(Buxton)은 영국 더비셔주에 위치한 온천으로 유명한 도시이다.

냐하면 레일리 경[17)]이 우물에서 방출된 기체 중에 헬륨이 포함되어 있음을 발견했기 때문이다. 여기서 관찰된 헬륨은 물이 흐르면서 지나간 라듐 또는 방사능 퇴적물에서 생성되었다고 생각하는 것이 그럴듯해 보인다. 치료 효과가 있다고 널리 알려진 많은 광천(鑛泉)과 온천은 라듐의 흔적은 물론 상당히 많은 양의 라듐 에머네이션도 역시 포함하고 있다는 것이 관찰되었다. 광천과 온천의 치료 효과는 어느 정도는 이런 미량(微量)의 라듐이 존재하기 때문에 생긴 것이라고 제안되기도 했다.

힘슈테트[xxv]는 바덴바덴[18)]의 열온천들이 라듐 에머네이션을 포함하고 있음을 발견했으며, 엘스터와 가이텔[xxvi]은 이 온천들에서 형성된 퇴적물을 조사하고 그 퇴적물이 소량의 라듐 염을 포함하고 있음을 발견하였다. 도른[xxvii]과 셍크[xxviii] 그리고 마헤[xxix][19)]도 독일의 많은 물에 대해 비슷한 결과를 얻었다.

퀴리와 라보르데[xxx]는 많은 수의 광천의 물을 조사해서 대다수가 라듐 에머네이션을 포함하고 있음을 발견하였다. 이와 관련해서, 퀴리와 라보르데는 살랑 무티에[20)]의 우물에서 에머네이션을 거의 찾지 못했지만, 반면에 블랑[xxxi][21)]은 우물의 퇴적물이 강한 방사능을 띠고 있음을 발견한 것을 주목할 가치가 있다. 블랑은 이 퇴적물을 면밀히 조사하고 퇴적물에는 상당한 양의 토륨이 포함되어 있다는 사실을 밝혀내었다. 그 사실은 그 퇴적물이 1분 만에 방사능의 절반을 잃어버리는 에머네이션을 방출하고, 약 11시간 만에 절반

17) 레일리 경과 바로 앞에서 언급된 스트럿은 같은 사람이다.
18) 바덴바덴(Baden Baden)은 독일 남서부 베덴뷔르템베르크주의 슈바르츠발트 산지 북서쪽 기슭에 있는 온천 도시이다.
19) 마헤(Heinrich Mache, 1876-1954)는 체코에서 출생한 오스트리아의 물리학자로 방사능과 열역학에 대해 연구하였다. 그의 이름 마헤는 라듐의 농도를 나타내는 단위로 이용된다.
20) 살랑 무티에(Salins-Moutiers)는 프랑스의 도시 이름이다.
21) 블랑(Gian Alberto Blanc, 1879-1966)은 이탈리아 물리학자로 광물이나 토양의 방사능 연구에 기여하였다.

값으로 떨어지는 들뜬 방사능을 생성하는 것을 관찰함으로써 옳다는 것이 증명되었다. 볼트우드[xxxii]는 미국의 여러 다른 장소에서 채취한 많은 샘물 샘플들을 조사하고 그 샘플들 중에서 많은 수가 라듐 에머네이션을 포함하고 있음을 발견하였다.

서로 다른 출처(出處)로부터 나온 라듐 에머네이션에 대한 결과의 대부분은 임의의 단위로 표현되었으며, 많은 경우에, 어떤 비교할 만한 표준이 없었다. 볼트우드는 (앞에서 인용한 논문에서) 서로 다른 물에서 발생한 에머네이션을 수집하고 조사하는 데 만족할 만한 방법에 대해 설명하고, 검전기나 전위계에 의해 측정된 방전 비율은 광물 우라니나이트를 일정한 무게만큼 녹인 용액에서 방출되는 에머네이션에 의한 효과를 기준으로 표현해야 한다고 제안하였다. 지금까지 조사된 모든 광물에 존재하는 라듐의 양은 우라늄의 양에 비례하므로, 그런 표준이 실용적인 용도로는 충분히 분명하다고 생각된다. 광물 몇 센티그램에서 방출된 에머네이션이면 검전기의 방전 비율이 측정하기에 편리한 값을 주는 데 충분하다. 그런 방법은 알려진 양의 라듐 화합물을 표준으로 사용하는 것보다 더 선호되는데, 그 이유는 실험하는 사람마다 가지고 있을 라듐 시료의 방사능을 확실하게 아는 것이 어렵기 때문이다.

277. 지구 구성 성분의 방사능

엘스터와 가이텔[xxxiii]은, 비록 많은 경우에 지하의 밀폐된 공간에서 공기의 전도도(傳導度)가 비정상적으로 높다고 하지만, 공기의 전도도는 장소에 따라 크게 변하는 것을 관찰하였다. 예를 들어, 바우만 동굴[22]에서 공기의 전도도는 정상보다 아홉 배가 더 높았지만, 이베르크[23] 동굴에서 공기의 전도

22) 바우만 동굴(Baumann cave)은 독일의 유명한 동굴이다.

도는 정상보다 단지 세 배밖에 더 높지 않았다. 클라우스탈[24]의 지하 저장고에서 전도도는 정상보다 겨우 약간만 더 높았으나 거기서 노출된 음(陰)으로 대전된 도선에서 얻은 들뜬 방사능은 그 도선이 자유 대기[25]에 노출되었을 때 얻은 들뜬 방사능의 겨우 $\frac{1}{11}$ 배밖에 되지 않았다. 엘스터와 가이텔은 이 실험으로부터 서로 다른 장소에서 방사능의 양은 아마도 그곳의 토양의 종류에 따라 바뀐다고 결론지었다. 그다음에 시골의 여러 다른 지역의 땅에서 뽑아 올린 공기의 전도도를 측정하였다. 볼펜뷔텔의 점토(粘土)와 석회암 토양은 강한 방사능을 띠었으며 그 전도도는 정상적인 양의 네 배에서 열여섯 배 사이에서 변하는 것을 발견하였다. 뷔르츠부르크[26]의 패각 석회암[27]으로부터 얻은 공기 샘플과 빌헬름회헤[28]의 현무암으로부터 얻은 공기 샘플은 방사능을 거의 보이지 않았다.

토양 자체로부터 방사성 물질이 조금이라도 검출될 수 있는지를 알아보는 실험이 수행되었다. 이를 위해서 접시 위에 약간의 흙을 올려놓고 그림 103에 보인 것과 같은 병 모양의 유리 덮개 아래 넣었다. 병 모양의 유리 덮개 내부의 공기의 전도도는 시간과 함께 증가해서 며칠이 지나자 정상 값의 세 배까지 올라갔다. 흙이 건조한 경우와 습한 경우 사이에는 별 차이가 관찰되지 않았다. 토양의 방사능은 영구적인 것처럼 보였으며, 흙을 여덟 달 동안 그대로 둔 뒤에도 방사능에서는 어떤 변화도 관찰되지 않았다.

23) 이베르크 동굴(Iberg cave)은 독일의 유명한 동굴이다.
24) 클라우스탈(Clausthal)은 독일의 지명이다.
25) 자유 대기(free air)란 공기의 운동이 지면 마찰의 영향을 무시할 수 있다고 생각되는 높이의 대기를 말한다. 이 영역의 공기는 역학적으로 이상기체로 취급할 수가 있다.
26) 뷔르츠부르크(Würzburg)는 독일 남부 마인강을 따라 위치한 도시 이름이다.
27) 패각 석회암(shell limestone)은 조개껍질을 다량으로 함유한 석회암이다.
28) 빌헬름회헤(Wilhelmshöhe)는 독일 도시 카셀에 있는 유서 깊은 공원 이름이다.

그런 다음에는 화학적으로 처리하여 흙으로부터 방사능 구성물을 분리하려고 시도해보았다. 이를 위하여 점토로 된 샘플을 조사하였다. 염산 추출법을 이용하여 모든 탄산칼슘을 제거하였다. 점토를 건조시키면 방사능이 감소하는 것이 관찰되었으나 며칠이 지나면 원래 방사능을 자연스럽게 회복하였다. 그러므로 방사능 생성물이 산(酸)에 의해서 토양으로부터 분리된다고 생각하는 것이 그럴듯해 보였다. 엘스터와 가이텔은 점토에 방사성 물질이 포함되어 있으며, 그 방사성 물질이 자신보다 염산에 더 쉽게 녹는 생성물을 형성한다고 생각하였다. 암모니아를 이용하여 토륨으로부터 Th X를 침전시킨 것과 비슷한 분리 과정도 존재하는 것처럼 보였다.

땅에 놓아둔 물질이 방사능을 조금이라도 획득하는지 알아보는 실험도 또한 수행되었다. 이를 위해서 도토(陶土)와 백악(白堊) 그리고 중정석(重晶石) 견본들을 리넨에 싸서 표면에서 깊이가 50 cm인 땅속에 묻었다. 한 달이 경과한 다음에, 이것들을 파내서 방사능을 조사하였다. 이들 중에서 유일하게 도토가 약간이라도 방사능을 보였다. 도토의 방사능은 시간이 흐르며 줄어들어서 토양에 존재하는 에머네이션에 의해 도토 안에서 들뜬 것임을 보여주었다.

엘스터와 가이텔[xxxiv]은 점토를 통하여 다량의 공기를 뽑아내는 방법으로 방사능을 띤 에머네이션을 얻을 수 있음을 발견하였다. 어떤 경우에는 조사용 용기 내부에 포함된 공기의 전도도(傳導度)가 100배 이상으로 증가하였다. 그들은 또한 북부 이탈리아의 바타글리아[29)]에 위치한 온천에서 구할 수 있는 알갱이가 미세한 진흙인 소위 "온천니(溫泉泥)"도 점토보다 세 배 또는 네 배의 에머네이션을 내보내는 것을 발견하였다. 온천니를 산(酸)으로 처리하여 존재하는 방사성 물질을 녹였다. 그 용액에 염화바륨을 추가하여 바륨

29) 바타글리아(Battaglia)는 이탈리아 북부의 파두아현에 위치한 지명이다.

을 황산염으로 침전시켜서, 방사성 물질을 추출하였는데, 이런 방식으로 무게로 비교하여 원래 온천니보다 방사능이 100배 이상 더 높은 침전물을 얻었다. 온천니로부터 나온 에머네이션이 원인인 들뜬 방사능이 붕괴하는 비율과 라듐 에머네이션에 의한 들뜬 방사능이 붕괴하는 비율을 비교하였더니, 그렇게 구한 두 종류의 붕괴 곡선이 오차 경계 내에서 똑같음이 발견되었다. 그래서 온천니에서 관찰된 방사능은 소량의 라듐 존재 때문이라는 데 의심의 여지가 없었다. 엘스터와 가이텔은 온천니에 포함된 라듐의 양을 계산하였더니 그 양은 요아힘스탈에서 나온 같은 무게의 피치블렌드에서 얻은 라듐의 양의 약 1,000분의 1에 불과하였다.

빈센티와 레비 다 차라[xxxv]는 북부 이탈리아의 여러 온천의 물과 침전물이 라듐 에머네이션을 포함하고 있음을 발견하였다. 엘스터와 가이텔은 아주 깊은 곳의 오래된 화산토로부터 구한 자연 발생의 탄산은 방사능을 띠고 있음을 관찰하였으며, 또한 버턴[xxxvi][30]은 캐나다의 온타리오에 위치한 깊은 우물에서 나온 석유는 아마도 라듐에서 나온 다량의 에머네이션을 포함하고 있음을 발견하였는데, 왜냐하면 그 방사능은 3.1일 만에 절반 값으로 떨어진 반면에 그 에머네이션에 의해 생성된 들뜬 방사능은 약 35분 만에 절반 값으로 떨어졌기 때문이다. 석유를 휘발시킨 다음에는 영구적으로 방사능을 띤 침전물이 남았고 그것은 아마도 하나나 그 이상의 방사성 원소가 미량으로 존재하는 것을 가리켰다.

엘스터와 가이텔[xxxvii]은 나우하임[31]과 바덴바덴의 우물에서 구한 방사능을 띤 침전물들이 들뜬 방사능의 비정상적인 붕괴 비율을 보이는 것을 발견

30) 버턴(Robert Burton)은 미국 물리학자이다.
31) 나우하임(Nauheim)은 독일의 지명이다.

하였다. 이것은 침전물에 토륨과 라듐이 모두 존재하기 때문임을 마침내 알아내었다. 적당한 화학적 방법을 이용하여, 두 방사성 물질을 서로 분리시키고 따로 조사하였다.

278. 대기(大氣)의 방사능에 대한 기상(氣象) 조건의 효과

대기(大氣)로부터 유래한 들뜬 방사능에 대한 엘스터와 가이텔의 독창적인 실험을 캐나다에서 러더퍼드와 앨런[xxxviii]이 반복하여 수행하였다. 그 실험에서 공기로부터 많은 양의 들뜬 방사능이 유래될 수 있고, 그 효과는 독일에서 엘스터와 가이텔이 관찰한 것과 비슷함을 발견하였다. 이것은 심지어 땅이 두꺼운 눈으로 덮이고 북쪽으로부터 눈으로 덮인 땅으로 북풍이 몰아치는 겨울의 가장 추운 날에도 역시 성립하였다. 캐나다의 겨울에 공기는 지극히 건조하기 때문에, 이 결과는 공기에 존재하는 방사능이 습기의 유무에는 별로 영향을 받지 않음을 보여주었다. 강한 바람이 불 때 음(陰)으로 대전된 도선에서 가장 많은 양의 들뜬 방사능을 얻었다. 어떤 경우에는 주어진 노출 시간 동안에 생성된 양이 정상적인 양의 열 배에서 스무 배가 되었다. 보통 겨울의 춥고도 화창한 날이 여름의 따뜻하고 음침한 날보다 더 많은 효과를 주었다.

엘스터와 가이텔[xxxix]은 대기로부터 유래하는 들뜬 방사능에 기상 조건이 어떤 효과를 미치는지에 대해 자세하게 조사하였다. 이를 위하여 그들은 가지고 다닐 수 있는 간단한 장치를 고안하였으며 일련의 전체 실험에서 그 장치를 사용하였다. 열두 달의 기간에 걸쳐서 많은 수의 관찰이 수행되었다. 그들은 얻은 들뜬 방사능의 양이 크게 변한다는 것을 발견하였다. 구한 값은 열여섯 배 사이에서 변하였다. 대기에 존재하는 이온화 양과 생성된 들뜬 방사능의 양 사이에는 어떤 직접적인 관계도 존재한다는 증거를 찾을 수가 없었다. 그들은 공기의 이온화 양이 적은 안개가 끼었을 때 가장 많은 양의 들뜬 방사능이 구해지는 것을 발견하였다. 그렇지만 이 결과가 공기의 이온화와 방사능이 어느 정도 연결되어 있으리라는 견해에 반드시 모순이 되는 것은 아니다. 들뜬 방사능의 운반자로 작용하는 먼지의 효과에 대해 브룩스 양이 수행한 실험으로부터는 맑은 날보다 안개가 낀 날 더 많은 들뜬 방사능을 얻어야 한다. 안개를 구성하는 물 입자들이 방사성 물질이 침전하는 중심이 되기 때문이다. 그래서 양전하를 띤 운반자들은 고정되고 지구의 자기장에 의해서 공기로부터 제거되지 않는다. 센 전기장에서는, 이 작은 물방울들이 음극 쪽으로 이동하고 그들이 갖고 있는 방사능이 도선의 표면에 분명히 나타나게 된다. 반면에, 공기 전체에 분포된 미세한 물방울들은 작은 물방울의 표면에 확산된 결과로 공기 중에서 이온이 급속하게 사라지게 만드는 원인이 된다(31절을 보라). 이런 이유 때문에 안개가 더 짙을수록, 공기 중에서 관찰되는 전도도는 더 작게 된다.

공기의 온도를 낮추었더니 결정적인 효과를 얻었다. 섭씨 0도 미만에서 관찰되는 평균 방사능은 섭씨 0도보다 더 높은 온도에서 관찰되는 평균 방사능의 1.44배였다. 기압계의 수은주 높이가 더 낮을수록, 공기 중에서 들뜬 방사능의 양이 더 컸다. 공기 중에서 관찰되는 방사능의 대부분은 아마도 지구로부터 대기(大氣)로 끊임없이 확산해나가는 방사능을 띤 에머네이션 때문이라고 생각하면, 기압계의 수은주 높이가 바뀔 때 나타나는 효과를 이해할 수 있다. 엘스터와 가이텔은 공기의 압력을 낮추면 흙이 모세관을 통하여 공기가 땅속으로부터 대기로 올라오게 된다고 제안하였다. 그렇지만 만일 지하수의 위치가 바뀌거나 비가 굉장히 많이 와서 에머네이션이 대기로 새어나오는 조건이 바뀌더라도 이것이 반드시 성립해야만 하는 것은 아니다.

발트해[32]의 해안에서 공기로부터 유래되는 들뜬 방사능의 양은 볼펜뷔텔의 내륙에서 관찰되는 들뜬 방사능 양의 단지 3분의 1밖에 되지 않는다. 바다 중앙에서 공기의 방사능에 대한 실험은 공기에서 관찰된 방사능이 단지 토양 하나뿐으로부터 발생한 에머네이션이 원인인가라는 문제를 해결하기 위해 대단히 중요하다. 지구의 서로 다른 지점에서 공기의 방사능이 광범위하게 변할 개연성이 더 많으며, 아마도 전체적으로는 토양의 종류에 의존할 수도 있다.

사키[xl]는 스위스의 아로자[33] 계곡의 높은 고도에서 공기에 존재하는 에머네이션의 양이 낮은 고도 지방의 공기에 존재하는 정상적인 양보다 훨씬 더 큰 것을 발견하였다. 엘스터와 가이텔은 고도가 높은 곳의 공기에는 많은 수의 이온도 역시 존재하는 것을 관찰하고, 고도가 높은 곳에 위치한 온천의 치료 효과와 공기의 생리적 작용은 대기에 정상보다 훨씬 더 많은 양의 방사성 물질이 존재하는 것과 연관이 있을지도 모른다고 제안하였다. 심슨[xli][34]은 해수면에서 높이가 약 150피트에 위치한 노르웨이의 카라스요크[35]에서 들뜬 방사능의 양에 대한 실험을 수행하였다. 이 관찰이 수행되고 있는 동안에는 태양이 수평면 위로 올라오지 않았다. 공기로부터 얻은 들뜬 방사능의 평균 양은 독일에서 엘스터와 가이텔이 얻은 정상적인 양에 비해 상당히 더 많았다. 심슨의 경우는 땅이 단단히 얼었고 두꺼운 눈으로 덮여 있었기 때문에 이 결과가 더 놀랍다. 캐나다의 몬트리올에서 연구하던 앨런은 일찍이 공기로부터 얻은 방사능의 양은 여름이나 겨울이나 대략 비슷한 것을 관찰하였다. 다만 겨울에는 땅 전체가 단단히 얼었고 눈으로 덮였으며, 눈으로 덮인 대

32) 발트해(Baltic sea)는 북유럽의 바다로, 스칸디나비아 반도와 북유럽, 동유럽, 중앙 유럽, 그리고 덴마크의 섬들로 둘러싸인 바다를 말한다.
33) 아로자(Arosa)는 스위스 그라우뷘덴주에 위치한 도시 이름이다.
34) 심슨(George Clarke Simpson, 1878-1965)은 영국의 기상학자 이름이다.
35) 카라스요크(Karasjok)는 노르웨이의 도시 이름이다.

지에 북풍이 몰아쳤다. 그런 조건 아래서는, 토양이 얼어서 에머네이션의 확산이 완전히 정지된다고는 하지 않더라도 지체되어야만 할 것이기 때문에, 방사능의 양이 줄어들 것으로 예상된다. 반면에, 대기(大氣)에 존재하는 에머네이션은 땅 자체로부터 올라온 것이라는 엘스터와 가이텔의 결론으로부터 벗어나는 것이 어려워 보인다.

맥레넌[xlii]은 미세 분무로 채워진 공기로부터 유래되는 들뜬 방사능의 양에 대해 몇 가지 흥미로운 실험을 수행하였다. 그 실험은 나이아가라 폭포의 미국 쪽 폭포 밑에서 수행되었다. 폭포 아래쪽 밑 가까운 곳에 절연된 도선을 매달고, 도선에 생긴 들뜬 방사능의 양을 토론토에서 같은 노출 시간 동안에 같은 도선에 생긴 들뜬 방사능의 양과 비교하였다. 토론토의 공기로부터 얻은 방사능의 양이 일반적으로 폭포의 공기에서 얻은 방사능의 양에 비해 다섯 배 또는 여섯 배 정도로 더 많았다. 이 실험에서는 떨어지는 분무(噴霧)가 절연된 도선을 약 −7,500볼트의 퍼텐셜로 영구적으로 대전시키기 때문에, 도선을 음으로 대전시키기 위해 따로 전기 기계를 사용할 필요가 없었다. 이 결과는 떨어지는 분무가 음전하를 지니고 있으며 도선을 대전시킴을 가리킨다. 폭포에서 얻은 들뜬 방사능의 양이 적은 것은 아마도 음으로 대전된 물방울들이 대기로부터 양으로 대전된 방사능 운반자들을 끌어들이고 떨어지면서 방사능 운반자를 아래 강으로 이동시켰기 때문으로 보인다. 분무를 수집해서 증발시켰으나 방사능을 띤 찌꺼기는 얻을 수 없었다. 그렇지만 공기에 포함된 분무의 양에 비해서 조사한 분무의 양은 아주 작은 부분에 지나지 않았기 때문에 그런 결과도 예상된다.

279. 지구의 표면에서 나오는 투과력이 아주 강한 방사선

맥레넌[xliii] 그리고 러더퍼드와 쿠크[xliv36)]는 서로 독립적으로 건물 내에 투과력이 매우 강한 방사선이 존재하는 것을 발견하였다. 맥레넌은 민감한 전위계를 이용하여 밀폐된 커다란 금속 원통형 용기 내에서 공기의 자연 전도도(傳導度)를 측정하였다. 그런 다음에 그 원통을 다른 원통 속에 넣고, 두 원통 사이의 공간은 물로 채웠다. 두 원통 사이의 물이 두께가 25 cm이면, 안쪽 원통에 들어 있는 공기의 전도도는 처음 값의 63퍼센트로 떨어졌다. 이 결과는 안쪽 원통에서 이온화의 일부가 외부 공급원에서 나온 투과 방사선 때문임을 보여주는데, 그 공급원의 방사선의 전부 또는 일부가 물에서 흡수되었다.

러더퍼드와 쿠크는 밀폐된 황동 검전기의 주위에 납으로 만든 스크린을 장치하면 검전기가 방전하는 비율이 감소하는 것을 관찰하였다. 금속 스크린으로 둘러쌀 때, 검전기에서 방전하는 비율이 감소하는 모습에 대한 자세한 조사가 나중에 쿠크[xlv]에 의해 수행되었다. 검전기 주위에 설치한 납 스크린의 두께가 5 cm이면 방전 비율은 약 30퍼센트가 감소하였다. 스크린의 두께를 더 두껍게 만들더라도 더 이상의 효과는 없었다. 장치를 5톤의 납덩어리로 둘러쌀 때 방전 비율이 두께가 약 3 cm인 스크린으로 둘러 쌀 때 방전 비율과 대략적으로 같았다. 쇠로 만든 스크린도 역시 납으로 만든 스크린과 대략 같은 정도로 방전 비율을 감소시켰다. 납으로 만든 스크린을 적당히 배열하는 방법으로 방사선은 모든 방향에서 똑같이 들어오는 것을 발견하였다. 방사선이 들어오는 비율은 밤이나 낮이나 같았다. 이 투과 방사선이 실험실 내에 존재하는 방사선 물질로부터 생기는 것이 아님을 확실하게 만들기 위해서, 전에 방사성 물질이 한 번도 반입되지 않았던 건물에서 실험을 반복했으며, 모든 다른 건물에서 멀리 떨어진 공지(空地)에서도 역시 실험을 반복하였다. 모든 경우에, 납으로 만든 스크린으로 에워쌌을 때 검전기가 방전하는 비

36) 쿠크(H. L. Cooke)는 캐나다의 물리학자로 맥길 대학에서 러더퍼드와 함께 연구했다.

율이 감소하는 것이 관찰되었다. 이 결과는 지표면에 부분적으로는 땅 자체에서 그리고 부분적으로는 대기에서 발생하는 투과 방사선이 존재함을 보여준다.

땅과 대기에 방사능이 있다는 것을 고려하면, 이 결과가 놀랍지는 않다. 이 책의 저자는 토륨과 라듐에서 나오는 에머네이션에 노출되어서 방사능을 띤 물체가 γ선을 내보내는 것을 발견하였다. 그래서 땅과 대기에 존재하는 그와 매우 비슷한 들뜬 방사능도 또한 비슷한 성격의 γ선을 내보낸다고 예상할 수 있다. 그렇지만 좀 더 최근 연구는 (286절) 이 설명이 관찰된 모든 사실을 설명하기에는 충분하지 못하다는 것을 암시한다.

280. 대기(大氣)의 방사능과 방사성 원소에 의해 생성된 방사능의 비교

땅과 대기에서 관찰된 방사능 현상은 토륨과 라듐에 의해 생성된 방사능과 그 성격이 매우 비슷하다. 동굴과 지하 저장고의 공기와 자연 탄산 그리고 깊은 우물물에는 방사능을 띤 에머네이션이 존재하고, 그 에머네이션은 접촉하는 모든 물체에 들뜬 방사능을 생성시킨다. 그러면 그런 효과가 전적으로 땅에 존재하는 알려진 방사성 원소 때문인지 아니면 아직 알려지지 않은 종류의 방사성 물질 때문인지에 대한 질문을 하게 된다. 이 문제를 조사하는 가장 간단한 방법은 대기에서 방사능 생성물이 붕괴하는 비율을 토륨과 라듐의 알려진 방사성 생성물이 붕괴하는 비율과 비교하는 것이다. 알려진 사실들에 대해 피상적인 조사를 하면 당장 대기의 방사능은 토륨이 원인인 효과보다 라듐이 원인인 효과와 훨씬 더 밀접하게 연관되어 있음을 알게 된다. 우물물에서 방출된 에머네이션의 방사능과 또한 땅으로부터 뽑아 올린 에머네이션의 방사능은 모두 약 3.3일 만에 절반 값으로 붕괴하며, 라듐 에머네이션의 방사능은 3.7일에서 4일이 지나면 절반 값으로 붕괴한다. 이런 양들을 정확하게 결정하는 것이 쉽지 않음을 고려하면, 땅으로부터 나오는 에머네이션의 방사능이 붕괴하는 비율과 라듐에서 나오는 에머네이션의 방사능이 붕괴하는 비율은 실험 오차 내에서 일치한다. 많은 연구자들이 온천의 물에 그리고 그 물에 침전된 퇴적물에 라듐 에머네이션이 존재하는 것을 발견했다. 범스테드와 휠러는 토양과 뉴헤이븐의 지표수에서 나오는 에머네이션이 라듐에서 나오는 에머네이션과 똑같다는 것을 증명하였다. 만일 땅에서 나오는 에머네이션과 라듐에서 나오는 에머네이션이 똑같다면, 두 에머네이션으로 생성된 들뜬 방사능이 붕괴하는 비율은 똑같아야만 한다. 영국의 우물물에서 나온 에머네이션은 이 조건을 근사적으로 만족하지만(276절), 에베르트와 에베르스가 기록한 관찰에 의하면 (276절) 땅으로부터 뽑아 올린 에머네이션이 원인인 들뜬 방사능은 라듐이 원인인 들뜬 방사능에 비해서 아주 느린 비율로 붕괴한다. 범스테드는 라듐 에머네이션뿐 아니라 토륨 에머네이션도 역시 뉴헤이븐의 대기에 존재한다는 의심할 수 없는 증거를 내놓았는데, 다두리언은 그 에머네이션이 뉴헤이븐의 토양에서 방출되었음을 보였다. 블랑 그리고 엘스터와 가이텔도 또한 토륨이 어떤 온천의 퇴적물에 존재하는 것을 발견하였다.

만일 대기에 존재하는 방사성 물질이 주로 라듐 에머네이션으로 구성되어 있다면, 야외의 공기에서 노출되었던 음으로 대전된 도선에 생긴 방사능 침전물이 처음에는 라듐 A, 라듐 B 그리고 라듐 C로 구성되어 있어야만 한다. 붕괴 곡선은 α 선으로 측정한 라듐의 들뜬 방사능의 붕괴 곡선과 일치해야만 하는데, 다시 말하면 붕괴 곡선에는 최초 3분 변화에 해당하는 급속한 초기 감소가 있어야 하고, 그 뒤를 이어서 느린 비율의 변화가 따라와야 하는데, 몇 시간 뒤의 방사능은 약 28분 만에 절반 값으로 붕괴하여야 한다(222절). 급속한 초기 감소는 범스테드가 뉴헤이븐의 공기에서 관찰하였다. 앨런[xlvi]은 몬트리올에서는 이 초기 감소를 관찰하지 못했지만, 방사능을 띤 도선을 제거하고 약 10분의 시간이 흐른 뒤에, 방사능이 약 45분 만에 절반 값으로 떨어지는 것을 발견했다. 이것은 라듐의 방사능 침전물이 동일한 간격 동안에 붕괴하는 데 대략적으로 예상되는 비율이다. 앨런은 도선에 몇 가지 종류의 방사성 물질이 침전되어 있다는 증거를 얻었다. 예를 들어, 방사능을 띤 도선으로부터 암모니아에 적신 가죽 조각으로 이동한 방사능은 38분 만에 절반 값으로 떨어졌다. 비슷하게 처리된 흡수력 있는 펠트로 문지른 경우 펠트의 방사능은 60분 만에 절반 값으로 떨어졌는데, 처리되지 않은 도선에 대해 절반 값으로 떨어지는 정상적인 시간은 45분이었다.

붕괴 비율이 이렇게 변하는 것은 라듐 B와 라듐 C가 서로 다른 비율로 도선으로부터 문지른 것으로 전달된 사실 때문일 개연성이 높다. 만일 라듐 C보다 라듐 B가 더 큰 비율로 제거되었으면, 붕괴는 더 느리게 일어나고, 그 반대이면 붕괴는 더 빨리 일어난다.

빗물과 눈의 방사능이 약 30분 만에 절반 값으로 떨어진다는 사실은 대기에 라듐 에머네이션이 존재한다는 강력한 조짐이 된다. 얼마 동안 보관한 빗물과 눈에 포함된 방사성 물질은 주로 라듐 C로 구성되었을 것이며, 그것은 시간에 따라 지수법칙으로 붕괴하여 28분 만에 절반 값으로 떨어져야 한다.

토륨 에머네이션은 1분 만에 절반 값으로 떨어지는 빠른 붕괴를 하며, 그래서 대기의 방사능 중 많은 부분이 토륨 에머네이션 때문이라고 기대하기는 어렵다. 토륨 에머네이션의 효과는 토양의 표면 근처에서 가장 선명하게 나타난다.

대기의 방사능 중에서 대부분은 땅의 기포로부터 대기로 끊임없이 확산해 나오는 라듐 에머네이션 때문이라는 데는 의심할 여지가 별로 없다. 지금까지 실험이 이루어졌던 모든 장소의 대기(大氣)에서 방사능이 관찰되었으므로, 방사성 물질은 지구의 전체 토양에 걸쳐서 미량(微量)으로 분포되어 있음에 틀림이 없다. 휘발성을 갖는 에머네이션은, 확산에 의해 대기로 새어나가거나 우물물 또는 지하 기체의 탈출에 의해서 표면으로 이동되어서, 대기에서 관찰되는 방사능 현상의 원인이 된다. 공기의 방사능이 내륙에서보다 바다 근처에서 훨씬 더 작다는 엘스터와 가이텔의 관찰은 대기의 방사능이 주로 토양으로부터 그 위의 공기로 에머네이션이 확산되기 때문에 생긴다면 즉시 설명된다.

대기에 존재하는 불활성 기체인 헬륨과 크세논을 조사하였더니 방사능을 띠지 않았음이 밝혀졌다. 공기의 방사능이 이 기체 중 어느 것 하나라도 약간의 방사능을 갖고 있기 때문일 수는 없다.

281. 대기(大氣)에 존재하는 라듐 에머네이션의 양

대기에 존재하는 라듐 에머네이션의 양을 추산하는 것은 굉장히 중요한데, 땅으로부터 나오는 라듐 에머네이션의 양이 지구의 얇은 지각 전반에 걸쳐 분포되어 있는 라듐의 양을 추산하는 간접적인 방법의 역할을 하기 때문이다.

이브는 이 책의 저자의 연구실에서 이런 방향의 실험을 수행하였다. 그 실험들이 아직 끝나지는 않았지만, 지금까지 얻은 결과로도 땅에 가까운 대기의 매 세제곱미터당 있을 법한 에머네이션의 양을 계산할 수가 있다.

처음 실험은 라듐 또는 어떤 다른 방사성 물질을 한 번도 들여와 본 적이 없는 건물에서 넓이가 154 cm^2이고 깊이가 730 cm인 큰 쇠로 된 탱크를 이용하여 이루어졌다. 처음에는 밀폐된 탱크의 중심을 지나가는 절연된 전극(電極)과 연결된 검전기를 이용하여, 탱크 안에서 공기에 대한 포화 이온화 전류를 측정하였다. 탱크 안의 이온화가 균일하다고 가정하면, 탱크 안에서 1 cc의 공기에 생성된 이온의 수는 10임이 밝혀졌다. 이 값은 작은 밀폐된 용기에서 보통 측정되는 값에 비해서 상당히 더 작은 값이다(284절을 보라). 쿠크는 납으로 둘러싸인 깨끗하게 닦은 황동 검전기를 이용하여 10이라는 값을 얻었고, 슈스터[37]는 맨체스터의 오웬 대학 실험실의 공기에 대해 약 12라는 값을 얻었다.

탱크로부터 들뜬 방사능의 양을 측정하기 위하여, 탱크 중심부에 설치한 절연된 도선을 윔즈허스트기를 이용하여 약 1만 볼트까지 음으로 대전하였다. 두 시간 뒤에, 그 도선을 꺼낸 다음에 금박 검전기와 연결된 절연된 틀에 감았다. 도선의 방사능이 붕괴하는 비율은 라듐 에머네이션에 의해 생성된 들뜬 방사능이 붕괴하는 비율과 대략 같다는 것이 밝혀졌다. 큰 탱크 내부에 존재하는 라듐 에머네이션의 양을 추정하기 위하여, 더 작은 탱크를 이용한 특별한 실험이 수행되었다. 밀도를 아는 순수한 브롬화라듐 용액을 이용하여 일정한 양의 라듐 에머네이션을 그 작은 탱크 내부에 넣었다. 탱크 중심에 설치된 도선은 전과 마찬가지 방법으로 음극으로 만들었으며, 그 도선을 꺼내서 틀에 감은 다음에 도선의 방사능을 측정하였다. 이런 방법을 이용하여 큰 탱크 내부에 존재하는 라듐 에머네이션의 양은 순수한 브롬화라듐 9.5×10^{-9} 그램으로부터 얻을 수 있는 평형 상태의 양 또는 최대 양과 같아야만 함을 알았다. 큰 탱크의 부피는 17세제곱미터였는데, 그래서 매 세제곱미터의 부피에 포함된 에머네이션의 양은 방사능 평형에서 브롬화라듐 5.6×10^{-10} 그램으로부터 해방되어 나온 에머네이션의 양에 맞먹는다.

37) 슈스터(Arthur Schuster, 1851-1934)는 독일에서 출생한 영국 물리학자로 분광학, 전자화학, 광학 등의 연구로 알려졌고 영국의 맨체스터 대학을 물리학 연구의 중심지로 만든 사람이다.

만일 탱크 안에 들어 있는 에머네이션의 양이 야외 공기에 존재하는 평균 양이라고 간주한다면, 공기 1세제곱킬로미터에 존재하는 라듐 에머네이션의 양은 브롬화라듐 0.56그램에서 공급하는 양과 같게 된다.

계산 목적으로, 에머네이션이 지구의 육지 부분 위 (전체 지구 표면 넓이의 4분의 1) 그리고 평균 높이가 5킬로미터에 이르는 부피의 공기에 균일하게 분포되어 있다고 가정하자. 바다 위의 공기에 대해서는, 아직 방사능이 측정되지 않았으므로, 고려 대상에서 제외한다. 이 조건 아래서 대기에 존재하는 에머네이션의 전체 양은 브롬화라듐 약 400톤에 의해 공급되는 양과 같다. 대기 중에 이와 같은 양의 에머네이션을 계속 유지하려면, 지구 표면으로부터 일정한 비율로 공급되어야만 한다. 아마도 토양에 의한 증산(蒸散)과 확산을 통하여 공기로 유입되는 양이 더 많으므로, 에머네이션은 지각의 매우 얇은 층에서만 지구 표면까지 도달할 수 있다. 만일 지구에서 발생하는 현재 열 손실이 땅에 포함된 방사성 물질로부터 공급된다고 가정하면, 지각의 이런 얇은 층의 두께가 얼마 정도인지 추산하는 것이 가능하다. 우리는 앞에서 (271절) 이런 가정 아래서 땅에는 라듐 약 3억 톤에 해당하는 방사성 물질이 존재해야만 한다는 것을 보았다. 만일 이 방사성 물질이 균일하게 분포되어 있다고 가정하면, 지각층의 두께가 약 13미터라고 하면 대기에 계산된 양의 에머네이션을 유지하는 데 충분할 것이다. 지각층의 이런 두께는 대략 일반적인 고려 사항들로부터 예상할 수 있는 정도의 크기이다.

이 결과는 간접적으로 많은 양의 에머네이션이 지구의 표면 지각(地殼)에 틀림없이 존재한다는 결론으로 인도한다.

이브는 야외 공기 중에 노출된 커다란 아연 원통을 이용한 실험도 역시 수행하였다. 아연 원통에서 유래된 들뜬 방사능의 평균 양은, 부피 대 부피로, 커다란 쇠 탱크로부터 얻은 양의 단지 약 3분의 1밖에 안 되었다. 이 결과는 에머네이션의 양을 전의 추산의 3분의 1로 감소시킨다.

그런 계산 결과가 확실하다고 인정하기 전에, 지구의 여러 위치에서 대기에 존재하는 에머네이션의 양을 측정해서 비교하는 일이 선행되어야 한다. 몬트리올의 공기는 비정상적으로 방사능을 띠지는 않았고, 그래서 몬트리올에서 구한 계산 결과로부터 원하는 양의 크기로 대략적으로 옳은 값을 구하리라고 예상된다.

이브는 지름이 약 70 cm인 아연 원통에 넣은 도선의 단위 길이마다 얻을 수 있는 방사능의 양이 야외 공기 중에서 땅으로부터 20피트 높이에 올려져 1만 볼트로 대전된 단면의 지름이 0.5 mm인 도선에서 구한 것과 대략적으로 같다는 것도 또한 관찰하였다. 이것은 그런 퍼텐셜이 0.5미터보다 더 먼 곳에 있는 들뜬 방사능 운반자들을 끌어들이지 못하고, 끌어들이는 범위는 아마도 그보다 더 작을지도 모른다는 것을 보여준다.

대기(大氣) 중에서 생성되는 이온들의 수(數) 중에서 얼마나 많은 부분이 대기 전체에 분포된 방사성 물질이 원인이 되어 발생하는지를 찾는 것은 아주 중요하다. 이미 앞에서 언급했던 것처럼, 쇠로 만든 커다란 탱크를 이용해서 이브가 얻은 결과는 탱크 내의 이온화의 많은 부분이 탱크에 포함된 방사성 물질 때문에 발생했음을 가리키는데, 왜냐하면 탱크의 중심에 놓인 전극(電極)에 생성된 들뜬 방사능과 탱크 내의 전체 이온화 전류 사이의 비는, 라듐 에머네이션을 발생시키는 공급원이 들어 있는 더 작은 탱크에서 관찰되는 해당되는 비의 약 $\frac{7}{10}$이었기 때문이다.

이 결과는 지구의 다른 위치들에서 수행되는 실험에 의해 확인이 되어야 하지만, 이 결과는 지표면에서 이온화는, 전부는 아니라고 하더라도 많은 부분이, 대기에 분포된 방사성 물질이 원인이어서 발생한 것이라는 결론을 암시한다. 공기 1 cc마다 매초 30개 이온의 비율로 이온이 생성되려면, 이 값은 여러 지역의 지구 표면의 야외 공기에서 관찰된 것인데, 방사능 평형에서 브롬화라듐 2.4×10^{-15} 그램으로부터 방출된 에머네이션의 양이 1 cc의 공기마다 존재하여 이온을 발생시켜야 한다. 그렇지만 대기권 상층부의 이온화는 이 원인 하나만에 의해 발생했다고 생각하기는 어렵다. 대기 상층부에 일반적으로 존재하는 많은 양전하가 유지되는 것을 설명하기 위해서는, 상층부 공기에 강한 이온화가 존재해야만 하며, 그것은 태양에 의해 방출되는 전리(電離) 방사선이 원인일 가능성이 높다.

282. 대기(大氣)의 이온화

지난 수년 동안에 걸쳐서 서로 다른 지역과 서로 다른 고도에서 대기 이온화의 상대적인 양을 결정하기 위해 많은 수의 측정들이 이루어졌다. 엘스터와 가이텔이 최초로 이런 성격의 측정을 특별한 형태의 검전기를 이용하여 수행하였다. 공기에 노출되었던 대전된 물체를 휴대용 검전기에 연결시키고, 금박 또는 알루미늄박의 움직임에 의해 전하를 잃는 비율을 측정하였다. 일반적으로 검전기에서 양전하의 방전 비율과 음전하의 방전 비율이 달랐는데, 둘 사이의 비는 지역과 고도 그리고 기상 조건에 의존하였다. 이 장치는 정량적인 측정에는 적당하지 않으며 관찰한 결과로부터 유추할 수 있는 결과도 필연적으로 어느 정도 불확실하다.

에베르트[xlvii]는 공기 1 cc 당 이온의 수를 쉽게 측정할 수 있는 휴대용 장치를 설계하였다. 낙하하는 무게로 작동되는 환풍기에 의해 일정한 공기 흐름이 축을 공유하는 두 원통 사이로 들어온다. 안쪽 원통은 절연되었고 검전기와 연결되어 있다. 장치의 전기용량 그리고 공기 흐름의 속도를 알면, 금박이 움직이는 비율을 이용하여 원통 사이로 유입된 공기의 단위 부피당 존재하는 이온의 수를 측정할 수 있다.

이런 방법으로 에베르트는 공기 중에 존재하는 이온의 수가 어느 정도 변하는데, 측정이 수행된 그 지역에서는 평균해서 매 cc당 약 2,600개에 해당함을 발견했다.

이 수(數)는 생성되는 비율이 재결합되는 비율과 평형을 이룰 때 매 cc당 존재하는 이온의 평형 수이다. 만일 q가 단위 부피의 공기마다 매초 생성되는 이온의 수이고 n이 평형 수라면, α를 재결합 상수라고 할 때 $q = \alpha n^2$이다(30절).

에베르트가 만든 장치에 약간 추가해서, 슈스터[xlviii]는 조사하는 공기의 특정한 샘플에 대해 재결합 상수를 결정할 수 있음을 보였다. 맨체스터 부근의 공기에 대해 그렇게 구한 값은 가변적이었는데 먼지가 없는 공기의 경우에 비하여 두 배 또는 세 배 더 컸다. 일부 예비 측정 결과에 의하면 서로 다른 지역에 따라 공기 1 cc에 존재하는 이온의 수는 2,370개에서 3,660개 사이에서 변하였으며, 매초 매 cc마다 생성되는 이온의 수인 q값은 12와 38.5 사이에서 변했다.

러더퍼드, 앨런, 에베르트는 공기 중에서 이온의 이동성(移動性)이 뢴트겐선에 의하거나 방사성 물질에 의해 공기에서 생성되는 이온들의 이동성과 대략 같음을 밝혔다. 마헤와 폰 슈바이틀러[xlix]에 의해 최근에 결정된 것에 의하면, 퍼텐셜 기울기가 1 V/cm일 때, 양이온의 속도는 매초 약 1.02 cm이고, 음이온의 속도는 매초 약 1.25 cm임이 밝혀졌다.

랑주뱅[l]은 최근에 이렇게 빨리 움직이는 이온에 더하여 대기(大氣)에는 전기장 아래서 지극히 천천히 돌아다니는 이온들도 역시 존재한다는 것을 보였다. 파리[38]의 공기에서 천천히 움직이는 이온의 수는 더 빨리 움직이는 이온

38) 파리(Paris)는 프랑스의 도시 이름이다.

의 수보다 약 40배 더 많다. 이 결과는 매우 중요한데, 왜냐하면 에베르트의 장치에서는 이 이온들이 원통 사이를 지나가는 시간 동안에 그 이온들을 전극으로 이동시킬 만큼 전기장이 세지 않아서, 이 이온들이 측정되지 않고 새어나가기 때문이다.

283. 보통 물질의 방사능

방사성 물질은 지구 표면 위 전체와 대기에 상당히 균일하게 분포되어 있음을 보았다. 여기서 관찰된 미량의 방사능을 만든 원인이 땅과 대기에 존재하는 알려지거나 알려지지 않은 방사성 원소인지, 아니면 오직 굉장히 많은 양이 존재해야만 쉽게 측정할 수 있는, 일반적인 물질이 지닌 미미한 방사능인지라는 매우 중요한 질문을 하게 된다. 실험적 증거는 아직 이 질문에 답변하기에는 그 양이 충분하지 못하지만, 금속 중에서 많은 것은 매우 미미한 방사능을 보인다는 의심할 수 없는 증거도 나왔다. 금속이 지닌 이러한 미미한 방사능이 극미량의 방사성 원소 존재 때문인지 아니면 금속 자체의 실제 성질 때문인지는 286절에서 좀 더 자세하게 논의될 것이다.

슈스터[li]는 한 원소에 대해 지금까지 발견된 모든 물리적 성질은 정도는 다르더라도 모든 다른 원소와 어느 정도 공유하고 있음이 발견되었다고 지적하였다. 예를 들어, 자성(磁性)적 성질은 철(鐵), 니켈 그리고 코발트에서 가장 강력하게 나타나지만, 모든 다른 물질도 약하게나마 자성(磁性)적이든가 반자성(反磁性)적이다. 그러므로 일반적 원리로 모든 물질은 정도는 다르지만 방사능 성질을 나타내야 한다고 기대할 수도 있다. 제10장에서 발전된 견해에 의하면, 이런 성질이 존재한다는 사실은 물질이 대전 입자를 방출하며 변화를 겪게 됨을 암시한다. 그렇지만 한 원소에 속한 원자가 시간이 흐르면서 불안정해지고 쪼개진다고 해서, 모든 다른 원소에 속한 원자가 비슷하게 불안정한 상태를 겪어야 한다는 것이 어떻게 해서든 성립하는 것은 아니다.

퀴리 부인이 대부분의 원소와 그 화합물들이 방사능을 가지고 있는지에 대해 아주 철저하게 조사했다는 것은 이미 (8절) 언급하였다. 전기적 방법이 사용되었으며, 방사능이 우라늄의 방사능에 비해 $\frac{1}{100}$ 배보다 많은 물질은 예외 없이 검출되었다. 알려진 방사성 원소 그리고 우라늄과 토륨을 함유한 광물을 제외하고는, 어떤 다른 물질도 그 정도로 작은 방사능을 갖지 않은 것으로 밝혀졌다.

인(燐)[lii]과 같이 일부 원소는 특별한 조건 아래서 기체를 이온화시키는 성질을 갖는다. 인(燐)을 통과한 공기는 전도성(傳導性)을 띠지만, 이 전도성이 단순히 인의 표면에 형성된 이온 때문인지 아니면 공기의 흐름과 함께 이동하는 인의 핵 또는 그것을 사람들이 부르는 이름인, 에머네이션에 의해 생성된 이온 때문인지 하는 문제는 아직 해결되지 못하고 있다. 그렇지만 기체의 이온화가 어떤 방법으로든 방사성 물체에 의해서 방출되는 것과 같은 투과력을 갖는 방사선이 존재해서 생기는 것처럼 보이지는 않는다. 르봉은 (8절) 융점 아래로 가열된 황산키니네를 다시 식히면 얼마 동안 강한 인광을 냈으며 검전기를 매우 빨리 방전시킬 수 있음을 관찰하였다. 게이츠 양[liii]은 가지각색의 조건 아래서 황산키니네의 방전(放電) 작용을 아주 세밀하게 조사하였다. 얇은 알루미늄 포일 또는 금박을 통해서는 이온화를 관찰할 수 없었지만, 황산염의 표면에 국한된 것처럼 보였다. 전위계에 의해 관찰된 전류는 전기장의 방향에 따라 바뀌는 것이 발견되었으며, 이것은 양이온과 음이온이 매우 다른 이동성(移動性)을 갖고 있음을 가리켰다. 방전 작용의 원인은 인광에 수반되는 파장이 짧은 자외선에 의해 표면에 매우 가까운 기체의 이온화 때문이거나 표면에서 발생하는 화학적 작용 때문인 것처럼 보인다.

그래서 인(燐)과 황산키니네 모두 심지어 대전된 물체를 방전시키는 특별한 조건 아래서조차도 방사능을 갖는다고 생각할 수가 없다. 두 경우 모두 이 온화가 투과 방사선을 방출하기 때문에 발생했다는 증거가 발견되지 않았다.

지금까지 어떤 물체도 뢴트겐선 또는 음극선에 노출시킨다고 해서 방사능을 띠게 된다는 증거는 나오지 않았다. 뢴트겐선의 작용 아래 노출된 금속이 공기에서 몇 센티미터만 가더라도 공기에 아주 쉽게 흡수되어버리는 2차 방사선을 방출한다. 이러한 2차 방사선이 어떤 면에서 방사성 원소에서 나오는 α선과 비슷하다고 증명되는 것이 가능할 수도 있다. 그렇지만 그 2차 방사선은 뢴트겐선이 차단되면 즉시 나오지 않는다.

빌라르는[iv] 비스무트 조각을 진공 중에서 음극선의 작용 아래 얼마 동안 노출시킨 다음에는 약한 사진건판 작용을 발생시킨다고 말하였다. 그렇지만 비스무트가 방사성 물체에서 방출되는 것과 비슷한 성격을 갖는 방사선을 내보낸다는 것을 본 적은 없다. 라듐에서 나오는 방사선에 의해 방사능을 띠지 않은 물질에서 겉보기 방사능이 발생하는 것에 대한 램지와 쿠크의 실험에 대해서는 264절에서 이미 논의되었다. 보통 물질에 매우 약한 방사능이 존재한다는 것은 밀폐된 용기 내에서 기체의 전도도(傳導度)를 조사하면서 추정되었다. 그 전도도는 지극히 작으며, 그것을 정확히 정하기 위해서는 특별한 방법이 필요하다. 다음 절에서 이 중요한 질문에 대한 우리 지식이 어떻게 점차로 증가되고 있는지에 대해 간단히 논의할 예정이다.

284. 밀폐된 용기 내의 공기의 전도성(傳導性)

쿨롱[39] 시대 이래로 몇몇 연구자들은 밀폐된 용기에 넣은 대전된 도체는

39) 쿨롱(Charles Augustin de Coulomb, 1736-1806)은 18세기 프랑스의 물리학자로 전기력에 대한 법칙을 실험으로 발견한 사람이다.

절연체로 된 받침대를 통한 전도(傳導)에 의한 누설로 설명될 수 있는 것보다 더 빨리 전하를 잃는다고 믿었다. 빠르게는 1850년에 이미 마테우치[40]가 전하를 잃는 비율이 퍼텐셜과 무관함을 관찰하였다. 보이스[41]는 서로 다른 길이와 지름으로 만든 석영(石英) 절연체를 이용하여 전하 누출이 부분적으로는 공기를 통하여 발생해야 한다는 결론에 도달하였다. 밀폐된 용기 내에서 전하의 이러한 손실은 어떤 방법으로든 공기 중에 먼지 입자가 존재하기 때문에 일어나는 것으로 믿었다.

그런데 뢴트겐선과 방사성 물질에서 나오는 방사선의 영향 아래서 기체가 일시적으로 전하의 전도체가 되는 것이 발견되면서, 이 문제가 다시 주목의 대상이 되었다. 가이텔[lv] 그리고 C. T. R. 윌슨[vi]은 서로 독립적으로 이 문제를 공격하였고, 두 사람 모두 밀폐된 용기에서 공기의 일정한 이온화 때문에 전하의 손실이 생겼다는 결론에 도달하였다. 가이텔은 그의 실험에서 그림 103에 보인 것과 비슷한 장치를 사용하였다. 엑스너 검전기[42]의 전하 손실이 철망 Z가 첨부된 원통과 함께 약 30리터의 공기를 포함하고 있는 밀폐된 용기 안에서 관찰되었다. 검전기 시스템의 퍼텐셜이 매시간 약 40볼트의 비율로 줄어드는 것이 발견되었으며, 이런 누출은 받침대의 절연이 완전하지 않아 일어난 것이 아님이 증명되었다.

반면에 윌슨은 먼지가 전혀 없는 공기를 가지고 연구를 진행하기 위하여 매우 작은 부피의 용기를 사용하였다. 첫 번째 실험에서 부피가 겨우 163 cc

40) 마테우치(Carlo Matteucci, 1811-1868)는 이탈리아의 물리학자로 생물 전기학의 선구자이다.
41) 보이스(Sir Charles Vernon Boys, 1855-1944)는 영국의 물리학자로 석영 섬유 비틀림 진자를 발명한 것으로 유명하다.
42) 엑스너 검전기(Exner electroscope)는 독일의 과학기기 제작 회사인 막스 콜(Max Kohl)에서 1900~1920년 사이에 판매한 검전기로 연직으로 놓인 구리판 양쪽에 두 개의 알루미늄 금속박이 달려 있으며 뒤쪽에는 유리에 눈금이 그려져 있다.

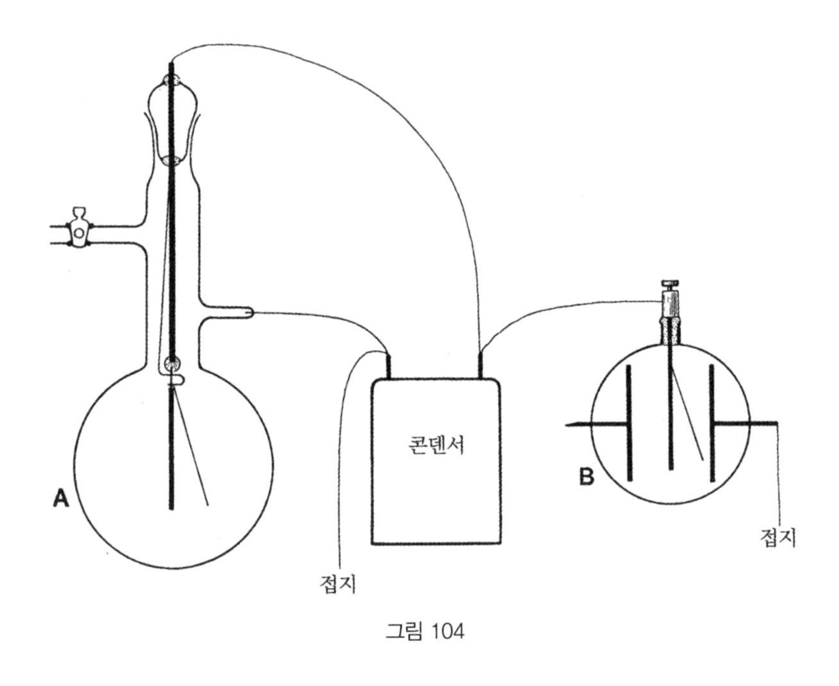

그림 104

인 은을 입힌 유리 용기를 사용하였다. 실험 장치의 배열은 그림 104에 나와 있다.

손실될 전하로 대전되어 있는 도체는 용기 A의 중심 부근에 놓았다. 그 도체는 금박이 첨부된 좁고 기다란 금속 조각으로 이루어졌다. 금속 조각은 작은 황(黃) 구슬에 의해 막대의 위쪽에 고정되었다. 위쪽 막대는 퍼텐셜을 가리키기 위하여 엑스너 검전기 B와 함께 황 콘덴서에 연결되었다. 금박 시스템이 처음에는 가는 철사에 의해서 위쪽 막대 그리고 콘덴서의 퍼텐셜과 같은 퍼텐셜로 대전되었다. 이 가는 철사는 가까이 가져가는 자석에 의해 끌려서 금박 시스템을 동작시키는 데 이용된다. 금박이 움직이는 비율이 마이크로미터가 장착된 접안렌즈와 함께 준비된 현미경을 통하여 측정되었다. 위쪽 막대의 퍼텐셜을 금박 시스템의 퍼텐셜보다 약간 더 높게 유지하여서, 금박 시스템의 전하 손실이 어떤 방법으로도 황으로 만든 구슬을 통과하는 전도 누출이 발생하지 않도록 보장하였다.

이 실험에서 윌슨이 사용한 방법은 지극히 낮은 방전 비율을 측정하는 데 매우 확실하고 편리한 방법이다. 이런 점에서 검전기는 민감한 전위계가 측정할 수 있는 것에 비하여 훨씬 더 작은 전하가 손실되는 비율을 확실하게 측정한다.

가이텔과 윌슨 두 사람 모두 먼지가 없는 공기에서 절연된 시스템의 전하 누출은 양전하의 경우나 음전하의 경우가 모두 같고, 상당히 큰 범위에서 퍼텐셜과도 무관함을 발견하였다. 이 누출은 어두울 때나 낮의 밝은 빛에서나 똑같았다. 누출이 퍼텐셜과 무관하다는 사실은 전하의 손실이 일정하게 유지되는 공기의 이온화 때문임을 보여주는 강력한 증거이다. 기체에 작용하는 전기장이 어떤 값을 초과하면, 모든 이온은 재결합이 발생하기 전에 전극으로 이동한다. 포화 전류에 도달하면, 전기 누출은 전기장이 더 세어지더라도 영향을 주지 못하는데, 물론 퍼텐셜이 충분히 높아서 통과하는 불꽃은 적용되지 않는다는 조건을 만족해야 한다.

C. T. R. 윌슨은 최근에 외부로부터 이온화시키는 어떤 원인에도 노출된 적이 없었던 먼지가 없는 공기에 이온의 존재를 보이는 놀라운 실험을 고안하였다. 34절에서 설명된 것과 비슷한 팽창 장치와 연결된 유리 용기에 두 개의 커다란 금속판이 놓여 있다. 공기를 팽창시키면 두 판 사이에 약간의 구름이 나타나는 방법으로 이온의 존재가 눈에 보인다. 이 응결시키는 핵은 전하를 나르며 모든 측면에서 X선에 의하거나 방사성 물질에서 나오는 방사선에 의해 기체에 생성되는 이온과 분명하게 같다.

윌슨은 절연된 시스템의 전하 손실이 지역과 무관함을 발견하였다. 방전 비율은 장치를 깊은 터널에 놓았을 때도 바뀌지 않았는데, 그래서 전하의 손실이 외부의 방사선 때문은 아닌 것처럼 보였다. 그렇지만 이미 설명된 (279절) 실험들로부터, 관찰된 방전 비율의 약 30퍼센트 정도는 투과력이 매우 강한 방사선에 의해 발생한 것일 가능성도 있다. 윌슨의 이 실험은 투과 방사선의 세기가 터널 속이나 땅의 표면이나 똑같음을 시사한다. 윌슨은 공기의 이온화가 유리 용기에서나 황동 용기에서나 대략 같음을 발견했으며, 공기는 자발적으로 이온화된다는 결론에 도달하였다.

부피가 약 471 cc인 황동 용기를 사용해서, 윌슨은 절연된 시스템의 전하 손실을 설명하기 위하여 공기 중에서 매초 단위 부피마다 생성되어야만 할 이온의 수를 구하였다. 이 누출 시스템은 약 1.1 정전 단위의 용량을 가졌으며, 퍼텐셜이 210볼트인 경우에는 매시간마다 4.1볼트의 비율로 전하를 잃고, 퍼텐셜이 120볼트인 경우에는 매시간마다 4.0볼트의 비율로 전하를 잃는 것이 관찰되었다. 이온 하나의 전하가 3.4×10^{-10} 정전 단위라고 취하면, 이것은 매초 26개의 이온을 생성하는 것에 해당한다.

러더퍼드와 앨런[lvii]은 전위계 방법을 이용하여 가이텔과 윌슨의 결과를 반복하였다. 지름이 각각 25.5 cm와 7.5 cm이고 길이가 154 cm인 두 개의 동심 아연 원통 사이에 흐르는 포화 전류를 측정하였다. 포화 전류는 수 볼트의 퍼텐셜로도 실질적으로 구할 수 있음을 발견하였다. 그렇지만 원통 내의 공기를 며칠 동안 가만히 내버려 둔 다음에야 더 낮은 전압에서 포화를 얻었다. 이것은 아마도 공기에 원래 존재하던 먼지가 서서히 가라앉기 때문이었던 것 같다.

그 후에도 패터슨[lviii][43)]과 하름스[lix][44)] 그리고 쿠크[lx]가 밀폐된 용기에서 생성되는 이온의 수를 관찰하였다. 서로 다른 연구자들이 구한 결과가 다음 표

43) 패터슨(J. Patterson)은 물리학자 이름이다.
44) 하름스(F. Harms)는 물리학자 이름으로 엘스터와 가이텔과 함께 연구하였다.

에 나와 있다. 이온 한 개의 전하는 3.4×10^{-10} 정전 단위로 취한다.

용기를 만든 물질	매초 매 cc마다 생성된 이온의 수	관찰한 사람
은을 입힌 유리	36	C. T. R. 윌슨
황동	26	C. T. R. 윌슨
아연	27	러더퍼드와 앨런
유리	53에서 63	하름스
철	61	패터슨
깨끗한 황동	10	쿠크

나중에 이 결과에서 보인 차이는 아마도 공기를 넣은 용기의 방사능 차이 때문임을 보이게 될 것이다.

285. 압력과 기체의 종류에 의한 효과

C. T. R. 윌슨은 (앞에서 인용한 논문에서) 대전된 도체의 전하가 누출되는 비율은 수은주 높이 43 mm와 743 mm 사이에서 조사된 압력 사이에서 공기의 압력에 근사적으로 의존하여 바뀌는 것을 발견하였다. 이 결과는 좋은 진공에서 대전된 물체가 전하를 지극히 느리게 잃는다는 결론에 도달하도록 가리킨다. 이것은 높은 진공에서 한 쌍의 금박이 몇 달 동안이나 자기 전하를 그대로 유지했다는 것을 발견한 크룩스의 관찰과 일치한다.

윌슨[xi]은 그 뒤에 서로 다른 기체에서 전하의 누출에 대해 조사하였다. 그 결과는 다음 표에 포함되어 있는데, 이 표에서는 공기에서 생성된 이온화를 1로 놓았다.

기체	상대 이온화	$\frac{\text{상대 이온화}}{\text{밀도}}$
공기	1.00	1.00
수소	0.184	2.7
이산화탄소	1.69	1.10
산화황	2.64	1.21
클로로포름	4.7	1.09

수소만 예외로 하면, 서로 다른 기체에서 생성된 이온화가 근사적으로 그 기체의 밀도에 비례한다. 상대 이온화는 방사성 물질에서 나오는 α선과 β선의 영향 아래 노출된 기체들에 대해 스트럿이 관찰한 것과 (45절) 매우 유사하며, 이 결과는 관찰된 이온화가 용기의 벽으로부터 나왔거나 외부 공급원으로부터 발생한 방사선에 의해 생겼다는 결론을 내리도록 암시한다.

자페[lxii]는 작은 은을 입힌 유리 용기에서 매우 무거운 기체인 니켈카르보닐 $Ni(CO)_4$의 자연 이온화에 대해 조심스럽게 조사하였다. 이 기체의 이온화는 정상 압력에서 공기의 이온화의 5.1배였는데, 이 기체의 밀도는 공기의 밀도의 5.9배이다. 검전기의 누출은 낮은 압력을 제외하면 압력에 거의 비례하였고, 압력 법칙이 성립되면 기대되는 값보다 누출이 어느 정도 더 컸다. 밀도가 그렇게 크고 복잡한 구조의 기체도 더 단순하고 더 가벼운 기체와 똑같이 행동한다는 사실은 이온화 자체가 용기의 벽에서 나오는 방사선 때문에 발생하는 것이지 기체가 자발적으로 이온화되지는 않음을 강력히 시사한다.

패터슨[lxiii]은 지름이 30 cm이고 길이가 20 cm인 커다란 쇠로 만든 용기에서 공기의 이온화가 압력에 따라 어떻게 변하는지를 조사하였다. 중심에 놓인 전극과 원통 사이의 전류를 민감한 돌레잘렉 전위계를 이용하여 측정하였다. 그는 포화 전류가 수은주 높이 300 mm보다 더 높은 압력에서는 실질적으로 압력에 무관함을 발견하였다. 압력이 80 mm보다 더 낮을 때는 포화 전류가 압력에 정비례하였다. 대기압의 공기에 대해, 포화 전류는 450℃ 까지 온도와 무관하였다. 온도를 더 높이 올리면, 포화 전류는 증가하기 시작했는데, 전류가 증가하는 비율은 중심 전극이 음전하로 대전되어 있을 때가 양전하로 대전되어 있을 때보다 더 컸다. 이 차이는 쇠로 만든 용기의 표면에서 양이온이 생성되기 때문인 것으로 보였다. 패터슨이 얻은 결과에 의하면 공기에서 얻은 이온화가 밀폐된 공기에서 자발적으로 일어난 이온화 때문일 개연성이 매우 적어 보였다. 왜냐하면 그런 경우에는 이온화가 기체의 온도에 의존할 것으로 기대되기 때문이다. 반면에 실제로 얻은 결과는 만일 밀폐된 공기의 이온화가 주로 용기의 벽에서 나온 쉽게 흡수되는 방사선 때문이라면 기대되는 것과 같기 때문이다. 만일 이 방사선이 방사성 원소에서 나오는 α 선에서 관찰되는 것과 대략 같은 투과력을 갖는다면, 이 방사선은 공기에서 몇 센티미터를 진행한 다음에는 흡수될 것이다. 압력이 낮아지면, 방사선은 공기 중에서 완전히 흡수되기 전까지 더 먼 거리를 지나가지만, 방사선이 완전히 흡수되지 않고 용기에서 공기가 차지한 공간을 가로지르게 될 정도까지 압력이 충분히 내려가지 않으면, 그 방사선에 의해 생성되는 전체 이온화는 여전히 똑같은 채로 남아 있게 될 것이다. 그렇지만 압력이 그보다 여전히 더 내려가면 그 방사선에 의해 생성된 전체 이온화는, 그리고 그 결과로 관찰된 포화 전류는 압력에 정비례해서 변하게 될 것이다.

286. 보통 물질이 방사능을 가졌는지 조사해보기

스트럿[lxiv]과 버턴[lxv] 그리고 쿠크[lxvi]는 서로 독립적으로, 동시에 보통 물질이 조금이라도 방사능을 띠었는지 조사하였다. 스트럿은 검전기를 이용하여 밀폐된 용기에서 생성된 이온화는 용기를 만든 물질에 따라 변하는 것을 관찰하였다. 제거할 수 있는 밑바닥을 갖춘 유리 용기를 사용했으며, 유리 용기는 조사될 물질로 줄을 그어놓았다. 다음 표는 얻은 상대적 결과를 보여준다. 관찰된 누출 양은 매시간 금박이 접안렌즈에 그려놓은 표시를 지나간 수로 표현되어 있다.

용기에 줄을 그은 물질	매시간 지나간 스케일 눈금으로 표현한 누출 양
주석 포일	3.3
주석 포일 — 다른 샘플	2.3
인산(燐酸)을 입힌 유리	1.3
은을 화학적으로 침전시킨 유리	1.6
아연	1.2
납	2.2
(깨끗한) 구리	2.3
(산화) 구리	1.7
백금 (여러 가지 샘플)	2.0, 2.9, 3.9
알루미늄	1.4

이와 같이 물질이 다르면 관찰된 누출에 뚜렷한 차이가 존재하며, 또한 같은 물질이라도 서로 다른 샘플에 상당한 차이가 존재한다. 예를 들어, 한 백금 시료의 누출은 다른 재고에서 가지고 온 다른 백금 샘플의 누출에 비해 거의 두 배가 되었다.

반면에 맥레넌과 버턴은 민감한 전위계를 사용하여 지름이 25 cm이고 길이가 130 cm인 쇠로 만든 밀폐된 원통의 공기에 생성된 이온화 전류를 측정하였는데, 원통의 중심에는 절연된 전극(電極)이 장치되어 있었다. 처음에는 열어놓은 원통을 얼마 동안 연구소의 열린 창가에 놓아두었다. 그다음에 원통을 가져와 위쪽과 아래쪽을 밀폐시키고 기체를 통과하는 포화 전류를 가능한 한 빨리 측정하였다. 모든 경우에 포화 전류는 두 시간 또는 세 시간 만에 최젓값으로 감소하고 그다음에는 매우 천천히 다시 증가하는 것이 관찰되었다. 예를 들어, 한 실험에서는 관찰된 처음 전류가 임의의 스케일로 30에 해당하였다. 그리고 네 시간이 흐른 뒤에 포화 전류는 최젓값인 6.6으로 떨어졌고, 그로부터 44시간이 지난 뒤에 실질적인 최댓값인 24까지 올라갔다. 처음에 관찰된 감소는 아마도 시간이 지나면 급속히 붕괴하는 용기에 들어 있는 공기 또는 용기의 벽의 방사능 때문이다. 공기에 노출될 때 원통의 내부 벽에 생성되는 들뜬 방사능의 붕괴가 아마도 관찰된 감소 중에서 일부의 원인이 되었을 것 같다. 맥레넌은 시간 흐름에 따라 전류가 증가하는 것은 원통에서 나와서 원통에 포함된 공기를 이온화시킨 방사능 에머네이션 때문이라고 보았다. 쇠로 만든 원통에 납, 주석, 아연으로 줄을 그었더니 최저 전류와 마지막 최대 전류 모두에서 상당한 차이가 관찰되었다. 납의 경우 아연의 경우보다 약 두 배의 전류가 흘렀고, 주석의 경우는 그 중간의 전류가 흘렀다. 이 결과는 스트럿이 얻은 결과와 성격이 비슷하다.

맥레넌과 버턴은 압력의 감소가 전류에 어떤 영향을 주는지에 대해서도 역시 조사하였다. 압력이 대기압의 7배인 공기로 원통을 채우고 전류가 일정한 값에 도달할 때까지 그대로 두었다. 그다음에 공기가 빠져나가도록 허용하였더니 압력은 수은주 44 mm로 낮아졌다. 전류는 넓은 범위의 압력에서 근사적으로 압력에 비례해서 변하는 것이 관찰되었다. 이 결과는 앞에서 이미 설명한 패터슨의 결과와 일치하지 않으며, 스트럿의 더 나중 실험의 결과와도 일치하지 않았다. 그렇지만 맥레넌의 결과는 이온화가 주로 금속에서 방출된 에머네이션 때문이라는 결론을 가리킨다. 공기를 신속하게 제거하였으므로, 제거된 에머네이션의 양도 역시 제거된 공기의 양에 비례할 것이며, 그래서 전류는 압력에 정비례할 것으로 예상할 수 있다. 만일 그것이 사실이라면, 새로운 에머네이션이 형성될 시간이 허용될 때 낮은 압력에서 기체를 통과하는 전류는 다시 최댓값으로 증가할 것이다.

H. L. 쿠크는, 검전기 방법을 사용하여, 스트럿이 얻은 결과와 매우 비슷한 결과를 얻었다. 쿠크는 벽돌로부터 투과 방사선이 나오는 것을 관찰하였다. 금박 시스템을 포함하고 있는 황동 용기가 벽돌로 둘러싸여 있을 때, 검전기의 방전은 40퍼센트에서 50퍼센트까지 증가하였다. 이 방사선은 방사성 물질에서 나오는 방사선의 투과력과 대강 비슷한 투과력을 가졌다. 그 방사선은 검전기를 두께가 2 mm인 납으로 된 판으로 둘러쌌더니 완전히 흡수되었다. 이 결과는 앞에서 이미 언급되었던, 땅에서 새로 파낸 점토에 방사성 물질이 존재한다는, 엘스터와 가이텔이 관찰한 것과 일치한다.

쿠크는 또한 황동 검전기에서 관찰한 공기의 이온화는, 만일 황동의 내부 표면을 조심스럽게 닦는다면, 보통 값의 약 3분의 1로 감소될 수 있음을 관찰하였다. 황동의 표면을 제거하는 방법으로 쿠크는 포함된 공기의 이온화를 매초 매 cc마다 30개의 이온에서 10개의 이온으로 줄일 수가 있었다. 이것은 중요한 관찰이며, 보통 물질에서 관찰된 방사능의 대부분이 그 물질의 표면에 침전된 방사성 물질 때문임을 가리킨다. 라듐 에머네이션이 존재하는 곳에 노출된 물체는 대단히 느리게 붕괴하는 잔여 방사능을 유지한다는 것을 이미 앞에서 보았다. 라듐 에머네이션이 대기 중에 존재한다는 것에는 의심의 여지가 없으며, 그 결과 라듐 에머네이션에 노출된 물질의 표면은 대기(大氣)로부터 침전된 방사성 물질로 된 보이지 않는 필름으로 덮여 있게 될 것이다. 이 방사능은 느리게 붕괴하기 때문에, 야외 공기에 노출된 물질의 방사능은 오랫동안 꾸준히 증가하는 것도 가능하다. 원래는 방사능을 띠지 않았던 금속도 이와 같이 상당히 영구적인 방사능을 얻게 되지만, 금속의 표면을 제거하거나 화학적인 처리를 통하여 그 방사능을 제거하는 것도 가능해야 한다. 이브[lxvii]는 많은 양의 에머네이션이 방출된 적이 있는 실험실에 놓인 모든 물질의 방사능이 빠르게 증가한다는 사실을 주목하였다. 생성물들인 라듐 D, 라듐 E 그리고 라듐 F 때문에 생기는 이러한 표면 방사능은 금속을 강산에 넣는 것으로 대부분 제거되었다.

J. J. 톰슨과 N. R. 캠벨, 그리고 A. 우드는 캐번디시 연구소에서 보통 물질에서 관찰되는 방사능이 그 물질의 고유한 성질인지 아니면 약간의 방사능 불순물이 존재하기 때문인지를 조사하기 위해 많은 실험들을 수행하였다. J. J. 톰슨 교수는 1904년에 케임브리지의 영국 학술협회 회의에서 보통 물질의 방사능에 대한 논의를 진행하면서 이 실험들에 대해 설명하였다. 그 실험들의 결과[lxviii]는 전반적으로 각 물질이 고유한 종류의 방사선 종류들의 방사선을 내보내며 방사선은 물질 고유의 성질이라는 견해를 뒷받침하는 것이었다. J. J. 톰슨[lxix]은 쿠크와 맥레넌이 관찰한 외부의 매우 투과력이 강한 방사선을 차단시키는 서로 다른 물질들의 작용을 관찰하는 실험을 수행하였다. 그는 일부 물질들이 이런 외부 방사선을 차단하지만, 다른 물질들은 혹시 어떤 효과가 있다고 하더라도 아주 조금밖에는 없음을 발견하였다. 예를 들어, 밀폐된 용기의 이온화는 용기를 두꺼운 납으로 만든 덮개로 둘러싸면 17%로 축소되었다. 그러나 밀폐된 용기를 납의 두께에 대응하는 흡수력을 갖는 두께의 물 또는 모래와 섞은 물로 둘러싸더라도, 이온화에서는 어떤 감지될 만한 축소도 일어나지 않았다. 다른 실험에서 우드[lxx]는 주어진 스크린에 의한 이온화의 축소가 용기를 만든 물질에 의존하는 것을 발견하였다. 예를 들어, 납 스크린으로 둘러싸인 납으로 만든 용기에서 공기의 이온화는 10퍼센트가 축소되었지만, 쇠로 만든 용기에서는 24퍼센트가 축소되었다. 우드는 그의 실험 결과로부터 밀폐된 용기에서 관찰된 이온화가 세 가지 종류의 원인 때문에 생긴다고 결론지었다. 이온화의 일부는 외부의 투과 방사선에 의해 생기

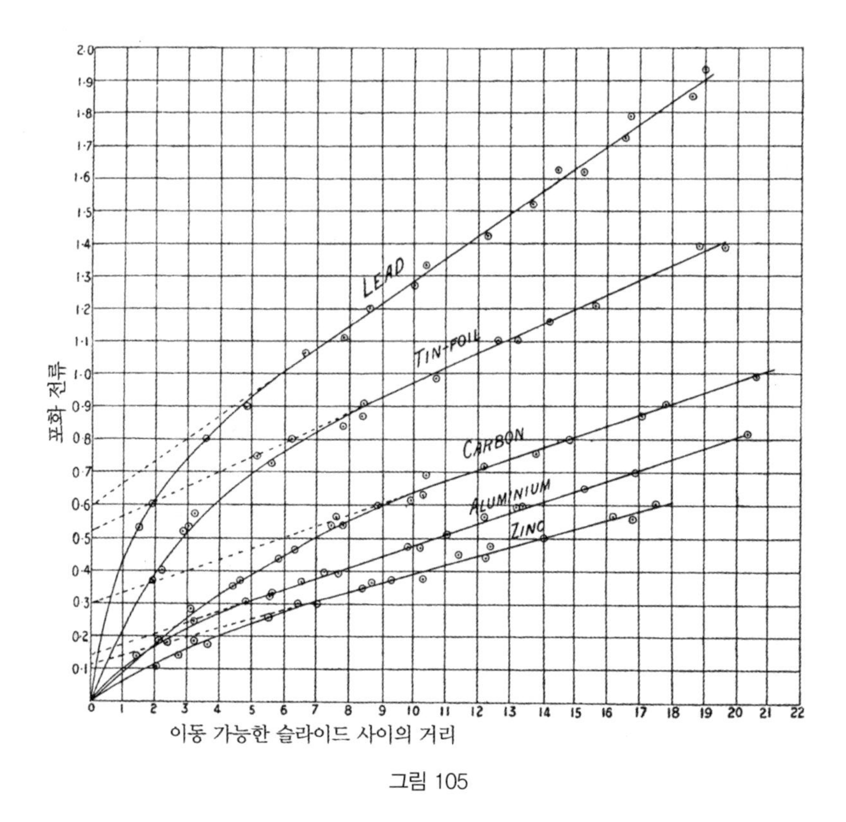

그림 105

며, 다른 일부는 그 방사선 때문에 만들어진 2차 방사선에 의해 생기며, 나머지는 외부 방사선과는 전혀 무관한 벽으로부터 나오는 고유한 방사선에 의해 생긴다.

캠벨lxxi은 두 평행판 사이의 거리가 점차 증가하는 경우에, 두 판 사이에 흐르는 이온화 전류가 어떻게 바뀌는지를 관찰하는 실험을 수행하였다. 관찰된 효과는 그림 105에 나와 있다. 곡선들은 처음에는 급격히 증가하는데, 그 다음에는 구부러져서 마지막으로는 직선이 된다. 곡선의 무릎은 서로 다른 물질마다 서로 다른 거리에 존재한다. 이 곡선들의 모양은 두 종류의 방사선이 존재하고 있음을 가리키는데, 둘 중에 하나는 기체에서 쉽게 흡수되는 것이고, 다른 하나는 그보다 투과력이 좀 더 센 종류의 방사선으로, 두 판 사이의 전체 거리까지 확대된다. 일련의 다른 실험들에서는, 조사용 용기의 한쪽에는 얇은 알루미늄이 있고, 외부 스크린을 용기에 가까이 가져온 뒤에 이온화 전류를 관찰하였다. 납은 이온화 전류를 상당히 많이 증가시켰지만, 납으로부터 나온 방사선은 끼워 넣은 스크린에 의해서 쉽게 흡수되었다. 탄소와 아연에 의해 방출된 방사선은 납에서 나온 방사선에 비해 투과력이 두 배 이상 강하였다.

고체인 물질을 녹이고 그 용액을 밀폐된 용기로 보관한 다음 나중에 그 물질로부터 뽑은 공기의 방사능을 조사하면 방사능 에머네이션이 발생하는지 확인하려는 시도가 있었다. 몇 경우에는 에머네이션이 관찰되었지만, 그 양은 같은 물질의 서로 다른 시료에서도 일정하지 않고 변하였다. 다시 말하면, 아무 효과도 검출되지 않았다.

서로 다른 물질로 그린 줄을 밀폐된 조사 용기에 넣었을 때, 대부분의 경우에 이온화 전류가 처음에는 감소하였고, 최젓값을 통과한 다음에, 천천히 최댓값까지 증가하였다. 납의 경우에는 9시간 만에 최댓값에 도달하였고, 주석의 경우에는 14시간 만에, 그리고 아연의 경우에는 18시간 만에 최댓값에 도달하였다. 이 결과들은 금속에서 에머네이션이 방출되었으며, 서로 다른 경우에 그 서로 다른 시간이 흐르면 최댓값에 도달함을 가리킨다. 이것은 라듐이 전혀 없는 질산에 담아놓았던 한 조각의 납을 조사함으로써 확인되었다. 이렇게 처리하였더니 그 효과가 정상적인 경우보다 스무 배가 더 컸다. 이것은 아마도 납의 다공성(多孔性)[45]이 증가되어서 금속에서 생성된 에머네이

45) 여기서 다공성(porosity)이란 물질 내부에 작은 구멍을 많이 가지고 있는 성질을 말한다. 물질

션의 더 많은 부분이 기체와 함께 확산해나가도록 허용되었기 때문이다.

보통 물질에서 관찰된 방사능은 지극히 작다. 지금까지 관찰된 가장 낮은 이온이 생성되는 비율은 황동 용기에서 매초 매 세제곱센티미터마다 10이다. 용량이 1리터인 구형으로 생긴 황동 용기를 가정하자. 이 용기의 내부 표면의 넓이는 약 480제곱센티미터이며 매초 생성되는 이온의 전체 수는 약 10^4이다. 그런데 252절에서 라듐 자체로부터 튀어나오는 α 입자는 기체에 흡수되기 전까지 8.6×10^4 개의 이온을 발생시키는 것을 보았다. 전체 용기에서 8초마다 한 개의 α 입자가 나오면, 또는 매 시간마다 표면의 1제곱센티미터 넓이에서 한 개의 α 입자가 나오면, 관찰된 미소(微少)한 전도성을 설명할 수가 있다. 심지어 이 방사능은 용기를 구성하는 물질이 쪼개진 결과로 생긴 것이라고 가정하더라도, 매 그램마다 매초 한 개의 원자가 붕괴되면, 그때마다 α 입자 하나가 방출된다고 가정하기만 하면, 관찰된 전도성이 충분히 설명된다.

이미 언급된 실험들에 의해 보통 물질도 미미한 정도이지만 방사능 성질을 갖고 있다는 충분한 증거가 나왔지만, 관찰된 방사능은 심지어 우라늄이나 토륨과 같은 약한 방사성 물질과 비교하더라도 지극히 작다는 것을 잊지 않아야 한다. 결과를 해석하는 일도, 대기(大氣)에 라듐 에머네이션이 존재하기 때문에도 더, 복잡하게 되는데, 왜냐하면 야외 공기에 노출된 모든 물체의 표면은 라듐 에머네이션의 느리게 변하는 변환 생성물로 덮여 있어야만 하기 때문이다. 지구를 구성하는 모든 요소에 방사성 물질이 분포되어 있어서 어떤 물질이든지, 아무리 조심스럽게 준비한다고 하더라도, 방사능을 띤 불순물이 전혀 없다고 확신하는 것을 어렵게 만든다. 만일 물질이 일반적으

의 구조를 알지 못하던 19세기 말까지 물질이 지닌 많은 성질을 물질에 수많은 작은 구멍이 존재하는 것으로 설명하려고 시도하였다.

로 방사능을 띤다면, 고유한 방사선을 내보내지 않는 방사성 원소에서 관찰되는 것과 비슷한 성격의 변화가 일어난다고 가정하지 않는 한(부록 A를 보라), 그 물질에서는 과도하게 느린 비율로 변환이 진행되어야만 한다.

제14장 미주

i. Geitel, *Phys. Zeit.* 2, p. 116, 1900.
ii. C. T. R. Wilson, *Proc. Camb. Phil. Soc.* 11, p. 32, 1900. *Proc. Roy. Soc.* 68, p. 151, 1901.
iii. Elster and Geitel, *Phys. Zeit.* 2, p. 590, 1901.
iv. Elster and Geitel, *Phys. Zeit.* 3, p. 76, 1901.
v. Rutherford and Allan, *Phil. Mag.* Dec. 1902.
vi. Allan, *Phil. Mag.* Feb. 1904.
vii. C. T. R. Wilson, *Proc. Camb. Phil.* Soc. 11, p. 428, 1902.
viii. C. T. R. Wilson, *Proc. Camb. Phil.* Soc. 11, p. 428, 1902; 12, p. 17, 1903.
ix. C. T. R. Wilson, *Proc. Camb. Phil.* Soc. 12, p. 85, 1903.
x. Allan, *Phys. Rev.* 16, p. 106, 1903.
xi. Mc Lennan, *Phys. Rev.* 16, p. 184, 1903.
xii. Schmauss, *Annal. d. Phys.* 9, p. 224, 1902.
xiii. Elster and Geitel, *Phys. Zeit.* 3, p. 574, 1902.
xiv. Ebert and Ewers, *Phys. Zeit.* 4, p. 162, 1902.
xv. Sarasin, Tommasina and Micheli, *C. R.* 139, p. 917, 1905.
xvi. J. J. Thomson, *Phil. Mag.* Sept. 1902.
xvii. Ebert, *Sitz. Akad. d. Wiss. Munich*, 33, p. 133, 1903.
xviii. J. J. Thomson, *Phil. Mag.* Sept. 1902.
xix. Adams, *Phil. Mag.* Nov. 1903.
xx. Bumstead and Wheeler, *Amer. Journ. Science*, 17, p. 97, Feb. 1904.
xxi. Bumstead, *Amer. Journ. Science*, 18, July, 1904.
xxii. Dadourian, *Amer. Journ. Science*, 19. Jan. 1905.
xxiii. H. S. Allen and Lord Blythswood, *Nature*, 68, p. 343, 1903; 69, p. 247, 1904.
xxiv. Strutt, *Proc. Roy. Soc.* 73, p. 191, 1904.
xxv. Himstedt, *Ann. d. Phys.* 13, p. 573, 1904.
xxvi. Elster and Geitel, *Phys. Zeit.* 5, No. 12, p. 321, 1904.
xxvii. Dorn, *Abhandl. d. Natur. Ges. Halle*, 25, p. 107, 1904.
xxviii. Schenck, Thesis Univ. Halle, 1904.
xxix. Mache, *Wien. Ber.* 113, p. 1329, 1904.
xxx. Curie and Laborde, *C. R.* 138, p. 1150, 1904.
xxxi. Blanc, *Phil. Mag.* Jan. 1905.
xxxii. Boltwood, *Amer. Jour. Science*, 18, Nov. 1904.
xxxiii. Elster and Geitel, *Phys. Zeit.* 4, p. 522, 1903.
xxxiv. Elster and Geitel, *Phys. Zeit.* 5, No. 1, p. 11, 1903.
xxxv. Vincenti and Levi Da Zara, *Atti d. R. Instit. Veneto d. Scienze*, 54, p. 95, 1905.
xxxvi. Burton, *Phil. Mag.* Oct. 1904.
xxxvii. Elster and Geitel, *Phys. Zeit.* 6, No. 3, p. 67, 1905.
xxxviii. Rutherford and Allan, *Phil. Mag.* Dec. 1902.
xxxix. Elster and Geitel, *Phys. Zeit.* 4, p. 138, 1902; 4, p. 522, 1903.

xl. Saake, *Phys. Seit.* 4, p. 626, 1903.
xli. Simpson, *Proc. Roy. Soc.* 73, p. 209, 1904.
xlii. McLennan, *Phys. Rev.* 16, p. 184, 1903, and *Phil. Mag.* 5 p. 419, 1903.
xliii. McLennan, *Phys. Rev.* No. 4, 1903.
xliv. Rutherford and Cooke, *Americ. Phys. Soc.* Dec. 1902.
xlv. Cooke, *Phil. Mag.* Oct. 1903.
xlvi. Allan, *Phil. Mag.* Feb. 1904.
xlvii. Ebert, *Phys. Zeit.* 2, p. 622, 1901. *Zeitschr. f. Luftschiffahrt*, 4, Oct. 1902.
xlviii. Schuster, *Proc. Manchester Phil. Soc.* p. 488, No. 12, 1904.
xlix. Mache and Von Schweidler, *Phys. Zeit.* 6, No. 3, p. 71, 1905.
l. Langevin, *C. R.* 140, p. 232, 1905.
li. Schuster, British Assoc. 1903.
lii. J. J. Thomson, *Conduction of Electricity through Gases*, p. 324, 1903.
liii. Miss Gates, *Phys. Rev.* 17, p. 499, 1903.
liv. Villard, *Société de Physique*, July, 1900.
lv. Geitel, *Phys. Zeit.* 2, p. 116, 1900.
lvi. C. T. R. Wilson, *Proc. Camb. Phil. Soc.* 11, p. 52, 1900. *Proc. Roy. Soc.* 68, p. 152, 1901.
lvii. Rutherford and Allan, *Phil. Mag.* Dec. 1902.
lviii. Patterson, *Phil. Mag.* August, 1903.
lix. Harms, *Phys. Zeit.* 4, No. 1, p. 11, 1902.
lx. Cooke, *Phil. Mag.* Oct. 1903.
lxi. Wilson *Proc. Roy. Soc.* 69, p. 277, 1901.
lxii. Jaffé, *Phil. Mag.* Oct. 1904.
lxiii. Patterson, *Phil. Mag.* Aug. 1903.
lxiv. Strutt, *Phil. Mag.* June, 1903. *Nature*, Feb. 19, 1903.
lxv. McLennan and Burton, *Phys. Rev.* No. 4, 1903. J. J. Thomson, *Nature*, Feb. 26, 1903.
lxvi. Cooke, *Phil. Mag.* Aug. 6, 1903. Rutherford, *Nature*, April 2, 1903.
lxvii. Eve, *Nature*, March 16, 1905.
lxviii. *Le Radium*, No. 3, p. 81, Sept. 15, 1904에 나오는 논문을 보라.
lxix. J. J. Thomson, *Proc. Camb. Phil. Soc.* 12, p. 391, 1904.
lxx. Wood, *Phil. Mag.* April, 1905.
lxxi. Campbell, *Nature*, p. 511, March 31, 1904. *Phil. Mag.* April, 1905.

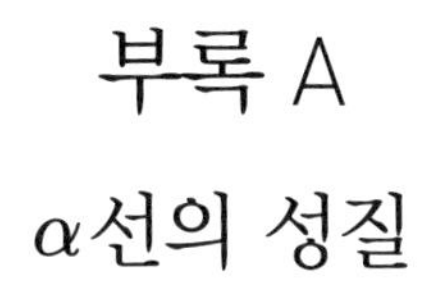

부록 A

α선의 성질

여기에는 이 책의 저자가 라듐에서 나오는 α 선의 성질에 대해 수행한 조사 중에서 이 책이 발행될 때 완성되지 않아서 본문에 포함시키기에는 시간이 맞지 않았던 부분에 대해 간략하게 설명하고자 한다.

이 실험의 주된 목적은 라듐에서 나오는 α 입자의 $\frac{e}{m}$ 값을 정확하게 결정해서 α 입자가 헬륨 원자인지 아닌지에 대한 문제를 확실하게 해결하려는 것이었다. 이 주제에 관해 (89절, 90절, 91절) 이 책의 저자와 베크렐 그리고 데쿠드르가 수행했던 이전 실험에서, 방사능 평형에 있는 라듐을 두꺼운 막으로 만들어 α 선의 공급원으로 사용하였다. 브래그는 (103절) 그런 조건 아래서 라듐으로부터 나온 방사선은 복잡해서 상당히 넓은 범위의 속도로 튀어나오는 입자들로 이루어져 있음을 보였다. 균일한 방사선 다발을 얻기 위해서, 방사선의 공급원으로 간단한 방사성 물질로 만든 매우 얇은 막을 사용하는 것이 필요하다. 이어지는 실험들에서, 많은 양의 라듐 에머네이션이 존재하는 곳에 몇 시간 동안 노출시켜서 방사능을 띠도록 만든 가는 도선을 이용함으로써 이 조건을 만족시켰다. 그 도선을 음(陰)으로 대전시킴으로써, 방사능 침전물이 그 도선에 집중되었으며, 그러면 도선은 강력한 방사능을 띠게 된다. 이 방사능 침전물은 처음에는 라듐 A, 라듐 B 그리고 라듐 C를 포함한다. 라듐 A의 방사능은 약 15분 만에 실질적으로 모두 사라지며, 라듐 B는 방사선을 내보내지 않는 캄캄한 생성물이기 때문에 α 선은 전적으로 한 생성물 라듐 C에 의해서만 만들어진다. 라듐 C의 방사능은 두 시간이 지나면 처음 값의 약 15퍼센트가 감소한다.

자기장(磁氣場)에서 α선의 굴절

자기장에서 방사선 다발이 휘어지는 정도를 정하기 위해서 사진 방법을 사용하였다. 실험의 배열은 그림 106에 나와 있다. 구멍에 놓은 방사능을 띤 도선으로부터 나온 방사선은 좁은 틈을 통과해 지나가서, 좁은 틈 위쪽으로 알려진 거리에 놓인 사진건판에 수직으로 떨어졌다. 이 장치는 황동관으로 둘러싸였는데, 황동관은 플레우스 펌프[1]를 이용하여 낮은 압력까지 신속하게 배기시킬 수가 있었다. 이 장치를 틈이 놓인 평면과 평행한 강한 균일한 자기장 아래 놓았다. 자기장은 10분마다 방향이 반대로 바뀌며, 그러면 사진건판을 현상하여 두 개의 좁은 테들을 관찰할 수가 있는데, 그 테들 사이의 거리가 방사선 다발이 자기장에 의해서 벗어나는 거리의 두 배를 대표하였다. 테의 폭은 자기장을 가했건 가하지 않았건 똑같은 것을 관찰했으며, 이것은 방사선 다발이 한 가지 종류로 되어 있어서 동일한 속도로 튀어나온 α 입자들로만 구성되어 있음을 보여주었다.

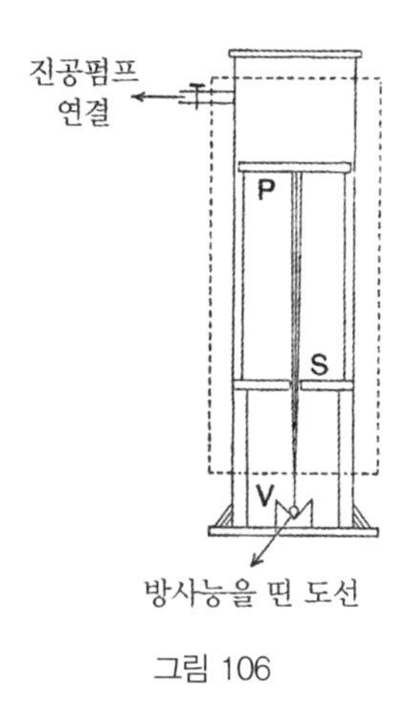

그림 106

사진건판을 구멍에서 서로 다른 거리에 놓는 방법으로, 방사선이 자기장으로 들어온 다음에 반지름 ρ가 42.0 cm와 같은 원호를 그리는 것을 발견하였다. 자기장 H의 세기는 9470 C.G.S. 단위였으며, 그래서 α 입자가 라듐 C로부터 튀어나오는 경우에 $H\rho$값은 398,000이었다. 이것은 이전에 라듐 선에서 발견된 $H\rho$의 최댓값과 잘 일치하였다(92절을 보라).

라듐 C로부터 나온 방사선이 전기장에서 휘어지는 것은 아직 정확히 측정되지는 않았지만, 라듐 C의 열작용이 라듐 C로부터 튀어나온 α 입자의 운동

1) 플레우스 펌프(Fleuss pump)는 플레우스(Henry Fleuss, 1851-1933)가 발명한 진공 펌프이다. 플레우스는 영국 다이빙 기술자로 수중 호흡기를 발명한 것으로 유명한데, 진공 펌프도 발명하였다.

에너지를 측정하는 기준이라는 가정을 하면 α 입자에 대한 $\frac{e}{m}$ 값을 근사적으로 결정할 수 있다. 우리는 246절에서 방사능 평형에 놓인 1그램에 존재하는 라듐 C의 열작용은 매시간 31그램칼로리임을 보았는데, 그것은 매초 3.6×10^5 에르그의 에너지를 방출하는 것에 해당한다. 그런데 방사능 평형이 도달되었을 때, 매초 라듐 C로부터 방출되는 α 입자의 수는 라듐 C의 방사능이 최솟값일 때 매초 방출되는 α 입자의 수와 같다. 그 수 n은 6.2×10^{10}이다(93절).

그러면

$$\frac{1}{2} mnv^2 = 3.6 \times 10^5,$$

또는 n값과 이온의 전하 값 e를 대입하면

$$\frac{m}{e} v^2 = 1.03 \times 10^{16}$$

이 된다. 이 경우에 e값은 아직 가정되지 않았으며, $n = \frac{i}{e}$이고, i는 α선이 나르는 전하에 의해 측정된 전류였다.

자기장에서 휘어진 결과로부터

$$\frac{m}{e} v = 3.98 \times 10^5$$

임을 알 수 있다.

이 두 식으로부터

$$v = 2.6 \times 10^9 \text{ cm/s}$$

$$\frac{e}{m} = 6.5 \times 10^3 \text{ 전자 단위}$$

를 얻는다.

이 값들은 이 책의 저자와 데쿠드르가 이전에 구한 값들과 놀랄 만큼 잘 일치한다. n 값과 관련된 오차 때문에, 이 방법으로 α 입자의 상수들을 정한 것에 너무 큰 비중을 둘 수는 없다.

α입자가 물질을 지나갈 때 속도의 감소

라듐 C에서 나온 α 입자가 알려진 두께의 알루미늄을 통과한 다음에는 속도가 어떻게 변하는지 결정하기 위한 실험들이 수행되었다. 이전 장치들을 이용했으며, 방사능을 띤 도선을 하나의 두께가 0.00031 cm인 여러 겹으로 겹친 알루미늄 포일 위에 올려놓은 경우에 대해 사진에 나온 테들 사이의 거리를 측정하였다. 구멍에서 위로 2 cm 되는 곳에 사진건판을 놓고, 자기장은 구멍 아래 1 cm까지 확장되었다. 방사선이 휘는 정도는 알루미늄 스크린을 가로지르는 다음 방사선 속도에 반비례한다. 사진건판에 나온 상(像)은 깨끗하고 분명하며 모든 경우에 다 똑같아서 방사선은 알루미늄을 통과한 후에도 여전히 동질(同質)임을 보여주었다.

사진에서 상은 포일이 12겹일 경우에도 깨끗했지만, 13겹을 통해서는 어떤 효과도 얻을 수가 없었다. 이 결과는 방사선의 사진 작용이 이온화 작용과 마찬가지로 매우 급격히 중지함을 보여주었다.

우리가 얻은 결과가 다음 표에 나와 있다. $\frac{e}{m}$ 값이 일정하다고 가정하면, 세 번째 기둥이 알루미늄을 통과한 다음에 α 입자의 속도를 대표한다. 이것은 스크린을 치웠을 때 α 입자의 속도인 V_0로 표현되었다.

알루미늄 포일을 포개놓은 수	사진건판에 나타난 테들 사이의 거리	α 입자의 속도
0	1.46 mm	1.00 V_0
5	1.71 mm	0.85 V_0
8	1.91 mm	0.76 V_0
10	2.01 mm	0.73 V_0
12	2.29 mm	0.64 V_0
13	사진 작용 효과가 없음	

이와 같이 α 입자의 속도는 α 입자가 사진건판에 어떤 작용을 하지 못하게 될 때도 처음 값의 겨우 약 36퍼센트만 감소된다.

그런데 브래그는 (104절) α 입자가 공기 중을 진행하면서 그 경로 전체에 걸쳐서 경로상 매 cm 마다 근사적으로 동일한 수의 이온을 생성하는 것을 증명하였다. 결과적으로, 만들 수 있는 가장 간단한 가정은 α 입자의 에너지가 겹쳐진 포일 하나를 지날 때마다 일정한 양만큼씩 줄어든다는 것이다. 포일 12겹을 통과한 다음에 α 입자의 운동에너지는 최댓값의 41퍼센트로 감소한다. 그래서 포일 하나하나는 최대 에너지의 4.9퍼센트를 흡수한다. 겹쳐진 포일들을 모두 통과한 다음 α 입자의 관찰된 운동에너지 그리고 위의 가정으로 계산된 운동에너지 값이 다음 표에 나와 있다.

알루미늄 포일을 포개놓은 수	관찰된 에너지	계산된 에너지
0	100	100
5	73	75
8	58	61
10	53	51
12	41	41

실험값과 계산값은 실험 오차 한계 내에서 서로 일치한다. 그래서 첫 번째 근사로 흡수 스크린에서 동일한 거리를 지나가면서 총 에너지의 동일한 비율이 α 입자로부터 흡수된다고 결론지을 수 있다.

공기 중에서 이온화 범위와 사진 작용

방사선이 포일 12겹을 통과한 후에 갑자기 사진건판이 감광되기를 멈춘 것은, 브래그가 분명히 보인 것처럼, 공기 중에서 이온화가 갑자기 멈추는 것과 직접 관련이 있음을 암시하였다. 이것은 실제로 그렇다는 것이 밝혀졌다.

각 알루미늄 포일에서 흡수되는 것은 공기 중에서는 0.54 cm의 거리를 지나가며 발생하는 효과와 같다는 것이 실험적으로 밝혀졌다. 그래서 12겹의 포일은 공기 6.5 cm에 해당한다. 그런데 브래그는 라듐 C에서 나온 α 선은 공기에서 6.7 cm를 진행하는 동안 공기를 이온화시키며, 그다음에는 이온화가 아주 갑자기 작아진다는 것을 발견하였다. 그래서 우리는 α 선이 기체를 이온화시키기를 중지하는 속도와 같은 속도에서 사진건판에 영향을 주는 것을 중지한다고 결론짓게 된다. 이것은 매우 중요한 결과이며, 나중에 보게 되겠지만, 이것은 사진건판에 대한 작용이 사진용 소금[2]에 대한 이온화 때문에 일어난다는 것을 암시한다.

서로 다른 방사능 생성물에서 나오는 α 입자의 속도는, 공기 중에서 각 생성물에서 나오는 α 선이 지나가는 최대 범위를 알면, 즉시 계산할 수 있다. 브래그는 α 선이 공기중에서 진행하는 최대 범위를 실험으로 측정하였다. 속도는 라듐 C에서 나오는 α 입자의 처음 속도인 V_0를 이용하여 표현한다. 라듐 C에서 나오는 방사선은 라듐의 다른 생성물에서 나오는 방사선보다 더 큰 속도로 튀어나온다.

생성물	공기 중에서 α 입자의 최대 범위	α 입자의 속도
라듐	3 cm	0.82 V_0
에머네이션	3.8 또는 4.4 cm	0.87 또는 0.90 V_0
라듐 A	4.4 또는 3.8 cm	0.90 또는 0.87 V_0
라듐 C	6.7 cm	1.00 V_0

2) 사진용 소금(photographic salts)이란 1830년대 초에 탤벗(William Henry Fox Talbot)이 발명한, 소금을 이용한 사진 인화법에 이용된 소금을 말한다.

실험으로부터 3.8 cm라는 범위가 에머네이션에서 나온 방사선에 속하는지 아니면 라듐 A에서 나온 방사선에 속하는지를 정하는 것이 어렵다. 이와 같이 α 입자의 평균 속도는 0.90 V_0 이며, 개별적인 생성물들에 대한 최대 변동 폭은 평균값의 10퍼센트보다 더 많이 바뀌지는 않는다.

위의 결과로부터 92절에서 논의된 베크렐의 결과가 즉시 설명된다. 방사능 평형에서 라듐으로부터 튀어나온 α 입자는 공기에서 0과 6.7 cm 사이의 모든 범위를 다 갖는다. 사진건판에 흔적을 남길 수 있는 α 입자의 속도는 0.64 V_0와 V_0 사이에서 변한다. 공기 중에서 단지 짧은 범위만을 갖는 입자는 더 큰 범위를 갖는 입자보다 더 작은 속도로 튀어나온다. 그 결과로 전자(前者)는 자기장에서 더 많이 휘어진다. 그러므로 균일한 자기장에서 방사선의 경로의 겉보기 곡률은 라듐에 멀리 있을 때보다 가까이 있을수록 더 커진다.

공기 중에서 인광 작용의 범위

황화아연, 바륨 시안화백금, 그리고 규산아연광과 같은 물질에서 빛을 내게 하는 α 선의 작용이 이온화 작용이 사라지는 것과 같은 거리에서 사라지는지를 확인하는 실험도 역시 수행되었다.

매우 강한 방사능을 띤 도선을 움직일 수 있는 판 위에 올려놓았으며, 그 판과 인광 물질을 바른 고정된 스크린에서부터 거리는 바꿀 수 있었다. 인광 작용이 멈춘 거리는 상당히 정확하게 측정할 수 있었다. 그런 다음에 서로 다른 두께의 알루미늄 포일을 방사능을 띤 도선 위에 놓았으며, 빛이 없어지는 거리에 해당하는 거리를 측정하였다. 그 결과가 그림 107에 그래프로 나와 있는데, 여기서 세로축은 방사능을 띤 도선으로부터 인광을 내는 스크린까지 거리를 대표하며, 가로 축은 하나의 두께가 0.00031 cm인 알루미늄 포일의 수를 대표한다.

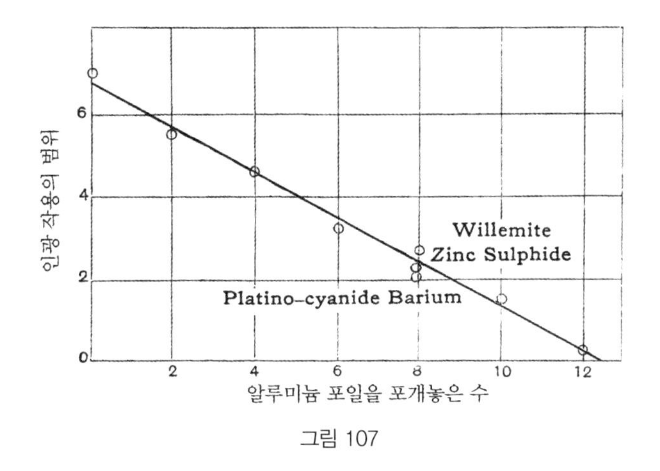

그림 107

이 그림에서 점들을 연결한 곡선이 직선이다. 포일 12.5겹의 두께가 흡수하는 방사선이 공기 6.8 cm 범위에서 흡수하는 것과 같았으며, 그래서 알루미늄 포일 하나의 두께는 공기 0.54 cm의 흡수력에 대응하였다. 황화아연 스크린의 경우에는 공기에서 거리가 6.8 cm일 때 인광 작용이 멈추었는데, 이것은 공기 중에서 α선의 사진 범위와 인광 범위가 실질적으로 똑같음을 보여주었다.

방사능을 띤 도선으로부터 나오는 β선과 γ선이 만드는 밝기가 α선이 만드는 밝기와 비슷하므로, 바륨 시안화백금과 규산아연광을 이용한 실험이 더 어려웠다. 그렇지만 방사능을 띤 도선과 스크린 사이에 검은 종이로 만든 얇은 판을 장치하면 상당히 일치하는 결과를 얻었다. 만일 밝기가 눈에 띄게 변하면, α선이 여전히 효과를 만들어내고 있다고 결론지었으며, 이런 방법으로 인광 작용이 나타나지 않는 점을 근사적으로 결정할 수가 있었다. 예를 들어, 방사능을 띤 도선 위에 포일 여덟 개를 포개서 덮으면, α선의 인광 효과를 차단하기 위해 필요한 공기의 추가 두께는 규산아연광의 경우에 2.5 cm였고, 바륨 시안화백금의 경우에는 2.1 cm였다.

황화아연의 경우에 대응하는 거리는 2.40 cm였는데, 이 값은 다른 두 값의 중간 값이다.

알루미늄 포일 8개를 포갠 것이 공기 4.3 cm에 대응하므로, 황화아연, 바륨 시안화백금 그리고 규산아연광에 대한 인광 작용의 공기 중에서 범위는 각각 6.7 cm, 6.8 cm 그리고 6.4cm에 해당한다. 관찰된 차이는 실험 오차 때문에 발생했을 개연성이 아주 크다.

결과에 대한 논의

라듐 C에서 나온 α선에 의한 이온화 작용과 인광 작용 그리고 사진 작용 모두 공기 중에서 아주 거의 같은 거리를 지나간 다음에 갑자기 중단되는 것을 보았다. α입자는 공기를 그 정도의 깊이로는 뚫고 들어가더라도 처음 속도의 적어도 60퍼센트를 여전히 갖고 움직이는 것을 기억하면, 이것은 매우 놀라운 결과이다. 라듐 C에서 나오는 α입자의 처음 속도로 그럴듯한 값을 2.5×10^9 cm/s라고 하면, 이온화 작용과 형광 작용 그리고 사진 작용은 α입자의 속도가 1.5×10^9 cm/s 이하로 떨어지면, 다시 말하면 속도가 빛의 속도의 약 $\frac{1}{20}$배가 되면 멈춘다. 그때도 α입자는 이 단계에서 튀어나올 때의 처음 에너지의 거의 40퍼센트를 그대로 가지고 있다.

이 결과는 α입자의 속도가 각 경우에 대해 모두 같은 한 가지 고정된 값 이하로 떨어지면, α입자가 가지고 있는 기체를 이온화시키는 성질과 일부 물질에서 밝은 빛을 발생시키는 성질 그리고 사진건판에 영향을 주는 성질 모두가 더 이상 나타나지 않음을 보여준다. 그러므로 α입자의 이 세 가지 성질은 모두 공통된 하나의 원인 때문에 일어난다고 가정하는 것이 그럴듯해 보인다. 그런데 기체에서 α입자의 흡수는 주로 기체에서 이온을 생성할 때 에너지가 흡수된 결과로 발생한다. α 입자가 기체에서 완전히 흡수될 때, 동일한 전체 양의 이온화가 발생하는데, 그것은 이온 한 개를 만들어내는 데 필요한 에너지가 모든 기체에 대해 동일함을 보여준다. 반면에, 방사선의 변하지 않는 공급원에서, 단위 부피의 기체에서 일어나는 이온화는 근사적으로 그 기체의 밀도에 비례한다. 고체 물질에서 α 입자의 흡수는 흡수하는 매질의 밀도와 공기의 밀도 사이의 비에 근사적으로 비례하므로, 이 흡수도 역시 α 입자가 지나간 고체 물질에서 이온을 생성하는 데 사용된 에너지의 결과이며, 고체이든 액체이든 기체이든 가리지 않고 물질에서 이온 한 개를 생성하는 데 요구되는 에너지가 대략 모두 같다고 생각해도 될 개연성이 있다.

그러므로 인광 물질 또는 사진 필름에서 이온을 생성하는 것이, α 입자가 기체를 이온화시키지 못하는 속도와 대략 같은 속도에서, 중단될 것이라고 생각해도 좋다. 그러면 이런 견해를 이용하여 실험 결과를 간단히 설명할 수 있다. α 선이 사진 작용이나 인광 작용을 발생시키는 것은 주로 이온화의 결과로 일어난다. 이 이온화는 아마도 관찰된 효과에 영향을 주는 2차 작용을 발생시키는 것 같다.

이런 관점은 α 선의 작용에 노출되었을 때 황화아연 그리고 다른 물질들에서 관찰된 "번쩍임"의 원인과 관련하여 관심의 대상이 된다. 베크렐은 이 효과가 발생한 원인이 α 입자에 의해 충돌한 결정체의 오목한 부분이라고 말했다. 그렇지만 이 결과는 이 현상에 대한 설명을 더 깊게 바라보아야만 함을 보여준다. 이 효과는 주로 인광 물질에서 이온이 생성되어서 일어나며 직접적인 충돌에 의해 일어나지 않는데, 그 이유는 우리가 보았듯이 α 입자가 여전히 많은 양의 운동에너지를 지니고 있더라도 α 입자는 아무런 번쩍임도 발생시키지 않기 때문이다. α 입자가 만든 번쩍임이 결정화된 질량에서 α 입자에 의해 생성된 이온들의 재결합 때문이 틀림없다고 보는 것이 개연성이 낮지만은 않다. 이 이온화가 어떻게 결정체에서 오목한 부분을 만들지 이해하기가 어렵다.

α 입자가 이온을 생성하는 성질과 α 입자의 사진 작용 그리고 형광 작용 사이에 긴밀한 관계가 있다는 사실은, 무엇보다 먼저, 일반적으로 사진 작용과 형광 작용의 원인이 물질에서 이온을 생성하는 것인지 또는 아닌지에 대한 질문을 갖게 한다.

라듐 C에서 나오는 α 입자에 대한 이온화 곡선

이 책의 저자의 실험실에서 연구하는 매클링 군은 최근에 104절에서 논의된 브래그가 최초로 채택한 방법을 사용하여 라듐 C로부터 튀어나온 α 입자의 단위 경로당 상대 이온화를 측정하였다. 라듐에서 나온 에머네이션에 여러 시간 노출시킨 방사능을 띤 도선을 방사선의 공급원으로 사용하였다. 방사성 물질로 만든 필름이 지극히 얇았기 때문에, α 입자들은 균질이었다. 좁은 원뿔을 이루는 방사선의 단면에서 관찰된 이온화와 방사선의 공급원으로부터 거리 사이의 관계가 그림 108에 나와 있다.

이 곡선은 한 종류로 된 물질의 얇은 필름에 대해 브래그가 구했던 것과 같은 특이성을 나타낸다. 단위 경로당 α 입자의 이온화는 약 4 cm에 걸쳐서 천천히 증가한다. 그런 다음에는 α 입자가 기체를 이온화시키기를 중지하기 직전에 좀 더 신속한 증가가 나타나고, 그다음에 급격히 줄어든다. 이온화는 진짜로 일어나는 것처럼 그렇게 급격히 끝나는 것처럼 나타나지는 않는데, 왜냐하면 방사선이 만드는 원뿔에 의해 자르는 각에 적용할 보정이 존재하기 때문이다. 공기 중에서 α 선의 최대 범위는 6.7 cm였으며, 이 수(數)는 라듐에서 나오는 방사선의 범위를 측정하여 구한 브래그의 결과와 일치하는 수이다.

이 결과는 α 입자의 단위 경로당 이온화는, 방사선이 기체를 이온화시키기

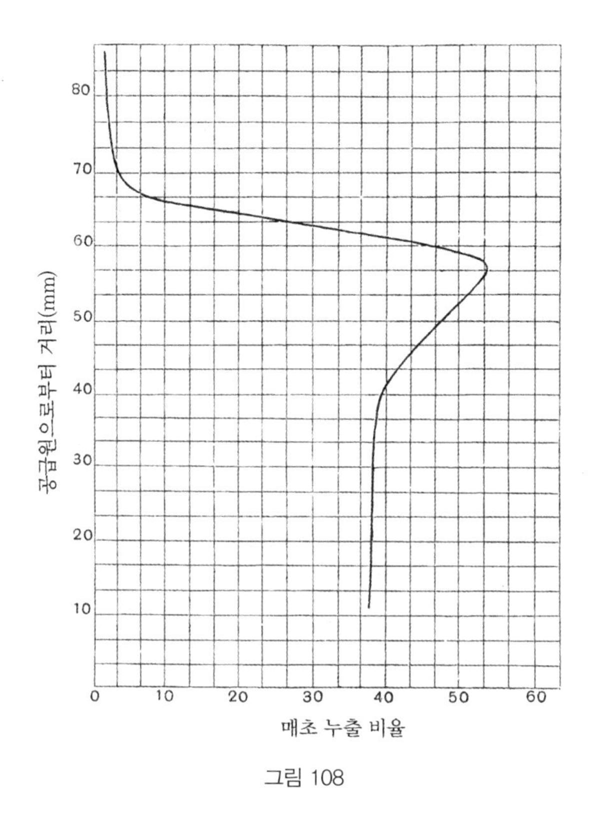

그림 108

를 중단할 때까지, 처음에는 천천히 증가하고 그런 다음에는 속도가 감소하면서 신속하게 증가함을 보여준다.

이온을 생성하는 데 필요한 에너지

위의 결과로부터 α 입자를 기체 분자와 충돌시켜서 이온을 생성하는 데 필요한 에너지를 쉽게 구할 수 있다. 라듐 자체에서 나오는 α 입자는, V_0를 라듐 C에서 α 입자가 처음 튀어나오는 속도라면, 처음에 0.88 V_0의 속도로 튀어나온다. α 입자는 속도가 0.64 V_0가 되면 기체를 이온화시키기를 멈춘다.

이것으로부터, α 입자가 더 이상 기체를 이온화시키지 않게 될 때, 라듐 자체에서 내보낸 α 입자의 총 에너지의 0.48이 흡수된다고 즉시 추정할 수 있다. 방사능이 최저일 때 라듐의 열작용인 매 그램마다 매시간당 25그램칼로리가 방출된 α 입자의 운동에너지를 표현하는 기준이라고 가정하면, α 입자 하나의 운동에너지는 4.7×10^{-6}에르그라고 계산할 수 있다. α 입자가 기체를 이온화시키는 것을 멈추기 직전까지 흡수된 에너지의 양은 2.3×10^{-6}에르그이다. 이온화에 이 에너지가 모두 다 사용된다고 가정하면, 그리고 라듐 자체에서 나오는 α 입자는 그 경로상에서 86,000이온을 생성하는 것을 기억하면(252절), 이온 하나를 생성하는 데 필요한 평균 에너지는 2.7×10^{-11}에르그이다. 이것은 퍼텐셜이 24볼트가 차이 나는 두 점 사이를 자유롭게 움직이는 이온이 얻는 에너지에 해당한다.

타운센드는 퍼텐셜 차이가 10볼트에 해당하는 에너지를 갖는 전자에 의해 새로운 이온이 생성되는 것을 발견하였다. 다른 자료로부터 슈타르크[3]는 45볼트라는 값을 얻었으며, 랑주뱅은 60볼트가 평균값이라고 생각하였다. 러더퍼드와 매클렁이 X선에 의한 이온화에 대해 얻은 값은 175볼트였으며, 아마 좀 너무 높다.

방사선을 내보내지 않는 캄캄한 변화

우리는 방사성 물질에서 나오는 α 입자가 최저 속도에 비해 30퍼센트보다 더 크지 않은 평균 속도로 튀어나오며, 그 속도보다 더 낮은 속도로 튀어나오는 α 입자는 어떤 이온화 작용이나 사진 작용 또는 인광 작용을 만들어내지

3) 슈타르크(Johannes Stark, 1874-1957)는 독일의 실험 물리학자로 전기장 내에 놓인 원자에서 나오는 빛이 나뉘는 현상인 슈타르크 효과를 발견한 공로로 1919년 노벨 물리학상을 수상하였다.

못한다는 것을 보았다. 그런 결론은 α 입자를 방출하는 방사성 물질의 성질이 이 최저 속도보다 약간 더 큰 속도로 α 입자가 튀어나오기 때문에 검출되었음을 암시한다. α 입자가 이 임계 속도보다 더 느린 속도로 튀어나온다면, 위에서와 비슷한 방법으로 물질이 분해하는 것이 다른 물질에서, 별다른 전기적 효과를 내지 않으면서, 우라늄에서보다 훨씬 더 큰 비율로 일어나는지도 모른다.

α 입자는 기체에서 흡수되기 전까지 평균해서 약 100,000개의 이온을 생성하며, 그래서 α 입자로부터 관찰된 전기 효과는 α 입자가 나르는 전하 만에 의해 생기는 효과보다 100,000배가 더 크다.

이미 관찰된 적이 있는 방사선을 내지 않는 수많은 생성물들도, α 선을 분명히 내보내는 생성물과 비슷한 방법으로 분해 과정을 겪을 가능성이 있다. 방사선을 내보내지 않는 생성물에서는 α 입자가 1.5×10^9 cm/s보다 더 느린 속도로 방출되어서 전기적 효과를 별로 나타내지 못하는 것일지도 모른다.

이런 고려 사항들이 일반적으로 물질이 방사능을 띠었는지 띠지 않았는지라는 질문과 중요하게 관련된다. α 입자를 임계 속도보다 더 빠른 속도로 내보내는 성질은 오직 특별한 종류의 물질만 갖고, 물질이 일반적으로 나타내지는 않을 가능성이 훨씬 더 크다. 동시에 우리가 얻은 결과는 보통 물질도, 감지될 만한 전기적 효과나 사진 작용을 만들어내지 않으면서도 우라늄에서 보는 것보다 훨씬 더 큰 비율로 α 입자를 방출하면서 변환이 진행되고 있을 수도 있음을 시사한다.

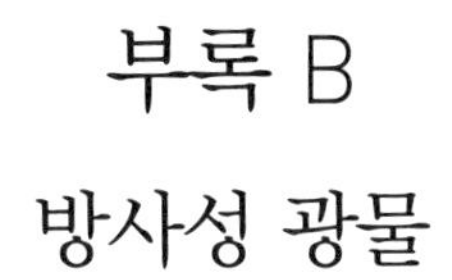

부록 B

방사성 광물

뚜렷한 방사능 성질을 가지고 있는 자연 광물들은 우라늄 또는 토륨을 포함하는 것이 발견되었으며, 두 원소 중에 하나는 항상 충분한 비율로 존재해서 보통 분석 방법에 의해서 어렵지 않게 화학적 분리와 식별이 가능하다.[i]

오늘날 많은 수의 우라늄 광물과 토륨 광물이 알려져 있지만, 그 광물들은 대개 매우 드물게 발견되며 그중에 어떤 것은 오직 단 하나의 지역에서만 발생하는 것이 관찰되었다. 우라늄의 주된 상업적 공급원은 우라니나이트와 구마이트 그리고 카르노타이트이며, 토륨은 거의 전적으로 모나자이트로부터 구한다.

러더퍼드와 소디가 (*Phil. Mag.* 65, 561 (1903)) 여러 종류의 방사성 물질과 다른 원소들 사이의 관계를 알려면 그 물질들이 포함된 자연 광물을 조사하는 것이 가장 좋다는 중요한 사실에 대해 가장 먼저 주의를 환시시켰다. 그 이유는 그런 광물들이 거의 셀 수 없는 많은 시대에 걸쳐서 거의 훼손되지 않고 보존된 지극히 오래된 것들의 혼합을 대표하기 때문이다. 그렇지만 그런 물질을 다루려면 지질학과 광물학에서 제공하는 자료를 이용하는 것이 무엇보다 중요하다. 지질학과 광물학의 자료는 자주 서로 다른 물질의 상대적 시대를 적어도 대략적으로라도 결정하는 것을 가능하게 해준다. 그래서 예를 들어, 만일 어떤 광물이 아주 오래된 지질 시대의 암석을 만드는 주요 성분이라면, 그 광물의 수명은 그 지질 시대보다 나중에 형성된 비슷하거나 또는 다른 광물의 수명보다 더 오래되었다고 안전하게 가정할 수 있다. 게다가, 물의 침투와 표면으로부터 안쪽으로 다른 원인이 영향을 미치는 것 같은 작용을 통하여 1차 광물이 분해되고 변경되어 만들어진 것이 분명한 그런 광물들은, 그 광물들이 원래 유래한 1차 광물보다 더 오래되지 않은 것이 아주 분명하다. 이런 고려 사항들을 적용하여, 일반적으로 각종 광물들을 대략적으로나마 그 광물들의 예상되는 수명 순으로 배열하는 것이 가능해야 한다.

가장 친숙하고 널리 알려진 우라늄 광물이 흔히 피치블렌드라고 불리는 우라니나이트인데, 우라니나이트는 기본적으로 이산화우라늄(UO_2)과 삼산화우라늄(UO_3), 산화납(PbO)이 여러 비율로 존재하며 구성된다. 우라니나이트는 1차 우라니나이트와 2차 우라니나이트로 구분될 수가 있는데, 1차 우라니나이트는 페그마타이트 암맥(岩脈)과 굵은 그래나이트에서 1차 성분으로 존재하는 것이고, 2차 우라니나이트는 은과 납, 구리, 니켈, 철 그리고 아연의 황화물과 함께 금속을 함유하는 광맥(鑛脈)에서 존재하는 것이다. 전자(前者)에 속하는 종류들은 아주 자주 희토류와 헬륨을 더 많은 비율로 포함해서 성격상 결정체에 가깝고, 항상 매우 크고 포도송이 모양인 후자(後者)에 비해 더 높은 비중을 가졌다.

다음에 열거하는 곳이 1차 우라니나이트가 존재하는 가장 중요한 지역들이다.

1. 미국 노스캐롤라이나주(특히 미첼 카운티와 얀시 카운티). 우라니나이트는 운모(雲母)의 구성 성분으로 채굴되는 굵은 페그마타이트 암맥에서 발견된다. 그 암맥의 관련된 펠드스파는 천수(天水)[1]와 기체의 작용을 통하여 상당히 많이 분해되었으며, 우라니나이트 자체는 대체로 동일한 원인에 의하여 2차 광물인 구마이트와 우라노필라이트로 바뀌었다. 이와 관련된 1차 광물로는 갈염석, 지르콘, 컬럼바이트, 사마스카이트, 페르구소나이트, 모나자이트가 있으며, 2차 광물로는 구마이트, 토로구마이트, 우라노필라이트, 오투나이트, 포스퍼라니라이트, 하체톨라이트 그리고 빙징석(氷晶石)이 있다. 이 지대가 형성된 지질 시대를 확실히 밝히는 것은 어렵지만 아마도 시생대(始生代) 또는 오르도비스기 또는 페름기의 마지막에 해당할 것이다.

1) 천수(meteoric water)란 눈이나 비로 유래된 물로 호수와 강, 눈이 녹은 물 등을 모두 포함한다.

2. 미국 코네티컷주. 가장 잘 알려진 지역은 글래스턴베리와 브랜치빌인데, 글래스턴베리에서는 우라니나이트가 펠드스파 채석장에서 발견되었으며 브랜치빌에서는 조장석 그래나이트로 존재한다. 두 지역 모두에서 순도 높은 석영(石英)이 채굴된다. 지질 시대는 아마도 오르도비스기 말기 또는 석탄기 시대에 해당하며, 캄브리아기보다는 나중이고 트라이아스기보다는 전이 분명해 보인다. 관련된 광물로는 (1차) 컬럼바이트, (2차) 토버나이트와 오투나이트가 있다.

3. 남부 노르웨이, 특히 모스 부근. 여기서 우라니나이트는 휘석(輝石)-섬장암과 페그마타이트의 형태로 존재한다. 여기서 채굴되는 종류는 클리베이트와 브뢰거라이트로 알려져 있으며, 관련된 1차 광물로는 오오다이트, 페르구소나이트, 모나자이트 그리고 토라이트가 있다. 지질 시대는 후 데본기이다.

4. 텍사스의 라노 카운티. 니베나이트라고 알려진 우라니나이트의 변종이 여기서 석영질(石英質) 페그마타이트 형태로 발견된다. 관련된 1차 광물로는 가돌리나이트, 갈염석 그리고 페르구소나이트가 있으며, 2차 광물로는 빙정석, 이트리얼라이트, 구마이트 그리고 토로구마이트가 있다.

2차 우라니나이트는 독일 작센주에 위치한 도시인 요한게오르겐슈타트, 마리엔베르크, 슈네베르크에서, 체코의 보헤미아에 위치한 요아힘스탈과 프리밤, 영국의 콘월 그리고 미국 콜로라도주의 블랙 호크와 사우스다코타주의 블랙 힐스에서 발견된다. 이런 2차 발생 대부분의 정확한 지질 시대는 어느 정도 확신할 수 없지만, 앞에서 언급한 1차 발생보다 훨씬 더 늦으리라는 것은 의심할 여지가 없다.

일반적인 관심사로 전형적인 1차 우라니나이트(No. 1) 그리고 전형적인 2차 우라니나이트(No. 2)에 대한 분석이 아래 표에 나와 있다.[ii]

	No. 1 코네티컷주 글래스턴베리	No. 2 작센주 요한게오르겐슈타트
Sp. Gr.	9.59	6.89
UO_3	26.48	60.05
UO_2	57.43	22.33
ThO_2	9.79	...
CeO_2	0.25	...
La_2O_3	0.13	...
Y_2O_3	0.20	...
PbO	3.26	6.39
CaO	0.08	1.00
He	und.	und.
H_2O	0.61	3.17
Fe_2O_3	0.40	0.21
SiO_2	0.25	0.50
Al_2O_3	...	0.20
Bi_2O_3	...	0.75
CuO	...	0.17
MnO	...	0.09
MgO	...	0.17
Na_2O	...	0.31
P_2O_5	...	0.06
SO_3	...	0.19
As_2O_3	...	2.34
Insoluble	0.70	...

다음 목록은 더 중요한 방사성 물질을 대략적인 화학적 성분 그리고 발생 및 개연성 있는 기원과 함께 구성해놓은 것이다.

광물 명	성분	비고
Uraninite Cleveite Bröggerite Nivenite Pitchblende	우라늄과 납의 산화물. 보통 토륨과 다른 희토류 그리고 헬륨을 포함한다. 우라늄 50-80%, 토륨 0-10%	1차는 바위의 구성물로 그리고 2차는 황화물과 함께 금속을 함유하는 광맥에 존재.
Gummite	(Pb, Ca) $U_3SiO_{12} \cdot 6H_2O$? 우라늄 50-65%	Uraninite의 변종. 침투수의 작용으로 형성됨.
Uranophane Uranotil	$CaO \cdot 2UO_3 \cdot 2SiO_2 \cdot 6H_2O$ 우라늄 44-56%	Gummite를 통한 uraninite의 변종 광물
Carnotite	우라늄과 포타슘의 바나듐산염 우라늄 42-51%	퇴적 작용으로 생긴 다공질의 사암(砂巖)에 스며든 2차 광물로 존재. 콜로라도와 유타에서 발견됨.
Uranosphaerite	$Bi_2O_3 \cdot 2UO_3 \cdot 3H_2O$ 우라늄 41%	우라늄 광물의 다른 변종 광물.
Torbernite Cuprouranite	$CuO \cdot 2UO_3 \cdot P_2O_5 \cdot 8H_2O$ 우라늄 44-51%	〃
Autunite Calciouranite	$CaO \cdot 2UO_3 \cdot P_2O_5 \cdot 8H_2O$ 우라늄 45-51%	〃
Uranocircite	$BaO \cdot 2UO_3 \cdot P_2O_5 \cdot 8H_2O$ 우라늄 46%	〃
Phosphuranylite	$3UO_3 \cdot P_2O_5 \cdot 6H_2O$ 우라늄 58-64%	〃
Zunerite	$CuO \cdot 2UO_3 \cdot As_2O_5 \cdot 8H_2O$ 우라늄 46%	〃
Uranospinite	$CaO \cdot 2UO_3 \cdot As_2O_5 \cdot 8H_2O$ 우라늄 49%	〃

Walpurgite	$5Bi_2O_3 \cdot 3UO_3 \cdot As_2O_5 \cdot 12H_2O$ 우라늄 16%	〃
Thorogummite	$UO_3 \cdot 3ThO_2 \cdot 3SiO_2 \cdot 6H_2O$? 우라늄 41%	구마이트의 변종
Thorite Orangite Uranothorite	$ThSiO_4$ 우라늄 1−10%, 산화토륨 48−71%	페그마타이트 암맥의 1차 구성 광물.
Thorianite	토륨과 우라늄, 희토류 그리고 납의 산화물. 상대적으로 많은 비율의 헬륨 포함. 우라늄 9−10%, 산화토륨 73−77%	실론섬의 페그마타이트 암맥의 1차 구성 광물로 존재. 지질 시대는 아마 시생대(始生代).
Samarskite	희토류의 니오브산염과 탄탈산염. 우라늄 8−10%	페그마타이트 암맥의 1차 구성물.
Fergusonite	희토류의 메타니오브산과 탄탈산염. 우라늄 1−6%	〃
Euxenite	희토류의 니오브산염과 탄탈산염. 우라늄 3−10%	〃
Monazite	희토류의 인산염으로 주로 세륨. 우라늄 0.3−0.4%	〃

부록 B 미주

i. 댄니가 프랑스의 이시레베크에서 기이한 조건 아래 발생하는 어떤 납 광물의 경우에서 분명한 예외를 관찰하였다. 262절에서 관련된 설명을 보라.
ii. Hillebrand, *Am. J. Sci.* 40, 384 (1890); *ibid.* 42, 390 (1891).

| 찾아보기 |

인명

ㄱ

ㄷ

ㄹ

ㅁ

ㅂ

ㅅ

ㅇ

ㅈ

ㅊ

ㅋ

ㅌ

ㅍ

ㅎ

용어

ㄱ

ㄴ

ㄷ

ㄹ

ㅁ

ㅅ

ㅇ

ㅈ

ㅊ

ㅋ

ㅌ

ㅍ

지은이

∴ 어니스트 러더퍼드 (Ernest Rutherford, 1871-1937)

러더퍼드는 20세기의 가장 위대한 과학자 중 한 사람으로, 영국에서 뉴질랜드로 이민 온 가정에서 1871년에 출생했다. 그는 1894년 영국 정부 장학금으로 영국 케임브리지 대학에서 연구를 시작하고, 1898년에는 캐나다의 맥길 대학에 물리학과 맥도널드 석좌교수로 부임해서 왕성하게 활동하다가 1907년 영국으로 돌아와 맨체스터 대학의 물리학과 교수로 취임하고, 원자핵을 발견하는 실험과 같은 중요한 업적으로 맨체스터 대학을 물리학 분야에서 유명하게 만들었다. 1919년에는 은퇴하는 J. J. 톰슨의 뒤를 이어서 케임브리지 대학 물리학과 교수와 캐번디시 연구소 소장 직을 맡아달라는 요청을 수락한 러더퍼드는 캐번디시 연구소를 유럽에서 확고하게 물리학 연구의 중심지가 되도록 만들고, 소장 재임 기간 동안에 노벨 물리학상을 수상하게 되는 여러 명의 학자들을 양성했다. 그러나 그는 왕성한 활동을 하던 중 1937년 갑자기 간단한 수술을 받게 되었는데, 그로부터 쾌유되지 못하고 며칠 뒤 안타깝게도 66세를 일기로 운명했다. 그의 유해는 웨스트민스터 사원의 뉴턴의 묘 옆에 안장되었다.

러더퍼드는 세 가지의 탁월한 업적을 통하여 핵물리학 분야를 창시하고, 원자의 구조에 대한 관점을 근본적으로 바꾸며, 20세기의 물리학 발전 방향을 선도해 나갔다. 첫 번째 업적은 그가 맥길 대학에서 알파선에 대한 연구를 수행하면서 이루어졌는데, 그는 원소(元素)란 결코 바뀔 수 없다는 종전의 관념을 뒤집고, 무거운 원소가 약간 더 가벼운 원소로 저절로 바뀔 수 있음을 최초로 증명했으며, 이 업적으로 1908년 노벨 화학상을 수상했다. 두 번째 업적은 맨체스터 대학에서 이루어졌는데, 알파선을 금박(金箔)에 보내는 실험을 통하여 당시 상상했던 것과는 전혀 달리 원자의 중심부 아주 작은 부분에 원자핵이 존재함을 발견함으로써, 원자의 내부 세계를 탐구하는 첫걸음을 내딛게 만들었다. 세 번째 업적은 1919년 맨체스터 대학에서 시작해서 케임브리지 대학의 캐번디시 연구소에서 완성했는데, 방사능 원소에서 방출된 높은 에너지의 알파선과 충돌한 질소가 빨리 움직이는 양성자를 내보내고 산소로 변환되는 것을 확인했다. 이로써 러더퍼드는 인류 역사상 처음으로 인위적인 방법에 의해 한 원소를 다른 원소로 바꿨고, 사람들은 그를 최초의 성공한 연금술사라고 불렀다.

옮긴이

∴ 차동우

서울대학교 물리학과를 졸업하고 미국 미시간 주립대학에서 이론 핵물리학 박사 학위를 받았으며, 인하대학교 물리학과 교수를 역임하고 현재 인하대학교 명예교수이다. 저서로는 『상대성이론』, 『핵물리학』, 『대학기초물리학』 등이 있고, 역서로는 『새로운 물리를 찾아서』, 『물리 이야기』, 『양자역학과 경험』, 『뉴턴의 물리학과 힘』, 『아이작 뉴턴의 광학』 등이 있다.

:: 한국연구재단총서 학술명저번역 서양편 624

러더퍼드의 방사능

1판 1쇄 찍음 | 2020년 6월 15일
1판 1쇄 펴냄 | 2020년 6월 30일

지은이 | 어니스트 러더퍼드
옮긴이 | 차동우
펴낸이 | 김정호
펴낸곳 | 아카넷

출판등록 2000년 1월 24일(제406-2000-000012호)
10881 경기도 파주시 회동길 445-3
전화 | 031-955-9510(편집) · 031-955-9514(주문)
팩시밀리 | 031-955-9519
책임편집 | 이하심
www.acanet.co.kr

Printed in Seoul, Korea.

ISBN 978-89-5733-681-6 94420
ISBN 978-89-5733-214-6 (세트)

이 도서의 국립중앙도서관 출판예정도서목록(CIP)은
서지정보유통지원시스템 홈페이지(http://seoji.nl.go.kr)와
국가자료공동목록시스템(http://www.nl.go.kr/kolisnet)에서 이용하실 수 있습니다.
(CIP 제어번호: CIP2020022909)